Hi-Pass 산림기술사

상권

Professional Engineer of Silviculture

| 山林하는 남자 渡摩 金正浩 엮음 |

BM (주)도서출판 성안당

■ 도서 A/S 안내

성안당에서 발행하는 모든 도서는 저자와 출판사, 그리고 독자가 함께 만들어 나갑니다.

좋은 책을 펴내기 위해 많은 노력을 기울이고 있습니다. 혹시라도 내용상의 오류나 오탈자 등이 발견되면 **"좋은 책은 나라의 보배"**로서 우리 모두가 함께 만들어 간다는 마음으로 연락주시기 바랍니다. 수정 보완하여 더 나은 책이 되도록 최선을 다하겠습니다.

성안당은 늘 독자 여러분들의 소중한 의견을 기다리고 있습니다. 좋은 의견을 보내주시는 분께는 성안당 쇼핑몰의 포인트(3,000포인트)를 적립해 드립니다.

잘못 만들어진 책이나 부록 등이 파손된 경우에는 교환해 드립니다.

저자 문의 e-mail : tustar@naver.com(김정호)

본서 기획자 e-mail : coh@cyber.co.kr(최옥현)

홈페이지 : http://www.cyber.co.kr   전화 : 031) 950-6300

머리말

성장

새날

크게 자라는 나무는
자신을 키우기 위해
자기 자신을 죽입니다.

심지어 나무는 온몸을
죽은 것으로 채웁니다.

무심히 산속에 서 있는
나무 한 그루조차
그렇게 자랐습니다.

그렇게 온몸이 살아있는
풀들을 극복한 나무만
숲을 이루게 됩니다.

"숲에서 배우다."

2025.3.12

목차

Chapter 04   숲 가꾸기

Chapter 05 산림갱신

Chapter 06 산림보호 및 방제

Chapter 07   수목 일반

PART 02 산림경영

Chapter 01   산림경영 일반

Chapter 02   산림생장 및 측정

Chapter 05   산림평가

Chapter 06 산림복지, 휴양, 치유

Chapter 07 산촌 개발 및 휴양림 조성 관리

PART

00

총론

Professional Engineer Forestry

산/림/기/술/사

합격을 위한 계명!

1. 하루아침에 합격하는 시험은 없다.

   – 꾸준히 읽으며 공부하자.

2. 필기하지 않으면 외울 수 없다.

   – 암기해야 할 사항은 반드시 노트한다.

3. 스터디는 훌륭한 암기 방법이다.

   – 말로 설명하면 잘 외워진다.

4. 기술사 시험도 자격 시험일 뿐이다.

   – 모든 시험에는 요령이 있다.

   – 노트 작성 요령, 암기 요령, 답안작성 요령

자신감을 가지고

잘 외우고 있는 자신을 칭찬하고,

아직 시작하지 않고 있는

자신을 격려하십시오.

01 산림기술사 통계 자료 및 출제기준

1 전체 통계

연도	필기			실기		
	응시	합격	합격률(%)	응시	합격	합격률(%)
2024	141	5	3.5%	8	2	25%
2023	151	9	6%	14	9	64.3%
2022	119	3	2.5%	6	2	33.3%
2021	129	2	1.6%	15	5	33.3%
2020	104	11	10.6%	31	11	35.5%
2019	159	14	8.8%	38	16	42.1%
2018	134	15	11.2%	23	5	21.7%
2017	161	4	2.5%	22	8	36.4%
2016	125	8	6.4%	32	5	15.6%
2015	100	15	15%	25	5	20%
2014	93	10	10.8%	15	5	33.3%
2013	76	4	5.3%	8	4	50%
2012	85	5	5.9%	7	5	71.4%
2011	91	2	2.2%	9	4	44.4%
2010	95	5	5.3%	12	5	41.7%
2009	110	5	4.5%	16	5	31.3%
2008	127	12	9.4%	28	14	50%
2007	182	14	7.7%	19	8	42.1%
2006	175	6	3.4%	7	6	85.7%
2005	100	11	11%	12	12	100%
2004	77	11	14.3%	13	11	84.6%
2003	34	5	14.7%	9	7	77.8%
2002	24	8	33.3%	7	3	42.9%
2001	24	8	33.3%	8	8	100%
1986~2000	102	49	48%	49	49	100%
소 계	2,718	241	8.9%	433	214	49.4%

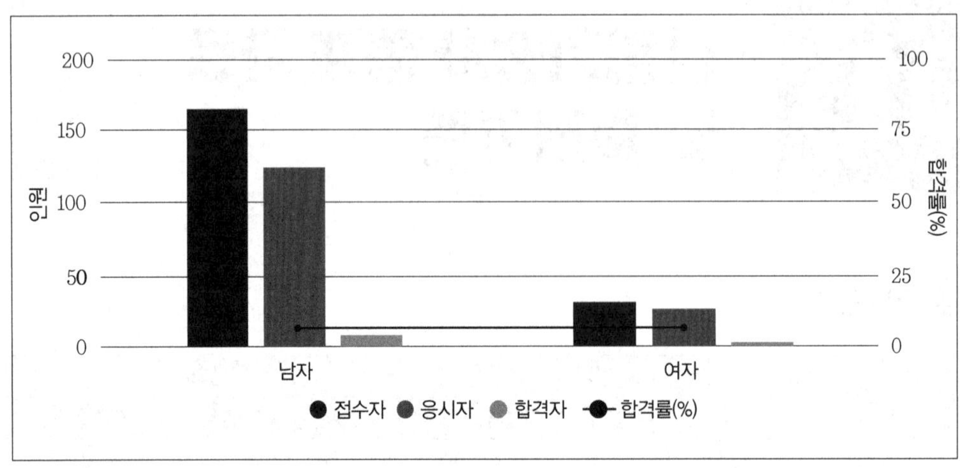

3 출제기준

직무분야	농림어업	중직무분야	임업	자격종목	산림기술사	적용기간	2023. 01. 01. ~2026. 12. 31.

○ 직무내용 : 산림에 관한 고도의 전문지식과 실무경험에 입각한 계획, 연구, 설계, 분석, 시험, 운영, 시공, 평가 또는 이에 관한 지도, 감리 등의 기술업무를 수행하는 직무이다.

실기검정방법	단답형/주관식 논문형	시험시간	400분(1교시당 100분)

면접항목	주요항목	세부항목
조림 및 육림, 산림경영, 산림토목, 임목의 수확 및 임업기계에 관한 사항	1. 산림 조성 및 보호	1. 수목 일반 – 수종 선정 및 조림 – 수목 생리 · 생태
		2. 임업종묘 – 종자 생산 및 관리 – 증식재료 채취 및 생산 관리 – 신품종 개발
		3. 묘목생산 – 노지양묘 – 시설양묘
		4. 산림토양
		5. 숲가꾸기(도시숲 포함) – 경쟁식생 제거 – 어린나무 가꾸기 – 솎아베기 및 가지치기 – 천연림 가꾸기
		6. 산림갱신
		7. 산림보호 및 방제 – 병충해, 비생물적 피해, 산불 피해 등

면접항목	주요항목	세부항목
조립 및 육림, 산림경영, 산림토목, 임목의 수확 및 임업기계에 관한 사항	2. 산림 개발 및 보전	1. 산림 토목 일반(산림유역관리 포함)
		2. 임도 – 계획, 설계, 시공 및 유지관리
		3. 산림측량
		4. 사방 – 사방 계획 –사방지 조사 측량 및 설계도서 작성 – 사방지 시공 및 유지관리
		5. 산지 복구 · 복원 – 훼손지 및 피해지 복구 · 복원
		6. 임목수확 – 벌채, 집재 및 운재 등 – 산림작업 및 임목수확 시스템 등
		7. 벌채산물의 측정 및 매각
		8. 임업기계
	3. 산림경영	1. 산림 경영일반
		2. 산림 생장 및 측정
		3. 산림 조사
		4. 산림 경영계획 수립
		5. 산림 휴양, 치유 및 복지
		6. 산림 평가(환경 및 재해 포함)
		7. 산촌 개발 및 휴양림 조성 · 관리
	4. 산림정책	1. 산림 관련 동향
		2. 산림 관계 법령, 지침 등
		3. 산림 분야 설계 및 감리 업무
		4. 북한 산림 복구 및 복원
		5. 해외 산림 및 기후변화 대응
품위 및 자질	5. 기술사로서의 품위 및 자질	1. 기술사가 갖추어야 할 주된 자질, 사명감, 인성
		2. 기술사 자기개발 과제

※ 면접의 경우 필기 출제기준과 동일하며, 실기 검정 방법은 구술형 면접시험이고, 시험시간은
15~30분 내외입니다.

산림기술사 시험 준비

1 자기 점검

① 오늘 이 시간에 나를 점검해 본다.

② 책을 볼 때만큼은 내 몸이 있는 곳에 마음도 둔다.

③ 사람이 불행하게 사는 것은 어렵지 않다. 몸이 있는 곳에 마음이 있지 못하면 불행해진다.

④ 행복하게 사는 것도 어렵지 않다. 지금 내 몸이 있는 곳에 마음도 함께 하면 행복해진다.

⑤ 행복한 사람은 시험에 금방 붙는다.

1) Who?

[나는 누구인가? 자기 주소를 확인하여 자신감을 배양한다.]

① 전공은?: 산림전공자? 산림비전공자? 누구와 함께 공부할 것인가?

② 자기 평가: 본인의 수준, 역량 등 객관적으로 평가한다.

③ 자기 확신: 현재의 나와 미래의 나에 대해 자신감을 갖는다.

④ 자기 믿음: '지금 잘하고 있어.', '나는 이미 산림기술사야.' 하루 세 번 암송

⑤ 스터디: 익힌 지식의 확인 및 공유, 반복으로 숙지, 나만의 노트 만들기

2) Why?

[왜 산림기술사에 도전하는가? 분명한 목표의식으로 인내력을 키운다.]

① 진급, 자격수당, 이직, 창업 등

② 목적의식이 분명해야 의지를 세우고 공부할 수 있다.

3) When?

[공부시간은 일일 3시간 이상 확보한다. 같은 시간대로]

① 새벽형은 기상 후 출근 전

② 심야형은 퇴근 후 취침 전

③ 주말에도 되도록 하루는 가족을 위해 시간을 비운다.

④ 태블릿, 암기카드 등을 이용하여 암기를 생활화한다.

4) Where?

[같은 시간대에 같은 장소를 확보해야 책을 펴면 바로 집중할 수 있다.]

① 회사, 도서관, 독서실, 집 등 자기상황과 본인 성향을 고려한다.

5) What?

[공부할 범위를 설정하고 기간별 목표를 정한다. 1주일 이내 기본 교재 정독 등]

① 공부할 교재 선택: 법, 지침, 각종 계획, 보도자료, 교재 등

6) How?

[어떻게 공부할 것인가? 주요 이슈 → 해결 방법 연상 → 이해 → 암기]

① 학원, 스터디그룹, 독학 등의 방법을 활용하되 스터디 그룹은 병행한다.

② 기술사 시험은 독창성보다 지침과 법령 등의 구체적 암기가 필요한다.

2 공부 방법

1) 기출문제 분석 및 본인만의 답지 작성하기

① 보통 수험서나 스터디에서 받은 답지는 시험장에서 그대로 쓸 수 없다.

② 직접 본인만의 답지를 작성하기(주제별로 답지 한 장으로 압축 정리)

2) 과목별로 암기노트 만들기

① 암기노트만 보면 주제별 노트가 머릿속에 떠오를 수 있도록 연상법이나 첫 글자 따기 등의 방법으로 암기한다.

② 도표, 그림 노트를 별도로 작성하는 것도 좋은 방법이다.

③ 책을 읽으며, 수업을 들으며 기본 암기사항을 숙독하고, 각 주제를 본인의 노트화 한다.

3 답안작성 방법

1) 문제를 정확하게 읽기

2) 아는 것이 반이고, 표현하는 것이 반

① 아무리 지식이 많아도 답지에 표현하지 못하면 모르는 것과 같다.

② 주제어, 핵심어가 튀게 1. 또는 1) 수준의 목차에 키워드가 포함되도록

③ 그림과 도표로 표현하기

3) 출제자의 입장에서 생각하기

① 출제의도를 파악할 것

② 답지를 작성하기 전에 출제의도에 맞는 스토리텔링을 1분 이내로 생각해 보기

4) 시간 관리는 철저하게.

① 1교시 용어는 13문제 중 10문제 선택, 2~4교시 논술은 6문제 중 4문제 선택

② 용어는 1~1.5쪽, 논술은 2.5~3쪽으로 작성

③ 14쪽의 답지가 주어지므로 총 12~14쪽으로 작성

④ 용어는 8~9분/1문제, 논술은 23분/1문제로 시간 배분

5) 문제 선택을 잘하기

① 문제를 읽어보고 어떻게 작성할 것인지 밑그림을 그려 보고, 확신이 드는 답을 택한다.

② 문제는 쉬워 보이지만 의외로 답안 작성이 어려운 경우가 있다.

6) 채점자를 위한 배려

① 보기 좋은 떡이 먹기도 좋다.

② 그림과 도표를 이용하여 정리하면 보기 좋은 떡이 된다.

③ 글씨체에 너무 집착하지 않는다. 좋은 필기구를 선택해서 반복하다 보면 좋아진다.

4 그림을 그리는 목적

- 그림을 그리면 내가 암기가 잘 된다.

- 그림이 있는 답안이 보기 좋다.

- 그림은 내용에 대한 확실한 이해를 돕는다.

1) 주제에 대한 설명

① 되도록 처음에 넣는다.

② 오른쪽에 그리더라도 먼저 그린다.

2) 주제의 중심은 아니지만, 부연 설명되어야 하는 부분

① 오른쪽 남는 공간에 서술하지 못한 내용을 쓴다.

5 그림 그리는 원칙

① 주제와 관련된 그림을 그려라.

② 중요한 그림이면 박스 밑에 설명을 달아라.

③ 너무 작게 그리지 마라.

④ 의미는 명확하게 그려라(안되면 키워드와 인출선 활용).

⑤ 박스와 원을 많이 활용하라.

⑥ 복잡한 그림은 그리지 마라.

⑦ 내 스타일로 간략화시켜라.

⑧ 그림에 집착하지 마라.

⑨ 나만의 그림을 그려라.

⑩ 수험서에 나오는 그림을 꼭 자기 손으로 그려 보라.

⑪ 서술된 개념을 다시 그리지 마라(가점 못 받음).

6 답안지에 그림 그릴 때 주의사항

① 모식도에서 답안 끝내지 말 것. 쓰다 만 것 같은 느낌이 든다. 작성하다 그렇게 되었으면 두 세줄 정도 모식도 요약하고 끝내야 한다.

② 그림 못 그리면 그림 주위에 박스를 쳐라.

③ 못 그렸어도 인출선을 활용하여 키워드를 적어준다.

④ 시험장에서 남들이 다 지쳐있을 때가 나에게는 기회다. 4교시에는 답안 작성을 최대한 깔끔하게 마무리한다.

핵심 03 용어 문제 답안지 작성 요령

1 답안지 작성 방법

① 1교시는 13문항 중 10문항에 대해 순서와 상관없이 답안을 작성한다.

② 1교시 문제는 1페이지에서 2페이지 분량의 짧은 답안을 작성하게 되는데, 1교시 문제를 "용어", 2~4교시 문제를 "논술"이라고 이 책에서 서술한다.

③ 문제를 간단하게 요약하고, 그 아래 줄에 "답)"이라고 쓴 후 답안을 작성한다.

④ 답안 작성이 끝나면, 그 아래 줄이나 답안의 끝에 "끝"이라고 표시한다.

⑤ 10문항에 대한 답안 작성이 모두 끝나면 "이하 여백"이라고 쓴다.

2 용어 문제에 대한 공부 방향

① 요약할 줄 아는 능력이 필요하다. 개념을 정확히 이해하면 요약이 가능하다.

② 늘려 쓸 줄 아는 능력도 필요하다.

③ 키워드 방식의 채점임을 명심하여 다양한 형태로 서술한다.

④ 아래는 "산림이란?" 문제에 대해 어떻게 답안을 쓸 것인가를 정리해 본 것이다.

분량과 답안의 형태를 같이 고민해 보면 시험공부의 방향을 잡을 수 있다.

문제 1 산림이란?

답

Ⅰ. 개요

산림은 숲을 한자로 표현한 말이며, 문장 안에서, 또는 말에서 표현하는 방식에 따라 다양한 의미를 가진다.

Ⅱ. 산림의 다양한 의미

① 산림=입목+임지(산림경영학)

② 지목설, 목적설, 임총설

③ 법, 조약, 일반적인 기준

④ 탄소그릇, 녹색댐

⑤ 산림: 숲을 한자로 표현한 말

⑥ 삼림: 숲을 표현하는 일본식 한자어, 일제강점기부터 문헌에 나타남

⑦ 인류문화 창출의 근원

⑧ 지역: 나무가 있는 토지

⑨ 사람: 은거 중인 사람(조선시대)

⑩ 상태: 수관 울폐도 30% 이상(입목지)

⑪ 자원: 산림경영의 대상

⑫ 山林: 집단적으로 자라고 있는 입목·죽과 그 토지(산림자원 조성관리법)

⑬ 山地: 입목·죽이 집단적으로 생육하고 있는 토지(산지관리법)

⑭ 森林, 일본식으로 숲을 표현한 한자어, 을사조약 후 문서에 나타나기 시작함

⑮ 林木, forest tree, tree in forest(stand), live tree in forest(stand)

⑯ 立木, standing crop, standing tree, growing tree "재배의 대상"

⑰ 임분, 林分(forest) stand, 주위와 구분되는 숲의 단위(다른 산림과 임령이나 수종이 달라서)

- 조림작업, 산림경영의 단위

- 임반, 최소 100ha 이상, 자연 경계물 기준

- 소반, 최소 1ha 이상, 임상, 임령, 수종, 임종 기준

Ⅲ. 자원으로서의 산림

1. 일반적인 개념

① forest as a natural resource

② 지구상에서 가장 큰 생물자원

③ 목재자원, 수자원, 토양자원, 유전자원, 휴양자원, 야생생물자원, 생태적 환경자원

2. 자원으로서의 개념

① 재생산이 가능한 자원, renewable resources

② 에너지를 안정적으로 저장하는 자원

③ 지구의 환경변화를 완충시키는 자원

④ 사람에게 자원을 공급하는 원천으로써의 자원

⑤ 생명체를 부양하는 환경자원

⑥ 지구의 환경을 생물이 사는 데 알맞도록 조절하는 자원

⑦ 사람에게 심리적 안정감과 지적 영감을 제공하는 자원

Ⅳ. 산림의 분류

① 이용개발의 유무에 따라 원시림·시업림(施業林)

② 산림의 성립 조건에 따라 천연림·인공림

③ 수종의 혼합상태에 따라 단순림·혼효림

④ 임목의 종류에 따라 침엽수림·활엽수림

⑤ 임목의 연령에 따라 동령림·이령림·유령림·장령림·노령림

⑥ 임목의 성숙상태에 따라 과숙림·성숙림·미숙림

⑦ 임관(林冠)의 구성상태에 따라 단층림·복층림·연속층림

⑧ 토지의 조건에 따라 산악림·평지림·구릉림,

⑨ 지리적 분포에 따라 열대림·난대림·온대림·한대림,

⑩ 경영 목적에 따라 용재림·연료림·풍치림·방재림·시험림

⑪ 소유권에 따라 국유림·공유림·사유림

⑫ 작업종에 따라 교림·중림·왜림 등으로 구분한다. 끝.

3 답안의 분량에 대해

① 위의 답안을 손으로 기술사 답안지에 작성해 보길 권한다.

② 글씨를 작게 쓰는 분은 두 페이지 정도, 크게 쓰시는 분은 세 페이지가 넘을 것이다.

③ 진짜 손으로 작성해 보는 분은 합격으로 한 발 더 다가간 것이다.

④ 그러나, 답안지는 아쉽게도 22줄에 불과하다.

⑤ 위에 적은 것처럼 다 적을 수 없다.

⑥ 용어 문제는 한 페이지 정도로 작성하고 마치는 것이 좋다.

⑦ 목차를 구분하고, 다음 줄에 덧쓰는 형태로 부연 설명하여 분량을 조절하여야 한다.

4 용어 문제 출제 유형

① 기본적인 개념

② 법률상의 정의

③ 제도

④ 허가 및 제한기준

＊탄생 배경, 문제점, 개선 방향 등은 짧게 서술

5 용어 문제 답안의 용어 문제 기본 골격

① 질문의 핵심사항을 그대로 적는다.
② ①번 항목에서 설명하지 못한 것을 부연 설명
   – 필요한 개념 또는 정의
   – 시공 사례 및 유의점
   – 현황 및 해결 방안

6 기타 사항

① 기억도 뼈를 만들고 거기에 덧붙여 가야 한다. 골격을 만들고 골격을 반복하며 뼈를 만들고, 거기에 살을 덧붙인다.
② 용어 문제 풀이의 대전제는 지정한 것을 정확히 서술하는 것이다. 채점 기준은 키워드의 정확도임을 꼭 염두에 둔다.
③ 용어정리의 목적은 문제풀이 연습과 학습이며, 분량은 용어 1~1.5페이지 이내, 논술 2.5~3페이지, 학습목적 정리는 별도 1페이지 단위
④ 필수 모식도 연습

핵심 04 논술 문제 답안작성 요령

1 답안지 작성 방법

① 2, 3, 4교시는 6문항 중 4문항에 대해 순서와 상관없이 답안을 작성한다.

② 2, 3, 4교시 문제는 2페이지에서 4페이지 분량의 답안을 작성하게 되는데, 간혹 1페이지 분량의 답안을 요구하는 문제도 출제되는 경우가 있다.

③ 문제를 간단하게 요약하고, 그 아래 줄에 "답)"이라고 쓴 후 답안을 작성한다.

④ 답안 작성이 끝나면, 그 아래 줄이나 답안의 끝에 "끝"이라고 표시한다.

⑤ 4문항에 대한 답안 작성이 모두 끝나면 "이하 여백"이라고 쓴다.

2 논술 문제 대응 방법

① 논술 문제 풀이는 용어의 합

② 문서 작성에서 두괄식 문서가 중요하듯, 답안의 작성도 두괄식으로 해야 한다.

③ 두괄식으로 문서를 작성하려면, 형식이 중요하다.

④ 질문에 맞추어 목차를 정하고, 목차 전체를 서언에서 한꺼번에 서술한다.

⑤ 머릿속에 떠오르는 대로 쓰는 답안은 짜임새가 없을 수밖에 없다.

문제 2 기후변화에 따른 산림 쇠퇴현상을 설명하고, 산림의 공익적 기능을 증진할 수 있는 방안을 제시하시오.

I. 서언

1. 기후변화란

2. 산림쇠퇴 현상이 일어나는 이유는

3. 공익적 기능 증진 방안은

II. 기후변화

III. 산림쇠퇴 현상

문제 3 기후변화에 의한 산림쇠퇴 현상

- 병충해의 증가, 소나무시들음병, 솔껍질깍지벌레 등
- 나무생장한계선의 변화, 경계지역 식생의 변화
- 산성비에 의한 산림토양 피해, 토양생물 피해, 나무의 쇠퇴

문제 4 산림의 공익적 기능

- 국토수호, 수자원 함양, 심미적 기능, 경관 조성 기능, 쾌적한 환경 제공 등
- 공부조절문화

문제 5 산림의 공익적 기능 증진 방안

- 기후변화에 강한 숲 조성
- 남북으로 길게 숲을 조성
- 다층 혼효림 조성
- 산림조성을 통한 사회공헌(공헌형 산림탄소 상쇄)

3 공통답안에 대해서(논술에서)

Ⅱ. 기후변화

Ⅲ. 산림쇠퇴 현상

Ⅳ. 산림의 공익적 기능 증진 방안

Ⅱ. Ⅳ.와 같은 항목은 다양한 문제에 서술될 가능성이 있는 답안이다. 이런 사항을 "공통답안"
으로 하고, 중요하니 따로 정리한다.

4 답안 채점 시 키워드 확인 방법

① 채점할 때는 수험자의 답안을 체크하며, 출제자가 요구한 답안과 공통적인 키워드가 있는지를 확인한다.

② 그래서 많이 쓰기보다는 정확하게, 다양한 형태로 써야 한다.

③ 문제는 정확하게 알지 못하거나, 정확하게 기억 못하는 데 있다.

④ 정확하게 기억하는 방법은?

손으로 적어서 노트를 만들고, 만든 노트를 반복해서 읽는 것이다.

5 답안작성 요령 정리

1) 논리가 깔린 제목 전개

① 질문의 요지에 맞춘 서술

② 질문 속에 답이 있다.

2) 한 단계 큰 틀에서 접근하여, 작은 가지를 퍼뜨린다.

① 목차는 글의 뼈대다.

② 뼈대 있는 글은 잘 읽힌다.

③ 세부적인 내용은 자신 있는 부분만 서술한다.

3) 목차와 정의만으로 논술 연습

① 모르는 항목을 용어로 정리한다.

4) 용어는 고유번호를 붙여서 관리한다.

① 과목별로 붙여서 관리하면 나중에 편해진다.

5) 글씨를 예쁘게 못 쓴다면 자음을 크게 쓰는 연습을 한다.

① 예쁜 글씨는 자음의 변형이다.

② 한글 글씨의 뼈대는 자음이고, 모음은 장식이라고 생각하라.

6) 시공 경험이나 사례가 있으면 따로 정리해 둔다.

① 숲 가꾸기, 사방댐, 임도, 병충해방제 등

→ 내 손으로 내 노트에 정리한 자료가 더 오래 기억된다.

6 그룹 스터디의 원칙

① 자료 정리는 본인의 손으로

② 처음 접하는 정보는 일단 손으로 써 본다.

③ 비난 금지, 대안 제시

④ 주제별 하나 이상 의견 제시

⑤ 수용은 자기 답안지에

⑥ 타자보다 필기

참고

1. 적자생존

natural selection?

① 찰스 다윈의 진화론에 나오는 자연 선택된 개체군?

② 아닙니다. 주관식 시험에서는 잘 적어야 하므로 노트에 잘 정리해서 적은 사람만 살아남는다는 이야기입니다.

③ 적는다고 무작정 적어서는 살아남지 못한다. 3단계로 정리한다.

예쁘게 잘 쓰려고 하지 마십시오. 필기가 목적이 아닙니다. 우리의 목적은 정확한 기억입니다.

– 1단계: 정독하고 정확히 이해한다.

– 2단계: 키워드 위주로 흐름을 필기한다.

– 3단계: 암기가 잘 안되는 항목은 따로 압축한다.

2. 행복한 암기(3단계 암기)

① 일단 새로운 정보를 만나면 그 정보를 읽는 데 그치지 말고 암기한다.

2 단어 또는 3 단어만 암기한다. 주제+2단어=3단어

② 암기한 단어로 설명한다.

이 과정은 그 자리에서 하지 않아도 된다.

이 과정에서 이해와 암기가 병행된다.

③ 이제 핵심 키워드만 적어서 반복한다.

이렇게 하면 노트 필기량은 획기적으로 줄고, 암기는 구체화 된다.

우리의 목적은 정확한 기억이다.

– 1단계: 정독하고 키워드를 두 개 정도 고른다.

– 2단계: 키워드 위주로 흐름을 설명해 본다.

– 3단계: 핵심 키워드로 압축한다. 그리고 필기한다. 필기한 것을 반복하여 읽는다.

주제를 읽고 생각해 보기

"문제 1. 지구의 환경문제와 국제동향"이라는 문제를 읽었을 때 어떤 답안을 작성할 것인가를 고민해 보자. 답안으로 작성할 내용을 추리면 아래와 같을 것이다.

1 **지구에서 인류가 직면한 문제는?**

전쟁과 기아, 종교 간 갈등, 국가 간 갈등, 민족 간 갈등, 인구 증가와 환경용량, 기후변화, 생물다양성 고갈, 성층권 오존층 파괴, 사막화, 폐기물, 산림 파괴

→ 어디서, 누가 이런 문제에 대한 해결 방법을 구체화했을까요?

구체화한 결과가 무엇일까요?

답은: ① ________________________________

② ________________________________

■ 환경 및 산림 관련 국제 동향 요약

문제	해결 방법	국제 동향
환경용량	지속 가능한 개발	• 브룬트란트 보고서: 미래세대, 형평성 • UNEP: 천연자원 보전, 합리적 사용
기후변화	온실가스 감축	• UNFCCC, 교토의정서, IPCC, 신기후체제
생물 다양성 고갈	생물자원의 보호, 보전	• UNFCBD, 나고야의정서, IPBES
오존층 파괴	프레온 가스 사용 억제	• 몬트리올의정서
사막화	식재, 최빈국 지원	• 사막화방지협약
폐기물		• 바젤협약, 런던협약
열대우림 파괴	열대우림 보전	• 목재생산인증

2 국제동향

① 1798 인구론, 맬더스: 인구의 딜레마

　– 인구는 기하학적으로 증가, 식량 생산은 산술적으로 증가

　– 인구 폭발=인류 종말 → 현실은 국경에 의한 "인구절벽"

② 1968 로마클럽 "성장의 한계"

③ 1972 유엔인간환경회의 – 인간환경선언

④ 1980 세계 보전전략 – sustainable development

⑤ 1987 브룬트란트 보고서, our common future, "지속 가능한 개발"

　– 세계환경개발위원회(WCED), 미래 세대의 필요를 희생시키지 않는 개발

⑥ 1992 리우 UNCED

⑦ 1997 교토의정서 UNFCCC 3차 COP 온실가스감축 ET, JI, CDM

⑧ 2000 카르타헤나의정서 UNFCBD 유전자변형생물의 국가 간 이동

⑨ 2010 나고야의정서 UNFCBD 10차 COP PIC → MAT's → ABS

⑩ 2015 신기후체제 출범(나라별 기여 방안, INDC's)

3 리우선언의 주요 내용

환경과 개발에 관한 리우 선언(27개 선언문 중 중요 부분, 전문/1부/2부/3부/4부)

1) 전문 제1장

　– **원칙1:** 인간을 중심으로 지속 가능한 개발이 논의되어야 한다. 인간은 자연과 조화를 이루는 건강하고 생산적인 삶을 향유하여야 한다.

　– **원칙2:** 각 국가는 유엔 헌장과 국제법 원칙과 조화를 이루면서 자국의 환경 및 개발 정책에 따라 자국의 자원을 개발할 수 있는 주권적 권리를 갖고 있으며, 자국의 관리구역 또한 통제 범위 내에서의 활동이 다른 국가나 관할범위 외부 지역의 환경에 피해를 끼치지 않도록 할 책임을 갖고 있다.

　– **원칙3:** 개발의 권리는 개발과 환경에 대한 현재 세대와 미래 세대의 요구를 공평하게 충족할 수 있도록 실현되어야 한다.

　– **원칙4:** 지속 가능한 개발을 성취하기 위하여 환경보호는 개발 과정의 중요한 일부를 구성하며 개발 과정과 분리시켜 고려되어서는 안 된다.

중략

　– **원칙27:** 각 국가와 국민들은 이 선언에 구현된 원칙을 준수하고 지속 가능한 개발 분야에서의 관련 국제법을 한층 발전시키기 위하여 성실하고 동반자적 정신으로 협력하여야 한다.

2) 제2부 자원의 보존 및 관리 부문

- 제10장 토지자원의 통합적 기획 및 관리: 정보 교환 강화를 위한 지역적 조직의 설립 등
- 제11장 산림황폐 방지: 산림의 다양한 기능에 대한 교육, 임산물 수확 방법 개선 등
- 제12장 사막화 가뭄 방지: 사막화되지 않은 건조지 시급한 예방조치, 식림계획 촉진 등
- 제13장 지속 가능한 산지 개발: 동물, 산림의 보호와 개발의 조정 강화, 환경교육 지원

4 환경문제에 대한 산림 분야 대응

1) RED, REDD, REDD+, REDD++

① 개발도상국 산림 전용 방지

② 개념의 확대

③ Reduction Emission from Deforestation & forest degradation

④ +의 의미(+ 플랜테이션, ++ 일반토지의 산림 전환)

2) LULUCF

① 토지이용의 변화

② land use and land use change of forestry

③ 마라케시 합의문

3) 목재인증제도

① ISO 인증

- International Organization for Standardization
- 국제표준화기구

② PEFC 인증

- Programme for the endolsement of Forest Certification schemes
- 범유럽 산림 인증기구
- 유럽, 미국, 캐나다를 중심으로 한 비영리 공익단체
- 나무와 종이 제품의 구매과정에서 환경이 파괴되지 않고, 산림을 관리하도록 보장해 주는 활동을 주로 하는 기구
- 나무 한 그루가 제조에 사용되면, 다시 한 그루를 심어야 하는 제도를 추진하는 단체
- 인증 면적 2.4억 ha, 2013년 기준
- 개별 국가 인증 인정

③ FSC 인증

- Forest Stewardship Council, 산림관리협회

- 인증 면적 1.7억 ha, 2013년 기준

- 국가 인증 불인정

4) 한국 임업진흥원 인증

① 국내 산림 인증, PEFC와 연계 추진 중

5 몬트리올 프로세스

① montreal process

② 태평양 연안 국가들의 온 · 한대림의 지속 가능한 경영에 관한 기준 및 지표를 개발하기 위해 진행된 회의 과정에서 결정된 기준과 방향

③ 지속 가능한 산림자원 관리지침에 반영

1) 지속 가능한 산림자원 관리 기본 방향

① 산림기본법 제13조의 1 → 산림경영평가기준

② SFM의 기준 지표측정

- 지속적인 모니터링 → 산림자원의 보전과 관리

- 산림의 생물 다양성 보전

③ 유전자, 종, 서식지, 산림 형태, 영급 등

- 산림의 생산력 유지 증진

④ 면적, 수종, 임산물 생산량 등

- 산림의 건강도와 활력도 유지 증진

⑤ 병해충, 산불, 대기오염, 그로 인한 피해 면적 등

- 산림 내의 토양 및 수자원의 보전 유지

⑥ 침식, 보안림, pH, pF, CEC, EC, 표토 유실 등

- 산림의 지구 탄소순환에 대한 기여도 증진

⑦ CO_2 저장 흡수 배출량

- 산림의 사회 경제적 편익 증진

⑧ 임산물 생산, 소비, 산림휴양, 생태관광 투자

- 지속 가능한 산림관리를 위한 행정절차 등 체계정비

⑨ SFM 지원 정책 수단과 법률 등 지원시스템

6 제6차 산림기본계획(우리정부 산림정책)

1) 비전

① 일자리가 나오는 경제산림

② 모두가 누리는 복지산림

③ 사람과 자연의 생태산림

2) 기간

2018년~2037년

3) 2037 목표 및 기대효과

① 건강하고 가치 있는 산림

 – 국민 1인당 산림공익 가치 증진

 – 목재자급률 재고

② 양질의 일자리와 소득 창출

 – 산림 분야 일자리 창출

 – 임업인 소득 증대

③ 국민행복과 안심국토 구현

 – 산림복지 수혜인구 비율 재고

 – 산림재해로 인한 피해액 경감

④ 국제 기여 및 통일 대비

 – 지속가능발전목표(SDGs) 이행률 재고

 – 북한 황폐산림 복구

7 우리나라의 산림정책 변화

① 1960년대 정부의 숲 보호정책

② 1973년 치산녹화 정책 1차, 2차

③ 1988년 숲의 자원화 3차

④ 1998년 지속 가능한 산림 기반 구축 4차

⑤ 2001년 SFM – 산림기본법의 기본 이념

⑥ 2008년 제5차 산림기본계획 – 온 국민이 숲에서 행복을 누리는 녹색복지국가

⑦ 2018년 제6차 산림기본계획 일자리 경제, 모두의 복지, 사람과 생태(20년 단위 계획으로 변경)

핵심 06 이명명명법(binomial system, 二名命名法)

1 생물의 분류 방법

① 인위 분류 Linnaeus(1753)

② 자연 분류

③ 계통 분류 O → 조손관계(祖孫關係)

2 학명

① scientific name, 전 세계에서 통용되는 이름

   * 향명: 일정한 법칙과 규칙이 없음 → 혼란 야기

② 소나무의 학명: *Pinus densiflora* – 소나무의 향명: Japanese pine, 소나무

3 학명 표기 방법

① 라틴어 또는 라틴어화 된 영어를 사용한다.

② 조팝나무의 학명 표기

   – 속명+종명(종소명)+변 · 품종+명명자

   – *Spiraea pruntifolia var. simpliciflora*

   – var.(변종,variety) simpliciflora nakai(명명자)

   – for. 품종(forma)

4 속명(Generic Name)

① 대문자로 시작한다.

5 종소명(Specific Epithet)

① 소문자로 시작한다.

② 고유명사는 대문자로 시작한다.

07 나무의 학명 표기법

1 학명(이명법)

① 시초: 1753년, Linnaeus, 이명법[속명+종명]

② 학명: 과학적 명칭이라는 뜻

　속명 – 종명 – 명명자의 이름

예　*Pinus*　　　*densi*　　　*flora*　　　*Siebold*　　　*et Zuccarini*
　뾰족한 것　　춤추는　　　꽃가루　　　명명자　　　　이름

－ us: 남성형 어미, －a: 여성형 어미, －um: 중성형 어미

－ 속명은 대문자로 시작

－ 종명은 소문자. 종명을 사람의 이름으로 쓰기로 하면 대문자

－ 명명자의 이름은 생략하는 경우가 많다.

2 binomial system(二名命名法, 이명명명법)

1) 분류법

① 인위 분류: 린내우스(1753)

② 자연 분류

③ 계통 분류: 조손(祖孫) 관계, 생물학적 유연관계

2) 학명(scientific name)

① 전 세계에서 통용되는 이름

　＊학명: 일정한 법칙과 규칙이 없다. → 혼란 야기

3) 표기 방법

① 언어는 라틴어 또는 라틴어화

② 속명+종명(종소명)+변종, 품종+명명자

③ 반송 *Pinus densiflora for. multicaulis Uyeki*

- var. variety: 변종

- for. forma: 품종

4) 속명(Generic Name)

5) 종소명(Specific Epithet)

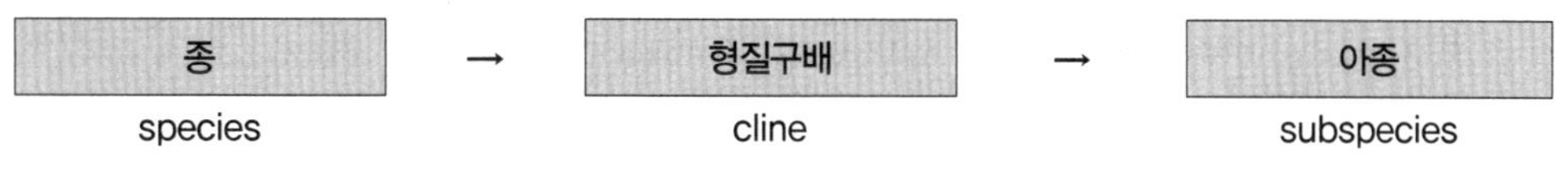

3 종과 아종

① 종(species)

㉠ Ernst Mayr, 1942

- 실제로도 가능성에 있어서도 상호교배 가능한 자연적 집단

- 다른 집단과 생식적으로 격리

㉡ 다른 종과 구별되는 특징

- 유전자 구성

- 생식적 격리

- 특유의 형질: 형태적, 생리적, 생태적

② 형질구배(cline)

환경요인의 영향으로 형태의 차이가 지리적으로 이행되는 현상

③ 아종(subspecies)

㉠ 지리적 격리에 의해 파생한 개체군

㉡ 형태적 차이 인정, 생리적 격리 불완전

㉢ 분류학상 명명대상 sub.

> **참고** 에른스트 마이어(Ernst Walter Mayr, 1947~2005)
>
> 독일 출신의 미국 진화생물학자. 신다윈주의 학자로 20세기의 가장 유명한 진화생물학자로 꼽히며 '20세기의 다윈'이라고 불린다. 조류분류학, 집단유전학, 진화론 연구로 유명하며, 특히 독자적으로 생물학의 역사와 철학 분야를 개척한 학자로 평가받는다.
>
> - **별칭**: 20세기의 다윈
> - **국적**: 미국
> - **활동 분야**: 진화생물학

4 **라틴어**

① 라틴어는 서유럽 언어의 기초

② 수목을 구분할 때 학명은 선택이 아닌 필수다.

③ 다른 사람들이 다 포기해도, 나는 포기하지 않는다.

④ 영어식으로 읽어서는 라틴어 학명을 기억하기 힘들다.

⑤ 학명은 라틴어로 되어있으니, 나무의 학명을 라틴어 발음으로 읽어보자.

5 **라틴어 발음**

① 영어와 달리 라틴어는 소리 나는 대로 읽는다.
 - A아 B베 C체 D데 E에 F에프 G게 H하 I이 J요트 K카 L엘 M엠 N엔 O오 P페 Q쿠 R에르 S에스 T떼 V우 X익스 Y하이 Z제타
 - Veritas vos liberabit.

> **참고** 웨리따스 우오스 리베라빗
>
> Veritas 진리가 vos 너희를 liberabit. 자유롭게 하리라.

6 **모음 발음**

① 고음 I[이], V[우] 읽을 때

② 중음 E[에], O[오] 읽을 때

③ 저음 A[아] 읽을 때

④ "−" 런 마크 A, E, I와 함께 사용 "길게 읽기"

⑤ 중모음 AE[애] AU[오] OE[외] JA[야]

⑥ japonica [야포니카, 야뽀니까] 일본

7 **자음 발음**

① B ㅂ C ㄲ D ㄷ F f H ㅎ K ㄲ L ㄹ M ㅁ N ㄴ P ㅃ Q ㄲ R r S ㅅ T ㄸ V u X ㄱㅅ

② *Buxus*[북수스] 회양목 *microphylla* VAR. koreana NAKAI

③ 복자음 CH[크] PH[프] TH[트] QU[구] Quercus[궤르쿠스, 궤르꾸스] 참나무속

④ C+a → 까

　－ o → 꼬

　－ u → 꾸

　－ e → 체 *Picea*[피체아] 가문비나무속 *jezoensis*,－ensis 지명접미사

　－ i → 치

　－ *Acer*[아체르] 단풍나무속 [ca까co꼬cu꾸ce체ci치]

⑤ G+a → 가

　－ o → 고

　－ u → 구

　－ e → 제

　－ i → 지

　－ *gigantea*[지간테아] [ga가go고gu구ge제gi지] 거대한 것

⑥ ti+a → 시아

　－ o → 시오

　－ u → 시우

　－ e → 시에

　－ i → 시이

⑦ gn+a → 냐

　－ o → 뇨

　－ u → 뉴

　－ e → 녜

　－ i → 니

예 *agnus*[아뉴스: 라틴어 X, 희랍(고대그리스)어 O, 양, sheep *Elaeagnus umbellata*
[엘라에아뉴스 움벨라타] 보리수나무 신의양 우산모양

⑧ 묵음

　－ ptera－ [테라] 날개의

관련 교재 및 법령

1 관련 교재

① 총론: 산림과학개론, 임학개론(향문사, 강원대학교출판부)

② 조림: 조림학 이돈구 향문사

③ 숲의 생태적 관리(이돈구) 서울대학교 출판부

④ 조림학원론, 조림학본론(임경빈) 향문사

⑤ 산림생태학, 수목생리학(이경준), 산림보호학, 수목학, 임목육종학

⑥ 경영: 산림경영학, 임업경영학, 산림측정학, 산림정책학 향문사

⑦ 임도: 임업토목공학 우보명 향문사

⑧ 사방: 사방공학 전근우 향문사

⑨ 개정 사방기술교본 산림청

⑩ 월간지 산림(산림조합중앙회 발간)

⑪ 산림청 홈페이지

⑫ 임업진흥원 홈페이지

⑬ 기타 관련 도서: 산림토양학, 진균병리학, 산림환경 보전학, 조경나무학, 종자학, 종자생산과 관리, 목재공학, 목재조직과 식별, 목재물리 및 역학 등

2 관련 법령

☞ 법의 위계: 법, 령, 규칙, 조례, 행정규칙(고시), 매뉴얼, 지침 등

1) 산림기본법

① 국민 삶의 질 향상, 국민경제의 건전한 발전, 산림기능 증진, 임업발전 도모, 산림정책의 기본사항 결정

② 이념: 산림의 보전 이용, 지속 가능한 산림경영

③ SFM(Sustainable Forest Management)

④ 산촌의 정의: 산림면적/전체면적=70% 이상, 인구수가 전국 평균 이하, 경지면적이 전국 평균 이하

2) 산림자원의 조성 및 관리에 관한 법률

① 국토 보전, 경제발전, 국민 삶의 질 향상

② 산림의 지속 가능한 보전과 이용

③ 산림자원 조성관리=산림자원+산림사업

3) 산지관리법

국민경제발전, 국토환경 보전, 임업발전, 공익기능 증진, 산지의 합리적 보전 이용

4) 산림문화휴양에 관한 법률

① 국민 삶의 질 향상, 쾌적 안전 서비스 제공

② 산림문화 휴양 자원 보전이용관리에 관한 사항 규정

③ 산림을 이용한 인간의 생활양식 → 문화

④ 심신 휴식, 치유, 휴양 목적의 숲 이용

5) 산림보호법

① 국토 보전, 국민 삶의 질 향상, 산림을 건강하고 체계적으로 보전

② 산림보호구역의 관리 방법: 병해충 예찰방제, 산불 예방 진화, 산사태 예방 복구

- 산림기본법
- 산림자원의 조성 및 관리에 관한 법률
- 산지관리법
- 산림문화 · 휴양에 관한 법률
- 산림보호법
- 임업 및 산촌 진흥촉진에 관한 법률
- 해외농업개발협력법
- 산림복지 진흥에 관한 법률
- 산림교육의 활성화에 관한 법률
- 탄소흡수원 유지 및 증진에 관한 법률
- 저탄소 녹색성장 기본법
- 목재의 지속 가능한 이용에 관한 법률
- 사방사업법

　　　－ 국유림의 경영 및 관리에 관한 법률

　　　－ 수목원·정원의 조성 및 진흥에 관한 법률

　　　－ 산림기술진흥법

3 행정규칙, 지침, 매뉴얼 등

　　　－ 지속 가능한 산림자원 관리지침

　　　－ 조림 설계·감리 및 사업시행 지침

　　　－ 숲 가꾸기 설계·감리 및 사업시행 지침

　　　－ 임도설치 및 관리 등에 관한 규정

　　　－ 사방사업의 설계·시공 세부기준

　　　－ 사방사업의 시공·감리 업무지침

　　　－ 산림병해충 방제사업 설계감리 및 사업시행 요령

　　　－ 기준벌기령 및 벌채기준(산림자원 조성관리법 시행령 별표)

　　　－ 가로수 조성 및 관리규정

　　　－ 소나무재선충 방제매뉴얼 등

09 산지의 구분

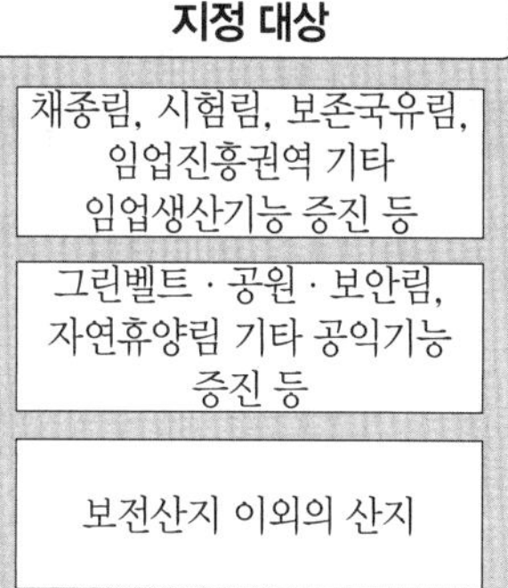

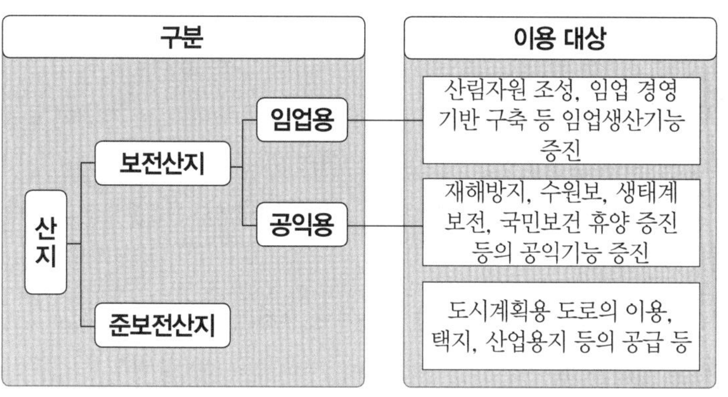

구분	이용 대상	지정 대상
보전산지 — 임업용	산림자원 조성, 임업 경영 기반 구축 등 임업생산기능 증진	채종림, 시험림, 보존국유림, 임업진흥권역 기타 임업생산기능 증진 등
보전산지 — 공익용	재해방지, 수원보, 생태계 보전, 국민보건 휴양 증진 등의 공익기능 증진	그린벨트 · 공원 · 보안림, 자연휴양림 기타 공익기능 증진 등
준보전산지	도시계획용 도로의 이용, 택지, 산업용지 등의 공급 등	보전산지 이외의 산지

▲ 산지별 지정 목적 및 대상

1 임업용 산지

임업생산기능 증진

① 채종림 시험림의 산지

② 보전국유림의 산지

③ 임업진흥권역

2 공익용산지

공익기능

① 자연휴양림

② 사찰림

③ 산지전용, 산지일시사용제한지역

④ 야생동식물 보호구역

⑤ 자연공원, 공원구역

⑥ 문화재 보호구역

⑦ 상수원 보호구역

⑧ 개발제한구역 내의 산지

⑨ 국토의 계획 및 이용에 관한 법률상 녹지구역

⑩ 생태경관 보전지역

⑪ 습지보호지역

⑫ 특정도서지역

⑬ 백두대간보호지역

⑭ 산림보호구역

3 보전국유림과 준보전국유림

- '국유림의 경영 및 관리에 관한 법률 시행령'
- '요존국유림(要存國有林)'은 ' 보전국유림', '불요존국유림(不要存國有林)'은 '준보전국유림'
  으로 2017년 5월 개정

☞ 보전국유림: 목재생산 등의 목적으로 일정 면적 이상 국가가 소유하여야 하는 숲

☞ 준보전국유림: 보전국유림을 제외한 숲

핵심 10

산림의 공익적 기능 평가

1 산림의 공익적 기능 구분

평가 기능			평가 방법
대분류	중분류(12개)	소분류	
수원 함양	수원 함양 기능	수원 함양	대체비용법
	산림정수기능	산림정수	〃
산림재해방지	토사유출 방지기능	토사유출 방지	〃
	토사붕괴 방지기능	토사붕괴 방지	〃
생활환경 보전	온실가스 흡수기능	이산화탄소 흡수	〃
		목재제품 탄소 저장	〃
	대기질 개선기능	대기질 개선	〃
	산소 생산기능	산소 생산	〃
	열섬완화기능	열섬 완화	〃
산림휴양	산림휴양기능	산림휴양	여행비용법
	산림치유기능	산림치유	회피비용법
자연환경 보전	생물 다양성 보전기능	유전자 보전	이용가치법
		종 보전	조건부가치법
		생태계 보전	〃
경관	산림경관기능	산림경관	헤도닉가격법

> **참고** 산림의 공익기능 평가 방법 = 환경의 공익적 기능 평가 방법

① **대체비용법**: 산림으로부터 받는 혜택을 대체하는 데 드는 비용으로 평가하는 방법
② **여행비용법**: 여행에 소요되는 비용을 이용하여 평가하는 방법
③ **회피비용법**: 질병위험을 회피하는 행위와 관련된 편익을 평가하는 방법
④ **이용가치법**: 산림자원을 이용하여 얻는 가치로 평가하는 방법
⑤ **조건부가치법**: 비시장재의 질과 양의 변화에 대해 지불의사액으로 평가하는 방법
⑥ **헤도닉가격법**: 자산에 포함된 환경 속성의 가치를 평가하는 방법

2 산림의 공익적 기능 평가

2014년 공익기능을 측정하여 2016년 산림과학원 발표

① 산림공익기능의 총평가액은 126조 원으로 국내총생산(GDP)의 8.5%에 해당, 산림이 국민 1인당 249만 원의 혜택을 주는 것으로 평가되었다.

    – 농림어업총생산의 4배, 임업총생산의 65배

    – 산림청 예산(1.9조 원)의 67배

② 기능별로는 토사유출 방지기능(총평가액의 14%)이 18.1조 원, 산림휴양기능이 17.7조 원(14%), 수원 함양 기능이 16.6조 원(13%) 순으로 평가되었다.

■ 기능별 평가액

순위	기능	평가액 (조원)	점유율 (%)	순위	기능	평가액 (조원)	점유율 (%)
1	토사유출 방지	18.1	14	7	산림정수	9.9	8
2	산림휴양	17.7	14	8	토사붕괴 방지	7.9	6
3	수원 함양	16.6	13	9	대기질 개선	6.1	5
4	산림경관	16.3	13	10	온실가스 흡수	4.9	4
5	산소 생산	13.6	11	11	산림치유	2.4	2
6	생물 다양성	11.1	9	12	열섬 완화	1.1	1

> **참고** 산림의 공익기능
>
> ① 이산화탄소 흡수, 산소 생산, 대기 정화
> ② 수원 함양
> ③ 경관 조성(산림조망권)
> ④ 휴양기능
> ⑤ 토사유출 방지
> ⑥ 토사붕괴 방지
> ⑦ 정수기능
> ⑧ 생물 다양성 보전
> ⑨ 야생동물 보호
> ⑩ 산림치유

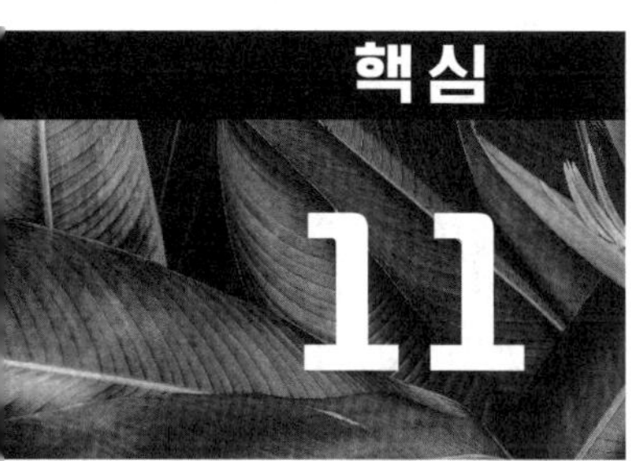

핵심 11

공익적 기능 평가 방법

기능	평가 방법
수원 함양 기능	산림이 저장하는 물저장량을 댐건설로 저장하기 위하여 소요되는 비용으로 산출
산림정수기능	산림이 물을 정수하는 양을 상수도 시설에 의해 정수하는 데 소요되는 비용으로 산출
토사유출 방지기능	토사유출 방지량을 사방댐 건설로 방지하는 데 소요되는 비용으로 산출
토사붕괴 방지기능	산림의 토사붕괴(산사태) 방지 면적을 산사태 복구 비용으로 산출
온실가스 흡수 (이산화탄소 흡수)	산림이 흡수하는 이산화탄소량을 발전소의 이산화탄소 처리비용으로 산출
(목재제품 탄소 저장)	국산 목제품에 저장된 탄소량을 발전소 이산화탄소 처리 비용으로 산출
대기질 개선	이산화황, 이산화질소, 오존, 미세먼지 등의 흡수량을 제거하는 데 소요되는 비용으로 산출
산소 생산	산림이 발생하는 산소 생산량을 산소 가격을 적용하여 산출
열섬완화기능	여름철 도시림의 온도조절기능 때문에 전력소비량을 감소하는 비용으로 산출
산림휴양기능	산림휴양을 위해 지출한 여행비용으로 산출
산림치유기능	등산활동에 의한 면역체계 강화로 절약되는 의료비용으로 산출
생물 다양성 보전기능	
(유전자 보전)	바이오산업에 기여하는 산림자원 가치로 산출
(종 보전)	포유류, 조류 및 육상식물의 보전 가치를 지불의사금액으로 산출
(생태계 보전)	생태계 보전 가치를 지불의사금액으로 산출
산림경관기능	주택가격 내 산림경관 속성 가치로 산출

산림입지

- 산림입지=산림환경=forest environment
- 환경=물, 흙 등 비생물적 환경요인+식물과 동물이라는 생물적 환경요인

1 정의

임목의 생육에 영향을 주는 토양 · 지형 · 기후 · 생물 등이 종합적으로 작용하는 자연환경

2 산림환경의 중요성

① 산림환경을 분석하면 수종과 갱신법의 결정, 지력 유지와 토양 개량 등에 도움이 된다. 독일에서는 19세기 중기에 라만 등의 학자들에 의하여 산림환경 분석이 시작되었고, 임학 분야에서는 산림환경을 산림입지라는 표현으로 사용하였다.

② 산림환경의 현황을 파악하고, 산림환경을 변화시키는 원인과 그 영향을 조사 및 분석하는 것은 산림생태계를 보전하고, 관리하며 산지재해 방지와 생산력 증진, 산림해충의 종합방제 방법 등 산림기술 개발의 초석이라고 할 수 있다.

3 숲의 관리 필요성(=숲 가꾸기의 필요성)

① 숲은 하나의 커다란 생명체

② 숲의 생명체: "생산자-소비자-분해자"의 순환고리

③ 순환고리에 문제가 생기면 숲 생태계 전체가 불안정해지고 사라질 수도 있다.

④ 숲의 변화=천이: 초기~극상, 일련의 흐름

⑤ 인간의 활동은 생태계의 천이과정에 항상 영향을 준다.

⑥ 임업은 숲의 생산과 이용성을 높이고자 천이과정을 조절하는 활동들이었다.

⑦ 숲을 가꾸는 목적

- 경제적인 숲: 사람에게 필요한 물질 생산

- 생태적인 숲: 여러 생물들의 조화로운 생존

- 숲을 가꾸는 시기를 놓치면 경제적 가치 하락, 생태적으로 불안정하여 인간의 간섭을 받아 온 숲은 생태적 구조와 기능이 매우 허약하기 때문에 더욱 적극적인 관리가 필요하다.
- 숲의 갱신과 조림에 있어서 수종 선택은 향후 그 지역의 극상을 이루게 될 수종과 잠재식생을 고려하여 이루어져야 한다.
- 잠재식생: 미래에 그 지역에 극상을 이루게 될 식생
- 식생: 나무와 식물사회를 이루는 군집

13 지속 가능한 산림관리

● Sustainable Forest Management, SFM

1 생태적 숲 관리와 환경적 숲관리

① 생태적 숲관리=수종과 입지(site) 사이의 생태적 원리. 입지에 맞는 갱신(regeneration)을 강조

② 환경적 숲관리=환경이 인간을 안전하게 하고, 인간사회에 알맞게 이용되고, 토양, 물, 생물 등 모든 숲의 구성인자들을 보호할 수 있도록 숲을 가꾸고 갱신

  – 숲의 생태적 기능+경제적 기능 제고

  – 인문 사회 문화 발전에도 기여

  – 관리목표에 따라 숲을 지속적으로 올바르게 관리하는 것

2 지속적이고 다기능적인 숲의 관리

① 산림생태계의 고유한 기능 지속+차세대의 변화 가늠

② 최대한의 목재를 생산하는 것 지양

③ 다양한 숲관리와 체계적인 작업이 필요

  – 숲의 사회 경제적인 수용력 제고

  – 산림기능의 파악과 객관적인 정의

  – 새로운 숲기능의 중요성 및 평가

  – 보상문제의 해결

3 종합적인 숲의 관리

① 종합산림업(total forestry)

② 임업의 대상이 되는 교목이나 유용목을 포함하여 식물사회 구성원 모두가 숲 안에서 생태적인 구조와 기능을 담당할 수 있도록 하나의 시스템으로 숲을 관리하는 방법

③ 식물사회 구성원과 숲에 서식하는 곤충류와 포유류 등을 포함한 하나의 생태계 시스템으로 숲을 가꾸어서 이용하여 기후변화에 대응할 수 있도록 관리하는 것

4 산림통합관리의 필요성 대두

① 목재와 그 부산물을 생산하여 사회에 공급하는 임업의 개념은 이제 바뀌고 있다. 국민들은 이제 숲에서 목재를 얻기보다는 휴양하기를 원하고, 생물 다양성을 보전하여 장기적으로 생태계 서비스가 확충되는 것을 원한다. 숲이 가지는 수질 정화 및 수원 함양 기능을 확충하여 재해 감소와 함께 깨끗한 물을 장기적으로 공급받기를 원하고, 유일한 탄소흡수원으로서의 숲은 가꾸고 운영하는 방식에 따라 앞으로 대외 수출 정책에 이바지할 수 있는 정도가 크게 바뀔 수 있다. 이에 국제적으로 SFM이라는 개념이 숲의 관리를 위한 정책 방향으로 제시되고 있다.

② 우리나라의 산림정책은 치산녹화와 자원화 단계를 벗어나 산림복지를 적극적으로 지향하고 있다. 우리나라 산림정책의 큰 틀이 바뀌어야 할 시점에 와있다. 정책의 수요자이자 수혜자인 국민이 직접적으로 산림관리에 참여할 수 있는 정책을 마련하여야 한다. 국가주도형 산림관리에서 벗어나 국민들이 참여할 수 있는 산림통합관리로 정책의 주요한 틀을 바꾸어야 한다.

③ 지속 가능한 산림경영(SFM)은 숲이 생태적으로 안정된 구조를 가지고, 숲이 가진 다양한 생태적 · 환경적 기능이 지속적으로 유지 · 증진되도록 관리하여야 달성될 수 있다. 그러나 숲이 가질 수 있는 기능 중에서 특별히 더욱 증진하고자 하는 기능을 정책의 수요자인 국민이 직접 선택할 수 있게 한다면 좀 더 확실히 정책의 수요를 달성할 수 있을 것이다. 이를 달성하기 위해서는 국가주도형 하향식 산림관리보다는 산주와 지역주민 등 이해당사자 모두가 참여하는 참여형 산림관리로의 전환이 필요하다. 산림사업의 결정 단계에서부터 산림사업을 실행하는 단계와 산림사업 시행 후 사후관리를 하는 각 단계에서 이해당사자가 참여할 수 있는 방안을 마련하여야 한다.

> **참고**
>
> ① 산림통합관리
> - 국민 참여형 숲관리
> - 지속 가능한 산림경영
> - 생태적 환경적 숲관리
> - 종합적인 숲관리
>
> ② SFM 기본원칙
> - 몬트리올 process=산림자원관리 기본원칙
> - 생생토건탄사체

신기후체제

1 파리협정 주요 내용

① 2℃ 이하로 온도 유지

② 5년마다 감축 목표 제출

③ 새로운 국제 탄소시장 구축

④ 기후변화 적응력 제고

⑤ 목표 달성 수단 강화

⑥ 이행상황을 투명하게, 주기적으로 점검

2 신기후체제와 교토의정서 비교

교토의정서	→	파리협정(신기후체제)
기후변화협약에 의해 온실가스 감축 목표 수립	개념	2020년 이후 적용 교토의정서 대체
온실가스 배출량 감축	목표	2℃ 목표 1.5℃ 달성 노력
주로 온실가스 감축에 초점	범위	온실가스 감축, 적응, 기술이전 등
주로 선진국	감축 대상국	모든 당사국(공동의 차별화된)
하향식	목표 설정 방식	상향식
징벌적 규정(미달성 시 1.3배)	목표 불이행 시	비징벌적
특별한 언급 없음	목표 설정 기준	진전원칙
거의 없음(미국 중국 탈퇴)	지속 가능성	종료 시점 미규정, 지속적 대응
국가 중심	행위자	다양한 행위자의 참여 독려

산림토양

1 개요

① 우리나라의 산림토양의 분류는 자연적 계통분류 방식에 따라 높은 카테고리에서 낮은 카테고리로의 하강식 분류 방식을 채택하였다.

② 8 토양군 – 11 토양아군 – 28 토양형의 3단계 분류

2 산림토양의 분류

① 갈색 산림토양군

적윤한 온대 및 난대기후에 분포하는 토양으로 암갈색~흑갈색으로 부식을 다량 함유, B층은 갈색~암갈색의 광물질층인 산성토양으로 전국 산지에 대부분 분포하며 입목의 생육상태 양호

② 적 · 황색 산림토양군

해안 인접지의 홍적대지에 분포하며 퇴적상태가 견밀하고 물리적 성질이 불량한 토양이고, 적색은 건조한 지역에, 황색은 해풍의 영향으로 건조하고 견밀하며 통기성과 투수성이 불량하고 입목의 생육상태 불량

③ 암적색 산림토양군

석회암지역에 분포하며 약산성으로 모재층에 가까울수록 암적색이 강하게 나타나며, 견밀하고 통기성과 물리적 성질이 불량하며 입목의 생육상태 불량

④ 회갈색 산림토양군

퇴적암지역의 혈암, 이암, 회백질사암을 모재로 생성된 토양으로 과거 심한 침식을 받은 건조하고 점착성이 강한 회갈색토양, 통기성과 투수성이 불량하고, 임목의 생육상태는 극히 불량

⑤ 화산회 산림토양군

화산활동에 의해 생성된 토양으로 암적갈색~흑색으로 가비중이 매우 낮은 다공질토양으로 토립자의 결합력이 약하나, 유기물 함량이 높으며 인산고정력이 강하고 염기용탈이 쉽게 일어난다. 입목의 생육상태 양호

⑥ **침식 토양군**

산정 및 철형의 산복지형에 분포하고 토층의 일부가 유실된 토양, 층위 분화가 불완전하여 모재의 특성이 강하게 나타나고, 점토 및 유기물 등의 양분용탈이 심하며 보비력이 약한 토양, 임목생육상태 불량

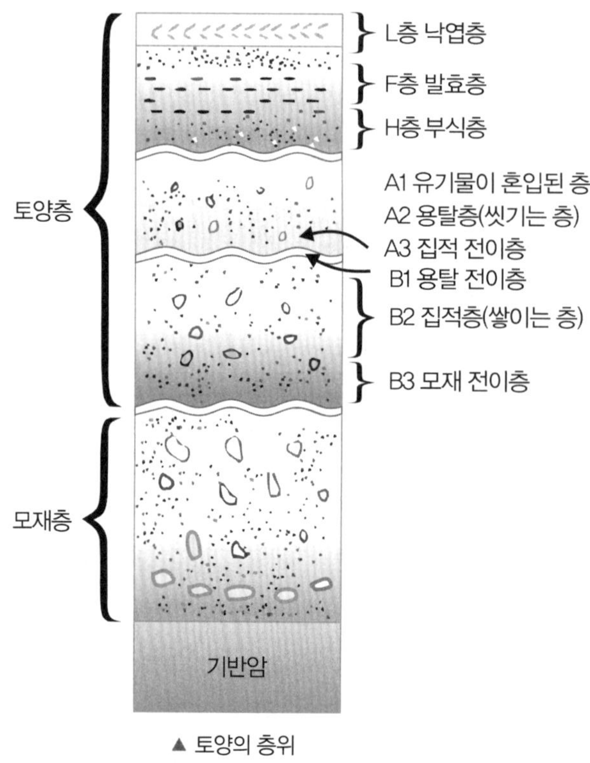

▲ 토양의 층위

⑦ **미숙 토양군**

주로 산록 하부 및 저산지에 출현하며 성숙토양과 달리 토양생성 시간이 짧아 층위의 분화 및 발달이 불완전한 토양이며, 보수력이 약하고 이화학적 성질이 불량하며 입목상태 불량

⑧ **암쇄 토양군**

산정 및 경사가 급한 산복사면에 주로 분포하며 A~C층의 단면 형태로 암쇄퇴적물이 섞여 있고 입자는 조립질이며 큰 자갈이 많다. 입목의 생육상태 매우 불량

1. 토양은 암석의 풍화물과 유기물의 혼합물로서

- 마그마가 굳은 ①기반암이
- 풍화와 침식으로 부서지며 ②모질물이 되고
- 모질물과 생물의 잔해가 썩어 ③표토가 되며
- 표토가 점점 쌓여 아래 층은 ④심토가 되며
- 이러한 과정은 수만~수백만년 소요됨(지구 나이 45.5억년)

2. 산림토양의 분류는

- 토양은 기후영향을 받는 성대토양과 모재의 영향을 받는 간대토양으로 구분
- 연평균 5℃ 이하의 개마고원 인근 아한대림의 포드졸 회갈색 포드졸 토양
- 연평균 14℃ 이상의 남부해안과 제주도 난대림의 적색 라테라이트 토양
- 연평균 5~14℃의 온대림의 낙엽수림대는 갈색 토양
  - 영월, 제천, 단양 등 석회암지대는 물리적 성질이 불량한 암적색 토양
  - 제주, 철원은 보비력이 좋은 화산회 토양
    → 간대토양
  - 서해남부 해안은 통기성이 불량한 적황색 토양
  - 동해남부 해안은 침식으로 점착성이 강한 회갈색 토양
    → 성대토양

2. 경사에 따른 산림토양

- 산정지역은 용탈이 심한 침식토양
- 산록 하부는 생성기간이 짧은 미숙토양
- 급경사지는 암쇄토양(li, 리토졸)으로 분류

핵심 16 한국의 산림 인증제도

1 개념

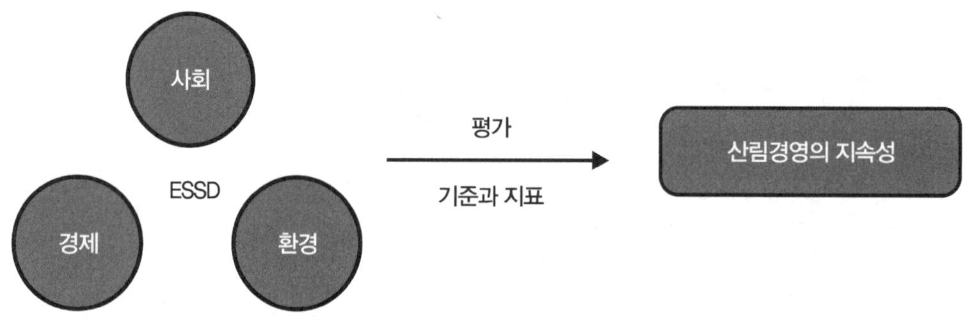

▲ 산림경영 지속성 평가 개념도

① 산림의 환경, 사회, 경제 지속성
② 객관적 기준과 지표로 평가

2 대상

① chain 인증: 산림 생산-유통과정-최종 제품
② SFM 인증: 소유자 및 경영자
③ 임산물 인증: chain of custody 인증, HWP 인증

3 유형

목재, 비목재, 펄프 및 기타

4 배출권 거래제 개념

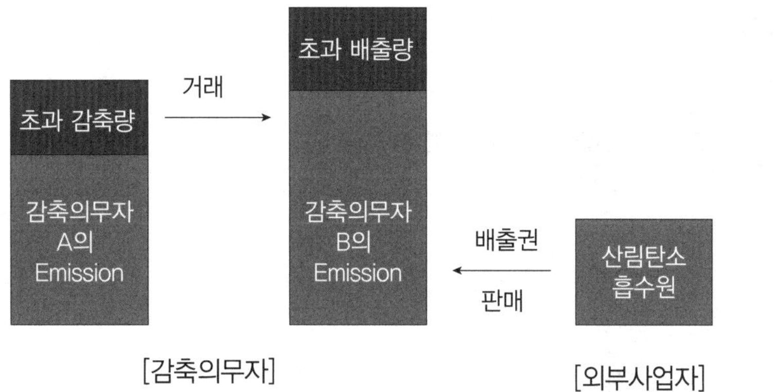

초과 배출량
초과 감축량
거래
감축의무자
A의
Emission
감축의무자
B의
Emission
배출권
판매
산림탄소
흡수원
[감축의무자]
[외부사업자]

01

산림 조성 및 보호

Professional Engineer Forestry

산/림/기/술/사

memo

Chapter

01

임업종묘

수목의 정의

● 측방분열 조직을 가지고 있어 직경생장을 하는 식물을 나무, 즉 수목으로 분류한다. 대나무와 야자나무는 직경생장을 하지 않으므로 풀로 분류한다. 목재로 이용되기 때문에 나무라는 이름이 붙었다. 청미래덩굴과 청가시덩굴 또한 직경생장을 하지 않으므로 나무로 볼 수 없지만, 겨울에 지상부가 나무와 같이 살아남기 때문에 관례적으로 수목도감에 실려 있는 풀이다.

1 수목(樹木)이란?

① 樹木의 樹는 나무 목(木), 악기 이름 주(壴), 마디 촌(寸)으로 구성되어 있다.

② 木은 상형문자로서 가지와 뿌리가 달린 나무를 의미하고, 풀(草)과 달리 뿌리가 강조되어 있다.

③ 壴의 土는 나무가 자라는 흙을, 묘는 제사에 사용하는 그릇처럼 윗부분이 넓은 수관의 모양을 나타낸다.

④ 寸은 손 手와 같은 뜻으로도 사용되는데, 이것은 나무를 손으로 심는다는 것을 나타낸다.

⑤ 부수인 나무 木을 제외한 세울 수(尌)는 설 립(立) 자와 같은 뜻으로 사용되었는데, 나무 자체가 서 있는 상태를 나타낸다.

⑤ 수목의 木은 베어 낸 나무, 즉 木材를 나타낸다. 수목이란 한자어는 살아서 서 있는 나무와 베어진 나무를 통틀어 말한다.

2 수목의 직경생장

① 수목의 직경생장은 형성층의 분열로 이루어진다.

② 수목의 직경생장은 줄기 끝에서 생성된 옥신에 형성층이 자극을 받아 시작된다. 수간 위에서 아래로 점진적으로 형성층이 자라기 시작한다.

③ 눈과 잎에서 생산되는 지베렐린(ga)과 뿌리에서 생산되는 사이토키닌의 상호작용에 의해 뿌리의 생장이 결정된다(kossuth & ross, 1987).

④ 직경생장은 정단조직에서 생산되는 지베렐린과 사이토키닌이 형성층의 생장을 결정한다(kramer & kozlowski, 1979).

3 수목의 정의

① 측방분열 조직을 가지고 있어 직경생장을 하는 식물

② 대나무와 야자나무는 직경생장을 하지 않으므로 풀로 분류

4 수목의 분류

① 나자식물, 겉씨식물, 700여 종

② 피자식물, 속씨식물, 250,000여 종

- 쌍떡잎식물 200,000여 종: 그물맥, 주근 발달

- 외떡잎식물 50,000여 종: 나란히맥, 수염뿌리 → 목본류 1,300여 종

5 분류학의 종류

① α분류학: 나무의 특징, 동정, 나무도감

② β분류학: 공통의 특징, 계문강목과속종

- 식물, 피자, 쌍떡잎, 장미, 콩, 싸리, 조록

③ γ분류학: 변이의 정도, 인위적 변형, 변이종의 변화 추정

- variety, VAR.

- forma, FOR.

참고 **식물의 분류**

- **선태식물:** 이끼식물, 최초로 육상생활에 적응한 식물의 뿌리, 줄기, 가지, 잎의 구분이 없고 꽃이 피지 않는다. 관다발도 없다.
- **양치식물:** 관다발은 있지만, 꽃이 피지 않고, 포자로 번식한다. 뿌리, 줄기, 잎이 구분된다.
- **구과식물:** 방울열매를 만드는 식물이다. 뾰족한 잎이 특징이어서 침엽수로 부른다.
- **현화식물:** 생식기관으로 꽃이 피며, 밑씨(배주, ovule)가 씨방 안에 들어 있어서 속씨식물로 부른다. 대부분의 활엽수가 여기에 속한다.

핵심 02 수목과 초본의 비교

1 수목과 초본의 비교

구분	수목(樹木, Trees)	초본(草本, Herbaceous Plants)
형태	목질화된 줄기와 가지	부드러운 초본질 구조
생장 방식	1차 및 2차 생장 모두 수행	1차 생장만 수행
생장 기구	형성층을 통한 2차 생장	1차 생장(형성층 없음)
수명	수십 년에서 수백 년	1년생 또는 다년생
목질화	리그닌 축적, 목질화	목질화 없음
재생 능력	줄기와 뿌리에서 코르크 형성층을 통해 재생 가능	주기적인 사멸과 빠른 재생
진화적 적응	기후 적응 및 장수 전략	빠른 생장과 번식, 환경 적응력
생태적 역할	탄소 저장, 서식지 제공, 기후 조절	빠른 생장, 초원, 습지 생태계에서의 에너지원

1) 개요

① 수목과 초본의 차이는 형태학적, 생리학적, 생태학적, 진화적 관점에서 분석될 수 있다.

② 수목과 초본은 식물계에 속하지만, 생장 방식, 구조적 특성, 수명, 진화적 적응 측면에서 명확한 차이를 보인다.

2) 수목과 초본의 차이점

① 형태학적 차이(Morphological Differences)

- 수목(樹木, Trees)은 목질화된 줄기와 가지를 가진 다년생 식물로 정의되며, 그 주요 특징은 2차 생장(secondary growth)이다.

- 수목의 줄기는 목질화되어 외부로부터 기계적 지지를 제공하며, 큰 크기와 오래 지속되는 생명주기를 가능하게 한다.

- 수목의 줄기에서 발생하는 2차 생장은 "형성층(cambium)"에서 이루어지며, 이 과정에서 새로운 목부와 체관부가 만들어져 나무의 지름이 증가한다. 이에 반해 초본(草本,

Herbaceous plants)은 목질화되지 않은 식물로, 주로 1차 생장만을 수행한다. 초본은 부드럽고 유연한 초본질 구조를 가지며, 줄기나 뿌리가 목질화되지 않아 크기와 생명 주기에서 수목에 비해 제한적이다.

- 초본의 경우 대부분의 종은 매년 새로운 개체가 자라나는 1년생 식물이거나, 짧은 수명을 가지는 다년생 식물로 존재한다. 이들은 일반적으로 높이가 낮고, 얕은 뿌리를 가지고 있으며, 급격한 생장과 번식을 통해 환경에 적응한다.
- 수목은 오랜 기간에 걸쳐 자라며, 몇백 년에 걸쳐 생장하는 개체들도 존재하는 반면, 초본은 한 해나 몇 년을 주기로 빠르게 생장 및 사멸한다.

② **생장 방식과 기계적 구조(Growth Patterns and Mechanical Structure)**
- 수목은 그 성장 과정에서 탑상형 생장(apical growth)과 방사형 생장(radial growth)을 모두 경험하며, 지상부와 지하부가 동시에 확장된다. 이러한 구조는 수목의 수직적 생장을 가능하게 하며, 대형 식물로 성장할 수 있는 기초를 마련한다. 특히 수목의 "2차 목부(secondary xylem)"는 물과 영양분을 나르며 동시에 기계적 지지를 제공하는 중요한 역할을 한다.
- 초본은 반면에 대부분의 경우 1차 생장에 의존하며, 줄기와 뿌리가 목질화되지 않고 유연한 상태를 유지한다.
- 초본의 생장은 주로 탑상형 생장에 의존하며, 크기가 작고 짧은 수명을 가진다.
- 초본은 수목과 달리, 환경의 변동에 더 민감하게 반응하며, 생존을 위한 생리적 메커니즘이 다르다.

③ **2차 생장과 목질화(Secondary Growth and Lignification)**
- 수목은 형성층을 통해 이루어지는 2차 생장을 한다. 2차 생장은 나무의 외부 줄기를 두껍게 만들며, 리그닌(lignin)이라는 성분의 축적으로 줄기가 단단해지고, 나무가 고도로 목질화된다. 이 과정은 수목의 기계적 강도를 증가시켜 강한 바람이나 기후 조건에서도 생존할 수 있는 기반을 마련해 준다.
- 초본은 대부분 목질화되지 않으며, 그로 인해 기계적 지지력이 부족하다. 리그닌이 축적되지 않기 때문에 초본의 줄기와 뿌리는 유연하며, 외부의 물리적 힘에 쉽게 손상될 수 있다.
- 초본은 1차 생장만으로 성장을 마무리하며, 목질화된 구조를 가지지 않기 때문에, 일반적으로 작은 크기를 유지한다.

④ **수명과 재생(Lifespan and Regeneration)**
- 수목은 대부분 장수하는 생명체로, 개체에 따라 수십 년에서 수백 년까지 생존할 수 있다. 이들은 외부의 손상에 대해 재생 능력을 가지며, 줄기나 뿌리의 손상이 있을 경우

“코르크 형성층(cork cambium)”을 통해 복구할 수 있는 능력을 발달시켰다. 반면 초본은 빠른 생장 주기를 가지고 있어 주기적인 사멸과 재생 과정을 반복한다.

- 초본은 빠르게 성장하고 번식하는 전략을 택하며, 일부 초본은 영양 번식(vegetative reproduction)이나 씨앗을 통해 널리 퍼져 나간다.
- 초본의 생장 방식은 짧은 수명 동안 환경의 변화에 신속하게 적응하는 것을 목표로 한다.

⑤ **생태적 역할과 진화적 적응(Ecological Roles and Evolutionary Adaptations)**
- 수목은 생태계에서 중요한 역할을 담당하며, 기후 조절, 탄소 저장, 생물 서식지 제공 등의 기능을 한다.
- 수목의 뿌리는 토양을 안정시키고, 이산화탄소를 광합성을 통해 흡수하여 기후 변화 완화에 기여한다.
- 초본은 빠른 생장과 재생을 통해 생태계에서 1차 생산자의 역할을 하며, 특히 초원, 습지 등 다양한 환경에서 중요한 에너지원으로 작용한다.
- 진화적으로 수목은 장수하는 전략을 통해 지속적인 번성을 추구한 반면, 초본은 빠른 적응과 번식을 통해 다양한 환경에서 생존을 도모하였다.

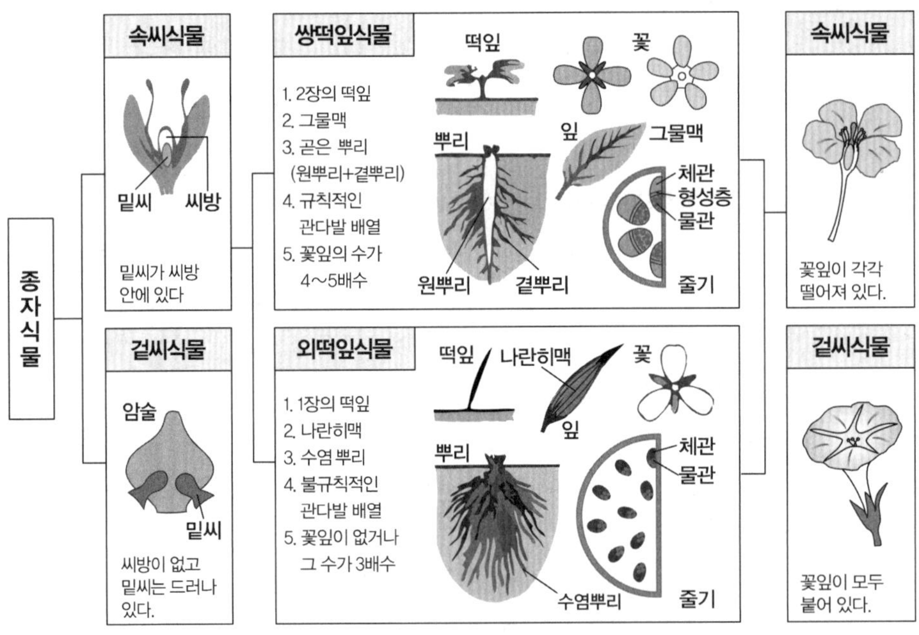

▲ 겉씨식물과 속씨식물의 비교

수목의 환경 적응

1 휴면

① 냉온 · 건조에 대한 여러 가지 저항성이 증가되어 있는 상태(hardening)

② 내동성: 세포 내 수분 감소, 당류 농도 증가 → 침투압 증가

- 동아: 인편으로 보호

- 낙엽: 증산 감소

2 정아우세(=측아억제현상=apical dominance)

① 정아에서 생산되는 Auxin의 작용

② 정아우세현상

③ 침엽수가 원추형 수관을 유지하는 이유

3 잎의 노화와 낙엽

① ethylene, absisic acid → 노화 촉진

② cytocinen, auxin, gibberellin → 노화 억제

③ 엽록소, 엽황소 파괴 → 안토시안 생성(chlrophyll, xanthophyll)

> **참고** 생장의 정지현상
>
> - **겨울:** 휴면상태
> - **봄:** 생장시작
> - 생장의 정지현상 → 입지, 환경이 부적당할 경우

04 수목의 뿌리

● 잘못 심으면 1차적으로 호흡을 못해서 생장이 지체되고, 2차적으로 약해진 나무가 병균의 침해를 받게 된다.

1 근주

root stock, stump

① 줄기와 뿌리 모두를 이르는 말이다.

② 뿌리와 줄기의 이어지는 부분이다.

③ 괴상(塊狀, 흙덩이 모양)을 형성하는 부분이다.

2 주근

뿌리의 골격, 굵은 뿌리

① 항근: a taproot

② 심근: heart root, oblique root

③ 평근: lateral root, horizontal root

3 부근

주근에서 갈라진 것

① 중하근: pendant root, anchor root

② 유근: cord root

☞ cord: 끈, 가는 새끼줄

☞ 유근(紐根) 紐 [맺을 뉴, 맺을 유] 맺다, 매다, 묶다

4 세근

가는 뿌리

① 물과 양분의 흡수 담당, 뿌리의 호흡에 중요한 역할이다.

② 수근(鬚根): hair root

③ 백근(白根): 흰뿌리 absorbing root

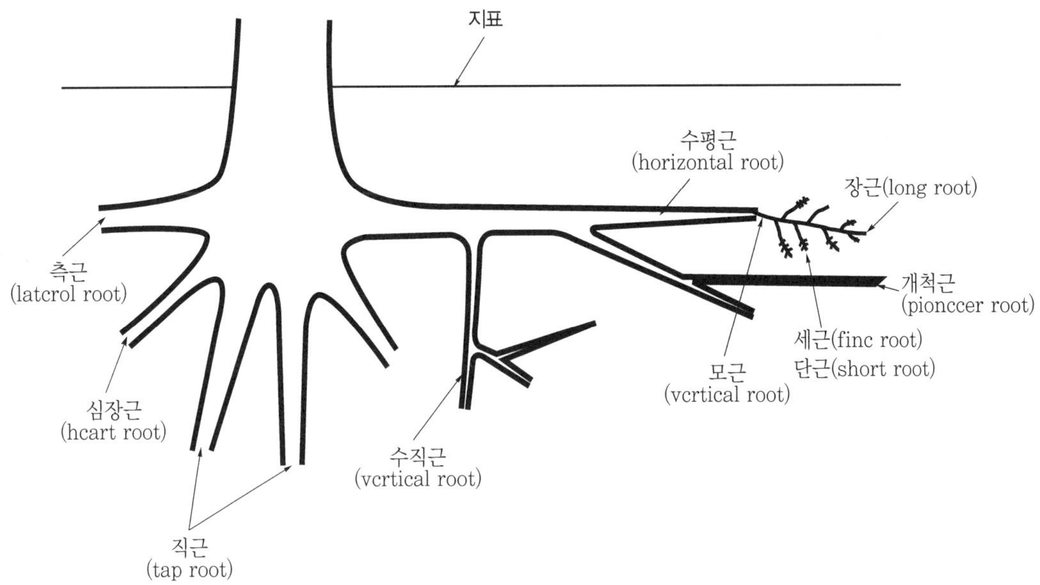

▲ 뿌리의 구조와 명칭

가을 단풍

1 가을 단풍의 생리적 기작

1) 식물의 독소 배출

① 식물은 신장이 없어서, 액포가 그 역할을 담당한다.

② 특히 잎의 액포는 단백질과 당의 분해물로 가득 차 있다.

☞ 식물은 신장이 없어서 낙엽을 떨굴 때 노폐물을 버리거나, 심재부에 넣는다.

2) 낙엽의 발생

① 줄기와 잎자루 사이에 이층, 떨켜 생성

② 강설에 의한 가지 부러짐 예방

3) 잎에서 색소의 발색 → 저온 → 엽록소 파괴

① 감잎의 황색 → 카로틴(Carotene), 아까시나무, 생강나무

② 은행잎의 황색 → 크산토필(Xanthophyll, yellow)

③ 참나무 갈색 → tannin(brown)

④ 단풍잎의 붉은색 → 안토시아닌(액포 산성→붉은색, 중성→보라색, 알칼리성→파란색)

☞ 안토시아닌, 화청소: 항산화물, 노화 방지

2 단풍의 발색기작

1) 식물의 독소 배출

① 수목은 동물의 신장과 같은 독소 배출 기관이 없다.

② 액포가 해로운 물질 분해 저장하여 독소를 배출한다.

③ 화청소, 당, 유기산, 단백질, 색소 등의 물질

④ 액포가 팽압 유지, pH 유지

2) 잎에서 색소의 발색

① 저온에 의한 엽록소 파괴 → 보조색소의 발색

- 감잎의 누런색(카로틴) 아까시, 생강

- 은행의 샛노란색 xanthophyll

- 참나무의 갈색 tannin

② 저온에 의한 포도당의 파괴 − 단풍나무(느티) → 안토시아닌(항산화, 노화 방지) 생성

- 액포산성 붉은색

- 액포중성 보라색

- 액포염기성 파란색

참고 **단풍나무류의 엽신 개수**

단풍나무류의 엽신 개수 : 3신 5고 7단 9당 11섬
- 쌍떡잎식물 − 이판화군 − 무환자나무목 − 단풍나무과
- Acer속3개 신나무 A. ginnala(ginnara 아님)
- [아체르] 5개 고로쇠 A. mono
- 7개 단풍 A. palmatum
- 9개 당단풍 A. pseudo−sieboldianum
- 11개 섬단풍 A. takesimense
- 복자기 Acer triflorum(세개의 잎)

핵심 06 수목의 성장

1 영양생장

① 뿌리, 잎, 줄기, vegetative growth

② 개체 내 조직의 크기와 양이 늘어나는 것이다.

2 생식생장

① 꽃, 열매, 종자, 무성번식, reproductive development

② 다음 세대 생산을 위해 개체 수 자체를 늘리기 위한 식물의 성장이다.

3 수고생장

① 생장점(정단분열조직), apical meristem, growing point

② 근단: 뿌리의 생장점

③ 경정: 줄기의 생장점

④ 나무 줄기의 정단분열조직이 위로 자라 나무의 높이가 커지는 성장이다.

4 부피생장

① 직경생장: 형성층(측방분열조직), cambium, lateral meristem

② 나무 줄기의 측방분열조직이 옆으로 자라나 나무의 둘레가 굵어지는 성장이다.

참고 1차 조직과 2차 조직

1. 1차 조직(primary tissue)
① 정단분열조직(apical meristem)에서 기원
② 잎, 엽병(초본)

2. 2차 조직(secondary tissue)
① 측방분열조직(lateral meristem)에서 기원
② 유관속형성층(vascular cambium)에서 기원
③ secondary xylem 목부, secondary phloem 사부(2차 목부, 2차 사부)

> **참고**
>
> - **고정생장**: 자유생장(성장속도, 크기 결정, 춘엽, 하엽)
> - **유한생장**: 무한생장(수형 결정, 정아우세현상, 정아 역할)
> - **단축분지**: 가축분지

1 고정생장

① 당년 줄기의 원기가

② 전년 동아에 미리 형성

③ 여름에 일찍 성장 멈춤

④ 가문비나무, 소나무, 잣나무, 참나무류

2 자유생장

① 겨울눈 원기가 춘엽, 새로 만든 원기가 하엽, 하엽이 가을까지 성장

② 닉엽송, 느티나무, 팽나무, 포플러, 버드나무, 자작나무

keyword　생장주기, 겨울눈, 원기, 고자

3 유한생장 → 정아우세현상

① 정아가 주지 한복판에 위치, 줄기의 생장 조절

② 지절법, 줄기 길이로 기후 추정

4 무한생장

① 정아 죽고 측아가 성장

② 가지 끝 죽은 흔적, 정아가 꽃인 경우(주지를 어쩌지 못함. 법력이 세서)

keyword　유전적 고정, 정아 역할, 수형 결정, 정아, 주지

수목. 살아있는 나무의 생장이란 씨앗에서 나무가 죽기까지 자라는 과정을 말한다. 영양생장은 생식기관 이외의 줄기, 뿌리, 잎이 자라는 것이고, 생식생장은 꽃, 열매, 씨앗이 만들어지는 것이다. 나무는 해마다 줄기가 높게 자라는데, 이를 수고생장이라고 하며 수고생장은 고정생장과 자유생장으로 나눌 수 있다. 은행나무와 낙엽송은 겉씨식물이지만 자유생장을 하고, 참나무는 속씨식물이지만 고정생장을 한다.

책을 읽고 읽은 내용을 위에 있는 글처럼 자연스럽게 말할 수 있게 되면, 쉽게 외울 수 있습니다. 처음엔 오래 걸리지만 점차 빨라집니다.

08 정아우세

① 침엽수가 원추형 수관을 유지하는 현상

② 대부분의 나자식물은 정아지가 측지보다 빨리 자라서 원추형의 수관을 형성한다. 이것은 정아가 옥신 계통의 식물호르몬을 생산하여 측아의 생장을 억제함으로써 나타나는 현상이다.

③ 나무의 정아가 자연재해나 병충해 등으로 고사하였을 경우에는 제1 측아가 정아의 역할을 대신하여 활동하므로 정아가 고사하여도 수관형은 유지된다.

④ 이 현상은 목본식물뿐 아니라 초본식물에도 흔히 나타나는데, 식물이 수직 방향으로 위로 자라게 하는 커다란 역할을 한다.

> **참고** 반드시 구분하여야 할 식물의 성장 방식
>
> - **원기의 형성 시기:** 고정생장, 자유생장(단축분지, 가축분지)
> - **정아의 역할 정도:** 유한생장, 무한생장(주지와 측지와의 관계)

수목의 분류

1 수목

① 나무는 배주(밑씨, ovule)의 형태에 따라 겉씨식물과 속씨식물로 나눌 수 있다. 배주가 노출되면 나자식물(겉씨식물), 배주가 씨방 안에 들어가 있으면 피자식물(속씨식물)이다.

② 피자식물인 활엽수는 어릴 때는 원추형 수관을 가지며, 자라면서 정아우세현상이 약해지면서 넓은 수관을 가지게 된다. 나자식물인 침엽수는 정아우세현상이 유지되어 원추형 수관을 유지하여 좁은 수관을 가진다.

③ 씨앗의 형성 과정에 있어 속씨식물은 중복수정을 하고, 겉씨식물은 단수정을 한다. 그 결과 피자식물의 배젖은 염색체 수에서 배젖은 극핵(2n)과 한 개의 정핵(n)이 결합하여 3n이 되고, 나자식물의 배젖은 단수정의 결과로 핵상이 n이 된다.

> **참고** **암꽃의 밑씨 형성 과정**
>
> 수분이 이루어질 무렵 난모세포는 비로소 감수분열을 한다(owens & blake, 1985). 감수분열을 통해 4개의 난모세포를 만들고, 그중에서 하나가 살아남아서 연속적으로 핵분열을 한다. 핵분열을 통해 한 세포 내에 수백 개의 핵이 있는 상태가 된다. 이 중 몇 개의 세포가 분열하여 여러 개의 장란기(archegonium)를 형성한다. 한 개의 배주 안에 1개 이상 최고 100개까지 장란기가 형성되며, 장란기마다 난자가 생기기 때문에 다배현상(polyembryony)의 근원이 된다.

① 피자식물(angiosperms)은 밑씨(ovule)가 씨방에 싸여 있는 식물을 의미한다.

② 대부분의 활엽수는 피자식물에 속한다.

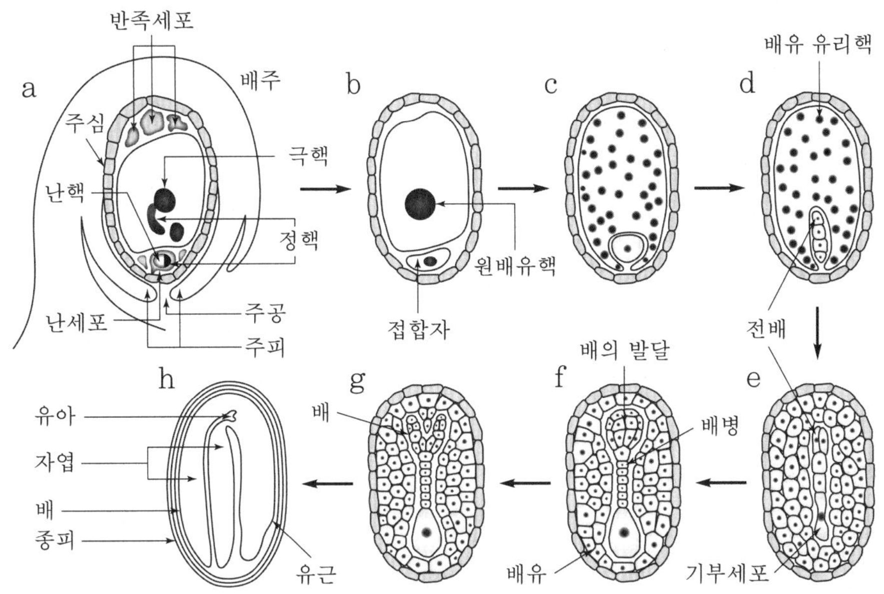

▲ 피자식물의 종자 형성 과정

3 나자식물

① 나자식물은 배주(ovule)가 노출되어 대포자엽(megasporophyll) 혹은 실편(ovulate scale)의 표면에 부착되어 있는 식물을 의미하며, 배주가 자방(ovary) 안에 감추어져 있는 피자식물(angiosperms)과 분류학적으로 다른 강(class)에 속한다.

② 체형 생식세포가 수정 직전에 두 개의 정행을 만들고 이 중에서 큰 정핵(n)이 장란기 안에 있는 난자(n)와 결합하여 2n의 배를 형성한다. 이때 자성배우체는 수정되지 않기 때문에 난자만이 수정되는 단일수정(single fertilization)을 하게 되며, 자성 배우체는 1n으로써 독자적으로 자라서 양분저장조직(피자식물의 배유에 해당함) 역할을 한다.

③ 겉씨식물의 꽃은 어린 꽃밥(anther) 안에 화분모세포가 만들어지고, 이것이 감수분열하여 4개의 꽃가루를 만든다. 이 4개의 꽃가루가 소포 자체다.

O X

1. 난자는 웅성배우체에 해당한다. (   )

2. 꽃가루는 웅성배우체에 해당한다. (   )

3. 배주는 자성배우체에 해당한다. (   )

☞ 정답은 성안당 도서몰 [자료실]에서 제공

힌트: 자웅을 겨룬다. 자웅동체

※ 정답은 성안당 도서몰 [자료실]에서 제공

④ 대부분의 침엽수는 나자식물에 속한다. 은행나무의 경우는 잎이 넓어 활엽수로도 부를 수 있지만, 잎의 해부학적인 구조가 침엽에 속하며, 나자식물이다.

(**참고**) **나자식물과 피자식물**

• **나자식물:** 밑씨가 드러나 있는 식물
• **피자식물:** 밑씨가 씨방 안에 있는 식물

핵심 10 수목의 형태

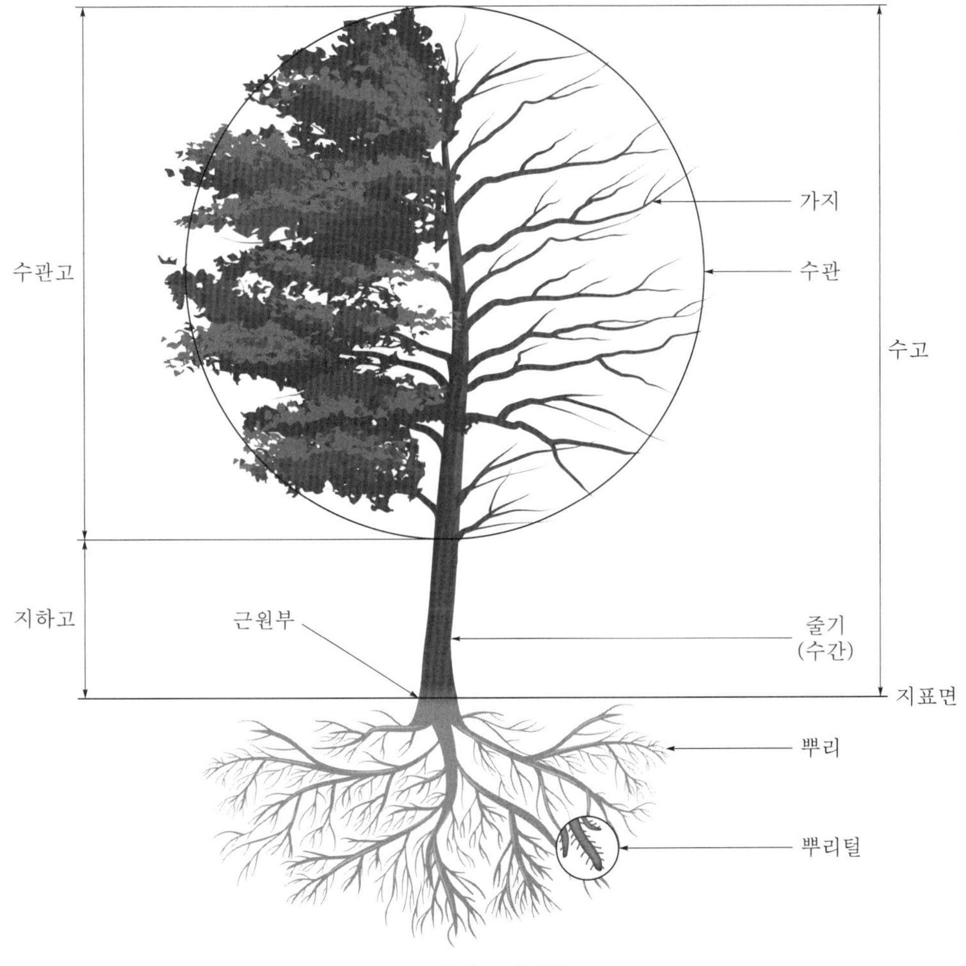

▲ 수목의 각 부위 명칭

1 줄기

살아있는 수목의 줄기는 외형적으로는 나무의 몸통에 해당하며, 뿌리와 가지를 연결하며 물질을 저장하거나 통과시킨다. 껍질에 싸여 보호되고 있으며 해마다 직경생장을 계속하여 나이테를 만든다.

2 가지

수목의 가지는 줄기에 붙어있는 부분으로 나무의 팔과 다리에 해당하며, 줄기와 잎을 연결한다. 줄기보다 얇은 껍질에 싸여 보호되고, 해마다 새로운 가지가 생성되며, 가지는 해마다 생장을 계속하며 나이테를 만든다.

3 잎

엽록소를 가지며 유기물질(有機物質)을 생산하는 기관으로 잎들과 가지가 줄기와 함께 수관을 이룬다.

4 뿌리

땅속으로 뻗어 몸체를 고정하고, 무거운 지상 부분(地上部分)을 지탱하며, 각종 무기 양분을 흡수하여 줄기를 통해 잎으로 보낸다.

수관의 형태

1 정의

수관(樹冠, tree crown)은 가지와 잎이 밀집하여 형성된 나무의 윗부분이며, 주로 햇빛을 받는 부분이다. 수관은 나무의 외형을 결정하고, 나무가 생장하고 에너지를 얻는 데 핵심적인 역할을 한다.

2 수관의 형태

수종에 따라 수관은 고유하고 특색 있는 수관의 모양을 가지며 나무마다 변화가 크다. 수관의 형태는 유전적인 영향을 크게 받고 환경 조건에 따라 달라진다. 수관의 형태는 줄기와 가지의 길이가 길어지는 신장생장 방식에 따라 주축성간형과 분지성간형으로 구분하고, 주축성간형을 단축분지, 분지성간형을 가축분지로 부른다.

① 단축분지

줄기가 가지보다 세력이 강하게 성장하는 것이고, 전나무와 가문비나무 같은 원추형 수관을 이룬다. 단축분지는 정아가 신장을 계속하기 때문에 정신(apical growth)이라고 하고, 위정아가 길게 자라는 것을 계신(lateral growth)이라고 한다.

② 가축분지

가지가 줄기보다 세력이 더 강한 것이다. 밤나무의 경우 정아처럼 보이는 것도 사실은 측아가 정아처럼 보이는 것이다. 가축분지에서 정아의 가지 끝은 발육을 못해서 죽고, 가을이 되면 측아가 정아처럼 보이게 된다. 정아처럼 보이는 측아는 위정아(pseudo-terminal bud)가 축의 신장을 계속하기 때문에 가축분지가 되는 것이다.

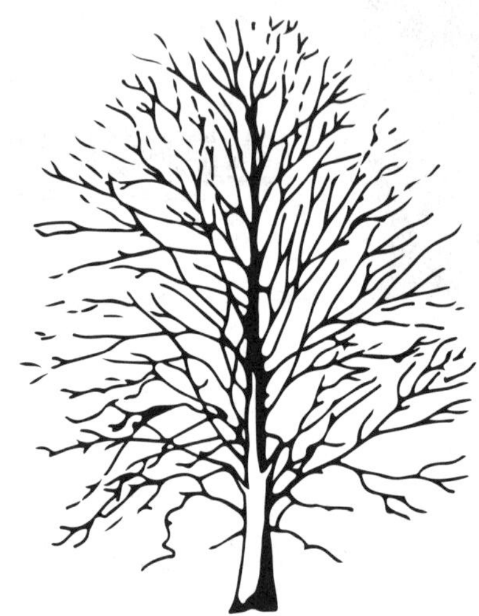

▲ 솔송나무의 주축성 수관형   ▲ 너도밤나무의 분기성 수관형

3 수관의 역할

수관의 주요 역할은 다음과 같다.

① 광합성

나무가 에너지를 생성하는 과정을 주도하는 부분으로, 잎을 통해 햇빛을 받아 이산화탄소와 물을 사용하여 포도당과 산소를 생산한다. 수관이 넓고 건강할수록 나무가 더 많은 양분을 얻어 생장할 수 있다.

② 증산작용

수관의 잎에서는 증산작용이 이루어지며, 증산작용은 뿌리에서 물을 흡수하고 이를 줄기를 통해 수관까지 이동시키는 원동력을 제공한다. 또한, 증산작용은 나무 내부의 온도 조절과 주변 공기의 온도와 습도도 조절한다.

③ 서식처 제공

수관은 다양한 동식물의 서식처 역할을 한다. 새와 곤충뿐만 아니라 이끼와 같은 식물도 수관에서 자라며 생태계의 중요한 부분을 이룬다.

④ 환경 보호

수관은 강우가 땅으로 직접 떨어지는 것을 막아주며, 지표면 침식을 방지하는 역할도 한다.

⑤ 경관 개선

잎이 모두 떨어진 활엽수의 줄기도 경관 개선 역할을 하지만, 잎이 모두 살아있는 수관은 경관을 개선하는 효과가 훨씬 크다.

4 수관의 형태

수관은 수종별로 고유한 형태를 가지며, 고립목으로 자랄 때 잘 나타난다. 수관의 형태는 원추형, 원주형, 원형, 구형 등의 모양이 있다.

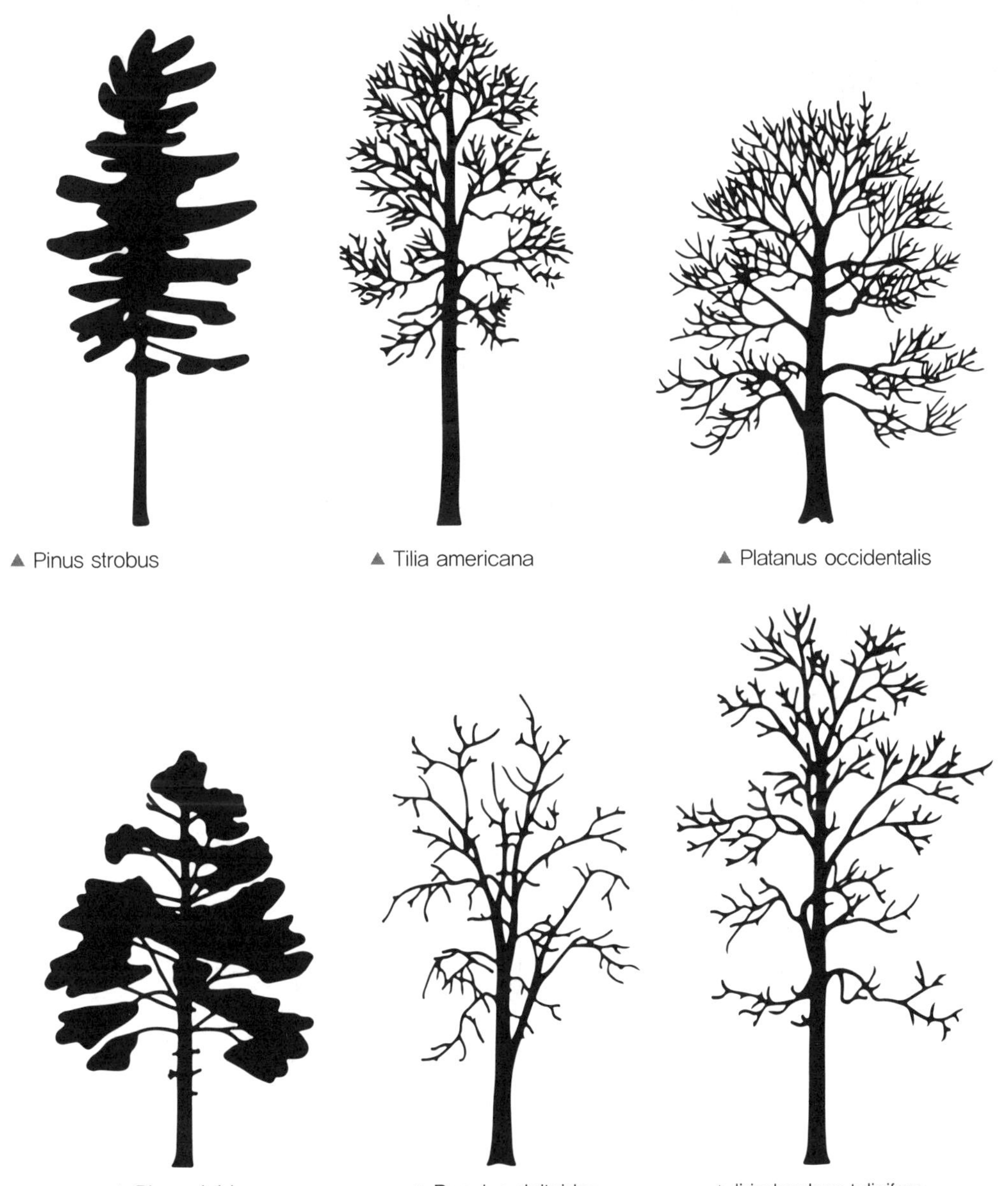

▲ Pinus strobus

▲ Tilia americana

▲ Platanus occidentalis

▲ Pinus rigida

▲ Populus deltoides

▲ liriodendron tulipifera

열매의 발달

1 화아의 발달

① 꽃눈, 화아(花芽)는 식물에서 꽃이 될 준비가 된 싹을 말한다. 화아는 줄기나 가지에 형성되며, 적절한 조건이 갖춰지면 개화하여 꽃으로 발달한다.

② 화아는 영양생장을 위한 잎눈과 달리 생식생장을 위해 형성된다.

③ 식물이 성장하면서 에너지가 충분히 축적되거나 환경 조건이 알맞을 때, 즉 일조량, 온도, 수분 등이 적합할 때 화아가 만들어진다.

④ 식물의 분열 조직은 영양 생장조직이든 생식 생장조직이든 초기 모양은 둥글넓적하다가 화아가 발달함에 따라 꽃의 형태를 가진다.

2 꽃의 구조

① 일반적으로 피자식물의 화기(꽃)는 암술(암술머리, 암술대, 자방, 배주), 수술(꽃밥, 수술대), 꽃잎, 악편, 꽃받침, 꽃자루의 기관들로 이루어져 있다.

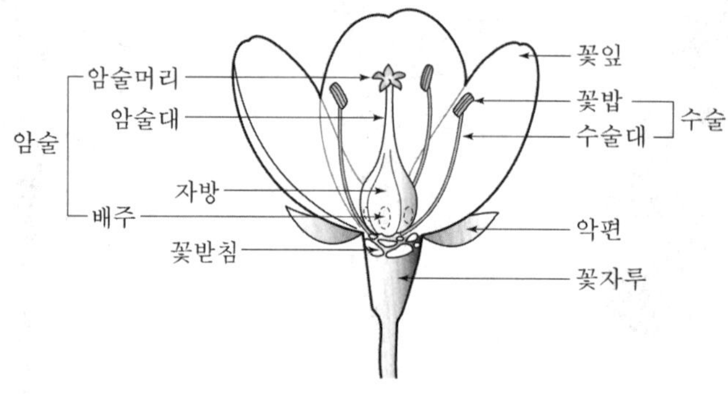

▲ 꽃의 구조(피자식물)

3 열매의 형성

① 수목에서 "진과(眞果)"는 수정 후 성숙하여 형성된 진정한 과일, 즉 열매를 말한다.

② 진과는 꽃의 씨방(자방, ovary)이 발달하여 만들어지며, 수정된 씨방의 벽이 자라 과피(열매껍질)를 형성하고 그 안에 씨(종자)가 포함된다.

③ 일반적으로 진과의 경우 꽃의 수분이 이루어지고 수정이 되면 암술의 자방이 발달하여 열매가 되고 자방의 외벽은 과피를 형성한다.

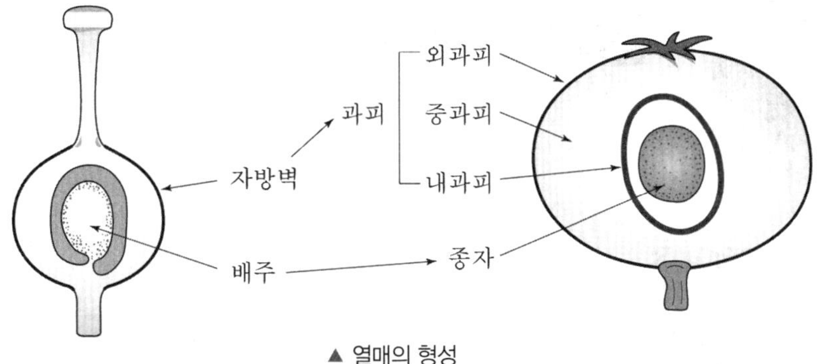

▲ 열매의 형성

④ 성숙한 자방은 그 안에 1개에서 여러 개의 배주를 가지며 배주는 종자로 발달한다.

4 과피의 형성

① 꽃의 자방벽은 3개 층으로 가장 바깥층부터 외과피, 중과피. 내과피로 이루어져 이들 과피층의 발달에 따라 열매의 구조나 형태가 결정된다.

핵심 13 종자의 발달

1 종자의 발달 과정

단계	주요 과정
Ⅰ. 꽃의 형성	화아→화기, 수정 준비 단계, 화아원기(이가화:수꽃→암꽃)
Ⅱ. 수분(꽃가루받이)	수술의 꽃가루가 암술의 암술머리에 도달하는 것
Ⅲ. 수정(수정세포의 형성)	꽃가루관을 통해 정자가 난세포와 결합하는 것을 수정이라 함
Ⅳ. 배 형성	수정란이 분열을 시작하여 배를 형성
Ⅴ. 배주 → 종자	배주가 발달하여 종자가 됨. 종피가 형성되어 종자를 보호
Ⅵ. 성숙 → 발아 준비	종자는 특정 조건에서 발아가 가능한 상태가 됨

2 영양생장

① vegetative growth

② 식물이 발아 후 잎과 줄기 등 조직의 크기가 커지거나 양적으로 늘어나는 현상

③ juvenile phase, 유년상(幼年相): 화아를 형성하지 못하는 시기

3 꽃눈 분화

① flower bud differentiation at a growing point

② 식물이 영양 조건, 생육일수, 적산기온, 일조시간 등 필요한 조건이 충족되어 생장점이 꽃눈으로 변하는 현상

③ mature phase, adult phase, 성년상(成年相), 幼年相 이후

4 개화의 형태

① 양성화: 대부분의 angiosperm(속씨식물)

② 단성화: 대부분의 gymnosperm(겉씨식물)

   – 오리나무 Alnus spp. Quercus accutissima.

③ 자웅동주: 대부분의 나무

④ 자웅이주: 은행, 포플러, 주목, 호랑가시나무, 꽝꽝, 가죽나무

5 수분

① 바람이나 곤충, 새 등에 의해 수술의 화분이 암술의 머리에 옮겨지는 것

6 수정

① 수정 후 꽃가루는 정핵과 극핵으로 분리된 후, 정핵이 밑씨와 결합하는 것

7 결실

① 씨방이나 밑씨가 자라서 종자 또는 열매가 되는 것

② 종자식물의 life cycle

종자 → 발아 → 영양생장 → 생식생장 → 개화 → 수분 → 수정 → 결실(종자 형성)

참고　三性同株 현상

느티나무의 생식기관에서 발생하는 한 가지의 끝에서부터 위에는 수꽃, 아래에는 암꽃이 피는 현상을 말한다. 삼성동주현상은 풍매화 식물에서 자주 관찰되며, 수꽃이 가지 끝부분에 여러 송이로 달려 꽃가루를 효과적으로 확산시킨다. 삼성동주현상으로 설명되지만, 느티나무는 양성화나 중성화가 없다.

소나무의 종자 형성

1 수꽃가루의 형성

겉씨식물의 꽃은 어린 꽃밥(anther) 안에 화분모세포가 만들어지고, 이것이 감수분열하여 4개의 꽃가루(화분4분자)를 만든다.

2 암꽃의 밑씨(배주) 형성

수분이 이루어질 무렵 난모세포는 비로소 감수분열을 한다(Owens & Blake, 1985). 감수분열을 통해 4개의 난모세포를 만들고, 그중에서 하나가 살아남아서 연속적으로 핵분열을 한다. 핵분열을 통해 한 세포 내에 수백 개의 핵이 있는 상태가 된다. 이 중 몇 개의 세포가 분열하여 여러 개의 장란기(archegonium)를 형성한다. 한 개의 배주 안에 1개 이상 최고 100개까지 장란기가 형성되며, 장란기마다 난자가 생기기 때문에 다배현상(polyembryony)의 근원이 된다.

3 개화 및 화분 비산, 수분

암꽃이 화분에 감수성을 보이는 기간에는 노출된 배주의 입구에 있는 주공(micropyle)에서 수분액(pollination drop)을 분비하여 화분이 부착되기 쉽게 한다. 주공 안으로 들어간 화분립은 발아하여 화분관을 형성하면서 주심 조직을 뚫고 밑으로 내려간다.

4 수정 과정

주심조직을 뚫고 내려가는 발아한 화분립의 생식세포(generative cell)는 경형세포(stalk cell)와 체형세포(body cell)로 분열하여 소나무의 경우 이 상태로 월동한다. 체형세포는 후에 수정 직전에 두 개의 정핵을 만든다. 이 중에서 큰 정핵(n)이 장란기 안에 있는 난자(n)와 결합하여 2n의 배를 형성한다. 이것이 배우자합체다. 이때 자성배우체는 수정되지 않기 때문에 난자만이 수정되는 단일수정(single fertilization)을 하게 되며, 자성 배우체는 1n으로서 독자적으로 자라서 양분저장조직(피자식물의 배유에 해당함) 역할을 한다.

5 배발달 과정

나자식물의 배 발달과정은 세 단계로 나눌 수 있다(Singh, 1978). 전배(proembryo) 단계는 배가 핵분열을 시작하여 세포벽을 형성하지 않고, 다핵 상태(free nuclear phase)로 되는 단계이다. 소나무과에서는 4핵 상태까지 되며(Owens와 Blake, 1985), 핵이 난대(chalaza) 쪽으로 이동하면서 2층, 3층, 4층으로 세포 분열이 일어난다. 둘째 단계인 초기 배(early embryo)는 한 층의 세포가 길게 자라면서 배병으로 되고, 끝에 있는 배세포층(embryonal celltier)이 분열하여 4개의 배로 발달하는 과정이다. 이 과정은 다배현상을 초래한다. 셋째 단계인 후기 배(late embryo)는 배가 더 발달하여 줄기 뿌리의 축을 형성하면서 자엽을 만드는 단계이다.

열매의 분류

1 꽃의 자방수에 따른 열매의 분류

1) 단과(單果; simple fruit)

1개의 꽃 안에 1개의 자방이 발달하여 형성되는 열매다. 다수의 자방이 발달하여 이루어지는 복합과와 집합과를 제외한 모든 과실이 이에 속한다. 단과와 비교하여 복합과와 집합과를 합쳐 복과(compound fruit)라고도 한다. 자방 내의 배주의 개수에 따라 종자의 개수가 결정된다. 나자식물 중 주목, 피자식물 중 벚나무속의 매실나무, 벚나무, 콩과의 아까시나무, 완두, 석류나무, 토마토, 망고, 벼 등이 이에 속한다.

완두 꽃과 열매　　　　복사나무 열매(복숭아)　　　　토마토 열매

▲ 단과

2) 복합과(複合果; aggregate fruit)

1개의 꽃에 다수의 자방이 있어 발달한 열매이다. 취과(聚果)라고도 한다. 또 하나하나의 자방을 소과(小果)라고 한다. 1개의 꽃에 다수의 자방이 있어 1개의 꽃받침 위에 과실이 모여 열매를 형성한다. 산딸기, 목련, 함박꽃나무, 장미, 으름덩굴, 연꽃, 딸기 등이 이에 속한다.

3) 집합과(集合果; multiple fruit)

많은 꽃의 자방들이 모여서 하나의 덩어리를 이루어 집합체로 형성된 열매이다. 복과(複果)라고도 한다. 나자식물 중 소철, 전나무, 구상나무, 소나무 등이, 피자식물 중 뽕나무, 무화과나무, 버즘나무, 파인애플 등이 이에 속한다.

2 열매를 형성하는 화기의 기관에 따른 분류

1) 진과(眞果; true fruit)

꽃의 자방과 배주만이 발달하여 형성되는 열매이다.

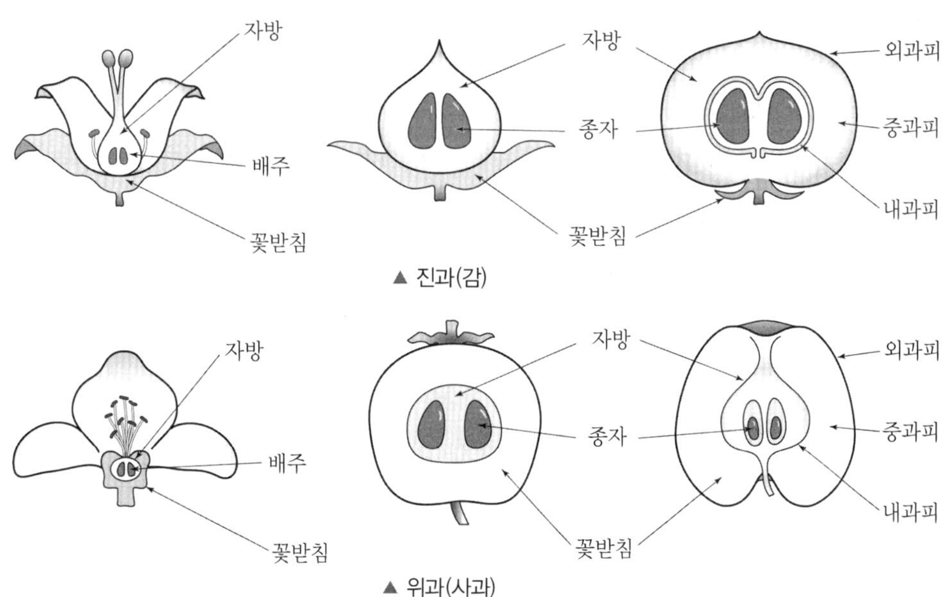

2) 위과(僞果; pseudocarpic fruit)

꽃의 자방에 유합되어 있는 비심피조직(非心皮組織)이 함께 발달하여 형성된 열매이다.

3 과피의 특성에 따른 분류

열매가 성숙한 뒤 과피의 수분에 따라 건과와 육질과로 구분한다. 열매가 성숙한 뒤 과피가 건조한 열매를 건과(乾果; dry fruit)라고 하며, 열매의 3과피 중 중과피와 내과피가 다육성(多肉性) 또는 다즙성(多汁性)인 열매를 육질과(肉質果; fleshy fruit)라고 한다.

1) 나자식물

① 건구과(乾毬果, dry strobili, dry cone)를 분류한다. 종자가 구과(毬果)에 나출(裸出)된 상태로 붙어 있는 열매로, 소나무류, 전나무류, 가문비나무류, 솔송나무류, 삼나무, 편백 등이 이에 속한다.

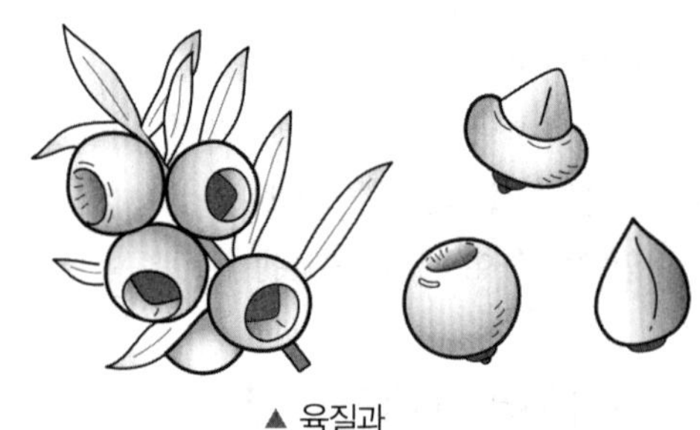

▲ 육질과

② 육질과(肉質果, fleshy fruit)를 분류한다. 종자가 종의상(種衣狀)의 구조물로 둘러싸여 있는 열매로, 은행나무, 주목류, 비자나무류, 향나무류 등이 이에 속한다.

2) 피자식물

① 건과(乾果; dry fruit)

자방이 성숙하면서 과피가 말라서 목질(木質) 또는 혁질(革質)이 되는 열매이다.

② 육질과(肉質果; fleshy fruit)

자방이 성숙 후에도 과피가 건조하지 않는 열매이다.

핵심 16 종자의 형태

1 침엽수 종자의 외부 형태

① **건구과(乾球果, dry strobili, dry cone)**

- 성숙한 솔방울에 보이는 상태로 붙어 있던 종자가 솔방울이 마르면 떨어져 나온다.
- 소나무류, 전나무류, 가문비나무류, 솔송나무류, 삼나무

② **육과(肉果, fieshy fruit)**

- 1개의 종자가 종의상(種衣狀)의 구조물로 둘러싸여 있다.
- 은행나무, 주목류, 비자나무류, 향나무류

2 활엽수 종자의 외부 형태

① **건열과(乾裂果, dry dehiscent fruit)**

과피가 성숙하여 건조하게 되면 열매 안의 종자가 떨어져 나온다.

㉠ **삭과(蒴果, capsule)**

- 2개 또는 여러 개의 심피(心皮)가 유합해서 1실 또는 여러 실로 된 자방(子房)을 만들고 각 심피에 종자가 붙어 있다. 성숙하여 열매가 벌어지면 종자가 나온다.
- 무궁화, 동백나무, 오동나무류, 포플러류, 버드나무류, 개오동나무류 등

㉡ **협과(莢果, legume, pod)**

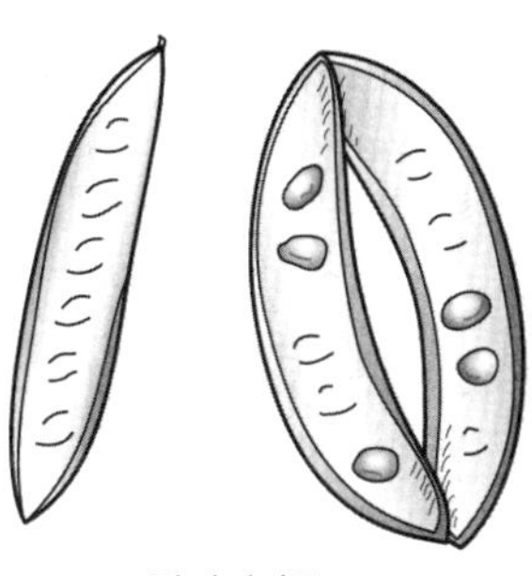

▲ 박태기나무

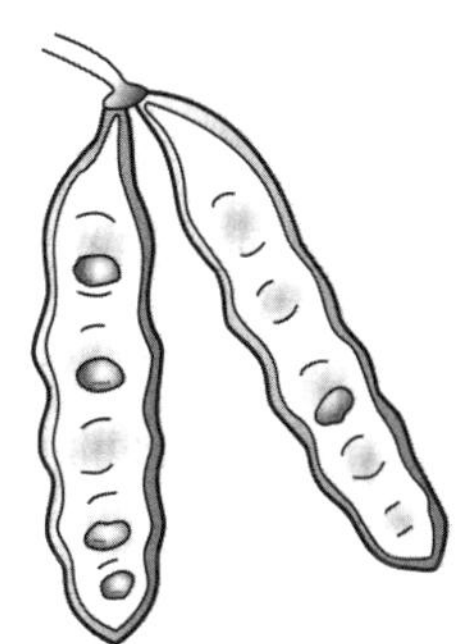

▲아까시나무

– 1개의 심피로 된 자방이 성숙하면 2개의 봉선을 따라 갈라진다.

– 자귀나무, 아카시아, 주엽나무, 박태기나무 등

ⓒ 대과(大果, follicle)

– 1심피의 자방이 성숙한 열매다. 한 봉선에 의해서만 갈라진다. 목련, 함박꽃나무, 매발
톱, 박주가리 등와 같이 성숙하면 1개의 봉선을 따라 열개하는 열매로 대과(袋果)라고
도 하며, 이러한 열매는 골돌과로도 분류한다.

▲ 박주가리　　　　　▲ 함박꽃나무　　　　　▲ 매발톱

② 건폐과(乾閉果, dry indehiscent fruit)

성숙해서 건조해져도 갈라지지 않는 열매 안에 씨앗이 들어 있다. 성숙해도 갈라지지 않으
므로 일반적 방법으로는 종자를 과피로부터 분리할 수 없다.

㉠ 수과(瘦果, achene)

– 1개의 종자가 얇은 막질의 과피 안에 있다. 과피와 종피가 전면유착을 하지 않으며,
얼핏 보기에는 1개의 종자처럼 생겼다.

– 으아리류

㉡ 견과(堅果, nut)

– 목질 또는 혁질의 과피 안에 1개의 종자가 들어 있다. 과피와 종자는 밀착되어 있지
않다.

– 밤나무, 참나무류, 너도밤나무, 오리나무류, 자작나무류, 개암나무류

㉢ 시과(翅果, samara, key)

– 과피의 일부가 날개처럼 발달한 것이다.

– 단풍나무류, 물푸레나무류, 느릅나무류, 가중나무 등

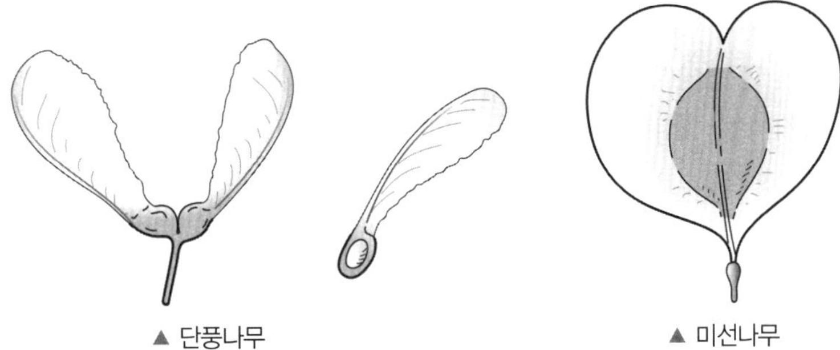

▲ 단풍나무   ▲ 미선나무

ㄹ **영과**(潁果, grain, caryopsis)

- 얇은 피질의 과피가 종피와 완전히 유착되어 있다.

- 대나무류, 볏과 식물 등 이삭이 있는 열매

③ **습과**(濕果, fleshy, juicy fruit)

성숙 후 육질 또는 장질의 중과피와 내과피가 있는 열매다.

ㄱ **핵과**(核果, drupe, stone fruit)

- 3개의 층으로 뚜렷이 나누어진 과피를 가진다. 외과피는 얇고, 중과피는 육질 또는 장질이며, 내과피는 단단한 핵으로 되어 있다.

- 살구나무, 호두나무, 복숭아나무, 오얏나무, 벚나무, 산딸나무류

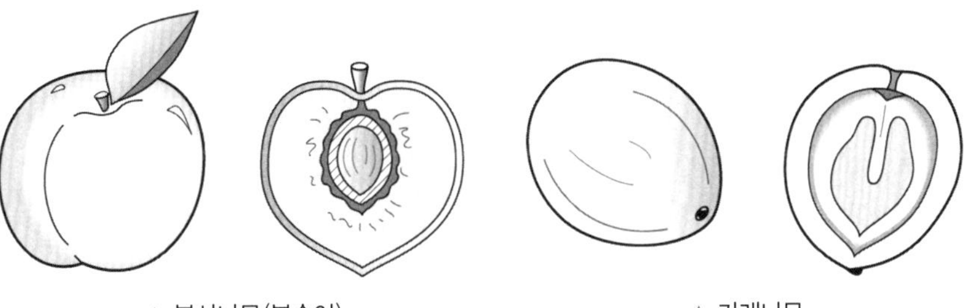

▲ 복사나무(복숭아)   ▲ 가래나무

ㄴ **장과**(漿果, berry, bacca)

- 액과(液果)라고도 하며, 중·내과피가 육질 또는 장질로 되고 단단한 종자를 가진다.

- 포도나무류, 감나무류, 까치밥나무류, 매자나무류

▲ 포도   ▲ 토마토

ⓒ 이과(梨果, pome)

  – 화탁(화통)이 발달하여 열매 형성에 참가한 것을 말한다. 외과피는 피질이고, 중과피는
    육질이며, 내과피는 지질 또는 연골질이다.
  – 배나무류, 사과나무류, 마가목류, 산사나무류

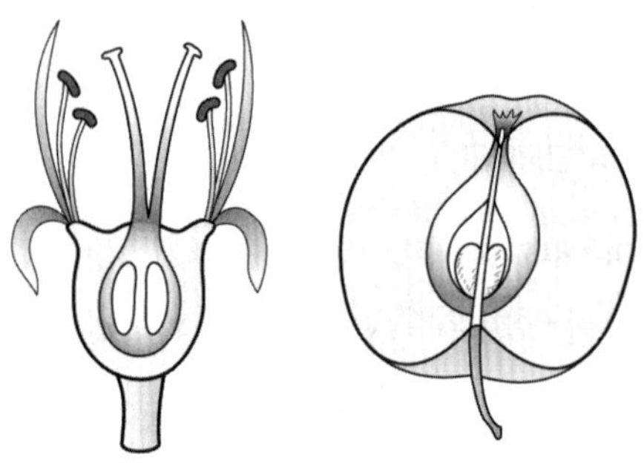

▲ 사과나무

ⓔ 감과(柑果, hespidium)

  – 외과피는 질기고 유선(油線)이 많으며, 중과피는 두껍고 해면상(海綿狀)이며, 내과피는
    얇고 다수의 포낭(胞囊)을 만드는 것이다.
  – 밀감, 레몬 등

핵심 17 종자의 구조

1 종자를 구성하는 기관

① 종자는 씨앗을 한자어로 표현한 말이다. 식물이 꽃을 피운 결과물로 얻는 것이 열매, 즉 과실이라면 과실 중에서 새로운 식물체로·자랄 수 있는 것이 씨앗, 즉 종자다. 식물의 생활사에서 종자는 휴면상태(休眠狀態)에 해당되며, 그 속에 들어 있는 배(胚)는 어린 식물로 자라서 새로운 세대로 연결된다.

② 성숙한 종자는 배와 배젖 및 바깥에 있는 종피로 구성되어 있다. 종자에는 배젖(胚乳)이 있는 유배유종자(有胚乳種子)와 배젖이 발달하지 않은 무배유 종자(無胚乳種子)가 있다. 종피는 종자를 둘러싸서 보호한다. 배젖은 배낭의 중심핵에서 형성되며 영양물질을 저장하고 있으나 배유종자에서는 떡잎이 영양물질을 함유하고 있다.

③ 종자는 그 저장물질에 따라서 녹말을 주영양 물질로 저장하는 녹말종자(아까시나무, 자귀나무), 지방을 주로 저장하는 지방종자(동백, 쪽동백 등)가 있다. 종자는 성숙과 더불어 휴면상태에 들어가며 건조에 잘 견디는 것이 보통인데, 수분, 온도, 산소 조건이 적당하면 발아하여 새로운 식물체로 자라게 된다.

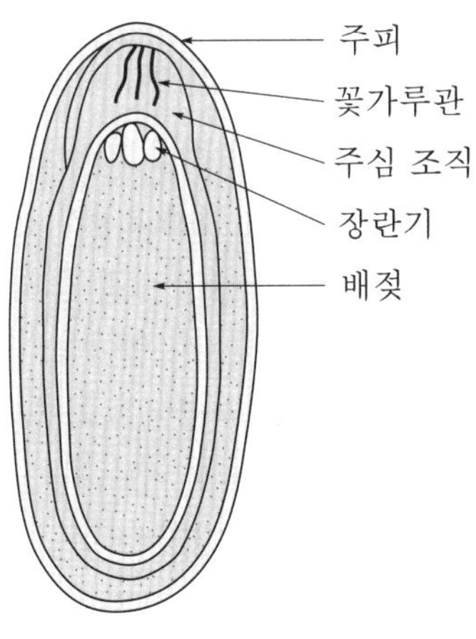

▲ 종자의 구조

- 씨방: 열매(과실)가 된다.
- 밑씨: 종자가 된다.
- 주피: 종피가 된다.
- 주심과 내종피: 많이 퇴화한다.
- 극핵(2개)+정핵: 속씨식물의 배젖이 된다.
- 난핵+정핵: 배가 된다.

▲ 꽃이 종자로 변하는 과정

④ 배젖 속의 양분은 배에 공급된다. 배젖은 주심 조직을 소화, 흡수하면서 발달하고, 배는 다시 배젖을 양분으로 하여 발달한다. 전나무류, 가문비나무류, 낙엽송류 등의 종자는 소나무

류의 종자와 거의 비슷한 구조를 가지고 있다. 은행나무의 종자는 정선되었을 때 육질의 외종피는 제거되므로, 흰색의 은행나무 종자는 과실에서 조직의 일부분을 제거하여 만들어진 것이다.

2 종자의 발달

① 임목 종자는 생명을 지닌 배와 배유 등의 양분저장 조직, 종피 등을 포함하는 종자 외곽 보호조직으로 구분할 수 있다. 종자의 외곽을 이루는 보호조직은 1~3겹으로 구성된 종피와 주심 조직이나 배유의 일부, 열매의 일부 조직으로 구성된다. 자방 안의 배주를 둘러싸고 있는 외주피와 내주피는 종자의 발달과정에서 외종피와 내종피로 바뀐다. 외종피는 대부분 두껍고 단단하거나 질기며 황갈색 등의 여러 가지 색깔로 착색되는 반면에 내종피는 얇고 부드러우며 다소 투명한 막질로 이루어져 있다.

② 식물에 따라서는 내종피의 안쪽에 배유와 주심 조직의 일부가 또 다른 얇은 막을 형성하기도 한다. 주목이나 비자나무 등에서 볼 수 있는 것처럼 배주의 일부분 중 심피와 연결이 이루어지는 주병의 일부 융기된 부분이 이상발달을 보이면서 외종피의 밖을 덮는 가종피를 형성하기도 한다.

③ 난핵과 웅핵이 결합한 2배체의 배는 몇 개의 자엽과 배축, 근축으로 이루어져 있는 종자들이 많다. 배의 발달은 초기에 구형의 미세한 전배에서 자엽의 발달과 함께 전체적으로 장타원형으로 확대되는 모습을 보인다. 은행나무 등 일부 수종에서는 배의 발달이 늦어 미성숙배 상태로 모체에서 분리된 후에 배의 발달이 계속되는 경우도 있다.

④ 배를 구성하는 자엽의 수는 식물의 종류에 따라 차이를 보이는데 하나만 있는 단자엽식물, 대부분의 활엽수에서 볼 수 있는 것처럼 2개의 자엽으로 나누어진 쌍자엽식물, 소나무처럼 3개 이상의 자엽을 볼 수 있는 침엽수 중심의 다자엽식물 등으로 구분된다.

⑤ 종자 내 양분의 저장조직은 배낭 안에 존재하는 내배유나 배낭 밖의 주심 조직이 변화된 외배유 또는 자엽으로 구분된다. 배유에 다량의 양분을 저장한 종자를 유배유종자, 배유가 없거나 퇴화되고 저장양분 대부분이 자엽에 존재하는 종자를 무배유종자라고 한다. 소나무, 잣나무, 전나무 등 주목을 제외한 침엽수류는 대부분 무배유종자이며, 자엽이 발아한 후 자엽에 저장된 양분으로 본엽이 자라는데, 필요한 양분을 공급하고, 본엽이 자라면서 광합성을 하게 된다. 물푸레나무류, 단풍나무류, 느티나무, 벚나무, 자작나무, 버드나무류 등 대부분의 활엽수는 배유가 발달해 있어 발아 초기에 배유로부터 영양을 공급받는다. 하지만, 호두나무, 밤나무, 상수리나무, 굴참나무 등의 활엽수는 배에 저장한 양분에 의존하여 자립적으로 성장하는 무배유종자다.

⑥ 침엽수류와 활엽수류의 무배유종자는 발아 초기에는 자엽에 저장된 양분으로 본엽이 자라며, 이후 본엽이 발달하면서 광합성을 통해 자립하게 된다.

미숙배

1 정의 · 개념

① 종자와 열매의 생리적 발달은 지베렐린과 에틸렌의 영향을 받는다.

② 대부분의 배주는 수정된 이후에 호르몬과 효소의 작용으로 빠르게 자란다. 그렇지만, 일부 수목의 경우 가을이 되어 종실이 성숙할 때 배의 분화가 진전된다.

③ 종실이 모체에서 떨어진 뒤 후숙을 통하여 점차 그 형태를 갖추어 가는 것은 배가 미숙하기 때문이다. 이러한 미숙배를 가진 수종은 향나무, 은행나무, 물푸레나무(들메나무), 주목, 호랑가시나무 등이 있다.

2 휴면타파

① 배가 미숙한 종자는 정선 후 바로 노천매장하면 배의 후숙이 이루어지므로, 배의 미숙에 의한 휴면상태에서 벗어나게 된다.

② 에틸렌은 미숙 종자는 물론 묵은 종자의 발아를 촉진시키고, 휴면상태에 있는 종자의 auxin의 양을 조절하는 것으로 추정되며, 여러 식물에서 종자가 발아할 때 ethylene이 방출된다.

3 빛과 미숙배

① 광선은 배의 성숙에 관여한다. 종자가 발달할 때의 불충분한 광선 조건은 미숙배를 가져올 수도 있다.

② 북스칸디나비아에는 유럽소나무와 노르웨이전나무의 종자는 발아가 지연되는데, 불충분한 광 조건으로 인해 배의 발달이 완전하지 못하기 때문이라고 한다. 같은 종이라도 남쪽 지방에서는 발아가 지연되는 일이 없었다.

4 배휴면

① 파종 당시에 종자가 완전한 형태로 발달했지만, 발아에 필요한 외적 조건을 주어도 발아하지 않는 경우를 배휴면이라고 한다.

② 배휴면은 생리적 휴면으로 부르기도 한다. 사과나무, 복사나무, 배나무 등 장미과 수목과 물푸레나무, 주목, 보리수나무, 밭배나무 등이 배휴면을 하는 식물이다. 고등식물의 종자휴면은 성장촉진제와 억제제를 사용하면 조절할 수 있다.

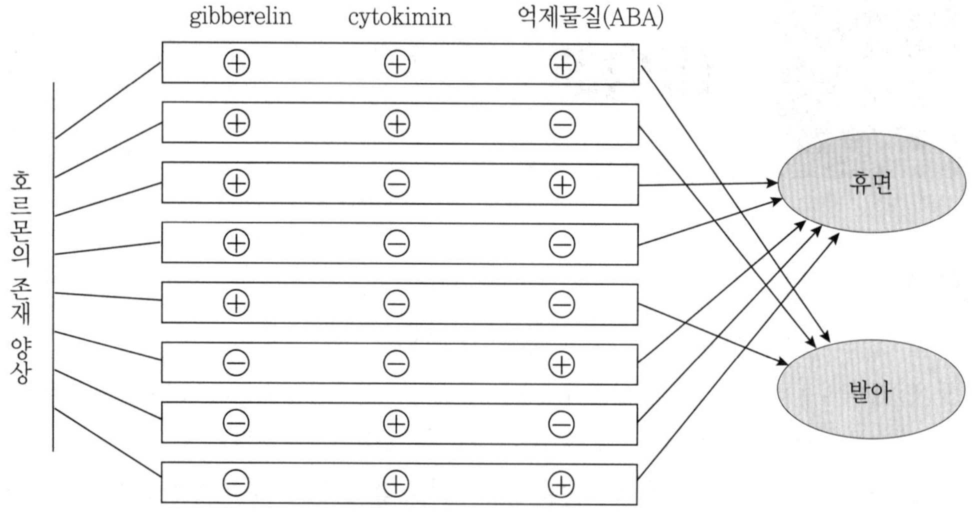

▲ 발아와 휴면의 호르몬 작용

① ABA와 같은 억제물질이 존재할 때는 gibberellin이 존재해도 cytokinin이 없으면 휴면상태에 머문다.

② gibberellin과 cytokinin이 공존하면 억제물질이 존재해도 억제작용이 타파된다.

③ 억제물질이 없어도 gibberellin이 없으면 cytokinin이 단독으로 발아시킬 수 없다. 따라서, gibberellin은 종자의 휴면 조절에 있어서 일차적으로 발아를 촉진하는 기능을 지니고 있다는 것을 알 수 있다.

6 강제 휴면타파의 부작용

① 배휴면을 하는 식물은 배를 절제하면 대단히 느리게나마 발아하여 결국 왜소한 식물이 된다(生理的 矮性). 저온처리나 gibberellin 처리는 휴면을 완전히 타파하고, 생리적인 왜성을 정상적으로 성장할 수 있는 쪽으로 전환해 주는 역할도 한다.

배유종자와 무배유종자

● 수목 종자는 발아에 필요한 양분을 저장하는 기관에 따라 배유(胚乳)종자와 무배유종자로 나눈다.

1 무배유종자

① 무배유종자에 있어서는 영양분이 배에 흡수되어 결국 子葉이라는 특수한 잎에 저장되는데, 이 경우 종자는 배로 꽉 차고 배유는 없게 된다. 다릅나무, 주엽나무, 자귀나무, 박태기나무 등 콩과식물에 속하는 수목은 무배유종자에 속한다.

② 소나무, 잣나무, 전나무 등 주목을 제외한 침엽수류와 활엽수 중 호두나무, 밤나무, 상수리나무 등은 무배유종자이며, 자엽에 저장된 양분으로 본엽이 자라며, 이후 본엽이 발달하며 광합성을 통해 자립하게 된다.

2 배유종자

① 배유종자의 경우 양분이 배의 외부에 있는 배유에 저장되고, 양분의 저장 기간 중에 배의 무게는 많이 증가하지 않지만, 배유의 무게는 많이 증가한다. 저장한 배유의 양분은 배의 발아와 성장에 이용된다. 활엽수류는 대부분 배유종자를 갖는다.

② 물푸레나무류, 단풍나무류, 느티나무, 벚나무, 자작나무, 버드나무류 등 대부분의 활엽수는 배유가 발달해 있어 발아 초기에 배유로부터 영양을 공급받는다.

구분	무배유종자	유배유종자
침엽수	• 소나무(*Pinusspp.*) • 잣나무(*Pinus koraiensis*) • 전나무(*Abiesspp.*) • 삼나무(*Cryptomeria japonica*) • 편백나무(*Chamaecyparis obtusa*)	• 주목(*Taxusspp.*)

구분	무배유종자	유배유종자
활엽수	• 밤나무(*Castanea crenata*) • 호두나무(*Juglans sinensis*) • 콩과식물에 속하는 수목	• 물푸레나무(*Fraxinus spp.*) • 단풍나무(*Acer spp.*) • 느릅나무(*Ulmus spp.*) • 자작나무(*Betula spp.*) • 버드나무(*Salix spp.*) • 포플러(*Populus spp.*) • 무궁화(*Hibiscus syriacus*)
활엽수 중 참나무류	• 상수리나무(*Quercus acutissima*) • 굴참나무(*Quercus variabilis*)	• 떡갈나무(*Quercus dentata*) • 갈참나무(*Quercus variabilis*) • 졸참나무(*Quercus serata*) • 신갈나무(*Quercus mongolica*) • 가시나무류(*Quercus spp.*)

핵심 20 종자의 발아

1 개념 · 정의

종자의 발아는 수목생장의 첫 단계다. 발아는 휴면을 벗어난 종자가 "종피를 뚫고 유근이 출현하는 것"이며, "종자 안의 배가 어린 싹과 뿌리와 같은 주요 기관을 만드는 것"으로 정의할 수 있다. 발아에 대한 근본적인 이해가 선행된다면, 묘포장에서 묘목을 더 잘 키울 수 있을 것이다.

2 발아에 영향을 미치는 환경인자

① 종자 발아 초기에는 빠른 수분 흡수로 종피가 부드러워진다.

② 종피가 벗겨진 후에는 종자 내의 저장양분이 소화되면서 수분의 흡수가 느려진다.

③ 저온 조건과 변온을 이용한 온도 자극은 종자의 휴면타파에 중요한 기능을 한다.

④ 장일성 수종의 종자는 발아과정에서 광선이 영향을 미친다.

⑤ 일부 침엽수 중에는 광선 조건과 무관한 발아 특성을 보이는 것도 있다.

⑥ 종자가 근적외선(730nm)을 받으면 피토크롬적외(P_{fr})가 피토크롬적(P_r)으로 변하면서 발아 억제 현상이 나타난다.

⑦ 종자가 적외선(660nm)을 받으면 P_r이 P_{fr}로 되면서 발아가 촉진된다(적발 억근).

⑧ 종자 발아에 영향을 미치는 공기로는 산소, 이산화탄소, 에틸렌 등을 등 수 있다.

⑨ 식물호르몬 중 지베렐린은 종자의 휴면을 타파한다.

3 종자의 발아 조건

수분		• 종자가 수분을 흡수하면 종피가 찢어지기 쉽고, 가스 교환이 용이해지며 각종 효소들의 작용이 활발해진다. • 경실 종자는 껍질에 상처를 내주면, 수분 흡수가 빠르다.
온도		• 발아온도는 식물의 종류마다 다르지만, 생육 온도보다 3~5℃ 정도 높다.
산소		• 종자가 발아하기 시작하면 호흡작용이 왕성해지므로, 많은 산소가 필요하다.
빛	호광성	• 광선에 의해 발아가 되는 종자, 암흑에서는 전혀 발아가 되지 않거나 발아가 불량한 종자
	혐광성	• 광선이 있으면 발아가 되지 않는 종자, 암흑 조건에서 잘 발아하는 종자

4 종자의 발아 과정

물의 흡수 → 효소(GA)의 활성 → 호분층 이동 → α-아밀라아제 합성 → 배유로 이동 → 전분을 당으로 분해 → 배의 생장점에 에너지 공급 → 배의 생장 개시 → 껍질의 열림 → 어린싹, 어린뿌리의 출현

연습문제 1-2

1. 종피가 벗겨진 후에는 종자 내의 저장양분이 소화되면서 수분의 흡수가 (   ).

2. (   ) 수종의 종자는 발아과정에서 광선이 영향을 미친다.

3. 종자가 (   )을 받으면 피토크롬적외(P_{fr})가 피토크롬적(P_r)으로 변하면서 발아억제 현상이 나타난다.

4. 종자가 (   )을 받으면 P_r이 P_{fr}으로 되면서 발아가 촉진된다.

5. 식물호르몬 중 (   )은 종자의 휴면을 타파한다.

※ 정답은 성안당 도서몰 [자료실]에서 제공

수목의 휴면

● <수목생리학> 수목의 휴면(dormancy)

1 정의

① 냉·온·건조에 대한 여러 가지 저항성이 증가되어 있는 상태(hardening)

② 내동성(세포 내 수분 감소, 당류 농도 증가)

③ 동아: 인편으로 보호

④ 낙엽: 증산 감소

2 타발휴면(=강제휴면)

① 부적당한 환경요인, 온도, 일장, 건조 등

3 자발휴면

① 나무 스스로 또는 눈에 존재하는 요인

② 하휴면+동휴면=생리적 휴면

4 日長(day length)에 따른 개화

① long day plant 낮이 긴 봄 개화

② short day plant 낮이 짧은 가을 개화

③ 中性植物

참고 ┃ 종자의 휴면타파 방법

① 후숙, dry	⑤ 상처 내기
② 저온처리 chilling	⑥ 추파법, 채파(회양목 7월)
③ 열탕 처리	⑦ 노천매장법, 층적법
④ 약품 처리	

# 22 종자저장법

1 건조저장법

소나무, 해송, 리기다, 삼나무, 편백, 낙엽송 등 침엽수의 소립종자와 혁질의 종피를 가진 다릅나무, 주엽나무, 자귀나무 등 콩과식물의 종자

① 상온저장법

종자를 용기 안에 넣어 실내에 보관하는 방법. 보통 가을부터 이듬해 봄까지 저장하며 1년 이상 저장할 경우 건조제를 넣은 후 밀봉 저장한다.

② 저온저장법

보통 4℃의 냉장고에 저장하는 방법으로 밀봉용기에 건조제와 함께 넣어 저장한다. 활력억제제로 보통 황화칼륨, 건조제로 실리카겔이 많이 쓰인다.

2 보습저장법

참나무류, 가시나무류, 가래나무, 목련 등

① 노천매장법

종자의 저장과 종자의 후숙을 도와 발아를 촉진시키는 것을 목적으로 들메나무, 목련류의 종자처럼 봄에 파종하면 이듬해 봄에 발아하는 2년 종자에 효과적이다.

② 보호저장법

밤, 도토리 등 함수량이 많은 전분종자를 추운 겨울 동안 동결하지 않고 부패하지 않도록 저장하는 방법으로 용기 안에 종자를 깨끗한 모래와 혼합해서 넣어 창고에 저장하는데, 함수율이 건중량의 30% 이하로 내려가지 않아야 한다.

③ 냉습적법

발아 촉진을 위한 후숙에 중점을 둔 저장 방법으로 용기 안에 보습 재료인 이끼, 토탄 또는 모래와 종자를 섞어 3~5℃의 냉실이나 냉장고에 저장한다.

23 노천매장

1 노천매장 요령

① 씨앗을 모래와 함께 혼합하여 배수가 잘되는 땅에 묻어두어 빗물의 침입과 공기의 이동이 잘되도록 필요한 수분을 얻어 활력을 유지할 수 있도록 한다.

② 땅을 파고 가장 아랫부분은 물이 잘 유통되어 아래로 내려가도록 자갈 등의 입자가 굵은 것을 깔고 그 위에 철망을 깔고 철망 위에 모래를 깔고 종자와 모래를 섞어 다시 한 층을 올리고, 모래층과 씨앗과 모래의 혼합층을 번갈아 설치하고 제일 위에 거적을 덮는다.

③ 제일 상단 모래는 주변의 땅보다 높게 설치하고 가장 아래쪽의 굵은 자갈층부터 최상부 거적 위까지 짚단을 원통형으로 엮어서 비스듬하게 꽂아서 아랫부분의 습기가 위로 배출될 수 있도록 한다.

④ 노천매장의 시기는 보관 목적인 경우에는 겨울 전에 실시하고, 휴면타파 목적인 경우에는 씨앗 뿌리기 한 달 정도 전에 실시하여 씨앗을 둘러싼 껍질의 유지분이 젖어 배의 효소가 활성화될 수 있도록 한다.

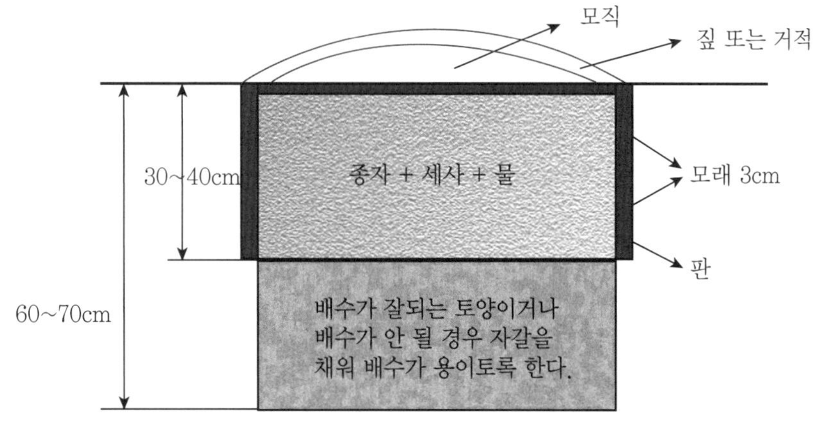

⑤ 종자 채취 직후 매장(9월~10월): 느티, 백합, 호두, 가래, 들메, 은행, 단풍, 벗나무

⑥ 토양 동결 전 매장(11월 하순): 옻, 벽오동, 피나무, 물푸레나무, 신나무

⑦ 토양 동결이 풀린 후 파종 1개월 전(3월): 소나무, 리기다, 해송, 편백, 삼나무, 전나무, 편백, 측백, 낙엽송 등의 대부분 침엽수와 오리, 자작나무 등

② 노천매장법

① 종자의 저장과 발아 촉진을 위한 습윤저장법

② 종피의 특수한 구조, 또는 경립화현상, 그 밖의 원인으로 기건저장이나 건사저장으로는 그 해에 발아되지 않는 종자, 또는 발아가 잘 되는 종자라도 파종 후 일제히 발아시키기 위하여 발아 촉진을 겸하는 데에 적용하는 방법이다.

③ 소나무 · 잣나무 · 향나무 · 개나리 · 수수꽃다리 · 측백나무 등의 종자에 적용된다.

③ 노천매장의 시기

1) 종자 정선 후 바로 노천매장

① 은행, 주목, 잣, 백송, 향, 목련, 호두, 튤립, 들메, 단풍, 벚, 대추

② 씨앗이 커서 생명력 유지에 일정량의 수분이 필요한 씨앗

2) 11월 하순~얼음이 얼기 전 노천매장

① 층층, 피, 옻, 물푸레, 팽, 벽오동

② 겨울에 종자 보관 목적

3) 파종 1개월 전 노천매장

① 휴면타파 목적

② 소나무, 가문비, 전나무, 낙엽송, 편백, 측백, 오리, 자작, 무궁화

③ 씨앗이 작고, 종피가 얇으며, 얇은 종피가 기름 성분으로 되어있는 수종

문제 X. 종자의 저장방법 (10점)

답)

Ⅰ. 건조 저장

　　1. 상온저장

　　　　- 혁질의 종피를 가진 콩과식물의 종자

　　2. 저온저장

　　　　- 5℃이하, 장기, 황화칼륨

　　　　- 소나무, 해송, 리기다, 삼나무, 편백, **낙엽송** 등
　　　　　침엽수의 소립종자

Ⅱ. 보습 저장

　　1. 보호저장

　　　　- 건사저장, 온도 영상유지

　　　　- 함수량 많은 전분질 종자

　　　　- 칠엽수, 호두, 밤, 참, 은단풍, 밀감류

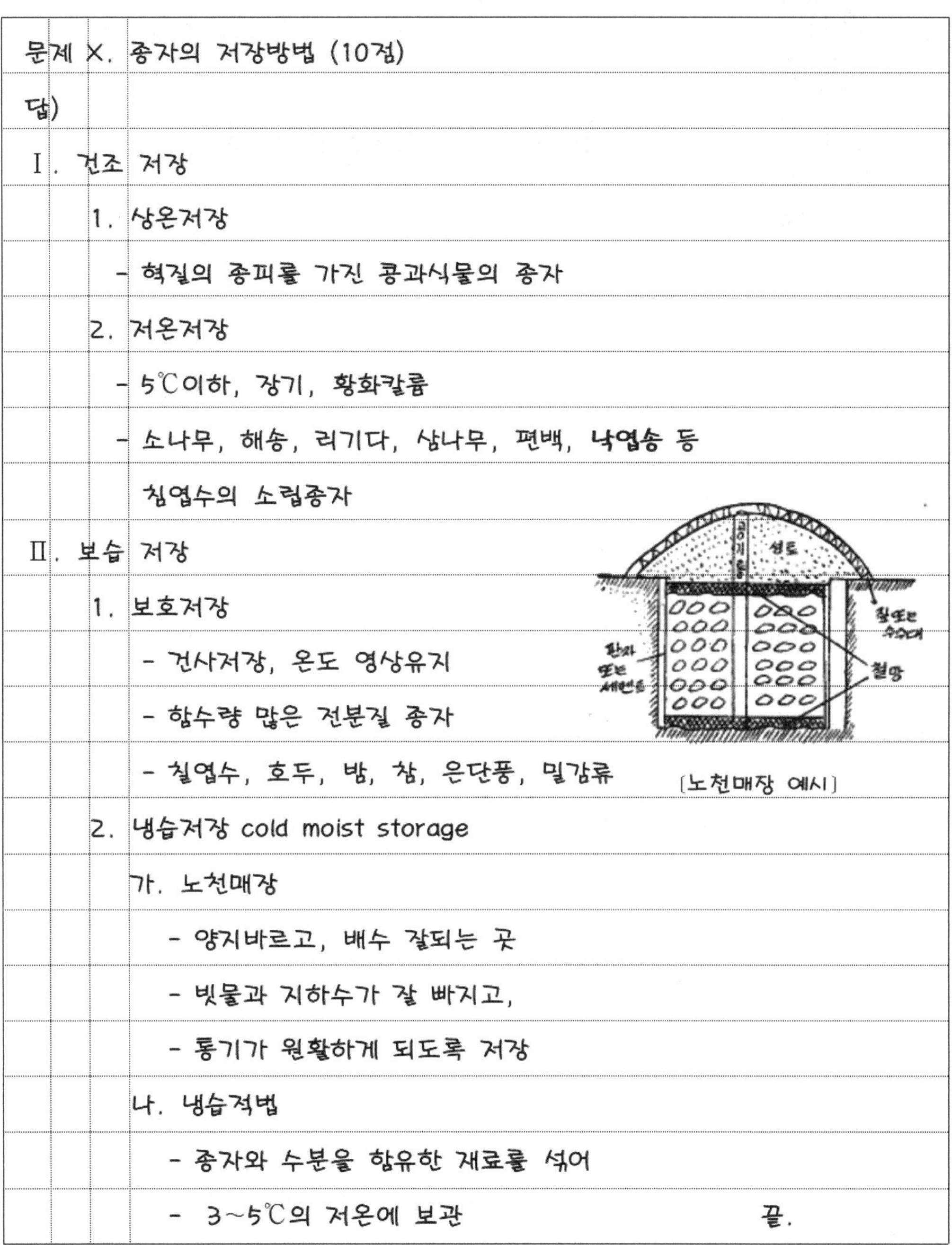

　　2. 냉습저장 cold moist storage

　　가. 노천매장

　　　　- 양지바르고, 배수 잘되는 곳

　　　　- 빗물과 지하수가 잘 빠지고,

　　　　- 통기가 원활하게 되도록 저장

　　나. 냉습적법

　　　　- 종자와 수분을 함유한 재료를 섞어

　　　　- 3~5℃의 저온에 보관　　　　　　　　끝.

▲ 1교시 답안지 작성 예시

종자휴면과 휴면타파

1 정의

① 식물이 살아가는 데 필요한 생존전략 중의 하나로서 종자가 발아하기 적합한 환경에서도 발아하지 못하는 것을 말한다.

② 휴면상태의 종자가 발아하도록 유도하기 위해서는 종자의 휴면 원인을 제거해 주어야 하는데, 이러한 것을 종자의 휴면타파라고 한다.

③ 휴면이란 작물이 일시적으로 생장활동을 멈추는 생리현상

④ 종자휴면이란 성숙한 종자에 적당한 발아 조건을 주어도 일정 기간 동안 발아하지 않는 현상

2 종자휴면의 종류

① 자발적 휴면은 내적 조건이 불충분하여 이루어진 휴면

② 타발적 휴면은 외적 환경 조건이 불충분하여 이루어진 휴면을 말하며, 강제휴면이라고도 한다.

- 배휴면: 종자 채취 당시 미숙배 상태이어서 발아하지 않는 것(물푸레나무, 은행나무 등)으로 후숙 필요

- 종피휴면: 종피가 발아에 필요한 수분이나 가스의 교환을 억제하여 생기는 휴면(아까시나무, 잣나무 등)으로 기계적 가상 필요

- 생리적 휴면: 배 혹은 주변의 조직이 발아억제 물질을 분비하거나 발아 촉진 호르몬의 부족으로 생기는 휴면(단풍나무, 개암나무 등)

- 중복휴면: 상기의 두 가지 이상의 원인으로 생기는 휴면(향나무, 주목 등)

3 휴면타파 방법

① 후숙: 미숙배를 더 성숙시켜 발아를 유도하는 방법

② 저온처리: 노천매장법, 즉 땅속 낮은 온도에서 보관하여 후숙을 돕게 하는 방법

③ 침수 처리: 물에 담가 종피를 부드럽게 하여 발아를 유도하는 것으로, 대부분의 종자는 냉수에 1~5일 담그는 데 반해 콩과식물은 뜨거운 물에 잠깐 담갔다 꺼내는 것이 효과적이다.

④ 상처유도법: 황산처리나 기계적 가상으로 종피에 상처를 주어 배가 발아하기 쉽게 하는 것을 말한다.

⑤ 화학적 자극제 처리법: 지베렐린이나 사이토키닌 등의 발아 촉진제 사용법

⑥ 파종시기의 변경: 가을에 파종하여 노지에서 월동시키면 발아가 잘 됨을 이용

4 종자휴면의 원인 및 타파 방법

휴면 원인	휴면타파 방법
• 경실 종자(종피가 딱딱함) • 종피의 산소흡수 저해 • 종피의 기계적 저항(종자 껍질이 질김) • 배의 미숙(→후숙 처리를 해야 함) • 발아억제 물질의 존재	• 종피가상법 • 황산 처리 • 온도 처리(저온 처리, 고온 처리) • 층적 저장 • 발아 촉진 물질 처리

☞ 발아 촉진 물질: 지베렐린, 사이토키닌, 에틸렌, 질산칼륨 등

종자 발아 영향인자

1 개요

발아에 영향을 미치는 환경요인에는 이미 알려진 것보다 밝혀지지 않은 많은 요인이 있을 수 있다. 그중에서도 중요한 환경요인은 다음과 같다.

2 발아에 영향을 미치는 인자

① 수분: 종피를 약화시키고 종자의 저장양분을 가수분해하기 위해서 필요하다. 침엽수의 경우 함수율이 45% 정도 되어야 발아된다.

② 산소(O_2): 발아하는 종자는 저장양분을 가수분해하여 에너지를 얻는 과정에서 활발한 호흡을 하게 되는데, 이때 필요한 것이 산소이다.

③ 이산화탄소(CO_2): 종자의 호흡과정에서 산소는 흡수되고 이산화탄소는 방출하게 된다. 이때 이산화탄소가 어떤 원인으로 인하여 배출되지 못하면 휴면의 원인이 되어 발아할 수 없게 된다(종자를 장기 저장할 때 밀봉 저장).

④ 온도: 모든 생명체가 자기에게 맞는 온도에서 활발한 활동을 보이듯이 발아도 알맞은 온도에서 잘 일어난다. 대개 식물의 발아온도는 25~40°이다.

⑤ 빛: 대부분의 종자는 종피로 인하여 발아 시 빛의 영향이 크지 않지만, 수종에 따라 광선으로 인하여 발아가 촉진되는 경우도 있다(소나무, 해송 등).

3 종자의 결실주기

① 해마다 결실하는 것: 버드나무류, 포플러류, 오리나무류 등(씨앗이 작은 수종)

② 격년으로 결실하는 것: 소나무류, 아까시나무, 오동나무류, 자작나무류 등 매년 결실하지만, 풍흉분명

③ 2~3년에 한 번씩 결실하는 것: 참나무류, 느티나무, 삼나무, 편백 등

④ 5~7년에 한 번씩 결실하는 것: 너도밤나무, 낙엽송 등(토심이 깊은 숲이나 임내부에 사는 수종)

26 발아력 조사 방법

1 정온기에 의한 발아시험

① 발아상인 샬레를 살균소독 한 후 흡수지나 탈지면을 깔고 순정종자를 50~100알을 배열하여 시험한다.

② 온도는 23~25도로 하고 물의 보급, 온도 조절 등에 주의한다.

2 토양 발아시험

① 파종상으로서 병균이 없는 사토나 사질양토를 사용하는 것으로 발아율은 묘포에서의 발아에 가깝게 된다.

3 환원법

① 화학약품인 테트라졸륨과 테룰루산 칼륨을 이용하여 종자의 활력도를 검사하는 방법을 환원법이라고 한다.

② 생활력을 가진 세포는 테룰루산칼륨을 효소의 작용에 의하여 붉은색의 포르마잔이라는 물질로 환원된다. 그래서 환원법이라고 부른다.

③ 발아휴면성이 매우 강하고 일반 발아시험으로는 오랜 기간이 소요되는 종자와 크기가 큰 종자들을 검사하기에 용이하다(잣나무, 피나무, 향나무, 주목 등).

- 테트라졸륨(2,3,5-triphenyltetrazolium chloride: tz) 0.1~1.0%의 수용액에 생활력이 있는 종자의 조직을 접촉시키면 붉은색으로 변하고, 죽은 조직에는 변화가 없다.

- 국제 종자 검사 규정에 따라 서어나무류, 풀푸레나무류, 살구나무와 같은 핵과류, 장미류, 주목류, 피나무류 등은 이 검사법을 적용하도록 하고 있다.

- 테트라졸륨의 반응은 휴면 중인 종자에도 잘 나타난다.

- 테트라졸륨은 백색 분말이고 물에 녹아도 색깔이 없다.

- 광선에 노출되면 못쓰게 되므로 어두운 곳에 보관하고 잘 저장하면 수 개월간 사용할 수 있다.

- 테룰루산칼륨(potassium tellurite: K_3TeO_3) 1% 액을 사용하면 건전한 배가 흑색으로 변한다.

4 **X선 분석법**

① 종자의 내부를 촬영할 수 있는 X선 사진장치를 이용하는 것으로 짧은 시간 안에 검사를 마칠 수 있다.

② 종자의 내부 형태와 파손, 해충의 침해 상태를 조사하는 방법이다.

5 **절단 검사법**

① 종자를 날카로운 칼로 잘라서 내부를 관찰하고 생활력을 검사하는 방법으로 가장 손쉬운 방법이다.

② 종자를 절단하여 배와 배유의 발달 상태를 보고 종자의 발아력과 충실도를 조사하는 방법이다.

③ 오래되어 활력을 잃어버린 종자에 대한 판별이 어렵지만, 채집 시기와 그동안의 보관 상태를 알 수 있다면 믿을 만한 정보를 얻을 수 있다.

■ **수종별 발아시험 기간**

발아 기간	수종
14일간	사시나무, 느릅나무 등
21일간	가문비나무, 편백, 화백, 아까시나무 등
28일간	소나무, 해송, 낙엽송, 삼나무, 자작나무, 오리나무, 솔송나무 등
42일간	전나무, 느티나무, 목련, 옻나무 등

☞ 종자의 발아 조건: 온도, 습도, 공기, 광선

종자의 생산 촉진

1 개요

나무의 개화와 결실에 영향을 주는 요인은 온도, 강수, 토양, 광선, 호르몬, C-N율 등이 있다. 넓고 험준한 산악지를 고려할 때 종자 생산을 위해 온도, 강수, 토양 등의 요인을 인위적으로 조절하는 것은 곤란하지만, 광선, 호르몬, C-N율 등은 작업 방법에 따라 어느 정도 조절이 가능하다.

2 방법

① 수관의 소개

경쟁하는 나무를 제거하여 수광량을 많게 해주면 나무는 광합성을 활발하게 하여 탄수화물의 생산이 증대되고 결실량도 촉진된다. 수관의 소개는 2~3년 후에 효과가 보인다.

② 호르몬 처리와 스트레스

인위적으로 결실을 촉진하기 위해서는 지베렐린과 같은 호르몬을 처리하거나 나무에 스트레스를 주어 스스로 호르몬을 분비하도록 유도한다. 대개 스트레스를 받는 나무는 본능적으로 종족 번식을 위하여 호르몬을 분비하여 결실을 유도한다.

③ 환상박피 또는 단근 처리

환상박피 처리된 나무는 체관부를 통하여 내려오는 탄수화물과 수관부를 통하여 올라오는 수분이 차단된다. 따라서 C-N율은 높아지고 결실이 촉진된다.

④ 시비효과

종자를 수확하기 전에 비료(N, P, K)를 주면 수확량이 증가하고 결실이 촉진된다. 결실을 촉진하기 위하여 시비할 때는 다른 때보다 질소의 비율을 낮추어 주는 것이 효과적이다.

핵심 28 종자의 발아 촉진

- pregermination treatment
- 기, 침, 노화(지질 사이에)에 황산, 채고

1 종피의 기계적 가상

① 깨기, 갈기 등

② 사포, 줄, 망치, 집게 등 사용

2 침수 처리

① 1~5일간 냉수, 온도 낮고, 깨끗한 물

② 소나무, 낙엽송, 삼나무, 편백 등

3 노천매장법, 냉습적법

4 화학자극제의 사용

① 지베렐린: 100~10,000ppm

② 질산칼륨: 0.1~0.2% 수용액

③ 사이토키닌: cytokinnim

④ 에틸렌: 발아 촉진

5 황산처리법

① 옻 · 피 · 주엽, 콩과나무 경립종자

② 안경 등 보호장구. 처리 후 물로 씻는다.

③ 잘 처리된 종자는 1~5일 후 물속에서 부풀어 오른다.

6 採播

파종시기 변경, 파종 후 월동(회양목 7월)

7 고저온처리법

변온상태 1~3개월 후 냉실 · 냉장보관(회양목)

8 발아촉진법 병용

핵심 29 종자 건조와 탈종

1 구과 및 열매의 건조

① 양건법(양광건조법)

- 평탄한 곳에 방수포 등을 펴고 그 위에 구과를 얇게 편다.
- 하루에 2~3회 뒤집어 주고 밤에는 방수포를 덮거나 창고 안으로 옮겨 보관한다.
- 건조 정도는 구과의 인편이 벌어져서 그 안의 종자가 60~70% 탈종이 될 때까지 그 후 옥내로 옮겨 건조시킨다.
- 소나무, 해송, 리기다, 분비나무, 전나무 등

② 반음건조법

- 햇볕에 약한 종자를 통풍이 잘 되는 옥내에 얇게 펴서 건조시키는 방법이다.
- 오리나무류, 포플러류, 화백 등

③ 인공건조법

- 건조기를 이용하여 건조시키는 방법이다.
- 함수량이 많은 생구과를 높은 온도로 급히 건조시키면 종자의 활력이 저하될 수 있으므로 낮은 온도에서 높은 온도로 조절하되 50℃ 이상이 되어서는 안 된다.

2 탈종법

① 건조봉타법

- 막대기로 가볍게 두드려서 탈종하는 방법이다.
- 아까시, 박태기, 오리나무 등

② 부숙마찰법

- 부숙시킨 후 모래를 섞어서 마찰하여 과피를 분리하는 방법이다.
- 향나무, 주목, 노간주나무, 은행나무, 벚나무, 가래나무 등

③ 도정법

- 종피를 정미기에 넣어 깎아서 납질을 제거하는 방법이다.
- 옻나무 등

④ 구도법

- 열매를 절구에 넣어 고의로 약하게 찧는 방법이다.

- 옻나무, 아까시나무, 박태기나무, 자귀나무 등

3 종자의 정선법

① 풍선법

- 날개, 곡피, 쭉정이 등을 분리할 목적으로 선풍기를 사용하는 방법이다.

- 소나무류, 가문비나무류, 낙엽송에 적용된다.

② 사선법

- 종자보다 크거나 작은 체를 이용하여 정선하는 방법이다.

- 대부분 수종의 1차 선별 방법으로 이용된다.

③ 액체선법

- 물, 식염수, 비눗물, 알코올 등 다양한 비중의 액체를 사용하여 정선하는 방법이다.

수선법	• 깨끗한 물에 침수시켜 가라앉는 종자를 채취 • 잣나무, 향나무, 주목, 참나무류의 도토리 등
식염수선법	• 비중이 큰 종자의 선별에 적용 • 비중 1.18의 소금물을 사용 • 옻나무

④ 양선법

- 손으로 알맹이를 선별하는 방법이다.

- 밤나무, 호두나무, 상수리, 칠엽수, 목련 등 대립종자를 고를 때 사용한다.

30 산림용 종자의 검사 기준

1 개요

산림용 종자의 품질은 양묘사업계획을 수립하는 데 필수적이다. 품질의 감정에는 아래 다섯 가지 항목을 필수 항목으로 하며, 그중에서도 순량률과 발아율이 가장 중요하다. 또한 순량률과 발아율을 곱하여 백분율로 나타낸 것이 효율로서 양묘용 종자의 품질에 대한 합격 여부를 판가름한다.

2 종자 품질 감정의 필수항목

① 순량률

– 전체 시료에서 순수한 순정종자의 비율

$$순량률(\%) = \frac{순정종자의\ 무게}{전체시료의\ 무게} \times 100$$

② 발아율

– 순정종자를 대상으로 적당한 환경에서 일정 기간 동안 발아한 비율

$$발아율(\%) = \frac{발아\ 종자수}{시료\ 종자수} \times 100$$

③ 효율

– 순량률 × 발아율

– 양묘용 종자 품질에 대한 합격 여부의 기준이 되는 항목

④ 용적중

– 종자 1ℓ 에 대한 무게를 g으로 나타낸 것이다.

– 3회 이상 반복 측정하여 평균값으로 산출한다.

⑤ 실중

　　– 순정종자 1,000립의 무게

　　– 종자의 크기를 판정하는 것으로 대립종자는 100립씩 4회 측정하여 1,000립으로 환산하고, 소립종자는 1,000립씩 4회 측정하여 평균한다.

⑥ 수분함량

　　– 적외선 수분계를 이용하여 측정하며, 종자 저장 시 아주 중요한 요인이다.

3 종자의 채취 방법

① 벌도법: 종자 성숙기에 벌채예정목 또는 이용가치가 적은 나무를 벌채하여 채종한다.

② 전지법: 결실지를 기부 또는 중간 부위부터 자르는 것으로 많이 사용되나 미래목의 결실지가 제거되므로 보속생산이 불가능하다.

③ 주워모으기: 밤나무, 참나무류, 느티나무 등 수종에서 지면에 떨어진 종자를 주워 모으는 방법이다.

④ 따모으기: 대립종자 또는 구과를 하나씩 따 모으는 방법으로 일반적으로 낙엽송과 활엽수 종자를 수집할 때는 수관 아래에 망사를 깔면 손쉽게 종자를 수집할 수 있다.

4 수종별 발아시험 기간

① 14일간: 사시나무, 느릅나무 등

② 21일간: 가문비나무, 편백, 화백, 아까시나무 등

③ 28일간: 소나무, 해송, 낙엽송, 삼나무, 자작나무, 오리나무, 솔송나무 등

④ 42일간: 전나무, 느티나무, 목련, 옻나무 등

산림용 종자 검정 및 검사 요령

● 산림용 종자검정 및 검사 요령 [시행 2019. 1. 29.] [국립산림품종관리센터예규 제26호]

제1조(목적)

이 요령은 「종자산업법에 따른 산림용 '종자의 검정' 및 「종묘사업실시요령」에 따른 '종자의 검사' 절차와 방법을 정함을 목적으로 한다.

제2조(정의 및 적용)

① 이 요령에서 산림용 종자라 함은 "산림자원의 조성 및 관리에 관한 법률"의 산림자원으로부터 유래된 씨앗을 말한다.

② 이 요령은 국가·지자체·민간에서 산림용 종자감정 의뢰가 있을 때 이를 적용한다.

제3조(감정항목) 감정항목은 용적중, 순량율, 실중, 수분, 발아율, 효율로 한다.

제4조(수치의 취급)

① 모든 측정치는 소수점 이하 한자리까지 산출한다.

② 감정치의 소수점 아래 한자리에서 반올림한다.

제5조(시료축분)

① 시료축분은 4분법 또는 시료 균분기에 의한다.

② 사분법

1. 시료를 축분 전에 충분히 혼합한다.

2. 혼합된 시료는 원형으로 평평히 넓게 넓힌 다음 종횡으로 선을 균등하게 그려 4등분한다.

3. 4등분된 시료는 대각끼리 모아 2개로 축분한다.

4. 2개로 축분된 시료 중 그 하나를 임의로 택하여 전항과 같은 조작을 반복하여 소정의 작업 시료량이 될 때까지 축분한다.

③ 시료균분기에 의한 시료축분법

1. 시료를 축분 전에 충분히 혼합한다.

2. 균분기를 수평으로 안치한 후 깔때기에 시료를 넣고 셔터를 일시에 완전히 연다.

3. 2분된 시료 중 임의로 그 하나를 택하여 소정의 작업 시료량이 될 때까지 반복 축분한다.

제6조(작업시료량 및 반복회수)

구분 \ 항목별	용적중(g)	순량률(g)	실중(립)	수분(g)	발아율(립)
대립종자	300×4반복 =1,200g	300×4반복 =1,200g	100×4반복 =400립	5×4반복 =20g	30×4반복 =120립
중립종자	100×4반복 =400g	100×4반복 =400g	500×4반복 =2,000립	5×4반복 =20g	50×4반복 =200립
소립종자	50×4반복 =200g	50×4반복 =200g	1,000×4반복 =4,000립	5×4반복 =20g	100×4반복 =400립

감정항목별 표준시료량은 다음과 같이 한다.

① 대립종자는 잣보다 큰 종자, 중립종자는 잣종자, 소립종자는 잣보다 작은 종자로 한다.

② 의뢰 공시량이 제①항의 감정항목 중 한 항목만을 의뢰하였을 시는 해당 항목의 공시량을 제출하여야 하며, 둘 이상의 항목을 의뢰하였을 시는 해당 항목 중 그 시료량이 많은 쪽의 시료를 제출하여야 한다. 단, 종자감정 완료 시는 잔여 시료량을 12개월 보관하며, 보관기간 이 완료되면 그 잔여 시료량이 1ℓ 이상인 때는 의뢰인에게 반환하고, 1ℓ 미만일 때는 폐기 처분한다.

제7조(용적중)

① 용적중은 1ℓ의 중량으로 하고, 종자 1ℓ 미만일 경우에는 보조 방법으로 부라웰곡립계로 측정할 수도 있다.

② 부라웰곡립계 측정 방법

  1. 먼저 곡립계를 안치하고 수평을 유지한 다음 조절나사를 움직여서 영점조정을 한다.

  2. 측정 시 개전을 잡아당길 때는 곡립계가 움직이지 않도록 일시에 가볍게 잡아당긴다.

  3. 눈금을 각도 0.5(1/2) 단위로 읽되 눈금과 수평선상에서 읽는다.

  4. 용적중$(g) = \dfrac{100}{각도수} \times 1,000$

제8조(순량률)

① 용적중 조사가 끝난 시료 중에서 소정의 작업시료를 축분, 평량한다.

② 평량이 끝난 작업시료를 평평한 백지 위에 펴놓고 육안으로 협잡물(수피, 종피, 지엽편, 날개, 수지, 토사, 이종종자, 비립), 파쇄립, 병충해립 및 기발아립을 선별하여 순정종자와의 중량의 백분율을 구한다.

③ 순량률$(\%) = \dfrac{순정종자량(g)}{작업시료량(g)} \times 100$

제9조(실중) 순량률 조사가 끝난 순정종자 중에서 무작위로 소정의 작업시료를 추출 평량하고 종자 1,000립의 중량으로 환산한다.

제10조(수분) 수분 측정 방법은 105℃ 건조법 또는 적외선 수분측정기에 의한다.

제11조(발아율)

① 발아율조사는 항온발아기에 의한 방법을 원칙으로 하고 보조 방법으로 환원법에 의할 수 있다.

② 보조 방법을 적용하고자 할 때는 항온발아기에 의한 발아율 조사가 불리한 종자 또는 위탁자가 시급한 감정결과를 요구한 때 이를 적용한다.

③ 항온발아기에 의한 방법

1. 순량률 조사가 끝난 순정종자 중에서 무작위로 소정의 작업시료를 추출하여 발아상에 일정한 간격으로 소립종자는 한 "발아상"당 100립씩, 중립종자는 한 "발아상"당 50립씩, 대립종자는 한 "발아상"당 30립씩 4반복 배열하여 발아율 최종 조사 마감일에 발아한 입수를 백분율로 표시한다.

2. 발아율 $(\%) = \dfrac{\text{발아 종자수}}{\text{발아상 종자입수}} \times 100$

3. 종자별 발아시험 조건을 별표 1과 같이 한다.

4. 발아상에 까는 여과지, 솜, 그 밖의 매체(Media)가 함유한 수분은 Media 최대흡수 함유량의 60~70%를 유지한다.

5. 매일 일정한 시간에 발아상을 검사하고 급수, 온도의 조절, 부패종자를 제거한다.

6. 발아립은 유아나 유근이 종피를 뚫고 나온 종자로 한다. 다만, 발아조사 마감일까지 발아되지 않은 건전립은 절단 방법을 사용하여 발아에 지장이 없는 것으로 판단될 때는 발아립으로 간주한다.

7. 각 반복 구간의 발아율이 다음 범위를 초과할 때는 재시험한다.

    가. 평균발아율이 90% 이상일 때, 각 반복구의 발아율의 차가 10% 이상일 때

    나. 평균발아율이 80% 이상~90% 미만일 때, 각 반복구의 발아율의 차가 12% 이상일 때

    다. 평균발아율이 80% 미만일 때, 각 반복구의 발아율의 차가 15% 이상일 때

④ 환원법에 의한 방법

1. 순량율 조사가 끝난 순정종자 중에서 무작위로 소정의 작업시료를 추출하여 맑은 물에 24시간 침수해서 종피가 연해지도록 한다.

2. 매스로 종자의 정부에서 저부로 종단 절단한 후에 배를 적출하되 유아, 유근, 유경 어느 부분이고 배가 손상되지 않도록 한다.

3. 테룰루산소다(Na_2FeO_2) 또는 테트라졸리움 1%의 수용액(pH6.5~7.0%의 증류수 사용)에 여과지, 흡수지 또는 탈지면을 적시고 접시(페트리디시)에 깐다.

4. 적출된 배를 일정한 간격을 두고 여과지, 흡수지 또는 탈지면 위에 배열하고 뚜껑을 통기가 되도록 덮는다.

5. 30℃ 항온기 내에 광(光)을 차단하고 24시간 처리 후 착색 반응을 조사한다.

6. 약액침지가 끝난 종자는 냉수에 2~3회 세척한 후 접시에 담아서 배가 전면 흑색(또는 적색) 또는 암갈색(분홍색)을 나타낸 것을 건전종자로 본다.

7. 발아율$(\%) = \dfrac{\text{건전 종자수}}{\text{작업시료 종자수}} \times 100$

8. 적출된 배는 채취 즉시 계측함을 원칙으로 하되 즉시 할 수 없을 때는 시료를 비닐봉지에 넣어 수분 증발을 방지한다.

제12조(효율) 효율은 다음에 의하여 산출한다.

효율(%)=순량율×발아율

32 목본식물의 발아 방식

1 서언

목본식물은 자엽이 발아하는 위치에 따라 지상발아와 지하발아로 구분한다.

2 지상자엽 발아

1) 정의

지상자엽 발아(hypogeal germination)는 자엽이 발아 과정에서 지상으로 올라오는 방식이다.

2) 특징

① 발아 후 자엽이 지면 위로 드러나며, 식물체가 성장하는 과정에서 광합성을 시작한다.

② 뿌리와 줄기 사이에 새로운 기관이 형성되어 성숙한 식물로 성장하는 특성이 있다.

③ 발아 중에 子葉은 지면 밖으로 나와 생장점에 양분을 공급하고, 뿌리가 성장하는 동안 하배축은 아치형으로 신장하여 지면을 뚫게 되며, 자엽과 자엽 내에 있는 유아(상배축)는 지면 밖으로 끌려나오게 된다. 그리고, 지면 밖으로 나온 유아는 계속 자라게 되고 자엽 내의 양분은 소멸되어 자엽이 땅 위에 떨어진다.

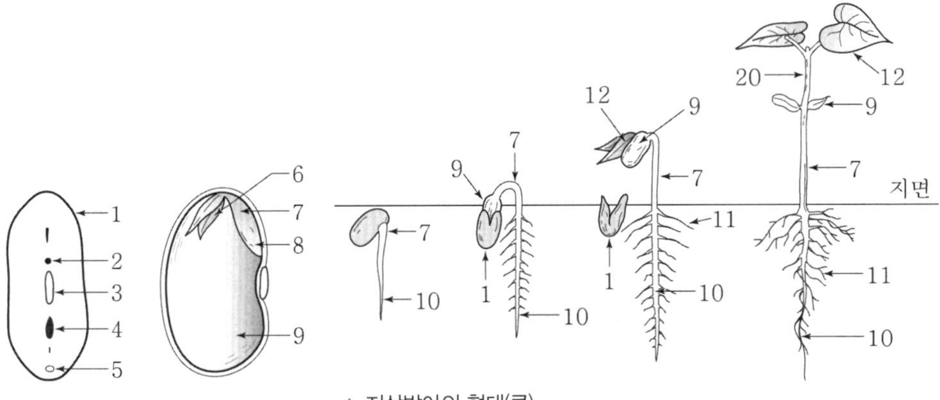

▲ 지상발아의 형태(콩)

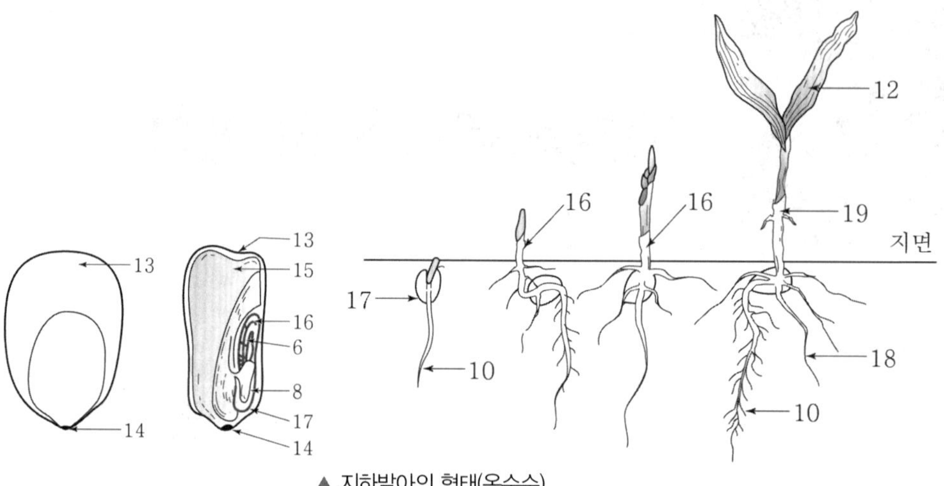

▲ 지하발아의 형태(옥수수)

1. 종피	2. 주공	3. 제	4. 봉선	5. 합점	6. 유아	7. 하배축	8. 유근
9. 자엽	10. 1차근	11. 2차근	12. 잎	13. 과피	14. 영과(潁果)가 붙어있던 자리		
15. 배유	16. 초엽	17. 근초	18. 종근	19. 부정근	20. 상배축		

3 지하자엽 발아

1) 정의

지하자엽 발아(epigel germination)는 자엽이 발아 과정에서 지하에 남아 있는 방식이다.

2) 특징

① 씨앗이 발아하여 뿌리와 줄기가 자라면서 자엽은 땅속에 위치한다.

② 자엽은 초기 생장 기간 동안 땅 아래에서 영양분을 공급하며, 이후에는 뿌리에서 자엽으로 영양이 전달되는 방식으로 성장한다.

③ 발아 중에 자엽처럼 양분을 저장하고 있는 기관은 지하에 남아 있게 되고, 유아는 지상으로 나온다. 지하발아의 경우에는 상배축(유아)이 신장하는 데 반하여, 지상발아의 경우에는 하배축이 급속도로 신장하게 된다.

4 해당하는 수종

	지상발아	지하발아
침엽수	• 소나무(*Pinus densiflora*) • 전나무(*Abies alba*) • 잣나무(*Pinus koraiensis*) • 가문비나무(*Picea abies*)	• 해송(*Pinus thunbergii*) • 낙엽송(*Larix decidua*) • 삼나무(*Cryptomeria japonica*) • 자작나무(*Betula platyphylla*)

	지상발아	지하발아
활엽수	• 느티나무(*Quercus acutissima*) • 상수리나무(*Quercus variabilis*) • 단풍나무(*Acer spp.*) • 굴참나무(*Quercus variabilis*)	

5 결언

① 지상자엽 발아와 지하자엽 발아는 목본 식물의 생존 및 성장에 중요한 역할을 한다.

② 지하발아가 되었든 지상발아가 되었든 자엽과 같은 양분의 저장기관은 생장점의 생장에 필요한 양분을 발아기간 중에 공급한다.

③ 발아 방식은 생태적 환경에서 각 수목들이 어떻게 적응해 왔는지 그 과정에 대해 이해할 수 있는 기초가 된다.

조직 배양 방법

1 눈 배양

① 눈 = 생장점, bud

② 아 배양은 수목의 눈을 배양하여 하나의 독립된 수목 개체를 만드는 방법이다.

③ 아 배양에는 주로 옥신계열의 합성 식물호르몬이 사용된다.

2 배 배양

① embryo, 떡잎 배양

② 수정 전, 수정 후 배

3 엽속 배양

침엽수의 새로 자라는 엽속

4 callus 배양

상처 후 캘러스 유도

5 꽃밥 · 꽃가루 배양

① anther, pollen

② 반수성, 배가된 반수성

6 원형질 분리 · 융합 방법

세포벽 제거, 원형질체 융합

→ 잡종세포 유도

keyword tissue(조직), embryo(배), organ(기관)

34 조직 배양 과정

1 개요

① 조직 배양이란 생물체의 조직이나 세포의 한 부분을 영양 배지에서 길러서 새로운 개체를 만드는 기술이다.

② 조직 배양을 통해 우량한 개체와 같은 형질을 가진 개체를 대량으로 빠르게 증식시킬 수 있는 장점이 있다.

③ 영양배지에서는 생물체의 조직뿐만 아니라 세균이나 균도 자랄 수 있으므로 배지는 무균상태에서 배양을 원하는 세포나 조직을 접종 또는 이식하여야 한다.

④ 수목과 같은 다세포의 고등식물은 세포마다 필요할 때 독립적으로 자라 하나의 식물체로 자랄 수 있는 전형성능(全形成能, totipotency)을 가지고 있으며, 이에 필요한 유전정보를 보유하고 있다. 그러나 식물의 각 세포는 이러한 전형성능을 나타내지 않고, 위치에 따라서 독특한 형태와 기능을 가짐으로써 이웃한 세포와 협력하여 식물 전체로서의 특징을 나타낸다.

2 조직 배양의 과정

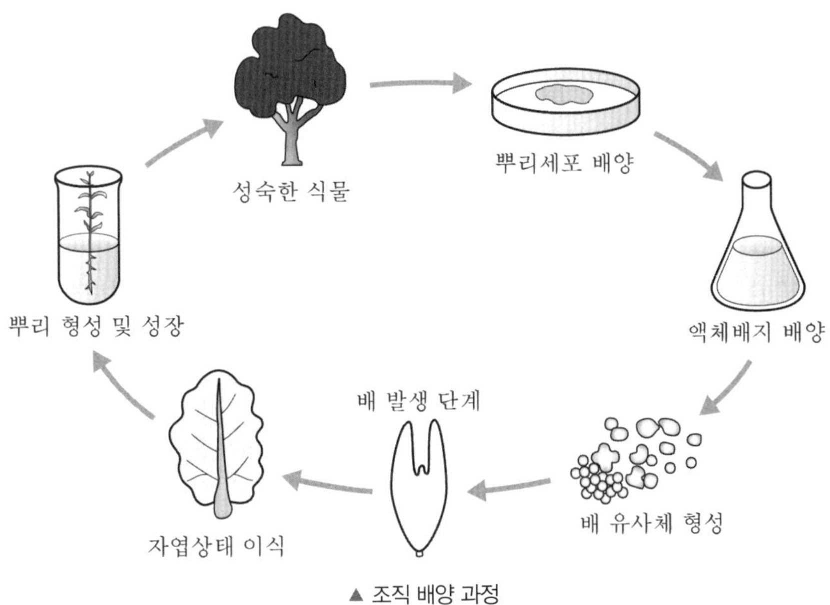

▲ 조직 배양 과정

3 조직 배양의 장점

① 클론으로 보급되어 종자번식에서는 이용 곤란한 가계 내 분산과 비상가적 분산도 얻을 수 있다.

② 모개체와 유전자가 같은 클론을 이용하므로 높은 유전획득량을 올릴 수 있다.

③ 생산집단에 있어 이용이 클론 단위로 이루어지기 때문에 기준면적 이상의 관리를 필요로 하는 채종원에 비해 클론의 추가 또는 제거가 용이하다.

④ 사용 목적이 다른 클론을 동일 장소에서 집중적으로 관리할 수 있다.

⑤ 선발에서 보급까지의 기간을 단축시킬 수 있다.

4 클론증식의 3단계

Murashige, 1974. 캘리포니아대학

① 무균영양체의 확보(표면 소독)

② 식물체의 증식(줄기 분화 및 증식)

③ 토양 이식을 위한 발근 및 순화 과정(뿌리 유도)

기내 배양의 형태와 목적

배양 형태	목적
배 배양	• 육종주기의 단축 • 배의 불임 방지 • 반수체(haploid)의 생산 • 불화합성 극복 • 캘러스 형성을 위한 재료로 이용
약(葯)과 소포자 배양	• 반수체의 생산과 동형접합체 획득 • 완전히 수(雄) 식물체로 이루어진 집단 형성 • 유전적 조작의 도구로 이용 • 낮은 배수성 수준을 육종에 이용
난의 종자 배양	• 육종주기 단축 • 균과 공생의 대체
분열조직 배양	• 병원체 제거 • 원시구경을 통한 난의 영양 번식 • 식물체의 영양계 형성 • 무병식물체의 저장 • 생식질 보존 및 유전자 은행을 위한 냉동 보존 • 난의 번식
절편의 배양	• 부정기관 형성 • 건전 식물체 획득 • 돌연변이체 선발 및 육종 • 배수성(polyploid) 획득 • 기관 및 배 형성을 통한 영양계 형성
캘러스, 현탁 및 단일세포 배양	• 유전적 변이체의 참조 • 냉동보존 시발 재료 • 2차 대사산물 생성 • 형질 전환(transformation)
배주 배양	• 불화합성 극복 • 체세포 잡종 생성 • 세포질 잡종 창조 • 유전적 변이체 창조
원형질, 체세포 조직 및 기관 배양	• 식물 병리학적 연구 도구 • 식물체 내 생리적 현상 연구 도구

36 종자의 결실주기

● 종자의 성숙 형태와 결실주기는 헷갈리기 쉬우니 잘 구분해야 한다.

1 종자의 결실주기

① 해마다 결실을 보이는 것: 버드나무류, 포플러류, 오리나무류

② 격년결실을 하는 것: 소나무류, 오동나무, 자작나무류, 아카시아

③ 2년을 주기로 하는 것: 참나무류, 들메나무, 느티나무, 삼나무, 편백

④ 3년을 주기로 하는 것: 전나무, 녹나무, 가문비나무

⑤ 5년 이상을 주기로 하는 것: 너도밤나무, 낙엽송

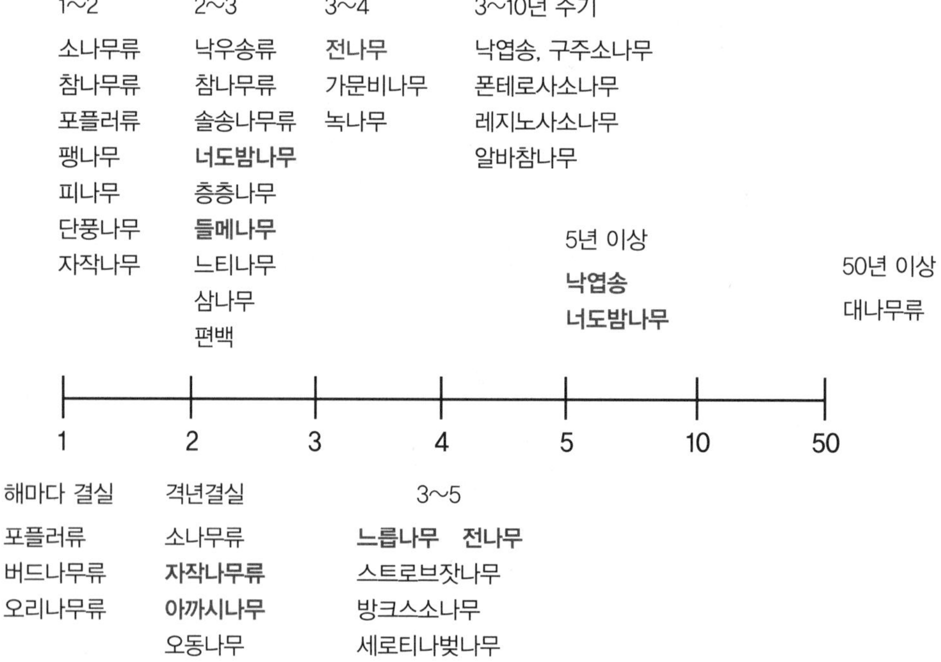

① **해마다 결실하는 것**

- 버드나무류, 포플러류, 오리나무류 등

- 씨앗이 작은 수종

② **격년으로 결실하는 것**

- 소나무류, 아까시나무, 오동나무류, 자작나무류 등

- 매년 결실하지만 풍흉이 분명하다.

③ **2~3년에 한 번씩 결실하는 것**

- 참나무류, 느티나무, 삼나무, 편백 등

④ **5~7년에 한 번씩 결실하는 것**

- 너도밤나무, 낙엽송 등

- 토심이 깊은 숲이나 임내부에 사는 수종

2 결실풍흉의 예상

① 결실 전년의 가을 또는 결실 년의 봄에 결실량을 미리 조사 · 예측하여 종자 생산량과 채집 계획을 수립한다.

② 결실 연도의 전해 가을이나 결실 년의 봄에 하여 결실량이 많고 적음을 예측할 수 있다.

③ 눈의 전체 수에 대한 끝눈 수의 비율을 계산하여 결실량을 예측할 수도 있다. 예를 들면, 수관의 중간 부분에서는 꽃 눈 전체의 눈 수에 대하여 70% 이상일 때 풍작으로 본다.

3 침엽수종 구과발달 4패턴

① A형. 삼나무

개화한 해 5~6월경 수정해서 가을에 성숙

② B형. 향나무

개화한 해 수정해서 크게 되고 다음 해에는 크게 자라지 않고 2년째 가을에 성숙

③ C형. 소나무

개화한 해 거의 자라지 않고 다음 해 5~6월경 빨리 자라 수정하고 2년째 가을에 성숙

④ D형. 노간주나무

개화해서 거의 자라지 않고 다음 해 수정해 크게 자라면 3년째 가을에 가서 성숙(노간주 나무)

☞ A삼 B향 C소 D노

4 활엽수종 종자발달 3패턴

① A형: 개화 후 3~4개월에 열매 성숙(사시나무, 회양목, 버드나무)

② B형: 개화 후 8~9월에 빨리 자라서 가을에 성숙함(졸참, 갈참, 떡갈, 신갈)

③ C형: 다음 해 가을에 빨리 자라서 성숙함(상수리, 굴참)

☞ A사회 B백 C흑

5 열매의 분류

① 침엽수종: 건구과(상전하가), 육과

② 활엽수종

　－ 건열과(삭과, 협과, 대과)

　－ 건폐과(수과, 견과, 시과, 영과)

　－ 습과(핵과, 장과, 이과, 감과)

핵심 37 수목 성장을 위한 토양 특성

● 우리나라 기준

① 토성 SL~L 사양토~양토

② pH 5.5~6.5

③ 유기물 3% 이상

④ 질소 0.25% 이상 → 잎의 크기가 작다. 노랗게 변하여 탈색

⑤ 유효인산 60ppm 이상 → 잎이 적황색 · 적갈색으로 변함

⑥ 칼륨 0.25 cmol/kg 이상 → 활엽수 잎맥 탈색. 침엽수 잎의 끝부분 탈색

⑦ 칼슘 2.5~5cmol/kg → 새로 돋는 잎의 색, 크기

⑧ 마그네슘 1.5cmol/kg 이상

⑨ CEC 12~20 meq/100g, mol/kg

— 토성의 측정: 모래, 미사, 점토의 함량비를 구한 후 토성삼각도를 이용하여 토성을 정한다.

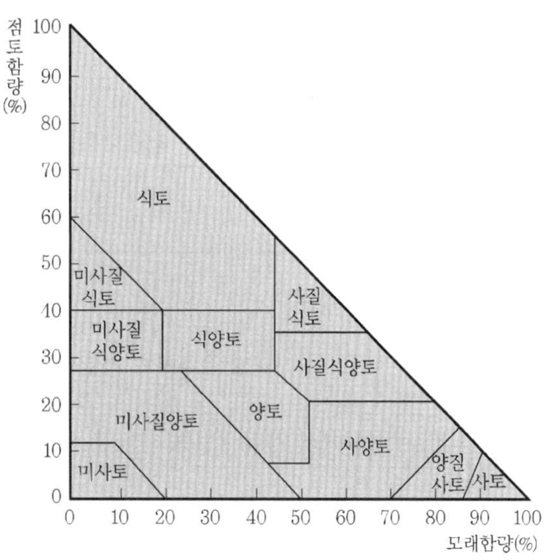

▲ 토성삼각도(미국 농무성 분류)

— 그림에서 모래와 점토 함량이 만나는 점에서 토성이 결정된다.

— 만약 모래 함량이 50%이고, 점토 함량이 20%이면 토성이 '양토'이다.

⑩ 전기전도도 EC 2.0mS/cm 이하

핵심 38 토양산도와 수목생육 경향

① 토양산도 측정 방법

식물 뿌리를 제거하고, 음지에서 말려서 2mm 체(screen)를 통과한 작은 입자를 대상으로 증류수를 적정하여 추출된 물로 산도를 측정한다.

② 토양산도와 나무의 생육 경향

토양산도	수종	비고
pH 3.9 이하 강한 산성	• 지의류, 선태류, 작은 관목류	• 일반적인 산림토양 pH 4~6
pH 4.0~4.7 강산성	• Rhododendron mucronulatum • Juniperus rigida • Pinus densiflora • Larix kaemfperi	• 산성물질, 수소이온에 의해 Mn, Al 다량 용해
pH 4.8~5.5 산성	• 가문비나무, 잣나무(Pinus Koraiensis), 참나무류	• 질산태질소, 칼슘, 인산 등의 이용도 낮음
pH 5.6~6.5 약산성	• 대부분의 침엽수 • 참나무류, 피나무, 단풍나무, 느릅나무	
pH 7=중성	• 전나무류 중 특정나무	• 경작토양일 경우 바람직한 형태, 관리하기 쉬움
pH 6.6~7.3 중성	• 호두, 양버즘, 측백	• 미생물 활동 왕성 • 양분이용률 높음
pH 7.4~8.0	• 활엽수는 개오동, 네군도, 물푸레, 오리 등 • 침엽수는 측백 • 침엽수 생육이 불량함	• 물의 지속적 용탈작용에 의해 Mg↑, 염화물↑, 철분↓
pH 8.1~8.5 강알칼리성	• 포플러 • 이 이상에서는 염생식물 만 자랄 수 있음	• 황산염과 염화물이 너무 많아 거의 모든 나무가 잘 못 자람

> **참고** **암기 방법**
>
> ① 7전 5가, 중전산가: 중성(pH7)에서 전나무, 산성(pH5)에서 가문비나무
>
> ② 상전하가: 전나무솔방울(구과)은 위로, 가문비나무 솔방울은 아래로 달린다.

39 종자의 채취

● 종자의 채취는 채종림 또는 채종포에서 실시하나 비교적 우량하다고 생각되는 임분에서도 채취할 수 있다.

1 종자의 채집 시기

① 보통 종자는 9~10월 중에 성숙한다. 따뜻한 곳은 한랭한 곳보다 성숙이 늦어지고, 표고가 높은 곳은 낮은 곳보다 성숙이 빨라진다.

② 종자를 너무 일찍 채취하면 양분의 저장과 배의 발달 미숙 수분 함유량의 과다 등으로 종자의 활력이 떨어진다. 반대로 너무 늦게 따면 종자가 떨어져서 채집이 어렵거나 해충의 침해로 종자의 질이 낮아진다.

③ 구과의 성숙을 알아보기 위해 비중액을 쓰는데, 소나무는 1.05의 비중액에서 구과가 모두 위로 떠오르는 때를 채집 시작일로 한다.

④ 침엽 수종의 경우 종자의 자연 탈락 직전이 좋으나 일반적으로 조금 미리 채집한다. 수종에 따라서는 약간 미숙(未熟)한 것을 따서 뿌리는 것이 완숙한 것보다 발아력이 높은데, 피나무가 그 예이다.

2 종자의 채집 방법

① 종자 채집은 우량한 나무를 대상으로 하여 나무에 손상을 적게 주는 방법을 택해야 한다.

② 원칙적으로 나무에 올라가서 구과나 열매를 손으로 따도록 해야 하며, 톱이나 도끼를 사용해서는 안 된다.

③ 활엽수에 있어서는 채집할 때 수관 아래에 망사를 깔아 두면 그 위에 떨어진 것을 모으기 편리하다.

④ 땅 위에 떨어진 열매를 주워 모으는 방법도 있고, 벌채 예정림에 있어서는 성숙기에 벌채해서 모으는 일도 있다.

40 건조저장법

1 실온 저장법

① 종자를 건조한 상태에서 창고, 지하실 등에 두어 저장하는 방법이다.

② 소나무류, 낙엽송류, 삼나무, 편백나무, 가문비나무 등 알이 작은 종자는 온도가 높고, 공기의 공급이 충분하며, 습기가 있을 때는 발아력을 잃게 되므로 용기에 넣어 건조한 곳에 둔다.

③ 쥐의 해를 받지 않도록 단단한 용기에 둔다.

④ 1년 정도 저장해야 할 때는 건조제와 함께 용기에 넣어 밀봉하는 것이 좋다.

2 밀봉 저장법(냉건 저장법)

① 씨앗을 건조시켜 진공 상태로 밀봉하여 낮은 온도에서 저장하는 방법이다. 이 방법으로 저장하면 수년, 또는 수십 년 동안 저장하여도 발아력을 잃지 않는다. 밀봉 저장은 다음과 같은 경우에 적용한다.

- 결실주기가 긴 수종에 적용한다. 예를 들면, 낙엽송은 5~7년마다 씨앗이 많이 달리므로 풍작인 해에 씨앗을 채취하여 수년 동안 저장할 필요가 있다.

- 일반적으로 실온 저장으로는 생명력을 쉽게 상실하는 씨앗에 적용한다.

- 연구와 시험을 목적으로 할 때 이용한다.

- 밀봉 저장한 것은 그 안으로 습기가 들어가지 못하므로 씨앗의 생명력이 오래가고, 공기의 공급도 차단되며, 더욱이 냉온 상태에 두므로 이상적이다.

② 이와 같이 하면 소나무류의 씨앗은 10년 동안을 저장하여도 발아력이 거의 감소하지 않고 정상을 유지할 수 있다.

③ 밀봉 방법은 저장할 씨앗은 미리 잘 건조시켜 함수율을 5~7% 이하로 유지하여 병 등에 담고 첨가제로 씨앗 무게의 각각 10%에 해당하는 건조제와 황화칼륨을 넣어 냉온 상태의 암실에 보관한다. 병 대신에 깡통을 이용하여 탈기한 후에 진공 상태로 밀봉하면 더욱 효과적이다.

④ 첨가제인 건조제는 용기 안에 차는 습기를 제거하는 역할을 하며, 황화칼륨은 씨앗의 활력을 유지시키는 역할을 한다.

⑤ 밀봉 저장에 많이 사용하는 건조제로는 씨앗에 해를 주지 않으며, 값이 싼 아드졸이나 실리카겔이 있는데, 아드졸은 약 150℃, 실리카겔은 105℃에서 건조시켜 다시 사용할 수 있다.

핵심 41 보습저장법

1 노천 매장법

① 들메나무, 목련류의 종자는 봄에 파종하면 이듬해 봄에 발아하게 되므로 2년 종자라고도 하는데, 이러한 종자는 가을에 땅 속 50~100cm 깊이에 종자를 모래와 섞어서 묻어 둔다. 이것은 저장의 목적도 있지만, 종자의 후숙을 도와 발아를 촉진시키는 데 더 큰 의의를 지니고 있다.

② 양지 바르고, 지하수가 없고, 관리가 편리한 곳을 택하여 깊이 60~70cm의 구덩이를 판다. 이 구덩이 안에 종자를 담을 포대나 나무상자를 넣으며 이 안에 종자와 모래를 교대로 넣고 땅 표면에 흙을 15~20cm 가량 덮는다. 표면은 낙엽이나 검불 등으로 덮는다.

③ 쥐의 피해가 예상될 때는 설망을 덮고 그 위를 흙으로 덮어 둔다. 겨울 동안 눈이나 빗물은 그대로 스며들어갈 수 있도록 한다.

④ 수종별로 노천매장을 하는 형태는 아래와 같다.

> ㉠ **종자를 채집, 정선하여 일찍 노천매장을 해야 할 수종**
>
> 들메나무, 단풍나무류, 벚나무류, 은행나무, 잣나무, 백송, 호두나무, 가래나무, 느티나무, 백합나무, 목련 종류 등
>
> ㉡ **11월 말까지는 매장해야 할 수종**
>
> 벽오동나무, 팽나무, 물푸레나무, 신나무, 괴나무, 층층나무, 옻나무 등
>
> ㉢ **씨 뿌리기 한 달 전에 매장하는 것이 좋은 수종**
>
> 소나무, 해송, 낙엽송, 가문비나무, 전나무, 측백나무, 리기다소나무, 삼나무, 편백나무 등

2 보호 저장법

① 건사 저장법(乾砂財藏法)이라고도 하는데 밤, 도토리 등 함수량이 많은 전분 종자를 추운 겨울 동안 동결하지 않고 동시에 부패하지 않도록 저장하는 방법이다.

② 보호 저장법이 노천 매장법과 다른 점은 저장 중 빗물이나 눈 녹은 물이 들어가지 못하도록 하는 데 있다.

③ 종자량을 담을 수 있는 큰 용기 안에 종자를 깨끗한 모래와 혼합해서 넣고 창고 안에 두는데, 모래가 너무 습해서는 안 된다.

④ 종자는 그 함수량이 건중량(乾重量)의 30% 이하로 떨어지지 않도록 해야 한다.

⑤ 모래 대신에 유기물이 없는 황토에 밤을 혼합해서 저장하기도 하는데, 이러한 흙은 생땅에서 얻은 것으로 토양미생물이 없어서 종자가 부패되지 않는다.

⑥ 다른 방법으로서 배수가 잘되는 땅 위에 모래와 종자를 섞어서 퇴적하고 그 위에 짚을 덮어 눈이나 빗물이 들어가지 못하도록 하며, 동시에 동결도 방지하는 일이 있다. 독 등 밀폐된 용기는 산소의 공급을 막아 함수량이 많은 종자에는 부패의 원인이 되기 쉽다.

3 냉습적법

① 보호 저장법과 크게 다를 바 없으나 보호 저장은 종자의 활력과 신선도를 유지하는 데 더 큰 목적이 있지만, 이 방법은 발아 촉진을 위한 후숙에 중점을 둔 일종의 저장법이다.

② 용기 안에 보습 재료인 이끼, 토탄 또는 모래와 종자를 섞어서 넣고 3~5℃ 정도 되는 냉실 또는 전기냉장고 안에 두는 방법이다. 이 경우에는 종자와 같은 분량의 보습재와 혼합하여 용기에 넣어 처리한다.

③ 보습재로는 이끼, 톱밥 등이 쓰인다.

④ 종자의 함수량은 20~25% 정도가 알맞다.

42 종자의 산지

1 정의 · 개념

① 종자의 산지는 산림용 종자가 생산된 곳을 말한다.

② 종자는 조림예정지의 입지나 기후환경이 비슷한 곳에서 생산되어야 잘 자랄 수 있다. 그러므로, 종자의 산지는 조림의 성과에 큰 영향을 끼치게 되므로 정확히 표시되어야 한다.

③ 종자를 채취하는 곳은 보통 정영목과 클론으로 조성된 채종원, 수형목이 규정 이상으로 있어서 채종림 또는 채수포로 지정된 곳 등이다.

2 종자산지 기록 방법

참고 관련 용어 정의

① **수형목**
  - 수형과 형질이 주변 수목과 비교하여 우량한 수목을 수형목이라고 한다.
  - 채종원 또는 채수포 조성에 필요한 접수, 삽수, 종자를 채취할 목적으로 수형목이 기준 이상 있으면 채종림으로 지정할 수 있다.

② **채수포**
  - 우량한 접수, 삽수를 채취할 목적으로 조성된 수목의 집단이다. 클론 보존원이라고도 한다.

③ **클론**
  - 접목, 삽목, 취목, 조직 배양 등으로 무성 번식된 개체로 부모 개체와 유전적으로 거의 같다.

④ **종자산지구역**
  - 산림용 종자가 생산된 지역으로 유전적 특성이나 생태적 조건의 유사성을 고려하여 구획된 지역을 말한다.

⑤ **채종원**
  - 수형목(plus tree)의 우수한 형질이 증명된 정영목(elite tree)과 그 클론으로 좋은 입지에 조성하여 관리하는 종자 공급원이다.

① 종자를 채집할 때는 반드시 수종 명, 채집지의 위치 · 고도 및 방위, 채집 연월일, 종자모수의 수령, 수고, 흉고직경, 지하고, 임황, 채집자의 성명 등을 기록으로 남겨야 한다. 그렇게 해야 양묘장에서 생산된 종묘의 이력을 관리할 수 있다.

② 종자산지는 종자가 얻어진 원래의 지리적 위치 또는 지리적 출처를 말하며, 종자산지에서 생산된 종자를 지역 품종이라고 한다. 예를 들어 강원도 대관령면 노동리에서 얻어진 분비나무 종자로 설악산에 조림을 하였다면 종자산지는 대한민국, 종자 출처는 강원도가 된다. 또 강원도 철원에 경기도 포천에서 생산된 리기다소나무 종자로 조림을 하였다면 종자산지는 미국, 종자 출처는 경기도가 된다.

Chapter

02

묘목 생산

핵심 01 바람직한 조림수종의 특성

1 개요

① 바람직한 조림수종은 생태적, 경제적, 그리고 환경적 목적을 충족시킬 수 있어야 한다.

② 조림수종은 각 지역의 기후, 토양, 관리 목적에 따라 적합성을 평가해야 한다.

2 바람직한 조림수종의 특성

① 향토수종이나 대상 조림지에 잘 적응할 수 있는 수종

② 기후 · 병해충 · 산불 등 각종 위해 요인에 대한 저항력이 강한 수종

③ 생장이 빨라 단위면적당 물질생산성이 큰 수종

④ 곧게 자라고 지하고가 높으며 재질이 좋아 목재의 이용가치가 큰 수종

⑤ 수관폭이 좁아 단위면적당 임분밀도를 높게 유지할 수 있는 수종

⑥ 목재시장에서 수요량이 많고 높은 가격에 판매될 수 있는 수종

⑦ 산림생태계의 구성요소로서 가치가 높은 수종

⑧ 수원 함양, 국토 및 환경 보전, 경관 개선 등 경제 외적인 가치가 높은 수종

⑨ 목재 이외의 특수 부산물 생산가치가 높은 수종

3 조림수종을 선정하는 방법

① 조림지에 잘 적응할 수 있는 수종: 향토수종, 지역 자생수종

② 저항력이 강한 수종: 기후 · 병해충 · 산불 등에 잘 견디는 수종

③ 생장이 빠른 수종: 단위면적당 물질생산량이 많은 수종

④ 목재의 이용가치가 큰 수종: 곧게 자라고 지하고가 높으며 재질이 좋은 수종

⑤ 수관폭이 좁은 수종: 단위면적당 임분밀도를 높게 유지할 수 있는 수종

⑥ 경제성이 높은 수종: 목재시장에서 수요량이 많고 높은 가격에 판매될 수 있는 수종

⑦ 생태적 가치가 높은 수종: 경제적 가치는 낮아도 산림생태계의 구성요소로서 필요한 수종

⑧ 수원 함양, 국토 및 환경 보전, 경관 개선 등 경제 외적인 가치가 높은 수종

⑨ 목재 이외의 특수 부산물 생산가치가 높은 수종

⑩ 수확 및 갱신조림이 쉽고 조림 이후의 활착 및 생장이 뛰어난 수종

⑪ 각종 조림기술 적용이 쉬우며 조림비용이 적게 드는 수종

⑫ 경영 목적이나 목표에 부합하는 수종

4 조림수종 선택 시 고려할 점

① 산림경영의 목적: 신탄재, 가공용 목재, 표고자목 생산 등

② 생태적 여건: 향토수종의 여부, 자연군락과의 조화 상태 등

③ 생물적 특성: 성장속도 정도, 병해충에 강한지 등의 수종 특성 등

④ 경제성: 수종별 재질, 재적생산, 가치생산, 미래의 수요량 등의 경제성

⑤ 조림 기술: 갱신 방법, 종자 또는 묘목의 확보, 숙련된 노동력의 확보 등

⑥ 수확 기술: 기계화 작업의 숙련도 및 기계화에 따른 생산성 증가 정도

⑦ 기반 시설 확보: 작업로 등 임도시설 및 수확장비의 확보 정도

5 조림수종 선택의 원칙

① 경제적 원칙: 재적수확량이 많고 재질이 우량해서 수요가 많아 그 수종의 경제적 가치가 높은 것(생장이 빠르고, 줄기가 통직하며 목재의 이학적 특성 고려)

② 생물적 원칙: 병충해에 대하여 저항력이 강하고, 온열, 습도, 바람, 토성, 지세 등 입지 조건에 적응할 수 있는 수종일 것

③ 조림적 원칙: 수종의 생리 상태가 원하는 작업종에 알맞을 것

④ 임지가 양호해지고 국토의 이용 및 보전에 도움이 될 수 있는 수종일 것

6 우리나라의 주요 도입 수종

① 일본: 삼나무, 일본전나무, 오리나무, 낙엽송, 편백

② 미국: 낙우송, 미국물푸레나무, 네군도단풍, 방크스소나무, 아까시나무, 플라타너스, 스트로브잣나무, 리기다소나무, 미류나무

③ 유럽: 독일가문비나무, 유럽소나무, 이태리포플러

핵심 02 묘목

● 묘목은 씨앗에서 발아하여 일정한 크기와 생장 상태에 도달하여 산지에 옮겨 심을 수 있는 어린나무를 말한다.

1 묘목의 구분

① 소나무, 낙엽송 등의 1년생 묘목을 소묘(小苗)라 한다. 소묘 중에도 이식(판갈이) 할 묘목은 유묘(幼苗)라 하고, 조림 식재할 묘목은 성묘(成苗)라 한다.

② 소나무, 낙엽송 2년생 및 활엽수 묘목을 중묘(中苗)라 한다.

③ 침엽수 3년생, 활엽수 묘고 1m의 것을 대묘(大苗)라 한다.

④ 산출묘(山出苗)는 조림지에 식재할 묘목을 말하며, 성묘도 산출묘로 볼 수 있다.

2 우량 묘목의 구비 조건

우량묘목은 옮겨심기 및 산지식재하였을 경우 활착과 성장이 잘 될 수 있는 형질과 형태를 구비한 묘목이다. 한 번 심은 나무는 적어도 수십 년 후에라야 벌채 수확이 가능하다. 식재 시에 형질과 형태가 좋지 못한 묘목을 식재하면 수십 년에 걸친 조림 및 복원사업이 실패하기 쉽다. 활착과 생장이 저조하여 수십 년 후에 수확량도 적고 불량한 목재가 생산된다. 우량묘목으로 조림하여야 수십 년 후에 건강하고, 아름다운 숲이 조성되고, 양질의 산림자원을 생산할 수 있다.

① **우량묘목의 형태**

- 줄기가 곧고 굵으며 도장하지 않고 갈라지지 않으며 근원경이 커야 한다.

- 묘목의 가지가 균형 있게 뻗고 정아가 완전해야 한다.

- 근계 중에 주근이 짧고 곧으며 세근이 많이 발달되어야 한다.

- 묘목의 지상부와 지하부가 균형이 있고, 다른 조건이 같다면 T/R율의 값이 작은 것이 좋다.

- 묘목의 수세가 왕성하고 조직이 충실하며 수종 고유의 색채를 띠고 병충해와 다른 피해를 받지 않은 것이어야 한다.

- 조림지의 입지적 조건과 거의 같은 환경에서 양묘된 것이어야 한다.

② **우량묘목의 규격**

우량묘목의 규격은 묘목을 산지에 조림하였을 때 활착과 성장이 잘 될 수 있는 형태를 표준으로 해서 우량묘와 불량묘의 등급을 구분하는 기준이 된다. 또한 묘목의 가격을 결정하는 기준으로서도 적용할 수 있으며, 양묘 기술의 목표가 된다. 묘목 규격은 수종별로 간장, 근원경, 근장에 대한 표준을 정해 놓은 것이다.

- 간장: 간장은 지표면에서 묘목의 정아까지의 길이를 측정한다.
- 근장: 뿌리목에서 주근의 선단까지 길이를 측정하는 것이나 때로는 외적 조건에 의하여 측근이 더 발달하는 경우가 있다.
- 근원경: 뿌리목의 직경을 측정하는 것으로서 직경이 굵을수록 우량묘로 취급되며 근원경과 근계의 발달과는 서로 정비례의 관계에 있다.
- T/R율: 뿌리와 줄기의 경계, 지표를 중심으로 하여 줄기 쪽을 지상부(T)라 하고, 뿌리 쪽을 지하부(R)라 하며, 지상부와 지하부의 무게 비율을 측정하는 것으로서 그 비율이 낮을수록 형질이 좋은 묘목으로 구분된다.
- H/D율: H/D율은 묘목의 높이(Height)와 직경(Diameter) 비율을 나타내는 지표로, H는 묘목의 높이를, D는 묘목의 근원부 직경을 의미한다. H/D율이 적절한 범위에 있을 때 묘목이 건강하고 잘 자란다는 것을 나타내며, 이상적인 범위는 나무의 종류에 따라 다르지만, 일반적으로 15:1에서 20:1 정도의 비율이 좋다고 평가된다.

묘목을 생산하는 방법

1 실생묘 생산

① 실생묘 묘포 생산

- 씨앗을 묘포에 심어서 노지에서 길러서 묘목을 생산한다.
- 유전적 다양성을 보존할 수 있는 장점이 있다.
- 열등한 형질을 가진 개체가 생산될 수 있다.

② 용기묘 생산

- 씨앗을 용기에 심어서 온실에서 기른다.
- 노지에서 3~5년 정도 걸리는 묘목 생산 기간을 1년 이내로 단축시킬 수 있는 장점이 있다.
- 냉상을 거치면서 묘목을 경화 처리해야 활착률이 높아진다.

2 무성번식묘 생산

① 삽목

- 꺾꽂이, 식물의 영양기관인 가지나 잎을 잘라낸 후 다시 심어서 새로운 묘목을 생산한다.
- 우량품종의 유전형질이 그대로 이어지는 장점이 있다.

② 접목

- 뿌리 부분을 사용하는 것을 대목, 줄기와 가지 부분을 사용하는 것을 접수라고 하며, 각기 다른 개체를 하나로 이어 붙여 독립된 개체인 묘목을 생산한다.
- 접수의 우수한 유전형질과 대목의 환경 적응력을 모두 이용할 수 있다. 접목에 숙련된 기술이 필요하다.

핵심 04

수목의 번식 방법

1 무성번식

① **단위생식**

- 밀감 등

② **근맹아**

- 은백양, 사시나무 등

③ **취목**

- 벚나무, 식마무, 고무나무, 소나무류, 포도나무, 사과나무, 조팝나무 등

④ **분주**

- 산앵두나무, 황매화 등

⑤ **삽목**

- 근삽: 오동나무

- 지삽: 포플러류, 개나리, 주목, 사철, 향나무, 플라타너스, 동백나무, 버드나무류

⑥ **접목**

- 근접: 사과나무, 배나무

- 할접: 소나무류, 감나무, 동백나무, 참나무류 등

- 복접: 가문비나무류, 소나무류, 참나무류, 각종 과목류

- 박접: 감나무

- 아접: 복숭아나무, 호두나무, 장미 등

⑦ **마이크로 번식**

- 조직 배양, 배 배양, 세포 배양, 기관 배양 등

2 유성번식

- 종자에 의한 번식: 가장 일반적인 번식 방법으로 양성생식에 의한 방법이다.

- **영양기관**: 생물의 개체를 유지하는 데 필요한 기관으로 생식기관을 제외한 부분이다.
- **암술**: 꽃에서 꽃가루를 받는 부분으로 암술머리, 암술대, 씨방으로 이루어져 있다.
- **수술**: 꽃에서 꽃가루를 만드는 부분으로 꽃실과 꽃밥으로 이루어져 있다.
- **꽃의 기관**: 꽃받침, 화관, 암술, 수술, 씨방
- **완전화**: 기관을 다 가지고 있는 꽃
- **불완전화**: 기관들 중 일부가 없는 꽃
- **양성화**: 암술, 수술이 다 있는 꽃
- **단성화**: 암술과 수술 중 하나가 없는 것
- **중성화**: 암술, 수술 둘 다 없는 것
- **단위결과(parthenocarpy)**: 종자 없이 열매 성숙
- **단위생식(apomiyis)**: 수정 없이 종자 형성, 배주 → 배 → 종자

무성생식과 유성생식

1 서언

수목의 번식 방법은 무성생식과 유성생식으로 구분된다. 무성생식은 종자를 사용하지 않고 부모 나무의 유전적 특성을 그대로 유지하여 번식하는 방식이며, 유성생식은 종자를 통한 번식으로 유전적 다양성을 확보할 수 있는 특징이 있다.

① 무성생식의 주요 방법과 장단점 요약

② 유성생식의 주요 방법과 생태적 기능 요약

③ 무성생식과 유성생식의 비교 및 활용 사례

2 무성생식

부모 나무와 동일한 유전자를 가진 새로운 개체를 만들어내는 방식으로, 수목 번식에 있어 빠른 증식과 우수 개체의 보존에 적합하다. 무성생식의 방법은 다음과 같다.

① 삽목: 나무의 줄기, 가지, 잎을 잘라내어 뿌리를 내려 번식하는 방식으로, 생장 속도가 빠른 수종에 유리하다. 삽목은 주로 경제적 가치가 높은 수종을 대상으로 많이 시행된다.

② 접목: 서로 다른 나무의 가지나 줄기를 접목하여 번식하는 방법으로, 품종 개량이나 병해충 저항성 강화에 주로 사용된다. 과수나 관상수에서 활용된다.

③ 휘묻이: 가지를 구부려 땅에 묻고 그 부분에서 뿌리가 자라도록 하여 번식하는 방법이다. 주로 관상수와 덩굴성 수목 번식에 사용된다.

④ 포기나누기: 여러 뿌리를 가진 개체를 분리하여 각각 심는 방식으로, 주로 초본 식물과 일부 덤불성 수목에서 사용된다.

3 유성생식

암수 생식세포가 결합하여 종자를 형성하여 번식하는 방식으로, 유전적 다양성을 높여 환경 적응성을 증대시킬 수 있다. 유성생식의 주요 방법은 다음과 같다.

① 종자 파종: 수집한 씨앗을 적합한 조건의 토양에 파종하여 발아시키는 방법이다. 인공림 조성 시 주로 사용되며, 생장 초기 관리가 중요하다.

② 자연낙하: 나무에서 자연적으로 떨어진 종자가 발아하는 방식으로, 산림 내 자연 번식에서 많이 관찰된다.

③ 동물에 의한 확산: 열매를 섭취한 동물이 씨앗을 먼 지역으로 이동시키면서 번식을 돕는 방식이다. 예를 들어, 참나무류는 다람쥐에 의해 확산되기도 한다.

4 무성생식과 유성생식의 비교 및 활용 사례

① 무성생식은 유전적 동일성을 보장하여 동일한 특성을 지닌 수종을 빠르게 증식할 수 있으며, 주요 경제 수목이나 관상수의 개량된 품종 재배에 효과적이다.

② 유성생식은 유전적 변이를 통해 환경 변화에 대한 적응력을 높일 수 있으며, 자연 상태에서 자생하는 수종의 생태적 균형 유지에 필수적이다.

5 결언

수목의 번식 방법은 무성생식과 유성생식으로 구분되며, 각각 고유의 장단점을 지닌다. 무성생식은 부모 나무의 유전적 특성을 그대로 유지하여 빠르게 번식할 수 있어 경제적 가치가 높으나 유전적 다양성이 부족할 수 있다. 반면, 유성생식은 유전적 다양성을 제공하여 환경 변화에 대한 적응력을 높이며, 산림 생태계 내 유전적 균형을 유지하는 데 기여한다.

06 산림용 종자 및 묘목

● 산림용 종자·묘목 고시 [시행 2021. 12. 8.] [산림청고시 제2021-139호, 2021. 12. 8., 일부개정]

1 산림용 종자(접 · 삽수) 및 묘목

가래나무, 가문비나무, 가시나무류(가시나무, 붉가시나무, 종가시나무, 참가시나무), 가죽나무, 감나무(떫은감), 거제수나무, 계수나무, 고로쇠나무, 구상나무, 구실잣밤나무, 개암나무, 까마귀쪽나무, 꽝꽝나무, 낙우송, 눈잣나무, 눈측백, 노각나무, 녹나무, 느릅나무, 느티나무, 다릅나무, 단풍나무, 당단풍나무, 대추나무, 돌배나무, 동백나무, 두릅나무, 두충, 들메나무, 때죽나무, 마가목, 만병초, 말채나무, 매실나무, 매자나무, 모감주나무, 목련류(종간 교잡종 포함), 물푸레나무, 박달나무, 밤나무, 버드나무, 벽오동, 백합나무, 벚나무류(벚나무, 산벚나무, 세로티나벚나무. 개벚지나무), 복자기, 분비나무, 비자나무, 사람주나무, 사스레피나무, 산겨릅나무, 산딸나무, 산수유, 산초나무, 삼나무, 서어나무, 소나무류(소나무, 리기다소나무, 리기테다소나무, 테다소나무, 버지니아소나무, 곰솔, 솔송나무), 쉬나무, 스트로브잣나무, 아왜나무, 아까시나무, 양버즘나무, 오동나무, 오리나무류(오리나무, 두메오리나무, 물오리나무, 사방오리나무), 옻나무, 은행나무, 음나무, 이팝나무, 일본잎갈나무, 잎갈나무, 자작나무, 잣나무, 전나무, 주목, 쥐똥나무, 쪽동백나무, 참나무류(갈참나무, 굴참나무, 떡갈나무, 상수리나무, 신갈나무, 졸참나무, 루브라참나무), 참죽나무, 찰피나무, 채진목, 측백나무, 층층나무, 칠엽수, 포플러류(사시나무, 황철나무, 양황철나무, 현사시나무, 이태리포플러), 편백, 푸조나무, 피나무, 향나무, 헛개나무, 호두나무, 화백, 화살나무, 황벽나무, 황칠나무, 헝가리아까시나무, 회화나무, 후박나무

다만, 위 고시 수종의 종묘는 산림사업용으로 생산 및 판매하는 경우로 한정한다.

2 버섯종균

표고버섯종균, 원목재배용 목이버섯종균, 원목재배용 팽이버섯종균

묘포 만들기

1 묘포 적지의 선정 조건

① 토양

– 가벼운 사양토이며 토심이 깊고 부식 함량이 많은 곳(토양)

– 토양산도는 침엽수종에 대하여 pH 5.0~6.5가 적당하다.

② 수리

관개와 배수가 동시에 편리한 곳

③ 경사와 방위

경사 5도 이하 남동방향의 완경사지

④ 접근성

교통이 편리하고 노동력 공급이 용이한 지역

⑤ 피해요소

높은 지하 수위, 풍충지, 凹지, 최저기온 등에 유의하여 안전한 곳

2 묘포 만들기 과정

① 묘포구획

작업, 반출, 양묘계획에 용이하도록 대구획과 소구획 등으로 계획하는 것

② 정지작업

– 밭갈이 → 쇄토 → 작상의 순서로 진행한다.

– 밭갈이는 묘목성장에 필요한 깊이로 흙을 갈아엎는 것으로 20~25cm 정도 깊이로 한다.

– 쇄토: 흙덩이를 부수고 돌과 풀뿌리 등을 제거한다.

③ 상 만들기

– 세립종자 파종상 설치 시는 상토 10cm 깊이까지 흙을 파서 엎고, 약 1cm 정도의 체로 쳐서 상면에 고루 펴고 롤러로 굴려 다진다.

– 묘상의 크기는 대개 상폭 1m, 상길이 10~20m 기준으로 하고, 보도 폭은 해가림 시설이 필요한 상은 0.5m, 필요 없는 상은 0.3~0.4m로 하고, 상의 방향은 특별한 사유가 없는 한 동서로 설치한다.

3 정지작업의 효과

① 토양이 부드럽고 통기가 잘 되게 하여 토양산소량을 많게 한다.

② 토양의 풍화작용을 도와 나무에 필요한 양분을 가용성으로 만든다.

③ 토양 보수력을 증가시킨다.

④ 유용 토양미생물이 증식한다.

⑤ 잡초 발생을 어느 정도 억제한다.

4 상 만들기 요령

	파종상 명칭	상 만들기 요령	대상 수종
고상	소나무형 고상 – 소나무상	표토를 망목 1cm 이하의 체로 쳐서 나무판으로 다져, 10cm 높이의 상을 만든다.	소나무류, 낙엽송, 삼나무, 가문비나무, 전나무, 편백(침엽수류)
	참나무형 고상 – 상수리나무상	흙체로 치지 않고, 레이크 등으로 쇄토하여, 10cm 높이로 평탄하게 만든다.	참나무류, 밤나무, 칠엽수, 은행나무(전분종자)
평상	오리나무형 평상 – 오리나무상	상의 높이는 고랑의 깊이와 같게 하며, 소나무상처럼 만든다.	오리나무, 자작나무류
	호두나무형 평상 – 호두나무상	상의 높이는 고랑의 깊이와 같게 하며, 상수리나무상처럼 만든다.	호두나무, 물푸레나무
저상	버드나무형 저상 – 버드나무상	상 높이를 고랑보다 7~10cm 낮게 하고, 소나무상처럼 만든다.	버드나무류, 사시나무류
	• 고상: 주변 땅보다 약간 높은 묘상 • 평상: 주변 땅과 높이가 같은 묘상 • 저상: 주변 땅보다 약간 낮은 묘상		

5 파종

① 파종, 복토, 짚 덮기

② 파종 방법은 산파, 조파, 점파, 상파

③ 복토는 종자 직경의 1~3배, 복토자 사용

④ 짚 덮기: 묘상의 습기를 보존하고 비, 바람으로 종자가 흩어지는 것을 방지하기 위해 ㎡당 600g의 짚을 깔고 묘상 길이 방향으로 말뚝을 박고 두 줄로 새끼 줄을 쳐서 눌러 준다.

파종 방법과 파종량

1 파종 방법

① 산파

- 흩어 뿌림
- 묘상 전면에 종자를 고르게 흩어 뿌리는 방법이다.
- 종자의 두배 정도 되는 가는 모래와 혼합한 후 비오는 날이나 바람부는 날을 피해 파종한다.
- 적용 수종: 소나무, 낙엽송, 오리나무류, 자작나무류 같은 세립종자

② 조파

- 줄뿌림
- 발아력이 강하고 생장이 빠르며 해가림이 필요 없는 수종의 파종 방법이다.
- 줄 사이의 거리는 종자의 굵기에 따라 5~30cm 정도로 한다.
- 적용 수종: 느티나무, 물푸레나무, 들메나무, 싸리나무류, 옻나무 등(200본/㎡ 이하)

③ 점파

- 점뿌림
- 상면에 10~20cm의 균일한 간격으로 1~3립씩 파종한다.
- 적용 수종: 대립종자인 밤나무, 참나무류, 호두나무 등

④ 상파

- 파종상자에 씨앗을 뿌리는 방법
- 분파: 화분에 뿌리는 방법

2 파종량 산출 방법

사방지와 임도시공 시 파종량 산출 방법과 반드시 구분해야 한다.

① 산파

$$파종량(l) = \frac{파종면적(㎡) \times 묘목밀도(본수/㎡)}{종자효율(발아율 \times 순량률) \times 잔존율(0.3\sim0.5) \times 종자립수(립/l)}$$

② 조파

- 산파량의 1/4~1/2 정도를 뿌린다.

③ 점파

- 파종 간격에 따라 종자 수가 결정된다.
- 파종량=파종면적/파종 간격

3 복토 방법

① 파종 후 흙을 가는 체로 쳐서 종자 직경의 1~3배 가량의 흙을 덮은 후 세사를 얇게 덮되, 모래땅은 진흙땅보다 건조지는 습지보다 다소 두껍게 덮는다.
② 너무 두껍게 덮으면 종자가 부패될 염려가 있고, 너무 얇으면 종자가 건조되어 발아가 안 될 경우가 있으므로 보통 복토자를 이용하여 복토한다.

복토자	적용 수종
0.3	자작나무류, 오리나무류, 오동나무
0.5	낙엽송, 삼나무, 편백
0.7	소나무류, 물푸레나무류, 싸리나무류, 아까시나무, 서어나무류, 스트로브잣나무
1.0	전나무류, 느티나무류, 가문비나무류, 층층나무류
1.5	피나무류
2.0	잣나무
4.0	참나무류
5.0	밤나무, 칠엽수, 호두나무, 가래나무

4 파종조림의 영향인자

① 수분 조건

- 묘포와 달리 산지의 경우에는 흙을 다소 두껍게 덮어서 보호

② 동물의 해

- 광명단을 칠하거나, 별도의 보호조치 시행

③ 기상의 해

④ 타감작용

⑤ 흙옷

- 직파조림 시 어린 묘목이 빗방울로 인해 흙을 덮어쓰게 되는 것

　　– 묘목은 뿌리 노출과 열해로 고사

　　– 표토 유실

⑥ 종자의 품질

5 종자 번식의 의미

① 세대를 이어주는 역할을 한다.

② 불량 환경을 극복하는 수단이다.

③ 유전적 변이를 만들어 이용한다.

④ 식물의 중요한 이동 수단이다.

⑤ 종자는 식량이며 에너지원이다.

장점	단점
• 번식 방법이 쉽다. • 한 번에 많은 종자를 생산할 수 있다. • 품종 개량이 목적이라면, 우량종의 개발이 가능하다. • 영양번식 개체와 비교하면, 일반적으로 발육이 왕성하고 수명이 길다. • 종자의 수송이 쉽다. • 원거리 이동이 쉽다.	• 육종된 품종에서 변이가 일어난다. • 단위결과성 식물의 번식이 곤란하다. • 목본류는 개화까지 장기간 걸린다.

삽목

1 개념

가지 · 뿌리 · 잎 · 눈 등 나무의 일부를 채취하여 배양토 안에 심어 하나의 완전한 개체로 발달시키는 무성번식 방법이다.

2 삽목발근이 용이한 수종

포플러류, 버드나무류, 은행나무, 사철나무, 개나리, 주목, 편백, 측백, 화백, 향나무, 비자나무, 노간주나무, 개잎갈나무, 메타세쿼이아, 동백나무, 치자나무, 진달래류 등

3 삽목의 종류

1) 지삽(枝插)

① 아삽: 눈이 달린 가지를 삽목하는 방법으로 정아삽, 일아삽이 있다.

② 엽아삽: 잎과 그 기부에 있는 눈을 함께 해서 삽목하는 것(동백류, 차나무, 소나무)

③ 소지삽: 작은 가지를 사용한 삽목으로 휴면지삽과 녹지삽 등이 있다.

2) 근삽(根插)

① 지삽이 어려운 경우 뿌리를 삽목하는 방법인 근삽을 이용한다.

② 사시나무류, 뽕나무, 닥나무, 가죽나무, 엄나무, 백합나무, 오동나무, 라일락 등

4 삽수의 발근촉진법

① 삽수 채취 전 시비 조절, 환상박피 등으로 생리상태를 개선시키거나, 삽수 조제 시 잎이나 눈을 남겨 옥신생산을 유리하게 한다.

② 분말처리

– 삽수의 자른 면에 발근촉진제의 가루를 묻혀 준다.

– 발근촉진제: 인돌부틸산(IBA), 인돌아세트산(IAA), 나프탈린아세트산(NAA) 등

③ 희석액 처리

– 발근촉진제를 녹인 희석액에 12~24시간 동안 세워두는 방법이다.

5 **삽목의 장점**

① 모수의 특성을 그대로 이어받는다.

② 결실 불량 나무의 번식에 적합하다.

③ 묘목의 양성 기간을 단축시킬 수 있다.

④ 개화와 결실이 빠르다.

⑤ 병충해에 대한 저항력이 크다.

6 **삽수의 극성**

뿌리와 줄기가 자랄 부분이 유전적 소인에 의하여 미리 결정된 수종과 약한 수종이 있다.

7 **삽수의 발근 기작**

① 삽목된 삽수의 하단 절단면에서 뿌리가 형성되는 과정

② 트라우마틴산 분비－유상조직 형성－근원기 형성－뿌리 발달

③ 삽목을 하기 위해 줄기를 자르면 줄기의 상처난 부위는 상처를 아물게 하려는 치유호르몬이 형성되고, 유상조직인 캘러스를 형성한다.

④ 캘러스 유세포는 캘러스 목부를 형성하고 근기(근원기)로 발달하여 부정근을 발생시킨다.

> **참고** 부정근(adventitious root, 不定根)
>
> ① 뿌리 이외의 기관에서 2차적으로 형성된 뿌리. 꺾꽂이 한 삽수로부터 생긴 뿌리가 이에 속한다.
> ② 줄기의 위나 잎 등 정근 이외의 자리에서 생기는 뿌리 · 연, 옥수수, 양딸기 등의 뿌리 같은 것(농업용어사전: 농촌진흥청).
>
> 뿌리 이외의 부분, 즉 줄기에서 2차적으로 발생하는 뿌리를 말한다. 막뿌리라고도 한다. 양치식물이나 외떡잎 식물에서는 일반적으로 원뿌리의 발달이 나쁘면 줄기에서 다수 생겨서 수염뿌리가 된다. 옥수수는 줄기의 아래 마디에서 많은 뿌리가 생겨 지주근(支柱根)이 되고, 송악의 줄기는 다른 물체에 접촉하는 쪽에서 기근(氣根)이 생긴다. 또한 꺾꽂이에 의한 발근현상(發根現象) 등도 좋은 예이다. (두산백과)

접목

1 개념

① 대목: 접목에 있어서 뿌리 부분을 사용할 목적으로 사용하는 아래쪽 나무

② 접수: 접목에 있어서 줄기와 잎 부분의 유전형질이 좋은 위쪽 나무

2 대목의 선정

① 생육이 왕성하고 병충해 및 재해에 강한, 접목 수종과 동일 수종의 1~3년생 실생묘

② 근부의 발육이 좋은 직경 1~2cm의 건묘를 사용한다.

3 접수의 채취와 저장

① 품종이 확실하고 병충해와 동해를 입지 않은 직경 1cm 정도의 1년생 가지가 좋다.

② 봄철 수액 유동 1~4주 전에 채취하여 저장하되 길이 30cm 정도로 잘라 20~50본씩 다발을 묶어 온도 0~5℃, 습도 80%의 저장고에 저장한다.

③ 아접용 접수는 엽병만 남기고 잎을 제거한 후, 아토닉 3,000배액에 침수시킨다.

4 접목 시기

① 춘계 접목 수종은 대개 대목의 새순이 나오고 본엽이 2개가 되었을 때가 적기이다.

② 박접법은 4월 중순

③ 아접은 7월 중순~9월 상순

④ 기타는 4월 상순~8월 중순에 실시한다.

5 접목 방법

① 절접: 대목을 절단 후 쪼개고 접목 한쪽을 수평으로 깍아내어 형성층을 맞추어 접목한다.

② 박접: 대목의 수피를 종으로 젖힌 후 삽수를 삽입하는 방법이다.

③ 요접(복접): 대목 줄기에 비스듬히 칼을 넣어 삭면을 만들고 비슷한 모양의 삭면을 만든 접수를 끼워 넣는 방법이다.

④ 할접: 대목을 절단면의 직경 방향으로 쪼개고 쐐기 모양으로 깍은 접수를 삽입하는 방법이다.

⑤ 아접: 접수 대신에 대목의 껍질을 벗기고 눈을 끼워 붙이는 방법이다.

⑥ 기타 목적과 용도에 맞는 다양한 접목 방법

6 접목의 장점

① 모수의 특성 계승

② 개화, 결실 촉진

③ 종자결실이 안되는 수종의 번식

④ 수세 조절, 수형 변화 용이

⑤ 병충해 방지

⑥ 특수한 풍토 적용에 유리

7 접목의 단점

① 숙련된 기술이 필요

② 접수와 대목 간의 생리 관계 숙지가 필요

③ 대목 양성, 접수 보존이 어렵다.

④ 일시에 많은 묘목을 생산할 수 없다.

8 접목유합에 영향을 주는 인자

① 불화합성

② 식물의 종류

③ 온도와 습도

④ 대목의 활력

⑤ 접목기술

⑥ 바이러스 오염 및 충해

⑦ 호르몬 사용

핵심 11 용기묘

1 용기묘의 특징

① 생육기간이 짧다.

– 환경을 나무의 생리 조건에 맞출 수 있다.

② 단위면적당 생산량이 높다.

– 최대 500㎥/ha

③ 특수지역 조기 복원 녹화에 적합하다.

– 온실 내 난방으로 연간 3회까지 생산 가능

④ 조림 기간을 확장시킬 수 있다.

– 산림 내 토양수분이 적절하면 가을까지 가능

2 적용 사례

① 고성 산불 지역, 동해안 산불 지역의 송이 생산, 소나무 숲 조성에 적용하였다(송이 균사의 활력 유지 기간 중 식재).

② 일반 묘로는 활착률이 낮은 활엽수 조림에 활용한다.

3 용기의 재질

① 스티로폼 블록

② PE 비닐튜브

③ 사출성형 플라스틱 용기

④ 미생물에 의해 분해 가능한 유기소재 용기(종이 포트, 지피 포트)

4 용기의 규격

① 식재밀도, 수종, 생산목표 규격, 생육기간에 따라 다양하다.

② 크기는 30㎤~500㎤까지 다양하다.

③ 국내: 침엽수 64㎤, 활엽수 200~350㎤ 사용

④ 뿌리 돌음 및 뿌리 기형을 방지할 수 있는 크기 및 구조이여야 한다.

5 용기의 형태

① 독립된 cell 형태

② 접는 책 또는 슬리브 형태

③ 블록 형태

6 배양토의 종류

배양토 종류	특징	용도
모래 (Perlite)	가벼우며 공기 배수성이 좋고 통기성이 높음	뿌리 발달과 공기 순환 촉진
코코피트 (Coconut Coir)	수분 보유력이 뛰어나고, pH가 중성임	보수성과 통기성을 제공, 환경 친화적
펄라이트 (Perlite)	화산암에서 유래, 수분 유지와 배수가 잘됨	뿌리 발달과 수분 조절에 유리
버미큘라이트 (Vermiculite)	흡수성과 보수성이 뛰어나며 통기성이 좋음	수분 보유와 공기 순환 가능
흙토 (Loam Soil)	모래, 점토, 실트가 혼합된 자연 상태의 토양	대부분의 식물에 적합, 안정적인 성장 지원
상토 (Soil Mix)	여러 재료가 혼합된 상업적인 배양토, 유기물과 미네랄 포함	다양한 식물의 배양에 적합
유기물 혼합 토양 (Organic Mix)	부식된 유기물 포함, 영양분이 풍부	영양 공급이 필요한 식물에 효과적
석회질 배양토 (Lime Mix)	칼슘이 풍부하고 pH 조절 가능	특정 식물(석회 요구 식물)의 성장을 지원

7 용기묘의 장점

① 양묘 시 기후, 입지 등의 영향을 받지 않으며 인력을 절감하고 생산기간을 단축할 수 있다.

② 운반 시 건조, 고사하는 등의 피해를 줄일 수 있다.

③ 식재 기간이 유동성 있으므로 노동력을 분산하여 운영할 수 있다.

8 용기묘의 단점

① 묘목 운반에 많은 비용이 소요되고 식재 비용도 일반 묘에 비하여 높다.

② 조림지에 대한 적응도가 낮아 조림에 실패할 우려가 있다.

③ 냉상에서 적응 기간을 거쳐야 한다.

12 임목육종

1 개요

나무의 유전형질을 필요에 따라서 개량하는 것으로, 주로 교잡육종과 선발육종에 중점을 두어 육종하고 있다.

① 선발육종: 형질이 우수한 나무를 가진 임분에서 우수한 나무를 뽑아서 키우는 것

② 교잡육종: 품종이 다른 두 종을 교배에 의해 우수한 형질을 가지도록 만드는 것

③ 도입육종: 외국에서 자라는 형질이 우수한 나무를 도입하여 식재하는 것

2 방법

1) 선발육종

형질이 다른 나무와 다른 우수한 나무인 수형목을 선발하여 육종하는 방법이다.

① 비교선발법: 주위목과 비교하여 선발하는 방법으로 주로 동령림에서 편하게 이용된다. 수형목의 연륜폭과 주위 비교목의 연륜폭을 비교 측정하되 같은 해에 자란 연륜폭을 비교해야 한다(수피 쪽에서 안쪽으로 일정한 연륜폭 측정).

② 지수선발법: 여러 가지 방법으로 각 특성에 대한 점수를 주어 이러한 점수를 지수화하여 일정 지수 이상의 것을 선발하는 방법이다. 양적으로 측정이 되지 않는 형질을 대상으로 선발할 때 흔히 사용한다.

– 육종 흐름: 수형목 선발(채종림 지정) → 차대검정 → 정영목 지정(채종원 조성)

■ **지수선발 흐름도**

1. 수형목 선발 plus tree	3. 차대검정 (우수형질 확인)	4. 채종원 조성 Seed ochard
2. 채종림 지정 Seed production stand		5. 정영목 식재 elite tree

– 차대검정: 선발된 수형목의 유전적 소질을 검정하는 일련의 과정으로 다음 세대를 검정하여 부모 개체 모두 혹은 부모 개체 어느 한쪽의 우수한 유전적 형질을 가졌는지에 대해 판정하는 것이다.

2) 교잡육종

① 두 종 및 품종 간의 교잡에 의하여 발생시킨 다음 세대(차대) 중 우수한 형질을 가진 개체를 골라 별개의 품종으로 만들어 이용하는 방법이다.

② 사례: 리기테다소나무(리기다의 내척지성과 내한력에 테다소나무의 왕성한 생장력과 우수한 재질을 결합시킨 교잡종)

③ 제한: 2대, 3대로 가면 다시 분리되어 형질 결합이나 잡종 강세를 유지할 수 없다. 때문에 이러한 단점을 보완하기 위해 무성증식기술을 활용할 수 있다.

④ 교잡육종에서 중요한 사항은 교잡의 성공 여부를 검정하는 것이다.

3) 도입육종

외국의 우수한 수종을 들여와서 식재하는 것을 도입육종이라고 한다.

① 필요성

향토수종보다 성장속도가 빠르거나 각종 재해에 대한 저항성이 크고 경우에 따라서 유용한 특수물질을 생산할 수 있기 때문이다.

② 수종 도입 시 고려할 사항

- 지리적으로 원산지와 경위도가 유사한 지역의 수종 도입
- 기후, 풍토가 유사한 지역 간 수종 도입
- 도입 대상 수종의 특성과 용도를 확인한 후 결정
- 국내 향토수종보다 생장, 재질, 내병충성 등 월등한 수종 도입

채종원과 채종림

1 개념

① 채종림(seed production stand): 천연림 또는 인공림에서 우량 개체는 남겨 두고, 불량 개체를 제거하여 종자를 채집하는 숲 또는 임분

② 채종원(seed orchard): 우수한 형질이 확인된 수형목(plus tree)의 다음 세대를 가능한 한 근친교배를 피할 수 있도록 배치·식재하여 유전형질이 향상된 종자가 생산될 수 있도록 한 임분

2 수형목의 조건

① 주위의 나무보다 수고가 더 높을 것

② 수간이 굽지 않고 통직한 것(굵고 긴 나무)

③ 측지가 가늘고 짧을 것

④ 재적생장이 주위보다 뛰어난 것

⑤ 병해충의 피해를 받지 않은 것

⑥ 상당량의 종자가 달린 것

⑦ 역지 이하 가지가 빨리 떨어져 지하고가 높은 것

⑧ 주위 성장목 10본보다 평균수고 5%, 직경 20% 이상 클 것

3 채종림 지정 기준

① 1단지 면적이 1ha 이상이며, 1ha당 모수가 150본 이상 있는 임분

② 보호관리 및 채종작업이 편리한 지역

③ 병해충의 피해가 없는 임분

④ 벌채나 도남벌이 없었던 임분

⑤ 노쇠목, 기형목이 없고 일반적으로 수간의 단면이 원에 가까우며, 가지가 가늘고, 자연낙지가 잘 되는 임분

⑥ 바람맞이가 아닌 지역

4 **채종원 선정 시 유의할 점**

① 같은 클론에서 꽃가루가 공급되지 않도록 이웃하지 않아야 한다.

  – 외부 화분의 경우도 동종 임분으로부터 500m 이상 떨어져야 한다.

② 각 클론과의 교배 기회를 되도록 같게 하고, 같은 클론 간의 교배 기회는 되도록 적게 하여야 한다.

③ 채종원의 면적은 적어도 2~3ha 이상이 좋다.

④ 채종원은 작은 것을 여러 곳에 많이 만드는 것보다 정방형이나 원형으로 크게 만들어야 한다.

⑤ 채종원의 식재밀도는 처음에는 높게 한 후에 간벌하여 밀도를 줄인다.

⑥ 클론의 수는 20~50개가 적당하다.

5 **채종원의 입지**

① **따뜻한 곳이 좋다.**

  – 남쪽으로 이동, 고지대는 저지대로 이동하는 것이 개화 · 결실에 유리하다.

② **바람 부는 곳은 피한다.**

  – 바람이 많거나 부는 방향이 항상 같을 경우 불리하므로 피한다.

③ **지형이 좋은 곳을 고른다.**

  – 비옥하며 토심이 깊고 경사가 완만하며 지형의 변화가 적은 곳이 유리하다.

④ **주변에 불량임분이 있으면 불리하다.**

6 **채종원에서 생산량을 늘리는 방법**

① 비료를 준다.

② 넓은 간격을 유지한다.

  : 수광↑ → 광합성↑ → 탄수화물↑ → 결실↑

③ 환상박피를 한다.

④ 단근을 해 준다.

⑤ 관수를 한다.

⑥ 밑깎기 작업을 해 준다.

⑦ 병해충 방제에 유의한다.

⑧ 과목형(果木型)으로 유도한다.

  – 수고 4m가 되면 3m 높이에서 줄기를 자른다.

☞ ②~⑤: 개화, 결실 촉진 방법과 동일

양묘포지 선정 조건

식물의 번식에 영향을 줄 수 있는 중요한 환경요인은 토양, 온도, 지형 등이며, 양묘하기에 적합한 포지의 선정 조건은 다음과 같다.

① 토양

- 가벼운 사양토가 적당하며, 토심이 깊고 부식질의 양이 많으면 좋다.
- 점토질 토양은 배수와 통기가 불량하고, 잡초 발생이 심하며, 유해한 토양미생물이 많아 작업을 더 어렵게 하며, 배수가 어려워 겨울철에 토양이 동결되며, 묘목의 근계 발달에도 좋지 않다.
- 토양산도는 침엽 수종에 대해서는 pH 5.0~6.5가 적당하다.

② 수리의 편리

- 묘포는 관개와 배수가 동시에 편리한 곳에 만들어져야 하고, 가능하면 유수에 의한 관개가 될 수 있으면 좋다.

③ 포지의 경사와 방위

- 포지는 약간의 경사를 가지는 것이 관수, 배수 등에 유리하고, 평탄한 점질토양의 포지는 좋지 않다.
- 5° 이하의 완경 사지가 바람직하며, 그 이상이 되면 토양 유실이 우려되어 계단식 경작을 해야 한다.
- 위도가 높고 한랭한 지역에서는 동남향이 좋고, 따뜻한 남쪽 지방에 있어서는 북향이 유리하다.

④ 교통과 노동력 공급

- 대규모의 고정 묘포를 경영하는 경우에는 중요하게 고려되어야 한다.

⑤ 피해 요소

- 높은 지하수위, 풍충지, 상공(霜孔)이 될 수 있는 요(凹)지, 강수량, 최저기온 등의 피해 요소를 고려하여 선정한다.
- 포지의 서북향에 방풍림이 있으면 겨울철 삭풍을 줄일 수 있어 양묘에 좋은 영향을 준다.

묘포 설계

1 묘포 면적

① 필요한 묘포 면적을 산출할 때는 양묘 대상 수종이나 묘목의 규격, 묘목 생산량, 이식작업 횟수 등 경작 방식, 휴경지면적, 저수지, 방풍림, 부속시설, 도로, 제지 등을 고려하여 전체 적정면적을 산출한다.

② 휴경지는 보통 3~4년마다 한 번씩 반복하는 것으로 계산할 필요가 있다. 실제 육묘에 소요되는 상면적은 주요 수종의 파종 시업기준이나 이식기준 등을 고려하여 산출하며, 산출된 육묘상의 면적은 전체 묘포 소요면적의 60~70%에 해당하는 점을 고려하여 총묘포 면적을 산출한다.

2 묘표의 구획

① 묘포의 구획은 전체 묘포 면적이나 대상 수종, 묘목 생산 체계 등을 확정하고 관리사, 창고, 퇴비장, 온실, 피음실(被陰室: lathhouse, 냉상), 작업장, 야외휴게소 등 관리에 필요한 부대시설, 경운기, 트랙터 등을 포함한 각종 기계 장비의 도입, 도로, 방풍림, 저수지 등의 필요성을 고려하여 합리적으로 구획한다.

② 묘포의 구획에서는 우선 묘상의 크기와 형태, 그리고 도로의 배치를 중심으로 기본 설계를 실시하면서 부대시설의 배치를 적당한 곳에 정하는 것이 좋다.

③ 묘상은 몇 개로 크게 구획한 후에 다시 세분하여 필요한 묘상을 배치할 필요가 있다. 크게 구획된 묘상들 사이로 주도로를 설치하고 세분된 묘상 간에는 부도로를 배치하는 것이 좋다. 필요에 따라 임시보도를 설치할 수도 있다.

④ 주도로는 화물차나 트랙터 등이 자유롭게 출입할 수 있도록 대략 4~5m 폭으로 설치하고, 부도로는 경운기나 손수레 등이 이동할 수 있도록 1~2m 안팎의 폭을 유지한다.

⑤ 사람이 다닐 수 있는 임시보도는 0.5~1m 안팎의 폭으로 조정하는 것이 좋다.

⑥ 관리시설은 묘포의 중앙 부근에서 편리한 장소를 골라 설치하며, 수원지는 묘포의 경사지 상부에 위치하는 것이 좋다.

⑦ 방풍림은 묘포의 북서쪽 가장자리에 설치한다.

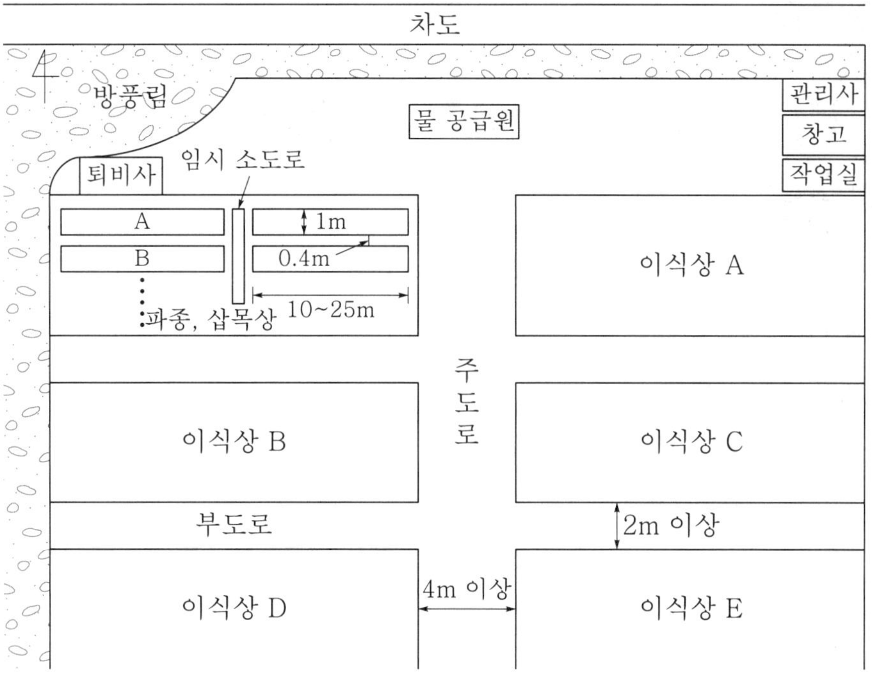

3 시설 계획

① 매년 지속적으로 경영하는 고정 묘포에서는 육묘 및 경영관리에 필요한 모든 시설 및 장비와 소도구, 소모성 재료 등을 갖추어야 한다.

② 주요 시설로는 관리사와 온실, 피음실, 자재창고, 종자 및 번식 재료 저장 냉장실, 퇴비장, 작업장, 저수지 및 용수시설, 야외휴게실 등이 있으며, 주요 장비로는 트랙터, 경운기, 농약 살포기, 관수장비 등이 필요하다.

4 관리 계획

묘포의 경영 목표와 함께 양묘 대상 수종별 작부체계를 고려하면서 예산, 노동력 관리, 장비 운영, 자재 확보 및 사용, 묘목 생산 및 산출 등 묘포를 경영·관리하기 위한 전체적인 관리 계획이 수립되어야 한다. 특히, 묘목 생산과 관련한 계획 수립에서는 대상 수종별로 종자의 수급부터 묘목의 산출까지 상 만들기, 파종, 이식, 제초, 시비, 해충방제, 관수, 굴취, 가식, 월동, 선묘 등 양묘와 관련된 모든 기술적인 사항에 대해 세부적인 내용까지 검토·분석하여 차질 없는 사업이 될 수 있도록 유의해야 한다.

16 묘포를 만드는 과정

① 묘포 구획

- 작업, 반출, 양묘 계획에 용이하도록 대구획과 소구획 등으로 계획하는 것

② 정지작업

- 밭갈이 → 쇄토 → 작상의 순서로 진행한다.
- 밭갈이는 묘목 성장에 필요한 깊이로 흙을 갈아엎는 것으로 20~25cm 정도 깊이로 한다.
- 쇄토: 흙덩이를 부수고 돌과 풀뿌리 등을 제거한다.

③ 상 만들기

- 세립종자 파종상 설치 시는 상토 10cm 깊이까지 흙을 파서 엎고, 약 1cm 정도의 체로 쳐서 상면에 고루 펴고 롤러로 굴려 다진다.
- 묘상의 크기는 대개 상폭 1m, 상길이 10~20m 기준으로 하고, 보도 폭은 해가림 시설이 필요한 상은 0.5m, 필요 없는 상은 0.3~0.4m로 하고, 상의 방향은 특별한 사유가 없는 한 동서로 설치한다.

> **참고** 정지작업의 효과
>
> ① 토양이 부드럽고 통기가 잘 되게 하여 토양산소량을 많게 한다.
> ② 토양의 풍화작용을 도와 나무에 필요한 양분을 가용성으로 만든다.
> ③ 토양 보수력을 증가시킨다.
> ④ 유용 토양미생물이 증식한다.
> ⑤ 잡초 발생을 어느 정도 억제한다.

핵심 17 종자 파종

1 파종 시기

① 파종 시기는 보통 이른 봄에 하며 가을에 하는 경우도 있다.

② 회양목 종자는 여름철에 따서 곧바로 파종하는 일이 많다.

③ 봄에는 토양의 동결이 풀리는 대로 빨리 파종한다.

④ 버드나무류, 사시나무류, 미류나무처럼 종자 수명이 짧은 것은 채파한다.

⑤ 가을에 딴 종자를 가을에 파종할 때 내용은 채파지만, 흔히 추파로 부른다.

⑥ 관리가 잘 될 경우, 대체로 추파는 춘파보다 발아력과 묘목의 발육이 더 좋다.

2 파종량

단위 면적당의 파종량은 종자의 효율이나 수종에 따라 다르다. 종자의 효율을 알면 다음 공식에 의해 파종량을 계산할 수 있다.

① 산파의 파종량 계산 방법

$$W = \frac{A \times S}{D \times P \times G \times L}$$

- W: m^2당 파종량(g)
- A: 파종상의 면적
- S: 가을에 m^2당 남길 묘목 수
- D: 1g당 종자 수
- P: 순량률
- G: 발아율
- L: 득묘율

3 파종 방법

① 산파(흩어 뿌림)

- 파종량이 계산되면 각 상(가령 20㎡)마다의 종자량을 얻어 용기에 넣고 손으로 한 상면에 뿌린다.
- 처음 반량 정도로 전변에 뿌릴 요령으로 일하고, 잔량으로는 성글게 뿌려진 곳을 찾아 보충해서 뿌려 주면 묘상 전체에 종자를 고르게 분산시킬 수 있다.
- 바람이 부는 날은 파종을 피하는 것이 좋으며, 작은 경립종자는 바람에 날리지 않도록 허리를 낮추어 뿌린다.
- 소나무, 낙엽송, 오리나무류, 자작나무류 같은 세립종자를 파종하는 방법이다.

② 조파(줄 뿌림)

- 느티나무, 아카시아, 옻나무 등은 조파라고 해서 줄로 뿌려 준다.
- 이러한 수종은 1년생 묘가 상당한 크기에 이르고 공간을 차지하기 때문에 조파로 한다.
- 조간 거리(條間距離)는 수종에 따라 다르나 10~15cm로 한다. 조파 작업을 쉽게 하기 위하여 조파판을 사용한다.
- 느티나무, 물푸레나무, 들메나무, 싸리나무류, 옻나무 등(㎡당 200본 이하)의 파종에 이용한다.

③ 상파(모아 뿌림)

- 한 곳에 종자를 몇 립씩 모아서 뿌리는 것을 말한다.

④ 점파(점으로 심음)

- 호두, 밤, 도토리, 칠엽수 등의 열매처럼 종자가 굵은 대립종은 한 알씩 일정한 간격으로 심는다.

4 흙덮기(복토작업)

① 파종이 끝나면 곧바로 흙덮기 체를 사용해서 세토를 고른 두께로 덮어 준다.

② 흙을 덮고 나면 더 두껍거나 더 얇은 곳이 있으므로 다시 손질해서 흙덮기의 두께가 고르게 한다.

③ 흙덮기의 두께는 대개 종자 지름의 3~4배로 하나 자작나무, 오리나무류 등 극세립 종자는 흙보다는 깨끗한 모래로 종자를 약간만 덮어 준다.

④ 일반적으로 침엽수의 종자는 1cm 이상의 두께로 덮어 주는 것은 피하도록 한다.

⑤ 흙덮기가 끝나면 그 위에 다시 깨끗한 모래를 2~3mm 정도의 두께로 뿌려 주는데, 이것은 파종상의 습도 유지와 토양미생물의 피해를 줄이고 잡초 발생을 막는 데 효과가 있다.

⑥ 파종 후 흙을 가는 체로 쳐서 종자 직경의 1~3배 가량의 흙을 덮은 후 세사를 얇게 덮되 모래땅은 진흙땅보다, 건조지는 습지보다 다소 두껍게 덮는다. 너무 두껍게 덮으면 종자가 부패될 염려가 있고, 너무 얇으면 종자가 건조되어 발아가 안 될 경우가 있으므로 보통 복토자를 이용하여 복토한다.

복토자	적용 수종
0.3	자작나무류, 오리나무류, 오동나무
0.5	낙엽송, 삼나무, 편백
0.7	소나무류, 물푸레나무류, 싸리나무류, 아까시나무, 서어나무류, 스트로브잣나무
1.0	전나무류, 느티나무류, 가문비나무류, 층층나무류
2.0	피나무류
2.0	잣나무
4.0	참나무류
5.0	밤나무, 칠엽수, 호두나무, 가래나무

5 짚덮기

① 흙덮기가 끝나면 그 위에 추려서 깨끗하게 한 짚을 얇게 덮어 준다. 그 후 끝으로 눌러 바람으로 짚이 흐트러지는 일이 없도록 한다. 이것은 빗물로 흙과 종자가 유실되는 것을 막고 파종상의 습도를 높여 발아를 빠르게 하며 잡초 발생을 억제하는 등의 효과가 있다.

② 묘상의 습기를 보존하고 비, 바람으로 종자가 흩어지는 것을 방지하기 위해 m^2당 600g의 짚을 깔고 묘상 길이 방향으로 말뚝을 박고 두 줄로 새끼줄을 쳐서 눌러준다.

18 판갈이 작업

1 판갈이 작업의 목적

① 파종상에서 기른 1~2년생 실생묘를 더 크게, 그리고 근계를 더 발달시켜 산지 식재에 더 알맞은 묘목으로 만들기 위해 다른 묘상에 옮겨 심는 것을 판갈이라고 하고, 그 상을 상체상이라고 한다.

② 판갈이 과정에서 묘목 근계가 일부 절단되지만, 상체상에서 세근이 많은 충실한 묘목으로 될 수 있다.

③ 판갈이 작업을 이식이라고도 하며, 묘목을 산에 심는 것을 식재라고 하여 이식과 구별한다.

☞ 판갈이=상체=이식

2 판갈이 시기

① 봄, 가을 및 우기에 실시할 수 있으나, 가을에 한 것은 겨울의 한해, 건조의 피해를 입기 쉬우므로 보통 봄에 눈의 내부가 활동하기 시작하였으나 출아하지 않는 시기가 가장 적당하다.

② 봄 판갈이에 있어서는 지상부의 자람이 빨리 시작되는 수종을 먼저 한다.

③ 소나무류, 전나무류가 이에 해당하며 낙엽송, 편백, 삼나무 등의 순으로 상체를 한다.

④ 소나무류, 전나무류는 평균 기온 5℃ 정도가 되면 생리적 활동을 시작한다.

⑤ 판갈이한 뒤 건조해지면 관수를 해야 하고 강우가 있으면 활착을 돕는다.

3 판갈이 연도

판갈이 방법		수종	비고
시기	1년생	소나무류, 낙엽송류, 삼나무, 편백 등	
	2년생	전나무류, 가문비나무류, 참나무류 등	성장속도, 직근 발달
밀도	소식	삼나무, 편백 등 지엽 확장 수종	양수 소식, 비옥하면 소식
	밀식	소나무, 해송 등	음수 밀식, 척박하면 밀식

① 판갈이는 되도록 빨리하는 것이 좋다.

② 소나무류, 낙엽송류, 삼나무, 편백 등은 1년생으로 판갈이 하고, 자람이 늦는 전나무류, 가문비나무류는 거치(상에 그대로 두는 것)하였다가 후에 판갈이 한다.

③ 참나무류는 직근만 발달하고 세근이 거의 없다. 이러한 것은 1년생으로 판갈이 하면 고사하기 쉬우므로 만 2년생이 되어 측근이 발달한 후에 판갈이를 하는 것이 좋다.

④ 측근의 발달은 토양의 성질에 크게 좌우되는 것으로 퇴비 또는 톱밥을 넣어 보수력을 높이면 측근 발생이 촉진되고 판갈이도 더 빨리할 수 있다.

4 판갈이 밀도

① 판갈이 묘목의 수는 수종의 특성과 묘목 양성의 목적 등에 따라 다르다.

② 일반적으로 묘목이 크거나 지엽(技葉)이 옆으로 확장하는 것(삼나무, 편백 등)은 소식하고, 반대로 소나무, 해송은 더 밀식할 수 있으며, 판갈이상에 거치할 때는 소식하고 양수는 음수보다 소식하며, 또 땅이 비옥할수록 소식한다.

5 판갈이의 실행

① **상식**

– 상을 만들고, 묘목을 정방형으로 식재하는 것을 상식이라고 한다.

– 상식을 하면 배수가 잘 되기 때문에 점질 토양에 알맞으며 후에 묘목 캐내기 작업을 더 편리하게 할 수 있다.

② **열식**

– 열식은 괭이로 도랑을 판 후, 그 안에 묘목을 한 줄로 세우고 뿌리를 흙으로 묻는다.

열식 판갈이의 장점	• 통로를 따로 만들 필요가 없다. • 풀뽑기, 중경, 단근 작업, 묘목 캐내기 등을 쉽게 할 수 있다. • 기계화 작업이 가능하다.
열식 판갈이의 단점	• 이랑을 높게 할 수 없기 때문에 습지에는 적당하지 않다. • 줄 사이를 좁게 하기 어렵고 해가림 방한시설 등을 하기 어렵다.

6 판갈이 과정

① 밭갈이를 하고 미리 퇴비를 뿌려 흙과 혼합해 둔다.

② 열식에 있어서는 줄을 치고 줄을 따라 심으면 되며, 상식에 있어서는 파종상처럼 상을 만들어 준다.

③ 판갈이 할 묘목의 뿌리를 일정한 길이로 끊어주고, 묘목은 크고 작은 것을 선별해서 비슷한 것끼리 모아서 판갈이 한다.

④ 묘목은 되도록 건조하지 않도록 한다.

7 판갈이상의 관리

① 판갈이 한 후 건조가 계속되면 묘목이 말라 죽으므로 관수가 필요하다.

② 가능하면 판갈이 직후에 관수하는 것이 바람직하다.

③ 짚이나 낙엽, 목칩 등으로 상면을 덮어 주는 것은 수분 조절과 잡초 발생을 방지하기 위해 효과적이다.

④ 제초는 파종상이나 판갈이상에 모두 중요한 포지 관리의 하나로서, 노동력과 비용을 많이 요하는 작업으로 제초제 사용의 편의성을 생각해서 상식(床植)보다는 열식(列植)이 많이 사용된다.

핵심 19 묘목의 관리

1 묘목의 영양 진단

1) 영양 진단의 중요성

① 묘목의 품질을 조림의 성과에 직접적으로 영향을 준다.

② 묘목에 양분의 결핍 증상이 발생하면 성장하면서 계속 그 영향을 미친다.

③ 묘목의 영양 진단은 양분 결핍증에 의한 진단법과 엽분석에 의한 방법이 있다.

④ 양분 결핍증에 의한 진단법은 육안으로 형태 및 색깔의 변화 등을 관찰하여 판단하는 방법이다. 수종별 묘목의 특성과 발육상태를 잘 알고 있어야 사용할 수 있다.

⑤ 엽분석에 의한 방법은 잎의 성분을 화학적으로 검사하여 수목이 성장하는 데 필요한 양분의 농도를 알아내는 방법이다. 주로 무기성분을 분석하고, 유기성분도 분석한다.

⑥ 침엽수가 정상적으로 생육하는 데 잎의 최저 양분 농도는 질소 1.2~1.3%인 0.28~0.3%, 칼륨 0.8~1.0% 정도로 알려져 있다.

2) 묘목에서 주로 발생하는 양분 결핍

① 질소 결핍: 세포가 작아지고, 생육이 불량해진다. 잎이 황록색이 된다.

② 인산 결핍: 묘목이 전체적으로 암녹색을 띤다. 근계의 발달이 나빠진다.

③ 칼륨 결핍: 잎끝의 주변부에 검은 반점이 생긴다. 줄기가 가늘게 되고, 잎은 밑으로 쳐진다. 심하면 묘목 전체가 황화되고 끝눈이 작아진다.

④ 마그네슘 결핍: 오래된 잎이 황색이 되며 점차 위쪽으로 올라간다.

⑤ 칼슘 결핍: 생장점의 활동이 약해진다. 심하면 정아 부근이 굽게 되며 고사한다.

2 묘목의 시비 관리

1) 비료 주기

① 시비(비료 주기)는 파종 이전에 밭갈이 작업과 함께 뿌려 주는 밑거름과 종자 발아 후 또는 묘목 이식 후 주게 되는 덧거름으로 구분된다.

② 일반적으로 밑거름은 지효성 퇴비나 무기질 비료를, 덧거름은 속효성 무기질 비료를 주게 된다.

③ 덧거름을 너무 늦게 주면 묘목이 가을 늦게 웃자라면서 겨울에 동해를 입을 수 있기 때문에 늦어도 7월 이전, 제초 작업을 끝낸 직후에 주는 것이 좋다.

2) 엽면시비

① 병충해, 수해, 한해 등으로 인하여 묘목이 쇠약해진 경우 빠르게 효과가 나타난다. 특히 인산의 결핍 증상은 토양에 시비를 하는 경우 흡수가 늦어 잎에 비료 성분을 희석하여 뿌리며 효과가 좋다.

② 엽면시비는 생장점 근처의 잎이 오래된 잎보다 흡수율이 높다.

③ 시비 후 1~2시간 정도에 상당량이 흡수된다.

④ 표피 및 기공을 통해 흡수되며 잎의 앞면보다는 뒷면 쪽이 흡수가 잘 된다.

3 토양소독 등 기타

① 토양에는 각종 세균과 곰팡이 등 균류, 각종 선충류가 서식하고 있어 어린 묘목의 성장에 지장을 주기도 한다. 특히 토양이 과습 하게 되면 선충과 세균이 대발생하여 묘목에 모잘록병 등을 발생시키기도 한다.

② 약제 및 증기, 훈증, 소토 등의 방법으로 토양소독을 하면 효과를 볼 수 있다.

③ 종자소독을 하거나 파종량을 적게 하고, 질소질 비료보다는 인산질 비료를 주어 묘목을 튼튼하게 길러야 한다.

> **참고**
>
> • 밑거름: 지효성 퇴비, 지효성 무기질 비료
> • 덧거름: 속효성 무기질 비료

접목

> 접목은 각기 다른 개체의 조직을 서로 붙여서 하나의 새로운 개체를 얻는 방법이다. 자라서 줄기와 가지로 될 부분을 접수라 하며, 대개 지상부의 주요부를 형성하게 된다. 또한 뿌리가 되는 부분을 대목이라 한다. 접수와 대목의 각은 자리에서는 캘러스 조직이 생겨나서 서로 융합하게 된다. 종자나 열매 생산을 목적으로 할 때 주로 접목하게 된다.

1 접목법의 종류

① 접목 장소에 따라

　㉠ 양접: 대목을 캐어 작업장에서 접목을 실시하고 그 뒤 포지에 내다 심는 것

　㉡ 거접(제자리접): 대목을 밭에 심어 둔 채로 그곳에서 바로 접수를 붙이는 것

② 접목 위치에 따라

　㉠ 저접: 근관부나 근관부에 가까운 줄기 부분에 접을 하는 것으로, 저접은 근관부로부터 5~15cm의 범위 안에서 실시하는데, 근관부에 가깝기 때문에 근관접이라고도 하며, 뿌리를 대목으로 사용할 때는 근접이라 한다

　㉡ 고접: 근관부로부터 1m 이상 높은 곳에 접을 하는 것

③ 접목 시기에 따라

　㉠ 봄접, 여름접, 가을접

④ 접수의 재료에 따라

　㉠ 가지접, 눈접

⑤ 접목 방법에 따라

　㉠ 절접, 할접, 복접, 박접, 기접, 설접, 교접 등

2 접목 방법

　㉠ 절접법: 접수는 충실한 눈을 2~3개 붙여서 6~9cm로 잘라 한쪽 변을 깎아내고 대목도 목질부를 약간 붙여 깎아서 상호 형성층을 접목하는 방법이다(감나무, 각종 과목류).

　㉡ 할접법: 대목의 단면을 직경 방향으로 쪼개고 접수를 쐐기 모양으로 깎아서 그 속에 끼워 상호 형성층을 맞춘다. 소나무류의 접목은 할접으로 한다(소나무류).

ⓒ 박접법: 대목의 껍질을 약간 벗기고 그 사이에 조제한 접수를 끼워 접목하는 방법이다
(밤나무).

ⓔ 합접법: 대목과 접수의 크기가 같은 것을 골라 단면을 서로 비스듬히 깎아 붙여 접목하는
방법이다.

ⓜ 설접법: 대목과 접수의 크기가 같은 것을 골라 그림과 같이 접목한다(호두나무).

ⓗ 복접법: 대목의 줄기를 자르지 않고 줄기나 가지의 중간에 접목하는 것이다. 완전히 활착되면
접목된 위의 줄기를 잘라 낸다(가문비나무, 각종 과목류).

ⓢ 아접법: 접수 대신에 눈을 따서 대목의 껍질을 벗겨 내고 끼워 붙이는 방법이다. 눈접의 이
점으로는 적은 접수로서 많은 묘목을 얻을 수 있다. 한 대목에 여러 개의 눈접이 가능하므로
실패율이 적고, 생육기간 중 껍질이 벗겨질 때는 눈접을 할 수 있으므로 시기에 구애를 적게
받는다(복숭아나무, 장미, 호두나무 등).

ⓞ 교접법: 나무줄기가 상처를 입어 수분과 양분의 통과가 어렵게 되었을 때 교접으로 상처의
상하부를 연결시켜 접목하는 방법이다.

ⓩ 기접법: 접목이 어려운 수종에 실시하는 방법이다(단풍나무류).

ⓩ 녹지접법: 소나무류에 많이 이용하는 방법으로 순접법이라고 한다. 할접과 거의 같으며,
새순이 활발하게 생장을 시작한 4~5월경에 실시한다.

> **참고** **접밀**
>
> • 식물체에 해가 없는 송진, 벌밀, 돼지기름, 아마인 기름 등을 섞어 만든 것
> • 접목 부위에 칠해서 삭면 부근의 관계습도를 유지하고, 그 속에 병균 등이 침입을 막기 위해 사용

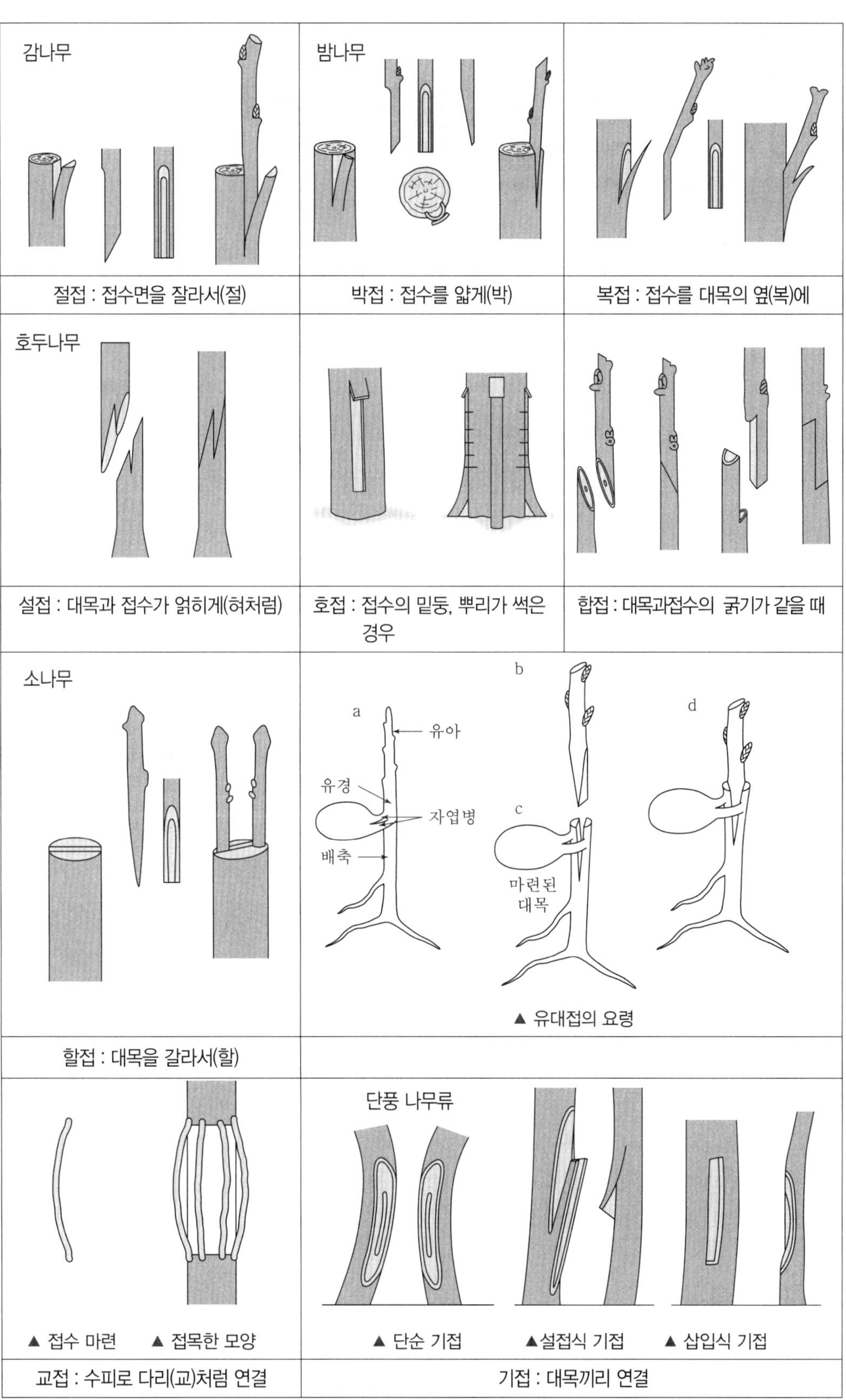

감나무
밤나무
절접 : 접수면을 잘라서(절)
박접 : 접수를 얇게(박)
복접 : 접수를 대목의 옆(복)에
호두나무
설접 : 대목과 접수가 얽히게(혀처럼)
호접 : 접수의 밑둥, 뿌리가 썩은 경우
합접 : 대목과접수의 굵기가 같을 때
소나무
유아
유경
자엽병
배축
마련된 대목
a
b
c
d
▲ 유대접의 요령
할접 : 대목을 갈라서(할)
단풍 나무류
▲ 접수 마련
▲ 접목한 모양
▲ 단순 기접
▲ 설접식 기접
▲ 삽입식 기접
교접 : 수피로 다리(교)처럼 연결
기접 : 대목끼리 연결

접목의 접합에 영향을 미치는 요인

1 대목과 접수의 친화성

대목과 접수 사이의 접목 불화합성은 접목이 전혀 안 되거나 접목률이 낮아 접목된 뒤에 그것이 정상 개체로서의 생활을 유지하지 못하게 되므로 친화성이 가까운 것끼리 접목하도록 한다.

친화력이 적다는 증거는 다음과 같다.

① 비슷한 접목 방법을 썼는데도 접목률이 낮거나 활착이 되지 않을 경우

② 처음 접착은 되었지만 1~2년이 지나서 죽는 경우

③ 수세가 현저하게 약하거나 가을에 일찍 낙엽이 질 경우

④ 대목과 접수의 생장 속도에 차이가 심할 경우

2 수종의 특성

수종에 따라 접목이 잘 되고 안 되는 것이 있다. 호두나무류, 참나무류, 너도밤나무류 등은 어려운 편이고, 밤나무, 뽕나무, 포도나무, 밤나무류, 소나무류, 사과나무 등은 비교적 쉬운 편이다.

3 온도와 습도

① 온도: 접착이 되려면 먼저 캘러스 조직이 발달해야 하는데, 그 적온 범위는 20~30℃이고, 5℃ 이하로는 그 형성이 어려우며, 32℃ 이상 되면 오히려 해롭고, 40℃에 이르면 세포가 죽게 된다.

② 습도: 접목 후 주변의 습도가 높게 유지되어야 한다. 특히 잎을 단 접수가 사용되었을 때는 높은 관계 습도가 요구된다. 그렇지만 접목 부위에 물이 들어가서는 안 된다.

4 대목의 생활력

대목의 생리적 활동이 시작할 무렵에 접목하는 것이 좋은 성과를 준다. 호두나무처럼 대목의 생리가 너무 왕성해서 수액 분비가 심할 때는 오히려 접착이 어려우므로 대목에 상처를 넣어 수액을 미리 배출시키고 접목한다.

5 접목 기술과 재료

접목은 경험과 기술을 요한다. 그러나 각 조건을 알맞게 하고 주의해서 작업하면 높은 접목률을 얻을 수 있다. 좋은 기구와 재료를 사용한다는 것도 접목 성과에 큰 영향을 끼친다.

접목 영향인자

1 접목친화성

① 접목불화합성: 접목이 전혀 안 되거나 접목률이 낮아 접목된 뒤 생활이 안 된다.

② 유전자형(genotype)에 가까울수록 접목이 잘 된다.

2 수종의 특성

① 접목 어려운 수종: 호두, 참나무류, 너도밤

② 접목 쉬운 수종: 밤, 뽕, 포도, 귤, 소나무, 사과

3 온도

① 접목 부위가 잘 붙으려면 캘러스 조직이 발달해야 한다.

② 접목에 적합한 온도의 범위는 20~30℃이다.

③ 5℃에서는 캘러스 조직 형성이 어렵고, 32℃ 이상은 해롭다.

④ 40℃ 이상에서는 세포가 죽게 된다.

⑤ 5~32℃ 범위에서는 온도 상승과 캘러스 생산량은 거의 비례한다.

⑥ 호두나무의 경우 25~30℃가 유지되어야 접목 부위가 잘 붙는다.

4 습도

① 습도는 높게 유지되어야 한다. 특히 잎을 단 접수 사용 시 높은 관계습도가 요구된다. 그렇지만 접목 부위에 물이 스며들어 가서는 안 된다.

② 산소는 캘러스 형성에 필요하므로 접목 부위를 왁스로 밀봉하는 것이 때로는 불리할 수 있다.

③ 비닐 막으로 통기가 가능하도록 밀봉하는 것이 좋다.

5 대목의 생활력

① 대목의 생리적 활동이 시작할 무렵 접목하는 것이 좋다.

② 일비(溢泌)현상: 호두나무처럼 대목의 생리가 너무 왕성해서 수액 분비가 심한 현상이다.

③ 일비현상이 있을 경우 대목에 상처를 내어 수액을 미리 방출 후 접목한다.

④ 건전한 대목이 접목에 좋은 성과를 낸다.

6 유전적 소인과 접목 가능성

① 동질적 접목: 대목과 접수의 유전형이 같은 경우

② 이질적 접목: 대목과 접수의 유전형이 다른 경우

③ 동종 내 접목: 종이 같을 때

④ 종간 접목: 종이 다를 때: 해송(대목)–섬잣(접수), 목련(대목)–백목련(접수)

⑤ 속간 접목: 과는 같고 속이 다른 개체 간: 탱자나무(대목)–귤(접목)

⑥ 이질적 접목: 종간 접목, 속간 접목, 과간 접목

⑦ 동종 내 접목이라도 개체변이가 있으면 원칙적으로는 이질적인 것이나 동종 내 접목으로
   분류한다.

접목의 장단점

1 장점

① 모수의 특성을 승계한다.

② 개화 결실을 촉진한다.

③ 종자 결실이 되지 않는 수종의 번식법으로 알맞다.

④ 수세를 조절하고 수형을 변화시킬 수 있다.

⑤ 병충해를 적게 한다.

⑥ 특수한 풍토에 심고자 할 때 유리하다.

2 단점

① 접목의 기술적 문제가 수반되므로 숙련공이 필요하다.

② 접수와 대목 간의 생리관계를 알아야 한다.

③ 좋은 대목의 양성과 접수의 보존 등의 난점이 있다.

④ 일시에 많은 묘목을 양성할 수 없다.

3 접목의 이점

① 클론 보존

- 모체의 유전성을 그대로 차대 개체에 계승

- 사과, 호두나무처럼 삽목 증식이 어려운 것

② 대목효과

- 토양환경에 대한 적응성(대목)+생산성(접수)

- 열매 생산, 화색 등에 이로운 영향

- 왜성 대목: 왜성사과나무

- 이중접목: 대목과 접수 사이에 또 하나의 수체 부분을 넣어 접목친화력이 없는 대목과 접수를 연결

③ 상처의 보철

  – 상처 부분 접목으로 보철해서 생존

  – 뿌리를 접해 줌으로써 수세를 회복

④ 바이러스 연구

  – 병징이 없는 보균식물에 잠재해 있는 바이러스 존재를 알기 위해 병징을 잘 발현시키는
  개체에 접목해서 규명

⑤ 개화, 결실 촉진

  – 어린 대목일지라도 오래된 나무의 접수를 쓰면 실생묘보다 개화, 결실이 빨라진다.

4 접목 조직의 유합

① 접목을 할 때는 접수와 대목의 삭면에 나타난 형성층이 서로 밀착해서 조직이 연결되도록
해야 한다.

② 대목과 접수의 삭면세포는 분열해서 유조직 세포를 만들고, 이들 세포가 서로 엉켜서 연결
되고 캘러스 조직을 만든다.

③ 대목과 접수 사이에 있는 캘러스 조직 중 특히 양쪽 형성층 사이에 놓인 것이 분화해서
형성층 세포로 되어 형성층 연결이 먼저 이루어진다.

④ 새로 만들어진 형성층 세포군이 분화해서 목부세포와 관부세포를 만들고 접목 부위에 유합
된다.

24 삽목법의 종류

1 삽수 시기에 따라

① 휴면지삽: 나무가 생리적 활동을 시작하기 전, 이른 봄에 삽수를 채취하여 삽목하는 경우이다. 이때는 지난해 또는 그 이전에 자란 가지가 이용된다(포도나무, 포플러, 개나리, 플러타너스 등).

② 녹지삽: 나무의 생리적 활동이 진행 중에 있는 봄에 자라난 가지를 이용하는 방법이다.

③ 하기 휴면지삽: 반숙지삽이라고도 하며, 6월 중·하순경 일단 조직이 굳어지고 생리적 활동이 어느 정도 수그러드는 가지를 따서 이용하는 방법이다(동백나무, 사철나무, 레몬, 호랑가시나무 등).

④ 미숙지삽: 연숙지삽이라고도 하며, 5~6월경 왕성한 생장을 계속하고 있는 가지를 따서 이용하는 방법이다(벚나무, 라일락 등).

2 삽수를 조제하는 요령에 따라

① 보통삽(普通揮): 포플러류나 버즘나무에서 가지의 일부를 연결대와 같이 잘라서 꽂는 것으로 가장 많이 실시되고 있다.

② 쪼개꽂이(할삽): 삽수의 하단을 칼로 쪼개서 그 사이에 작은 돌 같은 것을 끼우는 방법으로, 수분의 흡수 면적을 더 넓게 한다는 데 목적이 있다.

③ 경단꽂이(경단삽): 삽수의 하단에 찰흙으로 만든 경단 모양의 흙떡을 붙여주는 방법이다.

④ 발꿈치꽂이(종삽): 삽수의 하단에 더 오래된 조직의 일부를 붙여주는 방법으로, 가령 1년생 향나무 곁가지를 손으로 내려 따면 그 아랫부분에 붙어 있던 원가지의 조직 일부가 붙게 된다. 이러한 삽수를 그대로 이용하면 발꿈치꽂이가 된다.

⑤ 곰배꽂이(T자삽): 삽수의 하단에 더 오래된 가지의 일부를 T자형으로 붙여주는 방법이다. 곰배 같은 모양이므로 곰배꽂이라고 한다(곰배=떡매).

3 삽수를 꽂는 방법에 따라

① 사삽: 삽수를 땅 표면에 대하여 비스듬히 꽂는 방법이다.

② 수직삽: 땅 표면에 대하여 직각, 즉 수직 방향으로 꽂는 방법이다.

③ 곡삽: 삽수를 굽혀서 묻는 방법이다.

4 삽수 재료에 따라

① 근삽(뿌리꽂이): 오동나무

② 지삽(가지꽂이): 휴면지삽, 녹지삽

③ 엽속삽: 소나무류

④ 엽아삽: 나무딸기

삽목 과정

1 삽수의 조제

① 삽수를 얻을 큰 가지를 채집하여 헛간이나 작업실 안에서 삽수를 다듬는다.

② 삽수의 하단을 날카로운 칼로 45도 각도로 깎고, 삽수 아랫부분에 붙어 있는 잎과 가는 가지는 따낸다. 이것은 삽수의 지나친 수분 증산을 막기 위한 것이다. 그러나 잎을 너무 지나치게 따내면 발근에 지장을 준다.

③ 상록 침엽수에서는 삽수의 길이가 15cm 가량 되면 아래쪽 5~7cm의 길이에 붙어 있는 잎과 곁가지를 제거한다. 삼나무의 경우에는 보통 20~30cm의 것이 마련되고 있다. 이와 같이 하면 삽수의 아래쪽에는 2~3년생의 조직이 붙게 된다.

2 물에 채우기

① 삽수를 조제하고 나면 20~50개를 한 다발로 묶어 아랫부분을 물속에 잠기게 세워둔다.

② 3일 이상 담가두는 것은 해를 줄 수 있으며 잎은 물에 닿지 않도록 한다.

3 발근 촉진처리

발근 촉진제로는 인돌부틸산(IBA), 인돌초산(IAA), 나프탈린초산(NAA) 등이 주로 쓰인다.

① 분말 처리법: 삽수의 밑부분에 만들어진 단변에 인돌부틸산이나 나프탈린초산의 가루를 묻혀 주는 방법이다. 분말 처리 때의 약의 농도는 1,000~3,000ppm이다.

② 희석액 처리법: 발근촉진제를 물에 녹여 삽수의 밑부분 1~2cm를 약물 속에 12~24시간 동안 세워두는 방법이다. 희석 처리할 때의 약의 농도는 20~100ppm의 농도가 많이 사용된다.

③ 농액 처리법: 50%의 알코올에 1,000~5,000ppm의 농도로 녹여 만든 액에 삽수의 하단을 약 5초 동안 담갔다가 발근상에 꽂는 방법이다. 농도가 높으면 삽수에 약해가 오므로 널리 사용되지 못하고 있다.

4 **꽂는 요령**

① 삽목상에 괭이로 깊이 10cm 정도의 도랑을 파고 도랑의 밑바닥을 밟아준다.

② 이 도랑에 삽수가 수직이 되도록 아래쪽을 1~2cm 깊이로 땅 속에 꽂는다. 이때, 껍질이 벗겨지지 않도록 주의하며, 꽂은 후 이 부분을 눌러서 흙과 절구가 잘 밀착되도록 한다.

☞ 절구: 절단된 부분

③ 도랑 한 줄에 대하여 이러한 작업이 끝나면 흙을 넣고 가볍게 밟아 준 후 그 위에 다시 흙을 부드럽게 덮는다.

핵심 26

삽수발근 영향요인

● 삽목한 뒤에는 관수를 해서 상토를 안정시키고 흙과 삽수의 기부를 밀착시켜 건조를 피하도록 한다. 특히 삽목한 뒤 1~2주일은 관수에 유의해야 하며, 해가림을 해서 상면에 수분과 습기를 유지시키고 삽수의 증산을 억제하도록 한다.

① 수종의 유전성

삽목발근 난이도	수종
삽수 발근이 비교적 잘되는 수종	향나무, 주목, 포플러류, 플라타너스, 개나리, 회양목, 꽝꽝나무, 사철나무, 동백나무, 은행나무, 버드나무류, 무궁화, 진달래 종류, 찔레나무, 측백나무 등
삽수의 발근이 비교적 어려운 수종	전나무류, 가문비나무류, 삼나무, 편백나무, 히말라야시다, 들메나무, 느티나무, 단풍나무 등
삽수의 발근이 대단히 어려운 수종	소나무류, 밤나무, 참나무류, 자작나무류, 백합나무, 사시나무류, 오리나무류 등

② 모수(母樹)의 연령

- 어린나무에서 딴 삽수는 발근이 잘 되지만, 늙은 나무에서 딴 것은 발근이 어렵다.
- 오래된 나무라도 줄기를 잘라 주변 그곳에서 새로운 움가지가 많이 돋아나오는데, 이러한 움가지는 더 높은 발근율을 나타낸다.

③ 삽수의 양분 조건

- 모수의 영양 상태가 좋을 때 딴 것은 발근이 더 잘 된다. 그리고 질소의 함량에 비하여 탄수화물의 함량이 더 많을 때 발근율이 높아진다. 그러므로 삽수를 따기 위하여 만든 채수원은 미리 비료를 알맞게 주어 그곳에서 딴 삽수의 발근이 잘되도록 해 준다.

④ 수관의 부위

- 삽수를 수관의 위쪽에서 따느냐 아래쪽에서 따느냐에 따라 발근율이 다르다.
- 전나무류, 소나무류 등은 수관의 아래쪽에서 따는 것이 좋다.

⑤ 가지의 부위

- 긴 가지에서 여러 개의 삽수를 딸 때 끝 쪽에서 딴 것과 중간 부위에서 딴 것은 발근상 차이가 있다.

⑥ **삽목 요령**

- 삽목 시기, 삽목 방법의 종류에 따라 발근에 차이가 있다. 그리고 삽수의 발근을 돕는 호르몬의 사용도 관계된다.

⑦ **삽목 환경**

- 삽목상의 재료는 습기를 가지면서도 공기를 잘 유통시키고 해로운 미생물이 없는 것이 좋다.
- 삽목을 한 곳은 습도를 높게 유지시켜 주는 것이 좋다.
- 삽목상의 온도는 주위의 기온보다 약간 더 높은 것이 좋으며, 보통 21℃의 온도를 유지시키는 것이 좋다.
- 삽목상에 광선을 많이 투입시키는 것이 좋기 때문에 야간 조명등을 설치하는 것이 좋다.
- 삽수가 발근하기 전 해로운 미생물의 침해를 받지 않도록 미리 살균제로 처리한다.

핵심 27 삽목 방법

① 삽목 밀도

- 잎이 접촉될 정도, 상면이 약간 보일 정도로 꽂는다.
- 전열온상, 분무 관수시설이 구비되어 있으면 삽목 밀도를 높게 할 수 있다.
- 소나무 1m^{2}당 10~25본
- 삼나무 25cm 삽수 1m^{2}당 60~100본
- 생장 빠른 것 1m^{2}당 10~25본 또는 열간 50cm 줄 꽂기
- 녹화용, 조경용, 화목류: 1m^{2}당 50본 또는 200~300본

② 삽목 깊이

- 너무 깊으면 통기 부족으로 부패하고, 너무 얕으면 건조 피해를 입는다.
- 삽수 길이의 1/3~2/3 가량이 땅속으로 들어가도록 한다.
- 5~15cm의 깊이에 기부 단면이 위치하도록 한다.
- 낙엽활엽수: 2/3 정도가 땅속으로 들어가도록 한다.
- 기울어지게 꽂는 사삽은 발근한 삽목묘의 포장용적이 늘어나서 취급이 불편할 수 있다.
- 소나무는 짧은 삽수를 사용하고, 끝눈과 잎만 지상에 나타나도록 삽목한다.
- 근삽을 할 때는 뿌리가 지상에 노출되지 않고 상단부 지면 가까이 있도록 한다.

③ 삽목기구의 사용

- 삽수가 소형이면 상면에 구멍 뚫는 정도로 하고, 삽수가 대형이면 괭이로 도랑을 파고 도랑에 일정 간격으로 삽목한다.

④ 삽목 후 관리

- 삽목 후 관수로 상토를 안정시키고, 흙과 삽수 기부가 밀착되도록 한다.
- 삽목상은 건조가 되지 않도록 관리한다.
- 삽목 후 1~2주일은 특히 관수에 유의한다.
- 해가림으로 상면의 수분 유지, 삽수 증산을 억제한다.

28 분주·취목·압조법

● 취목은 모식물에 붙어 있는 가지에 뿌리를 나게 한 후 분리시켜 독립된 개체를 만들어 식물을 증식시키는 방법이다.

① 공중취목법

- 지상부에 있는 가지를 땅속에 묻지 않은 채 처리해서 발근을 시키는 방법이다.
- 처리될 가지에 있어서 1cm 가량의 폭으로 수피를 환상으로 제거한 후 제거된 부분에 발근촉진제를 바르고, 물이끼 등 보습재로 감싼 후 비닐로 싸서 끈으로 묶는다.
- 뿌리가 나면 절단하여 묘목으로 사용한다. 소나무, 밤나무, 참나무와 같이 삽목발근이 어려운 수종을 번식시킬 수 있다.

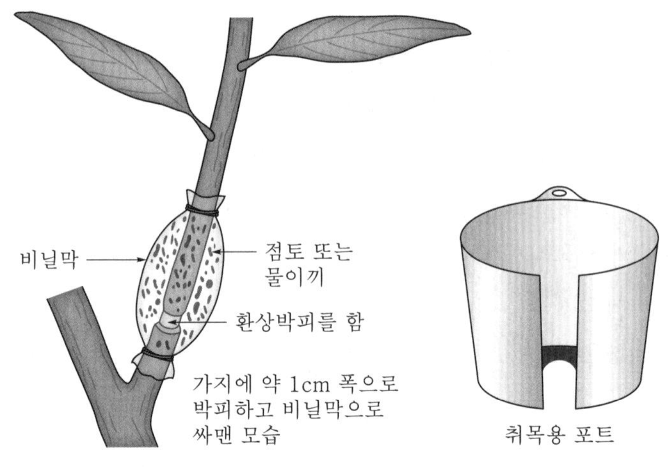

▲ 공중취목 요령

② 압조법

- 모식물의 가지를 휘어 땅속에 묻어 뿌리가 나게 하여 독립된 개체를 만든다.
- 가지의 끝부분은 땅 위로 올라오게 하고 중간 부분이 땅에 묻히도록 한다.
- 땅에 묻히는 부분은 가지의 껍질을 환상으로 벗기고 그곳에 발근촉진제를 바른다.

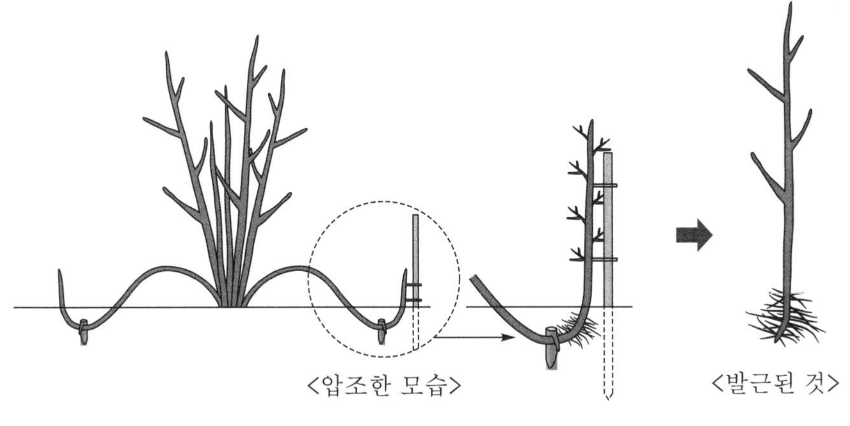

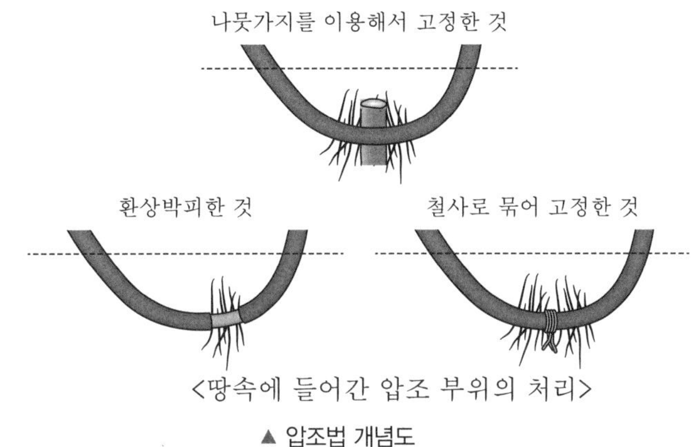

▲ 압조법 개념도

③ 분주법

- 포기나누기와 분주법은 같은 말이다.
- 분주법은 뿌리가 달려있는 포기를 나누어 개체를 얻는 방법이다.
- 땅속으로부터 움이 돋아난 줄기를 적당한 크기로 잘라서 갈라 심는다.
- 관목류는 땅속에서부터 여러 개의 줄기가 올라와 포기로 자라고, 잔뿌리가 많으므로 갈라 심어도 쉽게 뿌리를 내린다.

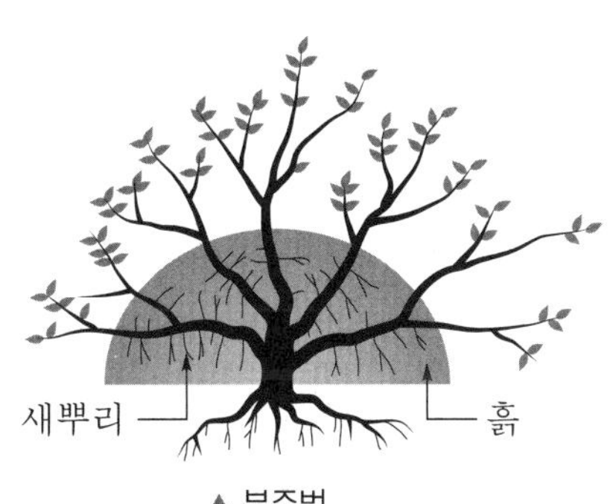

▲ 분주법

memo

Chapter
03

산림토양

토양의 정의

1 토양의 정의

① 암석의 풍화산물

② 생물의 분해산물

③ 생물의 자연배지

④ 지각의 최상부 물질

⑤ 시설물 기반 제공

2 토양학 주요 내용

① 토양의 생성

② 토양의 분류

③ 토양 성분의 구성

④ 토양과 수분함량(pF)

⑤ 토양과 생물

⑥ 토양의 물질순환(N, P, C, H_2O)

⑦ 토양과 점토

⑧ 토양과 산도

⑨ 식물의 양분

⑩ 토양 비옥도 관리

⑪ CEC와 EC

⑫ 염류장애와 토양오염

⑬ 시비 관리: 질소, 인산, 칼리

산림토양의 분류

● 토양은 암석의 풍화물과 유기물의 혼합물로서 마그마가 굳은 기반암이 풍화와 침식으로 부서져 모질물이 되고, 모질물과 생물의 잔해가 분해되어 표토가 되며, 표토가 점점 쌓여 아래층은 심토가 된다. 이러한 토양의 생성 과정은 수만에서 수백만 년이 소요된다.

1 토양의 분류

① 우리나라 산림토양의 분류는 자연적 계통 분류 방식에 따라 높은 카테고리에서 낮은 카테고리로의 하강식 분류 방식을 채택하였다.

② 8개 토양군, 11개 토양아군, 28개 토양형의 3단계 분류

[온량지수와 수림대의 관계]

지수	수림대	토양	
온량지수 55 이하	아한대, 침엽수림	회백색 포드졸	성대토양
온량지수 55 이상 한랭지수 −10 이하	온대 낙엽광엽수림	회갈색 포드졸	
		갈색 산림토양	
한랭지수 −10 이상	난대 상록광엽수림	적색 라테라이트	
무관	기후대 별로 다름	화산회토	간대토양

- 산림대별로 산림면적과 임목축적을 보면 온대 복부 침엽수림은 작은 면적에도 불구하고 단위 면적당 평균 161㎥로 축적이 매우 높다.
- 소나무류와 일본잎갈나무가 대부분을 차지한다.
- 온대 북부지역은 임상별로 다른 기후대에 비하여 임목축적이 매우 높았으며, 난대지역은 상대적으로 임목축적이 낮았다.
- 난대지역은 곰솔(해송), 구실잣밤나무, 편백, 삼나무 등의 축적이 높고, 기타 수종은 다른 기후대에 비하여 축적이 비교적 낮다.

③ 토양은 기후 영향을 받는 성대토양과 모재의 영향을 받는 간대토양으로 구분할 수 있다.

④ 연평균 5℃ 이하의 개마고원 인근 아한대림의 포드졸 회갈색 포드졸 토양이 주를 이루고, 연평균 14℃ 이상의 남부 해안에는 적색 라테라이트 토양, 연평균 5~14℃의 온대림 낙엽수림대는 갈색 토양이 주를 이룬다.

⑤ 영월, 제천, 단양 등 석회암지대는 석회암 풍화토인 테라로사가 주를 이루고 있는데, 테라로사는 물리적 성질이 불량한 암적색 토양이다.

⑥ 제주도, 철원은 보비력이 좋은 화산회토로 간대토양에 속한다.

⑦ 서해남부 해안은 통기성이 불량한 적황색 토양, 동해남부 해안은 침식으로 점착성이 강한 회갈색 토양 등 성대토양이 주를 이룬다.

⑧ 산지의 경사에 따라 산정지역은 용탈이 심한 침식토양, 산록 하부는 생성 기간이 짧은 미숙토양, 급경사지는 암쇄토양(li, 리토졸)으로 분류할 수 있다.

2 토양의 신분류법

토양의 신분류법에 따른 8개의 토양군은 아래와 같다.

① 갈색 산림토양군: 적윤한 온대 및 난대기후에 분포하는 토양으로 암갈색~흑갈색으로 부식을 다량 함유, B층은 갈색~암갈색의 광물질 층인 산성토양으로 전국 산지에 대부분 분포하며 입목의 생육상태 양호

② 적·황색 산림토양군: 해안 인접지의 홍적대지에 분포하며 퇴적상태가 견밀하고 물리적 성질이 불량한 토양이고, 적색은 건조한 지역에, 황색은 해풍의 영향으로 건조하고 견밀하며 통기성과 투수성이 불량하고 입목의 생육상태 불량

③ 암적색 산림토양군: 석회암지역에 분포하며 약산성으로 모재층에 가까울수록 암적색이 강하게 나타나며, 견밀하고 통기성과 물리적 성질이 불량하며 입목의 생육상태 불량

④ 회갈색 산림토양군: 퇴적암지역의 혈암, 이암, 회백질사암을 모재로 생성된 토양으로 과거 심한 침식을 받은 건조하고 점착성이 강한 회갈색 토양, 통기성과 투수성이 불량하고 임목 생육상태는 극히 불량

⑤ 화산회 산림토양군: 화산활동에 의해 생성된 토양으로 암적갈색~흑색으로 가비중이 매우 낮은 다공질토양으로 토립의 결합력이 약하나 유기물 함량이 높으며 인산고정력이 강하고 염기용탈이 쉽게 일어난다. 입목의 생육상태 양호

⑥ 침식 토양군: 산정 및 철형의 산복지형에 분포하고 토층의 일부가 유실된 토양, 층위 분화가 불완전하여 모재의 특성이 강하게 나타나고 점토 및 유기물 등의 양분용탈이 심하며 보비력이 약한 토양, 임목의 생육상태 불량

⑦ 미숙 토양군: 주로 산록 하부 및 저산지에 출현하며 성숙토양과 달리 토양생성 시간이 짧아 층위의 분화 및 발달이 불완전한 토양이며, 보수력이 약하고 이화학적 설질이 불량하며 입목상태 불량

⑧ 암쇄 토양군: 산정 및 경사가 급한 산복사면에 주로 분포하며 A~C층의 단면 형태로 암쇄퇴적물이 섞여 있고 입자는 조립질이며 큰 자갈이 많다. 입목의 생육상태 매우 불량

토양의 이화학적 특성

1 수목의 성장에 적합한 토양의 조건

① 적절한 점토 함유

- 토양 내 공극 조절
- 점토에 수분 결합

② 적절한 부식질 함유

- 부식질이 수분 흡수 · 저장
- 공극(모세관) 조절
- 넓은 표면적으로 양이온 치환 능력 향상
- 표면의 음전하로 인해 토양이 떼알구조 형성

③ 토양 3상의 적절한 구성

- 고체 45%, 유기질 5%, 수분 25~30%, 기체 20~25%

④ 입단구조의 형성

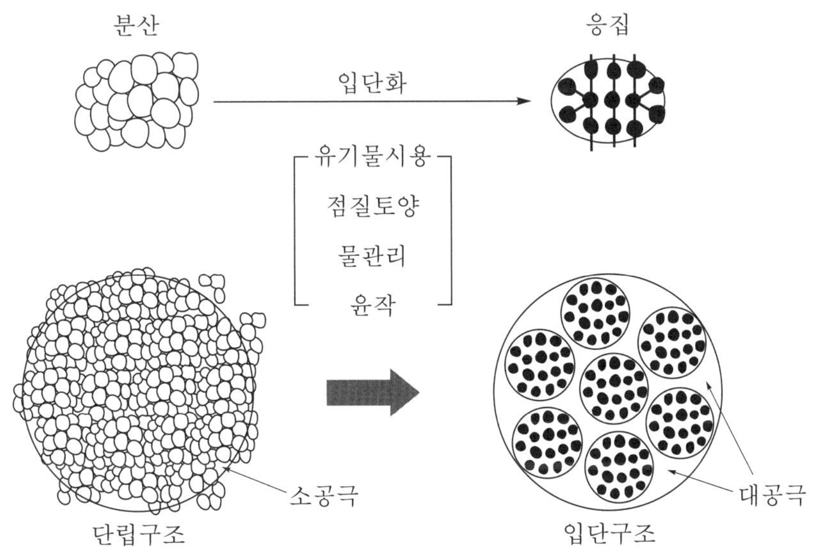

▲ 토양의 입단구조와 단립구조

– 무구조(점토)는 뿌리의 호흡과 양분 흡수에 불리하고, 단립구조(모래)의 경우 양분의 유지
  및 보습에 불리하다. 입단구조는 통기와 보습 두 가지 조건을 모두 만족시킨다.

– 입단구조=떼알구조

2 토양3상(Three Phase of soil)

① 토양은 고체, 액체, 기체의 세 가지 형태로 구성되어 있다.

② 공기와 물이 차지하고 있는 부분은 토립자가 없는 부분이므로 공극(빈 공간)이라고 부른다.

③ 액체는 물에 유기물과 무기물이 녹아 있는 수용액의 형태로 토립자와 여러 가지 형태로
  결합되어 있다.

④ 기체는 토양 속에 존재하는 질소와 산소 그리고 이산화탄소, 메탄 등으로 구성되어 있다.

⑤ 토양 생물이 호흡하면서 발생하는 이산화탄소와 사체가 썩으면서 발생하는 메탄가스 같은
  기체로 구성되어 있다.

⑥ 토양의 성분이 3가지 형태로 존재하므로 土壤三相이라고 한다.

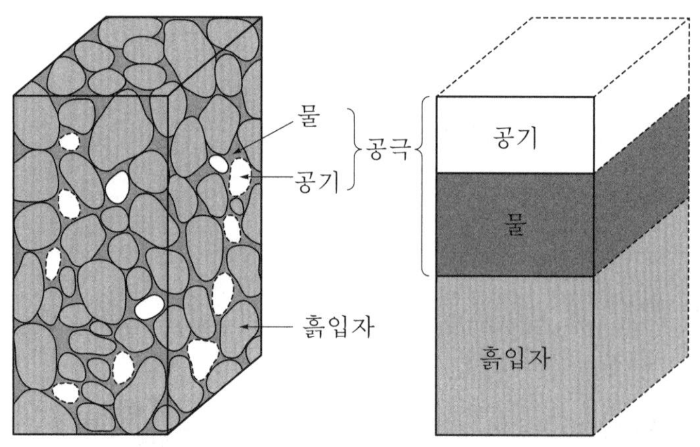

☞ 모양 象, 형태 狀, 서로 相

산림토양 내 질소 자원 증가 요인

① 질소의 고정: 토양 중의 질소를 고정하는 세균에 의하여 질소 자원이 증가한다.

- 아조토박터(Azotobacter): 고정 능력이 가장 왕성하나 호기성이므로 공기 유통이 좋아야 하고, 산성토양을 싫어하는 등 환경에 매우 예민하다.
- 크로스트리디움(clostridium): 혐기성이고 대부분 토양에 분포한다.
- B. radicicola: 공중질소를 흡수함으로써 임내의 질소 자원을 증가시킨다. 이 박테리아는 콩과식물 뿌리에 근류균을 형성한다.
- Frankia sp.: 이 박테리아는 오리나무류, 보리수나무류 등의 뿌리에 근류균을 형성한다.

② 강수에 의한 공급: 눈과 비에 상당량의 질소가 첨가되며 약 80%가 암모늄 형태이다.

③ 낙엽에 의한 공급: 연간 33kg/ha의 질소를 환원한다.

④ 석회 및 혈암은 소량의 질소화합물을 함유하고 있으며, 그밖에 부식질 및 토립자에 의한 공중질소의 흡착, 유수에 의하여 소량의 질소가 보충된다.

⑤ 조림지에 주는 비료에 질소가 포함된다.

연습문제 1-3

다음 중 (   ) 안에 적합한 단어를 쓰시오.

식물의 광합성 방식은 C3, C4, CAM이 있는데, C4는 (㉠) 식물의 광합성 방식이며, CAM은 (㉡) 식물의 광합성 방식이다. C4 식물은 이산화탄소가 부족할 때 발생하는 (㉢) 현상으로 생산한 에너지를 사용하는 단점을 극복하여 보통 식물의 1.5~2배에 가까운 (㉣) 효율을 보인다.

※ 정답은 성안당 도서몰 [자료실]에서 제공

05 산림토양의 특성

1 유기물

- organic matter, 표토 15cm 내

- 구조, 공극, 온도, 보수, 영양 보유, 공급, 에너지 제공

① 토양 산성화, humic acid

② 타감작용, Allelopathy(phenol, tannin)

③ 질소요구도: C/N율, 15:1~30:1

2 pH 토양 산도

① pH가 감소하면 양분의 유용성 감소: P, Ca, B, Mg

② 원인: humic acid

③ 해결: 균근

3 양이온 치환 능력

① CEC(Cation Exchange Capacity)

② 양이온을 함유할 수 있는 토양의 능력

③ 토양 구성성분의 입자는 음이온(anion)을 띈다.

④ 토양입자는 대전현상에 의해 양이온을 끌어당긴다.

⑤ 토양입자의 표면적이 넓을수록 양이온 치환능력은 커진다. → 토양입자의 표면적이 넓어지려면 모래보다는 점토가 많아야 하고, 생물이 부식된 유기물의 입자 또한 표면적이 넓어 CEC가 커진다.

⑥ 염기포화도 $= \dfrac{\text{염기}}{\text{CEC}}$

⑦ 이액순위: 수소 〉 칼슘 〉 마그네슘 〉 칼륨=암모늄 〉 나트륨

1 산림토양의 단면

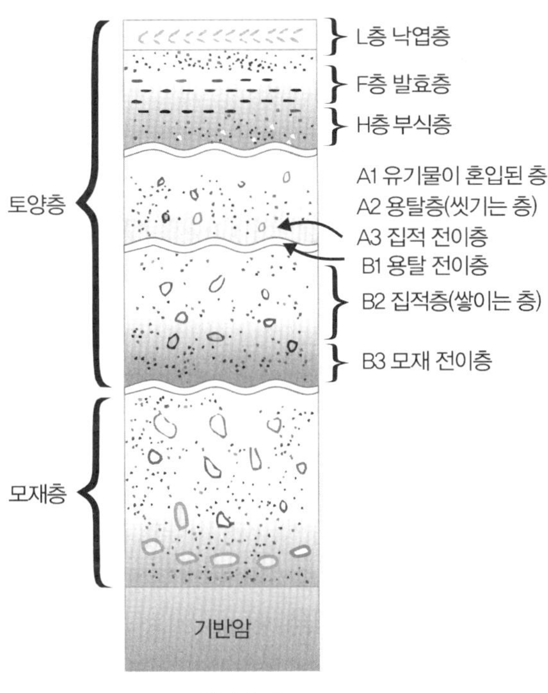

▲ 토양의 층위

2 산림토양의 층위

① A층

표층 혹은 용탈층으로 광물질 토층의 최상층. 유기물이 풍부하거나 혹은 그것을 포함하고 있는 층으로 기후, 식생, 생물 등과 같은 환경의 영향을 가장 많이 받는다.

② B층

하층 또는 집적층. A층의 하부층으로 부식되거나 혹은 부식이 덜 진행된 층. A층과 모재층의 중간층

③ C층

토양은 아니지만, 최상층이나 균열을 따라 끊임없이 토양화가 진행되고 있는 층

07 수목생육과 산성토양

- 산도(pH) → 1(수소이온 H$^+$)/10,000,000(물분자 수)
- pH7 → 수소이온 10^{-7}개

1 수소이온(H$^+$)의 직접적인 영향

① 단백질 응고, 효소 활동 억제

② 양분 흡수력 약화

③ 양분 균형의 약화

2 수소이온(H$^+$)의 간접적인 영향

① Al, Mn 등이 독성을 나타낸다.

② 토양미생물, 토양소동물 활동 억제

③ 토양의 물리성 악화

④ 인산의 유효도 저하

3 수목의 내산성 – 균근과 연관성 있음

① 강함: 소나무류, 철쭉류(외생, 진달래)

② 있음: 참나무류

③ 중성: 싸리나무류(뿌리혹)

④ 약함: 느티나무, 아까시나무, 오리나무(방사상균, 프랑키아속)

핵심 08 산림토양과 경작토양

- 부식산의 존재와 이에 적응한 생물상의 차이
- 토양 산도에 따라 존재하는 질산의 화학적 구조 차이

구분	산림토양	경작토양
물리적 형태	• O, A, B, C 뚜렷이 구분 • 자연스런 토양공극(by 토양생물상)	• 경반층 존재 • 경운, 쇄토, 개량에 의해 입단구조 형성
화학적 성질 (N)흡수 형태	• 산성(humic acid) • NH_4^+ 무기태 • 토립자 유기물과 결합	• 중성 • NO_3^- 유기태 • 빗물에 쉽게 씻김
생물학적 성질	• 외생균근 • 내생균근 • 산성에 내성 있음 • pH 4.5~6.0 • 균형 잡힌 토양생물 먹이그물 존재 예 균류 → 윤충 → 톡토기류 → 선충류 → 곤충류 → 양서파충류 → 포유류	• 콩과식물의 뿌리혹박테리아 → 산성에 취약 • pH 6.5~7.0 • 비료 · 농약에 의해 생물상 거의 없음 • 해충 · 선충 대발생

09 토양수분

1 개요

① 토양수분은 토양입자 사이에 기체와 액체상태로 존재하는 물이다.

② 토양수분은 토립자 사이의 이동력에 따라 중력수, 모관수, 흡습수, 결합수로 분류한다.

③ 토양수분 중 식물이 사용할 수 있는 물은 나무의 뿌리에 직접 닿아있는 모세관수와 뿌리와 공생하는 균근의 균사에 닿아있는 모세관수다.

2 토양수분

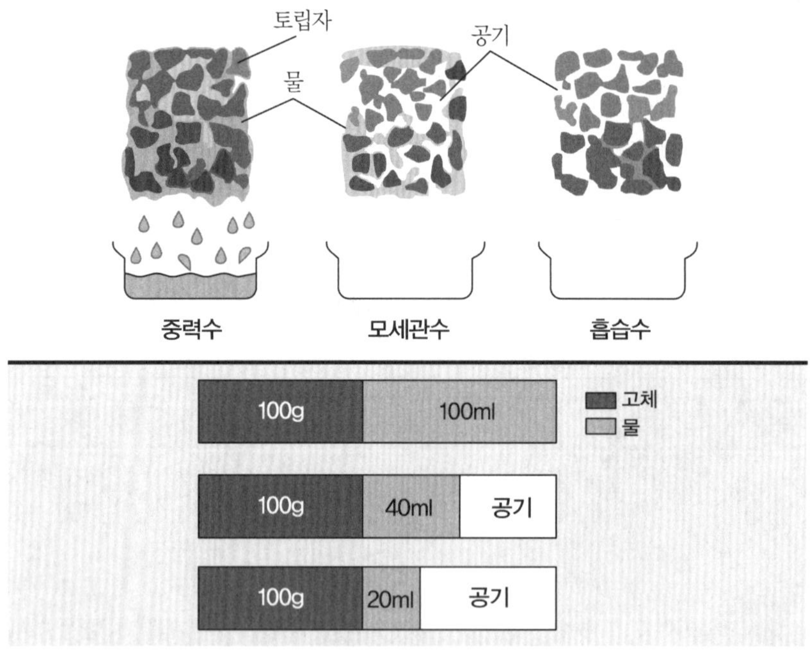

▲ 토양수분의 형태적 분류

① 결합수

- 토양 중 화합물의 한 성분으로 되어 있어 결정수, 화합수라고도 한다.

- pF 7 이상으로 100~110도로 가열해도 분리되지 않으며 식물에 흡수되지 않는다.

② 흡습수

- 토양 입자의 분자 인력에 의해 얇은 층으로 표면에 흡착되어 있는 물이다.
- pF 4.5 이상의 힘으로 흡착되어 있어 식물이 이용하지 못한다.

③ 모관수

- 토양입자에 물이 많아져 입자 사이의 작은 공극에 채워지는 물이다.
- pF 2.54~4.5 사이에 있으며, 대부분 식물이 이용할 수 있다.
- ☞ 모세관수의 양은 온도, 토성, 구조, 유기물 및 염류 함량에 따라 달라지는데, 특히 온도가 높으면 표면장력이 감소되어 모관수는 적어지며, 토양입자가 미세하거나 입단구조가 발달하면 모관수량은 많아진다.

④ 중력수

- 물의 흡수가 많아 모세관에 가득 차고 남은 물은 중력에 의하여 입자 사이의 큰 공극으로 자유로이 이동하는데, 이 물을 중력수라 한다.

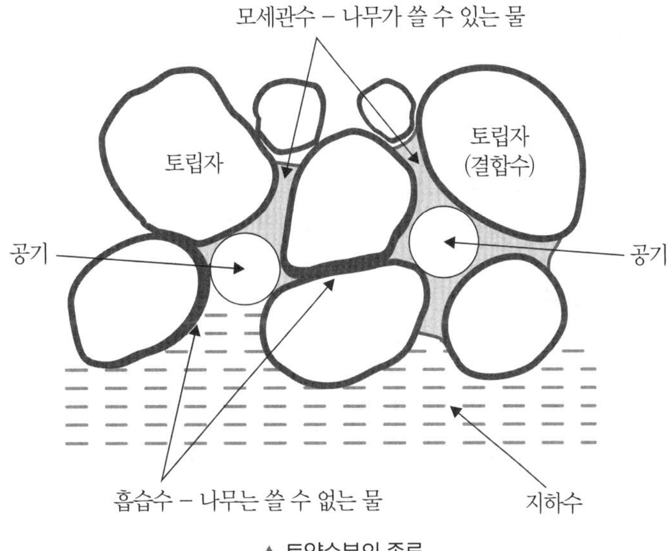

▲ 토양수분의 종류

3 토양수분의 기능적 분류

① pF

- 흙 입자와 물의 결합력을 토양수분 장력으로 표시
- 장력은 물기둥의 높이를 cm의 대수로 pF로 표시

② 흡습계수

- 이상 수분이 안 되는 상태를 비율로 표시

③ 초기 위조점(wilting point)

   – 토양수분이 감소함에 따라 식물이 시들기 시작하는 시점

   – 다시 회복 가능하며 pF 3.8 이상

④ 영구 위조점

   – 회복 불가능, pF 4.2

⑤ 포장용수량

   – 토양이 중력에 견디어 저장할 수 있는 최대 수분용량, pF 2.54

4 식물 성장에 적합한 토양 조건

① 적절한 점토 함유

   – 토양 내 공극 조절

   – 점토에 수분 결합

② 적절한 부식질 함유

   – 부식질이 수분 흡수 · 저장

   – 공극(모세관) 조절

   – 넓은 표면적으로 양이온 치환 능력 향상

   – 표면의 음전하로 인해 토양이 떼알구조 형성

③ 토양 3상의 적절한 구성

   – 고체 45%, 유기질 5%, 수분 25~30%, 기체 20~25%

④ 입단구조의 형성

   – 무구조(점토)는 뿌리의 호흡과 양분 흡수에 불리하고, 단립구조(모래)의 경우 양분의 유지
   및 보습에 불리하다.

   – 입단구조=떼알구조

참고 **산림토양 요약**

- **결합수:** 토립자 내 분자 결합, 수분
- **흡습수:** 토립자 주변 부착 수분
- **모세관수:** 토양 공극 내에 모세관 현상에 의해 존재하는 수분으로 pF 2.7~4.5, 식물 이용, 주 수분
- **중력수:** 강우 후 중력에 의해 토립자 사이를 빠져나가는 수분, 일시 이용

핵심 10 토양의 완충력

- Ca, 퇴비 첨가 → 토양구조 개량

1 개념

증류수에 산 또는 알칼리를 첨가하면 pH는 현저하게 변화되나, 토양에는 산 또는 알칼리를 다량으로 첨가해도 pH는 그다지 변화하지 않는데, 이러한 토양의 성질을 완충능이라 한다.

2 작용

토양에 완충능을 부여하는 물질은 토양콜로이드인데, 특히 부식의 산기, 점토광물의 파괴 원자가 등의 약산기가 중요하다. 예를 들면 염산(HCl)을 가하면 콜로이드의 약산기 상의 Ca^{+2}이 H^+과 치환된다.

$$RCa+2HCL \rightarrow RH_2+CaCl_2 \ (R: \ 약산기)$$

약산기에 흡착된 H^+은 강산인 염산의 H^+보다 해리되기 어렵고, 반응의 방향은 오른쪽으로 기울어 토양용액의 pH 저하(산성화 가속)가 억제된다.

토양이 다량의 Ca를 함유하고 있는 경우에 그 일부는 다음과 같이 가수분해되어 수산기를 해리시킨다.

$$CaCO_3+2H_2O \rightarrow Ca^++2OH^-+HCO_3^{-3}+H^+$$

여기서 소량의 산이 첨가되면 곧바로 용액 중에 OH^-는 중화되지만(산과 알칼리인 OH^-가 서로 반응하여 중화), 탄산칼슘이 다시 가수분해되어 수산기를 방출하기 때문에 토양용액의 pH는 거의 변하지 않는다.

3 영향

토양의 pH는 토양생물의 생육이나 임목양분의 유효성, 식물에 대한 유해 성분의 용해도 등에 큰 영향을 미치므로 토양의 완충능은 식물생육에 있어서 중요한 성질이라 할 수 있다.

산림토양 산성화의 원인

1 산성물질의 첨가

① 황산: 상류의 광산이나 제련소 등으로 유인되는 황 또는 중금속 화합물이 황산으로 산화되고 이것이 토양의 염기를 용탈시켜 토양이 산성화된다.

② 산성비: 대기 중에 있는 아황산, 아질산, 이산화탄소 등의 물질이 빗물의 산도를 증가시켜 내리게 되는 pH 5.6 이하의 산성비가 토양을 산성화시킨다.

2 물의 용탈작용

① 순수한 물은 약간의 수소이온(H^+)이 있어 중성이지만, 빗물은 대기 중의 CO_2가 물에 녹아 탄산이 생성되므로 pH 6의 약산성을 띄게 된다($H_2O + CO_2 \rightarrow H_2CO_3$).

② 토양 중의 토양생물이나 식물 뿌리의 호흡에 의하여 생성되는 CO_2도 토양수에 의해 용해되어 산성을 띄게 된다.

③ 토양이 탄산수에 용해될 때 Ca^{+2}, Ma^{+2}, K^+, Na^{-1} 등의 치환성염기는 탄산수의 H^+과 치환되어 산성을 띄게 된다.

④ 연간 강수량이 1,000mm 이상 되는 난대림 지역은 이와 같이 물의 용탈작용에 의해 토양산성화가 진행된다. → 라테라이트화(붉은색 토양)

3 시비

① 황산암모늄, 황산칼슘, 염화암모늄, 염화칼륨 등의 비료를 시비하면 NH_4^+, K^+은 토양콜로이드에 흡착되는 반면, 토양콜로이드에 흡착되어 있는 Ca^{+2}은 치환되는데, 이 Ca^{+2}은 최종적으로 $CaSO_4$, $CaCl_2$로 용탈된다.

② 토양콜로이드에 흡착된 NH_4^+, K^+은 식물에 흡수되면서 토양 중에 H^+을 내어놓기 때문에 토양을 산성화시킨다.

4 **식물유체의 분해**

① 한랭습윤한 기후에서는 식물유체의 분해속도가 느려지고, 유기산이 생성, 집적되어 토양이 강산성을 띠어 토양 포드졸화(Podzolization)의 원인이 된다.

② 온대기후의 이탄토나 산림유기물층도 부식산(Humic Acid)의 영향으로 산성토양이 된다.

5 **규산염의 분해 · 용탈 및 집적**

① 규산염(SiO_2) 함량 55%~65%는 중성, 많으면 산성, 적으면 염기성

② 강우량이 많은 기후에서 용탈된 규산염이 집적되어 집적층이 산성화

③ 규소(Si) 성분을 많이 함유한 화강암, 화강편마암, 밝은 화산암 등의 풍화

핵심 12 토양부식의 기능

1 개념

① 부식(腐植, humus): 유기물이 완전분해 되기 직전의 물질

② 토양부식은 토양에 가해진 신선 유기물이 토양미생물에 의하여 분해작용을 받아 원 조직이 변질되거나 새로 합성된 암흑색 또는 암갈색의 무정형의 교질상의 복잡한 물질로, 산화 분해에 저항성이 큰 혼합물이라 할 수 있다.

2 기능

① 토양의 보비력 증대

점토광물에 비해서 염기치환용량이 월등히 크므로 작물생육에 필요한 각종 무기성분을 흡착 · 보유하여 이들의 용탈 · 유실을 억제한다.

② 토양의 완충능 증대

부식은 양이온치환용량이 크므로 토양 중에 산성물질의 유입에 따른 토양반응(pH)의 변화를 적게 하므로 생물생육을 안전하게 한다.

③ 중금속이온의 유해작용 감소

각종 유해 중금속 이온인 Cu^{+2}, Zn^{+2}, Fe^{+2}, Al^{+3} 등과 킬레이트(chelate)를 형성하여 토양 중에서 이들의 활성을 감퇴시킴으로써 유해작용을 감소시켜 작물생육을 안전하게 한다.

④ 인산의 유효도 증대

토양 중의 유효인산을 활성화하여 인산의 유효도를 증가시킨다.

⑤ 각종 무기양분의 공급

부식이 보유하고 있는 각종 무기성분이 토양 용액으로 침출된다. 따라서 작물은 유효태의 각종 무기양분을 흡수 · 이용하게 된다.

⑥ 토양의 보수력 증대

부식은 토양수분의 흡수력이 크므로 작물생육에 필요한 유효수분을 포화함에 따라 한발기의 한해를 경감하고 강우기의 토양유실을 경감한다.

⑦ 토양구조의 발달

부식생성 과정에서 생기는 각종 분해 중간 생성물과 곰팡이가 형성하는 균사, 세균이 합성하는 polyuronide 등은 점토입자를 접착하여 입단구조를 발달시킨다.

⑧ 각종 무기양분의 가급태화(可給態化)

부식 생성 과정에서 생기는 분해 중간 산물인 아미노산, 시트릭산, 락틱산, 마릭산 등 각종 유기산류와 무기화 작용으로 생성된 황산염, 질산염, 인산염, 탄산염, 이산화탄소 등 각종 무기산류는 토양 중의 암석광물과 화학 반응하여 암석의 풍화와 토양생성작용에 관여한다.

⑨ 토양 온도의 상승

부식의 조성 물질인 부식산과 부식탄(humin)은 흑색, 멜라노이딘은 암갈색으로써 토양 색깔을 어둡게 하여 지온상승 효과가 있다.

산성비

1 산성비의 개념

화석연료의 사용으로 인한 황산화물(SO)과 자동차의 내연기관에서 배출된 질소산화물(NO)이 빗물에 섞여 황산이나 질산이 포함되어 산이 포함되어 내리는 pH 5.6 이하의 강수(비, 안개, 눈, 이슬 등 포함)

2 산성비가 생태계에 미치는 영향

① **직접적 영향:** 산성물질이 엽록소 파괴, 호흡작용 방해 → 나무의 성장 억제

② **간접적 영향:** 토양이 산성화되어 균근, 근류균 활동 억제, 아질산균, 질산균 활동 억제, 각종 무기물이 용탈, 불용화 → 산림생태계 파괴

3 근본 대책

① 우선적으로 화석연료의 사용을 줄이며 환경오염이 없는 재생 가능한 에너지 개발 및 사용 (태양에너지, 지열, 조력, 풍력 등)

② 대기오염은 한국 내에서만은 해결할 수 없는 지구 환경적 문제이므로 세계 각국과의 긴밀한 협조체제를 구성해 나가야만 한다.

4 현실적 대책

= 산성토양의 개량 방법

① **석회 사용에 의한 반응 교정:** 산성토양을 개량하기 위해서는 염기성 물질을 첨가하여 중화시켜야 하는데, 흔히 석회석 분말과 백운모 분말을 사용한다. 입경이 작은 물질을 사용할 경우, 산도교정 작용은 신속하나 유실 및 용탈도 빠르므로 소량씩 자주 사용하는 것이 좋다.

② **유기물의 사용:** 유기물은 간접적인 면에서 토양을 개량하는 데 도움을 주며 유기물에 포함된 질소, 인, 칼리, 철, 망간, 붕소 등 특수성분 공급으로 효과가 커진다.

③ **산성에 강한 나무식재:** 가문비나무, 잣나무 등을 식재하고, 근류균을 이용하는 방법도 있다.

산림천이의 임업적 응용

1 천이의 개념

한 시점에서 생물상이 시간이 지남에 따라 점차 다른 생물상으로 변화하여 궁극적으로 주위환경과 조화를 이룸으로써 생물상의 변화가 거의 없는 안정상태로 유도되는 것을 천이(succession)라 하고, 이와 같은 과정이 산림에 의해서 주도되는 것을 산림천이(forest succession)라 한다.

2 산림천이의 종류

① 자발적 천이: 환경 형성이 다른 식물종 도입의 원인이 되는 천이 계열

② 타발적 천이: 환경변화에 적응하는 식생의 출현이 원인이 되는 천이

③ 시차적 천이: 교란의 시점이나 정도가 달라 발생하는 천이

④ 지형적 천이: 미세지형적 조건에 따라 이주하는 나무와 천이의 진행속도가 달라 발생하는 천이

■ 천이 유형별 대조표

구분	천이 유형	
유발 지역	건생	습생
교란 유형	1차	2차
진행 방향	진행	퇴행
환경 영향	자발적	타발적
진행 방향성	방향적	순환성
천이 원인	시차적	지형적

3 산림천이의 과정 – 건생천이

① 나지 → 초본류 → 소나무림 → 상수리 · 굴참나무림 → 신갈 · 갈참나무림 → 서어나무 등 다양한 활엽수림

② 식생+토양+토양미생물+동물

4 **산림천이의 진행에 따른 생태계 속성 변화**

① 생태계의 총 유기물량이나 질소량 증대, biomass 증가, 성숙한 토양으로 변화

② 초기 단순 산림군집에서 복잡하고 성숙한 산림군집으로 변화되어 종 다양성 증대

③ 산림군집 내 임목수고가 증가하고 수형이 커지며 군락의 수직계층 분화 발달

④ 직선 먹이연쇄에서 망상 먹이연쇄로 변화된다.

⑤ 영양염의 순환이 개방에서 폐쇄로 변화된다.

⑥ 총생산량과 총호흡량의 비가 1에 가까워진다.

⑦ 산림군집 내 미세 기후는 점진적으로 군집 자체 내 성격에 의해 결정된다.

⑧ 최종단계의 산림은 직선적인 변화가 거의 없는 수명이 긴 수종들에 의해 우점 되면서 안정된다. 이렇게 안정된 상태의 산림을 극상림(climax forest)이라 한다.

☞ 천이 초기 단계에는 개체군의 변화가 빠르게 진행되어, 진행되는 과정에서 불안정한 상태에 놓이게 되어 자연재해에 약하다.

> **참고** E.E. 클레맨츠의 단극상설(mono climax theory)
>
> 그 지역의 기후에 대응한 군락만을 극상(기후극상)으로 본다. 여기에서 초기 조건은 건성 또는 습성 계열이어도 궁극적으로 중성 입지에서 성립하는 단일의 극상이 된다.

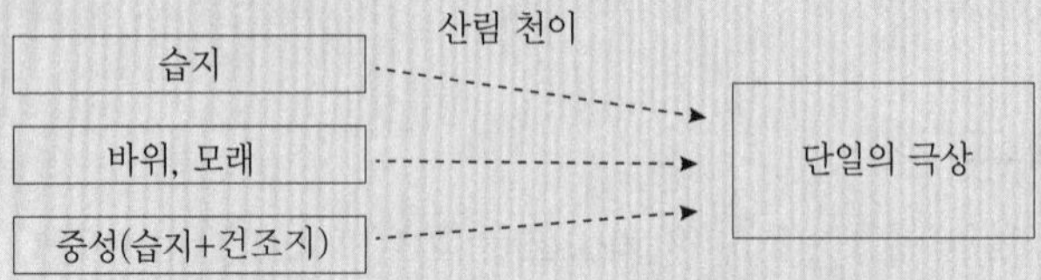

> ☞ **다극상설(poly climax theory)**
> 동일 기후구 안에 한 개의 극상만이 발달하는 것이 아니고 적어도 몇 개의 극상이 안정화 될 수 있다는 설 (기후보다 오히려 토지인자에 그 원인을 둠)

5 **천이의 임업적 응용**

임업은 인간이 천이과정에 간섭하는 것이다. 목재를 수확하거나 단기임산물을 수확하는 등의 산림경영 목적의 경제적, 단기적 목표를 가지고 조림, 숲 가꾸기 등을 실행하는 것이 임업이다. 이것이 천이의 입장에서 바라본 임업이다. 예를 들어 기존의 산림을 벌채하고 목재와 잣을 얻기 위해 잣나무를 조림하는 경우에도 천이(succesion)를 응용한다.

① 조림목 이외의 '잡초 · 잡목'이 침입하기 시작하는데, 진행천이가 유발되며 식물상이 변화될 것을 예측할 수 있다.

② 이 상태로 몇 년의 시간이 더 경과하면 조림은 실패하게 된다. 목본식물은 초본식물을 피압하여 세력이 우세해지고, 교목은 관목과 함께 식물사회를 구성하게 되고, 잣나무보다 성장이 더 빠른 활엽수가 출현하여 잣나무를 도태시키게 된다.

③ 조림 실패를 막기 위해 숲 가꾸기를 실시하여야 한다. 천이의 진행에 간섭하여 잣나무가 잘 자랄 수 있도록 '잡초와 잡목을 제거'하는 풀베기와 어린나무 가꾸기를 실시한다.

④ 산림의 천이에서 고려되어야 할 사항은 선구 수종(pioneer species)에 이어서 나타나는 계승 수종이다. 계승 수종은 선구 수종이 형성하는 식물사회와 선구 수종의 영향에 의해서 변화하는 숲의 물리적 환경에 잘 적응하는 수종이다.

⑤ 산림에서의 천이는 자연 선택에 의해 현재의 산림이 다른 형태로 변하는 과정이다.

토양생물

토양은 많은 유기질과 무기물을 포함하고 있어 생물들이 에너지와 양분의 공급원으로 이용하기 때문에 고등식물, 곰팡이, 곤충, 미생물 등과 같은 토양생물의 서식처가 된다. 토양생물의 다양성은 높은 편이다.

■ 건강한 토양생태계의 생물분포(osman)

토양생물	농지	초지	산림
	토양 1g당 수 또는 길이		
세균	1억~10억	1억~10억	1억~10억
곰팡이	수m	10~100m	1~60km(침엽수)
원생동물	1,000 이상	1,000 이상	1,000,000 이상
선출	10~20	10~100	100 이상
토양생물	$1m^2$당 수		
절지동물	〈10	45~200	900~2,300
지렁이	4~25	8~42	8~42(침엽수 0)

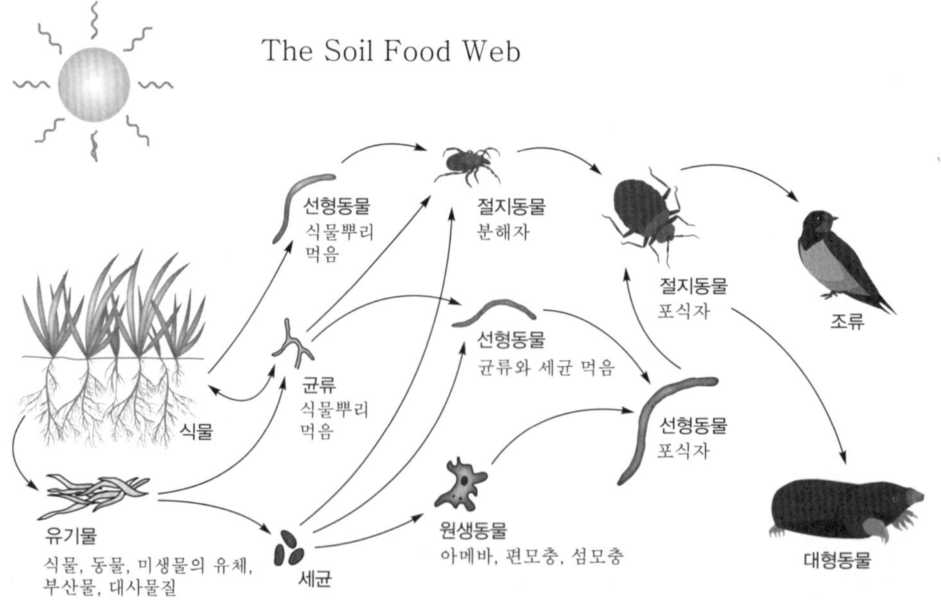

▲ 토양생태계의 먹이그물

1 토양미생물

토양미생물에는 세균, 곰팡이, 방선균, 바이러스 등이 포함되며, 대부분 단세포 생물로 이루어져 있다. 토양미생물은 공중질소를 고정하거나 토양 내에서 분해자의 역할을 하는 등 다양한 기능을 한다.

① 세균(bacteria)

자급영양(auto-troph)	타급영양(hetero-troph)
㉠ 질산화세균 – 아질산균 – 질산균 ㉡ 유황세균 – 철세균	㉠ 단독 질소고정균 – 호기성(아조토박터) – 혐기성(클로스트리듐) ㉡ 공생 질소고정균 – 근류균(rhizobium속 뿌리혹 박테리아, frankia속 방사상세균) ㉢ 암모니아화 세균 – 호기성, 혐기성 ㉣ 섬유소(셀룰로오스, 리그닌) 분해균 – 호기성, 혐기성

② 방사상세균

- actinomyces속(frankia속, 질소고정)
- 오리나무, 소철, 소귀나무, 보리수, 보리장나무 등

③ 사상균

- fungi: 효모(yeast), 곰팡이(mold), 버섯(mushroom)
- 외생균근(소나무과, 자작나무과, 버드나무과, 참나무과 등 광범위)

④ 조류

- algae(시아노박테리아: 광합성, 질소고정)
- 서식 가능한 pH 범위: 세균, 방사상균 6.5~7.0, 사상균 4.5~5
- 균근의 천이: 산림에서 질소의 순환과 관련, 나지 박테리아(리조비움, 프랑키아속)
- 산림에서 fungi(조균, 자낭균, 담자균, 불완전균류)

2 토양 소동물

토양 소동물은 토양 중간 크기의 생물로 주로 유기물 분해와 물리적 교란을 통해 토양 건강에 기여한다.

① 무척추동물

지렁이, 선충, 진드기 등이 속하며, 유기물을 분해하거나 토양을 섞어 통기성을 높인다. 지렁이는 특히 유기물을 분해하고 배설물로 영양소를 공급하며, 토양 구조 개선에도 큰 역할을 한다.

② 절지동물

개미, 톡토기, 딱정벌레 등의 소형 절지동물은 유기물을 분해하고, 토양 입단 구조를 개선해 토양의 통기성을 높인다.

③ 미세 포유류 및 양서류

작은 포유류나 양서류는 토양 표면에서 활동하면서 유기물 조각을 분해하고 먹이사슬의 상위 단계에서 중요한 위치를 차지한다.

3 토양 대형 동물

토양 대형 동물은 지표면을 교란하고 식물 뿌리를 포함한 생태계 구성 요소에 직접 영향을 미치는 대형 생물이다.

① 포유류

두더지, 쥐 등은 토양을 파고 지하 터널을 형성하여 물의 침투와 통기를 돕고, 유기물을 땅속으로 끌어들여 영양소 순환을 촉진한다.

② 조류 및 파충류

토양 주변에서 서식하며 먹이활동을 통해 유기물의 분해와 순환을 돕는다.

4 토양생물의 생태적 기능

토양생물은 토양에서 중요한 생태적 기능을 수행하며, 이들의 활동은 농업, 임업, 환경보호 등 다양한 분야에서 중요한 의미를 갖는다.

① 유기물 분해

유기물의 분해는 토양 생물들이 유기물을 소화하거나 외부로 방출하는 과정으로, 이 과정을 통해 토양 내 유기질 함량이 증가하고 식물에게 필요한 영양소가 공급된다.

② 영양소 순환

미생물과 소동물은 유기물을 무기화하여 식물에 이용 가능한 형태로 변화시킨다. 예를 들어, 질소 고정 세균이 질소를 고정하여 식물에 제공한다.

③ 토양 구조 형성

소동물과 대형 동물의 움직임, 미생물의 분비물 등이 토양 입단 구조를 형성하여 토양의 물리적 특성을 개선한다. 이는 토양의 배수성, 통기성, 보수성 향상에 도움이 된다.

④ 병원균 억제

토양 생물은 자연적인 경쟁과 포식을 통해 병원성 미생물의 성장을 억제하여 식물병 발생을 줄이는 데 기여한다.

비료목

1 개념

임지의 생산력을 유지하고 높이기 위해 보조적으로 심는 나무

2 종류

① 콩과식물의 비료목

- 아까시나무, 자귀나무, 싸리류, 다릅, 주엽나무 등
- Rhizobium속 박테리아와 공생

② 방사상균의 비료목

- 오리나무류, 보리수나무류, 소귀나무 등
- Frankia속 방사상세균(박테리아)과 공생

③ 그 이외의 비료목

갈매나무, 붉나무, 딱총나무 등

3 비료목의 효과

① 낙엽물을 통한 유기물 공급: 질소 성분을 많이 가지고 있는 잎이 임지에 떨어져서 땅속에 자라는 미생물의 생육에 도움을 주고 질소 성분을 증가시키며 부식을 만들어 땅의 물리·화학적 성질을 개량한다.

② 비료목의 뿌리혹이 침엽수종의 균근 형성에 도움을 준다. 침엽수종을 심고 그곳에 활엽수종을 혼식하면 침엽수 생장에 도움을 주는 균근이 잘 형성된다.

③ 뿌리혹이 나중에 죽어서 땅속의 질소 성분이 되어 임지의 생산력을 높여준다.

④ 비료목의 잎이 땅에 떨어지면 침엽수종의 잎의 분해를 도와 땅힘을 높여준다.

토양산도와 수종

1 산성토양

① pH 3.8~5.4

② 소나무, 리기다, 가문비나무, 편백, 해송, 잣나무, 밤나무, 상수리 등

2 약산성~중성토양

① pH 5.5~7.2

② 삼나무, 입갈나무, 느티나무, 느릅나무, 녹나무, 가시나무, 전나무류 중 일부 등

③ 토양습도가 높은 곳에 주로 자람

④ 아까시나무, 싸리나무, 오리나무, 회화나무 등 박테리아와 공생하는 수종

3 염기성토양

① pH 7.3 이상

② 호두나무, 사시나무, 서어나무, 회양목, 단풍나무, 물푸레나무, 개암나무 등

③ 물 가까이에서 자라는 나무

4 토양산도의 변화

알칼리성에서 산성으로의 변화는 산림에서의 건생천이의 진행과 관계가 있다. 천이가 진행되면 낙엽에 의한 부식물의 공급으로 부식산이 토양에 계속 첨가되므로 산성으로 변한다.

5 수목과 토양환경의 관계

① 전나무의 경우 토양습도 및 공중습도가 높은 곳에서 잘 자란다.

② 토양습도 및 공중습도가 높으면 토양이 용탈에 의해 산도가 점차 낮아진다.

③ 전나무류(Abies속) 중 일부는 소나무류 중에서는 산성에 약하여 도시 근처에서는 서식 범위가 줄어들고 있다.

④ 아까시나무, 싸리나무, 오리나무 등 뿌리에 근류균을 가지고 있는 수종은 박테리아의 도움을 받아 질소를 흡수한다.

⑤ 박테리아는 산성에 약하므로 이들 수종은 절토 및 성토면 등 토양부 식물이 없는 중성토양에서 잘 자란다. 이후에 산림의 천이로 토양이 산성으로 바뀌게 되면 질소대사를 제대로 할 수 없게 되므로 점차 질병에 의해 쇠퇴하게 된다.

핵심 18 임지시비

1 비료 종류

① 유기질 비료: 깻묵 종류, 어박(魚粕), 퇴비, 닭똥, 누에똥 등

② 무기질 비료: 뼛가루(骨粉), 재 등

③ 화학 비료: 황산암모니아, 요소, 과석, 석회, 염화칼슘, 황산칼슘, 석회질소 등

④ 복합 비료: 각종 화성 비료(化成肥料), 고형 비료(固形肥料) 등

2 임지시비의 목적

① 시비의 목적은 땅 힘을 높여 임목의 생장을 촉진하기 위함이다.

② 임지에 비료를 주는 것을 임지시비 또는 임지비배라 한다.

③ 생태계의 건전하고 빠른 회복을 위해서는 임지에 시비를 하는 것이 좋다.

④ 임목 성장에 따라 시비의 목적은 조금씩 다르다.

　㉠ 제1기 시비(식재할 때의 시비): 식재목에 부족 양분을 주어 초기 성장을 촉진하고 뿌리의 발달을 왕성하게 하는 데 목적이 있으며, 식재할 때 또는 식재 후 2~3개월 후에 주며 2~3회 계속하도록 한다.

　㉡ 제2기 시비(간벌 전후의 시비): 간벌재의 완만도를 향상시키기 위한 시비인데, 간벌 예정 2~3년 전과 간벌 후에 주어 장령림의 성장을 촉진시킨다.

　㉢ 제3기 시비(벌채 전의 시비): 주림목(主林木)에 양분을 보급함으로써 줄기의 완만도를 높이고 다음 조림 시의 효과를 노리는 것으로써 주벌하기 4~5년 전에 1~2회 준다.

3 임지시비의 효과

① 식재 시에 비료를 줌으로써 근계의 발육이 빨라지고, 건조에 대한 저항력이 생긴다.

② 조림목의 생장이 촉진될 뿐 아니라, 그 밑에서 자라는 풀의 힘을 빨리 꺾을 수 있어 밑깎기 기간을 단축시킬 수 있다.

③ 수풀이 빨리 울창해지며 낙엽량의 증가로 땅의 성질을 개량하는 데 도움을 준다.

④ 수풀이 빨리 울창해지면 표토의 유실을 막는 효과가 크다. 특히 우리나라와 같이 임지의 경
사가 심하고 여름에 폭우가 자주 내리는 곳에서는 이러한 효과가 높다. 또 나무를 짧은 벌기
로 베어 이용하는 곳에서도 이 효과는 크다.

4 임지시비량

시비량은 수종, 수령, 토양 비옥도, 임상에 따라 다르게 한다. 수종별 식재 당해에 비료를 줄 때는
아래 표에 따른다.

비료 수종	성분량(g)				비료량(g)				고형 비료	
	계	N	P_2O_5	K_2O	계	요소	용과린	영화칼륨	개수	수량(g)
장기수	9.6	3.6	4.8	1.2	20	8	10	2	2	30
속성수	28.8	14.4	11	2.9	60	30	25	5	6	90
연료림	9.5	2.8	5.5	1.2	20	6	12	2	2	30

조림지와 성림지 시비

1 조림지 시비

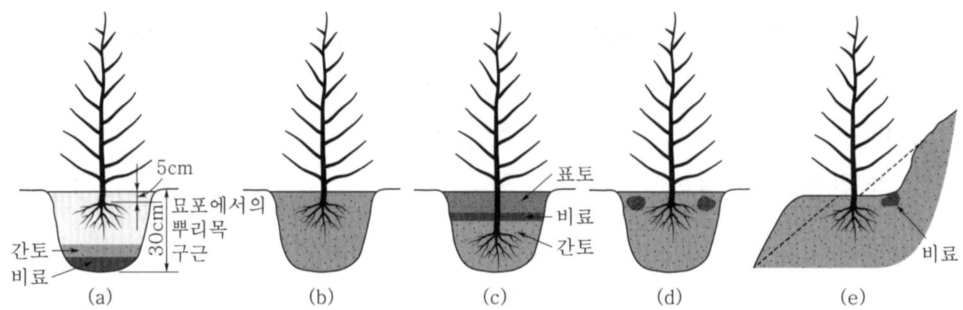

(a) 구덩이 밑 시비법　(b) 구덩이 전체 시비법 (c) 구덩이 위 시비법　(d) 측방 시비법 (e) 경사지에서의 측방 시비법

① 구덩이 밑 시비법

묘목을 심을 구덩이를 파고 구덩이 밑바닥의 흙을 부드럽게 한 뒤 비료를 주어 잘 섞는다. 그 위에 흙을 약간 덮은 후 묘목 뿌리를 넣고 흙을 채워서 심는 방법이다.

② 구덩이 전체 시비법

구덩이에 심을 묘목 뿌리 전체를 비료흙으로 채울 때이다. 비교적 드물게 사용되고 있는 방법으로 귀중한 정원수를 심을 때에 적용한다.

③ 구덩이 위 시비법

묘목의 뿌리 부근은 보통 흙으로 채우고, 그 위에 비료흙을 한층 깔고 다시 흙으로 덮어 주는 방법이다. 빗물에 비료가 녹아서 아래에 있는 뿌리 쪽으로 내려간다.

④ 측방 시비법

나무를 심고 나서 바로, 또는 몇 달 뒤에 비료를 줄 때는 묘목의 줄기를 중심으로 하여 가장 긴 가지의 길이를 반지름으로 하는 원주에 5~10cm의 깊이로 구멍을 파고 그곳에 비료를 넣어준다. 구멍은 같은 간격으로 네 위치에 파는데, 경사지의 경우는 위쪽에 만든다.

　㉠ 윤상 시비법: 구멍을 파지 않고 원주 전체에 고루 홈을 파고 비료를 준다.

　㉡ 반월상 시비법: 경사지일 때 위쪽 원주의 반만 골을 파고 비료를 준다.

⑤ 표면 시비법

묘목을 심은 뒤 숲땅의 표면에 비료를 고루 뿌려 주는 방법이다. 손으로 뿌리기도 하고, 때로는 동력 살포기나 헬리콥터를 사용하기도 한다. 장령림에 비료를 줄 때는 전면에 뿌려 준다.

2 성림지 시비

① 산림청은 장기 수종 장령림 시비량으로 다음 표와 같은 기준을 권장하고 있다.

■ 장기수 장령림 시비량

시비 구분	시비량[성분량(kg/ha)		
	N	P	K
가지치기 후(제1기)	60	80	20
간벌 후(제2기)	90	120	30
벌채 전(제3기)	112	150	38

② 일반적으로 질소의 비효가 높을 것이 기대되나 질소, 인산, 칼륨의 3요소를 고루 주는 것이 좋다.

③ 임목에서는 줄기의 재적 생산을 높이기 위해 주로 질소 비료를 준다.

④ 추위의 해를 생각할 때는 인산과 칼륨의 효과를 생각해야 한다.

⑤ 질소질 비료를 늦여름이나 초가을에 주면 줄기와 눈이 웃자라서 추위의 해를 받을 수 있다.

⑥ 식재 시 시비 위치는 식혈 토양에 비료를 섞는 방법, 시비 하고자 하는 임지가 경사지일 경우 식재목의 상부에 반원형으로 시비하는 방법, 조림목의 가지 선단으로부터 수직으로 내린 곳에 5~10cm 깊이로 땅을 파고 양쪽으로 측공시비 하는 방법, 측공시비와 같이 땅을 파고 둥글게 원형으로 시비하는 방법이 있다.

⑦ 수목생장에는 원형시비가 가장 효과적이나 작업 효율이 낮은 단점이 있으며, 시비량이 적은 어린 묘목은 측공시비가 식재묘목의 생장이나 활착률을 높이는 것으로 알려져 있다.

시비 방법

1 식혈저시비

식재 구덩이 밑 부분에 시비하는 방법으로 식재 구덩이를 소정의 규격대로 판 다음 비료를 바닥에 넣고 비해를 막기 위하여 바닥 흙을 3~5cm 정도 덮고 그 위에 묘목을 식재한다. 이 방법은 발근 직후 비료를 흡수하는 이점은 있으나 식재 구덩이를 크게 만들어야 하므로 작업 효율이 낮고 비료 피해의 위험도가 높다.

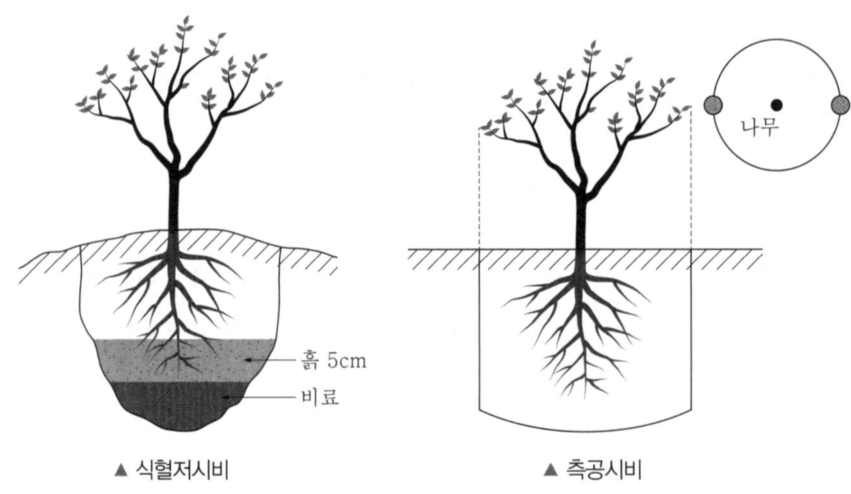

▲ 식혈저시비　　　　　▲ 측공시비

2 측공시비

나무를 식재한 다음 나무 주변의 양쪽으로 실시하는 시비 방법으로서 유목(5년생 미만)은 수간에서 20~30cm 거리에, 성목(6년생 이상)은 역지 하단부에 표토 5cm 정도 깊이로 일정한 간격에 수개의 구멍을 뚫고 비료를 고루 넣은 다음 흙으로 덮는다.

3 반원형시비

경사지에서 나무 위쪽에 반달 모양으로 시비하는 방법으로 식재목에서 경사지 상부에(유목은 묘목에서 20~30cm, 성목은 역지 하단부) 표토 5cm 깊이로 반원형의 골을 파고 비료를 준 다음 흙으로 덮는다

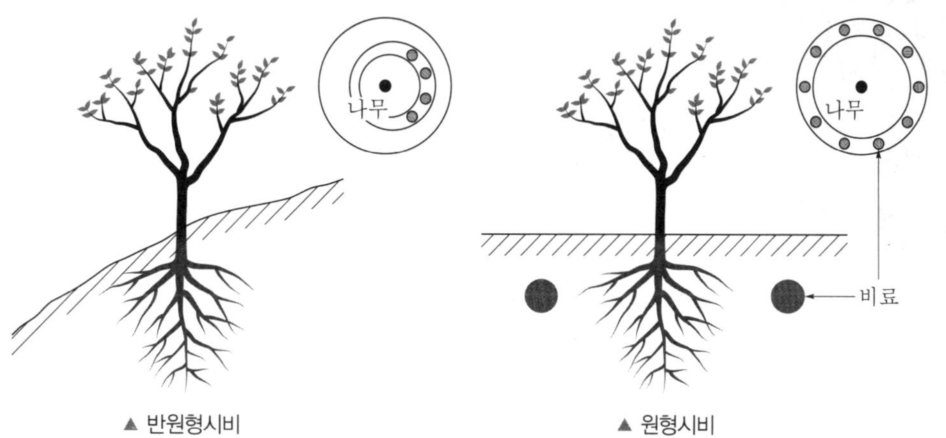

▲ 반원형시비   ▲ 원형시비

4 원형시비

유목은 식재목에서 20~30cm 거리 5cm 깊이에, 성목은 역지 하부에 원형으로 골을 파고 비료를 넣은 다음 흙으로 덮는다.

임지보육

● 임지보육은 산림을 건강하고 생산적으로 관리하기 위해 임지의 환경을 개선하고, 수목의 생장에 필요한 토양의 조건을 맞추어 주는 것이다. 임지보육은 크게 물리적 임지보육과 생물적 임지보육으로 구분한다.

1 물리적 임지보육 방법

물리적 임지보육은 물리적인 조작을 통하여 토양 환경을 개선하고, 나무의 생장에 필요한 조건을 조성하는 방법을 의미한다. 주요 방법은 다음과 같다.

① 임지경토

임지경토란, 토양의 상층부를 갈아엎어 토양 구조를 개선하는 작업으로, 토양 내의 수분과 영양분이 나무 뿌리에 잘 전달되도록 돕는 것이다. 이를 통해 공기와 물의 통기성을 높여 나무의 뿌리가 건강하게 자라도록 유도하며, 뿌리가 토양에 안정적으로 정착할 수 있는 기반을 마련한다.

② 관수 및 배수

관수는 건조한 지역 또는 가뭄 시기에 물을 공급하여 나무가 물 부족으로 인한 스트레스를 받지 않도록 하는 방법이다. 배수는 과도한 수분으로 인해 뿌리가 썩거나 생장에 어려움이 발생할 수 있는 지역에서 물을 제거하여 과습을 방지하고, 토양 내 산소 공급을 원활하게 하는 것이다.

③ 임지피복

임지에 풀, 나무 껍질, 낙엽 등을 덮어 주는 작업으로, 토양 내 수분 유지와 잡초의 생성을 억제하는 효과가 있다. 또한 토양 온도를 일정하게 유지하며, 토양 침식을 방지하여 물리적 구조의 보호에 기여한다.

④ 수평구의 설치

경사진 지역에서 빗물이 과도하게 흘러내리는 것을 방지하기 위해, 수평으로 홈을 파는 작업이다. 이러한 방법은 빗물이 임지 내에 고르게 스며들도록 하여 토양의 습기를 유지하는 데 도움을 준다.

⑤ 계단식 조림

계단식 조림은 경사지에 계단 형태의 단을 조성하고, 그 위에 나무를 심는 방법으로, 토양의 유실을 방지하고 빗물이 고르게 스며들어 토양 침식을 줄이는 효과가 있다.

2 생물적 임지보육 방법

생물적 임지보육은 생물적 자원을 이용하여 나무의 생장을 촉진하거나 토양의 영양 상태를 개선하는 방법을 의미한다. 주요 방법은 다음과 같다.

① 비료목 이용

비료목이란 주변의 나무나 작물의 생장을 촉진하기 위해 함께 심는 식물을 말한다. 예를 들어, 질소를 고정하는 능력이 있는 콩과 식물을 심어 토양에 질소를 추가로 공급하여 나무가 필요한 영양분을 충분히 얻을 수 있도록 한다.

② 균근균 이용

균근균은 나무 뿌리와 공생 관계를 형성하는 곰팡이로, 뿌리의 흡수 면적을 넓혀주고 인산과 같은 영양소를 더 효과적으로 흡수하도록 돕는다. 이를 통해 나무의 생장 속도가 빨라지고, 스트레스 저항력이 향상되는 효과를 기대할 수 있다.

③ 개벌, 산벌, 택벌 작업

㉠ 개벌: 특정 지역의 나무를 모두 베어내어 새로운 세대를 유도하는 방식으로, 햇빛이 필요한 새 묘목이 잘 자랄 수 있는 환경을 제공한다.

㉡ 산벌: 치수의 성장에 따라 산목의 일부를 부분적으로 베어, 수관 상층부에 공간을 만들어 빛이 치수와 임지에 도달할 수 있도록 하여, 치수의 생장을 촉진하고 토양의 비옥도를 유지한다.

㉢ 택벌: 임지 내 나무 중 상태가 좋지 않거나 불필요한 나무를 선별하여 제거하는 방식으로, 건강한 나무들이 충분한 영양분과 공간을 확보하며 자랄 수 있도록 돕는다.

3 결론

임지보육은 물리적 방법과 생물적 방법을 결합하여 토양 환경과 생태적 조건을 개선함으로써 나무가 건강하게 성장할 수 있도록 하는 임지 관리 기법이다. 물리적 임지보육 방법은 주로 토양 내 물과 공기 통제, 안정성 확보에 중점을 두며, 생물적 임지보육 방법은 토양의 영양 공급과 나무의 생장 촉진에 주력한다. 이러한 임지보육을 통해 산림의 생물 다양성을 유지하고, 지속 가능한 산림 관리를 한다.

핵심 22 토양미생물

● 생태권: 생명체(동물, 식물, 미생물)+환경 → 생태계

1 세균(bacteria)

1) 자급영양(Auto-troph) 세균

① 질산화세균

- 아질산균

- 질산균

② 유황세균

③ 철세균

2) 타급영양(Hetero-troph) 세균

① 단독 질소고정균

- 호기성(아조토박터)

- 혐기성(클로스트리듐)

② 공생 질소고정균

- 근류균(Rhizobium속 뿌리혹 박테리아, Frankia속 방사상세균)

③ 암모니아화 세균

- 호기성

- 혐기성

④ 섬유소(셀룰로오스, 리그닌) 분해균

- 호기성

- 혐기성

2 방사상세균

- Actinomyces속(Frankia속, 질소고정)

  → 오리나무, 소철, 소귀나무, 보리수, 보리장나무 등

3 사상균

- fungi: 효모(yeast), 곰팡이(mold), 버섯(mushroom)

  → 외생균근(소나무과, 자작나무과, 버드나무과, 참나무과 등 광범위)

4 조류

- algae(시아노박테리아: 광합성, 질소고정)

23 균근의 천이

1 개요

① 균근의 천이(succession of mycorrhiza)는 특정 지역이나 환경에서 식물 뿌리와 공생하는 균류, 주로 진균류의 구조적 및 기능적 변화를 말한다.

② 균근천이는 서식하는 수목 군집의 변화에 따라 나타나며, 수목 군집의 변동에 따라 균류와 수목과의 관계도 달라진다.

■ 천이와 토양미생물 변화

pH 범위	6.5~7.0	4.5~5.0
서식미생물	세균(박테리아): 리조비움속, 프랑키아속	fungi(곰팡이): 조균류, 진균류
천이단계	나지(천이 초기)	산림(천이 진행)

2 균근의 개념

① 균근(mycorrhiza)은 식물 뿌리와 특정 균류가 공생하여 식물의 영양소 흡수를 돕고, 균류는 식물로부터 탄소를 공급받는 수목과 균류의 공생관계를 말한다.

② 균근은 크게 두 가지 유형으로 나뉜다.

외생균근 (Ectomycorrhiza)	균사가 식물 뿌리 외부에 형성되고, 뿌리 세포 사이에만 침투하는 형태로, 주로 침엽수나 활엽수와 연관되어 있음
내생균근 (Endomycorrhiza)	균사가 뿌리 세포 내로 침투하여 식물의 세포 내부에서 공생하는 형태로, 많은 초본식물과 관련이 있음

3 균류의 역할

① 균근의 천이에서 균류는 유기물을 분해하고, 영양소를 식물에게 공급하는 역할을 한다. 이 과정에서 균류는 다양한 효소를 분비해 유기물을 분해하고, 그 결과 식물이나 다른 생명체가 흡수할 수 있는 형태로 변환시킨다.

② 균류는 생태계에서 "분해자(decomposer)"로서 중요한 역할을 하며, 특히 균근을 형성하는 균류는 다음과 같은 분해 산물을 생성한다.

리그닌(Lignin) 분해	리그닌은 나무와 같은 고분자 화합물인데, 균류는 이 물질을 더 작은 단위로 분해하여 토양으로 돌려보냄
셀룰로스(Cellulose) 분해	셀룰로스는 식물 세포벽의 주요 구성 성분으로, 균류가 이를 분해하면 당류(glucose)로 전환되며, 이는 식물과 다른 생물에게 영양분으로 제공
단백질과 지방 분해	균류는 단백질과 지방을 분해해 아미노산과 지방산을 형성하며, 이러한 물질은 식물과 다른 생물들이 쉽게 흡수할 수 있음

4 분해산물

균류가 유기물을 분해하면서 생성하는 주요 산물은 다음과 같다.

① 이산화탄소(CO_2): 유기물이 분해되는 과정에서 발생하는 가스이다.

② 물(H_2O): 유기물 분해 과정에서 생성되는 물이다.

③ 무기 영양소: 질소, 인, 칼륨 같은 무기 영양소는 식물 성장에 필수적이며, 균류가 유기물을 분해하면서 이를 방출한다

④ 작은 유기 분자: 아미노산, 단당류 같은 작은 유기 분자들은 다른 미생물이나 식물에 의해 쉽게 흡수될 수 있다.

5 균근의 역할

① 균근은 주로 토양 내 인산염 등 영양소가 부족할 때 수목이 이러한 영양소를 효율적으로 흡수할 수 있도록 돕는다.

② 균근은 수목의 수분 흡수를 도와 건조한 환경에서 견딜 수 있게 한다.

③ 균근은 외부의 병원균으로부터 수목을 보호한다.

6 토양에서 균류의 역할

① 토양에서 균류는 주로 유기물을 분해하는 중요한 생물이다. 유기물을 분해하여 식물과 다른 생물체들이 필요로 하는 영양소를 제공한다. 균류는 나무, 낙엽, 뿌리 등 다양한 유기물을 분해하며, 목질에 포함된 리그닌(lignin)과 셀룰로스(cellulose)와 같은 복잡한 분자 구조의 물질을 분해하는 데 중요한 역할을 한다.

② 균류는 다음과 같은 방식으로 토양에서 중요한 역할을 수행한다.

유기물 분해	• 균류는 셀룰로스, 리그닌, 단백질과 같은 유기물질 분해를 통해 토양 내에서 영양소의 재순환을 촉진 • 분해된 물질들은 토양 내 다른 생물체들이 사용할 수 있는 형태로 변환
토양구조 개선	• 균사는 토양입자를 물리적으로 결합하여 토양의 입단구조(aggregates)를 형성하는 데 기여 • 입단구조는 토양의 통기성과 수분 보유 능력을 향상시키고, 토양의 침식 방지에도 도움이 됨
영양소 흡수와 전달	• 균류는 식물의 뿌리와 공생하여 식물이 쉽게 흡수하지 못하는 인산염, 질소와 같은 영양소를 토양에서 흡수하여 식물에게 전달 • 토양 내 영양소가 제한된 상황에서 이러한 공생 관계는 더욱 중요

핵심 24 균근

1 개념

① 菌根, mycorriza

② 식물에 의한 양분의 흡수는 식물의 작은 뿌리와 특정 균류와의 공생관계에 의해서 상당히 향상된다고 알려져 있는데, 이러한 집합체를 균근이라고 한다. 즉 뿌리와 균이 모여 형성된 공동체이다.

2 정의

식물의 양분 흡수는 뿌리 혼자의 힘으로 흡수하는 것보다 뿌리와 특정 균류가 공생하면 흡수에 상당히 효과가 있다. 이때 뿌리와 균과의 집합체를 균근이라 한다.

3 종류

① **외생균근(外生菌根)**

- 세포 사이에 균사의 감염을 나타내며 균류의 균사는 세근의 근단을 둘러싸는 완전한 균투(sheath mantle)를 형성한다. 균사는 뿌리로 침투하여 피층의 세포 사이에서 자라 세근의 주위와 세근 내에 망을 형성하는데, 이를 하티그망(hartig net)이라 한다.

- 외생균근은 널리 퍼져 있으며 소나무과(소나무, 미송, 솔송나무, 전나무, 낙엽송) 및 버드나무과(미류나무, 버드나무), 자작나무과(오리나무, 자작나무), 참나무과를 포함하는 여러 가지 수종에서 나타난다(대표적: 소나무와 송이버섯).

② **내생균근(內生菌根)**

- 균사가 뿌리의 피층 세포를 관통하여 내부 조직까지 침입한 것으로, 균사는 세포 내에서 나선상으로 되거나 팽창되어 있을 뿐 균사망은 형성되지 않는다.

- 단풍나무, 향나무, 낙우송, 측백나무류에서 관찰된다.

③ **내외생균근**

- 세포 내외에 균사의 감염을 나타낸다.

- 보통 외생균근을 가지는 나무에서만 발견되고, 어린 소나무의 뿌리에서만 간혹 발견된다.

4 기능

식물 뿌리와 균류와의 공생은 보통 식물기주의 생장 및 활력을 증가시켜주는데, 세부적으로 다음과 같다.

① 양분의 흡수를 촉진

② 수분의 흡수 증가

③ 무기물의 용해력 증가

④ 병균에 대한 뿌리의 방어 능력 향상

⑤ 식물성장호르몬의 생성

⑥ 한 식물에서 다른 식물로의 탄수화물 이동 등이 있다.

☞ 독일의 학자 Frank(1885)에 의하면, '외생균근이 토양에서 유기질소를 흡수하여 이것을 기주에 전달하는 능력이 있다'고 하였다.

5 답안 형태로 다시 정리해 보면

1. 정의

① 식물의 어린 뿌리와 진균의 균사의 공생(symbiosis)체

② 고등육상식물의 97%

③ 질소고정균과 구분, 근균근이라고도 한다.

2. 혜택

① 인산 흡수촉진(HPO_3^-, $H_2PO_4^{2-}$)

② 암모늄태 질소흡수(NH_4^+)

③ 수분의 흡수. 항생제 생산, 독극물, pH$\updownarrow$, 온도

6 분류

1) 내생균근(Endo Mycorriza)

① 균사가 기주식물 세포 안까지 들어감

② 균사가 피층세포 안쪽 카스페리안대까지 존재

③ 백합나무, 향나무, 단풍나무 등이 있다.

④ 뿌리털 정상(균투가 없고 균사가 통도조직을 침범하지 않는다.)

2) 외생균근(Ecto Mycorrizae)

① 균사가 피층의 세포 사이에 존재

② 뿌리 끝부분을 둘러싸는 균투 형성

③ 소나무, 자작나무, 버드나무 등, 주로 목본 식물

☞ 균투 菌套 fungal mantle: 뿌리 표면을 두껍게 싸고 있다.

☞ Hartig net: 피층까지 침투

3) 내 · 외생균근(Ectendo Mycorrizae)

① 세포 내외의 감염을 일으키는 균근

② 어린 소나무 묘목에서 드물게 발견되는 현상

③ 외생균근에 비하여 균투가 뚜렷하지 않다.

④ 外生菌根의 변칙 형태

⑤ 식물세포에 VAM 균근을 형성한다.

⑥ VA균근, VAM, vasicular(소낭, 주머니모양 균사) – arbuscular(가지모양 균사)

⑦ 주로 접합자 균에 의해 형성된다.

7 기주식물

① 소나무과 소나무(Pinus, 15~18년생), 전나무(Abies spp), 가문비나무(Picea spp.), 낙엽송(Larix kaempferi), 솔송나무(Tsuga sieboldii)

② 자작나무과 자작나무(Betula platyphylla), 오리나무(Alnus spp.)

③ 참나무과 참나무(Quercus spp.), 밤나무(Castanea spp), 너도밤나무(Fagus crenata)

④ 버드나무과 버드나무(Salix spp.), 포플러류(Populus spp.)

8 진균류(Eumycetes)

① 자낭균: Ascomycetes(Asco–, sac, 주머니의 뜻을 가진 그리스어)

② 담자균: Basidiomycetes(Basidio–, 부담하다. 메다라는 뜻)

25 근류균

- 질소고정미생물
- $N_2 + 8H^+ + 8e^- + 16ATP \rightarrow 2NH_4^+$
- 환원제, 질소고정효소 $\rightarrow 2NH_3 + H_2 + 16ADP$

1 Rhizobium속

Rhizobiaceae과 세균, 근류균, 고등식물의 뿌리에서 질소고정

① 그람음성 간균, 1개의 극모 또는 2~6개의 주모가 있다.

② 기주특이성, 장미목 콩과 식물과 공생

③ 호기성 화학합성 종속영양세균

④ 당분을 포함한 배지에서 다량의 균체를 형성시킨다.

⑤ 뿌리혹박테리아

2 Frankia속

① Actinomyces(방사상균, 방선균)

② 소귀나무과, 소철과, 보리수나무과, 담자리꽃나무속

3 비공생성

① Anabaena → 시아노 박테리아(남조류)

② Azotobactor, clostridium

참고

구분	설명
근균	균사를 가진 다세포인 fungi(담자균류와 자낭균류)와 나무뿌리의 공생체
근류균	단세포이며 산성에 약한 박테리아와 나무뿌리의 공생체

핵심 26 균근의 역할

1 무기염의 흡수 촉진

① 인산, N, S, Cu 등

② 대부분의 무기염 흡수 촉진

2 기주식물의 저항성 향상

① 내열성 · 내건성 증대

② 극단적 온도 변화, pH 변화, 토양 독극물에 대한 저항성 증대

③ 병원균에 대한 저항성 증대

→ 한계토양(marginal soil)에서 생태적으로 중요 역할 수행

3 토양 양분 유효화

① pH 5.5 이상 산성토양에서 암모늄태(NH_4^+) 질소 흡수

② 질산화 박테리아, 중성에서 생존

4 건조토양 수분흡수

① 균사 직경 뿌리의 1/100

– 뿌리 수분흡수 압력 −0.7MPa 이상

– 균근 수분흡수 압력 −2.0MPa 이상

참고

• 무기염 – 흡수 – 유효화

• 기주식물 저항성 – 극단적 환경 – 병원균

• 수분 흡수 – 뿌리와 균근의 직경 차이

핵심 27 수목의 질소대사

1 질소대사 과정

농업토양 (비료) 중성토양	유기태질소 질산태질소 NO_3^-	질산환원 환원적 아미노반응	NH_4^+ (식물체 내)	아미노산 ↓ 단백질
산림토양 (균근) 산성토양	무기태질소 암모늄태질소 NH_4^+	뿌리 흡수		

① 산림토양에서는 질산화박테리아가 살기 힘들다.

② 한스 몰리쉬가 정의한 타감작용 역시 질산화박테리아가 살기 힘든 환경을 만든다.

2 질산환원 장소

① lupine형

- 뿌리에서 질산환원, lupinus

- 나자식물(소나무류), 진달래류, proteaceae

☞ lupinus: 허브의 일종으로 1.5m 정도 자람

라틴어 lupus(늑대)에서 유래한 이름

늑대처럼 땅을 황폐화 시킨다고 함.

② 도꼬마리형

- 잎에서 질산환원, Xanthium(도꼬마리)

3 질산환원 과정

NO_3^- nitrate(질산태)	nitrate reductase (세포질 내 효소)	NO_2^- nitrite(아질산태)	nitrite reductase (세포질 내 효소)	NH_4^+ ammomium(암모늄태질소)

> **참고** 질소대사 요약
>
> - $N_2 + 8H^+ + 8e^- + 16ATP \rightarrow 2NH_4^+$
> - 환원제, 질소고정효소 $\rightarrow 2NH_3^+ H_2 + 16ADP$

핵심 01 숲 가꾸기 기본원칙과 방향

● 지속 가능한 산림자원 관리지침 [시행 2020. 6. 15.] [산림청훈령 제1454호]

● 숲 가꾸기는 산림청 훈령인 "지속 가능한 산림자원 관리지침"에 따라 시행된다. 그러므로 숲 가꾸기의 기본원칙은 훈령의 전문에 제시된 지속 가능한 산림경영(SFM) 원칙에 입각하여 실시되어야 할 것이다.

1 산림자원관리 기본 원칙

새로운 산림자원관리의 필요성에 대한 인식이 임업 분야는 물론 일반 사회로 확산됨에 따라 산림자원관리에 있어 과거와는 다른 다각적인 시각과 접근방식이 요구되고 있으므로, 산림자원관리의 국제적 패러다임으로 정착되고 있는 「지속 가능한 산림경영(sustainable forest management)」 원칙에 입각하여 산림이 갖는 경제, 사회, 환경적인 다양한 기능들이 조화롭게 발현될 수 있도록 산림자원을 경영 · 관리해 나가야 한다. 따라서, 우리나라의 산림자원에 대한 경영 · 관리는 앞으로 다음과 같은 기본 원칙에 바탕을 두고 추진되어야 한다.

① 생태적으로 건전한 산림으로 유지 · 증진될 수 있도록 산림자원을 관리하여야 한다.

② 산림이 제공하는 경제적 편익이 증진될 수 있도록 산림자원을 관리하여야 한다.

③ 산림이 지닌 공익적 기능이 유지 · 증진될 수 있도록 일반적인 사회통념에 부합하는 방향으로 산림자원을 관리하여야 한다.

④ 후세대에 대한 도덕적인 의무를 강화하는 방향으로 산림자원을 관리하여야 한다.

이러한 새로운 산림자원관리의 방향은 산림으로부터 생산되는 경제적 산물을 중심으로 하는 협의의 산림자원관리 개념에서 벗어나 건전한 산림생태계의 종합적인 관리체제로 전환하는 것이며, 궁극적으로는 바람직한 미래의 산림 모습을 만들어 가는 것이다.

2 지속 가능한 산림자원관리(SFM) 기본 방향

① 산림의 생물 다양성의 보전

② 산림의 생산력 유지 · 증진

③ 산림의 건강도와 활력도 유지 · 증진

④ 산림 내의 토양 및 수자원의 보전 · 유지

⑤ 산림의 지구 탄소 순환에 대한 기여도 증진

⑥ 산림의 사회 · 경제적 편익 증진

⑦ 지속 가능한 산림관리를 위한 행정 절차 등 체계 정비

3 지침의 목적

① 산림의 생태환경적인 건전성을 유지하면서, 다양한 기능이 최적 발휘되도록 산림을 보전하고 관리

② 「산림자원의 조성 및 관리에 관한 법률 시행규칙」 제3조제4항에 의한 산림의 기능 구분의 기준, 시기, 절차, 기능별 관리 방안 등에 관한 세부기준은 산림청장이 규정

③ 「산림자원의 조성 및 관리에 관한 법률 시행규칙」 제23조제2항에 의하여 도시림의 기능별 관리에 관한 세부사항을 규정

④ 「산림기술 진흥 및 관리에 관한 법률 시행규칙」 제11조제4항 및 제12조제2항에 의한 숲 가꾸기 설계 · 감리에 따른 사업 시행요령에 관한 사항을 규정

⑤ 「산림자원의 조성 및 관리에 관한 법률 시행규칙」 제7조제2항 별표 3에 의하여 친환경 벌채 기준을 규정

4 지침의 적용 범위

다른 법령의 특별한 규정이 있는 경우를 제외하고 다음 사항은 본 지침에 따른다.

① 국유림 · 공유림의 산림경영계획, 숲 가꾸기의 기본설계, 실시설계 등 산림 관련 각종 계획 · 설계의 작성과 조림, 숲 가꾸기, 수확 등 산림사업 실행

② 사유림의 경우에는 지침의 내용을 권고사항으로 한다. 다만, 본 지침의 규정에 따라 계획 · 설계를 작성하거나 산림사업을 실행할 경우에는 국비 또는 지방비를 보조할 수 있다.

5 지침의 주요 내용

Ⅱ. 산림의 기능별 조성 · 관리 지침

- 산림의 기능 구분 및 기능별 산림의 조성관리

Ⅲ. 산림자원 조성 · 관리 일반지침

1. 인공림의 조성 · 관리
2. 천연림의 조성 · 관리
3. 복층림의 조성 · 관리

산림의 기능 구분

● 지속 가능한 산림자원 관리지침 [시행 2020. 6. 15.] [산림청훈령 제1454호]
● 산림의 기능 구분에 따른 산림자원의 조성과 관리에 관한 사항은 본장의 규정에 의하며,
본 장에서 규정되지 않은 사항은 제Ⅲ장 '산림자원 조성·관리 일반지침'의 규정을 따른다.

1 산림의 기능 구분

① 산림청장은 전국의 산림을 관계 중앙행정기관의 장과 협의하여 그 기능에 따라 다음과 같이 구분한다.

- 목재생산림
- 수원 함양림
- 산지재해방지림
- 자연환경 보전림
- 산림휴양림
- 생활환경 보전림

② 산림의 기능 구분은 산림청 산림공간정보서비스의 산림기능 구분도에서 제공하는 정보를 기준으로 하되, 산림의 기능이 현지와 불일치하거나 중복될 경우에는 산림관리자(산림청장, 산림청장 외에 국유림을 소유 또는 관리하고 있는 중앙행정기관의 장, 특별시장 · 광역시장 · 도지사 또는 시장 · 군수 · 구청장)가 산림의 위치, 입지 조건, 지역주민과 산주의 요구 등 경제적 · 사회적 여건을 종합적으로 고려하여 판단한 산림의 기능에 부합하게 사업을 실시해야 한다.

2 기능별 관리목표

기능	관리목표	비고
목재생산림	생태적 안정을 기반으로 하여 국민경제 활동에 필요한 양질의 목재를 지속적 · 효율적으로 생산 · 공급하기 위한 산림	
수원 함양림	수자원 함양 기능과 수질 정화 기능이 고도로 증진되는 산림	
산지재해방지림	산사태, 토사 유출, 대형 산불, 산림병해충 등 각종 산림재해에 강한 산림	

기능	관리목표	비고
자연환경 보전림	보호할 가치가 있는 산림자원이 건강하게 보전될 수 있는 산림	
산림휴양림	다양한 휴양기능을 발휘할 수 있는 특색 있는 산림·종 다양성이 풍부하고 경관이 다양한 산림	
생활환경 보전림	도시와 생활권 주변의 경관 유지 등 쾌적한 환경을 제공하는 산림	

3 관리의 원칙

기능	관리의 원칙
목재생산림	목재생산림은 '나. 목표로 하는 산림'에 따라 목표생산재를 설정하고 그에 적합한 산림사업의 시기, 강도, 횟수 등을 달리하여 최소의 투입으로 최대의 효과를 내도록 함
수원 함양림	
산지재해방지림	
자연환경 보전림	
산림휴양림	
생활환경 보전림	

4 관리의 기본 방향

기능	관리의 기본 방향
목재생산림	
수원 함양림	
산지재해방지림	
자연환경 보전림	자연환경 보전림은 해당 법률의 지정·결정의 취지에 맞게 관리하여야 하며, 해당 부처·기관과 협의하여 추진
산림휴양림	
생활환경 보전림	

5 기능별 유형

기능	유형 구분	비고
자연환경 보전림	보전형	생태계, 유전자원 보호 등을 위해 보전해야 할 산림
	문화형	역사 · 문화적 가치 보호 등을 위해 보전해야 할 산림
	학술 · 교육형	학술 · 교육의 목적으로 보전해야 할 산림
생활환경 보전림	공원형	거주자의 자연 체험, 레크리에이션, 환경교육 등의 장소로 이용하는 산림
	경관형	심리적 안정감을 주고 시각적으로 풍요로움을 주는 산림
	방풍 · 방음형	바람, 소음 등을 완화시켜 쾌적한 거주환경이 되도록 하는 산림
	생산형	거주자의 쾌적한 거주환경을 훼손하지 않는 범위 내에서 목재를 생산하는 산림
	미세먼지 저감형	생활권으로 유입되는 미세먼지 등 대기오염물질을 저감하여 쾌적한 환경을 제공하는 산림

기능별 목표로 하는 산림

기능	유형 구분		비고
목재 생산림			다음과 같은 목표생산재를 안정적으로 생산할 수 있는 산림
	인공림	대경재	1) 목표 가슴높이지름: 40㎝ 이상 2) 용도: 문화재, 화장단판, 합판, 고급제재(각재, 판재), 구조재, 고급건축재, 가구재, 악기재 등
		중경재	1) 목표 가슴높이지름: 40㎝ 미만, 20㎝ 이상 2) 용도: 건축재, 소형가구재, 공예재, 일반제재(각재, 판재) 등
		소경재	1) 목표 가슴높이지름: 20㎝ 미만 2) 용도: 가설재, 포장재, 일반제재(소각재, 소판재), 펄프재, 칩, 톱밥용 등
	천연림	대경재	1) 목표 가슴높이지름: 40㎝ 이상 2) 용도: 문화재, 화장단판, 합판, 고급제재(각재, 판재) 등
		중경재	1) 목표 가슴높이지름: 40㎝ 미만, 20㎝ 이상 2) 용도: 구조재, 고급건축재, 가구재, 악기재, 일반제재(각재, 판재) 등
		특용· 소경재	1) 목표 가슴높이지름: 20㎝ 미만 2) 용도: 특수용(약용·식용), 공예재, 버섯용 원목, 펄프재
수원 함양림			다층혼효림(多層混淆林)
산지재해 방지림			(1) 산사태, 토사유출에 강한 다층혼효림 (2) 대형산불을 방지하기 위해 내화수림대(耐火樹林帶)가 포함된 혼효림 (3) 산림병해충에 강하고 생태적으로 건강한 다층혼효림
자연환경 보전림			다층혼효림 또는 지정·결정·관리의 목적을 달성할 수 있는 산림
산림휴양림			지역적 특성에 적합한 다층림 또는 다층혼효림
생활환경 보전림	공원형·경관형		생태적·경관적으로 다양한 다층혼효림
	방풍·방음형		방풍과 방음의 기능을 최대한 발휘할 수 있는 다층림 또는 계단식 다층림
	생산형		생태적으로 건강한 목재생산림
	미세먼지 저감형		미세먼지 저감 기능(흡수, 흡착, 침강)을 최대한 발휘할 수 있는 다층혼효림

04 산림의 기능별 관리대상

기능	관리대상
목재 생산림	생태적으로 건강하고 지속적으로 목재를 생산할 수 있는 산림으로서 다음과 같음 (1) 국유림의 경영 및 관리에 관한 법률에 의한 보전국유림 (2) 임업 및 산촌 진흥촉진에 관한 법률에 의한 임업진흥권역 안의 목재생산을 위한 산림 (3) 「산림자원의 조성 및 관리에 관한 법률」에 의한 경제림육성단지 (4) 그밖에 목재생산기능 증진을 위해 관리가 필요하다고 산림관리자가 인정하는 산림
수원 함양림	산림의 수자원 함양 기능 및 수질정화기능을 높이기 위하여 지정·결정 또는 관리하는 산림으로서 다음과 같음 (1) 산림보호법에 의한 산림보호구역 중 수원 함양보호구역 (2) 수도법에 의한 상수원보호구역 안의 산림 (3) 한강 수계 상수원 수질개선 및 주민지원 등에 관한 법률에 의한 한강수계 지역 안에서 수원 함양에 직접적인 영향을 주는 산림 (4) 영산강·섬진강 수계 물 관리 및 주민지원 등에 관한 법률에 의한 영산강·섬진강수계 지역 안에서 수원 함양에 직접적인 영향을 주는 산림 (5) 금강 수계 물 관리 및 주민지원 등에 관한 법률에 의한 금강수계 지역 안에서 수원 함양에 직접적인 영향을 주는 산림 (6) 낙동강 수계 물 관리 및 주민지원 등에 관한 법률에 의한 낙동강수계 지역 안에서 수원 함양에 직접적인 영향을 주는 산림 (7) 댐 건설 및 주변 지역 지원 등에 관한 법률 제2조의 규정에 의한 댐으로 집수되는 자연경계구획 산림 (8) 그밖에 수원 함양 기능 증진을 위해 관리가 필요하다고 산림관리자가 인정하는 산림
산지 재해 방지림	산사태, 토사유출, 대형산불, 산림병해충 등 산림재해 발생 방지 및 임지(林地) 보전을 위하여 지정·결정 또는 관리하는 산림으로서 다음과 같음 (1) 사방사업법에 의한 사방지(砂防地)(산사태복구지 포함) (2) 산림보호법에 의한 산림보호구역 중 재해방지보호구역 (3) 과밀(過密) 임분(林分)으로서 산사태가 우려되는 지역의 침엽수 단순림 (4) 대형산불의 발생이 우려되는 지역의 침엽수 단순림 (5) 소나무재선충병 방제특별법에 의한 피해지역 (6) 산림병해충의 피해 우려가 있는 단순림 (7) 그밖에 산지재해방지 기능 증진을 위해 관리가 필요하다고 산림관리자가 인정하는 산림

자연환경 보전림	생태 · 문화 · 역사 · 학술적 가치를 보전하기 위하여 지정 · 결정 또는 관리하는 산림으로서 다음과 같음 (1) 산림자원의 조성 및 관리에 관한 법률에 의한 채종림, 채종원, 시험림 (2) 산림보호법에 의한 산림보호구역 중 산림유전자원보호구역 (3) 백두대간 보호에 관한 법률에 의한 백두대간보호지역 안의 산림 (4) 국토의 계획 및 이용에 관한 법률에 의한 보전녹지지역 안의 산림 (5) 자연공원법에 의한 자연공원 안의 산림 (6) 자연환경 보전법에 의한 자연생태계 · 경관 보전지역, 생태 · 자연도 1등급 권역 안의 산림 (7) 「야생생물 보호 및 관리에 관한 법률」에 의한 야생생물보호구역 안의 산림 (8) 습지 보전법에 의한 습지보호지역 안의 산림 (9) 「독도 등 도서지역의 생태계 보전에 관한 특별법」에 의한 특정도서 안의 산림 (10) 「전통사찰의 보존 및 관리에 관한 법률」에 의한 사찰 소유의 산림 (11) 문화재보호법에 의한 문화재보호구역 안의 산림 (12) 「수목원 · 정원의 조성 및 진흥에 관한 법률」에 의한 수목원 안의 산림 (13) 「대학설립 · 운영규정」에 의한 학술림 (14) 고등학교 이하 각급 학교 설립 · 운영규정에 의한 교지 안의 학교 숲 (15) 그밖에 자연환경 보전을 위해 관리가 필요하다고 산림관리자가 인정하는 산림
산림 휴양림	쾌적한 환경과 휴식처를 제공하여 인간의 정신 · 육체적 건강의 유지 · 증진에 기여하는 기능으로 지정 · 결정 또는 관리하는 산림으로서 다음과 같음 (1) 산림문화 · 휴양에 관한 법률에 의한 자연휴양림, 치유의 숲 (2) 그밖에 휴양기능 증진을 위해 관리가 필요하다고 산림관리자가 인정하는 산림
생활환경 보전림	도시 또는 생활권 주변의 경관 유지, 쾌적한 생활환경 유지 기능을 위해 지정 · 결정 또는 관리하는 산림으로서 다음과 같음 (1) 산림자원의 조성 및 관리에 관한 법률에 의한 도시림 (2) 산림보호법에 의한 산림보호구역 중 경관보호구역, 재해방지보호구역, 생활환경보호구역 (3) 「도시공원 및 녹지 등에 관한 법률」에 의한 도시공원 안의 산림 (4) 개발제한구역의 지정 및 관리에 관한 특별조치법에 의한 개발제한구역 안의 산림 (5) 생활권 주변 등에 있어 미세먼지 저감 기능을 발휘할 수 있는 산림 (6) 그밖에 생활환경 보전기능 증진을 위해 관리가 필요하다고 산림관리자가 인정하는 산림

05 인공림과 천연림의 조성·관리

● 지속 가능한 산림자원 관리지침 [시행 2020. 6. 15.] [산림청훈령 제1454호]

1 인공림의 조성 · 관리

구분	조성 · 관리 방법
조림	경제성과 이용가치를 고려한 수종의 집중 조림으로 생산성 증진 (가) 목재수요 증가, 온난화 영향 및 산주 선호도 등 경영 목적과 시장 요구에 부합하는 전략 수종을 규모화하여 조림 (나) 수종은 '조림 권장 수종 내 용재수종' 및 '지역별 집중 조림수종'을 선정
숲 가꾸기	(가) 목표생산재를 설정하여 생육단계에 알맞은 숲 가꾸기 작업을 실시하되, 목표생산재가 정해지기 전까지의 작업은 제Ⅲ장에서 정하는 바와 같이 숲 가꾸기를 실시함 (나) 도태간벌은 목표생산재가 우량대경재일 경우 적용할 수 있음 (다) 설계 · 감리를 시행할 경우에는 수종과 생산목표재에 따라 [별표 2]의 2. 인공림의 수종별 시업기준(예시)에 따라 작업을 실시할 수 있음 (라) 목표생산재가 일반소경재일 경우에는 수종의 특성에 따라 솎아베기 작업 시 가지치기를 생략할 수 있음
수확	수확 및 산물(産物)의 처리 등은 제Ⅲ장에서 정하는 바에 따름

2 천연림의 조성 · 관리

구분	조성 · 관리 방법
갱신	갱신 수종은 주수종과 부수종으로 구분 (가) 주수종은 생산목표재가 되는 수종으로 함 (나) 부수종은 산림의 생태적 안정성을 위해 또는 보조적 목재생산재로 활용할 수 있는 수종
숲 가꾸기	(가) 목표생산재를 설정하여 생육단계에 알맞은 숲 가꾸기 작업을 실시하되, 목표생산재가 정해지기 전까지는 제Ⅲ장에서 정하는 바와 같이 숲 가꾸기를 실시함 (나) 목표생산재가 우량대경재일 경우에는 천연림 보육 작업을 실시함 (다) 설계 · 감리를 시행할 경우에는 수종과 생산목표재에 따라 [별표 2]의 3. 천연림의 수종별 시업기준(예시)에 따라 작업을 실시할 수 있음 (라) 목표생산재가 일반소경재일 경우에는 수종의 특성에 따라 솎아베기 작업 시 가지치기를 생략할 수 있음
수확	수확 및 산물의 처리 등은 제Ⅲ장에서 정하는 바에 따름

핵심 06 수원 함양림의 조성·관리

● 지속 가능한 산림자원 관리지침 [시행 2020. 6. 15.] [산림청훈령 제1454호]

1 관리목표

수자원 함양 기능과 수질정화기능이 고도로 증진되는 산림

2 목표로 하는 산림

다층혼효림(多層混淆林)

3 관리대상

산림의 수자원 함양 기능 및 수질정화기능을 높이기 위하여 지정·결정 또는 관리하는 산림으로서 다음과 같다.

① 산림보호법에 의한 산림보호구역 중 수원 함양보호구역

② 수도법에 의한 상수원보호구역 안의 산림

③ 한강수계 지역 안에서 수원 함양에 직접적인 영향을 주는 산림

④ 영산강·섬진강수계 지역 안에서 수원 함양에 직접적인 영향을 주는 산림

⑤ 금강수계 지역 안에서 수원 함양에 직접적인 영향을 주는 산림

⑥ 낙동강수계 지역 안에서 수원 함양에 직접적인 영향을 주는 산림

⑦ 댐으로 집수되는 자연경계구획 산림

⑧ 그밖에 수원 함양 기능 증진을 위해 관리가 필요하다고 산림관리자가 인정하는 산림

4 조성 · 관리

구분	조성 · 관리 방법
조림	나무의 뿌리가 다층구조를 이룰 수 있도록 참나무류, 소나무 등의 심근성(深根性) 수종을 중심으로 천근성(淺根性) 수종이 혼합되도록 조림수종을 선정
숲 가꾸기	(1) 덩굴 제거는 하천과 계곡(1/25,000 지형도 상의 계곡을 말함. 이하 같음)의 홍수위, 호소(湖沼)의 만수위 등 수계로부터 100m 이내 지역 또는 집수유역 안의 지역은 약제를 사용하지 않고 인력으로 제거하고 기타 지역은 약해(藥害)가 발생하지 않도록 소면적으로 제거 (2) 솎아베기(간벌) 　(가) 수관울폐도(樹冠鬱蔽度)를 50~80% 수준으로 유지하는 것을 원칙으로 함 　(나) 솎아베기를 시행하지 않아 울폐된 침엽수림과 다음의 각 지역은 건강한 숲이 될 때까지 약도(弱度)의 솎아베기를 5년 이상의 간격으로 수회 실시하여 산림토양을 보전하고 입목의 수원 함양 기능을 증진 　　가. 계곡으로부터 계곡부 홍수위 폭만큼의 계곡부 양안 지역 　　나. 호소 등 수변부는 만수위로부터 30m 이내 지역 　　다. 하천의 홍수위로부터 30m 이내 지역
수확	(1) 수원 함양림에서는 목재생산림의 우량대경재를 목표생산재로 하고 수확함 (2) 법적제한림을 제외한 수원 함양림은 가급적 골라베기를 원칙으로 하되 불가피할 경우 모두베기와 어미나무작업은 하나의 벌채면적을 5ha 미만으로 함 (3) 모두베기와 어미나무작업은 제Ⅲ장 산림자원 조성 · 관리 일반지침 '4. 수확'의 벌채 실행 방법을 따름

산지재해방지림의 조성·관리

● 지속 가능한 산림자원 관리지침 [시행 2020. 6. 15.] [산림청훈령 제1454호]

1 사방지 등 토사유출이 우려되는 산림

구분	조성 · 관리 방법
조림	• 사방지는 오리나무, 아까시나무, 싸리나무 등 질소고정 효과가 큰 수종과 속성수를 혼합하여 조림수종을 선정 • 나무의 뿌리가 다층구조를 이룰 수 있도록 참나무류, 소나무 등의 심근성(深根性) 수종을 중심으로 천근성(淺根性) 수종이 혼합되도록 조림수종을 선정 • 토심이 깊은 곳에는 활엽수, 얕은 곳에는 침엽수 위주로 조림수종을 선정 • ha당 5,000본을 기준으로 수종, 입지 조건에 따라 조정
숲 가꾸기	• 산림의 사방기능 제고를 위한 경우를 제외하고는 숲 가꾸기를 실시하지 않음 • 뿌리 발달과 하층식생(下層植生)의 생육 촉진을 위해 Ⅲ영급 이상의 산림에 대해 솎아베기 실시 • 침엽수림은 솎아베기를 통해 다층혼효림으로 전환 유도
수확	• 산사태, 산불, 산림병해충 등 산림재해로 인한 피해 복구 등 공익적 목적을 위한 경우를 제외하고는 벌채하지 않음 • 그 밖의 사항에 관해서는 사방사업법 등 관계법령의 규정에 따름

2 산사태가 우려되는 과밀 침엽수 단순림

구분	조성 · 관리 방법
대상지	• 낙엽송, 편백 등의 침엽수 단순림 중 산림관리자가 산사태 피해 이력, 현재의 산림 상태 등을 고려하여 결정
조림	• 조림이 필요할 경우는 심근성 수종을 중심으로 혼효림 조성
숲 가꾸기	• 숲의 활력이 회복될 때까지 약도의 솎아베기를 5년 이상의 간격으로 수회 실시하여 산사태와 수해, 풍해, 설해 등을 예방하고 장기적으로는 뿌리 발달이 좋은 혼효림으로 조성
수확	

3 대형산불의 발생이 우려되는 지역의 침엽수 단순림

구분	조성 · 관리 방법
대상지	• 대상지는 산림관리자가 대형산불의 피해 이력, 현재의 산림 상태 등을 고려하여 결정
조림	• 산불피해지를 복구할 경우에는 주풍(主風) 방향을 고려하여 참나무류 등 내화수종으로 30m 내외의 내화수림대를 교호로 조성하되 내화수림대 간의 간격은 30m 이상으로 함 • 산불피해지의 벌채는 교호대상(交互帶狀)으로 하고 벌채하지 않은 지역은 조림지가 어린나무 가꾸기에 도달할 시점에 벌채 후 조림을 실시 • 벌채 후 조림할 경우에는 혼효림으로 조성 • 마을, 도로, 농경지 인접 지역 산림은 '(가)'와 같이 내화수림대를 조성
숲 가꾸기	• 내화수림대를 조성할 침엽수림은 강도(強度)의 솎아베기를 실시하거나 약도(弱度)의 솎아베기를 수회 반복 실시하여 혼효림으로 유도 • 솎아베기를 통한 자연발생 활엽수가 부족할 경우에는 하층에 활엽수 식재 가능 • 임목 하단부에 가지가 많이 발생하여 수관화로 옮겨 붙거나 대형화될 수 있는 산림에서는 가지치기 실시
수확	

4 산림병해충의 피해 우려가 있는 단순림

구분	조성 · 관리 방법
대상지	• 대상지는 산림관리자가 산림병해충 피해 이력, 현재의 산림 상태 등을 고려하여 결정
조림	• 산림병해충이 심한 지역은 산림병해충의 피해가 없는 수종을 선정하거나 혼효림이 조성될 수 있도록 수종을 선정하여 산림병해충 발생을 방지 또는 확산을 저지
숲 가꾸기	• 단순림 또는 솎아베기가 지연되어 활력이 떨어지는 산림은 활력이 회복될 때까지 약도의 솎아베기를 5년 이상의 간격으로 수회에 걸쳐 실시하여 종 다양성이 높고 생태적 활력이 좋은 혼효림으로 조성 • 그밖에 산림병해충 피해지의 방제에 관한 사항은 산림병해충방제규정(산림청 훈령)에 따름
수확	

핵심 08

자연환경 보전림의 조성·관리

● 지속 가능한 산림자원 관리지침 [시행 2020. 6. 15.] [산림청훈령 제1454호]

1 보전형

구분	조성 · 관리 방법
조림	• 현재 자라고 있는 수종 또는 그 지역의 자생수종으로 선정 • 동일 지역에서 천연적으로 발생한 어린나무나 종자를 묘목으로 생산하여 조림
숲 가꾸기	• 약도의 솎아베기를 5년 이상의 간격으로 수회 실시하여 산림 구조의 급격한 변화를 피하고 안정도를 높임 • 채종림(採種林)은 강도의 솎아베기를 실시하여 종자 생산량과 종자의 품질을 개선
수확	• 산사태, 산불, 산림병해충 등 산림재해로 인한 피해 복구 등 공익적 목적을 위한 경우를 제외하고는 벌채하지 않음 • 법적제한림을 제외한 자연환경 보전림은 골라베기를 원칙으로 하되 모두베기와 어미나무작업은 하나의 벌채면적을 5ha 미만으로 함 • 모두베기와 어미나무작업은 제Ⅲ장 산림자원 조성 • 관리 일반지침 '4. 수확'의 벌채 실행 방법을 따름

2 문화형

구분	조성 · 관리 방법
조림	• 자생 또는 특별히 보존해야 할 수종을 조림수종으로 선정 • 동일 지역에서 천연적으로 발생한 어린나무나 종자를 묘목으로 생산하여 조림 • 수목의 고사 등으로 빈 공간이 생겨 토양 유실 등 공익적 기능의 저하가 우려될 경우에 우선적으로 조림
숲 가꾸기	• 약도의 솎아베기를 5년 이상의 간격으로 수회 실시하여 숲의 활력도 제고 • 보호해야 할 주요 수종이 다른 경쟁 수종에 피압(被壓)될 경우에는 경쟁수종을 우선적으로 제거 • 특별히 보존해야 할 숲 또는 나무는 인위적인 피해를 막기 위해 보호울타리 등 보호시설을 설치할 수 있음

구분	조성 · 관리 방법
수확	• 산사태, 산불, 산림병해충 등 산림재해로 인한 피해 복구 등 공익적 목적을 위한 경우를 제외하고는 벌채하지 않음 • 법적제한림을 제외한 자연환경 보전림은 골라베기를 원칙으로 하되 모두베기와 어미나무작업은 하나의 벌채구역을 2ha 미만으로 함 • 모두베기와 어미나무작업 시 벌채구역과 벌채구역 사이에는 최소 20m 이상의 수림대를 등고선 방향으로 존치

3 학술 · 교육형

구분	조성 · 관리 방법
조림	• 학술림은 연구와 연습의 목적에 맞게 숲을 조성 · 관리하되 활력(活力)을 유지하기 위해 지속적으로 솎아베기 실시
숲 가꾸기	• 학교 부지 안의 숲은 향토 · 자생 수종으로 선정하여 조성하고 방음, 교육, 휴식, 경계 등 그 기능이 최대로 발휘될 수 있도록 유지 · 관리
수확	

산림휴양림의 조성·관리

● 지속 가능한 산림자원 관리지침 [시행 2020. 6. 15.] [산림청훈령 제1454호]

1 관리목표

① 다양한 휴양기능을 발휘할 수 있는 특색 있는 산림

② 종 다양성이 풍부하고 경관이 다양한 산림

2 목표로 하는 산림

지역적 특성에 적합한 다층림 또는 다층혼효림

3 관리대상

쾌적한 환경과 휴식처를 제공하여 인간의 정신·육체적 건강의 유지·증진에 기여하는 기능으로 지정·결정 또는 관리하는 산림으로서 다음과 같다.

① 산림문화·휴양에 관한 법률에 의한 자연휴양림, 치유의 숲

② 그밖에 휴양기능 증진을 위해 관리가 필요하다고 산림관리자가 인정하는 산림

4 산림휴양림의 구분

① 시설부지, 등산로, 산책로 주변으로부터 가시권을 고려하여 30m 이내 지역은 공간이용지역으로 한다.

② 공간이용지역을 제외한 지역은 자연유지지역으로 한다.

5 공간이용지역의 관리

구분	조성·관리 방법
조림	• 경관수종, 화목류, 관목류, 식이(食餌)수종, 지역특색 수종으로 선정 • 식재조림, 천연갱신 등을 통한 이단림 등 다층혼효림으로 조성하되 지역적·국소적으로 특성 있는 수종이 있을 경우 동일 수종으로 후계림을 조성하여 다층림으로 조성

구분	조성 · 관리 방법
숲 가꾸기	• 생태적 활력도 제고를 위해 솎아베기 등 숲 가꾸기 실시 • 희귀식물, 노령목, 괴목(怪木), 노령고사목 등은 보존함. 다만, 산림병해충의 전염 확산의 우려가 있을 경우에는 제거할 수 있음 • 사방지, 송진채취림 등 과거의 특별산림사업지는 보존 • 덩굴 제거는 필요할 경우 인력으로 제거 • 제초제 사용금지 • 살충제, 화학비료의 대량 사용금지 • 작업 시기는 방문객이 적은 시기에 실시 • 열식간벌 등 기계적 솎아베기를 금지하고 가급적 약도의 솎아베기를 실시
수확	• 산사태, 산불, 산림병해충 등 산림재해로 인한 피해 복구 등 공익적 목적을 위한 경우를 제외하고는 벌채하지 않음

6 자연유지지역의 관리

가급적 목재생산림의 우량대경재에 준하여 관리하되, 산림재해방지 등 별도의 기능이 요구될 경우 해당 산림의 기능에 준하여 관리할 수 있다.

생활환경 보전림의 조성·관리

● 지속 가능한 산림자원 관리지침 [시행 2020. 6. 15.] [산림청훈령 제1454호]

1 공원형 · 경관형

구분	조성 · 관리 방법
조림	• 식재조림, 천연갱신, 숲아베기 등을 통한 다층혼효림으로 조성하되 지역적으로 특성 있는 수종이 있을 경우 동일 수종으로 후계림을 조성하여 다층림으로 조성할 수 있음 • 수종은 경관수종, 화목류, 관목류, 식이수종, 지역특색수종으로 선정
숲 가꾸기	• 희귀식물, 노령목, 괴목, 노령고사목 등은 보존함. 다만, 산림병해충의 전염 확산의 우려가 있을 경우에는 제거할 수 있음 • 덩굴 제거는 하천·계곡의 홍수위, 호소의 만수위 등 수계와 방문객이 이동하는 산책로 등으로부터 100m 이내 또는 집수유역 안의 지역은 약제를 사용하지 않고 인력으로 제거하고, 기타지역은 약해가 발생하지 않도록 소면적으로 제거 • 제초제 사용금지 • 살충제, 화학비료는 대량 사용금지 • 작업 시기는 방문객이 적은 시기에 실시 • 열식간벌 등 기계적 숲아베기는 금지하고 가급적 약도의 숲아베기를 실시
수확	• 생리적 수확기에 달한 산림, 산불 • 산림병해충 등 피해지 이외에는 수확 벌채하지 않음

2 방풍 · 방음형

구분	조성 · 관리 방법
조림	• 최소 30m 폭으로 계단식 다층림의 수림대를 조성 • 30m 이내로 수림대를 조성할 경우에는 다층림으로 조성 • 수종은 경관수종, 화목류, 관목류, 식이수종, 지역특색수종으로 선정하되 침엽수림을 포함하여야 함
숲 가꾸기	• 산물을 전량 수거하여 산불을 예방 • 밀생 임분은 약도의 숲아베기 등 숲 가꾸기를 통해 활력도 제고
수확	

3 생산형

구분	조성 · 관리 방법
조림	• 목재생산림의 우량대경재에 준하여 관리함
숲 가꾸기	
수확	• 골라베기를 원칙으로 하되 모두베기와 어미나무작업은 하나의 벌채면적을 5ha 미만으로 함 • 모두베기와 어미나무작업은 제Ⅲ장 산림자원 조성 · 관리 일반지침 '4. 수확'의 벌채 실행 방법을 따름

4 미세먼지 저감형

구분	조성 · 관리 방법
조림	
숲 가꾸기	• 산림 내 공기흐름을 적절히 유도하고 줄기, 가지, 잎 등의 접촉면이 최대화될 수 있도록 관리 • 인구밀도가 높은 생활권 주변 산림을 집중적으로 정비하여 미세먼지 저감 · 열섬 완화 기능을 극대화하고, 인구밀도가 낮은 도시 외곽지역은 미세먼지 저감 기능과 산림의 다양한 공익적 기능을 복합적으로 증진 시킬 수 있도록 유도 • 임분 내 원활한 공기흐름 유도를 위해 적정 밀도의 상층목 및 일부 중층목을 제거(미세먼지 흡착을 많이 하는 수종은 존치)하되, 층위별 미세먼지 흡수 · 흡착 효과를 높이기 위해 작업의 방해가 안 되는 범위 내에서 하층식생은 최대한 존치 • 낙엽활엽수 단순림의 미세먼지 저감 기능 증진을 위해 솎아베기를 실시하며, 공한지 발생 시 미세먼지 저감 효과가 높은 침엽수종을 식재하여 지속적으로 필터링 효과를 유지할 수 있는 침 · 활 혼효림으로 유도 • 가지치기는 침엽수의 경우 상층목 생지를 대상으로 최대 6m까지 실행하고, 활엽수의 경우 수형의 특성을 고려하여 역지 이하까지 실행
수확	

산림자원 조성·관리 일반지침

● 지속 가능한 산림자원 관리지침 [시행 2020. 6. 15.] [산림청훈령 제1454호]

Ⅲ. 산림자원 조성 · 관리 일반지침

제Ⅱ장 '산림의 기능별 조성 · 관리 지침'에서 특별히 규정한 사항을 제외하고는 산림자원의 조성과 관리에 관한 일반적인 사항은 본 장의 규정에 따름

[목차]

1 인공림의 조성 · 관리

　가. 조림

　나. 풀베기

　다. 덩굴 제거

　라. 어린나무 가꾸기

　마. 가지치기

　바. 솎아베기

2 천연림의 조성 · 관리

　가. 천연림 갱신

　나. 천연림 보육

　다. 천연림 개량

3 복층림의 조성 · 관리

　가. 조성

　나. 숲 가꾸기

Ⅳ. 숲 가꾸기 표준지의 조사 · 관리

2 감리 표준지(용역으로 수행)의 조사 · 관리

가. 표준지 조사비율

나. 표준지 격자

다. 표준지 크기

3 실시설계 · 감리를 용역으로 시행하지 않는 표준지의 조사 · 관리

가. 사업비 산출과 작업 방법을 위한 실시설계 표준지의 조사는 침엽수일 경우 사업 대상지의 수종별, 영급별로 1개소 이상, 활엽수 또는 혼효림인 경우 사업대상지의 산복, 산록, 산정 별로 1개소씩 조사

나. 표준지 배치를 제외한 나머지 사항은 실시설계(용역수행) 표준지의 크기, 조사 방법, 보존 방법에 따름

다. 사업대상지 현장 점검 등을 위하여 감리 표준지의 조사, 좌표 기록, 관리 방법도 1, 2와 동일함

조림의 방법

● 지속 가능한 산림자원 관리지침 [시행 2020. 6. 15.] [산림청훈령 제1454호]

1 식재조림

1) 대상지

① 경제수종을 대상으로 대량생산을 목적으로 하는 산림

② 천연갱신이 곤란한 벌채지 및 미립목지(未立木地)

③ 토사유출, 풍해위험지역 등에 특수 수종을 식재하여 재해를 예방하고자 하는 산림

④ 파종 또는 용기묘로 조림한 경우 생육에 지장을 받을 수 있는 산림

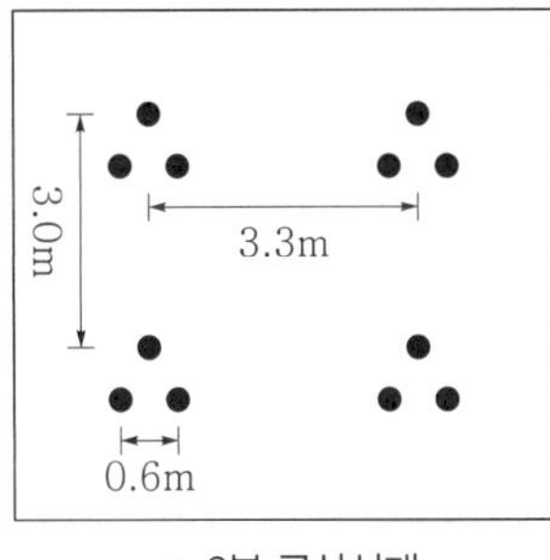

▲ 3본 군상식재

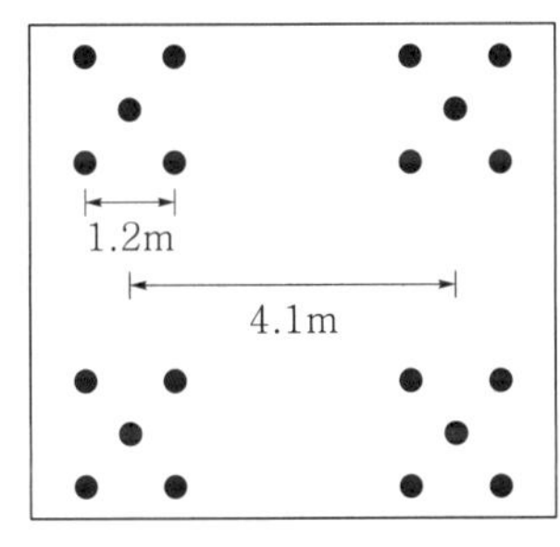

▲ 5본 군상식재

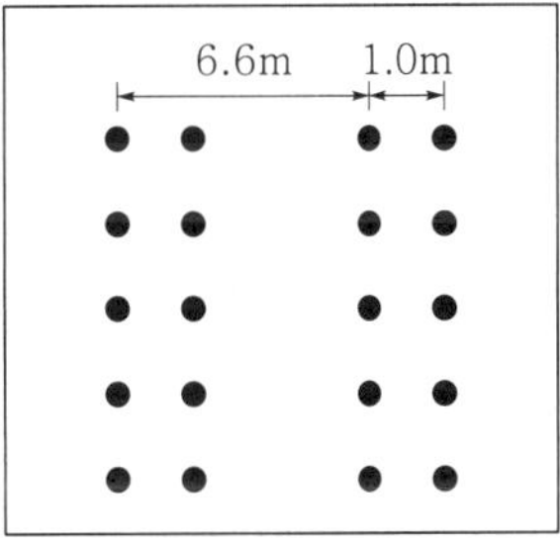

▲ 2열 부분밀식

2) 식재목 배열

① 정방형 식재는 수종에 따라 다음과 같이 심되, 식재목의 크기 등 여건에 따라 조정한다.

- ha당 5,000본 식재 시 1.4m 간격으로 식재

- ha당 3,000본 식재 시 1.8m 간격으로 식재

② 군상식재는 인력 절감, 작업의 편의성을 위해 다음과 같은 방법으로 식재할 수 있다.

- 3본 군상식재는 식재목 간 거리를 0.6m로 하고 식재군 간 거리는 3.3m×3.0m로 식재

- 5본 군상식재는 식재목 간 거리를 1.2m로 하고 식재군 간 거리는 4.1m로 식재

- 2열 부분밀식은 식재목 간 거리를 1m로 하고 식재군 간 거리는 6.6m로 식재

지역	춘기(약 40일)	추기(약 30일)
난대(제주, 남부 해안)	2월 하순~3월 하순	10월 하순~11월 중순
온대 남부(전남, 경남)	3월 상순~4월 상순	10월 중순~11월 상순
온대 중부(전북, 경북, 충청)	3월 중순~4월 중순	10월 상순~10월 하순
온대 북부(경기, 강원)	3월 하순~4월 하순	9월 하순~10월 중순

3) 식재 시기

① 봄철과 가을철에 식재할 수 있으나 가급적 봄철에 식재

② 해발고도 및 지형에 따라 기후대가 다를 수 있으므로 기상 및 해토 상황에 따라 적기에 식재 추진

③ 가을철 조림을 최소화하고, 적설량이 적은 지방이나 바람이 심한 지역에서는 가을철 식재 지양

2 파종조림

1) 대상지

① 발아가 잘되는 수종, 식재조림 시 활착률(活着率)이 저조한 수종으로 식재조림이 어려운 급경사지 등 특수지역의 산림

② 소나무, 해송 등 침엽수종 또는 가래나무, 밤나무, 상수리나무, 굴참나무, 졸참나무, 갈참나무, 신갈나무 등 활엽수종으로 조성하고자 하는 산림

2) 파종 시기

① 봄철 파종은 중부지방 4월 상순, 남부지방 3월 하순에 파종한다.

② 가을철 파종은 10~11월에 실시한다.

3) 파종 방법

① 지름 50~60cm 크기로 지피물을 제거한다.

② 중앙에 지름 30~40cm 크기로 토양을 경운하여 돌이나 잡초목의 뿌리 등을 제거한다.

③ 10cm 높이로 상을 만들어 수종에 따라 2~10립씩 파종 후 종자 지름의 2~3배 가량 복토한다.

④ 파종 후 망사, 플라스틱 원통 또는 종이컵 등으로 방조물을 설치한다.

3 용기묘 조림

1) 대상지

① 세근 발달이 좋지 않은 직근성 수종으로 조성하고자 하는 산림

② 경사지 등 일반 조림이 어려운 특수지역의 산림

2) 조림 시기

연중 식재 가능하나 가급적 봄철(3~4월)과 가을철(10~11월)에 식재한다.

3) 식재 방법

① 운반 예정일 2~3일 전에는 물주는 것을 중지하여 약간 건조 상태를 유지한다.

② 묘목은 바람을 막을 수 있는 조치를 한 후 식재지 현지까지 운반한 후 그늘에 보관한다.

③ 식재봉을 이용하여 분의 길이와 같은 깊이로 동일하게 발로 식재봉을 눌러준 후 조심스럽게 꺼내어 식재 구멍이 무너지거나 구멍이 커지지 않도록 주의한다.

④ 식재 후 묘목의 주위를 밟아서 눌러주면 분이 깨어지므로 묘목의 뿌리 부분을 밟지 않도록 하고 식재목의 분 가장자리 땅 부분에서 묘목 쪽으로 흙을 밀어 넣어 식재 구멍과 용기묘의 분이 흙으로 밀착되도록 한다.

⑤ 상수리나무 및 소나무 등 용기묘의 식재본수는 ha당 3,000본을 기준으로 하며, 토양 비옥도 등 현지 여건에 따라 가감 조정하여 식재한다.

조림대상지의 선정 순위

● 지속 가능한 산림자원 관리지침 [시행 2020. 6. 15.] [산림청훈령 제1454호]

1 조림대상지의 선정 순위

① 수확 · 벌채지

② 미립목지

③ 산불 · 산림병해충 · 산사태 등으로 피해를 입은 임지

④ 복층림(複層林) 조성을 위하여 벌채된 임지

⑤ 수종갱신지

⑥ 대부 · 사용허가 반지(返地) 지역

⑦ 그밖에 조림이 필요한 토지

2 조림지 활착조사

조림지의 활착 조사는 조림 당해연도의 6월부터 9월까지 조사

3 보식

① 활착률 80% 미만일 경우는 당초 조림수종 또는 적지적수(適地適樹)의 범위 내에서 다른 수종으로 대체하여 보식한다.

② 활착률 50% 미만일 경우는 재조림을 실시하되 적지적수(適地適樹) 범위 내에서 다른 수종으로 대체할 수 있다.

핵심 14 풀베기(인공림)

● 지속 가능한 산림자원 관리지침 [시행 2020. 6. 15.] [산림청훈령 제1454호]

1 작업 대상지

① 조림 후 주변 식생에 의해 조림목이 피압되어 생장의 저해가 우려되는 인공 조림지를 대상으로 하며, 조림 당년~5년차 임지가 주 대상지가 된다. 단, 조림목의 수고가 제거 대상 식생에 비해 약 1.5배 큰 경우에는 제외한다.

② 표준지 조사 결과 조림 당해년도 조림지 활착률이 50% 미만인 지역은 사업 대상지에서 제외한다.

③ 모두베기는 조림지 전면의 잡초목을 모두 베어내는 방법으로 소나무, 낙엽송, 삼나무, 편백 등 조림 또는 갱신지에 적용하며, 대상지 내 조림목을 제외한 모든 식생(지조물 정리지 내 관목 및 맹아목 포함)이 제거 대상이다.

④ 줄베기는 조림목의 식재열을 따라 약 90cm~100cm 폭으로 잘라내는 방법으로 한해 · 풍해 등이 예상되는 지역에 적용한다.

⑤ 둘레베기는 조림목 주변을 반경 50cm 내외로 정방형 또는 원형으로 잘라내는 방법으로 군상식재지 등 조림목의 특별한 보호가 필요한 경우에 적용한다.

2 작업 시기

① 일반적으로 연 1회 실행지는 5월~7월에 실시한다.

② 연 2회 실행지의 경우 1차 풀베기는 ①과 동일하며, 2차 풀베기는 8월 또는 9월 초순까지 추가로 실시할 수 있으며, 현장 상황을 고려하여 풀베기 시기를 9월 중순까지 조절할 수 있다.

③ 지역별 권장 시기는 다음과 같다.

- 온대남부: 5월 중순~9월 초순

- 온대중부: 5월 하순~8월 하순

- 고산 및 온대북부: 6월 초순~8월 중순

3 작업 횟수

① 조림목의 수고가 풀베기 대상물 수고에 비해 약 1.5배 또는 60~80cm 정도 더 클 때까지 실시한다.

② 잣나무, 소나무류는 5~8회, 낙엽송, 참나무류(상수리나무)는 5회를 기준으로 하되 수목과 풀베기 대상물의 생장 상황에 따라 가감할 수 있다.

③ 잡초목이 무성할 경우에는 연 2회 실시하며, 특히 양수(陽樹)의 경우에는 주위 식생에 의한 피압을 받기 쉬우므로 다른 수종보다 우선 실시한다.

④ 비료를 준 조림지에서는 최소 식재당년과 이듬해에는 연 2회의 풀베기를 실시한다.

4 작업 방법

① 풀베기 작업 시 잡초목의 제거 부위는 최대한 지표에 가깝게 제거한다.

② 모두베기 및 줄베기 작업 시에는 예취기 작업으로 인한 묘목 피해를 줄이기 위해 낫을 사용하여 조림목 반경 20㎝ 이내의 식생을 제거하는 묘목찾기를 선행한 후 예취기 작업을 실시한다.

③ 대상지 내 조림목이 없어 자연적으로 발생한 우량한 천연치수가 있는 경우에는 유사 수종(침엽수 조림지에는 침엽수 천연치수, 활엽수 조림지에는 교목성 활엽수 천연치수)의 경우에만 존치한다.

5 조림목 피해 산정기준

① 조림목 피해 적용 대상

㉠ 국고보조 사업으로 실행한 풀베기 작업과정에서 발생한 조림목의 피해를 대상으로 하며, 사업시행자는 공사계약 일반 조건(기획재정부 · 행정자치부 예규)에 따라 이로 인한 손해를 부담하여야 한다.

㉡ 적용 대상 조림목의 피해는 예취기, 낫 등 작업 도구에 의한 초두부의 절단 등 조림목의 정상적 생장에 지장을 주는 피해가 해당한다.

㉢ 풀베기 작업과정에서 피해율 허용치는 10% 미만으로 정한다.

② 피해율 및 피해액 산정기준

㉠ 피해율 산출기준

- 피해율 조사는 감리자가 표준지 조사법에 의하여 조사한다.
- 피해율은 표준지 내 자연고사목을 제외한 조림목 본수대비 풀베기 작업으로 인한 피해 본수 비율이다.
- 세부 기준은 숲 가꾸기 설계 · 감리 및 사업시행지침에 따른다.

㉡ 피해액 산정기준

- 피해액 적용단가는 산림청장이 고시하는 최근 년도 조림비용 적용
- 피해액은 피해 면적에 대하여 피해율과 피해금액 적용 단가로 곱하여 산정

덩굴 제거(인공림)

● 지속 가능한 산림자원 관리지침 [시행 2020. 6. 15.] [산림청훈령 제1454호]

1 작업 대상지

① 칡, 다래, 머루 등과 같은 덩굴류가 조림목의 생육을 방해할 경우에 실시한다.

② 일반적으로 조림지가 주 대상지이나 임도변 등에서도 실시할 수 있으며, 덩굴 제거 대상지
는 다음과 같이 구분한다.

- 벌채 후 3년 이내이거나 풀베기 단계의 조림지

- 벌채 후 3년이 초과되거나 풀베기 단계가 경과한 조림지

- 덩굴로 전면적이 피복된 지역

- 임도변 등에서 발생한 덩굴이 큰나무를 타고 올라가 피해를 입은 지역

2 물리적 방법

① 대상지는 화학 약제를 사용하여 덩굴을 제거할 경우 입목(立木)이나, 임지, 야생 동·식물,
산림 이용객, 수자원 등에 피해가 예상되는 지역이다.

② 작업 횟수는 작업 대상지 덩굴의 종류와 양을 고려하여 2~3회 실시한다.

③ 인력으로 덩굴의 주두부에서 5cm 아래를 제거하거나 뿌리를 굴취한다.

④ 칡뿌리의 채취는 칡채취기, 동력식 칡뿌리 절단기 등을 활용할 수 있다.

⑤ 친환경 비닐랩 밀봉처리 방법을 통해 칡을 고사시킨다.

- 손으로 칡덩굴을 잡아당겨 주두부를 찾은 후 10cm 이상의 깊이와 작업에 지장이 없을
정도의 넓이로 구덩이를 판다.

- 손톱을 이용하여 주두부 아래 5cm 이상 떨어진 지하부 뿌리를 절단한다.

- 잘라진 뿌리에 친환경 비닐랩으로 밀봉하고 잘라진 부위로부터 최소 2cm 이상 되는 지점
을 고무줄로 단단하게 묶는다.

- 고무줄이 햇빛에 노출되지 않도록 묶은 위치로부터 1cm 위까지 흙으로 덮는다.

⑥ 덩굴이 전면적 피복된 지역이나 큰나무 피해지의 경우는 예취기를 이용하여 지상부에 있는
덩굴을 제거(덩굴걷기)할 수 있다.

3 **화학적 방법**

① 대상지는 화학 약제를 사용하여 덩굴을 제거하여도 입목이나, 임지, 야생 동·식물, 산림 이용객, 수자원 등에 피해가 없는 지역이다.

② 작업 횟수는 작업 대상지 덩굴의 종류와 양을 고려하여 2~3회 실시한다.

③ 작업 시 주의사항

– 약제가 빗물이나 관개수(灌漑水) 등에 흘러 조림목이나 다른 작물에 피해를 줄 수 있으므로 약액을 땅에 흘리지 않도록 주의한다.

– 약제 처리 후 24시간 이내에 강우(降雨)가 예상될 경우 약제처리 작업을 중지한다.

– 사용한 처리 도구는 잘 세척하여 보관하고 빈 병은 반드시 담당 공무원의 입회 하에 회수하여 지정된 장소에서 처리한다.

④ 약제 종류별 작업 방법

㉠ 글리포세이트액제 처리– 일반적인 덩굴류에 적용할 수 있다.

– 작업 시기는 덩굴류의 생장기인 5~9월에 실시한다.

– 약제 주입기나 면봉을 이용하여 주두부의 살아있는 조직 내부로 약액을 주입한다.

– 약제 주입기의 1회 주입 약량은 덩굴의 크기에 따라 차이가 있으나 대개 본당 글리포세이트액제 원액 0.3~1.0㎖ 정도를 1~2회 주사한다.

– 면봉 사용 시 약제 원액에 15분 이상 침적시켜 제거 대상 덩굴에 송곳으로 1본당 2개 정도 구멍을 뚫고 각각 1개씩 꽂는다.

㉡ Fluroxypyr–meptyl+Triclopyr–TEA 미탁제 처리

– 작업 시기는 약제 주입은 3~11월에 실시하며, 약제 살포는 5~10월에 실시한다.

– 약제 주입기를 이용하여 주두부의 조직 내부로 주입하거나, 분무기를 이용하여 잎 또는 줄기에 살포한다.

약제 주입기 사용	• 약제 주입은 주두부에 처리하고, 천공 위치는 주두부에 약제가 주입되어 줄기 생장점이 고사될 수 있도록 고르게 배치하며, 천공당 0.5㎖씩 살아있는 부위에 주입 • 약제는 원액을 그대로 사용하며 지름이 2㎝ 미만일 경우에는 0.5㎖, 2㎝ 이상~4㎝ 미만일 경우에는 1.0㎖, 4㎝ 이상~5㎝ 미만일 경우에는 1.5㎖, 5㎝ 이상~6㎝ 미만일 경우에는 2.0㎖, 6㎝ 이상~8㎝ 미만일 경우에는 2.5㎖를 주입
약제 살포기 사용	• 칡 덩굴과 조림목이 혼재된 조림지 등에 약제 살포 시 약해가 발생하므로 경엽살포는 칡 덩굴로 전면적이 피복된 임도변 등에 한해 실시 • 임목에 약제가 직접 닿지 않도록 배부식 분무기를 이용하여 덩굴의 잎이나 줄기에 전면 살포 • 약제 기준량은 0.1ha당 약제 0.5ℓ와 물 100ℓ를 희석한 농도로 살포 • 약제 살포 시 살포일 기준으로 24시간 이내에 강우 예보가 없을 때 약액을 살포 • 경엽살포 시 경작지 및 농수로 인근 10m 이내에서는 약제의 비산에 유의하여 살포 • 약제처리 전 약제 살포에 대한 교육을 실시하고, 작업 시에도 감독을 철저히 함

핵심 16 어린나무 가꾸기(인공림)

● 지속 가능한 산림자원 관리지침 [시행 2020. 6. 15.] [산림청훈령 제1454호]

1 작업 대상지

① 풀베기 작업이 끝난 이후 조림목의 수관 경쟁이 시작되고 조림목의 생육이 저하되는 단계로써, 조림 후 5~15년 경과한 조림지로 조림목의 평균 가슴높이지름이 2~8cm인 지역이며, 주 대상지는 조림성공지, 조림목 혼생지, 천연 발생 활엽수림으로 구분된다.

- 조림성공지는 당초 식재본수 대비 50% 이상의 조림목이 생육하고 있는 조림지
- 조림목 혼생지는 조림목과 천연 발생목이 혼효되어 있는 조림지로, 우량대경재를 생산할 수 있는 산림이며, 조림목(유사 수종 포함)이 당초 식재본수 대비 26~49% 생육하고 있는 조림지
- 천연 발생 활엽수림은 형질이 우수한 조림목은 없으나 천연 발생목을 활용하여 우량대경재를 생산할 수 있는 산림으로, 조림목(유사 수종 포함)이 당초 식재본수 대비 25% 이하로 생육하고 있는 조림지

② 조림성공지 및 조림목 혼생지의 어린나무 가꾸기 대상지는 치수림과 유령림 단계로 구분하여 사업을 시행하며, 천연 발생 활엽수림은 유령림 단계에서만 사업을 시행한다.

　㉠ 치수림 단계
- 풀베기 후 3년 내외 경과한 조림지로 제거 대상목이 조림목의 생장을 방해하고 있으며, 어린나무 가꾸기를 처음으로 실시한 지역

　㉡ 유령림 단계
- 치수림 단계의 어린나무 가꾸기를 실행한 후 3년 내외 경과한 지역으로 제거 대상목이 조림목의 생장을 방해하고 있는 지역
- 치수림 단계의 어린나무 가꾸기를 실행하지 아니하였으나, 조림목의 평균 가슴높이지름이 6cm 이상이면서 보육 대상목과 수관경쟁을 하는 제거 대상목의 피복도가 50% 이상인 지역

③ 조림지 구역 내 군상(群狀)으로 발생한 우량 천연림도 보육대상지에 포함한다.

2 작업 시기

① 치수림 단계의 어린나무 가꾸기는 5~11월에 실시하며, 유령림 단계의 어린나무 가꾸기는 연중 실시할 수 있다.

② 형질불량목 등이 조림목의 생장을 방해하기 시작하는 연도에 1회 실시하고 피해가 계속 발생할 경우 반복 실행한다.

3 작업 방법

① 치수림 단계의 작업 방법
- 제거 대상목은 보육 대상목과 수관경쟁을 하는 유해수종, 덩굴류, 피해목과 폭목으로 한다.
- 제거 대상목의 제거 부위는 조림목 수고의 1/2 이하로 한다.

② 유령림 단계의 작업 방법
- 제거 대상목은 보육 대상목과 수관경쟁을 하는 유해수종, 피해를 입거나 고사한 조림목으로 한다.
- 제거 대상목의 제거 부위는 지표면에 가깝게 한다.

③ 유령림 단계의 천연림 작업 방법
- 과다한 임지 노출이 우려될 경우를 제외하고 형질이 불량한 나무, 병해충목, 폭목은 모두 제거하며, 칡·다래 등 보육 대상목의 생장에 지장을 주는 덩굴류도 모두 제거한다.
- 제거 대상목의 제거 부위는 지표면에 가깝게 한다.
- 움싹이 발생되었을 경우 각 뿌리에서 생긴 움싹은 2본 정도 남기고 정리하며, 유용한 실생묘는 존치한다.

④ 조림목의 생장이 불량하거나 조림목이 없을 경우 천연적으로 발생한 우량목을 보육 대상목으로 선정하여 보육한다.

⑤ 보육 대상목의 생장에 피해를 주지 않는 유용한 하층식생은 작업에 지장이 없을 경우 제거하지 않는다.

⑥ 폭목의 제거는 벌채 시 인접목에 대한 피해가 발생하지 않도록 고려하여 제거하되, 야생동식물의 서식처·먹이, 경관 유지, 밀도 조절 등을 감안하여 제거하지 않을 수 있다.

⑦ 폭목의 벌채 후 빈자리가 클 경우 보완식재를 할 수 있다.

⑧ 조림 당시 잔존시킨 기존의 상층목이 인접목 수관에 지장을 줄 때는 가지치기를 실시할 수 있으며, 치수림 단계에서 가지치기는 원칙적으로 실시하지 않는다(단, 수형교정을 위한 활엽수 가지치기의 경우는 예외로 함).

⑨ 보육 대상 수종 중 수관 형태가 불량한 나무는 가지치기, 쌍간지(雙幹枝) 중 한 가지 제거 등 수형을 교정하되 보육 대상목인 어린나무의 가지치기는 전정가위로 한다.

⑩ 가지치기 적용 대상 수종은 소나무, 잣나무, 낙엽송, 전나무, 해송, 삼나무, 편백 등으로 하며, 가지치기 본수는 별표 2. 수종별 시업기준에서 정하고 있는 잔존본수의 50% 이하로 형질 우세목을 중심으로 실시한다.

핵심 17

가지치기(인공림)

● 지속 가능한 산림자원 관리지침 [시행 2020. 6. 15.] [산림청훈령 제1454호]

1 작업 실행 · 시기

① 어린나무 가꾸기, 솎아베기 시 가지치기를 함께 할 수 있으나 가지치기를 별도의 작업으로 실행할 수 있다.

② 죽은 가지의 제거는 작업 시기와 큰 상관이 없으나 산 가지치기는 가급적 11월 이후부터 이듬해 5월 이전까지 실행한다.

2 가지치기 적용 대상

① 적용 대상 수종은 소나무, 잣나무, 낙엽송, 전나무, 해송, 삼나무, 편백 등으로 한다.

② 목표생산재가 톱밥, 펄프, 숯 등 일반소경재일 경우에는 가지치기를 실시하지 않는다.

③ 자연 낙지(落枝)가 잘 되는 수종은 가지치기를 생략할 수 있다.

④ 지름 5㎝ 이상의 가지는 자르지 않는다.

⑤ 활엽수는 가급적 밀식으로 자연 낙지를 유도하고 죽은 가지를 제거한다.

⑥ 포플러나무류는 으뜸가지(力枝) 이하의 가지만 제거한다.

3 작업 방법

① 가급적 1차 솎아베기나 천연림 보육(수고 10~12m 또는 목표생산재 직경의 1/3 시점) 시기에서 가지치기를 완료하되, 경관 개선 또는 작업의 편의를 목적으로 고사지를 정리할 경우에는 그 이후라도 실행 가능하다.

② 최종수확 대상목(도태간벌의 경우 미래목)이 선정되기 전까지는 형질이 좋은 나무에 대해서, 선정되고 난 후에는 최종수확 대상목(도태간벌의 경우 미래목)에 대해서만 가지치기를 실시한다.

③ 어린나무 가꾸기 가지치기는 형질우량목에 한해 손톱 및 고지톱으로 하며, 수형교정은 가급적 전정가위로 실행하고 수고의 50% 내외의 높이까지 실행한다.

④ 솎아베기 단계의 가지치기는 최종수확 대상목을 중심으로 손톱 및 고지톱을 활용하여 수고의 50~60% 내외의 높이까지 실행한다.

⑤ 침엽수는 절단면이 줄기와 평행하게 되도록 가지를 제거한다.

⑥ 활엽수는 죽은 가지의 경우 지융부(枝隆部)가 상하지 않도록 제거한다.

핵심 18 숲아베기(인공림)

● 지속 가능한 산림자원 관리지침 [시행 2020. 6. 15.] [산림청훈령 제1454호]

1 작업 대상지

① 양질의 목재를 다량으로 생산 가능한 산림으로서 어린나무 가꾸기 작업이 끝난 후 5년 정도 경과하고 최종 수확 10년 전까지의 산림

② 나무가 과밀하여 광선이 숲 바닥까지 도달하지 못해 생물 종 다양성이 낮은 산림

③ 침엽수림으로서 수원 함양 기능이 떨어지는 산림

④ 나무가 과밀하여 생태적 활력도와 뿌리 발달이 부실하여 산림병해충, 산사태 피해가 우려되는 산림

⑤ 침엽수 단순림으로서 산불 발생 시 대형화될 우려가 있는 지역의 산림

⑥ 산사태, 산불, 산림병해충 등의 각종 산림재해를 입은 산림

⑦ 경관의 유지와 개선을 위해 밀도 조절이 필요한 산림

2 작업 시기 및 사업종의 구분 추진

① 산 가지치기를 수반하지 않을 경우에는 연중 실행 가능하다.

② 산 가지치기를 수반하는 경우에는 11월 이후부터 이듬해 5월 이전까지 실행하여야 하나 가지치기를 숲아베기 · 어린나무 가꾸기 작업과 별도의 사업으로 구분하여 추진할 경우 작업 여건 · 노동력 공급 여건 등을 감안하여 연중 실행 가능하다.

③ 도태간벌의 미래목, 정량간벌의 제거 대상목 선목작업을 숲아베기와 별도의 사업으로 구분하여 실행할 수 있다.

정량간벌	적용 대상지	• 수종이 단순하고 수목의 형질이 비슷한 산림 • 우세목의 평균수고 10m 이상 임분으로서 15년생 이상인 산림 • 어린나무 가꾸기 등 숲 가꾸기를 실행한 산림. 다만, 숲 가꾸기를 실행하지 않았더라도 상층 입목 간의 우열이 시작되는 임분은 실행 가능
	작업 방법	• 평균 가슴높이 지름을 조사한 후 [별표 1]의 '간벌 후 입목본수기준'에 따라 솎아베기 후의 적정 잔존본수를 산정 • 목표생산재, 임분의 상태, 작업의 경제성 등을 고려하여 기준본수의 30% 범위 내에서 솎아베기량을 조정 가능 • 적정한 솎아베기 비율은 [별표 1]의 '간벌 후 입목본수기준'의 해당 지름을, 약도의 솎아베기는 하위 지름을, 강도의 솎아베기는 상위 지름을 적용하며, 강도의 솎아베기는 본수기준 50% 이상을 초과할 수 없음 • 도태간벌과 열식간벌은 [별표 1]의 '간벌 후 입목본수기준'을 적용하지 않음 • [별표 1]의 '간벌 후 입목본수기준'을 적용할 경우 본수 기준 50% 이상의 과도한 제거가 되는 과밀한 임분은 적정한 간벌 비율을 기준으로 60%의 범위 내에서 5년 이상의 간격으로 나누어 실행 • 기타 활엽수(포플러류 제외) 임지에서는 참나무류 기준표를 적용하고 전나무 등 기타 침엽수는 유사 침엽수 기준표를 적용 • 제거 대상목은 고사목, 피해목, 피압목, 생장불량목, 형질불량목 순으로 선정하여 적정 간벌 후 잔존본수 유지
	적용 대상지	• 미래목의 집약적 관리를 통하여 우량대경재 이상을 목표생산재로 하는 산림 • 지위(地位) '중' 이상으로 지력(地力)이 좋고 입목의 생육상태가 양호한 산림 • 우세목의 평균수고 10m 이상 임분으로서 15년생 이상인 산림 • 어린나무 가꾸기 등 숲 가꾸기를 실행한 산림. 다만, 숲 가꾸기를 실행하지 않았더라도 상층 입목 간의 우열이 현저한 우량 임분은 실행 가능 • 조림수종 외에 다른 수종이 많이 혼효되어 정량간벌이나 열식간벌이 어려운 산림

도태간벌	**미래목 선정 관리**	• 피압을 받지 않은 상층의 우세목으로 선정하되 폭목은 제외 • 나무줄기가 곧고 갈라지지 않으며 산림병해충 등 물리적인 피해가 없을 것 • 미래목 간의 거리는 최소 5m 이상으로 임지 내에 고르게 분포하도록 하며, 활엽수는 ha당 200본 내외, 침엽수는 ha당 200~400본을 미래목으로 함 • 미래목만 가지치기를 실행하며 산 가지치기일 경우 11월부터 이듬해 5월 이전까지 실행하여야 하나 작업 여건, 노동력 공급 여건 등을 감안하여 작업 시기 조정 가능 • 가지치기는 반드시 톱을 사용하여 실행 • 솎아베기 및 산물의 하산, 집재(集材), 반출 등의 작업 시 미래목을 손상치 않도록 주의 • 미래목은 가슴높이에서 10cm의 폭으로 황색 수성페인트로 둘러서 표시
	작업 방법	• 제거 대상목은 미래목의 수관생장을 억압하는 생장경쟁목, 미래목의 수관(樹冠)과 줄기에 해를 입히는 나무를 대상목으로 함 • 미래목과 중용목의 하층 임관(林冠)을 이루고 있는 보호목은 제거하지 않음 • 칡, 머루, 다래, 담쟁이 등 미래목에 피해를 주거나 향후 피해가 예상되는 덩굴류는 제거
열식간벌	**적용 대상지**	다음의 경우에는 열식간벌을 적용할 수 있으나 잣나무, 낙엽송 인공조림지로서 도태간벌과 정량간벌의 적용이 어려운 임지 등 특별한 경우가 아니면 열식간벌을 적용하지 않음 가) 입목의 생장이 균일하여 입목 간의 우열이 심하지 않는 임지 나) 열식 인공조림지로서 입목밀도가 식재본수의 70% 이상인 임지 다) 솎아베기를 실행하지 않은 유령임분
	작업 방법	• 2열 이상 존치시키고 1열을 간벌열로 선정 • 간벌열의 첫 번째 입목은 존치시키되 기계화 작업 시 장애가 되는 입목은 제거할 수 있음 • 간벌열 내의 우량입목은 존치시킬 수 있으며, 잔존열 내의 불량목은 제거할 수 있음

핵심 19

천연림 갱신

● 지속 가능한 산림자원 관리지침 [시행 2020. 6. 15.] [산림청훈령 제1454호]

천연하종 갱신 및 갱신상 조성	대상지	• 수확 예정지 • 종자의 결실량이 풍부한 임지 • 종자 발아와 어린나무의 생장 환경이 좋은 임지
	작업 방법	• 수종과 임지 상황에 따라 모두베기, 골라베기, 어미나무작업, 보잔목작업 등을 적용 • 갱신상 조성은 모수에서 종자가 떨어지기 전에 떨어진 종자가 잘 발아할 수 있도록 유기물층 제거 및 지면긁기 작업을 실시
	보완조림	• 천연하종갱신 지역에 천연 발생 어린나무가 부족할 경우에는 ha당 5,000본 기준으로 동일 수종을 식재하되 묘목의 크기에 따라 본수 조절 가능 • 식재할 묘목은 천연 발생 어린나무의 수고와 유사한 크기로 식재
움싹갱신	대상지	• 참나무류 임지로서 움싹을 이용하여 후계림(後繼林)을 조성할 수 있는 임지에 실행 • 톱밥, 펄프, 숯 등 소경재 생산을 목적으로 하는 산림으로 지위 '중' 이상의 지력이 좋고 지리적 조건이 유리한 임지 • 참나무류의 경우 움싹의 발생이 왕성한 Ⅱ~Ⅲ영급 임지 중에서 ha당 900본 내외로 균일하게 분포하거나 900본이 되지 않더라도 보완조림을 통해 움싹갱신이 가능한 임지
	작업 방법	• 그루터기의 높이는 가능한 낮게 벌채하여 움싹이 지하부 또는 지표 근처에서 발생하도록 유도 • 벌채면은 평활하고 약간 기울게 하여 물이 고이지 않도록 함 • 벌근(伐根) 주위는 움싹이 잘 발생할 수 있도록 정리 • 벌채는 생장휴지기인 11월 이후부터 이듬해 2월 이전까지 실시 • 대상지의 면적이 5ha 이상일 경우 하나의 벌채구역은 5ha 이내로 하고, 벌채구역과 벌채구역 사이에는 폭 20m 이상의 수림대를 남겨 두어야 함 • 움싹갱신지 보육까지 완료하여야 함 • 3년 이내 움싹이 ha당 3,000본 미만(그루터기 기준은 ha당 900개)일 경우에는 조림 또는 보완조림을 실행

천연림 보육

● 지속 가능한 산림자원 관리지침 [시행 2020. 6. 15.] [산림청훈령 제1454호]

1 대상지

① 우량대경재 이상을 생산할 수 있는 천연림

② 조림지 중 형질이 우수한 조림목은 없으나 천연 발생목을 활용하여 우량대경재를 생산할 수 있는 인공림

③ 평균 수고 8m 이하이며 입목 간의 우열이 현저하게 나타나지 않는 임분으로서 유령림 단계의 숲 가꾸기가 필요한 산림

④ 평균 수고 10~20m이며 산림으로 상층목 간의 우열이 현저하게 나타나는 임분으로서 솎아베기 단계의 숲 가꾸기가 필요한 산림

2 작업 시기 및 사업종의 구분 추진

① 산 가지치기를 수반하지 않을 경우에는 연중 실행 가능하다.

② 산 가지치기를 수반하는 경우에는 11월 이후부터 이듬해 5월 이전까지 실행하여야 하나 가지치기를 천연림 보육 작업과 별도의 사업으로 구분하여 추진할 경우 작업 여건 · 노동력 공급 여건 등을 감안하여 연중 실행 가능하다.

③ 미래목을 선발하는 선목작업은 천연림 보육 작업과 별도의 사업으로 구분하여 실행할 수 있다.

3 유령림(幼齡林) 단계의 작업 방법

① 상층목 중 형질이 불량한 나무, 폭목을 제거 대상목으로 한다.

② 형질이 불량한 상층목이라도 잔존하는 상층목에 피해를 주지 않고 경관 유지와 야생조류의 서식지 · 먹이 등의 목적으로 필요할 경우 제거하지 않을 수 있다.

③ 상층을 구성하고 있는 수종이 대부분 소나무일 경우, 형질이 불량한 대경목과 폭목은 제거한다.

④ 불량 상층목과 폭목의 벌채 시 남아 있는 나무에 피해를 줄 우려가 있을 경우 수피 베끼기 등의 방법을 사용할 수 있다.

⑤ 칡, 다래 등 덩굴류와 병충해목은 제거한다.

⑥ 과다한 임지 노출이 우려될 경우를 제외하고 형질 불량목, 아까시나무, 싸리나무, 불량 참나무류, 활엽수 움싹 등은 제거한다.

⑦ 임분이 과밀할 경우 우량 상층목이라도 솎아 주고 제거 대상목은 지표에 가깝게 베어낸다.

⑧ 움싹이 발생되었을 경우 각 근주에서 생긴 2본 정도 남기고 정리하며, 유용한 실생묘는 존치한다.

⑨ 제거하지 않는 나무 중 쌍가지로 자란 경우 하나는 잘라주고, 원형수관은 원추형(圓錐形)으로 유도한다.

⑩ 상층목의 생육에 지장이 없는 하층식생은 제거하지 않고 존치한다.

⑪ 침엽수의 경우, 산 가지치기를 수반할 경우 11월 이후부터 이듬해 5월 이전까지 실행하고 가지치기는 전정가위를 사용하여 실시한다.

⑫ 가지치기는 침엽수일 경우 형질우세목 중심으로 실시한다.

4 솎아베기 단계의 작업 방법

미래목 선정 및 관리	• 미래목은 상층의 우세목으로 선정하되 폭목은 제외 • 나무줄기가 곧고 갈라지지 않으며 산림병해충 등 물리적인 피해가 없을 것 • 미래목 간의 거리는 최소 5m 이상으로 임지 내에 고르게 분포하도록 하며, ha당 활엽수는 150~300본, 침엽수는 200~300본을 미래목으로 함 • 침엽수의 경우 미래목만 가지치기를 실행하며 산 가지치기를 수반할 경우 11월 이후부터 이듬해 5월 이전까지 실행 • 솎아베기 및 산물의 하산, 집재, 반출 등의 작업 시 미래목을 손상치 않도록 주의 • 미래목은 가슴높이에서 10cm의 폭으로 황색 수성페인트로 둘러서 표시
작업 방법	• 미래목의 수관생장을 억압하는 생장경쟁목, 미래목의 수관과 수간에 해를 입히는 나무, 피해목, 형질이 불량한 중용목 • 상층목, 폭목, 덩굴류를 제거 대상목으로 함 • 폭목은 미래목의 생장에 방해가 되지 않고 경관 유지와 야생조류의 서식지 • 먹이 등의 목적으로 필요할 경우 제거하지 않을 수 있음 • 폭목의 벌채 시 남아 있는 나무에 피해가 우려될 경우 수피 베끼기 등의 방법을 사용할 수 있음 • 제거 대상목은 지표에 가깝게 베어내되 활엽수의 경우 미래목의 수간보호가 필요할 경우 줄기의 중간을 베어줄 수 있음 • 상층목의 생육에 지장이 없는 보호목(하층식생)은 제거하지 않고 존치 • 미래목 가지치기는 반드시 톱을 사용하여 실시

천연림 개량

● 지속 가능한 산림자원 관리지침 [시행 2020. 6. 15.] [산림청훈령 제1454호]

1 대상지

① 형질이 불량하여 우량대경재 생산이 불가능한 천연림

② 유령림 단계의 천연림으로 특용 · 소경재 생산이 가능한 임지

③ 유령림으로서 천연림 개량 후 간벌단계에서 우량대경재 생산이 가능하여 천연림 보육을 실행할 임지

2 작업 시기

작업 시기는 천연림 보육과 같다.

3 작업 방법

① 유령림의 경우 형질이 불량한 나무, 폭목을 제거하고 가급적 입목밀도를 높게 유지한다.

② 칡, 다래 등 덩굴류와 산림병해충 피해목을 제거한다.

③ 제거하지 않은 나무 중 쌍가지로 자란 경우 하나는 잘라주고, 원형수관은 원추형으로 유도한다.

④ 상층목의 생육에 지장이 없는 하층식생은 제거하지 않고 존치한다.

⑤ 형질 불량목의 제거로 인하여 발생된 공간은 활엽수를 ha당 5,000본 기준으로 식재할 수 있다.

⑥ 솎아베기 단계에 도달한 형질불량 천연림은 층위와 관계없이 형질불량목 위주로 제거하고 빈 공간에 활엽수 밀식조림할 수 있다.

⑦ 폭목 제거로 인하여 우량목의 피해가 우려되는 지역은 수피 베끼기 등의 방법을 사용한다.

⑧ 천연림 개량 작업 후 우량대경재 이상을 생산할 수 있다고 판단되는 천연림에 대하여 천연림 보육 실시 가능, 단 5년이 경과한 이후 천연림 보육 등 실시 가능하다.

⑨ 천연림 개량 작업 이후 5년이 경과한 후에도 임분의 형질이 개선되지 않을 경우에는 인공갱신, 천연갱신, 움싹갱신 등의 방법을 통해 갱신(후계림 조성) 할 수 있다.

움싹갱신지 보육

● 지속 가능한 산림자원 관리지침 [시행 2020. 6. 15.] [산림청훈령 제1454호]

1 대상지

움싹갱신을 실시한 임지

2 작업 시기

① 보완조림은 천연림 갱신의 움싹갱신 방법에 따른다.

② 풀베기, 덩굴 제거는 인공림과 같다.

③ 움싹 본수 조절은 움싹갱신 2~3년 후 생장휴지기인 11월 이후부터 이듬해 5월 이전까지 실시한다.

3 작업 방법

① 보완조림은 움싹이 발생하지 않은 지역에 실시한다.

② 풀베기, 덩굴 제거는 임지상황에 따라 횟수를 조정하여 실시한다.

③ 움싹 본수 조절은 그루터기당 신갈나무, 갈참나무 등은 2~3본, 상수리나무, 굴참나무 등은 1~2본을 남긴다.

④ 임분 유형에 따라 밀생형, 소생형, 균일형으로 구분하여 적용한다.

- 밀생형(密生形)은 버섯용 원목 또는 10~20cm 내외의 소경재를 생산하는 특용 · 소경재를 목표생산재로 적용한다.

- 소생형(疏生形)은 상층의 우세목은 우량중경재를 목표생산재로 하고, 중 · 하층은 버섯용 원목 또는 소경재를 생산하는 특용 · 소경재를 목표생산재로 한다.

- 균일형(均一形)은 천연림 보육의 작업 방법을 적용한다.

핵심 23 복층림의 조성·관리

● 지속 가능한 산림자원 관리지침 [시행 2020. 6. 15.] [산림청훈령 제1454호]

1 복층림의 조성

① 단목택벌(單木擇伐)에 의한 조성

대상지	• 입지 조건이 양호하고 집약적인 산림관리가 가능한 V영급 이상인 임지로 우량대경재 생산이 가능한 임지 • ha당 침엽수림은 300본, 활엽수림은 200본 정도의 우량대경재를 최종 수확할 수 있는 임지 • 공익기능 유지 및 입지 조건상 모두베기가 부적당한 임지
작업 방법	• 최종 수확본수가 ha당 200~300본 내외가 되도록 조절 • 상층목에서 2m 떨어진 공간에 1.8m 간격으로 수하식재 • 천연하종갱신이 가능한 임지는 갱신상을 조성하거나 움싹갱신, 수하식재(樹下植栽)와 병행할 수 있음

② 대상벌채(帶狀伐採)에 의한 조성

대상지	• 산림병해충 피해지, 입목형질이 불량한 임지 중 임분 전환 또는 수종갱신이 필요한 임지 • Ⅲ영급 이상의 조림지, 형질이 불량한 활엽수림, 15년생 내외의 현사시나무 조림지 • 인공림의 일반소경재와 천연림의 특용 • 소경재 생산 임지 • 공익기능 유지 및 입지 조건상 모두베기가 부적당한 임지
작업 방법	• 식재열을 기준으로 하여 2~3열을 교호대상으로 벌채 • 잔존대로부터 2m 떨어진 벌채대 내에 1.8m×1.8m 간격으로 식재 • 식재목이 하층식생의 영향을 받지 않고 생장할 수 있는 시기에 잔존대 벌채 • 천연갱신이 가능한 임지는 갱신상을 조성하거나 움싹갱신, 식재조림을 병행할 수 있음

2 복층림의 숲 가꾸기

숲 가꾸기는 '1. 인공림의 조성 · 관리' 및 '2. 천연림의 조성 · 관리'의 규정을 준용한다.

핵심 24

수확을 위한 벌채 금지구역

● 지속 가능한 산림자원 관리지침 [시행 2020. 6. 15.] [산림청훈령 제1454호]

① 생태통로 역할을 하는 주능선 8부 이상부터 정상부, 다만 표고(산기슭 하단부터 산정부)가 100m 미만인 지역은 제외

② 암석지, 석력지(石礫地), 황폐우려지로서 갱신이 어려운 지역

③ 계곡부(국토지리정보원에서 제작한 축척 1/25,000 지형도상의 수계선)의 양안 홍수위 폭

④ 호소, 저수지, 하천 등 수변지역은 수변 만수위로부터 30m 내외

⑤ 도로변 지역(도로로부터 폭 20m 이내 지역. 다만, 도로관리청이 도로안전 관리를 위해서 필요한 경우 제외)

⑥ 임연부

⑦ 내화수림대로 조성·관리되는 지역

⑧ 벌채구역과 벌채구역 사이 20m 폭의 잔존수림대. 다만, 벌채구역이 어린나무 가꾸기에 도달하는 시점에 잔존수림대 벌채 가능

⑨ 임산물 운반로를 내기 위한 경우와 산사태, 산불, 산림병해충 등 산림재해로 인한 피해 복구, 그밖에 공익적 목적을 위한 경우에는 벌채할 수 있으나 필요한 부분만 최소 실행

⑩ ①~⑨의 수확을 위한 벌채금지구역에서도 골라베기 또는 솎아베기를 할 수 있다.

벌채 실행 방법

● 지속 가능한 산림자원 관리지침 [시행 2020. 6. 15.] [산림청훈령 제1454호]

모두베기	• 벌채 대상지 면적은 최대 50ha 이내로 함 • 벌채면적이 5ha 이상인 경우에는 '라. 친환경 벌채 기준'에 따름 • 산림생태계 및 경관 유지를 위하여 필요하다고 인정하는 경우에는 벌채면적이 5ha 미만인 경우에도 친환경 벌채 기준에 따라 할 수 있음 • 하나의 모두베기 벌채구역과 벌채구역의 사이는 폭 20m 이상의 수림대를 남겨두어야 함
골라베기	• 골라베기 비율은 재적 기준 30% 이내로 함 • 버섯용 원목을 위한 골라베기 비율은 재적 기준 50% 이내로 함
어미나무 작업	• 종자의 결실이 풍부하여 천연갱신이 가능한 임지에 실행 • 대상지의 면적이 5ha 이상일 경우 하나의 벌채구역은 5ha 이내로 하고, 벌채구역과 벌채구역 사이에는 폭 20m 이상의 수림대를 남겨 두어야 함 • 모수는 형질이 우수하여야 하며, ha당 15~20본을 남김 • 갱신상 조성 작업까지 완료하여야 함 • 어미나무작업은 모수의 종자결실이 풍부한 시기에 실행 • 3년 이내에 어린나무의 발생량이 ha당 5,000본 미만인 경우에는 조림 또는 보완조림 실행
왜림작업	천연림 갱신의 움싹갱신 방법을 따름
수종갱신 벌채	• "임분의 수종갱신 판정표"에 따른 갱신판정 임지. 다만, 암석지 · 석력지 · 황폐우려지로서 생육이 어려운 임지와 간이산림토양도상의 비옥도 Ⅳ급지 · Ⅴ급지는 제외 • 입목생장 속도가 늦어 현존 수종으로 정상적인 입목생장이 불가능한 임지
산림보호 구역 벌채	• 산림보호구역에서의 벌채는 산림보호법의 규정에 따름

핵심 26 벌채를 위한 임산물 운반로

● 지속 가능한 산림자원 관리지침 [시행 2020. 6. 15.] [산림청훈령 제1454호]

① 임산물 운반로의 노폭은 2m 내외로서 3m를 초과하지 않는다. 다만, 배향곡선지, 차량대피소 시설 등 부득이할 경우에는 3m를 초과할 수 있다.

② 임산물 운반로의 길이는 산물 반출에 필요한 최소한으로 하며, 경사가 급하여 토사유출·산사태 등의 피해가 우려되는 곳에는 임산물 운반로를 시설하지 않는다.

③ 임산물 운반로 시설 시 토사유출·산사태 등의 피해를 예방할 수 있도록 조치하여야 하며, 임산물 운반로 시설 목적이 완료된 후에는 조림 등의 방법으로 복구하여야 한다.

④ 다만, 산림경영에 필요하다고 판단되는 지역은 임산물 운반로를 존치하게 할 수 있으며, 이 경우 현지 여건을 고려하여 재해예방 조치를 해야 한다.

친환경 벌채 기준

● 지속 가능한 산림자원 관리지침 [시행 2020. 6. 15.] [산림청훈령 제1454호]

1 적용 기준

① 벌채 후 존치목을 군상 또는 수림대로 남겨 종 다양성, 생태·경관 유지 및 산림 재해방지 기능을 발휘하도록 실행한다.

② 벌채 적용 면적 등 세부적인 사항은 「친환경 벌채 운영요령」에 따른다.

③ 숲 가꾸기·피해목 제거·유실수(수실류 및 약용류 임산물에 한함)의 수종갱신을 위한 벌채는 적용하지 않으나, 불량림의 수종갱신 벌채는 이 기준을 준용한다.

④ 특별자치시장·특별자치도지사·시장·군수·구청장 또는 지방산림청 국유림관리소장이 나무아래 심기 등 단목으로 존치할 필요가 있다고 인정하는 경우에는 제한적으로 단목으로 존치할 수 있다.

2 군상 또는 수림대의 선정기준 및 배치방법 등은 「친환경 벌채 운영요령」에 따른다.

① 군상 또는 수림대 존치구역은 경계부 나무의 가슴높이 부분에 노란색 페인트로 폭 10cm를 둘러 표시한다.

☞ 산림 소유자가 직접 벌채하는 경우에는 표시 생략 가능

② 불량임지의 수종갱신지역은 후계림 조성에 필요한 평균경급 이하의 유용 활엽수 등을 선정하여 존치시킬 수 있다.

③ 「친환경 벌채 운용요령」 규정에도 불구하고 다음의 각호의 경우에는 군상 또는 수림대 이외의 방법으로 존치할 수 있다.

- 풍해, 설해 등 피해가 우려되거나 갱신이 어려운 임지는 간격을 적정하게 유지하여 남길 수 있다.

- 조림 실패지의 수종갱신 지역은 기존 조림목 중 살아있는 나무를 기준 본수 이상으로 존치할 수 있다.

3 산림영향권 확보

① 벌채 후에도 산림으로서의 역할을 발휘할 수 있도록 수림대 및 군상 등 산림영향권 면적을 확보해야 한다.

② 산림영향권 산출 방법과 관련된 사항은「친환경 벌채 운영요령」에 따른다.

4 친환경 벌채 사전점검 및 사후관리

① 벌채 예정지는 벌채 전 희귀 동식물 분포 조사를 실시하고, 백두대간 등 등산로 인근이나 고속도로에서의 조망 등 경관 · 생태적 요인을 고려하여 벌채계획을 수립해야 한다.

② 관련 법령 및 규정 등에 의한 벌채 제한사항 등을 확인하고 인근 산촌마을에 토사유출로 인한 피해가 없도록 사전 예방조치를 한다.

③ 남기는 나무는 벌채 작업 중 피해가 발생하지 않도록 하고, 부득이 피해가 발생한 경우 산림 소유자와 벌채자가 협의하여 다시 선정한다.

④ 원목 생산 후 남는 조재부산물은 가급적 수집 · 활용하고 임내에 쌓아두는 경우 유실되지 않도록 일정한 방향으로 정리한다.

⑤ 남겨진 나무는 인공조림 등 후계림 조성을 완료한 후 시행하는 어린나무 가꾸기 등 숲 가꾸기 작업 시 전부 또는 일부를 벌채할 수 있다.

☞ 자연재해 등으로 남겨진 나무의 피해 발생 시 수시로 벌채 · 정리 가능

☞ 후계림 조성 시 유의사항

☞ 식재본수는「Ⅲ. 산림자원 조성 · 관리 일반지침」을 준용

☞ 남겨진 나무의 벌채 시 조림한 나무에 피해가 발생한 경우에는 보완조림 실행 가능

5 비용의 산출

① 남기는 나무 선정 비용은 '숲 가꾸기 설계 · 감리 및 사업시행 지침'의 숲 가꾸기 품셈 적용 기준(도태간벌)을 적용한다.

☞ 계약자 간에 비용의 산출 방법을 따로 정하는 경우는 예외

② 벌채 · 수집 및 매각금액의 산정은 '국유임산물 매각예정가격 사정기준 등 시행요령'을 적용한다.

☞ 계약자 간에 금액의 산출 방법을 따로 정하는 경우는 예외

6 벌채의 지도 · 감독

① 특별자치시장 · 특별자치도지사 · 시장 · 군수 · 구청장 및 국유림관리소장은 허가 전에 군상 및 수림대가 적정하게 배치되었는지와 산림영향권을 확보하였는지 여부를 현지 확인하여야 한다.

② 허가를 받은 자는 벌채 허가 조건을 준수하고, 위탁 · 대행자에 대해 지도 · 감독을 하여야 한다.

친환경 벌채 시 남기는 수목

[존치 방법 예시]

50본/ha 단목 존치(200㎡당 1본, 14m×14m)

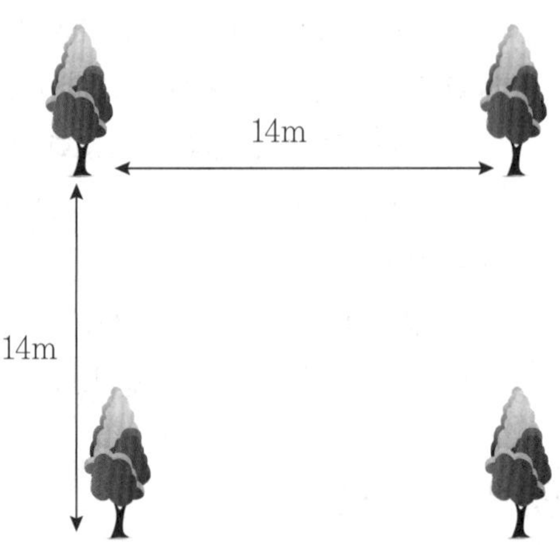

50본/ha 3본 군상 존치(600㎡당 3본, 24m×25m)

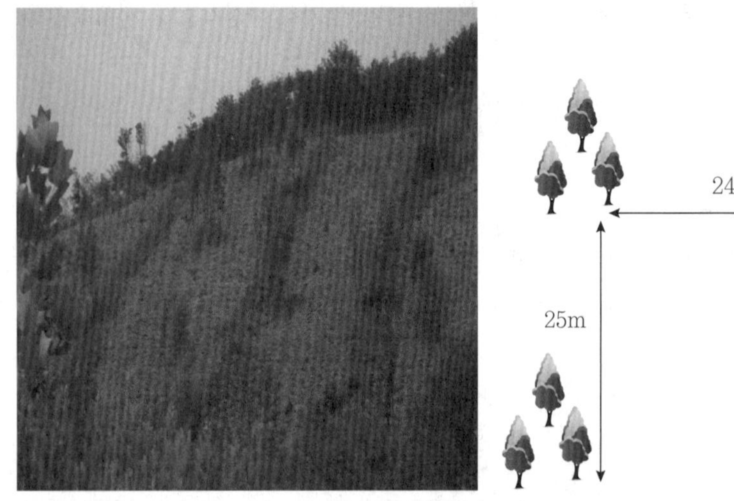

☞ 수림대로 존치할 경우 숲 가꾸기를 실시하여 건강한 산림을 유지할 수 있도록 한다.

임연부, 주능선부, 계곡부 존치(ha당 50본 존치 임지)

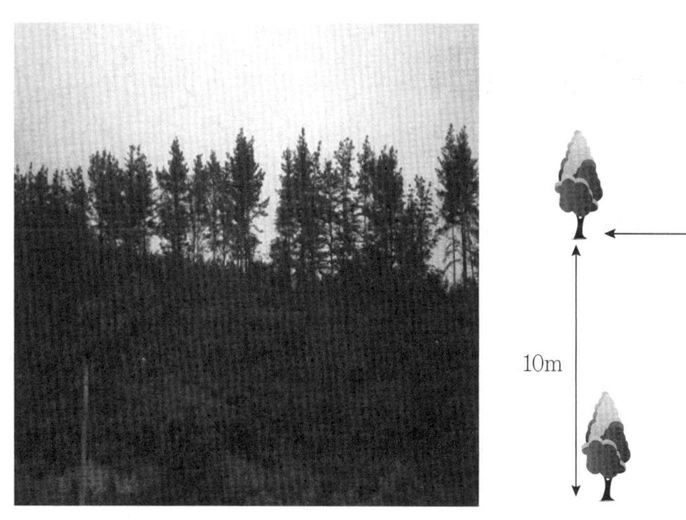

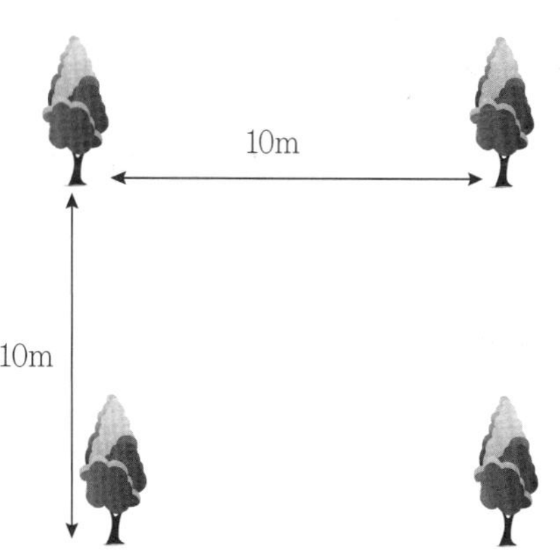

50본/ha, 5본 군상 존치(1,000㎡당 5본, 31m×32m)

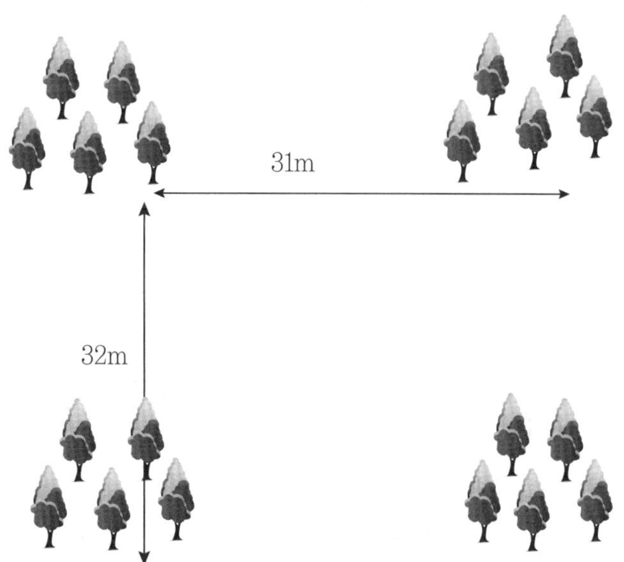

☞ 수림대로 존치할 경우 숲 가꾸기를 실시하여 건강한 산림을 유지할 수 있도록 한다.

산물의 처리

● 지속 가능한 산림자원 관리지침 [시행 2020. 6. 15.] [산림청훈령 제1454호]

1 처리 대상 산물

① 숲 가꾸기 작업에서 발생한 산물

② 조림 예정지 정리, 벌채 작업 등에서 발생된 산물

2 산물의 수집 또는 이동

① 다음의 지역에서 발생하는 산물은 우선적으로 최대한 수집하여 활용하거나 수해·산불 등 산림재해로부터 안전한 구역으로 이동하여야 한다.

　(가) 계곡부로부터 계곡부 홍수위 폭 만큼의 거리 이내 지역

　(나) 호소 등 수변부의 만수위와 하천의 홍수위로부터 30m 이내 지역 또는 산물이 유입될 수 있는 집수유역 안의 지역

　(다) 도로·임도·농경지·택지로부터 30m 이내 지역

　(라) 소나무재선충병이 발생한 지역의 산물은 전량 수집·처리

② ① 이외 지역에서 발생하는 산물도 수집 가능한 지역은 최대한 수집하여 활용

③ 수집하지 않는 산물은 지면에 최대한 닿도록 잘라 부식을 촉진시키며, 산물을 토사유출 방지, 경관 유지, 산림작업의 편의성 등의 사유로 임내에 정리해야 할 경우에는 현지 여건에 따라 일정한 방향으로 정리

④ 숲 가꾸기·벌채로 인해 생산된 목재를 임외로 반출하기 위해 일시적으로 임내에 적치할 경우에는 ①의(가)·(나) 지역에 적치하여서는 안 되며, 불가피 할 경우에는 수해·산불의 위험이 있는 시기를 피하고 빠른 시일 내에 임외로 반출하여야 한다.

⑤ 산불, 산사태, 소나무재선충병 등 산림병해충과 같은 산림재해의 예방과 지역적 목재수요 충족 등 특별한 사유가 있다고 산림관리자가 인정할 경우에는 산물을 수집·활용 또는 이동하여야 하는 구간을 지형에 따라 조정하거나 확대할 수 있다.

⑥ 다음의 지역에서 발생하는 산물을 수집하거나 운반할 경우 가급적 인력 · 중력(重力) · 가선 (架線)을 이용하되 하천의 홍수위, 호소의 만수위 등 수계로부터 150m 이내 지역 또는 가장 가까운 능선 이내 집수 유역 안의 지역은 산림토양을 훼손시킬 수 있는 운재로 개설이나 중장 비의 임내 작업은 금지한다.

(가) 수원 함양림

(나) 산지재해방지림 중 사방지 등 토사유출이 우려되는 산림, 산사태가 우려되는 과밀 침엽 수림

(다) 자연환경 보전림 중 보전형, 문화형 산림

(라) 산림휴양림 중 공간이용지역

(마) 생활환경 보전림 중 공원형 · 경관형, 방풍 · 방음형 산림

임연부의 조성·관리

● 지속 가능한 산림자원 관리지침 [시행 2020. 6. 15.] [산림청훈령 제1454호]

1 대상지

산림과 산림이 아닌 지역의 경계 지점으로부터 산림 지역 방향으로 30m 내외까지의 거리. 다만, 생태적 격리라고 판단되지 않는 5m 미만인 임도 또는 시설물 등은 임연부(林緣部)에서 제외한다.

2 작업 방법

① 다양한 수종의 조성과 발생 촉진을 통해 생태계의 종 다양성과 시각적 다양성을 제고하고 보존해야 할 생물의 서식지역은 서식환경을 보전 또는 개선

② 가급적 산림이 아닌 지역으로부터 초본, 관목, 아교목, 교목순의 계단형이 되도록 조성·관리

③ 밀생임분은 약도의 솎아베기를 5년 이상의 간격으로 수회 실시하여 활력도 및 생태계 종 다양성과 시각적 다양성을 제고

④ 임연부 내에서 발생하는 산물을 전량 수집하여 활용하거나 산불·산사태·산림병해충 등 산림재해의 우려가 없다고 판단될 경우 지면에 닿도록 잘라 부식을 촉진

⑤ 임내를 투시하여 감상할 수 있는 지역, 경관적으로 중요한 지역을 제외하고는 풍해 등 피해 예방을 위해 가지치기를 하지 않고 교목 수림대의 경우 입목밀도를 조절하여 풍해를 예방

내화수림대의 조성·관리

● 지속 가능한 산림자원 관리지침 [시행 2020. 6. 15.] [산림청훈령 제1454호]

1 대상지

① 대형산불 피해지의 복구 지역

② 대형산불의 피해가 있었거나 발생 위험이 있는 침엽수림의 벌채 후 조림 또는 갱신 지역

③ 대형산불의 피해가 있었거나 발생 위험이 있는 침엽수림의 숲 가꾸기 지역

2 작업 방법

① 내화수림대의 폭은 50m 내외로 한다.

② 조림 작업을 할 경우에는 마을, 도로, 농경지의 인접 산림에 참나무류 등 활엽수종을 중심으로 내화수림대 조성

③ 숲 가꾸기 작업을 할 경우에는 마을, 도로, 농경지의 인접 산림에 솎아베기를 통해 침·활엽수 혼효림의 내화수림대로 전환

32 작업로

● 지속 가능한 산림자원 관리지침 [시행 2020. 6. 15.] [산림청훈령 제1454호]

1 작업로 배치

산림자원을 계획적으로 조성 · 관리하고 산물의 수집 · 이용과 작업원의 이동을 위해 산림 내에 작업로를 배치할 수 있다.

2 작업로의 구분

① 소작업로는 지상부의 장애물을 제거하여 이동할 수 있게 만든 길로서 간격은 20m 내외로 하고, 폭은 1.5m 내외로 하나 여건에 따라 조정할 수 있다.

② 대작업로(기계화작업로 포함)는 임업 및 농업용 기계 등의 통행이 가능한 길로서 간격은 60m 내외로 하고, 폭은 3m 이내로 하나 여건에 따라 조정할 수 있다.

③ 조림 또는 숲 가꾸기 작업 시 작업로를 설치할 수 있으며, 절 · 성토 등 산림의 형질 변경을 최소화해야 한다.

보호종과 자생지 피해 최소화

● 지속 가능한 산림자원 관리지침 [시행 2020. 6. 15.] [산림청훈령 제1454호]

1 생물 다양성 보전 대책 수립

생물 다양성 보전과 증진을 위해 산림사업 시 보호종과 그 자생지의 피해를 최소화할 수 있는 방안을 수립하여 시행한다.

2 보호종

① 「산림보호법」 제18조의2의 '특별산림보호대상종'

② 「야생생물 보호 및 관리에 관한 법률」 제2조의 멸종위기 야생식물

숲 가꾸기 표준지의 조사·관리

● 지속 가능한 산림자원 관리지침 [시행 2020. 6. 15.] [산림청훈령 제1454호]

1 실시설계 표준지(용역수행)의 조사 · 관리

① 표준지 조사비율은 사업대상지 면적을 기준으로 일정 비율 이상을 조사하며, 사업종별로 다음과 같다.

- 풀베기는 1% 이상
- 덩굴 제거는 0.5% 이상
- 어린나무 가꾸기는 0.5% 이상
- 솎아베기는 1% 이상

② 표준지 크기는 사업종별로 다음과 같다.

- 풀베기는 200㎡(반지름 8.0m 원형)를 원칙으로 하되, 소반 또는 필지단위 사업면적이 2ha 미만의 경우에는 100㎡(반지름 5.67m 원형) 크기로 조정 가능하다.
- 덩굴 제거는 본수 조사 시에는 50㎡(반지름 4m 원형 또는 5m×10m 직방형), 피복도 조사 시에는 100㎡(반지름 5.67m 원형)로 한다.
- 어린나무 가꾸기는 100㎡(10m×10m 직방형 또는 반지름 5.67m 원형)로 한다.
- 솎아베기는 개소당 100㎡~400㎡(10m×10m, 10m×20m, 20m×20m 사각형 또는 반지름 5.7m, 8.0m, 11.3m 원형 표준지)로 한다.

③ 사업대상지를 표시한 지형도상에서 최대 200m×200m 격자상의 교차점에 400㎡의 표준지를 일정 간격으로 교차점에 배치하여야 한다. 다만, 격자의 간격이나 표준지의 간격은 임지 상태에 따라 조정할 수 있다.

④ 일정 격자의 교차점에 표준지 배치가 불가능할 경우 상하좌우 50m 범위 내에서 표준지 위치를 조정할 수 있으며, 사업대상지가 소면적으로 분산되거나 임상이 다를 경우에는 그 임분의 표준이 되는 곳에 표준지를 배치하고 GPS를 이용하여 좌표를 기록한다.

⑤ 표준지의 조사 및 관리에 따른 GPS 좌표 취득 · 관리 등 산림공간정보 구축에 필요한 위치의 기준은 「산림공간정보 구축운영 및 보안에 관한 규정」에 따라 「공간정보의 구축 및 관리 등에 관한 법률」 시행령 제7조에 따른 세계측지계(중부원점)를 사용하여야 한다.

⑥ 표준지 조사 방법

- 가슴높이 지름은 표준지 내에 6cm 이상 교목을 2cm 괄약으로 측정

- 수고는 경급별 m 단위로 측정

- 경계표시는 흰색 페인트로 표시

- 제거 대상목은 적색 페인트로 표시

- 도태간벌의 미래목 또는 정량간벌의 형질우세목 및 가지치기 대상목은 황색 페인트로 표시

- 풀베기 사업의 표준지는 중앙부에 1m 이상의 막대를 세우고, 설계표준지는 황색 테이프, 감리표준지는 적색 테이프로 표시한 후 조림수종, 조림목 본수, 고사목 본수, 피해목 본수, 제거식생 등을 조사

- 덩굴 제거 사업지의 표준지는 중앙부 또는 모서리에 높이 1m 내외의 막대를 꽂고, 설계표준지는 황색 테이프, 감리표준지는 적색 테이프로 표시한 후 덩굴 본수 및 피복도, 덩굴 제거 상태 등을 조사

- 어린나무 가꾸기 사업지의 표준지는 중앙부 또는 모서리에 설계표준지는 황색 테이프, 감리표준지는 적색 테이프로 표시한 후 조림목 본수 및 가슴높이지름, 제거 대상목의 종류 및 피복도, 가지치기 높이 등을 조사

- 풀베기, 덩굴 제거, 어린나무 가꾸기 사업의 세부적인 설계 표준지 조사 · 관리 요령은 풀베기 설계 · 감리 및 조림목 손해배상 적용 기준, 덩굴 제거 설계 · 감리 및 사업시행기준, 어린나무 가꾸기 설계 · 감리 및 사업시행기준을 따른다.

⑦ 표준지의 보존– 표준지는 숲 가꾸기 사업시행시 작업하지 않고 보존

- 도로변 등 경관적으로 중요한 지역일 경우 숲 가꾸기가 반드시 필요한 지역에 대해서는 감리자의 확인을 받아 사유를 감리보고서에 기재한 후 작업 시행

- 다만, 풀베기 등 조림목의 피해를 방지하기 위한 사업은 표준지에도 작업 시행

2 감리 표준지(용역으로 수행)의 조사 · 관리

① 표준지 조사비율은 사업대상지 면적을 기준으로 일정 비율 이상을 조사하며, 사업종별로 다음과 같다.

- 풀베기는 2% 이상

- 덩굴 제거는 1% 이상

- 어린나무 가꾸기는 0.25% 이상

- 솎아베기는 0.5% 이상

② 사업대상지를 표시한 지형도상에서 최대 400m×400m 격자상의 교차점에 400㎡의 표준지를 일정 간격으로 교차점을 배치하여야 한다. 다만, 격자의 간격이나 표준지의 간격은 임지 상태에 따라 조정할 수 있다.

③ 솎아베기 사업 표준지의 크기 및 조사 방법은 실시설계(용역수행) 표준지의 크기와 방법에 따르며, 풀베기, 덩굴 제거, 어린나무 가꾸기 사업의 세부적인 감리 표준지 조사·관리 요령은 풀베기 설계·감리 및 조림목 손해배상 적용 기준, 덩굴 제거 설계·감리 및 사업시행기준, 어린나무 가꾸기 설계·감리 및 사업시행기준을 따른다.

3 실시설계·감리를 용역으로 시행하지 않는 표준지의 조사·관리

① 사업비산출과 작업 방법을 위한 실시설계 표준지의 조사는 침엽수일 경우 사업 대상지의 수종별, 영급별로 1개소 이상, 활엽수 또는 혼효림인 경우 사업대상지의 산복, 산록, 산정별로 1개소씩 조사한다.

② 표준지 배치를 제외한 나머지 사항은 실시설계(용역수행) 표준지의 크기, 조사 방법, 보존 방법에 따른다.

③ 사업대상지 현장 점검 등을 위하여 감리 표준지의 조사, 좌표 기록, 관리 방법도 **1**, **2**와 동일하다.

행정절차 등

● 지속 가능한 산림자원 관리지침 [시행 2020. 6. 15.] [산림청훈령 제1454호]

1 재검토 기한

산림청장은 이 훈령에 대하여 "훈령 · 예규 등의 발령 및 관리에 관한 규정"에 따라 2018년 1월 1일 기준으로 매 3년이 되는 시점(매 3년째의 12월 31일까지를 말한다)마다 그 타당성을 검토하여 개선 등의 조치를 하여야 한다.

2 산림청이 관리하지 않는 국유림의 관리

① 국유림의 경영 및 관리에 관한 법률 등 산림 관계 이외의 법령에 의해 지정 · 결정 · 관리되는 국유림은 관련 법령에서 따로 정하는 바가 없을 경우 본 지침에 따라 산림을 관리하여야 한다.

② 국유림의 경영 및 관리에 관한 법률 등 산림 관계 이외의 법령에 의한 국유림의 관리기관은 재정적 · 기술적인 사유로 직접 산림사업을 시행하지 못할 경우 국유림 소재지의 관할 지방산림청장 또는 시장 · 군수 · 구청장에게 관리를 요청할 수 있다.

③ '나'에 의해 관리를 요청 받은 지방산림청장 또는 시장 · 군수 · 구청장은 특별한 사유가 없을 경우 예산을 확보하는 등 필요한 조치를 취하고 산림사업을 시행하여야 한다.

3 산림바이오매스 확대 등을 위한 숲 가꾸기

① 인공림의 경우 작업장 및 산물수집 여건 등을 고려하여 정량간벌의 간벌후 입목본수기준의 2단계 높은 경급의 본수를 적용하여 솎아베기량을 조정 가능하다.

② 천연림의 경우 작업장 및 산물수집 여건 등을 고려하여 본수대비 솎아베기량을 최대 50% 범위 내에서 조정 가능하다.

4 도로변 가시권 숲 가꾸기

도로변 가시권지역 산림에 대한 숲 가꾸기(솎아베기, 천연림 개량, 천연림 보육 등)는 예산 범위 내에서 임지 여건, 수목 생장 상태 고려 및 경관 유지 등을 위하여 5년 이상의 간격으로 반복하여 시행할 수 있다.

5 국고보조금 지원 대상 산림사업

조림사업	1) 장기수 · 경제수 조림 2) 수원 함양림 조림 3) 공익조림 4) 산불피해지 복구조림 5) 내화수림대 조성 6) 조림사업 시 수반되는 작업로 조성 등 7) 임연부 조성 8) 천연갱신지의 보완조림 9) 그밖에 산림청장이 인정하는 조림 사업
숲 가꾸기 사업	1) 풀베기, 덩굴 제거, 어린나무 가꾸기, 가지치기, 움싹갱신지 사후관리 2) 천연림 개량, 천연림 보육(유령림 단계) 3) 솎아베기와 솎아베기 단계의 천연림 보육, 그에 수반되는 미래목 또는 제거 대상목의 선목 중에서 아래 사항을 대상지로 선정 　(가) 잣나무림은 평균 가슴높이 지름 30㎝ 이하인 산림 　(나) 잣나무 이외의 수종은 평균 가슴높이 지름 20㎝ 이하인 산림 　(다) 다만, 주된 산림의 기능이 목재생산림 이외의 기능으로 구분된 임지는 평균 가슴높이 지름 30㎝ 이하인 산림을 대상 4) 숲 가꾸기 사업 시 수반되는 설계 · 감리비(위탁설계 · 감리 포함), 작업로 조성 등 5) 임연부 관리 6) 숲 가꾸기를 통한 내화수림대 관리 7) 그 밖의 산림청장이 인정하는 숲 가꾸기 사업
산물의 처리	1) 숲 가꾸기 및 조림예정지 정리 작업에서 발생하는 산물에 대한 제거, 운반, 정리 2) 각종 산림피해지 산물을 제거, 운반, 정리 3) 그 밖의 산림청장이 인정하는 산물 처리 사업

6 자료의 유지 · 보고

1) 관리대장의 작성

　① 산림사업을 실행하는 기관은 산림사업별로 사업이력을 전산화하여 영구보존하여야 한다.

　② 전산화된 자료를 출력하여 관리대장을 관리한다.

2) 사업계획의 보고

　① 산림사업 실행기관은 매년 사업실적을 다음 해 1월 말까지 보고한다.

　② 산림사업 실행기관은 매년 사업계획을 전년도 12월 말까지 보고한다.

숲 가꾸기 지침(1장 총칙)

● 숲 가꾸기 설계·감리 및 사업시행 지침 [시행 2021. 8. 9.] [산림청훈령 제1502호]

제1장 총칙

제1조(목적) 이 훈령은 「산림기술 진흥 및 관리에 관한 법률」 제15조(이하 "법"이라 한다.), 같은 법 시행령(이하 "시행령"이라 한다.) 제13조 및 같은 법 시행규칙(이하 "시행규칙"이라 한다.) 제11조, 제12조에 따라 숲 가꾸기 사업의 설계기준, 사업시행 요령, 사업비 산출기준, 감리기준 등에 관한 세부적인 내용을 규정하기 위함이다.

제2조(기본 방향) 이 훈령은 다음의 각호를 기본 방향으로 한다.

1. 숲 가꾸기 사업의 계획적인 추진
2. 숲 가꾸기 사업의 품질 향상
3. 합리적인 사업비 산출

제3조(정의)

① "솎아베기"라 함은 어린나무 가꾸기 단계가 경과된 솎아베기 작업을 수반하는 사업으로서 천연림 보육 및 천연림 개량 사업을 포함한다.

② "발주자"라 함은 숲 가꾸기와 관련된 설계 · 감리 및 사업을 발주하고, 계약을 체결하여 이를 집행하는 자를 말한다. 다만, 숲 가꾸기 사업의 설계 · 감리를 용역으로 수행하지 않을 경우에는 "관리기관"으로 칭한다.

③ "감독자"라 함은 발주자를 대리하여 사업을 감독하는 자로서 숲 가꾸기 사업 전반에 관한 업무를 관장하는 자를 말한다.

④ "실시설계자"라 함은 당해 사업의 적합한 작업 방법을 제시하고 사업 시행에 필요한 비용을 산출하기 위하여 발주자와 계약을 체결한 자를 말한다.

⑤ "책임기술자"라 함은 시행령 제10조에 따른 자격요건을 갖춘 자로서 실시설계 용역 전반에 대한 총괄업무를 수행하는 자를 말한다.

⑥ "감리자"라 함은 발주자의 감독권한을 대행하기 위해서 발주자와 계약을 체결한 자를 말한다.

⑦ "감리원"이라 함은 시행령 제10조에 따른 자격요건을 갖춘 자로서 감리 용역 전반에 대한 총괄업무를 수행하는 자를 말한다.

⑧ "사업시행자"라 함은 설계도서 및 관련 규정에 따라 선목 및 숲 가꾸기 사업을 시행하기 위해 발주자와 계약을 체결한 자를 말한다.

⑨ "현장대리인"이라 함은 사업시행자가 제19조에 따라 지정하는 자로서 사업 현장의 사업관리 및 기술관리, 기타 업무를 시행하는 현장요원을 말한다.

⑩ "작업원"이라 함은 숲 가꾸기 사업시행을 위하여 사업시행자에 고용되어 현장 작업을 담당하는 숲 가꾸기 인력을 말한다.

제4조(적용 범위) 이 훈령은 산림청 숲 가꾸기 사업의 설계 · 감리, 사업시행에 관하여 적용한다.

제5조(설계 · 감리 용역시행 대상 숲 가꾸기 사업) 설계 · 감리를 용역으로 시행하는 숲 가꾸기 사업은 다음 각호와 같다.

1. 솎아베기를 수반하는 50ha 이상의 숲 가꾸기로서 산주 동의 등 절차를 거쳐 지방자치단체의 장이 시행하는 사업

2. 솎아베기를 수반하는 50ha 이상의 숲 가꾸기로서 산주가 사업을 직접 시행하고 지방자치단체의 장으로부터 사업비의 일부를 보조받는 사업

3. 소규모로 분산된 솎아베기를 수반하는 50ha 미만의 숲 가꾸기로서 지방자치단체의 장이 위탁 설계 · 감리 업체를 지정하는 사업

4. 국가가 직접 시행하는 솎아베기를 수반하는 숲 가꾸기로서 설계 · 감리를 용역으로 시행하고 자 하는 경우

5. 솎아베기를 수반하지 않는 숲 가꾸기로서 조림지의 사후관리를 위하여 풀베기 등 필요한 작업 에 대하여 국가나 지방자치단체의 장이 설계 · 감리를 용역으로 시행하고자 하는 경우

숲 가꾸기 지침(2장 설계)

● 숲 가꾸기 설계·감리 및 사업시행 지침 [시행 2021. 8. 9.] [산림청훈령 제1502호]

제2장 설계

제6조(사업계획)

① 발주자 또는 관리기관에서 시행하는 숲 가꾸기 사업은 가급적 전년부터 사업 당해 연도 2월까지 사업계획 등을 별지 제1호부터 제2호 서식에 의거 작성하여야 한다.

② 산주가 직접 숲 가꾸기 사업을 시행하고자 하는 경우에는 관할 지방자치단체에서 정하는 보조금 교부신청서와 함께 별지 제6호서식에 의한 사업계획(산주 신청용)을 작성하여 관할 지방자치단체의 장에게 제출하여야 한다.

제7조(기본설계)

① 제6조제1항에 따라 사업계획을 작성하였을 경우 기본설계로 대체할 수 있다.

② 실시설계를 작성할 경우에는 기본설계 내용을 실시설계서에 포함하여 작성할 수 있다. 다만, 국가 시책 상 필요한 경우에는 기본설계를 작성할 수 있다.

제8조(실시설계의 대상 등)

① 실시설계는 사업의 성과를 제고하기 위하여 솎아베기 실시설계 대상지에 다음 각호의 사항이 포함될 경우 함께 작성할 수 있다.

1. 가지치기 · 수형 교정

2. 풀베기, 덩굴 제거, 어린나무 가꾸기

3. 산물 수집, 작업도로망 설치

4. 그밖에 산림자원의 육성을 위해 필요한 사항

② 소규모로 분산되어 있는 숲 가꾸기 사업지는 다음의 각호와 같이 집단화하여 실시설계를 하여야 한다.

1. 국 · 공유림: 산림경영계획의 임반 단위로 50ha 이상

2. 사유림: 산림사업 유역 단위로 최소 50ha 이상

③ 국가 또는 지방자치단체의 보조 또는 지원을 받아 소규모로 분산된 50㏊ 미만의 숲 가꾸기로서 산주가 직접 시행하는 사업에 대해 지방자치단체의 장이 사업의 품질 향상을 위해 필요할 경우 위탁 실시 설계자를 지정하여 실시설계를 대신 작성하도록 할 수 있다.

④ 조림지의 사후관리를 위하여 풀베기 등 필요한 작업에 대하여는 별도로 실시설계를 할 수 있다.

제9조(실시설계의 시기 등)

① 사업종류별 시행시기를 감안하여 가급적 전년도부터 사업 당해 연도 6월까지 실시설계를 작성하여야 한다.

② 실시설계는 특별한 사유가 있는 경우를 제외하고는 규모화하여 발주하고, 실시설계 용역을 완료하기 전에 감리 용역을 발주하여 감리자가 실시설계도 · 서를 사전 검토하도록 조치하여야 한다.

③ 실시설계 표준지 조사 방법 및 보존관리 등에 대하여는 「지속 가능한 산림자원 관리지침」 Ⅳ-1. 실시설계 표준지(용역수행)의 조사 · 관리에 따른다.

제10조(국유림의 실시설계) 국가가 직접 시행하는 숲 가꾸기 사업 중 실시설계를 용역으로 수행하지 않을 경우 실시설계 기준에 따라 관리기관이 직접 작성하여야 하며, 표준지 조사 방법 및 보존관리 등에 대하여는 「지속 가능한 산림자원 관리지침」 Ⅳ-3. 실시설계 · 감리를 용역으로 시행하지 않는 표준지의 조사 · 관리에 따른다.

제11조(책임기술자)

① 책임기술자는 실시설계 계약에서 규정된 업무를 관련 법규에 따라 총괄 · 수행하여야 한다.

② 책임기술자는 감독자와 협의하여 숲 가꾸기 사업시행에 이상이 없도록 적절한 방안을 마련하여 실시설계도 · 서에 반영하여야 한다.

제12조(실시설계의 활용) 작성된 실시설계는 다음의 각호에 해당하는 분야에 활용한다.

1. 숲 가꾸기 사업에 소요되는 비용의 산출 및 예산을 편성할 경우

2. 선목 사업시행자가 선목의 수량과 방식을 결정할 경우

3. 숲 가꾸기 사업시행자가 숲 가꾸기 작업을 시행할 경우

4. 감독자가 감리, 선목 및 숲 가꾸기 사업시행의 내용에 관하여 관리 · 감독할 경우

5. 감리자가 실시설계, 선목 및 숲 가꾸기 사업시행의 내용을 검토하고 감리할 경우

제13조(실시설계의 내용)

① 실시설계는 지역산림계획, 산림경영계획 등을 고려하여 작성하고, 부득이 변경이 필요한 경우에는 발주자와 협의하여 변경된 내용을 실시설계에 반영할 수 있다.

② 다음의 각호에 해당하는 서식에 따라 실시설계를 작성하여 제출한다. 또한 발주자는 관련법에 따라 필요한 사항에 대해서는 확인 조치를 해야 한다.

1. 설계설명서: 별지 제7호서식

2. 소반별 시방서: 별지 제8호서식

3. 작업지시도: 별지 제9호서식

4. 실시설계 표준지배치도: 별지 제10호서식

5. 사업시행 예정공정표: 별지 제11호서식

6. 사업비 원가계산서: 별지 제4호서식

7. 설계내역서: 별지 제5호서식

8. 사업대상지(실행)내역서: 별지 제12호서식

9. ㏊당 숲 가꾸기 단가산출서: 별지 제13호서식

10. 소나무재선충병 미감염증상 확인서: 별지 제14호서식

11. 선목 사업이 분리 발주될 경우 선목 사업 설계도 · 서

12. 풀베기 표준지 조사야장(표준지 상세도 포함): 별지 제37호서식

13. 덩굴 제거 표준지 조사야장: 별지 제40호서식

14. 어린나무 가꾸기 표준지 조사야장: 별지 제41호서식

15. 현장 배치 확인표(시행령 제15조 및 시행규칙 제20조에 따라 설계자가 작성하고 발주청은 확인)

16. 그밖에 발주자가 용역계약 시 요구하는 사항

③ 실시설계도 · 서에는 책임기술자가 서명 날인을 하여야 한다.

④ 실시설계자는 발주자가 요청할 경우 사업시행자와 감리자를 대상으로 실시설계의 방향, 작업 요령, 작업 시 주의사항 등에 관한 교육과 현장 설명을 하여야 한다.

제14조(실시설계의 확정 · 변경)

① 실시설계자는 실시설계가 완료되기 전에 감리자의 사전의견을 검토 후 이를 설계에 반영하여 확정하여야 한다.

② 실시설계가 확정된 후 설계를 변경하는 경우에는 그 절차 및 기준은 「국가를 당사자로 하는 계약에 관한 법령」 및 「지방자치단체를 당사자로 하는 계약에 관한 법령」과 "계약 조건" 등에 근거하여 발주자가 변경하여야 한다.

숲 가꾸기 지침(3장 선목)

● 숲 가꾸기 설계·감리 및 사업시행 지침 [시행 2021. 8. 9.] [산림청훈령 제1502호]

제3장 선목

제15조(선목의 대상 등) 선목의 대상은 다음의 각호와 같다.

1. 미래목 선목

2. 제거 대상목 선목

제16조(선목의 시기 · 절차)

① 선목 작업을 착수하기 전에 감독자와 감리자는 선목자의 자격을 확인하여야 한다.

② 선목사업이 완료된 후에 숲 가꾸기 사업을 착수하여야 한다. 다만, 선목 사업량 및 사업기간 등으로 인하여 숲 가꾸기 사업실행에 차질이 예상될 경우 선목 사업을 임 · 소반별로 부분 완료된 지역에 한하여 숲 가꾸기 사업을 착수할 수 있다.

③ 설계 · 감리용역을 시행하고자 하는 경우에는 다음의 각호에 따라 선목을 실시한다.

1. 실시설계자는 사업계획, 계약사항에 의거 선목량 등을 결정하여 실시설계에 반영하여야 한다.

2. 선목 사업시행자는 실시설계에서 정한 선목의 방식과 수량을 따라야 한다.

3. 감리자는 실시설계에 따라 선목량, 선목의 품질 등을 확인하고 감리보고서를 제출하여야 한다.

4. 감독자는 감리자가 제출하는 선목 예비(부분)사업 완료검사결과보고서를 검토 · 확인한 후에 완료검사를 하여야 한다.

④ 설계 · 감리용역을 실행하지 않은 선목 대상지의 경우에는 사업계획 또는 선목 사업 발주 시 계약에 따른다.

⑤ 선목과 숲 가꾸기를 분리하여 발주하였을 경우에는 선목 사업시행자는 제21조의 규정에 의한 관련 서류와 발주자가 요구하는 사항을 제출하여야 한다.

제17조(선목의 자격)

① 선목을 수행할 수 있는 자는 다음의 각호와 같다.

1. 임업직 · 녹지직 공무원

2. 설계 · 감리 용역을 수행할 수 있는 업체(선목 사업시행 대상지의 감리용역 수행업체는 제외한다.)

3. 사업시행자

4. 기능인영림단(국유림에 한한다.)

5. 산림조합중앙회 또는 산림조합의 산림경영지도원 중 숲 가꾸기 사업 실무경력이 2년 이상인 자

6. 독림가, 임업후계자(실제로 소유하거나 경영하는 산림을 선목할 경우에 한한다.)

② 제1항의 제2호부터 제4호까지에 해당하는 자는 시행령 제10조제1항의 [별표 3]에 의한 산림경영기술자 중 기술초급 이상에 해당하는 자 1인 이상을 보유하고 직접 선목 작업을 수행하여야 한다.

제18조(선목의 내용) 선목의 경우 다음의 각호에 따라 표식하여야 한다.

1. 지속 가능한 산림자원 관리지침과 사업계획(기본설계), 실시설계 또는 계약사항에서 정한 미래목, 제거 대상목의 기준과 수량을 충족하도록 선목하여야 한다.

2. 선정된 미래목 또는 제거 대상목은 지속 가능한 산림자원 관리지침에 따라 표식하여야 한다.

3. 제거 대상목 선목은 가슴높이 지름 10cm 이상인 나무만을 대상으로 친환경성 수성페인트(적색) 또는 임업용페인트(적색)를 사용하여 확연히 구분가능하게 표식한다.

4. 미래목 선목 시 경관을 고려할 필요가 있는 지역은 나무의 뒤쪽에 원형 표식 등과 같은 다른 방법으로 표식할 수 있다.

숲 가꾸기 지침(4장 사업시행)

● 숲 가꾸기 설계·감리 및 사업시행 지침 [시행 2021. 8. 9.] [산림청훈령 제1502호]

제4장 사업시행

제19조(현장대리인)

① 현장대리인은 시행령 제10조제1항 [별표 3]의 자격요건을 갖추고 사업시행자에 소속된 기술자 중에 다음 각호의 어느 하나에 해당하는 자를 선임하여 이를 발주자에게 보고하여야 한다.

　1. 기술초급 이상 산림경영기술자

　2. 해당 업무 실무경력이 2년 이상인 기능2급 이상 산림경영기술자(국유림만 해당한다)

② 현장대리인으로 임명된 자는 숲 가꾸기 사업시행 전반에 대하여 사업계획(기본설계), 실시설계 도·서 및 계약사항에 따라 작업을 성실히 수행하여야 한다.

③ 사업시행자는 다음 각호의 기준에 따라 현장대리인을 당해 사업의 착수와 동시에 배치하여야 한다.

　1. 600ha 이하 사업장: 현장대리인 1인 이상

　2. 600ha 초과 사업장: 현장대리인 2인 이상

④ 제3항 제1호의 기준에도 불구하고 사업시행자는 사업의 품질 및 안전에 지장이 없고 전체 사업 장의 규모가 600ha를 초과하지 않는 범위 내에서 다음 각호의 어느 하나에 해당하는 경우 발주 자의 승낙을 받아 3개 이내의 사업장을 통합하여 1인의 현장대리인을 배치할 수 있다.

　1. 사업장이 동일 특별시·광역시에 위치하는 경우

　2. 사업장이 동일 시·군에 위치하는 경우

　3. 사업장이 제주특별자치도에 위치하는 경우

⑤ 현장대리인이 부득이 사업장을 이탈하고자 하는 경우 별지 제21호 서식에 따라 감리원 또는 감독자의 승인을 받아야 하며, 제4항에 따라 1인의 현장대리인이 복수의 사업장에 배치된 경우 현장대리인은 사업장 간 이동 시 안전사고 등 사업 현장관리에 필요한 조치를 취하여야 한다.

⑥ 숲 가꾸기 사업시행 시 발생하는 모든 사고, 피해 및 하자는 사업시행자가 부담하여 처리하여야 한다.

제20조(작업원)

① 솎아베기를 수반하는 숲 가꾸기 사업은 전체 작업인원의 50% 이상이 산림경영기술자 기능2급 이상이어야 하며, 그 외 숲 가꾸기 사업은 전체 작업인원의 30% 이상이 산림경영기술자 기능2급

이상이어야 한다. 다만, 산주, 독림가와 임업후계자가 직접 실행 사업으로 솎아베기를 수반하는 숲 가꾸기 실행 작업원은 산림경영기술자 기능2급 이상인 자가 전체 작업인원 중 30% 이상이어야 한다.

② 제1항에 따른 산림경영기술자 기능2급 이상의 참여비율은 감독자와 감리원의 확인을 받아 세부 작업공정 및 작업기간별로 구분하여 적용할 수 있다.

③ 감독자와 감리원은 제1항에 따른 작업원이 계약 당시의 구성원과 동일한 지를 수시로 점검하여야 한다.

④ 작업원을 교체할 경우에는 감리원을 경유하여 감독자에게 통보하고 동의를 받아야 한다.

⑤ 감독자는 사업 착수 및 작업원 교체 시에 현장대리인, 작업원의 인적사항과 자격정보를 숲 가꾸기 작업원 관리 전산시스템에 등록하여 타지역 사업장과의 이중등록 여부 및 자격정보를 확인하여야 한다.

제21조(관련서류)

① 사업시행자는 숲 가꾸기 작업을 착수하기 전에 다음의 각호를 포함하는 사항을 감독자를 경유하여 발주자에게 제출하여야 하며, 발주자는 감리자에게 착수계 제출 내역을 통보하고 검토를 요청할 수 있다. 또한 발주자는 관련법에 따라 필요한 사항에 대해서는 승인 또는 확인 조치를 해야 한다.

1. 착수계: 별지 제15호서식

2. 작업계획서: 별지 제16호서식(장비 · 인력 투입계획 등)

3. 작업원 운영계획서: 별지 제17호서식(현장대리인 선임 및 재직증명, 작업원의 명단 및 자격 증명 등)

4. 안전관리계획서: 별지 제18호서식(시행령 제16조에 따라 사업시행자가 수립하고 발주청은 승인)

5. 현장 배치 확인표(시행령 제15조 및 시행규칙 제20조에 따라 사업시행자가 작성하고 발주청은 확인)

6. 그밖에 발주자가 요구하는 사항

② 사업시행자는 숲 가꾸기 사업시행 중 제출한 제1항 제2호부터 제4호까지의 내용 변경 사유가 발생하였을 경우에는 변경 사유를 감리원과 감독자를 경유하여 발주자에게 제출하여야 한다.

③ 사업시행자는 숲 가꾸기 사업시행이 완료된 후에 다음의 각호를 포함하는 사항을 감독자를 경유하여 발주자에게 제출하여야 하며, 발주자는 감리자에게 완료계 제출 내역을 통보하고 검토를 요청할 수 있다.

1. 완료계: 별지 제19호서식

2. 사업완료 검사신청서: 별지 제20호서식

3. 현장대리인 근무상황부: 별지 제21호서식

4. 사업 전 · 중 · 후 각각 동일 장소 및 동일 방향에서 촬영한 사진자료 및 사진이 저장된 전자기록매체(CD 등)

5. 안전교육일지: 별지 제23호 서식

6. 완료도면: 별지 제36호 서식

7. 안전점검에 관한 종합보고서(시행규칙 제21조에 따라 작성하여 제출)

8. 그밖에 발주자가 요구하는 사항

제22조(일정관리)

① 사업시행자는 계약서에 명기된 기간 내에 작업을 완료하기 위하여 작업계획서에 따라 사업을 시행하여야 한다.

② 사업시행자는 천재지변 등으로 인하여 계약기간 연장이 필요할 시 수정된 사업시행예정표, 연기사유 등을 첨부하여 감리원과 감독자를 경유하여 발주자에게 서면으로 계약기간 연장을 신청할 수 있다.

③ 감독자 및 감리자는 각 세부공정별 주요 업무, 기술력이 요구하는 공정, 하자 발생이 우려되는 공정 등에 대하여 점검 리스트를 작성하여 수시점검을 실시할 수 있다.

제23조(품질관리)

① 사업시행자는 설계상의 대상면적과 사업량이 현장과 차이가 생길 경우에는 감리자와 합동으로 현장 확인 · 검토를 하여야 한다.

② 제1항의 규정에 따라 현장 확인 · 검토 결과를 감독자에게 즉시 보고하고 감독자의 지시에 따라 설계변경 등의 적절한 조치를 취하여야 한다.

③ 사업이 부실하여 감독자 또는 감리원이 재작업을 지시할 경우에는 사업시행자는 지시 내용에 따라야 하며, 감리원은 작업결과를 확인하고 지적사항의 이행 여부를 감독자에게 보고하여야 한다.

④ 사업시행자는 작업과정을 동일한 장소에서 전 · 중 · 후 및 원 · 근경으로 촬영한 사진을 제출하여야 한다.

⑤ 사업시행자는 현장에 별지 제22호서식에 의거 작업일지를 기록하여 비치하고 감리원 및 감독자가 요구할 경우 제출하여야 한다.

제24조(안전관리)

① 작업원의 안전에 관한 제법규의 운영과 적용은 사업시행자의 책임하에 이루어지고 전 작업원의 모든 행위에 대한 책임은 사업시행자가 진다.

② 사업시행자는 발주자에게 제출한 안전관리계획서에 따라 다음의 각호를 포함하여 관련 법규에 따라 안전관리에 관한 조치를 하여야 하며, 안전교육을 실시한 경우 별지 제23호서식에 의거 안전교육 일지에 기록 · 비치하여야 한다.

1. 작업원 등 작업장에 들어가는 자에 대한 품질인증 기관으로부터 인증받은 안전장비 착용여부의 확인

2. 유류, 체인톱 등 각종 위험물의 사용법 교육

3. 안전사고 예방을 위하여 통행자 또는 작업원의 작업장내의 이동에 관한 교육 또는 호루라기 등의 소지 여부 점검

4. 구급낭 등 응급조치에 필요한 약제 비치

5. 그 밖의 안전관리에 필요한 사항이나 계약에서 제시된 사항

③ 숲 가꾸기 작업장 내 또는 인근지역을 차량 및 사람이 안전하게 통행할 수 있도록 사업시행 기간 중에 별지 제24호서식의 간이 입간판을 설치하여야 한다.

④ 산재보험 등 보험가입내역, 안전관리비 사용내역서와 안전 점검표, 안전교육일지 등을 작업현장에 비치하여야 한다.

⑤ 사업시행자는 사업시행 중에 일어나는 모든 안전사고를 감리자와 감독자에게 즉시 보고하고 필요한 조치를 하여야 한다.

⑥ 산업안전보건관리비는 숲 가꾸기 목적 외 사용을 금하고, 작업원에 대한 안전장구류 지급을 위한 목적으로 사용하였을 경우 반드시 등록된 작업원에게 지급되었는지 여부를 확인 후 정산처리 하여야 한다.

제25조(재해관리)

① 작업장 및 주변의 산림에 대한 산불예방활동을 철저히 하여야 하며, 산불 발생 시 진화에 적극 참여하여야 한다.

② 작업장에 인접해 있는 수리시설 및 농작물에 지장이 없도록 사업을 시행하여야 한다.

③ 사업시행자는 작업 중에 산림병충해 피해목으로 의심되는 나무(감염목 등)가 있을 시는 즉시 감리원 및 감독자에게 보고를 하고 지시에 따라 처리하여야 한다.

④ 사업시행자는 숲 가꾸기 산물을 수집하기 위하여 시설한 작업로 등이 산사태와 침식 발생이 되지 않도록 배수시설 등 예방조치를 하여야 한다.

제26조(작업장 관리) 사업시행자는 작업이 완료되었을 경우 완료검사 이전에 다음의 각호에 대한 조치를 하여야 한다.

1. 작업장 내 소로길(작업 전에 개설된 사람의 이동 통로)은 이동에 지장을 주는 산물을 정리하여 통행에 지장을 주지 않도록 하여야 한다.

2. 작업 중 발생한 폐유·폐자재 및 작업기자재는 전량 수거하여 지정된 업체에 폐기 처분하여야 한다.

3. 작업장 주변에 훼손된 산림보호 홍보물, 현수막 등 철거가 필요한 것은 수거하여 처리하여야 한다.

4. 작업장 내 묘지 주변은 숲 가꾸기 산물로 인하여 피해가 발생하지 않도록 정리하여야 한다.

5. 작업로는 강우 등 기상재해로부터 피해가 없도록 적절한 조치를 취하여야 한다.

6. 그밖에 감리원, 감독자 등의 지시사항과 사업시행으로 인하여 민원이 발생 될 수 있는 사항

숲 가꾸기 지침(5장 감리)

● 숲 가꾸기 설계·감리 및 사업시행 지침 [시행 2021. 8. 9.] [산림청훈령 제1502호]

제5장 감리

제27조(감리의 대상 등)

① 실시설계를 용역으로 시행하였을 경우에는 감리를 실시하여야 한다. 다만 50만제곱미터 이상의 솎아베기를 수반하지 않는 산림청 소관 국유림의 숲 가꾸기 사업은 실시설계를 용역으로 시행했을 경우에도 필요에 따라 감리를 생략하고 감독공무원의 현장관리로 대체할 수 있다.

② 국가 또는 지방자치단체의 보조 또는 지원을 받아 50ha 미만의 숲 가꾸기로서 산주가 직접 시행하는 사업에 대해 지방자치단체의 장이 숲 가꾸기 품질 향상을 위해 필요할 경우 위탁감리자를 지정하여 관리 · 감독하도록 할 수 있다.

③ 감리의 표준지 조사 방법 및 보존관리 등에 대하여는 「지속 가능한 산림자원 관리지침」 IV-2. 감리 표준지(용역으로 수행)의 조사 · 관리에 따른다.

제28조(감리의 시기)

① 실시설계 용역 완료 전에 실시설계 내용을 감리자가 사전 검토할 수 있도록 감리자를 선정하여야 한다.

② 제9조제1항에 따라 전년도에 실시설계를 실행한 경우에는 사업실행 이전에 감리용역을 체결하고, 감리자로부터 실시설계도 · 서에 대한 검토의견을 별지 제25호서식에 의거 제출받아 필요한 조치를 하여야 한다.

③ 발주자는 실시설계자로부터 제출받은 작업지시도 및 사업대상지(실행)내역서 등 관련자료를 감리자에게 제공할 수 있다.

제29조(감리원)

① 감리용역 수행자는 감리원의 업무를 수행할 수 있는 자격을 갖춘 자를 선정하여 발주자에게 보고하여야 한다.

② 감리원은 작업의 품질이 불량할 경우, 실시설계도 · 서대로 작업이 되지 않을 경우 또는 안전상 필요한 경우에는 사업시행자에게 시정 또는 작업 중지를 명하거나 작업원의 재교육 또는 교체를 요구할 수 있다.

③ 제2항에 따른 감리원의 요구사항에 대하여 사업시행자가 적절한 조치를 취하지 않을 경우에 책임은 사업시행자에게 있으며, 감리원은 감독자에게 즉시 보고하여 필요한 조치를 취하여야 한다.

제30조(감리의 내용) 감리자는 사업시행 중 해당하는 시점에서 다음의 각호에 해당하는 보고서를 작성하여 감독자를 경유하여 발주자에게 제출하여야 하며, 발주자는 관련법에 따라 필요한 사항에 대해서는 확인 조치를 해야 한다.

1. 실시설계 사전검토 보고서: 별지 제25호서식

2. 선목 예비(부분)사업 완료검사결과 보고서: 별지 제26호서식

3. 중간감리보고서: 별지 제27호서식

4. 감리일지: 별지 제28호서식

5. 예비사업완료검사 결과보고서: 별지 제29호서식

6. 사업대상지(실행)내역서: 별지 제12호서식

7. 필지별세부실행내역서: 별지 제30호서식

8. 감리완료보고서: 별지 제31호서식

9. 임ㆍ소반별 사업시행 조사표: 별지 제32호서식

10. 감리표준지 조사보고서: 별지 제33호서식

11. 소반별 작업확인 조서: 별지 제34호서식

12. 감리표준지 배치도 등: 별지 제35호서식

13. 완료도면: 별지 제36호서식

14. 풀베기 표준지 조사야장(표준지 상세도 포함): 별지 제37호서식

15. 조림목 피해율 조사 결과보고서: 별지 제38호서식

16. 조림지 활착률 조사 결과보고서: 별지 제39호서식

17. 덩굴 제거 표준지 조사야장: 별지 제40호 서식

18. 어린나무 가꾸기 표준지 조사야장: 별지 제41호서식

19. 감리 표준지 조사 등 예비사업 완료검사를 위한 사업장 확인 시 측정한 GPS 트랙도면

20. 현장 배치 확인표(시행령 제15조 및 시행규칙 제20조에 따라 작성하고 발주청은 확인)

21. 사업시행자 착수 검토 보고서

22. 사업실행 내역 및 공간정보의 시스템 등록확인서: 별지 제42호서식

23. 그밖에 발주자가 용역계약 시 요구하는 사항

숲 가꾸기 지침(6장 완료)

● 숲 가꾸기 설계·감리 및 사업시행 지침 [시행 2021. 8. 9.] [산림청훈령 제1502호]

제6장 완료

제31조(실시설계 용역의 완료)

① 실시설계자는 감리자의 실시설계 사전검토를 위하여 계약기간의 9할 이전까지 설계를 완료하고 문서로 감리자와 감독자에게 사전검토를 요청하여야 한다.

② 감리자는 실시설계자로부터 실시설계의 작성 완료를 통보받았을 경우에는 제30조제1호에 따라 실시설계 사전검토 보고서를 작성하여 발주자에게 제출하여야 한다.

③ 발주자는 감리자의 실시설계 사전검토 보고서를 참고하여 필요할 경우 실시설계자로 하여금 실시설계도·서의 보완을 요구할 수 있다.

④ 실시설계자는 발주자가 요구하는 사항을 보완한 후에 제13조제2항에 따른 실시설계도·서와 이를 포함한 전자기록매체(CD 등), 용역계약 시 과업 지시 사항을 발주자에게 제출하여 완료검사를 받아야 한다.

제32조(사업시행 완료)

① 선목 및 숲 가꾸기 사업시행자는 감리자의 예비사업완료검사를 위하여 계약기간의 9할 이전까지 작업을 완료하고 문서로 예비사업완료검사를 감리자와 감독자에게 요청하여야 한다.

② 감리자는 선목 또는 숲 가꾸기 사업시행자로부터 예비사업완료검사를 요청받았을 경우에는 예비사업완료검사를 실시하고 그 결과에 대해 예비사업완료검사 결과보고서를 작성하여 발주자에게 제출하여야 한다.

③ 발주자는 예비사업완료검사 결과보고서를 참고하여 필요할 경우에는 선목 또는 숲 가꾸기 사업시행자로 하여금 시정·보완하도록 조치하여야 한다.

④ 선목 또는 사업시행자는 제3항에 따라 필요한 조치를 완료한 후에 제21조제3항에 따른 관련서류와 이를 포함한 전자기록매체(CD 등), 용역계약 시 발주자가 요구한 사항을 발주자에게 제출하고, 완료검사를 받아야 한다.

⑤ 작업시간 또는 숙련도 등을 감안하여 작업완료기간의 2/3를 경과하여 작업이 완료될 때는 발주자는 이를 인정할 수 있다.

⑥ 발주자 또는 관리기관은 사업시행이 완료된 때는 숲 가꾸기 통계 및 산림경영정보 데이터베이스 구축을 위해 별지 제12호 및 제36호서식에 따라 숲 가꾸기 관리대장(사업대상지(실행)내역서) 및 숲 가꾸기 관리도(준공도면)를 연도별로 작성 비치하여야 한다.

제33조(감리 용역의 완료)

① 감리자는 감리가 완료되었을 경우 제30조에 따른 서류와 이를 포함한 전자기록매체(CD 등), 사업실행내역 및 공간정보의 시스템 등록확인서, 용역계약 시 발주자가 요구한 사항 등을 포함하여 최종감리완료보고서를 발주자에게 제출하여야 한다. 다만, 숲 가꾸기 설계·감리를 용역으로 실행하지 않을 경우의 사업실행내역 및 공간정보의 시스템 등록은 관리기관이 직접 수행한다.

② 발주자는 용역계약서 및 과업지시서 등에 따라 감리용역이 이행되었는지를 확인하고 완료처리를 하여야 한다.

숲 가꾸기 품셈 적용 기준

● 숲 가꾸기 설계·감리 및 사업시행 지침 별표 1 [시행 2021. 8. 9.] [산림청훈령 제1502호]

1 수량의 계산법

① 면적의 계산은 보통 수학공식 외에 좌표면적계산법 · 삼사법 · 프라니미터(Planimeter) 또는 전자면적계산 등에 의한다. 다만, 프라니미터를 사용할 경우에는 3회 이상 측정하여 그 중 정확하다고 생각되는 평균값으로 한다.

② 수고의 계산은 임분수고의 최젓값과 최곳값을 측정한 후 평균을 산정하여 임분 수고의 범위를 분모로 하고 평균 수고를 분자로 하여 표시한다(예 15 / 10~20).

③ 경급의 계산은 입목 가슴높이지름의 최젓값과 최곳값을 2cm 단위로 측정한 후 평균값을 산정하여 입목 가슴높이지름의 범위를 분모로, 평균 가슴높이지름을 분자로 표시한다. (예 20 / 14~26)

④ 총 축적의 계산은 다음과 같다.

    ㉠ 측정 대상입목: 가슴높이지름 6cm 이상의 입목으로 한다.

    ㉡ 가슴높이지름 측정부위: 지상고 120cm위치의 직경을 말하며, 2cm 괄약으로 측정한다 (8cm=7cm 이상 9cm 미만, 10cm=9cm 이상 11cm 미만….).

    ㉢ 수고측정: m 단위로 측정하고, m 이하는 반올림한다.

    ㉣ 조사 방법은 전수조사와 표준지조사로 한다.

전수조사	• 소반 내의 모든 입목을 대상으로 가슴높이지름과 수고를 측정하여 수종별 입목간재적표를 이용하여 입목별로 단목재적을 구한 후 전체 재적을 산출한다.
표준지조사	• 1개 표준지의 최대 크기는 0.04ha 이하로 한다. • 가슴높이지름은 2cm 괄약으로 수종별로 측정하여 기록한다. 다만, 6cm 미만은 측정하지 아니한다. • 수고는 직경급별로 평균수고를 산출한다. • 표준지 내에서 측정된 입목의 평균 가슴높이지름과 평균 수고를 통하여 표준지 내 재적을 구한 후 이를 기준으로 전 재적을 산출한다.

2 노임단가

① 숲 가꾸기 사업 부문의 노임단가는 대한건설협회 조사·공표하는 시중노임단가를 적용한다.

② 설계·감리부문의 노임단가는 한국엔지니어링진흥협회에서 조사·공표하는 기타 부문의 엔지니어링 기술자 노임단가를 적용한다.

③ 선목 사업의 노임단가 중 보통 인부는 대한건설협회 조사·공표하는 시중노임단가로 하고, 초급기술자는 기타 부문의 엔지니어링 기술자 노임단가를 적용한다.

3 노무비의 할증

연장근로와 야간근로 또는 휴일근로의 경우에는 근로기준법(제56조), 유해위험 작업인 경우에는 산업안전보건법(제46조), 도서(제주도 포함), 오지지역 및 기능 자격자를 특별히 사용하는 경우에는 국가를 당사자로 하는 계약에 관한 법률 시행규칙(제7조2항)에 정하는 바에 따라 노무비를 할증하여 적용한다.

4 재료 및 자재단가

① 재료 및 자재의 단가는 거래실례가격 또는 통계법 제15조의 규정에 의한 지정기관이 조사하여 공표한 가격, 감정가격, 유사한 거래실례가격, 견적가격을 기준하며, 적용순서는 국가를 당사자로 하는 계약에 관한 법률 시행규칙 제7조의 규정에 따른다.

② 재료 및 자재단가에 운반비가 포함되어 있지 않은 경우 구입 장소로부터 현장까지의 운반비를 계상할 수 있다.

5 할인·할증의 적용

① 품의 할인·할증은 각 단위 작업종별로 표준품셈에서 정한 할증요소를 적용한다. 단, 재료비의 경우는 할인·할증요소를 적용하지 않는다.

② 중복가산 요령

$$W = P \times (1 + a1 + a2 + a3 + \cdots\cdots + an)$$

- W: 할증이 포함된 품(소요인력)
- P: 기본품 또는 각장 해설란의 필요한 증·감 요소가 감안된 품
- a1~an: 품 할증요소

6 금액의 단위 표준

종목	단위	지위(止位)	비고
설계서의 총액	원	1,000	미만 버림
설계서(일위대가)의 소계	〃	1	〃
설계서(일위대가)의 금액란	〃	1	〃
단가산출서의 금액란	〃	1	〃

7 설계 및 감리용역 원가 작성기준

① 실시설계 및 감리용역의 원가(대가) 산출 및 적용기준은 산업통상자원부 공고인 "엔지니어링사업대가의 기준"에 의한 실비정액가산 방식에 따른다.

② 단, 제경비, 기술료의 적용요율은 엔지니어링사업대가 기준의 적용 범위를 참고하여 본 품셈에서 정한 다음 요율을 적용한다.

제경비	기술료
직접인건비의 110%	직접인건비에 제경비를 합한 금액의 20%

8 숲 가꾸기 사업 원가 작성기준

① 선목 및 기타 사업시행에 대한 원가계산은 기획재정부 계약예규인 예정가격 작성기준에 따른다.

② 작업현장에서 산업재해 및 건강장해 예방을 위하여 관계법령(산업안전보건법)에 의거 요구되는 산업안전보건관리비는 건설공사에 준하여 별도 계상한다.

③ 보험료의 적용사항은 기획재정부 계약예규와 관련 법령 및 규정에 따르며 기타 비목별 적용기준은 다음과 같다. 다만, 국민건강·국민연금보험료의 적용요율은 관계법령이 정하는 적용기준에 따른다.

④ 원가 구성 비목별 적용기준

비목		구분	적용 기준		
			적용 방법	요율	적용 기준
순공사원가	재료비	직 접 재 료 비	주재료비+잡품		숲 가꾸기 품셈 적용기준
		간 접 재 료 비			
		소　　　계			
	노무비	직 접 노 무 비			숲 가꾸기 품셈 적용기준
		간 접 노 무 비	(직접노무비)×율		조달청 원가계산 제비율 적용기준(조경공사) 적용
		소　　　계			

<table>
<tr><td colspan="3">비목 \ 구분</td><td colspan="3">적용 기준</td></tr>
<tr><td colspan="3"></td><td>적용방법</td><td>요율</td><td>적용 기준</td></tr>
<tr><td rowspan="11">순공사원가</td><td rowspan="10">경비</td><td>기 계 경 비</td><td>기계손료×장비단가</td><td></td><td>숲 가꾸기 품셈 적용기준</td></tr>
<tr><td>산 업 재 해 보 상 보 험 료</td><td>(노무비: 직노+간노)×율</td><td></td><td>사업종류별 산재보험료율 적용</td></tr>
<tr><td>고 용 보 험 료</td><td>(노무비)×율</td><td></td><td rowspan="4">관련 법령의 보험요율 적용</td></tr>
<tr><td>국 민 건 강 보 험 료</td><td>(직접노무비)×율</td><td></td></tr>
<tr><td>국 민 연 금 보 험 료</td><td>(직접노무비)×율</td><td></td></tr>
<tr><td>노 인 장 기 요 양 보 험 료</td><td>(건강보험료)×율</td><td></td></tr>
<tr><td>산 업 안 전 보 건 관 리 비</td><td>(재료비+직접노무비)×율</td><td></td><td>건설업산업안전관리비계상 및 사용기준 적용 (특수 및 기타건설업)</td></tr>
<tr><td>기 타 경 비</td><td>(재료비+노무비)×율</td><td></td><td>조달청 원가계산 제비율 적용기준(조경공사) 적용</td></tr>
<tr><td>기 타 법 정 경 비</td><td></td><td></td><td>기타 법정경비 발생 시 적용</td></tr>
<tr><td>소 계</td><td></td><td></td><td></td></tr>
<tr><td colspan="2">일 반 관 리 비</td><td>(재료비+노무비+경비)×율</td><td></td><td>조달청 원가계산 제비율 적용기준(조경공사) 적용</td></tr>
<tr><td colspan="3">이 윤</td><td>(노무비+경비+일반관리비)×율</td><td></td><td>조달청 원가계산 제비율 적용기준(조경공사) 적용</td></tr>
<tr><td colspan="3">총 원 가</td><td></td><td></td><td></td></tr>
<tr><td colspan="3">부 가 가 치 세</td><td>(총원가)×율</td><td>10%</td><td>부가가치세법</td></tr>
<tr><td colspan="3">합 계</td><td>총원가+부가가치세</td><td></td><td></td></tr>
</table>

《참고》 관계법령이나 규정에서 정하는 요율 및 노임단가는 연도별 적용기준을 확인하여 반영

육림의사 결정

- 인위적으로 조성된 임분은 치수림, 유령림, 장령림, 성숙림의 단계로 발전하며, 각 생육 단계에 맞는 시업을 거쳐 최종적으로 수확한 후, 임분 조성을 위한 갱신이 이루어진다. 이와 같은 생육 단계에 적합한 시업 과정은 그 시업의 내용과 특성에 따라 크게 육림시업체계, 임분 전환시업체계, 갱신시업체계로 구분된다.

- 산림기술자는 숲 가꾸기 사업 시기를 결정하고, 솎아베기 작업 계획을 설정할 수 있어야 한다.

1 인공림

1) 숲 가꾸기 작업체계 구분

① 인공림의 육림시업체계는 생육 단계별로 식재 후 풀베기, 어린나무 가꾸기, 가지치기, 솎아베기 등의 작업이 연계되어 있으며, 임분 전환시업체계는 수종 전환, 목표 생산재 전환, 임분 구조 전환을 위한 작업체계이다.

② 갱신시업체계는 수확벌채와 미성숙 임분의 수확 후 후계림을 조성하는 체계이다.

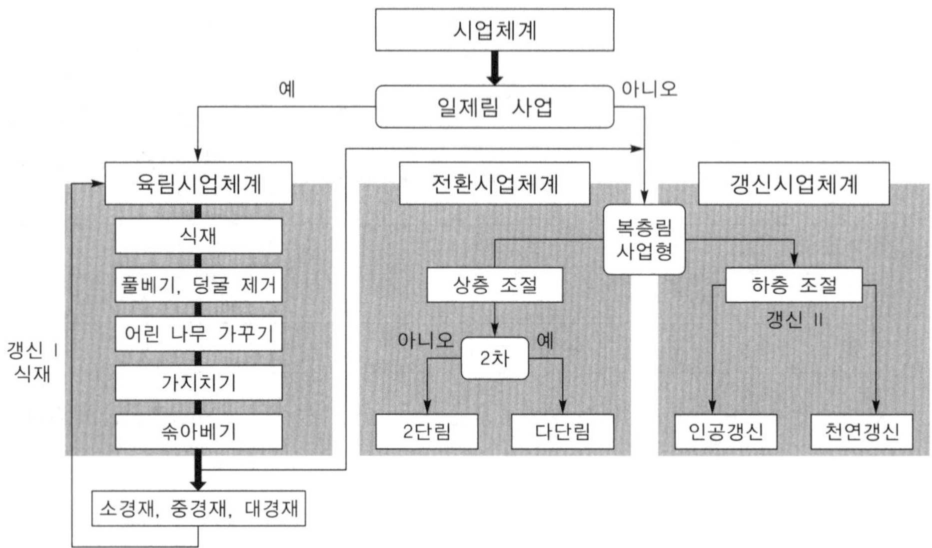

▲ 인공림 시업체계 의사결정 흐름도

2) 숲 가꾸기 작업 결정

① 숲 가꾸기 작업 체계는 목표에 따라 결정된다. 육림시업은 생육 단계에 적합한 기본적인 산림작업으로, 식재 후 풀베기, 어린나무 가꾸기, 가지치기, 솎아베기 등을 통해 경영 목표를 달성하기 위해 반드시 실시해야 하는 작업이다.

② 임분 전환시업은 숲의 구조 및 경영 목표 등을 변경할 때 이루어지며, 침엽수림에서 활엽수림으로의 전환, 소경재 생산에서 중경재 생산으로 전환, 중경재 생산에서 대경재 생산으로의 전환, 단층림 시업에서 복층림 시업으로의 전환 등을 위한 작업이다.

③ 갱신시업에는 수확기에 도달한 숲을 벌채하고 식재를 통해 후계림을 조성하는 체계(갱신 I)와, 수확 전에 새로운 식생을 도입하기 위해 갱신면을 조성하거나 식재를 통해 후계림을 조성하는 체계(갱신 II)가 있다.

2 천연림

1) 숲 가꾸기 작업체계 구분

① 인위적인 갱신 작업 없이 자연의 힘에 의해 조성된 천연림은 천연활엽수림, 천연침엽수림, 천연침·활 혼효림으로 구분된다.

② 활엽수림은 참나무류가 주수종이며, 침엽수림은 소나무가, 침·활 혼효림은 소나무와 참나무류가 주요 수종을 이룬다.

③ 천연림은 산림경영이 가능한 시업대상지와 산림경영이 법적 또는 자연 조건으로 제한된 시업제한지, 그리고 제지 등의 비시업대상지로 구분된다.

④ 시업대상지는 시업 가능한 천연림 보육 대상지와 임분 구조와 형질이 불량하여 정상적인 시업이 불가능한 보육부적지로 구분되며, 보육대상지에 해당하는 숲은 천연림 보육 작업지와 천연림 개량 작업지이다.

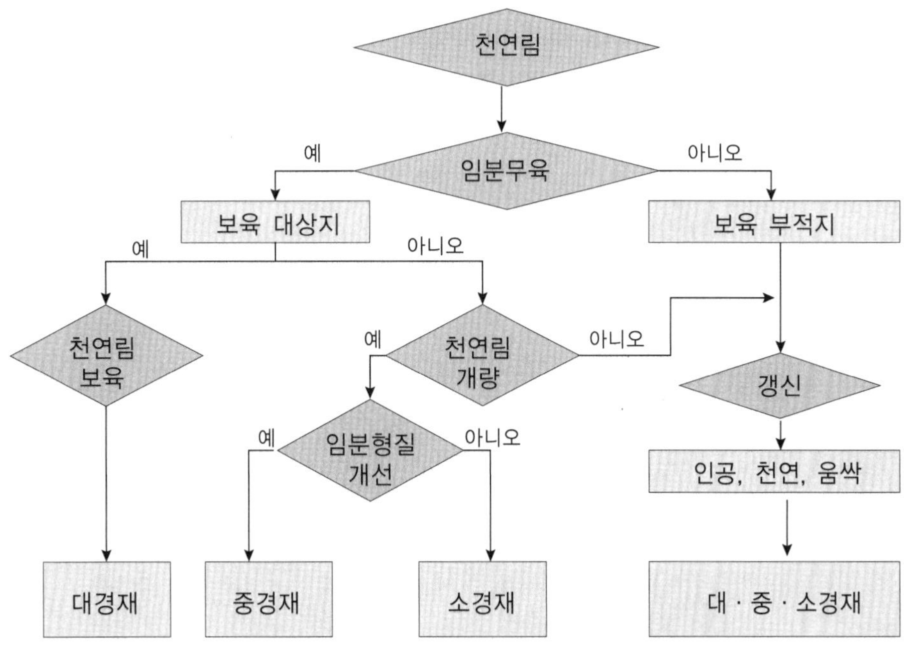

▲ 천연림 시업체계 의사결정 흐름도

2) 숲 가꾸기 작업 결정

① 천연림 시업 기준은 생산 목표와 이에 따른 시업 가능 여부에 따라 결정된다(우량목의 개체 수와 임분 생장 기준). 다만 천연림은 임목 간 복잡한 경쟁이 이루어지기 때문에 정형화된 생장 유형을 제시하는 데는 어려움이 있다.

② 천연림 중 우량목이 ㏊당 200본 내외이고, 지위가 '중' 이상인 경우가 천연림 보육 대상 지로, 생산 목표는 대경재이다.

③ 천연림 보육 대상 임분의 생육 단계는 어린나무 가꾸기 단계와 솎아베기 단계로 구분된 다. 어린나무 가꾸기는 상층목 평균 수고가 8m에 도달할 때까지 2회 실시하며, 솎아베기 단계에서는 도태간벌을 실시하고, 작업 회수는 3회이다.

④ 천연림 개량 대상지도 1차 작업 후 임분 형질이 개선되어 천연림 보육 대상지 조건을 충 족하면 천연림 보육 작업을 실시할 수 있다. 임분 형질 개선이 미흡한 경우 중벌기 중경 재 생산 시업을, 형질 개선이 이루어지지 않은 경우 단벌기 소경재 생산이나 갱신 작업을 실시한다.

⑤ 우량 대경재는 천연림 보육 대상 임지에서 생산되며, 중경재와 소경재는 천연림 보육 시 솎아베기와 천연림 개량 과정에서 생산된다.

⑥ 보육 부적지는 갱신 대상지로서 인공 조림, 천연 갱신, 움싹 갱신을 실시한다. 갱신에는 입지에 적합한 다른 수종을 식재하는 수종갱신과 기존 임분의 수종을 유지하는 천연갱신 이 있으며, 맹아력이 높은 활엽수(주로 참나무류)의 경우 움싹갱신을 실시할 수 있다.

핵심 44 풀베기

- 조림목의 자람에 지장을 주는 잡초 또는 쓸모없는 관목을 제거하는 일을 풀베기 또는 밑깎기라고 한다.
- 풀베기는 토양 중의 수분과 양료쟁탈의 경쟁을 완화해서 조림목을 이롭게 한다.
- 잡초목이 무성해지면 조림목에 그늘이 지고, 광합성에 지장을 받아 성장이 느려지거나 죽게 된다. 또한 풀베기는 병해충이 발생하는데, 이로운 조건을 제거하여 조림지의 위생관리에 도움이 된다. 풀베기는 조림지준비(지존작업)와 숲 가꾸기(무육관리)의 단계에 따라 잘 구분하여야 한다.

1 물리적 풀베기

1) 풀베기 방법

① 전면깎기(모두베기)

- 조림지의 전면에 걸쳐 해로운 지상 식물을 깎아내는 방법이다.
- 땅 힘이 좋거나 조림목이 양수일 때 적용한다.
- 조림목에 가장 많은 양의 광선을 줄 수 있고, 지상식생의 피압으로 수형이 나빠지기 쉬운 양수에 적용한다.
- 소나무, 낙엽송, 삼나무, 편백, 해송, 리기다소나무 등에 적합한 방법이다.

② 줄깎기(줄베기)

- 조림목의 줄을 따라 해로운 식물을 제거하고, 줄 사이에 있는 풀은 남겨 두는 방법이다.
- 가장 많이 사용되는 방법이다.
- 조림목이 햇빛의 직사광선을 어느 정도 피할 수 있고, 바람에 대해서도 보호될 수 있으며, 비용도 절감할 수 있다.
- 기후가 거친 곳이나 음수의 조림지에 적용한다.
- 줄을 등고선 방향으로 잡는 횡조예(수평조예)와 줄을 산허리 경사에 따르는 종조예(경사조예)가 있는데, 일반적으로 경사조예를 많이 실시한다.

③ 둘레깎기(둘레베기)

- 조림목의 둘레를 약 1m의 지름으로 둥글게 깎아내는 방법이다.
- 조림목의 주변을 반경 50cm 내외의 정원형 또는 정방형으로 잘라내는 방법이다.
- 강한 음수나 바람과 추위가 심한 조림지에 적용되지만, 작업이 복잡하다.

- 줄깎기와 둘레깎기는 전면깎기에 비해 흙의 침식을 막는 작용을 하지만, 밀식조림지에는 적용이 힘들다.
- 군상식재를 하면 풀베기 면적이 50%~60% 줄어든다.

2) 풀베기 시기와 기간

- 풀베기작업은 보통 풀들이 왕성한 자람을 보이는 6~8월 중에 실시한다.
- 조림지 중 잡초목이 적은 곳은 7월에 한 번 실시하고, 잡초목이 무성한 곳은 6월과 8월에 두 차례 실시한다.
- 조림수종에 따라 생장시기가 서로 다르기 때문에 각 수종에 적합한 풀베기 시기를 선택할 필요가 있다.
- 한해 및 풍해의 위험성이 있는 지역에서는 9월 이후의 풀베기는 피하는 것이 좋다.
- 삼나무, 편백과 같이 겨울에 한해, 풍해가 예상되는 수종은 좀 일찍 실시하며, 겨울 동안 주위의 잡초에 의해 조림목이 보호를 받도록 하는 것이 좋다.
- 풀베기는 조림목이 그곳 잡초의 키보다 80cm 더 높게 될 때까지 계속한다.
- 일반적으로 낙엽송, 삼나무 등 어릴 때 생장이 빠른 수종은 3년간 실시하고, 잣나무, 전나무, 편백 등 어릴 때 생장이 느린 수종은 5년간 실시한다.

3) 풀베기 작업 횟수

- 비료를 준 조림지는 최소한 식재 당해와 이듬해까지는 연 2회의 풀베기가 필요하다. 1회의 풀베기 작업 기간은 불과 1개월 내외로 제한되므로, 대면적 조림지의 경우 풀베기 작업을 실행하기가 쉽지 않다. 풀베기 작업의 횟수와 적용 기간은 조림목의 수고생장량에 따라 결정하는 것이 가장 바람직하며, 수고가 초장의 약 1.5배에 이르거나 초장보다 60~80㎝ 정도 더 클 때까지 실시하는 것이 적합하다. 작업 횟수는 조림지의 입지 환경, 조림수종, 품종, 주변 식생 등의 영향을 받는다.
- 주요 수종별 적절한 풀베기 횟수는 상수리나무가 5회, 소나무류는 4~5회, 낙엽송은 5~8회, 전나무류가 8~10회, 잣나무는 10회 내외 정도가 적당하다. 또한, 잡초목이 심하게 번성하는 경우에는 1년에 2회 풀베기를 실시하며, 특히 양수는 주변 식생에 의해 피압되기 쉬우므로 다른 수종보다 우선하여 풀베기를 실시하는 것이 바람직하다.

2 화학적 제초(제초제)

① 화학약품인 염소산염제, mcp제, 피클로팜, 시마진, 파라콰트, 헥사지논 등의 제초제를 사용하는 방법이다.
② 조림목에 피해를 주게 되므로 거의 사용하지 않는다.

핵심 45 덩굴 제거

- 주로 인공림의 가장자리에서 각종 덩굴식물이 집단으로 발생한다. 덩굴식물은 조림목을 감고 올라가서 조림목에 피해를 주게 된다.

- 덩굴 제거는 풀베기와 제벌 작업 시뿐만 아니라, 이러한 작업이 끝난 후에도 덩굴이 발생하면 계속해서 실시해야 한다. 조림지에 많이 발생하는 덩굴류로는 칡, 다래, 머루, 사위질빵, 담쟁이덩굴, 노박덩굴, 으름덩굴, 댕댕이덩굴 등이 있다.

- 이 덩굴들은 수관을 덮어 나무의 생장에 지장을 줄 뿐만 아니라, 줄기를 감아 잘록하게 만들어 목재 가치를 낮추고, 바람에 의해 부러지기 쉽게 만드는 등의 피해를 초래한다.

- 특히 칡은 번식력이 강하고 생장력이 왕성하여 조림지에서 칡 제거 여부가 조림의 성공 여부와 직접적으로 관련된다. 칡은 뿌리가 굵고 길며 맹아력이 왕성하여 인력으로 물리적인 근절 작업을 하는 것이 어렵기 때문에 제초제를 사용하는 것이 효과적이다.

1 물리적 덩굴 제거

① 대상지에서는 화학 약제를 사용하여 덩굴을 제거할 경우 입목이나 임지, 야생 동·식물, 산림 이용객, 수자원 등에 피해가 예상되는 지역은 물리적인 방법으로 제거해야 한다.

② 작업 횟수는 작업 대상지의 덩굴 종류와 양을 고려하여 2~3회 실시하는 것이 적합하다.

③ 인력을 활용하여 덩굴의 줄기를 제거하거나 뿌리를 굴취하며, 칡뿌리 채취에는 칡 채취기나 동력식 칡뿌리 절단기 등을 활용할 수 있다. 또한, 친환경 비닐랩 밀봉 처리 방법을 통해 칡을 고사시키는 방법도 사용할 수 있다.

④ 조림지의 칡 제거는 조림목이 성장하여 임분이 울폐될 때까지 칡 줄기를 제거하는 방법과 뿌리를 굴취하는 방법이 있다. 칡뿌리 채취는 최근 개발된 발근식 칡 채취기를 사용하면 효과적이다.

2 화학적 덩굴 제거

① 대상지는 화학 약제를 사용하여 덩굴을 제거해도 입목이나 임지, 야생 동식물, 산림 이용객, 수자원 등에 피해가 없는 지역으로 선정한다.

② 작업 횟수는 대상지의 덩굴 종류와 양을 고려하여 2~3회 실시한다.

③ 작업 시에는 약제가 빗물이나 관개수 등에 흘러 조림목이나 다른 작물에 피해를 주지 않도록 주의하고, 약액이 땅에 흘러내리지 않도록 한다.

④ 약제 처리 후 24시간 이내에 강우가 예상될 경우 작업을 중지하며, 디캄바액제는 30℃ 이상의 고온에서 증발로 인해 주변 식물에 약해를 일으킬 수 있으므로 고온 시 작업을 피한다.

⑤ 사용한 처리 도구는 잘 세척하여 보관하고, 빈 병은 담당 공무원의 입회하에 지정된 장소에서 처리한다.

3 화학적 제거 방법

1) 디캄바액제 처리

① 제거 대상 식물은 칡, 아까시나무, 콩 등의 콩과식물을 비롯한 광엽(廣葉) 잡초에 적용한다.

② 작업 시기는 초본류 발생과 낙엽수의 잎이 피기 전인 2~3월 중에 실시하거나 낙엽이 진후 10~11월에 실시한다.

③ 대상임지는 조림목의 뿌리가 넓게 뻗지 않은 조림 후 1~3년이 경과된 임지에 실시하며 조림목이 큰 임지에서는 약액이 지면에 떨어지거나 흐르지 않도록 한다.

　㉠ 약제 주입기 사용

　　– 칡 줄기의 지름이 2cm 이상인 경우에는 줄기에 처리하고, 2cm 미만일 경우에는 주두부(主頭部) 중심부에 처리한다.

　　– 약제는 원액을 그대로 사용하며 지름이 2cm일 경우에는 0.2㎖, 5cm일 경우에는 0.5㎖를 주입하고 주두부에서 나온 줄기가 1개 이상일 때 가장 굵은 줄기 한 곳에만 처리한다.

　㉡ 약제 도포기 사용

　　– 칡의 주두부에서 10cm 이내 줄기에 도포하되 칡 줄기 2/3 둘레까지 도포한다.

　　– 도포 폭은 줄기지름의 2~3배 정도로 주두부에서 나온 모든 줄기에 처리한다.

　　– 칡의 줄기 마디에서 뿌리가 나온 경우 주두부 쪽 줄기에 도포한다.

　　– 약제도포기의 처리 약량은 제거 대상 덩굴의 굵기에 따라 0.05~0.5㎖로 한다.

2) 글라신액제 처리

① 일반적인 덩굴류에 적용할 수 있다.

② 작업 시기는 덩굴류의 생장기인 5~9월에 실시한다.

③ 약제 주입기나 면봉을 이용하여 주두부의 살아있는 조직 내부로 약액을 주입한다.

④ 약제 주입기의 1회 주입 약량은 덩굴의 크기에 따라 차이가 있으나 대개 본당 글라신액제 원액 0.3~1.0㎖ 정도를 1~2회 주사한다.

⑤ 면봉 사용 시 약제 원액에 15분 이상 침적시켜 제거 대상 덩굴에 송곳으로 1본당 2개 정도 구멍을 뚫고 각각 1개씩 꽂는다.

4 **기타 덩굴식물 제거 방법**

① 할도법

- 칡의 생장이 왕성한 여름철에 덩굴 줄기는 남겨둔 채 뿌리목 부분을 칼로 깊이 4~5cm 상처를 만들어 쪼개고, 그 안에 약제를 부어주는 방법이다.
- 약액을 붓고 난 다음, 그 위에 흙이나 낙엽을 덮어준다.
- 약제로는 글라신, 피크람(케이핀) 등

② 얹어두는 법

- 상처를 내지 않고 뿌리 주위의 단면에 약제를 발라주는 방법이다.
- 할도법에 비하여 일이 간단하고 시간이 절약되나, 효과는 떨어진다.
- 보통 칡의 발생량이 많을 때 이 방법을 쓴다.
- 약제로는 글라신, 염소산나트륨 등

③ 살포법

- 파라코, 글라신 등의 약제를 잎과 줄기에 뿌리는 방법이다.

④ 흡수법

- 칡의 몸 안에 약을 흡수시키는 방법이다. 근주의 수가 적은 칡을 제거하는 데 적용된다.
- 목질화한 굵은 덩굴 줄기 1~2개를 60cm 정도 남겨서 자르고 끊어진 줄기의 끝을 약병 속에 넣어 흡수시킨다.
- 약제로는 염소산나트륨 등을 사용한다.

5 **일반적인 제초제 사용법**

① 경엽 살포: 약제를 희석하여 줄기와 잎에 뿌려 잡목을 죽이는 방법이다.

② 수피 처리: 제초제를 땅 표면 근처의 줄기에 뿌리면 표피를 통하여 흡수시켜 잡초를 죽이는 방법이다.

③ 줄기 주입: 나무 상처 부위를 통하여 제초제를 흡수시켜 잡목을 제거하는 방법이다.

④ 그루터기 처리: 잡목을 자르고 난 뒤에 그루터기에 제초제를 처리하여 새싹이 나오는 것을 방제하는 방법이다.

⑤ 토양처리: 토양에 제초제를 살포하여 목본형 식물을 방제하는 방법이다.

어린나무 가꾸기 - Ⅰ

- 조림목이 임관을 형성한 뒤부터 솎아베기 전까지 침입 수종의 제거를 주로 하고, 자람과 형질이 매우 나쁜 조림목을 제거하는 작업을 어린나무 가꾸기라고 한다.

- 조림지를 정리한다고 하여 cleaning cut, 침입 수종 또는 형질이 나쁜 나무를 제거하게 되므로 제벌이라고 한다. 이후에 남길 나무는 수형을 다듬는 가지치기를 실시하고, 주변의 경쟁목은 제거한다.

- 어린나무 가꾸기의 목적은 임목, 특히 어린나무가 잘 자라도록 하여 임분 전체의 형질을 향상시키는 데 있다. 작업과정에서 불량목과 불량 품종을 제거하게 된다.

작업 전

작업 후

▲ 어린나무 가꾸기 작업 방법

1 작업 시기

어린나무 가꾸기는 다음과 같은 시기를 선택하여 실시한다.

① 어린나무 가꾸기는 6월에서 9월 사이에 실시하는 것을 원칙으로 하며, 늦어도 11월 말까지는 완료하도록 한다.

② 방해가 되는 나무를 제거한 후, 그루터기에서 발생하는 맹아는 억제한다.

③ 잡목 등으로 인해 조림목 생장이 방해되기 시작하는 시점에 1회 실시하며, 이후에도 생장에 방해가 발생할 때마다 반복하여 실시한다.

④ 어린나무 가꾸기를 시작하는 시기는 일반적으로 임관 경쟁이 시작되고 조림목의 생육이 저해된다고 판단될 때 적합하다. 이는 풀베기 방법, 나무의 생장 상태, 침입 식물의 종류와 생육 상태에 따라 달라질 수 있다.

⑤ 작업은 가급적 초가을까지 완료하도록 하며, 겨울철에 작업할 경우 조림목이 한풍해 등의 피해를 입기 쉬우므로 주의가 필요하다.

2 작업 목적

어린나무 가꾸기는 다음과 같은 목적을 가지고 실행된다.

① 목표하는 수종을 보호하고 원하지 않는 수종으로부터 분리하여 임목 상호 간의 적정 생육환경을 조기에 확립하는 것이다.

② 경영 목표에 맞지 않는 개체를 선별하고 제거하여 목표 임분의 기초를 확립한다.

③ 각 임목이 목표 임분으로 잘 자라 임지를 빠르게 지배할 수 있도록 양호한 조건을 제공하는 것을 목적으로 한다.

3 작업 방법

① 제거 대상목은 조림목 또는 보육 대상 임목의 생장을 방해하는 경제성이 없는 유해 수종, 잡관목, 덩굴류, 그리고 조림목 중 피해를 입은 목재나 생장이 불량한 도태 대상목, 인접목에 피해를 줄 수 있는 폭목을 포함한다.

② 조림목의 생장에 방해가 되는 자생 수종은 조림목의 초두부로 들어오는 광선을 차단하지 않을 정도의 높이에서 제거한다.

③ 덩굴류는 약제나 인력을 통해 제거하고, 재발생되지 않도록 관리한다.

④ 조림목의 생장에 지장이 없는 유용한 하층 식생은 그대로 잔존시킨다.

⑤ 대상지 내 조림목이 없는 곳에는 자생하는 천연생 형질 우량목을 남겨 목적 수종으로 보육하여 관리한다.

⑥ 조림 당시 잔존시킨 임분 상층의 우량 천연 임목이 인접 수관에 지장을 줄 경우 가지치기를 실시한다.

⑦ 조림목 또는 보육 가치가 있는 천연 활엽수의 수관이나 수간 교정이 필요할 때는, 원예 작업이 아닌 육림적인 방법을 통해 경제적으로 실시한다.

⑧ 폭목 제거 시에는 벌채 시 인접목에 피해를 주지 않는지 여부와 벌채 후 빈자리에 대한 처리 방안을 고려하여 합리적인 방법으로 수행한다.

⑨ 기타 세부 사항은 별도의 어린나무 가꾸기 작업 요령을 따른다.

4 주기

형질불량목 등이 조림목의 생장을 방해하기 시작하는 연도에 1회 실시하고 피해가 계속 발생할 경우 반복 실행한다.

5 혼효림 유도 방법

어린나무 가꾸기를 통해서 아래와 같은 방법을 이용하여 혼효림으로 유도할 수 있다.

① 지력의 감퇴, 병해충 피해의 확산 등 침엽수 단순림의 결점을 보완하여 생태적으로 건전한 임분 조성을 목적으로 조림지 내에 잠재 유용 수종을 일부 존치 무육하여 혼효림을 조성한다.
② 조림목과 타 수종의 혼효 비율은 7:3 또는 8:2 정도로 하는 것이 적정하다.

6 주요 작업 내용

어린나무 가꾸기는 풀베기 작업이 끝난 후 조림목과 경쟁하는 목적 외 수종인 잡목류와 부림목 중에서 형질불량목이나 폭목 등을 제거하고 극심한 경쟁 상태에 있는 부분은 소개함으로써 조림목이 정상적으로 생장할 수 있도록 해주는 작업이다.

어린나무 가꾸기의 주요 작업 내용은 아래와 같다.

1) 유해수종 제거

조림목의 수관광선을 차단하고 뿌리의 근접으로 심한 경쟁을 일으키는, 생장이 빠른 활엽수 맹아목, 임분 구성수종 중 양수(오리나무, 자작나무류, 옻나무, 사시나무류 등)와 개암나무, 버드나무, 아까시나무 등, 만경류, 웃자란 관목류 및 기타 조림지에 침입한 유해수종을 제거한다.

2) 초우세목 관리

초우세목의 관리는 다음과 같은 요령으로 실행한다.

① 어린 임분에서 임관 상층에 크게 돌출된 수고가 높은 초우세목은 단목과 소군상인 경우로 구분하고, 쓸모 있는 나무인지 쓸모없는 나무(폭목)인지를 판단하여 제거 여부를 결정한다.

② 단목인 경우, 소나무는 폭목이 될 경우가 많고 서어나무류는 입지가 양호한 평지에서는 다른 나무에 나쁜 영향을 주며, 고산지대에서는 복층림 구조 및 임분 안정에 도움이 된다. 참나무류는 임연부에서 견디는 힘이 있고 낙엽송은 유익하며, 전나무 및 잣나무는 생가지치기를 실시하여 임분 구성목으로 존치한다.

③ 소군상인 경우는 신중하게 판단하여 수형이 양호하고 밀도가 충분하면 혼합림 유도를 고려하고, 생장이 불량하고 폭목일 경우에는 제거하여 후속 조림을 실시한다.

3) 임연부 관리

급경사 임연부의 서로 인접한 나무들은 갱신벌채 시 이용되지 못하고 남은 나무들로써, 밖으로 기울어 있거나 수관이 편기된 폭목 등이 많아 인접된 어린나무들을 피압하거나 치수 발생을 방해하므로 기운나무와 폭목 등은 제거하고 임연목의 돌출된 긴 가지는 잘라주어 유연성 있는 짧고 가는 가지를 가진 나무로 만들어 주는 것이 필요하다.

4) 공간 조절

① 병충해목, 훼손된 나무, 생장불량목(빗자루목, 분지목, 굽은 나무 등)을 제거한다.

② 소나무는 대부분 솎아주기가 필요하지 않고 참나무, 서어나무 등 활엽수는 밀생되면 겨울에 설압으로 피압될 우려가 있으므로 약도로 솎아줄 필요가 있다.

5) 수종 조절

어린나무 가꾸기의 수종 구성 조절은 다음과 같은 사항을 고려하여 이루어진다.

① 어린나무 가꾸기 단계에서는 목표 임분의 기초 확립을 위해 조림목과 조림지 내에 발생한 유용 수종 간의 수종 구성을 조절하여 주는 것이 중요하다(어린나무 단계에서는 혼효 조절이 쉽고 성공률이 높다).

② 혼효 상태에 따라 무육 목표와 최종수확 임분의 생산목표가 달라지므로 혼효 방법을 신중히 결정해야 한다.

③ 혼효 수종은 일시적 혼효로써 차후에 완전히 제거될 수도 있고 소군상으로 축소될 수도 있으며 복층림에서 하층으로 계속 남을 수도 있다.

④ 혼효 조절에는 광선 요구도(양수, 음수, 중용수), 기후인자에 대한 저항성, 생장속도 및 생장 특성, 혼효지 속성, 세장도 및 맹아력, 주수종 또는 부수종 역할 등을 고려한다.

6) 수형 교정

보육목표 대상 수종 중에서 수관형태가 매우 불량(피라미드형 또는 확장된 상태)한 나무, 초두부가 갈라진 나무, 분지목, 수관이 편기되거나 긴 가지가 발생한 나무, 불량하게 생장하는 나무는 성목이 되기 전에 수형을 교정한다.

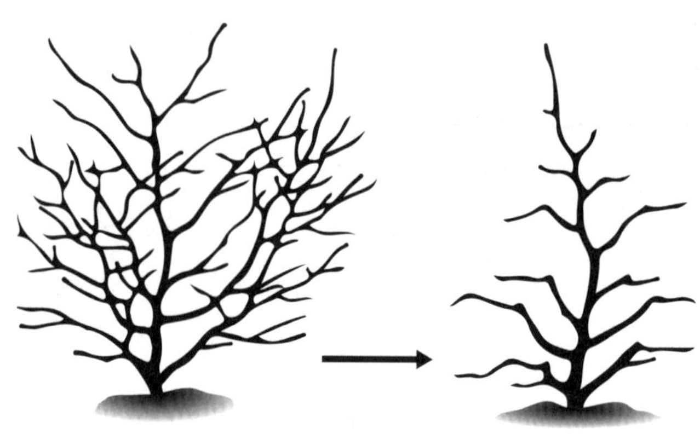

▲ 유용한 활엽수의 수형 교정

7 어린나무 가꾸기 작업 실행 순서

어린나무 가꾸기 작업 실행을 단계별로 살펴보면 아래와 같다.

단계	내용
계획 수립	• 보육이 필요한 어린 임분에 대해 목표를 설정하고, 효과적인 방법으로 적기에 보육을 실행하기 위해 계획을 수립
현황 파악	• 국소 입지의 특성을 관찰하고, 목표 수종의 입지 이용 능력과 보육 작업의 적합성을 판단 • 현황 파악 시 생장 형태, 생장 속도, 밀도, 임분 구조, 공지 또는 고사목, 작업로, 병충해 및 기타 피해, 보육 관리 상태, 보육 지연 여부 등을 포함
목표 수립	• 어린 임분에 대한 목표는 실행해야 할 보육 작업 목표의 설정이며, 장기 목표와의 부합성을 고려 • 현재 임분 상태를 정확히 파악하여 해당 임분이 설정한 생산 목표에 도달할 수 있을지를 판단하는 것이 중요
방법 결정	• 보육 목표에 따라 보육 방법과 임무가 확정 • 설정된 목표를 가장 효과적으로 달성할 방법과 주어진 임무를 해결할 수 있는 수단을 고려하여 최적의 방법을 결정
작업로 설정	• 대면적으로 연계된 어린 임분은 효율적인 시업 관리와 작업 실행을 위해 작업로를 설치하여 임분을 적절한 면적으로 나누고, 보육 작업 구역을 설정
공정 조사	• 작업 인부의 기술 수준, 입지 및 임분 조건, 작업 장비 등에 따라 작업 공정이 달라지므로, 합리적인 작업 실행을 위해 작업 공정에 관련된 모든 인자를 파악하고, 작업 대상지에 표준 조사구를 설치하여 간이 공정 조사를 실시 • 기존 산림청 공정을 참고하여 실제 필요한 공정을 산출하고 조정하는 방법도 고려할 수 있음 • 표준 조사구: 0.05~0.1ha 크기의 방형구 또는 25㎡ 크기의 원형구(r=2.82m)를 설치하며, 조사구 수는 입지 및 임분에 따라 조정

핵심 47 가지치기

- 가지치기 방법은 인공림과 천연림에서 실시하는 방법이 다르다. 여기서는 인공림의 가지치기를 중심으로 설명한다.

- 가지치기 작업은 옹이가 없고 곧은 완만재를 생산하기 위한 중요한 육림 작업이다.

- 죽은 가지를 방치하면 부패한 껍질 등이 목재 내부에 남아 목재의 질을 떨어뜨리고 병충해나 산불 발생의 원인이 될 수 있어, 죽은 가지 제거는 매우 중요하다.

- 살아있는 가지를 제거할 때는 탄소동화 작용에 영향을 주므로 제거량을 신중하게 고려해야 한다. 그러나 가지치기의 실제 효과는 살아있는 가지를 제거할 때 더욱 뚜렷하게 나타난다.

- 강한 가지치기는 가을에 자란 목재 비율을 높여 목재의 질을 개선할 수 있다. 또한, 지면 온도가 상승하여 지피 유기물의 분해가 촉진됨으로써 토양 지력이 유지되고, 지피 식생이 발생하여 표토 침식을 방지할 수 있다.

- 가지치기는 산화 방지 및 확산 억제에도 효과적이다.

1 작업 시기

① 죽은 가지의 제거는 작업 시기에 큰 상관이 없으나 산 가지치기는 가급적 11월 이후부터 이듬해 5월 이전까지 실행한다.

② 어린나무 가꾸기, 솎아베기 시 가지치기를 함께 할 수 있으나 가지치기를 별도의 작업으로 실행할 수 있다.

③ 가지치기는 생장휴지기인 늦가을부터 이른 봄 사이에 실시하고, 일반적으로 임령이 10~15년 되는 1차 간벌이 실행되기 이전이나 목표 지름이 1/3되는 시기에 한다.

2 적용 대상

① 적용 대상 수종은 소나무, 잣나무, 낙엽송, 전나무, 해송, 삼나무, 편백 등으로 한다.

② 목표 생산재가 톱밥, 펄프, 숯 등 일반소경재일 경우에는 가지치기를 실시하지 않는다.

③ 자연 낙지(落枝)가 잘 되는 수종은 가지치기를 생략할 수 있다.

④ 지름 5cm 이상의 가지는 자르지 않는다.

⑤ 활엽수는 가급적 밀식으로 자연 낙지를 유도하고 죽은 가지를 제거한다.

⑥ 포플러나무류는 으뜸가지(力枝) 이하의 가지만 제거한다.

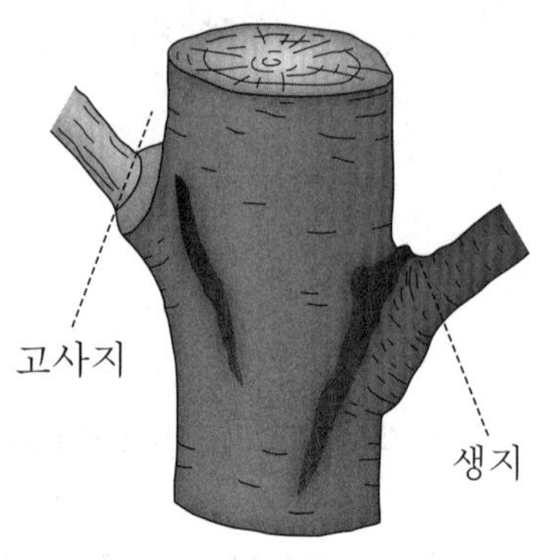
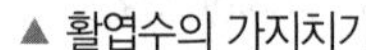
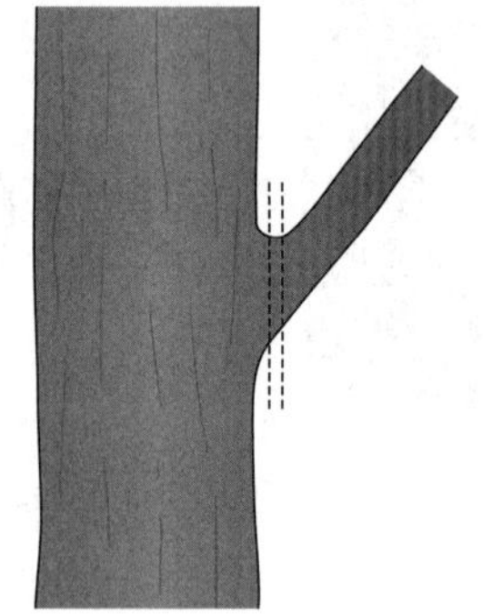

▲ 활엽수의 가지치기　　　　　　▲ 침엽수의 가지치기

3 작업 방법

① 가급적 1차 솎아베기나 천연림 보육(수고 10~12m 또는 목표 생산재 직경의 1/3 시점) 시기에서 가지치기를 완료하되, 경관 개선 또는 작업의 편의를 목적으로 고사지를 정리할 경우에는 그 이후라도 실행 가능하다.

② 최종수확 대상목(도태간벌의 경우 미래목)이 선정되기 전까지는 형질이 좋은 나무에 대해서, 선정되고 난 후에는 최종수확 대상목(도태간벌의 경우 미래목)에 대해서만 가지치기를 실시한다.

③ 어린나무 가꾸기 작업 대상목에 대한 가지치기와 수형 교정은 가급적 전정가위로 실행하고 수고의 50% 내외의 높이까지 가지를 제거한다.

④ 솎아베기 작업 대상목에 대한 가지치기는 톱으로 실행하고, 최종수확 대상목을 중심으로 가지치기를 50~60% 내외의 높이까지 가지를 제거한다.

⑤ 침엽수는 절단면이 줄기와 평행하게 되도록 가지를 제거한다.

⑥ 활엽수는 죽은 가지의 경우 지융부(枝隆部)가 상하지 않도록 제거한다.

4 부위에 따른 가지치기 방법

1) lateral stem 제거(가지 제거)

가지 터기를 남기지 말고 바짝 자르고 지융부를 건드리지 않는다.

① 2cm 이하: 전정가위 사용

② 2cm 이상: 톱 사용

③ 5cm 이하: 톱으로 단번에 제거

④ 5cm 이상

　㉠ 최종 절단부 30cm 이상의 가지 하단을 직경의 1/2~1/4 절단

ⓛ 최초 절단 부위에서 2~3cm 올라가서 가지 윗부분을 절단하고 완전히 떨군다.

ⓒ 분지 점에 최대한 가깝게 가지 터기 제거

ⓔ 가지 밑살을 그대로 남길 수 있는 각도 유지

ⓜ 가는 톱, 손톱 사용

2) 원줄기(main stem, trunk) 제거

원줄기를 제거할 때는 가지의 2~3cm 정도 윗부분을 가지가 있는 반대 방향을 향하여 비스듬하게 베어 절단면에 배수가 원활하게 한다.

5 자연표적 가지치기(natural target pruning a. I shigo)

① 가지치기를 할 때 밀착 또는 절단하여 지피융기선이나 지융을 건드리지 않게 한다.

② 지융과 가지를 구분하기 어려울 때 줄기에 지피융기선과 같은 각도로 가지를 절단하는 것을 자연표적 가지치기라고 하는데, 지피융기선이 자연표적(natural target), 즉 가지치기의 안내선 역할을 하므로 자연표적 가지치기라고 한다.

③ 지융이 손상되지 않으면 수피가 가지치기로 생긴 상처 부위를 빠르게 덮게 된다.

6 가지치기의 부정적 영향

성장 저해, 수형 불량 등

① 광합성 저해

② 흡지 발생

③ 도장지 발생

④ 부정아 발생

핵심 48 가지치기의 효과

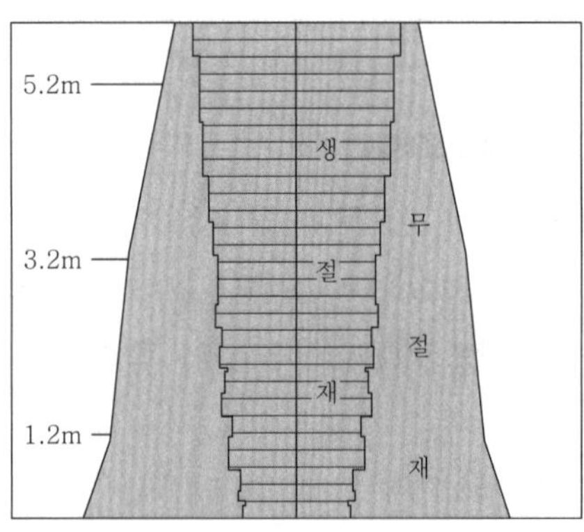

수고 60%까지

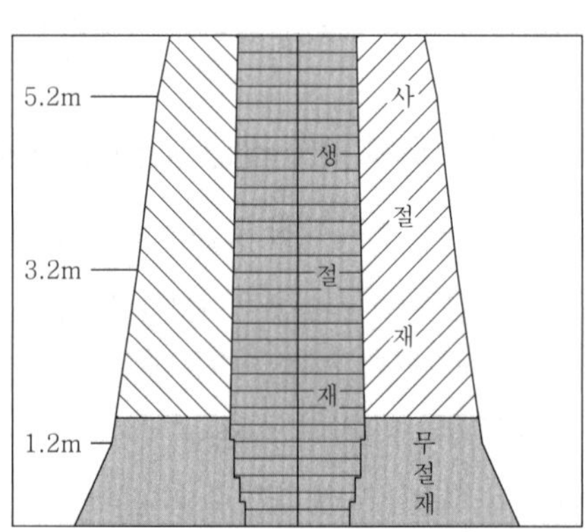

미실행

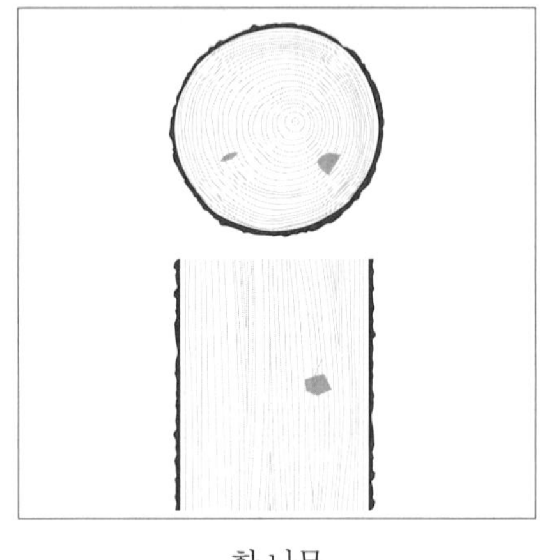
한 나무

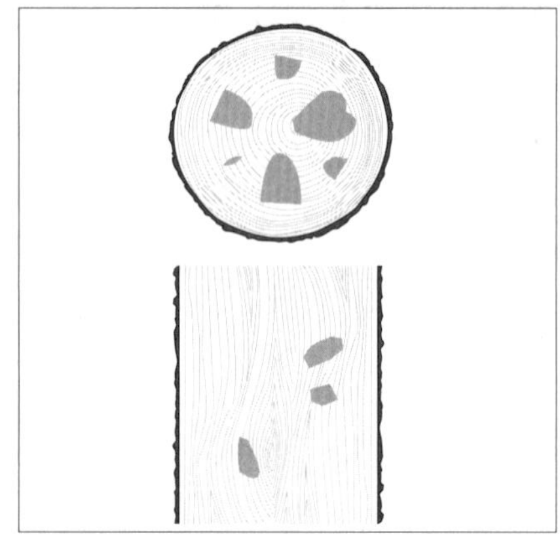
하지않은 나무

▲ 가지치기의 효과

1 가지치기의 정의 · 개념

① 가지치기 작업은 옹이가 없고 통직한 완만재를 생산할 수 있는 중요한 육림작업이다.

② 죽은 가지를 방치하면 부후된 껍질 등이 목재 내부에 남게 되어 목재의 질을 저하시키고 병충해나 산불 발생의 원인이 되므로 죽은 가지의 제거는 아주 중요하다.

☞ 부후: 물질이 세균 따위의 작용으로 나쁘게 변함

③ 살아있는 가지의 제거는 탄소동화작용 기관을 제거한다는 점에서 제거량에 유의해야 하는데, 가지치기의 실제적인 효과는 살아있는 가지를 제거함으로써 얻을 수 있다.

2 가지치기의 효과

가지치기는 다음과 같은 효과가 있다.

① 옹이가 없는 우량한 통직재를 생산함으로써 산림의 가치생산을 증대시키며, 강도의 가지치기는 추재(秋材)의 비율을 증가시켜 목재의 질을 개선한다.

② 지면 온도의 상승으로 지피 유기물의 분해가 촉진되어 지력이 유지되며, 지피식생의 발생이 촉진되어 표토침식을 방지한다. 또한 산화 방지 및 확산 억제 효과도 있다.

③ 가지치기가 수고생장을 촉진시키는지에 대한 견해는 여러 가지가 있지만, 가지치기는 수고생장을 촉진하는 효과가 있다는 주장이 더 강하다.

④ 가지치기는 주로 수관의 아랫부분을 정리하므로 줄기와 가지 끝에서 생성되는 옥신이 상부로 집중되어 수고생장에 유리하게 변한다.

핵심 49 가지치기 대상 수종

1 가지치기 대상 수종

각 수종의 가지치기 부위의 유합 특성과 부후 정도가 다르므로 대상 수종의 특성을 잘 파악하여 이들 특성에 적합한 가지치기를 실시해야 가지치기 원래의 목적을 충분히 달성할 수 있다.

① 침엽수

- 소나무, 잣나무, 낙엽송, 전나무, 해송, 삼나무, 편백 등 침엽수는 일반적으로 상처유합(癒合)이 잘 된다.
- 특히 낙엽송은 극양수(極陽樹)로써 울폐도(鬱閉度)가 높은 임분에서 자연낙지가 잘 되기 때문에 가지치기를 생략할 수도 있다.
- 가문비나무류는 상처가 부후될 위험이 있으므로 죽은 가지와 쇠약한 가지만을 잘라준다.

② 활엽수

- 일반적으로 상처의 유합이 잘 안되고 부후하기 쉽기 때문에 직경 5cm 이상의 가지는 원칙적으로 자르지 않는다.
- 참나무류(신갈나무 제외), 포플러나무류는 으뜸가지(力枝) 이하의 가지만 잘라준다.
- 자작나무, 너도밤나무 등은 부후 위험이 있으므로 죽은 가지와 쇠약한 가지만 잘라준다.
- 단풍나무, 느릅나무, 벚나무, 물푸레나무 등은 상처유합이 잘 안되고 부후되기 쉬우므로 죽은 가지만 쳐주어야 하며, 밀식으로 자연낙지(自然落枝)를 유도하는 것이 바람직하다.

2 자연낙지 유도

① 이층(離層, 떨켜) 형성에 의해 자연낙지가 잘 되는 수종으로는 포플러류, 버드나무류, 느릅나무, 단풍나무, 가래나무, 벚나무류, 참나무류, 삼나무, 편백 등이 있으나, 이러한 현상은 수관 내의 작은 가지에 한정된다.

② 대부분의 임목은 생장함에 따라 수광량이 부족한 수관하부의 가지가 고사하게 되며, 고사된 가지는 바람이나 눈 등에 의하여 떨어진다.

③ 이러한 현상은 임목을 밀생시킴으로써 촉진되며, 대부분의 활엽수는 침엽수에 비하여 자연낙지가 잘 이루어지나 가지가 큰 경우에는 어렵기 때문에 적정한 밀도를 유지시켜 가지 직경이 4cm 이상으로 굵어지지 않도록 해야 한다.

④ 특히 단풍나무류, 벚나무류, 가래나무는 생가지치기를 되도록 피한다.

핵심 50 가지치기와 수목생장

● 가지치기는 수목의 성장과 임분의 발달, 목재의 품질을 향상시키기 위한 중요한 육림작업이다.

● 가지치기를 통해 수목의 직경생장과 수고생장이 촉진될 수 있으며, 이를 통해 임분의 경제적 가치와 환경적 건강성을 높일 수 있다.

1 가지치기와 수고생장

① 임목의 수고생장은 상부 수관에서 형성된 호르몬과 축적된 탄수화물의 양에 의해 결정되기 때문에, 가지치기를 통해 하부 수관의 30~70%를 제거해도 수고생장에는 큰 영향을 주지 않는다. 오히려 가지치기를 통해 성장 호르몬이 상부에 집중됨으로써 수고생장이 촉진되는 효과가 나타날 수 있다.

② 수고생장은 주로 생장점과 상층부에 의존하므로, 가지치기를 통해 하부 가지가 제거되더라도 수고생장은 안정적으로 유지되는 편이다. 그러나 가지치기의 강도에 따라 생장에 미세한 영향을 줄 수 있으므로, 지나치게 강한 가지치기는 피하는 것이 바람직하다.

2 가지치기와 직경생장

① 직경생장은 가지치기와 간벌의 효과에 따라 상반된 영향을 받는다. 간벌은 수간 하부의 비대 생장을 촉진하는 반면, 가지치기는 가지 제거로 인해 목질부의 성장이 수간 상부에 집중되며, 이로 인해 수간의 완만도가 증대되는 효과가 있다. 이러한 완만도의 증대는 원목의 이용률을 높이는 데 도움이 된다.

② 가지치기로 수관의 30~40% 이상을 제거할 경우 직경생장이 다소 감소될 수 있으나, 상부 수간의 성장이 촉진되어 결과적으로 수간의 완만도가 향상된다. 직경생장은 가지치기의 영향을 직접적으로 받는데, 하부 가지와 잎이 감소하면 광합성 면적이 줄어들어 직경생장이 일부 둔화될 수 있다. 그러나 가지치기를 적절한 강도로 시행할 경우 나무는 상층부에 영양을 집중할 수 있어, 직경생장이 안정적으로 유지되며 최종적으로 곧고 견고한 수간을 형성할 수 있다.

3 가지치기와 재적생장

① 재적생장은 가지치기 강도와 대상 수종에 따라 그 영향이 다르게 나타난다.

② 재적생장은 수고와 직경 모두가 결합된 생장량이기 때문에, 지나치게 강한 가지치기는 재적 생장에 부정적 영향을 미칠 수 있다. 그러나 적절한 가지치기는 나무의 하부를 통풍이 잘되게 하여 병해충의 피해를 줄이고, 더 좋은 생장 환경을 제공함으로써 재적생장의 질을 높일 수 있다.

4 가지치기와 유전형질

① 수목에 있어 가지의 발달 속도, 가지가 나는 위치, 가지의 굵기와 같은 특성은 유전적 요인에 의해 결정된다. 예를 들어, 일부 수종은 본래부터 가지가 많아 분지 구조가 복잡하며, 다른 수종은 가지가 적고 곧게 자라는 특성을 가진다. 이러한 유전적 특성은 가지치기 시기에 영향을 미치며, 가지치기를 통해 나무의 유전적 특성을 보완하거나 강화할 수 있다.

② 가지치기는 나무의 유전형질에 따라 각기 다른 효과를 나타낸다. 유전적으로 가지가 잘 생기는 수종은 가지치기를 통해 더 정돈된 수형을 얻을 수 있으며, 이로 인해 목재 품질이 개선될 가능성이 크다. 반면, 유전적으로 직립성이 강하고 곧게 자라는 수종은 가지치기의 필요성이 상대적으로 낮으나, 가지치기를 통해 추가적인 성장이 촉진될 수 있다. 이렇게 물리적인 형질의 개량인 가지치기가 반복된 결과로, 임분 전체의 유전형질이 개선되는 효과가 있다.

핵심 51 가지치기 목적

● 크게 보면 ① 나무의 건강유지·증진(채광 조절, 통풍 조절)
②식재목적 달성(목재용, 과수용, 조경용)

1 가지치기의 목적

① 어린나무 골격 결정: 솎음전정, 절단전정(heading thining)

② 줄기 · 가지 건강 유지: 환부 제거, 채광 · 통풍 조건 개선

③ 나무모양 가다듬기: 수형 조절, 채광 개선

④ 옮긴 나무 활착 증진: 지상부 · 지하부 비율 조절

⑤ 개화 · 결실 시기 조절

⑥ 수고 조절, 크기 조절: 식재 및 사용 목적에 맞추어 성장 조절

⑦ 인명 · 재산 안전 도모

2 가지치기의 부정적 영향

① 광합성 저해

② 흡지 발생

③ 도장지 발생

④ 부정아 발생

핵심 52 가지치기 방법

1 가지치기의 개념

① 정의: 가지의 일부를 계획적으로 끊어주는 조림작업 행위

② 목적: 장간무절의 질이 우량한 목재 생산

③ 종류: 죽은가지치기와 생가지치기

④ 죽은가지치기 대상 수종: 자작나무류, 가문비나무류, 버드나무류, 사시나무 등

⑤ 생가지치기 대상 수종: 소나무류, 낙엽송, 포플러류, 삼나무, 편백 등

2 lateral stem 제거(가지 제거)

가지 터기를 남기지 말고 바짝 자르고, 지융부를 건드리지 말 것

① 2cm 이하: 전정가위 사용

② 2cm 이상: 톱 사용

③ 5cm 이하: 톱으로 단번에 제거

④ 5cm 이상 :

    ㉠ 최종 절단부 30cm 이상의 가지 하단을 직경의 ⅓∼¼ 절단

    ㉡ 최초 절단부위에서 2∼3cm 올라가서 가지 윗부분을 절단. 완전히 떨군다.

    ㉢ 분지 점에 최대한 가깝게 가지 터기 제거

       – 가지밑살을 그대로 남길 수 있는 각도 유지

       – 가는 톱, 손톱 사용

3 원줄기(main stem, trunk) 제거

원줄기를 제거할 때는 가지의 2∼3cm 정도 윗부분을 가지가 있는 반대 방향을 향하여 비스듬하게 베어 절단면에 배수가 원활하게 한다.

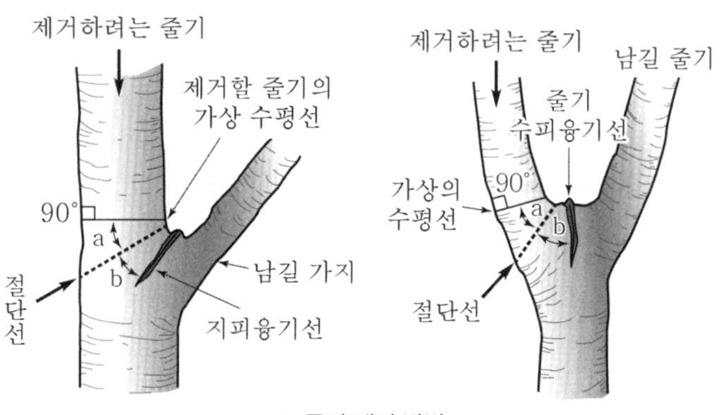

▲ 줄기 제거 방법

4 가지치기의 장단점

장점	단점
• 수간의 완만도를 높임 – 연륜폭 조절 • 상장생장 촉진 • 하목의 생장 촉진 • 임목 간의 부분적 균형에 도움 • 산불 발생 시 수관화 경감 • 무절재 생산	• 나무의 성장이 줄어들 수 있음 • 광합성 기관의 감소 • 부정아 발생 • 흡지 및 도장지 발생 • 작업상 노무 문제

5 자연표적 가지치기

① natural target pruning A. L shigo

② 가지치기를 할 때 밀착 또는 절단하여 지피융기선이나 지융을 건드리지 않게 한다.

③ 지융과 가지를 구분하기 어려울 때 줄기에 지피융기선과 같은 각도로 가지를 절단하는 것을 자연표적 가지치기라고 하는데, 지피융기선이 자연표적(natural target), 즉 가지치기의 안내선 역할을 하므로 자연표적 가지치기라고 한다.

④ 지융이 손상되지 않으면 수피가 가지치기로 생긴 상처 부위를 빠르게 덮게 된다.

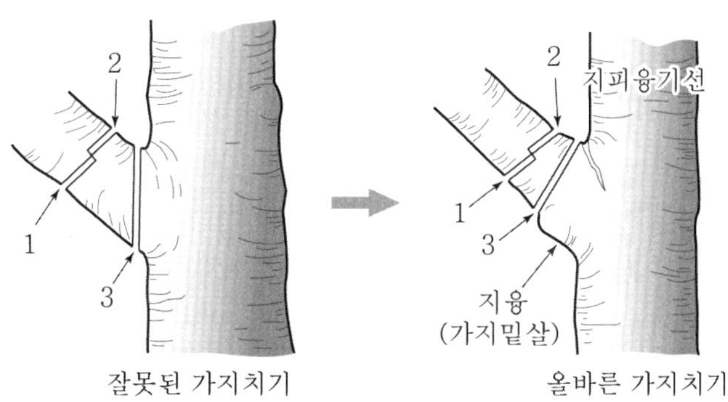

▲ 자연표적 가지치기

전정

1 전정(=가지 자르기)

① 가지를 잘라주는 일(나무에 상처를 내는 일).

② 깨끗이 잘라야 하고, 도포제는 바르지 않는다.

③ 조림, 원예, 조경 등 각 목적에 따라 다르게 실시한다.

2 자르는 정도에 따른 분류

1) 절단 전정(Heading Cuts)

① 가지의 중간을 자르는 것

② 눈이 자라게 하여 가지를 형성

- 성장 자극

- 원하는 곳에 가지 유도

- 나무 골격 튼튼하게

- 비어 있는 공간 새가지 채움

2) 솎음전정(Thinning cuts)

① 가지를 완전히 제거하는 것

② 가지깃(branch collar)까지 절단

③ 빛과 바람을 골고루 제공

3 **자르는 부위에 의한 전정의 분류**

① 순지르기: 목질화 되기 전 전정

② 뿌리전정: 이식할 때 충격, 스트레스 감소

③ 위로 가지치기: 바닥 근처의 가지 제거

4 **전정하는 방법**

어린 가지의 눈 위쪽 0.6cm 정도의 높이에서 비스듬하게 잘라준다.

① 똑바로 자르면 썩거나 병이 걸린다.

② 눈과 가까이 자르면 눈이 마른다.

③ 눈에서 너무 멀리 자르면 가지가 썩는다.

가지치기가 수목과 임분에 미치는 영향

1 서언

① 가지치기는 수목의 불필요한 부분을 제거해 주는 작업이다.

② 가지치기는 수고생장, 직경생장에 영향을 미쳐, 수목을 질적으로 향상시킨다.

③ 가지치기를 통해 임분이 건강해지고, 생산성이 높아지며, 궁극적으로 유전형질이 향상된다.

2 가지치기의 기본 개념과 목적

가지치기는 수목의 불필요한 가지, 특히 하부의 죽은 가지나 생장이 부진한 가지를 제거하여 수목이 자원을 보다 효율적으로 활용할 수 있도록 하는 작업이다. 가지치기의 목적은 주로 다음과 같다.

① 수목의 직경생장 촉진

② 옹이 없는 고품질 목재 생산

③ 병충해 예방과 산불의 위험 감소

④ 수목의 건강 유지와 장기적 생장 촉진

3 가지치기가 수목의 생장에 미치는 영향

① 직경생장과 재적생장 촉진

가지치기를 통해 수목이 생장에 집중할 수 있도록 하부 가지를 제거하면, 에너지가 주 수간으로 집중되면서 직경이 더 두꺼워지는 경향이 있다. 이는 재적생장에도 직접적인 영향을 주며, 상업적 목재의 생산량을 증가시킨다.

② 수고생장에 미치는 영향

가지치기를 통해 자원 소비가 적어진 수목은 수고생장에도 긍정적인 영향을 받을 수 있다. 하부의 불필요한 가지 제거는 상부로의 영양분 이동을 촉진하여 수고생장이 안정적으로 이루어지도록 돕는다.

③ 탄소동화작용에 미치는 영향

가지치기 시 살아있는 가지를 제거하면 광합성을 통해 이루어지는 탄소동화작용 기관이 줄어들게 된다. 따라서 가지치기는 제거량과 시기에 유의해야 하며, 수목의 생리적 상태에 따라 조절하여 시행해야 한다.

④ 수목의 질적 향상

옹이가 적고 곧게 자란 통직한 목재는 가지치기의 주요 결과물 중 하나이다. 가지치기를 통해 목재에 옹이와 같은 결점이 줄어들며, 이는 고품질 목재 생산을 가능하게 한다.

4 가지치기가 임분에 미치는 영향

① 임분의 건강성 및 생산성 증대

가지치기는 개별 수목의 성장을 촉진하여 임분 내 수목 간 경쟁을 완화시키고, 전체 임분의 건강성을 높인다. 가지치기를 통해 임분의 생장 속도를 일정하게 유지함으로써 임분 내 생산성이 향상된다.

② 토양 건강 및 지력 유지

가지치기로 인한 지면 온도의 상승은 유기물의 분해를 촉진하여 토양의 지력을 유지하는 데 기여한다. 이는 토양 내 미생물 활동을 촉진하고, 지표면에 유기물층을 형성하여 표토 침식을 방지하는 데도 도움을 준다.

③ 병충해 및 산불 예방 효과

죽은 가지를 제거함으로써 병충해의 발생 가능성을 줄이고, 산불 발생 시 불이 임분 전체로 확산되는 것을 방지할 수 있다. 가지치기는 임분 내 위생적 환경을 조성하고, 임분의 생태적 안정성을 유지하는 데 기여한다.

④ 유전적 형질과의 상호작용

가지치기는 수목의 유전적 특성에 따라 그 효과가 다르다. 가지가 많고 밀도가 높은 수목에서는 가지치기를 통해 통직성 및 품질이 개선되며, 가지의 분포와 굵기에 따라 개체의 특성에 맞춘 가지치기 방식을 통해 더 높은 임업적 가치를 창출할 수 있다.

5 결언

① 가지치기는 수목과 임분의 건강, 생산성, 목재 품질을 높이는 데 필수적인 작업이다.

② 가지치기를 통해 수목의 생리적 자원을 효율적으로 활용할 수 있으며, 임분의 생장 환경을 개선함으로써 경제적 및 환경적 가치를 높일 수 있다.

③ 가지치기를 시행함으로써 단기적 효율성뿐만 아니라 장기적 임업적 가치까지 고려한 지속 가능한 산림관리가 가능해진다.

숲아베기

1 개념(벌구식 교림작업의 경우 숲아베기의 개념)

① 협의의 숲아베기(실질적 개념)

소경목 단계에서 중경목 단계까지의 임분을 목적에 맞게 만들기 위한 벌채적 조정(Cutting intervention)

② 광의의 숲아베기(일반적 개념)

유령림 단계의 미성숙 임분을 처음 소개할 때부터 주벌수확 이전 갱신유도를 시작할 때까지 임분을 구성하는 모든 상호 개체의 상태에 대한 무육적 조정

2 목적

① 수령과 생장이 증가함에 따라 일정한 밀도를 조절하여 생육공간을 확보한다.

② 임분 구성에 부적절하거나 해로운 나무를 제거하여 임분의 가치를 증진한다.

③ 형질이 우수하고 생장이 왕성한 임분 구성목으로 임분생장이 집중되도록 한다.

④ 혼효 조절로 임분 목표의 안정화를 도모한다.

⑤ 하층식생 발생을 촉진시켜 임분 수직구조를 개선하여 임분 안정화를 도모한다.

⑥ 임연부 상층목을 강도로 소개하고 하층·관목류 생장을 유도하여 임연부를 보호한다.

⑦ 천연갱신 및 보잔목을 준비한다.

⑧ 자연고사에 의한 손실을 방지한다.

> **참고** 숲아베기의 목적
>
> | | |
> |---|---|
> | ① 생육공간 조절 | ⑤ 임분의 수직구조 개선 |
> | ② 생장 조절 | ⑥ 임연부 보호 |
> | ③ 생장 집중 | ⑦ 천연갱신 및 보잔목 준비 |
> | ④ 혼효 조절 | ⑧ 자연고사 손실 방지 |

3 **대상임지**

간벌 대상지는 다음과 같은 임분을 대상으로 우선순위를 정하여 결정할 수 있다.

① 간벌사업의 지연으로 생장이 부진하고 임분 피해가 우려되는 과밀한 인공림

② 입지 및 임분 구성이 양호하고 우량대경재 생산이 가능한 밀생된 인공림

③ 장기간 방치되어 임분 피해가 발생된 인공림

④ 산불 또는 병충해 피해로 솎아주기가 필요한 임분

⑤ 임분 생육공간을 조절할 필요가 있고 고급 용재림 생산이 가능한 천연림

⑥ 어린나무 가꾸기 작업이 끝난 후 5년이 경과된 인공림

⑦ 간벌 후 5년 내외 임분으로 수관이 울폐되어 임목 경쟁을 조절할 필요가 있는 임지

4 **솎아베기의 효과**

① 직경생장을 촉진하고, 목재의 형질을 좋게 하여, 벌기 수확의 양과 질이 증대된다.

② 임목을 건전하게 발육시켜 풍해, 설해, 병충해에 대한 저항력을 높여준다.

③ 우량한 개체를 남겨서 임목의 유전적 형질을 좋게 한다.

④ 산불의 위험성을 감소시킨다.

⑤ 조기에 간벌 수익을 얻을 수 있다.

⑥ 임내 수광량 증가로 임지를 생태적으로 건강하게 해 준다.

5 **솎아베기 작업 시 고려사항**

임분 구성과 구조가 완전하게 유지된 임분은 매우 드문 편이다. 동령 단순일제림의 경우에도 불량목과 우량목이 혼재하고, 밀도가 높은 곳과 낮은 곳이 있으며, 피해를 받은 임분과 그렇지 않은 임분이 공존하는 등 다양한 상호 영향을 주고받는다. 특히 혼효림과 천연림에서는 이러한 현상이 더욱 두드러지므로, 간벌을 위한 완전한 모델을 제시하기는 어렵다. 그럼에도 불구하고 간벌을 실행할 때는 적절한 간벌 양식, 간벌 강도, 작업 방침 등을 명확하게 설정해야 한다. 이를 '간벌 체제(thinning regime)' 또는 '간벌 방법'이라 하며, 간벌 계획과 모델 설정에도 필요한 요소다. 간벌 방법은 입지 조건, 산림 기능, 경영 목적(생산 목표) 또는 최종 목표 임분, 임분 상태뿐만 아니라, 무육 벌채 및 집재 운반, 간벌재의 이용 및 시장성, 작업 기술, 갱신 방법까지도 고려하여 결정해야 한다.

6 솎아베기 작업 방법

아래의 사항을 고려하여 솎아베기 작업 방법을 결정한다.

① 1차 간벌 시기: 수종, 지위, 기후에 따라 임분밀도, 임분 구조, 임분 안정성, 시장성 및 이용 가치 등을 고려하여 결정한다.

② 간벌 양식: 입지 및 임분 상태와 경영 목표에 따라 도태간벌, 열식간벌, 정량간벌 등 간벌 양식을 결정한다.

③ 간벌 주기: 육림적 인자(지위, 경합 정도, 임분안정도, 임분건전도)와 경제적 인자(작업비, 시장성, 인력 및 기계력 이용 정도, 요구수확량)에 따라 결정한다.

④ 간벌 강도: 존치할 임분밀도(ha당 본수 등)에 따라 조절하여 존치하고, 임분밀도는 수고, 생육공간율, 기준표에 의한 본수 조절 등에 따라 결정한다.

7 간벌 양식

① 고전적 간벌 양식: 하층간벌, 상층간벌, 택벌식 간벌, 기계식 간벌, 자유간벌

② 유럽의 간벌 양식

하층간벌	하층약도 · 중도 · 강도간벌, 단계적 간벌, 생장촉진간벌, 수광벌
상층간벌	상층약도간벌, 상층강도간벌, 택벌식 간벌, 자유간벌, 도태간벌

② 일본의 간벌 양식: 정성적간벌(데라사끼식 간벌), 정량적 간벌(아소우간벌, 우시야마 간벌, 수확표 기준간벌), 하층간벌, 상층간벌, 이용적 간벌

③ 우리나라 간벌 양식: 열식간벌, 정량간벌, 도태간벌

숲아베기 대상임지 및 작업 방법

- 인공림 조성관리: 조림, 풀베기, 덩굴 제거, 어린나무 가꾸기, 가지치기, 숲아베기(-)
- 인공림의 숲아베기: 정량간벌, 열식간벌
- 천연림의 숲아베기: 도태간벌

1 정량간벌

1) 대상지(비슷, 인공림)

① 수종이 단순하고 나무의 형질이 비슷한 산림이다.

② 우세목의 평균수고 10m 이상 임분으로서 15년생 이상인 산림이다.

③ 어린나무 가꾸기 등 숲 가꾸기를 실행한 산림, 다만, 숲 가꾸기를 실행하지 않았더라도 상층 입목 간의 우열이 시작되는 임분은 실행 가능하다.

2) 작업 방법

① 흉고직경 조사 후, '간벌 후 입목본수기준'에 따라 적정 잔존본수를 산정한다.

② 본수의 30% 범위 내 숲아베기량 조정 가능

③ 적정한 숲아베기 비율은 해당 지름, 약도는 하위 지름, 강도는 상위 지름을 적용한다.

④ 도태간벌과 열식간벌은 '간벌 후 입목본수기준'을 적용하지 않는다.

⑤ '간벌 후 입목본수기준'을 적용할 경우 과도한 벌채가 되는 과밀한 임분은 적정한 간벌 비율을 기준으로 60%의 범위 내에서 5년 이상의 간격으로 나누어 실행한다.

⑥ 기타 활엽수(포플러류 제외) 임지에서는 참나무류 기준표를 적용하고 전나무 등 기타 침엽수는 유사 침엽수 기준표를 적용한다.

⑦ 제거 대상목은 고사목, 피해목, 피압목, 생장불량목, 형질불량목 순으로 선정하여 적정 간벌 후 잔존본수를 유지한다.

2 도태간벌

1) 대상지(우열, 천연림)

① 미래목의 집약적 관리를 통하여 우량대경재 이상을 목표생산재로 하는 산림이다.

② 지위 '중' 이상으로 지력이 좋고 임목의 생육상태가 양호한 산림이다.

③ 우세목의 평균수고 10m 이상 임분으로서 15년생 이상인 산림이다.

④ 어린나무 가꾸기 등 숲 가꾸기를 실행한 산림, 숲 가꾸기를 실행하지 않았더라도 상층 입목 간의 우열이 현저한 우량임분 실행이 가능하다.

⑤ 조림수종 외에 다른 수종이 많이 혼효되어 정량간벌이나 열식간벌이 어려운 산림이다.

2) 작업 방법

① 미래목 선정 관리: '미래목가꾸기 작업' 참고

② 제거 대상목은 미래목의 수관생장을 억압하는 생장경쟁목, 미래목의 수관과 줄기에 해를 입히는 나무를 대상목으로 한다.

③ 미래목과 중용목의 하층임관을 이루고 있는 보호목은 제거하지 않는다.

④ 칡, 머루, 담쟁이 등 미래목에 피해를 주거나 향후 피해가 예상되는 덩굴류는 제거한다.

3 열식간벌

1) 대상지

다음의 경우에는 열식간벌을 적용할 수 있으나 잣나무, 낙엽송 인공조림지로서 도태간벌과 정량간벌의 적용이 어려운 임지 등 특별한 경우가 아니면 열식간벌을 적용하지 않는다.

① 입목의 생장이 균일하여 입목 간의 우열이 심하지 않은 임지

② 열식 인공조림지로서 입목밀도가 식재본수의 70% 이상인 임지

③ 솎아베기를 실행하지 않은 유령임분

2) 작업 방법

① 2열 이상 존치시키고 1열을 간벌열로 선정한다.

② 간벌열의 첫 번째 입목은 존치시키되 기계화 작업 시 장애가 되는 입목은 제거할 수 있다.

③ 간벌열 내의 우량입목은 존치시킬 수 있으며 잔존열 내의 불량목은 제거할 수 있다.

57 간벌 강도

1 인공림의 정량간벌

① 흉고직경 조사 후 '간벌 후 입목본수기준'에 따라 적정 잔존본수를 산정한다.

② 본수의 30% 범위 내 솎아베기량을 조정한다.

③ 적정한 솎아베기 비율은 해당 지름, 약도는 하위 지름, 강도는 상위 지름을 적용한다.

2 인공림의 열식간벌

① 2열 존치, 1열 제거

3 도태간벌

① 도태간벌은 '간벌 후 입목본수기준'을 적용하지 않는다.

② 일정한 기준은 없고 수종과 입지, 생산 목표에 따라 융통성 있게 적용한다.

■ 수종별 평균 흉고직경급별 간벌 후 잔존본수 기준표(단위: 본/ha)

수종	가슴높이 직경급(cm)											
	8	10	12	14	16	18	20	22	24	26	28	30
잣나무	1,500	1,200	1,000	880	760	670	600	530	480	440	400	−
낙엽송	1,500	1,300	1,100	1,000	900	800	700	600	530	490	410	−
리기다소나무	2,000	1,600	1,300	1,100	940	810	710	630	560	500	−	−
소나무(강원)	2,300	1,800	1,500	1,300	1,100	950	840	740	670	610	−	−
소나무(중부)	1,300	1,110	960	860	780	710	650	610	−	−	−	−
삼나무	2,200	1,860	1,630	1,430	1,260	1,130	1,010	890	−	−	−	−
편백	2,700	2,200	1,700	1,510	1,330	1,180	1,070	950	−	−	−	−
해송	1,700	1,400	1,200	1,060	950	850	750	660	620	−	−	−
참나무류	980	880	800	730	660	600	540	500	460	430	390	350

4 간벌 후 잔존본수 기준표 적용 시 유의사항

① 경급별 잔존 기준 본수 이상 생립하고 있으면 간벌 대상 임지로 판단한다.

② 간벌 대상 임분이 과밀한 경우 잔존 본수를 적용하여 과도한 벌채가 되는 때는 본수 간벌률을 기준으로 60% 범위 내에서 실행한다.

③ 임분의 상태, 작업의 경제성 등을 고려하여 기준본수 30% 범위 내에서 조정 · 실행할 수 있다.

④ 도태간벌 및 열식간벌은 이 기준의 적용을 받지 아니한다.

⑤ 기타 활엽수(포플러류 제외) 임지에서는 참나무류 기준표를 적용하고, 전나무 등 기타 침엽수는 기타 침엽수 기준표를 적용한다.

예비간벌과 수익간벌

1 예비간벌

① 비가치적 생산, 즉 비수익간벌이다.

② 무육간벌은 숲 가꾸기를 강조한 예비간벌의 한 형태이다.

③ 예비간벌과 수익간벌은 간벌 양식으로 취급하지 않는다.

④ 수형급과 선목 방법 등 간벌기준이 없다.

⑤ 도태간벌 등에서 간벌재 수익이 없었다면 예비간벌이다.

2 수익간벌

① 솎아베기 산물을 매각할 수 있을 때, 이를 수익간벌이라고 한다.

② 이용간벌은 간벌재의 사용가치를 강조한 수익간벌의 한 형태이다.

③ 도태간벌에서 간벌재로 인해 수익이 발생했다면 수익간벌이다.

59 수관급

1 정의

수관이 공간을 차지하는 정도. 수관의 위치, 피압, 피해 정도, 수간의 모양 등에 의하여 정해놓은 입목 등급의 구분 기준으로 간벌목의 선정 기준으로 활용된다.

– 데라사키의 수관급

2 구분

1) 상층임관

① 1급목(우세목) : 수관의 발달이 이웃나무 때문에 방해된 적이 없으며, 확장되거나 기울어지지 않고 수관 형태에 이상이 없는 것이다.

② 2급목(제거목) : 수관이 이웃나무에 의하여 방해되거나 줄기가 기울어 형태가 불량한 나무로써 다음과 같이 다섯 가지로 나눈다.

   ㄱ 수관이 지나치게 발달한 것(폭목)

   ㄴ 수관 발달이 약하고 줄기가 매우 가는 것(세장목)

   ㄷ 나무 사이에 끼어 수관이 압박을 받아 기울게 생장한 것(개재목)

   ㄹ 줄기가 굽거나 갈라진 것(곡차목)

   ㅁ 피해를 받은 나무 또는 병에 걸린 나무(피해목)

2) 하층임관

① 3급목(중용목)

   – 수관과 수간형은 정상이지만 다소 생장이 늦은 것

   – 이웃나무가 제거되면 상층목으로 발달할 소질이 있는 것

② 4급목(피압목) : 살아있지만 피압을 받아 장차 좋은 나무로 발달할 여지가 없는 것

③ 5급목(고사목) : 넘어진 나무나 죽게 된 나무

핵심 60 도태간벌

- 도태 = natural selection
- 진화론의 자연 선택을 흉내 낸 간벌 양식

1 개념

잘 자라고 있는 우수한 나무의 가치를 올리기 위해, 집중적으로 선발 탐색하여 조절해 주는 것이며 심하게 경쟁되는 나무는 제거시키고, 우수한 나무의 생장이 발달되도록 촉진시키는 것을 말한다. 미래목을 선발하여 표시하고 방해목을 제거한다.

① 간벌세포

- 한 임분에서 미래목을 중심으로 직 · 간접적으로 인접되어 수목사회 관계로 서 있는 임목들의 작은 집단, 생육공간 바깥 쪽의 가지영향권

② 도태(淘汰) 대상목 구분

- 미래목 이외의 임분 구성목: 중용목, 보호목, 방해목
- 미래목: 수목사회적 위치, 건전성, 형질 등이 가장 우수한 나무로 선발된 최종수확목으로 남겨지는 나무
- 선발목: 일정한 조건에서 주위 인접목보다 외형상 우수하게 나타나는 임목으로 선발 후 최종수확까지 남겨질 수도, 중도에 제거될 수도 있는 나무
- 후보목: 임목형질과 우열이 확실히 알 수 없는 유령림 단계에서 차후 선발목이 될 가능성이 있는 우량한 나무

2 특성

① 간벌 양식으로 볼 때 상층간벌, 전통적 간벌 양식과 다른 새로운 양식이다.

② 가장 우수한 우세목을 선발하여 잘 자랄 수 있도록 한다.

③ 상층임관의 일시 소개에 의해 지피식생 및 중 · 하층목이 발달되어 미래목의 수간 맹아 형성을 억제하고 복층구조의 유도가 용이하다.

④ 최종수확목표인 미래목에 집중시킴으로써 장벌기 대경재 생산에 유리하고, 간벌대상목이 주로 미래목의 생장 방해목으로 한정되므로 간벌목 선정이 편리하다.

⑤ 중 · 하층목이 대부분 존치시키고, 미래목의 생장 방해목이 주로 제거된다.

3 방식

① 1차 간벌 시기: 후기 유령림 단계에서 발단이 되어 소경목 단계에서 선발의 시작 무육작업이 실시된 후 3~6년이 만기가 된다.

② 2차 간벌: 일정한 기준이 없으며, 주로 선발된 미래목들을 중심으로 간벌세포의 입목도를 고려하여 실시한다.

③ 간벌 강도: 일정한 기준은 없고 수종과 입지, 생산목표에 따라 융통성있게 적용한다.

61 정량간벌

1 개념

정량간벌은 간벌의 실행기준을 간벌량에 두고 임목밀도를 조절해 나가는 간벌로써 수종별로 일정한 임령, 수고 또는 흉고직경에 따라 임목본수를 미리 정해 놓고 기계적으로 간벌을 실행하는 간벌이다.

2 간벌량 결정

① 간벌량을 결정하는 데 있어서 간벌대상 임분의 평균수고, 평균직경, 임령 등에 대한 적정본수, 재적, 흉고단면적 합계 등이 결정되어야 하며, 이것을 결정하는 데는 임분 수확표나 밀도관리도 등이 사용된다.

② 현행 방법으로는 대상 임분 내 주임목 평균 흉고직경을 조사하여 임분수확표상 해당 직경에 대한 주임목 본수를 간벌 후의 적정잔존본수로 결정하는 방법을 적용한다.

③ 적정간벌은 해당 경급을, 약도간벌은 낮은 경급을, 강도간벌은 상위경급을 적용하여 경영목표에 맞추어 간벌량을 임의로 결정할 수 있다.

3 간벌목의 선정

간벌 후 잔존본수가 결정되면 ① 고사목, ② 피해목, ③ 피압목, ④ 생장불량목, ⑤ 형질불량목, ⑥ 우량목 생장에 방해되는 임목 순으로 제거목을 선정하고 가능하면 전면에 균일하게 분포되도록 선정한다.

수종	가슴 높이 직경급(cm)											
	8	10	12	14	16	18	20	22	24	26	28	30
잣나무	1,500	1,200	1,000	880	760	670	600	530	480	440	400	-
낙엽송	1,500	1,300	1,100	1,000	900	800	700	600	530	490	410	-
리기다소나무	2,000	1,600	1,300	1,100	940	810	710	630	560	500	-	-
소나무(강원)	2,300	1,800	1,500	1,300	1,100	950	840	740	670	610	-	-

수종	가슴 높이 직경급(cm)											
	8	10	12	14	16	18	20	22	24	26	28	30
소나무(중부)	1,300	1,110	960	860	780	710	650	610	–	–	–	–
삼나무	2,200	1,860	1,630	1,430	1,260	1,130	1,010	890	–	–	–	–
편백	2,700	2,200	1,700	1,510	1,330	1,180	1,070	950	–	–	–	–
해송	1,700	1,400	1,200	1,060	950	850	750	660	620	–	–	–
참나무류	980	880	800	730	660	600	540	500	460	430	390	350

4 간벌 후 잔존본수 기준표 적용 시 유의사항

① 경급별 잔존 기준본수 이상 생립하고 있으면 간벌 대상 임지로 판단한다.

② 간벌 대상 임분이 과밀한 경우 잔존본수를 적용하여 과도한 벌채가 되는 때는 본수 간벌율을 기준으로 60% 범위 내에서 실행한다.

③ 임분의 상태, 작업의 경제성 등을 고려하여 기준본수 30% 범위 내에서 조정·실행할 수 있다.

④ 도태간벌 및 열식간벌은 이 기준의 적용을 받지 아니한다.

⑤ 기타 활엽수(포플러류 제외) 임지에서는 참나무류 기준표를 적용하고, 전나무 등 기타 침엽수는 기타 침엽수 기준표를 적용한다.

62 정성간벌

1 정성간벌의 개념

① 정성간벌은 독일에서 시작되었다.

② 정성간벌은 임분의 재적보다 개별 임목의 품질 향상에 더 중점을 둔다.

③ 정성간벌 양식은 생태학적인 면과 측수학적인 면을 가볍게 취급하였다.

④ 정성간벌은 수관급을 바탕으로 해서 정해진 간벌 형식에 따라 간벌 대상목을 선정한다.

⑤ 정성간벌은 벌채량에 있어 객관적인 기준이 약하다.

⑥ 간벌목 선정자의 주관에 따라 그 대상목이 선정된다. 그래서 고도의 숙련이 요구된다.

⑦ 정성간벌은 간벌의 강도에 있어서나 간벌의 반복기간에 대해서도 뚜렷한 기준이 없다.

■ 정성간벌의 양식

유형	수관급(수형)	간벌 양식	대상
데라사끼	1급~5급목	ABC(하층)DE(상층)	
Hawley	우세목~피압목	A(약, 하층)BCD(강, 상층)	침엽 수종 일제임분
가와다	AB$\bar{\text{B}}$CDE	A남김 B(경쟁)D(피압) 제거	(방치된)천연 활엽수림
덴마크	A(주목)~D(중립목)	유해부목(B)유요부목(D)	활엽수림

2 수관급과 수형급

- 수형급의 비교

국가별	독일		미국	일본	한국	
수형급 종류	Kraft	Heck	Hawley	데라사끼	천연림 보육	도태간벌
수형급 구분	주임목 1급: 초우세목 2급: 우세목 3급: 준우세목 부임목 4급: 열세목 　a: 개재목 　b: 부분피압목 5급: 완전피압목 　a: 생활지속목 　b: 고사목	a: 형질불량목 b: 형질보통목 c: 형질불량목 d: 초두분지목 e: 쌍간목 f: 맹아목 g: 피해목	우세목 준우세목 중간목 피압목	1급목 2급목 　a: 폭목 　b: 세장목 　c: 개재목 　d: 만곡, 쌍간목 　e: 병충해 피해목 3급목 4급목 5급목	미래목 중용목 보호목 방해목 무관목: 인공림만 적용	
기준	수목사회적 위치 및 수관형태	무육실행을 위한 수관 및 수간형질	수관의 위치 및 수관의 형태	수관급에 형질 기준을 조합	수목의 육림적 기능	
적용 대상 임분	동령 단순림	전임분	침엽수 동령림	동령 단순림	천연림 보육 대상 임분	간벌대상 임분
제거 대상목	3,4,5급목 대부분	무육단계 및 무육목표에 따라 구분	3,4,5급목	간벌도에 따라 구분 **주로 2급 및 4,5급**	방해목	
특징 (장단점)	수간의 특징이 구분되지 않음 1급과 2급, 2급과 3급의 구분이 힘듦	수목사회적 위치가 고려되지 않음 선목을 기준으로 무육실행	Kraft 수형급이 기준	하층간벌에 적합 수형급 구분이 복잡하고 3급목 구분이 힘듦	우리나라 현실 임분에 맞도록 중용목과 무관목을 구분 무육단계별로 수형급 구분	

핵심 63

수관급과 수형급

1 데라사끼의 수형급

데라사끼의 수형급은 상층임관을 구성하는 우세목과 하층임관을 구성하는 열세목으로 먼저 구분하고, 다시 수관의 모양과 줄기의 결점을 고려하여 세분한다.

수형급	구분
1급목	• 수관이 이웃 나무의 방해를 받지 않고, 발달하기에 알맞은 공간을 가지며, 형태가 불량하지 않은 것
2급목	• 폭목: 수관의 발달이 지나치게 왕성하고, 넓게 확장된 것, 위로 솟아 올라 수관이 편평한 것 • 개재목: 수관발달이 지나치게 약하고 이웃한 나무 사이에 끼어서 줄기가 매우 가늘게 자란 것 • 편기목: 이웃한 나무 사이에 끼어서 수관발달에 측압을 받아 구부러져 자란 것 • 곡차목: 줄기가 갈라지거나 굽는 등 수형에 결점이 있는 것, 모양이 불량한 옆으로 자란 나무 • 피압목: 피해를 받은 나무
3급목	• 세력이 감소되고 자람이 늦지만, 수관이 피압되지 않는 나무로서 상층임관을 형성할 가능성을 가진 나무(중간목, 중립목)
4급목	• 피압상태에 있으나 아직 생활수관을 가지고 있는 것(피압목)
5급목	• 고사목, 도목, 피해목, 그리고 고사상태에 있는 나무

2 가와다의 활엽수 수형급

① A: 우세목으로서 형질이 좋은 나무

② B: 우세목으로서 형질에 결점이 있는 나무

③ B̄: B와 비슷하지만 당장 간벌하면 소개되는 공간이 너무 커서 염려되는 나무

④ C: 보통의 열세목

⑤ D: 수고가 C와 비슷하나 이미 초두부가 고사하고 죽게 된 나무 또는 수형이 매우 불량한 나무

⑥ E: 수고와 관계없이 전염성이 병목 또는 도목, 경사목, 고목 등으로 임분 구성인자로 인정하기 어려운 나무

3 활엽수에 대한 덴마크 수간급

① 주목(A): 곧은 수간과 정상인 수관을 가지는 것으로 남겨서 그 자람을 촉진시키는 대상

② 유해부목(B): 주목의 수관 발달에 지장을 주는 것으로 제거 대상이 되는 나무

③ 유요부목(C): 주목의 지하간장을 길게 하기 위해 남겨 두어야 할 필요성이 있는 나무

④ 중립목(D): A, B, C 어느 것에 소속되는지 확실하지 않아서 간벌할 때 일단 그냥 남겼다가 다음번 간벌할 때 다시 고려할 나무로서 때로는 마지막 간벌 때까지 남게 되는 것도 있다.

간별 방법

1 데라사끼의 침엽수 정성간별

■ 데라사끼의 정성간별

간별 양식		내용	비고
下층 간별	A종 간별	• 2급목 소수 제거 • 4급 5급 제거	
	B종 간별	• 2급목 상당수 제거 • 4급 5급 모두와 3급 일부 제거	• 침엽수 동령림에 적용
	C종 간별	• 1급목 일부도 제거 • B종보다 광범위	
上층 간별	D종 간별	• 상층임관 강하게 벌채 • 3급목 남김(직사광선 차단용)	• 수간과 임상 보호
	E종 간별	• 상층임관 강하게 벌채 • 4급목이 전부 남음	

데라사끼의 정성간별 양식을 요약하면 아래와 같다.

① A종은 2급목 소수, B종은 2급목 상당수, C종은 1급목 일부도 제거된다.

② C종 간별은 1급목의 일부분이 제거된다.

③ D종과 E종 간별에서 2급목을 모두 제거한다.

④ 하층간별의 경우 4급목과 5급목이 모두 제거된다.

2 Hawley의 간별 방법

구분	내용	빗금 부분 간별
A. 하층간별	• 보통 간별, 독일식 간별법 • 피압된 가장 낮은 수관층의 나무를 벌채하고 점차로 높은 층의 나무를 벌채하는 방법 • 강도 높은 하층간별이 실시된 후 우세목과 준우세목이 남으며 침엽수종의 일제임분에 적용하는 것이 알맞음	

구분	내용	빗금 부분 간벌
B. 수관간벌	• 프랑스법, 덴마크법 • 상층임관을 소개해서 같은 층을 구성하고 있는 우량 개체의 생육을 촉진시킴 • 주로 준우세목이 벌채되면, 우량목에 지장을 주는 중간목과 우세목의 일부도 벌채	
C. 택벌식 간벌	• Borggreve법 • 우세목을 간벌해서 그 이하의 임관층 나무의 생육을 촉진 • 수익성이 없다고 생각되는 나무는 벌채 대상목으로 하지 않음 • 잔존될 하층목은 왕성하고 잘 발달한 수관을 가지고 있어야 하며, 소개에 따라 잘 반응할 가능성을 지니고 있어야 함	
D. 기계식 간벌	• 간벌 후에 남겨질 수목 간 거리를 사전에 정해 놓고 수관의 위치와 모양에 상관없이 실시 • 수고가 비슷하고 형지에 차이가 잘 인정되지 않는 유령임분에 흔히 적용 • 기계적 간벌은 등거리간벌과 열식간벌이 있음	

■ Hawley의 하층간벌 종류와 선목 대상

구분	약한 수준의 간벌대상	강한 수준의 간벌대상
약도(A)	가장 빈약한 피압목	피압목
경도(B)	피압목, 빈약한 중간목	피압목, 중간목
중도(C)	피압목, 중간목	피압목, 중간목, 약간의 준우세목
강도(D)	피압목, 중간목, 상당수의 준우세목	피압목, 중간목, 대부분의 준우세목

3 가와다의 활엽수 간벌법

① A와 경쟁상태에 있는 단만 끊는다.

② B는 가지치기, 쌍 간의 하나를 끊어 주는 등의 손질은 하지만 간벌은 하지 않는다.

③ C는 심한 밀립상태에 있지 않은 한 남긴다.

④ D는 전부 끊는다.

⑤ E는 원칙적으로 끊지만, 임관 조절상 남길 수도 있다.

4 덴마크의 활엽수 간벌법

① 간벌 초기에 매우 약한 강도로 실시하고 뒤에 가서 강하게 실시해서 수관급 중 B를 간벌한다.

② 수관급 구분은 상층목 수관층이 고르게 되어 있는 임분을 대상으로 상층목을 A, B, D로 구분하고 항상 형질이 좋은 A를 생각해서 B를 제거한다.

③ 중립목 D는 장차 B로 될 가능성이 높으나 그중에는 A 또는 C로 되는 것도 있다.

참고

1. 임목의 구분 및 작업 방법

① **미래목**: 최종 수확 시까지 보육할 대상목으로 상층임관을 구성하는 형질 우량목

② **중용목**: 미래목과 함께 상층 임관을 이루고 있으나 미래목으로 선발되지 않은 임목으로 보육과정에서 간벌대상이 되는 임목이며, 일부는 미래목과 함께 최종 수확할 임목으로 가지치기를 하지 않는다.

③ **방해목**: 미래목과 중용목의 생육에 지장을 주는 나무. 폭목, 생장 경합목, 병충해 피해목, 고사목 등 제거 대상 임목

④ **보호목**: 하층임관을 이루고 있는 임목으로서 미래목 생육에 지장을 주지 않고 미래목의 하부 가지발달을 억제하는 한편, 토양수분 보호 등에 기여하므로 생태적으로 잔존시켜야 할 임목

2. 미래목 선정 요령

① 미래목은 가치 있는 유용수종을 대상으로 한다.

② 수간의 형질이 좋고 수관의 발달이 양호한 우세목 중에서 선정한다.

③ 미래목 선정 본수는 ha당 400본을 초과하지 않도록 선정하되 전 면적에 고르게 배치하여야 한다(미래목 간의 간격은 최소한 4m 이상으로 한다).

④ 임연부 임목 중에서는 가급적 미래목을 선정하지 않는다.

⑤ 맹아갱신(움갈이) 임분에서의 미래목은 가급적 실생묘 위주로 선정한다.

3. 간벌림 보육

유령림 단계에서 마지막 보육작업이 실시된 후 우세목의 평균수고가 10m 이상 되는 시기부터 실시하며, 1차 보육과 2차 보육으로 구분하여 실시한다.

〈보육작업 순서〉

① 작업 대상지 구역 확인

② 작업로 설치

③ 미래목 선정 표시

④ 방해목 제거

⑤ 미래목 가지치기

핵심 65 · 솎아베기가 수목과 임분에 미치는 영향

1 서언

① 솎아베기는 산림의 건강과 품질을 높이는 필수적인 육림 작업으로, 임목 간의 경쟁을 줄여 생장 환경을 개선하고, 임분의 질을 높이는 효과가 있다.

② 솎아베기를 통해 수목과 임분의 건강을 증진하고 생태적, 경제적 가치를 창출할 수 있다.

2 솎아베기가 수목에 미치는 영향

① 수고 및 직경 생장 촉진

솎아베기는 우세목을 중심으로 불필요한 나무들을 제거해 개별 수목이 더 많은 햇빛을 받게 하고, 하층에서 영양분을 충분히 흡수할 수 있도록 돕는다. 이를 통해 수목의 수고와 직경 생장이 촉진되며, 양호한 생장 환경을 유지할 수 있다.

② 광합성 효율 증가

솎아베기를 통해 상부 수관에 집중되는 햇빛으로 광합성 효율이 높아지고, 더 많은 탄수화물을 생성하여 수목의 생장과 건강이 향상된다.

③ 영양 및 수분 이용 개선

수목 간 간격이 넓어지면서 나무들이 뿌리를 통해 양분과 수분을 효과적으로 흡수할 수 있으며, 이를 통해 개별 나무가 더 강하게 성장할 수 있다.

④ 수형 안정

나무 간의 간격이 적절히 조정되면 바람에 대한 저항이 줄어들어 수형이 안정되고, 강풍 및 눈 피해로부터 보호될 수 있다.

3 솎아베기가 임분에 미치는 영향

① 임목 밀도 조절 및 건강한 임분 조성

솎아베기를 통해 임목 밀도를 조절하고 과밀한 상태를 방지하여 건강한 나무들만 남김으로써 임분의 품질을 향상시킬 수 있다.

② 병충해 예방 및 관리

밀집된 상태에서는 병충해가 확산되기 쉽다. 솎아베기로 임목 간의 간격을 넓히고 통풍이
잘 되게 하여 병충해 발생과 확산을 방지할 수 있다.

③ 목재 품질 향상

가지치기와 솎아베기 작업을 병행하여 옹이가 적고 통직한 수형을 유지한 나무를 키우면
고품질의 목재를 생산할 수 있으며, 이는 경제적 가치로 이어진다.

4 솎아베기의 생태적 영향

① 생물 다양성 증진

솎아베기 후 햇빛이 바닥까지 도달하면서 지피식물과 덩굴류가 자라기 좋은 환경이 조성되
어 다양한 미생물, 곤충, 조류 등의 생물들이 서식할 수 있게 된다.

② 토양 개선 및 지력 유지

통풍 개선을 통해 낙엽이 잘 분해되면서 토양의 영양이 풍부해지고, 지력이 유지되어 임분
의 생태적 건강이 증진된다.

③ 침식 방지

바닥 식생의 활성화로 인해 토양 유실이 방지되고, 토양 침식을 줄이는 효과가 있다.

5 솎아베기의 경제적 효과

① 수확을 통한 수익 창출

솎아베기 작업 중 제거된 임목은 땔감, 펄프용 목재 등으로 활용 가능하며, 산림 소유주에게
간벌 수익을 제공한다.

② 장기적 임분 가치 향상

솎아베기를 통해 건강하고 고품질의 임목을 남기면 최종 수확 시 더 높은 품질의 목재를
생산할 수 있어 임분의 장기적 경제적 가치가 높아진다.

6 결언

① 솎아베기는 임목과 임분에 걸쳐 생장 환경을 개선하고, 건강한 숲을 육성하며, 경제적 가치
를 높이는 산림 관리의 핵심 작업이다.

② 이를 통해 장기적인 임분의 질적 가치와 생태적 건강을 동시에 향상시킬 수 있다.

가지치기 작업

1 목적

가지치기는 숲에서 생산하는 목재의 가치를 증대시키기 위한 보육작업으로 옹이가 없는 좋은 형질의 목재를 생산하여 수익을 향상시키기 위하여 실시한다.

2 가지치기 요령

① 시기: 생장휴지기인 늦가을부터 이른 봄 사이에 실시하고, 일반적으로 임령이 10~15년 되는 1차 간벌이 실행되기 이전이나 목표 지름이 1/3되는 시기에 한다.

② 방법: 1차 간벌 후의 가지치기는 간벌 후 잔존입목에 대하여 수고의 60% 높이까지 하되, 침엽수는 줄기와 평행이 되도록 하고 활엽수는 줄기의 융기부에 평행이 되도록 절단한다.

> **참고** **단계별 가지치기 높이**
>
> • 1단계: 2~3m 높이
> • 2단계: 4~5m 높이
> • 3단계: 6~7m 높이

③ 장비: 1차 간벌 후의 가지치기 높이는 4~5m가 되므로 고지톱을 사용하여야 하며, 2차 가지치기는 높이가 높으므로 지타기를 사용하면 효율적이다.

☞ 지타기: 소형엔진을 달아서 만든 가지치기 기계, 안전성과 효율성 제고

④ 대상: 가지치기는 육림작업의 경제성을 고려하여 간벌작업 시 시행하므로 1차 · 2차 간벌 대상지에서 실시하는 것이 바람직하다.

> **참고** **숲 가꾸기 작업의 목적**
>
> 1. **솎아베기**: 숲에서 나무의 성장에 맞추어 밀도를 조절하여 수간을 곧게 하고, 목재의 생산량을 높이기 위한 작업
> 2. **가지치기**: 옹이가 적은 목재를 얻기 위해 실시하는 적극적인 숲 가꾸기 작업
>   • 자연 가지치기(자연낙지): 줄기 아래쪽에 말라죽은 가지가 저절로 떨어지는 것
>   • 인력 가지치기: 말라죽은 가지와 나무의 생장에 방해가 되는 가지 등을 제거하는 작업

3 가지치기

지속 가능한 산림자원 관리지침 [산림청 훈령 제1454호]

시기	• 어린나무 가꾸기, 솎아베기 시 가지치기를 함께 할 수 있으나 가지치기를 별도의 작업으로 실행할 수 있음 • 죽은 가지의 제거는 작업 시기에 큰 상관이 없으나 산 가지치기는 가급적 11월 이후부터 이듬해 5월 이전까지 실행
적용 대상	• 적용 대상 수종은 소나무, 잣나무, 낙엽송, 전나무, 해송, 삼나무, 편백 등으로 함 • 목표생산재가 톱밥, 펄프, 숯 등 일반소경재일 경우에는 가지치기를 실시하지 않음 • 자연 낙지(落枝)가 잘 되는 수종은 가지치기를 생략할 수 있음 • 지름 5㎝ 이상의 가지는 자르지 않음 • 활엽수는 가급적 밀식으로 자연 낙지를 유도하고 죽은 가지를 제거 • 포플러나무류는 으뜸가지(力枝) 이하의 가지만 제거
작업 방법	• 가급적 1차 솎아베기나 천연림 보육(수고 10~12m 또는 목표생산재 직경의 1/3 시점) 시기에서 가지치기를 완료하되, 경관 개선 또는 작업의 편의를 목적으로 고사지를 정리할 경우에는 그 이후라도 실행 가능 • 최종수확 대상목(도태간벌의 경우 미래목)이 선정되기 전까지는 형질이 좋은 나무에 대해서, 선정되고 난 후에는 최종수확 대상목(도태간벌의 경우 미래목)에 대해서만 가지치기 실시 • 어린나무 가꾸기 가지치기는 형질우량목에 한해 손톱 및 고지톱으로 하며, 수형교정은 가급적 전정가위로 실행하고 수고의 50% 내외의 높이까지 실행 • 솎아베기 단계의 가지치기는 최종수확 대상목을 중심으로 손톱 및 고지톱을 활용하여 수고의 50~60% 내외의 높이까지 실행 • 침엽수는 절단면이 줄기와 평행하게 되도록 가지를 제거 • 활엽수는 죽은 가지의 경우 지융부(枝隆部)가 상하지 않도록 제거

어린나무 가꾸기 - Ⅱ

1 개념

① 풀베기 작업이 끝난 후, 조림목과 경쟁하는 목적 외 수종인 잡목류와 부림목 중에서 형질불량목이나 폭목 등을 제거하고, 극심한 경쟁 상태에 있는 부분은 소개시킴으로써 조림목이 정상적으로 생장할 수 있도록 해주는 작업이다.

② 침입목이 잘 자라면 조림목을 제거하고, 조림목이 잘 자라면 침입목을 제거하며, 어린 활엽수의 수형을 바로잡는다.

2 작업대상

지속 가능한 산림자원 관리지침 [산림청 훈령 제1454호]

(가) 풀베기 작업이 끝난 이후 조림목의 수관 경쟁이 시작되고 조림목의 생육이 저하되는 단계
  – 조림 후 5~15년 경과한 조림지로 조림목의 평균 가슴높이지름이 2~8cm인 지역
  – 주 대상지는 조림성공지, 조림목 혼생지, 천연 발생 활엽수림으로 구분	

	1) 조림성공지는 당초 식재본수 대비 50% 이상의 조림목이 생육하고 있는 조림지 2) 조림목 혼생지는 조림목과 천연 발생목이 혼효되어 있는 조림지로, 우량대경재를 생산할 수 있는 산림이며, 조림목(유사 수종 포함)이 당초 식재본수 대비 26~49% 생육하고 있는 조림지 3) 천연 발생 활엽수림은 형질이 우수한 조림목은 없으나 천연 발생목을 활용하여 우량대경재를 생산할 수 있는 산림으로, 조림목(유사 수종 포함)이 당초 식재본수 대비 25% 이하로 생육하고 있는 조림지

(나) 조림성공지 및 조림목 혼생지의 어린나무 가꾸기 대상지
  – 치수림과 유령림 단계로 구분하여 사업을 시행
  – 천연 발생 활엽수림은 유령림 단계에서만 사업을 시행함	

1) 치수림 단계	– 풀베기 후 3년 내외 경과한 조림지로서 – 제거 대상목이 조림목의 생장을 방해하며 – 어린나무 가꾸기를 처음으로 실시한 지역

2) 유령림 단계	가) 치수림 단계의 어린나무 가꾸기를 실행한 후 3년 내외 경과한 지역 – 제거 대상목이 조림목의 생장을 방해하고 있는 지역 나) 치수림 단계의 어린나무 가꾸기를 실행하지 않은 지역 – 조림목의 평균 가슴높이지름이 6cm 이상 – 보육 대상목과 수관경쟁을 하는 제거 대상목의 피복도가 50% 이상인 지역
(다) 조림지 구역 내 군상(群狀)으로 발생한 우량 천연림	

3 작업 시기

① 치수림 단계의 어린나무 가꾸기는 5~11월에 실시한다.

② 유령림 단계의 어린나무 가꾸기는 연중 실시할 수 있다.

③ 일반적으로 6~9월 사이에 실시하며, 늦어도 11월 말까지 완료한다.

④ 형질불량목 등이 조림목의 생장을 방해하기 시작하는 연도에 1회 실시하고 피해가 계속 발생할 경우 반복 실행한다.

4 작업 방법(요약)

① 침입수종이 조림목보다 성장이 빠르면 조림목을 피압하므로 제거

② 목적 이외의 수종이라도 임분의 건전한 생장에 유익한 경우 존치

③ 맹아력이 강한 활엽수종은 수간을 1m 높이에서 절단하여 맹아의 발생 및 생장 약화

④ 상층목으로 남아있는 임목은 벌도 및 반출경비의 최소화를 위해 환상박피 등으로 고사 처리

5 소요 인력

■ 숲 가꾸기 품셈 적용 기준

구분	사용 도구	단위	소요 인력	인력 구분
치수림 단계	체인톱	인/ha	5.00	특별인부 50% 보통인부 50%
유령림 단계	체인톱	인/ha	6.00	특별인부 50% 보통인부 50%
천연림 보육 (유령림 단계)	체인톱	인/ha	6.00	특별인부 50% 보통인부 50%

☞ 소요 인력은 체인톱 사용 인력 품으로 가지치기, 수형 교정은 별도

① 지력의 감퇴, 병해충 피해의 확산 등 침엽수 단순림의 결점을 보완하여 생태적으로 건전한 임분 조성을 목적으로 조림지 내에 잠재 유용수종을 일부 존치 무육하여 혼효림을 조성하는 방법이다.

② 조림목과 타 수종의 혼효 비율은 7:3 또는 8:2 정도로 하는 것이 적정하다.

7 어린나무 가꾸기 작업 방법

지속 가능한 산림자원 관리지침 [산림청 훈령 제1454호]

구분	작업 방법
치수림 단계	1) 제거 대상목은 보육 대상목과 수관경쟁을 하는 유해수종, 덩굴류, 피해목과 폭목으로 함 2) 제거 대상목의 제거 부위는 조림목 수고의 1/2 이하로 함
유령림 단계	1) 제거 대상목은 보육 대상목과 수관경쟁을 하는 유해수종, 피해를 입거나 고사한 조림목으로 함 2) 제거 대상목의 제거 부위는 지표면에 가깝게 함
유령림 단계의 천연림	1) 과다한 임지 노출이 우려될 경우를 제외하고 형질이 불량한 나무, 병해충목, 폭목은 모두 제거하며, 칡·다래 등 보육 대상목의 생장에 지장을 주는 덩굴류도 모두 제거 2) 제거 대상목의 제거 부위는 지표면에 가깝게 함 3) 움싹이 발생되었을 경우 각 뿌리에서 생긴 움싹은 2본 정도 남기고 정리하며, 유용한 실생묘는 존치함
공통	1) 조림목의 생장이 불량하거나 조림목이 없을 경우 천연적으로 발생한 우량목을 보육 대상목으로 선정하여 보육 2) 보육 대상목의 생장에 피해를 주지 않는 유용한 하층식생은 작업에 지장이 없을 경우 제거하지 않음 3) 폭목의 제거는 벌채 시 인접목에 대한 피해가 발생하지 않도록 고려하여 제거하되, 야생동식물의 서식처·먹이, 경관 유지, 밀도조절 등을 감안하여 제거하지 않을 수 있음 4) 폭목의 벌채 후 빈자리가 클 경우 보완식재를 할 수 있음 5) 조림 당시 잔존시킨 기존의 상층목이 인접목 수관에 지장을 줄 때는 가지치기를 실시할 수 있으며, 치수림 단계에서 가지치기는 원칙적으로 실시하지 않음(단, 수형교정을 위한 활엽수 가지치기의 경우는 예외로 함) 6) 보육 대상 수종 중 수관형태가 불량한 나무는 가지치기, 쌍간지(雙幹枝) 중 한 가지 제거 등 수형을 교정하되 보육 대상목인 어린나무의 가지치기는 전정가위로 함 7) 가지치기 적용 대상 수종은 소나무, 잣나무, 낙엽송, 전나무, 해송, 삼나무, 편백 등으로 하며, 가지치기 본수는 별표 2. 수종별 시업기준에서 정하고 있는 잔존본수의 50% 이하로 형질 우세목을 중심으로 실시

68 미래목 가꾸기

1 개요

미래목에 대한 개념은 19세기 말 북유럽에서 시작되어 1970년대 말 우리나라에 도입되었다. 기존의 하층간벌과 상층간벌 방식에서 비용을 절감하고 고급재 생산을 촉진하기 위하여 생긴 경영기술이다.

2 효과

가지치기는 미래목만 실시하고 간벌도 미래목에 방해가 되는 것만 제거해 줌으로써 가지치기와 간벌의 비용을 줄일 수 있다. 또한 미래목 위주로 작업을 실시하므로 미래목 생장을 촉진시켜 조기에 고급재의 생산을 할 수 있다.

3 미래목의 선정 요건

① 줄기가 통직하고 정상적으로 자란 입목

② 수간에 피해나 결함이 없을 것

③ 수간이 갈라지지 않은 것

④ 미래목과 미래목 사이에 적당한 간격을 유지할 것(최소 5m)

⑤ 지하고가 높고 자연낙지가 잘 일어난 것

⑥ 유용 수종이면서 그 임지 내에서 우점 수종

⑦ 초두부가 손상되지 아니한 것

4 관리 방법

① 미래목 생육에 지장을 주는 경합목, 지장목을 제거한다.

② 가지치기는 미래목만 실행하며 수액 정지기에 하는 것이 이상적이나 인력수급 등을 고려하여 간벌 작업 시 실시한다. 나무 키의 1/3~2/5 정도로 마른 가지를 모두 쳐준다.

③ 벌채 및 집재 시 손상되지 않도록 주의한다. 덩굴류는 수시로 제거한다.

5 ha당 적정 미래목 본수

수종	미래목 밀도(본/ha)
잣나무 · 편백	300
소나무	200
낙엽송	100
활엽수	150

☞ 미래목의 밀도는 성장속도, 환경 조건보다 나무 고유의 특성과 관계가 깊다.

6 미래목 선정 · 관리

지속 가능한 산림자원 관리지침 [산림청 훈령 제1454호] – 인공림의 조성관리– 도태간벌(중)

① 피압을 받지 않은 상층의 우세목으로 선정하되 폭목은 제외한다.

② 나무줄기가 곧고 갈라지지 않으며 산림병해충 등 물리적인 피해가 없을 것

③ 미래목 간의 거리는 최소 5m 이상으로 임지 내에 고르게 분포하도록 하며, 활엽수는 ha당 200본 내외, 침엽수는 ha당 200~400본을 미래목으로 한다.

④ 미래목만 가지치기를 실행하며 산 가지치기일 경우 11월부터 이듬해 5월 이전까지 실행하여야 하나 작업 여건, 노동력 공급 여건 등을 감안하여 작업 시기 조정이 가능하다.

⑤ 가지치기는 반드시 톱을 사용하여 실행한다.

⑥ 솎아베기 및 산물의 하산, 집재(集材), 반출 등의 작업 시 미래목을 손상치 않도록 주의한다.

⑦ 미래목은 가슴높이에서 10cm의 폭으로 황색 수성페인트로 둘러서 표시한다.

수원 함양 기능 증진 방법

1 수원 함양 기능의 개념

산림의 수원 함양 기능은 호우 시 홍수 유량을 경감시키는 홍수 조절 기능과 저장 유량을 증가시켜 수자원을 확보하는 기능을 말한다.

> **keyword** 수원 함양 = 홍수 조절 + 갈수 완화

2 수원 함양 기능 증진 방법

① 수종갱신

활엽수의 낙엽은 빗물에 흘러 내려가지 않고 침엽수보다 잘 분해되므로 토양의 구조를 향상시켜 침투능을 높여준다. 따라서 수원 함양 기능을 높이기 위해서는 조림수종을 가급적 낙엽활엽수로 선정하는 것이 유리하다.

② 복층림, 혼효림 조성

복층림과 혼효림을 조성하면 단층림보다 단위면적당 뿌리의 양이 많아져 토양의 공극이 발달하므로 수자원 함양 기능이 높아진다.

③ 간벌(수관울폐도 50~80%)

적적한 밀도로 간벌을 하면 수관 차단 및 증발산에 의한 수분 손실을 줄일 수 있으며, 임내 광도를 높여 지피식생이 많아지고, 토양의 이화학 성질을 개선하여 수원 함양 기능을 높인다.

④ 가지치기

가지치기는 간벌처럼 수분 손실을 줄이고 지피식생을 육성하는 기능이 있다. 또한 역지 이하의 가지는 광보상점 이하의 가지가 많으므로 가지치기를 해주면 수분 손실을 막고 생장량을 증가시키는 한편 좋은 형질의 목재를 생산할 수 있다.

⑤ 벌기 및 벌채 방법 개선

임목은 나이가 들수록 뿌리의 확장 범위가 넓어지고 임내 환경도 개선되며 낙엽과 낙지의 양도 많아져 토양을 건강하게 한다. 이를 위해서 장벌기를 택하고, 개벌보다는 택벌을 하며, 벌채 시에도 가선집재 방식이 효과적이다.

⑥ 시설물 설치

사방시설을 이용하여 계류의 속도를 완화하고 침투능을 증가시켜 주면 수원 함양 기능이 향상된다.

⑦ 습지 조성

산림 내에 자연 또는 인공습지를 조성하면 빗물이 모여 지하수로 침투시키는 과정을 촉진한다. 사방시설을 이용하여 계류의 속도를 완화하고 침투능을 증가시켜 주면 수원 함양 기능이 향상된다.

간벌·가지치기가 재질·초살도에 미치는 영향

1 간벌이 재질 · 초살도에 미치는 영향

① 간벌지에서는 무간벌지보다 봄부터 가을까지 더 높은 토양수분을 유지하며, 잎의 수분 포텐셜이 더 높게 유지되어 생장이 양호해진다.

② 광선이 많아지고 잎의 수분상태가 양호해져서 광합성량이 간벌 전보다 증가한다.

③ 간벌 후에는 점진적으로 수관의 크기가 커지며 엽면적이 증가하기 때문에 더 많은 탄수화물이 수관으로 이동하여 직경생장 및 재적생장이 촉진되고 추재 비율이 커져 재질도 우수해진다.

④ 수간의 하부와 상부의 직경 차이를 나타내는 초살도를 증가시켜 목재의 질을 저하시키기도 한다. 즉 간벌로 인해 광선이 증가하면 아래쪽에 있는 가지들이 광합성을 활발하게 함으로써 수간 하부의 직경생장이 촉진되어 초살도가 커진다.

> **참고** 초살도가 적은 목재 생산 방법
>
> 조림 시 식재 간격을 좁게 하면 자연낙지가 유도되며, 옹이가 없고, 지하고가 높고, 줄기는 곧게 된다.

2 가지치기가 재질 · 초살도에 미치는 영향

① 가지치기를 하면 수간의 연륜폭을 고르게 하고 마디를 없애주므로 목재의 질을 향상시킨다.

② 가지치기를 하면 내부 옹이가 발생하는데, 내부 옹이는 옹이가 묻혀 목재를 제재할 때 무절재 부분이 되어 원목의 이용률을 높인다.

③ 가지치기를 하면 하지 않은 것에 비하여 수간 하부의 연륜폭이 좁아지고 반대로 수간 상부의 연륜폭은 넓어지는 현상이 나타나는데, 이로써 수간의 초살도가 완만해지고 연륜폭이 고르게 되어 마디 없는 목재가 생산된다.

> **참고** 초살도 관련 학설
>
> • **영양설**: 가지치기를 하면 수관량이 줄어들고 그 결과 증산량이 감소하는데, 이것이 원인이 되어 춘재 형성량이 줄어들어 수간의 초살도가 감소한다.
> • **수분통도설**: 줄기의 완만성은 뿌리와 줄기 사이의 수분통도의 균형에 의하여 좌우된다.
> • **기계설**: 바람에 의해 변한다.

핵심 71 간벌이 엽면적, 광합성, 호흡량, 생장량에 미치는 영향

임목의 생장은 생리학적으로 잎에 의한 물질생산과 호흡에 의한 소비관계로 생각할 수 있다. 따라서 간벌과 가지치기와 관련하여 살펴보면

① 간벌 전, 즉 단위면적당 입목수가 감소하지 않는 한 나무가 성장해도 한 개체당 엽량은 증가하지 못하고 그 결과 물질생산보다는 호흡소비가 증가한다.

② 호흡소비의 증가는 나무생장을 저해하며 나아가 물질생산과 호흡소비의 균형이 깨어지면 고사에 이른다.

③ 따라서 간벌에 의한 임분밀도가 낮아지면 단목의 엽량이 증가되어 직경생장도 촉진된다.

④ 살아있는 가지치기는 탄소동화기관의 표면적을 감소시키는 한편 호흡기관의 양도 감소시킨다. 따라서 적정한 강도로 가지치기를 할 경우 생장량의 급격한 감퇴는 일어나지 않는다.

⑤ 또한 수광량이 부족한 수관 하부의 지엽은 탄소동화작용에 의해 생성되는 탄수화물의 전량을 호흡에 의해 소모하여 버리므로 줄기생장에 도움이 되지 못한다. 반면 부패의 원인과 옹이의 원인이 되므로 제거하는 것이 바람직하다.

⑥ 임목의 수고생장은 상부 수관에서 형성된 호르몬과 축적된 탄수화물의 양에 의하여 결정되기 때문에 수고생장을 방해하지 않도록 밑부분부터 수관의 30~70%까지를 제거하여도 수고생장에는 큰 영향을 미치지 않는다.

> **참고** 간벌과 가지치기의 비교
>
> • **간벌**: 직경성장을 촉진하여 연륜폭이 넓어지며 임목이 건전하게 발육하여 각종 위해에 대한 저항력이 높아진다.
> • **가지치기**: 연륜폭이 조절되어 수간의 완만도가 높아지며 수고생장이 촉진되며, 하목의 수광량을 증가시켜 생장을 촉진하고, 옹이가 적은 무절재를 생산할 수 있다.

숲 가꾸기 사업시행 지침 주요 내용

● <숲 가꾸기 설계·감리 및 사업시행 지침 >

Ⅰ. 실시설계서의 활용

작성된 실시설계는 다음의 각호에 해당하는 분야에 활용한다.

1. 숲 가꾸기 사업에 소요되는 비용의 산출 및 예산을 편성할 경우

2. 선목 사업시행자가 선목의 수량과 방식을 결정할 경우

3. 숲 가꾸기 사업시행자가 숲 가꾸기 작업을 시행할 경우

4. 감독자가 감리, 선목 및 숲 가꾸기 사업시행의 내용에 관하여 관리·감독할 경우

5. 감리자가 실시설계, 선목 및 숲 가꾸기 사업시행의 내용을 검토하고 감리할 경우

Ⅱ. 실시설계의 내용

① 실시설계는 지역산림계획, 산림경영계획 등을 고려하여 작성하고, 부득이 변경이 필요한 경우에는 발주자와 협의하여 변경된 내용을 실시설계에 반영할 수 있다.

② 다음의 각호에 해당하는 서식에 따라 실시설계를 작성하여 제출한다. 또한 발주자는 관련법에 따라 필요한 사항에 대해서는 확인 조치를 해야 한다.

1. 설계설명서: 별지 제7호서식

2. 소반별 시방서: 별지 제8호서식

3. 작업지시도: 별지 제9호서식

4. 실시설계 표준지배치도: 별지 제10호서식

5. 사업시행 예정공정표: 별지 제11호서식

6. 사업비 원가계산서: 별지 제4호서식

7. 설계내역서: 별지 제5호서식

8. 사업대상지(실행)내역서: 별지 제12호서식

9. ㏊당 숲 가꾸기 단가산출서: 별지 제13호서식

10. 소나무재선충병 미감염증상 확인서: 별지 제14호서식

11. 선목 사업이 분리 발주될 경우 선목 사업 설계도·서

12. 풀베기 표준지 조사야장(표준지 상세도 포함): 별지 제37호서식

13. 덩굴 제거 표준지 조사야장: 별지 제40호서식

14. 어린나무 가꾸기 표준지 조사야장: 별지 제41호서식

15. 현장 배치 확인표(시행령 제15조 및 시행규칙 제20조에 따라 설계자가 작성하고 발주청은 확인)

16. 그밖에 발주자가 용역계약 시 요구하는 사항

③ 실시설계도 · 서에는 책임기술자가 서명 날인을 하여야 한다.

④ 실시설계자는 발주자가 요청할 경우 사업시행자와 감리자를 대상으로 실시설계의 방향, 작업요령, 작업 시 주의사항 등에 관한 교육과 현장 설명을 하여야 한다.

Ⅲ. 선목의 자격

① 선목을 수행할 수 있는 자는 다음의 각호와 같다.

1. 임업직 · 녹지직 공무원

2. 설계 · 감리 용역을 수행할 수 있는 업체(선목 사업시행 대상지의 감리용역 수행업체는 제외한다.)

3. 사업시행자

4. 기능인영림단(국유림에 한한다.)

5. 산림조합중앙회 또는 산림조합의 산림경영지도원 중숲 가꾸기사업 실무경력이 2년 이상인 자

6. 독림가, 임업후계자(실제로 소유하거나 경영하는 산림을 선목할 경우에 한한다.)

② 제1항의 제2호부터 제4호까지에 해당하는 자는 산림경영기술자 중 기술초급 이상에 해당하는 자 1인 이상을 보유하고 직접 선목 작업을 수행하여야 한다.

Ⅳ. 선목의 내용

선목의 경우 다음의 각호에 따라 표식하여야 한다.

1. 지속 가능한 산림자원 관리지침과 사업계획(기본설계), 실시설계 또는 계약사항에서 정한 미래목, 제거 대상목의 기준과 수량을 충족하도록 선목하여야 한다.

2. 선정된 미래목 또는 제거 대상목은 지속 가능한 산림자원 관리지침에 따라 표식하여야 한다.

3. 제거 대상목 선목은 가슴높이 지름 10cm 이상인 나무만을 대상으로 친환경성 수성페인트(적색) 또는 임업용페인트(적색)를 사용하여 확연히 구분가능하게 표식한다.

4. 미래목 선목 시 경관을 고려할 필요가 있는 지역은 나무의 뒤쪽에 원형 표식 등과 같은 다른 방법으로 표식할 수 있다.

Ⅴ. 품질관리

① 사업시행자는 설계상의 대상면적과 사업량이 현장과 차이가 생길 경우에는 감리자와 합동으로 현장 확인 · 검토를 하여야 한다.

② 제1항의 규정에 따라 현장 확인 · 검토 결과를 감독자에게 즉시 보고하고 감독자의 지시에 따라 설계변경 등의 적절한 조치를 취하여야 한다.

③ 사업이 부실하여 감독자 또는 감리원이 재작업을 지시할 경우에는 사업시행자는 지시 내용에 따라야 하며, 감리원은 작업결과를 확인하고 지적사항의 이행여부를 감독자에게 보고하여야 한다.

④ 사업시행자는 작업과정을 동일한 장소에서 전 · 중 · 후 및 원 · 근경으로 촬영한 사진을 제출하여야 한다.

⑤ 사업시행자는 현장에 별지 제22호서식에 의거 작업일지를 기록하여 비치하고 감리원 및 감독자가 요구할 경우 제출하여야 한다.

VI. 안전관리

① 작업원의 안전에 관한 제법규의 운영과 적용은 사업시행자의 책임하에 이루어지고 전 작업원의 모든 행위에 대한 책임은 사업시행자가 진다.

② 사업시행자는 발주자에게 제출한 안전관리계획서에 따라 다음의 각호를 포함하여 관련 법규에 따라 안전관리에 관한 조치를 하여야 하며, 안전교육을 실시한 경우 별지 제23호서식에 의거 안전교육 일지에 기록 · 비치하여야 한다.

1. 작업원 등 작업장에 들어가는 자에 대한 품질인증 기관으로부터 인증받은 안전장비 착용 여부의 확인

2. 유류, 체인톱 등 각종 위험물의 사용법 교육

3. 안전사고 예방을 위하여 통행자 또는 작업원의 작업장 내의 이동에 관한 교육 또는 호루라기 등의 소지 여부 점검

4. 구급낭 등 응급조치에 필요한 약제 비치

5. 그 밖의 안전관리에 필요한 사항이나 계약에서 제시된 사항

③ 숲 가꾸기작업장 내 또는 인근지역을 차량 및 사람이 안전하게 통행할 수 있도록 사업시행 기간 중에 별지 제24호서식의 간이 입간판을 설치하여야 한다.

④ 산재보험 등 보험가입내역, 안전관리비 사용내역서와 안전 점검표, 안전교육일지 등을 작업 현장에 비치하여야 한다.

⑤ 사업시행자는 사업시행 중에 일어나는 모든 안전사고를 감리자와 감독자에게 즉시 보고하고 필요한 조치를 하여야 한다.

⑥ 산업안전보건관리비는 숲 가꾸기 목적 외 사용을 금하고, 작업원에 대한 안전장구류 지급을 위한 목적으로 사용하였을 경우 반드시 등록된 작업원에게 지급되었는지 여부를 확인 후 정산처리하여야 한다.

숲 가꾸기 실시설계의 순서와 내용

① 사전검토 및 협의

- 지역산림계획, 산림경영계획, 사업계획 등 상위 계획의 검토

- 설계 목적, 경영 목표, 작업 강도, 산물 처리, 선목 분리, 계곡부 및 임연부관리 등 협의

- 산주자 부담 부분, 부가가치세 구분 협의 및 산주와 사업시행자 요구사항 검토 등

② 사업대상지의 도상 확정

1/6,000 또는 1/5,000임야도와 1/5,000지형도를 복합 제작

③ 임 · 소반 구획

- 임반은 행정리 · 동

- 소반은 동일 사업종 또는 주요 수종별로 구획

④ 표준지 선정 및 조사

⑤ 집계 및 재적 산출

- 매목조사 집계표(표준지별, 경급별 총본수와 제거본수 집계)

- 수고조사야장(수종별 표준지 매목조사야장 집계)

- 재적산출(ha당 및 소반별 본수와 재적 산출)

- 제거량 산출(ha당 및 소반별 제거본수와 제거재적 산출)

⑥ 단가산출서 작성

소반별 ha당 단가 산출

⑦ 설계내역서 작성

작업별 사업비 산출

⑧ 공사원가계산서 작성

순공사원가, 부대비, 총사업비 산출

⑨ 설계설명서 작성

설계 목적, 표준지 선정 및 내용, 적용 기준 등

⑩ **예정공정표 작성**

⑪ **시방서 작성**

일반, 특별, 전문시방서와 소반별 시방서 작성

⑫ **필지별 내역서 작성**

소반별 지번, 지적, 사업면적, 소유자 등

⑬ **소나무재선충병 미감염확인서 작성**

⑭ **도면작성**

표준지배치도, 작업지시도 등

⑮ **사업시행자와 감리자 교육, 현장 설명**

사업시행자가 결정된 후 발주자가 요청할 시

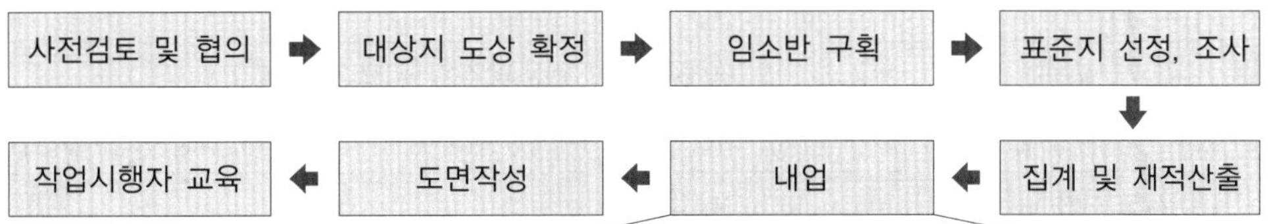

2024년 조림비용 고시

● 조림비용은 매년 시험 전에, 특히 면접시험 전에 찾아보고 정리해 두어야 한다.

1. 2024년도 조림비용 고시

「산림자원의 조성 및 관리에 관한 법률」 제10조, 제79조제5항 내지 제6항, 같은 법 시행령 제73조의 별표3 및 같은 법 시행규칙 제6조제4항에 따라 2024년도 조림비용을 다음과 같이 고시

구분	금액(원)	산출 근거
1. 재료비	2,449,515	
가. 묘목대	2,079,000	'23년산 낙엽송 1-1묘 3,000본/ha
나. 유류대 등 잡품	370,515	조림예정지 정리 기계톱 유류대, 잡품, 조림목표시봉
2. 노무비	5,022,158	
가. 직접노무비	4,417,026	조림예정지 정리 9인(보통 50%, 특별 50%), 식재 12인(보통 70%, 특별 30%), 소운반 1.2인(보통인부), 표시봉 2.1인(보통인부)
나. 간접노무비	605,132	직접노무비의 13.7%
3. 경비	997,422	
가. 운반비	8,400	묘목운반비(대운반비)
나. 기계경비	31,752	조림예정지 정리 기계톱 손료
다. 산업재해보상보험료	294,298	노무비의 5.86%
라. 고용보험료	57,754	노무비의 1.15%(고용안정 직업능력개발사업 0.25+ 실업급여 0.90)
마. 산업안전보건관리비	127,031	(재료비+직접노무비)의 1.85%
바. 기타경비	478,187	(재료비+노무비)의 6.4%
4. 일반관리비	508,145	(재료비+노무비+경비)의 6.0%
5. 이윤	979,158	(노무비+경비+일반관리비)의 15%
6. 부가가치세	995,639	총원가의 10%
합계	10,952,000	1회 실행(천원 단위 절사)

☞ 필기시험에 합격하고 면접을 볼 때는 연초에 발표된 내용을 토대로 묘목대 207만원, 노무비 500만원, 직접노무비 440만원 이런 식으로 내용을 금액까지 암기하는 것이 좋습니다.

조림 지침(목차)

● 조림 설계·감리 및 사업시행 지침 [시행 2023. 3. 1.] [산림청지침 제1226호]

목 차

조림 지침(제1장 총칙)

● 조림 설계·감리 및 사업시행 지침 [시행 2023. 3. 1.] [산림청지침 제1226호]

제1장 총칙

제1조(목적) 이 지침은 「산림기술 진흥 및 관리에 관한 법률」(이하 "법"이라 한다) 제15조, 같은 법 시행령(이하 "시행령"이라 한다) 제13조, 같은 법 시행규칙(이하 "시행규칙"이라 한다) 제11조 및 제12조에 따라 조림사업의 설계기준, 시행 요령, 사업비 산출기준, 감리기준 등에 관하여 필요한 사항을 규정함을 목적으로 한다.

제2조(기본 방향) 이 지침은 다음의 각호를 기본 방향으로 한다.

1. 조림사업의 계획적인 추진

2. 조림사업의 품질 향상

3. 합리적인 사업비 산출

제3조(정의) 이 지침에서 사용하는 용어의 정의는 다음과 같다.

1. "발주자"라 함은 조림과 관련된 설계, 감리 및 사업을 수행하기 위하여 사업을 발주하고, 계약을 체결하여 이를 집행하는 자를 말한다. 다만, 조림사업의 설계·감리를 용역으로 수행하지 않을 경우에는 '관리기관'이라 칭한다.

2. "감독자"라 함은 발주자를 대리하여 사업을 감독하는 자로서 조림사업 전반에 관한 업무를 관장하는 자를 말한다.

3. "실시설계자"라 함은 당해 사업의 적합한 작업 방법을 제시하고 사업 시행에 필요한 비용을 산출하기 위하여 발주자와 계약을 체결한 자를 말한다.

4. "책임기술자"라 함은 시행령 제10조에 의한 자격요건을 갖춘 자로서 실시설계 용역 전반에 대한 총괄업무를 수행하는 자를 말한다.

5. "감리자"라 함은 관계법령에 따라 발주자의 감독권한을 대행하기 위해서 발주자와 계약을 체결한 자를 말한다.

6. "감리원"이라 함은 시행령 제10조에 의한 자격요건을 갖춘 자로서 감리 용역 전반에 대한 총괄업무를 수행하는 자를 말한다.

7. "사업시행자"라 함은 설계도서 및 관련 규정에 따라 조림사업을 시행하기 위해 발주자와 계약을 체결한 자를 말한다.

8. "현장대리인"이라 함은 사업시행자가 지정하는 자로서 사업 현장의 사업관리 및 기술관리, 기타 업무를 시행하는 현장요원을 말한다.

제4조(적용 범위) 이 지침은 시행령 제13조 및 제15조, 시행규칙 제11조 및 제12조에 의한 조림사업의 설계, 감리, 사업시행에 관하여 적용한다.

제5조(사업의 구분) 조림 설계, 감리, 사업시행과 관련된 사업의 종류는 다음의 각호와 같이 구분한다.

1. 3ha 이상의 조림사업으로서 산주의 동의 등의 절차를 거쳐 기초지방자치단체의 장이 시행하는 사업

2. 3ha 이상의 조림사업으로서 산주가 사업을 직접 시행하고 기초지방자치단체의 장으로부터 사업비의 일부를 보조받는 사업

3. 3ha 미만의 조림사업으로서 산주의 동의 등의 절차를 거쳐 기초지방자치단체의 장이 시행하는 사업

4. 3ha 미만의 조림사업으로서 산주가 사업을 직접 시행하고 기초지방자치단체의 장으로부터 사업비의 일부를 보조받는 사업

5. 국가가 직접 시행하는 조림사업

조림 지침(제2장 설계)

● 조림 설계·감리 및 사업시행 지침 [시행 2023. 3. 1.] [산림청지침 제1226호]

제2장 설계

제6조(사업계획)

① 조림사업 발주기관에서는 제5조의 제1호, 제2호, 제3호 및 제5호에 해당하는 조림사업의 경우 별지 제1호서식과 별지 제2호서식을 작성하여야 한다.

② 사업계획을 작성할 때는 지역산림계획, 경제림 육성단지 관리계획, 산림경영계획, 산림시책, 별표 2의 조림 권장 수종 등과 연계되도록 작성하여야 한다.

③ 제1항의 규정에 의해 작성된 사업계획서는 설계를 작성하는 기초자료로 활용한다.

제7조(기본설계) 제6조제1항에 따라 작성한 사업계획을 기본설계로 대체할 수 있다.

제8조(실시설계의 시기)

① 실시설계는 사업시행 전년부터 사업종류별 시행시기를 감안하여 당해연도 조림사업 착수 전까지 작성하여야 한다.

② 제1항의 규정에도 불구하고 산림재해가 발생하거나 예산 변동 등의 사유가 발생하였을 경우에는 필요한 시기에 실시설계를 작성할 수 있다.

제9조(실시설계 주체) 실시설계를 용역으로 수행하지 않을 경우에는 관리기관이 직접 작성할 수 있다.

제10조(책임기술자)

① 책임기술자는 실시설계 계약에서 규정된 업무를 관련 법규에 따라 총괄 · 수행하여야 한다.

② 책임기술자는 감독자와 협의하여 조림사업 시행에 이상이 없도록 적절한 방안을 마련하여 실시설계도서에 반영하여야 한다.

제11조(실시설계의 활용) 작성된 실시설계는 다음의 각호에 해당하는 분야에 활용한다.

1. 조림사업에 소요되는 비용의 산출 및 예산을 편성할 경우
2. 조림사업 시행자가 조림작업을 시행할 경우
3. 감독자가 조림사업 시행의 내용에 관하여 관리 · 감독할 경우
4. 감리자가 실시설계, 조림사업 시행의 내용을 검토하고 감리할 경우

제12조(실시설계의 내용)

① 실시설계자는 설계도서를 작성하기 전에 사업계획서(기본설계서 포함)를 검토하여 발주자와 협의하여야 한다.

② 다음의 각호에 해당하는 서식에 따라 실시설계를 작성한다.

1. 설계설명서: 별지 제5호서식

2. 일반시방서: 별지 제6호서식

3. 특별시방서: 별지 제7호서식

4. 조림대상지 현황도: 별지 제8호서식

5. 작업지시도: 별지 제9호서식(제9−1호의 작성 및 관리요령에 의한다)

6. 사업시행 예정공정표: 별지 제10호서식

7. 사업비 원가계산서: 별지 제3호서식

8. 설계내역서: 별지 제4호서식

9. 필지별사업내역서: 별지 제29호서식(제29−1호부터 제29−2호의 작성 및 관리요령에 의한다)

10. ha당 단가산출서: 별지 제12호서식

11. 소나무류 반출금지구역 확인서: 별지 제11호서식

12. 그밖에 발주자가 용역계약 시 요구하는 사항

③ 실시설계자는 발주자가 요청할 경우 사업시행자와 감리자를 대상으로 실시설계의 방향, 작업요령, 작업 시 주의사항 등에 관한 교육과 현장 안내를 하여야 한다.

제13조(실시설계의 변경) 실시설계가 확정된 후 사업시행 중 설계변경이 필요할 경우에는 사업시행자와 감리자는 현장 조사를 함께 실시하여 그 결과를 감독자에게 보고하고 감독자는 타당할 경우, 설계변경을 할 수 있다.

핵심 78

조림 지침(제3장 사업시행)

● 조림 설계·감리 및 사업시행 지침 [시행 2023. 3. 1.] [산림청지침 제1226호]

제3장 사업시행

제14조(현장대리인)

① 사업시행자는 시행령 제15조제1항에 따라 산림기술자를 현장대리인으로 선임하여 배치하고, 이를 발주자에게 보고하여야 한다.

② 현장대리인으로 임명된 자는 조림사업시행 전반에 대하여 실시설계도서 및 계약문서에 따라 작업을 성실히 수행하여야 한다.

③ 사업시행자는 다음 각호의 어느 하나에 해당하는 경우 발주자의 승낙을 받아 3개 이내의 사업장을 통합하여 1인의 현장대리인을 배치할 수 있다.

　1. 사업장이 동일 특별시 · 광역시에 위치하는 경우

　2. 사업장이 동일 시 · 군에 위치하는 경우

　3. 사업장이 제주특별자치도 또는 세종특별자치시에 위치하는 경우

④ 현장대리인이 부득이 사업장을 이탈하고자 하는 경우에는 별지 제28호서식에 따라 감리원 또는 감독자의 승인을 받아야 하며, 사업장 간 이동 시에는 안전사고 예방 등 사업현장 관리에 필요한 조치를 취하여야 한다.

제14조의2(작업원)

① 작업원은 산림경영기술자 기능2급 이상인 자가 전체 작업인원 중 30% 이상이어야 한다. 다만, 산림 소유자가 직접 실행하는 조림사업은 제외한다.

② 감독자와 감리원은 제1항에 따른 작업원이 계약 당시의 구성원과 동일한 지를 수시로 점검하여야 한다.

③ 작업원을 교체할 경우에는 감리원을 경유하여 감독자에게 통보하고 동의를 받아야 한다.

제15조(관련 서류)

① 사업시행자는 조림사업을 착수하기 전에 다음의 각호를 발주자에게 제출하여야 한다.

　1. 착수계: 별지 제13호서식

　2. 작업계획서: 별지 제14호서식(장비 · 인력 투입계획 등)

3. 현장대리인 선임계: 별지 제15호서식(현장대리인 선임 및 재직증명, 작업원의 명단 및 자격증명 등)

4. 안전관리계획서: 시행령 제16조에 따라 착수 전 사업시행자가 수립하고 발주청은 승인

5. 그밖에 발주자가 요구하는 사항

② 사업시행자는 조림사업시행 중 사업착수 전에 제출한 착수계의 내용 변경 사유가 발생하였을 경우에는 즉시 관련 자료를 첨부하여 변경신청서를 감리원과 감독자를 경유하여 발주자에게 제출하고 승인을 받아야 한다.

③ 사업시행자는 조림사업시행이 완료된 후에 다음의 각호를 포함하는 사항을 감리원과 감독자를 경유하여 발주자에게 제출하여야 한다.

1. 완료계: 별지 제16호서식

2. 사업완료검사신청서: 별지 제17호서식

3. 완료사진첩 및 사진이 저장된 CD 등

4. 작업일지: 별지 제18호서식

5. 안전교육일지: 별지 제19호서식

6. 안전점검에 관한 종합보고서(시행규칙 제21조에 따라 작성하여 제출)

7. 현장대리인 근무상황부: 별지 제28호서식

8. 그밖에 발주자가 요구하는 사항

제16조(일정관리)

① 사업시행자는 계약문서상에 명기된 기간 내에 작업을 완료하기 위하여 사업시행예정표에 따라 사업을 시행하여야 한다.

② 사업시행자는 불가항력의 사유 등으로 인하여 계약기간 연장이 필요할 시 수정된 사업시행예정표, 연기사유 등을 첨부하여 감리원과 감독자를 경유하여 발주자에게 계약기간 연장을 신청할 수 있다.

③ 감리자 및 감독자는 각 세부공정별 주요 업무, 간과하기 쉬운 공정, 기술력이 요구하는 공정, 하자 발생이 우려되는 공정 등에 대하여 점검 리스트를 작성하여 수시점검을 실시할 수 있다.

제17조(품질관리)

① 사업시행자는 설계상의 대상면적과 사업량이 현장과 차이가 있을 경우에는 감리자에게 보고하고 감리자는 현장 확인 후 검토 결과를 발주자에게 보고하여야 한다.

② 제1항의 규정에 따라 현장 확인 및 검토 결과를 감독자에게 즉시 보고하고 감독자의 지시에 따라 설계변경 등의 조치를 취하여야 한다.

③ 사업이 부실하여 감독자 또는 감리원이 보완작업 또는 재작업을 지시할 경우, 사업시행자는 지시에 따라 보완작업 또는 재작업을 시행하여야 하며 이에 대한 비용은 사업시행자가 부담한다.

④ 사업시행자는 감독자와 감리원이 요구할 경우 지정한 기일 내에 작업진행 결과를 수시로 중간보고 하고, 감리원은 작업 결과를 확인하여 지적사항의 개선여부를 감독자에게 보고하여야 한다.

⑤ 사업시행자는 완료사진첩에 사업시행지의 원경 및 근경을 각각 동일한 장소에서 사업진행에 따라 시행 전·중·후 별로 촬영한 사진을 수록하여야 한다.

⑥ 사업시행자는 장비투입계획에 따라 투입된 장비의 반출시에는 감리원 및 감독자의 승인을 받아 반출 또는 투입하여야 한다.

⑦ 사업시행자는 별지 제18호서식의 작업일지를 기록하여 현장에 비치하고 감리원, 감독자가 요구할 경우 제출하여야 한다.

제18조(작업관리)

① 계약문서에서 별도로 규정하고 있는 경우와 발주자의 승인에 의한 경우를 제외하고는 야간작업을 할 수 없으며, 사업시행상의 형편에 따라 작업시간의 연장이나 단축, 또는 야간작업의 필요성을 발주자가 인정할 경우에 한하여 사업시행자는 그 지시에 따라 사업을 시행한다.

② 현장대리인은 야외작업을 하기 어려울 정도의 악천후 시 작업을 중단하고 작업원들을 안전한 장소로 대피시켜야 한다.

제19조(안전관리)

① 작업원의 안전에 관한 제법규의 운영과 적용은 사업시행자의 책임하에 이루어지고 전 작업원의 모든 행위에 대한 책임은 사업시행자에게 있다.

② 사업시행자는 발주자에게 제출한 안전관리계획서에 따라 다음의 각호를 포함하여 관련 법규에 따라 안전관리에 관한 조치를 하여야 하며, 안전교육을 실시한 경우 별지 제19호서식의 안전교육 일지를 기록하여 비치하고 감리원, 감독자가 요구할 경우 제출하여야 한다.

1. 작업원 등 작업장에 들어가는 자에 대한 안전장비 착용여부의 확인

2. 발화위험물의 운반, 보관, 사용 등의 안전한 취급

3. 유류, 약제, 체인톱 등 각종 위험물의 사용법 교육, 약제 보관지역과 사용장소의 설정, 관리

4. 안전사고 예방을 위하여 통행자 또는 작업원의 작업장 내의 이동에 관한 교육 또는 확성기, 호루라기 등의 소지 여부 점검

5. 전기, 하수도 및 통신선로 등 중요 시설에 대한 보호조치

6. 구급낭, 접이식 들것 등의 비치

7. 그 밖의 안전관리에 필요한 사항이나 계약에서 제시된 사항

③ 산재보험 등 보험가입내역, 안전관리비 사용내역서와 안전점검표, 안전교육일지 등을 작업현장에 보관하고 감리원, 감독자가 확인을 요구할 경우 열람할 수 있도록 하여야 한다.

④ 사업시행자는 사업시행 중에 일어나는 모든 안전사고를 감리자와 감독자에게 보고하고 필요한 조치를 하여야 한다.

제20조(재해관리)

① 산불예방활동을 철저히 하여야 하며 산불 발생 시 진화를 위한 진화장비를 구비하고 이에 대한 대책을 강구하여야 한다.

② 호우, 홍수, 태풍 등에 대한 기상예보 등에 유의하며, 유사시에는 피해가 최소화되도록 응급조치를 하여야 한다.

③ 작업장에 인접해 있는 수리시설 및 농작물에 지장이 없도록 사업을 시행하여야 한다.

제21조(작업완료) 사업시행자는 작업이 완료되었을 경우 완료검사 이전에 다음의 각호에 대한 조치를 하여야 한다.

1. 작업 중 발생한 폐자재 및 작업기자재는 전량 수거하여 지정된 업체에 폐기 처분하여야 한다.

2. 작업장 주변에 훼손된 산림보호 홍보물, 현수막 등 철거가 필요한 것은 수거하여 처리하여야 한다.

3. 임산물운반로와 작업로는 강우 등 기상재해로부터 피해가 없도록 적절한 조치를 취하여야 한다.

4. 그밖에 감리원, 감독자 등의 지시사항과 사업시행으로 인하여 민원이 발생될 수 있는 사항은 민원이 발생되지 않도록 조치하여야 한다.

핵심 79

조림 지침(제4장 감리)

● 조림 설계·감리 및 사업시행 지침 [시행 2023. 3. 1.] [산림청지침 제1226호]

제4장 감리

제22조(감리의 대상 등)

① 실시설계를 용역으로 시행하였을 경우에는 감리를 실시하여야 한다.

② 조림사업의 감리 범위는 조림예정지 정리, 식재작업(파종조림, 천연하종갱신, 움싹갱신, 생태보완조림, 큰나무 공익조림, 비료주기 포함)과 조림감리표준지조사까지로 하며, 활착률 조사는 별표3의 활착률 조사요령을 적용한다.

③ 사유림 산림 소유자가 국가 또는 지방자치단체의 보조 또는 지원을 받아 3ha 미만의 조림을 직접 시행하는 사업에 대해 지방자치단체의 장이 조림사업의 품질 향상을 위해 필요할 경우 위탁 감리자를 지정하여 사업의 적정 시행 여부를 관리 · 감독하도록 할 수 있다.

제23조(감리원)

① 감리용역 수행자는 관련 법 · 규정과 감리용역 계약문서에 따라 감리원의 업무를 수행할 수 있는 자격을 갖춘 자를 선정하여 발주자에게 승인을 받아야 한다.

② 감리원은 작업의 품질이 불량할 경우, 실시설계서대로 작업이 되지 않을 경우 또는 안전상 필요한 경우에는 사업시행자에게 시정 또는 작업중지를 명하거나 작업원의 재교육 또는 교체를 요구할 수 있다.

③ 제2항의 규정에 따른 감리원의 요구사항에 대하여 사업시행자가 적절한 조치를 취하지 않을 경우 이에 따른 책임은 사업시행자에게 있으며, 감리원은 감독자에게 즉시 보고하는 등 필요한 조치를 취하여야 한다.

제24조(감리의 내용)

① 감리자는 사업시행 중 해당하는 시점에서 다음의 각호에 해당하는 보고서를 작성하여 감독자를 경유하여 발주자에게 제출하여야 한다.

1. 실시설계 사전검토 보고서: 별지 제20호서식

2. 중간감리 보고서: 별지 제21호서식

3. 예비사업 완료검사 결과보고서: 별지 제23호서식

4. 필지별 실행내역: 별지 제24호서식

5. 감리완료 보고서: 별지 제25호부터 제27호서식

6. 감리일지: 별지 제22호서식

7. 완료도면: 별지 제9호서식(제9-1호의 작성 및 관리요령에 의한다)

8. 필지별사업내역서: 별지 제29호서식(제29-1호 내지 제29-2호의 작성 및 관리요령에 의한다)

9. 감리결과 등록확인서: 별지 제30호서식(제30-1호부터 제30-3호까지의 작성 및 관리요령에 의한다)

10. 그밖에 발주자가 용역계약 시 요구하는 사항

② 발주자는 감리자가 제1항제7호 및 제8호를 작성할 수 있도록 실시설계자로부터 제출받은 작업지시도 및 필지별사업내역서를 감리자에게 제공할 수 있다.

조림 지침(제5장 사업완료)

● 조림 설계·감리 및 사업시행 지침 [시행 2023. 3. 1.] [산림청지침 제1226호]

제5장 사업완료

제25조(실시설계 용역의 완료)

① 실시설계자는 설계도서의 작성이 완료되면 실시설계도서와 이를 포함한 전자기록매체(CD 등), 용역계약 시 발주자가 요구한 사항을 발주자에게 제출하여야 한다.

② 발주자는 실시설계도서를 검토하여 이상이 있을 경우에는 변경·보완을 요구할 수 있다.

③ 실시설계도서가 이상이 없을 경우에는 발주자는 실시설계용역을 완료 처리한다.

제26조(사업시행 완료)

① 조림사업 시행자는 감리자의 예비사업완료검사를 위하여 계약기간 이전에 작업을 완료하고 문서로 예비사업완료검사를 감리자와 감독자에게 요청하여야 한다.

② 감리자는 조림사업 시행자로부터 예비사업 완료검사를 요청받았을 경우에는 예비사업 완료검사를 실시하고 그 결과에 대해 예비사업완료검사 결과보고서를 작성하여 발주자에게 제출하여야 한다.

③ 발주자는 예비사업 완료검사 결과보고서를 참고하여 필요할 경우 조림사업 시행자로 하여금 시정·보완하도록 조치하여야 한다.

④ 조림사업 시행자는 제3항에 의한 필요한 조치를 완료한 후에 제15조제3항의 규정에 의한 관련서류와 이를 포함한 전자기록매체(CD 등), 용역계약 시 발주자가 요구한 사항을 발주자에게 제출하고, 발주자는 최종적으로 조림사업 시행에 대하여 완료 처리한다.

⑤ 작업시간 또는 숙련도 등을 감안하여 작업완료기간의 2/3를 경과하여 작업이 완료될 때는 발주자는 이를 인정할 수 있다.

⑥ 발주자 또는 관리기관은 사업시행이 완료된 때는 조림통계 및 산림경영정보 데이터베이스 구축을 위해 별지 제9호 및 제29호서식에 따라 조림지관리도 및 조림지관리대장을 작성·관리하여야 한다.

제27조(감리용역의 완료)

① 감리자는 감리가 완료되었을 경우 제24조 제3호에서부터 제6호까지의 규정에 따른 서류와 이를 포함한 전자기록매체(CD 등), 사업실행내역 및 공간정보의 파일, 시스템 등록확인서, 용역계약 시 발주자가 요구한 사항을 발주자에게 제출하여야 한다.

② 발주자는 용역계약서 및 과업지시서 등에 따라 감리용역이 이행되었는지를 검토하고 감리용역에 대해 완료 처리한다.

제6장 비용의 산출

제28조(적용기준) 조림사업에 필요한 실시설계 및 감리의 용역비는 「산림기술용역 대가 기준」을 적용하고, 조림사업 시행에 필요한 비용 등은 별표 1의 조림품셈 적용기준을 적용한다.

제29조(재검토 기한) 산림청장은 이 지침에 대하여 「훈령·예규 등의 발령 및 관리에 관한 규정」에 따라 이 지침에 대하여 2023년 3월 1일 기준으로 매 2년이 되는 시점(매 2년째의 12월 31일까지를 말한다)마다 그 타당성을 검토하여 개선 등의 조치를 하여야 한다.

조림품셈 적용 기준

● 조림 설계·감리 및 사업시행 지침 [시행 2023. 3. 1.] [산림청지침 제1226호]

1 적용 기준

1) 목적

국가, 지방자치단체에서 시행하는 조림사업의 적정한 예정가격을 산정하기 위한 일반적인 기준을 제공하는 데 있다.

2) 적용 범위

① 다른 법령의 특별한 규정이 있는 경우를 제외하고 다음 사항은 본 품셈에 따른다.

② 실시설계를 통한 조림사업의 예정가격 산정은 본 표준품셈을 활용한다.

③ 본 품셈에 의한 실시설계를 작성하여 실행한 경우 국비 또는 지방비를 보조할 수 있다.

④ 본 표준품셈에 명시되지 않은 사항은 관계 법령 및 산림청의 사업계획을 참고하여 국가기관, 지방자치단체 등의 장의 책임하에 적정한 예정가격 산정기준을 결정하여 적용한다.

⑤ 본 표준품셈에 명시되지 않은 품으로서 국유임산물 매각예정가격 사정기준 등 시행요령 및 타 부문(토목, 건축, 기계, 통신 등)의 표준품셈에 명시된 품은 그 부문의 품을 적용한다.

3) 특정 임업기계 장비 사용

① 사업을 시행하는 데 있어 특정한 임업기계 사용이 필요할 경우 본 기준에 의하지 않고 국가기관, 지방자체단체 등의 장의 책임하에 개별적으로 그 특성에 의한 작업능력과 제경비를 산정하여 적용할 수 있다.

4) 수량의 계산법

① 품셈에 의한 재적 및 인원의 계산은 소수 셋째 자리에서 반올림, 둘째 자리로 표시한다.

② 면적의 계산은 보통 수학공식 활용 또는 전자면적계산 등에 의한다.

5) 노임단가

조림사업 부문의 노임단가는 대한건설협회 조사 · 공표하는 시중노임단가를 적용한다.

6) 노무비의 할증

연장근로와 야간근로 또는 휴일근로의 경우에는 근로기준법(제50조 및 제55조), 유해위험 작업인 경우에는 산업안전보건법(제139조), 도서(제주도 포함), 오지지역 및 기능 자격자를 특별히 사용하는 경우에는 국가를 당사자로 하는 계약에 관한 법률 시행규칙(제7조제2항)에 정하는 바에 따라 노무비를 할증하여 적용한다.

7) 재료 및 자재단가

① 재료 및 자재의 단가는 거래실례가격 또는 통계법 제15조의 규정에 의한 지정기관이 조사하여 공표한 가격, 감정가격, 유사한 거래실례가격, 견적가격을 기준하며, 적용순서 는 국가를 당사자로 하는 계약에 관한 법률 시행규칙 제7조의 규정에 따른다.

② 재료 및 자재단가에 운반비가 포함되어 있지 않은 경우 구입 장소로부터 현장까지의 운반비를 계상할 수 있다.

8) 할인 · 할증의 적용

① 품의 할인 · 할증은 각 단위 작업종별로 표준품셈에서 정한 할증요소를 적용한다. 단, 재료 비의 경우는 할인 · 할증 요소를 적용하지 않는다.

② 중복가산 요령

$$W = P \times (1 + a1 + a2 + a3 + \cdots + an)$$

- W: 할증이 포함된 품(소요인력)
- P: 기본품 또는 각 장 해설란의 필요한 증 · 감 요소가 감안된 품
- $a1 \sim an$: 품 할증 요소

9) 금액의 단위 표준

종목	단위	지위(止位)	비고
설계서의 총액	원	1,000	미만 버림
설계서(일위대가)의 소계	"	1	미만 버림
설계서(일위대가)의 금액란	"	1	"

10) 설계 및 감리용역 대가 작성기준

실시설계 및 감리용역의 대가 산출 및 적용기준은 「산림기술용역 대가 기준」을 적용한다.

11) 조림사업 원가 작성기준

① 조림사업시행에 대한 원가계산은 기획재정부 계약예규인 예정가격작성기준 중 공사원가 계산 작성기준에 따른다.

② 작업현장에서 산업재해 및 건강장해 예방을 위하여 관계 법령(산업안전보건법)에 따라 요구되는 산업안전보건관리비는 건설공사에 준하여 별도 계상한다.

③ 보험료의 적용사항은 기획재정부 계약예규와 관련 법령 및 규정에 따르며 기타 비목별 적용기준은 다음과 같다. 다만, 산업재해보상보험료, 고용보험료, 국민건강보험료, 국민연금보험료와 노인장기요양보험료의 적용 요율은 관계 법령이 정하는 적용기준에 따른다.

④ 원가 구성 비목별 적용기준

비목	구분	적용 기준		
		적용 방법	요율	적용 기준
순원가	재료비 직 접 재 료 비	주재료비+잡품		
	간 접 재 료 비			
	소　　　계			
	노무비 직 접 노 무 비			
	간 접 노 무 비	(직접노무비)×율		토목·조경·산업환경설비공사 원가계산 제비율 적용 기준(조경 부문)
	소　　　계			
	경비 기 계 경 비	기계손료×장비단가		
	산 업 재 해 보 상 보 험 료	(노무비: 직노+간노)×율		관계 법령의 보험요율 적용
	고 용 보 험 료	(노무비)×율		
	국 민 건 강 보 험 료	(직접노무비)×율		
	국 민 연 금 보 험 료	(직접노무비)×율		
	노 인 장 기 요 양 보 험 료	(건강보험료)×율		
	산 업 안 전 보 건 관 리 비	(노무비)×율		토목·조경·산업환경설비공사 원가계산 제비율 적용 기준 (조경 부문)
	기 타 경 비	(재료비+노무비)×율		
	소　　　계			

비목 \ 구분	적용 기준		
	적용 방법	요율	적용 기준
이　　　　　윤	(노무비+경비+일반관리비)×율		토목·조경·산업환경설비공사 원가계산 제비율 적용기준(조경부문)
총　　원　　가			
부　가　가　치　세	총원가×율		부가가치세법
도　급　예　정　액	총원가+부가가치세		
관　급　자　재　대	관급묘목대		
총　사　업　비	도급예정액+관급자재대		

☞ 관계 법령이나 규정에서 정하는 요율 및 노임단가는 최근 적용기준을 확인하여 반영

☞ 관급으로 공급되는 묘목대는 일반재료비에 포함하지 않고 별도 관급자재대 항목을 두어 원가 산출함에 유의

핵심 82

조림품셈 적용 기준 – 예정지 정리작업

● 조림 설계·감리 및 사업시행 지침 [시행 2023. 3. 1.] [산림청지침 제1226호]–별표1

1 예정지 정리작업

1) 소요인력(1ha당)

구분	작업 내용	소요 인력 (인/ha)	인력 구분
모든 벌채산물 임내존치지역	• 보완사업지 정리	2.4	특별인부 50% 보통인부 50%
	• 휴경지 등 정리	5.5	
	• 관목지 등 정리	6.0	
	• 산불 등 피해지 정리	10.0	
	• 불량림 정리	10.0	
벌채부산물 임내존치지역	• 인력 정리	10.0	
	• 임업기계 장비 이용 정리	9.0	
벌채와 동시정리지역	• 벌채부산물 임내 정리	7.0	
	• 모든 벌채부산물 반출	9.0	

㈜ (1) 예정지 정리는 나무식재 · 파종조림 · 움싹갱신 등에 장애가 되는 지장물을 기계톱 · 예취기 · 낫 등으로 제거하고 그 산물을 조림예정지 밖으로 반출하거나, 다음과 같은 방법으로 조림예정지 안에 정리하는 작업이다.

(가) 지장물은 등고선과 수평 방향으로 정리하거나 산지의 경사(傾斜) 방향으로 정리한다.

(나) 지장물 정리 폭은 식재목 간 거리 미만으로 한다.

(다) 정리열의 길이는 50m 이내로 하고 그사이에 작업자가 통과할 수 있도록 통로를 둔다.

(라) 지장물의 정리 방향과 폭, 정리열의 길이, 식재열 배치는 산지의 형태, 산물 정리량 등 입지 여건을 고려하여 조정할 수 있다.

(2) 우드그랩이 임내를 주행하여 지장물을 반출 · 정리하는 산지 경사도는 25° 이하로 제한하여야 한다.

(3) 보완사업지는 벌채부산물이 정리되었거나 전년도 조림지(2년차)에 보식하는 경우의 산림을 말한다.

(4) 휴경지 등은 농작물을 경작하지 아니하여 관목이나 덩굴류로 덮여있는 토지를 말하며, 조림을 한 후 1년 이상 3년 미만 경과한 산림을 포함한다.

(5) 관목지 등은 관목과 덩굴류가 주를 이루고 있는 산림을 말하며, 조림을 한 후 3년 이상 경과한 산림을 포함한다.

(6) 벌채부산물 임내존치지역은 벌채를 완료한 후 예정지 정리작업을 별도로 실행(벌채와 예정지 정리 작업을 각각 다른 사업자가 실행하는 경우를 포함한다)하는 수확벌채지를 말한다.

(7) 벌채와 동시정리지역은 벌채와 예정지 정리작업을 동일한 사업자가 동일한 시기에 실행하는 수확 벌채지를 말한다.

(8) 모든 벌채부산물 반출은 벌채부산물(전목을 포함한다)을 중토장 등 화물차가 운행할 수 있는 장소까지 반출하는 것을 말한다. 이 경우 경제성이 현저히 떨어지는 잔가지 등은 반출하지 않고 임내에 정리할 수 있다.

(9) 이용가치가 없는 가슴높이지름 6cm 이상의 불량목·피해목의 벌채, 운재로의 신설·보수 품은 「국유임산물 매각예정가격 사정기준 등 시행요령」을 적용하여 별도로 계상할 수 있다.

(10) 예정지 정리를 임업기계 장비로 실행하려는 경우에도 본 품의 소요인력을 기준으로 품을 계상할 수 있다. 소요재료와 기계손료 품 또한 같다.

(11) 예정지 정리를 하지 아니하고도 식재작업이 가능한 지역은 본 품의 적용을 생략할 수 있다.

2) 소요재료

기계명	주연료 (ℓ/일,대)	잡품 (주연료비의 %)	투입 장비 및 소요 인력
체인톱	5.6	95%	기계톱 1대, 2인 1조 작업

🈟 적용 기준

☞ 주연료는 휘발유를 적용한다.

☞ 잡품은 엔진유, 기어유, 그리스 등 기타 소모품에 해당하며, 주 연료비에 대하여 금액비율로 적용한다.

☞ 예 ha당 소요인력 6.0명 산출 시, 주재료(휘발유)=5.6ℓ×(6.0명/2)대=16.8ℓ/ha

3) 기계손료

기계명	규격	손료계수 (1일 1대당)	적용 기준
체인톱	45cc	0.0084	기계손료=손료계수×기계가격×대수(인원/2)

🈟 적용 기준

☞ 규격은 투입기계의 배기량이다.

☞ 손료는 감가상각비, 정비비 및 관리비의 합계액이다.

☞ 예 ha당 소요인력 6.0명, 체인톱 가격 900,000원/대일 경우, 기계손료=0.0084×900,000원×(6.0/2)대=22,680원/ha

4) 할인·할증요소

구분	내용	할인·증률
미이용 산림바이오메스 정리량	100m³/ha 이상	1.10
	50m³/ha~100m³/ha 미만	1.05
	50m³/ha 미만	1.00

구분	내용	할인·증률
산지경사	급(30° 초과)	1.10
	중(15~30°)	1.05
	완(15° 미만)	1.00
작업장까지 이동거리	2.5km 이상	1.10
	1.3km~2.5km 미만	1.05
	1.3km 미만	1.00
벌채구역 크기	개벌지 크기가 700㎡(또는 벌채폭 30m) 이하	1.10
	개벌지 크기가 3,000㎡(또는 벌채폭 60m) 미만	1.05
	개벌지 크기가 3,000㎡ 이상	1.00
산불피해지	산불피해목 벌채 및 정리	1.05

🈟 (1) 미이용 산림바이오메스 정리량은 다음과 같이 산출한다.

    (가) 수확벌채지는 입목벌채 허가신청서·신고서에 첨부하여 제출한 벌채예정수량조사서에 기재된 벌채재적의 40%를 적용한다.

    (나) 모든 벌채산물 임내존치지역은 표준지조사 결과로 산출된 입목재적을 적용한다.

(2) 작업장까지 이동거리란, 「도로법」상 도로에서 작업장 시작지점까지의 거리로 1/5,000 지형도에서 산출한다.

(3) 산불피해지의 할증률은 조림면적에 대한 산림피해지 면적의 비율을 곱하여 적용한다.

    ☞ 예 조림면적 10ha 중 산불피해지가 2ha인 경우: 1+(0.05×2ha/10ha)=1.01

조림품셈 적용 기준 – 나무식재

● 조림 설계·감리 및 사업시행 지침 [시행 2023. 3. 1.] [산림청지침 제1226호]-별표 1

1 나무식재

① 소요인력(1,000본당)

구분	규격	소요 인력	인력 구분
소묘식재	소묘	3.50	특별인부 30% 보통인부 70%
중묘식재	중묘	4.00	
대묘식재	대묘	5.00	

주 (1) 본 품은 구덩이 파기, 묘목심기와 뒷정리를 포함한다. 묘목 운반비는 별도로 적용한다.

(2) 보식의 경우에는 나무식재 품의 0.05인/100본당을 가산할 수 있다.

(3) 묘2목의 규격은 「종묘사업 실시요령」(산림청 예규) 별표 9 "산림용 묘목규격표"의 수종별 묘령 및 형태에 따라 다음과 같이 적용한다.

수종별	소묘	중묘	대묘
소나무	1-1(노)	2-0(용)	1-1-2(노), 2-2(용)
낙엽송		1-1, 2-0(용)	
잣나무	2-1(노)	2-2(노)	2-2-3(노)
편백		1-1(노), 1-1-1(노), 2-0(용)	1-1-2, 2-2(용)
삼나무		1-1(노)	
리기테다소나무	1-0(노)		
백합나무	1-0(노), 1-1(노)		
가시나무류	2-0(용)		

☞ 위 표에서 '노'는 '노지묘'이고, '용'은 '용기묘'이다.

☞ 그 밖의 수종은 수종별 간장(최소 간장을 말한다) 및 근원경을 기준으로 아래와 같이 적용하되, 활엽수 삽목묘·접목묘 대묘는 이를 중묘로 본다.

구분	침엽수	활엽수
소묘	간장 20cm 미만	간장 30cm 미만
중묘	간장 20cm 이상 40cm 미만 또는 간장 40cm 이상이고 근원경 8mm 미만	간장 30cm 이상 60cm 미만 또는 간장 60cm 이상이고 근원경 11mm 미만
대묘	간장 40cm 이상이고 근원경 8mm 이상	간장 60cm 이상이고 근원경 11mm 이상

(4) 묘목의 가격은 「산림자원의 조성 및 관리에 관한 법률 시행령」 제16조 규정에 따라 본 품과 별도로 적용한다.

② 할인·할증요소

구분	내용	할인·증률
토양상태	돌 함량이 30% 이상이고, 나무뿌리가 밀하게 분포할 경우	1.10
	돌 함량이 10~30%이고, 나무뿌리가 보통 정도로 분포할 경우	1.05
	식혈 시 장애물이 거의 없음	1.00
산지경사	급(30° 초과)	1.10
	중(15~30°)	1.05
	완(15° 미만)	1.00
작업장까지 이동거리	2.5km 이상	1.10
	1.3km~2.5km 미만	1.05
	1.3km 미만	1.00

주 (1) 산지경사는 표준지를 실측하거나 수치지형도를 이용하여 산출한다.

　(2) 작업장까지 이동거리란, 「도로법」상 도로에서 작업장 시작지점까지의 거리로 1/5,000 지형도에서 산출한다.

2 표시봉 설치

① 소요인력(1,000본당)

구분	규격	소요 인력	인력 구분
표시봉 설치	길이 1.0m 이상	0.70	보통인부

주 (1) 본 품은 표시봉 소운반과 설치비를 포함한다.

　(2) 표시봉의 길이는 1.0m 이상으로 하고, 상부 쪽에는 식별이 용이하도록 0.5m 이상 표시한다. 이때 표시봉 및 상부표시는 친환경 소재로 한정한다.

　(3) 표시봉의 가격은 시장가격을 조사하여 적용한다.

84 조림권장 수종

● 조림 설계·감리 및 사업시행 지침 [시행 2023. 3. 1.] [산림청지침 제1226호]-별표2

1 경제림 조성용 중점 조림수종

강원 · 경북	경기, 충남 · 북	전남 · 북, 경남	남부해안 및 제주
소나무 낙엽송 잣나무 참나무류	소나무 낙엽송 백합나무 참나무류	소나무 편백 백합나무 참나무류	편백 삼나무 가시나무류

☞ 지역별 산림식생기후대를 고려하여 적합한 조림수종 선택

2 바이오매스용 조림수종

참나무류, 아까시나무, 포플러류, 백합나무, 리기테다소나무, 자작나무 등(자작나무는 온대 북부지역에 식재)

3 조림 가능 수종(78개)

구분	조림수종
용재수종 (27)	소나무, 낙엽송, 잣나무, 편백, 삼나무, 가문비나무, 구상나무, 분비나무, 버지니아소나무, 스트로브잣나무, 리기테다소나무, 백합나무, 자작나무, 음나무, 상수리나무, 졸참나무, 피나무, 노각나무, 서어나무, 가시나무, 박달나무, 거제수나무, 이태리포플러, 물푸레나무, 오동나무, 황철나무, 들메나무
경관수종 (20)	은행나무, 느티나무, 복자기, 마가목, 벚나무, 층층나무, 매자나무, 화살나무, 산딸나무, 쪽동백, 이팝나무, 채진목, 때죽나무, 가죽나무, 당단풍나무, 낙우송, 회화나무, 칠엽수, 향나무, 꽝꽝나무,(백합나무)
유실 · 특용수종 (16)	호두나무, 대추나무, 감나무, 밤나무, 옻나무, 다릅나무, 쉬나무, 두충나무, 두릅나무, 단풍나무, 느릅나무, 동백나무, 후박나무, 황칠나무, 산수유, 고로쇠나무,(음나무)

구분		조림수종
기타 수종 (15)	**내공해수종**	산벚나무, 사스레피나무, 오리나무, 참죽나무, 벽오동, 까마귀쪽나무, 곰솔, 버즘나무, (은행나무), (상수리나무), (가죽나무), (때죽나무)
	내음수종	주목, 녹나무, 전나무, 비자나무, (서어나무), (음나무)
	내화수종	황벽나무, 굴참나무, 아왜나무, (동백나무)

☞ 조림 권장 수종 이외에도 지역별 특성에 맞는 수종으로 식재 가능

핵심 85

조림지 활착률 조사요령

● - 조림 설계·감리 및 사업시행 지침 [시행 2023. 3. 1.] [산림청지침 제1226호]-별표3

조림지 활착률 조사요령(제22조 관련)

① 활착률 조사는 조림지 전개소(필지)에 대하여 표준지 조사법에 의하여 조사한다.

② 표준지조사 비율은 풀베기사업 면적의 2% 이상으로 한다(소반 또는 필지별로 1개 이상 배치).

* 풀베기사업 미 실행 개소는 조사 대상 개소(필지)별 면적의 2% 이상

③ 표준지 선정 방법은 조사 대상지 전 구역을 답사한 후 조림지 입지 조건 및 개황을 파악하여 조림지 내에서 표준이 될 수 있는 장소를 선정하되 가급적 산록부에서 산정부까지 대상(帶狀)으로 선정한다.

④ 표준지 크기는 200㎡(반지름 8.0m 원형)를 원칙으로 하되, 소반 또는 필지단위 사업면적이 1ha 미만의 경우에는 100㎡(반지름 5.67m 원형) 크기로 할 수 있다.

⑤ 조림목 활착률은 다음과 같이 산정한다.

$$활착률(\%)=(생존본수/조사본수)\times100$$

• 조사본수: 표준지 내 조림목 본수(고사목 포함)

• 생존본수: 살아있는 조림목으로 작업 시 피해를 받은 조림목도 포함

☞ 상기 표준지 조사법에 따른 조림목 활착률을 표준지 조사 개소의 식재본수 대비 활착본수로 환산 적용

⑥ 면적 단위는 ha, 본수 단위는 본으로 하되, 면적은 소수점 셋째 자리에서 반올림하여 소수점 둘째 자리까지 기재한다.

핵심 86 조림학 목차

● 조림학(이돈구) 목차

1. 조림지 준비	2. 묘목 준비	3. 조림
1. 조림지 준비 　화입법 　화학법 　물리적 방법 2. 풀베기 　줄베기 　둘레베기 　모두베기	1) 영양번식 　접목 　삽목 　취목 2) 실생묘 　나근묘(가식) 　포트묘(냉상) 3) 묘포입지(동서, 위도) 4) 종자관리(결실과 휴면) 5) 임목육종(채종림과 채종원)	1) 식수 　일반식재 　특수식재 　봉우리식재 　치식 　대묘식재 　포트묘식재 2) 파종 　천연하종 갱신 　파종조림 　(점파, 조파, 상파)
4. 숲 가꾸기(산림보육)	**5. 솎아베기**	**6. 갱신 방법**
1) 무육 　덩굴 제거 　풀베기 　가지치기 　어린나무 가꾸기(제벌) 　솎아베기 2) 기능별 　6대 기능의 숲 　방화 　임연부 3) 목적(임분 전환, 임지보육)	1. 간벌의 효과(긍정, 부정) 2. Hawley의 수관급 3. 데라사키의 수형급 　1급 2급 폭개편곡피 　3급 4급 5급 4. 가와다의 활엽수 수관급 　AB$\bar{\text{B}}$CDE 5. 미래목의 조건 　수종, 형질, 거리와 간격 6. 우리나라의 선목기준 　미중보방무(인공림)	1. 개벌 2. 택벌 　간벌과 벌채를 동시에 3. 산벌 　예비벌(수광벌) 　하종벌 　후벌(점벌, 종벌) 4. 모수벌 　보잔목법 　대화산모수 5. 이단림과 수하식재

7. 나무생리	8. 산림생태	9. 임목육종
1. 나무의 형태 2. 나무의 성장 3. 산림토양(물리, 화학) 　　암석, 풍화, 단면 4. 토양미생물 　　질소고정생물, 근류근 5. 토양 수분(모세관수) 6. 나무의 내음성 7. 나무의 물질대사 8. 식물호르몬 9. 온량지수와 한랭지수	1. 생태계의 정의 2. 천이 　　건성과 습생, 1차와 2차 　　전진과 후퇴, 시차적, 지형적 3. 극상 　　기후(단극상) 　　토지(다극상) 　　아극상과 방해극상 　　과거극상과 미래극상 4. 우리나라 산림천이의 특성	1. 채종림 　　수형목의 정의 　　수형목의 지정 기준 　　채종림 지정 기준 　　채종림 해제 기준 2. 채종원 　　정영목의 정의 　　차대검정 　　채종원 입지 선정

87 참고자료

1. 지속 가능한 산림자원 관리지침 [시행 2020. 6. 15.] [산림청훈령 제1454호, 2020. 6. 15., 일부개정.]

2. 조림학 원론, 본론: 임경빈

3. 조림학 이돈구

4. 숲 가꾸기 표준교재 산림청

5. 산림과 임업기술

6. 조림 설계 · 감리 및 사업시행 지침 [시행 2023. 3. 1.] [산림청지침 제1226호]

7. 숲 가꾸기 설계 · 감리 및 사업시행 지침 [시행 2021. 8. 9.] [산림청훈령 제1502호]

8. 산림기술용역 대가 기준 [시행 2023. 2. 17.] [산림청고시 제2023-18호]

9. 공익기능 증진을 위한 숲 가꾸기 사업 매뉴얼 산림청 2013 이상언

> **참고** 지침, 고시, 훈령의 차이

지침, 고시, 훈령은 모두 정부 기관에서 발행하는 행정 문서이지만, 목적과 적용 범위가 다르다.
각 용어의 차이점을 구체적으로 살펴보면 다음과 같다.

1. 지침

- 목적: 업무 처리와 관련하여 특정 사항에 대한 세부적인 절차나 기준을 제시하는 문서
- 적용 범위: 내부에서 업무를 수행하는 데 필요한 기준과 절차를 규정하며, 주로 하위 기관이나 공무원들에게 적용된다.
- 발행 주체: 주로 중앙부처나 지방자치단체에서 발행한다.
- 특징: 법적 구속력이 없으므로 권고 사항에 가깝지만, 실무에서는 지침을 준수하는 것이 관행으로 자리잡는다.
- 예 교육부가 학교 평가의 세부적 방법을 안내하는 '학교 평가 지침'을 제시하는 경우

2. 고시

- 목적: 특정 사항을 공식적으로 외부에 알리고 공지하기 위한 문서
- 적용 범위: 일반 국민을 대상으로 하며, 새로운 법령의 시행일, 정책의 주요 변경 사항 등을 널리 알릴 때 사용된다.

– 발행 주체: 각 부처의 장관이나 정부 기관의 책임자

– 특징: 고시는 공지의 성격을 가지므로, 고시된 내용에 따라 행정처리가 이루어진다. 법적 효력이 있는 경우가 많다.

예 보건복지부가 '금연 구역 지정 고시'를 통해 공공장소 금연 구역을 국민에게 알리는 경우

3. 훈령

– 목적: 상급 기관에서 하급 기관에게 행정 명령을 내릴 때 사용하는 문서

– 적용 범위: 상급 기관이 하급 기관을 대상으로 특정 정책의 이행을 강제하고자 할 때 주로 사용되며, 해당 기관에 법적 구속력을 가진다.

– 발행 주체: 부처의 장이나 책임자

– 특징: 훈령은 지침이나 고시와 달리 법적 구속력이 있으며, 명령의 성격을 가지므로 하급 기관은 훈령에 따라 반드시 업무를 수행해야 한다.

예 법무부 장관이 전국 검찰청에 범죄 관련 자료를 일정 형식으로 보고하도록 하는 '자료 보고 훈령'을 내리는 경우

 memo

Chapter

05

산림갱신

숲의 종류

1 임분

① 임분(林分; stand, 숲의 단위)은 수종 구성, 나이, 울폐도, 입지 조건, 숲의 구조 등에서 동질성을 지닌 숲으로써, 인접한 다른 임분과 구별된다. 임분은 조림작업의 실체적인 단위가 된다.

② 특정 지역 내에서 동질적인 수목들이 모여 자라는 산림의 기본 단위를 임분이라고 하며, 임분은 구조적 · 생태적 특성이 유사한 수목들의 집단을 의미한다. 즉, 동일한 환경 조건에서 자라고 있는 수목들의 군집을 가리키며, 임분은 일정한 면적 내에서 수종, 나이, 밀도, 생장단계, 구조 등의 특성에 따라 구분된다. 숲은 임분의 특성에 따라 관리 방안이나 조림 전략이 결정된다.

2 임분의 구분

1) 숲의 생성 기원에 따른 구분

① 교림(喬林; high forest): 종자에서 발생한 치수(稚樹)가 기원이 되어 이루어진 숲

② 왜림(矮林; coppice forest): 영양번식에 의한 맹아가 기원이 되어 이루어진 숲

③ 중림(中林; coppice-with-standards): 교림과 왜림이 한 장소에 같이 형성된 숲

2) 수종 구성에 따른 구분

① 순림(純林; pure stand, pure forest): 한 가지 수종이 임목수, 흉고단면적, 재적 등에서 80% 이상을 점유하여 이루어진 임분 또는 숲

② 혼효림(混淆林; mixed stand, mixed forest): 두 가지 또는 그 이상의 수종으로 구성된 임분 또는 숲. 주수종이 임목수, 흉고단면적, 재적 등에서 80% 이상을 점유하지 않는 숲

3) 숲을 구성하는 수목의 나이 분포에 따른 구분

① 동령림(同齡林; even-aged stand, even-aged forest): 나이 차이가 거의 없는 나무들로 이루어진 임분 또는 숲

② 이령림(異齡林; uneven-aged stand, uneven-aged forest): 나이 차이가 있는 나무들로 이루어진 임분 또는 숲

③ 전령림(全齡林; all-aged stand, all-aged forest): I영급부터 벌기령에 이르는 영급을 모두 갖춘 임분 또는 숲

4) 인간에 의한 변형 정도에 따른 구분

① 원시림(原始林; primeval forest, virgin forest): 인간의 손이 닿지 않은 자연상태의 숲

② 천연림(天然林; natural forest): 인간이 적극적으로 경영관리를 하지 않은 숲

③ 인공림(人工林; artificial forest): 인간이 적극적으로 경영관리를 한 숲

5) 소유에 따른 구분

① 국유림(國有林; national forest): 중앙정부가 소유하며 경영관리를 하는 숲

② 공유림(公有林; public forest): 지방자치단체가 소유하며 경영관리를 하는 숲

③ 사유림(私有林; private forest): 개인 또는 사적인 단체가 소유하며 경영관리를 하는 숲

핵심 02 조림 권장 수종

1 경제림 조성용 중점 조림수종

강원 경북	경기 충북 충남	전북 전남 경남	남부해안 제주
소나무	소나무	소나무	편백
낙엽송	낙엽송	편백	삼나무
잣나무	백합나무	백합나무	가시나무류
참나무류	참나무류	참나무류	

☞ 경관조림, 유실수 · 특용수 조림 등은 조림 권장 수종, 지역 특성 및 산주 수요 등을 반영하여 식재

2 바이오매스용 수종

백합나무, 리기테다소나무, 참나무류, 포플러류, 아까시나무, 자작나무 등

☞ 자작나무는 온대북부지역에 한함

3 조림 권장 수종

구분	권장 수종
용재수종	소나무, 잣나무, 낙엽송, 가문비나무, 구상나무, 편백, 분비나무, 삼나무, 자작나무, 음나무, 버지니아소나무, 상수리나무, 졸참나무, 스트로브잣나무, 피나무, 노각나무, 서어나무, 가시나무, 박달나무, 거제수나무, 이태리포플러, 물푸레나무, 오동나무, 리기테다소나무, 황철나무, 백합나무, 들메나무
조경수종	은행나무, 느티나무, 복자기, 마가목, 벗나무, 층층나무, 매자나무, 화살나무, 산딸나무, 동백, 채진목, 이팝나무, 때죽나무, 가죽나무, 당단풍나무, 낙우송, 회화나무, 칠엽수, 향나무, 꽝꽝나무, 백합나무
특용수종	옻나무, 다릅나무, 쉬나무, 두충, 두릅나무, 단풍나무, 음나무, 느릅나무, 동백나무, 후박나무, 황칠나무, 산수유, 고로쇠나무

구분	권장 수종
내공해수종	산벚나무, 때죽나무, 사스레피나무, 오리나무, 참죽나무, 벽오동, 해송, 은행나무, 상수리나무, 가중나무, 까마귀쪽나무, 버즘나무
내음수종	음나무, 서어나무, 비자나무, 전나무, 주목, 녹나무 (너도밤나무, 솔송나무)
유실수종	밤나무, 호두나무, 대추나무, 감나무
내화수종	황벽나무, 굴참나무, 아왜나무, 동백나무

☞ 조림 권장 수종 이외에도 지역별 특성에 맞는 수종으로 식재 가능

4 지역별 나무 심기 좋은 기간

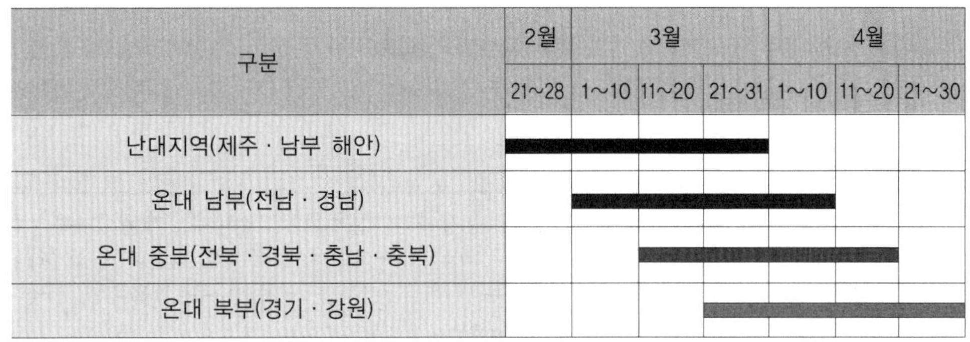

구분	2월	3월			4월		
	21~28	1~10	11~20	21~31	1~10	11~20	21~30
난대지역(제주 · 남부 해안)	■	■	■	■			
온대 남부(전남 · 경남)		■	■	■	■		
온대 중부(전북 · 경북 · 충남 · 충북)				■	■	■	
온대 북부(경기 · 강원)					■	■	■

핵심 03 기후대별 조림수종

● 북반구의 중위도에 위치한 우리나라의 기후는 사계절이 뚜렷한 온대성 기후의 특징을 가지고 있으며, 지리적으로 남북으로 길게 뻗어 있어 지역별로 기상 조건의 차이가 심하다.

● 우리나라의 기후대는 연평균 기온, 주요 임상, 특징 수종의 분포 상황을 고려하여 온대 북부, 온대 중부, 온대 남부, 난대의 4개 기후대로 구분한다.

1 온대 북부

① 연평균 기온이 6~9℃, 경기도 북부 일부와 강원도의 산지

■ 온대 북부 조림수종

구분	수종
침엽수(8) 활엽수(19)	소나무, 잣나무, 낙엽송, 구상나무, 분비나무, 전나무, 가문비나무, 주목, 신갈나무, 자작나무, 음나무, 피나무, 거제수나무, 복자기, 박달나무, 물푸레나무, 마가목, 층층나무, 산딸나무, 다릅나무, 두릅, 고로쇠나무, 느릅나무, 산벚나무, 물오리나무, 황벽나무, 가래나무

2 온대 중부

① 연평균 기온이 9~12℃인 지역

② 온대 북부를 제외한 경상북도, 전라북도, 충청남도 일부와 충청북도, 경기도 대부분 지역과 강원도 저지대, 제주도의 중산간 지역의 상부

■ 온대 중부 조림수종

구분	수종
침엽수(8) 활엽수(32)	소나무, 잣나무, 낙엽송, 구상나무, 분비나무, 전나무, 가문비나무, 주목, 신갈나무, 굴참나무, 졸참나무, 상수리나무, 자작나무, 음나무, 피나무, 거제수나무, 박달나무, 물푸레나무, 느티나무, 복자기, 마가목, 층층나무, 산딸나무, 쉬나무, 다릅나무, 두릅, 고로쇠나무, 느릅나무, 산벚나무, 물오리나무, 사방오리, 오리나무, 황벽나무, 밤나무, 호두나무, 대추나무, 감나무, 현사시나무, 이태리포플러, 백합나무

3 온대 남부

① 연평균 기온 12~13℃인 지역

② 고산지대를 제외한 경상북도, 전라북도 및 충청남도 서해안 일대와 난대 지역을 제외한 경상
  남도, 전라남도 일부, 제주도의 중산간 지역의 하부

■ 온대 남부 조림수종

구분	수종
침엽수(6) 활엽수(28)	소나무, 해송, 편백, 삼나무, 스트로브잣나무, 낙우송, 굴참나무, 졸참나무, 상수리나무, 음나무, 노각나무, 물푸레나무, 느티나무, 층층나무, 이팝나무, 다릅나무, 쉬나무, 두릅, 고로쇠나무, 느릅나무, 산벚나무, 사방오리, 오리나무, 벽오동, 녹나무, 아왜나무, 밤나무, 호두나무, 대추나무, 감나무, 참죽나무, 현사시나무, 이태리포플러, 백합나무

4 난대

① 연평균 기온 13~14℃인 지역

② 남해안 지역의 전라남도, 경상남도의 저지대와 제주도의 해안가의 산림

■ 난대 조림수종

구분	수종
침엽수(6) 활엽수(23)	소나무, 해송, 편백, 삼나무, 스트로브잣나무, 낙우송, 가시나무류, 굴참나무, 상수리나무, 노각나무, 녹나무, 물푸레나무, 느티나무, 층층나무, 이팝나무, 고로쇠나무, 산벚나무, 사방오리, 오리나무, 벽오동, 까마귀쪽나무, 아왜나무, 백합나무, 생달나무, 구실잣밤나무, 참식나무, 먼나무, 후박나무, 황칠나무

04 산림 기후대

- 우리나라의 산림은 기온에 따라 한대림, 난대림, 온대림으로 나뉜다.
- 온대림은 다시 남부, 중부, 북부로 구분하여 5개 지역으로 구분한다.

1 한대림

① 한대림은 연평균 기온이 5℃ 미만이거나, 온량지수 55 미만의 지역이다.

② 개마고원 중심 한반도 최북단, 고유의 침엽수림이 파괴되고 활엽수 또는 침활혼효림이나 잎갈나무 순림으로 구성되어 있다.

③ 주요 수종은 분비나무, 가문비나무, 잣나무, 전나무, 종비나무, 잎갈나무, 자작나무, 사시나무, 황철나무, 느릅나무 등이다.

2 난대림

① 난대림은 연평균 기온이 14℃ 이상이거나 한랭지수 −10 미만의 지역이다.

② 남해안, 제주지역 고유 상록활엽수 임상은 파괴되고 낙엽활엽수, 침활혼효림, 소나무림화된 곳이 많다.

③ 주요 수종은 가시나무, 참가시나무, 붉가시나무, 동백나무, 구실잣밤나무, 후박나무, 아왜나무, 녹나무, 돈나무, 사철나무, 식나무 등이다.

3 온대림

① 온대림은 연평균 기온이 5℃ 이상, 14℃ 미만의 지역이다.

② 산림대 대부분의 중부내륙 고유의 낙엽활엽수 임상은 거의 파괴되고, 소나무 숲으로 변한 곳이 많다.

③ 주요 수종은 소나무, 잣나무, 전나무, 참나무류, 박달나무, 물박달나무, 곰솔 등 전국 표고 1,800m 이하의 산지에서 자라며, 척박한 건조지에도 조림이 가능하다.

4 소나무의 특징

① 전국에서 자라는 소나무는 양수로 천연하종갱신이 용이하고 내산성, 내건성이 강하나 병충해에 약한 편이다.

② 생장속도는 보통이며, 30년생일 때 ha당 173m³, 50년생일 때 265m³의 평균 입목 재적을 갖는다.

적지적수 판정

- 임지생산성의 극대화를 도모하기 위하여 그 지역의 식생 발달에 가장 큰 영향을 미치는 입지환경(기후)과 토양 조건에 가장 적합한 수종을 선정하여 식재하는 것을 적지적수라고 한다.
- 조림적지를 판정하는 방법으로는 지위지수조사, 산림토양조사, 산림지리정보시스템(FGIS)에 의한 방법 등이 있다.

1 지위지수에 의한 판정

잣나무, 낙엽송, 소나무, 리기다소나무, 편백, 상수리나무, 신갈나무 등은 지위지수표를 이용하여 적지를 선정한다.

1) 지위지수 판정체계

① 현실림의 임분생산력을 판정하는 방법 중 임령과 우세목 수고에 의한 방법이 가장 보편적으로 사용된다.

② 숲의 임령은 조림대장의 기록 또는 생장추 등을 이용한 목편 추출로 판단한다.

③ 우세목의 수고는 해당 임분에서 수고가 우세한 나무(우세목) 3~5본의 수고를 측정하고, 이를 평균하여 구한다.

④ 임령과 우세목의 수고를 이용하여 "지위지수 분류표" 혹은 "지위지수 분류곡선"으로 지위지수를 도출한다.

⑤ 국유림의 산림경영에서는 지위를 상중하로 간단하게 분류하기도 한다.

2) 지위지수곡선 이용

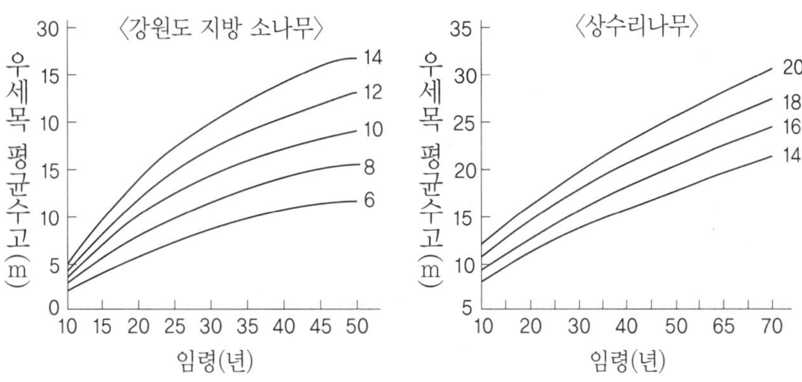

▲ 강원도 지방 소나무와 상수리나무의 지위지수분류곡선

① 그림의 지위지수분류곡선에서 소나무 임분의 임령이 25년이고 우세목의 수고가 10m라면, 먼저 소나무 지위지수곡선에서 임령 25년을 찾고, 수고 10m와 만나는 지점에 가까운 곡선을 찾으면, 그 곡선의 제일 오른쪽에 있는 것이 소나무 임분의 지위지수가 된다.

② 조림예정지 주변에 이미 조성된 조림지가 있으면 입지 조건이 비슷한 곳을 찾아 지위를 판정하는 등의 방법도 고려할 수 있다.

2 산림토양 조사에 의한 판정

1) 간이산림토양조사

① 임목생장에 영향을 미치는 중요한 인자를 현지 조사해서, 판정한 점수를 바탕으로 임지의 잠재생산력을 판단하여 그에 맞는 수종을 선정하는 방법이다.

등급	지형	토심	토양 수분	토양 침식	토성	판정 점수	지력
I 급지	평탄지 및 산록의 완경사 지역	깊음	양호	없음	붕적토 또는 포행토	55점 이상	최상위
II급지	산록 완구릉지 및 산복의 완경사지	깊음	습윤하거나 적윤함	없음	사양토 내지 식양토	54~45점	상위
III급지	완구릉지 또는 산복의 경사지	깊음	약간 건조함	없음	사양토, 식양토, 사토	44~35점	중위
IV급지	산정의 급경사지	얕음	건조한 잔적토 또는 포행토	약간 심함	사양토	34~25점	하위
V급지	산복~산정의 험준지	얕음	과건한 잔적토	심함	견밀한 토양	24~8점	가장 척박함

2) 정밀산림토양조사

① 기후, 토양, 조림 후 관리 등의 요인을 조사하여 적수를 선정한다.

② 기후 요인은 연평균 기온, 연평균 강수량, 적설량, 온량지수, 계절별 강수량을 조사한다.

③ 토양 요인은 토층의 두께와 견밀도, 지하수위, 유효토심, 토성, 토양수분, 통기성, 투수성과 토양산도, 부식 함량, 양분 보유력 등을 조사한다.

④ 우리나라 산림토양은 자연적 계통분류 방식에 따라 "토양군-토양아군-토양형"의 3단계로 분류하며 8개 토양군, 11개 토양아군, 28개 토양형이 있다.

3 **산림지리정보시스템에 의한 방법**

① 기후, 토양, 지형인자 및 수종 특성을 고려하여 지리정보시스템 중 수치 지형 해석법에 의거 조림 추천 수종이 적지에 배치되도록 적지적수도를 작성하여 적수를 선정한다.

② 순서: 적지 선정 관련자료 분석 → 토양 · 지형 요인에 따른 조림 및 잔존지역 구분 → 시업 판별 흐름도 작성 → 수치지형 해석도 작성 → Arc GIS 등의 소프트웨어로 각종 MAP을 중첩시켜 적지적수도 작성

    ㉠ 적지 선정 관련 자료의 분석: 지형도, 토양도, 임상도, 지질도, 산지 이용 구분도 등의 공간 자료, 기후, 식생, 수종 특성, 토양의 이화학적 특성 등의 속성 자료, 토양형, 표고, 경사, 방위, 국소 지형에 따른 지형 요인을 분석한다.

    ㉡ 토양 · 지형 요인에 따른 조림 및 잔존지역 구분: 토양, 지형 요인, 법적 규제림 등의 조건에 의해 조림지역과 잔존지역으로 구분한다.

조림사업의 구분

1 산림청 조림사업의 구분

사업명	내용
경제림 조성	양질의 목재를 지속적으로 생산 공급하는 산림
유휴토지조림	과거에 산을 개간한 다락밭 등 한계농지에 특용수, 유실수 등 식재
큰나무공익조림	경관 조성 등 산림의 공익적 가치를 높이기 위한 조림
산림재해방지조림	산불 병해충 피해지, 태풍 피해지 등 재해 산림의 복구 및 예방
섬지역 산림 가꾸기	강한 해풍, 척박한 토양 등 열약한 자연환경으로 훼손되고 있는 섬지역 산림의 녹화

2 대상지

사업명	내용
경제림 조성	경제림육성단지, 불량림 수종갱신지 등
유휴토지조림	한계농지, 마을공한지 등 자투리땅 등 식생복구 대상지
큰나무공익조림	주요 도로변, 관광지 및 생활권 주변 등
산림재해방지조림	재해 피해지 및 위험지
섬지역 산림 가꾸기	도서지역 산림 훼손지

3 식재 방법 및 수종

사업명	수종 및 식재 방법
경제림 조성	소나무, 잣나무, 낙엽송, 편백 등/3,000그루/ha
유휴토지조림	특약용수 800그루/ha
큰나무공익조림	경관수종(h1.0~1.5m) 350그루/ha
산림재해방지조림	대묘(분뜨기묘) 1,500그루/ha
섬지역 산림 가꾸기	큰나무 350그루/ha, 객토 및 유기질 비료 등

핵심 07 식재 밀도

1 식재밀도

단위 면적(ha)당 식재본수를 식재밀도(본/ha)라고 한다. 식재밀도는 경영 목표와 입지 조건, 수종, 묘령 등에 따라 결정되며, 임분의 구조와 식재밀도에 영향을 주는 요인들을 살펴서 적정한 밀도를 결정할 수 있다.

2 식재밀도의 영향

① 밀도는 수고성장보다 직경성장에 더 영향을 끼치며, 그 결과 단목의 재적성장이 달라진다. 즉, 소식할수록 흉고직경이 커지고, 단목재적이 빨리 증가한다.

② 밀도가 높으면 지름은 가늘지만 완만재가 되고, 소식시키면 초살형이한다.

③ 밀도가 높을수록 총생산량 중 가지가 차지하는 비율이 낮아지고 간재적의 점유 비율이 높아진다.

④ 밀식상태에는 가지와 마디가 적은 목재가 생산된다.

⑤ 밀도가 지나치게 높은 임분에 있어서는 단목의 생활력이 약해지고 임분의 안정성이 감소한다.

3 주요 수종의 식재밀도

① 전나무, 가문비: 3,000~4,000그루

② 소나무, 해송, 잣나무: 2,500~3,000그루

③ 참나무류: 2,500그루

④ 이깔나무류: 2,000~2,500그루

⑤ 옻나무: 2,000그루

⑥ 낙엽송: 1,500~2,000그루

⑦ 오동나무: 500그루

08 밀식의 장단점

1 밀식의 장점

① 수관의 폐쇄가 빨라짐에 따라 다음과 같은 장점을 가져오게 된다.

- 표토의 침식과 토지의 건조를 방지하고 개벌에 의한 지력의 감퇴를 감소시킨다.
- 하예 기간을 단축시키고 그만큼 노임을 절약할 수 있다.
- 가지가 가늘게 되고 고사가 빨리 진행되므로 가지치기하는 노임이 감소한다.
- 나무 사이에 경쟁이 일어나 연륜폭이 균일하고 조밀하게 된다. 이것은 우량한 건축재의 생산에 유리하다.

② 제벌, 간벌에 있어서 선목에 여유를 두어 형질이 우량한 나무를 더 많이 남길 수 있는 탄력성을 부여할 수 있다. 그만큼 우량한 임분의 구조를 유도할 수 있다.

③ 간벌의 수입을 기대할 수 있다.

2 밀식의 단점

① 밀식을 하려면 식재지의 사전 준비가 더 필요하므로 조림비가 증가하고 소요되는 묘목의 수도 많아진다.

② 초기의 하예작업이 필요하므로 소요 비용이 많아지고 번거롭게 된다.

③ 식재지에는 다수의 묘목을 심게 되므로 노동력의 부족과 식재에 대하여 부주의해지기 쉽다.

④ 밀식 임분에서는 제벌이나 가지치기 작업이 늦어지면 병약한 나무가 되기 쉽다.

⑤ 밀식된 임분의 근계 발달이 약하여 바람에 대한 저항력이 작다. 밀식 임분을 그대로 방치할 경우 생존경쟁에 의하여 임분에 소밀(疏密)이 생기게 되며, 나무의 높이에 변이의 양이 많아진다.

장점	단점
㉠ 수관의 울폐가 빨리 와서 임지의 침식과 건조를 방지하여 개벌에 의한 지력의 감퇴를 줄이고, 밑깎기 작업을 단축하며, 곁가지가 일찍 말라 떨어져 임목의 형질을 높이고, 가지치기의 비용을 줄이고, 개체 간의 경쟁으로 연륜 폭이 균일하게 되어 고급재를 생산할 수 있다. ㉡ 제벌 및 간벌에 있어서 선목의 여유가 있으므로 우량 임분으로 유도할 수 있다. ㉢ 간벌수입이 기대된다.	㉠ 밀식을 하자면 정지작업을 더 알뜰하게 해야 하고, 묘목대 및 식재 비용이 늘어난다. ㉡ 식재 초기에 많은 노동력이 요구되고, 조림 비용이 더 소요된다. ㉢ 밀식한 임분은 줄기가 가늘고, 근계발달이 약해져서 풍해, 설해 등을 입기 쉽다.

3 식재밀도에 영향을 미치는 인자

① 소경재 생산을 목표로 할 때는 그렇지 않을 때에 비하여 밀식한다.

② 교통이 불편한 오지림의 경우에는 목재의 운반이 어려우므로 소식한다.

③ 땅이 비옥하면 성장속도가 빠르므로 소식하고, 지력이 좋지 못한 곳에서는 빠른 울폐를 기대해서 밀식하여 지력을 돕는다.

④ 일반적으로 양수는 소식하고 음수는 밀식한다.

⑤ 느티나무처럼 굵은 가지를 내고, 줄기가 굽는 경향이 있는 활엽수와 소나무, 해송 등은 밀식한다.

⑥ 소나무처럼 피해를 잘 받는 수종은 밀식해서 건전목이 남을 수 있는 여유를 준다.

⑦ 산림 소유자의 경제 사정이 넉넉지 못할 때는 소식한다.

⑧ 낙엽송은 양수이고 어릴 때 자람이 빠르며, 밀식하면 가지가 잘 고사해서 성장이 나빠지고, 낙엽병에 걸리므로 소식한다.

⑨ 소나무는 양수이므로 소식을 하면 굵은 측지가 발달하고, 밀식을 하면 수고, 지하고 등이 높아져서 좋은 형질의 임분이 만들어진다.

인공조림과 천연갱신

1 인공조림

① 인공조림은 조림할 수종과 종자의 선택 폭이 넓다. 기존에 없었던 수종과 품종, 우량종자를 적극적으로 도입할 수 있다.

② 조림이 1년 안에 끝난다.

③ 처리면적이 넓어 조림지가 일사와 바람으로 건조해지고, 토양생태계의 질을 저하시킨다.

④ 인공조림은 강우로 표토가 유실되거나 굳어(固結)지는 등 환경퇴화가 오기 쉽다.

⑤ 노동력과 비용이 집중적으로, 더 많이 소요된다.

⑥ 인공조림의 근계 발육은 부자연스럽고 피해를 받기 쉽다. 특히 소나무, 상수리나무 등의 천근성 수종에 있어서는 그 장애가 더 심하다.

⑦ 인공조림으로 동령단순림을 조림하면 각종 환경인자에 대한 저항력이 약해진다.

⑧ 인공조림은 환경인자의 일방적 이용으로 입지의 효율적 이용이 어렵다.

⑨ 인공조림법의 반복은 임지생산력과 조림 성과의 점차적 저하를 초래한다.

⑩ 인공조림의 결과로 비슷한 규격의 임목을 다량으로 생산할 수 있으므로 경제적으로 더 유리할 수 있다.

2 천연갱신

① 천연갱신은 成林의 실패가 적다. 긴 세월을 통해 현지의 환경에 적응한 임목으로 갱신된다.

② 천연갱신은 갱신의 실행이 여러 해를 소요하는 일이 있다.

③ 천연갱신의 실행은 기술적으로 어렵다.

④ 천연갱신은 종자의 자연 공급과 자력 발생에 의하므로 비용이 절감될 수 있다.

☞ 천연갱신은 인공갱신에 비해 자연법칙에 순응한 갱신 방법이지만, 천연의 힘에만 맡겨 두는 것이 아니라 임업의 목적에 따라 인위적인 작업을 가하여 이상적인 임형(林形衡)으로 유도하는 것이므로 순수한 자연력에 의한 갱신과는 다르다.

3 천연갱신과 인공조림이 다른 점

번식재료 선택의 탄력성, 생태환경의 이용, 조림에 소요되는 시간, 조림된 차대의 유전성, 실행의 난이도, 작업면적, 생태환경의 퇴화, 소요되는 노임, 식재 초기생육, 조림 성과, 인공일제림의 생태적 약점, 생산재의 상품적 가치 등에서 인공조림은 천연갱신과 구별된다.

핵심 10 임분밀도

1 개요

① 밀도의 원 개념은 개체수/단위면적이지만, 임분밀도는 개체목 간의 자원에 대한 경쟁 정도를 나타낸다.

② 임분이 자원을 얼마나 사용하는 정도(임분의 자원이용도)를 알 수 있는 지표가 될 수 있다.

③ 임지의 잠재능력은 지위에 의하여 결정되고, 임목의 실제 생장은 그 입지 위에 현존하는 나무의 양과 종류 및 분포, 즉 임분밀도로 파악할 수 있다.

2 임분밀도의 척도

① 단위면적당 임목본수: 가장 간편한 것으로, 동령단순림에 있어서 유용한 임분밀도 척도 중의 하나이다.

② 단위면적당 재적: 대부분의 임업경영 목표가 직·간접적으로 재적과 결부되어 있으므로 합리적인 임분밀도의 척도가 될 수 있으며, 대개 수확표상의 임분 재적과 같은 표준재적에 대한 상대적인 값으로 표현된다.

③ 단위면적당 흉고단면적: 어떤 임분에서 단위면적 내 포함되는 모든 개체목의 흉고단면적의 합계(m^2)로 표시되며, 정량간벌의 척도로 많이 이용되어 왔다.

④ 입목도: 비교 가능한 이상적 임분 또는 표준 임분의 임분밀도에 대한 현실임분의 임분밀도의 상대적 비율을 나타낸 것이며, 산림경영계획 작성 시에는 수확표상 정상임분의 축적에 대한 현실임분의 축적을 백분율로 정의하고 유령림 같이 축적 산출이 곤란할 경우에는 입목본수에 의해 산정한다.

3 적정임분밀도의 결정

① 적정 밀도를 위한 지침을 마련한다는 것은 대단히 어려운 문제이다. 실제로 임분밀도에 관한 결정은 식재할 때와 간벌 시에 이루어지는데, 이때 경영 목적을 충분히 고려하여야 한다.

② 우리나라의 경우 평균흉고직경급에 따른 간벌 후 잔존본수의 기준을 제시하여 임분밀도 조절 기준으로 삼고 있으며, 이는 목재생산을 목표로 한 것이다.

식재밀도 영향인자

1 개요

① 조림사업에서 식재밀도는 임목의 생육과 생산성에 큰 영향을 미치는 요소이다.

② 토양, 환경 등의 입지 특성과 수종의 특성이 잘 맞아야 하는 것은 기본 전제이다.

③ 경영 목표와 지리적 요건, 사업주의 경제적 사정 등의 영향을 받는다.

2 식재밀도 영향인자

① 경영 목표(생산재의 규격): 단벌기 대량생산이면 밀식, 장벌기 대경재 또는 간벌재, 이용이 어려운 곳에서는 소식한다.

② 토양 비옥도(임지의 생산력): 지위가 좋으면 소식하고, 척박지는 밀식한다.

③ 지리적 조건: 도로망(접근성)이 좋고 간벌재 활용이 가능하며 조림비가 적게 들 경우는 밀식한다.

④ 수종의 특성: 양수는 소식, 음수는 밀식, 활엽수는 밀식한다(가지의 과대생장 방지).

⑤ 식재 인력 수급상황: 밀식은 초기 노임을 증가시킨다.

⑥ 사업주의 경제적 사정: 초기의 많은 투자가 어려우면 밀식이 어렵다.

⑦ 묘목 수급 상황

⑧ 위해 요인의 다소

3 결론

① 효과적인 식재밀도 결정은 위에 제시된 사항을 종합적으로 반영하여 경영자가 결정한다.

② 성공적인 조림 및 임지관리는 경제, 사회, 환경이 모두 고려되어야 한다.

핵심 12 동령림과 이령림

1 개념

① 동령림: 임분을 구성하는 나무의 나이가 평균 임령 20% 이내인 숲

② 이령림: 임분을 구성하는 나무의 나이가 서로 다른 숲

2 동령림과 이령림의 비교

구분	동령림	이령림
임관	균일하고 얇은 임관층	불규칙하고 두터운 임관층
풍해	취약하여 작업상 주의를 요함	매우 적음
작은 나무	피압됨	장차 유용임목으로 됨
갱신	짧은 기간 내에 이루어짐	윤벌기 전체에 걸쳐 이루어짐
지력	유령림 시 임지 노출이 되어 감퇴됨	지력보호상 유리함
입지 정비	원하지 않는 수종 정비가 용이	수종 정비가 곤란
위험성	산불 및 병충해의 위험이 많음	산불 및 병충해 위험성이 적음
임상유기물	일시에 다량이 쌓임	지속적으로 축적됨

3 동령림의 장점(경제적 측면)

① 조림 및 육림작업, 축적조사, 수확 등이 더 간편하다.

② 일반적으로 단위면적당 더 많은 목재를 생산할 수 있다.

③ 생산되는 목재의 질이 우량하며 규격이 고르다.

4 이령림의 장점(경제적 측면)

① 지속적 수입이 가능해 소규모 임업경영에 적용할 수 있다.

② 주기적 벌채 시마다 가치가 없는 나무를 제거할 수 있다.

③ 벌채는 시장성을 생각하여 탄력성 있게 할 수 있다.

④ 천연갱신을 하는 데 유리하다.

⑤ 병충해 등 각종 유해인자에 대한 저항력이 더 높다.

순림

1 개념

한 수종으로 구성된 산림을 순림(純林), 침엽수와 활엽수가 혼생하는 산림을 혼효림(混淆林)이라고 한다.

2 순림이 형성되는 이유

① 기후 조건이 극단성을 지니고 있어 오직 한 수종의 생존에만 유리한 경우에 순림이 형성된다.

② 토지적 조건(土地的條件: edaphic condition)이 극단성을 지니면 순림이 형성된다.

- 건조하고 토박한 곳에서는 소나무, 습한 산성 땅에서는 가문비나무, 습하면서 낮은 땅에서는 오리나무류가 순림을 잘 형성한다.

③ 산불이 발생한 후에는 사시나무나 자작나무류의 순림이 잘 형성된다.

- 방크스소나무는 산화수종(fire species)이라 하는데, 내화성(耐火性)이 강하기 때문에 산불이 난 곳에 순림을 잘 형성한다.

④ 강한 음수 수종(전나무류, 가문비나무류, 너도밤나무, 사탕단풍나무)은 다른 나무에 피음을 주고 경쟁에 이김으로써 순림을 잘 형성한다.

⑤ 종자에 다량의 저장양분을 축적하고 있는 도토리 같은 수종은 어릴 때 묘목 간의 경쟁에서 이겨 순림을 형성하기 쉽다.

⑥ 임공조림에 의해서도 순림이 형성된다.

3 순림의 장점

① 경제적으로 유리한 수종으로 임분을 구성한다.

② 산림경영과 작업이 간편하다.

③ 벌채 비용이 저렴하다.

④ 대량이어서 판매에 유리하다.

4 혼효림의 장점

① 바람 저항성 증가, 토양 공간 효율적 이용: 심근성과 천근성 수종 혼식

② 무기양분의 순환에 유리: 침엽수 단순림보다 유기물의 분해가 빠르다.

③ 수관의 공간 이용이 효과적이다.

④ 혼효림 내 기후변화 폭이 좁아진다.

⑤ 각종 피해인자에 대한 저항력이 증가한다.

5 동령 혼효림 조성에 있어 고려해야 할 사항

① 음수와 양수를 혼효시킨다.

② 수종의 혼효가 지력을 소모시키는 경우가 적어야 한다.

③ 생장 속도와 반응이 비슷해야 한다.

④ 내음성이 비슷할 경우 생장이 느린 수종을 먼저 심는다.

⑤ 열상 또는 군상 혼효가 바람직하며, 간벌작업을 통하여 혼효의 비율을 조절해 준다.

☞ 혼효림의 구분: 단목혼효 – 군상혼효– 열상혼효

■ 산림의 조성 방법

구분	내용
신규조림	현재까지 타 용도의 무립목지로 있는 나지에 처음으로 실시되는 인공식재에 의한 갱신
재조림	개벌적지 또는 산벌림의 최후의 종벌로 나지에 대한 인공식재로 갱신
천연갱신	산벌, 군상벌 또는 대상벌채 모수 또는 보잔목 작업 등으로 천연갱신을 계속하거나 유도시키는 것
사전조림	임분의 시간적–공간적 배열을 고려하여 산복(또는 보호목) 하에 후계림을 인공식재하여 갱신
후조림 (후속조림)	천연림 또는 인공림의 유령림에서부터 초기 성숙림 단계까지의 임분에서 노출된 공지에 인공식재
수하식재	상층과 하층림의 총생장량 증진, 임지 보존, 우세목 수간무육(맹아 억제 등) 복층림 임관 조성을 위해 산목(보호목) 하에 인공식재
보식	인공갱신에서 조림목 본수의 10% 이상 활착되지 못했을 때 조림지를 완벽하게 보완하기 위한 인공식재(가능한 한 단 한 번에 완전하게 실시)
반복조림	인공갱신에서 조림목 본수의 50% 이상 문제(피해, 고사, 미활착 등)가 되었을 때 인공식재를 반복하여 시도하는 것
천연갱신지 보충조림	천연갱신지에 발생된 공지에 천연치수를 이식하거나 포지 생산묘를 인공식재하는 조림

14 임분 전환

1 개념

현재의 부적당한 임분을 보육 또는 갱신을 통하여 작업종, 수종, 임목, 임분 구조 등을 바꾸어 주는 것을 말한다.

2 임분 전환 작업의 구분

구분	내용
직접 전환	• 인공식재에 의해 현재 임분의 수종 구성을 변화시킴 • 원하지 않는 수종을 빠르게 제거시키고 목적 수종을 조림 예 소나무 병충해임지, 참나무, 리기다 불량임지의 수종 전환
간접 전환	• 보육작업으로 작업종, 수종 구성, 임분 구조 등을 변화시킴 • 임분을 무육벌채 작업으로 점차적으로 또는 단계적으로 개선하여 변화시킴 예 맹아림의 교림 전환, 단순림의 혼효림 전환, 단층림의 복층림 전환, 개벌교림작업의 산벌림 전환 등
혼합 전환	• 소면적으로 대상벌, 군상벌, 산벌 등으로 갱신하여 목적 달성
수하식재	• 수하식재하여 임분 전환

3 임분 전환의 수단

구분	내용
신규조림	현재까지 타 용도의 무림목지로 있는 나지에 처음으로 실시되는 인공식재에 의한 갱신
갱신조림	개벌적지 또는 산벌림의 최후인 종벌로 나지에 대한 인공식재로 갱신
천연갱신지	산벌, 군상벌 또는 대상벌채 모수림 또는 보전목작업 등으로 천연갱신을 계속하거나 유도시키는 것
사전조림	임분의 시간적·공간적 배열을 고려하여 산목(또는 보호목)에 후계림을 인공식재하여 갱신

구분	내용
후속림 (후속조림)	천연림 또는 인공림의 유령림에서부터 초기 성숙단계까지의 임분에서 노출된 공지에 인공식재하는 것
수하식재	상층과 하층림의 총생장량 증진, 임지 보전, 우세목 수간무육(맹아억제 등) 복층림 임관 조성을 위해 산목(보호목) 아래에 인공식재
보식	인공갱신에서 조림목 본수의 10% 이상 활착하지 못했을 때, 조림지를 완벽하게 보완하기 위한 인공식재(가능한 한 단 한 번에 완전하게 실시)
반복조림	인공갱신에서 조림목 본수의 50% 이상 문제(피해, 고사, 미활착 등)가 되었을 때 인공식재를 반복하여 시도하는 것
천연갱신지 보충조림	천연갱신지에서 발생된 공지에 천연치수를 이식하거나 포지 생산묘를 인공식재하는 조림

☞ 이 내용은 2, 3, 4교시에 가끔 출제됨

4 임분 전환 사례

현재 임분		중간 목표 임분		최종 목표 임분
① 소나무, 참나무, 활엽수 혼효림	➡	참나무–활엽수 혼효림 (일시적 혼효림)	➡	활엽수는 군상 혼효림 (물푸레, 박달, 피나무 등)
소나무는 피해목, 형질불량목이 많아 목재생산을 기대하지 못하므로 1차 무육 시 완전 제거		2~3회의 간벌을 통해 참나무 불량맹아목을 점차적으로 제거, 최소한 벌기 10년 이내에 최종 수확 목표 임분에 도달되도록 유도		유용활엽수는 축적보육을 실시하고 계속된 갱신벌에 따라 수확벌채
② 소나무, 참나무, 활엽수 혼효림	➡	소나무–활엽수 2단 교림 (일시적 2단림)	➡	활엽수 소군상 혼효림
상층의 소나무 우량목을 존치하고 참나무 불량맹아목 완전 제거		상층 소나무의 축적 보육과 중하층의 활엽수보육 병행으로 2단교림 유도		소나무 대경목을 수확벌채하고 중하층 활엽수 혼효림을 무육
③ 소나무, 참나무, 활엽수 혼효림	➡	참나무–활엽수 중림형 (단기 2단림)	➡	참나무–활엽수 중림형 2단림
상·중층의 소나무 피해목, 불량목을 완전 제거하고 참나무 우량목 존치		중층의 참나무를 상층으로 유도, 하층 활엽수 맹아림 보육 후 중림 유도		상층: 참나무 교림 작업 하층: 활엽수 왜림 작업

작업종과 갱신

- 작업종=silvicultural system
- 갱신=regeneration method

1 작업종

① 산림 조성, 숲 가꾸기, 수확 등 갱신과 벌채를 포함한 산림의 생산 방법을 분류한 것이다.

② 벌채 방법, 벌채면(갱신면, 작업지)의 광협(면적의 대소) 및 형상 등 벌채과정에 따라 분류하는 것이 보통이다.

③ 경영 방식에 따라 작업종을 고림(교림), 저림(왜림), 및 중림으로 나눈다.

④ 갱신의 방법 및 벌기에 차이가 있고 생산되는 임재가 다르므로 각각 산림의 외관에 특징을 가지게 된다.

⑤ silvicultural system, method of treatment, working system, 作業種

2 작업종의 분류

	교림작업	중림작업	왜림작업
벌채 방법	개벌, 산벌 택벌, 대상벌, 군상벌	• 교림: 개벌, 택벌 • 왜림: 대상택벌, 군상택벌	개벌, 택벌, 대상벌, 군상벌
갱신 방법	천연갱신, 파종, 식재	• 교림: 천연갱신, 파종, 식재 • 왜림: 맹아작업	근주맹아, 근맹아

3 갱신

벌채 등으로 이용된 산림이 다시 조성되는 과정, regeneration

4 갱신 방법

갱신법	벌채 방법	치수 보호
개벌	모든 임목 일시 벌채	보호 없음
대상벌	좁은 쪽의 띠 모양으로 모든 임목 벌채	일시적, 부분적 보호
군상벌	소군상, 군상, 단상 형태로 불규칙 벌채	일시적, 전면적 치수 집단 보호
산벌	산목을 균일하게 존치하고 각 임목 벌채	산목 아래 전면적으로 치수 보호
택벌	긴 시간적 간격을 두고 단목, 군상으로 불규칙하게 벌채	영구적으로 전면적 보호

핵심 16 교림작업

1 개벌작업

모든 임목이 한 번의 벌채로 동시에 이용되며 인공갱신 또는 천연갱신에 조성된 치수가 잔존임목의 보호 없이 생장하는 갱신작업이다. 경제성으로 볼 때 모든 임목이 이용될 수 있는 단계에 있는 임분에만 적용될 수 있으며, 벌채 후 동령교림을 조성한다.

☞ 전벌교림(특징, 조건)

① 벌구방식 교림이라고 하며 임분이 영급 및 임분 발달 단계별로 구분된다.

② 수확기에 도달하면 벌구(伐區)로 나누어 수확 벌채되고 갱신된다.

③ 대면적으로 무육관리되고 대부분의 산림이 영급을 구성하며 다양하게 형성된다.

④ 경영 목표에 의해 생산기간이 확립되고 갱신 기간이 정해진다.

2 산벌작업

傘伐作業, Shelter – Wood system

① 소개된 노령림 하에서 임분이 갱신되는 것으로 임관이 전체 임지상 비교적 균일하게 점차적으로 소개되고 마지막으로 종벌(綜伐)로써 완전히 벌채된다.

② 예비벌(재적의 10~30%) → 하종벌(재적의 25~75%) → 후벌(후계림의 생육상태를 고려, 여러 차례) → 종벌(최종 벌채 후 일제 동령림 성립)

③ 유용활엽수 혼효림, 전나무림에서는 성과가 높고 소나무, 참나무의 천연갱신에도 적당하며, 갱신 기간은 대개 15~20년(윤벌기의 1/5)이다.

④ 산벌작업은 임지가 보호되어 생태적인 면에서 유리하며 가장 우량한 개체를 남기므로 임분의 유전형질이 개선되는 장점이 있으나, 비교적 높은 기술을 요하며 벌채 · 운반이 다소 어려운 점이 있다.

3 택벌림

① 영속적 다층의 이령림 상태에서 주로 노령목과 대경목이 단목 또는 군상적으로 벌채되며, 이 빈자리에 후계수가 출연한다.

② 무육과 갱신작업이 시간과 공간에 관계없이 틈틈이 실행된다.

③ 대부분 자연에 가깝고 혼효림으로 된 항속림(恒續林) 형태의 교림이다.

④ 광범위한 생물적 생산자동화에 의한 생태적, 임분 구조적 안정, 지속적인 최대 생산성 등을 통하여 조림적으로 이상적인 시업이 가능하다.

핵심 17 택벌작업

1 개요

① 택벌림은 갱신, 무육 등 조림적 조치가 공간적으로 한 임분에서 통하여 이루어지므로 모든 경급과 영급이 단목 또는 군상으로 불규칙하게 다층림을 형성한다.

② 항속림 사상에 가장 가까운 작업법이다. selection cutting

2 택벌림의 종류

① 무규칙 택벌림: 조림 기술적 개념 없이 필요한 대경목을 무질서하게 채취 후 방치

② 경제적 택벌림: 무규칙한 택벌림을 적정한 시업 방법으로 개발, 관리된 택벌림

③ 공원 택벌림: 보건, 휴양, 풍치만을 목적으로 하는 공원 등

④ 보호 택벌림: 보안림 목적 등으로 관리하는 택벌림

3 택벌림의 작업법

① 단목 택벌: 수확의 대상이 되는 벌채목을 골라 벌채하는 방법(=점상택벌)

② 군상 택벌

- 한 지점에서 복수의 입목을 집단적으로 벌채하는 방법

- 택벌작업지를 군상으로 결정하는 방법

③ 대상 택벌

- 택벌작업지를 띠 모양으로 한 시업법(=대상획벌법)

- 대상시업: 대상개벌, 대상산벌, 대상택벌 등

4 택벌작업 시 유의사항

① 다층림 구조의 유지 및 복구

② 모든 임관의 층별로 무육 실시

③ 주수종의 배분 및 최상가치가 있는 우량목의 생장 조정

④ 혼효 조절

⑤ 현존 후계수(後繼樹)에 대한 고려 및 천연갱신 촉진

5 택벌림의 특성

① 택벌림의 구조는 불규칙하지만, 지속적이고 안정적이다.

② 수고가 높은 우세목에 의해 임관을 점유하고 주어진 생육공간이 방해 없이 채워진다.

③ 산림생태계와 관련하여 항상성과 영속적 자기조정의 모델이다.

④ 광선조정이 중요한 결정인자로 작용할 때가 있다.

⑤ 택벌림의 수관은 잘 발달하여 안정 상태를 이룬다.

⑥ 벌구식 교림보다 단위면적당 소경목 생산이 적고, 일제림에 비해 물질(biomass) 총생산량이 많다.

⑦ 택벌은 대경재 생산을 가능케 한다.

⑧ 장기적으로 균형 잡힌 구조 때문에 산림의 국소기후의 변화가 갑자기 일어나지 않는다.

⑨ 벌채수확 및 운반과 노동력(질 좋은 작업자) 및 장비 등의 문제가 나타난다.

⑩ 윤벌기의 의미가 없다.

⑪ 독립적 생장을 한다(상층임관에 도달하면 수관이 더 이상 접촉되지 않음).

6 택벌림 구조 유지 조건

① 적정 생육 환경 조건

② 잘 구획된 작업로

③ 잘 훈련된 산림작업자

참고　갱신종 요약

1. **갱신종 〉 작업종**: 벌채에서 갱신에 이르는 작업체계

2. **작업법**: 경영계획에 따라 구체적으로 작업을 시행하는 방법

　① 개벌: 군상+대상(연속, 교호)

　② 산벌(예비-하종-후벌): 군상+대상(20~50m)

　③ 택벌: 단목(음수, 임내종, 천근성 수종)+군상+대상(바람 많은 지역, 마파람, 동풍, 태풍 등)

　④ 이단림: 수하식재(음수 5+유용수종)

　⑤ 모수림(20): 단목+군상+보잔목(50)+대화산모수(화재,수피)

　⑥ 중림: 교림+왜림

　⑦ 왜림: 개벌+택벌+중림

　⑧ 죽림: 택벌 원칙(연년벌죽 10~20%+간단벌죽 20~30%), 남게 되는 본수 염두

18 이단림 작업

1 정의

① 천연활엽수림의 수직구조를 상층과 하층 2개로 구분하고 시차를 두고 두 차례 수확할 수 있도록 하는 벌채 방법

② 상층목을 벌채하기 전에 이미 하층에 후계목이 자라고 있는 것이 특징

③ 목적 : 지력 유지 목적, 양수순림의 임관 소개와 임지악화 방지

④ 방법 : 솎아베기 실시 후 인공조림 또는 천연갱신에 의해 수하식재

2 이단림의 필요성

① 우리나라 자생활엽수림과 혼효림에서 보속적인 구조 확립

② 해당 숲의 윤벌기인 Ⅷ 영급에 도달했을 때 보속 달성

③ 상층 벌채 후 Ⅲ영급 임목이 여전히 하층에 존재

④ 숲 가꾸기 작업을 갱신으로 연결시킬 수 있는 방법

3 이단림의 특성

① 상층부와 하층부로 구분, 상층 임목 생육공간 확보, 고급대경재 생산

② 개벌 단점 보완, 나지 발생 방지, 지력 감소 방지, 자연경관 가치

장점	• 임지 노출 방지, 상층목 수광 조건 개선, 조림 비용 교림보다 저렴, 피해에 저항력 • 상층목에서 천연하종갱신 가능, 심미적 가치 높음
단점	• 세밀한 조림기술 필요, 상층목 지하고 낮아지고 가지가 많아서 수형 불량 • 상층목 벌채량 조절이 어렵고, 높은 작업 기술과 집약적 작업이 필요 • 상층의 수관이 닫혀 하층목의 발생과 생장이 억제 • 상층목과 하층목이 다른 수종일 때 그 사이의 타감물질이 문제가 있을 수 있음

4 이단림의 조건

① 직경분포 : 상층과 하층으로 뚜렷하게 구분된 2개의 정규분포곡선을 유지

② 수고분포 : 하층 상층 각각 다층 유지

③ 중층 제거 : 상층과 하층을 구분하기 위하여

④ 본수 : 상층 100~150본, 하층 700~800본/ha 정도 유지

핵심 19 모수림 작업

1 정의

① 갱신시킬 임지에 종자 공급을 위한 모수를 단목 또는 군상으로 남기고 나머지 임목들을 모두 벌채하는 방법

② 본수의 2~3%, 재적의 10% 내외. 난티나무, 자작나무류

③ 종자의 비산이 잘되는 수종: 15~30본

④ 종자의 비산이 작은 수종: 50본 이상

⑤ 보잔목법은 모수림과 산벌림의 중간 형태, 50~75본 남김

2 모수림 작업 목적

① 대경 우량재 생산

② 우수 종자목의 보전

③ 모수의 자산적 가치 증진

④ 풍치 경관적 가치 증진

3 모수의 선발 조건

① 양수 수종

② 심근성 수종

③ 두꺼운 수피

④ 평균 이상의 생장 조건

⑤ 생육입지 요구도가 낮은 수종

4 모수의 본수 결정

① 모수림 작업에 의한 생장 손실을 고려한 본수 결정

② 떨어질 종자량의 확보 및 갱신에 따른 본수 결정

① 이 작업을 집약적으로 실시할 때는 개벌과 같이 대량생산에 의한 소형재와 펄프재 등이 소비될 수 있는 시장이 있어야 한다.

② 갱신기에 있는 성숙임목은 풍도의 해를 받기 쉽다.

③ 벌채 대상목이 흩어져 있어 작업이 복잡하다. 개벌작업과 모수작업에 비해 높은 기술을 요하지만, 집약성이 동일한 택벌작업만큼 기술 수준이 높지 않아도 된다.

④ 갱신치수(更新稚樹)의 일부분은 벌채로 손상을 받는다.

⑤ 모든 것이 천연력에 의해 진행될 경우 비교적 긴 갱신 기간을 요한다.

⑥ 후벌을 할 때 어린나무가 상하기 쉽다.

⑦ 후벌에서 벌채될 나무들은 바람의 피해를 받을 수도 있다.

☞ 산벌의 과정: 예비 → 하종 → 후

핵심 20

2단 교림작업

1 개념

한 임지에 두 가지 층의 교목으로 된 임분으로써, 갱신 후 노령림의 일부가 남겨지고, 이 노령림의 균일한 산목(傘木,shelter wood)하에 새로운 임분을 생장시켜 형성된다.

2 2단 교림의 조성 방법

① 상층의 최종 수확목을 선발한 후 주로 불량목, 세장목, 피해목 등을 제거하여 임관을 소개시킨 후 수하식재한다(수하식재거리: 일반식재거리 또는 2m 이상).

② 수하식재 이후 10년 안에 2차로 상층임관을 소개하기 위한 벌채를 실시한다.

③ 2단림 상태에서 수하식재목이 상층목의 수관에 접촉되어 압박을 받는 시점이 상층목 최종수확 단계가 된다.

3 2단 교림의 특성 및 작업 방법

① 2단림 작업이므로 벌채 운반 조건이 좋은 임지에서 성과가 좋다.

② 지력이 양호하고 적윤한 토양의 입지가 권장된다.

③ 수형이 좋고 적기에 가지치기를 실시한 최종 수확목을 적정 본수 선발 존치한다.

④ 대경목 생산은 뛰어난 우량목을 100~150본/ha를 균일하게 분포시킨다.

⑤ 소나무, 낙엽송림의 경우 상층에서 선발된 우세목은 고급대경재 생산을 목표로 벌기가 연장된다.

⑥ 간벌 단계에서 잦은 설해, 조잡한 생장, 병충해 등을 방지하기 위해 수하식재가 시도되기도 한다.

⑦ 수하식재목으로는 내음성 있는 수종이 좋다.

4 숲 가꾸기 목표

① Ⅷ 영급 때 수확목표 100~150본, 상층수관 구성

② Ⅷ 영급 때 수확했을 경우 하층수관의 Ⅲ영급의 나무가 700~800본이 후계림을 구성하고 있을 것

보잔목법

1 개념

① 보잔목법(保殘木法)은 생산기간 종료(갱신)와 함께 천연하종갱신과 고급대경재 생산의 2가지 목적으로 노령목 중에서 가장 우수한 임목을 보잔목으로 잔존시키는 것

② 개벌지에서 모수는 종자낙하와 동시에 수확벌채를 할 수는 없고 대경재 생산을 위해 그대로 존치한다는 개념에서 접근

2 보잔목법의 특성

① 풍치 무육적 의미에서 보잔목은 오랫동안 외관적으로 문제가 있다.

② 갱신벌채 전에 발생된 전생치수가 있는 임지에서 수고가 높은 보잔목은 천연하종의 효과가 없다.

③ 고급대경재 생산을 위한 보육(보잔목)이 적은 본수 때문에 등한시되고 침해될 수 있다.

④ 지위가 낮은 빈약한 임지의 소나무의 경우 하층의 갱신치수는 생장이 느려 성과가 없다.

3 작업 방법

① 수확벌채 약 20년 전에 수고 정도의 간격을 갖는 우수한 나무가 ha당 50본 내외가 선발되도록 한 다음 선발된 보잔목에 지장을 주는 나무는 미리 제거할 것

② 수확벌채 시 보잔목의 가치 손실과 후계림의 벌채 피해 등이 예방되도록 조치할 것

③ 참나무의 보잔목은 가지에 혹이 발생하거나 초두부가 고사되는 경우가 많으므로 소군상의 그룹으로 배치하여 점차적으로 수관을 소개시켜 주는 방법을 고려할 것

4 모수작업의 특성 및 취급 방법

① 수확벌채 시 ha당 20본 내외의 모수를 남겨놓고 천연하종 갱신을 실행하는 아주 간단한 갱신법이며, 특수한 작업종으로 취급한다.

② 잔존 모수가 적어 임지는 개벌작업지와 같고 나지상태 조건에서 생장이 빠른 양수의 천연하종 갱신에만 적용이 가능하다.

③ 잔존할 모수 본수는 종자결실량 및 비산거리, 결실횟수, 입지상태를 고려하되 ha당 30본 이내로 한다.

④ 벌채 후 5년 이내에 치수가 발생하지 않으면, 인공식재로 조성하는 것이 합리적이다.

맹아갱신 작업

● 왜림=갱신종, 맹아갱신 = 작업 방법

1 개념

① 왜림(맹아림) 및 중림작업은 산림이 무성번식 방법으로도 갱신이 이루어지는 것을 이용한 특수한 작업법으로 근주맹아 또는 근맹아 실생목이 갱신된다.

② 왜림작업 중상층을 교림, 하층은 왜림으로 2단림을 형성한 산림을 중림이라 한다.

2 특징

① 중림은 맹아림의 임지에 맹아림 세대 이전의 임목이 다수 상층을 점유하고 있으며 연료재, 소경재 외에 다른 큰 나무의 용재 생산 목적도 달성할 수 있다.

② 중림작업에서 상층은 주로 참나무류, 포플러나무류 같은 양수의 활엽수종이 적당하나 물푸레나무, 느릅나무, 개벚나무도 가능하며, 또한 침엽수종에서는 소나무류, 낙엽송 등이 가능하다.

3 방법

1) 개벌갱신

① 활엽수림에서 전 임목을 개벌하여 벌근부에서 발생하는 맹아로 후계림을 조성하는 방법이다.

② 대개 직경 10~20cm 내외의 소경재가 많이 이용되므로 벌기는 10~30년이다.

③ 작업이 간편하고 경비가 적게 소요되며 자본회수가 빠르다.

2) 택벌갱신

① 벌기에 도달한 일정 크기 이상의 임목만 택벌하여 갱신을 도모하는 방법이다.

② 경제적이며 임지 노출을 최소화하므로 지력 유지에 유리하다.

③ 불량수종을 제거하여 적지에 우량수종의 도입을 쉽게 하므로, 생산력을 높일 수 있다.

3) 중림갱신

① 교림작업과 왜림작업을 혼합한 갱신작업으로 동일 임지에서 일반용재와 신탄재를 동시에 생산하는 것을 목적으로 한다.

② 대개 하층임분은 맹아갱신을 반복하고, 상층임분은 실생묘에서 자란 것을 구성하는 것이 가장 이상적이며, 하층 벌채 시 우량 임목을 상층목으로 키우기도 한다.

③ 상층목 본수는 하층목 생장에 저해되지 않도록 ha당 100본 이하로 하는 것이 좋다.

④ 상층목은 수광생장을 하게 되므로 생장이 빨라 대경재 생산이 용이하다.

⑤ 하층목에 대한 단벌기 시업으로 단기 자본회수가 가능하여 탄력적인 경영이 가능하다.

왜림 무육작업

1 맹아림 무육 방법

1) 무육 방법

① 맹아력은 동일 수종이라도 생장이 왕성한 Ⅱ~Ⅲ영급이 가장 크다.

② 벌채는 생장 휴지기(11월~2월)에 벌채하는 것이 유리하며, 한해의 위험이 높은 고지대는 엄동기를 피한다.

③ 벌채 높이는 가능한 낮게 하여 맹아가 지하부 또는 지제부에서 발생토록 유도한다.

④ 벌채면은 평활하게 약간 북서쪽으로 기울게 하고 물이 고이지 않도록 한다.

⑤ 갱신을 반복하면 근주의 노화로 맹아력이 약해지므로 인공식재나 천연하종으로 임분활력을 높여주는 것이 바람직하고, 공한지 등에 보완조림을 병행한다.

2) 맹아 본수 조절 방법

① 벌채 후 그루터기에서 여러 개의 맹아가 한꺼번에 발생하므로 갱신 2~3년 후에 우세맹아의 구분이 확실할 때 조절해 준다.

② 지하부 또는 지제부에서 발생한 맹아에서 충실한 것으로 그루터기당 1~2본을 남기고 제거한다.

③ 지하부에서 발생한 맹아는 갱신근을 새로 내어 그루터기와 독립된 개체로 생장한다. 그루터기에서 나온 맹아는 넘어지거나 부러지기 쉬우므로 제거한다.

2 맹아갱신의 장점

① 짧은 윤벌기 동안에 신속한 재적생장을 기대할 수 있다.

② 적은 투자로 높은 수익을 올릴 수 있다.

③ 갱신하기 쉽다.

④ 수확면적에 제한이 없다.

⑤ 활력이 높아서 재해 인자로 인한 피해를 줄일 수 있다.

⑥ 기계 장비를 사용하여 수확하는 것이 가능하다.

3 **맹아갱신의 단점**

① 펄프재와 같이 부피가 작은 용재를 필요로 하는 시장이 있어야 한다.

② 적용 수종이 제한되어 있다.

③ 입지가 심각하게 약화되는 경우도 있다.

④ 서리에 약하기 때문에 입지의 선택에 제한을 받는다.

⑤ 개벌을 자주 해야 하므로 미적인 면에서 불량하다.

⑥ 묘목에 의해 어느 정도 보식이 되어야 한다.

4 **맹아갱신을 위한 벌채 방법**

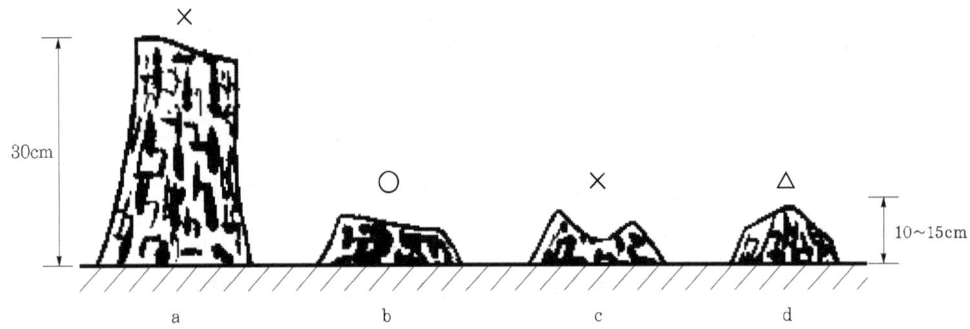

① 배수가 잘되도록 절단면을 기울게 한다.

② 되도록 낮게 베어 지제부나 지하부의 맹아가 돋아나게 한다.

　－ a: 벌채 높이가 높아서, 갱신근에서 맹아가 나지 않아 좋지 않다.

　－ b: 벌채면의 배수와 높이 등 제일 좋다.

　－ c: 배수가 좋지 않아 썩게 되고, 벌채면에서 맹아가 나게 된다.

　－ d: 노출면적이 많아 새로 난 맹아가 건조하게 된다.

맹아의 종류

- 맹아에는 휴면아와 부정아가 있다.
- 왜림작업에 있어서는 부정아가 갱신의 주체가 된다.

1 묘목맹아

① 묘목맹아는 어린 근주에서 나온 맹아로 큰 근주에서 나온 맹아와 비슷한 생리학적 또는 해부학적 특성을 가지지만, 일반 묘목으로서의 속성도 지니고 있다.

② 근주직경 5cm 이하의 어린 것에서 발생한 맹아가 묘목맹아라고 할 수 있다.

③ 어린 근주는 변재부만 가지고 있어서 캘러스 조직에 의한 치유가 쉽게 되고, 전염성인 심부병의 위험성이 크게 줄어든다.

④ 발달해 있는 근계로 말미암아 더 왕성한 신장 성장할 수 있는 이점이 있다.

⑤ 묘목맹아는 줄기도 더 곧게 자라는 경향을 가진다.

⑥ 맹아력을 가진 수종이면 대개 묘목맹아를 발생시킨다.

2 단면맹아

① 버드나무류, 느릅나무류, 너도밤나무류의 수피와 목부 사이에 캘러스 조직에 연유하는 부정아가 형성되어 신장한 것을 단면맹아라고 한다.

② 지면에 근접해서 근계조직과 연락이 긴밀해야 쓸모가 있다.

③ 일반적으로 단명하기 때문에 이용가치가 낮다.

3 측면맹아

① 근주의 측면에서 나는 것으로 근주맹아, 주맹아로 부른다.

② 참나무류, 밤나무, 단풍나무, 물푸레나무, 서나무, 아까시나무, 느릅나무, 버드나무류에서 주로 발생한다.

③ 주맹아: 측근이 아닌 근원부 바로 아래 있는 수직근부에서 나는 맹아로, 갱신상 가장 중요하다.

4 잠아

① 주묘의 수조직에 관련을 가지는 잠아가 발달하여 맹아를 발생시킬 수 있다.

② 생장 도중 수조직과의 연결이 절단되면 그 후 잠아는 외부로 나타날 수 없다.

③ 수피조직이 너무 두꺼워도 그것을 뚫고 맹아로 나타날 수 없다.

④ 리기다소나무는 주간이 절단되었을 때 줄기 측면에서 많은 맹아를 낸다. 이것은 잠아가 신장한 것으로 간맹아라고 한다.

5 근맹아

① 지표면 가까운 측근 조직에 생기는 부정아에서 기원하는 맹아를 근맹아라고 한다.

② 버드나무, 아까시나무, 느릅나무, 사시나무류에서 발생한다.

③ 넓은 면적에 산재해서 발생하는 근맹아로는 밀도를 조절할 수 있는 갱신작업이 가능하다.

☞ 복조갱신: 아래 가지가 지면에 닿아 뿌리가 내려 새로운 개체로 자라는 것

25 잠아

1 잠아 발생 원인

잠아는 숨은 눈을 의미하며, 심한 간벌, 산불, 동해 등으로 수관의 상당 부분이 없어져 나무의 줄기에 도달하는 광선이 많아졌을 때 수피의 수분 증발로 수피 스트레스가 생기며, 수피 스트레스는 수분 스트레스로 이어져 잠아가 발생하게 된다.

2 발생 수종

낙엽송, 참나무류

3 발생 결과

목재 품질 저하로 경제적 가치 하락

4 잠아 발생 억제 방안

① 복층림, 이단림을 조성한다.

② 조림 방법 선택 시 밀식 조림한다.

③ 임연부는 광선이 들어가지 않도록 관리한다.

④ 숲 가꾸기 및 간벌 시 보호목을 존치한다.

핵심 26 두목작업과 맹아갱신의 장단점

1 맹아갱신의 장단점

장점	단점
㉠ 작업 간단, 갱신 확실, 단벌기 경영에 적합 ㉡ 비용이 적게 들고 자본 회수가 빠름 ㉢ 병충해 등 환경 인자에 대한 저항력이 적음 ㉣ 단위 면적당 유기물질의 연평균생산량이 최고치 ㉤ 윤벌기가 생장왕성기에 일치, 묘목 식재해서 일정한 밀도를 얻을 때까지의 예비 기간 생략 ㉥ 야생동물의 보호, 관리를 위하여 적당	㉠ 큰 용재를 생산할 수 없음 ㉡ 자람이 빠르고 양료 요구도가 높고, 지력이 안 좋으면 경영이 어려움 ㉢ 한해에 약해서 고산한랭지 작업 부적당 ㉣ 지력 소모가 심하며 지력 악화를 초래하는 일이 많음 ㉤ 단위 면적당 생육축적이 낮음 ㉥ 심미적 가치가 낮음 ㉦ 개벌왜림작업 경우 임지 나출, 표토침식 우려 ㉧ 산불 발생 위험이 교림보다 높음

2 두목작업

① 벌채점을 지상 1~4m 정도로 높게 하는 작업법이다.

② 조경적 목적으로 플라타너스, 버드나무류, 포플러류에 흔히 적용한다.

③ 두목작업을 받는 대목은 실생묘를 기원으로 하고, 수두형에 따라 일거식, 이거식 등이 있다.

  ㉠ 일거식 대목: 대목이 벌기에 도달, 적당한 높이에서 벌채, 그다음부터 나오는 맹아를 반복 개벌한다.

  ㉡ 이거식 대목: 대절을 2회, 4거식 대목을 만들려면 3회의 대절이 필요하다.

④ 두목작업을 할 때는 수두 간 거리를 비슷하게 해서 고루 배치한다.

27 죽림작업법

1 개요

① Phyllostachys속, 맹종죽, 왕대, 솜대, 오죽 – 재배 가치 有, 장려 수종

② 대나무는 경남, 전남 등 남쪽 지방에 국한하여 재배된다.

③ 죽재는 세공용으로 가치가 높고, 대나무 펄프, 베니어, 죽순 등으로 활용된다.

2 대나무의 지하경

① 지상경과 달리 내부가 충실하다.

② 마디마디마다 1개의 눈과 수염과 같은 뿌리가 난다.

③ 절간의 길이는 죽간보다 짧다.

④ 비옥지의 것이 굵고, 절간이 길다.

3 대나무의 신장 방식

① 왕대와 오죽

  – 1년생 지하경의 선단의 자람이 중단되고, 그 부근에 하나 또는 몇 개의 눈이 동시에 신장된다.

  – 지하경 생성 다음 해 봄 그 선단의 신장이 중지되며 다시 반복된다.

② 맹종죽: 새로운 지하경 선단부의 신장이 중지되는 일이 없이 계속해서 자란다.

③ 솜대: 1년생 지하경의 선단부 부근이 아닌 상당히 멀리 떨어져 있는 2~3년생의 곳부터 새로운 지하경이 발생한다.

4 **죽림 조성 방법(요약)**

① 모죽 근주의 2배 크기의 구덩이를 파고 부숙한 퇴비를 기비(밑거름)로 준다. 그 위에 흙을 약간 덮고 지하경을 지표면에 수평으로 배치한 후 흙을 덮고 관수를 충분하게 한다.

② 심는 방향이 경사지면 지하경을 등고선 방향으로 수평으로 둔다.

③ 심는 깊이는 15~20cm로 하고 지주를 세워 바람에 의한 동요를 막는다.

④ 구덩이에 흙을 넣고 물을 부어 흙탕물을 만들고 그 안에 근주를 넣어 다시 흙을 조금씩 첨가해 가면서 심으면 뿌리와 흙이 밀착되어 활착에 도움이 된다.

⑤ 식재밀도는 맹종죽 300~500주, 왕대 500~800주, 솜대 700~1,000주, 오죽 2,000~5,000주 정도로 한다.

5 **번식 재료**

모죽	지조 붙은 죽간+지하경	• 모죽 줄기 상부는 절제 • 목고 주위 7~10cm 되는 1~2년생의 것 택함 • 기성 죽림 외변에서 채취
	죽간: 3단 이상의 가지	
	지하경: 40~50cm	
모주	죽간+지하경	• 모죽에 가깝지만, 죽간을 짧게 하고 가지를 붙이지 않는 것이 다름 • 운반 편리, 오죽 등 세죽종 번식에 알맞음
	죽간: 가지 없음, 20cm	
	지하경: 40~60cm	
죽묘	• 지하경을 굴취하여 포지에 심고 1년간 양성한 묘목=지하경묘 • 오죽 등 세죽종의 죽묘를 다수 양성하고자 할 때 적용	
	지하경 굵기	• 왕대 및 맹종죽: 절간 중앙직경 2cm 이상 • 오죽: 절간 중앙직경 1cm 이상, 길이가 40~50cm
	• 포지에 20~30cm 간격으로 누여서 배열, 10cm 두께로 가는 흙을 덮은 다음 그 위에 짚을 깔고 관수함 • 죽순이 나타날 때까지 질소질 비료를 줌	
지하경	• 땅속뿌리를 약 50cm의 길이로 굴취한 것	

☞ 모죽, 모주, 죽묘, 지하경 어느 것을 사용하더라도 활착과 죽림의 성립과정에는 큰 차이가 없지만, 죽묘와 지하경은 죽림조성 비용을 절감하는 효과가 있다.

재료 마련	• 지하경 눈이 나오기 전 3~4월경에 굴취, 뿌리를 붙여서 50cm 길이로 포지 식재 • 모주는 죽순이 될 눈이 붙어 있는 지하경을 50~60cm로 끊고, 죽간은 지상 20cm 　되는 곳에서 끊은 뒤 죽림 조성 예정지에 심음 • 모죽은 성장이 왕성한 어린 대를 골라 죽간 4~5단에 지조를 남기고, 50cm 길이의 　지하경을 부착시켜 심음
선별	• 어린 지하경에는 어느 마디에나 눈이 붙어 있고, 털뿌리가 많이 나 있으며, 색깔은 　황색을 띰 • 노령의 지하경이면 마디에 나 있는 눈을 찾아보기 어렵고, 털뿌리도 적으며, 죽간은 　지하경보다 더 가늚 • 증식 재료의 굴취는 죽림 주변에서 얻도록 함 • 개벌된 죽림이 있을 때는 벌채 다음 해에 발생한 것 골라 캠
식재밀도	• 맹종죽 300~500주, 왕대 500~800주, 솜대 700~1,000주, 오죽 2,000~5,000주

방법		
	• 모죽 근주의 2배 크기의 구덩이를 팜 • 부숙한 퇴비를 기비로 주고, 그 위에 흙을 약간 덮음 • 지하경을 지표면에 수평되게 배치 • 흙을 덮고 관수 충분히, 심는 방향이 경사지면 지하경을 등고선 방향으로 수평으로 둠 • 심는 깊이 15~20cm 알맞음 • 지주 세워 바람에 의한 동요 막음	
	수식	구덩이에 흙을 넣고 물을 부어 흙탕물을 만들고 그 안에 근주 넣어 다시 흙을 조금씩 첨가해 가면서 심으면 뿌리와 흙이 밀착되어 활착에 도움

관리	• 제초에 중점을 두어야 함, 6~7월에 퇴비, 계분, 초목회, 짚깔기(초겨울에는 짚이나 　생초를 2~3년에 한 번씩 깔아줌) • 흙 넣어주기: 2~3년에 한 번씩 붉은 흙으로 3~5cm 가량 덮어줌 • 대나무는 토양양료를 많이 요구함: 마구간 거름, 퇴비, 짚, 잡초, 낙엽, 황산암모늄, 　과인산석회, 고형비료 • 속효성 화성비료: 6~7월경에 줌 – 그해 지하경의 자람에 도움 • 죽순 생산을 위해서는 겨울에도 줌 – 그해 죽순의 발생과 자람에 효과 • 9월쯤 주는 추비는 다음 해의 자람을 위해 양료로서 저장
발생	• 모죽을 심고 나서 3년 정도 되면 전체 임면에서 죽순 발생 • 처음 발달하는 지하경과 죽순을 가늠 • 성림이 되려면 왕대, 맹종죽, 솜대(대죽종): 10년, 오죽(세죽종): 7년

7 **대나무의 수확(벌죽)**

• 택벌 원칙, 국부적으로 소립해 있는 부분은 개벌 또는 지하경 유인해 갱신 • 단위면적당 입죽본수에 따라 벌죽률은 다음 벌죽기까지 표준입죽본수로 조절	
연년벌죽	벌죽률 10~20%
간단 작업	벌죽률 20~30%
벌채되는 본수보다 남게 되는 본수를 알맞게 한다는 것을 염두에 두고 작업	
벌죽 계절	맹종죽 9월, 왕대 10~11월, 일반적으로 가을~겨울 사이 실시
방법	• 세죽은 손도끼, 도끼, 낫 • 큰 대는 톱 • 되도록 지표면 낮은 곳에서 수평 방향으로 절단

28 대나무의 품종

● 한국에서 볼 수 있는 대나무는 맹종죽, 왕대, 솜대, 오죽 등이 있다.
● 열매는 영과이며, 잎은 바소꼴이다.

1 맹종죽

孟宗竹; Phyllostachys edulis

1) 특징

① 맹종죽은 대나무 중에서 가장 큰 품종이고, 최대 높이는 약 15~28m까지 자라며, 직경은 10~20cm 정도에 달한다.

② 대나무의 줄기 색은 푸른빛이 도는 짙은 녹색이며, 점차 성숙해지면 회색빛이 돌고, 마디 사이에는 40cm 이상으로 길다.

③ 맹종죽은 죽순대라고 부를 정도로 죽순을 식용으로 이용한다. 왕대나 솜대의 죽순보다 일찍 죽순이 나온다.

2) 용도

① 주로 건축용 자재로 많이 사용되며, 특히 맹종죽은 대형 구조물의 지지대나 건축 자재로 사용되기 좋다. 또한, 그 강도와 내구성 덕분에 가구나 각종 수공예품을 제작할 때도 많이 사용된다.

② 그 줄기와 잎에서 항균성 물질이 발견되어 식품 포장재로서의 가능성도 주목받고 있다.

2 왕대

王竹; Phyllostachys bambusoides

1) 특징

① 왕대는 키가 크고 줄기가 두꺼운 대나무의 대표적인 품종으로, 20~25m까지 자라며 줄기의 직경은 10~15cm 정도에 달한다.

② 왕대의 줄기는 매끈하고 곧게 자라며 녹색에서 황록색으로 맹종죽에 비해서 밝은색이다.

③ 마디에는 2개의 가지가 나며, 마디 사이의 길이는 25~40cm 정도이다.

2) 용도

① 왕대의 죽순은 식용이나 약용으로 쓰이며, 줄기는 끈기와 탄성이 강해 건축 및 죽세공재
로 이용한다.

② 왕대의 죽순은 티로신이라는 아미노산 때문에 쓴맛이 나지만, 씹을 때 촉감이 뛰어나다.

③ 왕대의 줄기는 수공예품, 악기(예 피리, 젓대), 농업용 기구를 만드는 데 사용되며, 외부
환경에서도 잘 버티는 특성이 있어 옥외 구조물의 건축 자재로도 사용된다.

3 솜대

Phyllostachys nigra var. henonis(Bean) Stapf ex Rendle

1) 특징

① 솜대는 키가 10~20m 정도, 지름은 5cm 정도까지 자란다. 마디 사이는 녹색으로
25~30cm이다.

② 죽순은 맹종죽 5월 초순, 솜대 5월 중순, 왕대 5월 말~6월 초순의 순서로 나기 시작한다.

③ 잎은 비교적 넓고, 줄기의 표면은 부드러운 녹색을 띠며 표면에 약간의 솜털 같은 질감이
있다.

2) 용도

① 솜대는 주로 정원 장식용으로 많이 사용되며, 그 유연함 때문에 공예품을 만드는 데도
적합하다. 특히 정원 디자인에서 바람막이 또는 장식용으로 많이 심는다.

② 솜대는 그늘진 장소에서 잘 자라기 때문에 이식이 쉽고, 주거지 주변에 장식적 요소로
활용하기 좋다.

4 오죽

烏竹; Phyllostachys nigra

1) 특징

① 오죽은 그 독특한 검은 색 줄기 때문에 가장 쉽게 구별된다.

② 높이는 2~20m에 이르며, 직경은 2~5cm 정도로 자란다.

③ 오죽은 처음에는 녹색으로 자라다가 시간이 지나면서 점차 검은색으로 변한다.

④ 이 대나무는 고유의 색상 때문에 매우 고급스러우며 장식적 가치가 있다.

2) 용도

① 오죽은 주로 정원 장식과 조경용으로 많이 사용된다. 그 외에도 공예품, 가구 제작 등에
활용되며, 그 특유의 색상 덕분에 고급 제품 제작에 많이 사용된다.

② 오죽은 그 미적 가치 때문에 특히 아시아권에서 전통 예술품과 결합된 제품들에 자주
사용된다.

③ 노란색 줄기에 검은 반점이 있는 것을 반죽(斑竹: for. punctata)이라고 한다.

■ **구분 포인트 표**

학명	Phyllostachys edulis	Phyllostachys bambusoides	Pleioblastus simonii	Phyllostachys nigra
	맹종죽	왕대	솜대	오죽
최대 높이	15~28m	20~25m	5~20m	5~20m
직경	10~20cm	10~15cm	2~5cm	2~5cm
줄기 색상	짙은 녹색, 성숙 시 회색빛	노란빛의 녹색	부드러운 녹색	녹색에서 검은색으로 변화
주요 용도	건축 자재, 가구, 수공예품	건축 자재, 악기, 장식용	정원 장식, 공예품	정원 장식, 고급 공예품
특징	큰 크기와 강한 내구성	직립성 강하고 곧게 자람	부드럽고 유연	줄기가 검은색으로 변함

핵심 29 천연갱신의 특징

1 개념

① 천연갱신이란 인위적으로 묘목을 식재하여 조림하는 것과는 달리 그 지역의 모수로부터 발생하는 종자와 맹아에 의하여 자연적으로 후계림을 조성하는 방법이다.

② 임목의 번식력과 재생력을 최대한 활용하여 갱신하는 것을 말한다.

2 장점

① 기후와 토양에 적응한 모수로부터의 하종갱신은 그 지역에 알맞은 수종이므로 조림사업의 실패율이 적다.

② 치수는 모수의 보호를 받으므로 각종 위해에 대한 저항력이 크다.

③ 임지가 완전 나출되지 않으므로 지력 유지 및 환경관리상 유리하다.

④ 조림비를 절약할 수 있다.

⑤ 생태적으로 안정된 건전한 숲을 만들 수 있다.

3 단점

① 갱신 기간이 오래 걸리며 확실성이 낮다.

② 종자의 비산거리를 고려해야 하므로 소구역으로 작업을 실행해야 한다.

③ 생산된 목재가 균일하지 못하다.

④ 목재수확이 어려우며 치수가 상하기 쉽다.

⑤ 전문적인 육림기술이 필요하다.

4 종류

① 천연하종갱신

- 자연적으로 낙하되어 산포된 종자를 발아·생육시켜 새로운 임분으로 갱신을 도모하는 방법이다.
- 상방천연하종갱신, 측방천연하종갱신
- 갱신법: 개벌작업법, 산벌작업법, 모수작업법, 보잔목법

② 맹아갱신

- 신탄재 또는 소경재 생산 목적으로 주로 활엽수림에서 벌채 후 벌근부나 줄기에서 다수의 부정아를 발생시켜 갱신을 도모하는 방법이다.
- 갱신법: 개벌갱신, 택벌갱신, 중림갱신

30 파종조림

1 개념

① 직접 종자를 파종하는 방법이며, 직파조림이라고도 한다.

② 외국에서는 소나무류의 파종조림이 많이 시행되나 우리나라에서는 사방조림으로 많이 실시되었고, 최근에는 직근성 수종으로 세근발달이 불량하여 이식 시 활착률이 저조한 참나무류 등의 밀식조림 시 시행된다.

2 적용 수종

소나무, 리기다소나무, 해송, 가래나무, 밤나무, 상수리나무, 굴참나무, 졸참나무, 갈참나무, 신갈나무 등

3 시업 방법

1) 시기

① 봄과 가을에 시업한다.

② 가을 파종 시는 11월 하순경이 적합하다.

③ 잣나무나 아까시 등 발아가 어려운 수종은 파종 전에 침수 처리, 노천매장 등으로 발아를 촉진시킨다.

2) 파종상

① 지름 50~60cm 크기로 지피물을 제거하고 중앙에 지름 30~40cm 크기로 토양을 경운하여 돌, 잡초목, 뿌리 등을 제거하고 10cm 높이로 상을 만든다.

② 파종상의 수는 해당 수종의 식재본수와 같으며, 수종별 종자 크기에 따라 파종한다.

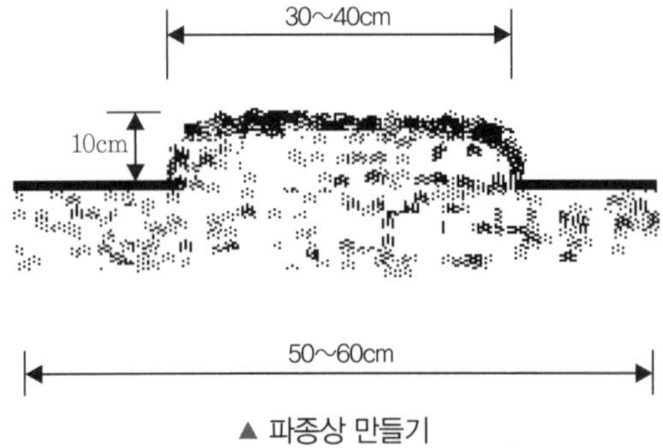

▲ 파종상 만들기

3) 보호물 설치

소동물이나 조류의 피해로부터 보호를 위하여 철망, 망사피복 등으로 보호하나 최근 플라스틱 물병을 사용하여 보온, 보습효과를 겸하여 보호한다.

4) 보호물 제거

종자 발아 후 다즙기를 지나 줄기에 목질부 등이 형성된 후 9월경에 제거하여 수집하였다가 다시 사용토록 한다.

☞ 수종별 파종조림 시업표

수종	파종 수	복토 두께	파종 방법
소나무류	10립	1.0cm	• 지름 30~40cm 크기로 상을 만듦 • 상의 중앙에 10cm 범위로 파종하고 흙을 3mm 체로 쳐서 복토하고 손으로 진압
잣나무	5립	2.0cm	• 파종상은 소나무류에 준함 • 안내봉으로 구멍을 뚫어 종자를 넣고 복토 후 발로 가볍게 다짐
참나무류	2~3립	3.0cm	• 지표물 제거 후 15~20cm 깊이로 경운 후 밟아 다짐 • 안내봉으로 종자의 3배 깊이로 구멍을 뚫어 종자를 넣고 복토 후 진압

식재조림

1 식재조림

식재조림은 여러 가지 이점을 가지고 있어서, 산림사업에서 가장 많이 사용되는 조림 방법이다. 식재조림의 이점은 아래와 같다.

① 동일 크기와 동일 품질의 목재를 한 장소에서 일시에 대량 생산함으로써 목재산업 육성에 유리하다.

② 종자채취 및 양묘의 단계부터 형질이 우수한 개체를 선발하여 식재함으로써 임목의 형질이 개선된다.

③ 경제성이 높은 수종을 선정하여 식재함으로써 산림의 생산성을 제고시킨다.

④ 토사유출, 풍해위험지역 등 필요한 곳에 적합한 숲을 조성함으로써 각종의 재해를 방지할 수 있다.

⑤ 임목을 적정 간격으로 식재함으로써 가지의 크기를 억제하여 옹이가 적은 통직한 목재를 생산할 수 있을 뿐만 아니라 공간의 최대 활용으로 단위면적당 물질생산량과 대기정화 기능을 증대시킬 수 있다.

식재조림은 단일 수종에 의한 대면적 일제조림은 산업 경제적인 측면에서는 유리하지만, 종 다양성의 결여 등 생태적으로 불안정하며, 병충해에 의한 일시에 대면적 피해와 지력 감퇴 등으로 오히려 비효율적이 될 수가 있으므로, 이러한 점을 감안하여 식재 방법, 식재 도구 및 수종 배치 등을 신중하게 선택하여야 한다.

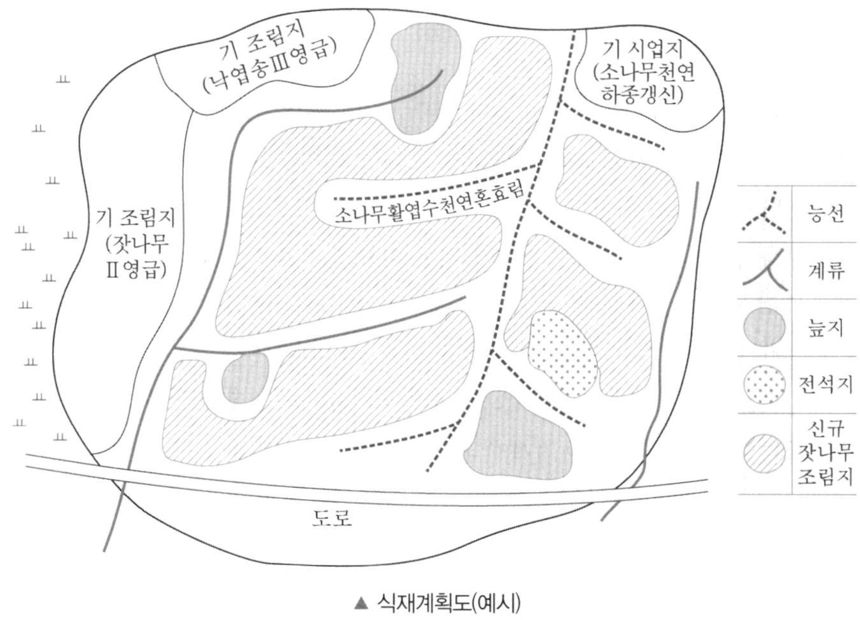

▲ 식재계획도(예시)

2 조림 설계

조림 설계에서는 조림수종의 배치, 식재 방법, 식재밀도, 임도나 작업로 등 접근로의 배치, 경관 구성 등을 입지환경과 경영 목표에 부합되도록 면밀하게 계획하여야 하며, 생태적인 측면에서 생태통로(폭 30m 이상) 조성, 습지 등 특수지역 보존, 인접 생태계와의 관계 등을 충분히 고려해야 한다. 생태통로의 구성은 능선부와 계류를 따라 잔존대를 형성하여 연결되도록 하며, 입지 여건상 연결 통로의 잔존이 어렵고 경영 목적상 단일 수종의 대면적 일제조림이 필요할 경우는 5ha 단위로 그물 형태의 혼효수림대를 조성하여 일제동령림에 생길 수 있는 피해를 예방한다.

식재조림 대상지가 목표로 하는 산림은 입지환경과 경영 목표에 부합되도록 다음과 같이 계획할 수 있다.

① 경제수종의 대량생산을 목적으로 하는 산림

② 천연갱신이 곤란한 벌채지 및 미립목지(未立木地)를 녹화 및 복원하려는 산림

③ 토사유출, 풍해위험지역 등에 특수 수종을 식재하여 재해를 예방하고자 하는 산림

④ 파종 또는 용기묘 조림이 어려운 장소에 조성하려는 산림

3 식재본수의 결정

조림사업을 설계할 때, 식재본수는 다음과 같은 점들을 유의하여 결정한다.

① 경영 목표에 따라 소경재를 조기에 대량 생산하는 경우는 식재본수를 높이고, 장벌기 대경재를 생산 목표로 하면서 간벌재의 이용이 어려운 지역은 식재본수를 적게 한다.

② 지리적 조건에 따라 도로망이 확충되어 있어 간벌재 등의 반출이 용이하고, 조림비가 적게 소요되는 지역은 밀식을 할 수 있다.

③ 토양의 비옥도에 따라 비옥도가 높은 지역은 소식(疏植)하여도 조림목의 생장이 빨라 풀베기 기간을 늘리지 않아도 되나, 척박한 지역은 밀식(密植)하여 빨리 울폐시킴으로써 풀베기 기간을 단축할 수 있다.

④ 수종의 내음도에 따라 대개 양수는 식재본수를 적게 하고, 음수는 식재본수를 많게 하는 것이 일반적이며, 대부분의 활엽수와 같이 소개되어 독립수로 생장하는 경우 수간이 굽어 형질이 악화되는 수종도 식재본수를 많게 한다.

⑤ 식재인력 및 묘목의 수급 사정이 양호한 경우 식재본수를 높일 수 있다.

⑥ 대묘 조림의 경우 식재본수를 적게 한다.

4 식재조림의 장점

① **목재산업 육성에 유리하다.**
- 같은 크기와 품질을 가진 목재를 한 장소에서 일시에 대량 생산할 수 있다.
- 원하는 수림을 골라서 식재할 수 있다.

② **임목형질이 개선된다.**
- 종자채취 및 양묘의 단계부터 형질이 우수한 개체를 선발하여 식재할 수 있다.

③ **산림 생산성이 높아진다.**
- 경제성이 높은 수종을 선정하여 식재할 수 있다.

④ **재해를 방지할 수 있다.**
- 토사유출, 풍해위험지역 등 필요한 곳에 적합한 숲을 조성할 수 있다.

⑤ **공간을 최대로 활용할 수 있다.**
- 나무의 식재밀도를 높여서 숲의 공간을 최대한 활용할 수 있다.
- 결과적으로 단위면적당 물질생산량과 대기정화 기능이 증진된다.

⑥ **옹이가 적은 목재를 생산할 수 있다.**
- 나무를 적정 간격으로 심으면 가지가 가늘어져 옹이가 적어진다.

⑦ **줄기가 곧은 목재를 생산할 수 있다.**
- 나무를 심는 밀도를 높이면 줄기가 곧게 자란다.

☞ 식재조림의 단점은 생물 다양성이 낮아지게 되고, 일시적으로 토양환경 및 숲 전체의 환경이 변하게 되어, 이를 고려하지 않으면 어린나무가 성장이 늦어지거나 죽을 수 있다.

간척지 숲 조성 방안

1 개요

간척지는 산을 깎아서 나온 돌과 흙이나, 바다의 흙을 준설하여 바다를 매립한 부분과 원래 있던 갯벌이나 모래로 조성되어 나무생장에 열악한 물리 · 화학적 성질을 갖고 있다. 또한 바다에 인접하므로 풍해 · 염해, 비사, 비염 등 환경적으로도 나무 생장에 매우 불리하다.

2 간척지의 생태적인 숲 조성 방안

1) 토양조사

① 토양을 조사하여 토양도를 작성하고 임지 환경에 맞도록 나무를 배치한다.

② 식재 부적지는 보강해 준다.

2) 토양 개량

① 식물의 생산 기반 조성 → 토양의 물리 · 화학적 개선

② 염분 차단을 위한 식재 지반 조성 및 적정 높이의 복토

③ 명암거, 배수층 등을 설치한다.

④ 토양개량제 및 비료의 시비

⑤ 토양의 경운과 식재지의 마운딩 처리

3) 환경 개선

① 방풍막을 설치하고, 회복제 등을 처리하여 수분 증발을 방지한다.

4) 식재수종 선정과 적합한 식재

① 내염성과 풍해에 강한 수종을 선정하여 식재하고, 해풍에 저항할 수 있도록 이단 혼효 식재한다.

② 1~2년생 어린나무를 ha당 10,000~15,000본으로 밀식한다.

③ 적기에 식재하여 활착률을 극대화한다.

5) 식재 후 사후관리를 철저히 한다.

① 모니터링하며, 결과를 숲 관리에 이용한다.

② 반복하여 나무가 죽는 곳은 배수시설 등 기반 시설부터 다시 설치한 후 토양개량을 실시한다.

33 복층림

1 정의

① 복층림이란 2층 이상의 목본 임관층(林冠層)을 갖는 산림으로, 발달 정도에 따라 2단림, 3단림, 다단림, 연속층림(택벌림)으로 불린다.

② 복층림 시업이란 복층림으로 유도하기 위하여 실시되는 시업의 총칭으로 우리나라의 경우 '인공갱신 또는 천연림에 의해 조성된 일제림에서 산림을 구성하는 임목의 일부를 벌채하고 인공식재 또는 천연갱신에 의하여 임관층이 2개 이상인 복층임형의 산림을 구성하는 시업'으로 정의하고 있다.

2 복층림의 장점

① 공간을 입체적으로 이용하므로 단위면적당 생산량과 축적량이 증대된다.

② 임목수확 기간이 길어지고 균일한 생장으로 고가치재를 생산할 수 있다.

③ 대·소경재를 동일 임분에서 생산하므로 경영 안정에 기여한다.

④ 상층목의 보호효과, 표토유실 방지효과 등으로 재해에 대한 저항성이 커진다.

⑤ 표층 유실 감소, 낙엽·낙지에 대한 원활한 물질순환으로 지력 유지에 효과적이다.

⑥ 복층 수관으로 빗물의 직접적 도달을 저지하여 유수의 지중 침투를 도우므로 수원 함양 기능이 향상된다.

⑦ 낙엽, 낙지에 의한 원활한 물질순환이 일어나 지력 유지에 효과가 기대된다.

3 단점

① 작업이 집약적이다.

  - 기술적인 수확 행위의 반복이 필요하며, 한 번에 수확되는 목재의 양이 적으므로 임도와 작업로 등의 기반 시설이 정비되어야 한다.

② 벌채 및 반출 시 하층목이 손상되기 쉽다.

③ 중·하층목은 수간이 세장하기 때문에 형상비가 커지고 설해가 우려된다.

  - 형상비가 커지면 우량재가 생산되지만, 기상 피해를 받기 쉽다.

  ☞ 형상비: 가로에 대한 세로의 비율, 짧은 길이를 긴 길이로 나눈 값

④ 벌출경비가 증가한다.

인공조림 실패 원인

1 수종 선택

현지 환경에 맞지 않는 수종

2 품종 및 산지의 선택

수종은 맞지만, 식재 품종이 성장한 환경이 식재지와 맞지 않는 경우

3 종자 채취

종자 채취 시기와 보관 방법이 적합하지 못하여 발아가 되지 않은 경우

4 산림환경의 변화 미고려

임지의 품질 등급 저하로 식재 여건이 변한 경우 대면적을 개벌하여 식재 여건이 변한 곳에 동령 순림을 조성

5 나무를 심는 방법

식재 방법이 잘못되어 근계 발육이 불량해진 경우

6 임분울폐(환경 안정) 기간 미 고려

① 임분이 울폐되고 나서야 제대로 성장

② 수분과 광도 등 성장 여건이 어린나무와 맞지 않은 경우

7 무육관리

식재 후 풀베기와 덩굴 제거, 어린나무 가꾸기 등 무육작업을 등한히 하여 식재수종이 피압된 경우

35 수하식재

● 2단림, 택벌림과 관련되어 출제된다.

1 개요

임분의 연령이 높아지는 데 따라 임관이 엉성해지고, 일광이 직사해서 임지를 건조하게 하고, 표토의 유실이 될 수 있으므로, 그 밑에 생육이 가능하고 어느 정도 이용가치가 있는 나무를 심는 경우가 있다.

2 수하식재용으로 적합한 나무

① 내음성이 강한 나무

② 낙엽량이 많고 근류균을 가진 비효가 높은 나무

③ 지조가 밀생하여 임지의 피음도를 높이고, 수분을 보존할 수 있는 나무

④ 양분에 대한 요구도가 적은 나무

⑤ 소목이라도 목재 이용 가치가 있는 나무

⑥ 보호목: 주수종의 보호를 위해 심어야 하는 나무

참고

이러한 조건을 가지고 우리나라에서 식재하고 있는 주요 수종을 항목별로 살펴볼 필요가 있다. 내음성이 강한 수종은 침엽수로는 주목, 전나무, 가문비나무, 솔송나무, 비자나무가 있고, 활엽수로는 너도밤나무, 서어나무, 개서어나무, 단풍나무 등이 있으며, 낙엽량이 많고 근류균을 가진 비효가 높은 수종은 회화나무, 오리나무, 아까시나무, 자귀나무가 있다. 지조가 밀생한 수종은 참나무류가 있으며, 토지에 대한 요구도가 낮은 수종은 리기다소나무, 소나무, 붉나무 등이 있고, 소목이라도 목재의 이용 가치가 있는 수종은 단풍나무, 오리나무, 자귀나무 등이 있다.

내음성과 천이

1 개념

① 내음성

- 음지에서 광량의 부족에도 견디며 생활할 수 있는 능력
- 광량의 부족에 잘 견디는 수종을 음수(shade tollerent tree), 그렇지 않은 수종을 양수라고 한다.

② 천이

- 한 식물사회에서 다른 식물사회로 옮겨가는 일련의 과정
- 건생천이: 나지 → 지의 · 선태류 → 다년생 초본 → 양수 → 중용수 → 음수
- 교목: 양수(소나무) → 중용수(상수리 · 굴참 → 신갈 · 졸참) → 음수(서어나무)

2 내음성과 천이의 관계

식물의 천이과정에서 보면 극상에 도달하게 되는 수종이 음수이다. 음수가 생물상에 거의 변화가 없는 극상상태에서 분포하는 것은 광량이 부족한 임지 내에서 양수는 후계림의 조성이 어려운 반면, 음수는 양수에 비하여 후계림의 조성이 유리하기 때문이다.

3 내음성 정도에 따른 수종

일반적으로 나무는 어릴수록, 생육온도가 높을수록 강하며, 씨앗이 굵을수록, 환경 조건이 좋을수록 그늘에서 잘 견딜 수 있으며, 수종이 가진 유전적 특성이 가장 많은 영향을 준다. 아래는 그늘에 견디는 정도를 다섯 단계로 분류한 것이다.

① 극음수: 주목, 개비자, 회양목, 사철나무, 굴거리나무 등

② 음수: 전나무, 가문비나무, 솔송나무, 너도밤나무, 서어나무 등

③ 중용수: 목련류, 잣나무류, 철쭉류, 편백, 느릅나무류, 참나무류, 물푸레나무 등

④ 양수: 은행나무, 소나무, 측백나무, 향나무, 오리나무, 버즘나무 등

⑤ 극양수: 대왕송, 방크스소나무, 잎갈나무, 버드나무, 자작나무, 포플러 등

4 **내음성 관계인자**

① 수령: 수령이 많아짐에 따라 내음성이 감소한다.

② 토양수분과 양분: 양분이 충분하고 적습한 토양에서 내음성이 증가한다.

③ 온도(위도): 온도가 높을수록 요구하는 광량은 감소한다. 고위도 지방에서는 나무가 광합성을 위하여 더 높은 광도를 요구하므로 대개 내음성이 약하다.

④ 종자의 크기: 내음성 식물들은 풍부한 에너지와 양분을 갖고 있는 큰 종자를 비교적 적게 생산한다.

보완조림

● 생태보완조림

1 개념

① 벌채 후 1~2년이 지나 자연적으로 나무의 침입이 가능한 지역에서 천연치수, 움싹 등을 보육하고 보완조림이 필요한 지역에서는 실생묘를 식재하는 방법이다.

② 그루터기 및 천연 치수를 조절해 주고, 공간이 생기는 곳은 ha당 500본의 묘목 식재

2 대상지 선정 기준

① 벌채 후 2~3년이 경과되었으나 조림이 되지 않은 임지

② 산불피해지 자연복원 대상지로서 천연치수 보육 및 보완조림이 필요한 임지

③ 과거 조림실패지로서 치수보육과 보완조림이 필요한 임지

④ 과거 맹아갱신지로서 움싹보육과 보완조림이 필요한 임지

3 시업 방법

① 벌근 정리

- 벌채 높이는 가능한 지상 10cm 이하로 낮게 하여 맹아의 원활한 발생을 유도한다.
- 벌채면은 평활하게 약간 북서쪽으로 기울여, 물이 고이지 않도록 하여 근주의 부후를 막고 맹아의 풍해 등에 의한 저항성을 높여준다.

② 움싹 및 천연치수 조절

- 1개 벌근에서 자란 3~5개의 움싹 중 세력이 왕성한 움싹 1~2개를 제외하고 모두 제거한다.
- 자연복원력으로 발생한 천연 치수는 우량치수를 적정 간격으로 유지하고 불량치수는 제거한다.
- 우량치수의 적정 간격: 조림목보다 밀한 ha당 약 8,000본

③ 보완조림

- 대상지에 공간이 있는 경우 천연치수와 같은 수종이나 유사한 수종으로 인공식재하여 어린 나무가 균일하게 유지되도록 한다.
- ha당 기준본수는 500본으로 사업비 기준이나 지역 여건에 따라 가감하여 실행한다.
- 묘목 규격은 천연치수와의 경쟁을 고려하여 상수리 1-1규격 묘목을 식재한다.

친환경 벌채 운영요령

● [시행 2023. 7. 24.] [산림청고시 제2023-60호]

제1조(목적) 이 고시는 「산림자원의 조성 및 관리에 관한 법률 시행규칙」 별표 3 '기준벌기령, 벌채·굴취기준 및 임도 등의 시설기준'에서 산림청장이 정하여 고시하도록 함에 따라 필요한 세부사항을 규정함을 목적으로 한다.

제2조(용어정의) 이 운영요령에서 사용하는 용어의 뜻은 다음 각호와 같다.

1. "친환경 벌채"란 산림의 생태·경관적 기능 등을 유지시키고, 재해영향이 경감 되도록 나무를 베어내는 행위

2. "군상"이란 산림영향권을 고려하여 벌채지 내 나무를 일정 폭 이상의 원형이나 정방형 등으로 존치하는 구역

3. "수림대"란 벌채구역과 벌채구역 사이 또는 벌채지 내에서 띠 형태로 존치하는 구간

4. "산림영향권"이란 실제 벌채되는 지역의 면적 중 벌채로 인한 미세기후 변화에 대응하고, 야생 동·식물 서식 및 산림의 생태·환경적 기능 유지 등 산림으로서의 역할을 수행할 수 있는 군상 또는 수림대의 경계로부터 나무 수고만큼의 면적

5. "벌채구역"이란 실제 벌채되는 지역과 군상, 수림대 또는 단목으로 존치하는 지역을 모두 포함하는 구역

6. "벌채면적"이란 벌채구역 내 실제 벌채되는 지역의 면적(제4항의 산림영향권을 포함한다)

제3조(적용기준) 친환경 벌채 운영요령을 적용하는 기준은 다음 각호와 같다.

1. 벌채 후 존치목을 군상 또는 수림대로 남겨 생태·경관 유지·산림 재해방지 기능을 발휘하도록 실행

2. 「산림자원의 조성 및 관리에 관한 법률 시행규칙」 별표 3 제2호 벌채기준(이하 "벌채기준"이라 한다) 가목 (2) 모두베기, (5) 왜림작업

3. 벌채기준 다목 (2) 불량림의 수종갱신

제4조(군상 또는 수림대의 선정기준)

① 벌채지 내 군상은 현재의 임상과 임분 구조를 대표할 수 있는 지점으로 선정하고, 군상에서는 생물의 종 다양성 유지를 위해 단목 벌채 등 훼손 행위를 금지한다.

② 수림대는 가능한 한 최소 폭 20m 이상으로 벌채구역과 벌채구역 사이 또는 벌채지 내에 설치하며, 8부 능선 이상의 수림대 등 기존의 임분과 연결되도록 한다.

제5조(군상 또는 수림대의 배치방법)

① 군상 또는 수림대의 면적은 벌채기준에 따르고 남기는 면적에는 '지속 가능한 산림자원 관리지침'에서 정한 암석지 등 수확을 위한 벌채금지 구역 및 벌채구역 내 존치하는 면적을 포함할 수 있다.

② 군상은 효율적인 벌채 및 반출 작업을 위해 가급적 원형으로 설치를 권장하며, 1개 군상의 크기는 최소 폭 50m 이상으로 하고 벌채지역 내 고르게 배치한다.

③ 군상 및 수림대의 배치장소는 가능한 산림재해예방 · 산림 생물종 다양성 유지 또는 산림의 생태 · 경관적 기능이 높은 곳에 설치하여야 한다.

④ 군상, 수림대 및 산림영향권의 면적 합계가 벌채구역의 100분의 50 이상이 되도록 수림대 및 군상의 크기와 개소수를 정한다. 다만, 사유림에서 제1항에 따라 군상 또는 수림대를 남긴 경우에는 적용하지 아니한다.

⑤ 군상은 벌채구역 내 1개 이상 설치를 권장한다.

⑥ 군상 및 수림대는 8부 능선, 급경사지, 계곡부, 도로변, 임연부 등에 두는 것을 권장한다.

⑦「산림자원의 조성 및 관리에 관한 법률」제13조에 따라 인가받은 산림경영계획에 따라 5년 동안 벌채면적 합계(연접지 포함)가 5만제곱미터 미만인 경우 벌채기준 가목 (1) (라)를 적용하지 않는다.

제6조 삭제

제7조(친환경 벌채의 실행 전 사전점검)

① 벌채 전 벌채예정지의 희귀 동식물 분포 여부 등을 조사하고, 서식할 경우 보호조치를 마련 후 벌채계획을 수립한다.

② 백두대간 등의 등산로 인근이나 고속도로에서의 조망 등 국민들의 활용이 많고 눈에 잘 드러나는 임지의 벌채는 경관적 · 생태적 요인 등을 충분히 고려하여 벌채계획을 수립해야 한다.

③ 벌채지가 산촌마을과 인접해 있는 경우 마을에서 활용하고 있는 상수원 또는 저수지에 토사유출로 인한 피해가 없도록 사전에 예방조치를 한다.

④ '지속 가능한 산림자원관리 지침'에서 정하고 있는 수확을 위한 벌채금지 구역 등에 포함되는지 여부를 확인하여야 한다.

제8조(벌채작업 및 사후관리)

① 벌채는 남기는 나무에 피해가 발생하지 않도록 하고, 부득이 피해가 발생한 경우 산림 소유자와 벌채 실행자가 협의하여 다시 선정한다.

② 원목 생산 후 남는 조재부산물은 가급적 수집 · 활용하고 임내에 쌓아두는 경우 유실되지 않도록 일정한 방향으로 정리한다.

③ 군상은 생태환경을 고려하여 최대한 존치하고, 병해충목 등이 발생한 경우에 한하여 제한적으로 벌채한다.

④ 수림대 및 군상 내 암석지 · 석력지 등 벌채 불가지를 제외한 지역은 인공조림 등 후계림 조성을 완료한 날로부터 어린나무 가꾸기 단계(지속 가능한 산림자원 관리지침) 후 일부를 벌채할 수 있다.

⑤ 벌채작업 전 · 중 · 후 현장 여건에 맞게 정확한 정보를 제공하고 필요성에 대한 공감대 마련을 위해 현장 입간판 등을 설치할 수 있다.

제9조(벌채의 지도 및 감독)

① 특별자치시장 · 특별자치도지사 · 시장 · 군수 · 구청장 및 국유림관리소장은 허가 전에 군상 및 수림대가 적정하게 배치되었는지와 산림영향권을 확보하였는지 여부를 현지 확인하여야 한다.

② 허가를 받은 자는 벌채 허가 조건을 준수하여야 하며, 위탁 · 대행자에 대해 지도 · 감독을 하여야 한다.

39 산림영향권 분석

● [친환경 벌채운영요령 시행 2023. 7. 24.] [산림청고시 제2023-60호]

1 수림대 및 군상 산림 영향권 분석(예시)

① (조건) 수림대 및 군상의 수고 20미터, 벌채 구역 면적 9.68ha, 군상폭 60미터

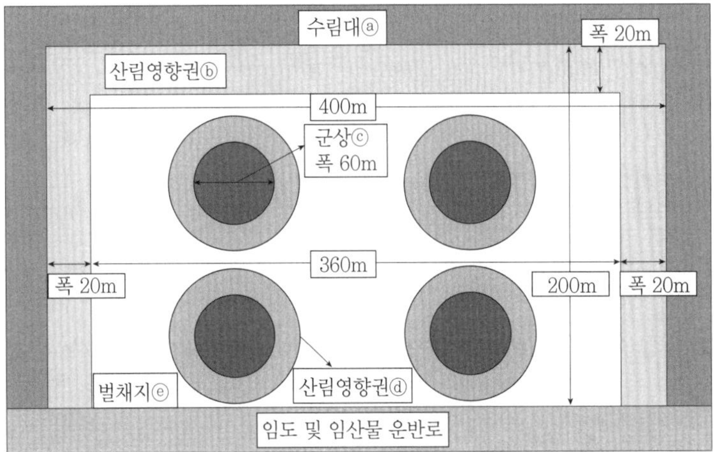

- 벌채구역=a+b+c+d+e

- 벌채면적=b+d+e

2 군상 · 수림대 · 산림영향권 비율 산출 예시(단위 ㎡)

군상 · 수림대 · 산림영향권 비율(%): (군상+수림대+산림영향권) ÷ 벌채구역 면적×100%

① 벌채구역 면적=96,800

② 군상=2,836×4개소=11,304

③ 수림대=16,800

④ 산림영향권 면적: 35,296

    ㉠ 군상 산림영향권 면적=군상을 제외한 군상주변 면적

       = $(7,850 - 2,826 = 5,024) \times 4$개소$= 20,096$

    ㉡ 수림대 산림영향권 면적=수림대를 제외한 수림대 주변 면적

       = $(360 \times 20) + (20 \times 200) \times 2$개$= 15,200$

⑤ 군상 · 수림대 · 산림영향권 비율(%): $(11,304 + 16,800 + 35,296) \div 96,800 \times 100\% = 65.5\%$

    ☞ 비율 충족$(65.5\% \geqq 50\%)$

Chapter
06

산림보호 및 방제

산림병해충 예찰조사

● 산림병해충 방제규정 [시행 2023. 8. 10.] [산림청훈령 제1613호]

제4조(예찰조사)

① 국립산림과학원장은 병해충 발생예보 발령 및 발생전망 등을 판단하기 위하여 매년 고정조사구, 상습발생지 및 선단지 등을 대상으로 예찰조사를 실시하고 다음 각호에 해당하는 경우에는 산림병해충위험평가(이하 "위험평가"라 한다)를 실시한 후 그 결과를 산림청장에게 보고하여야 하며, 예찰·방제기관의 장 등 관계인에게 즉시 통보하여야 한다.

1. 긴급한 방제가 필요한 경우

2. 신규로 발생한 병해충인 경우

3. 급격하게 널리 퍼졌거나 퍼질 우려가 있는 경우

4. 임산물에 중대한 피해를 일으킬 우려가 있다고 인정되는 경우

② 제1항에 따른 보고 및 통보는 해당 병해충의 번식·생육상황, 기상 및 임산물 생육에 관한 상황, 방제 방법 등 발생조사 및 방제에 관한 사항이 포함되어야 한다.

③ 국립산림과학원장이 실시하는 예찰조사에 각 시·도 산림연구기관의 장과 한국임업진흥원장이 상호 협조할 수 있으며, 국립산림과학원장은 다음 각호에 해당하는 병해충에 대한 예찰조사를 각 시·도 산림연구기관 및 한국임업진흥원에 요청할 수 있다.

1. 산림피해가 심해 국가에서 특별히 관리하고 있는 병해충(이하 "주요 병해충"이라 한다)

2. 긴급하게 방제하여야 하는 병해충(이하 "긴급방제병해충"이라 한다)

3. 최근 국내 유입이 확인된 외래종과 국내 분포가 알려지지 않았던 미기록종·신종이 학계에 보도된 병해충(이하 "신규발생병해충"이라 한다)

4. 국외에서 유입 후 산림생태계에 정착·확산하여 피해가 발생하고 있거나 갑자기 대규모로 발생한 병해충(이하 "외래·돌발병해충"이라 한다)

5. 기타 국립산림과학원장이 필요하다고 인정하는 병해충(이하 "기타 병해충"이라 한다)

④ 각 시·도 산림연구기관은 고정조사구 설치내역과 예찰조사 결과를 다음 기간 내에 국립산림과학원장에게 보고하고, 국립산림과학원장은 취합된 결과를 각 시·도 산림연구기관과 한국임업진흥원에 공유하여야 한다. 이 경우 국립산림과학원장은 결과의 취합 및 공유에 대한 사항을 한국임업진흥원장에게 위임할 수 있다.

   1. 고정조사구 설치내역: 신규 또는 변경 설치한 경우 매년 11월 말까지

   2. 예찰조사 결과: 예찰조사 기간 내 월 1회 이상 보고. 다만, 긴급한 방제가 필요하거나 당해연도 산림병해충별 최초 발생에 따라 유관기관의 관심이 필요한 경우 그 사실을 지체 없이 보고하며, 돌발·외래 등 신규 산림병해충의 긴급 발생보고 시 별도의 양식 없이 즉시 보고할 수 있다.

⑤ 국립산림과학원장은 고정조사구를 설치할 경우 설치장소·목적 등을 해당 특별시장·광역시장·도지사·특별자치도지사·특별자치시장(이하 "시·도지사"라 한다.) 및 지방산림청장에게 통지하여야 하며, 시·도지사 및 지방산림청장은 조사 완료 시까지 고정조사구를 보존하여야 한다.

⑥ 제1항에 따른 예찰조사에 관한 사항은 다음 각호와 같다.

   1. 솔잎혹파리 충영형성율 및 천적 조사

   2. 솔껍질깍지벌레 발생상황 및 선단지 조사

   3. 참나무시들음병 발생상황 및 분포 조사

   4. 긴급방제병해충, 신규발생병해충, 외래·돌발병해충에 대한 발생상황 조사

   5. 농림지에 동시 발생하여 피해를 주는 병해충(이하 "농림지 동시 발생 병해충"이라 한다) 발생상황 및 분포 조사

   6. 미국흰불나방 등 기타 병해충의 발생상황 및 분포 조사

제4조의2(위험평가의 대상) 위험평가의 대상은 다음 각호와 같다.

   1. 신규발생병해충의 위험도를 새로 판정하거나 조정하는 경우

   2. 외래·돌발병해충 등 국내에 기 보고된 산림병해충의 위험도를 새로 판정하거나 조정하는 경우

   3. 그밖에 위원장이 필요하다고 판단하는 경우

제4조의5(위험평가의 실시)

① 위험평가는 다음 각호의 항목을 포함하여 실시하여야 한다.

   1. 대상 산림병해충의 외래병해충 여부

   2. 대상 산림병해충의 생리·생태적 특성

   3. 대상 산림병해충으로 인한 예상 피해 정도

   4. 긴급방제 추진의 필요성과 방제 방법

② 제1항에 의한 산림병해충의 위험등급은 별표 1의 산림병해충 위험평가표를 기준으로 계량화된 점수를 산정하고 별표 2의 산림병해충 종합위험도 판정기준에 따라 다음 각호와 같이 판정한다.

   1. 종합평가점수 '높음': '고위험 병해충'

   2. 종합평가점수 '중간': '중위험 병해충'

3. 종합평가점수 '낮음': '저위험 병해충'

4. 경제적 중요성 위험요소 항목 모두가 '가장 높은 점수'로 평가되는 경우 다른 평가 항목의
   평가점수가 낮아도 '고위험 병해충'으로 판정할 수 있다.

5. 경제적 중요성 위험요소 항목 모두가 '가장 낮은 점수'로 평가되는 경우 다른 평가 항목의
   평가점수가 높아도 '저위험 병해충'으로 판정할 수 있다.

6. 병해충의 정보가 부족하여 평가가 제한적인 경우 종합위험도 판정을 유예하되, 경제적 또는
   환경적 위험성이 예상된다면 위험관리방안 수준을 고려하여 종합위험도를 판정할 수 있다.

③ 기존에 평가된 병해충에 대하여 필요시 재평가를 실시할 수 있다.

④ 위원장은 제4조에서 규정한 예찰조사 결과를 위험평가에 반영할 수 있다.

산림병해충 발생예보

● 산림병해충 방제규정 [시행 2023. 8. 10.] [산림청훈령 제1613호]

제6조(병해충 발생예보)

① 국립산림과학원장은 제4조에 따른 예찰조사 결과가 제4조제1항 각호에 해당하는 경우 병해충 발생예보를 발령하여야 한다.

② 제1항에 따른 병해충 발생예보는 발생 규모 · 확산 속도 및 피해 정도 등에 따라 관심 · 주의 · 경계 · 심각 단계로 구분한다.

③ 제2항에 따른 병해충 발생예보의 발령 구분 · 시기 및 방법은 다음과 같다.

1. 발령 구분

가. 관심(Blue)

1) 주요 산림병해충: 솔잎혹파리, 광릉긴나무좀, 미국흰불나방 등 발생 및 우화시기 예측이 가능한 병해충의 사전 예보(예측 시기를 기점으로 2개월 전 발령)

2) 외래 · 돌발병해충: 전년도 발생밀도 및 피해가 2개 이상의 시 · 군 · 구에서 10ha 이상의 피해 발생 또는 월동 · 부화 · 우화시기 예찰 · 모니터링 결과 병해충 대발생 우려

3) 지방자치단체, 소속기관, 유관기관 및 민간신고 등 외래 · 돌발병해충 발생정보 입수

4) 과거에 외래 · 돌발병해충이 발생한 시기, 지역 및 수목(임산물 포함)의 이상 징후

5) 중국 · 일본 등 인접 국가에서 대규모 병해충 발생 및 국내 유입 징후

나. 주의(Yellow)

1) 당해연도에 1개의 시 · 군 · 구에서 20ha 이상 또는 2개 이상의 시 · 군 · 구에서 10ha 이상의 외래 · 돌발병해충 피해 발생

2) 과거에 외래 · 돌발병해충이 발생한 시기, 지역 및 수목(임산물 포함)에서 지역적 규모의 동종 병해충 발생

3) 중국 · 일본 등 인접국가에서 대규모로 발생한 병해충이 국내로 유입

다. 경계(Orange)

1) 외래 · 돌발병해충이 타지역으로 확산하거나(2개 이상의 시 · 군) 50ha 이상의 피해 발생

2) 과거에 외래·돌발병해충이 발생한 시기, 지역 및 수목(임산물 포함)에서 지역적 규모로 발생한 동종 병해충이 타지역으로 전파

3) 중국·일본 등 인접국가에서 대규모로 발생한 병해충이 국내로 유입되어 타지역으로 확산

라. 심각(Red)

1) 외래·돌발병해충이 타지역으로 전파되어 전국적 확산 징후 또는 100ha 이상의 피해 발생

2) 과거에 외래·돌발병해충이 발생한 시기, 지역 및 수목(임산물 포함)에서 지역적 규모로 발생한 동종 병해충이 타지역으로 전파되어 전국적으로 확산 징후

3) 중국·일본 등 인접 국가에서 대규모로 발생한 병해충이 국내로 유입, 타지역으로 전파되어 전국적 확산 징후

4) 병해충 발생 피해로 인하여 해당 수목(임산물 포함)의 수급, 가격 안정 및 수출 등에 중대한 영향을 미칠 징후

2. 발령 시기: 피해 발생 전 또는 발생 초기를 원칙으로 하나 병해충의 종류·발생 규모·확산 속도 및 피해 정도 등에 따라 국립산림과학원장이 판단하여 발령

3. 발령 방법: 공문으로 발령하고 홈페이지에 게시

④ 국립산림과학원장은 장기 기상예보, 전년도 우화상황 분석자료 등을 토대로 당해 연도 최초 우화일, 우화 최성기, 우화 종료일 등에 대한 예찰·조사를 실시 후 자료를 제공하여 적기에 방제할 수 있도록 하여야 한다.

⑤ 지방자치단체의 장 또는 지방산림청장은 국립산림과학원장이 제공하는 자료를 참고하여 방제 일정 및 방제 방법을 조정하여 적절한 방제를 실시하여야 한다.

⑥ 국립산림과학원장은 제1항에 따라 병해충 발생예보를 발령한 때는 그 내용을 산림청장에게 즉시 보고하여야 한다.

제7조(발생조사)

① 예찰·방제기관의 장은 별표 3의 병해충별 발생조사 시기에 별표 4의 발생밀도 조사요령에 따라 병해충별·지역별·피해도별로 관할구역 안의 병해충 발생조사를 실시하고 그 결과를 국립산림과학원장에게 매분기말 기준으로 다음 달 10일까지 보고하여야 하며, 국립산림과학원장은 발생조사 결과의 취합 및 공유에 대한 사항을 한국임업진흥원장에게 위임할 수 있다. 다만, 산림청장의 요청이 있는 경우 또는 제6조에 따른 주의단계 이상의 발생예보가 발령된 경우 시장, 군수, 구청장, 국유림관리소장, 한국임업진흥원장이 상호 협조하여 즉시 발생조사를 할 수 있다.

② 시장·군수·구청장 또는 국유림관리소장이 제1항에 따라 발생조사를 하는 경우에는 다음 각호의 사항을 참고하여야 한다.

　　1. 병해충 발생예보 발령 내용

　　2. 과거 병해충 발생상황 및 방제실적

　　3. 산림 소유자 또는 주민의 발생 제보

　　4. 신문·방송의 보도 내용 등

③ 발생조사는 다음 각호의 지역으로 구분하여 실시한다.

　　1. 특별방제구역: 법 제27조에 따라 산림청장이 산림병해충의 확산을 방지하기 위하여 긴급하게 예찰·방제가 필요한 지역으로 지정한 구역

　　2. 중점관리지역: 국립공원·명승지·유적지·관광지·공원·유원지 및 고속국도·일반국도·철도 주변 등 경관의 보호가 필요한 지역

　　3. 주요지역: 병해충별 선단지, 송이 등 주요임산물 생산지·산림유전자원보호구역·채종림·우량소나무림 등 자원의 보호가 필요한 지역

　　4. 일반지역: 특별방제구역, 중점관리지역 및 주요지역 이외의 지역

● 산림병해충 방제규정 [시행 2023. 8. 10.] [산림청훈령 제1613호]

제8조(직접방제) 법 제24조에 따라 방제명령을 받은 산림 소유자가 방제를 실시하여야 하나 다음 각호의 경우에는 산림청장 또는 예찰·방제기관의 장이 직접방제를 할 수 있다.

1. 방제명령을 받은 자가 방제명령을 이행하지 않거나 소홀히 하는 경우

2. 산림 소유자의 소재 파악이 불가능한 경우

3. 산림 소유자가 방제능력이 없다고 판단될 경우

4. 다른 지역으로 확산될 우려가 있어 긴급히 방제가 필요한 경우

5. 기타 직접방제를 하는 것이 타당하다고 인정되는 경우

제9조(공동방제)

① 산림청장 또는 예찰·방제기관의 장은 다음 각호의 경우에는 관계 행정기관의 장, 지방자치단체의 장, 산림청 소속 기관의 장, 기타 공공기관 및 공공단체의 장 등과 협력을 통해 공동방제를 실시할 수 있다.

1. 시·도 또는 국·공유림과 사유림 간에 걸쳐서 발생한 경우

2. 백두대간보호지역, 문화재보호구역, 산림유전자원보호구역, 국립공원구역 등 보존가치가 큰 산림으로 확산될 우려가 높은 경우

3. 방제지역의 작업인력이 일시적으로 부족하거나 방제기간이 촉박하여 방제효과가 현저히 낮을 우려가 있는 경우

4. 군사시설보호구역 및 국가 중요 청사시설 등 국가 주요시설 지역

5. 관계 행정기관의 장 또는 지방자치단체의 장 등이 요청한 경우

6. 그밖에 병해충 피해가 심하여 공공의 이해에 미치는 영향이 크다고 인정하는 경우

② 제1항에 따른 공동방제를 위하여 필요한 경우 관계 기관 및 단체 등의 장과 공동방제협의체를 구성하고 다음 각호에 대한 협조체계를 구축할 수 있다.

1. 피해지 조사 및 긴급방제에 필요한 인력 지원
2. 발생상황 공유 및 합동예찰 등 공동 대응
3. 이동제한 단속초소 설치 및 합동 단속을 위한 협조
4. 농림축산식품부, 국토교통부, 환경부, 보건복지부, 국방부, 문화재청 등 타부처 예산 활용
5. 유관기관과의 원활한 협조체계 구축을 위한 실무 협의
6. 기타 소관이 다른 지역에 대한 원활한 방제를 위한 협력

방제계획 수립·조사

● 산림병해충 방제규정 [시행 2023. 8. 10.] [산림청훈령 제1613호]

제2절 방제계획 수립 및 대상목 조사

제10조(방제계획의 수립)

① 예찰·방제기관의 장은 제7조에 따른 발생조사 결과에 따라 다음 각호의 내용을 포함한 병해충별 방제계획(이하 "방제계획"이라 한다)을 수립하여야 한다.

　1. 지역 및 병해충 특성에 맞는 방제의 기본 방향

　2. 방제 대상 지역 및 일정

　3. 방제 대상 병해충의 종류

　4. 구체적인 방제의 내용과 그밖에 방제에 필요한 사항

② 시·도지사 또는 지방산림청장은 제1항에 따른 방제계획을 발생 규모·대상지역 및 인력 동원능력 등을 감안하여 조정할 수 있다.

③ 주요 병해충의 방제계획을 수립할 때는 다음 각호의 기준에 따라 병해충별, 방제 지역별로 구분하여 방제계획을 수립하여야 한다.

　1. 생태적으로 건강하고 지속 가능한 산림경영이 이루어지도록 할 것

　2. 사람이나 환경에 미치는 영향이 적은 방제 방법을 적용할 것

　3. 산림병해충의 생태를 이해하고, 적기에 적절한 방제 방법을 적용할 것

　4. 발생한 산림병해충에 효과적이며 적용가능한 약제를 선택하고, 「산림병해충 방제 농약등의 안전사용지침」을 준수할 것

제11조(조사의 기본 원칙)

① 방제 대상목 조사는 전수조사를 원칙으로 한다. 다만, 다음 각호의 경우에는 표준지조사를 할 수 있다.

　1. 해당 임분 전체에 나무주사 등 방제사업을 실행하는 경우

　2. 임업적 방제를 하는 경우

　3. 긴급히 방제를 하여야 하는 경우 등 전수조사를 할 시간적 여유가 없는 경우

② 전수조사한 피해고사목 등에 대해서는 GPS 좌표(GRS80, 중부원점 기준)를 취득하여 설계·시행 등에 활용하고 "산림병해충통합관리시스템(이하 "통합관리시스템"이라 한다)"에 등록 관리하여야 한다. 다만, 표준지조사를 하는 경우에는 사업 완료 후에 피해고사목 등에 대한 GPS 좌표를 취득하여 등록 관리할 수 있다.

제12조(방제 대상목 조사 방법)

① 방제 대상목 조사는 다음과 같은 방법으로 실시한다.

1. 방제 대상목을 가슴높이지름 2센티미터 괄약으로 측정하여 이를 야장에 기록

2. 작업량 산정·약제량 산정 등을 위하여 수고조사가 필요한 경우에는 제14조에 따라 수고를 측정

3. 임업적 방제(모두베기 및 소구역모두베기는 제외)를 하는 경우에는 벌채 대상목 또는 존치대상목에 대한 선목을 하고 사업을 실행. 다만, 긴급방제를 하는 경우에는 선목과 방제를 동시에 실행 가능

4. 벌채 대상목 선목은 가슴높이지름이 10센티미터 이상인 나무를 대상으로 할 것

5. 기타 본 규정에서 정하지 않은 선목의 자격, 선목의 내용 등은 「숲 가꾸기 설계·감리 및 사업 시행 지침(훈령)」을 적용

② 임업적 방제 등 벌채를 수반하는 방제를 하는 경우에는 「국유임산물 매각예정가격 사정기준 등 시행요령(예규)」을 준용하여 면적·재적·조재율·품등 조사를 하여야 한다.

③ 제거 대상 피해목 등에 대하여는 다음 각호의 기준에 따라 표시하여야 한다.

1. 제거 대상 피해목 등 벌채 대상목은 적색 임업용 마킹테이프 또는 친환경성 수성페인트로 표시[별지 제1호서식]

2. 벌채를 하지 않는 롤트랩 설치목 등은 황색 임업용 마킹테이프 또는 친환경성 수성페인트로 표시

3. 방제구역 등 경계표시는 흰색 임업용 마킹테이프 또는 친환경성 수성페인트로 표시

제13조(표준지조사)

① 표준지 조사비율은 사업대상지 면적의 1%를 기준으로 한다. 다만, 사업대상지가 분산되어 있는 경우 또는 모두베기를 하는 경우에는 2%까지 적용할 수 있다.

② 표준지의 크기 및 조사 방법 등은 다음과 같다.

1. 표준지 크기는 개소 당 200제곱미터~400제곱미터(10미터×20미터, 20미터×20미터 사각형 또는 반지름 8.0미터, 11.3미터 원형 표준지)로 한다.

2. 표준지는 사업대상지를 표시한 지형도상에서 최대 200미터×200미터 격자상의 교차점에서 400제곱미터의 표준지를 일정 간격으로 교차점에 배치. 다만, 격자의 간격이나 표준지의 간격은 임지상태에 따라 조정 가능

3. 일정 격자의 교차점에서 표준지 배치가 불가능할 경우에는 상하좌우 50미터 범위 내에서 표준지 위치를 조정할 수 있으며, 사업대상지가 작은 면적으로 분산되거나 임상이 다를 경우에는 그 임분의 표준이 되는 곳에 표준지를 배치하고 GPS를 이용하여 좌표를 기록

제14조(수고조사)

① 벌채를 수반하는 방제를 하는 경우에는 수고조사를 실시하여야 한다. 다만, 벌채 대상목의 나무 종류별 수량이 100세제곱미터 이하인 경우(직영벌채는 300세제곱미터 이하인 경우)에는 수고조사를 생략하고 유사임분에 대한 과거의 사례, 기타 매각실적 등을 감안하여 결정할 수 있다.

② 수고조사 대상목은 벌채 구역 내(표준지조사를 하는 경우에는 표준지 내로 한다)에서 입목의 생육상황 등 입지 여건을 감안하여 고루 선정하여 벌채 대상목의 경급별로 각각 3본 이상을 측정하여 수고곡선을 작성하고, 벌채 대상목의 경급별 평균 수고를 결정하여야 한다.

③ 제1항의 규정에도 불구하고 벌채 대상목의 수량이 적은 경우라도 수고조사를 필요로 할 때는 매목측정을 하여야 한다.

제15조(감리 표준지조사) 표준지 조사비율은 사업대상지 면적의 0.5% 이상으로 하며 표준지의 크기 및 조사 방법 등은 제13조제2항에 따른다.

방제사업 설계·감리

● 산림병해충 방제규정 [시행 2023. 8. 10.] [산림청훈령 제1613호]

제3절 설계

제16조(설계 · 감리의 시행)

① 방제사업의 설계 · 감리는 법 제26조제2항 및 시행령 제16조제2항에 해당하는 자가 하여야 한다. 다만, 산림병해충방제 업무 담당 공무원이 직접 설계 · 감리를 하는 경우에는 예외로 한다.

② 발주자는 동일 사업대상지에 대하여 종합적인 산림병해충 관리를 위해 벌채 · 훈증, 약제 살포, 임업적 방제, 나무주사 등 방제시기가 다른 다양한 방제 방법을 적용하여야 하는 경우라도 전체 방제사업을 일괄하여 설계할 수 있다.

③ 발주자는 방제사업의 효율성 제고를 위하여 설계자와 감리자를 동일인으로 선정할 수 있다.

④ 발주자는 사업시행자를 선정할 때, 어떠한 경우라도 설계자나 감리자를 사업시행자로 선정하여서는 아니 된다.

제17조(사업계획)

① 발주자는「숲 가꾸기 설계 · 감리 및 사업시행 지침」별지 제1호서식 내지 별지 제5호서식을 참고하여 사업명, 사업개요(위치, 사업규모, 사업기간, 사업비 등), 임상, 방제연혁, 사업대상지 목록, 작업구역도 등을 포함하는 산림병해충방제 사업계획을 수립하여야 한다.

② 발주자는 해당 방제사업의 특성상 필요하다고 인정하는 경우에는 기본설계에 반영될 내용을 포함하여 사업계획을 수립할 수 있다.

제18조(표준품셈) 방제사업에 필요한 설계 · 감리의 용역비는「산림기술용역 대가 기준」을 적용하고, 사업시행에 필요한 비용 등은 별표 5의 "산림병해충 방제사업 표준품셈"을 적용한다.

제19조(기본설계)

① 발주자는 제17조의 규정에 의한 사업계획 등을 반영하여 기본설계를 하여야 한다. 다만, 다음 각호의 어느 하나에 해당하는 경우에는 기본설계를 하지 아니할 수 있다.

  1. 기본설계에 포함될 내용을 포함하여 사업계획을 작성하였을 경우

  2.「산림보호법 시행규칙」(이하 "시행규칙"이라 한다) 제23조제1항 단서의 조항에 따라 기본설계의 내용을 포함하여 실시설계를 하는 경우

3. 관리기관이 직영으로 설계 · 감리 · 사업시행 등을 하는 경우

4. 긴급방제 등 신속한 방제가 필요한 경우

② 시행규칙 제23조제2항제4호에서 "그밖에 방제사업 기본설계에 필요한 사항"이란 다음 각호의
사항을 말한다.

1. 산림병해충 피해상황

2. 사업대상지의 입지 조건(기반 시설, 경사도, 작업여건 등)

3. 방제 방법

4. 방제산물 처리방안(벌채를 수반하는 경우에 한한다)

5. 개략적인 사업비

6. 그 밖의 방제를 위하여 필요한 사항

제20조(실시설계)

① 발주자는 제19조에 따른 기본설계 등을 기반으로 실시설계를 하여야 한다. 다만, 시행규칙 제23
조제1항 단서의 조항에 따라 기본설계를 따로 작성할 필요가 없다고 인정하는 경우에는 기본설
계의 내용을 포함하여 실시설계를 할 수 있다.

② 시행규칙 제23조제3항제5호에서 "그밖에 방제사업 추진에 필요한 사항"이란 다음 각호의 사항
을 말한다.

1. 방제 방법별 경계구역

2. 작업 방법별 작업장 구획

3. 작업로 배치

4. 운재로 설치 및 산물수집 평면도 작성(방제산물을 수집하는 경우에 한한다)

5. 그 밖의 방제를 위하여 필요한 사항

세21조(책임기술자)

① 책임기술자는 실시설계 계약에서 규정된 업무를 관련 법규에 따라 총괄 · 수행하여야 한다.

② 책임기술자는 감독자와 협의하여 방제사업이 효율적으로 실행될 수 있도록 적절한 방안을 마련
하여 실시설계도서에 반영하여야 한다.

제22조(실시설계의 확정 · 변경)

① 실시설계자는 실시설계가 완료되기 전에 감리자 또는 감독자의 사전 의견을 검토 후 이를 설계
에 반영하여 확정하여야 한다.

② 사업실행 과정에서 피해목 또는 피해고사목이 추가 발생하는 등 사업량 증감이 발생한 경우,
방제사업장과 설계가 상이한 경우 등 사업실행 중 설계를 변경하는 경우에는「국가를 당사자로
하는 계약에 관한 법률」및「지방자치단체를 당사자로 하는 계약에 관한 법률」과 계약 조건 등에
따라 변경하여야 한다.

제4절 감리

제23조(감리의 시기)

① 발주자는 실시설계 내용을 사전 검토할 수 있도록 실시설계 용역 완료 전에 감리자를 선정하여야 한다. 다만, 50만제곱미터 미만의 방제사업을 하는 경우에는 시행령 제16조 및 「산림기술 진흥 및 관리에 관한 법률 시행령」 제13조제1항제1호다목에 따라 감리자를 선정하지 아니할 수 있다.

② 제1항의 규정에도 불구하고 다음 각호의 어느 하나에 해당하는 경우에는 방제사업을 발주하기 전에 감리용역 계약을 체결하고, 감리자로부터 실시설계도서에 대한 검토의견을 제출받아 필요한 조치를 할 수 있다.

　1. 전년도에 실시설계를 완료한 경우

　2. 직영으로 설계·방제를 하는 경우

　3. 긴급방제를 위해 선목과 방제를 동시에 하는 경우

　4. 긴급방제를 위해 부득이 실시설계를 완료한 후 감리용역 계약을 체결하는 경우

제24조(감리원)

① 감리자는 「산림기술 진흥 및 관리에 관한 법률 시행령」 제10조제1항 [별표 3]에 따라 배치하는 감리원에 대하여 해당 업무를 수행할 수 있는 자격을 갖춘 자로 선정하여 발주자에게 보고하여야 한다.

② 감리원은 법이나 그밖에 관계 법령을 위반한 사항을 발견하거나 사업시행자가 설계대로 방제사업을 하지 아니한 경우에는 사업시행자에게 시정하거나 재시공하도록 요구하여야 하며, 방제사업의 품질이 불량하거나 안전상 필요하다고 판단되는 경우에는 사업시행자에게 현장대리인 및 작업원의 재교육 또는 교체를 요구할 수 있다.

③ 제2항에 따른 감리원의 요구사항에 대하여 사업시행자가 적절한 조치를 취하지 않을 경우에 책임은 사업시행자에게 있으며, 감리원은 감독자에게 즉시 보고하여 필요한 조치를 취하여야 한다.

제25조(감리원의 업무범위 등)

① 감리원의 업무범위는 다음 각호와 같다.

　1. 실시설계 내용의 사전 검토

　2. 실시설계 내용의 현장 조건 적합성 등의 사전 검토

　3. 선목의 적정성 확인

　4. 작업계획, 작업원 운영계획의 검토 및 공정관리

　5. 방제약제의 적정성 등 사용 자재의 적합성 검토

　6. 산물처리의 적정성 확인

　7. 설계변경에 관한 사항 검토

　8. 재해방지 및 작업장관리 지도

9. 안전관리계획의 검토 · 확인 및 안전관리 지도

10. 방제 방법별 방제 적정성 검사 및 예비준공검사

11. 발주자가 용역 계약 또는 현장 점검 시 요구한 사항

12. 그밖에 방제사업의 질적 향상을 위하여 필요한 사항

② 감리원은 현지출장 시기 및 횟수는 계약 조건에 따르되 방제사업장의 사전조사, 교육, 선목의 적정성 확인, 작업 중인 방제지 확인, 예비준공검사 등은 필히 현지 출장하여 확인하여야 한다.

방제사업 실행

● 산림병해충 방제규정 [시행 2023. 8. 10.] [산림청훈령 제1613호]

제5절 사업 실행

제26조(사업시행자의 선정 및 계약의 방법)

① 발주자는 「산림자원의 조성 및 관리에 관한 법률」 제23조, 제23조의2, 제24조에 따라 병해충 방제사업을 적정하게 할 수 있는 자를 사업시행자로 선정하여야 한다.

② 계약은 공개경쟁을 원칙으로 하되 「국가를 당사자로 하는 계약에 관한 법률 시행령」 제26조제1항 및 「지방자치단체를 당사자로 하는 계약에 관한 법률 시행령」 제25조제1항에 따라 수의계약을 할 수 있다.

제27조(현장대리인)

① 현장대리인은 「산림기술의 진흥 및 관리에 관한 법률 시행령」 제10조제1항 [별표 3] 또는 「산림보호법 시행령」 제12조의9제1항 [별표 1의6]의 자격요건을 갖추고 사업시행자에 소속된 기술자 중에 다음 각호의 어느 하나에 해당하는 자를 선임하여 이를 발주자에게 보고하여야 한다.

1. 기술초급 이상 산림경영기술자

2. 해당 업무 실무경력이 2년 이상인 기능2급 이상 산림경영기술자(국유림만 해당한다)

3. 나무의사 또는 해당 업무 실무경력이 2년 이상인 수목치료기술자(나무병원만 해당한다)

② 현장대리인은 하나의 사업장에 1인의 현장대리인을 두는 것을 원칙으로 한다. 다만, 다음 각호에 해당하는 경우에는 발주자의 승인을 받아 사업의 품질 및 안전에 지장이 없고 600ha를 초과하지 않는 범위 내에서 3개 이내의 사업장을 통합하여 1인의 현장대리인을 배치할 수 있다.

1. 사업장이 동일 특별시·광역시에 위치하는 경우

2. 사업장이 동일 시·군에 위치하는 경우

3. 사업장이 제주특별자치도에 위치하는 경우

③ 현장대리인으로 임명된 자는 방제사업 실행 전반에 대하여 기본설계, 실시설계도서 및 계약사항에 따라 작업을 성실히 수행하여야 한다.

④ 현장대리인은 현장에 상주하여야 하고, 부득이 작업현장을 이탈하고자 하는 경우에는 감리원 또는 감독자의 승인을 받아야 하며, 제2항 단서의 조항에 따라 1인의 현장대리인이 복수의 사업장에 배치된 경우 현장대리인은 사업장 간 이동 시 안전사고 등 방제사업 현장관리에 필요한 조치를 취하여야 한다.

⑤ 방제사업 실행 시 발생하는 모든 사고, 피해 및 하자는 사업시행자가 부담하여 처리하여야 한다.

제28조(작업원)

① 솎아베기 및 소구역골라베기로 실행하는 산림병해충방제 사업은 전체 작업인원의 50% 이상이 산림경영기술자 기능2급 이상이어야 한다. 다만, 산주, 독림가와 임업후계자가 직접 실행하는 솎아베기 및 소구역골라베기로 실행하는 산림병해충방제 사업은 산림경영기술자 기능2급 이상인 자가 전체 작업인원 중 30% 이상이어야 한다.

② 제1항에 따른 산림경영기술자 기능2급 이상의 참여 비율은 감독자와 감리원의 확인을 받아 세부 작업공정 및 작업 기간별로 구분하여 적용할 수 있다.

③ 감독자와 감리원은 제1항에 따른 작업원의 적정성 여부를 수시로 점검하여야 한다.

④ 사업시행자는 작업원 인적사항과 자격정보를 확인할 수 있도록 방제사업 착수 및 작업원 변경 시에는 그 내용을 즉시 제출하여야 한다.

⑤ 감독자는 사업 착수 및 작업원 교체 시에 현장대리인, 작업원의 인적사항과 자격정보를 산림병해충 방제사업 작업원 관리 전산시스템에 등록하여 타지역 사업장과의 이중등록 여부 및 자격정보를 확인하여야 한다.

제29조(관련서류)

① 사업시행자는 방제사업을 착수하기 전에 다음 각호의 사업착수 관련 서류를 감리자에게 제출하여 사전 검토를 받은 후 감독자를 경유하여 발주자에게 제출하여야 하며, 감리자는 사업시행자가 제출한 사업착수 관련 서류의 적정성 여부를 검토하여 5일 이내에 발주자에게 보고하여야 한다.

  1. 착수계: 별지 제2호서식

  2. 장비 · 인력 투입계획 등 작업계획서: 별지 제3호서식

  3. 현장대리인 선임 및 재직증명, 작업원의 명단 및 자격증명 등 작업원 운영계획서: 별지 제4호서식

  4. 안전관리책임자의 선임, 안전관리 조직 편성, 안전관리비사용계획, 정기안전 점검계획, 사고 발생 시 처리계획 및 자격증명 등 안전관리계획서: 별지 제5호서식

  5. 그밖에 발주기관이 요구하는 사항

② 사업시행자는 방제사업 실행 중 제출한 제1항제2호 내지 제4호의 내용 변경이 있는 경우에는 변경사항과 사유를 감리원과 감독자를 경유하여 발주자에게 제출하여야 한다.

③ 사업시행자는 방제사업 실행이 완료된 후에 다음 각호의 사업 완료 관련 서류를 감리자에게 제출하여 검토·확인을 받은 후 감독자를 경유하여 발주자에게 제출하여야 한다.

　1. 완료계: 별지 제6호서식

　2. 사업완료 검사신청서: 별지 제7호서식

　3. 그밖에 발주기관의 장이 요구하는 사항

제30조(일정관리)

① 사업시행자는 계약서에 명기된 기간 내에 작업을 완료하기 위하여 작업계획서에 따라 사업을 실행하여야 한다.

② 사업시행자는 천재지변 등으로 인하여 계약기간 연장이 필요할 때는 수정된 사업실행예정표, 연기사유 등을 첨부하여 감리원의 검토·확인을 받은 후 감독자를 경유하여 발주자에게 서면으로 계약기간 연장을 신청할 수 있으며, 감리원은 사업시행자가 계약기간 연장신청을 할 경우에는 이의 타당성을 검토·확인하고 검토의견서를 작성하여 발주자에게 제출하여야 한다.

③ 감독자 및 감리원은 각 세부공정별 주요 업무, 기술력을 요구하는 공정, 하자 발생이 우려되는 공정 등에 대하여 수시로 점검을 하여야 한다.

제31조(품질관리)

① 사업시행자는 설계상의 대상면적과 사업량이 현장과 차이가 생길 경우에는 감리원과 합동으로 현장 확인·검토를 하여야 한다.

② 제1항의 규정에 따른 현장 확인·검토 결과는 감독자에게 지체 없이 보고하고 감독자의 지시에 따라 설계변경 등의 조치를 취하여야 한다.

③ 방제사업이 부실하여 감독자 또는 감리원이 재작업을 지시할 경우에 사업시행자는 지시 내용에 따라야 하며, 감리원은 작업결과를 확인하고 지적사항의 이행 여부를 감독자에게 보고하여야 한다.

④ 사업시행자는 작업과정을 동일한 장소에서 전·중·후 및 원·근경으로 촬영한 사진을 제출하여야 한다.

⑤ 사업시행자는 별지 제8호서식에 따라 작업일지를 기록하고 감리원 및 감독자가 요구할 경우 제출하여야 한다.

제32조(안전관리)

① 작업원의 안전에 관한 모든 법규의 운영과 적용은 사업시행자의 책임하에 이루어지고 작업원의 모든 행위에 대한 책임은 사업시행자가 진다.

② 사업시행자는 「산림기술 진흥 및 관리에 관한 법률」 제26조 및 같은 법 시행령 제16조에 의해 발주자 또는 관리기관에 제출하여 승인받은 안전관리계획서에 따라 다음의 각호를 포함하여 관련 법규에 따라 안전관리에 관한 조치를 하여야 하며, 안전교육을 실시한 경우 별지 제9호서식에 따라 안전교육일지에 기록·비치하여야 한다.

1. 작업원 등 작업장에 들어가는 자에 대한 안전장비 착용 여부의 확인

2. 유류, 체인톱 등 각종 위험물의 사용법 교육

3. 「농약관리법」에 따른 약제의 안전관리기준 및 취급제한기준에 대한 교육(약제를 사용하는 경우에 한한다)

4. 안전사고 예방을 위하여 통행자 또는 작업원의 작업장 내의 이동에 관한 교육 또는 호루라기 등의 소지 여부 점검

5. 구급낭 등 응급조치에 필요한 약제 비치

6. 그 밖의 안전관리에 필요한 사항이나 계약에서 명시된 사항

③ 사업시행자는 방제사업의 안전사고 예방, 주변 지역의 피해 방지 등을 위하여 다음 각호의 조치를 하여야 한다.

1. 방제 작업장 내 또는 인근지역을 차량 및 사람이 안전하게 통행할 수 있도록 사업실행 기간 중에 간이 입간판을 설치할 것

2. 약제를 살포하는 경우에는 사전에 약제사용 목적, 사용일자, 방제지역, 방제면적, 사용약제를 기재한 현수막을 등산로 입구 등 식별이 용이한 곳에 설치할 것

3. 다음의 지역에서 발생하는 방제산물은 우선적으로 최대한 수집하여 활용하거나 안전한 구역으로 이동하여야 한다.

　　가. 폭 3미터 이상 계곡부로부터 계곡부 홍수위 폭 만큼의 거리 이내 지역

　　나. 호소 등 수변부의 만수위와 하천의 홍수위로부터 30미터 이내 지역 또는 산물이 유입될 수 있는 집수유역 안의 지역

　　다. 도로 · 임도 · 농경지 · 택지로부터 30미터 이내 지역

　　라. 소나무류 반출금지구역 내의 소나무류 벌채산물은 전량 방제 처리

④ 사업시행자는 산재보험 등 보험가입내역, 안전관리비 사용내역서와 안전 점검표, 안전교육일지 등을 작성 · 보관하여야 한다.

⑤ 사업시행자는 사업실행 중에 일어나는 모든 안전사고를 감리원과 감독자에게 즉시 보고하고 필요한 조치를 하여야 한다.

제33조(재해방지) 사업시행자는 작업 기간 중 다음 각호의 재해방지 활동을 성실하게 수행하여야 한다.

1. 작업장과 그 주변 산림에 대한 산불예방 활동을 철저히 하고 산불 발생 시에는 진화에 적극 참여

2. 작업장에 인접해 있는 수리시설 및 농작물에 지장이 없도록 사업을 실행

3. 방제산물을 수집하기 위하여 시설한 작업로 등이 산사태와 침식이 발생하지 않도록 배수시설 등 피해예방 조치

제34조(작업장 관리) 사업시행자는 작업이 완료되었을 경우 완료검사 이전에 다음의 각호에 대하여 적절한 조치를 하여야 한다.

1. 임도 등 도로(작업을 위해 개설한 작업로 포함) 및 등산로 등은 이용에 지장을 주지 않도록 산물을 정리

2. 작업 중 발생한 폐유·폐자재 및 기자재는 전량 수거하여 적법한 처리 절차를 통해 폐기 등의 처분

3. 작업장 주변에 훼손된 산림보호 홍보물, 현수막 등 철거가 필요한 것은 수거하여 처리

4. 작업장 내 묘지 주변은 방제 산물로 인하여 피해가 발생하지 않도록 정리

5. 그밖에 감리원, 감독자 등의 지시사항과 사업실행으로 인하여 제기된 민원에 대하여 필요한 조치

방제사업 사업 완료

● 산림병해충 방제규정 [시행 2023. 8. 10.] [산림청훈령 제1613호]

제6절 사업 완료

제35조(실시설계 용역의 완료)

① 실시설계자는 감리원의 실시설계 사전검토를 위하여 계약기간의 90퍼센트 이전까지 설계를 완료하고 문서로 감리원과 감독자에게 사전검토를 요청하여야 한다.

② 감리원은 실시설계자로부터 실시설계의 작성 완료를 통보받았을 경우에는 별지 제10호서식에 따라 실시설계 사전검토 보고서를 작성하여 발주자에게 제출하여야 한다.

③ 발주자는 감리원의 실시설계 사전검토 보고서를 참고하여 필요할 경우 실시설계자로 하여금 실시설계도서의 보완을 요구할 수 있다. 실시설계자는 발주자가 요구하는 사항을 실시설계에 반영하여야 한다.

④ 실시설계자는 실시설계가 완료되었을 경우에는 다음 각호의 사항이 포함된 실시설계도서와 이를 포함한 전자기록매체, 용역계약 시 과업지시 사항 등을 발주자에게 제출하여 완료검사를 받아야 한다.

　1. 설계 설명서

　2. 시방서

　3. 작업지시도

　4. 표준지 배치도

　5. 예정공정표

　6. 사업비 원가계산서

　7. 설계내역서

　8. 단가산출서

　9. 자재내역서, 일위대가표, 산출기초조사서 등 첨부자료

　10. 그밖에 발주자가 용역 계약 시 요구한 사항

⑤ 실시설계자는 발주자가 요청할 경우 사업시행자와 감리원을 대상으로 실시설계의 방향, 작업요령, 작업 시 주의사항 등에 관한 교육과 현장설명을 하여야 한다.

제36조(사업실행 완료)

① 사업시행자는 감리원의 방제확인검사(훈증 등 전수조사법을 적용하는 방제사업의 예비검사를 말한다) 또는 예비준공검사(임업적 방제, 나무주사 등 표준지조사법을 적용하는 방제사업의 예비검사를 말한다)를 위하여 계약기간의 90퍼센트 이전까지 작업을 완료하고 문서로 방제확인검사 또는 예비준공검사(이하 "예비준공검사 등"이라 한다)를 감리원과 감독자에게 요청하여야 한다.

② 제1항의 규정에도 불구하고 여러 가지 방제 방법을 적용하는 방제사업의 경우로써 방제 방법별로 기성검사를 하여야 하는 경우에는 방제 방법별로 작업을 완료한 때에 지체 없이 문서로 예비준공검사 등을 요청하여야 한다.

③ 감리원은 사업시행자로부터 예비준공검사 등을 요청받았을 경우에는 예비준공검사 등을 실시하고 그 결과에 대해 예비준공(방제확인)검사 결과보고서를 작성하여 발주자에게 제출하여야 한다.

④ 발주자는 예비준공(방제확인)검사 결과보고서를 참고하여 필요할 경우에는 사업시행자로 하여금 시정·보완하도록 조치하여야 한다.

⑤ 사업시행자는 제4항에 따라 필요한 조치를 완료한 후에 관련서류와 이를 포함한 전자기록매체, 용역계약 시 발주자가 요구한 사항 등을 발주자에게 제출하고, 완료검사를 받아야 한다.

⑥ 발주자 및 감리원은 작업완료 예정일 이전에 작업이 완료되었을 경우 사업실행 적합성과 작업원 투입량, 작업시간 또는 숙련도 등을 감안하여 작업완료 예정일 이전이라도 준공할 수 있다.

제37조(감리 용역의 완료)

① 감리원은 감리가 완료되었을 경우에는 다음 각호의 서류와 이를 포함한 전자기록매체, 용역계약 시 발주자 또는 관리기관이 요구한 사항 등을 포함하여 최종감리완료보고서를 발주자에게 제출하여야 한다.

1. 실시설계 사전검토 보고서: 별지 제10호서식

2. 선목검토 보고서: 별지 제11호서식

3. 중간감리 보고서: 별지 제12호서식

4. 감리일지: 별지 제13호서식

5. 예비준공(방제확인)검사 결과보고서: 별지 제14호서식

6. 필지별 실행내역: 별지 제15호서식

7. 지번별 사업실행 조사표: 별지 제16호서식

8. 감리완료 보고서: 별지 제17호서식

9. 지번별 작업확인 조서: 별지 제18호서식

10. 감리표준지 조사보고서: 별지 제19호서식

11. 그밖에 발주자 또는 관리기관이 용역 계약 시 요구한 사항

② 발주자는 용역계약서 및 과업지시서 등에 따라 감리용역이 이행되었는지를 확인하고 준공하여야
한다.

제38조(사업실적 통계 관리)

① 산림청장은 산림병해충 발생 및 방제상황의 효율적인 통계 관리를 위하여 통합관리시스템을
운영·관리하여야 한다.

② 예찰·방제기관의 장은 다음 각호의 항목에 대하여 통합관리시스템에 분기별로 입력하여야
한다. 이때 실적입력 기한은 매분기말 기준으로 익월 5일까지로 한다.

　1. 솔잎혹파리 발생조사 및 방제실적

　2. 솔껍질깍지벌레 발생조사 및 방제실적

　3. 참나무시들음병 발생조사 및 방제실적

　4. 기타 병해충 발생조사 및 방제실적

③ 산림청장은 통합관리시스템의 운영 및 관리를 한국임업진흥원장에 위임할 수 있다.

방제 방법

● 산림병해충 방제규정 [시행 2023. 8. 10.] [산림청훈령 제1613호]

제1절 방제 일반

제39조(방제 방법의 구분) 병해충 방제는 다음 각호와 같이 임업적 방제, 화학적 방제, 친환경 방제, 기계 · 물리적 방제로 구분한다.

1. 임업적 방제

    가. 모두베기

    나. 소구역모두베기

    다. 소구역골라베기

    라. 솎아베기 등

2. 화학적 방제

    가. 지상 약제 살포(지상방제)

    나. 나무주사

    다. 항공 약제 살포(항공방제)

    라. 토양 약제 살포

    마. 훈증 등

3. 친환경 방제

    가. 유인목 설치

    나. 유인트랩 설치

    다. 끈끈이롤트랩 설치

    라. 천적 방사 등

4. 기계 · 물리적 방제

　　가. 파쇄

　　나. 소각

　　다. 매몰

　　라. 박피

　　마. 건조

　　바. 열처리 등

제40조(방제 방법의 적용) 산림청장 또는 예찰 · 방제기관의 장은 별표 6 "산림병해충별 방제 기준"에 따라 방제하여야 한다. 다만, 기준에서 정하지 않은 신규발생병해충 등의 방제는 산림청장 또는 국립산림과학원장이 따로 정한 기준에 따라야 하며, 약제는 제52조 내지 제53조에 따라 선정된 약제를 사용하여야 한다.

핵심 09 수목활력도 조사

● 산림병해충 방제규정 [시행 2023. 8. 10.] [산림청훈령 제1613호] 별표6

수목의 활력도는 수형, 잎의 크기, 엽색, 지엽밀도(엽량) 등을 관찰하여 수목의 생장상황을 분석하고 관리하는 데 중요한 인자이다. 따라서, 수목이 생리적으로 어느 정도의 스트레스를 받고 있으며, 수목의 활력이 어느 정도 악화되어 있는지, 혹은 회복 가능성이 있는지를 판단할 수 있으며, 또한 쇠약한 수목의 수액이 이동하는 시기에 영양제수간주사를 놓을 만한 상태인지 등을 판단하는 기준이 된다. 따라서, 다음 표에 의거하여 활력도를 조사한다.

■ 수목활력도 판정기준

평가 항목	0	1	2	3	4
수세	생육이 왕성	생육 부진의 영향은 다소 있으나 분명치 않음	생육의 악화가 나타남	생육 악화가 상당히 진행	현저히 악화되어 소생이 불가능
수형	기본 자연 수형을 유지	기본 수형을 유지하면서 일부 손상 흔적	수형이 일부 변형되나 자연상태 유지	기본 수형의 변형이 뚜렷이 진행	수형이 완전 변형됨
가지의 신장과 발아	전체적으로 고르게 발아 신장이 극히 정상적임	발아가 전체적으로 고르지 않으나 신장은 정상임	발아도 차이가 있고 신장도 차이가 있음	가지의 신장이 작고 상하에 차이가 있음	전체적으로 가지가 아주 왜소하고 발아도 늦음
잎의 크기	정상적임	전체적으로 크기는 고루나 약간 적음	일부 가지의 잎은 소형이나 중 정도로 작음	일반적으로 소형이며 상층부와 하층부의 크기가 다름	잎이 현저하게 작음
잎의 색	정상적임	약간 이상이 생김	일부 가지의 잎 색과 구엽에 이상이 생김	전체적으로 잎의 색에 이상이 생김	현저하게 이상이 나타남

평가 항목	0	1	2	3	4
가지의 고사 상태	정상적으로 생장함	자세히 고찰하면 고사지가 생김	고사지가 눈에 띨 정도임	작은 가지의 고사지가 상당히 많음	소·중·대 가지의 고사지가 많음
지엽의 밀도	잎이 많음 80%	약간 적으나 정상이라 할 수 있음. 70%~80%	잎이 전체적으로 약간 엉성함. 50~60%	가지에 엉성한 부분이 많음. 40~50%	전체에서 잎의 발생이 엉성함. 40% 이하
낙엽 상태	낙엽시기가 늦으며 일시에 낙엽됨	낙엽시기가 약간 빠르고 낙엽 기간이 김	낙엽시기가 빠르고 낙엽이 고르지 못함	낙엽이 불규칙하고 부분적으로 낙엽됨	낙엽이 계절과 관계없이 나타나고, 낙엽이 가지에 붙어 있음
유합조직 형성	유합조직 형성이 왕성하고 맹아력도 왕성	유합조직 형성이 양호하고 맹아성이 인정됨	유합조직 형성이 약간 있으며 맹아력도 보통	유합조직 형성이 불량하고 맹아력도 나쁨	유합조직 형성이 불량하고 수피고사 부위가 진행됨
수간(줄기)의 고사·부패 상태	상처, 부패, 동공이 없음	상처, 부패, 동공이 있으나 큰 피해는 없음	상처와 부패가 진전되며 동공이 생김	상처와 동공 부위가 크고 부패가 진전되고 있음	상처와 동공의 크기가 크고 수간(줄기)에 고사 및 기상적 피해가 우려됨

① 활력도=각 항의 평가점수 합계÷10

② 활력도 등급: 5등급으로 구분

   − Ⅰ: 0~0.8 미만 → 대단히 건전(극 양호)

   − Ⅱ: 0.8~1.6 미만 → 비교적 건전(양호)

   − Ⅲ: 1.6~2.4 미만 → 건전에 이상(불량)

   − Ⅳ: 2.4~3.2 미만 → 건전에 심각(쇠약)

   − Ⅴ: 3.2~4.0 → 고사 위험(극 쇠약)

   → 판정: 활력도 등급이 불량, 쇠약, 극 쇠약인 경우 토양의 유기물처리, 무기양료 엽면시비, 나무주사, 토양관주로 수세를 회복시킨다.

핵심 10 솔잎혹파리 방제기준

● 산림병해충 방제규정 [시행 2023. 8. 10.] [산림청훈령 제1613호] 별표6

1 기본 방향

① 솔잎혹파리 피해 발생지역에 대한 특별관리체계 관리 강화

② 저독성 약제를 사용하여 친환경적으로 적기에 나무주사 추진

③ 소나무재선충병 발생지는 재선충병 방제 방법으로 처리하고, 미발생지는 임업적 방제를 실시하여 소나무림의 생태적 건강성 확보

2 방제사업별 실행기준

1) 피해도 조사요령

① 피해도 조사

- 충영이 형성되어 외관상 피해가 잘 나타나는 8~9월에 집중조사

- 발생지역이 누락되는 일이 없도록 철저한 조사와 면적 발생지 외곽을 연결하여 도상으로 산정

- 충영형성율을 조사하여 피해도 구분

② 피해도 구분

구분	피해도 구분			비고
	심	중	경	
충영형성율(%)	50% 이상	20~50% 미만	20% 미만	

☞ 충영형성율(%)=(충영형성 솔잎수÷총 솔잎수)×100

③ 충영형성율 조사요령

- 조사 대상지 내에서 피해 정도가 평균이 되는 조사목 5본을 전 구역에서 고루 선정하여 표시

- 조사목 1본당 4방위에서 충영 형성 상태가 평균이 된다고 판단되는 중간 부위의 가지 1년생 신초 2가지씩 채취(5본×4방위×2가지=40가지 채취)

- 채취된 가지 위에 붙어 있는 총 솔잎수와 충영이 형성된 솔잎수를 계산하여 충영형성 율을 산출

3 화학적 방제

1) 나무주사

① 대상지 선정

- 피해도 "중" 이상인 지역으로 숲 가꾸기 등으로 ha당 평균경급에 의한 적정 밀도가 유지된 개소
- 특정방제구역, 중점관리지역 및 주요지역은 피해도 "경" 지역이라도 실행 가능

② 실행시기

- 국립산림과학원에서 제공하는 "우화 예측 정보"를 활용하여 적기 방제
- 성충 우화최성기 직후 약제 주입이 가장 효과적이며, 일반적으로 솔잎혹파리 우화 최초일로부터 2주일 후가 방제 적기이다.

③ 사용약제

- 산림청에서 산림병해충 방제용 약종으로 선정한 약제
- 약제량은 기준량의 110%로 설계 및 약제 구입

☞ 「농약관리법」에 따라 등록된 약제 중 산림청에서 선정한 약종을 사용

④ 실행 방법

- 계획된 방제대상지가 누락되지 않도록 경계 표시 및 적기 방제를 추진
- 예정지조사, 사업설계, 인력 수급계획, 방제장비 등을 사전 준비
- 관광사적지, 우량소나무림 지역은 약해가 없도록 실행하고, 송이생산지 등 민원 발생 우려 지역은 제외

⑤ 실행요령

- 천공수: 대상나무의 가슴높이지름에 따라 결정
- 천공당 약제 주입량(수피를 제외한 깊이)
  - 1개당: 지름 1cm, 깊이 7~10cm(평균 7.5cm), 주입량 4㎖
  - 가슴높이지름이 10~12cm인 경우 깊이 6cm 이내는 구멍 1개당 약 4㎖(3.888㎖)
- 약제 주입구: 지면으로부터 50cm 아래 수피의 가장 얇은 부분
- 천공은 밑을 향해 중심부를 비켜서 45° 되게 나무줄기 주위에 고루 분포
- 약제 주입기를 구멍에 깊이 넣고 서서히 당기면서 주입(주입량 준수)
  - 1개 구멍에 1회 주입(급히 주입하면 약제가 넘쳐 나옴)

– 나무주사 천공 깊이와 약제 주입량

- 천공 깊이는 평균 7.5㎝로 하고, 최대주입량 5.498㎖의 75%(산지경사 등을 감안) 산정하여 4.123㎖(약 4㎖)

4 친환경 방제

① **천적 방사**(솔잎혹파리먹좀벌, 혹파리살이먹좀벌)

- 솔잎혹파리 우화 시기인 5월 중순~6월 하순 사이에 방사

- 피해도 "중"인 임지와 천적 기생률 10% 미만의 임지에 방사(ha당 2만 마리)

5 임업적 방제

① **임업적 방제 방법**

- 소나무는 빛에 대한 요구도가 매우 큰 수종으로 양분·수분 경쟁 완화를 위해 적정 밀도 유지와 입목 간 정상 간격 이상 거리를 이격

- 평균경급에 의한 생육본수를 조사, 강도의 솎아베기를 통하여 임내를 건조시킴으로써 솔잎혹파리 번식에 불리한 환경 조성하며, 생태적으로 건강한 소나무림으로 육성

- 벌채한 산물은 산주의 수익 확보와 나무좀 등 2차 피해 방지를 위하여 최대한 수집활용

- 소나무재선충병 발생구역은 재선충병 방제 방법에 따라 추진

6 천공(구멍 뚫는) 요령

① **천공 방향**

▲ 밑을 향해 45°되게

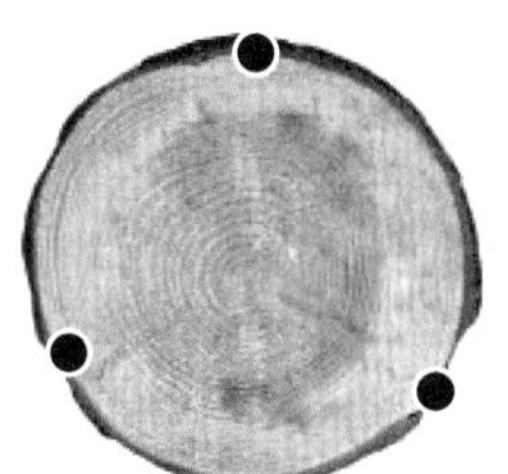

▲ 나무줄기에 고루 분포시키고 중심부를 비켜서 뚫음

② 천공당 약제 주입량

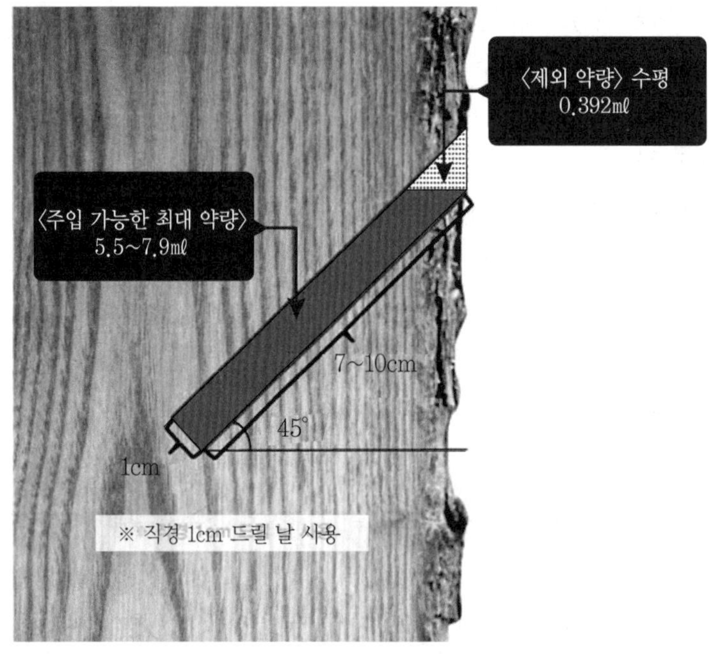

③ 표준지 조사야장 작성 방법(예시)

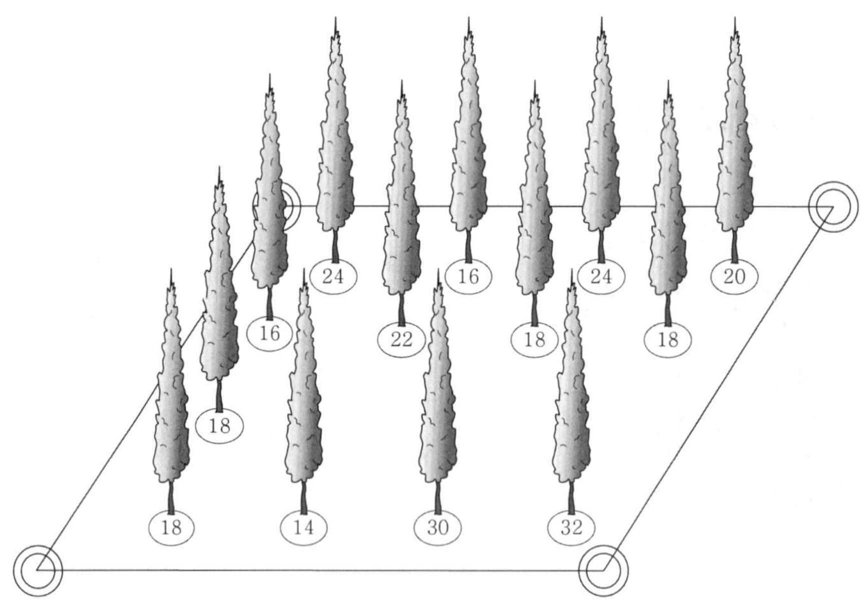

- 표준지 조사 시 20m×20m=400㎡(또는 11.3m 원형)의 표준지를 조사
- 표준지의 중앙 입목에 친환경성 수성페인트를 이용하여 백색으로 한 줄로 표식한 후, 4개
 의 모서리는 백색 두 줄의 경계표시를 하여 표준지를 구획

④ 설계도 작성 방법(예시)

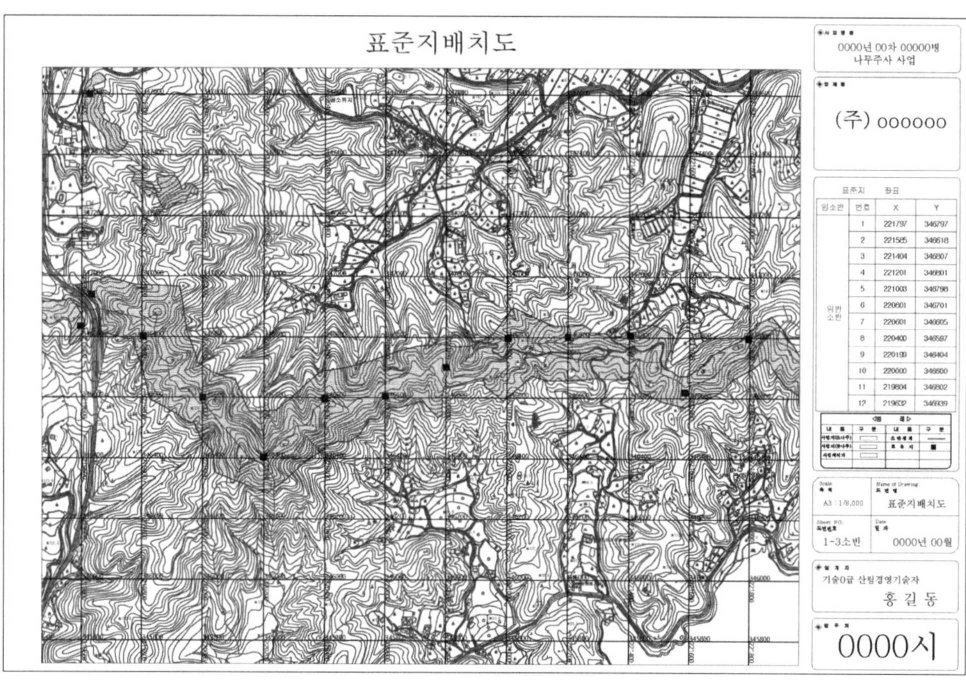

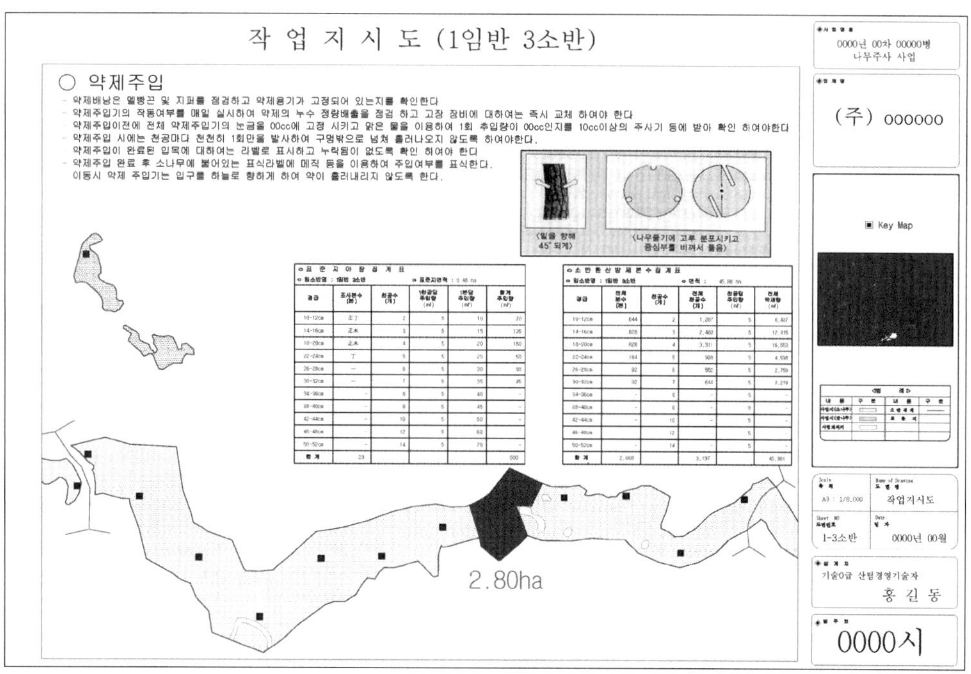

⑤ **표준지 조사야장(예시)**

- □ 조사개소 : 시 · 도   시 · 군 · 구   읍 · 면 · 동   리 산 번지
- □ 야장번호 :   □ 조사자 :
- □ 사용약제명 :   □ 천공당 약제주입량 :   ㎖

가슴높이지름 (cm)	천공수 (개)	본당 주입량 (㎖)	조사본수 (본)	합계 주입량 (㎖)	비고
10~12					
14~16			下		
18~20			正		
22~24			下		
26~28					
30~32			丁		
34~36					
38~40					
42~44					
46~48					
50~52					
54~56					
58~60					
62~64					
66~68					
70~72					
74~76					
78~80					
82~84					
86~88					
90~92					
94~96					
98~100					
합계 수량			00본	000㎖	

핵심 11 농림지 동시 발생 병해충 방제기준

● 산림병해충 방제규정 [시행 2023. 8. 10.] [산림청훈령 제1613호] 별표6

1 기본 방향

① 농진청과 지자체 협력 예찰 및 공동방제 추진

② 산림청, 농진청, 지자체 등이 『방제대책 협의회』 구성 · 운영

③ 동시 발생 병해충 월동난 및 약 · 성충 발생상황 전국 일제 조사(3월, 7월)

2 병해충별 실행기준

1) 꽃매미

① 공동방제 추진

- 농작물 재배지역 및 주변 산림 등에 지역공동방제 추진

- 과수원 및 연접산림에서 농업부서와 공동방제 지속 추진

- 발생지역별로 담당 공무원을 지정하여 책임예찰 및 방제

- 예찰조사 및 방제 추진상황 주기적 점검

② 방제 시기

- 월동난: 동절기 알 덩어리 제거작업 집중 실시(4월까지 완료)

- 약충기: 발생 초기 끈끈이롤트랩, 나무주사 및 지상방제 실시(6월 상순~)

- 성충기: 공원, 가로수, 주택가 주변 등 산림에 집중방제(7월 하순~)

- 적용약제: 「농약관리법」에 따라 등록된 약제 중 산림청에서 선정한 약종을 사용

③ 단계별 방제요령

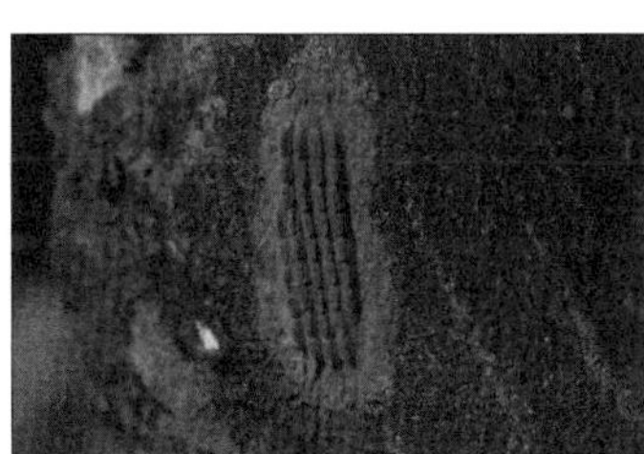

㉠ 알
- 월동난에 부화하는 5월 초 · 중순 이전에 나무 등에 붙어 있는 알 덩어리를 긁어서 제거 후 매립 또는 소각

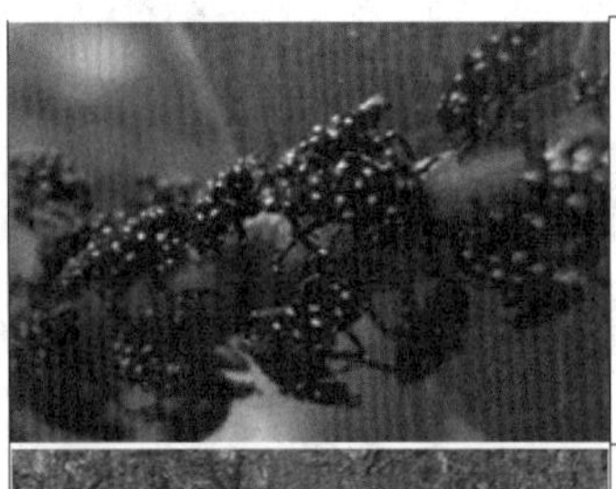

ⓒ 약충
- 어린 약충 시기인 6월 상순(1~3령 약충)부터 적용약제로 2~3회 지상방제
- 보호 가치가 있는 나무는 어린 약충 시기인 4월 하순~5월에 나무주사
- 종령 약충 시기인 6월 하순부터 끈끈이롤트랩 설치

ⓒ 성충
- 8~9월 알을 낳기 전에 적용약제로 1~2회 지상방제

3 갈색날개매미충

① 공동방제 추진

- 기주 범위가 넓어 야산의 잡목류 뿐만 아니라 인근 농경지도 공동방제

② 방제 시기

- 성충기 방제약제 살포(7~9월)
- 산림지역 월동난 부화 후 방제약제 살포(6월 상순~)
- 산림에서 농경지로 이동 시 수시방제
- 과수 수확 후기인 산란시기에 추가 방제(9월~11월)
- 적용약제 : 「농약관리법」에 따라 등록된 약제 중 산림청에서 선정한 약종을 사용

③ 단계별 방제요령

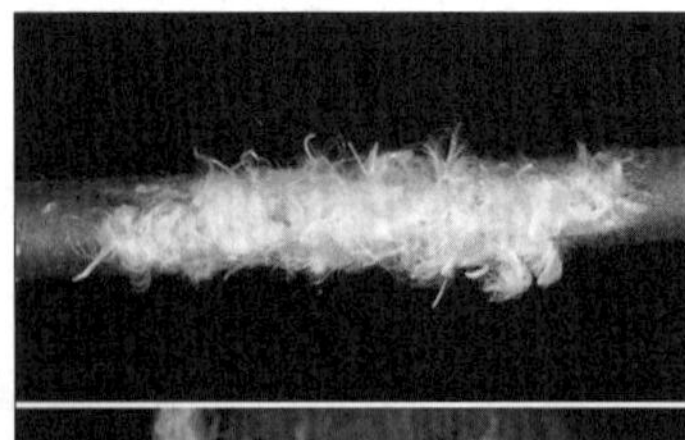

㉠ 알
- 5월 초·중순 부화하기 전에 알 무더기가 들어 있는 전년도 1년생 가지를 잘라 매몰, 파쇄 또는 소각

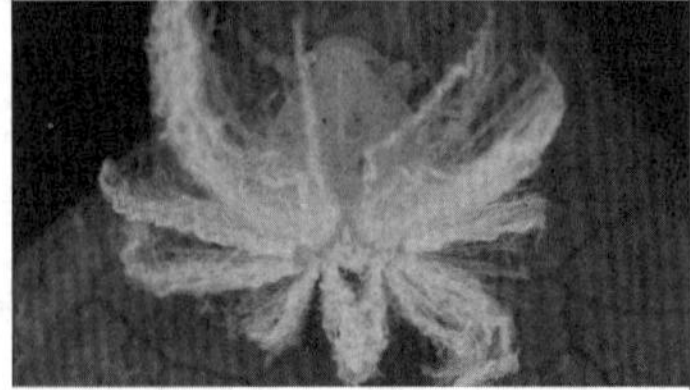

ⓒ 약충
- 어린 약충 시기인 6월 상순에 적용약제로 2~3회 방제

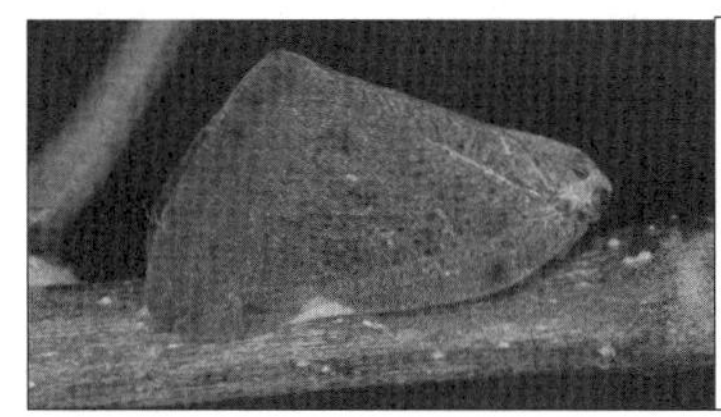

ⓒ 성충
- 8~9월 알을 낳기 전에 적용약제로 1~2회 방제
- 과수 재배 후기(9월 이후)에 1년생 가지에 집중적으로 산란하므로 추가 방제

4 미국선녀벌레

① 공동방제

- 기주 범위가 넓으므로 야산의 목본류 뿐만 아니라 인근 과수원도 산림 · 농업부서와 공동 방제 실시

② 방제시기

- 산림지역 월동난 부화 후 방제약제 살포(6월 상순~)
- 월동난에 약충으로 부화한 후 6월 상순부터 발생 정도에 따라 방제 전용 약제를 1주일 간격으로 1~3회 살포
- 적용약제 : 「농약관리법」에 따라 등록된 약제 중 산림청에서 선정한 약종을 사용

③ 단계별 방제요령

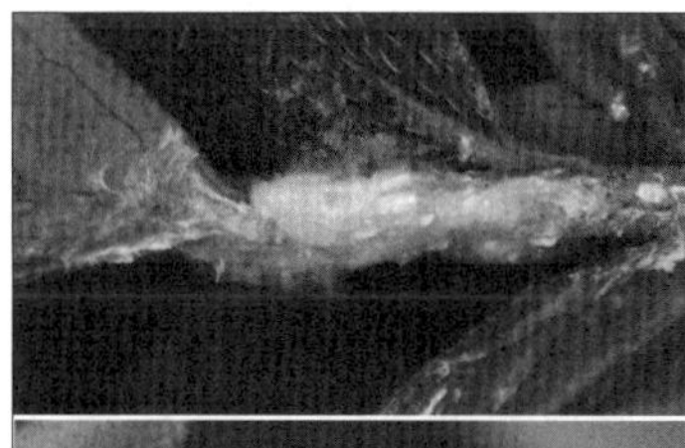

㉠ 약충
- 어린 약충 시기인 6월 상순부터 잎과 줄기의 약충 발생 정도에 따라 방제 전용 약제를 1주일 간격으로 1~3회 지상살포

㉡ 성충
- 7월부터 발생 정도에 따라 방제 전용 약제를 1주일 간격으로 1~3회 지상살포

기타 병해충 방제기준

● 산림병해충 방제규정 [시행 2023. 8. 10.] [산림청훈령 제1613호]

1 잣나무넓적잎벌

① 방제시기: 유충 가해시기인 7월 중순~8월 중순

② 사용약제: 「농약관리법」에 따라 등록된 약제 중 산림청에서 선정한 약종을 사용

③ 실행 방법

- 지상방제는 초미립자동력분무기를 사용하고 상승 기류가 없는 새벽에 실시

- 양봉 · 친환경농업지역에는 사전 안전조치 후 실행

- 피해가 심하고 급격한 확산이 우려되는 경우에는 지역 실정에 따라 연 2회 방제로 확산 저지

- 잣나무 조림지가 많은 지역은 예찰조사를 강화하여 조기 발견 · 적기 방제

- 항공방제 대상지는 현지 확인 후, 엄격히 심사하여 꼭 필요한 지역을 선정

2 솔나방

① 방제시기: 월동 유충 가해 초기인 4월 중 · 하순, 어린유충기인 9월 상순

② 사용약제: 「농약관리법」에 따라 등록된 약제 중 산림청에서 선정한 약종을 사용

③ 실행 방법

- 발생 전면적 방제를 원칙으로 하되, 특히 고속국도, 사적지, 공원, 주택가 주변 등 주요 지역에 대한 예찰을 강화하여 조기 발견 · 적기 방제 추진

- 발생상황, 피해확산 우려 등을 감안하여 필요한 경우 탄력적으로 방제

3 미국흰불나방

① 방제시기: 1세대 발생 초기인 5월 하순~6월 초순, 2세대 발생 초기인 7월 중 · 하순

② 사용약제: 「농약관리법」에 따라 등록된 약제 중 산림청에서 선정한 약종을 사용

③ 실행 방법

– 발생 전면적 방제를 원칙으로 하되, 특히 사적지, 공원, 주택가 주변 등 주요 지역에 대한
   예찰을 강화하여 조기 발견 · 적기 방제 추진
– 인가 및 생활권 주변은 민원 우려가 있으므로 사전 계도를 반드시 이행
– 발생상황, 피해확산 우려 등을 감안하여 필요한 경우 연 2회 방제

4 방제기준[별표6]에 수록된 산림병해충

방제기준	농림지 동시 발생 병해충	기타 병해충
1. 솔잎혹파리 2. 솔껍질깍지벌레 [해안가곰솔림 종합방제] 3. 참나무시들음병	[꽃매미] [갈색날개매미충] [미국선녀벌레]	[잣나무넓적잎벌] [솔나방] [미국흰불나방] [밤나무 해충] [소나무허리노린재] [피목가지마름병] [푸사리움가지마름병] [리지나뿌리썩음병] [아밀라리아뿌리썩음병] [벚나무빗자루병] [이팝나무녹병] [호두나무갈색썩음병] [느릅나무시들음병]

방제사업 품질관리

● 산림병해충 방제규정 [시행 2023. 8. 10.] [산림청훈령 제1613호]

제5장 방제사업 품질 관리

제51조(방제효과조사)

① 예찰 · 방제기관의 장 또는 산림연구기관의 장은 다음 기준에 따라 방제작업의 방제효과 검증과 방제 방법 개선을 위해 필요한 경우에는 병해충 방제 이후에 방제효과조사(이하 "효과조사"라 한다)를 실시하여야 한다.

1. 예찰 · 방제기관의 장이 조사하되 정밀한 조사 및 판정이 필요한 경우에는 국립산림과학원장, 각 시 · 도 산림연구기관의 장, 한국임업진흥원장이 조사

2. 전문가(단체 · 기업 등)의 조사가 필요할 경우에는 위탁 · 대행 또는 도급사업을 통해 조사 가능

3. 조사 방법: 전수조사를 원칙으로 하되 구역면적이 넓고 조사기간이 장기간 소요되는 경우에는 다음 기준에 따라 표준지 조사법으로 조사

   가. 조사비율은 사업대상지 면적의 0.5% 이상. 다만, 항공방제의 경우에는 예찰 · 방제기관별 3개소 이상

   나. 표준지의 크기 및 조사 방법 등은 제13조제2항 준용

4. 주요 병해충 방제효과 조사 시기

   가. 솔잎혹파리 나무주사: 방제 당해 연도 10~12월

   나. 솔껍질깍지벌레 나무주사: 방제 다음 연도 2~4월

   다. 참나무시들음병 끈끈이롤트랩: 방제 다음 연도 6~10월

   라. 기타 병해충 방제: 병해충별 방제효과를 확인할 수 있는 시기

5. 조사내용

   가. 나무주사: 나무주사 실행본수 대비 피해목 발생본수, 나무주사 미실행지 피해목 발생본수(대조구 설정)

   나. 약제 살포: 매개충(해충)의 방제효과(약제 살포 전후 밀도 조사 등)

   다. 임업적 방제 또는 천적 방사: 전년도 피해목 발생본수 대비 당해 연도 피해목 발생본수, 미실행지 피해목 발생본수(대조구 설정)

   라. 끈끈이롤트랩: 포획 해충 개체 밀도, 피해목 발생률 등

② 예찰 · 방제기관의 장은 효과조사와 발생조사 결과를 참고하여 다음 해 방제계획을 수립하여야
한다.

③ 국립산림과학원장은 제1항에 따른 효과조사 등의 업무를 각 시 · 도 산림연구기관 및 한국임업진
흥원으로 하여금 실시하게 할 수 있다.

제51조의2(방제 품질 관리 모니터링)

① 산림청장은 산림병해충 피해 저감을 위해 방제사업의 품질 점검을 할 수 있다.

1. 점검대상: 산림병해충 피해가 발생한 시 · 도(시 · 군 · 구를 포함) 및 지방산림청(국유림관리소
포함)의 방제사업장

2. 점검자: 산림청, 시 · 도, 한국임업진흥원 등

3. 점검시기: 각 산림병해충별 방제기간 중 · 후

4. 점검내용

가. 피해지의 예찰 및 진단 결과

나. 방제작업 시행의 적정성

다. 산림병해충 발생에 따른 조치 및 방제현황

5. 점검결과 조치

가. 점검 결과를 해당 기관에 통보

나. 해당 기관에서는 보완이 필요한 사항에 대해 조치

② 점검자는 방제 품질 점검을 위해 세부 현황 자료가 필요한 경우 시 · 도(시 · 군 · 구 포함) 및 지방
산림청(국유림관리소 포함)에 설계 자료를 요청할 수 있다.

핵심 14

항공방제 대상지·제외지역

● 산림병해충 방제규정 [시행 2023. 8. 10.] [산림청훈령 제1613호]

제41조(방제 대상지 선정 및 시기)

① 항공방제 대상지는 병해충이 집단적으로 발생한 지역으로서 지상방제가 어려운 지역을 대상지로 선정하여야 한다.

② 제1항에 따른 병해충별 항공방제 대상지 선정 및 시기는 다음 각호와 같다. 다만, 고속국도·일반국도·철도 주변 또는 관광지 등에 병해충이 발생하여 경관을 저해하는 등 긴급방제를 할 필요가 있다고 인정될 경우에는 그러하지 아니하다.

1. 밤나무 해충: 밤나무단지로서 평균수고 3미터 이상이고 경사가 급하여 지상약제 살포가 어려운 지역. 다만, 산림항공방제 대상 구역과 연접되어 있는 경우에는 그러하지 아니하다.

2. 제1호 이외의 병해충: 병해충별 방제 적기

3. 그밖에 산림청장이 필요하다고 인정하는 때

제42조(방제대상 제외지역) 다음 각호의 어느 하나에 해당하는 지역은 항공방제 대상지에서 제외한다.

1. 비행통제구역. 다만, 비행허가를 받은 경우에는 그러하지 아니하다.

2. 고압송전선, 삭도(케이블카) 등으로부터 양쪽 150미터 이내에 해당하는 지역

3. 양봉·양잠·양어·수산물(비역, 다시마 등) 및 친환경농산물, 송이·산양삼·잣 등 친환경 임산물, 축사 등에 피해가 우려되는 지역. 다만, 제44조에 따라 산림항공방제 실시 전에 충분한 계도로 피해 예방조치를 한 경우에는 그러하지 아니하다.

4. 상수원보호구역, 수원지, 하천, 정수장 등 및 주택지, 학교, 공원, 아파트 등 생활권 지역

5. 기타 산림항공기 이·착륙에 지장이 있거나 저해요인이 있는 지역

제43조(방제예정지 적절성 검토 등 확인)

① 예찰 · 방제기관의 장은 항공방제를 실시 6주 전까지 방제예정지를 조사하여 별표 7 "항공방제 적절성 검토기관"에 별지 제20호서식 "항공방제 사전 체크리스트"를 제출하여야 한다.

② 항공방제 적절성 검토기관은 다음 각호의 사항을 확인하여야 하며, 검토결과와 보완사항을 예찰 · 방제기관의 장에게 통보한다.

   1. 발생밀도 등 항공방제 대상지로서의 적합 여부

   2. 방제 계획면적, 방제 시기 및 약제 선정 적정 여부

   3. 대상제외지역 검토, 완충구역 설정 여부

   4. 그 밖의 안전사용기준, 방제실시를 위한 제반 준비사항

③ 부적절 등 검토결과와 보완사항을 통보받은 예찰 · 방제기관의 장은 통보받은 날로부터 5일 이내에 항공방제 계획 등을 보완하여 제출하여야 한다.

④ 항공방제 적절성 검토기관은 보완된 항공방제 계획 등이 제출된 날로부터 5일 이내에 재검토하여 예찰 · 방제기관의 장에게 통보하여야 한다.

산림보호학 주요 내용

● 곤충의 모양: 병원균의 특성

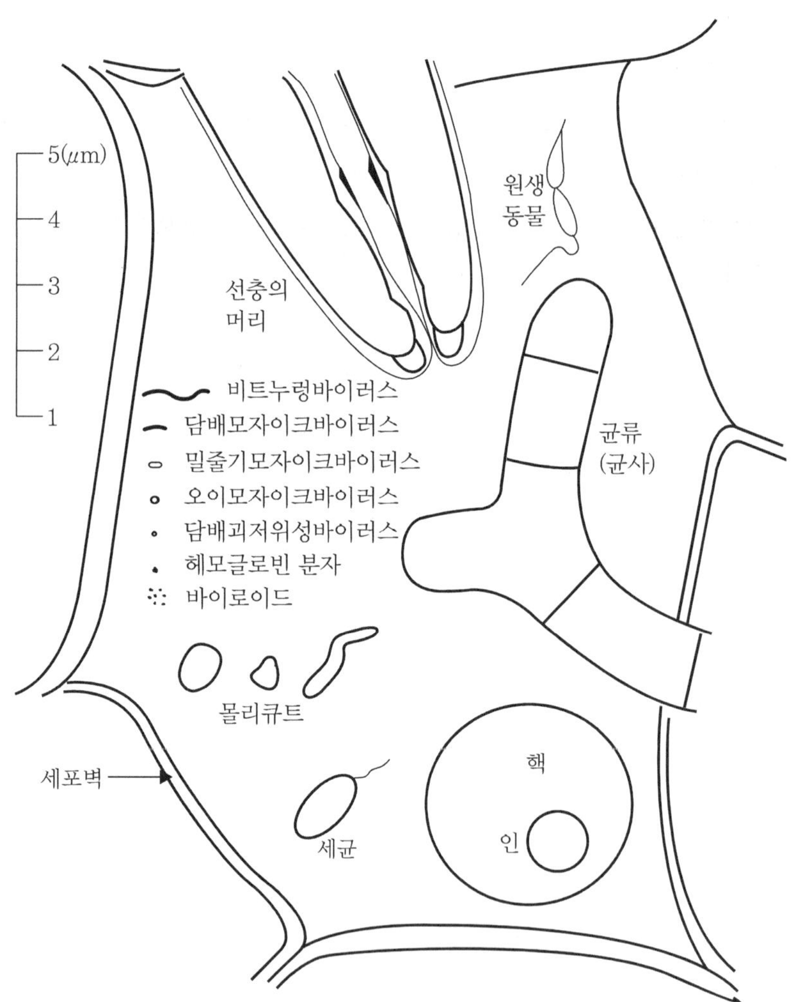

▲ 식물세포에서의 각종 병원체의 크기 및 형태 특성〈AGRIOS, 2007〉

1 나무 병해

① 병원균 분류

- viroid, virus, phytoplasma

- bacteria

- fungi: 조균류, 자낭균류, 담자균류

- 선충류

② 진단

③ 방제

④ 방어기작

⑤ 주요 병해

- 소나무재선충병

- 참나무시들음병

2 나무 충해

① **해충의 분류:** 응애, 외시류, 내시류 등

② **곤충의 습성:** 주광성, 주지성 등

③ **방제 방법**

④ **화학적 방제:** 농약학

⑤ **주요 충해:** 솔껍질깍지벌레, 솔잎혹파리

3 기타 산림피해

① 기상

② 대기오염

③ 기후변화

④ 산성비

■ **세균과 균의 구분**

구분	세균	균
영어명	=bacteria	=fungi
세포수	단세포	다세포(균사)
내산성	산성에 약함	산성에 견딤

16 산림쇠퇴

1 정의

① Forest decline

② 넓은 지역에서 자라는 한 수종 혹은 여러 수종의 나무에서 활력이 점진적으로 급격히 감퇴하거나 집단으로 고사하는 현상

③ 산림고사

2 특징

① 분포 불규칙

② 주로 성숙림에서 관찰

③ 원인은 복합적 스트레스 요인이 원인

④ 스트레스 → 산림쇠퇴 → 나무고사

⑤ 스트레스의 형태: 생물 · 비생물적, 기생 · 비기생성, 전염 · 비전염성, 자연 · 인위적

3 증상

가장 눈에 띄는 것은 나무의 활력 감소와 고사

① 생장의 감소: 줄기, 절간 직경생장 감소

② 잎의 크기 감소, 황화현상, 조기낙엽

③ 가지의 고사와 바깥 수관의 쇠퇴

④ 줄기와 가지의 부정아 발생

⑤ 세근과 균근 뿌리의 파괴

⑥ 뿌리썩음병균에 의한 뿌리의 감염

4 원인

1) 1차적 원인(직접)

① 엽록소의 파괴와 호흡작용의 방해로 인한 생장 감소

② 산성비로 인한 무기영양소의 용탈과 뿌리의 영양소 흡수장애로 비롯된 무기영양의 불균형

2) 2차적 원인(간접)

① 불규칙한 기후 조건에 대한 저항성 약화와 활력이 약해진 나무에 대한 병해충의 피해

② 최근 남해안 일대에서 시작되어 전국적으로 번지고 있는 소나무재선충에 의한 산림훼손, 솔껍질깍지벌레의 번성 등이 그 사례

핵심 17 사막화

- 기후변화나 인간 활동으로 인해 비옥한 토양이 점차 사막으로 변해가는 현상을 사막화(沙漠化)라고 한다.
- 사막화는 주로 건조, 반건조 지역에서 발생하며, 사막화로 인해 토양의 퇴화, 식생의 감소, 물의 부족 등의 현상이 생기며, 이로 인해 생태계가 파괴된다.
- 기후변화와 인간의 무분별한 경작, 과도한 방목, 산림 벌채, 불법 개발 등 주로 인위적 원인에 의해 발생한다.

1 정의

① 광의: 환경 악화, 황폐화 현상

② 협의: 사막이 확대되는 것

③ UNCCD의 정의: 기후변화 및 인간활동 등을 포함하는 여러 가지 요인에 의하여 건조, 반건조, 반건조습윤지역에서 일어나는 토지퇴화현상

2 사막화 방지를 위한 노력

① 식물 식재: 건조 지역에 적합한 나무와 식물을 심어 토양을 안정화하고, 물의 증발을 줄이며, 환경을 복원하는 방법이다. 예를 들어, 사막에 적응된 아카시아 같은 나무를 심어 뿌리가 토양을 보호할 수 있다.

② 관수 시스템 도입: 물이 부족한 사막 지역에서는 효과적인 관수가 필수적이다. 지하수 이용, 빗물 저장 시스템, 물 절약 기술 등을 활용하여 식물에게 필요한 물을 공급한다.

③ 덮기 공법: 인공적으로 만든 그물망, 비닐 덮개 등을 토양에 깔아 모래와 바람의 작용을 막고, 수분 증발을 줄이는 방식이다.

④ 토양 복원: 사막화된 지역은 토양의 유기물이 부족해서 식물이 살 수 없다. 퇴비, 비료 등을 사용해 토양에 영양을 공급하고, 토양을 복구해야 한다. 미생물을 활용한 생물학적 방법으로도 토양의 질을 개선할 수 있다.

⑤ 방풍림 조성: 바람에 의한 사막화를 막기 위해 바람을 막는 숲을 조성하는 방법이다. 중국의 '녹색장성' 프로젝트가 대표적인 예로, 사막을 막기 위해 넓은 지역에 나무를 심어 바람을 막는 숲을 만든다.

⑥ 사막화 모니터링: 위성 이미지, 드론 등의 기술을 통해 사막화 진행 상황을 실시간으로 감시하고, 효과적인 대응 방안을 마련하는 적극적인 방법이다.

3 사막녹화기술

1) 비사 고정(사막)

① 퇴사울 세우기

② 정사공법 → 점적관수

③ 피복공법 → 카슈아리나속 식재

④ 식생 도입 → 아카시아속, 유카리속

2) 방호림대 조성

① 사막화 지역

② 농경지 주변

③ 수로변

④ 150m 간격의 주림대, 300m 간격의 부림대 조성

핵심 18 대기오염 물질

1 종류

1) 황산화물(SO_2)

① 황의 함량이 많은 석탄, 석유와 같은 화석연료를 연소시키거나 원광을 제련하는 용광로에서 광석을 제련할 때 황산화물이 주로 배출된다.

② 고농도의 아황산가스는 식물 잎의 기공을 통하여 잎에 들어가서 잎에 있는 엽록소를 파괴하므로, 잎 뒷면부터 세포 조직이 손상된다.

2) 질소산화물(NO_x)

① 높은 온도에서 연소되는 디젤엔진이나 연소로 등 공기 중에 존재하는 질소가 고온, 고압 환경에서 산화될 때 배출되는 질소산화물이 배출된다.

② 산업적으로 질산과 황산의 제조공정, 용접작업, 금속의 산 세척, 폭약에 의한 발파작업, 비료나 필름을 제조할 때도 질소산화물을 배출한다.

③ 질소산화물은 태양빛이 세면 탄화수소(HC)와 함께 광화학 스모그를 유발시키고 오존을 발생시키고, 식물의 기공으로 들어가 해면조직을 파괴한다.

3) 오존(O_3)

① 오존은 질소산화물이 자외선의 영향으로 공기 중의 산소와 결합하여 생성된다. 자외선을 강하게 받은 산소분자는 질소산화물과 결합하며 산소원자(O)가 분리되는데, 분리된 산소원자가 산소분자(O_2)와 결합하여 오존이 형성된다.

② 오존은 책상조직의 엽록소를 산화시켜 잎 윗면에 작은 점을 만든다.

4) 기타

그밖에 일산화탄소(CO), 부유분진(매연, 먼지, 화분, 포자, 연기 등), 탄화수소(CH), 불화수소 등이 있으며, 이는 식물체의 호흡 및 광합성을 방해한다.

NOx + CH + 빛에너지 → O + CH + NOx → PAN
O + O$_2$ → O$_3$

2 아황산가스에 대한 수종별 내성

강한 수종	삼나무, 화백, 편백, 비자, 가시나무, 식나무, 동백, 은행나무 등
약한 수종	황철나무, 소나무, 느티나무, 들메나무, 층층나무 등

☞ 식나무: 학명: [Aucuba japonica], 영명: spotted laurel, 울릉도, 제주도, 3m 관목, 4월 자주꽃, 5월 핵과

대기오염의 원인과 대책

1 정의

대기오염이란 유해가스, 화합물, 혼합물 등이 대기 중에 일정 농도 이상 혼합되어 동·식물에게 피해를 주는 것으로, 화석연료 사용에 따른 대기오염원이 대부분이며 냉매, 발포제 등의 화합물, 공장의 황산화물, 자동차와 화력발전소의 질소산화물, Cl_2, NOx, 먼지, 분진 등이 있다.

2 대책

1) 법규적 대책

① 오염원의 배출농도 규제, 총량규제

② 공장 굴뚝 높이 규제 등

2) 이화학적 대책

① 석회를 사용하여 흡수·중화시킨다.

② 화학적 제조방법을 바꾸어서 위해가스를 가급적 줄인다.

③ 집진장치를 개발하여 활용한다.

3) 임업적 대책

① 수종 선택 시 연해에 강하고 맹아력이 큰 수종을 택한다.

② 연해의 염려가 있는 곳은 왜림, 중림작업을 택한다.

③ 개벌을 피하여 혼효림을 조성한다.

④ 연해방비림을 조성한다.

⑤ 토양관리를 해야 하며, 특히 석회질 비료를 시비한다.

핵심 20 대기오염 피해

1 가시적 피해

① 황변·갈변: 앞뒷면 끝부분·주변부 → HF

② 은회색(peroxyacetyl nitrate): 뒷면, 청동색 → PAN

③ 작은 반점, 앞면, 책상조직 파괴 → O_3

④ 작은 반점, 뒷면, 기공 부위 탈수 → SOx, NOx

⑤ 엽맥 사이 작은 반점: 앞뒷면 → SOx, NOx, O_3, PAN, HF

2 불가시적 피해

① 엽록소 파괴

② 대사작용 저해

③ 광합성 저해

④ 생장과 결실 불량

참고 **대기오염물질 배출원**

- SO_2 → 화석연료, 배출원 광범위, 석탄에서 주로 나오고, 석유는 탈황으로 거의 없다.
- NO_x → 자동차 화석연료
- O_3, PAN → 2차 오염. 여름·건조
- HF → 도자기공장, 반도체공장, 알루미늄공장 등

핵심 21 소나무재선충의 Life Cycle

1 소나무재선충이 소나무를 죽게 하는 과정

소나무재선충의 life cycle

① 재선충을 가진 매개충 우화

② 건전한 소나무로 매개충 이동

③ 매개충이 새순을 먹을 때(재선충이 소나무에 침입)

④ 재선충이 소나무 죽임

⑤ 죽어가는 소나무에 매개충 산란

⑥ 매개충이 피해목에서 애벌레로 월동

⑦ 봄에 번데기가 되기 전 재선충이 매개충에 들어간다.

2 매개충의 방제

① 티아클로프리드 액상수화제 10%

② 항공 방제 50배액, 지상 1,000배액

3 재선충의 방제

① 아바멕틴 1.8%유제, 에마멕틴벤조에이트 2.15%유제

② 원액을 수간주사 → 시기를 놓치면 토양관주

4 이병목의 방제

① 메탐소디움으로 훈증처리, 요즘은 이병목의 활용에 관심

② 소나무재선충 감수성 수종: 2엽송, 5엽송, 낙엽송, 전나무

③ 내병성 수종: 3엽송, 활엽수

5 토양관주

① 약제를 토양에 주입하는 방제법이다.

② 송진이 발생하는 시기에 수간주사가 어려운 점을 보완한다.

③ 수간주사 시기(12~2월)에 방제하지 못한 경우 사용할 수 있다.

④ 해수욕장, 골프장 등 수간주사 약제에 사람들이 노출되기 쉬운 곳에 적용된다.

⑤ 토양 주입이므로 나무에 상처를 내지 않는다.

대상해충	품목명	상표명	희석배수	물 20 ℓ 당 사용약량	살포시기	처리방법	횟수
소나무 재선충	포스치 아제이트 30% 액제	선충탄	50배액	400㎖	4~5월	토양관주	년 1회

⑥ 토양관주를 이용한 처리

　– 처리 지점: 반경 1m, 수 개소

　– 처리 깊이: 10~20cm

⑦ 수작업 처리

　– 처리 지점: 반경 1m, 폭 20cm 주 원

　– 처리 깊이: 10~20cm

　– 처리 후 약액이 토양 속에 침투될 수 있도록 해야 한다.

참고　소나무재선충 매개충 등

- **매개충:** *Monochamus alternatus, saltarius*
- **선충:** *Bursaphelenchus xylophillus*, 둥근 꼬리선충목, 과
- **기주:** 소나무, 해송, 잣나무(2엽송과 5엽송)
- **감수성:** 병에 잘 걸리거나 감염 시 피해가 심함
- **내병성:** 병에 잘 걸리지 않거나 걸려도 피해가 거의 없음

복토와 심식의 피해

- 객토: 토양개량
- 성토: 땅을 높임
- 복토: 자라는 나무에 흙을 붓는 것
- 심식: 옮겨 심을 때 깊게 심는 것

1 복토 · 심식의 영향

① 가는 뿌리의 호흡작용 방해

② 지표 15㎝ 이내 가는 뿌리 90%

③ 30㎝ 이상 복토하면 생육 지장

2 복토 · 심식의 초기증상

① 새로 나온 잎의 황화현상

② 새로 나온 잎의 왜소현상

③ 가지생장 위축

④ 조기낙엽

3 방치하여 진행되면

① 가지 끝부터 서서히 죽는다(가지마름병처럼 보인다).

② 수관의 크기가 축소된다.

③ 뿌리 끝부터 서서히 죽는다.

   – 관찰이 어려워서 진단 역시 어렵다.

   – 수년에서 20년 이상 진행된다.

④ 수피가 부패되고 사부조직이 붕괴된다.

   – 뿌리의 괴사로 이어진다.

   – 버섯과 곰팡이가 피게 된다.

온도에 의한 피해

1 고온

① **엽소(leaf scoarch)**

- 여름철 고온에 의해 과다증산
- 일시위조 → 영구위조

② **피소(sun scald)**

- 겨울철 밤과 낮 온도 변화에 의해 지면에 가까운 내수피와 형성층이 피해
- 동해 피해 부위에 밤나무가지마름병 등 2차 피해 발생
- 껍질이 얇은 수종(오동나무), 내한성이 약한 수종(밤나무 도입종)
- 지면 가까운 서남향 근원부에서 많이 발생
- 흰색 페인트나 짚으로 감싸서 예방할 수 있다.

③ **지구온난화(global warming)**

- 지구온난화는 온실효과에 추가적인 기온상승 효과
- 온실효과는 지구가 온실가스에 의해 연평균 15도를 유지하는 현상
- 북방계 식물이 서식지 남방한계선으로부터 서식지가 축소

2 저온

① **냉해(chiling injury)**

- 열대 또는 난대식물이 0℃ 이상의 저온에 의하여 받는 피해
- 미토콘드리아 기능 저하(호흡장애), 엽록체 기능 저하(영양결핍), ATP 감소 등
- 2차 피해는 수분스트레스 및 산소결핍 등

② **동해(freezing injury)**

- 0℃ 이하의 온도에서 세포 내 성분이 얼음에 의해 파괴되어 발생하는 피해

③ 조상(early frost)

　　- 늦가을 또는 초겨울에 이상 저온으로 발생한 피해

　　- 가을에 일찍 내린 서리에 의해 발생하는 동해와 냉해

④ 만상(late frost)

　　- 늦서리, 월동한 기관(눈, 형성층, 수피)의 활동 개시기에 발생하는 동해

　　- 겨울의 이상고온이 만상피해 유발의 원인

⑤ 상렬(霜裂, frost crack)

　　- 겨울에 수간 내부가 얼어 부피가 커지면서 수피가 수직으로 갈라지는 현상

⑥ 상주(frost column)

　　- 서리발, 겨울에 묘상의 수분이 기둥 모양으로 얼어 지면이 부풀어 오르는 현상

⑦ 동계건조(winter desiccation)

　　- 이른 봄 상록수가 과다한 증산작용으로 말라죽는 현상 → 땅 녹이기, 멀칭 제거

동해

1 개념

① 세포 안의 물이 얼어서 세포 안의 조직이 파괴됨으로 인해서 생기는 피해이다.

② 얼지 않을 정도로 온도가 낮을 때 생기는 것은 냉해이다.

③ 이상 기온 강하에 의한 동결, 한풍 등에 의해 일어나는 피해로 발생 시기, 원인, 피해 형태 등에 의하여 다음과 같이 분류할 수 있다.

2 분류

① **상해(霜害)**

- 이른 서리 피해(조상): 가을에서 초겨울 사이에 눈이 아직 성숙치 않을 때 급강하한 기온에 의해 갈색으로 변한다.
- 늦은 서리 피해(만상): 봄철 눈이 싹튼 후 내리는 서리에 의해 일어나며 2년생 이하 어린나무의 경우 전체가 말라 죽기도 한다.
- 방제법: 냉기류의 흐름을 차단하는 수림대를 30m 이상 조성, 방무림(防霧林)

② **동결해**

- 지상 10~30cm 수간부에 갈변한 동상흔을 보이며, 일반적으로 수간 남쪽 방향의 형성층을 중심으로 일어난다. 2m 이하의 어린나무에 피해가 크다.
- 방제: 저온의 완화, 직사광선을 차단하여 낮시간 고온 완화, 토양 과습 방지를 위하여 수하식재, 복층림 시업, 보호림대 설치 등이 있다.

③ **동렬(凍裂)**

- 얼어서 세로로 갈라지는 것으로 통직한 우량목에 주로 발생한다. 피해 후 표면은 유합되나 부풀어 오르며 목재가 변색되고 병해충 침입경로가 되기 쉽다.
- 방제: 입목 주위에 공간이 넓은 곳에 많이 발생하므로 약도로 간벌(가지치기)한다.

④ **한풍해**

- 찬 바람에 의한 피해로 잎의 수분이 계속 감소되어 가지 끝부터 고사하게 된다. 일반적으로 맨 윗부분부터 고사하기 시작하며 당해 조림나무가 피해가 가장 크다.
- 방제: 바람을 약하게 하거나 토양 동결을 적게 하며 증산을 억제하는 방법으로 내한성 수종을 식재하고, 벌채 시에 남겨두며 그 아래 수하식재한다.

연해방제

1 법규적 방제

공해 방지법 제정 또는 관련 법 개정

2 이화학적 방제

① 석회를 사용하여 연해물질을 중화시킨다.

② 유해가스 농도를 높여 반대로 이용한다.

③ 제조방법을 개선하여 유해가스를 최대한 줄인다.

④ 연도를 공기 또는 무해가스로 희석한다.

3 임업적 방제

① 수종 선택: 맹아력이 강하고 연해에 강한 수종을 식재한다.

② 작업법 선택: 숲을 중림이나 왜림으로 가꾼다.

③ 갱신 방법: 한 번에 대면적 벌채를 피하고, 침엽수와 활엽수를 혼식한다.

④ 조림 후 석회질 비료를 시비한다.

⑤ 너비 100m 정도의 연해방비림을 조성한다.

오존층 파괴

1 오존층의 정의

오존층은 성층권 아래 오존(O_3)의 농도가 높은 대기층으로 지표에서 10~50km 높이에 분포하며, 25km 지점에서 농도가 가장 높다.

2 오존층의 역할

이로운 가시광선을 통과시켜 식물의 광합성을 돕고, 해로운 자외선을 차단시켜 지상의 생물체를 보호해주는 역할을 한다.

3 중요성

자외선은 파장이 짧을수록 투과, 침투율이 높아 생명체에 피해를 주는데, 피해를 주는 UV-B, UV-C 등은 대부분 오존층에 흡수되며, 오존층이 파괴되면 강력한 자외선 UV-C가 지상에 도달하여 생명체에 치명적인 위협을 주게 된다.

4 오존층의 파괴 원인

① 오존은 태양광의 자외선에 의하여 산소원자(O)와 산소분자(O_2)가 결합하여 생성되나 염소의 순환 반응에 의하여 파괴된다($Cl+O_3 \rightarrow ClO+O_2$, $ClO+O \rightarrow Cl+O_2$).

② 반응식에서 Cl은 계속 순환하여 오존을 파괴하게 된다. 이러한 염소를 배출하는 물질은 프레온가스(CFCs), 할론, 사염화탄소, 메틸브로마이드 등이 있다.

5 오존층 파괴 대책

① 오존층은 인류의 생존에 커다란 영향을 미치므로 전 세계적으로 보호의 노력이 필요하다.

② 염소를 배출하는 물질의 사용을 규제하고 이를 대체할 물질을 개발해야 한다.

③ 폐 냉매나 발포제를 안전하게 수거하여 처리한다.

④ 개인, 기업, 정부, 국가가 공동으로 오존파괴 물질 사용을 최대한 줄여야 한다.

6 오존층 파괴가 수목에 미치는 영향

오존층 파괴로 인한 자외선(UV-B)의 증가는 수목의 생리적 기능, 성장, 생존에 광범위한 부정적 영향을 미친다. 특히 광합성 저하, 잎의 손상, 호르몬 변화, DNA 손상 등은 수목의 생태적 위치와 번식에 큰 영향을 줄 수 있다. 이러한 변화는 단순히 개별 수목에 그치지 않고, 전체 생태계에 걸쳐 종간 경쟁과 생물 다양성에 영향을 미치며, 장기적으로는 산림의 쇠퇴를 가져올 수 있다.

영향 요소	세부 내용
광합성 저하	자외선(UV-B)이 엽록소 · 광합성 효소를 손상시켜 광합성 효율 저하
잎의 물리적 손상	자외선으로 인해 잎의 표면 손상, 변색, 기공 기능 저하
호르몬 변화	옥신 억제 및 에틸렌 증가로 인해 생장 둔화, 조기 낙엽 발생
DNA 손상 및 돌연변이	UV-B에 의해 DNA 가닥 절단 및 돌연변이 발생, 세포 기능 저하
미세 환경 변화	나무 주변의 미세 환경 및 토양미생물 변화
생장 및 번식 저하	자외선 노출로 장기적인 생장 둔화, 번식력 감소

핵심 27 풍해

1 피해 특징

① 초두부: 휘거나 부러짐

② 수간: 절단, 갈라짐, 휨, 나이테 박리, 변재부 섬유 절단

③ 뿌리: 뽑힘, 뿌리 절단

④ 가지: 부러짐

⑤ 잎: 탈락 또는 변색

⑥ 풍해 피해 중 가장 많이 일어나는 피해는 뿌리 뽑힘에 따른 도복과 수간절단이다.

⑦ 낙엽송은 도복 피해가 가장 많으며, 소나무는 도복보다는 수간 절단 피해가 크다.

⑧ 나이테 박리와 변재부 섬유 절단 피해는 풍해지의 잔존입목에서 흔히 일어난다.

2 방제법

① 내풍력이 강한 수형을 가진 품종을 선발한다.

② 소식 조림에 의해 수간과 뿌리 발달을 촉진한다.

③ 간벌은 약도로 실시하되 실시 회수를 늘린다.

④ 과도한 가지치기를 하지 않고 임연부에서는 가지치기를 실시하지 않는다.

⑤ 잡목 솎아베기와 간벌 시 밀도를 고르게 실시한다.

⑥ 풍해나 병충해로 생긴 임내의 공간에는 즉시 조림한다.

⑦ 노령임분은 가능한 조속히 갱신한다.

28 성장단계별 산불피해

1 개요

우리나라는 산불에 취약한 침엽수림이 40% 이상을 차지하고 있으며, 침엽수의 죽은 가지가 많이 부착되어 있는 경우 산불에 매우 취약하다. 왜냐하면 지표화로 타던 불이 수관화로 확산시키는 사다리 역할을 하기 때문이다. 또한, 임분의 성장 단계별 산불에 대한 피해 정도가 다르다.

2 임분의 성장단계별 피해 형태

① 치수기: 식재 후 임관이 형성되기 전까지로 하층식생들과의 경쟁 상태이다. 하층의 초본류는 계절에 따라 건습도가 급격히 변하므로 건조기에는 산불에 극히 취약하다.

② 유령기: 임관 형성 후 간벌시기 전까지로 개체목 간의 경쟁이 왕성하여 낙엽과 고사지가 많아 산불 발생의 위험이 크며, 죽은 가지로 인해 수관화로 쉽게 확산된다.

③ 장령기: 간벌 후 갱령기까지로 임내습도는 비교적 좋게 유지되므로 산불 발생 위험률은 낮으나 건조가 심하면 위험해진다.

④ 노령기: 수고가 높은 갱신기의 성숙임분으로 산불 위험률이 비교적 낮다.

3 산불 방지 방안

① 우리나라의 경우에는 대부분 산불이 인위적으로 발생하기 때문에 화인이 없도록 계도와 홍보에 우선하여야 한다.

② 임내에 방치된 연소물을 임지 바깥으로 끌어냄으로써 산불을 억제할 수 있으나 비용이 많이 든다. 따라서 간접적인 연소물 제거 방법으로 적절한 산림시업을 통하여 임상에 들어오는 햇빛의 양을 조절함으로써 낙엽 분해의 촉진과 하층식생의 침입을 유도한다.

③ 화염의 온도를 높아지지 않게 하기 위해 방화수림대를 조성한다. 결국 산불 방지를 위한 시업은 적절한 숲 가꾸기를 통하여 지속 가능한 산림을 경영하는 것이라 할 수 있다.

핵심 29 산불피해지 복구 원칙과 방법

1 개요

산불피해지는 많은 요인들이 동시에 영향을 미치므로 생물학적, 물리화학적 환경, 사회경제적 요인과 이들의 관계까지 고려하여 그 땅에 가장 알맞고 생태계의 기능과 과정이 바람직한 상태로 유지될 수 있도록 관리계획을 수립하여야 한다.

2 산불피해지 복구원칙

① 자연복원과 인공복구는 조화롭게 병행해야 한다.

② 산사태 우려 지역은 응급복구를 실시해야 한다.

③ 송이버섯과 같은 주민 소득원은 복원시켜야 한다.

④ 특정 동식물 지역은 복원해야 한다.

⑤ 임관층이 살아있는 지역은 자연 복원해야 한다.

⑥ 마을과 도로 주변은 경관조림을 고려할 수 있다.

⑦ 구체적인 기준과 방법은 현지조사 후 결정해야 한다.

3 산불피해지 복구 방법

① 산불피해지 임관층의 피복도가 높으면 자연 복원한다.

② 하층식생의 피복도가 높으면 자연 복원한다.

③ 피복도가 낮고 경사도가 높은 경우에는 생태복구를 실시한다.

④ 비옥도가 높은 곳은 조림을 실시한다(경제조림).

⑤ 비옥도가 낮은 곳은 비료목을 식재한다.

⑥ 산불피해가 잦은 지역은 내화수림대를 조성한다.

4 산불피해 복원 사례

■ 송이산 복원 방법

소나무의 대부분이 고사한 지역	• 토양표면 부근을 제외하고 송이 균이 대체로 활력을 유지하고 있지만, 갑작스런 환경 변화로 땅속의 송이 균이 점차 쇠퇴할 것이므로 피해목을 서둘러 제거하지 말고 햇빛과 온도를 차단하는 피음망을 설치하고, 소나무 종자를 파종하며, 적극적으로 소나무 묘목을 식재
소나무 1/4 이상 잔존지역	• 살아남은 소나무의 집중적인 관리가 필요 • 구체적으로 솔잎혹파리 등 병충해의 구제와 동시에 엽면시비로 수세를 회복시켜야 함 • 송이의 균주는 기존의 소나무에서 회복시키는 것이 새로운 균주를 주입하는 것보다 빠르게 회복

핵심 30 식물병의 원인

- 불량한 생육환경+생육부진 → 병원균의 침투 → 발병
- 재배환경 청결 유지

1 생물성 원인

① 전염성병, 기생성병

② virus, bacteria, fungi, nematode

2 비생물성 원인

비전염성, 비기생성병, 생리적 병

① **영양장해:** 필수 영양소의 결핍. 과다

② **토양 조건:** 중금속오염, 염류화, 산성화, 산소 부족

③ **기상 조건:** 건조, 과습, 대기오염, 냉해(한해, 동해)

④ **약해:** 제초제, 호르몬제

병원체의 종류

● 병원체의 전반(식물체 전염): 공기, 물, 토양, 곤충, 영양번식

1 생물성 병원체

phytoplasma, bacteria, fungi, algae, nematode 등

2 Virus성 병원체

virus, viroid, phytoplasma

3 비생물성 병원체

비전염성, 생리적 장해

① 영양 장해

② 토양 조건

③ 기상 조건

④ 약해

핵심 32 수목병의 진단

1 진단(diagnosis)

병의 원인을 결정하는 작업

① 식물체의 형태 변화

② 병원체의 확인

③ 식물체의 생리적인 변화

2 병징과 표징에 의한 진단(외관상 변화)

- 전신병징(virus phytoplasma), 국부병징(균류, 세균류)

- 병징(symptom): 식물조직 자체 이상. 변화 특징

- 표징(sign): 병든 조직에 나타나는 병원체의 특징

1) 병징

① 시들음(wilt), 위축(dwarf)

② 변색(discoloration), 구멍(shot hole)

③ 혹(gall), 총생(rosette)

④ 탈락(abscission), 가지마름(die back)

⑤ 줄기마름(궤양, canker), 썩음(rot)

⑥ 분비(exudation)

2) 표징

① 포자, 자실체 균사조직

② 말기에 나타나는 경우가 많다.

③ 거의 치료 불가능

- 2차 감염 발생

④ 진단 유의

3 **그 밖의 진단법**

① 분리 배양

② gram 염색법(양성, 음성 세균)

    – 시약

③ 현미경 이용

    – 광학

    – 전자(주사, 투과)

    – 해부

④ 혈청(항원 · 항체반응)

⑤ 유전자 진단

⑥ 지표식물

> **참고** **코흐의 4원칙(Koch's principle)**
>
> ① 기주의 발병 부위에서 병원균 분리
> ② 분리한 병원균 배양
> ③ 기주에 병원균 접종
> ④ 기주의 발병
> - 해당 병원균을 발병의 원인으로 진단할 수 있다.
> - 분리 배양이 불가능한 순 활물기생하는 바이러스 종류의 병원균에 대해서는 진단이 불가능한 단점을 가지고 있다.

수목병해 진단 방법

1 육안진단

병징 · 표징의 관찰

2 해부학적 진단

병든 조직의 해부, 이상관찰

3 병원균 분리 배양에 의한 진단

Koch의 원칙

4 혈청학적 진단

이병식물즙액, 진단시약 반응관찰

5 지표식물을 이용한 진단

감수성이 높은 초본 이용

6 이화학적 진단

황산구리법, 자외선 조사 등에 의한 진단

> 참고
>
> - **지표식물:** 환경지표식물, 기후지표식물, 토양지표식물, 병해지표식물
> - **환경지표식물:** 특이한 환경 조건에서만 서식하는 식물 또는 식물군락
> - **기후지표식물:** 특정한 기후 조건에서만 서식하는 식물 또는 식물군락

Virus 진단 방법

- 육안진단 field diagnosis=포장진단
- 개체진단 plants diagnosis

1 육안진단 – 경험에 의한 진단

① 병든 나무의 병징 관찰

- 오갈병, 잎말림병 등

② 매개충의 관찰

- 매미충류, 진딧물류, 노린재류 등

③ 기타

- 이병식물 분포
- 주위 식물 감염
- 토양 · 배수 조건 등의 관찰

2 개체진단

① 지표식물에 의한 진단

- 사과나무 바이러스의 판별에 세대가 짧은 명아주를 이용한다.
- 이때 명아주를 바이러스 검정에 사용한 판별기주라고 한다.

② 전자현미경에 의한 진단

- 조직관찰

③ 혈청 반응에 의한 진단

- 이병식물즙액, 진단시약반응관찰

④ 유전자 관찰에 의한 진단

- 혈청반응 · 진단 불가능한 viroid 진단

35 수목의 병징 오진 사례

- 병징: 나무 자체의 변형·변색
- 표징: 병원균이 병반에 나타난다.

1 영양소 결핍(→ 유기질 비료 사용)

① 질소

- 잎의 크기 ↓
- 노랗게 변하며 탈색
- 0.25% ↑

② 인산

- 잎이 적황색 · 적갈색으로 변색
- 60ppm ↑

③ 칼륨

- 활엽수 잎맥 탈색
- 침엽수 잎 끝부분 탈색
- 0.25cmol/kg

④ 칼슘

- 새로 돋는 잎의 크기 ↓
- 색 연함
- 2.5~5cmol/kg

⑤ 마그네슘

- 잎이 뒤집힌다.
- 늙은 잎 잎맥 사이 탈색
- 1.5cmol/kg

2 **대기오염 피해**

① 황변 · 갈변: HF

② 은회색 · 청동색: PAN

③ 앞면 작은 반점: O_3, SOx, NOx

④ 앞뒷면 엽맥 사이 작은 반점

　　– HF, PAN, O_3, SO_2, NOx

3 **복토와 심식**

① 왜소화

② 황화

핵심 36 감염과 발병

■ 기주에 도착한 병원체

침입 penetration	→ 기생관계 성립	감염 infection	→ 잠복기	발병 disease development

1 병원체의 침입

1) 직접 침입

① 흡기로 침입

② 각피 아래만 침입

③ 부착기, 침입관, 세포 내 균사로 감염

④ 세포 간 균사

⑤ 흡기를 가진 세포 간 균사

2) 자연개구 이용 침입

① 기공

② 피목

③ 수공

3) 상처 이용 침입(상처 침입)

① 균열 침입(주근과 측근 사이 균열)

② 붕괴조직 침입(균사 뻗기 전 죽임)

→ 균류의 증식에 필요한 물질의 획득

2 감염

① 병원체의 기주 정착. 기생관계 성립

② 국부감염: 선충과 bacteria,

③ 전신감염: virus와 phytoplasma

④ 기주 범위: 다범성(넓다), 특이성(좁다)

3 발병

① 초기 병징: 외관상 변화 관찰 → 발병

② 잠복기: 침입 → 발병 소요기간

핵심 37 병원체의 휴면

- 부적합한 환경= 조건
- 온도: 저온, 고온
- 습도: 건조

1 휴면 방법

1) 휴면조직 형성

① 균류, fungi

- 균핵, sclerotium
- 후벽포자, chlamydospore
- 내구성 자실체 – 자낭구. 자낭각. 자낭반
- 분생포자각(유성세대가 알려지지 않은 불완전균류)

② 세균, 바이러스는 휴면조직이 없다.

2) 월동 방법(저온)

① 기주식물 조직

- 절대기생체, 일부 세균류
- phytoplasma, virus

② 조직 표면

흰가루병, 그을음병, 줄기마름병

③ 수체 이탈 조직

침엽수류잎떨림병, 가지마름병

④ 토양

- 세균성 뿌리혹병, 모잘록병, 자주빛날개무늬병
- 선충: 알 · 유충상태

⑤ 기주식물 뿌리

virus, phytoplasma

3) 월하(고온)

　① 삼나무균핵병

　② 균사 생육 부진(저온)

　③ 균핵 상태로 월하

　④ 0℃ 부근 기주 침입

4) 생리적 휴면

　① 리지나뿌리썩음병 포자 − 40~50℃, 3~12시간

2 병원체의 전반

1) 자력

　① 선충, 세균, 일부균(유주자)

2) 매개체(vector)

　① 바람: 균류포자, 세균(물에 포함)

　② 물

　③ 토양

　④ 곤충

　⑤ 영양번식체

　⑥ 꽃가루

핵심 38 병의 삼각형과 5요소

1 병의 삼각형

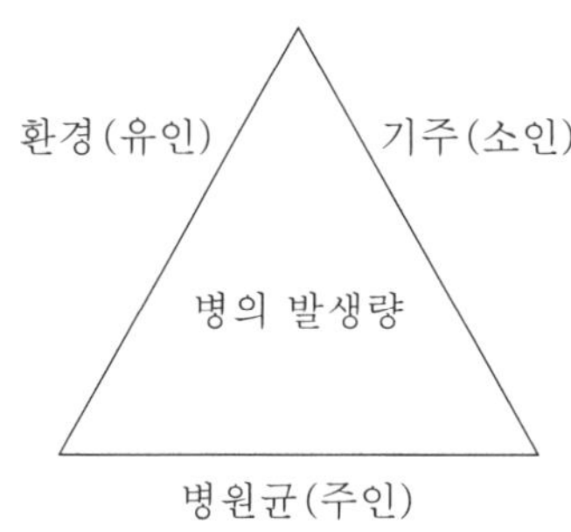

전염성 병이 발생하기 위해서는 다음과 같은 3가지 조건이 갖춰져야 한다.

① 병원성을 갖춘 병원체 → 주인(主因)

② 병원체에 감수성인 기주 → 소인(素因)

③ 기상 조건이나 토양 조건 → 유인(誘因)

　　→ 병의 발생량=삼각형의 면적

　　→ 삼각형 각 변의 크기를 줄임 → 발병량 감소

2 병의 사면체와 5요소

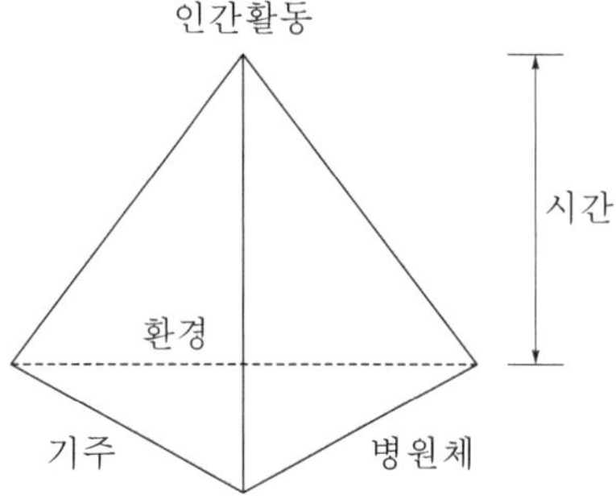

① 병의 5요소=병원체+기주+환경+시간경과+인간활동

② 병이 발생할 요인을 갖추어져도 병이 발달할 시간이 짧으면 병은 발생하지 않을 것이며, 인간활동은 기주식물, 병원체, 환경과 병이 발생하는 시간에 영향을 줄 수 있다.

→ 병 발생량은 기주, 병원체, 환경, 시간, 인간활동에 의하여 좌우된다.

3 병의 5요소들의 관계

① 병에 대한 저항성이 없는 기주의 개체가 많을수록 병원체의 생장이 왕성하고 균사와 포자 같은 번식체가 많을수록, 그리고 병원체가 잘 자랄 수 있는 온도와 수분 등의 환경이 알맞을수록 병 발생은 커진다.

② 온도가 너무 높거나 낮아서, 또 습도가 너무 낮으면 기주나 병원체가 생장, 번식하지 못하게 되어 발생이 적어진다.

③ 시간은 병원체에게 유리한 환경이 지속되는 기간 병원체가 기주에 감염, 증식하여 다른 조직, 개체로 전파할 수 있는 시간이 길수록 병은 크게 진전될 것이다.

④ 인간활동은 특정 기주 품종을 재배하거나 병원체를 방제하는 처리를 하거나, 식물의 재배환경을 조절하거나 병원체를 전파시키는 매체가 되어 병 발생에 관여한다. 결론적으로 이 5가지 요소 중에서 한두 가지만 조절하여도 병 방제에 성공할 수 있다.

4 관련 요소

유전적 소양(감수성, 내병성), 온도, 빛, 습도, 토양, 바람, 지형, 지질, 대기오염 등

39 환경 조건에 의해 발생하는 수목병

> **참고 | 병해**
>
> - **사철나무 흰가루병**: 봄부터 발병(낮은 온도), 보통 여름 이후 발병
> - **활엽수 탄저병**: 고온다습한 환경, 쌍떡잎식물
> - **침엽수 그을음병**: 병원균이 아니고 대기오염이 원인

1 온도

① 40~50℃: 리지나뿌리썩음병. 파상땅해파리버섯

② 30℃: 피해 심각 소나무재선충병 20℃ 이하에서는 발병하지 않는다.

③ 28~30℃: 낙엽송가지끝마름병(고온다습)

④ 15~20℃: 침엽수 잿빛곰팡이병, 삼나무균핵병(침엽)

　　– 동해에 의한 상처로 병원균 침입

　　– 고온건조하면 파이토플라즈마 많이 발생

2 빛

① 광합성↓ → 물질대사 이상 → 저항력 감소

② 자외선에 의한 미생물 살균효과

③ 잣나무 피목가지마름병

④ 소나무류 · 낙엽송잎떨림병

⑤ 낙엽송가지끝마름병

3 습도

① 모잘록병: 묘포의 과습에 의해 발병

② 잿빛곰팡이병: 균류의 포자 형성, 식물체 침입은 95% 이상 습도 필요

4 **토양**

① 질소비료 과용 → 웃자람 → 발병 조장

② 칼륨 · 인 비료 → 병에 대한 저항력 향상

③ 물리 · 화학적 성질, 나무에 직접 영향

④ 낙엽송잎떨림병: 포드졸화한 토양. P, K 결핍토양

⑤ 묘포장은 질소과용하기 쉽다.

5 **바람**

① 심한 바람 → 과도한 증산, 바람에 의한 상처 → 수세 약화

② 낙엽송가지끝마름병(과도한 증산)

③ 목재썩음병원균류(상처로 침입)

6 **지형**

① 잣나무털녹병: 표고 900m 이상 송이풀 서식지

7 **대기오염**

① SO_2: 소나무류 그을음병, 잎 마름병, 침엽수류 아밀라리아 뿌리 썩음병

② O_3: 소나무류 잎떨림병

수목의 병해저항성

- 방어체계: 기존, 유도
- 유전적 저항성: 진정(수직, 수평), 외견(병 회피, 내병성)
- 유전자 간 반응: 친화적, 과민적
- 유전자 친화성
- race²: 동물의 종류(속) the race(종족, 민족) → 인류

1 방어체계 저항성(시스템적 저항성)

① 기존적 방어: 기공 · 피목의 구조

② 유도적 방어: 새로운 조직 · 물질 형성

- 페놀계, 테르펜계, 타닌, 사포닌

2 유전적 저항성

① 진정 저항성(유전자에 의한 조절)

㉠ 수직 저항성(oligogenic)

- 특정 병원체 레이스에 저항성

㉡ 수평 저항성(polygenic)

- 대부분의 병원체 레이스에 저항성

② 외견상 저항성

㉠ 병 회피: 감수성 식물체지반 발병 조건이 갖추어지지 않은 경우

㉡ 내병성: 병징 미약 · 생장량, 생산성 유지

3 유전자 간 반응(식물체와 병원균)

① 과민적 반응: 증식 억제

② 친화적 반응: 발병

목질부후

● 사물 기생균에 의해 나무의 줄기나 뿌리의 가운데 부분인 심재부가 썩는 현상

1 목질부후의 종류

1) 갈색 부후균 – 자낭균, 담자균

① 헤미셀룰로오스, 셀룰로오스 분해

② 리그닌 남김 → 목질부 갈변

③ 벽돌 모양, 금이 가며 쪼개짐

2) 백색 부후균 – 민주름버섯의 담자균, 구름버섯

① 헤미셀 · 셀룰로오스, 리그닌 모두 분해

② 목질부 밝은색

③ 변재부가 나이테 모양으로 남는다.

3) 연부후균 – 분해력 낮은 자낭균류, 불완전균류

① 목질부 내 방사유조직

② 세포벽의 벽공(수분 침투)

③ fungi와 bacteria의 침입을 쉽게 한다.

2 균류의 천이=부후의 진행

① 양분: 단당류, 헤미셀룰로오스, 셀룰로오스, 리그닌

② 부후균: 불완전 균류 → 자낭균류 → 담자균류

임업적·화학적 방제법

1 임업적 방제

작업 방법	병해
주변 초본류 및 잡목류 제거	모잘록병, 낙엽송잎떨림병
풍충지는 조림 안함	낙엽송가지끝마름병
중간기주 옆 조림 안함	잣나무털녹병, 소나무혹병, 소나무류잎녹병
혼효림 조성	낙엽송잎떨림병, 소나무류잎떨림병
보호수대(방풍림) 설치	낙엽송가지끝마름병
지타, 제벌 및 간벌 실시	잣나무털녹병, 낙엽송잎떨림병
병든 낙엽 수집 소각	낙엽성병해 전반
통풍, 배수, 일조 개선	묘포병해 전반, 흰가루병
저항성 품종 식재	밤나무줄기마름병, 포플러잎녹병

2 화학적 방제

구분	작업 방법	병해
분무법	유제 또는 수화제 등 살균제를 500~1,000배로 희석 살포	묘포 포플러잎녹병 등 낙엽성 병해
산분법	밭갈기 전 PCNB, 카보프란 살포	모잘록병 등 토양전염성 병해
훈연법	클로로피크린, 베이팜 등을 토양관주 후 젖은 거적이나 비닐로 피복	모잘록병, 묘포병해상습발생지
관주법	다찌가렌을 파종 전이나 묘목 발생 후 m²당 3~5ℓ 물조리개로 살포	모잘록병, 오동나무탄저병 등
분의법	파종 전에 소량의 오소싸이트 분상약제와 종자를 혼합	모잘록병, 오동나무탄저병 등
침적법	파종 전 호마이수화제 500배액에 종자를 24시간 침적소독 후 파종	모잘록병, 오동나무탄저병 등
도포법	병환부 제거 후, 발코드 약제(액상 또는 연고) 바름	밤나무줄기마름병, 뿌리혹병
수간 주입	테트라싸이클린계 항생제	대추나무빗자루병 등 파이토프라즈마 및 세균성 병해

43 CODIT

- compartmentalization of decay in trees
- 부후의 구획화, ALex Shigo

1 활엽수 도관 내 전충체(tylose)

침엽수 막공 폐쇄 · 송진 분비

→ 상하 방향 방어벽 형성

2 나이테 유세포 차단벽

→ 중심 방향 방어벽 형성

3 수선 유세포 차단벽

→ 나이테 방향 방어벽 형성

4 형성층 유세포 차단벽

→ 나이테 바깥 방어벽 형성

① 목질부후균의 침입에 저항하는 나무의 방어기작

② 부후의 구획화

핵심 44 수간외과술

- 수간에 공동(cavity)이 생기면 부패의 진행을 막기 위한 조치
- 방어벽 생성 촉진, 새로운 목질부 추가

1 부패부 제거

① 자귀 긁기

② 끌로 방어벽은 손상되지 않게

2 형성층 노출

callus 생성 촉진, 바세린 도포

3 소독 · 방부 처리

① 살균: 70% 에틸알콜(소독)

② 살충: 스미치온 200배액+다이아톤 100배액

③ 방부: 유산동 10%용액, 중크롬산 카리 0.5%용액을 각각 충분히 도포한다.

④ 방습: 바닥에 콜타르 처리. 노출 형성층 안 되도록 한다.

4 공동충전: 발포우레탄

① 우레탄 발포 완료 후 표면처리 또는 부푸는 것에 대한 조치 후 시공한다.

② 발포하지 않는 우레탄을 사용하기도 한다.

5 방수처리

에폭시 수지

6 표면경화

부직포+폴리에스테르 수지

7 인공 수피

① 코르크 가루+에폭시 수지

② 코르크 가루를 손으로 눌러준다.

수목지지시스템

1 개념

① 노거수에 설치하여 나무의 물리적인 손상을 방지하는 장치(tree support system)

② 나무도 노쇄기에 접어들면 스스로 회복할 수 있는 힘이 약해지기 때문에 구조적으로 취약한 부위의 파손을 막기 위해 구조를 보강하는 조치가 필요하다.

2 종류

1) proping

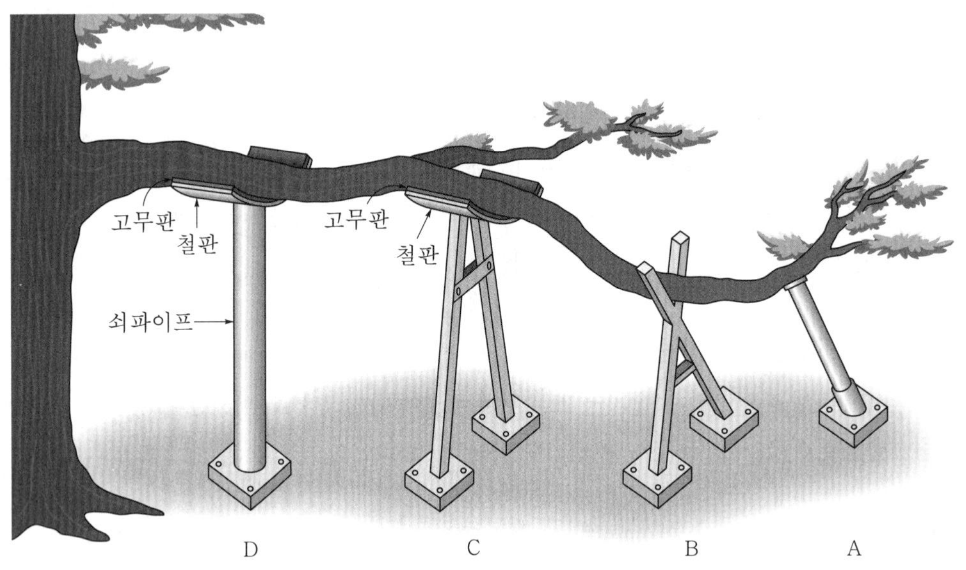

▲ 지주 설치의 형태

① 지주 설치 : 혼자서 지탱 못하는 가지에 지주를 설치, X · Y · A형 지주

2) bracing

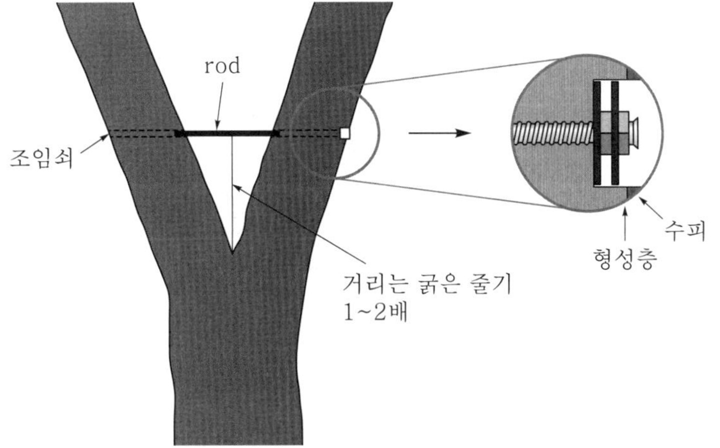

▲ 쇠조임 설치 요령

① 쇠조임: 줄기나 가지가 나누어지는 지점이 찢어지지 않도록 보강하는 장치

② 갈라지는 지점에서 굵은 줄기 직경의 1~2배 거리를 쇠막대(rod)로 조여준다.

3) cabling

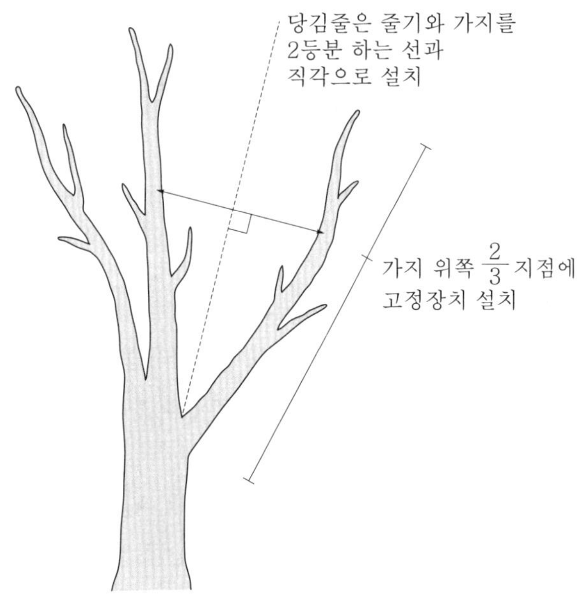

▲ 줄당김 설치 방법

① 줄당김: 혼자서 지탱 못하는 가지를 서로 당겨주는 당김줄(guy)을 설치한다.

▲ 줄당김 설치 예시

3 수피 이식

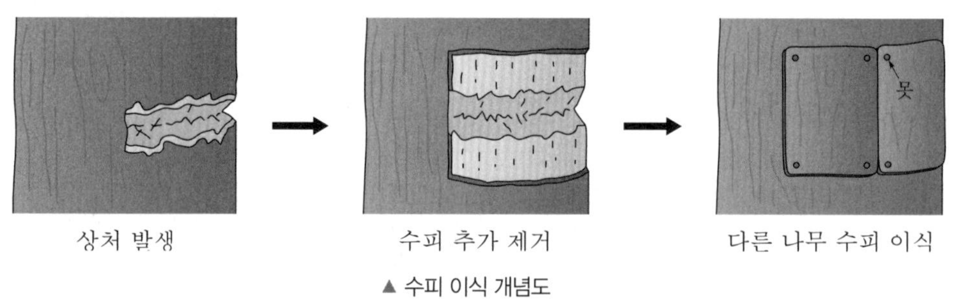

▲ 수피 이식 개념도

① 상처를 입은 부위는 병균 침입의 통로가 된다.

② 상처 부위를 청소 및 소독하고, 살아있는 수피를 추가로 제거하여 다른 나무의 수피를 이식할 준비를 한다. 다른 나무의 수피를 같은 크기로 잘라 붙이고 못으로 고정한다.

③ 이식이 끝난 후 젖은 천으로 이식한 부위를 덮어 주고 비닐로 감싸서 건조하지 않게 하고 햇빛을 가려준다.

④ 수피 이식의 시기는 세포 분열이 왕성한 늦은 봄부터 여름이 가장 좋다.

4 기타 노거수 보호조치

① 수간외과술, 엽면시비, 수간주사, 토양개량 등

핵심 46

곤충에 영향을 미치는 환경요인

- 기상적 요인: 온도, 수분, 바람, 일광
- 생물적 요인: 기주식물저항성, 경쟁종, 천적

1 기상 조건

1) 온도

① 생존온도 15~50℃

② 최적온도 15~32℃

③ 한계온도 → 활동정지(quiescence)

2) 수분

① 심한 건조: 체내수분 과잉 손실 – 직접 원인

② 과습: 곰팡이 번식 · 전염– 간접 원인

3) 바람

① 분산(dispersal)의 수단, 유충, 약충

② 치사 원인: 강한 바람

4) 일광

① 계절변화의 참고 지표

② 휴면의 진입 여부 결정 요인

- 가시광선, 자외선: 양성 주광성 곤충이 많다.

- 적외선: 곤충이 낮은 온도에서 활동을 가능하게 한다.

2 다른 생물과의 관계(기주식물저항성, 경쟁종, 천적)

1) 기주식물의 저항성(resistance)

① Painter 1951

② 해충 피해의 정도를 줄일 수 있는 식물체가 가지고 있는 유전적 형질

   ㉠ 내성(tolerance)

     – 해충의 공격에 생리적 보상 작용

     – 생장 · 번식 · 피해 회복 능력

   ㉡ 비선호성(non - preference)

     – 해충의 기주 선택 방해 물질 분비

     → 나무 입장에서 항객성(antixenosis)

   ㉢ 항생성(antibiosis)

     – 곤충의 생산 · 번식 억제 능력

     – 물리적 방어, 독성물질 보유, 화학적 방어 기능

2) 천적

① 해충의 기하급수적 증가 억제

② 밀도 의존적 작용(해충 밀도↑, 천적 증가)

핵심 47 수목에 피해를 주는 곤충목

- ptera-wing(날개), feather(깃털)
- 곤충강: 무시아강, 유시아강(날개): 외시류, 내시류
- 절지동물문: 곤충강, 거미강(응애류), 지네강, 노래기강, 새우강

1 내시류(Endopterygota, 완전변태)

① 딱정벌레목(coleoptera): 나무좀, 바구미, 하늘소, 풍뎅이, 무당벌레

② 풀잠자리류(neuroptera): 풀잠자리, 뱀잠자리, 약대벌레

③ 파리목(diptera): 파리, 모기, 등에, 기생파리, 꽃등에, 혹파리

④ 벌목(hymenoptera): 개미, 꿀벌, 말벌, 기생벌, 잎벌, 혹벌

⑤ 나비목(lepidoptera): 나비, 나방

2 외시류(Exopterygota, 불완전변태)

① 매미목(homoptera): 매미, 멸구, 진딧물, 깍지벌레, 거품벌레, 매미충

② 노린재목(hemiptera): 노린재, 방패벌레, 빈대, 소금쟁이

③ 메뚜기목(orthoptera): 대벌레, 바퀴, 귀뚜라미

④ 흰개미목(isoptera)

⑤ 잠자리목(odonata)

참고 산림해충의 생태

곤충은 일반적으로 알에서 유충, 번데기를 거쳐 성충이 된 다음 다시 알을 낳는 생활사를 반복한다(완전변태). 그러나 알에서 부화하여 유충과 번데기라는 명백히 구분된 기간을 거치지 않고(번데기 기간이 없음) 곧바로 성충이 되는 매미, 하루살이 등도 있다(불완전변태).

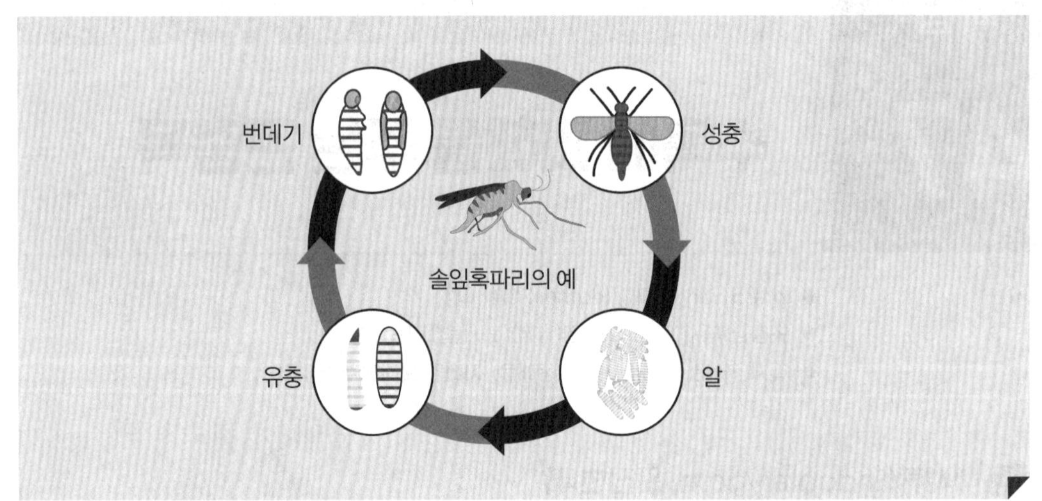

번데기
성충
유충
알
솔잎혹파리의 예

핵심 48 곤충의 습성

- 정위(定位, orientation): 동물이 자극원에 반응하여 자세 및 위치를 조절하는 행위
- 동물 taxis: 주성
- 식물 tropism: 굴성
- kinesis(무방향)
- taxis(주성, 추성)

1 곤충의 이동 – 정위(orientation)

1) 무방향운동

① 곤충의 이동이 자극원과 무관한 행동

② 싫어하는 곳에서 더 활동적, 나무이, 체체파리

2) 주성(음성주성, 양성주성, taxis)

① 주광성: 자극원이 빛, 나방류 photo-

② 주지성: 중력, 신초가해(양성주광성복합) 애벌레(음성주지) geo-

③ 주촉성(thigmotaxis): 몸의 표면 주위 접촉

④ 주화성(chemotaxis): 화학물질, 성페로몬

⑤ 주풍성(anemotaxis): 바람, 냄새 출처 도달

2 섭식행동 – 먹이 종류

① 부식성(saprophagous)

② 식식성(phytopagous)

③ 균식성(mycophagous) 균사

④ 육식성(zoophagous) (predator – parasite – parasitoid(포식기생충)

☞ mono(광) – oligo(협) – poly(단)

외래해충

1 흰불나방, 버즘나무 방패벌레

→ 활엽수 피해

2 꽃매미

→ 가중나무, 포도, 복숭아, 장미, 튤립나무, 떼죽나무, 과실나무

3 돌발외래해충(sudden exotic pest, 突發外來害蟲)

① 근래에 외국에서 이입되어 갑자기 개체수가 많아져서 피해를 발생시키는 해충

② 꽃매미, 미국선녀벌레 등

③ 흰불나방이나 버즘나무방패벌레 등은 국내에 매년 피해를 주는 과거의 돌발외래해충

종간 상호작용

◎ 유리, – 무관, ● 불리

상호작용 유형	A 종	B 종
symbiosis, 공생	◎	◎
commensalism, 편리공생	◎	–
competition, 경쟁	●	●
parasitism, 기생	◎	●

☞ 기생은 predation(포식)을 포함

1 ecological niche

① competition, 1957 Hutchinson

② fundamental niche(기본지위): 경쟁자 無, 예 농경지 토양

③ realized niche(실현지위): 경쟁자 有, 예 산림토양

2 경쟁배타의 원리

가우스의 법칙, 수족관 짚신벌레, 경쟁에서 이긴 종만 살아남게 된다.

→ 실제 자연계에는 자원을 나누어서 이용하여 두 종이 모두 살아남게 된다.

☞ 경쟁하는 두 종이 실현 지위를 달리하여 경쟁 회피, 그래서 경쟁 종이 자연계에 존재

핵심 51 해충 방제 방법

1 기계적 방제

방제법	실시 방법	적용 해충
인공포살	간단한 기구나 손으로 잡아 죽임	솔나방, 미국흰불나방 등
	구멍속의 유충을 철사로 찔러 죽임	하늘소류, 박쥐나방
	땅에 비닐이나 천을 깔고 나무를 턴다.	잎벌레류, 바구미류, 하늘소류
	알을 제거	어스렝이나방, 매미나방
경운법	묘포에서 땅을 깊이 갈아 땅속의 해충을 노출시킴	굼벵이류, 잎벌레류, 땅강아지
유살법	당밀 등으로 유살	풍뎅이류
	수간에 짚이나 가마니를 감아 잠복소를 만들어 유살	솔나방, 미국흰불나방
	원목을 1~2 높이로 잘라 ha당 10~20본을 이목으로 설치하거나 나무껍질을 벗김	나무좀류, 바구미류
차단법	나무줄기에 끈끈이를 바르거나 비닐을 감아서 이동을 못하게 함	솔나방, 미국흰불나방, 재주나방류, 매미나방

2 물리적 방제

방제법	실시 방법	적용 해충
온도처리	고온(60° 이상) 또는 저온(−27° 이하) 처리	가루나무좀류, 나무좀류, 하늘소류, 바구미류
습도처리	목재를 물속에 30일 이상 담그어 둠	나무좀류, 하늘소류, 바구미류

3 화학적 방제

방제법	실시 방법	적용 해충
접촉살충제	메프 또는 디프제 등을 100배로 살포	나방류 및 기타
	스푸라싸이드 1,000배 내외 살포	깍지벌레류
	닉크분제를 지면살포 ha당 30kg씩 3회 살포	솔잎혹파리
	분제를 토양 처리	굼벵이류, 땅강아지
침투성 살충제	수간주사를 실시	솔잎혹파리, 솔껍질깍지벌레
	엽면살포를 실시	진딧물류
	근부처리를 실시	솔잎혹파리, 응애류
살비살포제	엽면살포를 실시	응애류

4 생물학적 방제

방제법	실시 방법	적용 해충
기생봉 이용	솔잎혹파리먹좀벌, 혹파리살이목좀벌, 혹파리등뿔먹좀벌을 사육 방사	솔잎혹파리
포식충 이용	무당벌레, 잠자리 등을 보호 이용	진딧물류, 응애류, 깍지벌레류, 나방류 유충
병원물 이용	B.T균, 백강균을 살포	나방류 유충

5 임업적 방제

방제법	실시 방법	적용 해충
산림 구성	혼효림을 조성	솔나방
밀도 조절	입목도를 낮게 함	바구미류, 솔껍질깍지벌레
위생간벌	쇠약목을 초기 제거	나무좀류, 소나무재선충, 솔잎혹파리
품종 선택	내충성 품종으로 갱신	밤나무혹벌

소나무재선충병

1 정의

소나무재선충이란 선충은 실같이 가늘다 하여 붙여진 이름이고, 대부분의 선충이 토양에 서식하는 데 비해 목질부에 서식하기 때문에 재선충이라 부르며, 소나무에서 서식하기 때문에 소나무재선충으로 부른다. 이러한 재선충에 의하여 소나무가 고사하는 것을 소나무재선충병이라고 한다.

2 기작

① 소나무재선충의 침입 초기에는 유세포에 침구를 꽂아 영양분을 흡수하고 소나무가 발병하여 수체에 곰팡이가 증식하면 곰팡이를 먹고 급증한다.

② 소나무의 가도관을 막아 수분 상승을 차단하고, 독소인 셀룰라아제를 분비하여 소나무가 고사하게 된다.

③ 25℃에서 1세대 소모 일수는 4~5일 정도로 20일 후면 20만 마리가 된다.

> **참고** 피해과정
>
> • 재선충 침입 6일 후: 잎이 밑으로 처지기 시작
> • 침입 20일 후: 잎이 시들기 시작
> • 침입 30일 후: 잎이 급속하게 붉은색으로 변색, 고사 시작

3 매개

솔수염하늘소에 의하여 다른 나무로 매개된다. 즉 솔수염하늘소는 자력으로 이동할 수 없는 재선충을 이동시켜 주고, 재선충은 기주식물을 고사시켜 솔수염하늘소의 산란처를 제공하는 공생관계에 있다.

4 방제

1) 피해목 제거(재선충 구제와 매개충 서식처 제거)

① 고사목은 제거한 후 소각, 훈증, 제탄, 파쇄하고 2cm 이상 잔가지까지 처리한다.

② 벌채한 원목과 벌근 부위의 박피로 매개충 산란 예방과 수피 및 유충 구제

2) 피해 확산 우려 지역 위생간벌(매개충 서식처 제거)

① 피해 발생 인접지역 내 고사목, 피해목은 벌채하여 제거한다.

② 과밀임분은 적정히 간벌하고 다른 원인으로 수세가 약화되지 않도록 무육관리한다.

3) 임내에 이목을 설치

매개충을 유인하여 산란시킨 후 우화 전 수집, 소각으로 매개충을 구제한다.

4) 항공약제 살포

매개충 구제 및 확산 방지를 위하여 감염 시기인 5~7월 중 2~4회 살포한다(메프유제 50%, ha당 0.3ℓ, 1,000배 희석 살포).

5) 지상약제 살포

5~7월 중 항공살포 중간 시기에 지상방제(ha당 20ℓ, 200배 희석)

참나무시들음병

1 병원균

Raffaelea quercus - mongolicae, 담자균류, fungi

2 매개충과 기주

① 매개충: 광릉긴나무좀(Platypus koryoensis, 1935년 국내 보고), 암컷 등에 균낭

② 기주: 참나무류(주로 신갈나무), 서어나무

3 국내 발생 사례

① 2004년 8월 경기도 성남시 중원구 '이배재'에서 최초 발견. DBH 20cm 이상 주로 피해

② 2006년 10월 9개 시·도 61개 시군구에서 동시다발로 발생(1,305ha).

4 병징

① 5월 중순 매개충(성충)이 참나무류의 줄기에 구멍을 뚫고 들어가 침입하면 나무는 7월 말부터 빠르게 시들면서 빨갛게 말라 죽는다.

② 고사목 땅 부위 줄기에는 매개충의 침입 구멍 흔적이 많고(직경 1mm 정도), 구멍 부위 및 근주 부분에는 갉아 먹은 흔적이나 톱밥 같은 배출물이 있어 쉽게 알아볼 수 있다.

③ 고사목을 횡단으로 잘라보면 매개충 침입 갱도를 따라 불규칙한 암갈색의 변색부가 형성되어 있고 역겨운 냄새가 난다.

5 방제 방법

① 침입공 랩으로 싸기

② 포획트랩 설치

③ 침입 부위 가지줄기 제거 및 소각, 9월부터 이듬해 4월까지

④ 메프유제 100배액 침입공 주입

⑤ 메프유제 200배액 수간 살포, 성충우화기인 6월 중순 전후 2주 간격

소나무류 푸사리움가지마름병

1 개요

1946년 미국의 플로리다에서 최초로 발견, 우리나라는 1996년 경기지역 리기다소나무림에서 처음 발견(병원균: Fusarium circinatum이라는 곰팡이균).

2 병징

① 많은 양의 송진이 흐르면서 어린 가지가 고사하고 점차 굵은 가지로 병원균이 확산되면서 심하면 나무 전체가 말라 죽는다.

② 기주: 리기다소나무, 테다소나무 등 30여 종 소나무류(우리나라 소·잣나무는 내병종)

3 침입경로

① 강한 바람, 바구미 등 흡즙성 해충류의 식해, 사람 및 동물에 의한 물리적 가해 등에 의하여 발생된 상처에 병원균의 포자로부터 발아한 균사가 침입하여 발생한다.

② 병원균이 종피 및 종자 내부에도 감염되어 감염종자가 이 병해의 전염원 역할을 할 수 있다는 것이 중요하다.

4 국내 확산 요인

① 기주나무인 리기다소나무에 대한 병원균의 강한 병원성

② 녹화 목적으로 조림된 리기다의 무육관리가 소홀한 임지가 대부분이어서 수세약화가 일어나기 쉬운 임분환경이 조성된다.

③ 도입 소나무류인 리기다는 우리나라의 기후, 토양 조건 등 도태압을 받지 않았으므로 신종 병해의 저항성이 낮은 것으로 판단된다.

5 방제

① 병원균은 균사의 상태로 나무조직 속에 있으므로 약제 살포에 의한 치료는 불가능

② 피해도가 '중'~'심'인 임지는 수종갱신을 추진하면서 벌채산물을 조기에 이용

③ 피해가 약한 임지는 간벌 및 병든 가지를 제거하여 수세강화를 도모하고 병원균의 밀도를 떨어뜨리는 것이 중요

④ 산림시업 적용 기준

    – 송진이 흐르는 벌채목은 반출 금지

    – 가지치기는 송진이 흐르는 부위의 아래쪽 건전한 부위에서 실시

    – 작업도구는 베노밀수화제 등으로 수시로 소독할 것

    – 잘라낸 병든 가지는 반출 후 소각 또는 묻는다.

    – 간벌 또는 병든 가지의 제거 작업이 끝난 즉시 상기 약제를 10일 간격으로 1회씩 살포한다.

솔잎혹파리

1 기작

① 침엽의 접합 부위인 솔잎 기부에서 즙액을 빨아 먹는다.

② Thecodipolisis japonensis, 절지동물문 곤충강 파리목 혹파리과

③ 암컷 체장 2mm, 수컷 체장 1.75mm

▲ 솔잎혹파리의 산란

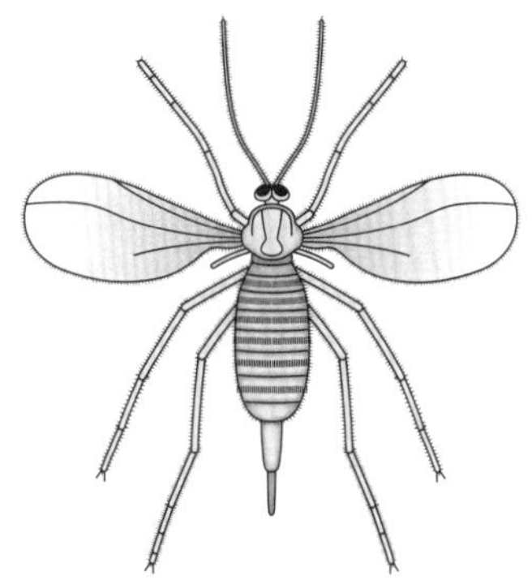

▲ 솔잎혹파리 성충 암컷

2 병징

① 잎의 기부는 부풀어 올라 혹이 된다.

② 피해를 입은 잎은 건전한 잎의 1/2 이하로 신장이 저해되고, 피해가 2~3년 계속되면 고사한다.

3 생활 솔잎혹파리의 생활사

① 1년에 1회 발생하며 유충은 땅속에서 월동하고 성충은 5월 하순에서 7월 하순에 우화하며, 이때 가장 큰 피해를 준다.

② 암컷은 솔잎 사이에 5~6개의 알을 낳고, 유충은 기부에 파고 들어가 흡즙한다.

③ 11월에 4~5령 노숙유충으로 땅속에서 월동한다.

4 방제

① 수간주사(다이메크론 50% 액제)

② 천적방사(솔잎혹파리 먹좀벌)

▲ 피해 사진

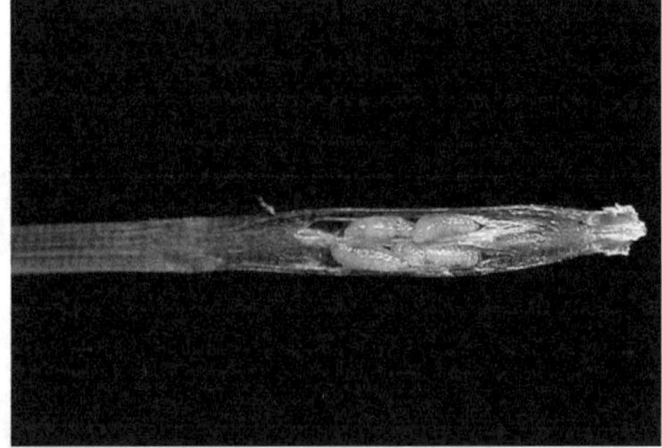

▲유충

핵심 56 대추나무빗자루병

1 개요

대추나무빗자루병은 1950년경부터 크게 퍼지기 시작하여 보은, 옥천, 봉화 등의 대추 명산지를 황폐화시켰으며, 계속 전국적으로 확산되어 대추나무 재배지를 위협하고 있다. 이 병은 우리나라와 중국 등에 분포한다.

2 특징

① 병원균: 파이토플라스마

② 매개충: 마름무늬매미충

③ 기주식물: 대추나무, 뽕나무, 쥐똥나무, 일일초 등

④ 병징

- 잔가지와 황록색의 아주 작은 잎이 밀생하여 마치 빗자루와 같은 모습을 하며, 꽃눈이 잎으로 변하는 엽화현상 때문에 개화, 결실이 되지 않는다.
- 병원체는 조직 속에 있으며 나무 전체에 분포하는 전신성 병해이다.
- 어린나무는 2~3년 내에 말라 죽으며 큰 나무도 열매가 맺지 않고 수년 내에 말라 죽는다.

모잘록병

1 개요

모잘록병(입고병)은 묘포에서 발생하는 대표적 수병으로 균사에 의하여 전염되며 줄기의 지표면 가까이에 발생하여 어린 묘의 줄기가 연화되고 잘록이 생기며 말라 죽는 병으로, 식물이 발아 후 떡잎이 생긴 때부터 발생한다.

2 병징

① 도복형: 어린 묘목의 줄기가 땅에 닿아있는 부분이 갈색으로 변하고 잘록해져서 넘어지고, 썩어 없어진다.

② 지중부패형: 땅속에서 종자가 발아하기 전에 또는 발아하여 싹이 지표면에 나타나기 전에 병원균의 침해로 썩는 것을 말한다.

③ 수부형: 땅위에 나온 묘의 윗부분이 썩어 죽는다.

④ 근부형: 묘목이 어느 정도 자라서 목화된 후에 뿌리가 침해되어 암갈색으로 변하고 부패되는 것을 말한다.

3 병환

① 땅속에 월동하여 다음 해에 제1차 전염원이 된다.

② 일반적으로 Rhizoctonia균에 의한 피해가 과습한 토양에서 기온이 비교적 낮은 시기에 많이 발생하는 데 반하여 Fusarium균에 의한 피해는 기온이 높은 여름, 초가을에 비교적 건조한 토양에서 많이 발생한다.

③ Pythium균은 배수가 불량한 과습한 묘상에서 심한 피해를 가져오는 경향이 있다.

4 방제

① 약제 및 증기, 훈증, 소토 등의 방법으로 토양소독을 한다.

② 종자소독용 유기수은제의 수용액에 종자를 침적하거나 동제, 분제, 티람분제, 캡틴제 등으로 종자를 분의 소독한다.

③ 파종량을 적게 하고 복토가 너무 두껍지 않도록 한다.

④ 묘상이 과습하지 않도록 배수와 통풍에 주의하며, 햇볕을 잘 쬐도록 한다.

⑤ 질소질비료를 과용하지 말고 인산질비료를 충분히 주어 묘목을 튼튼하게 기른다.

58 잣나무털녹병

1 기주

① 잣나무, 스트로브잣나무(중간기주: 송이풀류, 까치밥나무류)

② 병원균: Cronartium ribicola(담자균류)

2 병징

① 4~6월에 수피가 부풀어 터져서 거칠거칠하게 되며, 흰색 막의 돌기가 튀어나오고 막이 터지면서 등황색 가루가 비산한다.

② 6월 이후에는 병든 부위의 수피는 건조해지면서 터지고 형성층은 죽는다.

③ 수포자가 비산하여 중간기주인 송이풀류에 침입하여 6~9월까지 잎 뒷면에 황색가루(하포자)를 형성한다.

④ 하포자는 잎과 잎으로 반복 전염을 하여 8월 중순부터는 미세한 갈색털 모양의 동포자퇴로 변하고, 이것에서 소생자를 형성하여 잣나무잎으로 침입한다.

3 생태

① 주로 15년생 이하 잣나무에서 발병하고, 감염 후 2~4년간의 잠복기를 거쳐 줄기에 병징한다.

② 잎의 기공으로 침입하여 줄기로 전파하고, 잎에 황색 미세반점이 나타나고, 줄기수피가 황색으로 변한다.

4 방제 방법

① 병든 나무와 중간기주를 지속적으로 제거한다.

② 수고 1/3까지 가지치기를 하여 감염경로를 차단, 송이풀류 자생지에 조림을 제한한다.

③ 피해지역에서 생산된 묘목을 다른 지역으로 반출되지 않도록 한다.

④ 묘포에 8월 하순부터 10일 간격으로 보르도액을 2~3회 살포하여 소생자 침입을 방지한다.

▲ 피해 사진

낙엽송가지끝마름병

1 기주와 병원균

① 기주: 낙엽송류(*Larix kaempferi, L. occidentalis, L. laricina*)

② 병원균: Guignardia laricina, 자낭균아문의 한 종

2 병징

① 당년에 자란 새순 끝이 낚시 모양으로 굽거나 꼿꼿하게 서는 두 가지 증상이 발생한다.

② 매년 연속해서 피해를 입게 되면 죽은 가지가 많아 빗자루 모양이 되어 말라 죽는다.

3 피해 형태

① 10년생 내외의 어린나무에 잘 나타난다.

② 1차 전염은 6~7월 자낭포자가 당년에 자란 새순에 감염된다.

③ 잠복기는 10일~14일 정도 발생 가지와 잎에 Macrophoma 속의 불완전세대 형성

④ 2차 전염은 병포자에 의해 발생

  - 매년 연속하여 피해를 받으면 수고생장을 못하고 선단부에 죽은 가지가 총생하여 정아지가 없어진다.

  - 28~30℃의 고온다습한 풍충지에서 주로 발생한다.

4 방제법

① 포지에서는 병든 묘목이 생산 및 출하되지 않도록 철저히 골라내어 태우며, 묘포장 부근의 낙엽송 생울타리나 방풍림을 없앤다.

② 맞바람이 부는 장소에는 조림을 피하거나 활엽수로서 방풍림을 조성한다.

③ 포리옥신 또는 베노밀 1000배액을, 묘포장에서는 6월 상순~9월 중순에 200㎖/㎡씩 2주 간격으로 6~8회, 조림지에서는 7월 상순부터 2주 간격으로 1,000ℓ/ha를 3~4회 뿌린다.

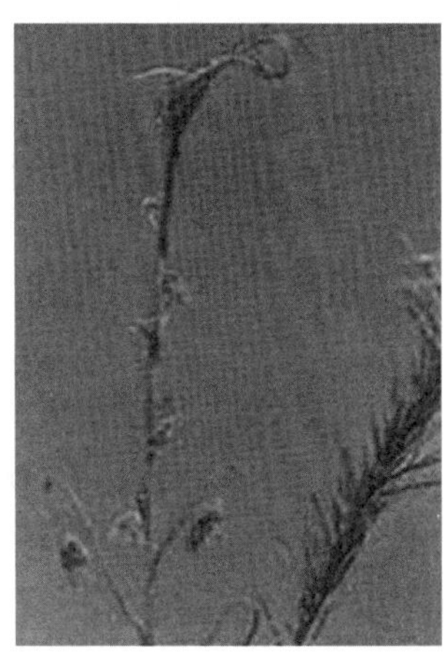

▲ 피해 사진

솔껍질깍지벌레

1 기주와 해충

① 기주: 해송, 소나무

② 해충: Matsucoccus thunberigianae

2 가해 형태

① 유충이 가늘고 긴 입을 나무에 꽂고 수액을 흡수함으로써 가해하며, 피해를 받은 나무는 대부분 아래 가지부터 적갈색으로 고사하고 3~5월에 가장 심하게 나타난다.

② 소나무와 해송 모두를 가해 하나 주로 해송에 큰 피해를 준다.

3 생활사

알 → 부화약충 → 정착약충 → 후약충 → 성충(암컷) → 전성충 → 번데기 → 성충(수컷)

4 방제 방법

1) 수간주사: 포스팜 50% 액제를 12월에 주사한다.

① 대상지

- 관광사적지, 도로변 등 경관보존지역

- 산림보호구역 등 보전우선 지역

- 부락 주변 마을 숲 우량 해송림

- 기타 보존이 필요한 지역

2) 피해목 벌채

① 대상지: 피해 정도가 "중" 이상으로서 방제하여도 소생 가망이 없거나 생립목의 형질 불량 등으로 수종갱신이 필요한 피해임지를 선정한다.

② 실행 방법: 솔잎혹파리 피해목 벌채요령에 준하여 실시한다.

3) 항공약제 살포

① 대상지: 피해선단지와 대면적 피해 발생임지를 선정한다.

② 실행시기: 2월 하순~3월에 기술지도를 받아 실시한다.

③ 사용약제: 부프로페진 40% 액상수화제를 50배액으로 희석하여 100ℓ/ha 살포한다.

▲ 피해 사진

▲ 솔껍질깍지벌레 암컷 성충

미국흰불나방

1 기주와 해충

① 기주: 버즘나무, 벚나무, 단풍나무, 포플러 등 활엽수 160여 종

② 해충: Hyphanria cunea

2 가해 형태

① 1년에 보통 2회 발생하는데 2화기에 피해가 심하며, 유충이 잎을 식해한다.

3 생활환

화기 / 생태별	화기	1	2	3	4	5	6	7	8	9	10	11	12
제1화기	월동번데기	▬	▬	▬	▬	▬							
	성충						▬						
	알						▬						
	가해 유충						▬	▬					
	번데기							▬					
제2화기	성충							▬					
	알							▬					
	가해 유충								▬	▬			
	월동번데기										▬	▬	▬

4 방제 방법

① 약제 살포: 주론수화제 25%, 또는 크로르푸루아주론유제 5%를 살포하여 유충 구제

② 번데기 제거: 나무껍질 사이, 판자 틈, 지피물 밑, 잡초의 뿌리 근처 등에서 고치를 연중 제거 (특히 10월 중순~11월 하순, 3월 상순~4월 하순 제거가 효과적)

③ 알덩이 제거: 5월 상순~8월 중순 사이에 알덩이가 붙어 있는 잎을 제거 소각

④ 군서유충 포살: 5월 하순~10월 상순까지 잎을 가해하는 군서유충을 채취 포살

⑤ 성충 유살: 5월 중순~9월 중순 성충 활동시기에 피해임지 또는 주변에 유아등이나 포충기를 이용하여 성충을 포살

⑥ 잠복소 설치: 8월 중순에 피해목의 수간에 가마니, 거적 등으로 잠복소를 만들어 주어 그 속에서 월동하는 번데기를 3월에 제거하여 소각

▲ 유충의 가해 모습

▲ 성충

버즘나무방패벌레

1 기주

① 기주: 버즘나무류(*Platanus spp.*), 물푸레나무류(*Fraxinus spp.*), 닥나무(*Brousonetia kazinoki*)

② 해충: Corythucha ciliata

2 가해 형태

① 약충이 버즘나무류의 잎 뒷면에 모여 흡즙 가해한다.

② 응애류에 의한 피해와 비슷하나 가해 부위에 검은색의 배설물과 탈피각이 붙어 있다.

③ 임목을 고사시킬 정도로 피해가 크지 않으나 가로수인 버즘나무 잎의 변색으로 경관을 크게 해친다.

3 생활사

① 1년에 2회 발생한다.

② 성충으로 월동하며, 잎 뒷면에 산란한다.

③ 산란 기간은 2~3주이며, 약충 기간은 5~6주이다.

4 방제 방법

메프유제, 에토펜프록스유제 등을 수관에 살포한다.

▲ 피해 사진

▲ 성충

63 소나무재선충병 피해 면적 산출

1 피해 면적 산출 시 고려할 사항

① 피해 면적의 산출은 방제를 위한 용역(설계 · 감리 · 시공)의 기초 자료뿐만 아니라 피해 현황의 분석, 방제 후 방제성과 분석 자료로 활용된다.

② 피해 면적은 사업비를 산정할 때 할증 요소와 밀접한 관련이 있으므로 피해 면적 산출 방법이 명확하여야 한다.

③ 피해 면적은 피해고사목의 분포, 지리적 · 지형적 여건, 반출 여건 등 작업의 효율성을 고려한 작업장 개발계획과 연계하여 구획 산출한다.

2 피해 면적 산출

1) 산출 구분

구분	산출 방법	산출 주체	비고
기본계획 · 기본설계 발주면적	전년도 피해 면적에 선단지 중 미발생 구역(감염목을 연결한 선으로부터 외곽 방향 폭 2km)을 합산한 면적	공무원	사업구의 전면적
실시설계 발주면적	기본설계에서 사업구, 임반, 소반으로 구획한 면적에서 임반의 면적을 합산한 면적	용역업체, 공무원	선단지를 포함한 실제조사 대상 면적
사업시행 적용면적	실시설계의 소반면적을 합산하고, 여기에 단목의 경우 수고를 반지름으로 하는 선을 그어 산출	용역업체	사업실행면적을 정확하게 산출

2) 산출 방법

① 피해고사목의 전수조사 좌표 및 항공사진상의 좌표를 수치지형도에 표시하여 피해고사목 현황도를 작성한다.

② 현장조사를 실시하여 지리적 · 지형적 여건, 목재자원으로서의 활용가치, 산물반출 여건, 작업의 난이도 등을 고려하여 작업장 개발계획을 구상한다.

■ 작업장 개발계획(예시)

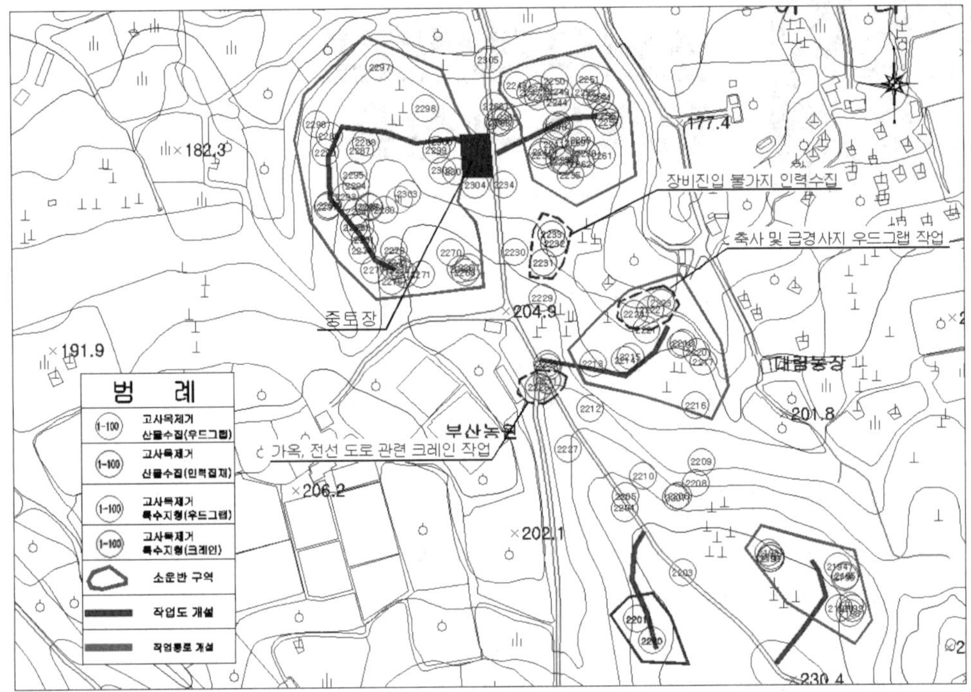

③ 소반 구획

  ㉠ 피해고사목의 분포를 고려하여 소반 단위 방제구역, 단목방제구역으로 구분한다.

■ 소반 구획(예시)

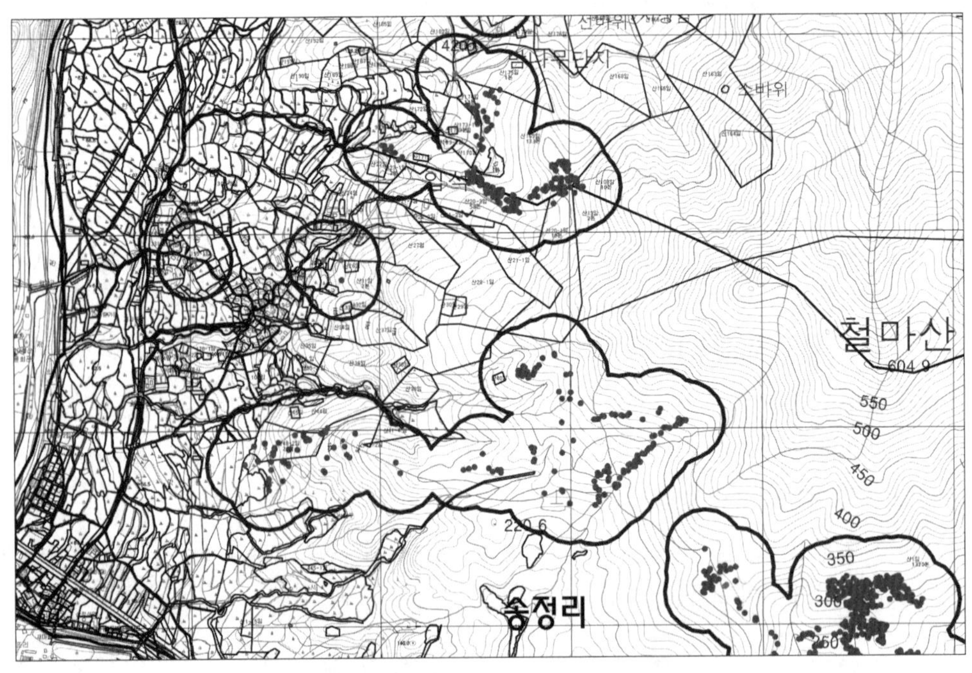

ⓛ 재선충병이 확산되는 외곽 방향의 끝 지점에 있는 피해고사목으로부터 바깥쪽으로 피해 고사목의 수고만큼 이격하여 선을 그어 소반 단위의 면적을 산출하고, 단목의 경우에는 수고를 반지름으로 하는 원을 그어 산출한다.

ⓒ 주택지 및 농경지는 면적산출에서 제외하되, 제주특별자치도의 경우처럼 소나무가 방풍 목 등으로 일정 본수 이상 생립하고 있는 농경지 등은 포함한다.

ⓔ 소반 구획 시 방제구역별 이동거리, 피해고사목 밀도, 작업효율성 등을 종합적으로 고려 하여 구역을 획정한다.

ⓜ 소반의 크기는 피해 면적 100㏊ 미만으로 한다.

④ **임반 구획**

ⓧ 소반 2~10개를 묶어 1개의 임반으로 구획한다.

ⓛ 임반은 1개 사업자가 1회 작업할 수 있는 물량 기준(본수 1,000~2,500본, 작업 일수 30~40일)이며, 크기는 300ha 이내로 구획한다.

■ **임반 구획(예시)**

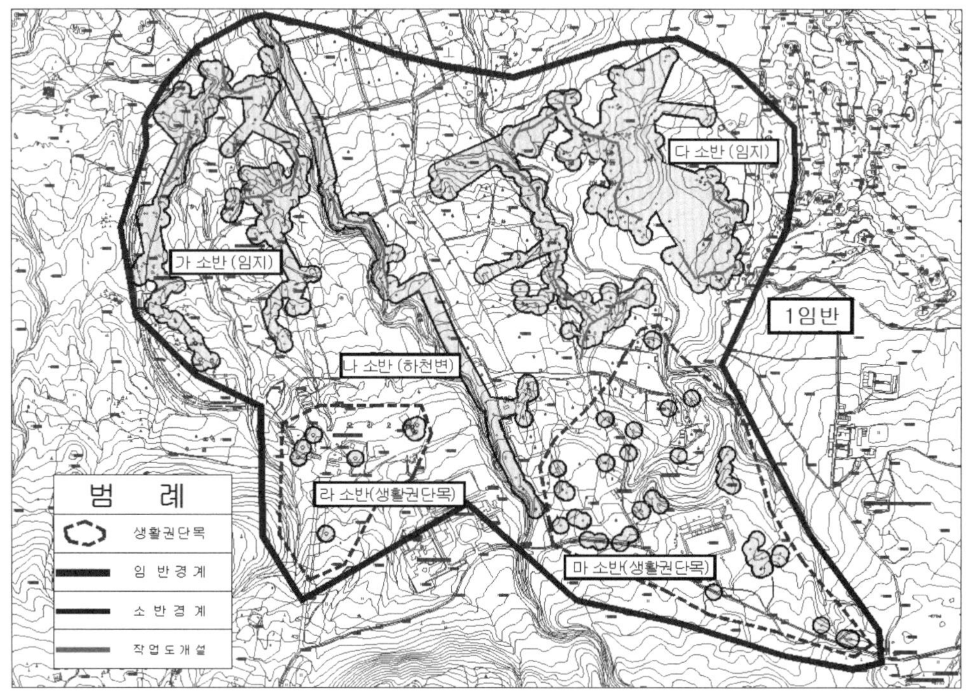

⑤ **사업구 구획**

   ㉠ 임반 2~5개를 묶어 1개의 사업구로 구획한다.

   ㉡ 사업구는 1개 사업자가 방제기간 내 책임 방제할 수 있는 면적으로 구획한다.

■ **사업구 구획(예시)**

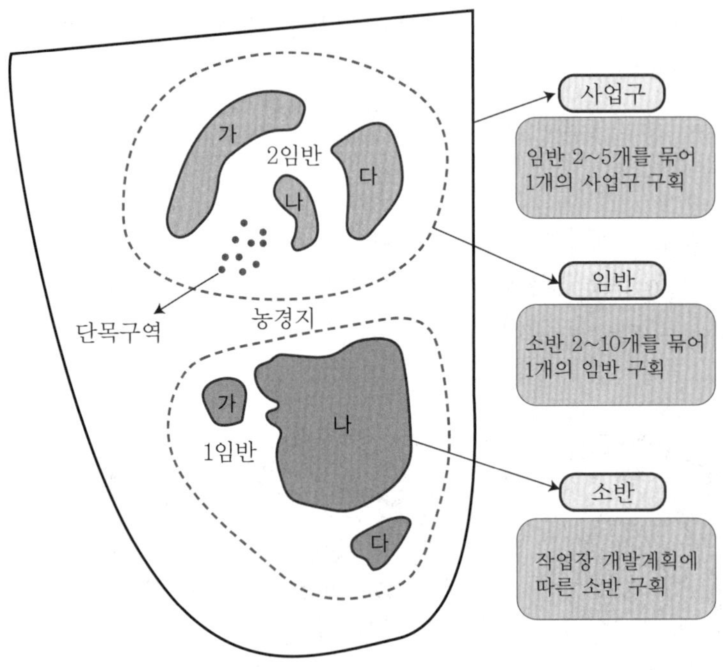

Chapter
07

수목 일반

수목의 수분생리

1 수분 포텐셜(Water Potential)

① 수목에 포함된 수분이 가지고 있는 자유에너지를 수분 포텐셜이라고 한다.

② 식물체 내의 물의 이동은 먼저 잎에서 시작된다.

③ 증산으로 물을 잃은 나뭇잎의 세포는 −30Mpa 정도로 수분 포텐셜이 낮아지면서 주변에 인접한 세포로부터 삼투현상에 의해 수분을 가져오게 된다.

④ 물을 빼앗긴 세포는 수분 포텐셜이 더 낮아지고, 세포에 포함된 물의 함량 차이는 가지로부터 줄기, 뿌리에 이르기까지 점차 아래에 있는 세포로 전달된다.

⑤ 도관의 물이 아래에서 위로 올라가게 되는 것은 포텐셜에너지의 힘에 의한 것이다.

2 수분스트레스(Water Stress)

① 나무가 흡수하는 물의 양보다 많은 에너지를 사용하게 됨으로써 체내의 물의 함량이 줄어 생장이 감소하게 되는 현상을 수분스트레스라고 한다.

② 나무는 주로 토양 속의 물을 뿌리를 통해 흡수한다. 이렇게 흡수된 물은 생명의 유지와 광합성에 사용된다.

3 수분스트레스의 영향

① 수분스트레스는 수종에 따라 다르긴 하지만 일반적으로 잎의 수분 포텐셜이 −2~−3bar (−20Mpa~−30Mpa) 정도에서 시작된다(1bar=1.0197kg/㎠).

② 수분스트레스는 세포 내의 여러 가지 생화학적 반응 속도를 감소시킨다. 특히 효소의 활동을 둔화시킨다. 그리하여, 직접적으로는 광합성의 양에 영향을 주게 되며, 세포의 신장, 세포벽의 합성과 단백질 합성에도 영향을 끼친다. 또한 기공의 크기에 영향을 받게 된다.

③ 나무는 결핍되는 수분을 우선적으로 잎과 인근의 변재부터 조달하지만, 수분스트레스는 점점 밑으로 전달되어 수간까지 이르는데 치수는 30분 정도의 시간이, 성목은 6시간 정도가 소요되므로, 특히 어린나무의 경우 수분스트레스는 짧은 시간 내에 죽음에 이르게 되는 심각한 영향을 받게 된다.

④ 수분스트레스는 위에서 아래로 전달되므로 잎은 다른 부위에 비해서 수분스트레스를 오랫동안 받게 된다. 이 같은 식물의 수분스트레스는 증산이 과다할 때, 뿌리가 상처를 입었을 때, 지온이 낮아졌을 때에 일어난다.

02 수분 포텐셜

1 수분흡수압(diffusion pressure deficit)

① 自由 Entergy, free energy, ψ(자이, 그리스어)

② 순수 화학 포텐셜 기준

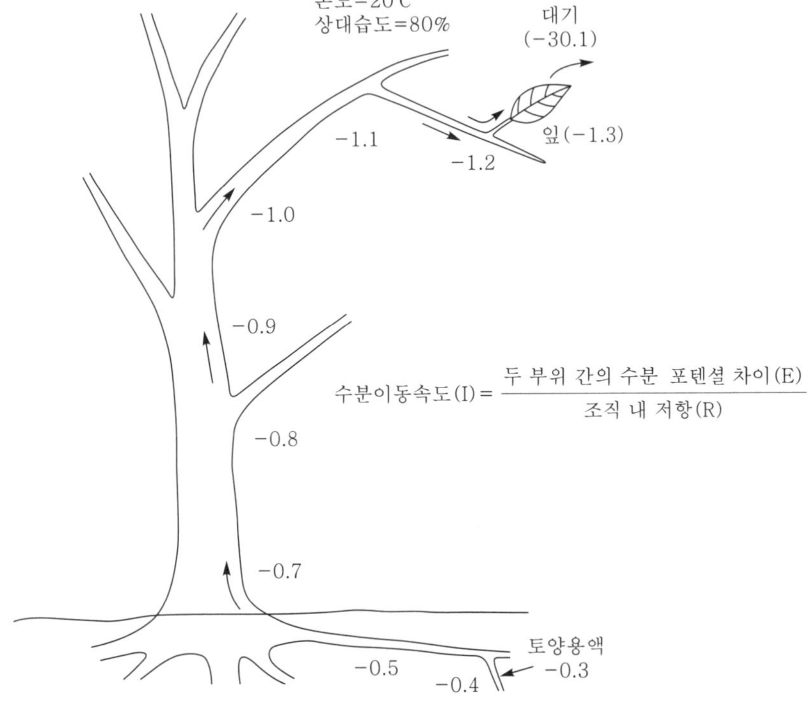

▲ 토양에서 대기권까지 수분 이동에 필요한 수목 내 수분 포텐셜의 분포(단위: MPa)

> **참고** 압력의 단위
>
> - MPa: 메가파스칼, N/㎟
> - Pa: 파스칼, N/㎡
> - bar: 기압의 단위
> - 1bar = 1,019716kg/㎠
>   = 1atm = 0,981atm
> - PSI(pound per square inch, lb/inch²)

- **삼투압**: 농도 차이 고 → 저
- **용질**: 막압, 팽압 고 → 저
- **매트릭스**: 뿌리가 가진 물의 흡착력
  - 토양 〈 뿌리
  - 교질 → 뿌리

2 수분 포텐셜

Kramer(1969)

$$\psi cell = \psi s + \psi p + \psi m$$

① ψ(자이, 그리스어)

② $\psi cell$: 세포 내 수분 포텐셜, 완전히 팽창했을 때 "0"

③ ψs: 세포 내 용질에 의해 발생한 포텐셜

④ ψp: 세포막에서 발생하는 삼투압에 의해 발생한 포텐셜

⑤ ψm: 세포 표면에서 발생하는 matrix force에 의해 발생한 포텐셜

일시위조점	10기압 이상	pF 3.8 이상	물이 부족하여 시들기 시작
영구위조점	15기압 이상	pF 4.2 이상	물을 주어도 회복되지 않음
포장용수량	1/3기압 이하	pF 1.8 이하	비가 왔을 때 흙이 포함한 물의 양
모관수	1/3기압~1기압	pF 2.54~4.2	식물이 사용할 수 있는 물

광합성에 영향을 미치는 인자

● 수종, 이산화탄소의 양, 광도와 광질, 기온, 무기양분의 양

1 광도

① 광도가 너무 낮으면 광합성으로 저장되는 에너지가 호흡으로 소비되는 양보다 적게 되고, 광도가 지나치게 높아도 광합성률은 낮아진다.

② 광보상점: 광합성의 양과 호흡에 의해 소비되는 에너지의 양이 같은 때의 광도이다.

2 자체피음

자체피음이 있기 때문에 최고의 광합성능을 나타내는 광도보다 더 높은 광도에서도 최고광합성능에 달할 수 있다.

3 광도에 대한 적응

양엽보다 음엽은 빛깔이 더 진하고 빛의 흡수가 더 능률적이다.

4 내음성

① 수종은 유전적으로 내음성에 차이가 있다.

② 극양수, 양수, 중용수, 음수, 극음수

5 광질

① 상층임관이 받는 광질은 하층식생이 받는 광질과 다르다.

② 광질은 빛의 파장과 관련 있으며, 활엽수임관 아래에는 청색이 부족하고 황색과 녹색이 많다.

6 일장

나무는 대개 일장이 길면 더 많은 광합성물질을 생산한다.

7 온도

① 온대 북부지방에서 자라는 침엽수종은 겨울에도 광합성을 한다.

② 대체로 겨울 낮에는 침엽수 잎의 온도가 주위의 기온보다 2~10℃ 더 높다.

③ 기온이 35℃가 넘으면 광합성은 거의 중지된다.

8 이산화탄소

① 오후에 광합성이 저하되는 이유는 이산화탄소의 농도가 낮아지는 데 있다.

② 낙엽의 분해가 왕성한 숲속에는 외기보다 이산화탄소의 양이 더 많아서 광합성을 하는 데 유리하다.

9 토양수분과 무기양료

수분의 부족과 질소의 결핍은 광합성을 억제한다.

10 약제 살포

① 약제 살포는 기공을 막고 광도를 저하시키는 원인이 된다.

② 잎의 표면에 대한 살포는 뒷면에 대한 살포보다 광합성의 정도를 저하시키지 않는다.

11 잎의 연령

1년생보다 대개 3년생 이상의 침엽일수록 광합성량이 많다.

12 잎의 구조

잎 속의 엽록소의 양은 잎의 건조중량 또는 면적단위로 나타내는데, 침엽수는 엽건중 단위로 하면 엽록체의 양이 적은 편이고, 표면면적 단위로 하면 엽록소가 많은 편에 속한다.

13 기공의 분포

이산화탄소는 주로 기공을 통해서 잎 안으로 들어간다.

14 탄수화물의 축적

탄수화물의 축적이 많으면 광합성 기능이 저하된다.

04 일장형

- 0.7~1.0㎛ → 활엽수 반사. 침엽수 흡수. 적외선 감수성 필름. 항공사진
- 8~14㎛ → 병해충 피해목 진단 Remote Sensing
- 피해목이 건전목보다 1~3℃ ↑

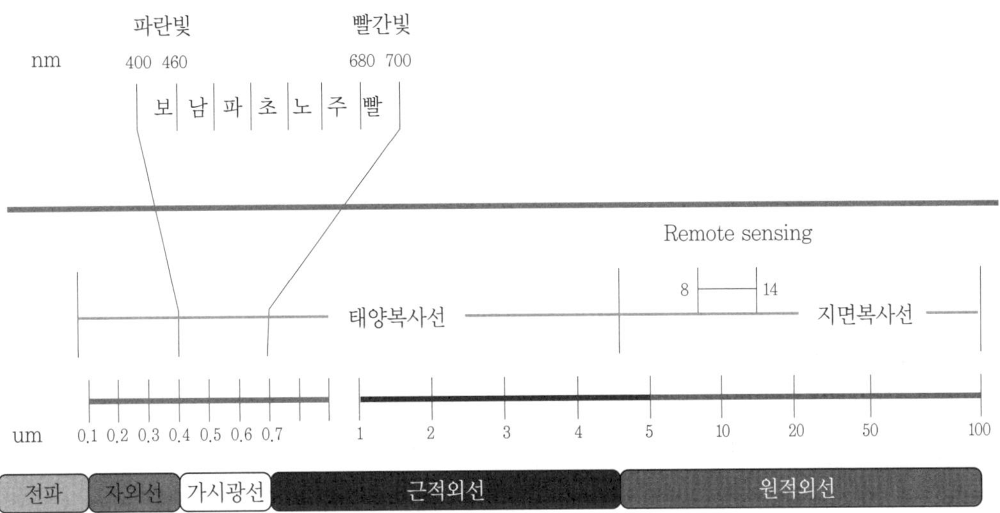

1 일장형

햇빛의 길이가 생식생장을 지배한다는 이론

– Garner & Allard

① 단일식물: 12시간 이하 일장에 개화

② 장일식물: 14시간 이상 일장에 개화

③ 중성식물: 일장에 무관하게 개화

④ 중간식물: 12~14시간의 일장에 개화

　생애 단축. 회춘과 · 노쇠 조절 생식 생장

광합성 기작

1 정의

식물이 태양에너지와 이탄화탄소, 물을 이용하여 세포에 있는 엽록체에서 유기물을 합성하고 산소를 만들어 내는 과정을 말한다.

2 화학식

$$6CO_2 + 6H_2O + (빛에너지\ 686kCal) \rightarrow C_6H_{12}O_6 + 6O_2$$

3 구분

① 명반응: 그라나에서 빛에너지를 화학에너지로 바꾸어 주는 반응이다($NADPH^{2+}$와 ATP를 합성).

② 암반응: 빛과 관계없이 일어나는 반응이다. 명반응에서 생성된 화학에너지 $NADPH^{2+}$와 ATP를 이용하여 포도당($C_6H_{12}O_6$)을 합성하는 반응으로 스트로마에서 일어난다.

4 인자

광합성에 영향을 미치는 인자: 빛의 파장, 빛의 세기, 온도, CO_2 농도

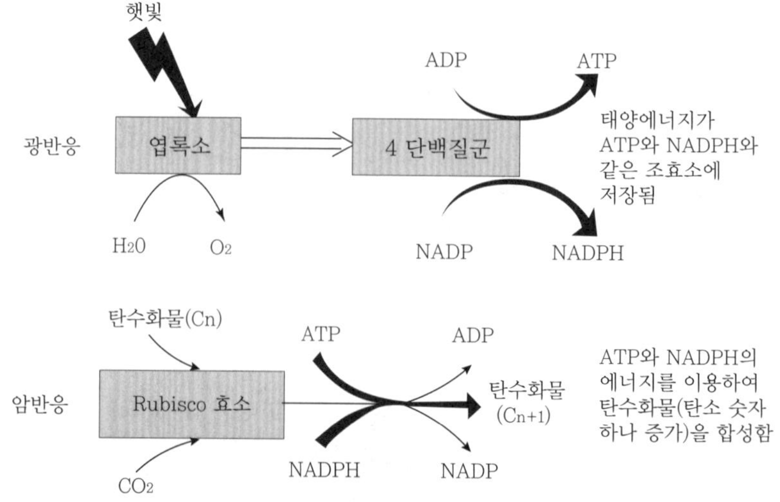

▲ 광합성의 광반응과 암반응의 주요 생산물, 태양에너지가 궁극적으로 탄수화물(C_{n+1})에 저장된다.

광합성 방식

- C3와 C4: 암반응에서 이산화탄소를 고정하는 방식
- CAM: 건조에 적응한 식물의 광합성 방식

1 C3

① 보통 식물의 광합성 방식

② C_5화합물$+CO_2 \rightarrow 2 \times C_3$

③ [RuBP → 3 PGA]

2 C4

① 수수과 식물의 광합성 방식

② 광호흡이 일어나서 생산한 에너지를 사용하는 단점을 극복

③ 보통 식물의 1.5~2배에 가까운 광합성 효율을 보인다.

④ C_3화합물$+CO_2 \rightarrow C_4$화합물[3+1 → 4]

⑤ [PEP → OAA]

3 CAM

① Cresullacean Acid metabolism

② 돌나물과(선인장) 식물의 광합성 방식

③ 뜨거운 낮에 명반응(빛에너지로 $NADPH^{2+}$와 ATP를 합성)

④ 증발압이 낮은 밤에 기공을 열고 CO_2를 유기산에 저장

⑤ 건조지역 식물의 광합성 방식

> **참고**
>
> - 나뭇잎의 윗면 → 책상조직
> - 나뭇잎의 아랫면 → 해면조직(기공)
> - MesoPhyte: 중생: 양면엽
> - XeroPhyte: 건생: 등면엽: 위 아래의 구조가 거의 같은 잎

07 내건성

1 개요

① 식물이 가뭄 또는 건조에 견디는 능력이다.

② 건조지역과 습윤지역을 구분하여 수종을 선택해야 한다.

2 분포

① 나무는 풀에 비해 뿌리가 길어서 풀보다 내건성은 크다.

② 내건성이 약한 나무는 수분이 많은 계곡이나 북사면에서 주로 자라고, 내건성이 강한 수종은 남동사면이나 산 정상지역에서 자란다.

3 내건성이 생기는 이유

① 심근성: 심근성인 루브라 참나무가 천근성인 피나무보다 건조에 강하다.

② 건조저항성: 건조지역에서 생육하는 나무는 각피층이 두껍고 증산량이 낮은 경엽을 가지고 있다.

③ 건조인내성: 마른 상태에서 피해를 입지 않고 견딜 수 있는 능력을 말하며, 참나무류는 일반적으로 뿌리의 건조인내성이 줄기보다 높아서 근맹아를 생산하지만, 소나무류는 뿌리가 줄기보다 건조인내성이 약하다.

④ 균근과 공생: 외생균근과 공생하는 소나무는 건조한 능선지대에서도 살 수 있을 정도로 건조인내성이 강하다.

연습문제 1-4

다음 중 ( ) 안에 적합한 단어를 쓰시오.

산림생태계의 임목은 대기오염에 직·간접적으로 영향을 받는다. 직접적인 영향을 받는 부분은 (㉠)이며, 간접적인 영향은 (㉡)에서 발생하여 임목의 생리적인 특성과 함께 탄소수지·수분수지·물수지·양분수지 등이 변화한다. 임목의 양분 측면에서 (㉢)으로 내한성과 내건성이 감소하고, 곤충과 다른 병해충의 공격에 대한 저항성이 변화되며, 서리나 가뭄에 대한 (㉣)이 높아진다.

※ 정답은 성안당 도서몰 [자료실]에서 제공

08 토양 내 질소 자원 증가 요인

1 질소의 고정

토양 중의 질소를 고정하는 세균에 의하여 질소 자원이 증가한다.

① 아조토박터(Azotobacter): 고정 능력이 가장 왕성하나 호기성이므로 공기 유통이 좋아야 하고 산성토양을 싫어하는 등 환경에 매우 예민하다.

② 크로스트리디움(Clostridium): 혐기성이고 대부분 토양에 분포한다.

③ Rhizobium. radicicola: 공중질소를 흡수함으로써 임내의 질소 자원을 증가시킨다. 이 박테리아는 콩과식물 뿌리에 근류균을 형성한다.

④ Frankia sp.: 이 박테리아는 오리나무류, 보리수나무류 등의 뿌리에 근류균을 형성한다.

2 강수에 의한 공급

눈과 비에 상당량의 질소가 첨가되며 약 80%가 암모늄 형태이다.

3 낙엽에 의한 공급

연간 33kg/ha의 질소를 환원한다.

4 석회 및 혈암

소량의 질소화합물을 함유하고 있으며 그밖에 부식질 및 토립자에 의한 공중질소의 흡착, 유수에 의하여 소량의 질소가 보충된다.

5 조림지

조림지에 주는 비료에 질소가 포함된다.

연습문제 1-5

다음 중 ( ) 안에 적합한 단어를 쓰시오.

식물의 광합성 방식은 C3, C4, CAM이 있는데, C4는 (㉠) 식물의 광합성 방식이며, CAM은 (㉡) 식물의 광합성 방식이다. C4식물은 이산화탄소가 부족할 때 발생하는 (㉢) 현상으로 생산한 에너지를 사용하는 단점을 극복하여 보통 식물의 1.5~2배에 가까운 (㉣) 효율을 보인다.

※ 정답은 성안당 도서몰 [자료실]에서 제공

온량지수와 한랭지수

1 정의

나무의 생리적 성장한계 온도인 기온 5℃를 기준으로 월평균 기온 5℃ 이상인 각 월평균 기온과 5℃와의 차이를 합한 것

2 온량지수: $\sum(t_1-5)$

① t1: 월평균 기온 5℃ 이상인 달의 월평균 기온

② 한대림의 남방한계선 결정

③ 온량지수 55

3 한랭지수: $\sum(t_2-5)$

① t2: 월평균 기온 5℃ 이하인 달의 월평균 기온

② 난대림의 북방한계선 결정

③ 한랭지수 −10

4 월평균 기온 5도를 기준으로 한 이유

① 온량지수 계산에서 월평균 기온 5도를 기준으로 한 이유는 식물 생장에 필요한 최소한의 기온이 5도이기 때문이다.

② 온량지수와 한랭지수에 의한 기후 구분은 식물의 분포를 파악하는 데 유리하다.

온량지수와 산림토양

- 온량지수=warmth index, WI, 積算溫度(적산온도)
- 생태기후의 구분
- 5℃: 식물성장에 요구되는 생리적 최저기온

1 정의

① 평균기온이 5℃를 초과하는 달에 대하여 5℃를 뺀 값을 모은 값이다.

② 한랭지수. coldness index. $CI=\Sigma(t_1-5)$

③ 저온에 의한 식물의 분포제한을 정량적으로 나타내는 지수

④ 난대림과 온대림의 경계 CI=−10

⑤ 한대림과 온대림의 경계 WI=55

2 온량지수와 세계의 산림분포대

온량지수	건조 ↔ 다습		
	툰드라		
15	사막	사바나 스텝	아한대 침엽수림
45			냉온대 낙엽광엽수림
85			난온대 광엽수림
180			열대 아열대

3 우리나라 산림토양과 기후 구분과의 관계

지수	수림대	토양	
온량지수 55 이하	아한대, 침엽수림	회백색 포드졸	성대토양
온량지수 55 이상 한랭지수 −10 이하	온대 낙엽광엽수림	회갈색 포드졸	
		갈색 산림토양	
한랭지수 −10 이상	난대 상록광엽수림	적색 라테라이트	
무관	기후대 별로 다름	화산회토	간대토양

11 작물생육 필수원소

● 종류 C, H, O, N, P, K, Ca, Mg, S (9가지, 다량원소)

1 탄소, 산소, 수소(C, O, H)

① 식물 몸체의 90~98%를 차지한다.

② 이산화탄소(CO_2)와 물(H_2O)의 형태로 작물체에 흡수되고 엽록소의 구성원소로 되어 광합성 작용의 원료로 이용되며 탄수화물, 단백질 등의 합성에 이용된다.

2 질소(N)

① 각종 효소와 엽록소, 단백질의 구성성분으로 아미노산과 핵산을 구성한다. 따라서 질소는 작물의 광합성, 질소동화작용, 호흡작용 및 생장 발육에 관여한다.

② 산림토양 질소는 총 500~22,000kg/ha까지 있으며, 주로 임상과 A층에 분포한다.

질소 결핍 시	생장률 저조, 줄기가 가늘고 분지 제한, 잎의 황백화 현상
질소 과다 시	잎은 농녹색, 생장은 증대하나 조대하며, 한해나 병충해에 약해진다.

3 인산(P)

① 세포핵의 성분으로 어린 조직이나 종자에 많이 함유되어 있으며 분열조직에 중요한 역할을 한다.

② 과실의 성숙을 촉진하고 뿌리 신장을 도우며, 지하부 발달을 크게 한다. 식물체를 강건하게 하고 병해에 저항성을 높인다.

③ 결핍되면 잎은 암록색으로 변하고, 뿌리 발달이 나쁘며, 신초생장이 불량해지고, 빨리 동아를 형성하게 한다.

4 칼륨(K)

① 탄수화물 대사나 단백질의 합성, 여러 가지 효소의 활성화 등 생리적인 활동에 있어서 내부 완충제나 촉매 역할을 한다.

② 질소화합물의 합성, 세포 분열 촉진, 뿌리 발달을 촉진함으로 용액의 농도를 높인다. 따라서 내한성을 높이고 개화 결실을 촉진하며 병충해에 대한 저항력이 증가한다.

③ 구엽에 먼저 결핍 증상을 보이고, 잎이 암록색(반점 형태로 시작)이 되어 그 이상 자라지 않고 약해 보인다.

5 칼슘(Ca)

① 정단 분열조직의 발달, 단백질의 합성, 뿌리나 지상부의 신장에 관계되는 것으로 알려져 있다.

② 이동속도 느림, 결핍증상 신초에 나타난다.

6 마그네슘(Mg)

① 식물 광합성에 필수적인 엽록소의 구성성분이다.

② 식물체 내에서 이동속도가 빠르므로 결핍 시 구엽에서 신엽으로 이동하여 결핍증상은 구엽 에서 먼저 나타난다.

7 황(S)

① 식물체의 아미노산 형성에 필수적이므로 황 결핍은 결과적으로 식물체 내 단백질 합성에 영향을 미친다.

② 황의 결핍 시 뿌리보다 줄기 성장에 영향을 주고 황백화 현상은 어린잎부터 나타난다.

나무의 줄기 생장

1 개요

나무의 줄기생장은 동아(겨울눈) 속에 일정 기간 휴면상태에 있던 시원세포가 발달함으로써 가지와 길이생장이 이루어지는데, 수종에 따라 길이생장을 하는 차이가 있다. 이 시기에 따라 생장 양식을 아래와 같이 나눈다.

2 종류(나무의 줄기생장의 종류)

① 자유생장

- 동아 속에 미리 만들어져 있던 원기는 봄에 자라고 곧이어 새로 만들어진 원기가 여름에 자라는 형태(향나무속, 측백나무속, 편백나무속)

② 고정생장

- 당년에 자랄 모든 줄기의 원기가 전년도에 형성된 동아 속에 미리 형성되어 있다가 봄에 자라는 형태(소나무, 잣나무, 가문비나무, 솔송나무, 참나무 등)
- 이 경우 가지의 생장은 2년간의 생장과정을 통하여 이루어진다.
- 첫해는 눈이 형성되어 월동을 하고 다음 해는 눈이 터져 생장을 하게 된다.

③ 고정–자유생장

- 고정생장에 의한 봄 가지를 만들고 다시 자유생장에 의한 하나 혹은 여러 개의 여름가지를 만드는 형태(포플러류, 자작나무류, 백합나무 등)

④ 유한생장

- 정아가 주지의 끝에서 측지의 성장을 제한하는 형태, 소나무 등
- 침엽수의 뾰족한 수관형 유지

⑤ 무한생장

- 느티나무와 같이 둥근 수관형을 유지

⑥ 장지와 단지

- 잎과 잎 사이의 마디 길이, 소나무의 경우 엽속은 단지, 가지는 장지
- 자유생장을 하는 수종도 나이가 들면 고정생장, 단지로 바뀐다.

3 수관형(Crown Form)

① 원추형: 전나무, 가문비나무 등

② 구형: 굴참나무, 느릅나무 등

4 수목 생장의 특성

① 수목의 유년상과 성년상을 구분하는 기준은 화아분화이다.

② 눈(bud)이 형성될 때 가장 먼저 만들어지는 것은 인편이다.

③ 목부 생산량은 사부 생산보다 환경변화에 더 예민한 반응을 보이는 경향이 있다.

핵심 13 수층분열과 병층분열

1 수층분열(Cymose Division)

① 주로 줄기와 가지의 생장에서 나타나는 분열 형태이다.

② 단위 세포가 일정한 방향으로 분열하여 새로운 세포를 형성한다.

③ 줄기의 끝이나 가지에서 새로운 가지나 잎이 형성되며, 이를 통해 수직적 성장을 한다.

④ 보통 1차 생장에 관련되어 있으며, 주로 정단분열 조직에서 발생한다.

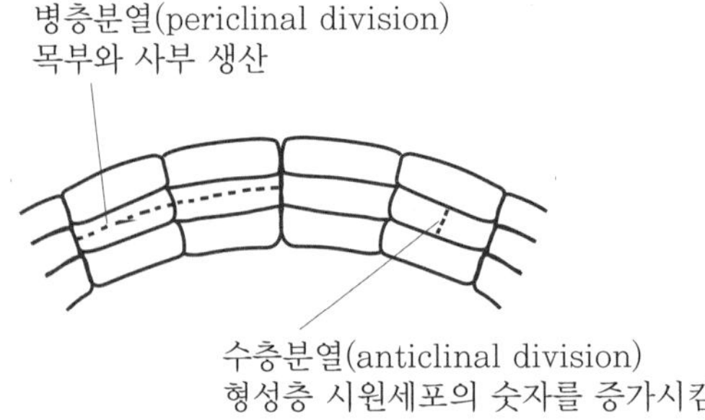

2 병층분열(Periclinal Division)

① 세포가 수직으로 분열하여 원주형 또는 층을 형성한다.

② 세포가 세로로 분열하여 서로 수직으로 배열된 세포층을 형성한다.

③ 병층분열은 주로 2차 생장에 기여하며, 형성층에서 발생하여 목재와 수피를 형성한다.

④ 줄기나 뿌리의 부피를 크게 만든다.

⑤ 나무의 목부와 수피에서 주로 관찰된다.

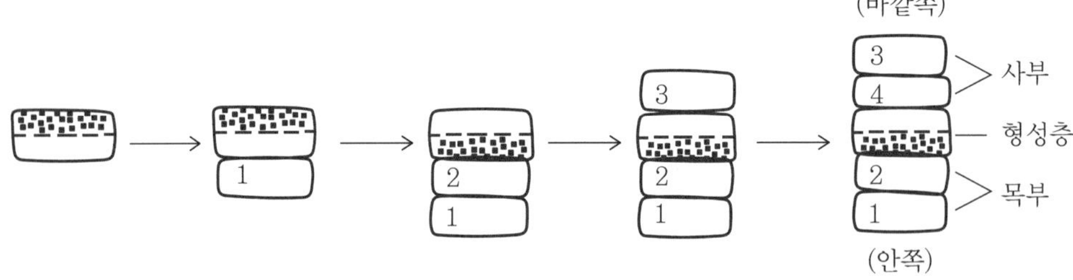

숫자는 세포가 만들어진 순서이며,
점박이 세포는 계속 형성층으로 남아 있게 됨

3 나무의 직경생장

① 나무의 직경생장은 형성층의 분열로 이루어진다.

② 나무의 직경생장은 줄기 끝에서 생성된 옥신에 형성층이 자극을 받아 시작된다.

③ 수간 위에서 아래로 점진적으로 형성층이 자라기 시작한다.

④ 눈과 잎에서 생산되는 지베렐린(GA)과 뿌리에서 생산되는 사이토키닌의 상호작용에 의해 뿌리의 생장이 결정된다(Kossuth & Ross, 1987).

⑤ 직경생장은 정단조직에서 생산되는 지베렐린과 사이토키닌이 형성층의 생장을 결정한다 (Kramer & Kozlowski, 1979).

핵심 14 소나무의 지방형

● 소나무의 지방형(local form)

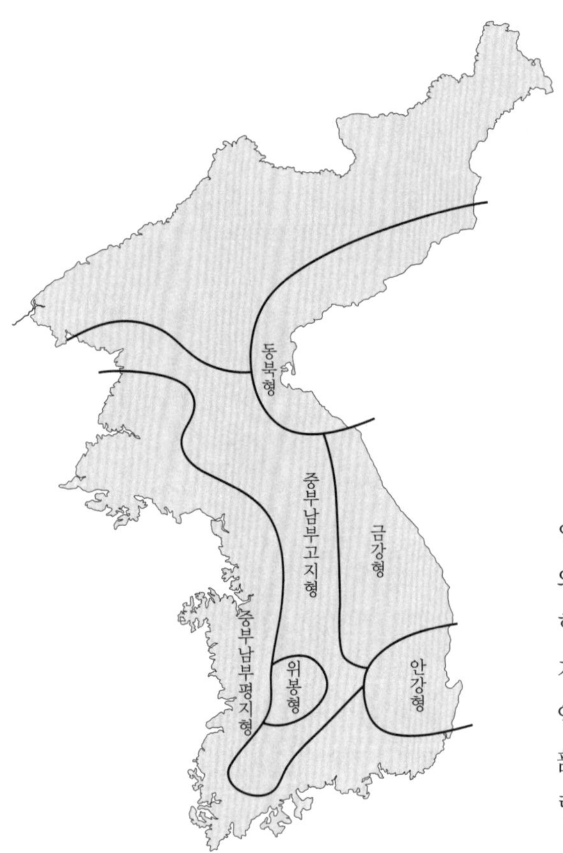

일본의 우에키 박사는 우리나라의 기후와 지형적 특성에 의하여 소나무를 동북형(東北型), 금강형(金剛型), 중부남부평지형(中部南部平地型), 위봉형(威鳳型), 안강형(安康型), 중부남부고지형(中部南部高地型) 등 6개 형으로 구분하였다(그림 참조).

1 동북형

함경남도, 강원도 일부 지역에 분포하면서 줄기는 곧게 올라가고 수관은 계란 모양으로 지하고(枝下高)가 낮다.

동북형

2 금강형

금강산, 태백산을 중심으로 줄기가 곧고 수관은 가늘고 좁으며 지하고가
높다.

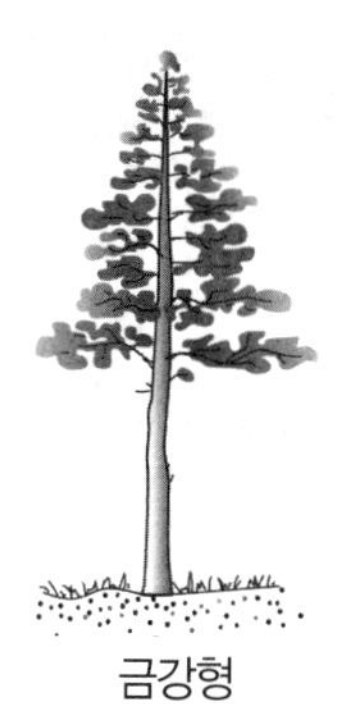

금강형

3 중부남부평지형

서해안 일대에 분포하며 줄기가 굽으며 수관이 넓고 지하고가 높다.

중부남부평지형

4 위봉형

전라북도 완주군 위봉산을 중심으로 분포하며 전나무 모양을 닮았으며
수관이 좁고 줄기생장은 저조하다.

위봉형

5 안강형

울산을 중심으로 분포하는데 줄기가 매우 굽고 수관은 위가 평평하다.
아울러 수고가 낮고 난장이형을 이룬다.

안강형

6 중부남부고지형

금강형과 중부남부평지형의 중간형으로 지형, 표고, 방위, 기후에 따라 금강형이나 중부남부평
지형에 가까운 수관 형태를 보인다.

핵심 15 눈(bud)의 종류

1 개념

① 잎, 가지, 꽃의 원시세포 또는 시원세포

② 아직 자라지 않은 어린 가지, 잎, 꽃

③ 가지와 줄기의 구성성분

④ 정단분열조직을 가지고 있다.

⑤ 세포 분열 예비 기관

2 분류

① **정아(terminal bud)**

가지 끝의 한복판에 자리잡고 있는 눈. 주지를 만든다.

② **측아(laternal bud)**

정아의 측면에 각도를 가지고 발달하여 주로 측지를 만든다.

③ **액아(axillary bud)**

대와 잎 사이의 겨드랑이에 위치한 비교적 작은 눈으로 주로 새로운 잎을 만든다.

④ **잠아(dorminant bud)**

자라지 않고 계속 휴면상태에 남아있는 눈을 의미하는데, 처음에는 대와 잎 사이의 옆액에 만들어져 있다가 줄기가 굵어지면 수피 바로 아래까지 따라오면서 흔적으로 아흔(bud trace)을 남긴다.

⑤ **부정아(adventitious bud)**

나무가 빛, 온도 등의 스트레스를 받게 되면 나무의 줄기 옆이나 뿌리 등의 오래된 부위에서 불규칙하게 형성되고, 주로 상처 입은 유상조직이나 형성층 근처, 수평근에서 만들어진다.

핵심 16 TR률

● shoot/root ratio=top/root ratio

1 개념

① TR률은 "묘목지상부(Top)무게/근주(Root)무게"로써 묘목의 지상부와 지하부가 균형이 있고 다른 조건이 같다면 값이 적을수록 좋다.

② TR률 값은 묘포의 흙 성분, 비료주기 등 여러 가지 조건에 영향을 받는다.

2 단근묘와 이식묘의 TR률 비교

건묘(건강한 묘목)를 생산하기 위하여 묘목의 직근과 측근을 끊어주어 세근 발달을 촉진시켜 경비를 절감하고 활착률을 좋게 한다.

① 단근구의 TR률: 2.84

② 이식구의 TR률: 3.63

3 주요 묘목의 적정 T/R률

① 2년생 건묘

삼나무 3.5~5.5, 편백 3.0~5.0, 리기다 2.5~3.5, 잣나무 2.5~3.0, 낙엽송 1.3~2.0

② 1년생 건묘

아까시나무 0.8~1.3, 상수리나무 0.2~0.4

4 묘목 품질

활착 적응력과 생육성과를 결정하는 주요 요인

① 묘고

② 근원경

③ T/R률

④ H/D률

CN율

● CN율=C/N율=C-N율=Carbon-Nitrogen ratio theory

1 개념

① 탄소(C)의 양을 질소(N)의 양으로 나눈 값이다.

② 크라우스(Kraus)와 그레이빌(Kraybill) 등이 제창하였다.

③ 식물체 내의 탄수화물의 축적에 의한 탄소와 지하에서 흡수한 질소와의 비율은 식물의 개화 · 결실과 관련이 있다.

④ 탄소와 질소 자원에 대해 토양미생물과 식물은 경쟁관계에 있다.

⑤ 탄소는 에너지의 합성과 분해에 사용되고, 질소는 단백질로 생식생장에 이용된다.

2 CN율이 작물에 미치는 영향

① CN율이 높을 경우

– 토양에서는 탄소의 양이 질소보다 많으므로 토양미생물의 생장이 왕성해지고, 결국 번식을 위해 토양 중에 있는 질소 및 유기질소화합물을 사용한다.

– 영양생장과 생식생장의 속도가 식물보다 빠른 미생물이 탄소와 비례하여 질소를 먼저 이용하고, 결국 식물에서 일시적으로 질소기아 현상이 발생한다.

– 식물체의 체내에서는 착화가 많아지고 결실이 좋아지게 된다. 그러므로 채종림은 CN율을 높게 관리하여야 한다.

– 채광 조건을 개선하고 질소비료의 투여량을 잘 조절해야 한다.

② CN율이 낮을 경우

– 토양에서는 토양미생물의 영양생장이 늦어지므로 질소 자원의 사용이 거의 없다.

– 토양 중에 일시적으로 질소 자원이 축적되었다가 씻겨서 토립자와 분리된다.

– 식물의 경우 뿌리에서 질소 공급은 잘되나 광합성 부족으로 탄소가 적은 상태이다.

– 식물체의 체내에서 CN율이 낮은 경우 광합성이 현저하게 줄어, 성장속도가 느려지고 오히려 꽃도 적게 핀다.

- CN율이 30보다 크면 질소기아현상이 발생하고, 15보다 작으면 유기물이 무기물화 되어 질소를 효과적으로 이용할 수 있다.
- CN율은 15~30 사이의 값이어야 한다. CN율 문제는 토양과 식물로 나누어서 생각하면 문제의 실마리가 풀린다.

개화·결실 촉진 방법

1 인공에 의한 화분살포

선발목의 화분을 모수로부터 채취하고 인공으로 살포하여 수분을 유도함으로써 결실을 초래하게 한다.

2 기계적 방법

나무 체내의 C/N율을 높여 줌으로써 개화를 촉진시키는 방법으로, 환상박피와 둘레베기, 전지, 수피를 역위로 붙이는 일, 단근처리, 접목 등이 있다.

3 화학적 방법

① 지베렐린을 비롯한 호르몬제의 처리로 개화를 촉진시킬 수 있다.

② 편백, 삼나무에 적용하면 효과가 있다(여름철에 50~500ppm의 농도로 엽면 살포).

4 수관의 소개

수관이 많은 광선을 쪼이게 해서 탄수화물의 생산을 돕게 한다.

연습문제 1-6

다음 중 ( ) 안에 적합한 단어를 쓰시오.

산림생태계의 임목은 대기오염에 직·간접적으로 영향을 받는다. 직접적인 영향을 받는 부분은 (㉠)이며, 간접적인 영향은 (㉡)에서 발생하여 임목의 생리적인 특성과 함께 탄소수지·수분수지·물수지·양분수지 등이 변화한다. 임목의 양분 측면에서 (㉢)으로 내한성과 내건성이 감소하고, 곤충과 다른 병해충의 공격에 대한 저항성이 변화되며, 서리나 가뭄에 대한 (㉣)이 높아진다.

※ 정답은 성안당 도서몰 [자료실]에서 제공

19 지베렐린

1 정의

식물호르몬의 일종으로서 식물계에 널리 분포하고 식물의 갖가지 생리현상의 발현과 제어에 큰 역할을 하며, 식물생장조절제로 이용되는 물질이다.

2 역할과 특징

역할	특징
줄기 신장 촉진	• 줄기 세포의 분열과 신장을 촉진 → 줄기를 길게 자라게 한다.
종자 발아 촉진	• 휴면 중인 종자의 발아를 유도한다. • 전분을 당으로 분해하여 발아에 필요한 에너지를 공급한다.
개화 및 생식 발달	• 일부 식물에서 개화 시기를 조절하고, 수꽃과 암꽃의 형성을 유도한다. • 장일성 식물의 개화에 특히 중요하다.
과일 성장 촉진	• 씨 없는 과일(포도, 오이 등)에 지베렐린 처리를 하면 열매의 크기가 증가하고, 품질도 향상된다.
휴면타파	• 겨울철 휴면 상태의 식물이나 종자가 생장과 발달을 시작하도록 유도한다.

3 발견

1938년 벼의 키다리병 병원균의 배양액에서 벼의 모를 웃자라게 하는 물질을 결정체로 분리하여 지베렐린A로 명명하였다.

4 호르몬의 정의

① 체내의 한 곳에서 생산되어 다른 곳으로 이동하며, 소량으로 커다란 생리적 반응을 일으키는 물질이다.

② 옥신, 지베렐린, 사이토키닌, 아브시스산, 에틸렌

5 종자와 열매의 생리적 발달

① 종자와 열매의 생리적 발달은 지베렐린과 에틸렌의 영향을 받는다.

② 대부분 배주가 수정된 이후에 호르몬과 효소의 작용으로 빠르게 자란다. 그렇지만 일부 수목의 경우 가을이 되어 종실이 성숙할 때 배의 분화가 진전된다.

③ 종실이 모체에서 떨어진 뒤 후숙을 통하여 점차 그 형태를 갖추어 가는 것은 배가 미숙하기 때문이다. 이러한 미숙배를 가진 수종은 호랑가시나무, 은행나무, 물푸레나무 등이 있다.

핵심 20 식물호르몬

1 옥신(Auxin)

① 줄기의 신장에 관여하는 식물생장 호르몬의 일종. 인돌아세트산(IAA)으로 트립토판이라는 아미노산으로부터 합성된다.

② 기작: 생장이 왕성한 줄기와 뿌리 끝에서 만들어지며 세포벽을 신장시킴으로써 길이생장을 촉진한다. 옥신이 세포 안으로 들어오면 세포 안의 수소이온들이 세포막 밖으로 내보내져 세포 밖은 산성화되고, 이는 세포벽의 셀룰로오스 결합을 이완시키며, 세포막 안쪽에서는 물을 채움으로써 세포가 팽창되어 세포 체적이 증가한다.

2 지베렐린

식물의 줄기생장과 종자 형성, 휴면타파, 종자 발아 등 갖가지 생리현상의 발현과 제어에 큰 역할을 하며, 식물생장조절제로 이용된다.

3 사이토키닌(Cytokinine)

① 세포 분열을 돕는 화합물로서 조직의 확장, 조직의 분화, 개화 및 결실, 노화현상 등에 관여 한다.

② 사이토키닌의 작용은 콩의 유합조직의 생장량 증가 또는 잎의 엽록소 양의 증감 등으로 확인 되는 것으로서 엽록소의 양이 감소하는 것은 잎의 노화현상에 관계된다.

③ 사이토키닌은 모든 식물조직에서 발견되고 있지만 종자의 어린 배유 조직, 근단에서 특히 많이 검출되며, 가격이 비싼 단점이 있다.

4 아브시스산(Abscisic acid, ABA)

① 세스키테르펜의 일종으로 휴면 중의 종자, 눈, 뿌리 등에 많이 들어있으며, 보통 발아되면서 함량이 감소한다.

② 식물의 수분 결핍 시 ABA가 많이 합성되고 기공이 닫혀 식물의 수분을 보호한다. 또한 스트 레스를 받을 때도 ABA가 증가한다.

5 에틸렌(Ethylene)

① 식물은 가뭄, 침수, 상처 등의 자극에 대한 반응으로 에틸렌을 합성하며, 과일이 성숙할 때도 일어난다. 1800년대 가스관에서 가스 누출로 근처 나무들의 잎이 떨어지는 현상이 발견되었고, 이후 넬류보프(Neljubow, 러시아)가 밝혀냈다.

② 에틸렌의 전구물질 ACC(Amino Cichlopropane Carboxy−acid), 과습한 뿌리에서 생성되어 줄기로 이동하여 에틸렌 생성, 뿌리의 과습이지만 증세는 잎의 상편생장 등

호르몬	기능 및 역할
옥신 (Auxin)	• 줄기 신장 및 굴광성, 굴지성 조절 • 뿌리 생장 촉진 및 가지 억제 • 세포 신장 촉진 • 측면 눈의 생장을 억제하여 우세한 줄기 성장 유도
지베렐린 (Gibberellin)	• 줄기 신장 촉진 • 종자 발아 촉진 • 개화 및 과일 성장 촉진 • 휴면타파 및 씨 없는 과일 형성 유도
사이토키닌 (Cytokinin)	• 세포 분열 촉진 • 잎의 노화 억제 • 가지 생장 촉진 • 옥신과 상호작용하여 뿌리와 줄기 비율 조절
아브시스산 (Abscisic Acid, ABA)	• 종자 및 눈의 휴면 유지 • 스트레스 반응 유도(가뭄, 염분 등) • 기공을 닫아 수분 손실 방지 • 생장 억제
에틸렌 (Ethylene)	• 열매의 성숙 및 낙과 촉진 • 잎의 낙엽화 유도 • 개화 및 노화 촉진 • 뿌리 형성 및 줄기 비대 촉진

핵심 21

식물호르몬(요약)

> **참고** 호르몬의 정의 – Davids, 1987
>
> ① organic compound
> ② 한곳에서 생산
> ③ 다른 곳으로 이동(식물) → (예외) 에틸렌은 생산된 곳에서 사용
> ④ 이동한 곳에서 생리적 반응
> ⑤ 아주 낮은 농도에서 작용

1 Auxins

① 뿌리 생장 – 굴성

② 정아 우세 – 양분 이동

③ 제초제 효과 – 침엽수

☞ 이동 → 유세포(parenchyma cell) – 느리다, 극성(줄기, 뿌리), 에너지 소모

2 Gibberellins

키다리병 상승효과

① 신장 생장 – intact ↔ excised(옥신, 상처)

② 개화 촉진, 단위결과 유도

③ 휴면타파, 세포 분열 유도

3 Cytokinins

① 세포 분열 촉진, 기관 형성 유도

② 노쇠 지연 – Green island

4 에브시식산(Abscisic acid, ABA, dormin)

① 휴면유도 – 종자 · 아휴면

② 탈리현상 촉진

③ 스트레스 감지

5 에틸렌

① 기체 → 과실 성숙 촉진

② 침수 시 → 독성 나타난다.

③ 줄기 뿌리 생장 억제

④ 개화 억제(망고, 파인애플은 개화 촉진)

핵심 22 식물호르몬 합성효과

● 생장 촉진 호르몬: 옥신, 지베렐린, 사이토키닌

1 Auxins : Gibberellins

① excised(잘라진, 절개된) : intact

② 자엽초 · 줄기 : 유세포 세포 신장

③ 신장생장 촉진 : 세포 분열 유도

옥신과 지베렐린은 상대적 양에 따라 옥신이 많으면 사부, 지베렐린이 많으면 목부가 더 많이 생산된다.

지베렐린	⇒	↑ 목부 생산
옥신	⇒	↓ 사부 생산

2 Auxins : Cytokinins

유상조직(callus) 세포 분열 촉진=유세포 덩어리

→ 기관 발생(organogenesis)

옥신과 사이토키닌은 상대적 양에 따라 성장이 촉진되는 부위가 다르다. 사이토키닌이 많으면 줄기와 측지 등의 기관이 발달한다. 옥신이 많으면 뿌리가 발달하고, 정아우세 현상에 의해 수관이 원추형이 된다.

사이토키닌	⇒	↑ 줄기, 측지 발달+기관 발생
옥신	⇒	↓ 뿌리, 정아우세

낙엽부식의 영향

● CEC와 토양입자의 대전현상과 연관
● 교질물: 낙엽 분해 유기물
● CEC: 토양 100g당 양이온이 치환할 수 있는 자리의 수

1 낙엽의 부식

① humic acid의 발생

– 토양산성화의 직접 이유

② 교질물의 발생

– 낙엽 분해 유기물에 의한 CEC의 증가

– CEC: Cation Exchange Capacity, meq/100g

2 식물 뿌리의 양분 흡수

① 수소이온(H^+)의 배출

– 영양분과 교환

② 양이온 치환 자리에 H^+ 고정

– pH의 감소

☞ pH=7=수소이온(H^+) 1개/물분자의 수 10,000,000개, 섭씨 24도

타감작용

- 타감작용(allelopathy) ← 원격작용 ← 상호대립억제작용
- allele: 대립의 상호적인, pathy: 해와 고통, 질병
- 다른 식물의 생육을 억제하는 생화학적 상호작용

1 개념

① 어떤 생물(미생물과 식물)이 스스로 생성하여 체외에 유리하는 물질에 의해 다른 식물에 직접·간접적으로 영향을 미치는 작용

② Hans Molisch(Austria, 1937)

- 한 식물의 다른 식물에 대한 영향 – 타감작용

- 어떤 개체군이 경쟁상대에게 유해한 화학물질을 분비하는 경우 보통 항생(antibiosis)이란 말을 사용한다. 또 식물에 의한 화학적 억제를 상호억제작용(Allelopathy) 또는 타감작용이라 한다.

2 영향

휘트에이커(Whittaker, 1970)의 이론에 따르면, 강한 우점종이나 강력한 억제작용 효과는 어떤 군집에서는 종의 다양성을 저하시키고, 어떤 경우에는 화학적 조절의 다양성이 종의 다양성을 높이는 기초가 된다.

☞ 피톤치드는 타감작용물질을 총칭하는 용어이며, 테르펜(terpene)은 침엽수가 분출하는 피톤치드의 일종이다.

3 배출 식물

1) 침엽수

- 테르펜계 타감물질, Isoprenoid, $(C_5H_8)n$, n=2
- 소나무 gallotannin

　① 정유

　② 수지, 고무, 스테롤

　③ 카르테노이드

2) 활엽수

- 페놀계 타감물질
- 호두나무 juglon, 뽕나무 hexanol
    ① 리그닌
    ② 타닌
    ③ flavonoid(후라보노이드)
- ☞ 침테 폐활, 침카 후활

3) 초본

개망초, 보리

25 생태계의 속성

1 개요

생태계(ecosystem)는 생물과 그들이 상호작용하는 비생물적 환경으로 이루어진 복합적인 시스템이다. 생태계는 여러 속성(attributes)을 가지며, 이러한 속성들은 생태계의 기능과 구조를 이해하는 데 중요한 역할을 한다. 생태계의 주요 속성은 다음과 같다.

2 생태계의 속성

1) 구성 요소(Components)

생태계는 크게 두 가지 구성 요소로 나눌 수 있다.

① 생물적 요소(biotic components): 생태계 내의 모든 생명체를 포함하며, 주로 생산자(producers), 소비자(consumers), 분해자(decomposers)로 구분된다.

② 생산자: 주로 식물이나 조류 같은 광합성 생물로, 태양에너지를 이용해 유기물을 합성한다.

③ 소비자: 초식 동물, 육식 동물, 잡식 동물로 구분되며, 이들은 생산자 또는 다른 소비자를 먹는다.

④ 분해자: 박테리아나 곰팡이와 같은 생물로, 죽은 유기물을 분해하여 영양소를 순환시킨다.

⑤ 비생물적 요소(abiotic components): 생물체가 살아가는 데 영향을 미치는 무생물적인 요소로, 기후, 토양, 물, 공기, 온도, 광량, 무기질 등이 포함된다.

2) 에너지 흐름(Energy Flow)

① 생태계 내에서 에너지는 태양으로부터 출발하여 생산자, 소비자, 분해자를 거치면서 한 방향으로 흐른다.

② 에너지는 영양 단계(trophic level) 사이에서 이동하며, 각각의 단계에서 대부분의 에너지는 열로 손실된다.

③ 1차 생산자는 태양에너지를 통해 유기물을 합성하고, 이를 먹는 1차 소비자(초식동물), 다시 이를 먹는 2차 소비자(육식동물)로 에너지가 전달된다.

④ 에너지는 한 방향으로만 이동하며 재활용되지 않으며, 생태계의 모든 에너지는 결국 열로 변환되어 대기 중으로 방출된다.

3) 물질 순환(Nutrient Cycling)

생태계 내 물질은 순환하며 계속 재활용된다. 탄소, 질소, 물, 인과 같은 주요 영양소는 생물과 비생물 환경 사이에서 순환하며, 이것을 "생물지구화학적 순환(biogeochemical cycles)"이라 한다.

① 탄소 순환: 생물의 호흡, 분해, 광합성 등을 통해 탄소는 대기, 토양, 생물체 간에 순환한다.

② 질소 순환: 질소는 주로 대기 중에 존재하며, 질소 고정, 탈질, 분해 과정을 통해 토양과 생물체 간을 순환한다.

③ 물 순환: 물은 강수, 증발, 증산 작용 등을 통해 지구 표면과 대기 사이를 순환한다.

❸ 생태계의 안정성(Stability)

생태계는 외부 변화에도 불구하고 내부 균형을 유지하려는 속성을 가진다. 생태계의 안정성은 크게 세 가지 개념으로 설명된다.

① 저항성(Resistance): 생태계가 외부 교란이나 변화에도 불구하고 기존 상태를 유지하는 능력이다.

② 회복력(Resilience): 교란이 발생한 후 생태계가 원래 상태로 회복되는 속도와 능력을 의미한다.

③ 적응력(Adaptability): 생물들이 환경 변화에 적응하여 생존할 수 있는 능력이다.

❹ 상호작용(Interactions)

생태계 내 생물들은 다양한 방식으로 서로 상호 작용한다. 이러한 상호작용은 생태계의 균형을 유지하는 중요한 요인이다.

① 포식-피식 관계(predator-prey relationship): 포식자는 피식자를 먹고, 피식자는 포식자에게 잡아먹힌다.

② 경쟁(competition): 자원을 두고 서로 경쟁하는 관계이다. 이는 같은 종 내에서도, 다른 종 간에서도 발생할 수 있다.

③ 공생(mutualism): 서로 이익을 주고받는 상호작용으로, 예를 들어, 식물과 곤충의 관계에서 곤충은 꽃의 꿀을 얻고, 식물은 수분을 받는다.

❺ 계절적 변화와 시간적 변화(Temporal Changes)

① 생태계는 계절의 변화나 장기적인 환경 변화에 따라 구조와 기능이 달라질 수 있다.

② "천이(succession)"라고 불리는 생태계의 장기적 변화는 특정 지역에서 시간이 지나면서 군집이 변하는 과정을 뜻한다. 예를 들어, 화재로 황폐해진 숲이 시간이 지나면서 다시 숲으로 복원되는 과정이 천이의 대표적인 예이다.

6 다양성(Biodiversity)

① 생물 다양성은 생태계의 중요한 속성 중 하나로, 다양한 종이 존재하고 상호작용하는 정도를 의미한다.

② 생물 다양성이 높은 생태계는 일반적으로 더 안정적이며, 외부 교란에 대한 저항성과 회복력이 더 높다.

7 결론

① 생태계는 생물적 및 비생물적 요소 간의 상호작용과 에너지 흐름, 물질 순환, 그리고 다양한 상호작용을 통해 유지된다.

② 생태계의 속성은 그 구조와 기능을 결정하며, 이러한 속성들은 생태계의 건강, 안정성, 그리고 생물 다양성을 이해하는 데 중요한 기초가 된다.

> **참고**　**답안 형태로 다시 정리해 보면**
>
> 포괄적인 문제는 답안 작성에 유의해야 한다. 출제자가 제시한 키워드를 써내야 점수가 높아지기 때문에 포괄적인 문제의 경우, 하나의 답이 아니라 복합적으로 많은 키워드를 다양한 형태로 구사해야 한다.

8 답안 및 노트 작성 예시

문제) 생태계의 속성 [10점]

답)

Ⅰ. 개요

－ 생태계는 생물과 비생물 환경으로 이루어진 시스템이다.

　(생태계의 속성은 아래와 같다.) → 점수에 도움이 안되겠죠? 뺍니다.

Ⅱ. 생태계의 속성

1. 구조: 생물적 요소+물리적 요소

－ 생산자 － 소비자 － 분해자

－ 먹이사슬, 먹이그물

2. 기능

－ 에너지의 흐름

－ 물질의 순환

3. 생물 다양성 유전자, 종, 서식지 다양성

α, β, γ － 다양성

- α : 조사 지역, 종 다양성

- β : 지형 다양성

- γ : 지역 전체 종 다양성

4. 상호작용

- 환경과 생물의 상호작용, 생물 간의 상호작용

- niche : 종의 생존에 필요한 조건, 종이 환경에 미치는 영향

- 기본 지위(niche)와 현실적 지위(niche)로 구분

5. 시간적 변화

- 천이 succession

- 생물군집의 변화 끝. 극상

☞ 이 답안은 22줄 분량의 답안이다. 그런데 "속성"이라는 단어는 애매하다. 너무 다양한 형태로 사용되기 때문이다. 출제자가 생태계의 "속성"을 아래와 같은 키워드로 출제했다면? 조금 더 좁은 범위의 답안에서 1~5가지의 속성을 통해 생태계가 가질 수 있는 특성 또는 가장 안정적인 생태계의 속성 정도로 아래 키워드를 쓸 수 있다.

■ **생태계의 특성?, 속성?(예시)**

① 생물 다양성 ② 건강성 ③ 안정성 ④ 항상성 ⑤ 지속성	① 안정성 ② 순환성 ③ 자연성 ④ 다양성

이런 경우 위의 답안에는 여백이 많기 때문에 여백에 또 쓴다. 여백이 있는 답안을 작성해야 보기도 좋고, 짜임새도 있어 보인다. 그리고, 여백에 실수를 만회할 수 있는 기회도 생긴다.

좋은 답안을 작성하는 데는 위와 같은 요령도 필요하지만, 탄탄한 배경지식도 필요하다. 책과 관련 지침만 읽고도 시험은 충분히 합격할 수 있지만, 배경지식이 있다면 더 쉽게 요약된 답안을 작성할 수 있다.

위의 답안에 대한 배경지식이란 아래와 같은 것이다.

☞ 생태계는 핵심종(Keystone Species)과 우점종에 의해 유지된다.

속성	우점종(Dominant Species)	핵심종(Keystone Species)
정의	개체수나 생체량이 다른 종에 비해 많은 종	개체수는 적지만, 생태계 구조와 기능에 결정적 영향을 미치는 종

속성	우점종(Dominant Species)	핵심종(Keystone Species)
주요 역할	자원을 많이 차지하며 생태계의 물리적 구조 형성	생태계 내 먹이망의 균형 유지, 생태계 기능 유지
영향	다른 종들에게 자원 경쟁 등 직접적 영향 미침	소수의 개체만으로도 생태계 전체에 중요한 영향을 미침
생태계 내 위치	생태계 내에서 주로 많은 개체수를 차지하며 자원 활용	생태계에서 적은 개체로도 핵심적인 생태적 역할 수행
사례	참나무(북미 삼림), 아카시아나무(아프리카 사바나)	해달(미국 서부 연안), 그레이 울프(옐로스톤 국립공원)
사라질 경우	생태계에 변화는 있지만, 다른 종이 그 자리를 채울 가능성이 있음	생태계 붕괴 가능성 있음. 먹이망이나 구조에 큰 변화 발생

이 주제는 산림기술사 시험에 나올 가능성이 희박하지만, 다른 내용을 이해하는 데 도움이 된다. 이런 것이 배경지식이다. 배경지식은 면접에도 도움이 되지만, 억지로 외우려고 힘을 빼지 말고 자연스럽게 읽고 이해만 하는 정도로 넘어가는 것을 권한다.

비료주기

● fertilization

1 결핍 증상의 진단

① 질소 부족: 잎의 크기가 줄고(왜소화), 노랗게 변색(황화)

② 인산 부족: 적갈 · 적황색으로 변색(갈변)

③ 칼륨 부족: 활엽 잎맥 · 침엽 끝 탈색(이동성 높음)

④ 칼슘 부족: 새로 나는 잎의 색 · 크기 이상(왜소화, 이동성 낮음)

2 증상 진단법의 단점

① 성장 저해 초래 후 인지 → 다른 원인일 수 있다.

② 숨겨진 양분 결핍(hidden hunger) 상태이면 파악이 안 된다.

3 비료 투입 방법

① 기비, 추비, 액비

② 엽면시비

③ 수간주사

4 수간주사 방식

압력식, 중력식

5 시비의 효과

① 사치흡수

– 임목의 건중량 증가에 영향을 미치지 않는 양분의 초과 공급량

– 질소를 한도량 넘게 공급받은 묘목은 외관상 커지지만, 건중량은 커지지 않는다.

– 이것을 양료의 사치흡수라고 한다.

② Steenbjerg 효과

- 희석효과

- 구리와 같이 식물체 내에 제한량으로 존재하는 양료는 식물체가 작을 때는 점점 감소해 가다가 식물체의 크기가 어느 한도를 넘어서면 다시 증가해 가는 경향이 있다.

- 식물에 대하여 제한양료의 공급을 증가시키면 다른 비제한양료의 농도가 감소하고, 마침내 식물의 성장을 제한하기에 이른다.

참고) **밑거름과 덧거름**

시비(비료 주기)는 파종 이전에 밭갈이 작업과 함께 뿌려주는 밑거름과 종자 발아 후 또는 묘목 이식 후 주게 되는 덧거름으로 구분된다. 덧거름으로는 속효성 무기질 비료를 주고, 밑거름으로는 지효성 퇴비나, 무기질 비료를 준다.

밑거름	파종 이전에 밭갈이 작업과 함께 뿌리는 비료	지효성 퇴비나 무기질 비료
덧거름	종자 발아 후 또는 묘목 이식 후 주는 비료	속효성 무기질 비료

참고

- 나무의 양분요구도 파악이 비료주기의 기본 전제
- 현재와 미래임분의 양분요구도를 충족시키는 비료주기

① 속효성 - 추비, 화학비료
② 지효성 - 기비, 퇴비와 무기물 비료
③ 양분 결핍(deficiency)
  → 양분 투입 → 식물생장 개선
④ 양분 과다 toxity
  → 양분 투입 → 식물생장 악화 → 토양개량 필요

PART
02
산림경영
Professional Engineer Forestry

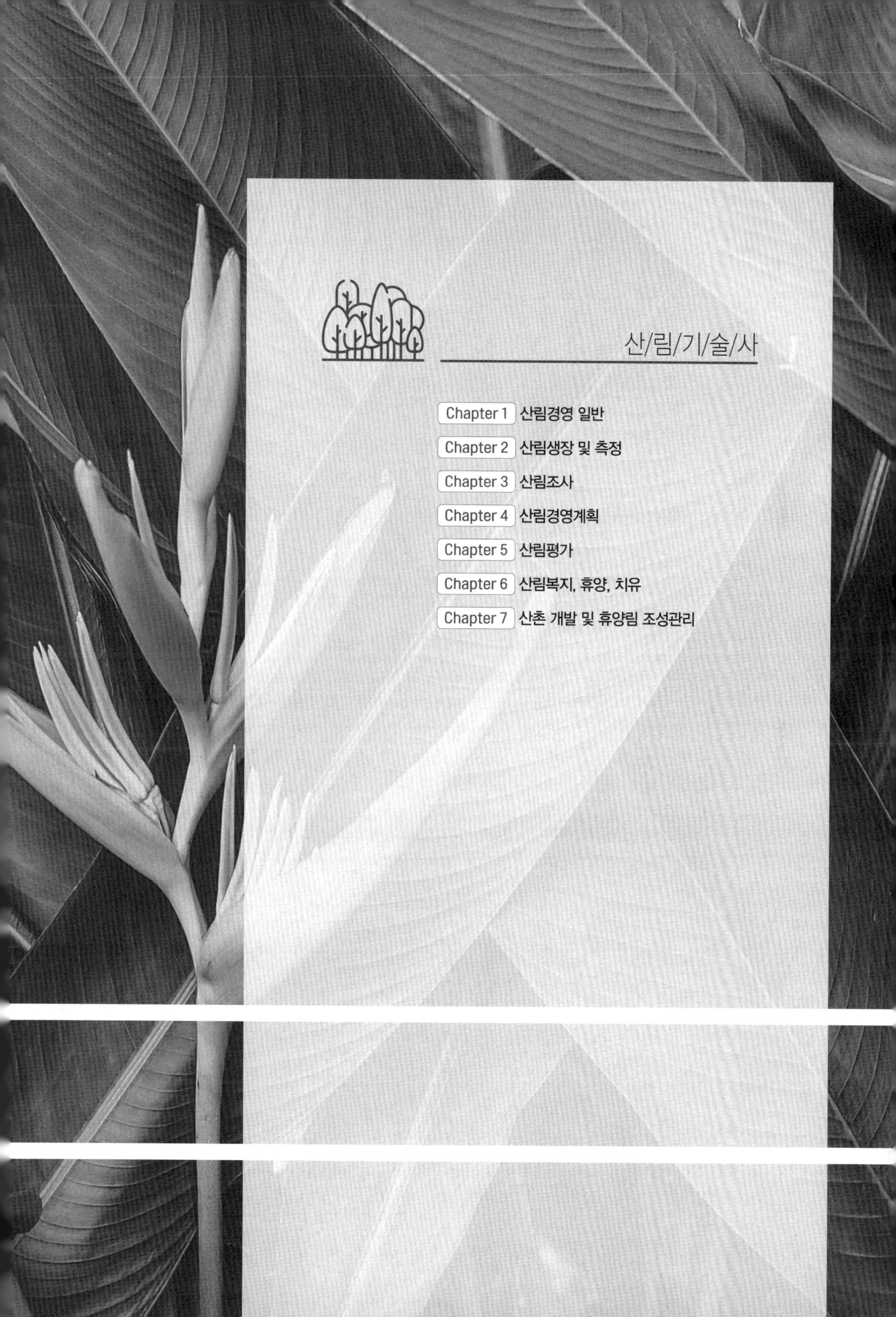

산/림/기/술/사

Chapter 01

산림경영 일반

핵심 01 산림경영 · 임업경영

1 산림경영

① 산림경영이란 산림 자원을 효율적이고 지속 가능하게 관리하여 목재, 약용 식물, 버섯, 산림 휴양 서비스 등 여러 형태의 산림 생산물을 얻는 것을 목적으로 하는 활동을 의미한다. 이를 위해 산림 생태계의 유지와 보전을 고려하며, 다양한 산림 자원의 수확과 생산을 합리적으로 계획하고 실행하는 체계적인 방법론을 포함한다.

② 산림경영은 숲의 생물학적, 경제적 가치를 극대화할 수 있도록 숲을 조성, 보전, 활용하는 일련의 과정이며, 또한 숲의 건강성을 유지하며 미래 세대에 지속 가능한 자원을 남기기 위한 균형 잡힌 경영 방식을 중요하게 여긴다.

2 임업경영

① 임업경영이란 숲에서 경제적 가치를 창출하기 위해 산림 자원을 생산, 관리, 활용하는 체계적인 활동을 말한다. 임업경영은 목재, 약용 식물, 버섯 등 산림 자원의 생산뿐만 아니라, 이를 통해 경제적 수익을 창출하고 산림 자원의 지속 가능성을 확보하기 위한 계획과 실행을 포함한다.

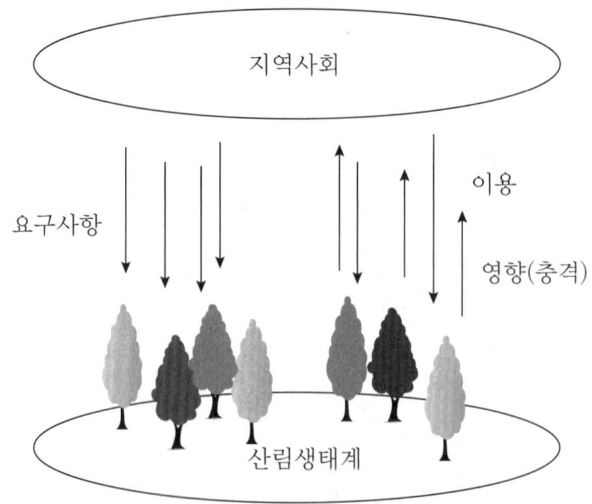

▲ 임업적 시스템: 산림생태계의 지역사회 이용(Oesten & Roeder, 2012)

② 임업경영은 일반적으로 특정 목적을 달성하기 위한 임업생산과 조직에 대한 과학적, 경제적, 사회적 원칙의 실질적 적용을 말한다.(SAF, Society of American Forestry)

③ 임업경영은 생산성 극대화를 목표로 산림을 계획적으로 조성하고, 수확과 재배를 반복하는 과정으로, 이를 통해 지속 가능한 산림 자원을 확보하면서 경제적 이익을 창출하는 것을 목표로 한다.

3 임업

① 임업은 산림 자원을 개발, 관리, 보전하며 이를 통해 목재, 약용 식물, 버섯 등 다양한 산림 생산물을 얻는 활동을 말한다. 임업은 산림의 자원을 인간과 사회의 필요에 맞게 지속 가능하게 활용하는 것을 목적으로 하며, 숲을 조성하고 관리하며 필요한 경우에는 보호와 복구 활동을 포함하기도 한다.

② 임업이란 목표지향적인 산림생태계의 이용을 가능하게 하고 인간으로부터 요구되는 재화를 수요에 맞게 제공할 수 있는 모든 인간활동을 포함한다(Oes n & Roeder, 2012).

③ 임업은 산림 생태계의 건강성을 유지하면서 경제적 수익을 창출하고, 산림이 제공하는 공익적 가치를 유지하는 등 다양한 기능을 수행하는 포괄적인 분야로, 종종 환경보호와 경제적 가치를 함께 고려하는 균형 잡힌 관리가 중요하다.

4 산림경영과 임업경영의 공통점

① 지속 가능성: 두 경영 모두 산림 자원의 지속 가능성을 중요하게 여기며, 미래 세대까지 산림 자원이 보존될 수 있도록 자원 관리와 보전에 초점을 맞춘다.

② 자원 생산과 관리: 산림의 다양한 자원을 효율적으로 생산하고 관리하는 것을 목표로 한다. 목재, 버섯, 약용 식물 등의 생산뿐만 아니라 산림의 건강을 유지하는 관리 활동도 포함한다.

③ 계획적이고 체계적인 접근: 산림과 임업 경영은 모두 산림 자원을 체계적으로 관리하고 장기적인 계획을 세워 경영하는 접근 방식을 따른다.

④ 환경과 경제적 가치의 조화: 산림과 임업 경영 모두 경제적 수익과 함께 산림의 환경적 가치를 함께 고려하여 균형 잡힌 경영을 추구한다.

5 산림경영과 임업경영의 차이점

① **목적과 초점**

　– 산림경영은 산림의 전반적인 건강, 생태계 보전, 그리고 다양한 공익적 기능(예 수원 함양, 기후 조절, 산림 휴양 등)을 중시한다. 생산적 목적뿐만 아니라 산림 생태계의 균형과 공익적 가치를 강조하는 경향이 있다.

- 임업경영은 경제적 수익 창출에 좀 더 초점을 맞추며, 목재 생산이나 특정 산림 생산물의 생산성을 높이기 위한 계획적 자원 관리에 중점을 둔다.
- 임업경영은 주로 목재 및 기타 산림 생산물을 수확하여 경제적 가치를 극대화하는 것을 목표로 한다.

② 관리 대상의 범위

- 산림경영은 산림의 모든 구성 요소(식물, 동물, 토양 등)를 포함하여 생태적 보전과 관리에 초점을 둔다.
- 임업경영은 주로 경제적 가치가 있는 자원(목재, 버섯, 약용 식물 등)의 관리와 생산에 집중하는 경향이 있다.

③ 공익적 기능에 대한 배려

- 산림경영은 산림의 공익적 기능(예 자연경관 유지, 환경 보전, 생물 다양성 보전 등)을 보다 중시하며, 이를 위해 경영과 관리가 이루어진다.
- 임업경영은 경제적 가치가 있는 산림 자원의 생산과 수익 창출을 우선적으로 고려하며, 공익적 기능은 상대적으로 부수적인 역할로 간주되는 경우가 많다.

결론적으로, 산림경영은 광범위하고 공익적 기능을 포함한 관리와 보전에 초점을 맞추는 반면, 임업경영은 경제적 이익을 창출하기 위한 산림 자원의 생산성에 더 중점을 두고 있다.

핵심 02 산림자원·산림경영의 목표

1 산림자원의 개념

① 자원(resource)은 넓은 의미에서는 "인간 생활에 필요한 모든 것"이며, 좁은 의미에서 자원이란 "자연적으로 만들어진 물질"을 말한다.

② 산림자원, 지하자원, 에너지자원, 식량자원, 토지자원 등이 좁은 의미의 자원이다.

③ 넓은 의미의 자원은 자연 자원인 물질적 자원과 인적 자원, 그리고 문화적 자원은 모두 포함한다.

④ 산림자원은 목재와 임산물 등의 물질적 자원과 숲으로 조성된 산림이 가지는 공익적 가치를 모두 포함한다.

⑤ 산림자원의 조성 및 관리에 관한 법률에 따르면 산림과 산림자원의 정의는 다음과 같다.

2 산림경영의 목적

① 산림경영의 목적은 인류에게 필요한 다양한 목적(multiplicity of purposes)의 산림편익(山林便益)을 생산하는 데 있다.

② 산림경영의 목적을 달성하기 위해 조직을 만들고, 계획을 짜고, 실행한다.

③ 산림경영의 목적이 되는 산림편익(山林便益, forest benefit)의 범주는 넓어서 목재, 버섯, 산재, 약초 등 시장재(市場財, market goods)와 경관, 국토 보안, 수원 함양 및 보건 휴양기능 등 비시장재(non-market goods)적 편익을 포함한다.

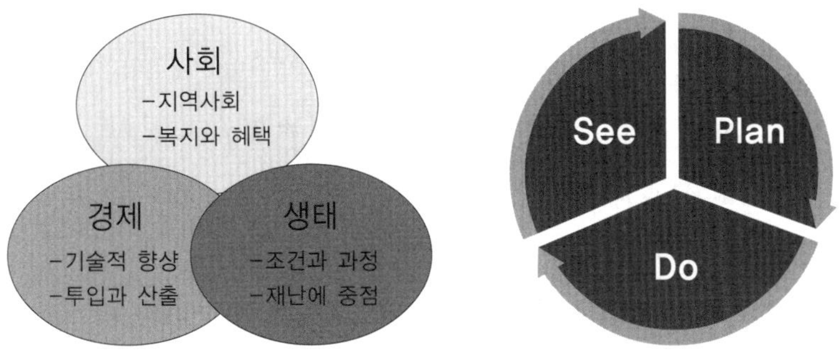

– 지구환경 문제의 해결에 산림의 중요성이 더욱 커지면서 산림경영은 "지속 가능한 산림경영(SFM, Sustainable Forest Management)" 그리고 "지속 가능한 생태적 산림경영(sustainable ecological forest management)"을 지향하고 있다.

03 우리나라 산림자원 동향

1 우리나라 산림자원 동향(2018년 임업통계연보, 산림청(5월))

- 최근 10년 임상별 산림면적

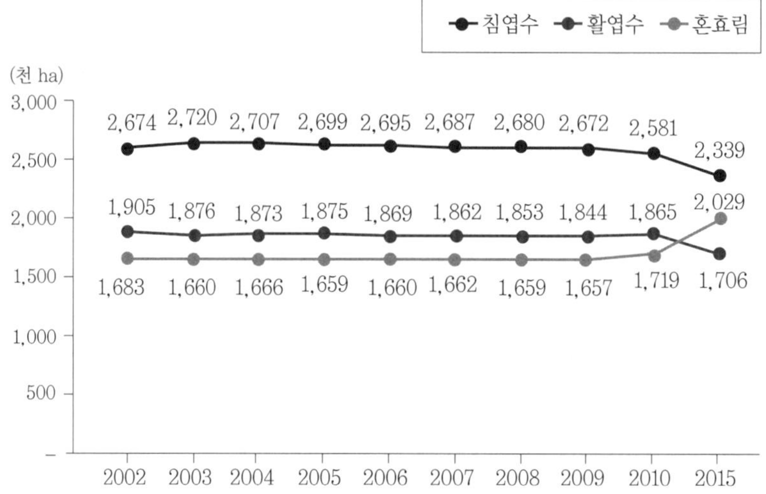

1) 면적비율

① 국토 총면적은 10,029,000ha(2016)

② 산림면적은 6,335,000ha(63%)

2) 소유별 산림면적

① 국유림 1,618,000ha(26%)

② 공유림 467,000ha(7%)

③ 사유림 4,250,000ha(67%)

☞ 전체 산림면적은 연평균 7,000ha씩 감소되고 있고, 국유림면적은 증가하고 있다.

■ 소유별 산림면적 변화

구분	국토면적	산림면적	국유림	도유림	군유림	사유림	산림비율(%)
2008	9,982,778	6,374,875	1,518,035	154,099	334,289	4,368,452	63.86
2009	9,989,741	6,370,304	1,529,936	154,202	333,519	4,352,647	63.77
2010	10,003,306	6,368,843	1,543,352	154,248	333,363	4,337,880	63.67
2015	10,029,535	6,334,615	1,617,658	162,826	304,246	4,249,885	63.17
2020	10,041,260	6,298,134	1,652,736	167,756	315,446	4,162,196	62.72
산림비율			26.24%	2.66%	5.01%	66.09%	

3) 임상별 산림면적

① 침엽수림 2,339,000ha(37%)

② 활엽수림 2,029,000ha(32%)

③ 혼효림 1,706,000ha(27%)

④ 죽림 22,000ha

⑤ 무립목지(無立木地) 239,000ha(4%)

☞ 침엽수와 혼효림 면적은 감소되고 있고, 활엽수 면적은 증가하고 있다.

4) 영급별 임목축적

① Ⅲ영급 이하: 166,460,000㎥(18%)

② Ⅳ영급 이상: 758,349,000㎥(82%)

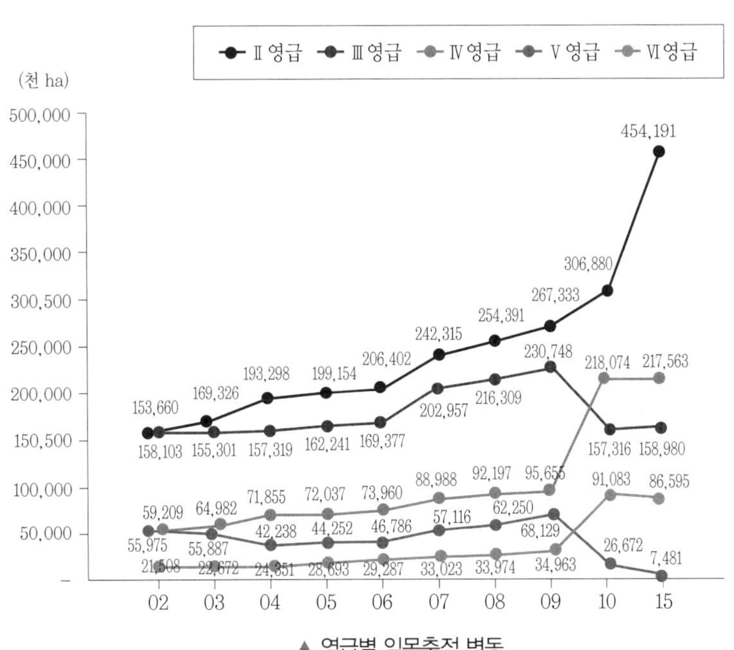

▲ 영급별 임목축적 변동

5) 산림축적의 구성

① Ⅰ~Ⅳ영급 총축적: 67%

② Ⅳ영급 이상: 33%

6) 평균 산림축적

① 146㎥ 2015년 기준

② 일본 170㎥, 독일 310㎥, 스위스 340㎥

7) 산림축적의 변화

구분	축적(㎥/ha)	비고
2008	103.39	
2009	109.39	
2010	125.62	
2015	145.99	
2020	165.20	

2 우리나라 산림경영

2018년 임업통계연보, 산림청(5월), 신고 산림경영학(2017) 참조

1) 당면 과제

① Ⅰ~Ⅲ영급 산림면적 28% → 산림무육 필요

② Ⅳ영급 산림면적 72% → 수익간벌, 주벌수확 가능

③ 산림무육에 필요한 산림관리기술의 개발 및 적용 필요

④ 임업의 채산성과 관계없는 환경 보전, 산림치유 등 외부 경제에 입각한 산림관리시스템이 필요

2) 목재수요

① 연간 27,000㎥ 목재 사용

② 목재 총 소비량 중 83% 수입재에 의존

③ 2015년 원목수요량 5,179,000㎥

④ 목재 수입국: 뉴질랜드 · 미국 · 캐나다 · 오스트레일리아 등

3) 임산물 생산

① 2016년의 임산물 총생산액은 8조 3,378만원

② 1998년 입산물 생산액에 조경수 생산액을 신규로 조사 대상 품목에 추가

③ 2000년에는 순임목 생장액을 조사 대상 품목에 포함

→ 2000년 이후 임산물 생산액이 크게 증가

④ 토석 생산액이 32.8%로 2조 7,369억원

⑤ 순입목(25.7%), 조경재(8.8%), 수실류(8. 7%), 약용식물(6.8%)

4) 산지의 이용 구분

① 보전산지 4,937천ha, 생산용산지 3,294천ha, 공익용산지 1,643천ha

② 준보전산지 1,469천ha

5) 임도시설

① 연간 임도개설 1995년 1,888km → 2014년 693km

② 1ha당 임도 길이 1995년 1.10m → 2014년 현재 2.99m

04 사유림 경영 방식

1 사유림 경영 주체

개인, 회사, 공동(종중), 단체(종교 · 학교) 및 농가 세대주 등

2 경영 방식

구분	규모	면적비	소유자 구성비	내용
농가임업	5ha 미만	35%	92.3%	조상의 묘를 모시거나 연료, 농용재 등의 소득을 얻기 위하여 보유하고 있는 산림경영, 평균 0.9ha 소유
부업적 임업	5~30ha	40%	9%	농가에서 아울러 임업을 경영할 수 있는 산림경영
겸업적 임업	30~100ha	13%	0.6%	농업 · 목축업 및 그 밖의 1차 산업과 임업을 같은 비중으로 다룰 수 있는 규모의 산림경영
주업적 임업	100ha 이상	12%	0.1%	임업을 주업으로 하는 산림경영. 임업을 하나의 독립된 경영체로 경영할 수 있다는 뜻이며 임업을 전업으로 영위한다는 뜻은 아님

3 사유림 소유 개황

① 2014년 산림 소유자 1인당 평균소유면적이 1.9ha

- 5ha 미만의 산주 약 92%

→ 산림 소유 규모가 영세하여, 사유림 경영에 많은 문제점이 있다.

② 임가(林家) 95,557가구 중 전업임가 6.6%

- 전업임가: 50ha 이상의 산림을 소유, 임업종사일 수가 6개월 이상인 임가

③ 2014년 산주 수 211만 명, 산림면적은 426만ha

- 5년 전보다 산주 2.1% 증가, 산림면적 2.1% 감소

④ 부재산주

　– 시 · 군 기준 부재산주 분포비율 2014년 55%, 면적대비 54%

4 임가 및 임가인구

구분	임가수(Foresty HouseholdsNumber)	임가인구(Forest Household Population)				
		합계(Total)	남자(Male)		여자(Female)	
			임가수	%	임가수	%
2019	80,046	178,419	90,389	51	88,030	49
2020	103,416	232,817	119,162	51	113,655	49
2021	103,782	218,996	113,528	52	105,467	48
2022	100,618	210,097	107,972	51	102,125	49
2023	99,233	204,327	104,505	51	99,822	49

5 경영형태별 임가 현황

구분	합계(Total)	전업		겸업	
		임가수	%	임가수	%
1999	66,300	11,750	17.7	54,550	82.3
2005	97,108	7,925	8.2	89,183	91.8
2010	96,108	6,332	6.6	89,776	93.4
2015	90,510	8,504	9.4	82,006	90.6
2020	103,416	14,038	13.6	89,378	86.4
육림업(Foresttending)	6,104	833	13.6	5,271	86.4
벌목업(Treelogging)	1,431	177	12.4	1,254	87.6
양묘업(Saplingtending)	3,364	520	15.5	2,844	84.5
채취업(Gathering)	6,403	579	9.0	5,824	91.0
송이버섯(Pinemushroom)	1,656	82	5.0	1,574	95.0
기타버섯(Othermushroom)	467	56	12.0	411	88.0
수실류(Nuts)	901	97	10.8	804	89.2

구분	합계(Total)	전업		겸업	
		임가수	%	임가수	%
약용작물(Medicinehurbs)	595	87	14.6	508	85.4
수액(Sap)	271	23	8.5	248	91.5
재배업과겸업경영	6,941	560	8.1	6,381	91.9
육림업(Foresttending)	1,613	128	7.9	1,485	92.1
벌목업(Treelogging)	294	34	11.6	260	88.4
양묘업(Saplingtending)	1,284	138	10.7	1,146	89.3
채취업(Gathering)	3,750	260	6.9	3,490	93.1
송이버섯(Pinemushroom)	489	40	8.2	449	91.8
기타버섯(Othermushroom)	313	29	9.3	284	90.7
수실류(Nuts)	619	68	11.0	551	89.0
산나물(Wildvegetables)	1,662	74	4.5	1,588	95.5
약용작물(Medicinehurbs)	439	41	9.3	398	90.7
수액(Sap)	228	8	3.5	220	96.5
재배업(Growing)	79,173	11,369	14.4	67,804	85.6

산림경영의 흐름

1 18~19세기 초(관방학시대)는 목재수확보속을 강조한 시대

① 산림경영에 있어서 경제적 문제는 18세기부터 19세기 초 관방학시대에 독일의 대학에서 처음 체계적으로 취급되었다.

② 그 무렵 산림경영계획에서 수확 조절방법으로 '재적평분법(材積平分法)'과 '면적평분법(面積平分法)'이 있었으며, 목재수확보속원칙(木材收獲保續原則)은 장래 세대의 최적 효용성에 초점을 두고 있었다.

2 19세기 초는 자유주의적 중상주의 시대

① 국민경제학의 자유주의 학파 대두

② 국가 관리의 사경제적 체계 붕괴

③ 임업경영모델로서 작업종 · 수종 · 간벌법 · 윤벌기 및 기타 임업경영인자를 선택할 때 수익을 우선하는 유리한 방법을 계산하였다.

④ Hundeshagen이 주창한 법정림(法正林, normal forest)의 모델에 기초를 두고 있다.

3 1970년대부터 1990년대까지 약 30년간은 기술적으로 발전한 시기

① 사회구조가 급격하게 변하고 산림의 역할이 변하여 현장의 산림관리에 대한 영향력을 많이 상실한 시대라고 할 수 있다.

② 산림경영이 산림현장의 문제에 제대로 부응하지 못한 시기로 볼 수 있다.

③ 컴퓨터의 발달과 더불어 산림조사 · 산림생장예측 · 산림수확규정에 관한 많은 수리(數理) 모델이 산림경영에 적용된 시기로서 '최적화 수리 모델에 의한 산림계획' 시대라고 할 수 있다.

4 1990년대는 '환경적인 변화'에 의한 산림 역할의 변화'

① 새로운 산림계획학의 태동기

② 산림계획학의 내부적인 발전과 외부 압력인 '환경적인 변화'에 따른 산림 역할의 변화가 있었다.

③ 산림경영계획에 외적 요소로 경관 · 야생동물 · 물환경(수환경(水環境)) 등의 사회적 요구와 에너지 및 이산화탄소의 순환 · 생물 다양성 등의 평가기준이 중요하게 되었다.

④ 창조적인 사고와 윤리관이 산림경영학에 요구되는 시대였으며, 이 단계를 '제3세대 산림계획학의 발아'로 분류하기도 한다.

⑤ 경영이념과 환경이념을 바탕으로 생각을 표현하는 것이 '기업의 환경윤리'이며, 기업환경 거버넌스(governance)에 의하여 지속 가능한 산림경영의 접근이 필요한 때이기도 하다.

참고 **관방학(官房學, Kameralwissenschaft)**

• 18세기 독일과 오스트리아에서 발전한 학문 분야로, 국가의 행정, 재정, 경제 운영을 다루는 학문이었다.

• 국가의 경제적 자원을 최대한 효율적으로 동원하고, 국가의 부강을 이루기 위한 행정 및 재정 정책을 연구하는 데 중점을 두었다.

• 유럽, 특히 독일과 오스트리아 등지에서 국가 정책의 중심적 학문으로 자리 잡았던 시대를 관방학 시대라고 한다. 이 시기는 절대 군주제 하에서 국가의 재정을 효율적으로 관리하고, 경제를 발전시켜 국가의 힘을 증대시키려는 노력이 활발히 이루어졌던 시기였다.

• 관방학의 목적은 단순히 재정 관리에 그치지 않고, 농업, 상업, 인구 통계 등 국가의 자원을 총괄적으로 다루어 국가의 부강을 이루는 것이었다.

세계의 산림자원

1 세계의 산림자원(세계산림백서, 2015, FAO(세계식량농업기구))

① 육지면적은 지구 표면적의 약 31%이고, 산림면적은 약 40억 3천만ha로 추정된다.

② 열대·아열대 산림은 세계 산림의 약 56%이고, 온대와 한대 산림은 44%를 차지하고 있다.

③ 인공림은 전체 산림의 약 5%에 불과하며, 나머지 95%는 천연림으로 구성되어 있다.

④ 세계 1인당 산림면적은 평균 0.6ha이며, 아시아의 1인당 산림면적이 가장 적고, 오세아니아 와 남아메리카의 1인당 산림면적이 상대적으로 크다.

⑤ 세계 산림면적은 매년 약 1,110만ha씩 감소하고 있으며, 개발도상국가의 경우 매년 인공조림 에 의해 320만ha씩 증가하지만, 동시에 산림 파괴에 의하여 1,630만ha가 감소하고 있다.

⑥ 산림 파괴면적 중 1,540만ha가 열대지역에서 감소하는 것이다.

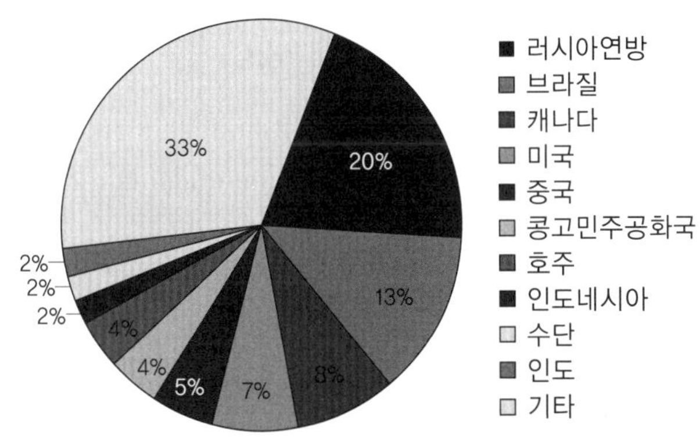

⑦ 산림비율은 콩고민주공화국이 68%로 가장 높고, 호주가 19%로 가장 낮다.

⑧ 우리나라의 산림면적은 6,370천ha(산림청, 2010)로 전체 166개국 중에서 68위에 해당된다.

2 열대림의 감소 원인과 배경

① 1980년대에는 연평균 1,540만ha, 1990년대에는 연평균 1,520만ha의 열대림이 손실되었다.

② 열대림의 감소와 상태 악화의 직접적인 원인은 무질서한 화전경작, 과도한 방목, 과도한 연료 채취, 농지로의 전용 등이다.

③ 화전경작지의 무질서한 확대와 휴한기간의 단축에 따라 산림재생력의 저하는 열대림의 감소·악화의 가장 큰 요인이다.

④ 건조지와 반건조지에서 유목으로 사육하는 가축두수의 증가와 개발도상국의 40%가 사용하는 목재연료로 인하여 열대림이 감소 및 악화되고 있다.

⑤ 낙뢰 등 자연발화 외에 화전과 방목지에서의 입화(入火) 등의 인위적인 화재에 의하여 열대림이 손실되는 경우가 많다.

⑥ 요하네스버그 정상회의에서는 과잉벌채와 위법벌채 및 산림화재가 열대림의 감소·악화 원인이라고 발표하였다.

■ 산림면적의 변화(FAO, 2015)

지역	1990~2000		2000~2010	
	천ha/년	%	천ha/년	%
계	−8,327	−0.20	−5,211	−0.13
아프리카	−4,067	−0.56	−3,414	−0.49
아시아	−595	−0.10	2,235	0.39
유럽	877	0.09	676	0.07
북중미	−289	−0.04	−10	−0.00
오세아니아	−41	−0.02	−700	−0.36
남아메리카	−4,212	−0.45	−3,998	−0.45

3 산림면적의 변화

① 1990년대에 산림면적 변화는 각 국가에서 제공한 정보와 원격탐사로 얻어진 결과, 이 두 가지 방법을 이용하여 평가하였다.

② 산림 증가는 천연림의 증가(경작지 포기도 천연림에 포함) 및 신규조림(비산림 상태에 조림하는 것)에 의하여 발생하였다.

③ 산림 감소는 산림의 제거와 다른 토지이용 형태의 전환(화전 또는 개간, 채광 또는 저수지 등) 또는 장기간의 임관비율 10% 미만으로 감소이다.

④ 산림 감소율는 아프리카와 남아메리카에서 가장 높고, 아시아의 천연림 감소율도 높다.

⑤ 아시아에서는 인공림의 성립으로 산림의 감소율이 상당히 낮고, 비열대지역의 선진국에서 산림피복이 증가하고 있다.

우리나라의 산림자원

① 2016년 우리나라의 국토 총면적은 10,029천ha이고, 산림면적은 6,335천ha로 국토의 약 63%에 해당한다.

■ 우리나라의 임상별 산림면적과 임목축적(2015, 산림청)

소유별 \ 구분	산림면적		입목축적	
	면적(만ha)	비율(%)	축적(백만㎥)	비율
침엽수	233.9	36.9	404.0	43.7
활엽수	202.9	32.0	263.7	28.5
혼효림	170.6	26.9	257.1	27.8
죽림	2.2	0.4	–	–
무립목지	23.8	3.8	–	–
합계	633.4	100	924.8	100

② 산림면적은 연평균 7,000ha가 감소되고 있으며, 국유림은 확대 정책으로 매년 조금씩 꾸준히 증가하고 있다.

③ 소유별 산림면적은 국유림 1,618천ha(26%), 공유림 467천ha(7%), 사유림 4,250천ha(67%)이다.

■ 우리나라의 소유별 산림면적과 임목축적(2015, 산림청)

소유별 \ 구분	산림면적		입목축적		
	면적(만ha)	비율(%)	축적(백만㎥)	비율	ha당 축적
국유림	161.7	25.5	264.2	28.6	163.3
공유림	46.7	7.4	72.8	7.9	155.9
사유림	425.0	67.1	587.8	63.5	138.3
합계	633.4	100	924.8	100	146.0

④ 임상별 산림면적은 침엽수림이 2,339천ha(37%), 활엽수림이 2,029천ha(32%), 혼효림이 1,706천ha(27%), 죽림이 22천ha, 그리고 무입목지(無立木地)가 239천ha(4%)이다.

⑤ 침엽수의 면적은 감소되고 있는 반면, 혼효림의 면적은 증가하고 있다.

⑥ 영급별 임목축적은 m 영급 이하가 축적의 18%로 166, 460천m³이고, Ⅳ 영급 이상이 758, 349천m³로 82%이다.

⑦ 1997년 이후 Ⅱ 영급은 감소되고, Ⅲ～Ⅳ 영급은 증가하고 있다.

⑧ 산림면적은 Ⅰ～Ⅳ영급까지가 75%, 그 중 Ⅲ～Ⅳ영급이 전체 산림면적의 69%를 차지한다.

⑨ 산림축적의 구성은 Ⅰ～Ⅳ영급의 총축적비율은 67%이고, 그 중 Ⅲ영급과 Ⅳ영급의 축적 비중은 66%에 달한다.

⑩ 산림면적은 5년간 연평균 약 5,300ha씩 감소되었고, 1ha당 평균축적이 2015년 말에 약 146m³이다.

⑪ 우리나라의 산림평균 축적은 세계평균 약 130m³보다는 많고, 일본 170m³, 독일 315m³, 스위스 345m³에 비하면 임목축적이 낮다.

⑫ 우리나라의 1인당 산림면적은 0.134ha로 세계 평균에 비하면 현저히 낮다(산림청, 2015).

⑬ 우리나라의 산지 전용의 용도는 '택지−공장−도로−골프장' 순으로 많은 부분을 차지한다.

■ 산지전용의 용도(2018, 2024 임업통계연보)

전용용도	2023			2015		
	전용면적(ha)	비율	순위	전용면적(ha)	비율	순위
농업용 (농지, 초지)	390	6.62%	6	471	5.73%	5
택지	1,128	19.15%	2	1,673	20.36%	2
공장	791	13.43%	3	1,369	16.66%	3
도로	522	8.86%	4	884	10.76%	4
골프장	461	7.83%	5	279	3.39%	6
스키장		0.00%		12	0.15%	
묘지	73	1.24%		58	0.71%	
기타	2,525	42.87%	1	3,472	42.25%	1
합계	5,890			8,218		

08 우리나라 산림경영의 실태

1 국유림 경영

① 국유림은 전체 산림의 25.5%로 161.7만ha로 산림청 소관의 보존국유림이 약 143.8만ha, 불보존 국유림이 약 3.4ha, 그리고 타 부처 소관 국유림은 약 14.5만ha이다.

② 국유림의 경영은 1996년 개편된 5개의 지방산림청에서 담당하고 있다(북부원주, 동부강릉, 중부공주, 남부안동, 서부남원). 그리고 지방산림청 산하에 총 25개의 국유림관리소가 있어 현장에서 국유림 경영을 담당하고 있다.

2 공유림 경영

① 공유림의 면적은 46.7만ha로 전체 산림면적의 약 7.4%에 해당하며, 도유림(16.3만ha)과 군유림(30.4만ha)으로 구성되어 있다.

② 공유림의 경영 목적은 공공복지 증진, 재정수입의 확보, 그리고 사유림의 경영 시범에 있다.

3 사유림 경영

① 2015년 현재 사유림은 전체 산림의 약 67.1%이고, 임목축적은 약 63.5%이다.

② 사유림 소유자는 211만 명(2015년)으로 5ha 미만을 소유하고 있는 소유자가 194만 명으로 전체 소유자의 약 92%이다.

② 부재산주는 약 114만 명으로 전체 사유림 산주의 약 54%이다.

09 임업경영의 특성

● 임업은 토지생산 산업으로 농·축산업과 같이 1차 산업에 속하지만 다른 1차 산업과는 다른 특성을 가지고 있다.

1 임업경영의 기술적 특성

① 생산 기간이 대단히 길다.

- 자연에 대한 위험성이 크다. 임업 투자 회피의 원인이다.

- 해결 방안: 장기저리의 금융이자, 산림재해에 대한 보상, 보험제도 활성화

② 성숙기가 일정하지 않다.

- 산림을 황폐화시킬 우려가 있다.

- 해결 방안

  • 국가 · 공공단체: 토지 생산성 최대를 실현할 수 있는 성숙기 결정(성숙기가 길어진다)

  • 개인: 투하 자본의 운용이 최대일 때를 성숙기로 결정(성숙기가 짧아진다)

③ 토지나 기후 조건에 대한 요구도가 낮다.

④ 자연환경의 영향을 많이 받는다.

2 임업경영의 경제적 특성

① 육성임업과 채취임업이 병존한다.

- 육성임업에 대한 지원 대책이 필요하다.

② 원목가격 구성요소의 대부분이 운반비다.

- 임도개설로 운반비를 낮추어야 한다.

③ 임업노동은 계절적 제약을 적게 받는다.

④ 임업생산은 조방적이다.

- 생산요소의 활용상태가 간단하다.

⑤ 임업은 공익성이 커서 제한성이 많다.

- 제한에 따른 적절한 보상이 따라야 한다.

3 임목의 경제적 성숙기

① 임업의 기술적 특성 중 임목의 성숙기는 일정하지 않다.

② 농작물은 생리적 성숙기 때 거두어들이므로 문제가 없지만, 임목의 성숙기는 열매가 맺는 생리적 시기와는 밀접한 관계가 없으므로 수확시기에 따라 경제성이 달라진다.

③ 임목의 경제적 성숙기는 경영 목적, 임목의 종류, 입지 조건 등에 따라 다르다.

④ 임목의 경제적 성숙기는 경영주의 경영 목적에 따라서도 다를 수 있다. 예를 들어, 입지 조건과 임목의 종류가 같다고 하더라도 경영주의 경영 목적이 갱목(坑木)을 생산하는 데 있을 때는 25~30년을 성숙기로 하지만, 용재(用材)를 생산하는 데 있을 때는 60~70년을 성숙기로 할 것이다. 다른 조건이 같다고 할 때도 경영 주체가 국가·공공단체인가 또는 개인인가에 따라 성숙기의 결정에 접근하는 방법이 다르다. 전자의 경우에는 토지생산성의 최대를 실현하는 성숙기 결정 방법을 선호할 것이지만, 후자의 경우에는 투하자본 운용이율의 최대를 목표로 하는 성숙기를 결정하려고 할 것이다.

⑤ 국민경제적 입장에서 임목의 성숙기를 정할 때는 성숙기가 길어지는 경향이 있고, 개별 경제적 입장에서 성숙기를 정할 때는 성숙기가 짧아지는 경향이 있다.

1 경제적 산림경영(산림자원의 효율적 운영 중시)

① 인간에 대한 총편익을 최대화하는 관점이며, 이러한 편익은 미시적 시각(기업)과 거시적 시각(국가)으로 나눌 수 있다.

② 미시적 시각은 개별기업 차원에서 편익을 분석하고 부의 축적에 초점을 맞추지만 거시적 시각은 고용, 소득 등 경제의 건강성에 대한 종합판단에 초점을 둔다.

③ 경제적 산림경영은 산림의 이용이 인간에게 주는 순편익을 할인된 순가치로 측정한다.

④ 일반적으로 순편익은 자원 이용의 비용과 편익으로 계산하는데, 생물 다양성 같은 비시장적 편익은 생산하는 비용의 평가에 의해 산정할 수 있다.

2 생태적 산림경영(산림자원 운영의 형태와 과정 중시)

① 토착생물 다양성과 생태적 생산성 보전의 관점이며 자연적 형태와 그 변화 과정을 강조한다.

② 자연적 교란 형태에 따른 산림경영의 의사결정

③ 동령림은 일시에 벌채되는 교란 사건이 전제되나 이령림은 선택적 교란사건에 기인한다.

④ 생태적 관점에서 산림의 연령구조는 그 지역의 지배적 교란과 같은 구조여야 하며, 윤벌기의 선정과 영급 배분 시 충분히 고려되어야 한다.

⑤ 수확의 규모와 모양 및 배분을 자연적 교란의 공간적 특성과 같게 하여야 한다.

⑥ 역사적 변이성의 범위(HRV: Historical Range of Variability)는 기후변화와 교란이 생태계의 변화를 일으키기 전의 일정한 시간적 범위 내에서 발생하는 산림의 물리적, 생물학적 상태에서의 변화이다(홍수, 산불, 바람 등).

■ 경제적 · 생태적 산림경영의 비교

경제적 산림경영	생태적 산림경영
• 투입량과 산출량에 중점을 둔다. • 알고 있는 것을 강조한다. • 상대적 단기성에 중점을 둔다. • 목표에 대하여 한계점에 가까운 최대 업적을 낼 수 있는 계획을 찾는다. • 가능한 결과를 구체화하기 위하여 경영 목표에 중점을 둔다. • 재난(화재 · 홍수 등)을 무시하는 경향이 있다. • 기술적 향상을 신뢰한다.	• 조건과 과정에 중점을 둔다. • 알지 못하는 것을 강조한다. • 상대적 장기성에 중점을 둔다. • 불확실성을 고려하여 목표의 중간 정도의 업적을 낼 수 있는 계획을 찾는다. • 가능한 결과를 구체화하기 위하여 교란의 연혁에 중점을 둔다. • 재난에 중점을 두는 경향이 있다. • 기술적 향상과 진보를 신뢰하지 않는다.

3 사회적 산림경영(산림자원이 주는 혜택의 유지와 분배 중시)

① 산림자원을 이용하여 사람들과 지역사회의 복지를 유지 · 증진시키는 것을 목표로 하는 관점이다.

② 산림자원에서 얻을 수 있는 이익이 인간과 지역사회에 직접적인 혜택이 돌아가도록 하자는 것이다.

③ 대개의 사회적 산림경영은 산림경영이 산림 주변 지역사회에 미치는 영향에 집중된다.

④ 지역사회의 관심은 변화를 수용할 수 있는 역량을 개발하는 방향으로 변화되었다.

⑤ 사회적 수용성: 사회가치와 어느 정도 부합되는가를 측정한다.

⑥ 참여민주주의: 산림자원, 특히 공유지에서의 산림자원관리 결정 시 대중의 참여를 모색한다.

⑦ 사회적 전망과 산림경영의 통합

⑧ 사회적 산림경영은 산림편익의 분배, 변화를 수용할 수 있는 지역사회의 역량, 사회적 수용 가능성, 참여민주주의를 기반으로 한다.

⑨ 산림관리에 있어 국민들의 역할이 강조 및 확대되면서 산림자원을 사회의 구성원인 사람들과 지역사회의 복지를 유지하는 관점에서 재해석한 것이 사회적 산림경영이다.

⑩ 산림자원의 혜택이 사회의 구성원인 사람과 지역사회에 돌아가도록 운영하는 것이 사회적 산림경영이다.

핵심 11 임업경영의 생산요소

- 임업경영(林業經營)은 생산요소인 노동, 임지 및 자본을 체계적으로 조직하고 결합하여 경영 목적을 효율적으로 달성하고자 하는 경제활동이다.
- 임업경영의 생산요소는 크게 노동과 생산수단의 두 가지로 나눌 수 있고, 생산수단은 임지와 자본재로 구분된다.

1 임업노동

1) 임업노동의 구분

① 임업노동은 조림·육성과정과 벌채·운반과정의 노동으로 나눌 수 있다.

② 조림·육성 노동은 농업적 노동에 속해서 농촌 노동력을 이용할 수 있지만, 벌채운반 노동은 기계·토목공학적 특수 기술을 필요로 한다.

③ 임업은 자연력에 의존하는 정도가 크기 때문에, 단위면적당 노동력의 투입은 타 산업에 비해 훨씬 적다.

④ 노동은 보통 '자가노동'과 '고용노동'으로 구분할 수 있다.

⑤ 자가노동은 일을 할 수 있는 경영주와 그의 가족노동을 말한다.

⑥ 자가노동은 감독할 필요가 없고 창의성이 풍부하여 능률이 높다.

⑦ 고용노동은 '임금제노동'과 '성과급노동'으로 나뉘는데, 전자는 수동적이고 소극적인 경향이 있는 반면, 후자는 속도는 빠르지만, 작업의 정밀도를 기대하기 어렵다.

2) 임업노동의 특성

① 임업노동의 대상인 산림의 면적이 넓고 험해서, 필요한 자재의 수송이 어렵고 작업감독이 곤란하다.

② 작업장소로 이동하는 시간이 길어서 실제 작업시간이 짧다.

③ 산지는 경사가 심해서 노동을 절약하기 위한 기계의 도입이 어렵다.

④ 작은 규모의 임업경영이 많아서 기계의 연속 가동 일수가 짧기 때문에 기계를 구입할 때는 공동으로 구입하여 사용하는 것이 좋다.

⑤ 임업은 단위면적당 노동량이 적어서 노동분쟁이 발생하지 않는다.

⑥ 농업노동력을 벌채·운반 노동에 이용하려면 별도로 기능 훈련이 필요하다.

⑦ 조림·육성 노동에 있어 농업의 잉여 노동력을 이용하려면 산림작업을 농한기에 배분하는 것이 좋다.

⑧ 특수한 기술 노동이 아닌 조림·육성 노동도 농촌의 인력 부족으로 수급이 어렵다.

3) 임업노동의 능률 향상 방법

① 노동기구의 개량: 노동력이 부족하고 임금이 비싸므로 기계로 할 수 있는 노동에는 기계를 도입하여 노동력을 덜 들이도록 한다.

② 작업의 능률화: 작업 방법을 개선하는 일과 작업을 간소화하는 방법이 있다. 작업량을 줄이는 일과 작업과정을 줄임으로써 달성될 수 있다.

③ 작업의 공동화: 공동작업을 할 경우에는 몇 단계의 노동과정으로 나누어 협업하면 작업을 익히는 데 유리하고, 또 노동 능률을 높이는 데에도 효과적이다. 공동작업을 하면 기계나 기구를 구입하는 비용을 줄일 수 있을 뿐 아니라 기계의 사용효율을 높일 수 있다.

④ 노동배분의 합리화: 남는 일손을 임업에 투입하여 노동을 합리적으로 이용한다.

⑤ 노동자 합숙소 운영: 작업 장소 부근에 합숙소를 설치하여 작업장까지 왕복시간을 단축시킨다.

⑥ 작업로 설치: 필요한 자재의 운반을 쉽게 하고 감독을 용이하게 한다.

⑦ 휴양·의료시설 구비: 노무자들의 오락기구를 갖추거나 부상당했을 때 치료할 수 있는 시설을 구비하여 노무자의 사기를 높인다.

⑧ 작업단조직에 의한 임업노동: 농촌에 계속 남을 사람들로 구성된 산림작업단을 구성하여 임업노동훈련을 하여 조림·육성 노동과 벌채·운반 노동을 하도록 하면 노동력을 확보할 수 있을 뿐만 아니라 노동의 효율을 높일 수 있다.

2 임지

임업노동의 대상은 임목이며, 임지(林地)는 임업노동이 이루어지는 장소이다. 임지는 노동대상이 아니라 노동대상인 임목을 지탱하는 매개체라 할 수 있다.

1) 임지의 특성

① 임지는 집약적인 작업이 어렵다. 일반적으로 임지는 넓고 험하며 높은 지대에 위치하기 때문이다.

② 임지는 한랭한 곳이 많아 임업 이외의 다른 사업에는 적합하지 않다.

③ 임지는 수직적인 생육환경이 많이 다르기 때문에 여러 가지 수종이 생육한다.

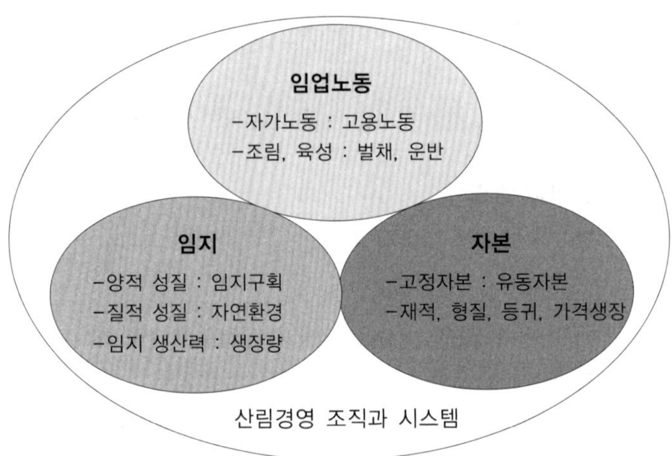

④ 임지는 교통이 불편하므로 임지의 경제적 가치는 교통 조건에 따라 결정된다.

⑤ 임지는 비싸지 않으므로 적은 자본으로 임지를 구입하여 임업경영을 할 수 있다.

⑥ 임지는 매매가 자주 안 되는 고정자본이므로 특히 자본의 회수가 어렵다.

⑦ 임지는 임업 이외의 용도로 변경될 가능성이 많다.

⑧ 임지도 농지와 같이 일종의 부동산이기 때문에 일반적으로 가격이 상승하는 경향이 있으므로 자산 보유 차원에서 임지를 소유하는 경향이 있다.

⑨ 임지는 소모되지 않고, 유지비가 적게 든다.

2) 임지의 질적 성질

① 임지는 공업이나 농업에 부적당한 토지이므로 임목생산은 위치, 지형, 기후, 토질 등 토지 구성요소가 서로 영향을 주고받으며 형성된 자연환경 내에서 행해진다.

② 임업경영은 자연적 요소에 인위적 제어를 가하기 어려운 환경에서 생산한다.

③ 임지는 넓어서 개량하는 비용이 많이 들기 때문에 장기간에 걸친 합리적 임업생산을 통해서 토지생산력의 증진시키는 것이 효율적이다.

3) 임지의 양적 성질

① 시업지란 임산물생산을 주목적으로 하는 임지이다.

② 시업제한지는 법률에 의하여 국토보존, 공익적 기능증진을 목적으로 경영을 제한하는 임지이다.

③ 제지란 시업지나 시업제한지 이외에 묘포, 건물, 임도, 기타 부대지가 속한다.

④ 국유림경영에서 제지는 국유림경영에 직접 필요한 시설용 부지와 같은 부대지와 산림법 규정에 의하여 대부된 임지를 포함한다.

⑤ 국유림경영에서 잡종지란 부대지 및 대부지 이외의 제지를 말한다.

⑥ 임지는 부분적으로 토지의 질적 성질이 다른 곳을 적당한 크기로 구획하면 효율적으로 관리할 수 있다.

⑦ 대면적의 임지는 그 질이 균일한 경우에도 경영상 적당한 크기로 산림구획을 하면 효율적으로 관리할 수 있다.

⑧ 임업경영을 위해 경영계획구는 임반 및 소반으로 산림을 구획한다.

4) 임지의 생산력

① 임지 생산능력의 직접적인 기준이 되는 것은 임목재적의 생장량 또는 수확량이다.

② 생산능력의 구체적인 기준지표로서는 임분의 생장량표 혹은 수확표가 사용된다.

③ 수확표나 생장량표는 생산능력이 다른 다수의 임지에 대해 일정 기간의 임분생장 경로를 조사하고, 그것을 몇 가지 계층으로 나누어 표시한 것이다.

④ 수확표나 생장량표는 임지의 생산력이 그 표의 어떤 계층에 상당하는 가를 앎으로써 장래의 생장량 혹은 수확량을 예측할 수 있는 것이다.

⑤ 임지의 재적생산력을 나타내기 위하여 지위라는 개념이 도입되었다.

⑥ 목재생산이라는 측면에서 지위에 의한 재적생산력만으로는 불충분하며, 임지의 가격생산력을 알기 위해서는 지리라는 경제적 위치의 개념을 가미하여 결정하여야 한다.

③ 자본재

① 임업경영에서 임목축적은 가장 중요한 자본재(資本材)다.

② 자본재(資本材)는 고정자본재와 유동자본재로 구분할 수 있다.

고정자본재	건물 · 기계 · 운반시설 · 제재설비 · 임도 · 임목 등
유동자본재	종자 · 묘목 · 약제 · 비료 등
임목은 고정자본, 벌채목과 묘목은 유동자본	

③ 임목은 유동자본재인 종자나 묘목으로부터 자라서 만들어지지만, 임지에서 임목은 앞으로 생산을 계속하는 고정자본이 된다.

향문사에서 출간된 임업경영학과 산림경영학, 신고 산림경영학 교재 모두에서 자산과 자본의 개념을 확실하게 구분하고 있지 않다. 시험을 보아야 하는 입장에서는 명확한 개념이 필요하다. 자산과 자본은 재무상태표를 기준으로 개념을 잡으면 확실하게 이해할 수 있다.

재무상태표는 하나의 경제적 사건을 대변과 차변으로 나누어 기재한다. 예를 들면 자본금 1,000원을 사업에 투입하였다면 "현금 1,000/자본금 1,000" 이렇게 장부에 기재한다. 현금은 자산이고, 자본금은 자본이 된다. 또한 현금자산으로 700원은 임지를 사고, 100원은 벌목기계를 샀다면, "임지 700/현금 700", "벌목기계 100/현금 100" 이렇게 기재한다. 자산은 이제 "현금 200+임지 700+벌목기계 100"으로 모두 1,000원이 된다. 하지만 자본은 변동되지 않았다. 벌목기계와 임지는 고정자산이지만, 현금은 유동자산이다. 묘목은 300원에 외상으로 구입하였는데 연말에 지불하기로 하였다. 위의 경제적 사건을 재무상태표에 나타내면 아래와 같다.

<table>
<tr><td rowspan="2">자산
1. 유동자산
  현금 1000
2. 고정자산</td><td>부채(타인자본)
1. 유동부채
2. 고정부채</td><td rowspan="2">→</td><td rowspan="2">자산
1. 유동자산
  현금 200
  묘목 300
2. 고정자산
  벌목기계 100
  임지 700</td><td>부채(타인자본)
1. 유동부채
  외상매입금 300
2. 고정부채</td></tr>
<tr><td>자본
자본금 1000</td><td>자본
자본금 1000</td></tr>
</table>

- **재무상태표 등식(자산 = 자본 + 부채)**
- 자본은 자기자본과 타인자본으로 구분하고, 자산은 유동자산과 고정자산으로 구분한다.
- 자산은 현금과 바꿀 수 있는, 즉 경제적 가치가 있는 것이다. 자산은 작은 소품부터 기계장치까지 형태가 있는 유형자산과 지적소유권이나 저작권처럼 형태가 없는 것을 유형자산으로 구분하기도 한다.
- 고정자산과 유동자산의 구분은 현금화의 가능성에 따라 다르다. 쉽게 처분할 수 있거나 단기간에 현금으로 바꿀 수 있는 자산은 유동자산으로 기계기구, 건물, 토지와 같은 자산은 고정자산으로 구분한다.
- 자본은 제품, 상품, 용역을 생산하는 데 필요한 종자돈을 말한다.
- 자본은 사업경영에 투입한 종자돈과 타인으로부터 조달한 차입금이 있는데, 종자돈을 순수한 자기자본이라고 하고, 차입금을 부채라고 한다.
- 부채를 아주 간단한 기준으로 구분하면 1년 이내에 도래하는 채무를 유동부채, 1년 이상 장기간에 걸쳐 상환하는 채무를 고정부채라고 한다. 하지만 자본은 유동성으로 구분하지 않는다.

핵심 12 임목축적

● 고정자본으로써의 임목은 '임목축적'이란 명칭을 사용한다.

1 임목축적(林木縮積)의 특징

① 임목축적은 임지를 매개체로 하여 자유재(물·광선·이산화탄소 등)와 노동에 의해 생산활동을 하며 부피를 늘려간다.

② 임목축적의 생산활동에 의한 산물은 임목축적과 같은 재적 그 자체의 증가를 가져온다.

③ 연도 초의 임목축적은 연도 말의 생산물(재적) 증가의 원료와 같다고 보아 임목축적이 유동자본이라고 주장하는 의견도 있다.

④ 임목축적을 자체의 성질과 모양이 같은 목재라고 하는 물질을 자체적으로 계속 생산하는 기계라 생각하여 임목이 벌채되기 전까지는 하나의 고정자본으로 간주할 수 있다.

⑤ 임목은 벌채되면 생산기능을 잃게 되므로 유동자본으로 취급한다.

⑥ 임목축적은 해마다 재적생장, 형질생장, 등귀생장을 한다.

⑦ 임목축적은 임지의 비옥도 증진, 치수 보호, 인접 임목의 형질 증진뿐만 아니라 국토 보안, 수원 함양, 보건 휴양, 풍치 등 간접적 가치생산의 비중도 크다.

⑧ 농업경영의 고정자본인 대동물·대식물(과수) 등은 장령기가 지나면 해마다 가치가 떨어지지만, 임목축적은 상당히 오랫동안 가치의 증가가 계속된다.

⑨ 연령이 증가함에 따라 임목재적이 늘고 가치가 증가하므로 임목축적의 가격은 산림 전체 가격의 70~80% 이상을 차지한다.

2 임목축적의 구성

① 재적생장(材積生長)

- 재적생장은 지름과 수고의 증가에 의한 부피 증가이다.

- 임목의 양적생장은 수고, 직경, 단면적, 재적 등의 생장량으로 파악되지만, 재적생장에는 연년생장, 정기생장, 총생장, 평균생장 등이 있다.

② 형질생장(形質生長)

- 임목은 자라면서 지름 및 재적과 더불어 재질 또한 좋아진다.
- 형질생장은 임목의 재질이 좋아지면서 발생하는 단위 재적당 상승하는 가격이다.
- 형질생장은 임목의 형질이 변하기 때문에 발생하는 차이로, 일반적으로 재적생장에 따라 임목의 경급이 상위 경급이 되며, 재종이 향상되기 때문에 발생하는 단가의 차이다.

③ 등귀생장(騰貴生長)

- 물가 상승과 도로·철도 등의 개설 등으로 인하여 운반비가 절약되면서 임목 가격이 실질적으로 상승되는 것을 등귀생장이라고 한다.
- 어느 기간에 동일 재종의 임목 단가 차로서, 수급관계 등에서 임목 가격이 변동하는 절대적 등귀생장과 화폐가치의 변동에 의하여 임목 가격이 변동하는 상대적 등귀생장이 있다.

④ 가격생장

- 어느 기간의 임목 가격의 변동을 가격생장이라고 한다.

핵심 13 자본장비도

① 경영의 총자본(고정자본+유동자본)을 경영에 종사하는 사람의 수로 나눈 값을 산림경영의 자본장비도(資本裝備度)라 한다.

② 자본장비도는 종사자 1인당 자본액이며, 자본장비율이라고도 한다.

③ 유동자본을 공제한 고정자본을 종사자로 나눈 것이 기본장비도이다.

④ 자본장비도는 고정자본에서 토지를 제외한다.

⑤ 입목축적과 생장률이 너무 크거나 작으면 생장량이 작아진다.

⑥ 적절한 자본장비도(입목축적)와 자본효율(생장률)을 갖추어야 소득(생장량)이 증가한다.

⑦ 어떤 산림경영체의 자본을 K, 종사자 수를 N, 소득을 Y라고 하면 다음과 같은 관계가 성립한다.

$$\text{자본장비도} = \frac{K}{N}, \quad \text{1인당 생산성} = \frac{Y}{N}, \quad \text{자본효율} = \frac{Y}{K}$$

이 식들 사이에는 아래의 관계가 성립한다.

$$\text{1인당 생산성} = \text{자본장비도} \times \text{자본효율}$$
$$\text{즉} \quad \frac{Y}{N} = \frac{K}{N} \times \frac{Y}{K}$$
$$K : \text{자본}, \quad N : \text{종사자수}, \quad Y : \text{산림소득}$$

- 위의 식을 한마디로 요약하면 "1인당 소득(노동생산성)은 자본장비도와 자본효율에 의해 정해진다"는 것이다.

- 조수익에서 경영비(중간재비+고용노동비)를 공제한 것이 소득이다.

- 소득을 Y라 하고 이것을 종사자의 수 N으로 나누면 1인당 소득이 된다. 그러므로, Y/N는 1인당 생산성을 나타낸다.

- 자본대비 소득인 Y/K는 자본의 가동상태인 자본의 효율(자본 생산성)을 나타낸다.

- 위의 식을 설명해 보면 '1인당 소득(노동생산성)은 자본장비도와 자본효율에 의해 정해진다'고 할 수 있다.

- 다른 요소에 변화가 없다고 가정할 때 자본이 많아지면 자본장비도는 커지고 자본효율과 소득은 작아진다.
- 다른 요소에 변화가 없고 자본이 적으면 자본효율은 커지지만, 자본장비도와 소득은 작아진다.
- 임업에 있어서 임목축적이 너무 많으면 생장률이 낮아지고 임목축적과 생장량이 작아진다.
- 생장률이 크더라도 축적이 작으면 전체적인 생장량은 작아진다.
- 적절한 자본장비도(축적)와 자본효율(생장률)을 갖추었을 때 소득(생장량)이 많아진다.
- 임업경영에서는 어느 정도의 축적을 갖추었을 때 생장량이 많아질 수 있는지 판단해서 산림을 경영·관리해야 한다.

> **참고 │ 자본장비도**
>
> - 우리말로 해석하면 다소 어색하다. 이런 단어들은 자신에게 맞는 어휘로 바꿔보는 것도 많은 양의 암기를 해야 하는 수험생 입장에서는 시간은 걸리지만 장기적으로 기억할 수 있어서 더 효율적이다.
> - 내 경험에 비추어 보면 자본장비도를 "자본충실도"라는 훨씬 자연스러운 말로 받아들였더니 책을 볼 때 훨씬 편해졌다. 총자본을 종사자수로 나눈다는 것은 투입 인력당 자본의 양, 즉 "자본충실도"가 된다고 받아들였다.

핵심 14 산림의 구조와 임업경영 형태

1 산림의 구조와 임업경영

① 임업경영의 방향을 결정할 때 가장 중요한 것은 산림의 구조가 어떻게 구성되어 있는가이다.

② 산림의 구조에 따라 자본과 노동력의 투입이 달라지므로 임업경영의 방향도 달라진다.

③ 아래 그림처럼 산림의 구조를 임령의 구성에 따라 네 가지 형태로 나눌 수 있다.

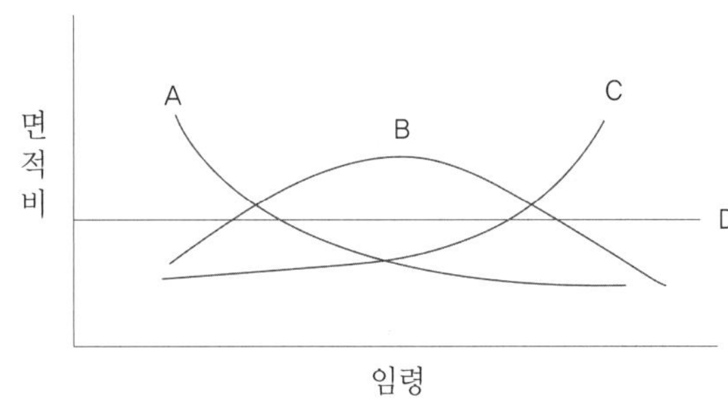

▲ 산림의 구조

㉠ A: 유령림의 면적이 많아 수입은 없고 투자가 많다.

　– 투입(input)이 산출(output)보다 많아 임업경영만으로는 자립경영이 되지 않기 때문에 임업경영은 부업 정도로 이루어져야 한다.

㉡ B: 장령림의 면적이 넓어 일정 기간 후에는 수확을 많이 기대할 수 있다.

　– 보속생산을 위해 산림 구성이 D와 같아지도록 벌채와 갱신을 조절한다.

　– 작은 면적의 벌채를 서서히 진행하면서 임령의 구성을 수정한다.

㉢ C: 성숙림이 많아 단시일 내에 많이 수확할 수 있다.

　– 벌채와 갱신으로 산림구조를 D에 가깝도록 유도해야 보속생산이 가능하다.

　– 임령이 늘어남에 따라 벌채와 갱신면적을 늘리고, 긴 기간에 걸쳐 임령의 구성을 조절한다.

㉣ D: 유령림에서 장령림까지 다양한 연령의 임목이 골고루 갖추어 보속생산을 할 수 있는 이상적인 산림 구성이다.

④ 산림의 투입량과 산출량을 결정하는 가장 큰 요인은 산림의 구성이다.

⑤ 산림의 구성 이외에도 산림면적의 대소 · 수송 · 지방의 노동 사정 · 운반과 임산물 시장의 사정 · 경영주의 개별적 경제 상태 등에 따라 투입량과 산출량은 다르게 결정할 수 있다.

② 임업의 경영순환

① 입업경영의 구체적 내용은 "경제성 확인→ 산림구획 → 산림조사 → 묘목 양성 → 조림 및 무육 → 임목평가 → 임목 매각 → 벌채 및 운반"의 흐름을 갖는다.

② 임업경영의 작업내용은 조림(묘목 양성 · 식재 · 풀베기, 무육), 보호(병충해 구제 · 산화 방지), 토목(임도 · 치산 · 치수), 이용(산림조사 · 벌채 · 운반), 판매 및 경영 계획 편성 등으로 구분할 수 있다.

③ 임업경영 작업의 실행은 토지 · 기계 · 장비 등의 생산수단과 노동 및 자금이 서로 조화를 이루어야 좋은 성과를 얻을 수 있다.

④ 경영의 목적을 달성하려면 경영자는 각 작업에 대한 구체적인 목표를 세우고, 그 목표를 달성하기 쉬운 조직을 편성하고, 그 조직을 활용하여 작업을 실시한다.

⑤ 임업경영에서 관리활동은 재무 및 관리회계, 임도와 사방 등의 산림토목 공사가 기반이 된다.

⑥ 작업을 실시하여 얻은 성과는 목표와 비교하여 차이점이 있으면 그 원인을 분석하여 다음 작업의 실행이나 목표의 달성에 반영되도록 하여야 한다.

⑦ 목표를 설정하고, 조직을 편성하고, 작업을 실시하고, 원인을 분석하여 차기 사업에 반영하는 것이 경영 내부의 일의 흐름이다.

⑧ 경영 내부의 일의 흐름은 일반적으로 경영순환이라고 불린다.

⑨ 임업경영은 "1. 목표 설정 → 2. 조직 편성 → 3. 작업 실시 → 4. 성과 분석 → 5. 목표 개정"의 순서로 순환된다.

⑩ 임업경영의 기본이 되는 것은 산림이므로 산림의 현황을 정확히 파악하고 산림 조성을 위한 노동과 자금을 투입하여 산림에서 거둘 수 있는 임산물의 종류와 양, 그리고 임산물을 소비할 수 있는 시장의 상황에 관한 상호 관계를 파악하는 것이 경영의 시작이 된다.

③ 도표의 해석

우리나라 산림구조에 대한 해석은 임령을 얼마로 놓고 볼 것인가에 의해 결정된다. 임령을 50년으로 본다면 우리나라의 산림구조는 C에 가까울 것이다. 임령을 100년으로 본다면 우리나라의 산림구조는 어느 구조에 가까울까? 단순한 사고보다는 그래프나 그림 도표를 해석하는 데 좀 더 신중을 기해서 볼 필요가 있다. 개념의 확실한 이해는 암기를 더 단단하게 한다.

산림의 다목적 이용과 다자원적 이용

1 다목적 산림 이용

→ 산림과 임업기술, 일반적 정의

① 토지자원으로서의 산지에 대한 국민경제의 다양한 수요에 부응하기 위하여 산지의 자원 특성에 맞도록 분할 이용하는 것을 말한다.

② 특정 산림지역에서 여러 가지 산물을 생산할 수 있고, 국민경제로부터의 수요가 하나의 산림에서 두 가지 이상의 재화나 용역을 생산하도록 요구할 때 이루어지는 산림경영의 형태이다.

③ 어떠한 산물을 얼마만큼 생산할 것인지는 산림의 생산 가능성과 각 산물의 수요 조건에 의해 결정될 때 산림생산의 효율성이 극대화된다.

2 산림의 다목적 이용

→ 국립산림과학원 산림경영 교재, 미국의 사례를 소개

① 산림의 공익기능에 대한 사회적 수요의 증대를 수용하기 위한 개념으로 1960년 미국에서 다목적 이용 보속수확법안(Multiple Use-Sustained Yield Act)이 제정되면서 제도화되었다.

② 산림에서 생산할 수 있는 자원을 목재와 비목재 임산물, 야생동물, 산림휴양 등으로 확대한 후 이들을 개별적으로 보속 수확한다는 내용의 개념으로 풀이된다.

3 다자원적 산림경영

→ 국립산림과학원 산림경영 교재, 미국 사례 소개(2008년 기출문제)

① 산림의 경영 목적이 다양한 재화나 서비스의 동시 생산을 추구하는 것으로서, 이의 실현을 위해서는 산림생태계의 유지 · 보전이 핵심적인 제약요소가 되는 개념이다(Behan이 제시, Multi Resources Forest Management, 多資源的 山林經營).

② 특징(다목적 경영과 다른 점)

- 다자원적 산림경영은 산림의 다양한 편익이 같은 공간에서 동시적으로 유지ㆍ보존 및 생산되어야 한다는 것을 함축한다.
- 자원 간의 상호연관성을 고려함으로써 상호 의존적이고 유용한 재화 및 서비스를 최소 비용으로 동시에 생산하게 한다.

③ 제약 조건

어떤 경우라도 산림생태계의 유지라는 제약 조건을 받게 된다. 그 결과 재화 및 서비스의 생산조합이 변화될 수 있지만 가치의 흐름은 지속된다.

기업적인 임업경영 형태

1 기업적인 면에서의 임업경영 형태

1) 단독사기업

① 사유림 경영에서 볼 수 있는 경영 형태로 기업가는 자기자본만을 가지고 경영하며 모든 기업의 위험을 전부 부담한다.

② 산림의 규모가 작으며 가족적 노작 경영을 하는 것이 특색이다.

③ 수익이 적고, 위험도 크지 않으며, 자산유지적 경영을 하므로 특수한 관리능력이 필요하지 않고 경영 규모가 거의 고정되어 있다.

2) 집단사기업

① 두 사람 이상의 기업가가 모인 기업형태이며, 소수집단 기업과 다수집단 기업이 있다.

② 소수집단 기업은 자본보다는 마음이 맞고 신뢰할 수 있는 사람에 치중한 인적 기업이다.

③ 다수집단 기업은 자본조달에 중점을 둔 기업으로서 물적 기업이라고도 한다.

3) 공기업

① 국가나 공공단체에 의하여 경영되는 경제 사업체를 공기업이라고 한다.

② 임업에 공기업이 많은 것은 이윤을 추구하는 사기업으로는 달성하기 어려운 공공성이 많기 때문이다.

③ 공기업은 국가 또는 공공단체의 행정 · 재정 · 정치적인 구속의 정도와 출자 및 관리 형태에 따라 순수행정기업 · 비종속적 공기업 · 독립공기업으로 나뉜다.

　㉠ 순수행정기업: 일반 행정기관과 같이 행정상 법규에 의하여 사업을 하고 사업에 대한 의사결정도 국가 공공단체의 명령에 의하며 사업회계도 회계법에 따른다. 그리하여 사업활동은 융통성이 없고 탄력성이 없는데, 일반 공유림의 경영이 이에 속한다.

　㉡ 비종속적인 공기업: 행정기구의 한 기구이며 법률적으로 독립되어 있지 않지만, 업무 경리 면에서는 독립화되어 있다. 우리나라의 국유림 경영이 이에 속한다.

　㉢ 독립공기업: 독립 경제체로의 공기업(공사 공단 연단)과 사법적 형태의 공기업(주식회사 형태의 공기업인 임업회사)으로 나뉜다.

4) 공사협동기업

① 국가 또는 공공단체의 출자와 민간 출자가 협동하여 공동으로 경영하는 기업을 공사협동 기업이라 한다.

② 공사협동 기업은 대체로 국가 · 공공단체에서 출자를 많이 한다.

③ 공사협동 기업의 주된 목적은 공익을 위해서 이윤추구를 제한하고, 민간인의 숙달된 경영 능력을 이용하여 공기업의 단점인 낮은 능률성을 제고하기 위함이다.

❷ 현실적인 임업경영의 목적에 의한 경영 형태

일반적인 임업경영의 형태는 국 · 공유림의 행정 경영 또는 공기업을 제외하고는 임업을 전업으로 하는 경우는 적다. 일반적인 임업의 형태는 대부분 다른 업종과 결합된 형태로 경영된다.

1) 종속적 임업경영

① 주요 생산적 임업, 부차적 임업경영 분야의 생산에 필요한 자재와 용역을 공급하는 임업 경영

② 주업경영의 생산을 내부적으로 지탱해 주는 임업경영

③ 사유림 경영의 농용임업

④ 산업비림도 외부적인 규모는 크지만, 경영 내부의 형태로 보면 회사에 필요한 자재를 공급하기 위해서 경영되므로 종속임업에 속한다.

⑤ 농가가 영농용 자재 생산을 목적으로 하는 산림경영 → 농용 임업경영, 규모가 작고, 자기노동을 들이는 가업적 임업

⑥ 표고재배업자가 표고자목을 생산하는 산림경영

⑦ 재지회사, 제재업자가 자기 수요 원목을 공급하기 위한 임업경영 → 공업종속적 임업 (산업비림경영)

2) 부차적 임업경영

① 다른 생산경영을 주업으로 하면서 생산요소(토지, 노동, 자본)의 유휴화를 막고 이용률을 높이는 임업경영

② 농가임업, 농업을 주로 하면서 임업도 더불어 경영한다.

③ 대부분의 농림가와 육림업, 벌채업을 경영하는 소규모의 회사 · 단체 등의 임업경영

④ 주로 유휴노력이나 유휴자본을 이용하여 소득의 증대를 도모하기 위하여 식재 · 임상 개량 등의 사업을 한다.

⑤ 유휴노력이나 유휴 자본이 생기지 않거나, 또는 이러한 생산요소를 더 유리하게 투입할 기회가 생기면 생산요소를 거기에 투입하고 임업에는 투입하지 않으려는 경향이 농후하다.

⑥ 부차적 임업경영을 발전시키려면 생산성이 높은 새로운 품종과 새로운 기술 보급에 힘쓰고 판매체제를 확립하는 등의 임업경영 개선에 노력하여야 한다.

⑦ 부차적 임업경영의 주체는 산림을 하나의 비축적 자산으로 보유하고 있다가 예기치 않은 지출이 필요하게 되면 임목을 매각한다.

⑧ 부차적 임업경영이 우리나라에는 거의 대부분이므로 부차적 임업경영을 발전시키는 것이 중요한 정책과제이다.

3 생산적 임업경영의 형태

판매 수입, 자금의 투입에서 큰 비중을 차지하는 임업경영

1) 겸업적 임업경영

① 임업이 다른 생산 부분과 거의 같은 비중인 임업경영

② 겸업적 임업은 농림 복합경영(農林複合經營) 형태가 가장 많다.

③ 농림복합경영은 가족노작형과 고용노력의존형이 있다.

④ 가족노작형은 식재면적이 작고 농업노동과 시기적으로 중복되지 않는 경우에 볼 수 있는 임업경영 형태이다.

⑤ 고용노력의존형은 벌채적지나 미립목지가 많아서 식재면적이 클 때, 전체 산림면적이 클 때 적용된다.

2) 주업적 임업경영

① 임업이 주요 생산 부분을 차지하는 경영, 전업적 임업경영

② 임업 부분이 생산 경영의 중심을 차지하는 경우와 독립된 경영조직을 가지고 임업을 경영하는 형태

③ 주업적 임업경영의 주체는 국가 · 지방자치단체 · 회사 · 종교단체 및 소수의 개인이 있다.

④ 육림을 주로하고, 임목은 산에서 처분하는 경우와 육림과 벌채를 경하는 경우가 있다.

> **참고** **주업적 임업이 잘 경영될 수 있는 조건**
>
> ① 산림은 될 수 있는 한 집단화되어야 한다.
> ② 매년 큰 차이가 없는 임산물을 생산할 수 있는 산림의 구조가 조성되어 있어야 한다.
> ③ 산림관리조직이 정비되어 있어야 한다.
>   – 경영의 재정 · 계획 · 감독을 담당하는 상부 조직과 경영을 실천하는 하부조직이 실정에 맞게 짜여 있어야 한다.
>   – 산림실정에 맞는 임업경영을 할 수 있으려면 현장 직원의 사기를 높이는 분권적인 관리조직이 필요하다.
> ④ 생산 과정을 분석하여 조직을 정비하고, 합리적인 업무의 목표를 세워야 한다.

핵심 17 산림경영 조직

1 산림경영 조직 구성요소

① 임업경영을 조직하는 데 주요한 내용은 수종 벌기령 작업법 및 수확 방법이다.

수종	• 장기수 · 속성수 · 유실수 • 입지 조건과 경영 목적을 참작하여 결정 • 산림의 생육과 수확량 관계, 임산물 수요 · 가격 · 시장성 · 사업의 적합성 등을 감안
작업종	• 개벌작업 · 산벌작업 · 택벌작업 · 모수작업 • 자연적 요소 · 축적 · 재정상태 · 지방적 목재수요 · 운반설비 등을 감안하여 결정
벌기령	• 장벌기 · 단벌기 · 임분생장 · 목재이용면을 고려하여 임목의 평균생장량이 최대인 시기로 결정 • 평균생장량이 최대인 시기=재적수확 최대의 벌기령
수확 방법	• 보속작업 · 간단작업(완전간단작업 · 불완전간단작업) • 대부분 간단작업을 실시

② 산림경영조직은 수종 · 작업종 · 벌기 · 수확방식 등의 유형을 결합하여 입지적 · 지역적 환경 조건에 따라 구분하여 조직한다.

2 결합된 경영조직의 유형

경영조직의 유형은 입지적 조건, 사회적 · 경제적 조건과 경영주의 사정에 따라 좌우되지만, 임업에서는 입지적 조건에 따르는 영향이 대단히 크기 때문에 입지적 차이에 따라 경영조직의 내용인 수종 벌기령 등이 자연히 정해진다.

① 장기수 – 장벌기 – 골라베기 – 보속작업

② 단기수 – 단벌기 – 모두베기 – 간단작업

3 산림경영을 조직할 때 유의해야 할 점

① 자연환경

– 자연적 환경 조건에 적응하는 경영조직(수종, 벌채갱신 등)을 갖춘다.

② 시장상황

 － 장기적인 면에서 임산물의 소비와 가격을 예측한다.

③ 집약성

 － 노동집약적 경영과 자본집약적 경영에서 입지 조건, 수종, 재정 상황에 따라 선택한다.

④ 생장 기간

 － 생장 기간에 따라 속성수, 유실수, 장기수를 선택한다.

⑤ 집재 및 운재거리

 － 부피가 크고 무거운 임목의 이동성을 고려한다.

⑥ 가격의 안정성

 － 최근 년도의 가격을 조사하여 유리한 가격을 선택한다.

 － 생장 기간이 긴 임목의 가격을 추정하는 일은 실제로 매우 어렵다.

4 임업노동의 특성

① 자재 수송과 작업감독이 어렵다.

 － 산림면적이 넓고 험하다.

② 실제 작업시간이 짧다.

 － 작업 장소인 산림까지 이동시간이 길다.

③ 임업기계의 도입이 어렵다.

 － 산지의 경사가 세고, 험하다.

④ 임업기계의 가동 일수가 짧다.

 － 임업경영의 규모가 영세하다.

⑤ 노동분쟁이 적다.

 － 단위면적당 노동량이 농업에 비해 적다.

⑥ 임업노동은 별도의 훈련이 필요하다.

 － 농업 노동력을 벌채, 운반에 이용하기 위해서

⑦ 산림작업을 농한기에 배분할 수 밖에 없다.

 － 조림, 육림 노동은 대개 농업의 잉여노동력을 이용한다.

핵심 18 산림복합경영

1 산림복합경영의 개념

① 다양한 목적에 따라 산지를 복합적으로 이용하는 경영시스템을 산림복합경영이라고 한다.

② 하나의 토지 단위 안에서 임업, 농업, 축산업이 복수로 동시에 혼합되어 이루어지는 토지이용의 형태이다.

③ 임업과 농업, 임업과 축산업 또는 임업, 농업, 축산업이 동시에 이루어지는 형태가 있다.

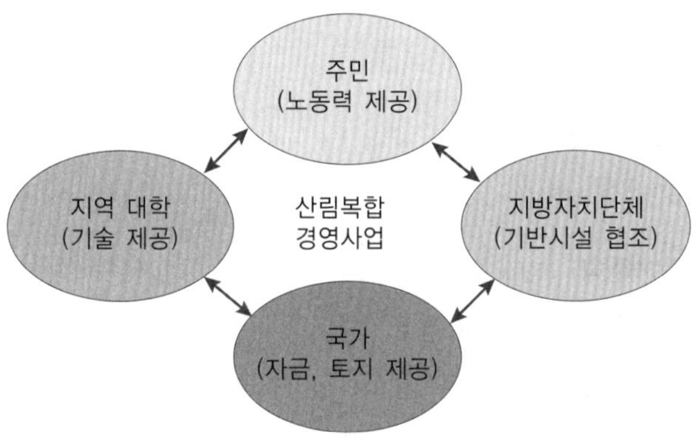

▲ 산림복합경영 시스템

2 산림의 6차 산업화

① 6차 산업이란 1,2,3차 산업을 복합하여 임가 또는 농가에 높은 부가가치를 발생시키는 산업이다.

② 6차 산업은 산림에서 부산물 생산에 그치지 않고 고부가가치 상품을 가공하고, 향토자원을 이용하여 체험프로그램 등 서비스업으로 확대함으로써 높은 부가가치를 창출할 수 있다.

③ 휴양 수요 등 산림에 대한 다양한 국민적 수요가 증가함에 따라 임업을 고부가가치 산업으로 발전시키고 활기찬 산촌을 만들기 위해 임업의 6차 산업화가 필요하다.

④ 산림청은 1차 산업인 임업과 2·3차 산업을 융·복합화한 '산림 분야 6차 산업화 대책'을 추진하고 있다.

3 복합임업경영

① 우리나라 연간 임산액(6,500~7,000억 원)의 대부분은 부산물이고 주산물은 전체 생산액의 7%로 대단히 적은 편이다(산림청, 2015).

② 부산물의 임산액 중 농가소득이 될 수 있는 것은 종실(10~11%)과 버섯(6~7%)뿐이고, 나머지는 농용 자재이다.

③ 농가의 임업 수입을 늘릴 수 있는 다각적 생산을 복합임업경영이라고 할 때, 복합경영의 내용은 생육환경과 사회·경제적 여건에 따라 달라질 수 있지만, 목적은 임업 수입의 조기화와 다양화에 두어야 한다.

명칭	산림복합경영 운영방식
농지임업	농지 주변이나 둑, 농지와 산지와의 경계선 등지에 유실수·특용수·속성수 등을 식재. 임업 수입의 조기화 도모
비임지임업	임지가 아닌 하천부지, 구릉지, 원야, 도로변, 철도변, 부락공한지, 건물이나 운동장 주변에 속성수·밀원식물·연료목 등을 식재. 수입의 다원화를 도모
혼농임업	임목을 벌채하고 2~3년간 농사를 지은 다음 나무를 식재하거나 식재 후 임목이 크기 전에 몇 해 동안 간작(사이짓기)으로 농사를 짓는 형태. 임지의 일부 또는 수목이 드문드문 있는 임지를 이용하여 목초·특용식물(약초·인삼 등)·산재 등을 재배
혼목임업	임간방목. 임목이 울폐되기 전 일정 기간 동안 산림 내에 가축을 방목하여 임지의 야생초를 이용
양봉임업	산림 내의 밀원식물을 이용하여 양봉
부산물임업	산림의 부산물(종실·수피·수엽·수액·수근·버섯·산재·약초 등)을 주로 채취하거나 증식
수예적 임업	간벌할 임목을 대묘(大苗)로 굴취하여 도시의 환경미화목으로 이용하거나 꽃나무와 기타 관상수를 생산하여 중간수입을 거두는 임업
수렵임업	야생동물을 보호·증식하여 산림에서의 수렵장 수입을 올리도록 하여 산림 수입의 증가
휴양임업	산림 내에 휴양시설을 갖추어 휴양객을 유치함으로써 수입을 올리는 임업경영. 관광임업

산림복합경영의 장단점

● 형태: 혼농(임업+농업), 혼목(임업+목축), 6차 산업(1,2,3차 한 장소)

1 장점

① 소유토지가 없는 사람도 국·공유림의 임대 등으로 이용 가능하다.

② 기반조성비 등 일부를 지원받을 수 있다.

③ 약재와 시비 비용이 적어 경영비를 절약할 수 있다.

④ 자연상태에서 재배하므로 노동력이 절감된다.

⑤ 청정재배를 하므로 밭재배보다 가격이 높다.

⑥ 토지생산성이 높아진다.

⑦ 대량재배할 경우 관광자원으로 발전할 수 있다.

2 단점

① 생산물의 도난 위험이 있다.

② 집약적 관리가 어렵다.

③ 수확 기간이 짧다.

④ 야생동물의 피해가 있을 수 있다.

⑤ 식물에 따라 재배지역이 한정적이다.

3 개념

산지에서 목재생산을 위한 장기수뿐만 아니라 단기소득을 올릴 수 있는 식·약용식물을 같이 재배하여 장기간에 걸리는 목재생산 수익을 보완하기 위한 수단으로 산채류, 과실, 유지, 수액 등 산림부산물을 생산하여 지속적인 경영을 하는 것이다.

4 산림복합경영에 적합한 식물

① 신초 및 줄기 이용: 음나무, 오갈피, 두릅, 참죽나무, 옻나무, 차나무 등

② 유지를 이용: 산초나무, 초피나무, 생강나무, 쪽동백 등

③ 수액을 이용: 고로쇠나무, 자작나무, 거제수나무 등

④ 과실을 이용: 밤, 대추, 산수유, 구기자, 오미자, 산사, 마가목, 매실, 살구 등

⑤ 초본류: 더덕, 도라지, 산마늘, 산양삼, 참취, 곰취, 삽주, 모싯대, 둥글레 등

5 산림복합경영 방안

① 벌채지: 산림수종 조림 대신에 단기소득 임산물을 생산할 수 있는 수종을 식재하고 하층에는 산채류와 같은 소득작물을 식재하여 지속적으로 소득을 올린다.

② 기존 산림: 간벌 후 주변 지역에 가시오가피나 음지성 목본류를 식재하거나 산양삼 등 약초류 및 산채류를 식재하여 재배함으로써 소득을 올린다.

6 산림복합경영 유형

1) 온대지역 유형

① 임간재배: 숲의 하층에 고부가 특용작물 재배

② 임간축산: 목재생산과 사료 및 축상 조합

③ 방풍림: 농경지나 목초지 주변에 나무를 일렬로 심는 유형

④ 수변완충림: 수로와 경작지 사이에 나무와 풀을 심는 유형

⑤ 혼목작물재배: 장기수를 열상 식재하고 그사이에 농작물 재배

⑥ 기타: 야생동물 서식지 보전, 탄소고정 최적화

2) 열대지역 유형

① 농장경계림: 숲의 하층에 고부가 특용작물 재배

② 생울타리: 농장경계림에 비해 집약적으로 관리되지 않은 경우

③ 방풍림: 농경지나 주변에 나무를 심어 토양건조를 막는다.

④ 간작: 경사진 농지에서 작물 사이에 나무를 식재

⑤ 임간재배: 목재 생산이 주목적, 나무 간격을 멀리 조절한다.

⑥ 음지재배: 커피나 차, 카카오 등 그늘 작물

⑦ 지지목: 바닐라, 얌, 후추 등 덩굴식물

⑧ 사료목: 초지에 사료로 활용될 수 있는 나무 식재

⑨ 초지 개선: 사료가 되는 나뭇잎과 줄기 증가, 가축에게 그늘 제공

☞ 신고 산림경영학 참조

7 산림복합경영의 형태

1) agrosilviculturs = 용재 + 농작물

2) silvopatoral = 용재 + 축산

3) agrosilvopastoral = 용재 + 농작물 + 축산

    ① 혼농임업, 산림농업

    ② 혼목임업, 임간방목

    ③ 양봉임업, 밀원식물

    ④ 부산물임업: 종실, 수피, 수엽, 수액, 수근, 버섯, 산채, 약초 등

    ⑤ 수예적 임업: 꽃나무와 관상수 생산

    ⑥ 수렵임업: 야생동물 보호 및 증식으로 산림 내 수렵장 수입

    ⑦ 휴양임업, 관광임업

    ☞ 농림복합경영은 겸업적 임업에 많다. 가족노작형과 고용인력 의존형

8 산촌 관광의 필요성

산촌 주민 소득 증대 → SFM 달성 → 도농 간 상생

① SFM을 위한 생태경영

    – 지역혁신

② WTO, FTA 대응

    – 임업의 6차 산업화

③ 산림휴양수요 대응

    – 체험관광 수요

■ **외국의 산림복합경영 운영 실태**(출처: 최재성. 2007. 산림복합경영제도의 발전방안에 관한 연구)

구분	유형	시행범위	사전·사후관리	특징
미국	임간재배, 임간축산, 산림농장, 방풍림, 동식물서식처림, 오염원여과림, 주변완충림	토양보전, 수질보호, 야생동물보호, 공기조화, 소득다각화, 농지보호	사전 적합성 심사(인디아나), 협약사항 위반 시 벌금(인디아나), 목적을 달성하지 못할 경우 반환(메릴랜드)	세금감면 정책(인디아나), 지원 비율 높음(보통 75%), 한계농지 이용(미네소타)

구분	유형	시행범위	사전·사후관리	특징
유럽	임간방목, 임목가축, 임목농작물(임간재배), 사료나무	목축, 동물보호, 농가소득 증대, 목초·사료 생산	–	주로 목축과 관련되어 이루어짐, 임목가축시스템의 경우 기존 방목지에 임목을 식재함, 농경지를 산림으로 재조림(프랑스)
일본	산림농장	환경적·공익적 측면에서의 산림관리 강조 ☞ 산림의 다면적 기능 강조	–	산주의 소득 증대를 위한 단기 소득 작물이나 축산 측면에서의 산림복합경영에는 신중한 입장
중국	임목농작물, 임목가축, 열매나무간작, 방풍림, 환경림(사방조림), 모래제어림	환경보호, 식량 증대, 사막 방지, 해안 보호	–	국토가 넓고 기후 등 환경이 다양하여 환경·사막 방지 등 여러 측면에서 산림복합경영 추진

산림경영 지도원칙

1 개념 · 정의

① 임업경영과 산림경영의 목적을 달성하기 위해서 산림 행위의 내용과 그 방법을 지도해 가는 규범을 산림경영 지도원칙이라고 한다.

② 산림경영 지도원칙은 건전한 산림을 조성하고 생산성을 높여, 고품질의 목재를 지속적이고 다량으로 생산하며 동시에 공익적 · 복지적 기능을 발휘하도록 산림을 관리하는 것을 목적으로 한다.

③ 이 원칙은 자연과 조화를 이루는 벌채와 갱신을 이상으로 삼으며, 이러한 목적을 달성하기 위해 설정된 경영 방향에 따라 운영되어야 한다. 또한, 산림경영의 궁극적 목표를 이루기 위해 단계별 중간 목표를 설정하여 체계적으로 추진해 나가는 과정에서 경영의 방향을 잡고 지도해 가는 중요한 규범이다.

④ 산림경영지도 원칙은 지속 가능한 산림 관리와 경영을 위해 산림의 생태적, 경제적, 사회적 가치를 균형 있게 고려하며 산림을 유지하고 증진하기 위한 지침이다. 이 원칙은 산림이 가지는 여러 기능을 조화롭게 활용하면서도, 장기적으로 산림 자원의 지속 가능성을 보장하는 데 중점을 둔다.

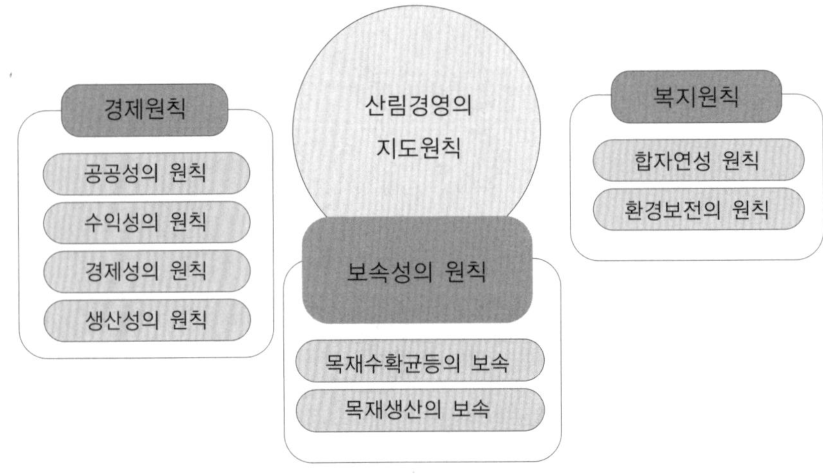

❷ 산림경영 지도원칙의 내용

1) 경제원칙

① 수익성의 원칙

- 수익성의 원칙은 최대 순수익 또는 최고 수익률을 올리도록 산림을 경영해야 한다는 것이다.
- 수익성은 수익률 또는 이윤율에 의해 표현된다.
- 이윤은 생산활동에서 얻은 소득에서 생산의 3요소, 즉 토지·자본·노동에 대하여 약정한 지대·이자·노임을 지불한 나머지인 기업이윤을 취하고, 이 이윤연액과 사용자본과의 백분율, 즉 이윤율(rate of profit)로써 수익성을 결정한다.
- 수익성의 원칙(the principle of profit)은 이윤 또는 이윤의 절대액의 다소가 아니고 이윤율의 최대를 실현하기 위해 노력하는 원칙이라고 할 수 있다.
- 임업경영에 있어서 수익성의 최대는 궁극적으로 국민생활에 가장 수요가 많은 수종과 재종을 최대량으로 생산함으로써 이루어진다. 즉, 국민생활에서 수요가 가장 많은 수종은 결국 단위재적당 가격이 가장 큰 수치를 나타낼 것이기 때문이다.
- 이 원칙은 공공성원칙과 더불어 임업경영에서도 최고 지도원칙이라고 불리며, 최대 수익성의 획득을 궁극 목적으로 하여야 할 것이라는 주장이 많다.
- 임업경영에 있어서 수익성의 원칙은 궁극적 최고원칙이며, 또한 경제성의 원칙은 수익성 실현의 전제적·기초적 원칙으로 간주될 수 있다.

> **참고** **수익성 원칙과 다른 원칙과의 관계**
>
> - 임업경영이 완전히 자가소비의 경영일 때는 생산성 원칙이 최고 목적이 될 수 있다.
> - 생산성 원칙은 부분적 원칙으로서 또는 수단적 목표, 즉 수익성 원칙 실현의 한 전제가 된다.
> - 경제성의 원칙은 합리성의 원칙 또는 합목적성의 원칙이라고도 불린다.

② 경제성의 원칙

- 합리성의 원칙 또는 합목적성의 원칙이라고도 한다.
- 최소 비용으로 최대의 경제 성과를 올리도록 생산·실행하는 원칙이다.
- 경제성의 원칙은 경제성, 즉 수익을 비용으로 나누어 그 값이 최대가 되도록 경영생산을 해야 한다는 원칙이다.
- 이 원칙은 일정의 비용으로 많은 수익을 올릴 것인가, 또는 일정의 수익을 올리는 데 비용을 적게 함으로써 달성된다.
- 이 원칙은 합리성의 원칙 또는 합목적성의 원칙이라고도 불리며, 일반적으로 최소 비용 최대효과의 원칙, 최소 비용의 원칙, 최대효과의 원칙 등으로 표현된다.

– 경제성을 구체적으로 표현하면 비용수익성과 자본수익성이 있는데, 자본에 대한 이윤의 관계를 표시하는 후자에 의하여 계산해야 한다는 설이 있다.

③ 생산성의 원칙

– 생산성의 원칙은 생산물량을 사용한 생산요소의 양으로 나눈 가치가 최고가 되도록 목표로 하는 것이다.
– 투입한 생산요소가 같다면, 생산량이 최대가 되는 것을 추구하는 원칙이며, 토지의 생산력을 최대로 추구한다.
– 벌기는 재적수확최대의 벌기령, 평균생장량 최대의 벌기령을 택함으로써 실현될 수 있다.
– 이 원칙은 Wagner가 제안하였으며, 노동생산성과 토지생산성으로 구분할 수 있다.
– 일반적으로 기업에서는 노동생산성이 중시되고, 토지생산업의 일종인 임업경영에서는 토지생산성이 중시된다.
– 토지생산성은 단위면적당 목재 생산이 최대화되도록 경영해야 한다는 원칙이다.
– 이 원칙은 종종 수익성 원칙 실현의 전제 조건이 되며, 국가산업 생산의 원자재인 목재 공급의 확보라는 점에서도 존중되어야 할 원칙이다.
– 벌기평균재적성장량이 최대가 되는 벌기령을 택함으로써 실현될 수 있다.

④ 공공성의 원칙

– 생태계서비스와 같이 산림생산의 사회적 목적이나 인류복지증진을 도모하는 경영으로 산림의 공익적 기능을 실현시키는 원칙이다.
– 공공성(公共性)의 원칙은 공공경제성의 원칙 · 후생원칙 · 공익성의 원칙 · 경제후생의 원칙 등으로 불리며, 이타주의 원칙의 범주에 들어간다.
– 산림경영은 국민이 소비하는 목재의 최대 생산에 두며, 국민 또는 지역 주민의 경제적 복지증진을 최대로 달성하도록 운영해야 한다는 원칙이다.
– 공공성의 원칙은 모든 산림경영이 궁극적 목적으로 해야 할 최고 지도원칙이다. 국민의 기대에 부응하는 경영이 곧 공공성의 원칙이다.
– 공공성의 원칙은 자본주의 경제가 발전하면서 산림경리 성립의 초창기인 18세기경까지 차지하고 있던 지도원칙이다.
– 국민 또는 지역 주민의 경제적 복리증진을 최대로 달성하도록 운영해야 한다는 원칙이다.
– 수익성의 원칙이 임업경영에서 최고의 지도원칙이라면 공공성의 원칙은 산림경영에서 최고의 지도원칙이 될 것이다.
– 이 원칙은 모든 경영이 궁극적 목적으로 해야 할 최고 지도원칙이다.

2) 보속성의 원칙

산림을 매년 영구히 균등하고 지속 가능하게 수확할 수 있도록 경영하는 원칙이다.

① **목재수확균등의 보속**

- 협의의 보속 개념
- 산림에서 매년 목재수확을 균등하게 하여 사회가 필요로 하는 목재를 지속적으로 공급한다.
- 마을산림이나 광산비림 등을 대상으로 자급자족 체제를 확보하는 정도의 의미였고, 산림의 내용까지 조직화하고자 하는 것은 아니었다.
- Carlowitz(1713)
- 보속성은 연년의 목재수확을 양뿐만 아니라 질적으로도 균등하게 보속하는 것이다 (Mantel).
- Mantel은 질적으로 균등하게 보속하는 데 필요한 ㉠ 임지·임목의 산림생물학적인 건전상태, ㉡ 연령·경급·품질 등의 각 요소가 충분한 임목축적의 존재, ㉢ 축적의 균등한 갱신, ㉣ 균등한 경영지출과 같은 전제 조건을 견지하도록 노력해야 한다고 하였다.

② **목재생산의 보속**

- 광의의 보속 개념
- 임지의 생산력을 최고도로 발휘시켜 유지한다.
- 토지순수익설의 영향을 받아 C.Heyer(1862)에 의해 제기되고 Judeich(1871)가 발전시켰다.
- 연년수확의 규제적인 발생은 보속성의 조건이 아니다.
- 임지가 끊임없이 임목의 육성에 이용되고 임목의 조성·보육에 의해 장래의 수확이 보장되는 임업은 모두 보속작업이다.
- 보속작업을 간단작업(완전간단작업, 정기간단작업)과 연년작업(보속작업, 엄정보속작업)으로 구분하고 있다.
- 전업적 임업경영에 있어서 보속성이란 개념은 연년작업을 말하며, 간단작업은 포함되지 않는다.

3) 복지원칙

① **합자연성의 원칙**

자연법칙을 존중하여 경영·생산하는 원칙으로 수익성, 공공성, 보속성 실현의 기초적인 지도원칙이다. 산림경영은 임목생산을 통하여 사회의 경제적 복지에 공헌하는 동시에 임목생산 이외의 외부적 이익에도 충분히 대응해야 한다.

합자연성의 원칙은

- 기존의 산림경영이 산림을 기계적 생산체로 취급하는 데 대한 경고에서 나온 경영원칙이다.

- 임목생산에 있어서는 산림이라고 하는 생물사회의 자연법칙을 존중하여야 한다는 주장이다.
- 임목생산은 자연에 의존하는 경우가 극히 높아 산림에 있어서 자연법칙을 무시해서는 성립할 수 없다. 그러므로 자연에 순응한 경영을 해야 한다.
- 자연에 순응한 경영은 자연법칙의 존중이라는 문제를 보다 기본적으로 고려하면 환경 보전의 의미가 내포되어 있는 자연법칙이라고 이해할 수 있다.
- 자연에 순응하고 어울리는 복지적 경영을 해야 한다는 고차원적 원칙이다.
- 따라서 산림경영에 있어서 근원적이고 지속적인 원칙이라고 할 수 있다.

② 환경 보전의 원칙

산림이 생태적 기반을 기초로 국토 보안, 수원 함양, 보건 휴양 기능 등을 충분히 발휘할 수 있도록 경영하는 원칙이다.

- 환경 보전의 원칙은 국토 보안의 원칙 또는 환경 양호의 원칙이라고도 불린다.
- 국토 보전 · 수원 함양 · 레크리에이션 등의 기능이 충분히 발휘되도록 경영해야 한다는 원칙이다.
- 임업은 임목생산을 통해서 사회에 공헌함과 동시에 목재생산 이외에 산림이 가지는 각종 기능(수원 함양 · 국토 보전 · 보건 기능 등)이 충분히 발휘되도록 경영해야 한다는 것은 예로부터 치산치수가 국민생활에 있어서 중요한 과제였다는 점에서도 알 수 있다.
- 산림경영은 임목생산을 통하여 사회의 경제적 복지에 공헌하는 동시에 임목생산 이외의 외부적 이익에도 충분히 대응해야 한다는 원칙이다.
- 따라서, 이 원칙은 광의의 합자연성 원칙의 중요한 부분이라고도 할 수 있다.

연습문제 2-1

빈칸에 맞는 단어를 쓰시오.

1. 경제원칙: (   ), 수익성의 원칙, 경제성의 원칙, 생산성의 원칙

2. (   )원칙: 합자연성의 원칙, 환경 보전의 원칙

3. 보속원칙: 목재수확 균등의 보속, (   )의 보속

4. 합자연성의 원칙은 기존의 산림경영에서 산림을 (   )로 취급하는 데 대한 경고에서 나온 경영원칙이다.

5. 생산성의 원칙은 (   )이 최대가 되는 벌기령을 택함으로써 실현될 수 있다.

※ 정답은 성안당 도서몰 [자료실]에서 제공

핵심 21 보속성의 원칙

1 목재수확(공급) 균등의 보속

① 협의의 보속 개념

② 산림에서 매년 목재수확을 균등하게 하여 사회가 필요로 하는 목재를 지속적으로 공급한다.

③ 마을산림이나 광산비림 등을 대상으로 자급자족 체제를 확보하는 정도의 의미였고, 산림의 내용까지 조직화하고자 하는 것은 아니었다.

④ Carlowitz(1713)

⑤ 보속성은 연년의 목재수확을 양적뿐만 아니라 질적으로도 균등하게 보속하는 것이다 (Mantel).

⑥ Mantel은 질적으로 균등하게 보속하는 데 필요한 ㉠ 임지 · 임목의 산림생물학적인 건전상태, ㉡ 연령 · 경급 · 품질 등의 각 요소가 충분한 임목축적의 존재, ㉢ 축적의 균등한 갱신, ㉣ 균등한 경영지출과 같은 전제 조건을 견지하도록 노력해야 한다고 하였다.

2 목재생산의 보속

① 광의의 보속 개념

② 임지의 생산력을 최고도로 발휘시켜 유지한다.

③ 토지순수익설의 영향을 받아 C.Heyer(1862)에 의해 제기되고 Judeich(1871)가 발전시켰다.

④ 연년수확의 규제적인 발생은 보속성의 조건이 아니다.

⑤ 임지가 끊임없이 임목의 육성에 이용되고 임목의 조성 · 보육에 의해 장래의 수확이 보장되는 임업은 모두 보속작업이다.

⑥ 보속작업을 간단작업(완전 간단작업, 정기 간단작업)과 연년작업(보속작업, 엄정 보속작업)으로 구분하고 있다.

⑦ 전업적 임업경영에 었어서 보속성이란 개념은 연년작업을 말하며, 간단작업은 포함되지 않는다.

❸ 화폐수확 균등의 보속

① 산림에서 매년 화폐수익이 거의 균등하게 지속된다.

② 연년 화폐수익의 균등적 지속은 목재 판매량 · 목재 가격 · 수확 비용 등의 변동 때문에 목재 수확의 균등을 도모하는 것이 곤란하다.

③ Ostwald(1924)는 화폐수확 균등의 보속을 위해 기초자본의 유지를 제안하였다.

④ Guttenberg(1903), Eberbach(1927), Wagner(1928) 등이 최량축적 · 경제축적 등을 제창하였다.

⑤ 기초자본은 산림자산과 화폐(적립금)로 구성되며, 양자 간의 교환이 가능한 것이다.

⑥ 기초자본 중 과벌분을 자본 적립금으로 하고, 절벌분은 그 적립금으로 충당한다.

⑦ 이 보속에는 산림자산으로서의 임목축적이 현저히 감소되며, 그것이 다액의 자본적립금으로 바뀐 경우에도 기초자본을 유지하고자 한다는 점에 문제가 있다.

⑧ 임업경영은 산림과 그 축적의 존재가 전제로 되는 것이며, 보속의 중심은 입목축적이지 적립금은 아니기 때문이다.

❹ 생산자본 유지의 보속

① 축적자본 혹은 임목자본 유지의 보속이라고 불린다.

② 산림에서 매년 화폐수익이 거의 균등하게 지속될 수 있도록 하는 의미의 보속이다.

③ 산림에서 그 생장량에 가까운 수확만을 획득 이용하고, 생산자본으로서의 임목축적은 그것을 침해하지 않는다.

④ 임업경영을 영속적으로 계속하기 위해서는 양적 · 질적으로 생산 목적에 상응하는 임목을 끊임없이 수확할 수 있는 내용의 산림축적을 유지해야 한다.

핵심 22 보속의 필요성

1 보속의 정의

① Maximum sustainable yield, 지속 가능한 수확

② 산림에서 수확이 매년 균등하면서 영구히 존속할 수 있도록 경영하는 것

2 구분

① 협의의 보속(목재 공급의 보속성): 산림에서 매년 목재수확을 거의 균등하게 함으로써 사회에서 필요한 목재를 영속적으로 공급하는 의미의 보속 개념

② 광의의 보속(목재 생산의 보속성): 임지의 생산력을 최고로 발휘하여 유지하는 의미의 보속 개념

3 조건

① 전업적 임업경영의 경우 보속의 조건

- 목재수확의 보속

- 임업생산력의 보속

- 임목축적자본의 보속

4 보속의 공공경제적 필요성

① 목재 수요에 대한 지속적인 공급(목재 수요)

② 지방 주민에게 지속적인 노동 기회 부여(사회 정책)

③ 목재를 원료로 하는 관련 사업의 발전에 기여(산업 보호)

④ 산림의 보전 및 간접효용의 극대화에 기여(국토 보안)

5 산림경영에서 보속의 필요성

① 합리적 재정처리: 수입의 유무에도 불구하고 경영을 위해서는 매년 일정 부분 예산 투입이 필요하다.

② 사업 실행: 보속을 함으로써 상용 노동자들을 안정적으로 고용할 수 있고 효율적인 운영으로 생산비를 낮출 수 있다.

③ 산물 판매: 지속적인 임산물의 공급은 수요의 확보와 사업의 안정상 필요하다.

④ 산림생산 과정의 필요: 산림 생산과정에서 자연력 작용은 서서히 끊임없이 지속되므로 수확도 보속적으로 이루어져야 한다.

산림의 생산기간

[2·3·4교시 답안작성 예시]

Ⅰ. 서언

1. 산림의 생산기간은 산림 자원의 지속 가능한 관리를 위해, 경영 목적에 따라 다르게 설정된다.

2. 생산기간은 산림에서 목재를 수확하기까지 필요한 기간을 말하며, 벌기령과 윤벌기, 회귀년 등 다양한 개념을 포함한다.

3. 산림경영 계획 수립 시 경제적, 생태적, 사회적 요소를 고려하여 생산기간을 설정한다.

Ⅱ. 산림 생산기간의 정의와 개념

1. 산림의 생산기간 정의

- 산림의 생산기간이란 임목이 성숙기에 도달하여 벌채할 수 있는 기간이다.

- 산림의 생산기간은 벌기령, 윤벌기, 회귀년 등의 개념에 따라 각기 다른 방식으로 생산주기를 설정한다.

2. 생산기간 결정의 필요성

- 생산기간은 산림 자원의 지속적인 이용과 수익성 보장, 그리고 환경적 안정성 등 목적에 따라 결정한다.

- 산림의 특성과 관리 목표에 맞는 생산기간을 설정하면, 산림 자원의 효율적 사용과 생태적 보존을 동시에 달성할 수 있다.

Ⅲ. 생산기간 결정에 영향을 미치는 주요 요소

1. 벌기령과 벌채령

- 벌기령: 산림이 경제적·생태적 목적을 달성하기 위해 인위적으로 설정한 임목의 성숙 연령이다.

- 벌채령: 임목이 실제로 벌채되는 연령. 경영상 필요에 따라 벌기령과 차이가 있을 수 있다.

2. 윤벌기와 회귀년

- 윤벌기: 전체 산림이 성숙하여 일순 벌채하는 데 필요한 기간으로, 작업급에 대해 설정된다.
- 회귀년: 택벌림에서 벌채 작업을 회귀적으로 반복하는 주기로, 작업급을 나누어 순차적으로 벌채를 진행한다.

3. 생산기간 유형의 구분

- 조림적 벌기령: 생장 능력이 왕성하게 발휘될 시점에 설정된 벌기령으로, 생태적 건강성을 유지하는 데 중점을 둔다.
- 공예적 벌기령: 특정 용도에 적합한 크기의 목재를 얻기 위해 설정한 벌기령으로, 목재의 품질 기준에 따라 결정한다.
- 재적수확 최대벌기령: 최대 목재 생산량을 기준으로 벌기령을 설정하여 산림 자원의 효율적 수확을 추구한다.
- 화폐수익 최대벌기령: 화폐수익이 최대가 되는 시점에 맞춰 벌기령을 설정하며, 시장 가격과 생산 비용을 고려해 결정한다.

Ⅳ. 산림 생산기간 설정 방식과 접근법

1. 생장률과 경제성 분석에 기반한 설정

- 각 수종의 생장률, 경제적 수익성을 종합적으로 분석하여 최적의 수확 시기를 결정한다.

2. 자연적 요인을 고려한 지속 가능성 설정

- 산림 생태계의 건강과 지속 가능성을 고려하여 자연법칙에 순응한 생산기간을 설정하고, 환경적 손실을 최소화한다.

3. 산림의 사회적 역할과 공익적 가치를 고려한 접근

- 산림의 공익적 기능을 유지하며 사회적 복리를 증진할 수 있도록 생태적, 사회적 필요에 따른 생산기간을 설정한다.

Ⅴ. 결언

1. 산림의 생산기간 설정은 산림 자원의 지속 가능성, 경제적 수익성, 사회적 기여도 등을 고려하여 설정한다.
2. 산림경영의 목표에 따른 최적의 생산기간을 설정하면, 산림 자원의 지속적이고 균형 잡힌 활용이 가능해진다. 끝.

24 벌기령과 벌채령

● 벌기령과 벌채령은 산림경영에서 임목(나무)의 수확 시기와 관련된 개념이다.

1 벌기령(伐期齡, Age of Maturity)

① 벌기령은 임목이 경제적 또는 생태적 성숙기에 도달하는 연령으로, 계획적으로 정해진 벌채 시기를 의미한다. 임목의 생장이 가장 적합한 상태에 도달했을 때 벌채하는 것이 목표이다.

② 이때 벌기령은 다양한 요인을 고려해 정해지는데, 경제적인 수익성, 경영 목적, 산림의 환경적 요소 등이 포함된다. 예를 들어, 특정 용도에 맞게 충분히 성장했을 때(공예적 벌기령), 또는 최대의 목재 생산량을 얻을 수 있을 때(재적수확 최대벌기령) 등을 기준으로 결정한다.

③ 농작물은 생리적인 성숙 시점을 확인할 수 있기 때문에 수확기를 쉽게 결정지을 수 있지만, 임목은 생장기간이 길고, 생산기간 또한 불확실하다. 그러므로, 생리적으로 수확기를 결정하기 어려울 뿐 아니라 그 필요성도 없기 때문에 인위적인 성숙기를 결정해야 한다.

④ 임목은 극단적인 유령 임목을 제외하고, 임령, 수종(樹種)과 재종(材種)에 따라 이용 가치가 다르고, 수익률 또한 차이가 있기 때문에, 최적의 벌기령 결정은 경영 목적과 경제 사정 및 환경적인 요인 등 여러 가지 인자들을 종합한 결과에 의하여 이루어져야 한다.

2 벌채령(伐採齡, Actual Felling Age)

① 벌채령은 임목이 실제로 벌채되는 연령이다. 벌채령은 벌기령과 동일할 수도 있지만, 경영상의 여러 요인으로 인해 실제 벌채 시점이 벌기령과 다를 수 있다.

② 기상 조건이나 병충해, 산림 관리 계획의 변경, 특수한 목재 수요, 경영주의 재정 사정 등 임업경영상 여러 가지 사정에 의해 계획된 벌기령에 벌채가 되지 않을 수 있다.

③ 임목이 이와 같이 외부로부터 아무런 영향을 받지 않고 정상적으로 벌채된다면 벌채령이 벌기령과 일치하여 이 임목은 벌기령에 벌채될 것이다.

④ 벌기령이 이상적인 벌채 연령이라면, 벌채령은 이러한 현실적 조건을 반영하여 실질적으로 벌채가 이루어지는 시기이다.

3 법정벌기령

① 계획된 벌기령과 실제 벌채령이 일치할 때를 법정벌기령이라 하며, 그렇지 않을 때는 불법정벌기령이라고 한다.
② 임업경영의 대상이 되는 임분에서는 영림계획에 의해서 벌채가 시행되므로, 벌기령과 벌채령이 대부분 일치한다.

4 윤벌령(Rotational Age)

① 벌기령과 비슷한 개념으로 윤벌령이 있는데, 윤벌령은 한 작업급(作業級; working group)의 평균벌기령이다.
② 대면적의 산림경영에서는 같은 작업급의 임분이라도 지위(地位)의 차이가 발생해 임목의 생장이 달라지므로 개별 임분의 벌기령은 달라진다.
③ 경영적인 면에서 볼 때 한 작업급의 임목은 이를 구성하고 있는 각 임분의 평균적 벌기령에 벌채되는 것이므로, 이때의 벌기령을 윤벌령이라고 한다.

5 벌기령과 벌채령의 비교

구분	벌기령	벌채령
정의	임목이 성숙기에 도달하는 계획상의 연령	임목이 실제로 벌채되는 연령
설정 기준	임목의 생장 특성, 경제적 가치, 경영 목적 등을 고려하여 사전에 설정	실제 경영 상황, 시장 상황, 임지 조건 등 다양한 요인에 따라 결정
일치 여부	이상적으로는 벌기령과 벌채령이 일치하는 것이 바람직하나, 현실적으로는 차이가 발생할 수 있음	벌기령과 벌채령이 일치하면 '법정 벌기령', 일치하지 않으면 '불법정 벌기령'으로 구분
목적	최적의 수확 시기를 계획하여 임목의 가치를 극대화하고 지속 가능한 산림경영을 도모	실제 벌채 시기를 결정하여 경영 계획을 실행하고 수익을 실현

☞ 벌기령은 이론적·계획적인 수확 시기, 벌채령은 실제 경영 상황에서의 수확 시기를 나타낸다.

25 벌기령의 종류

1 조림적 벌기령

자연적 또는 생리적 벌기령이라고도 하며, 산림 자체를 가장 왕성하게 육성하고 유지하는 것을 목표로 한다. 갱신, 산림 생산의 보존, 유해작용의 방지, 임목의 수명 등을 고려하여 결정된다.

1) 조림적 벌기령 결정 요인

① 갱신: 조림학적으로 가장 알맞은 갱신연령을 벌기령으로 결정한다.

② 산림생산의 보존: 산림의 생산력이 항구적으로 보존되도록 벌기령을 결정한다.

③ 유해작용의 방지: 임목의 유해 성분에 대한 감수성과 관련하여 벌기령을 결정한다.

④ 임목의 수명: 임목이 생리적으로 고사하는 최고 연령으로 벌기령을 결정한다.

- 천연갱신에도 조림적 벌기령은 다소 영향을 끼치지만, 실질적인 채택 여부는 경영방침에 따라 달라진다.

- 집약적인 임업경영(intensive forest management)은 최대한의 목재 생산성을 목표로 하여 인공식재, 관리, 벌채 등을 적극적으로 시행하는 방식이다. 이러한 방식에서는 천연갱신이 아닌 인공갱신을 주로 채택하며, 일정한 기간마다 벌채와 재식재가 반복된다. 이 경우, 벌기령은 임목의 생리적 성숙보다 경제적 수확 주기(윤벌기)로 대체되며, 벌기령 자체는 상대적으로 덜 중요하거나 무의미해질 수 있다.

2 공예적 벌기령

① 임목이 특정 용도에 적합한 크기의 용재를 생산하는 데 필요한 연령을 기준으로 결정된다. 특수한 용도로 사용하는 임목은 표고버섯 자목, 펄프재, 신탄재 생산처럼 특정 용도에 맞는 형상이나 규격에 알맞은 시점을 기준으로 벌기령을 정한다. 예를 들면, 신탄재 생산을 위한 활엽수림은 흉고직경 10~15cm에 해당하는 수확표상의 연령이 공예적 벌기령이 된다. 이때 설정된 공예적 벌기령이 최대 화폐수익과 일치하면 가장 이상적인 벌기령이 된다.

② 공예적 벌기령은 수종과 재종에 따라 차이가 있으므로 벌목, 조재, 가공 등 모든 경비와 임산물 시장 가격을 고려해 흉고직경별 단위 재적당 기업이윤을 계산하고, 기업이윤이 최대인 흉고직경에서 임목의 최적 크기를 결정할 수 있다. 공예적 벌기령은 수익성 최대화를 직접 목적으로 하진 않으나 결과적으로 최대 수익성을 실현할 수 있는 벌기령이 된다.

3 **재적수확 최대의 벌기령**

① 단위 면적에서 수확되는 목재 생산량이 최대가 되는 연령을 재적수확 최대의 벌기령이라고 한다. 결과적으로 이 벌기령은 벌기평균생장량이 최대인 시점을 벌기령으로 설정하여 목재 생산량을 극대화한다.

② 총평균생장량($= \dfrac{\text{주임목의 주벌재적}}{\text{벌기}}$)이 최대가 되는 벌기가 재적수확 최대의 벌기령이 된다.

4 **화폐수익 최대의 벌기령**

① 일정한 면적에서 매년 평균적으로 최대의 화폐수익을 올릴 수 있는 연령을 벌기령으로 설정 한다. 수입만 합계하고 자본과 이자 계산은 하지 않는 점이 화폐수익 최대벌기령의 단점이 므로, 일반 경제원칙에 맞지 않는 벌기령이다.

② 화폐수익($\dfrac{\text{주벌조수익} + \sum \text{간벌조수익}}{\text{벌기}}$)이 최대가 되는 벌기가 화폐수익 최대벌기령이 된다.

5 **산림순수익 최대의 벌기령**

① 산림의 총수익에서 모든 경비를 공제한 산림순수익이 최대가 되는 연령이 벌기령이 된다. 조림비와 관리비에 대한 이자를 계산하지 않는다는 한계가 있다. 이 벌기령은 산림순수익설 로 설명할 수 있다.

② 산림순수익($= \dfrac{\text{주벌수확} + \sum \text{간벌수확} - (\text{조림비} + \text{관리비} \times \text{벌기})}{\text{벌기}}$)이 최대가 되는 벌기 가 산림순수익 최대의 벌기령이 된다.

위의 식은 시차를 고려하지 않아 조림비와 관리비의 이자 및 자본에 대한 이자를 계산하지 않은 것이 큰 약점이며, 자본액이 달라지면 수익성도 달라지므로 자본 규모를 고려하지 않 고 수익성을 논하는 것은 논리에 맞지 않다. 그러나 자본 유지라는 측면에서 대규모 보속경 영을 하는 산림의 기본재고량으로 본다면, 국유림이나 공유림 같은 공공산림에 적용할 수 있다.

6 **토지순수익 최대의 벌기령**

① 수확의 수입 시기에 따른 이자를 계산한 총수입에서 조림비, 관리비 및 이자를 공제한 토지 순수익의 자본가가 최고가 되는 때를 벌기령으로 정한다.

② 토지순수익의 자본가는 토지기망가(임지기망가, soil expectation value)와 같으므로, 토지 기망가가 최대가 되는 (벌기)를 벌기령으로 정한다.

③ 토지에서 발생하는 순수익은 해당 임지에서 일정한 사업을 영구적으로 실시한다고 가정할 때 기대되는 순수익의 전가합계로 구한다.

④ 아래는 Faustmann의 임지기망가 식이다.

$$\frac{A_u + D_a 1.0P^{u-a} + D_b 1.0P^{u-b} + \cdots - C1.0P^u}{1.0P^u - 1} - \frac{v}{0.0P}$$

조림 후 u년 경과한

⑤ 임지기망가(토지기망가)식에서 벌기령은 계산인자의 변화에 크게 영향을 받는다는 단점이 있다.

⑥ 벌기령의 계산인자 중 다른 요소는 일정하다고 가정하고, 변동하는 요인에 따라 벌기령에 미치는 영향은 아래의 표와 같다.

■ **벌기령에 영향을 미치는 요인**

요인	설명
이율(P)	이율이 높을수록 벌기령이 짧아진다.
주벌수입(Au)	소경목에 비해 대경목의 단가가 높을수록 벌기령이 길어지고, 소경목과 대경목의 단가 차이가 작을 때는 벌기령이 짧아진다.
간벌수입($\sum D_n$)	간벌량이 많고 간벌시기가 빠를수록 벌기령이 짧아진다.
조림비(C)	조림비가 적을수록 벌기령이 짧아지지만, 이의 영향은 극히 적다.
관리자본(V)	벌기령의 장단과 무관하다.

7 수익률 최대의 벌기령

순수익의 생산자본에 대한 비율, 즉 수익률이 최고가 되는 시기를 벌기령으로 정한다. 일반적으로 수익률은 (수익률$=\dfrac{수익 - 비용}{자본}$)과 같이 계산한다. 여기서 수익률은 이자율이 되고 ($r=P$), 수익은 주벌수익과 간벌수익의 합계가 되며($E=A_u+D_a+D_b+\cdots$), 비용은 조림비와 관리비의 합계($A=C+UV$)가 된다. 초기 임목재적을 N, 매년 지불한 지대를 B라고 하면, 자본($K=UB+N$)이 된다.

① 연년작업

연년작업에서 수익률 최대의 벌기령은 수익률 P가 최대가 되는 벌기(U)가 된다.

$$P[\%] = \frac{A_u + D_a + D_b + \cdots + D_q - (C+UV)}{UB+N} \times 100$$

② 간단작업

간단작업에서 수익률은 아래와 같이 계산할 수 있다.

$$P[\%] = \frac{A_u + D_a 1.0P^{u-a} + \cdots + D_q 1.0P^{u-q} - (B+V)(1.0P^u - 1) - C1.0P^u}{(B+V)(1.0P^u - 1) + C1.0P^u} \times 100$$

수익률최대의 벌기령은 토지순수익 최대의 벌기령 계산이 수익률 P의 예정치에 따라 다르고, 최고값이 되는 시기도 달라지게 되므로, 미리 P를 정할 수 없다는 결함을 지적하여 이를 시정하기 위해 P는 사업의 결과로 정하는 것이 이론적으로 정당하다는 데서 출발하였다.

구분	개념	특징	적용
조림적	자연적, 생리적 벌기령	조림성, 생리성 고려 ☞ 결정 요인 ① 갱신 ② 산림생산의 보존 ③ 유해작용 방지 ④ 임목 수명	집약적 경영에는 무의미
공예적	일정 용도에 맞는 용재 생산	수종선택 선행	특수용도에만 적용(신탄재)
재적수확 최대	벌기평균생장량 최대	경제적 변동과 무관	공공성 차원에는 유리
화폐수익 최대	매년 평균적으로 화폐수익이 최대	자본 및 이자 계산 결여	자본주의 경제에는 비합리적
산림순수익 최대	총수입 - 경비 (순수익 최대)	이자 계산 결여	경제적 경영에서는 적용 곤란
토지순수익 최대	총수입 - 경비 (자본가 최대)	이자 반영	경제가 안정된 상황에서는 적용 가능
수익률 최대	순수익의 자본에 대한 비율이 최고	수익성의 원칙에 입각	일반 사업경영의 기준
☞ 각 벌기령은 경영의 목적에 따라 달라지며, 나름대로의 특성을 지니고 있다. 즉, 산림의 상태, 임분의 구조와 경영상태 및 시대적인 배경 등 여러 조건들에 의하여 거기에 맞는 경영 목적이 정해지고, 이에 따라 벌기령의 적용도 달라진다.			

핵심 26 윤벌기·회귀년

1 윤벌기

① 윤벌기는 보속작업에 있어서 한 작업급에 속하는 모든 임분을 일순벌(一巡伐)하는 데 필요한 기간을 말한다.

☞ 일순벌(一巡伐): 한 차례 벌채,(巡: 한 차례 순, 돌아오는 차례 순 伐: 벨 벌)

② 임목이 정상적으로 생육하여 벌채할 때까지 필요한 기간을 산림경영 개념으로 택한 것이 윤벌기다.

③ 작업급에 속하는 전체 산림을 한차례 벌채하는 데 걸리는 기간이 윤벌기다.

④ 윤벌기와 벌기령의 차이

윤벌기는 작업급에 대하여 성립하는 기간 개념이다.

– 윤벌기는 작업급에 성립하는 개념이지만, 벌기령은 임분 또는 수목에 있어서 성립하는 개념이다.

– 윤벌기는 기간 개념이고, 벌기령은 연령 개념이다.

– 윤벌기는 작업급을 일순벌하는 데 요하는 기간이며, 반드시 임목의 생산기간과 일치하지는 않는다.

– 벌기령은 임목 그 자체의 생산기간을 나타내는 예상적 연령 개념이다.

⑤ 윤벌기는 법정영급분배를 예측하는 기준으로서 법정연벌재적의 계산적 기초로 이용되어 법정축적·법정생장량 등을 추정하는 요소로서도 활용되었다.

⑥ 윤벌기는 각종 벌구식 작업을 하는 경우에 중요한 것이어서 택벌작업 또는 그와 유사한 작업에 있어서는 윤벌기의 필요성이 극히 드물다.

⑦ 윤벌기 개념은 원래 개벌작업에 기인하는 법정림 사상에서 파생되었다고 한다. 그러나 택벌작업을 행하는 작업급에 있어서도 때로는 윤벌기를 결정하는 경우가 있다.

⑧ 산림경영에 있어서 윤벌기의 역할은 작업급을 법정상태로 유도하는 수단으로써 필요하였다.

⑨ 윤벌기는 작업급의 법정영급분배를 예측하는 기준으로서 법정연벌면적이나 법정연벌재적의 계산적 기초로 이용되어 법정축적 법정생장량 등을 추정하는 요소로서도 활용되었다.

⑩ 현실림에서도 벌채열구를 계획하고 장래 보유해야 할 축적의 기준을 구하거나 지속적 수확을 예측하는 경우에는 윤벌기를 이용하는 경우가 많다. 기존의 수확규정법의 대부분은 윤벌기를 산정의 요소로 하고 있다.

2 회귀년

① 택벌작업은 전체 산림에서 벌기에 도달한 임목을 매년 벌채하는 것이 이상적인 기본 형식이다. 그러나 이러한 작업은 특수한 경우 이외에는 실행할 수 없다.

② 일반적으로는 작업급을 몇 개의 택벌구(擇伐區)로 나누어 매년 한 구역씩 택벌하여 일순하고, 다시 최초의 택벌구로 벌채가 회귀하는 방법이 사용된다.

③ n개의 택벌구로 나누면 n년마다 동일한 택벌구에 택벌이 돌아가는 것이다. 이렇게 회귀하는 데 필요한 기간 n을 회귀년(cutting cycle) 또는 순환기(個環期)라고 한다.

④ 회귀년은 택벌작업을 하는 산림에 설정되는 기간 개념이다. 또한, 택벌림에 윤벌기를 설정하여 계획을 수립하는 경우에는 윤벌기가 회귀년의 정수배가 되도록 회귀년을 결정하는 것이 보통이다.

3 회귀년의 길이를 결정할 때 고려할 사항

① 조림관계
- 회귀년이 짧을 때 유리하다. 회귀년이 짧으면 면적당 벌채량이 적어지는 대신 생물학적으로 다루는 데 유리하다.
- 조림기술면에서도 10년 또는 그 이하가 될 때, 임목의 수종 구성 상태를 더 쉽게 구성할 수 있고, 생장을 촉진하기 쉽다. 또한 병충해 등의 이유로 죽은 나무들의 정리를 통해서 남아있는 나무들의 생장을 촉진하는 등 여러 가지 유리한 점이 많다.
- 회귀년 자체가 좁은 면적에서 매년 택벌할 때 수확량이 작아지거나, 넓은 면적에서 과중한 조사 업무가 발생하는 등 각종 문제점을 개선하기 위해 제안된 것이다.
- 회귀년이 짧을 때 단위면적당 벌채량은 작아지지만, 우량한 임목이 생산되므로, 기업이윤 면에서도 대경목과 소경목을 섞어서 생산하게 되는 긴 회귀년보다 짧은 회귀년이 유리하다.
- 정리하면, 짧은 회귀년은 수종 구성에 있어 생물학적으로 유리, 대경목만 생산할 수 있어서 경제적으로 유리, 죽은 나무를 빠르게 정리하고 생장 촉진에 유리하므로 조림기술 면에서 유리하다.

② 보호관계
- 산림의 보호 측면에서 볼 때는 짧은 회귀년이 유리하다.
- 긴 회귀년을 채택하면 면적당 벌채량이 많아져서 임목도가 낮아지게 되고, 이로 인하여 풍 · 설해로 인한 임목의 피해가 늘어날 뿐만 아니라 임지의 노출이 심하여 토사붕괴로 인한 피해가 일어나기 쉽기 때문이다.
- 긴 회귀년 → 단위 면적당 벌채량 증가 → 낮은 임목도 → 낮은 임지 피복도 → 심한 임지 노출 → 토사붕괴 피해

③ 벌채작업관계

- 벌채 · 집재 · 운재는 단위면적당 벌채량이 많아야 유리하므로 긴 회귀년이 유리하다.
- 같은 면적에서 긴 회귀년을 선택하게 되면 1회 벌채에 상대적으로 많은 양의 목재를 수확할 수 있다. 이것은 단기적, 일시적, 경제적으로 유리하다는 것이고 결국 장기적인 측면에서는 산림의 기본 구성을 파괴하게 되므로 불리하다.
- 조림과 보호관계에 지장을 주지 않는 한도 내에서 경제적인 벌채작업을 할 수 있는 회귀년을 결정해야 한다.

④ 기반 시설관계

- 방화시설, 임도시설 등 기반 시설과 관련해서는 긴 회귀년이 유리하다.
- 임업경영의 기반 시설로 가장 중요한 것은 임도시설이다.
- 임도시설은 상대적으로 투자비용이 많이 든다.
- 투자비가 많이 드는 기반 시설을 시설할 경우에는 면적당 다량의 임목을 벌채하여 시설비로 충당하고자 하는 경향이 있을 수 있다. 이런 경우 산림경영자는 긴 회귀년을 원하게 된다. 하지만 임도시설은 반영구적인 시설이므로 계속 임업경영에 이용할 수 있다. 그래서 짧은 회귀년의 선택이 가능하다.

⑤ 임분재적과의 관계

- 임분 재적이 회복되는 데 걸리는 기간은 짧은 회귀년이 유리하다.
- 택벌림사업에서 회귀년은 택벌된 임분재적이 택벌 직전의 재적으로 회복하는 기간으로 결정하는 것이 일반적이다. 그래서 벌채작업상 가장 유리한 택벌률과 회복에 필요한 기간을 기술적으로 검토하여 결정한다.
- 보통 회귀년은 6~10년(최대 20년)으로 결정한다. 이론적으로는 회귀년을 어떻게 잡는 것도 가능하지만, 실제적으로는 회귀년이 너무 길면 하층목이 피압되거나 택벌구역이 너무 좁아지므로 그 구획을 개벌하는 것과 크게 다르지 않다.
- 택벌림에서 윤벌기를 결정할 때 윤벌기는 회귀년의 정수배가 되도록 하여 회귀년을 결정한다.

> **참고**
>
> - **짧은 회귀년이 유리한 경우**: 임분재적 회복, 보호 및 조림관계
> - **긴 회귀년이 유리한 경우**: 벌채작업과 기반 시설관계

정리기·갱신기

1 정리기(개량기)

① 윤벌기는 작업급에 있어서 지속적으로 벌채갱신이 진행된다는 전제하에 설정된다.

② 영급관계가 법정 내지 법정에 가까운 작업급에서는 윤벌기를 이용하여 연벌량을 구하여 성숙임분을 순차적으로 벌채할 수 있다. 그러나 작업급의 연령 관계가 어느 한쪽으로 편중되어 노령림이 극히 많은 경우 또는 유령림이 많은 경우에는 윤벌기에 의해 연벌량을 구할 수 없게 된다. 따라서 노령림은 오랫동안 존치하게 되고 반면에 미숙임분은 벌채되어 그 어느 쪽도 불이익을 당하게 된다. 이러한 희생을 가능한 한 줄이기 위해 개량기를 둔다. 개량기는 정리기라고도 하며, 개량의 목적이 달성될 때까지 임시적으로 설정된다.

③ 개량기는 개량을 요하는 노령림이나 불량임분이 많은 작업급에서는 윤벌기보다 짧고, 반대로 유령림의 경우에는 윤벌기보다 장기간이므로 개량기의 종료 후에 수확의 지속성을 고려하여 결정해야 한다.

④ 이처럼 개량기는 일반적으로 개벌작업을 행하는 산림에 적용되는 기간 개념이며, 임상개량을 완료할 때까지 필요로 하는 예상적 기간이다.

2 갱신기

① 점벌작업에 속하는 작업법에는 많은 종류가 있다. 이러한 작업법의 특징은 일정한 갱신기간을 가진다는 것이다.

② 일반적으로 예비벌, 하종벌, 후벌에 이어 주벌을 행한다. 이 기간 내에 갱신을 완료시키는 것이며, 따라서 예비벌의 시작부터 후벌의 종료까지의 기간을 갱신기라고 한다.

③ 현실림의 갱신이 완료하는 기간은 임분에 따라 반드시 일정하지 않다. 일반적으로 갱신기는 점벌작업을 하는 산림에 적용되는 예상적 기간 개념이며, 윤벌기보다 짧은 기간이다.

④ 개벌작업에서의 갱신기는 벌채 후 벌채목이 반출되고 새로이 산림이 성립될 때까지의 연수를 말한다.

법정림

1 법정림의 개념

① 작업급에 의한 산림의 생산 조직화에 있어서 그 이상적 개념으로서 제시된 이념적 산림조직을 법정림이라고 한다.

② 법정림이라고 하는 명칭과 그 개념은 오스트리아 황실 규정(1938)에서 비롯되었으며, Hundeshagen(1826)에 의해 산림생산 조직으로서 법정림 개념의 기초가 이루어졌고, 그 후 Heyer(1841)에 의해 보완되었다. 그 후 산림경리의 이상이라고 하는 목표는 법정림을 조성한다고 하는 법정림 사상으로 발전하였고, 이것은 20세기 초까지 산림경리학의 중심적 지주가 되었다.

③ 법정림이란 재적 수확의 엄정보속을 실현할 수 있는 내용 조건을 완전히 갖춘 산림을 말한다. 즉 산림생산의 보속이 완전히 이행되어 경영 목적에 따라 벌채하면 어떠한 손실도 발생되지 않는 산림이다. 이러한 상태를 법정상태라고 하며, 일반적으로 다음과 같이 4가지를 들 수 있다.

   ㉠ 법정영급분배

   ㉡ 법정임분배치

   ㉢ 법정생장량

   ㉣ 법정축적

④ 이상의 요건들은 작업급별로 그 내용에 있어서 차이가 있다. 법정림은 산림생산 조직의 규범으로서 전통적으로 개벌작업의 보속성에 기초하여 만들어졌기 때문에 택벌작업이나 기타 다른 작업법에 적용하기에는 곤란하다. 따라서 택벌림에 대한 연구가 진행되면서 법정림은 강한 비판을 받아왔다. 그러나 보속적 경영의 산림에 있어서 생산조직을 이해하고 개벌을 주체로 하는 현실림의 생산 조직화를 위해서는 법정림에 대한 필요성이 요구된다.

2 법정상태

① 법정영급분배

   – 모든 임령의 산림이 같은 면적으로 존재하는 것이며, 이론적으로는 동일한 지위의 임지에서 벌기에 이르기까지의 각 영계의 임목이 동일한 면적씩 존재하는 것이다. 이것은 연년의 재적 수확을 균등하게 하는 데 가장 중요한 법정 조건 중의 하나이다.

– 1년생에서 벌기에 이르는 각 영계의 임분을 구비하고, 또한 각 영계의 임분의 면적이 동일한 상태

사례

산림면적이 1,200ha, 윤벌기 60년, 영계수(n) 20일 경우
법정영급면적=1,200ha/60년×20=400ha, "영급수=60년/20=3개"가 된다.

② 법정임분배치

– 산림을 구성하는 각 임분이 임목의 이용 보호 갱신을 위하여 적절한 배치상태를 유지함으로써 산림의 보전과 수확의 보속을 확보하는 법정 조건이다.
– 어떤 임분을 벌채하는 경우 인접하는 잔존임분이 피해를 입지 않도록 배치한다. 특히 평지림에서 폭풍에 대해 위험이 없도록 항상 풍하의 임분이 먼저 벌채되도록 배치해야 한다.
– 임분의 갱신이 안전하고 확실하게 이행되도록 배치한다. 이와 같은 임분 배치는 지황 임황 반출시설 등에 따라 다르다.
– 법정임분 배치는 재적 수확보속을 실현시키는 데 있어서 기본적 요건은 되지만 직접적인 것은 아니다. 또한 이것은 주로 수확 유지에 지장이 없도록 하는 데 필요한 조건일 뿐이다.
– 각 영계의 임분이 위치적으로 잘 배치되어 벌채, 운반, 갱신에 서로 지장을 주지 않도록 배치하는 것을 법정임분배치라고 한다.

> **참고 법정배치의 요건**
>
> • 성숙임분을 벌채, 운반할 때 인접해 있는 유령임분에 지장을 주지 말 것
> • 풍하의 임분이 먼저 벌채되도록 배치할 것
> • 유령임분이 폭풍, 한풍에 보호되도록 배치할 것
> • 측방하종갱신 시 종자의 성숙 계절에 모수림을 바람의 상방에 위치토록 배치

③ 법정 생장량

– 법정생장량은 법정축적의 연년생장량이다.
– 법정림의 1년간 생장량이 벌기임분재적(법정수확량)과 같아야 한다.
– 법정림의 경우 전체 산림의 연년 생장량은 항상 일정하다.
– 각 영계의 주임목의 연년생장량을 $Z_1, Z_2, Z_3 \cdots Z_u$라 하고, 그 재적을 $1, V_2, V_3 \cdots V_u$라고 하면, 다음과 같이 법정생장량(Z)이 계산된다.

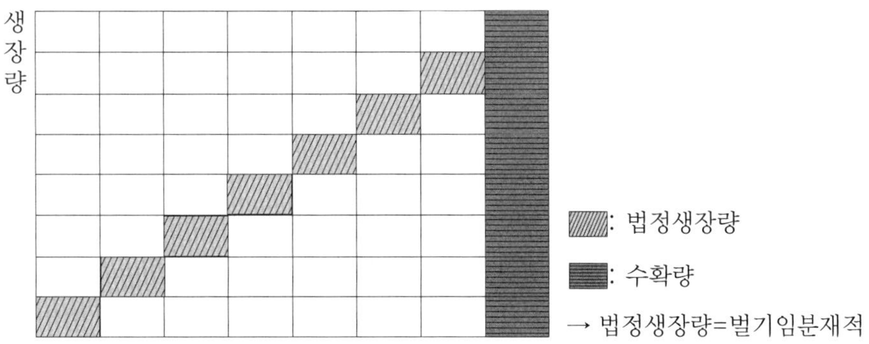

$$Z1=V1$$
$$Z2=V2-V1$$
$$Z3=V3-V2$$
$$\vdots \quad \vdots$$
$$Zn=Vu-Vu-1$$
$$----------$$
$$Z=Vu$$

즉 법정생장량(Z)은 벌기임분재적(Vu)과 같다.

④ 법정축적

– 법정축적은 영급분배와 생장 상태가 법정일 때 보유할 작업급으로 전체의 축적을 말한다.

– 주임목과 부임목에 걸쳐 고려되지만, 일반적으로 주임목의 법정축적이 대상이다.

– 보통 법정축적이란 하계축적으로 계산된다.

– 추계축적은 벌채 직전의 축적으로 벌채 직후의 축적인 춘계축적보다는 벌기임분의 축적만큼 많다.

– 주임목의 법정축적을 영계별 재적으로 계산하는 것은 복잡하므로 일반적으로 수확표 벌기수확 또는 벌기평균 생장량을 이용한다.

참고 **법정축척을 구하는 방법**

㉠ 수확표에 의한 방법
㉡ 벌기수확에 의한 방법
㉢ 벌기평균생장량에 의한 방법

법정축적은 법정림의 기본요건이 구비되면 자동적으로 보유하게 되는 축적이다.

3 법정벌채량

① 법정벌채량은 법정수확량이라고도 한다. 이는 법정상태를 유지하면서 벌채할 수 있는 재적을 말한다.

② 주벌법정벌채량과 간벌법정벌채량으로 나눌 수 있으며, 기간에 따라 법정연벌량과 법정정기벌채량으로 구별된다. 그러나 일반적으로 법정벌채량이란 주벌법정연벌량이다.

③ 이러한 의미의 법정연벌량(NAC)은 법정생장량(Z)과 일치하고, 이 수치는 벌기평균 생장량(MAI)에 윤벌기 U를 곱한 것과 같기도 하다. 이들 사이에는 다음과 같은 관계가 성립한다.

$$NAC = Z = V^u = MAI \times U$$
V^u : 주벌수확

4 법정림의 응용 범위

법정림은 산림경영에서 하나의 이상형으로 추구하는 산림 형태라고 할 수 있다. 그러나 법정림은 산림생산을 보속원칙에 입각하여 엄정하게 실현하고자 하기 때문에 산림이라는 하나의 유기체를 통하여 공장의 제품생산과 같이 산림생산을 일률적으로 또는 수치적으로 균일화시키는 것은 엄격한 의미에서 실현하기 곤란한 것이다.

그러나 수확보속이 정상적으로 이루어져 법정상태가 유지되더라도 수익성이라는 임업경영의 첫째 목적에 반드시 부합된다고는 할 수 없다. 그렇지만, 법정림의 이론이 산림경리학의 발전에 공헌한 의의는 여러 가지 면에서 자못 큰 것이다. 따라서 법정림이 현실적으로는 그 실현이 어렵고, 이론적으로만 존재할 산림상태를 논한다고 볼 수도 있지만, 인공림 시업에 대한 산림경리학의 발전에 크게 이바지하여 재적 수확보속의 조건을 나타내는 이상형으로서 그 가치가 평가되고, 또한 산림생산조직에 관하여도 임목의 경급, 축적, 생장량 및 연벌량 등의 상호관계를 이해하는 데에도 크게 도움을 주고 있다.

수확의 엄정보속의 실현은 하나의 이상적인 목표로 하더라도 실제 실현에 있어서는 경영이라는 측면에서 가급적 탄력성이 있는 보속을 통하고, 또한 경제적인 면을 고려하여 임목도와 영급관계 등을 조정함으로써 법정림사상에서 크게 벗어나지 않는 현실경영이 필요하리라고 생각된다. 이러한 의미에서 영급을 잘 조절함으로써 탄력성 있는 법정상태로 유도하여 현실경영에 도움이 되도록 하여야 할 것이다.

핵심 29 협업 경영

1 협업 경영의 개념

① 협업은 규모가 작은 경영자들이 자본과 노동을 합쳐서 경제의 이익을 얻고자 하는 경영 형태이다.

② 개별 경영으로는 대형 시설의 확대 판매 및 구매의 대량화, 기술의 고도화 등 규모의 경제가 얻을 수 있는 이익을 얻을 수 없기 때문에 나온 경영 형태이다.

③ 협업의 형태는 그 조직과 목적에 따라 ㉠공동작업, ㉡공동 이용, ㉢공동관리, ㉣협업 경영 등으로 구분할 수 있다.

④ 앞의 ㉠~㉢의 형태는 직접 순수익을 거두는 것이 목적이 아니고 공동의 조직으로 개별 경영을 강화하는 것이 목적이다. 이러한 조직은 산림조합이라 하여 협업체와 구별한다.

⑤ 협업조직은 개별 경영이 그대로 남아있으면서 노동 시설 기계 기술의 공동화가 이루어진다.

⑥ 협업조직 중에서 공동이용과 공동관리, 즉 생산수단과 기술의 공동은 그 규모가 커지면 개별 경영의 노동에서 분리되어 독립된 조직이 된다.

⑦ 개별 경영은 그 조직에 출자하고 운영에 참가할 뿐이며, 독립된 이용 관리의 조직이 고용노동을 사용하여 참가하는 개별 경영에 봉사하게 된다.

⑧ 농업에서의 공동육추, 공동육잠, 공동가공 등이 이에 속한다. 이러한 경우 개별 경영은 노동을 제공할 필요는 없고 비용만 부담하면 된다.

⑨ 이와 같은 조직은 영리를 목적으로 하지 않고 개별 경영에 봉사한다는 점과 이용자 자신이 그 조직의 출자자이고 운영권자이므로 자본주의적 경영과는 다르다.

2 협업경영의 형태

① 공동작업

- 공동작업은 옛날부터 해오고 있는 품앗이의 일종이다.
- 일을 공동으로 하면 서로 장단점을 보완해서 일을 하게 되므로 능률적이다.

② 공동 이용

- 값이 비싸거나 개별 경영으로는 사용 시간이 적어서 기계를 구입하는 것이 적당하지 않을 경우에는 공동으로 구입하여 이용하면 도움이 된다.
- 공동 이용에 있어서는 기계 기구가 개인의 것이 아니기 때문에 관리가 소홀해지는 경향이 있다. 그러므로 기능을 가진 사람이 기계를 구입하여 관리하고 이용하는 사람은 세를 주며 사용하도록 하는 운영 방법을 채택하는 것도 바람직하다.

③ 공동관리

- 공동관리는 경영자 각자가 충분한 기술을 갖추지 못하였을 때 또는 시설과 작업을 절약하기 위하여 적용한다.
- 공동관리의 성패는 기술의 확실성과 공동관리 책임자의 지도력에 달려있다 불완전한 기술을 가지고 공동관리를 서두르게 되면 실패할 우려가 있을 뿐만 아니라 그 후에 기술이 개선되더라도 공동관리를 기피하게 된다.

④ 협업 경영

- 협업 경영은 본래 개별 경영을 해체하고 모든 자본과 노동을 통합하여 경영 전체를 공동화하는 방식이다.

산림경리

1 산림경리의 의의

① 산림경리학은 임학의 한 분과학문으로서 일반사업 방법과 사업적인 산림경영의 지식 및 원칙을 응용하여 산림생산의 실행을 조직적으로 체계화하여 서술하는 학문을 말한다.

② 산림경리학은 임업 경영의 계획적 조직화에 관한 학문으로서 산림시업 계획의 연구를 실천적 임무로 하고 있다. 즉 임업 경영의 목적을 달성하기 위하여 질서 있는 산림시업 계획을 세우는 이론과 방법을 연구 대상으로 하는 응용과학이다.

③ 산림경리학은 그 내용이 광범위하므로 임학 전반의 모든 학문적 지식을 충분히 활용함은 물론 일반사회학, 즉 경제학, 재정학을 비롯하여 회계 노동 사회정책학까지도 활용하여야 한다.

④ 임업 경영자는 육림자로서 충분한 조림지식 계획자로서 먼 장래를 예견할 수 있는 의견 관리자로서의 기능, 그리고 사업가로서 세심한 주의와 융통성 및 책략을 갖춤으로써 원만한 산림경영을 할 수 있다.

⑤ 산림경리학은 산림경영의 보속성을 기본원리로 하고 시업 계획의 편성을 실질적 임무로 하여 발전된 학문이라고 할 수 있다. 그 당시의 산림효용은 거의 임산물의 생산에 한정되어 종래의 보속은 수확의 보속 또는 생산의 보속을 중심으로 한 것이다.

2 산림경리의 내용

산림경리의 업무내용은 산림시업을 시간적, 장소적 질서 하에 조직하는 동시에 그 조직을 유지 개량해 가는 것이다. 좀 더 구체적으로 그 내용을 살펴보면 다음과 같다.

① 산림 주위 측량: 경영의 대상인 토지를 측량하여 산지 또는 도로 하천 소류지 등을 명백히 구분하여 임지를 정리하고 인접 산림과의 경계를 확실히 한다.

② 산림구획: 사업구 내의 산지를 시업상의 편의를 위하여 영구적인 임반과 일시적인 소반으로 구획하여 그 위치와 형상 및 면적을 명확히 한다.

③ 산림조사: 임·소반의 구획이 확정되면 개개의 소반별로 지황과 임황을 조사하고, 특히 임목 축적과 생장량을 정확하게 조사한다.

④ 시업관계사항 조사: 경영 대상의 산림에 대한 공익적인 관계와 교통 및 임산물 판매시장 지방 주민들과의 연관 대책 등에 관한 시업관계 사항을 조사한다.

⑤ 시업체계의 조직: 산림의 각 부분, 즉 각 소반에 대한 작업종, 수종, 벌기령, 윤벌기, 정리기 등을 작업 급별로 시업체계를 세운다.

⑥ 수확사정: 사업구 전반에 대한 생산보속의 원칙에 부합되는 수확량을 사정하고 그 수확량을 장소적, 시간적으로 안배한다.

⑦ 조림계획: 미립목지와 벌채적지의 갱신 및 기타 자원 생산에 관한 방침과 그 작업의 분량을 결정한다.

⑧ 시업상 필요한 시설계획: 수확안과 조림안이 작성되면 이러한 시업을 하기 위한 시설로써 임도, 저목장 묘포, 창고, 방화선, 사방시공 등 필요한 시설계획을 한다.

⑨ 시업조사 검정: 산림정리외 2대 사업인 연년이 벌채와 조림실적을 시업 계획의 예정량과 대조하고 예정과 실행을 조정하여 차기 시업 계획 수립의 중요한 자료를 얻도록 한다.

이상과 같이 조사한 결과를 각각 확고한 도면과 부표에 기재하고 재활용한다. 이들 중 ②항 이하의 모든 항이 종합되어 이른바 시업안 경영계획, 영림계획 등을 이룬다.

그리고 ①항에서 ④항까지의 업무를 전업 또는 예업이라 하고, ⑤항에서 ⑧항까지의 업무를 주업 본업이라 하며, ⑨항의 업무를 후업이라 한다.

수확 조정

1 수확 조정의 개념

산림의 수확은 전체 산림의 생체량에서 일부를 베어내는 것으로 수확량은 그다음 해의 생장량에 영향을 미치게 된다. 너무 적게 베어 수확하면 수확량이 줄어 수입이 줄게 되고, 너무 많이 수확하면 그다음 해의 수입이 줄게 된다. 산림의 수확 조정이란 지속 가능한 방식으로 끊임없이 최대의 수확량을 같은 면적의 산림에서 얻으려는 노력이다.

1) 수확 조정의 전제 조건

① 보속성

- 보속성은 계속, 끊임 없음, 반복, 항구성, 지속성, 중단 없음 등의 중립적인 시간 개념을 가진다.
- 보속성의 원칙은 규범적이고 능률적인 임업의 기초로 독일에서 발전되었다.
- 정적인 보속성을 특정한 "상태의 지속성"으로 파악한다면, 동적인 보속성은 일정한 "능률의 지속성"으로 표현할 수 있다.
- 정적인 보속에는 산림면적, 산림생물, 임목축적, 임업자산, 임업자본, 노동력 등의 보속성이 해당된다.
- 동적인 보속에는 생장량, 목재 수확, 화폐 수확, 산림 수익, 산림 순수확, 창업능력, 산림의 다목적 이용 등이 해당된다.

② 지속 가능성

지속 가능성은 특정한 상태를 유지할 수 있는 정도를 의미하며, 자원의 지속 가능성이 유지된다는 것은 현세대뿐만 아니라 미래세대까지 해당 자원을 유지할 수 있다는 것이다.

ⓐ 목재 생산의 지속 가능성: 목재 생산은 사회의 목재 수요를 충족시키고, 임산업의 경제적 흐름에 변화를 주지 않으며, 수원 함양이 안정되는 범위 내에서 이루어져야 한다.

ⓑ 다목적 이용의 지속 가능성: 산림의 수확 조정은 목재수급 이외에도 자연 및 생활환경의 보전, 수원의 함양, 재해방지, 휴양자원, 경제 발전, 고용 증진 등 다양한 목적의 지속 가능성이 이루어진다는 전제하에 이루어져야 한다.

ⓒ 생태계와 사회적 가치의 지속 가능성

- 산림에서 생산되는 목재나 임산물의 가치를 넘어서는 생태적, 사회통합적 가치는 휴양 및 조경, 야생동물 등의 가치를 모두 포함한다.
- 수확 조정은 생태계와 자연 자원, 사회적 가치가 유지된다는 전제에서 이루어져야 한다.

2) 수확 조절법의 발달과정

산림경영에서 한해의 수확량, 즉 벌채량을 결정하는 것은 신중하게 결정되어야 하며, 개벌의 경우 산림 전체에서 1년간 자란 생장량에 해당하는 분량을 성숙 임분에서 수확해야 하므로 벌채량과 벌채장소를 구체적으로 결정해야 한다.

수확량이 연간 생장량보다 많으면 산림의 축적은 점차 감소되고, 반대로 벌채량이 연간생장량보다 적으면 축적은 증가하는 반면에 생장률이 낮아지게 된다. 반대로 수확량이 연간 생장량보다 적으면 임목의 밀도가 높아져서 결국 생상이 느려지므로 축직의 증가가 항상 생장량의 증가로 이어지지는 않는다. 구성임분의 영급이 낮을 때는 벌채량을 낮추어 축적을 증가시키고, 영급이 높으면 벌채량을 늘려 축적을 감소시켜야 한다.

산림을 평가하여 그 수확을 조정 및 통제하는 것은 산림경영에 있어 중요한 요소인데, 재적배분법·재적평분법은 재적 수확 보속, 면적평분법·순수영급법 등은 법정상태 실현, 임분경제법·조사법은 경제성을 추구한다.

① 구획윤벌법

전 임지를 윤벌기의 수만큼 나누어서 구획한다.

㉠ 단순구획윤벌: 전 임지를 구획한 면적만큼 수확한다. 벌구면적=산림면적/윤벌기

㉡ 비례구획윤벌: 개위면적으로 구획면적을 조절한다. 개위면적=임분면적×(평균재적/임분재적)

② 재적배분법

㉠ beckmann법: 성목기와 미성목기의 재적을 달리하여 수확량을 산출한다.

㉡ hufnagl법: 윤벌기의 1/2과 2/2 시기의 재적을 달리하여 수확량을 산출한다.

③ 평분법

윤벌기를 몇 개의 분기로 나누어 분기별로 수확량을 사정하는 방법이다.

㉠ 재적평분법: 분기별 재적을 같게 한다.

㉡ 면적평분법: 분기별 면적을 같게 한다.

㉢ 절충평분법: 절차에 따라 재적평분과 면적평분을 절충하였다.

④ 법정축적법

㉠ 교차법: 생장량이 정리기 동안 법정생장량에 도달하도록 수확한다.

ⓛ 이용률법: 전체 축적 중 일정 비율을 수확한다.

ⓒ 수정계수법: 생장량에 일정한 계수를 곱하여 수확량을 산출한다.

⑤ **영급법**

㉠ 순수영급법: 현실림의 영급 면적과 법정림의 영급에 기초한 영급분배 비교표로 수확량을 산출한다.

ⓛ 임분경제법: 토지순수익설에 의하여 벌기를 결정하고, 그 벌기에 맞추어 수확량을 산출한다.

⑥ **생장량법**

㉠ Martin법: 각 임분의 평균 성장 합계를 수확량으로 결정한다.

ⓛ 성장률법(생장률법): 현실축적에 각 임분의 평균 성장률을 곱하여 수확량을 결정한다.

ⓒ 조사법: 임분별로 성장량과 조림상태를 고려하여 수확량을 결정한다. 재적배분법·재적평분법은 재적 수확 보속, 면적평분법·순수영급법 등은 법정상태 실현, 임분경제법·조사법은 경제성을 추구한다.

■ **수확 조절 방법**

수확 조정 기법		주장한 사람	추구하는 가치
대분류	세분류		
구획윤벌	단순		벌채구역 결정
	비례		연수확량 균등
재적배분		beckman, hufnagl	재적 수확 보속
평분법	재적평분	hartig	재적 수확 보속
	면적평분, 절충평분	cotta	법정상태 실현
법정축적법	이용률법	hundeshagen, mantel	법정상태 실현
	교차법	kameraltaxe, heyer, karl, gehrhardt	법정상태 실현
	수정계수법	breymann, schmidt	법정상태 실현
영급법	등면적법	gude	
	순수영급법	cotta	법정상태 실현
	임분경제법	judeich	경제성
생장량법	martin법		
	성장률법		
	조사법	gurnaud, biolley	경제성

구획윤벌법

> **참고**
>
> - 구획윤벌법(area frame method)은 가장 오래된 수확 조정법이다.
> - 구획면적법 또는 면적배분법이라고도 한다.
> - 14세기에서 18세기까지 약 4세기에 걸쳐 응용되었던 방법으로 단순구획윤벌법과 비례구획윤벌법으로 구분할 수 있다.

1 구획윤벌법의 특징

① 장점

- 면적을 기초로 하는 수확 조정법이기 때문에 계획의 수립과 실행이 편리하다.
- 여러 윤벌기를 거치는 동안 법정상태가 된다.

② 단점

- 제 1윤벌기의 조정 과정에서 큰 경제적 손실을 감수해야 한다.
- 먼 장래의 벌구를 미리 정해야 하는 것은 현실적이지 못한 단점이 있다.
- 용재림보다는 신탄림 작업에 적합하며, 실용성이 낮다.

2 구획윤벌법의 구분

① 단순구획윤벌법(simple annual felling area method)

- 전 산림면적을 기계적으로 윤벌기 연수로 나누어 벌구면적 f를 같게 하는 방법이다.

$$f = \frac{F}{U}$$

(F: 전 산림면적, U: 윤벌기 연수)

② **비례구획윤벌법(proportional annual felling area method)**

- 토지의 생산력에 따라 개위면적으로 벌구면적을 조절하여 연 수확량을 균등하게 한다.
- 개위면적을 산출한 후 매년 동일한 개위면적을 벌채한다.
- 산림상태에 따라 벌채면적을 균등하게 배정하지 못하는 경우가 발생할 수 있다.
- 실행이 쉽지 않아서 잘 응용되지 않는다.

$$f_n = \frac{F}{u} \times \frac{\text{전 임분의 평균생장량}(\overline{I})}{\text{해당임분의 평균생장량}(I_n)}$$

(n: 임분의 연령)

- 개위면적의 합계는 해당 임분면적의 합계와 같다.

u를 윤벌기라 하고 매년 동일한 개위면적을 벌채한다고 하면 매년 벌채해야 할 면적, 즉 벌채면적은 다음과 같다.

$$f = \frac{F}{u} = \frac{\overline{I}}{I_1}$$

교차법

1 Kameraltaxe법

$$연간표준벌채량(e) = 평균생장량(Zw) + \frac{현실축적(Vw) - 법정축적(Vn)}{갱정기(a)}$$

- 카메랄탁세법에 의한 표준연벌량의 계산은 매년 하는 것보다 10년마다 실시하는 것이 좋다.
- 법정림에서 "연년생장량=표준연벌량=연년수확량"

> **참고** **카메랄탁세법**
>
> ① 이 방법은 1788년 오스트리아 황실령, Normal에서 산림평가에 대한 기준을 설정하기 위하여 제정한 것을 그 후 산림경리의 수확 조정법으로 활용하게 된 것이다.
>
> ② kameraltaxe법은 법정축적법 중 가장 먼저 고안되었으며 개벌작업과 택벌작업에 모두 적용된다.
>
> ③ 이 방법은 법정축적의 유지 조성을 목적으로 하며, 현실축적이 법정축적과 같으면 수확량은 평균생장량과 같으므로 표준 연벌량은 현실림의 성장량만큼 수확하면 된다.
>
> ④ 현실축적이 법정축적보다 많거나 작을 때는 갱정기 동안에 그 차액의 1/갱정기 만큼 가감하여 수확하면 갱정기 후에는 법정축적을 유지할 수 있게 된다.
>
> ⑤ 식을 구성하는 각 인자에 대한 계산 방법은 다음과 같다.
>
> ㉠ 평균생장량은 성숙림에서는 현재의 평균 성장량, 즉 단위 면적당 재적을 임령으로 나누어 사용하고 미숙림에 대해서는 수확표를 이용하여 그 임분이 벌기에 도달했을 때의 벌기 평균 생장량을 합하여 구한다.
>
> ㉡ 현실축적은 각 임분의 단위 면적당 벌기 평균 성장량에 각 임분에 대한 임령과 면적을 곱하여 계산한다.
>
> ㉢ 법정축적은 "법정축적 $= \dfrac{윤벌기}{2} \times 평균생장량$" 공식을 이용하여 구한다.
>
> ㉣ 갱정기, 개량기의 길이는 증벌, 감벌을 좌우하는 인자로 현실축적에서 법정축적을 차감한 값의 크기, 영급의 구성상태 및 영림사정 등에 따라 다르므로 현실축적이 클 때는 성숙림을 속히 갱신하기 위하여 a를 짧게 하고, 법정축적이 클 때는 a를 길게 하여 적어도 연벌량이 생장량의 1/2보다 적어지지 않도록 하는 것이 좋다.
>
> ㉤ 표준연벌량의 계산은 매년 실시하는 것보다는 10년마다 실시하는 것이 좋다.

2 Heyer법

$$\text{연간표준벌채량(e)} = (\text{평균생장량} \times \text{조정계수}) + \frac{\text{현실축적}(Vw) - \text{법정축적}(Vn)}{\text{갱정기}(a)}$$

- 평균생장량은 현실림의 실제 성장량 합계인데, 한 윤벌기에 대한 수확기 안을 만들어 분기별로 성장한 연평균 생장량을 사용하는 것이 하이어법이다. 여기에 조정계수가 들어가면 수정하이어법이 된다.

3 Karl법

$$\text{연간표준벌채량} = \text{생장량} \pm \frac{Dv}{\text{정리기}(a)} = \frac{Dz}{\text{정리기}(a)} \times \text{경과년수}(n)$$

$$(Dv = \text{현실축적} - \text{법정축적}, \ Dz = \text{현실생장량} - \text{법정생장량})$$

- 카메랄탁세공식의 변형, 축적의 증감에 따라 연년성장량이 정비례하여 증감한다는 추정하에 작성하였다. 이 추정은 이론적으로 명확한 수준에서 검증된 것은 아니다.
- 카알공식법은 Karl이 1838년 카메랄탁세법을 개량하여 만든 것이다.

$$Y_a = I_a \pm \frac{D_v}{a} \mp \frac{D_i}{a} \times n$$

Y_a: 표준연벌채량, I_o: 갱신 초기 현실림의 연년생장량

$D_v = V_a - V_n,\ D_i = I_a - I_n,\ a$는 갱정기, n은 측정 후 경과연수

- Karl은 수확량을 매년 사정하지 않고 한 경리 기간을 10년으로 하여 $n=5$일 때의 수확량으로 10년간의 평균벌채량으로 하고, 10년마다 검정하여 개정하도록 하였다.

핵심 34 이용율법·수정계수법

1 이용률법

이용률법에 해당하는 수확 조정법은 훈데스하겐 공식법과 만텔 공식법이 있다. 이용률법은 현실축적에 일정한 이용률을 곱하여 표준연벌채량을 구한다.

① Hundeshagen법

$$\text{연간표준벌채량}(e) = \text{현실축적}(Vw) \times \frac{\text{법정벌채량}(En)}{\text{법정축적}(Vn)}$$

- 성장량이 축적에 비례한다는 가정 아래에 유도된 공식이다. 하지만 임분의 성장은 유령림일 때 왕성하고, 과숙임분은 쇠퇴하게 된다. 실제 훈데스하겐은 현실축적 계산을 10년마다 계산하여 개정하였다.

② Mantel법

$$\text{연간표준벌채량}(e) = \text{현실축적}(Vw) \times \frac{2}{\text{윤벌기}(U)}$$

- 만텔법을 응용하려면 장기간이 경과해야 법정축적에 도달할 수 있고, 법정에 가까운 영급 상태를 갖춘 산림에만 적용할 수 있다.

2 수정계수법

① Schmidt법

$$\text{연간표준벌채량}(e) = \text{현실생장량}(Zw) \times \frac{\text{현실축적}(Vw)}{\text{법정축적}(Vn)}$$

- 법정상태에 가까운 개벌교림 작업에 적용할 수 있다.

② Breymann법

- 입목의 성장에서 수고는 직접 측정하기가 곤란하고, 흉고직경은 성장추에 의하여 쉽게
측정할 수 있기 때문에 Breymann은 재적성장량을 직경의 함수로 표현하여 간단하게 재적
성장량을 계산했다.

$$재적성장량 = 현재\ 재적 \times \frac{2 \times 직경성장량}{흉고직경}$$

- Breymann은 임분의 재적성장량은 직경성장률과 재적성장량 간에도 함수관계가 성립한
다고 하였다.

$$임분재적성장량 = 현재\ 재적 \times 2 \times 직경성장률$$

- 법정림의 개벌작업에 적용할 수 있지만, 택벌림에는 적용할 수 없는 수확 조절 방법이다.

35 영급법

- 평분법은 임반 단위로 영급 배치에 치중하여 경제적 손실이 크게 발생한다.
- 영급법(age class method)은 임분의 경제적 효과를 크게 하고, 법정상태의 실현을 통한 수확의 보속을 도모한다.
- 영급법은 임반 내 임분의 차이를 고려한 소반을 시업 단위로 하여 몇 개의 영계로 영급을 편성한 후 법정림의 영급과 비교·대조하여 그 과부족을 조절하는 벌채안을 만든다.

1 순수영급법

① 19세기 후반 작센(sachsen) 지방에서 실시한 절충평분법이 발전하여 만들어졌다.

② 현실림의 영급별 면적표를 법정 영급표와 비교하는 영급분배 비교표를 만든다.

③ 10개년에 대한 벌채 장소를 정한다.

   ㉠ 임령을 기초로 임령이 많은 임분이다.

   ㉡ 장래 법정 임분 배치관계를 고려한 임분을 선정한다.

   ㉢ 벌기재적을 합계하여 기간 수확총량으로 결정한다.

   ㉣ 수확총량을 기간으로 나누어 표준벌채량을 얻는다.

④ 벌구식 작업을 할 수 있는 임분에 응용할 수 있다.

2 임분경제법

① 임분경제법(stand method)은 1871년 Judeich에 의하여 영급법을 기초로 하여 완성하였다.

② 임분경제법은 토지순수익설의 경제적 효과를 달성하도록 한 것이다.

③ 임분경제법은 산림을 구성하고 있는 각 임분을 경제적으로 벌채하면 산림 전체가 경제적으로 경영된다고 주장하는 이론이다.

④ 수익성 원칙을 근거로 하여 순수익을 얻도록 하는 데 중점을 두고, 수확의 보속 문제는 2차적인 것이다.

⑤ 임분경제법을 실행하는 것은 벌채열구 계획을 위하여 임반과 벌채열구를 만들어 벌채 순서를 정한다.

   ㉠ 임분경제법에서 임반은 지리적 위치만을 표시하는 것이므로 임반 내에서 취급을 달리하는 각종 소반이 있어도 무방하다.

ⓛ 벌채열구 계획이 되면 토지기망가가 가장 큰 벌기령을 임분별로 정하고 작업급에 대한 윤벌기를 결정하여 앞으로 10년간의 벌채안을 만든다.

- 시업상 필요에 의하여 벌채하여야 할 임분이다.

- 확실히 성숙기에 도달한 임분. 그러나 후방 임분의 보호에 필요한 임분은 제외한다.

- 벌채 순서상 부득이 벌채하여야 할 임분이다.

- 성숙 여부가 분명하지 않은 임분이다.

ⓒ 향후 10년에 수확할 벌채 장소, 면적, 수확량을 결정한다.

ⓔ 보속수확을 하기 위하여 $\dfrac{A}{R} \times n$으로 계산된 면적과 대조하여 장소와 면적을 결정한다.

- 임분경제법은 법정상태의 실현보다는 현재의 경제성을 중시하므로 순수영급법보다는 수익을 추구하는 수확 조정법이다.

1. 벌채 열구 계획	– 임반 및 소반구획
2. 윤벌기 결정	– 토지기망가로 벌기령 결정
3. 1시업기(10년 내)	1. 시업 상 필요로 벌채하여야 할 임분 2. 벌채 순서상 부득이 벌채하여야 할 임분 3. 성숙 여부가 분명하지 않은 임분
4. 2시업기(10년 후)	– 보속수확
5. 장소와 면적 결정	– 면적 = $\dfrac{\text{산림면적}}{\text{벌기령}} \times$ 영계년수

▲ 임분경제법의 실행 순서

참고　**임분경제법의 문제점**

• 임분경제법은 토지순수익설에 의해 벌기를 결정하므로 벌기가 짧아지기 쉽다.
• 임분경제법은 개벌작업에서는 응용할 수 있으나 택벌작업에서는 응용이 곤란하다.

참고

토지순수익설은 이자가 높아지면 벌기령이 짧아져서 소경재 생산으로 빠르게 자본회수가 가능하므로 벌기령이 짧아진다.

평분법

1 평분법(allotment method)

① 평분법의 특징은 윤벌기를 일정한 분기로 나누어 분기마다 수확량을 균등하게 하는 것이다.

② 수확 조절의 기준에 따라 재적평분법, 면적평분법, 절충평분법으로 구분한다.

③ Rennert, Kregting 등이 발표한 초기의 재적배분법을 기초로 하여 고안된 재적평분법을 1795년에 Hartig가 발표하였다. 그 후 재적평분법과 구획윤별법을 절충한 면적평분법이 1804년 Cotta에 의하여 제안되었고, 다시 Cotta에 의해 면적평분법과 재적평분법을 절충한 절충평분법이 발표되었다. Hundeshagen은 이러한 수확 조절법을 포괄적으로 평분법이라고 하였다.

④ 평분법은 19세기에 독일, 프랑스 등지에서 활발하게 응용되었으나, 그 후 산업혁명으로 인한 영리적 관념, 즉 순수확설의 영향을 받아 영급법이 출현하게 되었다.

⑤ 영급법은 임분경제법의 출현으로 그 지배적 위치를 상실하게 되었다.

2 재적평분법

① 재적조절법

② Hartig에 의한 벌채안 작성 순서

  ㉠ 전림을 몇 개의 작업급으로 나누어 각 작업급의 윤벌기가 결정한다. 윤벌기가 결정되면 이를 10년 또는 20년으로 하는 몇 개의 분기로 구분한다.

  ㉡ 주로 영급을 기준으로 하여 산림을 구획하는데, 이것을 분구라고 한다. 구획 내 임상이 서로 다른 부분이 있으면 그것을 다시 소반으로 나누어 가장 적합한 소속 분기를 정한다.

  ㉢ 각 소반의 현재 재적과 그 소속 분기의 중앙연도까지의 생장량을 추정하여 그 합계를 각 소반의 수확량으로 한다. 이때 소속 분기별 수확량을 합계하여 각 분기의 수확량이 같으면 그 목적을 달성하게 되는 것이다.

  ㉣ 만일, 각 분기의 수확량이 같지 않을 경우에는 과다한 분기에 편입된 소반은 일부 과소한 분기에 편입시킨다. 이에 따라 소속 분기를 변경하였을 경우에는 벌채령이 달라지므로 생장량 및 재적 계산을 다시 하여 각 분기의 수확량을 균등하게 해야 하지만, 약간의 분기별 재적 수확량 차이는 허용한다.

㉺ 각 분기의 수확량이 균등하게 되면, 이것을 분기연수로 나누어 각 분기의 표준연벌채량
으로 결정한다.

3 면적평분법

① 재적 수확의 균등보다는 장소적인 규제를 더 중시하여 각 분기의 벌채면적을 같게 하는 방법
이다.

② 이 방법은 한 윤벌기를 경과한 후, 즉 제 2윤벌기에 산림이 법정상태가 된다.

③ 각 분기의 면적을 균등하게 하기 때문에 현실림에서는 유령 임분을 벌채해야 하고 과숙
임분을 벌채하지 못하는 경우가 있어서 경제적인 손실이 따르게 된다.

④ 개벌작업에는 적용되지만, 택벌작업에는 응용할 수 없다.

⑤ 면적조절법은 간단하면서도 직접적이며 벌채면적에 의하여 수확량을 설명할 수 있는 장점
이 있다.

⑥ 전통적으로 면적조절법은 수확될 재적에 관한 조절능력이 부족하다.

⑦ 면적조절법 그 자체로는 매년 윤벌기로 나눈 면적(A/R)을 벌채할 뿐 그밖에 다른 아무런
목적도 없다고 평가된다.

⑧ 면적평분법의 수확 조절은 다음과 같은 순서에 따라 실시한다.

　㉠ 각 작업급의 윤벌기를 정하고, 몇 개의 분기로 나눈다.

　㉡ 산림구획은 적당한 형상과 크기의 임반을 설정한다.

　㉢ 각 임반의 소속 분기를 정한다. 이 경우 재적평분법과는 달리 임령이나 임목상태만을 고려
하는 것이 아니라 장래의 임분 배치도 고려한다.

　㉣ 각 분기의 면적합계는 가급적 법정분기면적 $\dfrac{F}{u} \times a$가 되도록 하는데, 분기별 연적합계에
큰 차이가 있어서 소속 분기를 변경해야 할 경우는 다음의 두 가지 경우를 생각할 수 있다.

　　– 임분 배치관계상 뒤에 배정된 임분이 과숙되어 있으면 이를 제1분기에 다시 중복하여
배정하게 되는데, 이를 복벌(複伐, double cutting) 또는 재벌(再伐)이라고 한다.

　　– 처음에 배정된 임분이 유령림일 경우에는 원래 배정된 분기에 수확하지 않고 다음
윤벌기까지 벌채를 연기하도록 하는데, 이를 경리기외편입이라고 한다.

이상의 두 경우는 임분 배치상 과숙 또는 미숙으로 인한 경제적 손실을 최소화하기 위한 수단
으로 실시되고 었다.

　㉤ 재적 수확은 제1분기에 배정된 임반에 한하여, 현재 재적과 분기의 중앙 연도까지의 생장
량을 추정하여 이들의 합계를 임반의 수확량으로 한다. 각 임반의 수확량 합계는 제1분기
의 수확 예정량이 되며, 이것을 분기연수로 나눈 것이 표준연벌채량이 된다.

ⓑ 제2분기 이후에 대해서는 5년 또는 10년, 늦어도 20년에는 검정하여 다음 분기의 재적 수확을 조절한다.

4 절충평분법

① 재적평분법과 면적평분법을 절충하여 재적 수확의 보속과 법정 영급 배치의 실현을 목적으로 하는 수확 조절 방법이다.

② 1820년 독일의 Cotta가 제시하였다.

③ 현실림의 재적 수확 보속과 함께 법정림 상태로 유도하는 방법이다.

④ 재적평분법과 면적평분법의 장점을 채택하여 절충하였기 때문에 융통성이 있고, 여러 가지 작업법에 적용이 가능한 수확 조절 방법이다.

⑤ 제1분기와 2분기의 재적 수확량을 같게 하면서 동시에 각 분기의 면적을 같게 하는 것이 현실적으로 쉽지 않다.

참고) **절충평분법에 의한 산림사업 실행과정**

① 산림 내의 모든 임분을 임상, 지위 및 영급에 따라 집단화 한다(임반 및 소반구획).

② 각 임분의 집단화를 위하여 수익성 있는 임목재적과 조림적 상황에 관한 정보를 수집한다.

③ 더 적합한 분석을 위하여 수확할 모든 임분 또는 다음 몇 분기 내에 처리할 모든 임분을 선발한다.

④ 임분에 관한 상세한 정보를 수집하고 일람표를 작성한다.

– 면적, 지위, 수종, 1ha당 재적, 임분 상태, 접근성 및 수확에 영향을 줄 수 있는 다른 정보 등

⑤ 매년 주벌갱신수확 면적을 추정하기 위하여 대상 산림에 면적 조절을 계산한다.

– 벌채하는 재적을 추정하기 위하여 재적조절법을 이용한다.

– 수확할 연간벌채 면적과 재적에 대한 전체적인 지침을 수립한다.

⑥ 어느 임분이 다음 몇 분기 내에 벌채되는가를 결정한다.

– 조림적인 문제, 재정적인 문제, 조절적인 문제들을 조화롭게 결정한다.

⑦ 첫 번째 벌채기간의 수확 예산안을 편성하고, 두 번째 분기의 임시 예산안도 편성한다.

⑧ 목재를 벌채하고 예상치와 결과를 비교한다.

– 첫 번째 수확이 끝나면 모든 분석을 다시 한다.

기타 수확 조정 방법

1 선형계획법

① 하나의 목표 달성을 위하여 한정된 자원을 최적으로 배분하는 수리계획법의 일종이다.

② 선형계획법은 경쟁적인 활동 아래에 있는 제한된 생산요소들을 최적의 방법으로 배분할 수 있는 수학적 기법이다.

③ 선형계획법은 목표를 최대화 또는 최소화하기 위해 목표 함수를 만든다.

④ 선형계획법은 목표를 달성하기 위한 제약요소들, 즉 가지고 있는 자원들로 제약 함수를 만든다.

⑤ 선형계획법에 사용하는 목표 함수와 제약 함수는 모두 y=ax+b 형태의 1차 방정식이다.

2 Meyer 공식법

① 성숙임분만을 벌채한 결과 미국의 산림은 넓은 면적이 미성숙림으로 분류되었다.

② Meyer는 모든 크기의 나무들에 동등하게 분배된 벌채지역에서 벌채상환계획을 제안하였다.

③ 산림 내부에서의 증식의 생장률을 제외한 단기적 지속 가능한 벌채 수준의 결정 방법은 아래와 같다.

$$\text{연년수확량} = \text{생장률} \times \left\{ \frac{\text{현실축적} \times (1 + \text{생장률})^n - \text{미래입목생장량}}{(1 + \text{생장률})^n - 1} \right\}$$

연습문제 2-2

미성숙 현실임분의 축적은 500,000m³, 15년 후 이상적인 미래임분의 축적은 800,000m³일 때, Meyer법에 의한 표준연벌채량(m³/년)은? (단, 전 임분 및 벌기임분 생장률은 5%, (1.05)¹⁵=2.0을 적용한다.)

※ 정답은 성안당 도서몰 [자료실]에서 제공

Chapter

02

산림생장 및 측정

산림생장

1 연년생장량과 평균생장량 간의 관계

① 생장(growth)은 주어진 기간 동안 개체목 또는 임분에서 부피 또는 재적이 증가한 양이다.

② 생장량은 목재의 부피 또는 재적이 증가한 량이다. 재적이 증가했다는 것은 크기가 커졌다는 것이다.

③ 생장은 흉고직경, 수고, 흉고단면적, 재적 등으로 구분하여 나타낼 수 있다.

④ 수확(yield)은 개벌에 있어서는 어느 주어진 기간 말에서의 최종 크기를 의미한다.

⑤ 수확은 어떤 주어진 수령 또는 임령에 대한 양이고, 생장은 주어진 기간에 대한 양이다.

⑥ 수확량(Y)은 시간(t)의 함수로 나타낼 경우 $Y=f(t)$로 나타낼 수 있다.

⑦ 생장량은 평균생장량(Y/t)과 연년생장량(dY/dt)으로 구분하여 나타낼 수 있다.

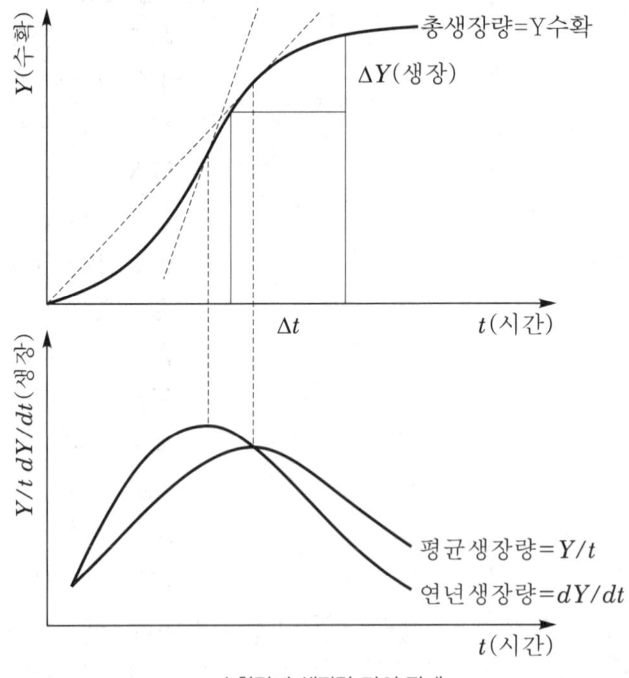

▲ 수확량과 생장량 간의 관계

2 총생장량

① 시간의 흐름에 따른 수확량의 변화, 총생산량(gross production)

② 총생장량 곡선은 일반적으로 누운 S자 형태를 나타낸다.

③ 총생장량 곡선은 초반에 점증적으로 증가하다가 증가율이 변곡점에서 최대에 달하고 그 이후에는 점감적으로 증가한다.

3 평균생장량(MAI; Mean Annual Increment)

① 주어진 기간 동안 매년 평균적으로 증가한 양

② 평균생장량은 수학적으로 총생장량(Y)을 수령 또는 임령(t)으로 나눈 양인(Y/t)에 해당한다.

③ 기하학적으로는 원점으로부터 총생장량곡선 상의 한 점까지 연결한 직선의 기울기를 나타낸다.

4 연년생장량(CAI; Current Annual Increment)

① 수령 또는 임령이 1년 증가함에 따라 추가적으로 증가하는 수확량

② 연년생장량은 수학적으로 총생장량(Y)을 수령 또는 임령(t)에 대하여 미분한 양(dY/dt)을 의미한다.

③ 연년생장량은 기하학적으로 총생장량곡선 상의 한 점에서의 접선의 기울기에 해당한다.

5 정기평균생장량

① 평균생장량은 생장량을 나타내고자 하는 기간이 긴 경우 전체 긴 기간 동안의 생장량을 지나치게 단순하게 나타낸다.

② 연년생장량은 생장량을 나타내고자 하는 기간이 긴 경우 반대로 지나치게 세분하여 나타낸다.

③ 생장량을 나타내고자 하는 기간이 긴 경우 보통 5년 또는 10년 단위로 연년생장량을 나타내기도 하는데, 이를 정기평균생장량(PAI; Periodic Annual Increment)이라고 한다.

④ 정기평균생장량은 두 시점 간의 수확량 차이를 두 시점 간의 연수 차이로 나눈 값((Yt+A−Yt)/A)을 의미한다.

⑤ 정기평균생장량은 기하학적으로는 총생장량곡선 상의 두 점을 이은 직선의 기울기에 해당한다.

6 진계생장량

① 산림조사 기간 동안 측정할 수 있는 크기로 생장한 새로운 임목들의 재적(ingrowth)

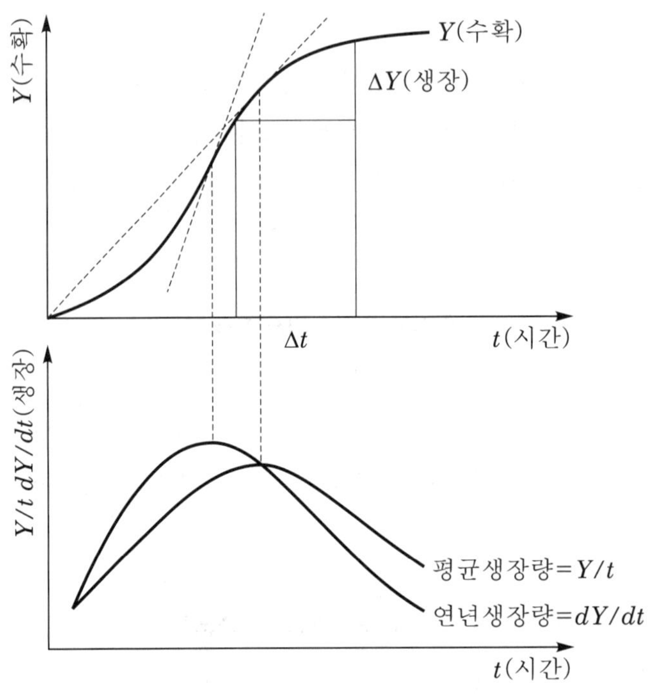

▲ 수확량과 생장량 간의 관계

7 평균생장량과 연년생장량 간의 관계

① 처음에는 연년생장량이 평균생장량보다 크다.

② 연년생장량은 평균생장량보다 빨리 극대점을 갖는다.

③ 평균생장량의 극대점에서 두 생장량의 크기는 같다.

④ 평균생장량이 극대점에 이르기까지는 연년생장량이 항상 평균생장량보다 크다.

⑤ 평균생장량이 극대점을 지난 후에는 연년생장량이 평균생장량보다 작다.

⑥ 연년생장량이 극대점에 이르는 기간을 유령기, 유령기부터 평균생장량의 극대점까지를 장령기, 그 이후를 노령기로 구분할 수 있다.

⑦ 임목은 평균생장량이 극대점을 이루는 해에 벌채하면 가장 많은 목재를 생산할 수 있다.

핵심 02 생장률

1 생장률의 개념

① 생장률은 증가한 축적이 과거의 조사 시점을 기준으로 얼마나 늘어났는지를 비율로써 알게 쉽게 표현해 준다. 예를 들면 생장률이 높게 측정된다면 그 임지의 품질 등급이 높다는 것을 쉽게 알 수 있다.

② 생장률의 측정은 현재 축적에서 과거의 축적을 뺀 값에 100을 곱하여 나타낸다.

$$생장률 = (현재 축적 - 과거 축적) / 과거 축적 \times 100$$

③ 생장률은 보통 나무의 생장 주기인 1년 단위로 계산한다.

$$생장률 = (추계 축적 - 춘계 축적) / 춘계 축적 \times 100$$

④ 1년 주기의 조사 값이 없는 경우 현재의 축적에서 성장률을 IRR(내부반환율) 공식을 이용하여 추정할 수 있다.

2 생장률의 계산

① 생장률을 구하는 식은 단리산식, 복리산식, 슈나이더식, 프레슬러식이 있다.

② 슈나이더가 제안한 식은 나무의 흉고직경을 측정한 결과를 정리하여 식을 제안한 것이어서 과거의 측정값이 없어도 쉽게 생장률을 계산할 수 있는 장점이 있다.

    ㉠ 단리산 = {(현재 축적 - 과거 축적) / (과거 축적)} × 100

    ㉡ 복리산 생장률 = $\left(\sqrt[경과기간]{현재\ 축적\ /\ 과거축적} - 1 \right) \times 100$

    ㉢ 프레슬러 성장률 = $\dfrac{기말\ 재적 - 기초\ 재적}{기말\ 재적 + 기초재적} \times \dfrac{200}{경과기간}$

    ㉣ 슈나이더 생장률 = $\dfrac{상수\ K}{연륜수\ n \times 흉고직경\ D}$

③ 상수 값 = 수피 벗긴 흉고직경 30 이하 550, 30 이상 500

임분생장량

● 임분생장량을 측정하고자 할 때는 고정표본점을 설치하고 일정한 연수를 두고 측정하여 그 차를 구해야 한다. 이미 만들어져 있는 수확표 또는 임분성장량표에 의하는 것이 가장 편리하지만, 임분의 성장률을 알고 있을 때는 쉽게 구할 수 있다.

● 임분생장량은 프레슬러식과 슈나이더식을 이용하여 계산할 수 있다.

1 Pressler식에 의한 방법

① 수고는 수고곡선을 그려서 구한다.

② 단목재적은 입목간재적표에서 전기한다.

③ V1: 해당 직경의 단목재적, V2: 해당 직경 바로 상위의 단목재적

④ 수정생장률은 수고곡선 작성 시 사용했던 도상평균법(圖上平均法, 수고곡선작성 방법)으로 구하거나 3점이동평균법으로 구한다.

⑤ 상기에서 구한 경급별 단목재적과 생장률, 본수에 의해 경급별 재적과 연간생장량을 구하고 ·이들을 합해 전체 재적과 생장량을 구하고, 생장률은 생장량을 재적으로 나누어 산출한다.

2 Schneider식에 의한 방법

① 수고 본수 단목재적 수정생장률은 위 방법에 준한다.

② 흉고직경 상수 K의 값을 정한다(550 또는 500).

③ 조사한 n′와 수정치 n은 조사표상의 평균치와 수정치를 가져와 기입한다.

④ n은 수피 밑 1cm의 나이테 수(수정치), n′는 조사치

⑤ 생장량은 임분재적에 수정생장률을 곱하여 구한다.

⑥ 각 산출치의 계산(예시)

- 생장률 $0.778/10.488 \times 100 = 7.42\%$

- ha당 생장량 $0.778 \div 0.06 = 13.00\text{m}^3$(조사면적 0.06)

- ha당 재적 $10.488 \div 0.06 = 174.80\text{m}^3$

임분 구조

● 임분 구조란 임목축적을 구성하고 있는 수종의 직경별 단위면적당 임목본수를 말한다.

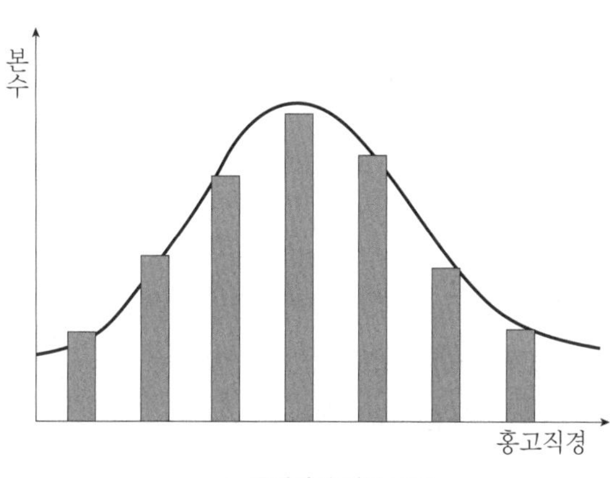

▲ 동령림의 임분 구조

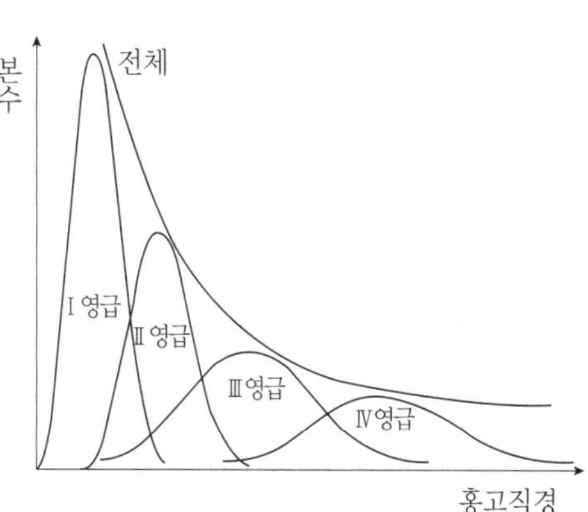

▲ 이령림의 임분 구조

1 동령림의 임분 구조

① 동령림의 임분 구조(직경급별 입목본수분포)는 일반적으로 평균직경급에서 최대 입목본수를 나타낸다.

② 직경급별 임목본수분포는 평균에서 멀어질수록 본수가 점차 감소되는 전형적인 종 모양의 정규분포 형태를 나타낸다.

③ 2개의 영급과 수고급으로 구성된 복층림의 경우에는 최고점이 2개인 종 모양의 분포를 보이기도 한다.

④ 유령림에서는 낮은 직경급을 중심으로 많은 수종이 분포하고 있으며, 평균을 중심으로 밀집된 분포 형태를 보인다.

⑤ 임령이 증가하면서 직경급은 높아지고 전체적으로 본수도 감소되는 경향이 있다.

⑥ 임령이 증가할수록 평균직경급으로부터 분산되는 정도가 점점 강해져 분포가 점차 넓어지는 형태를 보인다.

2 이령림의 임분 구조

① 여러 수령 및 영급이 모여 있는 이령림의 임분 구조는 낮은 직경급에 본수가 많이 분포되어 있다.

② 직경급이 증가할수록 본수가 작아지는 전형적인 역 J자 형태의 분포를 나타낸다.

③ 이령림은 다양한 수령의 입목으로 구성된 임분이다.

④ 이령림은 다양한 영급으로 구성된 임분이다.

⑤ 이령림을 10년의 영급으로 구분한다면 각 영급은 동령림과 같은 종 모양의 임분 구조를 보일 것이다.

⑥ 종 모양의 임분 구조를 가지는 각 영급에서의 입목본수분포(임분 구조)의 합은 이령림의 임분 구조를 이룬다.

연습문제 2-3

이령림(uneven-aged stands)의 임분 구조에 관한 설명으로 옳은 것은? (2010 국가직 7급)

① 직경급별 입목본수분포는 평균직경급 주변에 밀집된 분포 형태를 나타낸다.

② 평균직경급에서 최대 입목본수를 나타낸다.

③ 직경급이 증가할수록 본수가 작아지는 형태를 나타낸다.

④ 평균직경급에서 멀어질수록 본수가 점차 감소되는 정규분포 형태를 나타낸다.

※ 정답은 성안당 도서몰 [자료실]에서 제공

핵심 05 임분생장

- 임분생장은 산림 내에서 개체목들의 생장과 그 수의 변화를 통해 산림의 전체적인 성장과 발전을 분석하는 과정이다.

- 임분생장 과정은 개체목 수의 감소와 개체목의 직경, 수고, 흉고단면적 및 재적의 발달에 큰 영향을 미친다.

- 임분생장은 자연적 조건과 인위적 관리(예 간벌)를 통해 조절되며, 임령의 변화에 따라 다양하게 발달한다.

요소	설명
임분생장	• 산림의 생장은 각 개체목들의 생장과 그 수의 변화를 통해 이루어짐 • 개체목의 증가와 감소에 따라 임분의 생장이 결정됨
본수의 발달	• 본수는 간벌에 의해 감소되며, 정상적으로 관리되는 임분은 본수 감소 후 일정 기간 유지되다가 다시 간벌로 감소됨 • 지위가 높을수록 본수는 상대적으로 적음
직경 및 수고의 발달	• 간벌 후 평균 직경과 수고는 증가하며, 하층간벌로 작은 나무가 제거되면 평균 직경이 커짐 • 지위가 높을수록 흉고직경과 수고가 큼
흉고단면적 및 재적의 발달	• 간벌 후 본수 감소로 흉고단면적과 재적은 일시적으로 감소하지만, 생장에 의해 다음 주기까지 다시 증가함 • 지위가 높을수록 단위면적당 흉고단면적과 재적이 많음

1 본수의 발달

정상적인 경우 지위가 높을수록 임분의 단위면적당 본수는 상대적으로 적은 특정을 보인다.

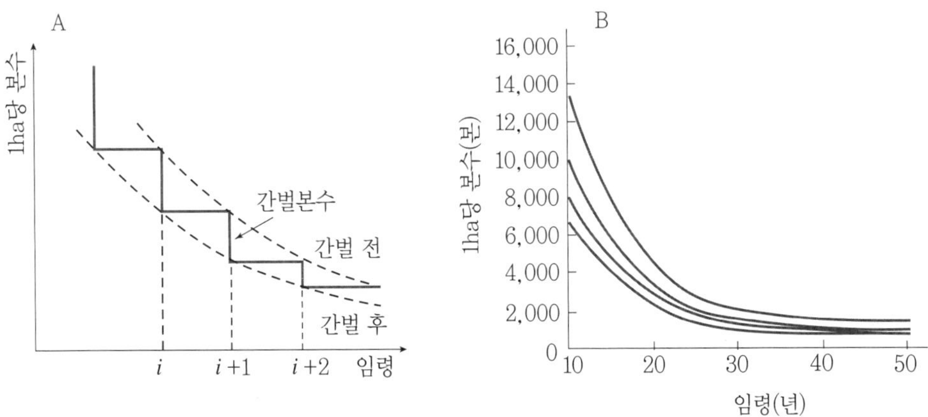

▲ 임령의 변화에 따른 본수 발달

지위별로 보면 일반적으로 지위가 높을수록 흉고직경이나 수고가 커진다.

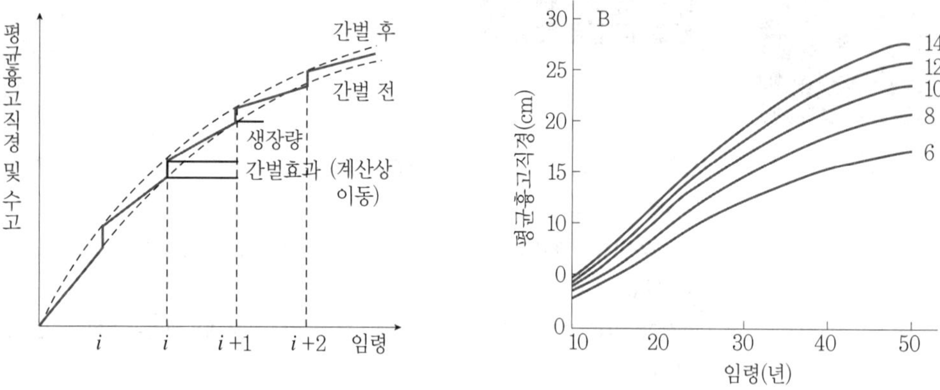

▲ 임령의 변화에 따른 흉고직경 및 수고의 변화

3 흉고단면적 및 재적의 발달

지위가 높을수록 단위면적당 흉고단면적 및 재적이 많은 것이 일반적이다.

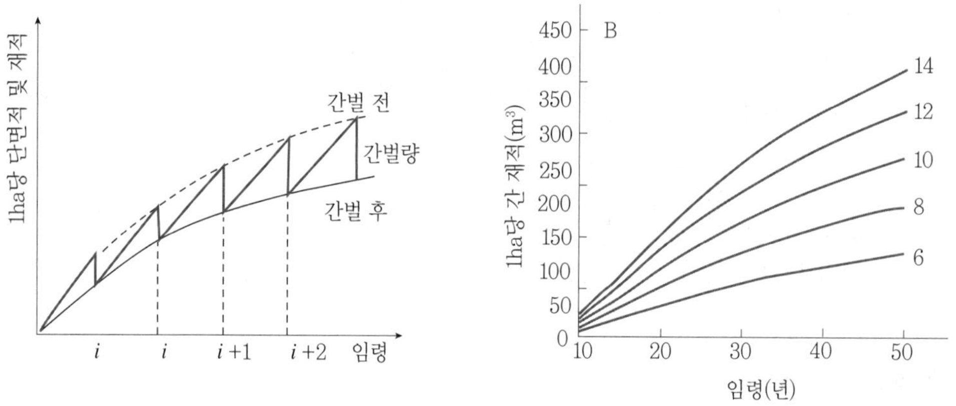

▲ 임령의 변화에 따른 흉고단면적 및 재적의 변화

산림생장모델

1 산림생장모델

① 산림생장예측모델이란 산림생장 함수식들을 일련의 법칙에 따라 연계시켜 산림의 생장 및 수확을 예측할 수 있도록 하는 기법이다.

② 산림생장모델은 임분생장모델, 단목생장모델, 과정기반모델로 구분할 수 있다.

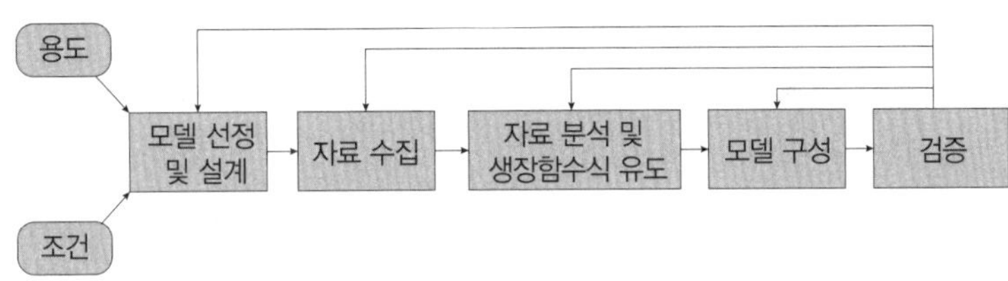

2 단목생장모델

① 각 개체목의 생장이 개체목 고유의 생장 조건에 따라 다양하게 추정되는 생장모델을 단목생장모델이라고 한다.

② 단목생장모델은 각 개체목의 생장을 추정하기 위해 각 개체목의 위치를 파악해야 하므로 대부분 위치종속생장모델에 속한다.

③ 단목생장모델은 개체목별로 생장을 추정하기 위하여 다양한 관리 방법이 임분 구조 및 구성과 생장에 미치는 영향을 파악한다.

④ 단목생장모델은 다양한 관리 방법을 고려해야 하므로 대부분 동적생장모델로 분류된다.

⑤ 단목생장모델

    ㉠ 직경 및 수고생장모델(diameter and height growth model)

    ㉡ 고사모델(mortality model)

    ㉢ 갱신 또는 진계생장모델(regeneration or recruitment(ingrowth) model)로 구성된다.

3 임분생장모델

① 평균흉고직경, 평균수고, 1ha당 단면적 및 재적, 1ha당 본수 등과 같은 임분 차원의 생장인자들에 대한 정보를 제공하는 산림생장모델이다.

② 임분생장모델은 생장정보의 범위에 따라 평균값을 이용하고 모델 구축 및 활용 면에서 가장 간단하다.

    ㉠ 정적임분생장모델: 임령과 지위지수만 고려한 모델, 관리요소를 제외한 모델

    ㉡ 동적임분생장모델: 임령과 지위지수 외에 본수, 평균흉고직경을 고려한 모델, 관리요소 즉 밀도와 관련된 본수, 흉고직경 고려한 모델

4 정적임분생장모델

① 정적임분생장모델이란 관리 방법은 하나로 고정하고 임분의 생장 및 수확, 즉 재적의 변화를 예측하는 생장모델이다.

② 정적임분생장모델의 가장 간단한 형태는 수확표(yield table, 법정임분재적수확표)다.

③ 수확표는 관리 방법, 즉 간벌의 강도, 종류 및 주기가 고정된 상태에서 임분의 생장을 나타낸다.

④ 수확표란 일정한 수종과 그 관리 방법에 대하여 임분의 생장 · 수확 등에 대한 내용을 지위와 임령별로 나타낸 표다.

⑤ 수확표는 주림목, 부림목 및 주 · 부림목의 합계 등에 대한 생장 및 수확량에 대한 내용을 포함한다.

⑥ 수확표에는 간벌 후의 임분 상태를 나타내는 주림목(잔존임분, residual stand), 간벌한 생산량에 대한 내용을 나타내는 부림목(제거량, removed stand), 간벌 전의 임분 상태를 나타내는 주 · 부림목 합계 등 생장 및 수확량에 대한 내용이 지위 및 임령별로 나타나 있다.

5 과정기반모델

① 생리적 모델

② 기상 및 환경요인을 생장의 영향인자로 포함시켜 산림생장을 광합성 및 호흡기작에 근거하여 예측하는 생장모델이다.

③ 임분생장모델 · 직경분포모델 · 단목생장모델 등은 기본적으로 광량 및 기온, 대기 중 이산화탄소의 양, 토양양분 등의 기상 및 환경요인은 배제되어 있다.

④ 과정기반모델은 기상 및 환경의 변화에 따른 산림생장의 반응을 비교적 정확히 설명해 줄 수 있지만, 입력인자의 조사가 어렵고 모델이 복잡하다.

⑤ 임분생장모델 · 직경분포모델 · 단목생장모델은 산림생장 예측이 주된 임무인 반면, 과정기반모델은 산림생장의 정확한 과정과 기작을 파악하는 것에 중점을 둔다.

⑥ 과정기반모델은 개체목의 생장에 기반을 두어야 하는 속성상 단목생장모델의 형태로 구축된다.

07 생장주기와 생장량 측정

1 생장주기에 따른 생장량 측정 방법(Beers, 1962)

- V_1: 측정 초기의 생존 입목의 재적
- V_2: 측정 말기의 생존 입목의 재적
- M: 측정 기간 동안의 고사량
- C: 측정 기간 동안의 벌채량
- I: 측정 기간 동안의 진계생장량

① 진계생장량을 포함하는 총생장량$=V_2+M+C-V_1$

　－ 시스템생태학자, 작은 임목 포함 총생물량에 관심

② 초기 재적에 대한 총생장량$=V_2+M+C-I-V_1$

　－ 산림연구자, 간벌과 고사에 의한 감소량에 관심

③ 진계생장량을 포함하는 순생장량$=V_2+C-V_1$

④ 초기 재적에 대한 순생장량$=V_2+C-I-V_1$

⑤ 입목축적에 대한 순변화량$=V_2-V_1$

　－ 산림자원의 상태에 관심 있는 국가회계사

　－ 진계생장량(ingrowth)이란 산림조사 기간 동안 측정할 수 있는 크기로 생장한 새로운 임목들의 재적이다.

　－ 고사량(mortality)은 산림조사 기간 동안 고사하는 측정 가능 입목들의 재적이다.

　－ 벌채량(cut)이란 측정 기간 동안 벌채되는 임목재적이다.

- 모든 식에서 공통 분모인 $V_2 - V_1$은 일단 제외한다.
- 이렇게 출발하면 일단은 암기할 분량이 줄어 가벼워진다.
- 기말재적(V_2)에서 기초재적(V_1)을 빼면 순생장량이 나온다. 이것을 임목축적에 대한 순변화량이라고 부른다.

이해 Point

- 진계생장량은 초기재적과는 아무 관계가 없다. 측정 기간 동안 측정 대상이 될 정도로 자랐기 때문이다.
- 초기 재적에 대한 총생장량은 진계생장량과 무관하다. 그러므로 공식에서 제외하였다.
- 초기 재적에 대한 순생장량은 벌채량에서 진계생장량을 빼면 된다.
- 진계생장을 포함한 총생장량은 진계생장을 포함하지만, 순생장량은 측정 기간 동안 측정 대상이 될 수 있도록 자라난 진계생장을 제외한다.
- 산림자원의 상태만 다루는 공무원에게 과정은 큰 의미가 없다. 필요한 경우 연구자에게 맡겨서 알아내면 된다.
- 연구자는 작은 변화까지 다루는 시스템생태학자와 간벌의 효과에 대해 알고자 하는 산림연구자가 있다.
- 산림연구자는 간벌을 통해 고사량을 줄여서 총 수확량을 늘리려고 한다.

08 임지 생산능력 결정 방법

- 임지 생산능력은 보통 지위로 표현되는데, 토양 지형 입지 기타 환경인자에 의해 결정된다고 볼 수 있다.
- 지위는 일반적으로 지위지수 지표식물 환경인자 등과 같은 다양한 방법으로 측정 또는 판정되고 있다.

1 지위지수에 의한 방법

① 지위지수의 의미: 임지의 생산능력을 나타내는 지위는 원칙적으로 토양, 지형, 입지 등을 나타내는 다양한 인자로부터 판단할 수 있지만, 산림관리에 활용되어야 한다는 측면에서 보면 산림생장인자를 이용하는 더 간단한 방법이 요구된다.

② 지위지수분류표 및 곡선도 제작 방법: 지위지수분류곡선은 임령별로 조사된 우세목 수고 자료로부터 동형법 또는 이형법으로 제작될 수 있다.

③ 지위지수 판정 방법: 산림경영에서는 일반적으로 위와 같이 동형법 또는 이형법에 의해 유도된 지위지수분류곡선식을 이용하여 지위지수분류표 및 지위지수분류곡선도를 제작하여 지위 판정에 활용하고 있다. 또한 컴퓨터상에서 지위지수를 추정하는 전산시스템에서는 동형법 및 이형법에 의해 유도된 지위지수분류곡선식이 직접 활용된다.

2 지표식물에 의한 방법

특히 스칸디나비아와 캐나다에서 지위급의 지표로서, 그리고 지위 분류의 기초로서 식물의 사용에 많은 관심이 집중되어 왔다. 전혀 방해받지 않은 자연 상태에서, 특히 북부 산림의 경우 식물 또는 식물의 집단은 특징적으로 어떤 산림 형태와 연광성이 있고 어느 정도까지는 그 산림 형태 내에서의 지위급과 관련이 있다.

3 환경인자에 의한 방법

① 하층 식생과 지위지수를 연결하는 데 있어서의 난점 때문에 물리적 환경의 국부적 주요 인자들을 사용하려고 노력하였다(coile, 1938).

② 토양을 지위지수에 연결하는 것이 가장 일반적인 접근 방법이었다.

③ 토양은 임목의 생장에 대해 적절한 조절적 영향을 끼치며, 측정 가능한 토양인자들로부터의 지위 추정은 많은 장점을 시사한다.

④ 토양 성분은 시간에 따른 변화가 느리며 토양측정치들은 임분이 현존하는 임지에 병행하여 벌채지(伐採地)에도, 제지(除地, nonforested area)에도 적용될 수 있다.

09 임목축적과 임분밀도

1 임목축적의 개념

① 장래의 생산자본으로서 임지에 서 있는 임목의 용적을 임목축적이라고 한다. 용적의 양을 표시하는 단위는 m^3로 재적의 용량을 표시하는 것과 같다.

② 임목축적이라고 할 때는 앞으로 생산요소로서 자본이라는 의의 개념이 내포되어 있고, 재적이라고 할 때는 벌채목의 용량이라든가 앞으로 곧 벌채할 임목의 용량을 나타내는 의미가 포함되어 있다.

③ 임목축적은 수종 입지상태 시업법 등에 따라 차이가 있으며, 일반적으로 침엽수림은 활엽수림에 비하여 좋은 임지에서는 척박지에 비해 많은 축적을 보유할 수 있다. 또 교림은 중림이나 왜림에 비하여 많은 축적을 보유하게 된다.

④ 임목축적과 수확량과의 관계는 다음과 같다.

$$P = \frac{I}{G} \times 100, \; I = G \times 0.0P, \; P = \frac{G \times 0.0P}{G}$$

$$(G : 임목축적, P : 생장률, I : 생장량(수확량))$$

2 임분밀도

① 임분밀도는 임목의 축적량, 임지의 이용도, 임목 간의 경쟁강도 등을 평가할 수 있으며, 밀도가 높을수록 임목의 생장률은 감소한다.

② 단위 면적당 임목본수, 재적, 흉고(가슴 높이) 단면적, 상대밀도, 임분밀도지수, 상대임분밀도, 수관경쟁인자, 상대공간지수 등이 임분밀도의 척도로 사용된다.

　㉠ 상대밀도: 흉고단면적과 평방평균직경을 병합시킨 것

　㉡ 수관경쟁인자: 임목수관의 지상투영면적의 백분율

　㉢ 상대공간지수: 우세목의 수고에 대한 입목 간 평균거리의 백분율

③ 임목의 간격은 직경, 수고, 수관 확장 등의 요소에 따라 결정되어야 하며 간벌, 부분적 벌채, 식재 시에는 지위 수종 재적들의 상호작용을 포함시켜 적정한 임분밀도를 결정하여야 한다.

핵 심 10 재적측정법 구분

재적측정법	명칭		
입목 재적측정법	형수법		
	약산법	망고법	
		덴진법	
	목측법		
	임목재적표에 의한 방법		
임분 재적측정법	전림법	매목조사법	
		매목목측법	
	표본조사법	재적표이용법	
		항공사진이용법	
	목측법	수확표이용법	
	표준목법	단급법	
		드라우트법	
		우리히법	
		하르티히법	
벌채목의 재적측정법	일반공식	Smalian식(양단면적법)	
		Huber식(중앙단면적법)	
		Newton식(Riecke식)	
		5분주식	
		4분주식	
		Brereton식	직경 cm, 길이 m
			직경 inch, 길이 feet
		말구직경 자승법	6m 미만 국산목재
			6m 이상 국산목재
			수입 목재
	정밀재적측정	구분구적법	후버식에 의한 구분구적
			스말리안식에 의한 구분구적
		구적기법	
		측용기법	
		비중법	
		중량비법	

임분재적 측정법

임분재적 측정법		관련성	전림법	
전림법	• 전 임목을 전부 측정하는 방법		매목조사법	• 각 입목의 재적 측정: 정밀도가 요구될 때 • 각 임목의 직경 측정: 통상의 경우
표본조사법	• 표본점을 추출하고, 표본점에 대해 측정하여 전 임분의 재적을 추정하는 방법		매목목측법	• 하나하나의 임목을 개별 목측하여 재적 추정 • 시간과 경비를 적게 들여서 임목이 가지는 개성 파악
			재적표 이용법	• 직경 및 수고를 측정 또는 목측한 후, 입목 재적표를 이용하여 재적 산출
			항공사진 이용법	• 항공사진으로 필요한 자료를 측정하여 임분재적을 산출하는 방법
목측법	• 목측재적과 실제재적 간의 상관관계를 찾아 비추정법으로 임분재적을 추정한다.		수확표 이용법	• 5년 간격으로 만들어지는 수확표를 이용하여 임분재적을 산출 • 임분의 임령, 지위, 지위지수를 결정하여 임분재적 산출

핵심 12 전림법

전림법(全林法, 100% cruising)은 산림의 모든 나무를 하나도 남김없이 조사하고 측정하여 임분재적을 계산하는 방법으로, 수종, 형상, 품질, 이용률 등의 인자를 정확히 파악할 수 있는 가장 정밀한 방법이다. 그러나 이 방법은 시간, 노력, 경비가 많이 소요되기 때문에, 보통 정밀한 실험이나 연구 조사, 또는 소규모 지역의 임분이나 산림을 매매하는 경우에만 사용된다. 전림법에는 다음과 같은 방법들이 있다.

① 매목조사법

매목조사법은 각 나무에 대해 재적을 측정하는 경우와 직경만 측정하는 경우로 나뉜다. 정밀을 요하는 경우에는 재적을 직접 측정하고, 그렇지 않은 경우에는 직경만 측정한다. 일반적으로 매목조사법이라고 할 때는 각 나무의 직경만을 측정하는 것을 의미한다.

② 매목목측법

매목목측법은 개별 나무에 대해 목측으로 재적을 추정하는 방법으로, 시간과 경비를 절약하면서 나무가 가지는 특성을 파악하고자 할 때 사용된다.

③ 재적표를 이용하는 방법

재적을 산출하는 데 필요한 직경 및 수고 등을 직접 측정하거나 목측한 후, 이를 통해 재적을 산출할 때 재적표(立木材積表)를 활용하는 방법이다.

④ 항공사진을 이용하는 방법

항공사진을 이용해 현장에서 일일이 측정하지 않고 사진 자료를 통해 필요한 정보를 얻어 임분재적을 산출하는 방법이다. 이 방법은 많은 시간과 경비를 절감할 수 있다.

⑤ 수확표를 이용하는 방법

수확표를 활용하는 방법으로, 수확표는 일정 기간 간격으로 작성되며 매년의 임분재적을 확인할 수 있다. 수확표는 지위 또는 지위지수별로 작성되기 때문에, 이를 사용하려면 조사하고자 하는 임분의 지위 또는 지위지수를 결정하여 수확표에서 임분재적을 쉽게 구할 수 있다.

13 매목조사법

매목조사법은 통상의 경우에 임분을 구성하는 각 임목의 흉고직경만을 측정하여 임분재적을 산출한다. 정밀도가 요구되는 매목조사의 경우에는 각 입목의 재적을 측정하며, 엄격한 의미에서 전림법은 각 임목의 흉고직경만을 측정하는 것이므로 매목직경조사법이라고도 한다.

■ 매목조사 야장의 예

구분		소나무		참나무		잎갈나무	
		본수	계	본수	계	본수	계
직경	6	正下	8	正	5		
	8	正正正丁	17	正下	8		
	10	正正正正正	25	正正丁	12	下	3
	12	正正正一	16	正	4	丁	2
	14	正正一	11	下	3		
	⋮	⋮	⋮	⋮	⋮	⋮	⋮

1 직경측정 방법

① 직경을 조사할 때 측정자는 정확히 1.2m 되는 곳에 윤척 또는 직경테이프를 대고 자의 눈금을 읽고 기장자가 기록한다.

② 매목조사법에서 직경 측정은 두 방향을 평균하는 것이 아니라 임의의 방향으로 한 번만 측정한다.

③ 수고는 수고곡선에 의해 구하고 재적은 수고와 지름을 함수로 한 재적표를 이용하여 구한다.

④ 매목조사를 할 때는 측정 예정지를 답사하여 측정에 필요한 계획을 수립한다.

⑤ 지형, 임분의 밀도, 수종의 혼효도와 요구되는 정밀도에 따라 다르지만 기장자 1명, 측정자 2~3명으로 측정한다.

⑥ 흉고단면적의 불규칙으로 인한 오차를 줄이기 위해서는 직경테이프를 사용하기도 한다.

⑦ 윤척을 사용할 때는 2cm로 괄약된 눈금을 미리 새겨 넣고, 임의의 방향으로 한 번만 측정한다.

⑧ 측정 위치는 지상 1.2m, 즉 가슴 높이이며 경사지에서는 위쪽에서 측정한다.

⑨ 측정자가 부른 측정치를 기입할 때는 오기(誤記)를 피하기 위해 기장자가 복창하여야 한다.

⑩ 용재림에서는 흉고직경이 6cm 미만인 임목은 측정하지 않는다.

⑪ 지름의 측정값은 흉고직경별 그루 수를 正(정)자로 기록한다.

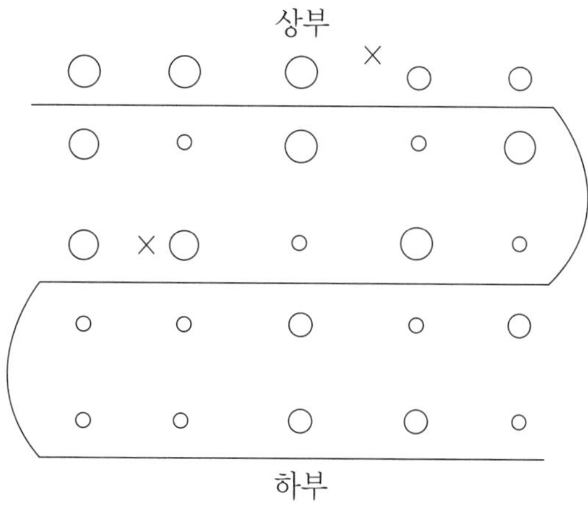

2 매목조사 시 주의사항

매목조사를 할 때는 다음과 같은 주의가 필요하다.

① 수간(樹幹)이 흉고 이하에서 갈라진 경우에는 분기된 수간 하나하나에 대하여 측정한다.

　– 수간이 갈라진 곳은 통상의 줄기보다 굵으므로 좀 높은 곳을 측정한다.

② 측정자가 2인 이상일 때는 서로 교대하여 측정치를 부른다.

　– 측정자가 동시에 부르면 기록하지 못하는 경우가 있다.

③ 수종이 다른 경우에는 수종을 먼저 부른 후 직경을 부른다.

　– 수종이 다른 경우는 기장자(記帳者)의 복창이 끝난 다음 다른 나무를 측정한다.

④ 기장자는 측정자가 잘 측정하는지 확인해야 한다.

■ 매목조사 표준작업량(Knuchel, 스위스, 1일 7시간 측정)

구분		전림목을 측정할 경우	16cm 이상되는 임목만을 측정할 경우
구릉지	2인 측정	5.8ha 3,582본	6~10ha 4,500~7,000본
	3인 측정	10.7ha 5,290본	9~13ha 6,000~9,000본
산악지	2인 측정	3.4a 1,286본	4~8ha 2,500~5,000본
	3인 측정	6.8ha 2,091본	8~12ha 4,000~7,000본
	4인 측정	14.2ha 2,864본	

표준목법

1 표준목법(purposive sample tree method)의 정의

① 표준목(평균목, average tree)을 선정하여 임분의 재적을 추정하는 방법을 표준목법이라고 한다.

② 표준목법은 미지의 임분재적을 추정할 때 그 평균재적을 가지는 나무를 선정해야 하는 모순이 있다.

③ 표준목이란 임분재적을 총 본수로 나눈 평균재적을 가지는 나무를 말한다.

$$표준목의\ 재적(v) = \frac{V(임분의\ 재적)}{N(임분의\ 그루수)}$$

2 표준목의 결정

표준목을 이용하여 재적을 산출하려면 표준목의 흉고직경, 수고, 흉고형수가 결정되어야 한다.

1) 표준목의 흉고직경 결정

① 흉고단면적법

$$g = \frac{\Sigma G}{n}, \quad g = \frac{\pi}{4}d^2\ \text{이므로}\quad d = 1.1284\sqrt{g}$$

(g: 표준목의 평균흉고단면적, n: 임목본수, $\sum G$: 전임목의 흉고단면적 합계, d: 표준목의 흉고직경)

② 산술평균지름법

$$d = \frac{\Sigma d}{n}$$

(d: 표준목의 흉고직경, n: 임목본수, $\sum d$: 전임목의 흉고직경 합계)

③ Weise's method

입목의 지름이 작은 것부터 나열했을 때 작은 것으로부터 60%에 해당하는 임목의 직경을 표준목의 직경으로 결정하고, 임상이 균일한 산림에 적용한다.

2) 표준목의 수고 결정

① 매목조사 성과로 얻어진 흉고직경의 평균값을 가지는 나무의 수고를 측정해서 표준목의 수고로 결정한다.

② 흉고직경의 평균값은 전체 흉고직경을 합한 값에서 전체 그루 수를 나누어서 구한다.

③ 평균흉고직경을 가지는 나무가 2본 이상이면 평균수고를 표준목의 수고로 한다.

④ 전술한 수고 결정법은 표준목의 수고를 결정하는 데 측정한 값을 가지고도 다시 측정하여야 하는 불합리한 점이 있다.

⑤ 흉고직경과 수고의 관계를 그래프로 수고곡선을 그린 후 수고를 결정하는 것이 합리적이다.

⑥ 수고곡선을 결정하는 방법은 자유곡선법, 평균이동법, 최소자승법 등이 있다.

3) 표준목의 흉고형수 결정

① 직경급마다 평균적인 형수를 산출하여 사용하는 방법이 있지만, 복잡하므로 형수표를 사용한다.

4) 표준목의 재적 측정

① 흉고직경, 수고, 형수가 결정되면 형수법으로 표준목의 재적을 구한다.

② 흉고직경과 수고를 이용하면 재적표를 가지고 구하는 방법도 있다.

■ 표준목법의 종류

표준목법	설명	표준목 선정 기준
단급법	전 임분을 하나의 class(급)으로 취급하여 단 1개의 표준목을 선정	1임분 1표준목
Draudt법	각 직경급을 대상으로 표준목을 선정, 클래스별 표준목 선정	1직경급 1표준목
Urich법	전 임목을 일정한 본수의 계급으로 나누어, 각 계급에서 표준목 선정	1본수계급당 1표준목
Hartig법	전 임목의 흉고단면적을 계급수로 나누어, 각 계급의 표준목 선정	1단면적급 1표준목

핵심 15 표준목법의 종류

1 단급법

① 전 임분을 1개의 급(class)으로 하고, 1개의 표준목을 선정하여 전 임분재적을 산출한다.

> $V=v' \times N$
>
> (V: 전 임분의 재적, v': 표준목의 재적, N: 전 임분의 임목본수)

② 임상이 균일하지 못할 때는 오차가 발생하므로 형상고(hf)가 같을 때 사용한다.

2 드라우드(draudt)법

① 직경급을 대상으로 표준목을 선정한다.

② 조사한 매목본수가 많을 때 사용한다.

③ 직경급별로 표준목을 선정하므로 표준목의 선정이 간단하다.

④ 조사본수가 300본이고 10본의 표준목을 선정한다면 표준목과 조사본수의 비율이 1/30이므로 직경급의 본수가 20본이라면 1/30×20=0.67본인데, 1본의 표준목을 배정한다.

⑤ 각 표준목이 각 직경급에 골고루 배분되므로 비교적 정확하다.

> $V=v \times \dfrac{N}{n}$
>
> (v: 표준목의 재적합계, n: 표준목 수, N: 전 임분의 임목본수)

3 우리히(urich)법

① 전 임분을 몇 개의 계급(grade)으로 나누고, 각 계급에서 같은 수의 표준목을 선정한다.

② 표준목수를 계급수의 배수로 하면 각 계급에서 동일한 수의 표준목을 선정할 수 있다.

$$V = \upsilon \times \frac{G}{g}$$

(υ: 표준목의 재적합계, g: 표준목의 나무 수, G: 전 임분의 나무 수)

4 하르티히(hartig)법

하르티히법은 각 계급의 흉고단면적을 같게 한 임목의 그루 수가 같은 몇 개의 계급으로 나누어 계급별로 같은 수의 표준목을 선정한다.

① 계급수를 정한다.

② 전체 흉고단면적 합계를 구한다.

③ 흉고단면적 합계를 계급 수로 나누어 각 계급의 흉고단면적을 구한다.

④ 배당된 값에 도달하면 다음 계급을 계산한다.

⑤ 각 계급의 본수가 결정되면 각 계급의 표준목 크기를 구한 다음 표준목을 선정한다.

⑥ 표준목을 측정하여 전체 재적을 추정한다.

$$V_n = v_n \times \frac{G}{g}$$

(v_n: 표준목의 재적합계, g: 표준목의 흉고단면적 합계, G: 전 임분의 흉고단면적 합계)

참고) 산림토양 요약

단급법은 간편하지만 정도(精度)가 낮고, 하르티히법은 복잡하지만 정도가 제일 높다.

표준목법	표준목 선정 방법
단급법	1임분 1표준목
draudt법	1직경급 1표준목
urich법	1본수계급당 1표준목
hartig법	1단면적급 1표준목

수고곡선

- 수고곡선(tree height curve)은 산림측정학에서 매우 중요한 곡선이다. 이 곡선은 직경과 수고 간의 현재 관계를 파악할 뿐만 아니라, 미래의 성장 추정을 위해서도 그려진다. 따라서 수고곡선을 작성할 때는 여러 요소를 고려하여 적절한 형태로 그린다.
- 수고곡선을 결정하는 방법으로는 자유곡선법(free hand curve method), 이동평균법(moving average method), 최소자승법(least square method) 등이 있다.

1 자유곡선법

수고곡선을 그릴 때, 가로축에는 흉고직경을, 세로축에는 수고를 설정하여 각각의 점을 플로팅(plotting)한다. 각 점을 연결하면 곡선이 형성되는데, 수고 성장(height growth)은 일반적으로 급격히 변하지 않고 완만한 곡선을 이루므로, 이러한 곡선을 평활한(smooth) 곡선으로 연결한다.

흉고직경 및 수고의 측정치				수고곡선
직경 (cm)	수고 (m)	직경 (cm)	수고 (m)	
10	9.3	20	12.5	
12	10.1	22	13.0	
14	10.4	24	13.1	
16	10.9	26	13.5	
18	12.1	28	13.5	

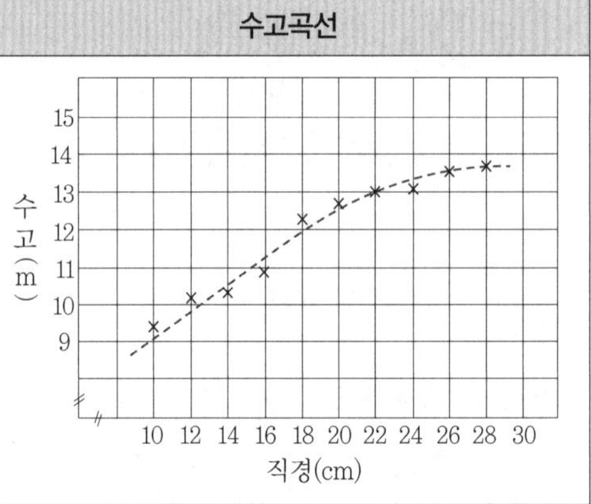

자유곡선법으로 수고곡선을 그릴 때 중요한 사항은 다음과 같다.

① 플롯된 점과 곡선 간의 편차(deviation) 합이 0이 되도록 하며, 편차가 곡선 위에 있으면 +, 곡선 아래에 있으면 −로 표시한다.

② 편차의 절댓값 합이 최소가 되도록 한다. 자유곡선법에서는 이 조건을 완전히 만족시키기 어렵지만, 최소자승법에서는 편차의 제곱합을 최소화하는 방식으로 해결할 수 있다.

③ 이론적인 모양(form)과 같아서 곡선의 형상이 자연스럽고 부드럽게 이어져야 한다. 예를 들어, 임분에서 무작위로 선택한 10개의 나무의 흉고직경과 수고를 측정하여 플롯한 결과, 각 점을 연결하여 평활한 곡선을 얻는다. 자유곡선법으로 그린 곡선이 플롯된 점들의 평균을 통과하도록 조정하면, 곡선이 부드럽게 연결되며 자연스러운 수고곡선을 형성할 수 있다.

2 이동평균법

이동평균법은 여러 점의 평균값을 이용해 곡선을 그리는 방법으로, 일반적으로 3점 또는 5점 이동평균법이 사용된다. 측정된 값을 일정 간격으로 평균내어 곡선을 그리기 때문에, 보다 부드러운 곡선을 얻을 수 있다.

측정치를 a_1, a_2, a_3, $\bullet\ \bullet\ \bullet$, a_n 이라고 할 때 아래의 식으로 구한다.

① 3점 이동평균법

$$\frac{a_1,\ a_2,\ a_3}{3},\quad \frac{a_2,\ a_3,\ a_4}{3},\quad \bullet\ \bullet\ \bullet\quad \frac{a_{n-2},\ a_{n-1},\ a_n}{3}$$

② 5점 이동평균법

$$\frac{a_1,\ a_2,\ a_3,\ a_4,\ a_5}{5},\quad \frac{a_2,\ a_3,\ a_4,\ a_5,\ a_6}{5},\quad \bullet\ \bullet\ \bullet\quad \frac{a_{n-4},\ a_{n-3},\ a_{n-2},\ a_{n-1},\ a_n}{5}$$

- **이동평균 계산의 예**

직경계 (cm)	수고 (m)	3점 평균 (m)	5점 평균 (m)	직경계 (cm)	수고 (m)	3점 평균 (m)	5점 평균 (m)
10	9.3			20	12.5	12.5	12.3
12	10.1	9.9		22	13.0	12.9	12.8
14	10.4	10.5	10.6	24	13.1	13.2	13.1
16	10.9	11.1	11.2	26	13.5	13.4	
18	12.1	11.8	11.8	28	13.5		

3 최소자승법

자료가 많거나 높은 정확도가 요구될 때는 최소자승법을 사용해 수고곡선을 유도한다. 수고곡선식에는 다양한 형태가 있으나, 일반적으로 사용되는 식은 다음과 같다.

- $H = a + bDH$
- $H = a + bD + cD^2H$
- $H = aD^b$

여기서 H는 수고, D는 흉고직경, a와 b는 회귀계수이다. 예를 들어, 표의 자료를 이용해 최소자승법으로 일반식 H=a+bDH를 유도하면 a=7.09, b=0.25가 되어, 수고곡선식은 H=7.09+0.25D가 된다.

선형계획법

1 선형계획법(LP)의 개념

① 선형계획법(Linear Programming, LP)은 하나의 목표 달성을 위하여 한정된 자원을 최적으로 배분하는 수리계획법의 일종이다.

② 선형계획법은 경쟁적인 활동 아래에 있는 제한된 생산요소들을 최적의 방법으로 배분할 수 있는 수학적 기법이다.

③ 선형계획법은 목표를 최대화 또는 최소화하기 위해 목표 함수를 만든다.

④ 선형계획법은 목표를 달성하기 위한 제약요소들, 즉 가지고 있는 자원들로 제약 함수를 만든다.

⑤ 선형계획법에 사용하는 목표 함수와 제약 함수는 모두 $y=ax+b$ 형태의 1차 방정식이다.

2 LP의 전제 조건

LP의 전제 조건	내용
비례성	• 선형계획 모형에서 작용성과 이용량은 항상 활동수준에 비례하도록 요구됨
비부성	• 의사결정 변수는 어떠한 경우에도 음의 값을 나타내서는 안 됨 • 의사결정 변수 X1, X2, …, Xn은 어떠한 경우에도 음(−)의 값을 나타내서는 안 됨
부가성	• 두 가지 이상의 활동이 동시에 고려되어야 한다면 전체 생산량은 개개의 생산량의 합계와 일치해야 함 • 개개의 활동 사이에 어떠한 변환작용도 일어날 수 없음
분할성	• 모든 생산물과 생산수단은 분할이 가능해야 함 • 의사결정 변수는 정수는 물론 소수 값도 가질 수 있다는 것을 의미
선형성	• 모든 변수들의 관계가 수학적으로 선형 함수, 즉 1차 함수로 표시
제한성	• 선형계획 모형에서 모형을 구성하는 활동의 수와 생산 방법은 제한이 있어야 함 • 제한된 자원량이 선형계획 모형에서 제약 조건으로 표시되며, 목적 함수가 취할 수 있는 의사결정 변수 값의 범위가 제한됨
확정성	• 선형계획 모형에서 사용되는 값이 확정적으로 일정한 값을 가져야 함 • 문제의 상황이 변하지 않는 정적인 상태에 있다고 가정하였기 때문임

3 선형계획법의 종류

① 정수계획법

- 정수계획법은 선형계획 모형의 특성 중 분할성 대신 변수가 정수가 되어야 하는 정수제약 조건을 갖는다.
- 정수계획 모형의 특성은 ㉠ 선형목적 함수, ㉡ 선형제약 조건식, ㉢ 모형변수들이 0 또는 양(+)의 정수, ㉣ 특정 변수에 대한 정수 제약 조건이다.
- 정수계획 문제는 ㉠ 순수정수 문제, ㉡ 혼합정수 문제, ㉢ 0-1 정수 문제의 유형이 있다.

② 목표계획법

- 목표계획법은 불가능한 선형계획 문제를 해결할 수 있는 수단으로 소개되었다.
- 목표계획법은 본질적으로 선형계획법의 확장된 형태라고도 할 수 있다.
- 목표계획법은 단일목표나 다수의 목표를 가지는 의사결정 문제 해결에 매우 유효한 기법이다.
- 목표계획법은 선형계획법에서와 같이 목적 함수를 직접적으로 최대화 또는 최소화하지 않고, 목표들 사이에 존재하는 편차를 주어진 제약 조건에서 최소화한다.
- 목표계획법은 다표준 의사결정 문제의 해결과 산림의 다목적 이용을 위한 경영계획 문제에 적용할 수 있다.

핵심 18 선형계획의 해법

1 도표해법

① 의사결정 변수가 둘일 경우에만 사용한다.

② 탐색접근법과 등이익 함수접근법이 있다.

    ㉠ 탐색접근법: 최적해는 제약 조건에 의해 형성되는 실행 가능한 해 영역의 꼭지점 중의 하나에서 반드시 결정된다.

    ㉡ 등이익 함수접근법: 등이익 함수선 상의 모든 점이 동일한 총수익을 갖는 직선이라는 특징을 이용해 최적해를 구하는 도표해법이다.

③ 도표해법 실행단계

    ㉠ 1단계: 도표상에 모든 제약 조건을 표시한다.

    ㉡ 2단계: 실행 가능해 영역을 규정한다.

    ㉢ 3단계: 최적해를 결정한다.

2 단체법

① 의사결정 변수가 둘 이상인 경우에 사용한다.

② 최적해를 도출하기 위하여 반복적인 연산과정으로 한상 원점에서 시작하여 현재보다 나은 꼭짓점으로 이동해 가면서 더 이상 나은 해를 구할 수 없을 때까지 최적해를 찾아가는 방법이다.

③ 단체법 실행단계

    ㉠ 1단계: 단체, simplex 모형으로의 전환

    ㉡ 2단계: 최초 해의 규명 및 단체표의 작성

      – 최초 해의 도출: 모든 의사결정 변수는 항상 0의 값을 갖는다. 단체법은 항상 원점에서 최적해를 탐색한다.

      – 단체표의 작성: 기저변수(해를 구성하는 변수)와 공헌률(목적 함수의 변수가 갖는 기여도)을 결정한다.

      – 단체표의 완성

ⓒ 3단계: 최적해의 판정

ⓔ 4단계: 도입변수와 방출변수의 결정

- 도입변수는 기준 열에 목표가 최대화라면 가장 큰 값, 목표가 최소화라면 가장 작은 값을 선택한다.
- 도표법에는 제약 조건의 수만큼 기저변수가 존재한다.
- 도표법에서는 기저변수의 수를 동일하게 유지해야 한다.
- 도입변수를 기저해로 도입하기 위해서는 현재의 기저변수 중에서 어느 한 변수가 기저해에서 방출되어야 한다.
- 도입변수가 기저해로 대치되면서 기저해에서 방출되는 변수를 방출변수라고 한다.
- 방출변수의 결정은 해 값을 기준열의 계수로 나눈 값 중에서 양의 최솟값을 구하면 된다.
- 방출변수로 결정된 기저변수의 행을 기준행이라고 한다.
- 기준열과 기준행이 교차하는 난의 계수를 기준요소라고 한다.

ⓜ 5단계: 새로운 해의 산출

- 기준행의 새로운 값=기존의 값/기준요소

ⓗ 6단계: 최적해의 판정 및 단계의 반복

19 LP에 의한 목재수확 조절

● 목재수확 조절의 사례를 중심으로 LP를 계획하면 아래와 같다.

1 선형계획 모형

① 김두현 사유림 일반경영계획구의 산림경영계획은 2021년부터 2030년까지 총 10년으로 계획을 수립하였다.

② 경영계획구에는 잣나무임분 300ha에 215개의 보조소반이 있다. 이 잣나무 임분의 총 재적은 36,808㎥이었다.

2 벌채량의 결정

① 10년의 경영계획 기간 동안 수확되는 목재의 벌채량은 hundeshagen법으로 계산하였다.

② 연간표준벌채량$(E) = (Vw) \times \dfrac{법정벌채량(En)}{법정축적(Vn)}$

3 생장방정식

① 생장량은 수확표와 그간의 조사자료를 바탕으로 유도된 생장방정식에 의해 계산한다.

$$Y = 1.2 + 64 \times \frac{1}{연령} - 0.03 \times 재적 + 1.7 \times 평균연년생장량$$

4 선형계획 모형의 구성

① 산림경영계획 기간 동안 법정상태에 도달하면서 목재수확량을 최대로 하기 위한 선형계획 모형은 다음과 같다.

– 최대화: $Z = \displaystyle\sum_{i=1}^{m} \sum_{j=1}^{n} X_{ij} \times V_{ij}$

– 제약 조건:
$$\sum_{j=1}^{n} X_{ij} \leq A_i$$
$$N_{ij} \leq MA_j (= 5ha)$$
$$\sum_{i=1}^{m} N_{ij} \leq NMA_j$$
$$\sum_{j=1}^{n} N_{ij} \leq V_{ij} \leq MAXV_j$$

– 식에서 i: 보조소반, j: 계획분기(년), X_{ij}: j분기에 i보조소반에서 벌채되는 면적, V_{ij}: j분기에 i보조소반에서 벌채되는 재적, A_j: 각 보조소반의 면적, MA_j: 1년 동안에 벌채되는 최대 면적(=5ha), NMA_j: 각 분기의 최대 벌채 면적, $MAXV_j$: j분기에 벌채되는 최대 재적

② 제약 조건 중 $\displaystyle\sum_{i=1}^{m} N_{ij} \leq NMA_j$는 산림경영의 보속성을 유지하기 위한 중요한 요소이다.

③ 이 조건을 통해 각 분기의 이용면적이 지속적이 되고, 법정상태에 도달할 수 있다.

핵심 20

LP에 의한 산림경영계획

● 산림경영계획에서 LP를 활용하는 사례를 살펴보면 아래와 같다.

1 의사결정 내용

제한된 비료, 비용 및 노동량을 가지고 경영할 때 이익을 최대로 하는 낙엽송과 잣나무의 생산면적을 결정하는 사례를 살펴본다. 주어진 조건에서 최대의 이익을 남기기 위해서 필요한 낙엽송과 잣나무 묘목 생산면적은 얼마가 되어야 하는가?

2 제약 조건

구분	낙엽송(ha당)	잣나무(ha당)	투입 가능한 자원
비료	9kg	4kg	360kg
비용	40,000원	50,000원	2,000,000원
노동 일수	3일	10일	300일
목표 이익	7만 원	12만 원	

① 결정변수

x=낙엽송 면적

y=잣나무 면적

② 목적식 또는 목적 함수

max $Z=7x+12y$

③ 조건식

$9x+4y \leq 360$ ㅡㅡㅡㅡㅡㅡㅡㅡㅡ ㉠

$4x+5y \leq 200$ ㅡㅡㅡㅡㅡㅡㅡㅡㅡ ㉡

$3x+10y \leq 300$ ㅡㅡㅡㅡㅡㅡㅡㅡ ㉢

$x\geq0,\ y\geq0$ ㅡㅡㅡㅡㅡㅡㅡㅡㅡ ㉣

㉠, ㉡, ㉢은 제약 조건식이고, ㉣은 비부(非負) 조건식이다.

④ LP를 사용한 의사결정

LP는 조건식 ㉠, ㉡, ㉢, ㉣을 동시에 만족시키면서 목적식의 이익을 최대로 하는 결정변수 x와 y를 구해야 한다.

3 LP를 이용한 문제 해결 방법

① 도해법(圖解法)

- 도면상의 그림으로 최적의 해를 구하는 방법이다.
- 단, 도해법을 사용하려면 결정변수가 2개일 때만 가능하다.

② 기타 방법

- 의사 결정변수가 3개 이상이면 그림으로 문제를 해결할 수가 없기 때문에 단체표법(단체법)을 사용한다.
- 결정변수가 3개 이상으로 복잡한 경우에는 "Lindo 6.1" 등의 LP 전용 프로그램을 이용한다.

4 도해법에 의한 풀이

① 목적식은 $y = -\dfrac{7}{12}x + \dfrac{Z}{12}$, $Z = 7x + 12y$

② 제약식을 정리하면

㉠ $9x + 4y \leq 360 \rightarrow y = \dfrac{9}{4}x + 90$

㉡ $4x + 5y \leq 200 \rightarrow y \leq -\dfrac{4}{5}x + 40$

㉢ $3x + 10y \leq 300 \rightarrow y \leq -\dfrac{3}{10}x + 30$

③ 제약식을 그래프로 도해한다.

제약식을 도해할 때는 정리된 제약식에 x와 y에 대해 "0"을 대입하여 계산하면 x축과 y축의 값이 나온다. 계산된 x축과 y축의 값에 해당하는 점을 찍은 후 직선으로 연결한다.

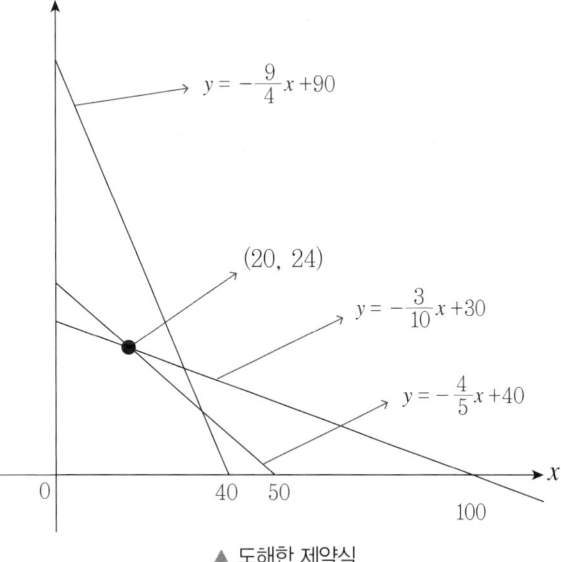

▲ 도해한 제약식

$(0, 0)$일 때 $Z=0$

$(0, 30)$일 때 $30 = \dfrac{Z}{12}$ $\quad \therefore Z = 360$

$(40, 0)$일 때 $0 = -\dfrac{7}{12} \times 40 + \dfrac{Z}{12}$ $\quad \therefore Z = 280$

$(20, 24)$일 때 $24 = -\dfrac{7}{12} \times 20 + \dfrac{Z}{12}$ $\quad \therefore Z = 428$

$\left(34\dfrac{14}{29},\ 12\dfrac{12}{29}\right)$ 일 때 $Z=$약 389

낙엽송 면적 20ha와 잣나무 면적 24ha일 때 이익은 ha당 428만 원으로 최대가 된다.

$\therefore x = 20ha,\ y = 24ha$

5 산림계획 문제의 기본요소

1) 생산계획(harvesting schedulling)

언제(when), 어디서(where), 얼마나(how much) 생산할 것인가를 결정할 수 있다.

2) 의사결정의 목적

① 최대 목재 생산(maximize wood flow over time)

② 최대 순현재가(maximize present net value)

③ 최대 현금흐름(maximize cash flow)

3) 제약 조건

① 제한된 자원으로 인해서 생기는 조건을 제약 조건이라고 한다.

㉠ 제한된 양의 임지(limited amount of land)

㉡ 노동력의 제약 조건

㉢ 사용할 수 있는 비용의 제한

6 LP를 이용하기 위하여 필요한 3가지 요소

제약 조건 함수

① 목적 함수

달성하려는 목표(objective)를 목적 함수(objective function)로 만든다.

② 제약 조건 함수

목적 함수는 동원 가능한 1일 노동력, 총 예산 등 제한된 자원으로 인한 제약 조건의 함수이다.

㉠ maximize 이윤, ㉡ minimize 비용, ㉢ maximize wood flow

③ 의사결정 변수

의사결정 변수(decision variables)는 최종적으로 LP를 통하여 결정해야 할 변수를 말한다.

Chapter

03

산림조사

표본조사법

- 표본점을 추출하고 표본점에 대해 측정하여 전 임분의 재적을 추정하는 것으로, 전체 임분 중에서 일부의 구역이나 적은 그루 수를 선발하여 조사하고, 시간 또는 경비가 제한되어 있을 때 작은 구역을 대상으로 측정하고 전체 임분의 재적을 추정한다.

- 표본 조사를 하기 위해 선정되는 구역을 표본점이라 하고, 선정된 입목을 표본목이라 한다. 표본점에는 재적 조사와 같이 일시적인 필요에 따라 유동적으로 설치되는 일시적 표본점과 수확표 또는 생장량 조사와 같이 일정한 자료를 얻기 위해 고정적으로 설치되는 영구적 표본점이 있다.

1 임의 추출법

표본을 추출하려고 하는 모집단, 즉 임분을 표본 단위와 같은 크기의 격자로 구분하고 그 교점에서 필요한 수만큼 표본을 추출하는 방법이다.

2 계통적 추출법

① 계통적 추출법은 측정자가 추출 대상에 대해 일정한 계통을 정해 놓고 추출하는 방법이다.

② "국가산림자원조사"와 같이 대규모의 산림을 조사하는 경우에는 임분을 표본 단위와 같은 크기의 격자로 구분하고 그 교점에 계통을 세워 표본을 추출하여 조사한다.

③ 예를 들어 모집단 1에서 400까지의 일련번호를 붙인 다음, 계통적 추출법에 의해 20개를 추출한다면 400/20=20, 즉 20개의 교점마다 1개씩 추출한다. 1에서 20 사이에서 난수표에 의해 5가 추출되었다면 다음 표본의 위치는 No 25, No 45, No 65.. 순으로 20개를 추출한다.

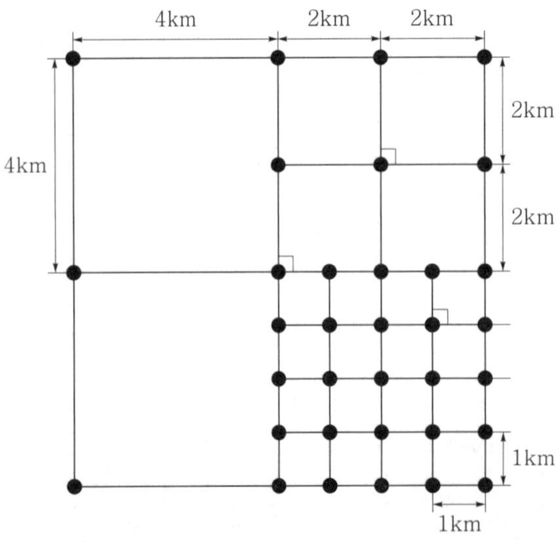

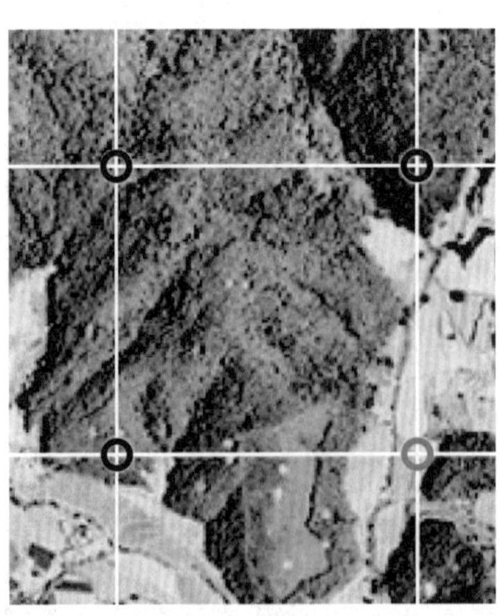

▲ 계통적 추출법에 의한 고정표본점의 배치 방법(산림자원조사 지침서, 2011, 국립산림과학원)

3 층화추출법

① 임분은 구성이 매우 복잡한 모집단이라면 나이가 다른 나무를 동일하게 취급하여 표본을 추출한다면 표준 편차가 클 것이므로, 먼저 임분을 몇 개로 나누고 구분된 각 임분에서 표본을 추출하는 방법이다.

② 임분을 몇 개로 구분하는 것을 층화한다고 하는데, 층화할 때는 구성 요소를 수종, 연령 등과 같이 동질적인 것으로 해야 한다.

4 부차추출법

① 모집단인 임분을 여러 개의 집단으로 나누어 그중에서 몇 개를 추출하고, 추출된 집단에서 다시 표본점을 추출하여 측정하는 방법이다.

② 2단 추출법이라고도 한다.

5 이중추출법

① 항공사진을 병용한 표본 조사에서 사용되는 방법이다.

② 항공사진 재적표가 만들어져 있을 때 사진에서 많은 표본점을 조사한 후, 그중에서 몇 개를 추출하여 지상 조사를 한다.

③ 사진상의 측정값과 지상 조사의 결과에 의해 회귀계수를 구하여 전체를 추정하는 방법이다.

■ 표본조사법 요약

표본조사법	표본점 선정 방법
임의추출	교점에서 무작위로 표본점 선정
계통추출	교점에서 계통별 난수표로 표본점 선정
층화추출	수종별로 추출 후 연령급별로 표본점 선정
부차추출	집단별로 추출 후 추출집단에서 표본점 선정
이중추출	항공사진 표본점 조사 후 지상 표본점을 선정하여 조사

표본점 조사

1 정의 · 개념

① 전체를 조사하는 대신 적은 구역 또는 적은 개수를 무작위로 뽑아 조사하는 방법을 표본 조사 또는 표본점조사라고 한다.

② 표본점에는 일시적으로 재적조사만을 위해 설치하는 일시적 표본점과 수확표 또는 성장량 을 조사하기 위하여 영구적으로 설치하는 영구적 표본점이 있다.

2 표본점의 개수 결정

표본점의 개수를 결정하는 방법은 아래와 같다.

5%의 오차, 95%의 유의 수준을 가지는 신뢰도 계수(자유료, $n-1$)가 2인 모집단의 경우 임분 의 면적을 A, 표본점의 면적을 a, 변이계수를 c, 오차율을 e라고 하면

표본점의 개수 n은

$$n \geq \frac{4Ac^2}{e^2A + 4ac^2}$$

무한모집단의 표본점의 조사 개수는 $n \geq (tc/e)^2$으로 계산한다.

공식에서 t: t–table에서 자유도(n-1)에 대한 값, 신뢰도계수, c: 변이계수, e: 오차율

일반적으로 오차율 5%, 즉 95%의 신뢰도와 신뢰도계수 t의 값이 정규분포를 보인다고 가정하면 신뢰도계수 t는 1.96이 되므로 2를 사용하면 안전하게 최소 표본점 수를 구할 수 있다.

오차율 e의 값이 배로 증가하면, 표본점의 수는 반 이하로 줄어들게 된다.

■ 표본점의 크기가 10m×10m일 때 필요한 표본점의 수

면적 (A)	10m×10m 표본점수(N)	$e=5\%$(오차율)			$e=10\%$(오차율)		
		c (변이계수)			c (변이계수)		
		$c=20$	$c=40$	$c=60$	$c=20$	$c=40$	$c=60$
1(ha)	100	39	72	85	14	39	59
5	500	57	169	268	16	57	112
10	1,000	60	203	365	16	60	126
20	2,000	62	227	447	16	62	134
30	3,000	63	236	483	16	63	137
40	4,000	63	241	503	16	63	139
50	5,000	63	244	516	16	63	140
60	6,000	63	246	526	16	63	141
70	7,000	63	247	532	16	63	141
80	8,000	63	248	537	16	63	141
90	9,000	64	249	541	16	63	142
100	10,000	64	250	545	16	64	142
500	50,000	64	255	573	16	64	144
1,000	100,000	64	255	573	16	64	144
5,000	500,000	64	256	575	16	64	144
10,000	1,000,000	64	256	576	16	64	144

조사의 정도(精度)는 신뢰도와 조사경비를 모두 고려해야 하므로 사업에 소요되는 경비에 따라 오차율 e를 결정할 수 있다.

산림조사면적이 1ha, 표본점의 크기는 10m×10m, 오차율은 5%, 변이계수는 20이라고 할 때, 조사해야 하는 표본점은 몇 개 이상 선정하여야 하는가?

※ 정답은 성안당 도서몰 [자료실]에서 제공

3 표본의 추출 간격

$$\text{표본추출간격}: \ d = \sqrt{\frac{A}{n} \times 100}\,(m)$$

(d: 표본추출간격, A: 전조사 대상면적, n: 표본점 추출개수)

4 변이계수

변이계수(c)가 커지면 이에 따라 표본점 수도 증가한다. 표본조사를 잘 계획하기 위해서는 변이계수를 정확히 추정하는 것이 중요하다. 일반적으로 과거의 경험이나 부근에서 측정한 값을 사용하여 변이계수를 추정하지만, 더 정확한 추정을 위해서는 예비조사(pre-test)를 실시하기도 한다.

이미 발표된 자료를 기초로 추정한 국유림과 민유림의 경우 변이계수는 다음과 같다.

① 국유림의 경우 변이계수

- 침엽수 인공림 10년생: 200%~400%

- 침엽수 인공림 20년생: 60%~100%

- 침엽수 인공림 30년생: 40%~70%

- 침엽수 인공림 60년생: 20%~50%

- 활엽수 노령 천연림: 40%~60%

② 민유림의 경우 변이계수

- 침엽수 벌기령 이하: 60%~130%

- 침엽수 벌기령 이상: 50%~110%

- 활엽수: 50%~190%

■ 면적에 따른 소요표본점 수(20m×20m)

면적 (A)	20m×20m			20m×20m		
	e=5%(오차율)			e=10%(오차율)		
	c=20	c=40	c=60	c=20	c=40	c=60
1	18	23	24	10	18	21
5	42	84	103	14	42	67
10	51	126	174	15	51	91
20	57	169	268	16	57	112
30	59	191	326	16	59	121
40	60	204	365	16	60	126
50	61	212	394	16	61	129
60	61	219	416	16	61	131
70	62	223	433	16	62	133
80	62	227	447	16	62	134
90	62	230	459	16	62	135
100	62	232	468	16	62	136
500	64	251	551	16	64	142
1,000	64	253	563	16	64	143
5,000	64	255	573	16	64	144
10,000	64	256	574	16	64	144

위의 자료를 참고하여 각 지역과 수종의 특성에 맞는 변이계수를 기반으로 표본조사를 계획할 수 있다.

03 표준지법

1 표준지법의 개념

① 표준지법은 임분재적 측정을 위해 전림조사 대신에 일부를 선택하여 조사하는 방법을 말한다.

② 조사 대상 임분에서 일정한 면적의 임지를 표준지로 선정하고, 표준지의 재적을 기준으로 전체 임분의 재적을 구한다.

③ 전체 임분에서 표본으로 선택된 지역을 표준지 또는 표본점이라고 한다.

④ 표준지에 대하여 필요한 항목을 조사 · 측정하는 것을 표준지조사라고 한다.

⑤ 표준지조사의 목적이 임분재적의 측정일 경우 해당 지역 내의 입목에 대한 수종 명, 흉고직경, 수고 등을 측정한다.

⑥ 표준지 조사는 목적에 따라서 지하고, 수관폭, 그리고 임목의 서 있는 위치 등과 같은 정밀 임분조사를 실시하기도 한다.

⑦ 재적 추정을 목적으로 시행되는 임분조사에서는 일반적으로 흉고직경 6cm 이상인 임목만을 대상으로 조사가 이루어진다.

⑧ 식생조사 목적의 표준지조사는 치수도 조사 범위에 포함시킨다.

⑨ 표준지법은 산림의 면적이 클 때, 지형이 험준하여 측정이 어려울 때, 정밀한 조사가 필요하지 않을 때, 임상이 비교적 균질할 때 사용하는 산림조사 방법이다.

⑩ 표준지법에는 대상표준지법, 원형표준지법, 각산정표준지법 등이 있다.

⑪ 표준지법은 우리나라의 산림경영을 위한 산림조사에서 사용되고 있는 방법이다.

⑫ 실시설계 표준지는 200m×200m의 격자를 그어 그 교점에 설치하고, 감리표준지는 400m×400m의 격자를 그어 설치한다.

2 표준지 선정 시 유의사항

① 표준지는 면적의 계산이 쉬운 모양으로 선정한다.

– 정방형 또는 장방형, 원형 등

② 표준지는 임상이 고르게 분포한 곳으로 선정한다.

– 나무의 수가 평균이라고 볼 수 없는 곳은 선정하지 않는다.

- 전체를 살펴 나무가 고르게 분포한 곳을 선정한다.

③ 경사지에서는 띠 모양으로 표준지를 설정한다.

- 산 정상에서 산각의 띠 모양으로 설정한다.

④ 지위가 편중되지 않도록 한다.

⑤ 표준지의 크기는 수고에 따라 결정한다.

- 수고가 20m 내외면 20m×20m, 10m 정도의 높이라면 10m×10m로 결정한다.

⑥ 5ha 미만의 임분은 전림법으로 조사한다.

- 5ha 이상의 면적일 때 표준지법을 이용한다.

04 각산정표준지법

1 정의 · 개념

① Bitterich가 고안한 산림조사 방법이다.

② 표본점을 설치하지 않기 때문에 간편하게 사용할 수 있다.

③ 한 표본점에서 Speigel Relascope 등과 같은 측정기구를 이용하여 시준되는 각도 a에 의해 측정 대상 입목을 산정하고, 측정 대상 입목의 수와 직경에 의해 ha당 흉고단면적이나 본수 등을 간단하게 구할 수 있는 표본조사법이다.

④ 이 조사법은 표준지조사법과는 달리 표준지를 설치할 필요가 없기 때문에 무표본지표조사법(plotless sampling)이라고도 한다.

2 임분의 재적

임분의 재적은 V=G · H · F에 의해서 구하는데, G는 임분흉고단면적합계, H는 임분평균수고, F는 임분형수이다.

$$V = G \times H \times F = knHF$$

- V: 전체 임분의 재적
- k: 릴라스코프로 측정한 단면적 상수(1, 2, 4㎡)
- n: 임목본수
- G: 임분의 흉고단면적 합계($k \times n$)
- H: 임분의 평균수고
- F: 임분형수

3 측정 방법

① H는 직접 측정하며, F는 단목형수를 대신 사용하고, G를 구하기 위해서 매목조사를 한다.

② 매목조사를 하게 되면 시간과 경비가 많이 소요되므로 대단히 비경제적인 조사 방법이 된다.

③ 각산정표준지법의 특징은 측정기구에 의해 선정되어 측정 대상이 되는 각 입목에 대하여 일정 양의 흉고단면적을 할당하는데, 이를 흉고단면적 상수라고 하며 측정기구에 따라 1, 2, 4㎡로 구분된다.

④ 예를 들어 한 표본점에서 흉고단면적 정수 1㎡를 선택하여 10본의 입목이 측정되었다면 표본점의 ha당 흉고단면적은 10㎡가 되는 것으로, 간단하고 쉽게 임분의 ha당 흉고단면적을 측정할 수 있는 장점을 가지고 있다.

⑤ 각산정표준지법에서 어떤 입목이 측정 대상이 되느냐 하는 것은 입목의 직경(D_i)과 표본점에서 해당 입목까지의 거리(R_i)에 의하여 결정되는데, 그 관계식은 $R_i = cD_i$로 표현할 수 있다. 여기에서 c는 단면적 정수에 따라 달라지는 상수이다.

⑥ 각산정표준지법은 표준지를 설치할 필요는 없으나 각 입목의 직경 크기에 따라 원으로 된 가상적 표준지를 갖는데, 이 가상적 표준지의 반경이 R_i이다.

⑦ 입목의 직경 D_i에 의하여 그 크기가 달라지는 가상적 표준지 내에 표본점이 존재하면 그 입목은 측정기구에 의해 산정이 되고, 밖에 있으면 측정 대상에서 제외된다.

05 국립산림자원 조사

1 국가산림자원조사

① 산림자원 및 환경의 변화 동태를 주기적으로 파악하기 위해 실시하는 조사 체계

② 각종 국제협약과 기구에서 산림환경정보를 포함하는 국가산림통계의 제출을 의무화하는 추세에 대응하기 위한 조사

☞ 참고도서: 제6차 국가산림자원조사 현지조사지침서, 2011, 국립산림과학원

2 산림자원조사 경과

- 우리나라의 산림자원조사는 1972년에 시작되어 1975년까지 제1차 전국 산림실태조사를 실시하였다.
- 국가산림자원조사는 제2차는 1978~1980년, 제3차는 1986~1992년, 제4차는 1996~2005년에 이루어졌다.

1) 제4차 국가산림자원조사

① 경과: 1972년부터 2005년까지 4회에 걸쳐 약 10년 주기의 전국 산림조사를 실시했다.

② 지역 및 권역단위 순환조사 체계

③ 전국 산림을 10개 지구로 나누고 매년 1개 지역에 대해서 산림조사를 실시했다.

④ 임목축적은 조사 결과를 10년간 생장률을 적용하여 산출했다.

⑤ 조사인력과 예산에 한계가 있어 전국 일제 조사가 어려웠다.

2) 제5차 국가산림자원조사

① 2006년부터 2010년까지 조사 실시

② 전국에 4,000개의 계통추출법에 의해 고정표본점을 설정하였다.

③ 고정표본점에 원형집락의 집락표본점과 4개의 부표본점을 설치하였다.

④ 5년 주기 일제 조사 체계, 5년간 매년 800개의 표본점을 일제 조사하였다.

⑤ 국제 수준의 산림자원 및 산림환경 통계생산이 가능한 매년 조사체계로 개편하였다.

⑥ 임목축적은 표본점에 대해 실측 조사한 결과를 토대로 계통추출법을 이용해 산출하였다.

⑦ 조사체계에서 새로운 항목(산림, 환경, 토양 등)을 17개 항목에서 32개로 확대하였다.

3) 제6차 국가산림자원조사

① 2011년부터 2015년까지 조사 실시

② 5년 주기로 고정표본점을 따라 시간 경과에 따른 변화를 모니터링하였다.

③ 산림의 건강·활력도(FHM) 조사가 국가산림자원조사 체계로 일원화되면서 통합 수행하였다.

④ 일반현황조사(표본점의 위치, 소유 구분, 산림/비산림 구분 등)

⑤ 임분현황조사(표본점의 지황, 임황)

⑥ 임목자원조사(소경목, 중경목 및 대경목조사)

⑦ 수관활력도 및 임목피해조사(줄기, 가지, 잎)

⑧ 치수조사, 하층식생조사, 벌근 및 고사목조사

⑨ 제5차 국가산림자원조사에서 실시한 생장량 및 토양조사는 제6차 조사에서 제외하였다.

4) 제7차 국가산림자원조사

① 산림기본통계 생산 및 산림생태계 건강성 평가

② 제6차 산림기본계획('18~'27) 수립 및 임업의 6차 산업화에 활용될 수 있도록 분석 계획

3 국가산림자원조사

1) 표본설계

① 국가산림자원조사에서 표본설계는 우리나라에서 채택하고 있는 세계측지좌표계를 횡단 머케이터 도법(TM)으로 투영한 지도를 사용한다.

② 표본설계 시 세계측지좌초계의 중부원점을 기준으로 한 단일 평면직각좌표를 사용하여 미리 정한 임의의 한 점에서 계통추출법에 따라 4km 간격으로 전국에 배치한 격자점을 표본점의 중심으로 정한다.

③ 전국에 배치한 격자점 중 산림지에 위치한 격자점을 고정표본점으로 지정하고 현지조사를 실시한다.

2) 고정표본점의 배치 방법

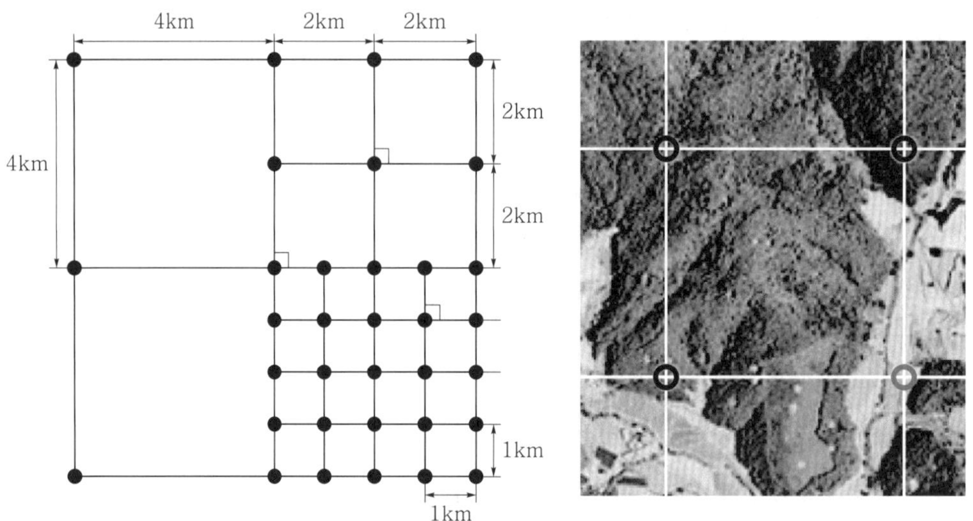

▲ 계통적 추출법에 의한 고정표본점의 배치 방법(산림자원조사 지침서, 2011, 국립산림과학원)

3) 고정표본점 구조

① 고정표본점의 구조는 집락표본점(cluster plot)으로서 4개의 부표본점(subplot)으로 구성되어 있다.

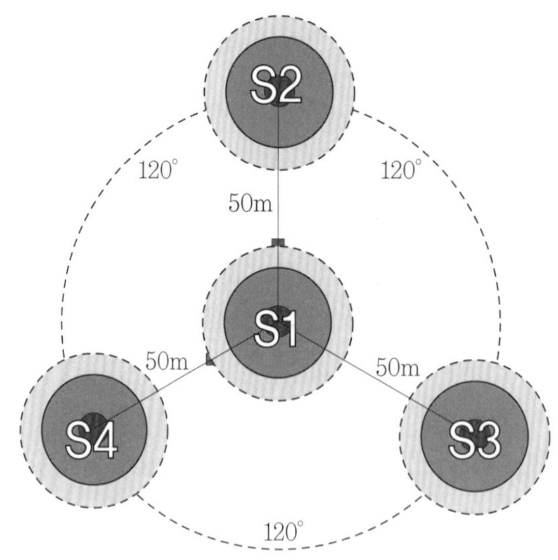

② 고정표본점은 중앙표본점을 중심으로 정북(0°), 120°, 240°의 3방향에 삼각형 형태로 표본점을 설치한다.

- **고정표본점 내 부표본점의 위치와 명칭(산림자원조사 지침서, 2011, 국립산림과학원)**

구분	위치	명칭
부표본점 1	집락표본점의 중심	S1 표본점(또는 중앙표본점)
부표본점 2	중심으로부터 정북(0°) 방향	S2 표본점
부표본점 3	중심으로부터 방위 120° 방향	S3 표본점
부표본점 4	중심으로부터 방위 240° 방향	S4 표본점

③ 중앙표본점에서 3방향에 대한 표본점 간의 거리는 각각 50m이다.

④ 제6차 국가산림자원조사는 제5차 국가산림자원조사와는 달리 모든 집락표본점의 중심표본점(S1)에서 개체목에 대한 위치조사(중심으로부터의 거리와 방위각)를 실시한다.

4) 부표본점의 구조

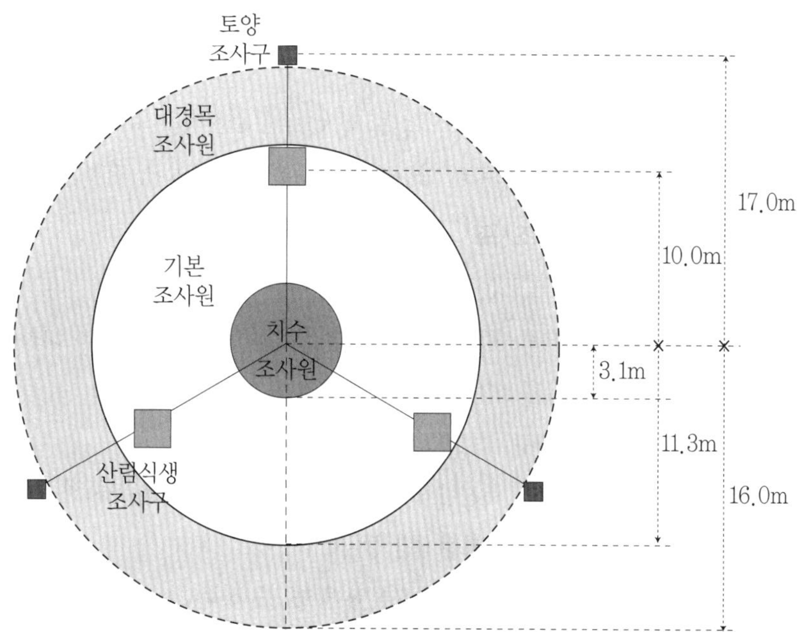

① 표본점에 대해서는 수관피해율 및 수관활력도 및 줄기, 가지, 잎의 결함에 대한 유무를 조사한다.

- **중앙표본점의 세부 사항**

구분	면적	비고
계	0.08ha	반경: 16.0m
대경목조사원	0.08ha	반경: 16.0m
기본조사원	0.04ha	반경: 11.3m(상층조사원)
치수조사원	0.003ha	반경: 3.1m(중층조사원)
산림식생조사구	0°, 120°, 240° 방향 10m 지점, 2m×2m 크기의 정방형	
토양조사구	0°, 120°, 240° 방향 17m 지점, 0.3m×0.3m 크기의 정방형(2개소)	

5) 부표본점의 조사항목

① 기본조사원(상층 조사원)

- 기본조사원은 입목조사의 기본이 되는 조사원이며, 반경 11.3m, 면적 0.04ha 크기의 원형이다.
- 기본조사원에서는 흉고직경 6cm 이상~30cm 미만의 입목을 대상으로 조사한다.
- 조사하는 내용은 벌근, 고사목(중앙부 직경 6cm 이상), 피해목 조사 등이다.

② 대경목조사원

- 대경목이 많지 않은 우리나라의 임분 구조를 고려하여 대경목 측정본수를 늘리기 위해 확장된 조사원이다.
- 중심점으로부터 반경 16m(0.08ha) 내의 살아 있는 흉고직경 30cm 이상의 모든 대경목을 대상으로 조사한다.

③ 치수조사원(중층 조사원)

- 흉고직경 6cm 미만의 교목치수, 관목 및 덩굴류 등의 조사를 위하여 별도로 설치하도록 한다. 표본점 중심으로부터 반경 3.1m의 원형조사구이며, 면적은 0.003ha이다.

④ 산림식생조사구(하층식생조사구)

- 하층식생은 집락의 S1 표본점에서만 조사한다.
- 중앙표본점의 중심으로부터 각 부표본점의 방향(0°, 120°, 240°)으로 10m 지점에 2m×2m(0.0004ha) 크기의 정방형 조사구를 설치하여 조사한다.

⑤ 토양조사구(토양특성조사구)

- 토양조사구는 토양 탄소 축적량 및 토양의 물리화학적 특성을 조사하기 위한 조사구다.
- 토양조사구는 집락의 S1표본점에만 설치한다.
- 중앙표본점의 중심으로부터 각 부표본점 방향, 즉 정북(0°), 120°, 240° 방향의 17m 지점에 조사구를 설치하고, 이 중에서 두 곳을 선정하여 유기물층과 토양층 시료를 채취한다.

연습문제 2-5

우리나라의 제5차 국가산림자원조사부터 적용된 내용에 해당하지 않는 것은? (2019 지방직 9급)

① 지역 및 권역단위 순환조사체계

② 5년 주기 일제 조사체계

③ 계통추출법에 의한 표본설계

④ 원형 집락 고정표본점 조사

※ 정답은 성안당 도서몰 [자료실]에서 제공

4 표본조사법

- 표본조사법은 전체 임분 중에서 일부의 구역이나 적은 그루 수를 선발하여 조사하는 방법이다.
- 표본조사법은 시간 또는 경비가 제한되어 있을 때, 작은 구역을 대상으로 측정하고 전체 임분의 재적을 추정한다.
- 표본 조사를 하기 위해 선정되는 구역을 표본점이라 하고, 선정된 입목을 표본목이라 한다.
- 표본점에는 재적 조사와 같이 일시적인 필요에 따라 유동적으로 설치되는 일시적 표본점과, 수확표 또는 생장량 조사와 같이 일정한 자료를 얻기 위해 고정적으로 설치되는 영구적 표본점이 있다.

1) 임의 추출법

표본을 추출하려고 하는 모집단, 즉 임분을 표본 단위와 같은 크기의 격자로 구분하고 그 교점에서 필요한 수만큼 표본을 추출하는 방법이다.

2) 계통적 추출법

계통적 추출법은 측정자가 추출 대상에 대해 일정한 계통을 정해 놓고 추출하는 방법이다. "국가산림자원조사"와 같이 대규모의 산림을 조사하는 경우에는 임분을 표본 단위와 같은 크기의 격자로 구분하고, 그 교점에 계통을 세워 표본을 추출하여 조사한다. 예를 들어 모집단에 1에서 400까지의 일련번호를 붙인 다음, 계통적 추출법에 의해 20개를 추출한다면, 400/20=20, 즉 20개의 교점마다 1개씩 추출한다. 1에서 20 사이에서 난수표에 의해 5가 추출되었다면, 다음 표본의 위치는 No 25, No 45, No 65.. 순으로 20개를 추출한다.

3) 층화추출법

임분은 구성이 매우 복잡한 모집단이라면 나이가 다른 나무를 동일하게 취급하여 표본을 추출하면 표준 편차가 클 것이므로 먼저 임분을 몇 개로 나누고 구분된 각 임분에서 표본을 추출하는 방법이다. 임분을 몇 개로 구분하는 것을 층화한다고 하는데, 층화할 때는 구성 요소를 수종, 연령 등과 같이 동질적인 것으로 해야 한다.

4) 부차추출법

모집단인 임분을 여러 개의 집단으로 나누어 그 중에서 몇 개를 추출하고, 추출된 집단에서 다시 표본점을 추출하여 측정하는 방법이다. 2단 추출법이라고도 한다.

5) 이중추출법

항공 사진을 병용한 표본 조사에서 사용되는 방법이다. 항공 사진 재적표가 만들어져 있을 때 사진에서 많은 표본점을 조사한 후, 그 중에서 몇 개를 추출하여 지상 조사를 한다. 사진 상의 측정값과 지상 조사의 결과에 의해 회귀계수를 구하여 전체를 추정하는 방법이다.

다음 중 제6차 국가산림자원조사 지침에서 중앙표본점에 설치하지 않는 것은?

① 소경목조사원
② 토양조사구
③ 대경목조사원
④ 산림식생조사구
⑤ 치수조사원

※ 정답은 성안당 도서몰 [자료실]에서 제공

다음 중 자본장비도에 대한 설명으로 옳지 않은 것은?

① 자본장비도는 경영의 총자본을 경영에 종사하는 사람으로 나눈 값이다.
② 자본장비도를 계산할 때 토지는 고정자본이므로 포함하여 계산한다.
③ 1인당 소득은 자본장비도와 자본효율에 의하여 정해진다.
④ 자본효율은 소득을 총자본으로 나눈 값이다.
⑤ 자본장비도는 자본에서 유동자본을 공제한 고정자본을 종사자의 수로 나눈 값이다.

※ 정답은 성안당 도서몰 [자료실]에서 제공

국가산림자원조사를 위해 0.003ha 크기의 원형(圓形)조사원을 설치하고자 할 때, 조사원의 지름[m]은?

① 8.0
② 16.0
③ 6.2
④ 32.0
⑤ 3.1

※ 정답은 성안당 도서몰 [자료실]에서 제공

Chapter

04

산림경영계획

산림기본계획

1 정의

각종 산림사업의 실행은 물론 산림행정상 필요한 근거를 제공하는 국가산림계획으로서, 산림기본계획(국가) – 지역산림계획(광역) – 국영림계획(기초, 지방) 체계로 20년 주기 계획으로 작성하고 있다.

2 필요성

① 산림의 공익적, 경제적, 환경적, 문화적 기능에 상응하는 계획을 수립·시행하기 위하여 필요하다.

② 산림의 보전과 지속 가능한 이용의 균형을 유지하며, 산림경영의 합리성을 제고하기 위하여 필요하다.

3 성격

① 산림정책의 목표와 추진 방향을 정하는 20년 단위의 장기계획

② 지역산림계획과 국유림종합계획, 산림경영계획을 수립하는 기준 및 토대

③ 산림자원, 산지산업, 산림생태계, 산촌 등에 관한 종합계획

4 내용

① 산림시책의 기본 목표 및 추진 방향

② 산림자원의 조성 및 육성에 관한 사항

③ 산림의 보전 및 보호에 관한 사항

④ 산림의 공익기능 증진에 관한 사항

⑤ 산림의 문화·휴양 증진에 관한 사항

⑥ 산림재해의 예방 및 복구에 관한 사항

⑦ 임산물의 생산, 가공, 유통, 수출에 관한 사항

⑧ 산지의 구분 및 이용계획에 관한 사항

5 동향

① 당초: 목재를 보속적으로 생산하는 계획 제도

② 변화: 지속 가능한 이용의 기반 완성, 축적 증가, 경제발전으로 복지와 휴양의 수요 증가

③ 전환: 산림의 보전과 지속 가능한 이용을 도모

> **참고** 101회 출제 문제 답안 목차(예시)

[문제 1] 산림기본계획 변경 배경

답) I. 개요

    1. 외부 여건 2. 내부 여건

II. 외부 여건 변화

    1. 온실가스 감축, 사막화 방지 노력

    2. 생물 다양성 활용경쟁 본격화

    3. 남북관계 개선 기대감

    4. 변화된 국가의 위상

    5. 시장개방 확대

III. 내부 여건 변화

    1. 규제개혁 요구 증대

    2. 산림자원 특정영급 편중

    3. 산림복지 수요 증대, 삶의 질 향상

    4. 산림산업 대외 경쟁력 약화

IV. 결언

산림기본계획 체계

1 산림기본계획 분야별 세부 계획 수립체계

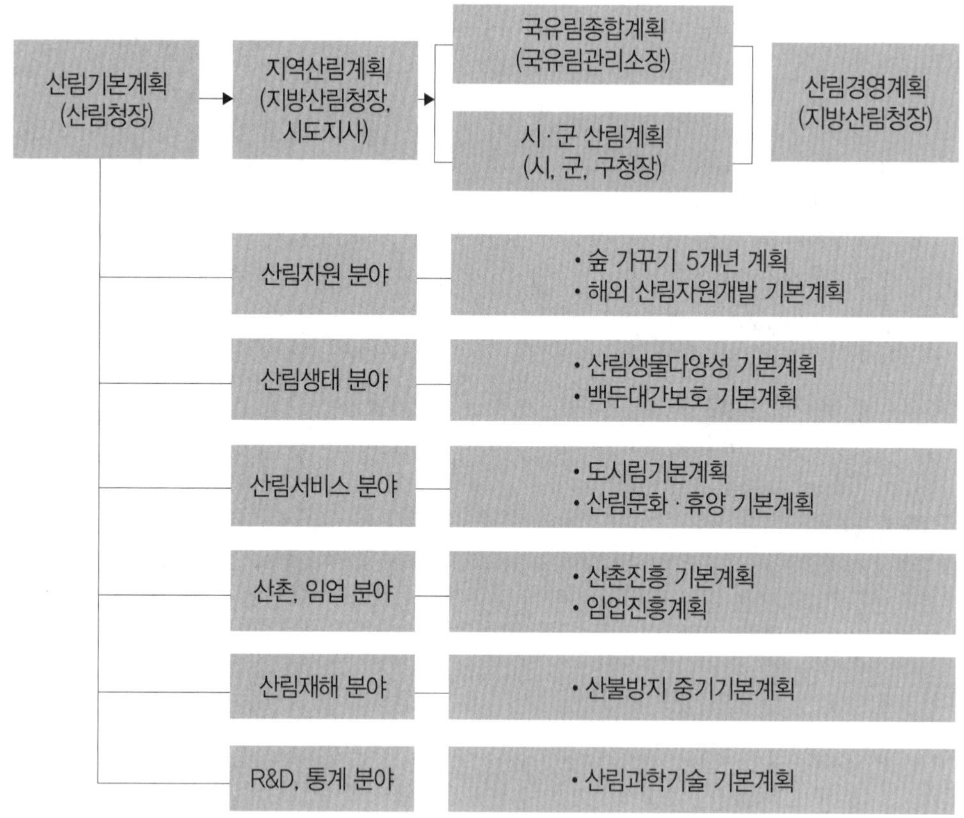

핵심 03 산림계획 수립의 주체와 대상

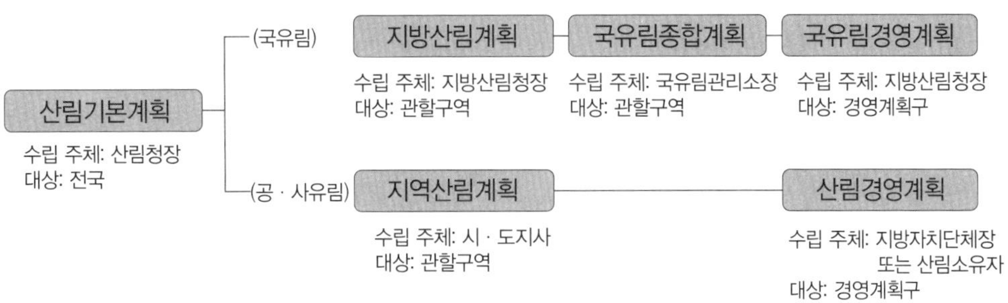

▲ 산림계획 수립 주체와 대상

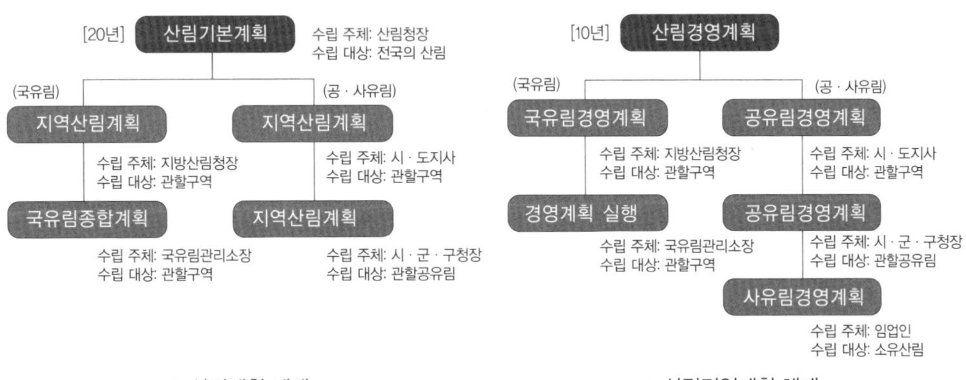

▲ 산림계획 체계　　　　▲ 산림경영계획 체계

① 산림경영계획은 10년 단위의 계획이다.

② 국유림 경영계획은 산림청의 산림기본계획과 지방산림청의 지역산림계획에 따라 작성하는데, 지방산림청장이 관할구역에 대해 작성한다.

③ 명칭만으로 보면 국유림 종합계획이 국유림 경영계획보다 상위 계획처럼 느껴진다. 하지만 산림계획의 체계와 산림경영계획의 수립 주체를 보면 국유림 경영계획이 국유림 종합계획의 상위 계획인 것을 알 수 있다.

④ 국유림 종합계획보다 상위 계획인 국유림 경영계획은 지방산림청장의 권한이며, 국유림 종합계획은 국유림관리소장이 수립 주체가 되는 것이다.

⑤ 산림기본계획은 20년, 국유림 경영계획은 10년을 계획기간으로 하고 있다.

제6차 산림기본계획

1 비전

① 일자리가 나오는 경제산림

② 모두가 누리는 복지산림

③ 사람과 자연의 생태산림

2 기간

2018년~2037년

3 2037년 목표 및 기대효과

① 건강하고 가치 있는 산림

- 국민 1인당 산림공익가치 증진

- 목재자급률 재고

② 양질의 일자리와 소득 창출

- 산림 분야 일자리 창출

- 임업인 소득 증대

③ 국민행복과 안심국토 구현

- 산림복지 수혜인구 비율 재고

- 산림재해로 인한 피해액 경감

④ 국제 기여 및 통일 대비

- 지속가능발전목표(SDGs) 이행률 재고

- 북한 황폐산림 복구

4 **추진 전략(5대 추진 전략+ α)**

① 산림자원 및 산지 관리체계 고도화

– 다양한 기능이 최적으로 발휘되는 산림

– 산림을 더 푸르게

② 산림산업 육성 및 산촌 활성화로 좋은 일자리 창출

– 목재산업 육성 및 임업인 소득 안정

– 경제를 더 윤택하게

③ 일상 속 산림복지체계 정착

– 국민을 더 행복하게

④ 산림생태계 건강성 유지 · 증진

– 국토를 더 건강하게

– 산림생태계의 현명한 이용 및 보전 강화

⑤ 산림재해 예방과 대응을 통한 국민안전 실현

– 산림재해로부터 안전한 사회구현

– 국민을 더 안전하게

⑥ 기후변화와 통일에 대비

– 세계녹화 통일에 대비한 산림 협력

– 대한민국을 더 빛나게

■ 산림계획 추진 과정

제1차('73~'78)	제2차('79~'87)	제3차('88~'97)	제4차('98~'07)	제5차('08~'17)
(치산녹화 1차) 국토의 속성녹화 기반 구축 – 속성수 위주	(치산녹화 2차) 장기수 위주 경제림 조성 및 국토녹화 완성	(산지자원화 10년 계획) 산지자원화 기반 조성	지속 가능한 산림경영 기반 구축	지속 가능한 녹색복지국가 실현

산림경영계획의 업무 내용

● 산림경영계획은 산림생태계의 보호 및 다양한 산림기능을 효율적을 발휘하기 위해서 작성하며, 산림경영계획을 통해 산림보호, 임산물 생산, 휴양문화, 고용 기능 등을 증진시킨다. 산림경영에 대한 수지 개선을 통해 합리적인 산림경영이 이루어지도록 유도하는 데 산림경영계획의 목적이 있다. 경영계획구에 대한 종합적인 경영계획은 10년 단위로 작성하며, 산림경영계획의 작성 주체는 소유자 또는 관리자가 된다.

■ 산림경영계획의 작성 내용

민유림(공 · 사유림)	국유림
① 경영 목표 및 중점사업 ② 조림면적, 수종, 수량 ③ 육림(풀베기, 어린나무 가꾸기)에 관한 사항 ④ 벌채(방법, 수량, 기준벌기령) ⑤ 임도, 작업로, 운재로 시설 등 ⑥ 산림소득의 증대를 위한 사업 등	① 조림(갱신 방법, 수종, 면적, 수량 등) ② 육림(비료주기, 풀베기, 어린나무 가꾸기, 덩굴 제거, 천연림 보육, 솎아베기 등) ③ 임목 생산(벌채종, 벌채율, 벌채량, 생산 방법, 재적 및 벌기령 등) ④ 시설(임도, 사방, 자연휴양림 등) ⑤ 산림소득사업(약초재배, 수액 채취, 관상수식재, 부산물 생산 등) ⑥ 산림생태계 및 산지 특정 소생물권 관리 등

일반조사 → 산림측량 → 산림구획 → 지황 · 임황조사 야장 → 부표 및 도면 작성

1 일반조사

현장조사와 자료조사를 병행하며 산림입지도, 임소반도, 적지적수도, 항공사진 등 지리정보를 이용하여 자료조사를 한다(일반현황 → 외업→ 내업).

2 산림측량 및 구획

산림구획과 시설측량을 하고, 경영계획구와 임반, 소반을 기준에 따라 구획한다.

3 임황과 지황 조사

산림조사계획이 수립된 경영계획구 내의 산림과 신규 취득한 산림에 대해 조사한다.

4 부표와 도면 작성

조사 결과를 벌채개소의 배치, 반출관계 등 모든 작업을 일목요연하게 알 수 있도록 부표와 도면에 기재한다.

06 산림경영계획의 일반조사

- 산림조사는 경영계획구에 대한 지황, 임황 및 관련 정도를 파악할 목적으로 하며, 산림경영의 방향을 결정하는 데 산림조사 자료는 중요한 기초자료로 활용된다.
- 산림조사는 현장조사와 자료조사를 병행하며 산림입지도, 임소반도, 적지적수도, 항공사진 등 지리정보를 이용하여 자료조사를 한다.

1 일반현황 조사

산림조사 시 단위에 있어 면적(㏊), 재적(㎥), 죽재의 경우는 "속"으로 하며, 생장량을 제외하고 정수 처리한다.

① 산림의 지리적 위치, 면적 및 지세: 행정구역상의 위치와 면적 및 인접 영림계획구의 관련 상황, 경도와 위도 및 산림대, 하천과의 거리 및 주요 산맥의 해발고, 하천의 수원관계 등을 조사하고 영림계획구 전체에 대한 대체적인 지위와 지세를 조사한다.

② 면적: 영림계획구의 면적과 영림계획 편성면적 및 행정구역별 면적을 조사한다.

③ 기상: 영림계획구의 온도, 습도, 강우량, 풍속, 일조량을 개략적으로 조사하되, 인근 기상대의 과거 관측자료를 평균치로 활용한다.

④ 경영 연혁: 과거부터 현재까지의 소유관리 변천 연혁과 경영계획 편성 연혁을 조사한다.

⑤ 산림개황: 영림계획구 산림에 대한 모암 구성, 토양 성질, 비옥도와 산림을 구성하고 있는 수종, 임종, 임령, 축적량 등을 개략 조사하고, 전차기의 특기할 만한 산림경영 방법이나 문제점 등을 조사한다.

⑥ 교통시설 및 임산물 시장 상황: 임산물의 반출 및 이동 등을 위한 교통시설을 조사하고, 임산물 생산에 대한 소비상황 및 시장가격 등을 조사한다.

⑦ 산 원주민의 실정: 인구 및 직업 상황, 타 산업의 발달 및 토지 이용 상황, 임금 등에 대하여 개략적으로 조사한다.

⑧ 기타 사항: 지역 주민이 요구하는 사항(임산물 채취, 등산로 개설, 산촌마을 조성 등)과 지역 사회가 참여하고자 하는 사항을 조사한다.

2 조사자료 정리

① 외업조사

　㉠ 자료준비: 과거시업 관계를 도면에 모두 표시한다.

ⓛ 1일 조사면적 확정: 1일 조사할 임반 코스를 확정한다(**예** 능선 → 계곡부 도면 표시).

ⓒ 조사 방법

- 도면에 표시한 임 · 소반 구획이 현지와 합당한지 실시한다.

- 현지와 합당할 때: 표준이 되는 위치에서 표준지 조사법에 의거 수고, 경급 등 임황 및 지황조사 실시

- 불부합 시: 도면 위치 정정 후 지 · 임황조사 실시

☞ 소면적 화전조림지가 계획지에서 누락되어 과거 사업이 전무한 경우 → 소반 구획이 가능한 면적인 경우 반드시 보조소반으로 구획 관리

- 조사구역 내 특수 수종 및 특이사항(소로길, 방화선, 동굴 등)과 야생동식물 분포 등 함께 조사 기록 유지

② 내업조사

㉠ 면적 정리: 조사지역의 면적이 행정구역별 지번별 면적과 반드시 일치되게 정리

ⓛ 경영계획부 작성: 영림계획프로그램에 의거 처리 정리

ⓒ 작업종별 시업 계획 내역 작성

㉢ 1/25,000 또는 1/5,000 임 · 소반별 임상도 작성: FGIS에 의거 수치지도로 작성

㉤ 각종 조사 야장

- 산림조사 야장

- 표준지 매목조사 야장 및 재적 계산서

- 수고조사 야장 및 수고 계산표

- 산림조사 임야도(임소반 구획 및 시업 계획구역 구획)

③ 산림조사 준비사항

① 도면

㉠ 전기와 차기 4개 도면(1/25,000): 위치도, 영림계획도, 목표임상도, 산림기능도 등

ⓛ 참고 도면: 산림이용기본도, 임도망도, 산림입지도, 전 · 차기 각종 사업 실행도면

② 조사기구 준비

㉠ 수고 측정: 측고기(순토, 덴드로메타, 하그로프측고기 등)

ⓛ 흉고측정: 윤척 또는 직경테이프, 빌티모아스틱 등

ⓒ 줄자: 30~50m 규격의 줄자가 현지에서 사용하기가 가장 적당(표준지 설정)

㉢ 생장추: 수령 측정(생장추로 수령 측정이 불가한 수종은 톱으로 잘라 측정)

㉤ 격자판: 도면상 면적 산출

㉥ 산림조사 야장, 표준지매목조사야장, 수고조사야장, GPS장비, 노트북, 계산기 등

07 산림측량

● 산림경영계획에서 산림측량(forest survey)은 주위측량, 산림구획측량, 시설측량으로 구분한다.

● 주위측량은 경계를 구분하기 위한 측량으로 가장 중요하다.

1 주위측량

① 산림의 경계선을 명백히 하고 그 면적을 확정하기 위해 실시하는 측량이 주위측량이다.

② 주위는 개별 필지의 주위가 아니라 산림경영계획구에 속해 있는 단지(團地)의 주위를 말한다.

③ 단지를 만들 때 넓은 구역에 걸쳐있는 큰 지역에서는 그중에 있는 주요한 구역선으로 나눈다.

④ 주요 구역선으로는 하천, 계류, 군·면 경계, 도로 등이며, 산림 내부에는 방화선, 농지, 원야 등이 포함된다.

⑤ 500ha 이상 큰 단지는 삼각측량으로 경계를 확정한다.

⑥ 경계측량은 협각측량(俠角測量)이 적합하지만, 비용과 노력이 많이 들므로 삼각점(三角點), 그 밖의 확실한 정점(定點) 사이의 경계선은 방위 측량(方位測量)으로 연결한다.

⑦ 방위 측량은 트랜싯(transit)을 사용하며 면적이 크지 않을 때는 보통 컴퍼스(compass) 또는 평판측량을 한다.

⑧ 국토정보공사에서 지형도를 제공하고 있으므로 이것을 이용하여 실측검정한다.

⑨ 실측검정을 통해 정확성을 조사한 후 필요한 장소만을 측량하면 경비와 시간을 절약할 수 있다.

⑩ 측량 후에는 경계선 번호, 각도, 거리, 인접지의 소유자, 그 밖의 상황을 기재한 경계부를 만든다.

⑪ 협각측량의 면적 계산은 경위거 계산을 하고, 방위 측량의 면적 계산은 삼각경위거로 계산한다.

⑫ 계산되지 않는 부분은 플라니미터로 계산하여 합계한다.

⑬ CAD를 이용하여 면적을 계산하는 전자면적법이 면적 계산에 가장 많이 쓰인다.

☑ 산림구획측량(山林區劃測量)

① 주위측량이 끝난 후 산림구획계획을 수립한 후 산림구획측량을 한다.

② 산림구획측량은 각종 산림구획의 경계선, 즉 임반, 소반의 구획선 및 면적을 구분하기 위해 실시한다.

3 시설측량(施設測量)

① 산림경영에 필요한 임도의 신설 및 보수, 그 밖의 건물을 설치할 때에 하는 측량이 시설측량이다.

② 측량한 결과는 도면에 명시하고, 1단지의 주위측량이 끝나면 도로 및 하천 등의 교통로는 이를 실측하여 그 면적을 공제한다.

③ 측량한 기록과 지적이 일치하지 않는 경우에는 지적법과 민법의 규정에 따라 처리한다.

08 지황조사

● 조사 대상 산림은 아래와 같다.

● 당해 연도에 산림조사 계획이 수립된 산림경영계획구 내의 산림, 신규 취득한 산림

1 지종 구분

① 입목지: 수관 점유 면적 및 입목 본수 비율이 31% 이상 점유하고 있는 임분

② 무립목지

　㉠ 미립목지: 수관 점유 면적 및 입목본수 비율이 30% 미만인 임분

　㉡ 제지: 암석 및 석력지로 조림이 불가능한 임지

③ 법정지정림: 산림법 등 관계 법률에 의거 지정된 법정임지(국립공원, 산림보호구역, 상수도 보호구역 등)

2 방위

구획한 임지의 주 사면을 보고 동, 서, 남, 북, 남동, 남서, 북동, 북서의 8방위로 구분한다.

3 경사도

① 완경사지(완): 15° 미만

② 경사지(경): 15~20° 미만

③ 급경사지(급): 20~25° 미만

④ 험준지(험): 25~30° 미만

⑤ 절험지(절): 30° 이상

4 표고

지형도에 의거 최저에서 최고 높이를 표시(예 600~800m)한다.

5 토양형

점토와 모래의 함유량으로 구분한다.

① 사토(사): 흙을 손에 쥐었을 때 대부분 모래만으로 구성된 감이 있을 때(점토의 함유량이 12.5% 이하)

② 사양토(사양): 모래가 대략 1/3~2/3를 점하는 것(점토의 함량이 12.6%~25%)

③ 양토(양): 대략 1/3 미만의 모래를 함유하는 것(점토의 함유량이 26%~37.5%)

④ 식양토(식양): 점토가 대략 1/3~2/3를 점하고 점토 중 모래의 촉감이 있는 것(점토 함량이 37.6%~50%)

⑤ 점토(점): 점토가 대부분인 것(점토 함유량이 50% 이상)

6 토심

유효토심의 깊이에 따라 천, 중, 심으로 구분한다.

① 천(천): 유효토심 30cm 미만

② 중(중): 유효토심 30~60cm 미만

③ 심(심): 유효토심 60cm 이상

7 건습도

B층(심층토) 토양의 수분 정도를 촉감법으로 구분한다.

구분	기준	해당 지역
건조	손으로 꽉 쥐었을 때, 수분에 대한 감촉이 거의 없음	풍충지에 가까운 경사지(산정, 능선)
약건	손바닥에 습기가 약간 묻는 상태	경사가 약간 급한 사면(산복, 경사면)
적윤	손바닥 전체에 습기가 묻고 물에 대한 감촉이 뚜렷함	계곡, 평탄지, 계곡평지, 산록부
약습	손가락 사이에 물기가 비친 정도	경사가 완만한 사면(계곡 및 평탄지)
습	손가락 사이에 물방울이 맺히는 정도	오목한 지대로 지하수위가 높은 곳

8 지위

임지생산력 판단 지표로 상, 중, 하로 구분하여 조사한다.

① 직접조사법: 우세목의 수령과 수고를 측정하여 지위지수표에서 지수를 찾거나 임목자원 평가 프로그램에서 산정한다.

② 간접조사법: 산림입지조사 자료를 활용한다.

영급	지위 지수					
	침엽수			활엽수		
	상	중	하	상	중	하
I	≥4	3	≤2	≥9	8~6	≤5
II	11	10−6	5	14	13−8	7
III	17	16−9	8	16	15−9	8
IV	20	19−10	9	17	16−8	9
V	22	21−11	10	17	16−11	10
VI 이상	≥22	21−11	≤10	≥17	16−11	≤10

☞ 침엽수 임분은 주 수종 기준, 활엽수는 참나무 기준

9 지리

10등급으로 임도 또는 도로까지의 거리를 100m 단위로 구분한다.

① 1급지: 100m 이하

② 2급지: 101~200m 이하

③ 3급지: 201~300m 이하

④ 4급지: 301~400m 이하

⑤ 5급지: 401~500m 이하

⑥ 6급지: 501~600m 이하

⑦ 7급지: 601~700m 이하

⑧ 8급지: 701~800m 이하

⑨ 9급지: 801~900m 이하

⑩ 10급지: 901m 이상

☞ 공·사유림의 경우는 임도에서 소반의 중심까지로 계산하고, 국유림의 경우는 소반의 경계까지로 거리를 계산한다.

10 하층식생

천연치수 발생상황과 산죽, 관목, 초본류의 종류 및 지면 피복도를 조사하여 기재한다.

임황조사

1 임황조사

① 임황조사는 산림의 상태를 조사하는 것이다.

② 임황조사 결과는 경영계획 시 시업 방법, 즉 벌기, 수종의 갱신, 수확의 예정, 벌채 순서 등을 결정할 기초자료로 사용한다.

③ 임황조사에는 임종, 임상, 수종, 혼효율, 임령, 영급, 수고, 경급, 소밀도, 축적 등이 포함된다.

④ 임황 조사 대상 산림은 아래와 같다.

　– 당해 연도에 산림조사 계획이 수립된 산림경영계획구 내의 산림

　– 신규 취득한 산림

2 임황조사의 종류

1) 임종

① 천연림: 산림이 천연적으로 조성된 임지, 천연하종 갱신, 움싹 갱신

② 인공림: 산림이 인공적으로 조성된 임지, 파종, 식재

2) 임상

임목재적 비율, 수관 점유면적 비율에 의하여 구분한다.

① 침엽수림: 침엽수가 75% 이상 점유하고 있는 임분

② 활엽수림: 활엽수가 75% 이상 점유하고 있는 임분

③ 혼효림: 침엽수 또는 활엽수가 26~75% 미만 점유하고 있는 임분

3) 수종

① 주요 수종의 수종 명, 점유 비율이 높은 수종부터 5종까지 조사한다.

② 임분을 구성하고 있는 주요 수종의 수종 명을 기재한다.

4) 혼효율

① 수종 점유율

② 임목재적 또는 수관 점유면적 비율에 의하여 100분율로 산정한다.

③ 혼효율=(해당현실축적/현실축적합계)×100

5) 임령

① 임분의 최저-최고 수령의 범위를 분모로 하고, 평균수령을 분자로 표시한다.

② 평균임령/(최저임령-최고임령)

$$\boxed{\text{예}}\ \frac{40}{30-50}\ \text{년}$$

③ 인공 조림지는 조림년도의 묘령을 기준으로 임령을 산정한다.

④ 천연림의 경우 생장추로 뚫어 임령을 산정하거나, 가지의 발생상태, 벌도목의 나이테, 임상 등을 종합적으로 판단하여 임령을 추정한다.

6) 영급

10년을 Ⅰ영급으로 하며 영급 기호 및 수령 범위는 다음과 같다.

① Ⅰ: 1~10년생

② Ⅱ: 11~20년생

③ Ⅲ: 21~30년생,

④ Ⅳ: 31~40년생

⑤ Ⅴ: 41~50년생

⑥ Ⅵ: 51~60년생,

⑦ Ⅶ: 61~70년생

⑧ Ⅷ: 71~80년생

⑨ Ⅸ: 81~90년생

⑩ Ⅹ: 91~100년생

7) 소밀도

조사면적에 대한 임목의 수관면적이 차지하는 비율을 100분율로 표시한다.

① 소(′): 수관밀도가 40% 이하인 임분

② 중(″): 수관밀도가 41~70%인 임분

③ 밀(‴): 수관밀도가 71% 이상인 임분

8) 축적

① 현실축적, 법정축적, 연년생장량 등으로 구분하여 기재할 수 있다.

② ha당 축적: 단재적 재계/표준지면적(0.04ha)을 계산(소수점 2자리까지 기입)

③ 총축적: ha당 축적×산림조사 야장의 면적(소수점 2자리까지 기입)

9) 수고

① 평균수고/(최저수고 - 최고수고), 가중평균으로 구한다.

> **예** $\dfrac{17}{10-25}m$

② 임분의 최저, 최고, 및 평균을 측정하여 최저~최고 수고의 범위를 분모로 하고, 평균 수고를 분자로 하여 표기한다(**예** 15/10-20m).

③ 축적을 계산하기 위한 수고는 측고기를 이용하여 가슴높이지름 2cm 단위별로 평균이 되는 입목의 수고를 측정하여 삼점평균 수고를 산출한다(경급별수고 결정).

10) 경급 구분

① 평균경급/(최저경급 - 최고경급), 가중평균으로 구한다.

> **예** $\dfrac{28}{24-34}cm$

② 입목 가슴높이지름의 최저, 최고, 평균을 2cm 단위로 측정하여 입목 가슴높이지름의 최저~최고의 범위를 분모로 하고, 평균 지름을 분자로 표기한다(**예** 20/10-30cm).

　㉠ 치수: 흉고직경 6cm 미만 임목의 수관 점유 비율이 50% 이상인 임분

　㉡ 소경목: 흉고직경 6~16cm 임목의 수관 점유 비율이 50% 이상인 임분

　㉢ 중경목: 흉고직경 18~28cm 임목의 수관 점유 비율이 50% 이상인 임분

　㉣ 대경목: 흉고직경 30cm 이상 임목의 수관 점유 비율이 50% 이상인 임분

11) 입목도

① 입목도=(현실축적/법정축적)×100

② 같은 지위와 같은 나이를 가진 수종을 기준으로 정상임분의 축적에 대한 현실임분의 축적비를 백분율로 표시한다.

10 부표와 도면

● 산림에 대한 조사 결과는 산림조사 야장에 기록한다. 산림조사 야장에 기록하지 못하는 세부조사(細部調査)의 결과를 기록한 것을 부표라고 하고, 세부조사 결과는 되도록 각종 부표(簿表, table) 또는 도면에 기재한다. 조사 결과는 별채개소의 배치, 반출관계 등 모든 작업을 일목요연하게 알 수 있도록 부표와 도면에 옮긴다.

1 부표

부표에는 경계부, 면적표, 지위 및 지리별 면적표, 지종 · 임상 · 영급별 면적축적표, 산림조사부 등이 있다. 부표 중에는 산림조사부가 가장 중요하고 그다음이 지종, 임상, 영급별 면적축적표이다.

1) 산림조사부

① 지황 · 임황의 조사 결과를 총괄하여 표시한 양식이 산림조사부이다.

② 산림조사부에는 수종별, 영급별 면적과 축적, 생장량 등의 일람표를 작성한다.

③ 산림조사부 기재 순서는 임반번호 및 소반기호의 순으로 한다.

④ 아래 서식은 국유림에서 사용하는 서식이다.

구획						산림소유자			제차기	지종	면적						지황							적요	임황					
---	---	---	---	---	---	---	---	---	---	---	입목지	무립목지				합계	지세		토지			지위	지리		임종	임상	수종	혼효율 %	임령	영급
군	면	리	지번	임반	소반	주소	직업	성명				미립목지	화전	화전	소계		방위	경사	토성	심도	습도									

▲ 산림조사부

2) 경계부

경계측량 결과를 기재하는 부표이다.

3) 면적표

임소반별로 임목지, 미립목지, 제지, 개간가능지 등으로 구분하여 면적을 기재한다.

4) 지위 및 지리별 면적표

작업급의 지위와 지리별로 면적을 기재한다.

5) 지종별, 임상별, 영급별 면적 축적표

수종별로 영급분배 상태를 표시한 것이며, 10년 영계로 Ⅰ영급을 만들고 면적과 축적을 기재한다.

② 도면

산림경영계획에 사용하는 도면에는 기본도, 위치도, 산림경영계획도 등이 있다. 기본도는 측량에 따른 구역 확정 및 면적 계산에 이용되고, 위치도는 산림경영계획구 등의 위치를 표시한다.

1) 산림경영계획도

① 산림경영계획도는 경영계획으로 편성한 10년의 계획을 표현한 도면이다.

② 1:3,000 또는 1:6,000 지형도에 임소반, 임상, 영급, 소멸도, 사업 위치 등을 기재한다.

③ 임상은 색으로 칠하고, 영급은 색채로 표시하며, 영급이 높을수록 짙은 색채를 사용한다.

④ 산림경영계획도에는 작성연월일, 행정구역계, 임소반계, 하천, 방위, 면적, 임상, 영급, 축적, 소밀도, 임도, 도로, 주벌, 간벌, 조림, 소생물권 등을 표시한다.

⑤ 산림경영계획도에 추가로 표기할 사항은 작성자의 판단에 따른다.

⑥ 산림경영계획도 기재 방법은 아래와 같다.

    ㉠ 육림: 사업별로 최초로 시행되는 사업에만 표시한다.

    ㉡ 임목생산: 주벌(임목의 최종 수확에 대하여 표시) 및 수익간벌(1차 간벌 이후에 대하여 표시)

    ㉢ 소득사업: 임목생산 외의 산림부산물에 대한 소득사업을 표시한다.

    ㉣ 제지: 암석 등 경영 부적지를 표시한다.

    ㉤ 미사업지: 경영계획이 편성되지 않은 곳을 표시한다.

    ㉥ 산림 소생물권: 희귀하거나 특별한 보호·관리가 필요한 곳을 표시한다.

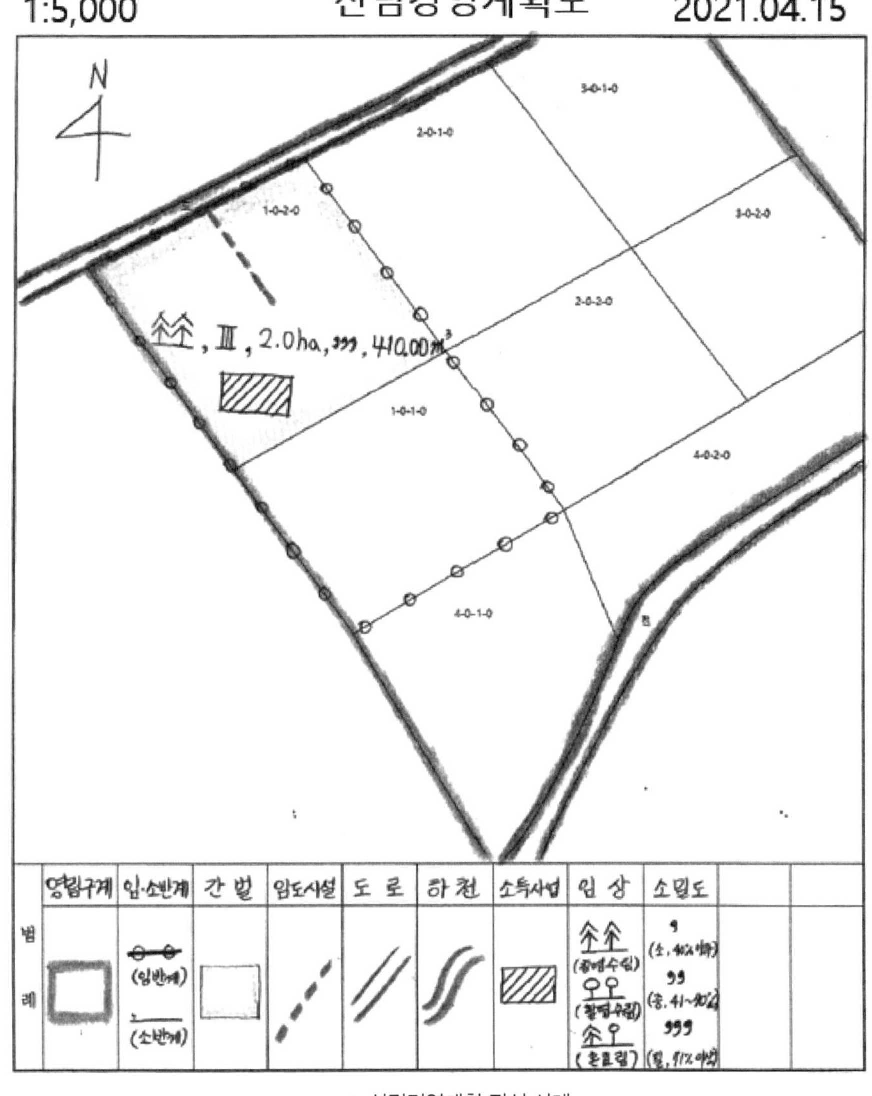

▲ 산림경영계획 작성 사례

2) 기본도

① 경계도, 주위측량도 및 산림구획 측량 결과를 기록한 도면이다.

② 산림의 각 부분 면적을 계산하고, 지형지물의 위치와 구역을 확인하기 위해 작성한다.

③ 리, 동의 주소 단위로 작성한 도면에 경영계획구와 임반, 소반을 표시한다.

④ 축척은 1/6,000이나 1/3,000을 사용한다.

3) 위치도

① 경영계획구의 위치를 표시하는 도면이다.

② 축척은 1/50,000을 사용한다.

경영계획서 작성 요령

● 사유림 산림경영계획서 작성 요령(요약) 2007, 산림청

1 산림현황(지황)

① **소유자:** 산림 소유자의 성명 또는 기관명(단체명)

② **산림소재지:** 시, 군, 구, 읍, 면, 동, 리까지 기재

③ **지번:** 경영계획 편성지의 지번

④ **임반:** 가능한 100ha 내외 구획, 능선, 도로, 하천 등 자연 경계, 아라비아숫자

⑤ **소반:** 최소 1ha 이상, 지종 · 임종 · 작업종 · 임령 · 지위 등으로 구획, 보조소반 표시 가능

⑥ **면적:** ha 단위 정수, 필요시 소수점 한자리까지

⑦ **산지 구분**

   – 산지관리법 제4조에 의한 산지 구분

   – 입목지(30%), 미립목지, 무립목지, 제지

⑧ **경사도:** 완(15° 미만), 경(15°~20°), 급(20°~25°), 험(25°~30°), 절(30° 이상)

2 임황

① **수종:** 수종명, 5종까지 기재 가능

② **임령:** 평균수령/최저~최고수령

③ **수고:** 평균수고/최저~최고수고

④ **경급:** 평균경급/최저~최고경급

⑤ **총축적:** 가슴높이지름 6cm 이상, 2cm 괄약 사용, 전수 또는 표준지조사로 산출

3 경영계획 및 실행 실적

① **경영 목표:** 벌기령과 수확대상 등 구체적으로 기재

② **중점사업:** 중점실행계획의 사업명

③ **조림:** 연도별, 수종별 면적 및 본수

④ **숲 가꾸기**: 작업 종별 면적 기재(풀베기, 어린나무 가꾸기, 천연림 보육, 솎아베기..)

⑤ **임목 생산**: 사업종은 주벌, 간벌, 굴취 등, 작업종은 모두베기, 골라베기, 모수작업 등

⑥ **시설**: 임도, 운재로, 작업로 기재, 개소수 또는 사업량(km)으로 표시

⑦ **소득사업**

　　– 품목은 임업 및 산촌진흥촉진에 관한 법률 시행규칙 별표 1 참조

　　– 작업종은 식재, 가꾸기, 채취 등으로 표시

　　– 사업량은 품목, 작업 종별로 해당 단위

4 산림경영계획구의 구분

① 공유림경영계획구: 공유림으로서 그 소유자가 계획을 작성할 산림의 단위

② 사유림경영계획구: 일반경영계획구, 협업경영계획구, 기업경영림계획구로 세분

5 산림경영계획서에 포함될 내용

① 조림면적 · 수종별 조림수량 등에 관한 사항

② 어린나무 가꾸기 및 솎아베기 등 숲 가꾸기에 관한 사항

③ 벌채 방법 · 벌채량 및 수종별 벌채시기 등에 관한 사항

④ 임도 · 작업로 · 운재로 등 시설에 관한 사항

⑤ 그밖에 산림소득의 증대를 위한 사업 등 산림경영에 필요한 사항

6 산림경영계획의 업무 내용

① 임업경영의 대상이 되는 토지를 정비하여 그 내용을 명확히 한다.

② 산림을 구획하고 각 부분의 위치, 형상 및 면적을 명확히 한다.

③ 지황 및 임황을 조사하고, 특히 입목의 축적 및 생장을 명확히 한다.

④ 산림에 따른 수종과 작업종 및 윤벌기를 정하여 시업체계의 조직을 만든다.

⑤ 생산에 적합한 벌채량을 정하고 벌채할 장소와 시기를 설정하여 임분을 배분한다.

⑥ 조림에 관한 작업 방침을 정하고 이에 따른 작업 분량을 예정한다.

⑦ 임도 · 방화선 · 묘포 및 그 밖의 산림시업에 따른 설비를 계획한다.

⑧ 조림과 벌채 계획을 조제하여 생산과정에서 물적 조절을 수립한다.

⑨ 벌채 및 조림사업의 예정과 실행과의 관계를 검사하여 보속성을 유지토록 한다.

7 산림경영계획을 개편해야 하는 경우

① 지역산림계획이 변경된 경우

② 영림구의 시업계획량과 실행량이 2할 이상 차이가 나는 경우

③ 천재지변 및 기타 이에 준하는 사태로 임상에 현저한 차이가 생긴 경우

④ 정부 시책 상 불가피하여 시장·군수로부터 변경의 명령을 받은 경우

핵심 12 국유림 경영관리 목적·목표

- 국유림 경영계획은 국유림의 합리적인 경영을 위해 작성한다.
- 합리적인 국유림경영은 산림생태계의 보호 및 다양한 산림기능이 최적으로 발휘되는 경영이다.
- 국유림 경영은 산림보호·임산물생산·휴양문화·고용기능 등을 증진시키고, 국유림경영에 대한 수지 개선이 되어야 한다.
- 국유림 경영계획은 산림기본계획과 지역산림계획 및 국유림종합계획에 따라 각 경영계획구별로 10년마다 작성한다.

1 국유림 경영관리의 목적

국유림법 제1장 총칙 제1조 목적

이 법은 국유림의 경영 및 관리에 관한 사항을 정하여 국유림의 기능을 증진하고 국유림을 효율적으로 관리함으로써 국가의 경제발전과 국민의 복지증진에 이바지함을 목적으로 한다.

2 국유림 경영관리의 기본원칙

국유림법 제2조(정의) 이 법에서 사용하는 용어의 정의는 다음과 같다.

① "국유림의 경영"이라 함은 국유림 안에서 조림·육림·임목생산·산림관리기반시설설치·산림유전자원보호 등의 산림사업을 통해 목재 등 임산물을 생산하고 산림의 경제·사회·문화·환경 등 다양한 기능을 유지·증진하는 활동을 말한다.

② "국유림의 관리"라 함은 국유림의 보전, 대부·사용허가·교환·매수·매각 등의 재산관리 행위를 말한다.

제3조(국유림 경영관리의 기본원칙) 국가는 국유림을 다음 각호의 기본원칙에 따라 경영관리 한다.

① 지역사회의 발전을 고려한 국가 전체의 이익 도모

② 지속 가능한 산림경영을 통한 임산물의 안정적 공급

③ 자연친화적 국유림 육성을 통한 산림의 공익기능 증진

④ 국유림의 국민이용 증진을 통한 국민의 삶의 질 향상

⑤ 공·사유림 경영의 선도적 역할 수행

3 국유림 경영관리의 주목표 및 부분 목표

- 5개의 주목표와 이들을 구성하는 부분 목표는 기본적으로 우선순위가 같다.
- 주목표와 부분 목표를 달성하기 위한 계획 또는 시행 시 목표가 상충된다면 법적 제한사항과 보호기능을 우선한다.
- 산림은 생태계로서 보전에 큰 의미를 지니기 때문에 보호기능을 우선하는 것이다.
- 모든 개별 목표는 임분 단위(소반)에서 동시에 함께 추구해야 한다.
- 개별 임분 또는 개별 경영체 단위에서 우선순위를 고려하여 산림기능의 총체적 이용을 최적화한다.

1) 국유림 경영관리 주목표

국유림산림경영계획에서 추구해야 할 5개의 주목표는 아래와 같다.

> ① 보호기능, ② 임산물생산기능, ③ 휴양 및 문화기능, ④ 고용기능, ⑤ 경영수지 개선

① 보호기능

- 물질순환의 안정화는 생태계인 산림의 자기조절능력을 향상시킨다. 산림에서 물질순환의 안정은 산림 외부로부터 부정적인 영향을 차단하거나 산림경영적인 배려를 통해 보호되어야 하며 필요한 경우 회복시킨다.
- 특수종 및 산지소생물권(희귀생물 및 자원의 서식공간)의 보호, 즉 자연보호는 국유림에 있어서 자연보호 관련 법규에서 규정하고 있는 사항을 준수한다. 또한, 자연보호는 부분 목표로서 공식적인 지침이 없더라도 모든 산림계획 및 시행 시 고려한다.
- 자연보호 목표 달성의 전제 조건으로서 대규모 밀집산림지역은 보호한다. 국유림에 있어서는 특수한 산지소생물권은 원형 그대로 보호되어야 하며 필요한 경우 복원시킨다. 산림경영활동을 수행하는 과정에서 자연성, 다양성 및 희귀성을 파악하고 국유림 경영계획 편성 시 그 근거를 확고히 한다.
- 경관의 보호는 일반적으로 문화경관의 보호가치성과 특수성, 그리고 산림이 개별지역의 경관을 특정 짓는 점에 유의하여 산림경영의 주요한 목표가 되고 있다. 이러한 점에서 특히, 임연부의 형성 및 유지관리에 대해 특별히 배려한다.
- 야생동물의 보호는 야생동물의 생존을 위한 은신처 제공만이 아니라 야생동물의 서식처를 제공함과 동시에 먹이 공급 등 생존을 위한 필수요소들이 제공되도록 배려한다.
- 산림은 미적으로 보기 흉한 물체를 차폐함으로써 간접적으로 경관을 조성하여 눈에 보이는 시계를 보호한다.
- 산림은 소음방지 기능을 한다. 소음방지림은 도로변 또는 휴양지 및 주거지역에 있어

서 특히 중요한 역할을 한다. 이를 위해 적절한 산림구조로 가급적 충분한 폭의 산림대를 조성 및 유지한다.

- 산림은 수자원 보호에 크게 기여한다. 즉, 산림은 수질개선은 물론 수원 함양에 기여한다. 특히, 산림에 상수원을 두고 있거나 식수원으로 사용하고 있는 유역 주변의 산림은 수질 개선 및 수원 함양 기능이 제고되도록 하는 것이 중요하다.
- 부분 목표로서 토양보호는 강수, 눈, 바람, 우박, 낙석, 토사 유출 등으로부터 토지를 보호하는 것을 말한다. 여기에는 대기오염 물질의 유입으로 인한 토양의 보호와 과도한 답압으로 인한 토양보호를 포함한다.
- 기후보호는 특별히 인구밀집지역에 있어서 평가되는 산림기능으로서 온도의 조절 및 대기의 환류를 통해 생활환경을 개선하는 기능을 말한다. 또한 산림은 저온 피해를 방지할 뿐 아니라 농작물 및 과수재배에 있어 바람으로 인한 피해를 방지한다.
- 산림은 분진 및 유해한 가스나 광선 등을 여과하여 대기질 개선에 크게 기여한다. 또한 산림은 대기오염으로부터 주거, 작업 및 휴양지, 농경지를 보호한다. 그러나 대기오염 물질의 축적으로 인해 산림의 역할이 위협받기도 한다. 따라서 산림의 대기질 개선기능이 장기적으로 발휘되기 위해서는 유해물질의 유입을 줄여야 한다. 화석연료의 사용량이 증가하고 열대림의 파괴 등으로 인해 대기 중의 이산화탄소량이 증가하고 있다. 이러한 점에서 온실가스 흡수원으로써 산림의 기능이 중요시되고 있다.
- 생태계로서 산림의 여러 기능 중에서 보호기능의 유지는 특히 중요한 의미를 지닌다. 산림의 보호기능과 다른 목표가 상충되면 보호기능을 우선해야 한다.

② 임산물생산기능

- 산림은 목재를 비롯하여 각종 임산물을 생산한다. 특히, 목재는 재생 가능한 자원일 뿐 아니라 환경친화적인 원자재이다. 현재 지구 전체적으로 소비량보다 임목생장량이 많아 총체적으로 볼 때 목재수급에는 큰 문제가 없으나 지구촌의 인구성장률, 생활수준 향상에 따른 소비량의 증가, 개도국의 산림 파괴 등을 고려할 때 장래에는 수요량이 공급량을 초과할 것이다.
- 국내 목재 자급률이 2014년 기준 약 18%인 점을 감안할 때 국내 임목을 최대한 활용하여 원자재의 자급도를 높이는 것은 국민경제에 기여할 뿐만 아니라 목재 수입으로 인한 부정적인 외부 효과도 줄여준다. 즉, 목재 수입에 따른 수송 부담(에너지 소비량 증가 · 대기오염 증가 등)을 줄여주고, 지속 가능한 임업경영체계가 확립되지 않은 개발도상국의 산림개발 수요를 완화하여 지구의 산림 보전에도 기여한다.
- 원자재생산 총비용, 즉 원자재의 생산, 가공, 이용 및 최종 폐기 과정에 이르기까지 소비되는 에너지량과 유해물질 발생량을 고려한 '전 과정 에너지 수지 분석을 고려한다면 목재 및 목제품은 그 어느 원자재와 비교하더라도 환경적인 면에서는 엄청난 장점을

지니고 있다. 또한 임업 그 자체가 비록 GNP에서 차지하는 비중은 적으나 목재 및 목제품, 종이 등 관련 임산업 및 유통 분야를 포함할 경우 국민경제에 크게 기여할 뿐 아니라 고용효과도 상당하다.

- 국유림 내에서 임산물 생산은 이러한 관점에서 큰 비중을 지닌 주목표가 된다. 임산물 생산에 있어서도 적어도 미래세대가 현세대의 수준 이상으로 이용할 수 있도록 한다.
- 국유림 내에서 임산물생산기능이라는 주목표를 달성하기 위하여는 목재 생산뿐만 아니라 경제적 가치가 있는 특정 임산물 자원(예 송이버섯, 산나물, 수액, 야생화 등)의 생산도 고려한다. 특정 임산물 생산환경의 개선과 분포지 관리, 수요도가 높은 특수용도 수종의 계획적인 조성관리 등을 DB화하여 합리적인 자원관리체계를 구축한다.

③ 휴양 및 문화기능

- 우리나라는 산림율이 63%로서 세계 평균 산림율 31%을 크게 상회하고 있다. 이와 같은 국토 여건으로 인해 주거지, 교외지 및 산간지 등 산림의 위치에 따라 다양한 휴양 활동이 전개되고 있다. 특히, 우리 국민에게 있어서 등산 등 산림휴양 활동은 삶의 주요한 부분을 차지하고 있다. 따라서 산림휴양 활동을 통해 건전한 여가문화를 정착시키는 한편, 국민의 건강을 증진시켜 나가고 삶의 질을 개선하며 경제여건의 안정화에 기여하는 것이 국유림경영의 주요 목표가 된다.
- 또한 산림은 역사적인 관점에서 살아있는 귀중한 문화유산이다. 이들은 각종 예술과 문학활동 속에 나타나며 우리의 삶을 풍요롭게 해 준다. 따라서 산림 안에 소재하는 토양기념물 및 기타 역사적 유물을 보호하고, 산림의 미적 가치를 증대시키며 자연체험 활동 등 환경교육을 통해 인간과 자연을 보다 결속시키며, 산림과 인류생활에 관련된 전통을 조장해 나가는 것이 주요한 부분 목표가 된다.

④ 고용기능

- 국유림경영을 수행하는 과정에서 상응한 노동 인력이 필요하다. 특히, 산지의 비율이 높은 농산촌지역에 있어서 산림 분야에서의 고용기회 제공은 농외 소득원의 확충과 계절적 소득 보전에 크게 기여한다.
- 국가적인 차원에서도 업무 성격에 부합한 적절한 일자리를 제공하는 것은 변함없는 정책 과제의 하나이기도 하다. 여기서 적절한 장비 및 기계를 투입하여 작업 과정을 합리화하고 고용가치를 높여나가야 한다. 또한 국가는 일자리 제공에 못지 않게 적절한 작업환경을 제공하고 노동 성과에 부합하는 소득을 보장하는 한편, 안전사고 및 직업병의 예방, 교육훈련 및 직업에 대한 동기부여 등 노동환경을 개선해 나가야 한다. 또한 국유림경영에 필요한 전문인력을 보유하는 것은 적절한 산림서비스 제공 능력을 확보하는 것으로 주요한 부분 목표가 된다.
- 그러나 국유림 경영체의 고용량은 주어진 사업량, 장래 예측 가능한 생산성의 진전 및

기계화의 추이, 그리고 사회적, 경제적 여건 변동을 고려하여 정해야 한다. 또한 산림 경영사업이 시기적으로 폭주할 경우 경영활동을 원활히 수행하기 위해 연간작업량의 일정 부분을 지역 임업체에 도급 방식으로 실행할 수 있다.

⑤ **경영수지 개선**

- 산림행정을 수행하는 데는 많은 비용이 수반되므로 재정적인 면에서 보속성이 유지되지 않고는 산림의 다양한 기능을 지속적으로 창출하기 어렵다. 그러므로 경영수지 개선은 국유림경영에 있어서 주목표가 되며 높은 비중을 갖는다.
- 장기적인 관점에서 재정 적자를 유발하지 않고 가능한 흑자 경영이 되도록 재정성과 제고에 노력을 기울여야 한다.
- 산림 자산가치의 유지 · 증진을 도모한다. 국가적인 관점에서 산림 자산가치는 임목 자원에 크게 의존하므로 산림을 양질의 자원으로 육성함으로써 개선시켜 나가야 한다.
- 아울러 유동성을 확보하여 산림경영상 필요한 경비를 지속적으로 조달할 수 있도록 한다. 이를 위해 산림자산의 지속적 이용이 가능하도록 산림구조(영급 구성 등)를 개선해 나가야 한다.

2) 경영 목표의 우선순위

① 국유림 경영 목표체계에 수반된 모든 계획이나 조치는 다목적 이용 개념에 따라 실현토록 해야 한다. 기본적으로 경영 목표체계에 있어서 목표 상호 간에 우선순위는 없다. 모든 개별 목표는 임분 단위(소반)에서 동시에 함께 추구한다. 그러나 목표체계 내의 어느 한 목표를 추구하는 것이 다른 목표를 달성하는 데 부정적인 영향을 주는 것이 명백할 때는 개별 임분 또는 개별 경영체(부분 경영체) 단위에서 우선순위를 고려하여 산림기능의 총체적 이용을 최적화한다.

② 달성하고자 하는 목표 상호 간에 상충될 때는 보호기능을 우선해야 한다. 보호기능은 생태계로서 산림을 보전하는 데 있어 보다 큰 의미를 지니기 때문이다. 보호기능 이외의 다른 목표는 일률적으로 우선순위를 정할 수 없다. 왜냐하면 이들 목표는 지역적으로 요구도가 상이하기 때문이다.

③ 목표 간 상충되는 문제는 임분 단위(소반) 또는 경영체 단위에 있어서 국유림 경영계획을 세우거나 이를 실행하는 과정에서 여러 가지 목표의 우선순위 또는 상대적 비중을 달리함으로써 해결한다. 궁극적으로 가능한 한 총체적인 목표의 최적 실현을 도모하도록 목표 간 조화를 도모한다.

④ 여기서 상위의 주목표 또는 부분 목표가 절대적인 우선순위를 갖는 것이 아니라 상대적으로 비중이 크다는 것을 의미한다. 따라서 상위 목표를 훼손하지 않는 범위 안에서 하위 목표들을 달성하도록 노력한다.

국유림 경영 목표 실현의 전제 조건

- 숲은 나무를 포함한 각종 생물이 비생물환경과 작용, 반작용, 상호작용을 주고받으며 살아가는 생태계다.
- 산림경영을 통해 추구해야 할 경영 목표는 자연생태계로서 산림이 지니고 있는 특성을 고려하지 않고는 달성할 수 없다.
- 국유림경영도 생태계로서 산림이 가진 특성을 고려해서 다음의 전제 조건을 충족해야 한다.

1 산림생태계의 안정성 · 적응성 및 다양성

① 국유림경영을 통하여 추구하고자 하는 각종 경영 목표는 산림의 생태적 안정성을 바탕으로 한다. 산림이 생태적으로 안정되지 않고는 다양한 산림기능을 지속적으로 확보할 수 없기 때문이다. 그러므로 산림생태계의 안정성(安定性)은 경영 목표 실현 이전의 기본 전제가 된다.

② 경영 목표를 추구함에 있어서 산림이 지니고 있는 자기갱신능력과 자기조절능력을 최대한 활용하여 환경변화에 적응하고 스스로 극복하도록 해야 한다. 이를 산림생태계의 적응성(適應性)이라고 한다. 산림에 대한 목표체계 또한 사회의 진보와 더불어 변화된다는 점을 고려할 때 산림생태계의 적응성은 중요한 의미를 지닌다.

③ 다양성(多樣性)은 생명공학 기술의 진보에 따라 미래 유전 자원의 이용 가능성을 확보하는 차원에서 중요하고 산림생태계의 안정성 및 적응성과 밀접한 관계가 있다. 산림생태계가 유전적, 종 및 생태적으로 풍부한 다양성을 지니고 있어야만 환경변화에 적응하기 쉽고, 안정성도 높여주기 때문이다.

2 지속성 및 경제성

① 산림은 국민생활에 있어서 경제적으로는 물론 휴양(休養)활동 면에서 중요한 역할을 할 뿐만 아니라 다양한 생태적 기능도 수행하고 있다.

② 국유림경영은 이러한 기능을 총체적으로 최적 생산이 되도록 해야 한다. 이러한 목표를 추구함에 있어서 미래세대가 적어도 현세대 이상으로 산림효용을 누릴 수 있도록 지속성 원칙을 준수해야 한다.

③ 사회가 요청하는 각종 산림기능은 경제적인 방법으로 창출되어야 하며, 이와 같은 점은 산림의 생태적 기능이나 휴양기능의 발휘에 있어서도 마찬가지이다.

④ 목표로 하는 산림효용을 최소의 비용으로 창출하거나 이용 가능한 재원 범위 내에서 최대 효과를 발휘하게 하는 경제성 원칙에 따라야 한다.

국유림의 산림구획

- 산림구획은 실제적인 경영활동, 즉 계획, 실행, 기록, 통제에 적합하도록 산림의 크기와 형태를 고려하여 경영 단위로 나누는 것이다.
- 산림구획은 산림경영에서 계획, 실행, 기록 및 통제의 기본 단위가 된다.
- 경영계획에서는 '경영계획구 → 임반 → 소반'의 순서로 산림을 구획하여 효율적이고 합리적인 운영이 가능하도록 한다.
- 특별한 사정이 없는 한, 임반의 경계는 변경하지 않는다. 경계를 자주 변경하면 경영 기록을 유지하기 어렵고 산림경영 계획에 불필요한 비용이 발생할 수 있기 때문이다.

1 경영계획구

국유림관리소별로 경영계획구를 구분하고, 명칭은 국유림관리소명 다음에 지역명을 붙여 사용하는데, 보통의 경우 행정구역상 시·군 단위로 나누는 것이 일반적이다.

2 임반

① 소반 및 보조소반 등 산림구획의 골격을 형성하며, 임반의 경계 및 번호는 특별한 경우를 제외하고는 변경하지 않는다.

② 임반의 면적은 현지 여건상 불가피한 경우를 제외하고 가능한 한 100ha 내외로 구획하며, 능선·하천·도로 등 자연 경계나 도로 등 고정적 시설을 따라 확정한다.

③ 임반의 표기는 경영계획구 유역 하류에서 시계 방향으로 연속되게 숫자 1, 2, 3 · · · 으로 표기하고, 신규 재산 취득 등의 사유로 보조임반을 편성할 때는 연접된 임반의 번호에 보조번호를 부여한다. 보조임반은 1-1, 1-2, 1-3, · · · 순으로 부여한다.

④ 사유림 매수·관리 전환 등의 신규 재산 취득으로 별도의 임반구획이 필요하나 불가피하게 기존의 마지막 임반번호를 이어서 편성할 수 없는 경우에는 연접된 임반의 번호에 보조번호를 부여하여 보조임반을 구획한다.

3 **소반**

① 임반은 상당한 면적을 가진 지역적 구역이므로 임지의 임목 상태가 극히 간단한 곳을 제외하고는 1개 임반 내에는 토지 사용 또는 임상 등 여러 가지 차이가 있다. 따라서, 이를 구별하지 않으면 시업취급이 구체적으로 정해지지 않는다. 즉, 소반(小班, subcompartment)은 임반 내에서 그 상태 및 취급에 차이를 둔 부분이라고 할 수 있으며, 1ha 이상으로 구획하되 현지 여건상 부득이한 경우에는 0.1ha 이상으로 할 수 있다.

② 임반 내에서 자연 경계·고정시설·지형지물을 이용하여 소반을 특정할 수 있거나 다음과 같이 시업상 취급을 다르게 할 구역은 소반을 달리하여 구획한다.

③ 지형지물 또는 유역 경계를 달리하거나 시업상 취급을 다르게 할 구역은 소반을 달리하여 구획한다.

    ㉠ 산림의 기능(자연환경보전림·산지재해방지림·수원함양림·생활환경보전림·산림휴양림·목재생산림 등)이 상이할 때

    ㉡ 지종(입목지·미입목지·제지·법정지정림)이 상이할 때

    ㉢ 임종·임상·영급이 상이할 때

    ㉣ 수확·갱신 방법이 상이할 때

    ㉤ 지위급·지리급 또는 운반 계통이 상이할 때

④ 소반은 산림경영체의 일반적인 경영 단위가 되며 사유림 매수·관리 전환 등의 신규 재산 취득으로 별도의 소반구획이 필요하거나, 이용 형태·수종 그룹이 상이하거나, 계획기간 동안 달리 취급할 필요가 있는 경우에는 보조소반을 편성한다. 다만, 보조소반은 임반 또는 소반 내에서 장기적으로 독립하여 취급하는 것은 바람직하지 않다.

⑤ 소반의 면적은 축척 1/25,000 또는 1/5,000 도면상에서 산출하거나 수치지도(digital map) 상에서 산출된 면적으로 확정한다.

⑥ 소반의 번호는 임반의 번호와 같은 방향으로 소반명을 1-1-1, 1-1-2, 1-1-3, …처럼 연속되게 부여하고, 보조소반은 연접된 소반의 번호에 1-1-1-1, 1-1-1-2, 1-1-1-3, …으로 표기한다.

핵심 15

일반현황 조사

- 국유림 경영계획에서 산림조사는 일반현황조사와 지황조사, 임황조사로 구분하여 조사한다.
- 산림조사는 경영계획구에 대한 정확한 지황·임황 및 관련 정보를 조사·파악하는 것이다.
- 조사 결과는 경영계획 수립 및 운영에 기초자료로 활용한다.
- 산림조사는 현장조사와 자료조사를 병행하여 실시한다.
- 산림조사 시 산림기능 구분도·산림입지 토양도·맞춤형 조림지도·임상도·위성사진 등의 활용 가능한 자료를 최대한 이용하여 조사한다.

1 일반현황조사

1) 산림의 지리적 위치 및 지세

경영계획을 수립할 때는 산림을 답사하기 전에 우선 임야대장의 지번을 대조하여 행정구역 상의 위치와 면적 및 인접 경영계획구의 관련 상황, 경도와 위도 및 산림대, 해안과의 거리 및 주요 산맥의 해발고, 하천의 수원관계 등을 조사하고, 경영계획구 전체에 대한 대체적인 지위와 지세를 조사한다.

2) 면적

경영계획구의 면적과 경영계획 편성면적 및 행정구역별 면적을 조사한다.

3) 기상

경영계획구의 온도 · 습도 · 강수량 · 풍속 · 일조량 등을 개략적으로 조사하되, 인근 기상대 의 최근 10년간 관측자료 평균값을 활용한다.

4) 경영 연혁

과거부터 현재까지의 소유 · 관리의 변천 연혁과 경영계획편성 연혁을 조사한다.

5) 산림개황

경영계획구의 산림에 대한 모암의 구성 · 토양의 성질 및 비옥도와 산림을 구성하고 있는 임 종 · 임상 · 수종 · 영급 · 축적 등을 개략 조사하고, 전 · 차기의 특기할 만한 산림경영 방법 이나 문제점 등을 조사한다.

6) 교통시설 및 임산물 시장 상황

임산물의 반출이나 이동 등을 위한 교통시설을 조사하고, 임산물 생산에 대한 소비 상황과 시장가격 등을 조사한다.

7) 산 원주민의 실정

인구 및 직업 상황, 기타 산업의 발달 및 토지이용 상황, 임금 등에 대하여 개략적으로 조사한다.

8) 국유림경영과 지역사회의 요구사항

임산물 채취 · 숲길 조성 · 협의체 참여 등 지역사회가 국유림경영에 요구하거나 참여하고자 하는 사항을 조사한다.

2 기타 조사사항

1) 목표임상

현재 임상 · 맞춤형 조림지도 · 지위 · 기후 등을 고려하여 최종 수확기까지 보육 또는 갱신할 목표임상을 선정하며, 목표임상은 한 가지 이상이 될 수 있으며, 목표임상을 참고하여 목표임상도를 제작한다.

2) 산림소생물권

백두대간 · 산림유전자원보호구역 등 특정 지역, 희귀생물 서식공간으로 습지 및 건조지역, 노거수 · 가치 있는 노령 고사목, 희귀 야생 동 · 식물종, 임연부, 산림 내 공지 등으로서 특별히 보호 및 관리 또는 복원이 필요한 지역에 대하여 조사하되 별도 조사된 자료를 활용할 수 있다.

3) 특정임산물

국유림 내에 잠재해 있는 부존자원을 파악하기 위한 것으로, 산나물 · 야생화 · 수액 · 종실 · 버섯 등의 채취 가능량을 조사하며, 채종림 또는 채종임분의 경우에는 종자 채취 기능량을 조사한다.

4) 특수림 지정 현황

산림경영상 특별 목적으로 지정한 특수림으로, 국유림의 경영 및 관리에 관한 법률의 시범림, 임업 및 산촌진흥촉진에 관한 법률의 특수용도목재생산구역(합판용 · 문화재복원용 · 표고 자목용), 경제림육성단지 지정 현황, 경관림 지정 현황 등을 조사한다.

16 국유림 지황조사

1 지종 구분

① 소반(小班)의 지종 구분은 입목지(立木地)와 무입목지(無立木地)로 구분하여 기재한다.

② 소반이 법률에 의거 지정된 법정임지일 경우에는 지정 사항과 면적을 기재한다.

③ 소반의 전체 면적을 입목지와 무입목지로 구분한 다음, 그 소반에 법정지정림이 있을 경우 지정된 면적을 기재한다.

④ 연 소반의 전체 면적이 6ha, 입목지가 5ha, 무입목지가 1ha, 산림유전자원보호림으로 지정된 면적이 5ha일 경우 아래와 같이 기재한다.

■ 산림경영계획상의 소반 지종 구분

지종별 면적(ha)			법정지정림	
합계		6	지정 사항	면적
입목지		5	산림유전자원보호림	5
무립목지	소계	1		
	미립목지	1		
	제지			

㉠ 입목지: 입목도 30% 초과하는 임지

㉡ 무입목지

  – 미입목지: 입목도 30% 이하인 임지

  – 제지: 암석 및 석력지로서 조림이 불가능한 임지

㉢ 법정지정림: 법률에 의거 지정된 임지(산지관리법 제4조 참조)

$$\text{입목도(density of stocking)}: \frac{\text{현실임분의 재적}}{\text{정상임분의 재적}} \times 100 = \frac{\text{현실임분의 본수}}{\text{정상임분의 본수}} \times 100$$

2 방위

구획한 소반의 주 사면을 보고 동 · 서 · 남 · 북 · 남동 · 남서 · 북동 · 북서 8방위로 구분한다.

3 경사도

구획한 소반의 주 경사도를 보고 5가지 유형(완경사지, 경사지, 급경사지, 험준지, 절험지)으로 구분한다.

① 완경사지(완): 15° 미만

② 경사지(경): 15~20° 미만

③ 급경사지(급): 20~25° 미만

④ 험준지(험): 25~30° 미만

⑤ 절험지(절): 30° 이상

4 표고

표고(標高)는 지형도에 의거해서 최저에서 최고로 표시한다(예 220~680).

5 토양형(토성)

B층 토양의 모래 · 미사 · 점토의 함량에 대해 촉감법으로 구분한다.

① 사토(사): 흙을 손에 쥐었을 때 대부분 모래만으로 구성된 감이 있을 때(점토의 함유량이 12.5% 이하)

② 사양토(사양): 모래가 대략 1/3~2/3를 점하는 것(점토의 함량이 12.6%~25%)

③ 양토(양): 대략 1/3 미만의 모래를 함유하는 것(점토의 함유량이 26%~37.5%)

④ 식양토(식양): 점토가 대략 1/3~2/3를 점하고 점토 중 모래의 촉감이 있는 것(점토 함량이 37.6%~50%)

⑤ 점토(점): 점토가 대부분인 것(점토 함유량이 50% 이상)

6 토심

유효 토심의 정도로 구분한다.

① 천: 유효 토심 30cm 미만

② 중: 유효 토심 30~60cm

③ 심: 유효 토심 60cm 이상

7 건습도

B층 토양의 건습도(乾濕度)는 아래에서 보는 바와 같이 촉감법으로 구분한다.

구분	기준	해당 지역
건조	손으로 꽉 쥐었을 때, 수분에 대한 감촉이 거의 없음	풍충지에 가까운 경사지(산정, 능선)
약건	손바닥에 습기가 약간 묻는 상태	경사가 약간 급한 사면(산복, 경사면)
적윤	손바닥 전체에 습기가 묻고 물에 대한 감촉이 뚜렷함	계곡, 평탄지, 계곡평지, 산록부
약습	손가락 사이에 물기가 비친 정도	경사가 완만한 사면(계곡 및 평탄지)
습	손가락 사이에 물방울이 맺히는 정도	오목한 지대로 지하수위가 높은 곳

8 지위

① 임지의 생산능력을 나타내는 지위(site quality)는 원칙적으로 토양ㆍ지형ㆍ입지 등의 인자로 판단할 수 있다.

② 국유림 산림경영에서 지위지수는 임지생산력 판단지표로, 소반 내 주수종의 우세목 수고와 수령을 측정하여 수종별 지위지수곡선(site indexcurve)에서 2m 괄약을 적용하여 기록한다.

③ 해당 수종의 지위지수곡선이 없는 경우에는 침엽수는 잣나무, 활엽수는 신갈나무 지위지수곡선을 적용한다.

④ 지위는 임지의 생산력 판단지표로 우세목의 수령과 수고를 측정하여 지위지수표에서 지수를 찾은 후 아래 표의 구분에 따라 상ㆍ중ㆍ하로 구분한다.

⑤ 침엽수는 주수종을 기준으로 하고, 활엽수는 참나무를 적용한다.

영급	지위지수					
	침엽수			활엽수		
	상	중	하	상	중	하
I	≥4	3	≤2	≥9	8~6	≤5
II	11	10~6	5	14	13~8	7
III	17	16~9	8	16	15~9	8
IV	20	19~10	9	17	16~8	9
V	22	21~11	10	17	16~11	10
VI 이상	≥22	21~11	≤10	≥17	16~11	≤10

9 지리

① 임산물의 반출과 산림작업을 위하여 임지에 접근할 수 있는 임도나 도로까지의 거리는 임산물의 가격 형성뿐만 아니라 산림작업사업비 산출에도 영향을 끼친다.

② 지리(accessibility)는 소반 경계에서 임도 또는 도로까지의 거리를 100m 단위로 다음과 같이 구분한다.

- 1급지: 100m 이하
- 2급지: 101~200m 이하
- 3급지: 201~300m 이하
- 4급지: 301~400m 이하
- 5급지: 401~500m 이하
- 6급지: 501~600m 이하
- 7급지: 601~700m 이하
- 8급지: 701~800m 이하
- 9급지: 801~900m 이하
- 10급지: 901m 이상

10 하층식생

천연치수 발생상황과 산죽 · 관목 · 초본류의 종류 및 지면의 피복도를 조사하여 기재한다.

국유림 임황조사

● 임황조사(inventory of each stand)는 산림의 현황을 파악하여 산림사업의 내용을 결정하고, 장래의 수종·작업종·벌기령 등을 정하여 조림·숲 가꾸기·수확계획 등을 수립하기 위한 자료를 얻기 위하여 실시한다.

1 임종(origin of forest)

산림이 성립된 원인을 규명하기 위한 조사사항으로 천연림과 인공림으로 구분한다.

① 인공림(인): 산림이 인공적으로 조림된 임지

② 천연림(천): 산림이 천연적으로 조성된 임지

2 임상(forest type)

입목지의 임상은 입목본수 · 입목재적 · 수관점유면적 비율에 따라 다음과 같이 구분한다.

① 침엽수림(침): 침엽수가 75% 이상 점유하고 있는 임분

② 활엽수림(활): 활엽수가 75% 이상 점유하고 있는 임분

③ 혼효림(혼): 침엽수 또는 활엽수가 25% 초과 75% 미만 점유하고 있는 임분

3 수종

① 주 수종을 기재하고, 혼효림의 경우에는 점유 비율이 높은 주요 수종부터 5종까지 기재할 수 있다.

② 수종조사 요령

- 소나무, 잣나무, 낙엽송 등 침엽수는 수종별로 조사한다.

- 활엽수는 아래 수종 이외의 수종은 일괄 잡목으로 기재한다.

- 상수리나무, 굴참나무, 신갈나무, 떡갈나무, 오리나무, 박달나무, 자작나무, 피나무, 사시나무, 느티나무, 황철나무, 가래나무, 아까시나무, 들메나무, 층층나무, 물푸레나무, 엄나무, 밤나무, 현사시, 포플러

- 활엽수임분에 관해서는 현존 입목의 형질 및 생육상태를 파악하여 수종갱신을 하는 것보다 무육시업을 할 경우가 경제성이 있다고 판단되면 무육시업을 위한 기초자료로 조사한다.

4 혼효율

혼효율(mixed rate)은 주요 수종의 입목본수 · 입목재적 · 수관점유면적 비율에 의하여 100분율로 산정한다.

5 임령

① 임령(age ofstand)이란 임분의 나이를 말하며, 임분의 최저~최고 수령의 범위를 분모로 하고 평균 수령을 분자로 표시한다(예 30/20~40).

② 인공조림지는 조림연도의 묘령을 기준으로 임령을 산정하고, 그밖에 임령 식별이 불분명한 임지는 생장추로 목편을 채취하여 임령을 산정한다.

6 영급

연속되는 몇 개의 임령을 묶어서 임령의 범위를 나타내는 것이다. 10년을 I영급으로 하며, 영급 기호 및 수령 범위는 아래의 표와 같다.

기호	수령 범위	기호	수령 범위
I	1~10년생	VI	51~60년생
II	11~20년생	VII	61~70년생
III	21~30년생	VIII	71~80년생
IV	31~40년생	IX	81~90년생
V	41~50년생	X	91~100년생

7 평균수고

임분의 최저~최고수고의 범위를 분모로 하고 평균수고를 분자로 하여 정수 단위로 표시한다(예 15/10~20).

8 우세목 수령 및 수고

주 수종의 임분에서 수고가 우세한 나무(우세목) 3~5본의 수령 및 수고를 측정하여 이를 평균하여 값을 구한다. 단, 지위가 사전에 파악된 경우 우세목조사는 생략할 수 있다.

9 평균경급

임분의 최저~최고 흉고직경(가슴높이지름)의 범위를 분모로 하고 평균 흉고직경을 분자로 하여 괄약 2cm를 적용한다(예 20/14~26).

🔟 소밀도

조사면적에 대한 입목의 수관면적이 차지하는 비율을 100분율로 표시한다.

① 소('): 수관밀도가 40% 이하인 임분

② 중("): 수관밀도가 40% 초과 70% 이하인 임분

③ 밀(‴): 수관밀도가 70% 초과인 임분

11 축적

① 축적은 현실축적과 법정축적으로 구분한다.

② 현실축적은 실제 조사한 자료를 토대로 산출한 축적이다.

③ 법정축적은 조사한 영급상태와 생장 상태가 법정 상태인 축적을 말한다.

④ 1ha당 축적과 총축적은 소수점 이하 둘째 자리까지 구한다.

⑤ 재적 측정은 흉고직경이 6cm 이상인 입목을 대상으로 측정한다.

⑥ 흉고직경은 지상고 120cm 위치의 직경을 2cm 괄약으로 측정하며, 수고는 1m 괄약을 적용한다.

⑦ 조사 방법으로는 전수조사 · 표준지조사 및 기타 조사가 있다.

⑧ 전수조사는 소반 내의 모든 입목의 경급과 수고를 조사하여 재적을 산출한다.

⑨ 표준지조사는 소반 내 평균임상인 개소에서 선정한 표준지(면적 0.04ha, 20m×20m 또는 10m×40m)로 한다.

⑩ 표준지 개수는 소반면적이 조림연도와 수종이 같은 인공조림지라면 1% 이상인 2~5개소, 아니라면 2% 이상인 3~10개소 이상 표준지조사를 한다.

⑪ 표준지 개수 산출 방법: (5ha(50,000㎡)×1%=500㎡)/400㎡(표준지면적) → 2개소

⑫ 표준지 내에서 측정한 입목의 평균 흉고직경과 직경별 평균수고를 통하여 표준지 내 재적을 구한 후 그것을 기준으로 전 재적을 산출한다.

⑬ 기타 조사란 과거의 조사자료가 있는 임지에 대해서는 실측조사를 생략하고 연년생장률 등을 적용하여 축적을 산정하는 것을 말하며, 신규 조사지 또는 경영계획 기간 내 벌채사업을 할 때는 전수 또는 표준지 조사를 하고, 그 밖의 임지에 대해서는 기타 조사를 할 수 있다.

국유림의 기능 구분

- 1992년 리우환경회의 이후 헬싱키프로세스와 몬트리올프로세스 등을 통한 지속 가능한 산림 경영에 관한 국제적 실천 논의는 산림의 다양한 기능 발휘를 기본으로 하고 있다.
- 산림의 다양한 기능은 산림에 대한 사회적·생태적 및 경제적 수요를 동시에 충족시켜 나아가기 위한 방향으로 진행되고 있다.
- 국유림 경영계획은 산림을 여섯 가지 기능으로 구분하여 각 기능에 알맞게 사업과 관리의 방법을 달리한다.
- 산림의 여섯 가지 기능에 대하여 전국 단위로 작성되어 있는 산림기능 구분도 및 산지구분도를 참고하여 작성한다.
- 산림의 기능이 중복되면 산림의 위치, 입지 조건(보호기능·법정사항 등), 경제적·사회적 여건 등을 종합적으로 고려하여 주 기능과 부기능으로 구분하여 정할 수 있다.
- 산림의 6대 기능에 대한 법정 사항 및 대상 산림은 아래와 같이 구분한다.

1 생활환경 보전림

① 도시와 생활권 주변의 경관 유지 등을 통해 쾌적한 환경을 제공하기 위한 산림

② 산림법에 의한 풍치보안림, 비사방비보안림, 도시공원 안의 산림, 개발제한구역 안의 산림, 그 외에 생활환경 보전기능 증진을 위해 관리가 필요하다고 산림관리자가 인정하는 산림

2 자연환경 보전림

생태·문화 및 학술적으로 보호할 가치가 있는 자연을 보전하기 위한 산림보호구역, 산림유전 자원보호림, 채종림, 채종원, 시험림, 자연공원 안의 산림, 자연생태계 보전지역, 습지보호지역 안의 산림, 수목원 안의 산림, 조수보호구 안의 산림, 사찰림, 문화재보호구역 안의 산림, 백두 대간보호구역 등

3 수원 함양림

① 수자원 함양 기능 및 수질정화 기능을 높이기 위한 산림

② 수원함양보안림, 상수원보호구역 안의 산림, 한강수계 지역 안의 산림, 낙동강수계 지역 안의 산림, 댐으로 집수되는 자연경계구획 안의 산림 등 수원 함양 기능 증진을 위해 관리가 필요하다고 산림관리자가 인정하는 산림

4 산지재해방지림

① 산사태 · 토사 유출 · 대형 산불 · 병해충 등 산림재해방지 기능이 요구되는 산림

② 사방지, 토사방비보안림, 산불 및 산사태가 우려되는 침엽수단순림, 병해충의 우려가 있는 단순림 등 산지재해방지 기능 증진을 위해 관리가 필요하다고 산림 관리자가 인정하는 산림

5 산림휴양림

다양한 휴양 기능을 발휘할 수 있는 특색 있는 산림과 자연휴양림 등 휴양 기능 증진을 위해 관리가 필요하다고 산림관리자가 인정하는 산림

6 목재생산림

① 생태적 안정을 기반으로 하여 국민경제활동에 필요한 양질의 목재를 지속적으로 생산하고 공급하기 위한 산림

② 보존국유림, 임업진흥권역 안의 목재 생산을 위한 산림, 경제림단지 산림 등 목재생산 기능 증진을 위해 관리가 필요하다고 산림관리자가 인정하는 산림

국유림 소반경영계획 수립

● 소반별로 조사한 산림현황을 바탕으로 하여 10년간 실행할 조림, 숲 가꾸기, 임목생산, 시설(임도·휴양림 등), 소득사업, 자연보호 및 경관보육조치 등을 포함한 소반경영계획을 수립한다.

1 조림예정지 정리

미입목지, 산불·병해충 피해임지, 수확벌채적지, 복층림 조성을 위한 벌채지, 수종갱신 대상지 등을 조사하고, 조림 방법에 따라 지존물의 정리 및 정리 방향 등을 결정한다.

2 조림

① 조림(造林)은 인공갱신, 천연갱신, 보식(補植), 비료주기로 구분한다.

② 인공갱신 대상지는 계획기간 동안 예상되는 수확 대상 임분과 미입목지를 대상으로 하며, 입지의 여건에 따라 주수종·혼효수종·혼효형태·면적 등을 결정한다.

③ 수종 선정은 입지의 특성·경영 목표·목표임상 등을 토대로 목재의 장기수급 전망과 산림의 공익적 기능 등을 고려하여 우수한 수종을 선정한다.

④ 입지 여건상 천연갱신이 가능한 임지는 천연갱신을 유도한다.

⑤ 보식 및 조림목의 생육촉진을 위한 비료주기를 계획할 수 있다.

3 육림(숲 가꾸기)

숲 가꾸기는 풀베기·어린나무 가꾸기·덩굴류 제거·가지치기·무육간벌(무육솎아베기)·천연림보육·천연림 개량·움싹갱신지보육 등으로 구분하며, 생태적으로 건전한 산림이 유지·증진될 수 있도록 계획한다.

4 임목생산

① 임목생산은 입목 처분과 직영생산으로 구분하고, 매각 여부와 상관없이 이용 가능한 목재를 대상으로 벌채계획을 수립한다.

② 임목생산은 주벌 · 수익간벌(수익솎아베기) · 숲 가꾸기 산물 · 기타 산물 수집을 통해 이루어진다.

③ 주벌의 벌채종은 개벌(모두베기) · 산벌 · 택벌(골라베기) · 모수작업 · 왜림작업으로 구분한다.

④ 벌채율은 임 · 소반의 벌채 예정 구역 내 축적에 대한 벌채재적의 백분율을 기재한다.

⑤ 벌채량은 계획기간 중에 벌채 예정 임 · 소반의 축적, 벌채종 및 잔존시켜야 할 부분의 재적을 고려하여 실제 벌채 예정 재적을 기재한다.

⑥ 벌채면적은 갱신면적의 산정 및 향후 영급 구분을 위한 지침으로써 개벌면적을 기준으로 환산한다.

⑦ 주벌임지의 선정은 임분의 공간 배치, 기타 다른 경영 목표 및 지역적인 우선순위를 고려하여 결정한다.

㉠ 영급 및 임분급 구성

- 정해진 벌기령의 범위 안에서 매 임분급 단위로 대략 영급구성면적이 같아지도록 함으로써 지속 가능한 영급 구성을 추구한다.
- 영급은 임분의 발전 가능성 및 이용 가능성에 대한 판단과 종합계획상 제시한 다양한 목표 달성(특히, 수확 조절) 여부를 가늠하는 데 사용한다.
- 영급은 10년 단위로 경영 단위의 주 수종에 따라 구분한다.
- 영급구조 조정을 위하여 수종 및 영급별 현실축적과 법정축적을 비교 · 분석하여 표로 나타내고, 현실축적을 법정축적에 도달할 수 있도록 적절한 숲 가꾸기 작업 · 간벌(솎아베기) 및 벌채작업 등의 계획을 수립한다.

㉡ 벌기령

- 벌기령(exploitable age, final age)은 임목이 일정한 용도에 적합한 크기의 용재를 생산하는 데 필요한 연령을 기준으로 하는 한편, 공익적 기능을 중시하는 임분에서의 벌기령은 개별 임분의 실제적인 이용연령을 결정하는 것은 아니므로 수확시기의 결정은 기준벌기령을 감안하되, 당해 임분의 양 · 질적 성장 여부를 판단하여 결정할 수 있다.
- 기준벌기령 및 목표 직경이 명시되지 않은 수종 중 침엽수는 편백, 활엽수는 참나무의 기준벌기령을 각각 적용한다.
- 불량림의 수종갱신을 위한 벌채, 피해목 · 옻나무 · 약용류 또는 지장목의 벌채와 임지생산능력급수 I급지부터 Ⅲ급지까지의 지역에서 리기다소나무를 벌채하는 경우에는 기준벌기령을 적용하지 않는다.

– 수확 조절을 위한 기준벌기령은 아래의 표와 같다.

■ 기준벌기령

구분	일반용도	특수용도	비고
가. 일반기준벌기령			나. 특수용도기준벌기령 펄프, 갱목, 표고 · 영지 · 천마 재배, 목공예, 목탄, 목초액, 섬유판, 산림 바 이 오 매 스 에 너 지 의 용도로 사용하고자 할 경우에는 일반기준벌기령 중 기업경영림의 기준벌기령을 적용한다. 다만, 소나무의 경우에는 특수용도기준벌기령을 적용하지 않는다.
소나무	60년	–	
(춘양목보호림단지)	(100년)	–	
잣나무	60년	40년	
리기다소나무	30년	20년	
낙엽송	50년	20년	
삼나무	50년	30년	
편백	60년	30년	
기타 침엽수	60년	30년	
참나무류	60년	20년	
포플러류	3년	3년	
기타 활엽수	60년	20년	

– 목표 직경을 감안하되, 입지 여건 및 수종의 양적 · 질적 생장 상태를 고려하여 결정한다.

■ 국유림 수종별 목표 직경

수종	목표 직경(단위 ㎝)
소나무	60
편백, 잣나무	46
낙엽송, 참나무류, 리기다소나무	40

> **참고 암기 tip**
>
> • 기준벌기령은 "산림자원의 조성 및 관리에 의한 법"에서는 벌채의 제한 연령이고, 산림경영학에서 벌기령은 "산림경영계획 상의 연수"이다.
> • 아래 그림에서 막대기가 긴 쪽은 국유림, 짧은 쪽은 공유림과 사유림이다. 예를 들면 리기다는 공유림과 사유림 25년 이상에서 벌채를 할 수 있으며, 국유림은 30년 이상 되어야 벌채할 수 있다.

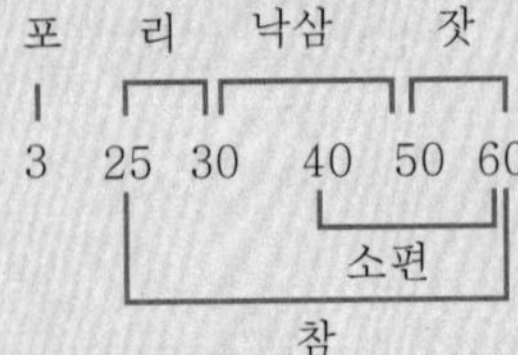

© **수확 조절**

- 경영계획구 자체의 벌채량은 경영계획 기간 중의 임목 총생산량을 고려하여 정하되, 영급구조 개선 등 장기적인 목표를 고려하여 탄력적으로 적용한다.

- 산림조사 및 단위사업계획을 바탕으로 경영계획구 전체에 대한 임목생산계획량이 지속 가능한 산림경영을 위하여 적절히 산정되었는지 검토한다.

- 표준벌채량은 경영계획 기간 중에 임목생장량을 기준으로 정하되, 산림의 현황·반출 시설 및 노동력 등을 감안하여 결정한다.

- 임목 생장량의 적정성을 검토하는 데 있어서 경영 목표 달성상 적기에 충분히 실행을 요하는 간벌을 우선하고, 총이용계획량 및 벌채계획면적이 지속 가능한 수확량 및 벌채면적을 상회하지 않도록 한다.

- 수확 조절은 면적 위주로 임목 생산량을 산정하는 것을 지양하고 현실영급이 법정영급 상태에 도달할 수 있도록 법정축적법을 적용한다.

- 표준벌채량은 현재 임분의 생장량을 기준으로 하되, 현재의 임분축적과 법정축적을 고려하여 산정하는 다음과 같은 Heyer 공식을 적용하여 산정한다.

$$표준벌채량(Ya) = (0.7 \times 임분의 평균생장량(Ir)) + \frac{현실축적(Vw) - 법정축적(Vn)}{갱정기(a)}$$

- 조정계수는 생장량을 조사할 때 오차와 미래의 불확실성 등을 고려하여 0.7 내외를 적용한다.

- Ir(임분의 평균생장량)은 현지에서 조사하거나 국립산림과학원에서 발표하는 자료를 활용할 수 있으며, Va(현실축적)는 조사한 자료를 통하여 현실축적을 구하고, Vn(법정축적)은 수종별 영급·평균수고·평균경급 등을 참고하여 법정상태를 구한다.

- a(갱정기)는 현실영급을 법정영급 상태로 조정하는 데 걸리는 시간으로 20~40년을 적용한다. 즉 현재의 임분축적이 법정축적보다 적을 경우, 표준벌채량은 임분의 평균생장량보다 적어지게 되어 임분축적이 증대된다. 현재의 임분축적이 법정축적보다 많은 경우에는 표준벌채량이 임분의 평균생장량보다 많아지게 되어 현재의 임분축적은 감소하게 된다.

② **공간 배치**

- 산림의 공간 배치는 수확대상 임분을 선정하는 데 중요한 의미를 지니고 있으며, 산림구조의 안정화를 고려해야 한다. 즉, 벌채 임분을 선정할 때 바람으로 인한 같은 임분 내 잔존목 또는 인접 임분의 피해 여부 등을 배려한다.

- 특히, 임연부(숲가장자리)는 산림의 외피로서 산림구조의 안정화, 생물종의 보호 및 경관 조성 등에 있어서 중요한 역할을 하므로 이에 대한 조사와 함께 필요한 조치사항을 고려해야 한다.

5 시설(임도 · 사방 · 자연휴양림 등 시설)

① 임도(林道)는 '임도설치기본계획(10년)', '임도설치계획(5년)' 및 관련 부서와의 협의 등에 따라 시설한다.

② 임도시설계획은 기 시설지에 대한 구조개량사업과 보수사업을 반영한다.

③ 구체적인 임도노선은 실시 단계에서 확정하며, 작업로 개설 등은 별도로 계획하지 않는다.

④ 사방 · 사방댐 시설은 산사태 위험지도 등을 참고하여 계획에 반영하고 기타 시설은 기 지정 고시된 예정지에 시설하는 것을 원칙으로 한다.

6 소득사업

입지 여건 및 지역의 특성에 따라 목재생산 이외의 특정 임산물을 생산할 수 있는 개소는 산림의 공익기능을 현저히 저해하지 않는 범위 안에서 산림소득사업을 계획할 수 있다.

7 산림생태계 및 산지 특정 소생물권 관리

희귀생물의 서식공간으로 특정 지역, 산림 내에 분포하는 습지 및 건조지역, 노거수 및 가치 있는 노령 고사목, 희귀 야생 동 · 식물종, 임연부 및 산림 내 공지 등으로서 보호가치가 있는 지역은 특별 관리할 수 있도록 산림소생물권도면에 표시한다.

핵심 20

Professional Engineer Forestry

국유림 경영계획서 작성

- 소반경영계획이 수립되면서 경영계획구의 종합적인 경영계획서를 작성하게 된다.

1 국유림 경영계획서

국유림 경영계획서는 다음 각호의 순으로 작성된다.

1) 최종심의서 → 2) 일반현황 → 3) 산림구획 → 4) 산림현황 → 5) 전 · 차기 경영계획의 성과분석 6) 경영 목표 → 7) 경영방침 → 8) 사업계획 → 9) 재정계획 → 10) 노동력 수급 및 임업기계화 계획 → 11) 국유림 경영계획 실행상의 유의할 사항 → 12) 작업설명서 → 13) 첨부자료

1) 최종심의서

최종심의서는 국유림 경영계획에 대하여 산림조사부터 경영계획 수립까지 참여한 담당자 및 관계자의 심의과정을 보여주는 것으로, 구성 내용은 경영계획의 편성 기간과 최종심의 연월일, 산림조사 담당자 · 경영계획 작성자 · 경영계획구 경영팀장 · 국유림관리소장 · 지방산림청장의 서명으로 구성된다.

2) 일반현황

일반현황은 경영계획구에 대한 지리, 기상, 경영 연혁, 산림 개황, 지역사회의 요구사항 등에 대한 일반적인 현황을 파악하여 효율적인 산림경영을 위한 자료로 활용한다.

3) 산림구획

산림구획은 소반별로 작성한 경영계획구의 전체적인 현황을 열거하여 경영계획구 전체에 대한 산림구획 사항을 설명한다.

4) 산림현황

산림현황은 소반별로 작성한 경영계획부의 전체적인 현황을 열거하여 경영계획구 전체에 대한 산림현황을 설명한다.

5) 전 · 차기 경영계획의 성과분석

전 · 차기 경영계획의 성과에 대한 분석은 각종 사업 및 운영에 대한 계획 대 실적 분석을 통하여 목표 달성 여부를 진단하고, 목표가 미달된 분야는 주요 원인을 규명함으로써 보다 합리적으로 경영계획을 편성 · 운영하여 나아가는 데 그 의의가 있다.

① 사업실적 분석총괄

전·차기에 실행한 모든 사업에 대한 계획 대비 실적을 기록한다.

② 산림자산의 변동 상황 분석

산림자산의 변동 상황은 관리면적·입목축적·시설·산림피해 상황 등이 포함되며, 이의 증감 여부는 재정성과의 적정성에 대한 판단 및 보충자료로 중요할 뿐만 아니라 지속 가능한 산림경영 여부 및 경영체의 건전성 여부를 판단하는 중요한 역할을 한다.

③ 재정성과 분석

재정성과 분석은 경영계획 기간 동안의 실행하고자 하는 조림·육림·임목생산·시설사업 등의 사업량에 대한 투자비와 임목생산 및 수액·버섯·산채 등 임산물 생산을 통한 수입과의 수지분석으로 이루어지며, 이러한 재정성과 분석은 향후 재정계획 수립을 위한 지침으로 활용한다.

④ 산림의 기능별 사업실적 분석

산림의 기능별 산림관리계획 대 실적을 분석하여 설정한 목표의 적절성 및 개선 방안을 도출하여 차기 경영계획 수립과 운영 방침의 자료로 제공한다.

⑤ 노동력 수급 및 임업기계 장비 운영실적 분석

사업량에 대한 소요 노동 인력계획에 대한 실적과 임업기계 장비 사용계획에 대한 운영 실적을 분석한다. 이 자료는 차기 경영계획 수립 시 원활한 노동력 공급~임업기계화 추진의 자료로 제공한다.

⑥ 산림생태계 및 산지 특정 소생물권 관리 분석

백두대간 등 특정 지역, 희귀생물 서식공간으로 습지 및 건조지역, 노거수, 가치 있는 노령 고사목, 희귀 야생 동·식물종, 임연부 및 산림 내 공지 등으로서 특별히 보호 및 관리 또는 복원이 필요한 지역에 대한 사업 내용을 분석한다.

⑦ 지역사회에 대한 기여도 분석

경영계획 운영을 통하여 지역 주민의 고용, 산림사업 참여에 대한 수입, 자연휴양림 방문객 등에 의한 효과를 분석하여 지역사회의 발전에 더 많은 도움이 되도록 노력한다.

⑧ 총체적 평가

산림자산의 변동 상황 산림사업성, 재정성, 노동력 수급 및 임업기계 장비 운영, 산지 소생물권 관리 및 지역사회에 대한 기여도에 평가를 토대로 경영계획에서 설정한 경영 목표의 실현 정도, 지속 가능한 산림경영의 이행 여부 등을 종합 평가하는 것을 말한다.

6) 경영 목표

산림은 생태계로서 자연의 잠재력을 총체적으로 유지 및 발휘할 수 있도록 하고, 생태계로서 산림을 자연친화적인 산림관리 방식으로 경영하여 산림의 모든 기능이 최적으로 결합되도록 유도하는 총체적인 목표를 설정하고, 경영 비전 및 미래 자원조성 방향 설정 관계를 명시한다. 또한, 총체적인 목표를 구체화시키는 목표로 보호기능, 임산물생산기능, 휴양 및 문화기능, 고용기능, 경영수지 개선 등에 대하여 기술한다.

7) 경영방침

산림의 안정성 · 적응성 · 다양성을 확보하는 동시에 지속성 및 경제성 원칙을 충족하도록 경영하고, 자연친화적인 산림관리 방식을 적용하여 각종 위해에 저항성이 강하며, 생태적으로 안정되고, 경제성(임목생산)이 높은 산림구조로 경영하는 내용으로 기본 방향을 서술한다. 기본 방향의 세부 방침으로 자연친화적인 산림관리, 특수한 보호기능의 유지, 목표임상 설정, 숲 가꾸기 관리, 토양보호, 산림기능 제고 등에 관하여 기술한다.

8) 사업계획

① 사업계획총괄표

경영계획상 이루어지는 조림 예정지 정리 · 조림 · 숲 가꾸기 · 입목 생산 · 시설 · 소득사업 등에 대하여 사업계획을 편성하고 기능별 사업계획량을 조사한다.

② 사업별 총괄계획

㉠ 조림예정지 정리계획: 미입목지, 산불 · 병해충 피해임지, 수확벌채적지, 복층림 조성을 위한 벌채지, 수종갱신 대상지 등을 조사하고, 조림 방법에 따라 지존물의 정리 및 정리 방향 등을 계획한다.

㉡ 조림계획: 인공 및 천연갱신으로 구분하고, 갱신면적과 본수를 기록하며, 보식 및 비료주기 계획을 수립할 수 있다.

㉢ 숲 가꾸기계획: 풀베기 · 어린나무 가꾸기 · 가지치기 · 무육솎아베기 · 천연림 보육 · 천연림 개량 · 움싹 갱신지보육 등에 대한 사업계획량을 기록한다.

㉣ 임목생산계획: 주벌 및 수익간벌(수익솎아베기) 계획으로 나누어 기록한다.

㉤ 시설계획: 임도 · 사방 및 자연휴양림 시설계획으로 나누어 작성한다.

㉥ 소득사업계획: 임산물소득사업에 대한 계획을 작성한다.

㉦ 기타 사업계획: 상기 외의 사업계획이 있을 때 작성한다.

③ 수확 조절

수확 조절은 법정축적법을 채택하여 관리하고, 법정축적과 현실림의 축적 및 생장량을 조사하여 표준벌채량을 산출한다. 해당 경영계획구의 임 · 소반별 벌채계획을 종합한 후 현실임분의 축적을 증대시키고자 할 때는 표준벌채량을 임분의 평균생장량 이하로 조절하여 현실림의 축적을 법정축적 상태에 도달하도록 유도한다.

9) 재정계획

재정계획은 경영계획 동안 실행하고자 하는 사업량에 대한 투자비·임산물 생산 등을 통한 수입으로 구성되며, 투자비와 수입(예상)액을 비교·분석하여 경영현황을 파악하고 투자의 효율성을 높이도록 한다.

① 부기항목

산림경영에 소요되는 투자비와 수입액으로 구분하여 작성하며, 투자비는 노무비와 일반 경비로 나누고, 수입액은 임목 매각·특정 임산물 매각·토지수입·시설운영 수익 등을 포함한다.

② 재정계획

투자비와 수입액을 대비할 수 있도록 표로 작성하되, 목재생산림에 대한 투자비용과 수입액, 경영계획구 전체 투자비용에 대한 수입액으로 구분하여 작성한다.

10) 노동력 수급 및 임업기계화계획

① 노동력수급계획

- 경영계획 기간 내에 노동 인력이 투입되는 각종 사업량에 계획 수립 당년도의 평균작업공정을 적용하여 10년 동안 투입될 총노동 인력을 산출하고, 총소요 노동력의 약 1/10(경영계획 기간 내 연평균 인력산출 기초)을 연간 소요 노동 인력으로 한다.
- 산림사업에 투입되는 상시 노동 인력(이하 '임업기능인영림단'이라고 함)의 연간 작업 일수를 약 240일로 추정하여 상시 노동력을 산출한다(연간 소요 노동 인력÷240일=상시 노동 인력=상시 임업기능인의 수=국유림영림단 기능인의 수).

② 임업기계화계획

- 사업계획과 현 임업기계 장비 보유 현황 등을 분석하여 추가 보급 여부를 계획하고, 임업기계 장비의 사용계획을 정하여 임업기계 장비의 활용도를 높이도록 한다.
- 임업기계 장비에 의한 산림작업에 있어서 자연친화적·생태적 작업이 되도록 계획한다.

11) 경영계획 실행상 유의할 사항

① 연차별 사업량 책정 방침

경영계획상 10년 동안의 사업계획을 연간 1할 내외로 배분하고, 당해 연도 예산 사정 등을 감안하여 사업량을 책정한다.

② 사업 착수 우선순위

- 기본적으로 임분 여건상 시급을 요하는 개소를 우선 선정하여 시행하되, 산림유역관리지역, 임도 주변 및 국도가시권지역 등을 타지역보다 우선 실행한다.

– 사업별 우선순위는 보식 · 풀베기 · 덩굴류 제거 · 어린나무 가꾸기 · 무육간벌 · 가지치기 · 비료주기 · 천연림 보육 · 움싹갱신지 보육 · 수확벌채 · 조림의 순으로 하되 지역의 실정에 따라 사업실행 순위를 조정하여 운영할 수 있다.

③ 기타 사업 실행상 특히 주의를 요하는 사항

사업 실행상 주의를 요하는 특별한 사항 등을 기록하여 적절히 사업이 실행되도록 유도한다.

12) 작업설명서

① 경영계획 작성 후 경영계획 편성자는 계획 수립의 추진 경과와 주의사항 등을 기술하여 담당자의 변경 시와 자기 계획 수립에 도움이 되도록 작업설명서를 작성한다.

② 작업설명서에는 작업 추진과정, 계획 수립의 기준, 경영 전망을 조명한 의견, 특별히 주의해야 하거나 착안해야 할 사항 등을 기술한다. 또한, 본차기경영계획 수립에 있어서 미진한 부분을 기록하여 차기경영계획을 수립할 때 보완할 수 있도록 하고, 경영계획을 실행할 때 참고자료로 활용한다.

13) 첨부자료

① 사업별 세부계획

조림예정지 정리 · 조림 · 풀베기 · 덩굴류 제거 · 어린나무 가꾸기 · 가지치기 · 무육간벌(무육솎아베기) · 천연림 보육 · 천연림 개량 · 움싹갱신지 보육 · 임목 생산 · 임도와 사방 및 시설 · 소득사업의 세부계획을 첨부한다.

② 경영계획부

소반별로 작성한 경영계획부를 첨부한다.

③ 도면

기존의 산림입지토양도, 임 · 소반도, 맞춤형 조림지도 등을 활용하여 작성한 목표임상도 및 경영계획도, 소반별 6대 기능을 부여한 산림기능 구분도, 임 · 소반 위치도, 산림소생물권도면 등을 첨부한다.

국유림 경영계획 도면

- 수립된 국유림 경영계획을 효율적이고 체계적으로 운영하기 위하여 각종 산림정보를 지도로 표현하여 사용하고 있다. 도면으로는 위치도·경영계획도·목표임상도·산림기능도 등을 제작하여 활용하며, 축척은 1:25,000으로 한다.
- 최근에는 GIS를 이용하여 공간정보와 속성정보를 기록·관리하고 있으므로 보다 쉽게 도면을 작성 또는 수정할 수 있다.

1 위치도

위치도는 국유림을 경영 · 관리하기 위한 기본 정보를 표현한 도면으로 국 · 사 경계, 임 · 소반 구분, 임상, 영급, 소밀도, 임도 등을 범례로 작성한다.

2 경영계획도

경영계획도는 경영계획에 의하여 편성된 10년 계획을 표현한 도면으로 조림 · 숲 가꾸기 · 임목생산 · 시설 · 소득사업의 정보 등이 담긴 도면이다.

① 조림: 인공 · 천연 · 보식 · 비료주기 계획 표시

② 숲 가꾸기: 풀베기 · 덩굴류 제거 · 어린나무 가꾸기 · 가지치기 · 무육간벌 · 천연림 보육 · 천연림 개량 · 움싹갱신지 보육 등 계획 표시

③ 임목생산: 주벌 · 수익간벌 계획 표시

④ 시설: 임도 · 임도예정선 · 사방지 · 기타 시설(신규) 계획 표시

⑤ 소득사업, 제지, 미사업지, 산림소생물권 위치 표시

3 목표임상도

목표임상도는 맞춤형 조림지도와 현 임상을 종합적으로 고려하여 당해 임지에서 추구하고자 하는 바람직한 목표임상을 표현한 도면이며, 다음과 같이 분류한 수종 외에 포함하고자 하는 수종이 있을 경우 작성자의 판단에 의하여 추가할 수 있다.

① 침엽수: 낙엽송 · 잣나무 · 전나무 · 소나무 · 편백 · 삼나무 · 리기테다소나무 · 스트로브잣나무 · 해송 등을 각 수종 앞 글자 1자 또는 2자로 표시한다.

② 활엽수: 자작나무 · 벚나무 · 참나무류 · 물푸레나무 · 느티나무 · 음나무 · 복자기 · 고로쇠나무 · 백합나무 등을 각 수종 앞 글자 1자 또는 2자로 표시한다.

③ 혼효림: 각 혼효림의 앞 글자 1자 또는 2자로 표시한다. 소나무와 참나무의 혼효 시 '소 · 참'으로 표시한다.

4 산림기능도

① 산림기능도는 산림의 기능을 6개 기능으로 구분하고, 각 기능이 최대한 발휘되도록 유도하여 국유림을 보다 효율적으로 관리하기 위한 도면이다.

② 법정기능을 약어로 표시하고, 산림경영관리상 필요에 따라 구분되는 기능은 기타로 표시한다.

③ 각각의 기능이 서로 중복될 경우, 주된 기능색 위에 중복되는 기능의 해당 원색을 사선으로 표시(사선 간격 3mm)하고, 사선 표기 순서는 우에서 좌, 좌에서 우, 수직, 수평의 순으로 표기하며, 사선은 기능별 기본 색채의 원색으로 한다.

공·사유림 경영계획 산림구획

1 공 · 사유림 경영계획 목표

① 공 · 사유림 경영계획은 국유림 경영계획에서 정하는 기본적인 목표와 방법에서 큰 차이는 없다.

② 산림경영에 대한 소유자의 세부적인 계획에 따라 작성하고 해당 시장 · 군수 · 구청장에게 경영계획 인가를 받아야 한다.

③ 시장 · 군수 · 구청장과 산림 소유자는 산림경영계획의 실행상황을 산림경영계획서의 실행란에 기록해야 한다.

④ 산림의 소유자와 관리자는 시 · 군 · 구 행정정보시스템에 지체 없이 입력하여 실행상황이 실시간으로 파악될 수 있도록 해야 한다.

2 산림구획

1) 경영계획구

① 공유림경영계획구는 경영계획 앞에 특별시 · 광역시 · 도, 시 · 군 · 자치구 또는 공공단체의 명을 붙인다. 다만, 2개 이상의 경영계획구로 구분할 때는 특별시 · 광역시 · 도, 시 · 군 · 자치구 또는 공공단체의 명 앞에 각각 지역명을 붙인다.

② 사유림의 일반경영계획구 · 협업경영계획구 및 기업경영림계획구는 앞에 산림 소유자명 · 협업체명 또는 기업체명을 붙인다. 다만, 2개 이상의 경영계획구로 구분할 때는 산림 소유자명 · 협업체명 또는 법인체명 앞에 각각 지역명을 붙인다.

■ 산림경영계획 개요 서식

㉠경영계획구 명칭 및 면적	00리 김무현 사유림 일반 경영계획구 88ha			㉡경영계획 기간	2020. 2. ~2030. 1. 31.
㉢산림 소유자	성명	김무현 외 인	주민등록 번호	020620 -3328612	㉣주 소	강원도 원주시 천사로 189
㉤작성자	성명	김두현(서명 또는 인)	자격증 번호	강원 2025-8	㉥주 소	강원 원주시 나비허리길 88
㉦인가사항	담당자				㉧인가일사자	년 월 일

㉺변경인가	담당자		㉺인가일자	년 월 일
	변경사항			
〈구비서류〉 경영계획도 00매.				

㉠ 경영계획구 명칭 및 면적

- 자기소유 사유림을 단독으로 경영하기 위한 경우: 00리 김정호 사유림 일반 경영계획구
- 서로 인접한 사유림을 2인 이상의 산림 소유자가 협업으로 경영하기 위한 경우: 00리 사유림 협업 경영계획구
- 산림자원의 조성 및 관리에 관한 법률 제38조 및 동법시행령 제45조 규정에 따라 기업림을 소유한 자가 기업경영림을 경영하기 위한 경우: 00리 00기업림 경영계획구

㉡ 경영계획 기간

- 산림경영계획 기간은 10년을 원칙으로 기간을 설정하고, 산림경영계획 인가신청서 민원처리 기간(30일)을 감안하여 시작 월을 설정(날자는 생략)하고, 만료일은 10년이 만료되는 날이 속하는 달의 전월 마지막 날로 기재

㉢ 산림 소유자 및 ㉣ 주소

- 사유림 일반경영계획구(단독소유자)의 경우: 소유자 성명, 주민등록번호 주소 및 연락전화번호 기재
- 사유림 협업 경영계획구(공동소유자 및 여러 필지 협업경영)의 경우: 성명 란에는 "000(대표자)외 0명"이라고 기재하고, 대표자의 주민등록번호 및 주소 연락전화번호를 기재
- 산림경영계획 작성 및 경영에 대한 산주들의 동의·확인·위임 의사를 확인할 수 있는 서류 첨부

㉤ 작성자 및 ㉥ 주소

- 산주가 직접 작성한 경우: 산주의 성명 기재 및 서명, ㉥주소 기재 불요
- 산림경영기술자가 작성한 경우: 기술자의 성명 및 자격증번호, 주소 및 연락전화번호 기재(자격증사본 별지 첨부)
- ☞ ㉦~㉺항은 산림경영계획 작성 및 인가 신청자는 기재 불요

2) 임반 및 소반

임반과 소반의 구획기준은 국유림 경영계획의 임·소반 구획기준과 같다.

핵심 23 공·사유림 경영계획 산림현황 조사

1 산림현황에 대한 서식과 기재 요령

■ 산림현황에 대한 서식

①소유자	②산림소재지	③지번	④임반	⑤소반	⑥면적(ha)	⑦산지구분	⑧경사도
김두현	지정면 간현리	산88-8	1-0	1-0	11.5	보전산지 (생산)	완
		산87	1-0	2-0	20.0	〃	경
			1-0	3-0	12.5	〃	급
		산86	2-0	1-0	7.3	〃	험

① 소유자

경영계획 개요 서식에서의 소유자 성명을 기재

- 사유림 일반경영계획구의 경우: 소유자 성명 기재
- 사유림 협업경영계획구의 경우: 동일 필지 내 소유자가 수명일 경우 홍길동 외 0명으로 기재, 지번별로 소유자 기재

② 산림소재지

지번별로 산림이 소재하는 시·군, 읍·면, 동·리를 기재

③ 지번

산림경영계획을 작성하는 지번을 모두 기재

- 지번이 다를 경우 가급적 임·소반을 분리하여 동일 소반이 2개 이상의 지번에 걸쳐서 구획되지 않도록 할 것

④ 임반

산림경영계획구 유역 하류에서 시계 방향으로 연속되게 아라비아 숫자 1, 2, 3……으로 표기하고, 부득이한 사유로 보조임반을 편성할 때에 연접된 임반의 번호에 보조번호를 부여한다. 보조임반은 1-1, 1-2, 1-3……순으로 부여한다(예 1-1, 1임반 1보조임반).

⑤ 소반

임반 번호와 같은 방향으로 소반명을 1-1-1, 1-1-2, 1-1-3…… 연속되게 부여하고, 보조소반의 경우에는 연접된 소반의 번호에 1-1-1-1, 1-1-1-2, 1-1-1-3……로 표기한다 (**예** 1-1-1-3, 1임반 1보조임반 1소반 3보조소반/1-0-1-3, 1임반 1소반 3보조소반).

⑥ 면적

소반면적에 대하여 ha 단위로 하고 소수점 이하 1자리까지 구분 기재

- 지번 전체면적을 소반면적으로 할 경우는 지적면적을 기재

- 같은 지번 내 2개 소반 이상 구분할 때는 산림경영계획도상에 임반 · 소반을 구획하고 임반 · 소반면적을 구분하여 면적 기재

⑦ 산지 구분

산지관리법 제4조의 규정에 따라 구분된 산지의 종류를 기재

- 보전산지(공익용산지), 보전산지(임업용산지), 준보전산지

☞ 토지이용계획 확인서로 확인한다.

⑧ 경사도

아래의 구분을 참조하여 5단계로 구분 기재: "완", "경", "급", "험", "절"

- 완경사지(완): 경사 15° 미만

- 경사지(경): 경사 15~20° 미만

- 급경사지(급): 경사 20~25° 미만

- 험준지(험): 경사 25~30° 미만

- 절험지(절): 경사 30°이상

■ 산림현황의 일반사항

구분	비고
소유자	산림 소유자의 성명 도는 기관(단체)명을 기재한다.
산림소재지	경영계획 편성지의 시 · 군 · 구, 읍 · 면 · 동, 리까지 기재한다.
지번	경영계획 편성지의 지번(地番)을 기재한다.
임반	임반 구획현황 및 번호를 기재한다.
소반	소반 구획현황 및 번호를 기재한다.
면적	ha 단위 정수로 기록하며, 필요한 경우 소수점 한자리까지 기재할 수 있다.
산지구분	보전산지(임업용, 공익용)와 준보전산지로 구분한다.
경사도	구획한 임지의 주 경사도를 완경급험절로 구분한다.

핵심 24 공·사유림 경영계획 임황조사

■ 임황조사 서식

지번	임반	소반	1) 수종	2) 임령	3) 수고(m)	4) 경급(cm)	5) 총축적(㎥)
산2	1-0	1-0	소나무 참나무류	75/30-90	15/10-20	26/6-50	1,550
산4	1-0	2-0	낙엽송	15/15-15	10/5-15	8/6-20	600
	1-0	3-0	잣나무	10/10-12		치수	
산5	2-0	1-0	리기다 참나무류	25/20-30	10/3-15	14/6-20	550

1 수종

주요 수종의 수종명을 기재하며, 혼효림의 경우에는 5종까지 조사할 수 있다.

2 임령

인공조림지는 조림연도의 묘령을 기준으로 임령(age of stand)을 산정하고, 그 외 임령 식별이 불분명한 임지는 생장추를 직접 뚫어 임령을 산정하되, 임분의 최저 및 최고 수령을 분모로 하고 평균수령을 분자로 표시한다(예 18/20~30).

3 수고

임분 수고의 최저·최고 및 평균을 측정하여 임분 수고의 범위를 분모로 하고 평균수고를 분자로 하여 표시한다(예 15/10~20).

4 경급

입목 흉고직경(가슴높이지름)의 최저 · 최고 · 평균을 2cm 단위로 측정하여 입목 흉고직경의 범위를 분모로, 평균 흉고직경을 분자로 표시한다(예 20/14~26).

5 총축적

① 측정 대상입목: 가슴높이지름 6cm 이상의 입목으로 한다.

② 가슴높이지름 측정 부위: 지상고 120cm 위치의 직경을 말하며, 2cm 괄약으로 측정한다 (8cm=7cm 이상~ 9cm 미만, 10cm =9cm 이상~11cm 미만).

③ 수고측정: m 단위로 측정하고, m 이하는 반올림한다.

핵심 25

공·사유림 경영계획 조사 방법

● 조사 방법은 전수조사와 표준지조사로 한다.

1 전수조사

소반 내의 모든 입목을 대상으로 가슴높이지름과 수고를 측정하여 수종별 입목간재적표를 이용하여 입목 개개의 단목재적을 구한 후 전체 재적을 산출한다.

2 표준지조사

① 표준지는 산림(소반) 내 평균임상인 개소에서 선정하고 1개 표준지 면적은 최소 0.04ha (사각형 20m×20m, 10m×40m 또는 반지름 11.3m 원형표준지)로 한다.

② 가슴높이지름은 2cm 괄약으로 수종별로 측정하여 기록한다. 다만, 6cm 미만은 측정하지 아니한다.

③ 수고는 직경급별로 평균수고를 산출한다.

④ 표준지 내에서 측정된 입목의 평균가슴높이지름과 평균수고를 통하여 표준지 내 재적을 구한 후 이를 기준으로 전 재적을 산출한다.

⑤ 표준지 면적은 산림(소반) 면적의 2%(인공조림지로서 조림년도와 수종이 같은 경우 1%) 이상으로 한다. 다만, 동일 임분은 연접소반의 조사 자료를 활용할 수 있다.

⑥ 표준지 경계 표시는 흰색 페인트(락카 등) 또는 임업용 마킹테이프로 표시한다.

사유림 경영계획 수립

■ 경영계획 및 실행실적(예시)

⑭경영 목표	소나무 벌기령 60년으로 우량대경재 생산
⑮중점사업	임도시설 및 조림지 내 산더덕 재배

<table>
<tr><td rowspan="2" colspan="4"></td><td colspan="5" align="center">계 획</td><td colspan="5" align="center">실 행</td></tr>
<tr><td>지번</td><td>임반</td><td>소반</td><td>연도별</td><td>수종별</td><td>면적
(ha)</td><td>본수
(본)</td><td>조림
사유</td><td>연도별</td><td>수종
별</td><td>면적
(ha)</td><td>본수
(본)</td><td>조림
사유</td></tr>
<tr><td rowspan="5">⑯
조림</td><td>산2</td><td>1-0</td><td>1-0</td><td>2021</td><td>낙엽송</td><td>5.0</td><td>15,000</td><td>벌채적지</td><td></td><td></td><td></td><td></td><td></td></tr>
<tr><td>산8</td><td>1-0</td><td>2-0</td><td>2022</td><td>소나무</td><td>6.0</td><td>18,000</td><td>〃</td><td></td><td></td><td></td><td></td><td></td></tr>
<tr><td></td><td></td><td></td><td></td><td></td><td></td><td></td><td></td><td></td><td></td><td></td><td></td><td></td></tr>
<tr><td></td><td></td><td></td><td></td><td></td><td></td><td></td><td></td><td></td><td></td><td></td><td></td><td></td></tr>
<tr><td></td><td></td><td></td><td></td><td></td><td></td><td></td><td></td><td></td><td></td><td></td><td></td><td></td></tr>
</table>

<table>
<tr><td rowspan="2" colspan="4"></td><td colspan="4" align="center">계 획</td><td colspan="4" align="center">실 행</td></tr>
<tr><td>지번</td><td>임반</td><td>소반</td><td>연도별</td><td>종별</td><td>면적(ha)</td><td>비고</td><td>연도별</td><td>종별</td><td>면적(ha)</td><td>비고</td></tr>
<tr><td rowspan="4">⑰
숲
가
꾸
기</td><td>산2</td><td>1-0</td><td>1-0</td><td>2022</td><td>풀베기</td><td>5.0</td><td>5년</td><td></td><td></td><td></td><td></td></tr>
<tr><td></td><td></td><td></td><td>2023</td><td>〃</td><td>11.0</td><td>8년</td><td></td><td></td><td></td><td></td></tr>
<tr><td>산4</td><td>1-0</td><td>2-0</td><td>2027</td><td>무육간벌</td><td>5.0</td><td>낙엽송</td><td></td><td></td><td></td><td></td></tr>
<tr><td>산4</td><td>1-0</td><td>2-0</td><td>2029</td><td>무육간벌</td><td>6.0</td><td>소나무</td><td></td><td></td><td></td><td></td></tr>
</table>

<table>
<tr><td rowspan="2" colspan="4"></td><td colspan="5" align="center">계 획</td><td colspan="6" align="center">실 행</td></tr>
<tr><td>지번</td><td>임반</td><td>소반</td><td>연도별</td><td>사업
종별</td><td>작업
종별</td><td>면적
(ha)</td><td>재적(㎥)
(본수)</td><td>연도별</td><td>사업
종별</td><td>작업
종별</td><td>수종</td><td>면적
(ha)</td><td>재적
(㎥)
(본수)</td></tr>
<tr><td rowspan="5">⑱
임
목
생
산</td><td>산2</td><td>1-0</td><td>1-0</td><td>2020</td><td>주벌</td><td>낙엽송</td><td>6.0</td><td>1,500㎥</td><td></td><td></td><td></td><td></td><td></td><td></td></tr>
<tr><td>산8</td><td>1-0</td><td>2-0</td><td>2021</td><td>주벌</td><td>소나무</td><td>5.0</td><td>800㎥</td><td></td><td></td><td></td><td></td><td></td><td></td></tr>
<tr><td></td><td></td><td></td><td></td><td></td><td></td><td></td><td></td><td></td><td></td><td></td><td></td><td></td><td></td></tr>
<tr><td></td><td></td><td></td><td></td><td></td><td></td><td></td><td></td><td></td><td></td><td></td><td></td><td></td><td></td></tr>
<tr><td></td><td></td><td></td><td></td><td></td><td></td><td></td><td></td><td></td><td></td><td></td><td></td><td></td><td></td></tr>
</table>

	지번	임반	소반	계획				실행			
				연도별	종별	개소수	사업량(km)	연도별	종별	개소수	사업량(km)
⑲ 시설	산2	1-0	1-0	2020	운재로	2	1.2				

	지번	임반	소반	계획				실행			
				연도별	품목	작업종	사업량	연도별	품목	작업종	사업량
⑳ 소득사업	산2	1-0	1-0	2021	산더덕재배	파종	20ℓ/5.0ha				

210㎜×297㎜(보존용지(1종) 70g/㎡)

1 사유림 경영계획 수립

① 경영 목표

이해하기 쉽도록 벌기령과 수확대상을 구체적으로 기재한다(예 소나무를 60년 벌기령으로 우량 대경재 생산).

② 중점사업

이해하기 쉽도록 계획기간 동안의 중점 사업의 내용을 기재한다(예 가지치기 · 무육간벌 등 숲 가꾸기 작업 집중 실시).

③ 조림

연도별 · 수종별로 면적과 조림본수를 기재한다. 조림 사유는 산불 피해지 · 조림 실패지 · 벌채수확 등을 기재한다.

④ 숲 가꾸기

연도별로 종별에는 풀베기 · 어린나무 가꾸기 · 천연림 가꾸기 · 가지치기 · 덩굴류 제거 · 간벌(솎아베기) 등을 기재한 후 종별 숲 가꾸기의 면적을 기재한다.

⑤ **임목 생산**

임목 생산의 사업종은 수익간벌 · 주벌 · 피해목 벌채 · 수종갱신 벌채 · 숲 가꾸기 벌채를 기재한다. 다만, 숲 가꾸기를 위한 벌채는 임목을 생산할 경우에만 기재한다. 주벌의 작업종은 개벌(모두베기) · 모수작업 · 택벌(골라베기) · 왜림작업 등으로 구분하여 기재하고, 굴취는 재적란에 본수를 기재한다.

⑥ **시설**

종별은 임도 · 운재로 · 작업로 등에 대하여 기재하고, 시설하는 개소 수 및 사업량(km)을 기재한다.

⑦ **소득사업**

임업 및 산촌진흥촉진에 관한 법률 시행규칙 별표 1에서 정한 품목명을 기재하고, 작업종은 식재 · 가꾸기 · 채취 등을 기재하며, 사업량은 품목별 · 작업 종별에 맞는 단위로 기재한다(ha 또는 본수: 밤나무 · 조경수 · 분재 소재 식재 등, kg: 밤 · 표고 · 송이 · 고사리 · 취나물 · 삼지구엽초 · 산수유 채취 등, L: 수액 채취 등).

2 경영계획도 작성 방법

① 1/5,000 또는 1/6,000 지형도에 임 · 소반, 임상, 영급, 소밀도, 사업 위치 등을 표시한다.

② 예시를 참조하여 선 · 색 등은 자율적으로 정하여 알기 쉽게 그린다.

③ 경영계획도에는 작성 연월일 행정구역계, 임 · 소반계, 하천, 방위, 면적, 임상, 영급, 축적, 소밀도, 임도, 도로, 주별 간벌(솎아베기), 조림, 소생물권 등을 표시하되, 추가할 사항은 작성자의 판단에 따른다.

산림경영계획 시업체계 조직

● 산림을 유지 조성하기 위하여 벌채, 조림, 보육 등의 제반 행위를 적절하게 조합하여 목적에 맞는 산림을 취급하는 것을 산림시업(forest management prescription, forest practices, 山林施業)이라고 한다.

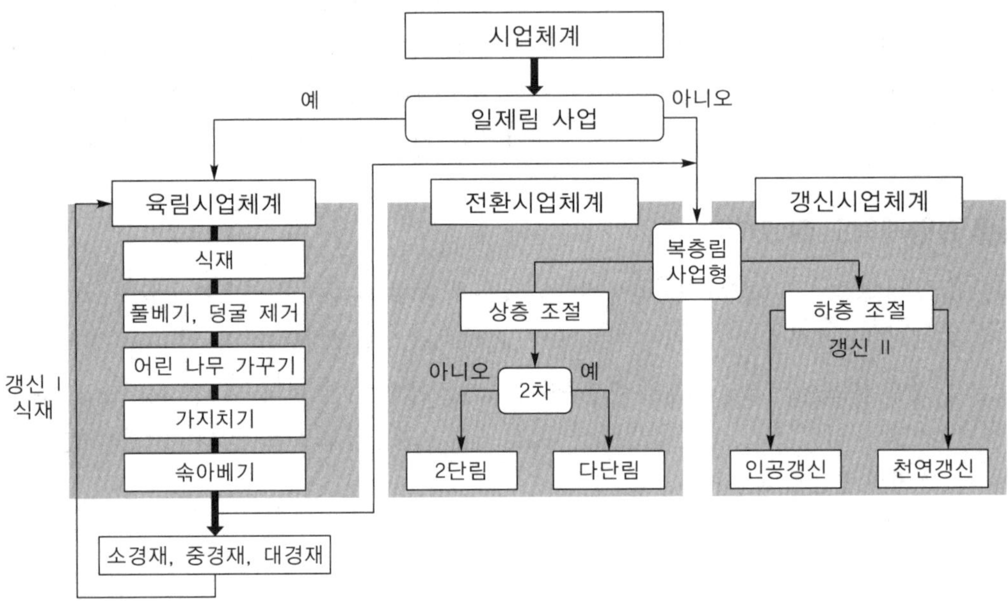

▲ 인공림 시업체계 의사결정 흐름도

1 시업내용 결정

① 수확과 조림, 숲 가꾸기 등 산림 취급에 대한 일반적 방침을 정하여 구체적인 시업계획을 수립한다.

② 시업계획에서 중요한 사항은 조림수종 선정, 작업종의 선정, 윤벌기 결정, 작업급의 편성, 벌채순서의 결정 등이 있다.

2 수종의 선정

① 수종을 선정할 때는 산림조사에 따른 입지 조건과 산주의 경영 목적을 참작한다.

② 수종은 산림의 생육과 수확량 관계, 임산물의 수요 · 가격 · 시장성, 시업제한림에서는 그 사업의 적합성 여부 등을 감안하여 선정한다.

3 작업종의 선정

① 작업종은 원칙적으로 적용할 소반별로 선정한다.

② 작업종은 산림의 현황과 갱신수종의 상태, 과거에 채용하였던 작업종의 운영성과 경제성 등을 고려하여 적용한다.

③ 작업종이 다른 임분을 하나의 작업급으로 취급하는 것은 피해야 한다.

④ 작업종은 소구역개벌작업, 택벌작업, 모수작업 등이 있고, 사유림에서는 왜림작업도 허용된다.

⑤ 작업종 선정 시 고려할 점은 천연적 요소 · 축적관계 · 재정적 관계 · 지방적 목재 수요 · 운반설비 등이다.

4 윤벌기 결정

① 임분생장 · 목재이용면을 고려하여 임목의 평균생장량이 최대인 시기를 윤벌기로 한다.

② 우리나라의 경우 재적수확 최대의 벌기령을 적용한다. 다만, 특수 용재 생산, 시업제한림에서는 별도로 사업 목적에 적합한 벌기령을 정한다.

5 작업급

① 작업급은 수종 · 작업종 · 벌기령이 유사한 임분의 집단으로 수확보속을 위한 단위조직이다.

② 벌채는 작업종과 입지 조건, 지방적으로 특수한 목재 수요 관계, 운반설비 및 벌채 사업실행 관계와 벌채순서에 따라 결정한다.

산림경영계획의 결정

1 국유림

1) 산림경영계획의 승인

① 지방산림관리청 관할 국유림의 경우 지방산림관리청장은 해당연도의 전년도까지 관할 국유림의 영림계획을 작성하고 산림청장에게 보고한다.

② 다른 관리청 소관 국유림은 관서의 장, 제주도의 국유림을 관리하는 시장·군수가 영림계획을 작성하였을 때는 특별시장, 광역시장, 도지사(재위임받은 자 포함)에게 승인을 신청한다.

③ 산림청 소관 국유림을 사용하는 국립대학 연습림은 사용하는 자가 작성하여 관할 관리소장을 경유하여 지방산림관리청장에게 승인 신청을 한다.

④ 조림대부지(분수림 설정자 포함)는 수대부자(설정권자)가 작성하여 국유림관리소장에게 승인 신청한다.

⑤ 국립대학연습림으로 사용하고 있는 국유림 및 조림대부림(분수림 포함)과 다른 관리청 소관 국유림의 영림계획은 당해 연도 8월 말까지 작성하여 당해 승인권자에게 승인 신청을 하고, 승인권자는 신청서를 접수한 날로부터 60일 이내에 그 승인 여부를 결정하여야 하며, 영림계획 내용을 보완할 필요가 있다고 인정될 때는 보완 작성하도록 하여 이를 승인할 수 있다.

2) 영림계획의 변경

영림계획 변경은 다음 각호의 사유가 발생한 때는 승인권자의 승인을 받거나 동의를 얻어야 한다.

① 산림기본계획 및 지역산림계획의 변경이 있는 때

② 중간평가 결과 변경이 필요하다고 인정될 경우

③ 영림계획상 시업이 없는 개소를 시업하고자 할 때. 다만, 영림계획지 외에서의 벌채시업이 가능한 경우에는 그러하지 아니한다.

④ 민유림 매수 · 교환, 조림대부 · 분수림의 환수 등 신규 취득 산림에 대하여 조림 등의 사업을 하고자 할 때, 영림계획을 변경하고자 할 때는 당초의 영림계획서를 수정하고 변경 사유를 명시하여 수정된 경영계획부 및 위치도, 영림계획도, 목표임상도, 산림기능도를 첨부한다.

2 공 · 사유림

① 시장 · 군수 · 구청장은 영림계획이 인가된 산림에 대하여 특별한 사정이 없는 한 국비 및 지방비의 보조 · 융자사업 등을 우선적으로 지원한다.

② 지급대상 우선순위는 ㉠ 독립가 · 임업후계자 소유 산림, 협업영림계획구, 대리경영임지, ㉡ 경제림육성단지, 임업진흥촉진지역, ㉢ 보전산지 중 임업용산지, ㉣ 일단의 면적이 10㏊ 이상인 산림으로 정한다.

③ 영림계획 인가신청 시에는 산림경영계획서와 산림경영계획도를 제출한다.

산림경영계획의 총괄

1 사업계획 총괄표

경영계획상 이루어지는 조림 · 육림 · 임목생산 · 시설 · 소득사업 등에 대하여 사업계획(事業計劃)을 편성하고 기능별 사업계획량을 조사하여 기록한다.

2 사업별 총괄계획

① 조림계획

갱신면적과 본수 등을 인공갱신계획과 천연갱신계획으로 구분하여 기록한다.

② 육림계획

비료주기 · 풀베기 · 어린나무 가꾸기 · 가지치기 · 무육간벌 · 천연림 보육 등에 대한 사업계획량을 기록한다.

③ 입목생산계획

주벌과 수익간벌 사업계획량을 기록한다.

④ 시설계획

임도 · 사방 및 자연휴양림 시설계획으로 구분하여 작성한다.

⑤ 소득사업계획

산양삼, 산채 등의 임산물소득사업에 대한 사업량을 작성한다.

⑥ 기타 사업계획

상기 외의 사업계획이 있을 때 작성한다.

3 수확 조절

① 법정축적법에 따라 수확량을 산출하여 관리한다.

② 법정축적과 현실림의 축적 및 생장량을 조사하여 표준벌채량을 산출한다.

③ 해당 경영계획구의 임 · 소반별 벌채계획을 종합하여 작성한다.

④ 현실 임분의 축척을 증대시키고자 할 때는 표준벌채량을 임분생장량 이하로 조절하여 현실
   림의 축척이 법정축적에 도달하도록 유도한다.

4 산림경영계획의 업무 구분

산림경영계획은 예업, 본업, 후업으로 구분하기도 하며, 그 내용은 다음과 같다.

① 예업: 일반조사, 산림측량과 산림구획, 산림조사, 부표와 도면작성

② 본업: 시업내용 결정, 수확과 조림계획, 시설계획, 시업계획의 총괄

③ 후업: 보수 및 조사업무, 경영안의 재편과 검정

5 산림경영계획설명서

① 시업경영에 필요한 부표와 도면을 총정리하고, 경영안을 편성한다.

② 시업방침을 실행할 때 과오를 줄이기 위해 산림경영계획설명서를 작성한다.

③ 산림경영계획설명서는 산림경영계획을 작성한 취지와 내용을 철저히 이해하고 작성한다.

④ 산림경영계획설명서는 산림경영계획의 목적을 달성하기 위하여 여러 가지 사항에 대한
   설명을 기재한다.

⑤ 산림경영계획설명서는 시설 내용이 결정된 사유와 부표, 도면 등으로 나타낼 수 없는 사항
   을 보충적으로 설명한다.

산림경영계획의 운용·변경

1 운용

1) 경영계획서 실행 시 유의할 사항

① 연차별 사업량 책정 방침

경영계획상 10년 동안의 사업계획을 연간 1할 내외로 배분하고, 당해 연도 예산 사정 등을 감안하여 사업량을 책정한다.

② 사업착수 우선순위

기본적으로 임분 여건상 시급을 요하는 개소를 우선 선정하여 시행하되, 임도 주변 및 국도 가시권지역, 수자원 함양보안림 등을 다른 지역보다 우선 실행한다. 사업별 우선순위는 보식 · 풀베기 · 덩굴류 제거 · 어린나무 가꾸기 · 무육간벌 · 가지치기 · 비료주기 · 천연림 보육 · 수확벌채 · 조림의 순으로 하되, 지역의 실정에 따라 사업실행 순위를 조정하여 운영할 수 있다.

③ 기타 사업 실행상 특히 주의를 요하는 사항

사업 실행상 주의를 요하는 특별한 사항 등을 기록하여 적절한 사업 실행이 되도록 유도한다.

2) 작업설명서

① 경영계획 작성 후 경영계획 편성자는 계획 수립의 추진 경과와 주의사항 등을 기술하여 담당자 변경 시와 차기 계획 수립에 도움이 되도록 작업설명서(作業說明書)를 작성한다.

② 작업설명서에는 작업 추진과정, 계획 수립의 기준, 경영 전망에 대해 특별히 주의해야 하거나 착안해야 할 사항 등을 기술한다.

③ 본 · 차기 경영계획 수립에 있어서 미진한 부분을 기록하여 차기 경영계획을 수립할 때 보완할 수 있도록 하고 경영계획을 실행할 때 참고자료로 활용하도록 한다.

2 변경

① 산림경영계획을 시행하는 동안 경영과 관련된 현저한 변화 등 특수한 사정으로 계획을 수정하거나 변경하여야 할 때가 있다.

② 대체로 한 시업기를 마치면 과거의 시업 경험을 검정 및 분석하여 다시 새로운 산림경영계획을 작성해야 한다.

③ 산림경영계획의 변경에는 정기검정, 임시검정, 일부 수정 등이 있다.

④ 영림계획 변경은 다음 각호의 사유가 발생한 때는 승인권자의 승인을 받거나 동의를 얻어야 한다.

    – 산림기본계획 및 지역산림계획의 변경이 있는 때

    – 중간평가 결과 변경이 필요하다고 인정될 경우

    – 영림계획상 시업이 없는 개소를 시업하고자 할 때. 다만, 영림계획지외에서의 벌채시업이 가능한 경우에는 그러하지 아니한다.

    – 민유림 매수·교환, 조림대부·분수림의 환수 등 신규 취득 산림에 대하여 조림 등의 사업을 하고자 할 때

⑤ 영림계획을 변경하고자 할 때는 당초의 영림계획서를 수정하고 변경 사유를 명시하여 수정된 경영계획부 및 위치도, 영림계획도, 목표임상도, 산림기능도를 첨부한다.

수확계획

1 수확을 위한 벌채

① 공통기준

- 수확을 위한 벌채는 생태적으로 건전하고 지속 가능하나 경영이 이루어질 수 있도록 한다.
- 능선부 · 암석지 · 석력지 · 황폐우려지로서 갱신이 어렵다고 판단되는 지역은 임지를 보호하기 위하여 벌채를 해서는 아니 된다.
- 수확을 위한 벌채는 입목의 평균수령이 기준벌기령 이상에 해당하는 임지에서 실행한다.

② 모두베기

- 벌채면적은 최대 30ha 이내로 한다.
- 벌채면적이 5ha 이상인 경우에는 벌채구역을 구분해야 한다. 이 경우 1개 벌채구역은 5ha 이내로 하며, 벌채구역과 벌채구역 사이에는 폭 20m 이상의 수림대를 남겨두어야 한다.

③ 골라베기

- 골라베기는 형질이 우량한 임지에서 실행한다.
- 골라베기 비율은 재적을 기준으로 30% 이내로 한다. 다만, 표고재배용 나무는 50% 이내로 할 수 있다.

④ 모수작업

- 모수작업은 형질이 우량한 임지로서 종자의 결실이 풍부하여 천연하종갱신이 확실한 임지에서 실행한다.
- 1개 벌채구역은 5ha 이내로 하며, 벌채구역과 다른 벌채구역 사이에는 폭 20m 이상의 수림대를 남겨 두어야 한다.
- 모수는 1ha에 15~20본을 존치시키되, 형질이 우량하고 종자가 비산할 수 있도록 바람이 불어오는 방향에 위치한 입목이어야 한다.

⑤ 왜림작업

- 왜림작업은 참나무로서 맹아를 이용하여 후계림을 조성할 수 있는 임지에서 실행한다.

- 벌채는 입목의 생장휴지기에 실행한다. 벌채 방법은 빗물 등으로 인한 썩음을 방지하고 맹아 발생이 용이하도록 절단면을 남향으로 약간 기울게 한다.
- 그밖에 수림대 존치 등에 관한 사항은 모두베기의 방법으로 준용한다.

2 숲 가꾸기를 위한 벌채

① 대상임지

- 숲 가꾸기를 위한 벌채(솎아베기)는 수관이 상호 중첩되어 밀도 조절이 필요한 임지에서 실행한다.
- 솎아베기는 수관이 상호 중첩되어 밀도 조절이 필요하거나 산림의 기능별 관리 목표를 위해 필요한 임지에서 실행한다.
- 우량목 등 보육 대상목의 생육에 지장이 없는 입목과 하층식생은 존치시켜 입목과 임지가 보호되도록 한다.

② 솎아베기의 시업기준

- 산림의 기능에 따른 목표 임상의 달성을 위해 목재생산림은 다음과 같이 목표생산재를 설정하고 그에 적합한 솎아베기를 실행하도록 한다.

■ 목표생산재 설정 기준

목표생산재	설정 기준
대경재	가슴높이 지름 40cm 이상
중경재	가슴높이 지름 20cm 이상 40cm 미만
특용 · 소경재	가슴높이 지름 20cm 미만

③ 육림을 위한 벌채기준

- 육림을 위한 벌채(간벌)는 수관이 상호중첩되어 밀도 조절이 필요한 임지에서 한다.
- 미래목의 생육에 지장이 없는 입목과 하층 식생은 존치시켜 입목과 임지가 보호되도록 해야 하고, 간벌(間代)을 한 후 임지에 남겨두는 입목본수는 기준에 따른다.
- 임상 또는 작업의 경제성 등을 고려하여 필요한 경우에는 수종별 '간벌 후 입목본수기준'의 30% 범위 내에서 증 · 감 실행할 수 있다.
- 도태간벌 또는 열식간벌을 하는 경우와 포플러류를 간벌하는 경우에는 '간벌 후 입목본수기준'을 적용하지 않는다.
- 참나무류 등 활엽수를 간벌하는 경우에는 상수리나무의 '간벌 후 입목본수기준'을 적용하고, 전나무 등 그 밖의 침엽수를 간벌하는 경우에는 유사한 침엽수의 '간벌 후 입목본수기준'을 적용한다.
- 소나무를 간벌하는 경우 강원도에는 강원지방 소나무의 '간벌 후 입목본수기준'을 적용하고, 그 밖의 지역에는 중부지방 소나무의 '간벌 후 입목본수기준'을 적용한다.

32 갱신계획

1 수종갱신을 위한 벌채

1) 불량림의 수종갱신

① 수종갱신은 수간이 심하게 굽었거나 생장 상태가 불량하여 다른 수종으로 갱신하지 않고는 정상적 생육이 어려운 임지에 실행한다. 다만, 암석지 · 석력지 · 황폐우려지로서 갱신이 어려운 지역과 산림토양도상의 비옥도 Ⅳ급지 · Ⅴ급지인 지역은 수종갱신 대상에서 제외한다.

② 수종갱신을 위하여 벌채하는 입목은 수간이 심하게 굽었거나 생장 상태가 불량한 입목에 한하며, 불량목에 해당하지 않는 입목은 벌채 대상에서 제외한다.

2) 유실수의 수종갱신

밤나무 등 유실수의 노령목에 대한 갱신을 하고자 하거나 품종개량을 위하여 갱신이 필요하다고 인정되는 지역에서는 수종갱신을 할 수 있다.

2 피해목 제거를 위한 벌채

병해충 · 산불 또는 기상 피해 등 정상적 생육이 어려운 피해목을 제거하기 위한 벌채는 피해의 확산 방지 또는 피해복구에 알맞은 방법으로 실시한다.

시설계획

1 시설 계획

임도, 작업로, 운재로 등에 대해 계획하고, 시설하는 개소수 및 사업량(km)을 기재한다.

2 임산물 운반로 시설 기준

① 임산물 운반로의 노폭은 2m 내외로 하되 최대 3m를 초과하여서는 아니 된다. 다만, 배향곡선지, 차량대피소시설 등 부득이한 경우에는 3m를 초과할 수 있다.

② 임산물 운반로의 길이는 산물 반출에 필요한 최소한으로 하여야 하며, 경사가 급하여 토사 유출, 산사태 등의 피해가 우려되는 곳에는 임산물 운반로를 시설하여서는 아니 된다.

③ 임산물 운반로를 시설할 때는 토사 유출, 산사태 등의 피해를 예방할 수 있는 조치를 취하여야 하며, 임산물 운반로를 시설한 목적이 완료된 후에는 조림 그 밖의 방법으로 복구하여야 한다. 다만, 산림경영에 필요하다고 판단되는 지역은 임산물 운반로를 존치하게 할 수 있다.

3 시설의 구분

구분	시설 명칭
운재시설	차도, 우마도, 궤도, 반출설비, 저목장, 창고
조림시설	묘포, 종사자 숙소, 퇴비장, 종자 저장고
보호시설	방화선, 산화경방탑, 산림순시원 막사
산림이용시설	벌채사무소, 저목장, 제재소, 목탄창고, 표고 건조장
국토보안시설	사방공사, 공작물 신설과 보수

조림벌채계획부 작성

① 조림벌채계획부는 산림청 소관 보존국유림 영림계획 운영요강에 포함되어 있었다.

② 조림벌채계획부는 본 시업기 중의 시업 계획에 한하여 산림경영계획구별로 작성한다.

③ 조림벌채계획부의 기재 요령은 아래와 같다.

- 축적란까지의 사항은 산림조사부에 기재되어 있는 임·소반의 순서로 전부 기재한다.

- 벌채의 구분란에 임목 처분은 "임", 직영 생산은 "직"으로 기재한다.

- 벌채종에서 주벌은 산림조사부상의 작업종 기재 요령에 의하되 간벌은 "간"으로 기재한다.

- 벌채율은 임소반 안의 벌채예정구역 내 축적에 대한 벌기재적의 100분율을 기재한다.

- 벌채란에서 재적은 본 시업기 중에 벌채를 예정한 해당 임소반의 축적, 벌채종 및 벌채하지 않고 잔존시켜야 할 부분에 해당하는 재적 등을 고려, 실제 벌채 예정 채적을 기재하며 적요란에는 벌채상 특히 주의를 요하는 사항을 기재한다.

- 갱신란에서 갱신종별은 인공조림은 "인", 천연갱신은 "천"으로, 면적은 수종별로, 적요는 핵타르당 식재본수, 갱신 방법 등 참고사항을 기재한다.

- 보식란에서 면적은 보식에 필요한 면적을 기재하고, 적요는 수종 명, 헥타르당 본수, 회수, 실행상의 주의사항 등을 기재하며, 천연생림의 보식일 경우는 그 요지를 기재한다.

- 무육란에서 면적은 구역면적을 나타내며, 무육종별에서 풀베기는 "풀", 비료주기는 "비", 어린나무 가꾸기는 "어린", 덩굴 제거는 "덩"으로 기재한다. 다만, 천연림의 경우에는 이 약호의 앞에 "천"자로 부한다. 적요는 실행상 주의할 사항 등을 기재한다.

- 임도란에서 임도는 신설임도에 대하여 기재하며, 적요는 시설상의 주의사항을 기재한다.

- 비고란에는 임황, 생육상황 등 특히 장래의 취급에 영향이 큰 사항 및 기타 필요한 사항을 기재한다.

산림노동력 확보계획

1 노동력 확보계획

① 연간 소요 노동 인력은 계획 수립 당년도의 평균 작업공정을 적용하여 결정한다.

② 경영계획 기간 10년 동안 필요한 총소요 노동력은 연간 소요 노동 인력에 10을 곱하여 산출한다.

③ 총소요 노동력의 약 1/10을 연간 소요 노동 인력으로 한다.

④ 산림사업에 투입되는 상시 노동 인력의 연간 작업 일수를 약 240일로 추정하여 상시 노동력을 산출한다.

⑤ 연간 소요 노동 인력÷240일=상시 임업기능인의 수

⑥ 산림사업에 투입되는 상시 노동 인력은 임업기능인영림단으로 구성한다.

2 임업기계 사용계획

① 사업계획과 현 임업기계 장비 보유현황 등을 분석하여 추가 보급 여부를 계획한다.

② 임업기계 장비는 고가이므로 임업기계 장비의 사용계획을 정하여 임업기계 장비의 활용도를 높이는 방안을 강구한다.

③ 임업기계 장비에 의한 산림작업이 자연친화적, 생태적 작업이 되도록 장비사용 계획을 수립한다.

지위·지위지수

1 지위와 지위지수의 개념

지위(地位)는 임지의 임목생산 능력을 말하며, 이를 수치적으로 평가하기 위해 일정한 기준 임령 때의 우세목의 평균수고로서 지위를 분류하여 지수화한 것을 지위지수(地位指數)라고 한다.

2 간접적 지위의 평가법

1) 지위지수 분류곡선을 이용한 지위 사정

임분의 임령과 우세목의 평균수고를 조사한 후 해당 수종의 지위지수 분류곡선상 산출된 임령 및 우세목의 평균수고에 해당하는 지위곡선에 의하여 산정한다.

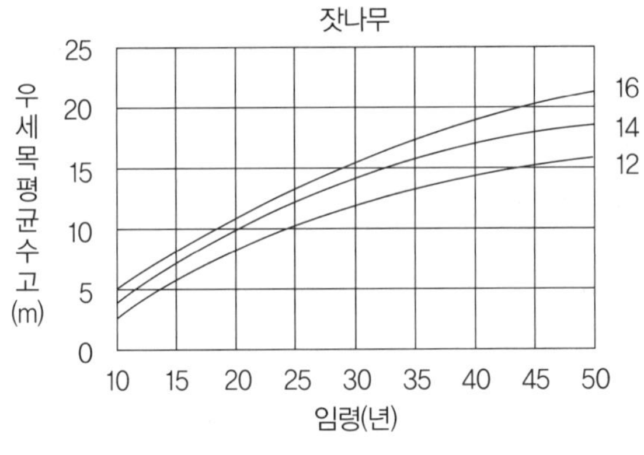

▲ 잣나무의 지위지수 분류곡선

연습문제 2-9

잣나무 임령 23년일 때 우세목의 평균수고가 11.4인 잣나무 임분의 지위지수는?

지위지수	우세목의 평균수고		
	20년	25년	23년
14	10.0m	11.4m	
16	12.2m	13.9m	

※ 정답은 성안당 도서몰 [자료실]에서 제공

2) 구간법

① 흉고 부위 5년간의 간신장 생장량을 조사하여 산출하는 방법이다.

② 수확표나 지위지수는 20년생 이하의 어린 임분에 대해 효과가 작기에 벌기가 짧은 임분에 적용할 수 있으며, 초기 밀도 때문에 연령과 수고관계가 미약한 경우 좋은 평가 기준이 된다.

③ 단점: 평가기준 생장기간 동안의 기후에 영향을 받아 정확성이 떨어질 수 있다.

3) 지표식생 이용

① 토양의 성질을 잘 나타내는 지표식물을 이용하면 입지의 특성을 이해할 수 있으므로 지위의 산정에 실용 가능하다.

예 건조(억새, 새, 소나무, 상수리), 약건(싸리, 소나무, 상수리), 습(고비, 버드나무), 습윤(고로쇠) 등

3 지위지수를 사용할 때 주의할 점

① 지위지수를 비교할 때 각 지수는 어느 임령에 기초를 두었는지, 그리고 그것이 흉고임령인지 아니면 총임령인지를 확인해야 한다.

② 어느 한 임령에 기초를 둔 지위지수는 간단한 수치 관계를 통해 다른 임령에 기초를 둔 지위지수로 변환될 수 없다.

③ 서로 다른 수종들의 지위지수들이 비슷하다고 해서 임지의 생산력이 비슷하지는 않다.

④ 어느 한 임분에 대하여 서로 다른 시점에 추정한 지위지수는 서로 다를 수 있다.

4 지위지수를 사용할 때 주의해야 하는 이유

① 초기 생장기간 동안의 피압은 유령일 때의 지위에 대하여 상당한 과소추정치로 이끌 수 있다. 그러나 그 효과는 시간과 더불어 점차 사라진다.

② 시간의 경과에 따라 지위급이 변할 수 있다. 이와 같은 변화는 비록 느리지만, 토양유기물층 및 배수 조건의 변화와 시비 등에 의해 일어날 수 있다.

③ 미세입지상의 임분은 지위곡선에 의한 유형을 따르지 않는다.

④ 관습적인 임령: 수고곡선의 조제를 위한 표본이 제대로 균형 잡히지 않았을 수 있다.

고전적 수확조정 기법

1 수확조정의 개념

일정 기간 동안 경영 대상이 되는 산림에서 수확량을 예측하고 그 내용이 경영 목적에 맞게 잘 부합되도록 조정하는 것이다.

2 수확조정기법의 종류

1) 구획윤벌법

전 산림면적을 윤벌기연수와 같은 수의 벌구로 나누어 한 윤벌기를 거치는 동안 매년 한 벌구씩 벌채 수확할 수 있도록 조정한다.

① 단순구획윤벌법

$$f = \frac{A}{u}$$

(A: 전 산림면적, u: 윤벌기연수)

② 비례구획윤벌법

토지의 생산력에 따라 개위면적을 산출하여 벌구면적을 조절함으로써, 연수확량을 균등하게 하는 방법이다.

$$f = \frac{A}{u} \times \frac{\text{전 임분의 평균생장량}(I)}{\text{해당임분의 평균생장량}(In)}$$

($I =$ 평균생장량, $n =$ 임분연령)

2) 재적배분법

재적을 기준으로 하여 수확예정량을 결정하는 기법이다.

① Beckmann법

전체 임목을 성목과 미성목으로 구분하고, 미성목이 성목이 될 때까지 소요되는 기간을 추정하여 이것을 수확조정기간으로 하는 기법이다.

② Hufnagl법

전 임분을 윤벌기연수의 1/2 이상 되는 연령의 것과 이하의 것으로 나누어 전자는 윤벌기의 전반에, 후자는 후반에 수확할 수 있도록 한 것이다.

3) 평분법

윤벌기를 일정한 분기로 나누어 분기마다 수확량을 균등하게 하는 기법이다.

① 재적평분법

한 윤벌기에 대하여 벌채안을 만들고 분기마다 벌채량을 균등하게 하여 재적수확의 보속을 도모하려는 방법이다.

② 면적평분법

각 분기의 벌채면적을 같게 하는 방법이다.

③ 절충평분법

재적평분법과 면적평분법을 절충하여 재적수확의 보속과 법정 영급 배치를 실현하고자 하는 방법이다.

개위면적

1 개념

① 일정한 시업상의 효과를 올리기 위해, 어느 일정한 토지생산력을 기초로 하여, 각각의 임지를 생산 능력에 따라 계산적으로 정해진 크기(산림과 임업기술)

② 임지는 부분적으로 생산 능력에 차이가 있으므로 이와 같은 임지의 생산 능력에 알맞게 각 영계별 면적을 가감하여 각 영계의 벌기재적이 동일하도록 수정한 면적, 즉 개위면적은 수평적, 현실적인 토지면적을 실질적인 토지면적으로 수정한 면적이며, 이것은 일정한 토지생산 능력에 따라 계산을 통하여 다음과 같이 정한다.

$$f_1' = \frac{q_1}{Q} f_1, \qquad f_2' = \frac{q_2}{Q} f_2$$

- $f_1', f_2' \cdots$: 각 임분의 개위면적
- $q_1, q_2 \cdots$ 각 임분의 단위면적당 벌기재적
- $f_1, f_2 \cdots$: 각 임분의 현실면적
- Q : 기준 임분의 벌기재적

2 예제

지위가 다른 3개의 임분면적과 벌기 재적이 아래와 같을 때, 이들 임분의 개위면적과 법정 영급 면적을 구하시오.

임분	면적(ha)	1ha당 벌기재적(㎥)	비고
A	300	200	
B	400	150	• 윤벌기 100년
C	300	100	• I 영급=10영계
계	1,000		

① 벌기평균재적 $= \dfrac{200 \times 300 + 150 \times 400 + 100 \times 300}{300 + 400 + 300} = 150(\text{m}^3)$

② 각 임분의 개위면적

  – A임분: $f_1{}' = \dfrac{q_1}{Q}f_1 = \dfrac{200}{150} \times 300 = 400(ha)$

  – B임분: $f_2{}' = \dfrac{q_2}{Q}f_2 = \dfrac{150}{150} \times 400 = 400(ha)$

  – C임분: $f_3{}' = \dfrac{q_3}{Q}f_3 = \dfrac{100}{150} \times 300 = 200(ha)$

③ 법정영급면적

  – A임분: $A_1{}' = \dfrac{Q}{q_1} \times \dfrac{F}{U} \times n = \dfrac{150}{200} \times \dfrac{1,000}{100} \times 10 = 75(ha)$

  – B, C임분: 똑같은 방법으로 각각 100ha, 150ha

④ 영급수

  – A임분: $\dfrac{300}{75} = 4(개)$

  – B임분: $\dfrac{400}{100} = 4(개)$

  – C임분: $\dfrac{300}{150} = 2(개)$로 총 10개

핵심 39 수확표

1 용도

장래의 수확량 예측, 경영 기술과 지위 판정, 경영 성과와 육림보육의 지침

2 조건

단일 수종의 동령림

3 내용

① 주임목: 지위, 임령, 평균지름, 평균수고, 평균재적, 그루수/ha, 흉고단면적/ha, 재적/ha, 연년생장량, 평균생장량(m^3/년)

② 부임목: 그루수/ha, 간재적/ha

4 종류

① 일반적 수확표와 지방적 수확표

② 재적수확표와 화폐수확표

③ 동령림 수확표와 이령림 수확표

④ 법정수확표와 현실수확표

⑤ 임분재적 수확표와 이용재적 수확표

5 수확표를 이용한 벌기수확량 산출

$$\text{현실림 재적 } V = \text{수확표 재적} \times \frac{\text{현실림 흉고단면적}}{\text{수확표 흉고단면적}} \times \frac{\text{현실림 평균수고}}{\text{수확표 평균수고}}$$

국유림 경영계획서 작성 순서

● 심의서 검토 → 현황 → 성과분석 → 경영 목표와 방침 → 사업계획 편성 → 재정 계획 등 경영 현황
  → 실행 계획 → 세부 작업설명서

1 국유림 경영계획서 작성 순서

소반경영계획이 수립되면서 경영계획구의 종합적인 경영계획서(經營計劃書)를 작성하게 된다.
국유림 경영계획서는 다음 각호의 순으로 작성된다.

① 최종심의서: 산림조사에서 경영계획 수립까지 참여한 담당자 및 관계자의 심의과정을 보여
   준다.

② 일반현황: 경영계획구에 대한 지리, 기상, 경영연혁, 산림개황, 지역사회의 요구사항 등에
   대한 일반적인 현황을 설명한다.

③ 산림구획: 소반별로 작성한 경영계획부의 전체적인 현황을 열거하여 경영계획구 전체에 대한
   산림구획 사항을 설명한다.

④ 산림현황: 소반별로 작성한 경영계획부의 전체적인 현황을 열거하여 경영계획구 전체에 대한
   산림현황을 설명한다.

⑤ 전 · 차기 경영계획의 성과분석: 각종 사업 및 운영에 대한 계획 대 실적 분석을 통하여 목표
   달성 여부를 진단하고, 목표가 미달된 분야는 주요 원인을 규명함으로써 보다 합리적으로
   경영계획을 편성 · 운영에 대해 기술한다.

⑥ 경영 목표: 보호기능, 임산물생산기능, 휴양 및 문화기능, 고용기능, 경영수지 개선 등을
   개선시킬 수 있는 구체적인 목표에 대하여 기술한다.

⑦ 경영방침: 산림의 안정성 · 적응성 · 다양성 · 지속성 · 경제성 원칙 등 기본 방향과 자연친화
   적인 산림관리, 특수한 보호기능의 유지, 목표임상 설정, 숲 가꾸기 관리, 토양보호, 산림기
   능 제고 등의 세부 방침에 대해 기술한다.

⑧ 사업계획: 경영계획상 이루어지는 조림예정지 정리 · 조림 · 숲 가꾸기 · 임목 생산 · 시설 ·
   소득사업 등에 대한 사업계획을 편성하고 기능별 사업계획량을 조사한다.

⑨ 재정계획: 경영계획 동안 실행하고자 하는 사업량에 대한 투자비 · 임산물 생산 등을 통한
   수입으로 구성되며, 투자비와 수입(예상)액을 비교 · 분석하여 경영현황을 설명한다.

⑩ 노동력 수급 및 임업기계화 계획: 노동 인력의 240일의 작업 일수로 상시노동 인력을 산출하고, 장비사용계획을 정한다.

⑪ 경영계획 실행상 유의할 사항: 10년 동안의 사업량을 연간 1할 내외로 배분하고, 사업 착수 우선순위를 결정한다.

⑫ 작업설명서: 계획 수립의 추진 경과와 주의사항 등을 기술한다.

⑬ 첨부자료

❷ 국유림 경영계획서 작성 시 첨부 도면

① 위치도

② 경영계획도

③ 목표임상도

④ 산림기능도

핵심 41

국유림 사업계획

● 심의서 검토 → 현황 → 성과분석 → 경영 목표와 방침 → 사업계획 편성 → 재정 계획 등 경영 현황 → 실행 계획 → 세부 작업설명서

구분	내용
1. 사업계획 총괄표	경영계획상 이루어지는 조림 · 육림 · 임목생산 · 시설 · 소득사업 등에 대하여 사업계획(事業計劃)을 편성하고 기능별 사업계획량을 조사한다.

2. 사업별 총괄계획	① 조림계획	인공갱신계획과 천연갱신계획으로 구분하고 갱신면적과 본수를 기록한다.
	② 육림계획	비료주기 · 풀베기 · 어린나무 가꾸기 · 가지치기 · 무육간벌 · 천연림 보육 등에 대한 사업계획량을 기록한다.
	③ 임목생산계획	주벌과 수익간벌계획으로 나누어서 기록한다.
	④ 시설계획	임도 · 사방 및 자연휴양림 시설계획으로 나누어서 작성한다.
	⑤ 소득사업계획	임산물 소득사업에 대한 계획을 작성한다.
	⑥ 기타 사업계획	위에 열거된 것 외의 사업계획이 있을 경우 작성한다.

3. 수확 조절	법정축적법을 채택하여 관리하고 법정축적과 현실림의 축적 및 생장량을 조사하여 표준벌채량을 산출한다. 해당 경영계획구의 임 · 소반별 벌채계획을 종합한 후 현실 임분의 축척을 증대시키고자 할 때는 표준벌채량을 임분생장량 이하로 조절하여 현실림의 축척을 법정축적상태에 도달하도록 유도한다.

국유림 경영계획의 전제 조건

숲은 나무를 포함한 각종 생물이 비생물환경과 작용, 반작용, 상호작용을 주고받으며 살아가는 생태계다. 산림경영을 통해 추구해야 할 경영 목표는 자연생태계로서 산림이 지니고 있는 특성을 고려하지 않고는 달성할 수 없다. 국유림경영도 생태계로서 산림이 가진 특성을 고려해야 하기 때문에 다음과 같은 전제 조건을 충족해야 한다.

1 산림생태계의 안정성 · 적응성 및 다양성

① 국유림경영을 통하여 추구하고자 하는 각종 경영 목표는 산림의 생태적 안정성을 바탕으로 한다. 산림이 생태적으로 안정되지 않고는 다양한 산림기능을 지속적으로 확보할 수 없기 때문이다. 그러므로 산림생태계의 안정성(安定性)은 경영 목표 실현 이전의 기본 전제가 된다.

② 경영 목표를 추구함에 있어서 산림이 지니고 있는 자기갱신능력과 자기조절능력을 최대한 활용하여 환경변화에 적응하고 스스로 극복하도록 해야 한다. 이를 산림생태계의 적응성(適應性)이라고 한다. 산림에 대한 목표체계 또한 사회의 진보와 더불어 변화된다는 점을 고려할 때 산림생태계의 적응성은 중요한 의미를 지닌다.

③ 다양성(多樣性)은 생명공학기술의 진보에 따라 미래 유전자원의 이용 가능성을 확보하는 차원에서 중요하고 산림생태계의 안정성 및 적응성과 밀접한 관계가 있다. 산림생태계가 유전적, 종 및 생태적으로 풍부한 다양성을 지니고 있어야만 환경변화에 적응하기 쉽고, 안정성도 높여주기 때문이다.

2 지속성 및 경제성

① 산림은 국민생활에 있어서 경제적으로는 물론 휴양(休養)활동 면에서 중요한 역할을 할 뿐만 아니라 다양한 생태적 기능도 수행하고 있다. 국유림경영은 이러한 기능을 총체적으로 최적 생산이 되도록 해야 한다. 이러한 목표를 추구함에 있어서 미래 세대가 적어도 현세대 이상으로 산림효용을 누릴 수 있도록 지속성 원칙을 준수해야 한다.

② 사회가 요청하는 각종 산림기능은 경제적인 방법으로 창출되어야 하며, 이와 같은 점은 산림의 생태적 기능이나 휴양기능의 발휘에 있어서도 마찬가지이다. 목표로 하는 산림효용을 최소의 비용으로 창출하거나 이용 가능한 재원 범위 내에서 최대 효과를 발휘하게 하는 경제성 원칙에 따라야 한다.

국유림 경영계획 실행상 유의할 사항

1 연차별 사업량 책정방침

경영계획상 10년 동안의 사업계획을 연간 1할 내외로 배분하고, 당해 연도 예산 사정 등을 감안하여 사업량을 책정한다.

2 사업 착수 우선순위

① 기본적으로 임분여건상 시급을 요하는 개소를 우선 선정하여 시행하되, 산림유역관리지역, 임도 주변 및 국도 가시권지역 등을 타지역보다 우선 실행한다.

② 사업별 우선순위는 보식 · 풀베기 · 덩굴류 제거 · 어린나무 가꾸기 · 무육간벌 · 가지치기 · 비료주기 · 천연림 보육 · 움싹갱신지 보육 · 수확벌채 · 조림의 순으로 하되, 지역의 실정에 따라 사업실행 순위를 조정하여 운영할 수 있다.

3 기타 사업 실행상 특히 주의를 요하는 사항

사업 실행상 주의를 요하는 특별한 사항 등을 기록하여 적절히 사업이 실행되도록 유도한다.

44 축적조사

1 국유림 축적조사

① 축적은 현실축적과 법정축적으로 구분한다.

- 현실축적: 실제 조사한 자료를 토대로 산출한 축적

- 법정축적: 조사한 영급상태와 생장 상태가 법정상태인 축적

- 1ha당 축적과 총축적은 소수점 이하 둘째 자리까지 구한다.

② 측정 대상 입목은 흉고직경이 6cm 이상인 입목을 대상으로 측정하고, 지상고 120cm 위치의 직경을 2cm 괄약으로 측정하며, 수고는 1m 괄약을 적용한다.

③ 조사 방법으로는 전수조사 · 표준지조사 및 기타 조사가 있다.

- 전수조사: 소반 내의 모든 입목의 경급과 수고를 조사

- 표준지조사는 소반 내 평균임상인 개소에서 선정한 표준지(면적 0.04ha, 20m×20m 또는 10m×40m) 내에서 측정한 입목의 평균 흉고직경과 직경별 평균수고를 통하여 표준지 내 재적을 구한 후 그것을 기준으로 전 재적을 산출한다.

④ 기타 조사란 과거의 조사자료가 있는 임지에 대해서는 실측조사를 생략하고 연년생장률 등을 적용하여 축적을 산정하는 것을 말한다.

⑤ 신규 조사지 또는 경영계획 기간 내 벌채사업을 할 때는 전수 또는 표준지 조사를 하고, 그 밖의 임지에 대해서는 기타 조사를 할 수 있다.

2 사유림 축적조사

① 전수조사에는 소반 내의 모든 입목의 흉고직경과 수고를 측정하여 전체 재적을 산출한다.

② 표준지조사는 표준지 내에서 측정한 입목의 평균 흉고직경과 평균수고를 통하여 표준지 내 재적을 구한 후 이를 기준으로 전체 재적을 산출한다.

③ 측정 대상 입목은 흉고직경 6cm 이상의 입목으로 하며, 흉고직경은 2cm 괄약을, 수고는 1m 괄약을 적용한다.

④ 표준지 면적

- 산림(소반) 면적의 2% 이상으로 한다.

- 인공조림지로서 조림연도와 수종이 같은 경우에는 1% 이상으로 한다.

- 다만, 통일 임분은 연접 소반의 조사자료를 활용할 수 있다.

국유림 산림경영계획 시 수확 조절

1 수확 조절 방법

① 경영계획구 자체의 벌채량은 경영계획 기간 중의 임목 총생산량을 고려하고, 영급구조 개선 등 장기적인 목표를 고려하여 탄력적으로 적용한다.

② 산림조사 및 단위사업계획을 바탕으로 경영계획구 전체에 대한 임목생산계획량이 지속 가능한 산림경영을 위하여 적절히 산정되었는지 검토한다.

③ 표준벌채량은 경영계획 기간 중에 임목 생장량을 기준으로 정하되, 산림의 현황·반출시설 및 노동력 등을 감안하여 결정한다. 임목 생장량의 적정성을 검토하는 데 있어서 경영 목표 달성상 적기에 충분히 실행을 요하는 간벌을 우선하고, 총 이용계획량 및 벌채계획면적이 지속 가능한 수확량 및 벌채면적을 상회하지 않도록 한다.

④ 수확 조절은 면적 위주로 임목 생산량을 산정하는 것을 지양하고 현실영급이 법정영급 상태에 도달할 수 있도록 법정축적법을 적용한다.

2 표준벌채량 산정

표준벌채량은 현재 임분의 생장량을 기준으로 하되, 현재의 임분축적과 법정축적을 고려하여 산정하는 Heyer공식을 적용하여 산정한다.

$$표준벌채량 = 조정계수 \times 평균생장량 + \frac{현실축적 - 법정축적}{갱정기}$$

3 표준벌채량 계산인자

① 조정계수는 생장량을 조사할 때 오차와 미래의 불확실성 등을 고려하여 0.75 내외를 적용한다.

② 임분의 평균생장량은 현지에서 조사하거나 국립산림과학원에서 발표하는 자료를 활용할 수 있다.

③ 현실축적은 조사한 자료를 통하여 현실축적을 구한다.

④ 법정축적은 수종별 영급·평균수고·평균경급 등을 참고하여 법정상태를 구한다.

⑤ 갱정기, 정리기, 개량기는 현실영급을 법정영급 상태로 조정하는 데 걸리는 시간으로 20~40년을 적용한다.

⑥ 현재의 임분축적이 법정축적보다 적으면 표준벌채량은 임분의 평균생장량보다 적어지므로 임분축적이 증대된다.

⑦ 현재의 임분축적이 법정축적보다 많으면 표준벌채량이 임분의 평균생장량보다 많아지므로 임분축적은 감소한다.

46 경사도 측정 방법

1 경사도의 기준

■ 지황조사 중 경사도의 기준(국유림 경영계획)

구분	경사도 범위	비고
완경사지(완)	경사 15° 미만	기계화 작업이 용이, 접근성 우수
경사지(경)	경사 15°~20° 미만	기계화 가능성 있음, 수목 생장 양호
급경사지(급)	경사 20°~25° 미만	기계화 작업이 어려울 수 있음, 토양 침식 우려
험준지(험)	경사 25°~30° 미만	작업 난이도 높음, 토양 유실 가능성 있음
절험지(절)	경사 30° 이상	매우 가파름, 작업 위험, 토양 유실 및 침식 심각

2 경사도 측정 방법

① 측정 구역 내 하단에서 상단까지 평균 기울기를 측정한다.

② 순또경사계 등 측정 기계를 이용하여 측정한다.

③ 등고선이 표시된 지형도의 경우, (상단 등고선 높이−하단 등고선 높이)÷수평거리=계산값
을 구한 뒤, 탄젠트 함수표에서 경사도로 환산한다.

→ 산림경영계획을 할 때 경사도 측정

핵심 47

국유림의 수종별 목표 직경

■ 국유림 산림경영계획상의 기준벌기령과 수종별 목표 직경

구분	국유림	특수용도
가. 일반기준벌기령		
소나무	60년	–
(춘양목보호림단지)	(100년)	–
잣나무	60년	(40년)
리기다소나무	30년	(20년)
낙엽송	50년	(20년)
삼나무	50년	(30년)
편백	60년	(30년)
기타 침엽수(편백)	60년	(30년)
참나무류	60년	(20년)
포플러류	3년	(3년)
기타 활엽수(참나무)	60년	(20년)

나. 특수용도 기준벌기령

펄프, 갱목, 표고 · 영지 · 천마 재배, 목공예, 목탄, 목초액, 섬유판, 산림바이오매스에너지의 용도로 사용하고자 할 경우에는 일반기준 벌기령 중 기업경영림의 기준벌기령을 적용한다. 다만, 소나무의 경우에는 특수용도기준벌기령을 적용하지 않는다.

수종	목표 직경 (단위 cm)
소나무	60
잣나무, 편백	46
낙엽송, 참나무류, 리기다소나무	40

산/림/기/술/사

산림평가

01 임업경영의 수확과 경비

1 임업경영의 수확

1) 물질 수확

물질 수확의 주벌, 간벌 수확의 사정을 할 경우는 다음과 같다.

① 곧 벌채할 임목의 물질 수확을 사정할 때

② 가까운 장래에 벌채할 임목의 물질 수확을 사정할 때

③ 먼 장래에 벌채할 임목 벌기의 물질 수확을 사정할 때

2) 금원 수확

① 금원 수확의 사정에 가장 필요한 것은 목재 가격의 사정이다.

② 목재 가격은 시가를 기준으로 하여야 하지만, 시가는 수시로 변동하므로 장래의 가격 사정이 어렵다.

2 임업경영의 경비

산림평가에서 경비는 조림비 · 채취비 · 관리비로 구분한다. 실제 사업경영의 제경비는 토지 · 토목 시설 · 관리비 · 임목조성 · 보육 · 공조공과(公租公課) · 보험료 · 이자 등이 있다.

☞ 公租: 조세, 국가나 지방자치단체가 필요한 경비를 마련하기 위해 국민으로부터 강제로 거두어 들이는 돈. 公稅

☞ 공과: 국가나 공공단체가 국민에게 부과하는 금전상의 부담이나 육체적인 일

1) 조림비

① 산림생산을 위한 경비로 채취비를 뺀 임목의 육성 및 조성비가 해당한다. 광의로 해석하면 일체의 무육비도 포함된다.

② 조림비의 대부분은 노임이며, 묘목대 · 원료비 등이 가산된다.

③ 조림비는 다년간에 걸쳐 지출된 것이지만, 산림평가에서는 계산 편의상 조림 초년도에 지출한 것으로 취급할 수 있다.

2) 채취비

① 주벌 · 이용간벌, 부산물의 채취 · 수확에 소비되는 비용이다.

② 임목 재적측정 · 품질 등의 조사비 · 벌목비 · 조재비 · 제재비 · 운반비(집재 · 운재 · 수송) · 판매비 그 밖의 잡비 등이다.

3) 관리비

① 경영의 관리 · 운영에 필요한 비용이다.

② 급여 · 임금 등의 인건비, 건축물 · 공작물에 대한 고정비(수선비 · 감가상각비), 사무용 그 밖의 소모품비, 조세 · 보험료 등이 관리비에 해당한다.

③ 관리비는 그 연평균액을 산출하여 그것이 매년 같은 액수만큼 지출되는 것으로 간주하여 산림 각 부분에 균등 배분하는 것으로 취급한다.

02 임업이자 · 임업이율

1 개념 · 정의

① 이자율은 자본용역의 가격(價格)이다.

② 자본을 실물적 · 화폐적으로 볼 때 이자는 실물자본재 용역의 대가(對價) 및 대부자금 또는 화폐자본 사용의 대가이다.

③ 경제주체 간에 자본의 이전이 자유롭게 이루어지는 사회에서는 자본에 대한 수요와 공급의 관계에서 일정한 이자율이 정해진다.

④ 우리나라를 포함하여 임업 생산의 터전인 산촌에서는 이러한 자본의 이동은 지리적 · 사회적 조건에 따라 제한되어 있다.

⑤ 임업경영의 자본은 영세한 자기자본이 지배적이므로 통일적인 이자율이 형성되기 어렵다.

2 임업이율을 낮게 평정해야 하는 이유

① 재적 및 금원 수확의 증가와 산림재산가치의 등귀

② 산림 소유의 안전성

③ 산림재산 및 임료 수입의 유동성

④ 산림 관리경영의 간편성

⑤ 생산 기간의 장기성

⑥ 문화의 진전에 따른 이율의 저하

⑦ 기호 및 간접 이익의 관점에서 나타나는 산림 소유에 대한 개인적 가치평가

3 이자율의 분류

이자율은 사업의 종류, 기간의 장단, 용도, 현실성 등 여러 가지 관점에서 다음과 같이 분류한다.

① 중앙은행의 공정이율과 시중은행의 금리

② 대부이율과 예금이율

③ 단기이율과 장기이율

④ 상업이율 · 공업이율 · 농업이율 · 임업이율 등 여러 업종별 이율

⑤ 현실이율(실제이율)과 평정이율(계산 이자율)

⑥ 타인자본 이율과 자기자본 이율

⑦ 실질적 이율과 명목적 이율

⑧ 경영이율과 환원(還元) 이율(산림평가)

⑨ 주관적 이율과 객관적 이율

03 수익·비용·이윤

1 수익

① 생산 활동의 결과 나타난 가치의 생성·증가액이 수익(revenue)이다.

② 1경영의 성립에서 소멸까지의 전 경영 기간에 이르러 나타난 가치액을 전체수익이라 한다.

③ 1경영의 일정 기간의 수익을 기간수익이라 한다.

④ 육림경영을 대상으로 한 임업관리에서는 주벌·간벌목 대상 수익은 실현수익으로 취급된다.

⑤ 임목의 성장에 의한 가치의 증가는 미실현 수익으로 구분된다.

⑥ 임목의 성장에 의한 가치증가는 1회계 기간에 증가한 임목의 시가평가액 또는 자연증가액을 말한다.

⑦ 임업경영상의 수익은 현실 면에서 결국 일정 기간의 가치의 증가이다.

⑧ 임업경영상의 수익은 임목축적 증대에 따른 가치 증가가 대부분이며, 벌채목의 매상 수입과 잡수입이 약간 있다.

⑨ 수익(E) =기말의 축적가(Ve)−기초의 축적가(Va)+벌채수입(N)

2 비용

① **광의의 비용**

- 경영활동을 하면서 취득한 일체의 물재(物材), 노동 등의 대가, 즉 취득원가를 의미한다.
- 광의의 비용은 재무상태표상 자산의 취득가격이다.

② **협의의 비용**

- 1경영의 일정 기간에 목재의 생산을 위해 희생된 가치액이 좁은 의미에서의 원가(cost)이다.
- 원가에는 현금지출을 수반하지 않는 감가상각비 등도 포함되어 있다.
- 협의의 비용은 손익계산서상 수익에 대응하는 개념이다.
- 이용의 지출은 기업 외부에 대한 화폐의 유출, 즉 1경영의 일정 기간 내의 현금지불액이며, 수입에 대응하는 것이다.

3 이익

① 수익(획득가치)과 비용(희생가치)과의 차액(총이익, 순이익)을 이익(profit)이라고 한다.

② 비용이 수익을 초과할 때를 손실(loss)이라고 한다. 손실은 이익의 반대 개념이다.

③ 생산된 재화가 판매되어 얻어진 수입에 대하여 산출된 이익은 확실한 것이므로 실현이익이라고 한다.

④ 확정되지 않은 상태에서 산출된 이익을 미실현 이익이라고 한다.

⑤ 임업경영에서 임목의 가격사정 때 가격의 등귀 · 하락 등은 확정지을 수 없으므로 이와 같은 경우는 미실현 이익으로 구분된다.

4 경제학상의 이윤

① 광의의 이윤은 자본의 이용에서 얻은 총수입(생산물의 매상 총액)에서 임금 · 지대 · 원재료비 · 고정자본재의 소모비 등의 생산비를 뺀 잔액이다.

② (경제학상) 이윤=총수입 – 생산비

③ 협의의 이윤은 광의의 이윤(자본 이윤, 조이윤)에서 타인자본 이자 및 자기자본 이자 상당액을 뺀 것이다.

④ 협의의 이윤은 기업이윤 또는 순이윤을 말한다.

⑤ 산림평가에서는 이러한 이윤과 이익을 동질적인 것으로 가끔 혼용되고 있다.

> **참고**　**자본이윤을 나타내는 지표**

1. 자본이익률(ROE; Return on Equity)

자본이익률(ROE)은 주주가 투자한 자본 대비 이익을 얼마나 효율적으로 창출했는지 보여주는 지표이다. 다음과 같은 공식으로 계산한다.

$$ROE = \frac{\text{순이익}}{\text{자기자본}} \times 100$$

ROE가 높을수록 투자된 자기자본을 효율적으로 사용하여 수익을 창출하고 있다는 뜻이다.

2. 투하 자본 수익률(ROIC; Return on Invested Capital)

ROIC는 회사의 투자된 자본이 실제로 얼마나 수익을 창출했는지를 나타낸다. 영업활동에서 얼마나 많은 수익을 창출하는지 평가하기에 적합하며, 다음과 같이 계산한다.

$$ROIC = \frac{\text{(세후)영업이익}}{\text{투하자본}} \times 100$$

ROIC가 높을수록 자본이 잘 활용되어 수익을 창출하고 있음을 의미한다. ROIC는 투자자가 자본의 효율성을 평가할 때 자주 참고하는 지표이다.

 벌기이익의 형태

① **완전 간단작업의 경우**

- 이익=입목 매상대 – 조림비 원가 누계 – 관리비 원가 누계

- 이익=입목 매상대 – 조림비 원가 누계 – 관리비 원가 누계 – 경영자의 연년의 정상보수 견적액 누계

② **보속 경영의 경우**

- 이익=입목 매상대 – 조림비 – 관리비

- 이익=입목 매상대 – 입목 축적 성장가 – 조림비 – 관리비

1 산림평가 면에서 본 산림의 특성

① 산림의 주요 구성 내용인 임지와 임목은 일반적으로 부동산으로 취급하지만, 임지와 임목은 그 성질이 다르다.

- 임지는 농경지나 대지와는 달리 자연적 · 경제적인 입지 조건이 매우 복잡하다.

- 임지는 각각 독점적인 가격을 형성하는 경우가 많다.

- 임지의 가격을 적절하게 평가하려면 산림의 특성을 연구해야 한다.

② 임지에 정착된 부동산으로서의 임목은 건물이나 기타 시설물과는 그 성질이 다르다.

- 질적 · 양적으로 생장함에 따라 그 가치를 증대시키는 생물자산이다.

- 산림생산은 일반 생산품과 달라서 그 생산 기간이 긴 자연물이며, 동형 동질의 임목은 없다.

- 이 때문에 임목의 가격을 평정하려면 특수한 계량기술과 평가 방법을 연구해야 한다.

③ 산림평가는 현재뿐만 아니라 과거와 장래도 평정해야 한다. 장래의 가격을 평정하려면 임업 생산에 대한 정확한 수익의 파악과 임업이율을 평정해야 하며, 입목의 가치생장도 예측해야 한다.

④ 토지가격의 급등과 노임의 등귀현상 등으로 인하여 인공조림지에서의 벌기수입과 임목육성 비용 간의 균형을 맞추기가 어렵다. 이것 때문에 임업이율이 마이너스(−)가 되는데, 근래에는 이러한 경향이 심해지고 있다.

⑤ 산림평가는 임내 식물 · 암석 및 기타 부산물이 포함되기 때문에 평가가 복잡하고 어렵다.

- 휴양 · 레저의 발전 · 자연보호와 환경보존 등의 영향으로 산림에 대한 가치관이 다양화 되었다.

- 가치관이 다양해짐에 따라 생산물 이외에 산림이 가진 여러 가지 기능의 가치에 대한 평정 방법이 필요해졌다.

2 산림피해 평정원칙

① 피해받은 재산은 금전으로 이루어질 수밖에 없다.

② 토양 및 임목과 같은 부동산의 피해액은 전후의 가치를 비교함으로써 측정한다.

③ 인접 산림을 기준으로 하여 피해액을 산정한다.

④ 실리적인 기초에서 평정되어야 하지만, 관상적 가치와 같은 것이 사회에서 일반적으로 인정
이 될 때는 고려해야 한다.

⑤ 손실액은 현재가로 할인함으로 자본가의 손실과 일치시킨다.

⑥ 피해액 결정이 곤란할 때는 재해 복구 비용이 평정기준이 될 수 있다.

⑦ 이윤의 발생이 이론적으로 확실시되면 이윤에 의한 피해액도 평정한다.

⑧ 1차 피해로 인한 2차 피해액에 대해서도 산정한다.

05 산림의 특수성

1 산림평가의 입장에서 본 산림의 특수성

① 산림은 다른 산물과는 달리 자연적, 장기간에 걸쳐 생산되므로 동형 동질이 없다.

② 수익을 예측하기 어렵고 적합한 예측 방법도 확립되어 있지 않다.

③ 산림의 평가는 현재뿐 아니라 과거 여러 문제도 중요한 평가인자가 된다.

④ 장래의 예측은 목재가격의 변동, 생산량 변동, 재질 변화 등 예측이 어렵다.

⑤ 최근 토지가격의 급등, 레저산업에의 이용, 자연보호 등 가치관이 다양화 되었다.

⑥ 매매가격이 이용가치를 일반적으로 상회하여 가격이 불안정하므로 평가가 어렵다.

⑦ 토지가격과 노임의 급상승은 인공림에서 벌기수입과 육성비용의 균형을 유지할 수 없어 임업 이율이 마이너스가 되게 하는 경향이 높다.

2 부동산으로의 산림

1) 민법

① 임지, 산림은 토지의 일종이며, 민법에서 말하는 부동산에 속한다(민법 제99조 제1항).

② 부동산에는 토지 외에 토지의 부산물도 포함되므로 임지 내의 수목은 토지의 정착물로 볼 수 있지만, 가식 중에 있는 수목은 토지의 정착물로 볼 수 없다(민법 제99조 제2항).

☞ 민법 [2016.2.4. 시행]

제98조(물건의 정의) 본 법에서 물건이라 함은 유체물 및 전기 기타 관리할 수 있는 자연력을 말한다.

제99조(부동산, 동산)

① 토지 및 그 정착물은 부동산이다.

② 부동산 이외의 물건은 동산이다.

– 평가 방법은 일반 토지와 달리하는데 임지와 임목을 별도로 규정하고 있다.

02
산림경영

2) 감정평가에 관한 규칙

☞ 감정평가에 관한 규칙 [2016.1.1. 시행]

제17조(산림의 감정평가)

① 감정평가업자는 산림을 감정평가할 때에 산지와 입목(立木)을 구분하여 감정평가하여야 한다. 이 경우 입목은 거래사례비교법을 적용하되, 소경목림(지름이 작은 나무 · 숲)인 경우에는 원가법을 적용할 수 있다.

② 감정평가업자는 제7조제2항에 따라 산지와 입목을 일괄하여 감정평가할 때에 거래사례비교법을 적용하여야 한다.

3) 입목에 관한 법률

☞ 입목에 관한 법률 [2012.08.12. 시행, 2010.3.31. 전문개정]

제2조(정의)

① 이 법에서 사용하는 용어의 뜻은 다음과 같다.

1. "입목"이란 토지에 부착된 수목의 집단으로서 그 소유자가 이 법에 따라 소유권보존의 등기를 받은 것을 말한다.

2. "입목등기부"란 전산정보처리조직에 의하여 입력 · 처리된 입목에 관한 등기정보자료를 대법원규칙으로 정하는 바에 따라 편성한 것을 말한다.

3. "입목등기기록"이란 1개의 입목에 관한 등기정보자료를 말한다.

제3조(입목의 독립성)

① 입목은 부동산으로 본다.

② 입목의 소유자는 토지와 분리하여 입목을 양도하거나 저당권의 목적으로 할 수 있다.

③ 토지소유권 또는 지상권 처분의 효력은 입목에 미치지 아니한다.

재무재표의 이해

시험에는 출제되지 않는 단원이다.

임업경영학, 산림경영학 등의 교재에서는 원가와 비용, 자본과 자산의 개념을 마구 혼용하여 사용하고 있다. 정확한 개념이 필요한 수험생의 입장에서는 곤혹스러운 일이 아닐 수 없다. 이 개념들은 경영의 성과를 기록하는 장부의 기장 방법을 이해하면 확실하게 이해할 수 있다. 이 개념들은 경영의 성과를 기록하는 장부를 기재하는 방법을 이해하면 좀 쉬워진다.

경영의 성과를 장부에 나타낼 때는 복식부기라는 독특한 방법을 사용한다. 하나의 경제적 사건이 발생하더라도 그것을 반드시 장부의 양쪽에 기록하는 것이다. 하나의 경제적 사건을 기록하는 분개와 분개한 항목을 계정과목별로 정리한 총계정원장, 수익과 비용을 기록하는 손익계산서와 자산과 부채와 자본의 상태를 재무상태표가 복식부기에서 사용하는 장부의 종류이다.

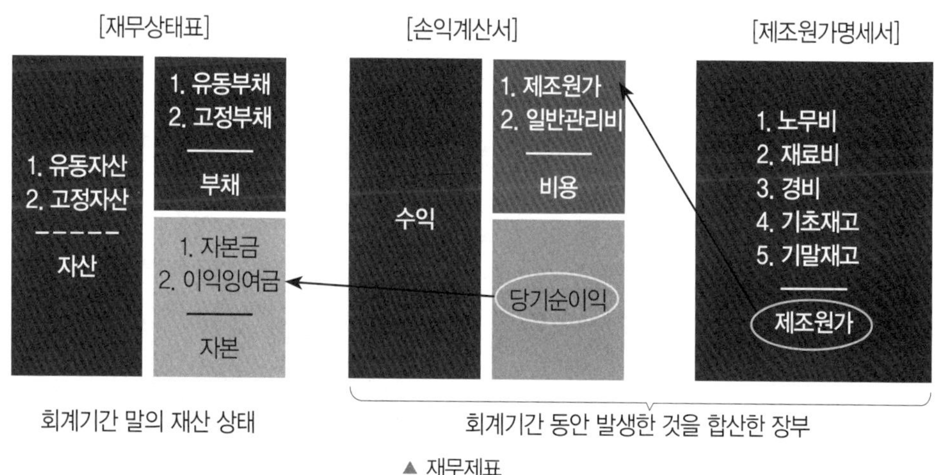

▲ 재무제표

먼저 원가와 비용이라는 단어를 구분해 보자.

제조 원가명세서는 원가를 항목별로 집계하고 제품생산에 사용된 것들이다. 임지에서 원목이라는 제품과 제제소에서 목재라는 상품을 제조하는 데 투입된 것을 원가라고 할 수 있다. 손익계산서는 영업활동으로 발생한 수익과 영업 및 관리활동에 사용된 비용을 집계한 것이다. 원가와 비용이라는 단어는 엄격한 의미에서는 다르다. 원가는 제품에 투입된 것이고, 비용은 관리비를 포함하고 있기 때문이다. 생산된 제품에 사용된 것은 원가, 판매될 상품에 사용된 것은 비용이라고 구분하면 쉽다.

자산은 기업이 경영활동에 투입할 수 있는 자원(resources)이다. 기업은 자본금과 부채 모두를 경영활동에 사용할 수 있다. 자본금이 경영활동을 시작할 때 투입한 "자기 자산"이라면, 부채는 경영활동을 하면서 발생한 "타인 자산"이다. 자본은 순수하게 내 것이지만, 자산은 남의 것도 포함한다. 엄격한 의미에서는 유동자본과 고정자본이라는 개념은 있을 수 없다. 임지와 벌목장비 등 고가의 현물(現物)재산은 기업을 설립할 때 자본금으로 인정을 받을 수 있다. 이런 의미에서 보면 임지와 벌목장비는 고정자본, 현금은 유동자본으로 구분할 수 있다. 그러나, 조림할 때 구입한 묘목은 제조 원가를 구성하는 항목이고, 유동자산을 구성하는 항목이다.

－ 4월 1일 조림작업

▲ 조림작업의 장부기록

4월 1일 조림 작업을 하면서 묘목을 200원에 구입하였다면, 현금이라는 자산이 200원 감소하고, 묘목이라는 유동자산이 200원 증가한 것으로 분개한다. 현금이라는 자산의 감소를 장부의 오른쪽(대변)에 기록하였고, 묘목이라는 자산의 증가 및 원가의 발생을 장부의 왼쪽(차변)에 기록하였다. 이것이 복식기장의 시작이다. 이렇게 기록한 것을 항목별로 모은 것이 총계정원장이다.

[분개] : 경제적 사건을 기록하는 방법

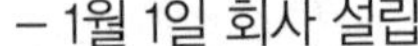

▲ 분개의 예시

이렇게 분개한 것을 항목별로 모으면 총계정원장이 된다.

[현금]

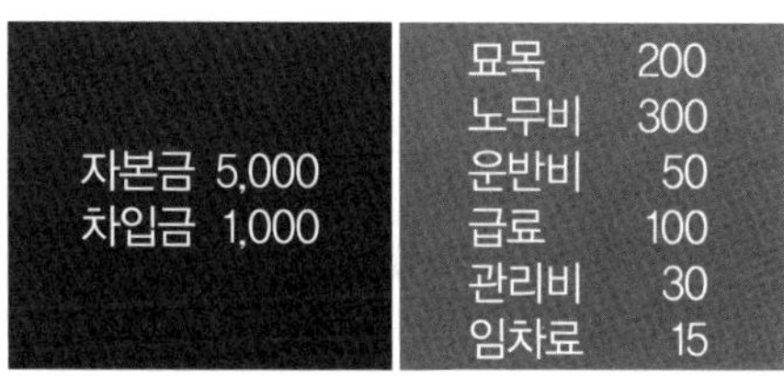

[자본금]

[차입금]

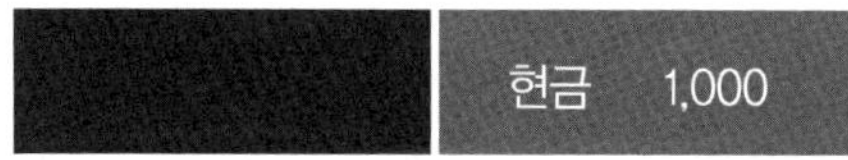

▲ 총계정원장 예시

참고

자산과 자본, 원가와 비용, 재무상태표와 손익계산서, 분개와 총개정원장, 원가명세서와 일반관리비 등 낯선 용어와 단어가 많아 어렵다고 느낄지도 모른다. 낯선 단어들은 억지로 외우려고 하지 말고, 입으로 여러 번 읽어서 익숙하게 하면 된다. 일부러 암기하려고 노력할 필요는 없다. 익숙하게만 만들자.
꼭 기억하자. 어려운 것이 아니고 낯선 것일 뿐이다.

임업 수확·수익의 구분

> **참고** 수익이란
>
> - 국어사전에서 수익[收益]은 "이익을 거두어들인다는 뜻이거나 이익 그 자체"로 정의한다. 회계에서 수익(revenue)은 주된 영업활동으로 인한 순자산, 즉 자본의 증가액을 의미한다. 자본은 자산에서 부채를 뺀 것이므로 수익이 발생했다는 것은 자산이 증가했거나 부채가 감소했다는 뜻이다.
> - 수익은 생산활동의 결과로 발생된 가치의 생성 및 증가액이다.
> - 수익은 외부로부터의 현금유입을 뜻하는 수입이라는 말과는 다르므로 구분해야 한다.
> - 임업경영에서 수익은 임업의 주된 영업활동인 목재와 부산물 생산이라는 경영활동을 통해서 일정 기간, 즉 회계기간에 발생한 가치가 될 것이다.
> - 수익은 실제로 판매되는 금액과 판매가 될 것으로 예측되는 금액을 모두 포함한다. 판매된 금액을 실현 수익, 판매될 것으로 예상되는 수익을 미실현 수익이라고 할 수 있다.
> - 임목생산에서 주벌목 매상 수익과 간벌목 매상 수익은 실현 수익에 해당하며, 임목의 가치 성장액은 미실현 수익에 해당한다. 수익은 주로 수확에 의해 발생하게 되므로 수확을 구분할 필요가 있다.

1 수확의 구분

1) 주수확

① 주수확은 주벌수확과 간벌수확으로 나누고, 주산물수확이라고도 한다.

② 임목을 벌기에 수확한 것을 주벌수확(벌기수확), 벌기 이전에 수확한 것을 간벌수확이라고 한다.

③ 주벌수확을 갱신 또는 갱신 준비를 위한 벌채에 의한 것을 주벌수확, 주벌수확 이외의 것을 간벌수확으로 구분할 수 있다.

2) 부수확

① 임목·죽 이외의 수확을 부수확 또는 부산물수확이라 한다.

② 부산물은 주산물 이외의 모든 산림생산물을 포함한다.

③ 부수확의 대상은 다음과 같다.

　– 임목 수체(林木 樹體)의 일부: 낙엽, 근주, 수피, 수지 등

- 임내에서 얻어지는 생물: 약초, 산채, 약용식물 버섯류, 야생동물 등
- 임내에서 얻어지는 무생물: 토석, 광물 등

2 수익의 구분

수익은 수확을 경영활동을 통해 판매하거나 판매될 것으로 가정한 금액을 말하고, 임업에서 발생하는 수익은 아래와 같이 구분한다.

1) 주수익

① 주벌수익

- 벌기에 도달한 임목(대나무 포함)을 갱신하기 위한 벌채와 갱신 준비를 위한 벌채에서 얻어진 임목매상액을 주벌수익이라고 한다.
- 임목육성 이외의 용도로 전환하기 위한 임목벌채에서 얻어지는 임목매상액이나 또는 피해로 인한 벌채 등과 같이 갱신을 수반하지 않는 벌채의 임목매상액도 주벌수익에 포함한다.

② 간벌수익

- 주벌 이외의 벌채임목(간벌 또는 부분적 피해목의 벌채 등)의 매상액을 간벌수익이라고 한다.
- 조림을 한 후 주벌수익을 얻을 때까지 무육상 벌채한 임목의 매상액이다.

2) 부수익 및 부산물 수익

주산물인 입목죽 이외의 임지에서 취득되는 버섯류 · 토석 · 산채 · 천연생 종묘 등 부산물의 매상액을 부수익 또는 부산물 수익이라 한다.

핵심 08 임업에서 발생하는 비용

참고 **비용이란**

- 비용은 수익을 올리기 위해 희생된 가치 또는 소비액을 말한다.
- 비용은 실제 발생한 것과 그 예측금액을 모두 포함한다.
- 비용은 수익의 획득과정에서 나타나는 재화와 용역의 사용액 또는 소비액이다.
- 비용은 경영 외부에 대한 현금 유출을 뜻하는 지출과는 다른 것이므로 구분해야 한다.
- 비용은 현금 지출을 수반할 수도 있고 현금 지출이 일어나지 않을 수 있다.
- 임목판매를 위한 재적조사비는 임목의 판매 수익을 위한 비용이기 때문에 수익적 지출에 해당한다.
- 조림비는 회계기간의 임목 매상수익을 위한 비용이 아니기 때문에 비용에 해당하지 않고 자본적 지출에 해당한다.

---

1 조림비

① 협의의 조림비는 조림을 시작하여 성림(成林)까지 지출되는 육성 비용을 말한다.

② 협의의 조림비는 보통 첫 번째 가지치기 전까지 10여 년에 걸쳐 지출되는 육성적 비용이다.

③ 협의의 조림비는 갱신방법 · 임황과 지리 · 1ha당 식재본수 · 묘목 또는 종자대금 · 인부임금의 고저 등에 따라 일정하지 않다.

④ 산림평가에서는 무육비라는 것을 따로 독립된 비용으로 취급하지 않고 조림비를 광의로 해석하여 제2회 이후의 가지치기와 무육간벌(撫育間伐) 등에 소요된 비용을 포함시킨다.

⑤ 광의의 조림비는 산림을 육성하는 데 소요된 가치의 총화를 말한다.

⑥ 광의의 조림비는 식재비, 벌초비, 제벌비, 가지치기 비용, 무육간벌비 등이 포함된다.

⑦ 식재비는 정지비, 신식비, 보식비, 비료대, 묘목대, 묘목운반비 등이 포함되고, 벌초비는 풀베기 비용과 덩굴치기 비용이 포함된다.

2 관리비 및 지대

① 산림의 관리경영에 소요되는 비용을 관리비라 한다.

② 관리에 종사하는 인건비, 이에 수반되는 물품비 및 사무소 등 고정시설의 감가상각비, 산림 피해 방지 및 경계 보전 등에 소요되는 산림보호비, 산림경영계획비, 제세공과금, 보험료, 노무자에 대한 복지시설비, 시험연구비 등 조림비와 채취비에 속하지 않는 일체의 경비가 관리비에 속한다.

③ 산림평가에서는 한 산림에 소요되는 비용의 연간평균액을 산출하여 연간관리비로 인정한다.

④ 연간관리비는 다시 전체 산림면적으로 나눈 금액을 단위면적당 관리비로 계산할 수 있다.

⑤ 지대는 일반적으로 직접 지출되는 비용은 아니지만, 비용을 계산할 때 지가에 이윤을 곱하여 지대로 간주한다.

3 채취비

① 산림의 주산물과 부산물을 수확하고 제품화하는 데 소요되는 비용을 채취비라 한다.

② 입목으로 판매할 때의 비용은 조사비와 판매사무비뿐이지만, 입목을 벌채하여 원목을 생산하거나 그것을 가공하여 판매할 때의 비용은 조사비 · 벌목조제비 · 집재비 · 운반비 · 판매비 · 잡비 · 기업이익과 금리 및 위험부담비 등이다.

③ 입목의 가격을 사정할 때는 보통 시장에서 판매되는 원목 가격에서 채취비를 공제한 잔액으로 평정하는 시장가역산법으로 입목의 단가를 산출하고 이에 임목재적을 곱하여 평정한다.

④ 채취비는 표면에 나타나지 않기 때문에 산림평가식에서는 채취비를 비용으로 평가하지 않는다.

4 기타 비용

① 기타 비용은 벌채비, 운반비, 감가상각비, 실제로 발생한 이자 등이 있다.

② 벌채비와 운반비가 제조 원가명세서에 속하는 항목이라면, 감가상각비와 이자는 손익계산서의 "판매 및 일반관리비" 항목에 속한다.

> **참고**
>
> · 산림평가에서 비용은 조림비, 관리비, 지대, 채취비 등의 주요 항목이 있다.
> · 지출된 것을 비용이라고 본다면 제조 원가명세서에 속하는 항목과 손익계산서에 속하는 항목이 있다.
> · cost는 주로 원가와 비용이라는 말로 번역이 된다. 제품에 전가된 비용으로 본다면 원가로 구분하고, 제조 원가명세서에 기재한다. 제품을 판매 및 관리하기 위해 사용된 것이라면 이것을 비용으로 구분하고 손익계산서에 기재하게 된다.

09 수익비용 대응의 원칙

1 수익비용 대응의 원칙

① 수익과 비용을 비교하여 수익이 비용을 초과하면 이익이 된다.

② 수익과 비용을 비교하여 비용이 수익을 초과하면 손실이 된다.

③ 이익과 손실을 함께 말하여 손익이라 하며, 손익계산서와 재무상태표에 나타낸다.

④ 순손익은 일정 기간 동안 경영활동으로 나타나는 수익과 비용을 서로 대응하여 기간별 비교할 수 있어야 한다.

⑤ 같은 기간에 발생한 수익과 비용을 비교하여 손익을 계산하는 과정을 수익 · 비용의 대응이라고 한다.

2 벌기에 있어서 손익의 계산 방법

1) 완전간단작업의 경우

① 손익=임목매상대−조림비원가누계−관리비원가누계

② 손익=임목매상대−조림비원가누계−관리비원가누계−경영자의 연년정상보수평가액의 누계 등

2) 보속경영의 경우 계산 방법

① 손익=임목매상대−조림비−관리비

② 손익=임목매상대−임목축적성장가−조림비−관리비 등

이자와 이자율

1 이자

① 자본을 사용한 대가로 지불되는 가격을 이자라고 한다.

② 이자는 보통 1년 단위로 산출한다.

③ 토지자본에 대한 이자를 지대(lot charge)라고 구분하지만, 어떤 자본을 사용한 대가로 지불되는 가격을 일반적으로 임료(rent fee)라고 한다. 그러므로 이자나 지대는 임료의 일종이다.

④ 이자는 부대비용의 유무에 따라 총이자와 순이자로 나뉜다.

⑤ 총이자는 화폐자본을 차용할 경우 그 자본용역에 대한 대가인 이자에 자본대부 및 회수에 대한 수수료 또는 자본투하의 위험성에 대한 보험료 등이 포함되고, 순이자는 이 같은 부대료가 포함되지 않은 것이다.

⑥ 자본이자는 자본금에 대하여 지불하는 이자로, 실제로 지출되지는 않지만 비용으로 인식한다.

2 이율

① 자본을 일정 기간 운영하여 발생한 이자액과 그 이자를 생기게 한 경영자본과의 백분율을 이율이라 한다.

② 자본에 대한 이자의 비율을 이율이라고 말하는데, 이자를 r로 표시하고 자본을 k라고 하면 이율은 r/k로 나타낸다.

3 이율의 구분

① **실질이율:** 예금이나 대출, 채권에서 실제로 지급된 금액의 이자율이다.

② **명목이율:** 예금이나 대출, 채권상품에 표시된 이자율이다.

③ **평정이율:** 예금이나 대출, 채권에서 일정한 기간에 지급된 금액의 이자율이다.

④ **경영이율:** 사업경영의 결과 발생한 수익률, 수익성 판단의 지표로 사용한다.

⑤ **환원이율:** 임지 등 고가의 자산(자본재)에서 발생하는 수익을 현재가로 환산한 이율, 자신의 평가에 사용한다.

⑥ **공정이율:** 중앙은행이 발표하는 기준 금리의 비율로 대부이율 및 어음할인이율의 기준으로 사용된다.

⑦ **장기 및 단기이율:** 기간이 1년 이상 수십 년이면 장기이율, 1년 미만이면 단기이율로 구분한다.

산림의 평가 방법

구분	평가 방법	비고
원가 방식	구입 시점에서 취득에 소요되는 비용의 원가를 감가 조정	복성가격
수익 방식	대상 산림이 장래에 거두어 들일 수익을 현재가로 환원	수익환원법, 수익가격
비교 방식	대상 산림과 유사성이 있는 매매 사례를 조사, 시점 조정	매매 사례비교법, 유추가격
절충 방식	위의 세 가지를 절충하여 임지평가	

1 원가 방식

원가 방식은 평가 시점에서 그 부동산을 재생산 또는 재취득하는 데 소요되는 재조달원가를 산출하고, 이 원가에 감가상각하여 대상 물건의 현재 가격을 산정하는 방법이다. "감정평가에 관한 규칙"은 이 방식에 의한 평가 방법을 복성식 평가법이라 하고, 이 방식에 의해 산출된 감정가격을 복성가격이라 한다.

① 정의

- 대상 산림의 재조달원가에 감가 수정을 하여 대상 물건의 가액을 산정하는 감정평가 방법이다.
- 원가 방식에 의해 산정된 산림평가액=구입가액+재조달원가−감가누계액
- 감가누계액은 산림의 평가에서는 "0"으로 가정한다.
- 구입가액과 재조달원가의 단순합계를 산림의 평가액으로 결정하는 방법을 원가법이라고 한다.
- 구입가액과 재조달원가를 현재가치로 환산하여 산림의 평가액으로 결정하는 방법을 비용가법이라고 한다.
- 일반적으로 임목비용가는 임목가의 최저 한도액을 나타낸다고 할 수 있다.

② 원가 방식의 장점

- 재생산이 가능한 상각 자산에 일반적으로 널리 사용된다.
  예 건물, 구축물, 기계장치, 선박, 항공기 등

- 비교적 논리적이고 평가 주체의 주관 개입이 적다.
- 개인별 산림평가액에 대한 편차가 적다.

③ 단점

- 토지와 같은 재생산이 불가능한 자산에 대해서는 적용이 어렵다.
- 재조달원가와 감가상당액에 대한 파악이 어렵기 때문이다.
- 시장성이나 수익성을 산림평가액에 반영하지 못한다.
- 임령이 많은 장령림 이후의 임목에는 적용하기가 곤란하다.
- 불량 임지보다 우량 조림지의 임목가가 오히려 낮아지는 모순도 있다.

④ 원가 방식과 비용가법의 차이점

- 원가 방식은 평가 시점에서 재조달원가의 누적금액으로 평가한다.
- 비용가법은 과거의 실제원가의 계산이율에 의한 원리합계액으로 평가한다.
- 원가 방식은 표준적이고 객관적인 방식으로 평가한다.
- 비용가법은 주관적인 방식으로 평가하는 경우가 있다.
- 원가 방식은 평가 대상물건에서 발생한 수익액은 그 물건의 평가에 포함하지 않는다.
- 비용가법에서는 평가 대상물건의 원가에서 과거에 발생한 수익금액 원금과 복리합계를 차감한다.

2 수익 방식

수익 방식이란 평가 대상 물건이 장래에 산출할 것으로 기대되는 순수익을 환원이율로 평가 시점의 가격으로 환원하여 감정가격으로 하는 방법이다. 감정평가에 관한 규칙에서는 이 방식에 의한 평가 방법을 수익환원법이라 하고, 이 방법에 의해 산정된 감정가격을 수익가격이라 한다.

① 장점

- 안정시장에서는 데이터만 정확하면 대체로 가격이 정확하게 감정 평가된다.
- 과학적이고 논리적이다.
- 감정인의 주관이 개입될 여지가 비교적 적다.

② 단점

- 수익이 발생하지 않는 물건에는 적용하기 어렵다.
- 수익에만 주안점을 두는 탓으로 수익에 차가 없는 물건은 신고(新古)의 차이 없이 동일한 가격으로 평정된다.
- 수익환원법을 적절하게 적용하려면 장래에 기대되는 안정적인 순수익과 적정한 계산이율을 예상 결정해야 한다.

3 비교 방식

비교 방식이란 대상 물건과 동일성 또는 유사성이 있는 다른 물건의 매매 사례를 조사 비교하여 가격시점과 대상 물건의 현황에 맞게 시점 조정 또는 사정 보정을 실시하여 가격을 추정하는 방식이다. 감정평가에 관한 규칙에서는 이 방식에 의한 평가 방법을 매매 사례비교법이라 하고, 이 방법에 의해 추정된 감정가격을 유추가격이라 한다.

① 장점

- 매매 당사자는 대상 물건을 매매하기 위해 항상 유사 물건의 가격과 비교한다. 따라서 일반경제원칙에서의 대체의 원칙과 일치한다.
- 간단하고 이해하기 쉽다.
- 시장에서 실제로 매매되는 가격을 평가기준으로 하기 때문에 현실성과 설득력이 있다.
- 임지·임목·토지·건물 등의 평가 및 지상권·임대차 등의 권리 평가 등 그 적용 범위가 넓다. 임지평가 방식 중 적용 범위가 가장 넓어 평가의 중추적 기능을 한다.

② 비교 방식의 단점

- 감정인의 경험에의 의존도가 높다.
- 시장성이 없거나 매매 사례가 적은 물건에 대해서는 적용하기 곤란하다.
- 시점 수정·사정 보정·개별 요인 및 지역 요인의 비교가 곤란하다.
- 물가의 변동이 심할 때는 객관적이고 안정적인 감정평가 방법으로는 타당하지 않다.
- 이 방법을 감정평가법으로 채용하면 가격의 상승을 초래한다.

4 절충 방식에 의한 임지평가

① 수익가 비교절충법

- $u$ha인 법정작업급에서 산림공조가를 u로 나눈 수익가에 의해 거래 사례가격을 수정한다.
- 평가 대상지의 수익가 B는 아래와 같다.

$$B = \frac{A_u - C - uv}{u} \times \frac{1}{P}$$
$$(B : 수익가, C : 조림비, u : 벌기령, v : 1년간 관리비, P : 연이율)$$

- 위와 같은 방법으로 거래사례지에 대한 수익가 B_T를 구한 후 거래사례가격 T를 수익가의 비율만큼 수정한다. 새롭게 구한 지가 X는 아래와 같다.

$$X = T \times \frac{B}{B_T}$$

② **기망가 비교절충법**

거래사례지와 평가 대상지의 임지기망가를 각각 B_u, B'_u라고 하고, 거래사례지의 가격을 B' 라고 하면, 평가 대상지의 지가 B'는 아래와 같다.

$$B' = B \times \frac{B'_u}{B_u}$$

③ **수확 · 수익 비교절충법**

거래사례지와 평가 대상지의 수익가를 각각 W, W'라 하고, 거래사례지의 거래 사례가격을 B라고 하면 평가 대상지의 지가 B'는 다음과 같다.

$$B' = B \times \frac{W'}{W}$$

위의 식에서

$$W = \frac{A_u + D_a(1+P)^{u-a} + \cdots\cdots + D_q(1+P)^{u-q}}{(1+P)^u - 1}$$

$$W' = \frac{A'_u + D'_a(1+P)^{u-a} + \cdots\cdots + D'_q(1+P)^{u-q}}{(1+P)^u - 1}$$

W와 W'는 임지기망가 B_u와 B'_u를 대신하여 사용한 것이다.

5 주벌수익 비교절충법

거래사례임지와 평가 대상임지에서 기대되는 주벌수익을 각각 A_u, A'_u라고 하고, 거래사례지의 가격을 B라고 하면, 평가 대상지의 지가 B'는 아래와 같다.

$$B' = B \times \frac{A'_u}{A_u}$$

핵심 12 재조달원가 산정 방법

> **참고** **재조달원가란**
>
> - 재조달원가는 기존 자산을 동일한 수준으로 다시 구축하거나 대체할 때 발생하는 비용이다.
> - 재조달원가는 자산의 가치를 평가하거나 손해를 보상할 때, 또는 자산을 새로 건설하거나 복구할 때 필요한 비용을 예측하는 데 사용된다.
> - 재조달원가는 자산의 사용 가치와 현재 시장에서의 대체 비용을 고려하여 산정된다.
> - 예를 들어, 특정 건물이 훼손되었을 때 이를 원래 상태로 복구하기 위해 현재 시점에서 투입해야 하는 비용을 계산할 때 재조달원가를 사용한다.
> - 보험 평가나 자산 재평가, 손해 보상액 산정 시 자주 사용되며, 자산의 감가상각을 고려하여 산출된 현 시점에서의 대체 비용이라고 할 수 있다.

1 총가격적산법

① 대상 자산을 구성하는 자재량과 노동량의 실제 단가를 통해 계산한다.

② 총가격적산법=자재비+노무비+부대비용

2 부분별 단가적용법

① 부동산의 지붕, 벽, 기둥 등의 구성 부분에 따라 표준 가격을 집계하여 계산한다.

② 재조달원가=각 구성 부분의 표준가격 합계액

예 1층, 2층, 3층 등 영역별 계산

3 변동률적용법

① 자재사용계산서를 분석해 얻은 금액을 보정하여 원가를 계산한다.

② 보정이란 차이가 나는 비율을 조정하는 것이다.

③ 재조달원가 = 건설명세서별 가격×(1+건축비변동률)

① 변동률적용법에서 변동률 대신 비용지수를 적용하여 원가를 계산한다.

② 재조달원가 = 건설 명세별 가격×(기준시점건축비지수)/(완공시점건축비지수)

자산의 구성 요소, 비용 변동, 시간 경과에 따른 지수 적용 등을 고려하여 현실적인 원가를 산정한 것이다.

임목의 평가

1 임목매매가

① 현재 그 임목의 시장가격을 임목매매가(林木賣買價, wood sale value)라고 한다.

② 임목매매가는 평가하려는 임목과 비슷한 조건 또는 성질(수종 · 연령 · 경급 · 입지 · 재종의 분배 상태 · 운반 관계 등)을 가지는 임목의 실제 거래시세로 결정한다.

③ 임목매매가는 이용가격과 생산가격으로 구분할 수 있다.

 – 이용가는 임목을 매입한 후 바로 벌채하여 처분 · 이용할 때의 매매가를 말하며, 벌채가라고도 한다.

 – 벌채가는 임목을 매입하였다가 이용가치가 높아졌을 때 벌채 · 이용할 때의 가격을 말하며, 생산가로서의 매매가를 벌채가라고 한다.

④ 임목매매가는 일반적으로 벌채가 또는 이용가로서의 매매가를 말한다.

2 임목비용가

① 임목의 육성에 사용된 일체의 생산비(경비)의 후가 합계에서 평가 시점에 이르기까지 얻은 수확의 후가 합계를 뺀 것을 임목비용가(林木費用價, cost value of the growing stock)라고 한다.

② 임목비용가는 순경비의 현재가(후가) 합계로 결정된다.

③ 임목비용가는 평가 재산의 취득원가를 기초로 하여 평가하는 원가법(취득원가법)에 해당한다.

④ 원가적 계산 방법인 임목비용가는 임목에 투입된 비용을 현재가로 환산한 것이다.

> 임목비용가 $H = (B+V)(1.0P^{m-1}-1) + C(1.0P)^m - \sum Da(1.0P)^m$
>
> (B: 지대, C: 조림비, V: 관리비, Da: 간벌수익)

⑤ Faustmann이 1854년에 인공조림으로 육성한 임목의 평가 방법으로 제안하였다.

③ 임목기망가

① 장래 기대되는 순수확의 전가(현재가)를 임목기망가(미래가, 기대가격)라고 한다.

② 임목을 일정한 연도에서 벌채한다고 가정하고 현재부터 벌채할 때까지에 기대되는 수확의 전가 합계에서 그사이의 경비의 전가 합계를 뺀 값이 임목기망가(林木期望價, expectation value of the growing stock)가 된다.

③ 임목기망가는 순수익의 현재 가격을 구하는 것이므로 임목수익가(林木收益價)라고도 한다.

④ 임목기망가는 임목가의 최고 한도액이 된다.

④ 기망가(期望價, Expectation Value)

① 기망가는 산림평가상의 용어이며, 경제학에서는 수익가라고 한다.

② 어떤 재화로부터 장차 얻을 수 있을 것으로 기대되는 수익을 일정한 이율로 할인하여 현재 가를 구한다.

③ 기망가로 평가할 수 있는 것은 그 재화가 생산에 이용되는 경우에 한한다.

④ 일반적으로 장래에 기대되는 수익이 많기 때문에 기망가는 재화의 구입가격의 최고 한도를 나타낸다.

⑤ 현시가(現時價)가 성립하지 않을 때 또는 장령림과 임지의 가치평가에 이용한다.

⑥ 임지기망가는 임지에서 장래 기대되는 순수익의 현재가(전가) 합계로 정한 가격이다.

⑦ 임목기망가는 미래의 예상이익을 임업이율에 의하여 현재의 가액으로 환산한 것이다.

임지가격의 종류

1 토지매매가(=임지매매가, 산림매매가)

① 평정하려는 임지와 비슷한 성질·위치를 가진 토지의 시가에 따라 결정하는 임지의 가격을 토지매매가(soil sale value)라고 한다.

② 토지매매가는 평가하려는 재화(財貨)와 비슷한 성질을 가진 재화의 객관적·현실적 거래 가격에 의해 결정된다.

③ 토지매매가에서 임지평가의 일반적인 방법은 시장자료비교법이다.

2 토지비용가(=임지비용가, 산림비용가)

① 토지비용가는 현재까지 발생한 경비의 원리 합계에서 그사이 얻은 수확의 원리 합계를 뺀 잔액이다.

② 토지의 소유권을 획득하여 이것을 조림에 적합한 상태로 이끌어 오기까지 소요된 순경비의 현재가(후가) 합계가 토지비용가(soil cost value)가 된다.

3 토지기망가(=임지기망가, 산림기망가)

① 임지에서 장래 기대되는 순수익(純收益)의 현재가(전가) 합계로 계산한 가격을 토지기망가(soil expectation value)라고 한다.

② 토지기망가는 해당 입지에 일정한 시업을 영구적으로 실시한다고 가정할 때, 그 토지에서 기대되는 순수확의 현재가 합계액이다.

③ 일반적으로 대상 임지에서 장래 기대되는 순수익의 현재 가격이며, 즉 표준적인 연간 순수익을 적정한 환원(還元)이율로 자본 환원하여 대상 부동산의 가격을 구한다.

④ 이렇게 토지기망가를 구하는 방법을 수익환원법(收益還元法), 자본환원법(資本還元法)이라고도 한다.

⑤ 토지기망가는 임지수익가라고도 한다.

■ 임지평가 방법 요약

임지 평가 방식		평가 방법	비고
원가 방식	원가법	취득원가, 재조달원가의 단순합계액	
	비용가법	취득원가의 복리합계액	비용의 후가에서 수익을 차감
수익 방식	기망가법	장래에 기대되는 수입의 전가합계	영구적인 개벌시업
	수익환원법	연년수입의 전가합계	연년수입이 있는 택벌림
비교 방식	직접비교법	매매 사례가격과 직접 비교	
	간접비교법	역산가법과 비교	매각가격−택지조성비
절충 방식	절충방법	위의 세 가지 방식을 서로 절충	

핵심 15 비교 방식에 의한 임지평가

1 비교 방식에 의한 임지평가

비교 방식에 의한 임지평가는 평가 대상 임지와 유사한 조건의 비교 대상 임지(비교 표준지)의 거래 사례를 바탕으로 대상 임지의 가치를 평가하는 방법이다. 이 방식은 산림뿐 아니라 부동산의 가치 평가에 널리 사용되고, 시장에서 임지가 거래된 사례가 있을 때에 적합한 평가 방식이다. 기본적인 개념은 대상 임지와 비교 대상 임지 간의 차이를 조정하여 가격을 산출하는 것이다.

임지의 실제 매매 사례가격과 직접 비교하여 평가하는 방법을 직접사례비교법이라 하고, 이에 대하여 임지가 대지 등으로 가공 조성된 후에 매매된 경우에는 그 매매가격에서 대지로 가공 조성하는 데 소요된 비용을 공제하여 역산적으로 산출된 임지가와 비교하여 평정하는 방법을 간접사례비교법이라고 한다.

1) 직접사례비교법

거래사례가격과 직접 비교한다. 직접사례비교법은 임지의 실제 매매 사례가격과 직접 비교하여 평가하는 방법으로, 대용법, 입지법, 조건별·요인별 차등수정률연승법의 세 가지 방법 중 대용법과 입지법이 사용된다.

① 대용법

$$임지가격 = 매매사례가격 \times \frac{평가대상임지의\ 과세표준액}{매매사례지의\ 과세표준액}$$

과세표준액은 일반 시장가격과 일치하지 않지만, 지역 및 개별 요인에 따른 격차를 잘 반영하고 있다. 그러므로, 이미 격차가 반영된 과세표준액의 비율을 거래 사례 가격에 곱하여 임지를 평가할 수 있다.

② 입지법

입지법은 거래사례지의 입지지수와 평가대상 임지의 입지지수와의 비율에 의해 거래사례가격을 보정하여 임지를 평가하는 방법이다. 입지지수는 지위지수와 지리지수를 반영하여 구할 수 있으므로, 다음과 같이 두 가지 방식으로 산정할 수 있다.

$$임지가격 = 매매사례가격 \times \frac{평가대상임지의\ 입지지수}{매매사례지의\ 입지지수}$$

$$= 매매사례사격 \times \frac{평가대상지의\ 지위지수}{매매사례지의\ 지위지수} \times \frac{평가대상지의\ 지리지수}{매매사례지의\ 지리지수}$$

이 방식은 평가 대상 임지와 인근 거래 사례 간 품질 차이가 있거나 부적합한 사례일 경우, 비준가격을 입지 조건에 맞춰 수정한다. 입지는 자연적 조건인 지위와 경제적 조건인 지리를 종합한 것으로, 지위지수와 지리지수를 구해 입지지수를 산출한 뒤 이를 비교하여 수정하므로, 이 방법을 입지지수법이라고도 한다.

2) 간접사례비교법

임지거래가격에서 임지개량비를 차감하여 비교한다. 간접사례비교법은 대지로 전환될 예정인 임지평가에 사용되는 방법으로, 대지가격에서 조성비 등을 공제하여 역산한 가격을 기준으로 명가액을 산출한다. 역산법이라고도 하며, 이는 임업용 임지가 아닌 대지 전환 예정지를 평가할 때 적합하다. 평가 대상지가 현재 임지라도 대지로 변경될 예정이라면, 비교할 거래 사례 가격은 임업용이 아닌 대지 예정지의 거래가격이어야 한다.

최근 거래가격이 600만원/ha인 잣나무림(a)을 매매 사례지로 이용하여 입지법을 적용한 평가 대상 잣나무림(b)의 임지평가액은 840만원/ha이고, 지위등급별 지수는 a가 100%, b가 70%일 때

$$\frac{b의\ 지리등급별\ 지수}{a의\ 지리등급별\ 지수}$$ 의 값은?

※ 정답은 성안당 도서몰 [자료실]에서 제공

임목의 평가 방식

1 임목 평가법 구분

임지상태	유령림	장령림(벌기 미만)	중령림	벌기 이상
평가 방식	원가 방식	수익 방식	원가수익절충 방식	비교 방식
평가법	원가법, 비용가법	기망가법, 수익환원법	Glaser법	매매가법, 시장가역산법

[임목의 평가]　　　　　　　　　　　　　　　　　　　　　　벌기령 : Y

조림　　　　　　　　　　　　　숲 가꾸기　　　　　　　　　수확

원가 : A　　　　　　**비용가 : B**　　　　　**기망가 : C**　　　　　**매매가 : D**

구입가격+부대비용　　　원가를 현재가로 할증　　기대수익을 현재가로 할인　　원목의 시장가격

이율 : P, 기간 : n　　　　$B = A \times (1+P)^n$　　　　$C = \dfrac{D}{(1+P)^n}$

2 방식

1) 유령림의 임목평가

① 원가법(단순합계, 현재까지)

실제 원가의 누계를 평가액으로 산정

② 비용가법(복리합계, 현재까지)

임목을 m년생인 현재까지 육성하는 데 소요된 순비용의 후가합계

$$\text{비용 } H=(B+V)(1.0P^{m-1}-1)+C(1.0P)^m-\Sigma Da(1.0P)^m$$

(B: 지대, C: 조림비, V: 관리비, Da: 간벌수익)

2) 장령림의 임목평가(벌기 미만)

① 임목기망가법

현재부터 벌채년도까지 기대되는 수입의 전가합계에서 현재부터 벌채년도까지 소비될 비용의 전가합계를 뺀 값

$$H = \frac{Au + Dn1.0P^{u-m} - (B+V)(1.0P^{u-m} - 1)}{1.0P^{u-m}}$$

(Au: 주벌수익, B: 지대, Dn: 간벌수익, V: 관리비)

② 수익환원법

장차 얻어질 수 있을 것으로 추정되는 매년의 예상수익과 예상비용의 차이, 즉 예상이익을 현재가치로 환산하여 임목을 평가하는 방식이다.

3) 중령림의 임목평가

비용가법과 기망가법을 절충한 원가수익 절충 방식을 이용한 방식으로 글라저(Glaser)법이 채택된다.

$$글라저식: Am = (Au - Co)\frac{m^2}{u^2} + Co$$

(Am: m년 현재의 임목가, Au: 적정벌기령 수식으로 년에서의 주벌수익, Co: 초년도의 조림비)

4) 벌기 이상의 임목평가

시장매매가, 즉 시가를 조사하여 벌채, 운반비 등을 공제한 시장가역산법을 사용한다.

17 벌기 미만 장령림의 임목평가

1 임목기망가

① 임목기망가는 추정되는 순수확을 현재가로 환산한 것이다.

② 현재 벌채하게 되지 않은 임목이 장래의 일정 연도에 벌채할 것이라 예정하고 계산한다.

③ 임목기망가는 벌채할 때까지에 얻을 수 있는 수입의 현재가 합계에서 그동안에 들어갈 경비의 현재가의 합계를 공제하여 구한다.

④ 임목기망가는 순수익의 현재가격을 구하는 것이므로 임목수익가라고도 한다. 현재부터 벌채년도까지 기대되는 수입의 전가합계에서 현재부터 벌채년도까지 소비될 비용의 전가합계를 뺀 값

$$H = \frac{Au + Dn1.0P^{u-m} - (B+V)(1.0P^{u-m}-1)}{1.0P^{u-m}}$$

(Au: 주벌수익, B: 지대, Dn: 간벌수익, V: 관리비)

2 수익환원법

① 장차 얻어질 수 있을 것으로 추정되는 매년의 예상수익과 예상비용의 차이, 즉 예상이익을 현재가치로 환산하여 임목을 평가하는 방식이다.

② 임목기망가의 크기

3 임목기망가 계산 요인

① 이율: 이율이 높으면 임목기망가는 작아진다.

② 수입: 수입이 크면 임목기망가가 커진다.

③ 경비: 경비가 크면 임목기망가가 작아진다.

중령림의 임목평가

- 유령림과 장령림의 중간 정도에 해당하는 임령을 가진 숲을 중령림이라고 하는데, 중령림은 일반적으로 Glaser식에 의해 평가한다.
- 성숙의 중간 시기에 있는 중령림은 임목벌채가가 비용가보다 점차 커지고, 임목기망가가 임목 비용가보다 커진다.
- 중령림의 임목가는 기망가법으로 계산하면 너무 크고, 비용가로 평가하면 벌기에 접근할수록 낮아진다.
- Glaser식은 성숙 중간에 있는 임목의 가격평정을 위하여 제안된 것이다.

1 Glaser식

① 1912년 Glaser는 A_m(m년도의 임목가)에서 C_0(첫 년도의 비용, 즉 조림비 등 작업비 등)을 공제한 값은 m이라는 조림 후 경과된 연수의 2차식으로 표현할 수 있다는 것을 과거 임목 매매자료를 통하여 확인하였다.

$$A_m - C_0 = km^2, \ K=\text{상수이며, } \ m = n \text{일 때 } A_n - C_0 = kn^2$$

$$\text{따라서, } \quad K = \frac{A_m - C_0}{m^2} = \frac{A_n - C_0}{n^2}, \ n^2(A_m - C_0) = m^2(A_n - C_0)$$

$$\therefore A_m = \frac{m^2}{n^2}(A_n - C_0) + C_0$$

여기서, A_m = 현재(m년도)의 평가 대상 임목가, A_n = n년도(적정 벌기령)에서의 주벌수익, C_0 = 첫 년도의 비용(조림비 등)

② 글라저식에서 주벌수입을 제외한 간벌수입 등은 조림비를 제외한 투입비용의 후가 합계와 상쇄해도 좋다는 가정을 하였으므로 생략되었다.

③ 글라저식은 이율을 적용하지 않아 계산이 간단하다.

④ 글라저식을 유령림에 적용하면 임목비용가보다 낮게 산정된다.

⑤ 글라저식을 장령림에 적용하면 실제 벌채가보다 낮게 산정된다.

2 Glaser 보정식

대부분의 비용이 조림 초기 10년에 집중되는 것을 감안하여 글라저식을 보정한 것이다.

$$A_m = \frac{(m-10)^2}{(n-10)^2}(A_n - C_{10}) + C_{10}$$

여기서, $C_{10}=$ 조림 초기 10년 동안의 비용의 후가합계

벌기 이상 임목평가

1 시장가역산법

① 시가(時價)를 조사한 후 간접적으로 임목가를 사정(査定)한다.

② 임목의 시장가에서 그 임목의 벌채 · 운반비와 총 자본액의 이자를 공제하여 임목가를 산정한다.

③ 평가 대상인 벌기 이상의 임목은 벌기에 거의 도달하거나 벌기가 지난 임목이다.

④ 벌기 이상의 임목은 같은 종류의 원목이 시장에서 매매되는 가격을 조사해서 원목을 시장까지 벌채하여 운반하는 데 드는 비용을 공제하여 임목의 가격을 구한다.

⑤ 평가 방법이 시장의 원목이 매매되는 가격에서 역산한 것이므로 시장가역산법이라고 한다.

⑥ 시장가역산법은 우리가 실제 목재를 이용하려고 벌채를 할 때 가장 많이 사용되는 계산 방법이다.

⑦ 시장가역산법은 임목매매가를 기준으로 역산하며, 이것은 비교 방식의 간접법에 해당하는 평가 방법이다.

1) 시장가역산법에 의한 임목가격

$$X = A - (B + R)$$

여기서, X=시장가역산법에 의한 임목가, A=원목의 시장가격, B=사업자본의 이자를 공제한 총비용(벌채비+운반비), R=매각을 통해 얻을 수 있는 정상이윤

① 정상이윤(R)은 정상이윤율(월이율 p)과 자본액에 의해서 결정된다.

② 자본액은 임목구입자금(X)과 벌출운반비(B)에 소요된 자금의 합계가 된다.

③ 자금회수 기간(l)은 임목을 구입하고 벌출 · 운반에 소요되는 기간의 1/3~1/2 정도가 된다.

④ 매각을 통해 얻을 수 있는 정상이윤은 $R=(X+B)lp$가 된다.

⑤ $X=A-B-(X+B)lp=A-B-Xlp+blp$는 아래와 같이 정리할 수 있다.

$X(1+lp)=A-B(1+lp)$이 성립하므로

$$\therefore \ X = \frac{A}{1+lp} - B$$

2) 단위 재적(㎥)당 임목가격

㎥당 단가는 x, 현재 대상임목의 총재적은 v, 생산원목의 이용재적은 m, 생산원목의 시장에서의 판매예정단가는 a, 원목의 단위생산비를 b라고 하면,

$$X = xv,\ A = am,\ B = bm \text{이 되어 } X = \frac{A}{1+lp} - B \text{에서 } xv = \frac{am}{1+lp} - bm \text{이 된다.}$$

조재율 $f = \dfrac{m}{v}$ 으로 놓으면 단위재적(㎥)당 임목가격 $x = f\left(\dfrac{a}{1+lp} - b\right)$ 가 된다.

여기서 x = 시장가역산법에 의한 ㎥당 임목가격, f = 이용율(조재율), a = ㎥당 원목 시장가격, b = ㎥당 원목생산경비(조재비, 운재비, 집재비, 잡비 등), p = 월이율, 그리고 l = 자본회수 기간(월)

3) 기업이윤(r)을 고려하였을 경우 임목가격

$$x = f\left(\frac{a}{1+lp+r} - b\right)$$

1)과 2)의 단위재적(㎥)당 임목가격을 산출하는 시장가역산법은 산림벌채업자가 임목을 구입하여 벌채하는 경우의 평가액으로 볼 수 있다.

4) 임목 소유자가 직영으로 생산하는 경우 임목가격

벌출사업비만을 투입자본으로 보고 계산한다.

$$X = A - B(1+lp)$$

여기서, X = 대상 임분의 임목 평가액, A = 대상 임분에서 생산된 원목의 시장가격, B = 총비용(사업비), l = 자본회수기간(개월), p = 월이율

연습문제 2-11

벌기에 도달한 50년생 소나무 350㎥를 매각하려고 한다. 이용률이 75%, 1㎥당 평균원목시장가격이 230,000원, 조재비가 12,000원, 집재비가 20,000원, 운재비가 15,000원, 잡비가 3,000원이고 월이율이 5%, 자본회수기간은 4개월이라고 할 때, 이 소나무림의 임목가를 평가하시오.

※ 정답은 성안당 도서몰 [자료실]에서 제공

연습문제 2-12

2 매매가법

임목매매가법는 평정하고자 하는 대상 임목과 비슷한 성질과 내용을 가진 임목의 가격을 평가하는 방법이고, 매매가법은 최근 매매가격을 조사하고 그 매매가격을 기준으로 평가 임목의 가격을 평가하므로 직접법에 해당하는 평가 방법으로, 매매가격을 조사할 때 조사내용은 수종, 수령, 흉고직경, 수고, 본수, 지리 조건, 시장 사정 등이다.

1) 매매가법에 대한 평가

① 매매가법은 여러 가지 조사하여야 할 요소 중에서 동일한 임목의 매매 사례를 찾기가 쉽지 않기 때문에 객관적 평가 방법이라고 할 수 없다.

② 수종과 입지 조건이 비슷하면 매매가법으로 평가할 수 있지만 조정이 필요하다.

③ 매매가법은 벌채할 때의 임목가격을 기준으로 평가하므로 벌기 이상인 임목의 평가에 활용할 수 있다.

2) 임목매매가의 크기

① 임령이 증가하면 일반적으로 임목매매가도 증가한다.

② 유령기의 임목을 벌채하여 판매하게 되면 생산비가 매매가보다 커서 부(負)의 매매가 형성된다.

③ 일정 임령에 도달한 임목을 벌채해야 매매가가 생산비보다 커지는 정(正)의 매매가가 형성된다.

임목 매매가 방식

● 직접: 매각사례, 간접: 시장원목가 할인

1 직접적 방법

매각하려고 하는 임목과 비슷한 수종으로서 임목의 상황, 입지 운반관계 등 제반 조건이 비슷한 임목이 매각된 예가 있으면 그 매매가를 기준으로 평정한다.

2 간접적 방법

모든 조건이 같은 매매 실례를 구하는 것은 어려운 일이므로 시장 원목가를 할인하여 임목가를 평정한다.

$$X = f\left(\frac{A}{1 + m{\cdot}p + r} - B\right)$$

- X: 단위재적당 임목가
- f: 조재율(할인율)
- A: 단위재적당 원목시장가
- m: 자본회수기간
- B: 단위재적당 벌목비, 운반비, 기타 비용 일체
- p: 월이율
- r: 기업이익률

산림피해 평가 방식

1 입목피해의 평가

① 입목가치의 평가에는 비용가법, Glaser법, 기댓값이 이용되며, 「입목의 평가 방식」에서 기술한 내용에 의거 산출할 수 있다.

② Glaser법을 이용한 산불피해지의 입목 피해액 추정 절차

- 주벌 시 수종별 입목가치(Au)의 산정은 주변 지역에서 실제 매매된 입목의 가격이나 시장가역산법에 의해 추정한 단위재적당 입목가격을 적용하여 산정한다.

- Glaser식을 이용하여 임령 1년부터 벌기령 이전까지의 ha당 입목가를 임령별로 계산한다.

$$평가\ 대상\ 산림의\ 입목가치(A\,Gm) = (Au - C_0)\,\frac{m^2}{u^2} + C_0$$

Au: 주벌수입, C_0: 초년도 조림비, m: 평가 대상 산림의 임령, u: 벌기령

☞ 천연림의 경우 조림비가 소요되지 않으므로 위 식에서는 0이 된다.

- 피해지역의 수종별, 임령별 재적 및 면적을 조사하고, 수종별 지위지수 중(中)인 수확표를 이용하여 피해지역 산림의 입목도를 수종별, 임령별로 계산한다.

- Glaser법을 이용하여 구한 정상임분의 ha당 입목가치의 평가액에 피해지역의 수종별, 임령별 면적과 입목도를 곱해 이를 합하여 전체 피해액을 추정한다.

$$입목피해액 = \sum_{i=1}^{m}\sum_{j=1}^{n} A\,Gij \cdot FAij \cdot SDij$$

- i: 수종
- j: 임령
- m: 피해대상지역의 수종 수
- n: 벌기령
- AG: 글라저식을 이용한 ha당 수종별 · 임상별 입목가액
- FA: 수종별 · 임령별 면적
- SD: 수종별 · 임령별 입목도

② 부산물 피해의 평가

추후 부산물 채취 가능 기간 동안 부산물 생산액을 추정한 후 그 현재가치를 합한다.

$$\text{산림부산물 피해액} = \frac{\sum_{i=1}^{n} Pi \cdot PMi}{(1+r)^i}$$

- Pi: 연도별 산림부산물 가격
- PMi: 연도별 산림부산물 발생량
- n: 채취 가능 기간
- r: 할인율

임목 피해액 산정법

1 임목 피해액 산정법

① 중용목 기준

$$B = \left(\frac{주벌수확\,(Yr)}{1.0p^{\,r-m}} \right) \times \left(\frac{1}{주벌목\;본수\,(Nn)} \right) - 피해목매매가\,(A)$$

(r=벌기령, m=현재까지 경과기간, n은 본수)

② 우세목인 경우: 평가액에서 적절히 가산

③ 열세목인 경우: 평가액에서 적절히 감산

2 산림피해 평정 원칙

① 피해받은 재산은 금전으로 이루어질 수밖에 없다.

② 토양 및 임목과 같은 부동산의 피해액은 전후의 가치를 비교함으로써 측정한다.

③ 인접 산림을 기준으로 하여 피해액을 산정한다.

④ 실리적인 기초에서 평정되어야 하지만, 관상적 가치와 같은 것이 사회에서 일반적으로 인정이 될 때는 고려해야 한다.

⑤ 손실액은 현재가로 할인함으로 자본가의 손실과 일치시킨다.

⑥ 피해액 결정이 곤란할 때는 재해 복구비용이 평정기준이 될 수 있다.

⑦ 이윤의 발생이 이론적으로 확실시되면 이윤에 의한 피해액도 평정한다.

⑧ 1차에 의한 2차적인 피해액에 대해서도 산정한다.

원가 방식 임지평가

1 원가 방식에 의한 임지평가

임도같이 특수한 경우에만 적용되며, 보통의 임지에서는 적용되지 않는다.

1) 원가 방법

① 평가 시점에서 표준적인 취득원가를 구하고 이에 조림 등을 통하여 임지를 개량한 비용과 임도설치비 등을 가산한 것을 원가로 하는 방법이다.

② 원가를 평가 대상임지의 실제 취득원가로 하는 방법 등이 있다.

2) 임지비용가

① 임지를 취득하고 이를 조림 등 임목육성에 적합한 상태로 개량하는 데 소요된 순비용의 현재가합계, 즉 후가합계로 평가하는 방법이다.

② A원으로 임지를 구입하고 동시에 임지개량비로 M원을 지출 후 현재까지 n년이 경과하였을 때

$$임지비용가\ Bk=(A+M)1.0P^n$$

③ n년 전에 임지를 A원으로 구입하고 m년 전에 M원의 임지개량비를 투입했을 때

$$임지비용가\ Bk=A1.0P^n+M1.0P^m$$

2 임지의 평가 방식

임지평가 방식		임지평가 방법
원가 방식	원가 방법	취득원가의 단순합계액
	임지비용가	취득원가의 복리합계액
수익 방식	임지기망가	장래에 기대되는 수입의 전가합계
	수익환원가	연년수입의 전가합계
비교 방식	직접비교법	매매 사례가격과 직접 비교
	간접비교법	역산가법과 비교
절충 방식	절충 방법	위의 세 가지 방식을 서로 절충

수익 방식 임지평가

1 임지기망가법 → 기대수입 전가합계

당해 임지에 일정한 시업을 영구적으로 실시한다고 가정할 때 그 토지에서 기대되는 순수익의 현재 합계액

① Faustmann의 지가식

$$Bu = \frac{Au + Da1.0P^{u-a} + Db1.0P^{u-b} + \cdots + Dq1.0P^{u-q} - c1.0P^u}{1.0P^u - 1} - \frac{v}{0.0P}$$

② Heyer의 지가식

$$Bu = \left(\frac{Au}{1.0P^u} + \frac{Da}{1.0P^a} + \frac{Db}{1.0P^b} + \cdots + \frac{Dq}{1.0P^q} - c - \frac{v}{0.0P} \right) \cdot \left(1 + \frac{1}{1.0P^u - 1} \right) - V$$

- 주벌수익 Au: 조림 후 u년 경과한 임분의 벌기수입
- 간벌수익(Da, Db …): 조림 후 a년, b년, …등을 경과한 임분의 간벌수익
- Bu: 임지기망가
- c: 조림비
- v: 관리비
- V: 관리비의 현재가, $\dfrac{v}{0.0P} = V$

③ 임지기망가의 크기에 영향을 주는 인자

- 주벌수익과 간벌수익: 항상 플러스이므로 이 값이 클수록 Bu가 커진다.
- 조림비와 관리비: 항상 마이너스이므로 이 값이 클수록 Bu가 작아진다.
- 이율: 이율이 높을수록 Bu가 작아진다.
- 벌기: u가 클수록 Bu가 작아진다.
- 이와 같이 임지기망가가 최대로 되는 때를 벌기로 한 것을 토지순수익 최대의 벌기령이라고 한다.

2 수익환원기법 → 연년수입 전가합계

① 택벌림과 같이 연년수입이 있는 경우에 적용하는 방식으로 1ha당 연간수입(R)과 비용(c)을
조사하여 견적한다.

② 각 연도 말에서의 수입과 비용을 각각 R1, R2, R3, …Rn, c1, c2, c3,…cn이라 하고, 환원이
율을 i라고 하면, 지가 B는

$$B = \frac{R_1 - c_1}{1.0i} + \frac{R_2 - c_2}{1.0i^2} + \frac{R_3 - c_3}{1.0i^3} + \cdots + \frac{R_n - c_n}{1.0i^n}$$

비교·절충 방식 임지평가

1 비교 방식에 의한 임지평가

비교 방식에 의한 임지의 평가는 평가하고자 하는 임지와 유사한 다른 임지의 매매 사례가격과 비교하여 평가하는 방식이다.

1) 직접사례비교법

임지의 실제 매매 사례가격과 비교하여 평가한다.

① 대용법(代用法)

$$B = 매매\,사례가격 \times \frac{평가대상임지의\ 과세표준액}{매매사례지의\ 과세표준액}$$

② 입지법(立地法)

$$B = 매매\,사례가격 \times \frac{평가대상임지의\ 입지지수}{매매사례지의\ 입지지수}$$

2) 간접사례비교법

임지가 대지 등으로 가공·조성된 후에 매매된 경우에는 그 매매가격에서 대지로 조성하는데 소요된 비용을 공제하여 역산적으로 산출된 임지가와 비교하여 평정하는 방법으로 역산법이라고도 한다.

2 절충 방식에 의한 임지평가

1) 수익가 비교절충법

수익 방식과 비교 방식을 절충한 방식이다.

$$\text{수익가 } B = \frac{Au - C - u_v}{u} \cdot \frac{1}{0.0P}$$

(Au: 벌기수입, u: 적정 벌기령, C: 조림비 누계, v: 1년간 관리비, P: 연이율)

2) 기망가 비교절충법

매매 사례지 및 평가 대상지의 임지기망가를 각각 Bu, Bu'라 하고, 기준지의 매매 사례가격을 B라고 하면, 평가 대상지의 지가 $B' = B \times \dfrac{Bu'}{Bu}$로 구할 수 있다.

3) 수확 · 수익 비교절충법

기준지와 평가 대상지의 수익가를 각각 W, W'라 하고, 기준지의 매매 사례가격을 B라고 하면, 평가 대상지의 지가 $B' = B \times \dfrac{W'}{W}$로 구할 수 있다.

26 산림평가 방법 총정리

● 산림평가 방법=임목평가+임지평가+피해평가

1 입목의 평가

평가 방식	평가법	세부 내용
원가 방식 (유령림)	원가법	실제 원가의 누계를 평가액으로 산정. 단순합계 아님
	비용가법	임목을 m년생 현재까지 육성하는 데 소요된 순비용의 후가합계. 복리합계 아님 → 비용 H=(지대+관리비)$(1.0P^{m-1}-1)$+조림비$1.0P^m-\Sigma$간벌수익$1.0P^m$
수익 방식 (장령림)	기망가법	현재부터 벌채년도까지 기대되는 수입의 전가합계에서 동기간 소비될 비용의 전가합계를 뺀 값 ※기대수입 전가합계 → $H=\dfrac{주벌수익 + 간벌수익1.0P^{u-m}-(지대+관리비)(1.0P^{u-m}-1)}{1.0P^{u-m}}$
	수익 환원법	장차 얻어질 것으로 추정되는 매년의 예상이익을 현재가치로 환산 ※연년수입 전가합계
비교 방식 (벌기이상)	매매가법	[직접적 방법] 매각대상 임목과 제 조건(수종·임목상황·운반관계 등)이 비슷한 임목의 매매 사례로 평정
	시장가 역산법	[간접적 방법] 시장원목가를 할인하여 임목가를 평정 → 재적당 임목가=조재율$\left(\dfrac{재적당원목시장가}{1+(자본회수\ 기간\times월이율)+기업이익률}\right)$ − 재적당 벌목·운반·기타 비용 일체
절충 방식 (중령림)	Glaser법	비용가법과 기망가법을 절충 → m년 현재의 임목가 =(u년에서의 주벌수익−초년도 조림비)$\dfrac{m^2}{u^2}$ +초년도 조림비 (m: 현재년도, u: 벌기령)

평가 방식	평가법	세부 내용	
원가 방식	원가 방법 (임도 등)	평가 시점에서 표준 취득원가를 구하고 조림 등을 통해 개량한 비용과 임도설치비 등 가산한 것을 재조달원가로 하는 방법	
	임지 비용가	임지를 취득하고 이를 조림 등 임목육성에 적합한 상태로 개량하는 데 소요된 순비용의 후가합계 → 임지비용가=(임지구입비+임지개량비)1.0P$^{구입 \cdot 개량 후 경과년수}$	
수익 방식	임지 기망가	당해 임지에 일정한 사업을 영구적으로 실시한다고 가정할 때 기대되는 순수익의 전가합계 [Faustmann의 지가식] 조림후 u년 경과한 $$\frac{임분\ 벌기수입+간벌\ 수입a1.0P^{u-a}+간벌\ 수입b1.0P^{u-b}+\cdots-조림비1.0P^{u}}{1.0P^{u}-1}-\frac{관리비}{0.0P}$$ – 영향인자: 주벌수익과 간벌수익, 조림비, 관리비, 이율, 벌기 u – 임지기망가가 최대로 되는 때를 벌기로 한 것을 토지순수익 최대의 벌기령이라 한다.	
	수익 환원가	• 택벌림과 같이 연년수입이 있는 경우 적용 • 각 연도말 수입과 비용을 각각 R1, R2 ⋯ Rn, C_1, C_2 ⋯ C_n, 환원이율 i 라고 하면 $$→ 지가\ B = \frac{R_1 - C_1}{1.0i} + \frac{R_2 - C_2}{1.0i^2} + \frac{R_3 - C_3}{1.0i^3} + \cdots + \frac{R_n - C_n}{1.0i^n}$$	
비교 방식	직접 비교법	[대용법(代用法)] B=매매 사례가격× $\dfrac{평가대상임지의\ 과세표준액}{매매사례지의\ 과세표}$	[입지법(立地法)] B=매매 사례가격× $\dfrac{평가대상임지의\ 입지지수}{매매사례지의\ 입지지수}$
	간접 비교법	[역산법] 임지가 대지 등으로 가공 · 조성된 후에 매매된 경우임 이 경우 매매가격에서 대지조성비용을 공제하여 역산하여 산출된 임지가와 비교하여 평정	
절충 방식	수익가 비교 절충법	수익 방식과 비교 방식을 절충 $$수익가\ B = \frac{벌기수입-조림비누계-벌기령에서의1년간관리비}{적정벌기령} - \frac{1}{0.0P}$$	
	기망가 비교 절충법	평가대상지 지가=기준지의매매 사례가×$\dfrac{평가대상지의임지기망가}{매매사례지의임지기망가}$	
	수확 · 수익 비교 절충법	평가대상지 지가=기준지의매매 사례가×$\dfrac{평가대상지의\ 수익가}{매매사례지의\ 수익가}$	

3 산림피해평가

평가 방식	세부 내용
Glaser법을 이용한 산화지 입목피해액 추정절차	① 주변에서 실제 매매된 입목의 가격이나 시장가역산법에 의해 추정하여 주벌수입 산정 ② Glaser법을 이용하여 임령 1년부터 벌기령 이전까지의 ha당 입목가를 임령별로 계산 → 평가 대상 산림의 입목가치 =(주벌수입−초년도 조림비)$\dfrac{m^2}{u^2}$+초년도의 조림비 (m: 평가 대상 산림의 임령, u: 벌기령(천연림의 경우 초년도 조림비는 없음)) ③ 피해지의 수종별, 임령별 재적 및 면적 조사 후 수확표를 이용하여 산림의 입목도 계산 ④ Glaser법을 이용하여 구한 정상임분의 ha당 입목가치 평가액에 피해지역의 수종별, 임령별 면적과 입목도를 곱하여 합산함으로써 전체 피해액 추정 → 입목피해액 $= \displaystyle\sum_{i=1}^{m}\sum_{j=1}^{n} Glaser$식을 이용한 ha당 입목가액$ij \times$면적$ij \times$입목도ij (i: 수종, j: 임령, m: 피해대상지역의 수종 수, n: 벌기령)
임목 피해액 산정 (대식을 할 수 없을 때)	임목의 피해액 B= $$B = \left(\frac{Yr(주벌수확)}{1.0p^{r-m}}\right) \times \left(\frac{1}{Nn(주벌목 본수)}\right) - A(피해목 매매가)$$ (우세목인 경우 평가액에서 적절히 가산하고 열세목인 경우 적절히 감산)
산림부산물 피해액 산정	산림부산물 피해액 $= \displaystyle\sum_{i=1}^{n}$ 연도별 산림부산물가격$\times$산림부산물 생산량$/(1+$할인율$)^n$ (n: 채취가능기간)

투자 의사결정 방법

● 현금의 흐름을 측정하는 자체만으로 투자가 결정되는 것은 아니며, 측정된 현금흐름이 어떤
  의미를 내포하는지를 검토하여야 한다.

1 회수기간법

① 투자에 소요된 모든 비용을 회수할 때까지의 기간이다.

② 자금회수기간=투자액/매년현금유입액

③ 계산된 회수기간이 기업 자체에서 설정한 회수기간보다 짧으면 투자가치가 있는 것으로
  평가된다.

④ 회수기간 이후의 현금흐름과 화폐의 시간적 가치를 무시하는 단점이 있다.

2 투자이익률법

① 연평균 순이익과 연평균 투자액에 의하여 계산하는 방법이다.

② 투자이익률=연평균 순이익/연평균 투자액

③ 투자대상의 평균이익률이 내정한 이익률보다 높으면 투자 안을 채택한다.

④ 투자 규모와 화폐의 시간적 가치를 무시하는 단점이 있다.

3 순현재가치법

① 투자에 의하여 발생할 미래의 모든 현금 흐름을 알맞은 할인율로 계산하여 현재가치(NPV,
  Net Present Value)를 기준으로하여 투자를 결정하는 방법이다.

$$NPV = \sum_{t=0}^{n} \frac{R_t - C_t}{(1+i)^t}$$

(n: 투자 종료 시점, R_t: t시점의 현금 유입(이익), C_t: t시점의 현금 유출(비용), i: 할인율)

② 현재가가 "0"보다 큰 투자 안을 가치 있는 것으로 판단한다.

③ 현재가가 "0"보다 크다는 것은 수익의 현재가가 투자비용의 현재가보다 크다는 것을 의미
  한다.

④ 총투자액에 다른 여러 가지 투자 안이 있을 때, 각 투자 안의 경제성을 비교하기 어렵다.

4 수익, 비용율법

① 투자비용의 현재가에 대하여 투자의 결과를 기대되는 현금유입의 비율을 나타낸다.
이를 B/C율(BCR)이라 한다.

$$BCR = \frac{\sum_{t=0}^{n} \frac{R_t}{(1+i)^t}}{\sum_{t=0}^{n} \frac{C_t}{(1+i)^t}}$$

② B/C비율이 1보다 크면 투자가치가 있는 것으로 판단하며, NPV가 0보다 큰 사업 중 BCR이 가장 큰 사업을 선택한다.

③ B/C율은 할인율이 높고 낮음에 따라 크게 변동되며, 일반적으로 할인율이 높을수록 B/C율은 낮아진다.

5 내부투자수익율법

① 투자에 의해 예상되는 현금 유입의 현재가와 현금유출의 현재가를 같게 하는 할인율을 말하며, 국제 금융기관 등에서 재무분석 등에 널리 이용된다.

② 다음 식을 만족하는 i가 내부 수익률(internal return rate)이다.

$$\sum_{t=0}^{n} \frac{R_t}{(1+i)^t} = \sum_{t=0}^{n} \frac{C_t}{(1+i)^t}$$

③ 내부투자수익율이 기대수익률보다 클 때 투자가치가 있다고 평가한다.

- **임업투자효율과 임업투자 결정 방법**

구분	산출	적용	제한	화폐의 시간적 가치
회수기간법	회수기간= 투자액/매년현금유입액	회수기간이 내정한 것보다 짧을수록 투자가치가 있음	회수기간 이후 화폐의 시간적 가치 무시	고려하지 않음

구분	산출	적용	제한	화폐의 시간적 가치
투자이익률법	투자이익률= 연평균순이익/연평균투자액	투자평균이익률이 높을수록 투자가치가 있음	투자 규모와 화폐의 시간적 가치 무시	고려하지 않음
순현재가치법	$NPV = \sum_{t=0}^{n} \dfrac{R_t - C_t}{(1+i)^t}$ (n: 투자 종료 시점, R_t: t시점의 현금 유입(이익), C_t: t시점의 현금 유출(비용), i: 할인율)	현재가가 0보다 큰 투자 안이 가치가 있음	다른 투자 안이 있을 때 경제성 비교 곤란	고려함
수익·비용률법	$BCR = \dfrac{\sum\limits_{t=0}^{n} \dfrac{R_t}{(1+i)^t}}{\sum\limits_{t=0}^{n} \dfrac{C_t}{(1+i)^t}}$	NPV가 0보다 큰 사업 중 BCR이 가장 큰 사업을 선택	할인율에 따라 변동이 큼	고려함
내부투자 수익률법	$\sum\limits_{t=0}^{n} \dfrac{R_t}{(1+i)^t} = \sum\limits_{t=0}^{n} \dfrac{C_t}{(1+i)^t}$ 이 식을 만족하는 i가 내부 수익률	i가 자본비용보다 크면 사업을 시행하고, IRR이 가장 높은 사업을 선택	할인율에 따라 변동이 큼	고려함

초기투자금액이 $100,000이고 향후 5년간 매년 $25,000의 현금 유입이 기대되는 해외산림 투자 안이 있다. 투자자들이 요구하는 수익률은 8%이고, 기준 회수기간은 4년이다.

1. 회수기간은 얼마가 되어야 투자가 결정될까?

2. 할인율을 적용한 회수기간은 얼마인가?

3. 이 투자 안의 순현재가치(NPV)는 얼마인가?

4. 이 투자 안의 내부수익률(IRR)은 얼마인가?

5. 이 해외산림투자 안은 채택해야 하는가?

6. 이 산림투자 안을 평가할 경우 최상의 방법은 무엇인가?

※ 정답은 성안당 도서몰 [자료실]에서 제공

감응도 분석

1 정의 · 개념

① 불확실성이 큰 인자에 대한 투자사업의 선택 기준(NPV, B/ C ratio, IRR)이 얼마나 민감하게 변화하는가를 측정하는 것이다.

② sensitivity analysis

2 감응도 분석의 대상

① 생산물의 가격 및 노임 등의 가격요인

② 단위수량

③ 원료 및 원자재의 가격변화로 인한 공사 단가의 변동 또는 사업비용의 변화

④ 공사기간의 연장 또는 사업기간의 지연

　→ 감응도 분석의 결과는 투자사업의 선택기준의 민감도

　− 감응도 분석에는 제품이나 서비스의 생산 및 공급과 관련된 인자만 사용된다.

　− 소비량과 같은 소비와 관련된 인자는 감응도 분석에 사용되지 않는다.

3 감응도 분석 방법

① 주관적 감응도 분석

　− 미래에 발생할지도 모를 변동 상황을 주관적인 느낌으로 예측하고 판단하는 것이다.

　− 분석전문가의 경험과 감각에 의존하는 가장 간편한 접근 방법이다.

② 선택적 감응도 분석

　− 객관적인 검토과정을 거쳐 가능성 있는 변동 상황들 가운데서 중요한 상황들을 선택하여 이들의 변화가 미치는 영향을 밝혀낸다.

③ 일반적 감응도 분석

    – 사업의 NPV, IRR에 영향을 미칠 수 있는 주요 변수들의 변화 가능성에 대하여 확률을 부여함으로써 장래에 발생하는 여러 가지 상황을 종합적으로 분석하는 방법이다.

    – 사업효과에 대한 확률분석(確率分析, probability analysis)이며, 일종의 위험도 분석(危險度分析, risk analysis)이라고 할 수 있다.

4 불확실성과 감응도 분석

① 산림경영은 장기적인 사업으로, 운영 과정에서 예기치 못한 변동 상황과 여러 위험 요소들이 내재해 있으며 미래의 불확실성을 내포하고 있다.

② 사업 기간이 계획보다 연장되거나, 편익 · 비용 결정 요인인 가격 · 노임 · 단위 수량 등이 예측과 다를 수 있으며, 이 경우 초기 분석 결과의 신빙성이 낮아지므로 타당성 평가 시 변동 상황이 경영 성패에 미치는 영향을 사전에 분석하는 것이 중요하다.

③ 편익과 비용의 주요 결정 요소 중 불확실성이 큰 요인에 대해 상이한 값을 적용하여 투자 사업의 선택 기준(NPV, B/C 비율, IRR)이 얼마나 민감하게 변화하는지 측정하는 것이 감응도 분석이다.

④ 미래의 불확실성을 측정하는 방법 중 하나는 편익 · 비용 결정 요인이 한 단위 변할 때 내부 수익률의 변화 정도를 측정하는 것이다.

⑤ 편익 · 비용 결정 요인의 변화를 측정하기 위해 분석자가 변동 폭과 기간을 설정할 수 있다.

⑥ 산림 투자 사업의 감응도 분석에서 고려해야 할 요인으로는 생산물 가격, 노임 등의 가격 요인, 단위 수량, 원료 및 원자재 가격 변동에 따른 공사 단가 변화, 공사 기간 연장 등이 있다.

⑦ 감응도 분석은 대상 요인의 새로운 수준을 가정하고 수익과 비용을 다시 추정하여 내부 수익률을 계산하는 방식으로 수행한다.

⑧ 일반적으로 공공사업이 민간사업보다 위험이 적다는 주장이 있으나, 공공사업이 덜 위험하다는 근거는 없으며, 공공사업 특성상 때로는 민간사업보다 심각한 위험을 포함할 수 있으므로 이를 예방하기 위한 감응도 분석이 필수적이다.

핵심 29 손익분기점(CVP) 분석

● CVP 분석: Cost Volume Profit analysis

1 정의

① 경영자가 경영을 하기 위해서는 비용보다 수익이 커야 하는데, 총수익과 총비용이 같은 시점을 손익분기점이라 한다.

② 매출액과 비용이 일치하여 이익이 발생하지 않는 매출 수준을 손익분기점이라고 한다.

③ 매출액이 손익분기점을 초과하면 이익이 발생하고, 손익분기점에 미달하는 경우에는 손실이 발생한다.

④ 손익분기점은 이익도 손실도 발생하지 않는 분기점이 된다.

⑤ 임업 경영의 경우 초기 단계에는 임지 구입 및 시설과 장비 등의 고정투자가 많고 수익 발생이 적다.

⑥ 임업 경영은 생산기간도 상대적으로 긴 편이어서 임업의 손익분기점은 다른 산업에 비해 상당히 긴 시점에 발생한다.

2 손익분기판매량 파악을 위한 가정

$$TC = FC + VC, \quad TR = PQ$$

(TR: 총 수익, TC: 총비용, FC: 고정비용, VC: 변동비용)

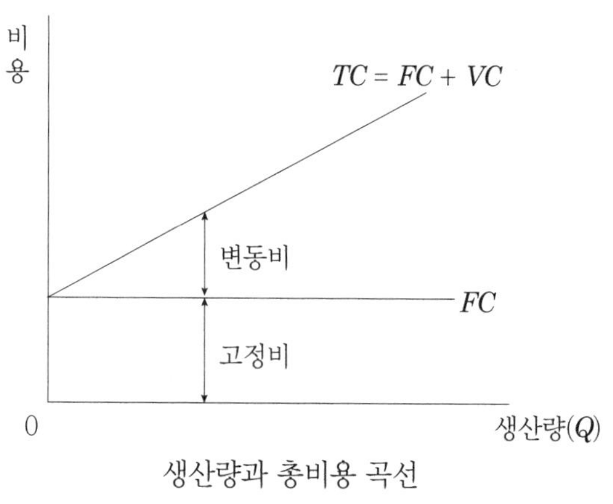

생산량과 총비용 곡선

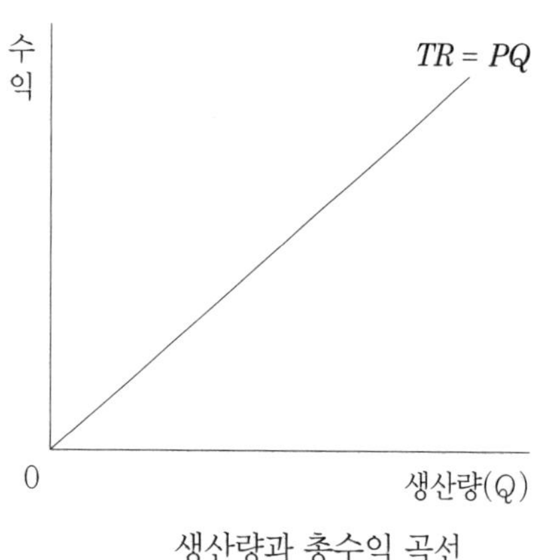

생산량과 총수익 곡선

① **생산량은 모두 판매된다.**

- 생산되는 것은 모두 팔린다고 가정한다.

- 생산량=판매량

- 총수익=단위당가격×판매량(가동률)

② **총비용은 고정비와 변동비로 구성된다.**

- 총원가는 고정원가와 변동원가로 구성된다.

- TC=FC+VC

③ 고정비는 조업도와 관계없이 일정하다.

④ 총수익과 총변동비는 조업도에 비례한다.

⑤ 단위당 판매가격과 단위당 변동비는 조업도와 관계없이 일정하다.

⑥ 기업에서 한 제품만 생산한다.

⑦ 생산능률은 고려하지 않는다.

- 제품의 생산능률은 변함이 없다.

3 손익분기점 분석 방법

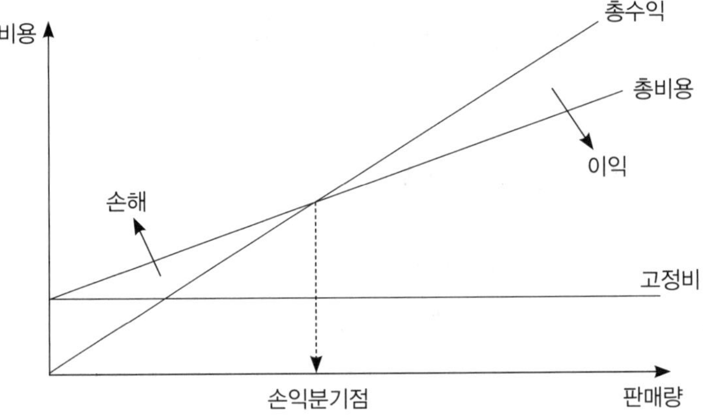

- CVP 분석의 핵심은 손익분기점(BEP; Braeak Even Point) 계산이다.

$$BEP = \frac{고정비}{판매단가 - 변동비단가}$$

- BEP계산을 통해 손익분기점의 판매량이나 매출액을 구할 수 있다.

- CVP 분석은 이익이 0이 되는 지점, 즉 매출이 고정비와 변동비를 모두 커버하는 손익분기점을 파악하는 데 사용된다.

– BEP 계산을 통해 경영자는 최소한 어느 정도의 판매량을 확보해야 비용을 상쇄하고 이익을 낼 수 있는지 파악할 수 있다.

– 총수익이 총비용과 같아지는 가동률이 BEP가 된다.

1) 생산량기준의 손익분기점 분석 방법

$$TR = TC, \ p \times q = FC + v \times q, \ (p - v)q = FC$$

$$\therefore \ q = \frac{FC}{p - v}$$

(TC: 총비용, TR: 총수익, FC: 총고정비, VC: 총변동비, TQ: 총판매량(총생산량)

v: 단위당 변동비, p: 판매가격, q: 손익분기점의 판매량(생산량))

① 손익분기점의 판매량(TQ)은 고정비용(FC)을 단위당 판매가격(p)에서 단위당 변동비용(q)으로 나누어서 구한다.

$$TQ = \frac{FC}{p - v}$$

② 손익분기점에서의 총수익(TR)은 단위당 판매가격(p)에 손익분기점의 판매량(q)를 곱하여 구한다.

$$TR = p \times q$$

③ 손익분기점에서의 총비용(TC)은 고정비용(FC)에 변동비용을 합하여 구한다. 변동비용은 단위당 변동비용(v)에 손익분기점의 판매량(Q)을 곱한 값을 합하여 구한다.

$$TC = FC + (v \times q) = FC + VC$$

연습문제 2-14

2020년에 묘목 생산회사를 운영하기 위한 손익분기점 분석을 실시하였다. 150,000원에 팔 수 있는 오리나무 1곤포를 생산하는 데 고정비는 300,000원, 변동비는 50,000원으로 조사되었다. 손익분기점에서의 생산량과 총수익, 총비용을 계산하시오.

※ 정답은 성안당 도서몰 [자료실]에서 제공

2) 매출액 기준의 손익분기점 분석

매출량 손익분기점 식의 양변에 판매가격(p)을 곱해서 계산한다.

$$TQ = \frac{FC}{p-v}, \; TQ \times p = \frac{FC}{p-v} \times p$$

$$TQ \times p = S(\text{매출량})\text{이므로} \; S = \frac{FC}{1-\dfrac{v}{p}}$$

3) 목표이익 달성을 위한 매출액 계산

목표이익을 R이라고 할 때, 목표이익 달성을 위한 매출량은 다음과 같다.

$$.R = TR - TC = p \times q - (FC + VC) = p \times q - (FC + v \times q)$$

$$\therefore q = \frac{FC + R}{p-v}$$

또한, 목표이익 달성을 위한 매출액은 다음과 같이 계산한다.

$$S = \frac{FC + R}{1 - \dfrac{u}{p}}$$

연습문제 2-15

제재소를 운영하는 주식회사 건우의 제재목 판매단가는 40,000원/㎥이었고, 변동비는 20,000원/㎥, 고정비는 800,000원이었다. 순익분기점의 매출액과 판매량은 얼마나 되는가? 건우의 목표이익이 2,000,000원이라면 목표이익을 달성할 수 있는 매출량과 매출액은?

※ 정답은 성안당 도서몰 [자료실]에서 제공

4 공헌이익

① 공헌이익(contribution margin) 또는 한계이익(marginal profit)

- 공헌이익은 단위당 가격 p에서 변동비 v를 공제한 것이다.
- 제품 1단위를 추가적으로 매출하여 고정비의 충당이나 이익의 증가에 기여할 수 있는 부분의 크기가 공헌이익이다.
- 공헌이익은 판매 단가에서 변동비를 뺀 값으로, 고정비와 이익을 충당하는 데 사용되는 금액이다.
- 공헌이익이 높을수록 고정비 충당 후 순이익이 발생하기 쉬워진다.

- 공헌이익=판매단가 - 변동비단가
- 일정한 고정비용으로 여러 제품을 생산한다고 했을 때 공헌이익은 하나의 제품이 고정비
  용에 대한 회수 정도와 순이익에 대해 기여(공헌)한 정도를 나타낸다.

$$\text{손익분기점 생산량} = \frac{\text{고정원가}}{\text{단위당 공헌이익}}$$

$$\text{단위당 공헌이익} = \frac{\text{고정원가}}{\text{손익분기점의 생산량}}$$

② **공헌 이익률**(contribution margin ratio)
- 공헌이익률은 단위 가격에 대한 공헌이익의 비율이다.
- 일반적으로 고정비의 비중이 상대적으로 낮고, 공헌이익률이 높으면 손익분기점에 도달
  하는 기간이 빨라진다.

$$\text{공헌이익률}[\%] = \frac{\text{공헌이익}}{\text{매출액}} \times 100$$

연습문제 2-16

단위당 판매가격이 500원인 제품의 변동원가가 100원, 총고정원가는 10,000원이라고 한다.

1. 제품 한 단위당 공헌이익은 얼마인가?

2. 손익분기점의 매출은 얼마인가?

3. 손익분기점에서 공헌이익은 얼마인가?

※ 정답은 성안당 도서몰 [자료실]에서 제공

한계비용

① 한계비용은 생산량을 한 단위 증가시키는 데 필요한 생산비의 증가분이다. 한계생산비라고도 한다.

② 한계비용=추가 총비용/추가 생산량

③ 생산비는 고정비용과 변동비용으로 이루어지며, 고정비용은 생산량과 무관하고, 변동비용은 생산량과 비례하여 증가한다.

④ 한계생산비는 처음에는 고정비용 때문에 생산량의 증대와 같이 감소되나, 후에 증가하는 경향이 있다.

⑤ 수익이 최대가 되기 위한 조건, 이윤이 극대화되기 위한 조건은 한계수익=한계비용이다.

⑥ 손실을 최소화하기 위한 생산 중지점(조업중단점)은 한계비용=평균비용이다.

⑦ 손익분기점의 매출액은 고정비용에서 한계이익률을 나눈 값이다.

한계이익률=한계이익/매출액(생산량)

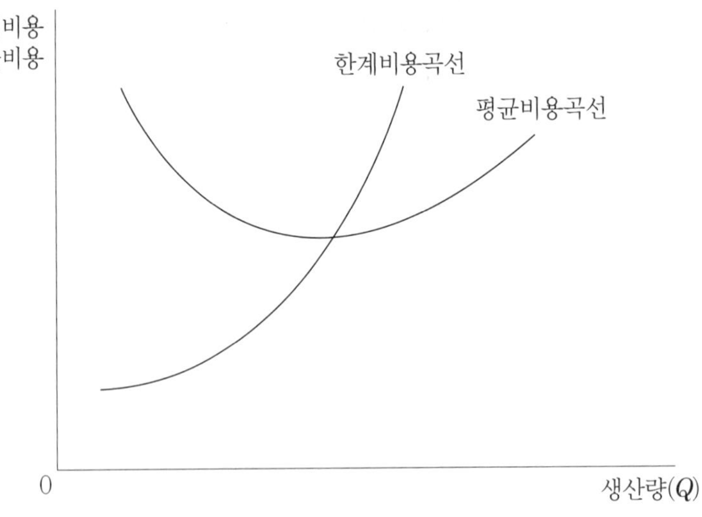

⑧ 평균비용곡선처럼 볼록하게 최저점을 갖는 경우 한계비용곡선이 이 최저점을 아래에서 위로 관통하게 된다.

31 생산함수

1 생산함수의 개념

$$y = f(x_1, x_2, x_3, \ldots, x_n)$$

(y: 총생산물(TP), x: 생산요소의 투입량)

① 평균생산물(AP)은 생산요소 1단위에 대한 생산량, $\dfrac{y}{x}$

② 한계생산물(MP)은 생산요소 1단위가 추가되었을 때 생산물의 변화량, $\dfrac{\Delta y}{\Delta x}$

③ 생산함수란 산림경영자가 투입물을 이용하여 생산물을 생산하는 투입물과 생산물 간의 관계를 설명하는 함수이다.

④ 생산함수는 다른 조건이 동일한 상태에서 투입량을 증가시켰을 때, 투입량과 생산량의 상관관계를 의미한다.

⑤ 생산요소의 투입량과 생산물의 산출량으로 표시하면 물량적 관계를, 투입금액과 산출금액으로 표시하면 가치적 관계를 나타낸다.

⑥ 임산물의 수확량을 y, 노동력의 투입량을 x라고 하면, 생산함수는 y = f(x)로 표시한다.

⑦ 임산물의 생산은 생산요소가 투입된 후에 얻어지는 성과이므로 생산물과 투입된 생산요소 간에는 함수관계가 성립한다.

⑧ 임업경영에서 생산물의 수확량은 생산에 사용된 생산요소의 투입량에 의존하게 된다.

⑨ 현실적으로 단 한 가지 생산요소, 예컨대 노동만으로 생산되는 임산물은 거의 있을 수 없다.

⑩ 임산물을 생산할 때 토양·기술·강우량 등 여러 가지 조건이 다르기 때문에 다양한 투입물과 산출물 간의 관계가 존재한다.

⑪ 생산함수에서 모든 생산요소는 가변요소(可變要素; variable factor)와 고정요소(固定要素;fixed factor)로 구분할 수 있다.

⑫ 가변요소란 생산자가 투입 수준을 결정할 수 있는 생산요소로서 원료 및 노동이 있다.

⑬ 고정요소란 토지·건물 등 생산자가 투입량을 규제하기 힘든 생산요소를 말한다.

⑭ 수학적 생산함수가 현실적 생산함수와 다른 점은 현실에서처럼 모든 생산요소가 투입되어 생산물이 산출되는 것이 아니라 수학적으로 어떤 요소가 고정되어 있고, 한 요소만 가변적으로 변화할 수 있다는 것이다.

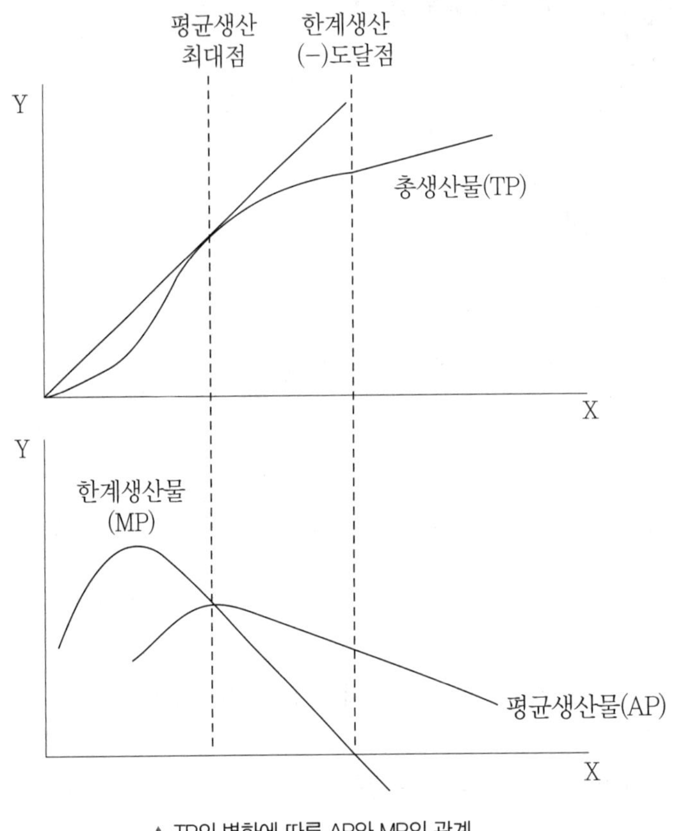

▲ TP의 변화에 따른 AP와 MP의 관계

⑮ 수학적으로 어떤 요소가 고정되어 있고, 한 요소만 가변적으로 변화할 수 있다는 것이다.

2 생산함수의 영역

생산성이란 생산과정에 투입되는 생산요소가 생산물을 만들어 내는 정도를 말하며, 생산량과 투입요소는 일정한 관계를 가지는데, 이 일정한 관계를 밝히는 데 필요한 개념이 있다. 투입된 생산요소로 얻어지는 생산물은 총생산물(總生塵物; total product), 평균생산물(平均生塵物; average product) 및 한계생산물(限界生盧物; marginal product)로 구분하여 파악할 수 있다.

① 총생산물

– 생산요소가 추가 투입됨으로써 산출되는 전체 산출량

② 평균생산물

– 총생산물을 그 생산물의 생산에 필요한 생산요소의 투입량으로 나눈 것
– 생산요소 1단위당의 산출량

③ 한계생산물

　　– 생산요소 1단위의 추가 투입에 따라 생산물이 변화하는 양

　　– 총생산물의 변화량을 투입요소의 변화량으로 나눈 값

　　– 생산과정에 투입되는 추가 1단위의 생산요소로 인한 추가 산출량

3 생산함수의 특성

① 평균생산물과 한계생산물은 모두 처음에는 증가하다가 최고치에 달한 다음에는 감소한다.

　　– 평균생산물은 0 이하로는 감소할 수 없으나 한계생산물은 0보다 적은 −값을 가질 수 있다.

　　– 한계생산물이 −값이 될 수 있다는 것은 바로 투입요소를 지나치게 집약적으로 사용하는 데서 오는 결과이다.

② 한계생산물은 평균생산물이 증가하는 한 그것보다 위에 있고 평균생산물이 최고에 달할 때 같아지며, 평균생산물이 최고로부터 감소할 때는 그것보다 아래에 있다.

③ 총생산량이 최고치가 되는 점에서 한계생산물은 0이 되며, 특정 생산요소를 제외한 다른 생산요소의 투입량을 일정 수준에 고정시키고, 그 생산요소의 투입을 증가시키면 한계생산물이 체감한다.

④ 한계생산물은 총생산물곡선의 기울기로 표시되며, 총생산물곡선의 기울기가 가장 가파른 점에서 최대가 된다.

> **참고 　생산함수의 특성**
>
> • AP와 MP는 처음에는 증가하다가 최고치에 달한 다음 감소한다.
> • AP는 "0" 이하로 감소할 수 없으나, MP는 "−"의 값을 가질 수 있다.
> • MP는 AP의 극대점까지는 AP보다 크고, 그 이후에는 AP보다 작다.
> • TP가 최대치가 되는 점에서 MP는 "0"이 된다.
> • MP는 TP의 기울기가 가장 큰 점에서 최대치가 된다.
> • AP가 증가할 때 MP〉AP

4 한계생산물

① 한계생산물(MP)은 생산요소(x) 1단위가 추가되었을 때 생산물(y)의 변화량이다.

$$\frac{\Delta y}{\Delta x}$$

② 한계생산물은 총생산물의 변화에 따라 변한다.

5 생산소요의 투입에 따른 총생산물의 변화

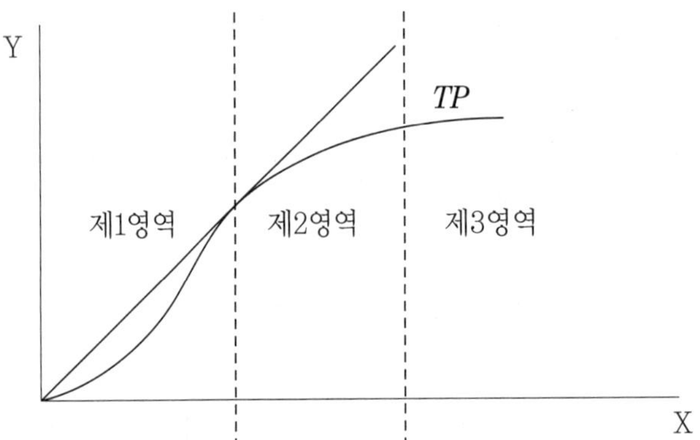

6 한계생산물의 변화

① 총생산물이 증가하고 있을 때는 한계생산물이 "+"값을 나타낸다.

② 투입이 추가되어도 총생산물이 불변일 경우에는 한계생산물은 "0"이 된다.

③ 추가 투입이 이루어질 때 총생산물이 감소하는 경우에는 추가 투입으로 얻어지는 생산물은 "−"값이 되고, 한계생산물도 "−"값이 된다.

④ 총생산물이 연차적 비율로 증대하고 있을 때는 한계생산물도 증대한다.

⑤ 총생산물이 증대하고 있으나 그 증가율이 둔화할 경우에는 한계생산물은 감소한다.

32 투자사업의 경제분석

1 투사사업의 경제분석

재무분석은 사경제, 즉 기업 차원에서 수입과 지출을 분석한 것이다. 이에 비해 경제분석은 거시경제, 즉 국가 차원에서 비용과 편익을 분석한 것이다. 개별 재무분석을 모두 합산하여 경제적 효과를 분석하는 것이 경제분석이다.

2 수입과 지출항목에 따른 경제분석 방법

정부보조금의 경우 기업의 입장에서는 수입이지만, 국가 규모에서는 지출항목에 속한다. 또한, 세금, 지불이자의 경우 기업의 입장에서는 모두 비용이지만, 국가의 경우 비용에서 제외한다. 토지매입비, 할인율 및 이율, 임금 및 투입물과 산출물의 가격에 대해서도 분석 주체에 따라 달리 취급한다.

수입과 지출항목	재무분석	경제분석
정부보조금	수익에 포함, 비용에서 제외	비용에 포함
세금	비용에 포함	비용에서 제외
지급이자	비용에 포함	비용에서 제외
투입물 및 산출물의 가격	시장 가격	잠재 가격
임금	시장 임금	잠재 임금
토지매입비	구입원가 및 비용가	토지구입비의 기회비용
할인률	시장이율을 적용한 자본비용	자본의 기회비용

핵심 33 산림의 공익기능 평가 방법

1 시장가격에 의한 평가 방법

– 시장거래 산출물

평가 방법	설명
생산성 변화법 (Change-in-Productivity Approach)	환경 변화가 생산성에 미치는 영향을 측정하는 방법
소득 손실법 (Loss-of-Earning Approach)	질병이나 환경 피해로 인한 소득 손실을 평가하는 방법

2 대리시장가격에 의한 평가 방법

– 시장거래 재화

평가 방법	설명
여행비용법 (Travel-Cost Approach)	사람들이 특정 자원을 이용하기 위해 지출한 여행 비용을 통해 자원의 가치를 추정하는 방법
자산가치법 (Property Value Approach)	환경 변화가 부동산 가격에 미치는 영향을 측정하는 방법
임금차이법 (Wage Differential Approach)	위험한 작업 환경에서의 임금 차이를 통해 환경 위험의 가치를 추정하는 방법

3 조사에 의한 평가 방법

– 교환거래 등

평가 방법	설명
임의 가치법 (CVM: Contingent Valuation Method)	설문조사를 통해 사람들이 환경 자원에 얼마를 지불할 의사가 있는지를 조사하여 가치를 추정하는 방법
델파이 방법 (Delphi Me thod)	전문가들의 의견을 모아 합의된 결론을 도출하는 방법

4 비용에 의한 가치 측정 방법

평가 방법	설명
기회비용법 (Opportunity-Cost Approach)	선택하지 않은 대안의 기회 비용을 평가하는 방법
예방지출법 (Preventive Expenditure Method)	환경 문제를 예방하기 위해 지출한 비용을 기반으로 자원의 가치를 추정하는 방법
대체비용법 (Replacement-Cost Approach)	파괴된 자원을 대체하거나 복원하는 데 드는 비용으로 가치를 평가하는 방법

임업의 수익성 분석

1 수익성 분석

일정한 기간에 있어서 경영활동의 최종적인 결과물, 즉 손익의 상태를 측정하고 그 성과의 원인을 밝히는 활동을 수익성 분석이라고 한다. 재무제표나 경영자료를 검토하여 기업을 재정상태와 경영성과를 파악하는 경영분석의 방법 중 가장 중요한 것이다. 경영분석에는 유동성 분석, 수익성 분석 등이 있다. 분석은 목적에 따라 방법을 달리하지만 대체로 아래와 같은 사항을 분석한다.

① 순이익은 전체 수입에서 비용을 차감하여 구한다. 임업소득에서 가족임금추정액, 사용한 토지에 대한 이자상당액, 경영활동 비용 등을 차감하여 구한다.

② 자본이익률은 경영에 투입한 자본에 대비한 순이익의 비율로 구한다. 투입한 자본의 효율에 대한 지표다.

③ 자본회전률은 경영에 투입한 자본에 대비한 임업조수익의 비율로 구한다. 기업의 유동성에 대한 지표다.

④ 토지순수익은 조수익에서 토지평가액의 이자상당액에 대한 비용을 제외한 모든 비용을 차감하여 구하며, 토지사용의 효율성에 대한 지표로 이용할 수 있다.

2 경영분석 사례

■ 경영분석 사례(표고버섯 배지재배의 사례)

조수익		생산비용					순수익	자본금
수량(kg)	금액	재료비	인건비	경영자본이자	토지자본이자	계		
1,000	3,000	500	800	130	120	1,550	1,450	5,000

(단위: 1,000원, 1년)

1. 순이익(조수익−생산비): 3,000−1,550=1450
2. 소득(조수익−경영비(재료비+인건비)): 3,000−1,300=1,700
3. 부가가치(조수익−재료비): 3,000−500=2,500
4. 순이익률((순이익/조수익)×100): (1,450 / 3,000)×100=48.33%
5. 자본수익률((조수익−생산비)/순이익×100): {(3,000−1,550)/1,300}×100=111.53%
6. 자본회전률(조수익/자본금×100): (3,000/5,000)×100=60%/년
7. 소득률(소득/조수익×100): (1,700/3,000)×100= 56.67%
8. 고용률(인건비/총비용)×100=800/1,450×100=55.17%

35 감가상각

1 정의

유형고정자산의 원가 또는 그 밖의 기초원가에서 잔존원가를 차감한 잔액을 그 자산의 추정내용연수에 조직적이고 합리적인 방법으로 배분하는 것을 목적으로 하는 회계의 한 제도이다.

자산의 유동성과 가치는 사용함에 따라 점차 감소하는데, 이러한 가치의 감소를 감가라 하고, 그 감가를 보상하는 것을 감가상각이라 하여 그 비용을 감가상각비라 한다.

2 감가상각비 계산의 4가지 요소

① 취득원가
② 잔존가치
③ 추정내용연수
④ 감가상각 방법

3 감가상각비 계산 방법

1) 정액법(직선법)

$$\text{감가상각비} = \frac{\text{취득원가} - \text{잔존가치}}{\text{추정내용연수}}$$

2) 정률법(감쇠평형법)

- 매년 연초의 기계잔존가치가 같은 비율로 감쇠토록 하는 방법이다.
- 감가상각비=(취득원가−감가상각비누계액)×감가율
- $\text{감가율} = 1 - \sqrt[n]{\dfrac{\text{잔존가치}}{\text{취득원가}}}$ (n : 내용연수)

3) 연수합계법

- 되도록 초기년도에 감가상각이 많게 되도록 하는 방법이다.
- 내용연수가 10년이면 감가율은 1년차에는 10/55, 2년차에는 9/55, 3년차에는 8/55… 등의 비율로 감가상각률을 계산하는 방법이다.
- 감가상각비=(취득원가−감가상각비누계액)×감가율
- 감가율 $= \dfrac{\text{내용연수를 역순으로 표시한 수}}{\text{내용연수의 합계}}$

4) 작업시간 비례법

- 자산의 감가는 사용 정도에 따라 나타난다는 것을 전제로 계산한다.
- 감가상각비=실제 작업시간×시간당 감가상각률
- 시간당 감가상각율 $= \dfrac{\text{취득원가 − 잔존가치}}{\text{추정 총작업시간}}$

핵심 36 감가상각비 계산 방법

● <감가상각비 계산을 위한 기본요소> → 취득원가, 잔존가치, 추정내용연수, 감가상각 방법

1 직선법(정액법)

① 감가상각비 총액을 각 연도에 할당하여 해마다 균등하게 감가하는 방법이다.

② 감가상각비 $= \dfrac{\text{취득원가} - \text{잔존가치}}{\text{추정내용연수}}$

2 정율법

① 감가율은 일정하지만, 상각비는 등비급수적으로 체감된다.

② 감가상각비 $=$ (취득원가$-$감가상각비 누계액)$\times$감가율

③ 감가율 $= 1 - \sqrt[n]{\dfrac{\text{잔존가치}}{\text{취득원가}}}$

3 연수합계법(급수법)

① 감가상각비$=$(취득원가$-$잔존가치)$\times$감가율

② 감가율 $= \dfrac{\text{내용연수의 연수로 표시한 수}}{\text{내용연수의 합계}}$

예 내용연수 10년에 대한 감가율: $\dfrac{10}{55}$, $\dfrac{9}{55}$, $\dfrac{8}{55}$, …

4 작업시간 비례법(트럭, 트랙터 등)

① 총 감가상각비$=$실제작업시간$\times$생산량당 감가상각률

② 생산량 감가상각률 $= \dfrac{\text{취득원가} - \text{잔존가치}}{\text{추정 총 작업시간}}$

5 생산량 비례법(벌채, 채굴 등)

① 총 감가상각비$=$실제생산량$\times$생산량당 감가상각률

② 생산량 감가상각률 $= \dfrac{\text{취득원가} - \text{잔존가치}}{\text{추정 총 생산량}}$

임업이율

1 정의

산림평가 등 임업경영계산에 사용되는 평정이율(계산이율)을 말한다.

> **참고** 임업진흥 정책의 필요성
>
> 1. 목재 자급
> 2. 환경보호
> 3. 소득증대
> 4. 임업의 기술적 특성
> 5. 임업의 경제적 특성

2 성격

① 임업이율은 대부이자가 아니고, 자본이자이다.

② 임업이율은 현실이율이 아니고, 평정이율이다.

③ 임업이율은 실질이율이 아니고, 명목이율이다.

④ 임업이율은 장기이율이다.

3 임업이율을 저이율로 평정해야 하는 이유

① 재적 및 금원 수확의 증가와 산림 재산가치의 등귀

② 산림 소유의 안정성과 산림관리 경영의 간편성

③ 재산 및 임료 수입의 유동성과 생산기간의 장기성

④ 문화 발전에 따른 이율의 저하

⑤ 기호 및 간접이익의 관점에서 나타나는 산림 소유에 대한 개인적 가치 평가

자본재와 자본장비도

1 자본재의 종류

① 고정 자본재: 건물, 기계, 운반시설, 제재설비, 임도, 임목 등

② 유동 자본재: 종자, 묘목, 약재, 비료 등

③ 임목은 원래 어린 묘목이 자란 것인데, 이것을 자본으로 보며 임목축적이라 한다.

2 자본장비도

① 자본을 K, 종사자의 수를 N이라고 하면, K/N이 자본장비도이다.

② 소득을 Y라 하고, 이것을 종사자의 수 N으로 나누면 1인당 국민소득이 된다.

③ Y/N은 1인당 생산성을 나타내며, Y/K는 자본의 가동상태, 즉 자본의 효율을 나타낸다.

④ 1인당 소득(노동생산성)은 자본장비도와 자본효율에 의해 정해진다.

$$\frac{Y}{N} = \frac{K}{N} \times \frac{Y}{K}$$

핵심 39 임분의 평가

1 임분매매가

평가하려는 임분과 같은 성질을 가진 임분의 실제 거래가격에 의하여 정하는 임분의 가격을 임분매매가(林分賣買價, 부분적 산림 매매가)라고 한다.

2 임분비용가

① "임분비용가는 임목비용가와 지가의 합계이며, 지가는 임의의 지가(B) 또는 토지기망가를 적용하여야 한다."고 Endress는 주장했다.

② 지가를 평가할 때 임목비용가 이외의 것을 적용하면 순수한 임분비용가라고 할 수 없다.

③ 임분비용가는 토지기망가를 적용한 임목비용가와 임지비용가의 합계이다.

3 임분기망가

① "임분기망가(林分期望價)는 임목기망가와 지가의 합계이며, 지가는 임의의 지가(B) 또는 토지기망가를 적용하여야 한다."고 Endress는 주장했다.

② 임분비용가를 평가할 때처럼 지가는 토지기망가를 적용하고, 임목기망가를 계산할 때도 지가는 토지기망가를 적용해야 한다.

4 법정림의 산림가

① 매매가: 법정축적의 매매가와 전임지의 매매가 합계이다.

② 비용가: 지가로서 토지기망가를 적용한 법정축적 비용가와 전임지 비용가를 합하여 구한다.

③ 기망가: 지가로서 토지기망가를 적용한 법정축적 기망가와 전임지의 기망가를 합하여 구한다.

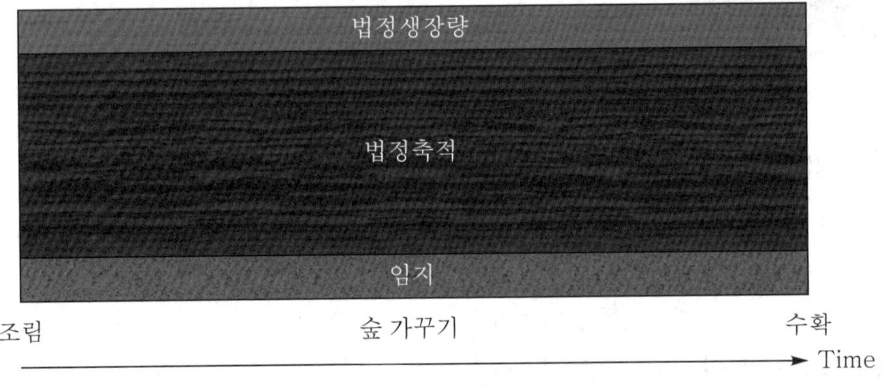

▲ 법정림에서 원가와 비용가, 기망가와 매매가의 관계

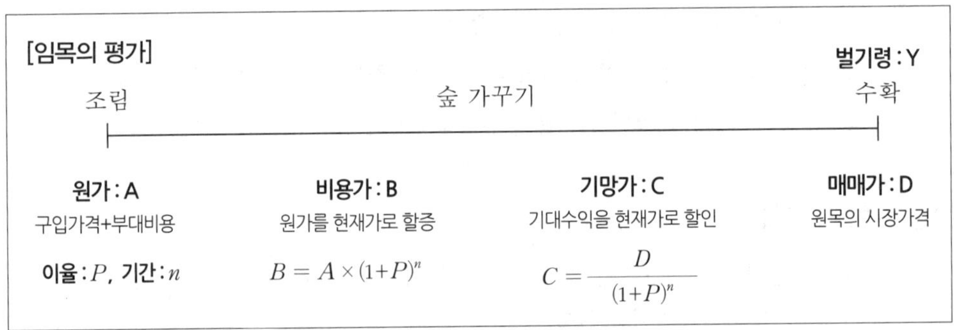

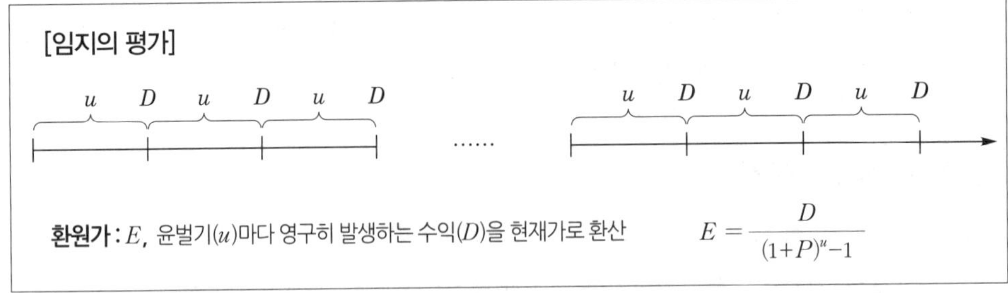

▲ 환원가의 시간적 개념

④ 환원가: 법정 작업급의 연년의 순수확이 영구히 발생하므로, 임지에서 발생하는 미래의 수익을 현재가로 환원하여 임지의 가격으로 평가한다.

원가의 개념과 유형

1 원가의 개념

① 목재 등 특정한 제품으로 전가된 비용을 원가라고 한다. 바꾸어 말하면 원가는 제품생산에 소비된 비용이다.

② 목재의 원가에는 조림비, 무육비, 벌채비, 운반비 등이 포함된다.

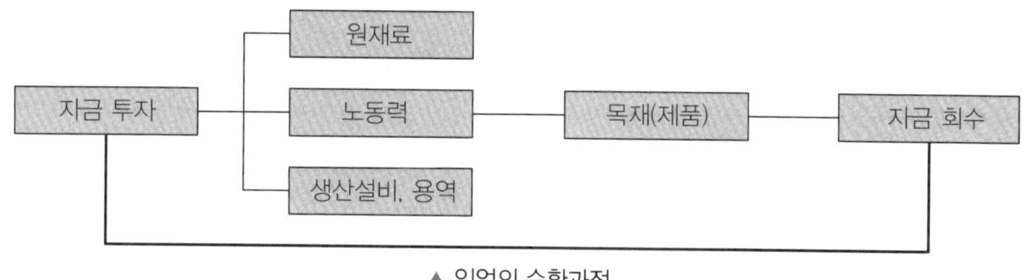

▲ 임업의 순환과정

2 원가의 유형

원가는 집계 방법에 따라 개별원가계산과 종합원가계산으로 구분한다. 원가는 발생 형태와 통제 가능성 등에 따라 다양한 유형으로 분류할 수 있다.

① **원가 발생 형태에 따른 분류**

  ㉠ 재료비: 제품 제조를 위한 원재료, 매입 부분품, 공장 소모품 등

  ㉡ 노무비: 제품 제조를 위한 노동력의 대가(임금, 급여, 상여수당 등)

  ㉢ 제조경비: 재료비와 노무비를 제외한 기타의 제조를 위한 모든 원가

② **추적 가능성(통제 가능성)에 따른 분류**

  ㉠ 직접원가: 특정한 제품 제조를 위한 원가(추적 가능성이 있는 것)

  ㉡ 간접원가: 여러 제품에 공통적으로 소비된 원가(추적 불가능한 것)

③ **조업도에 따른 분류**

  ㉠ 조업도는 생산활동의 가동 정도를 나타내는 지표라고 할 수 있다.

  ㉡ 고정원가: 조업도(생산량)의 증감과 관계없이 항상 일정하게 발생하는 원가이다(예 임차료, 보험료, 세금과공과, 감가상각비 등).

– 생산량이 증가하면 총원가는 일정하지만, 단위 원가는 감소한다.

– 준고정원가: 특정한 범위의 조업도에서는 일정한 금액이 발생하나 그 범위를 벗어나면 일정한 금액만큼 증가, 감소한다.

ⓒ 변동원가: 조업도(생산량)의 증감에 따라 그 총액이 변화하는 원가이다(직접원가 제품의 제조를 위해 소비된 직접재료비, 직접노무비, 직접제조경비의 세 가지 원가 요소를 합한 원가)(예 직접재료비, 직접노무비, 전력비 등).

– 생산량이 증가하면 총원가도 비례적으로 증가하고 단위 원가는 일정하다.

– 준변동원가: 조업도의 증감과 관계없이 일정한 고정비가 발생하며, 조업도의 변화에 따라 일정한 비율로 그 총액이 증감하는 것이며 "혼합원가"라고도 한다.

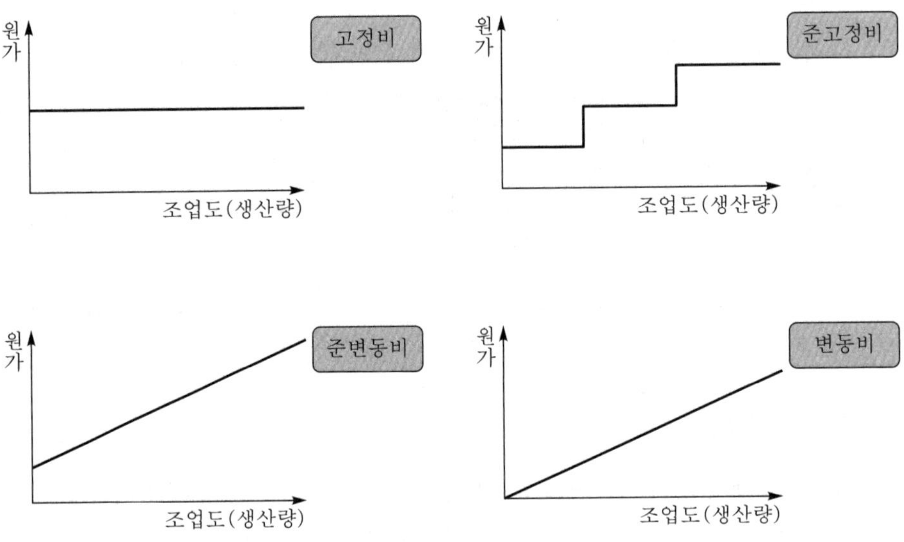

④ **경제적 효익 소멸 여부에 따른 분류**

㉠ 미소멸원가: 미래 경제적 효익이 있는 원가로서 미래용역잠재력을 가지고 있으며, 대차대조표에 자산으로 기입한다.

– 미래용역잠재력: 미래에 현금유입을 유발하는 현금창출능력

㉡ 소멸원가: 용역잠재력이 소멸된 원가로서 수익 창출 기여 여부에 따라 비용과 손실로 나눈다. 수익 창출에 기여하고 소멸 시는 "매출원가"로, 기여하지 못하면 "손실"로 분류한다.

핵심 41 원가관리의 개념

① 예정된 원가와 실제로 발생한 원가 사이의 차이점, 원인, 원인 제거를 위한 조치 등을 검토하는 것을 원가관리 또는 원가통제라고 한다.

② 원가관리는 현재의 생산 조건을 전제로 하여 가능한 원가를 절약하기 위해 수행된다.

③ 원가관리의 목표는 일정 수준의 생산을 유지하면서 가능한 낮은 원가로 제품을 생산하는 것이다.

④ 원가관리를 위해서는 원가계산이 선행되어야 한다.

⑤ 원가관리는 원가계산이 완료된 다음 단계에 실행된다.

1 원가의 구성

				판매이익	
			판매 및 관리비		
	제조간접비				판매가격
직접 재료비			제조 원가	판매원가	
직접 노무비	직접원가				
직접 제조경비					

- 제조간접비: 간접재료비+간접노무비+간접제조경비

2 원가계산 관련 용어

① 조업도: 기업이 보유한 자원의 활용 정도를 나타내는 수치로서 산출량인 생산량, 판매량 등으로 표시하거나 투입량인 직접 노동시간, 기계가동시간 등으로 표시한다.

② 제조: 물품을 만드는 과정

③ 재공품: 물품의 제조과정을 표시하는 것

④ 변동제조간접비: 간접재료비, 간접노무비 등의 제조간접비는 조업도의 증감에 따라 변화하는 것

⑤ 고정제조간접비: 공장설비에 대한 감가상각비, 재산세 등의 조업도와 증감과 관계없이 발생하는 것

3 원가의 흐름

① 재료소비액=월초재료재고액+당월재료매입액−월말재료재고액

② 노무비소비액=당월지급액+당월미지급액−전월미지급액

③ 제조경비 소비액=당월지급액+전월선급액−당월선급액

④ 당월제품제조 원가=월초재공품재고액+당월총제조비용−월말재공품재고액

　− 당월총제조비용=직접재료비+직접노무비+직접제조경비+제조간접비

⑤ 매출원가=월초제품재고액+당월제품제조 원가−월말제품재고액

⑥ 완성품수량=월초재공품수량+당월제조착수수량−월말재공품수량

　= 당월매출수량+월 말제품수량−월초제품수량

⑦ 제품단위당원가=제품제조 원가÷완성품수량

4 원가회계

원가회계는 이익 측정과 재고자산 평가를 위하여 역사적 원가 자료를 집계, 측정, 배분하여 기업의 외부 정보이용자와 내부 정보이용자 모두가 필요로 하는 제품원가 계산 정보를 제공하며, 제조기업의 재무상태와 경영 성과를 명백히 파악하기 위한 회계이다.

5 원가회계의 목적

① 재무제표 작성을 위한 제품원가 계산 정보 제공

② 제품원가 계산을 통한 재고자산 평가, 가격 결정을 위한 원가 정보 제공

③ 원가통제를 위한 원가 자료의 제공

④ 예산 편성을 위한 원가 자료의 제공

⑤ 경영의사 결정을 위한 원가 자료의 제공

핵심 42 원가계산 방법

1 원가계산의 절차

(생산)요소별 계산 → 부문별 계산 → 제품별 계산

2 원가계산 방법

원가집계 방법	원가측정 방법	원가계산 목적
개별원가계산 (job-order costing)	실제원가계산 (actual costing)	전부원가계산 (full costing)
종합원가계산 (process costing)	정상원가계산 (normal costing)	변동원가계산 (variable costing)
	표준원가계산 (standard costing)	

① 기준 시점에 따른 분류

실제원가 계산	제품의 제조과정이 끝난 후 실제로 발생된 원가를 집계하여 계산, 사후원가계산		
예정원가 계산	전기의 원가를 토대로 당기 발생 원가를 추산하여 반영하는 방법	추산원가계산	제품 제조 이전에 추정된 원가를 집계하여 계산하는 방법
		표준원가계산	사전에 설정된 표준가격, 표준 사용량 등으로 원가계산

② 생산 형태에 따른 분류

개별 원가계산	성능, 규격, 모양, 품질이 다른 여러 종류의 제품을 주문 생산하는 기업에서 사용	건설업, 조선업, 가구제조업, 항공기제조업, 기계제작업 등
종합 원가계산	성능, 규격 등이 동일한 특정 종류의 제품을 연속 대량생산하는 기업에서 사용	정유업, 제지업, 제분업, 제당업, 화학공업 등

③ 고정비 집계에 따른 분류

전부 원가계산	직접재료비, 직접노무비, 변동제조간접비, 고정제조간접비 등을 모두 포함하는 방법
변동 원가계산	직접재료비, 직접노무비, 변동제조간접비만으로 하는 원가 계산(고정비 불포함)

표준원가계산

1 표준원가계산의 의의

① 표준원가란 과학적인 방법에 의해 책정된 원가로 정상적인 작업 조건에서 달성되어야 하는 원가로, 생산과정에서 나타날 수 있는 비능률, 낭비 요인을 제거하기 위하여 사전에 설정된 원가 목표이다. 미리 설정하여 원가통제의 수단으로 사용되므로 "사전원가" 또는 "예정원가"라고 할 수 있다.

② 사전에 직접재료비, 직접노무비, 제조간접비가 설정되어 표준원가와 사후에 발생한 원가를 비교, 분석하여 원가관리 수단으로 활용된다.

2 표준원가의 유용성

① 계획: 표준원가가 설정되면 현금 조달 계획, 원재료 구입 계획 등의 계획과 예산 반영을 쉽게 수립함으로써 특정 생산량을 제조하기 위한 재료 구입 및 자금 조달을 빠르고 쉽게 편성할 수 있다.

② 통제: 표준원가가 설정되면 작업이 진행되는 동안 실제 투입량, 실제 원가가 표준원가와 상이함을 발견할 수 있고, 실제 원가가 표준원가의 허용 범위를 벗어나면 경영자가 특별한 주의를 기울임으로써 원가통제를 원활히 하며, 종업원의 성과평가의 기준으로도 유용하다.

③ 제품원가계산: 표준원가를 사용하여 제품원가계산을 하는 경우 생산제품에 표준단위 원가를 곱하여 즉시 제품원가를 계산하기 때문에 회계처리가 용이하다. 물론, 선입선출법이나 평균법과 같이 원가 흐름을 가정할 필요도 없다.

3 표준원가계산의 한계

① 적정원가 산정에 객관성이 결여되고 많은 비용이 소요된다.

② 기업 내·외적인 환경에 따라 수시로 수정을 필요로 하므로 사후관리를 하지 않으면 미래원가계산을 왜곡시킬 소지가 있다.

③ 표준원가 달성을 강조할 경우 제품 품질의 저질성이나 지나친 원가절감 요구 시 관계를 악화시킬 수 있다.

④ 예외사항에 객관적인 기준이 없는 경우 질적인 예외사항을 무시하기 쉽고, 중요한 예외사항만 관심을 집중하면 표준원가의 허용 범위 내의 실제원가의 증감 추세를 간과하기 쉽다.

⑤ 성과평가 등이 중요한 예외사항에서 결정된다면 근로자는 숨기려할 것이고, 원가가 절감되는 예외사항 등에 보상이 없다면 불만이 누적되는 동기부여가 될 것이다.

4 표준원가의 종류

① 이상적 표준: 기존의 설비와 제조공정에서 정상적인 기계 고장, 정상 감손 및 근로자의 휴식시간 등을 고려하지 않고 최적의 목표 달성을 위한 표준원가이다.

- 재고자산 평가나 매출원가 산정에 부적합

② 정상적 표준: 정상적인 조업이나 능률에 설정된 원가로 우발적인 상황을 제거한 것으로서 장기간의 실적치를 통계적으로 평균화하고 여기에 미래 예측가치를 감안하여 결정된다.

- 재고자산 평가나 매출원가 산정에 적합

③ 현실적 표준: 현재 표준원가로서 가장 많이 사용되는 것으로 열심히 노력하면 달성되는 목표치를 말하며, 여기에는 기계 고장, 근로자의 휴식시간 등을 고려하여 산정하므로 실제원가와 표준원가 간에 차이가 발생하면 정상에서 벗어나는 비효율로서 경영자의 주의를 상기시켜 주는 역할을 한다.

5 표준원가의 설정

① 표준직접재료비=표준직접재료수량×표준가격

② 표준직접노무비=표준직접 노동시간×표준임률

③ 표준제조간접비: 변동제조간접비÷직접작업시간=변동제조간접비배부율

- 고정제조간접비÷직접작업시간=고정제조간접비배부율

- 변동비=허용표준시간×변동제조간접비배부율

- 고정비=허용표준시간×고정제조간접비배부율

원가 차이

1 직접재료비 차이

실제직접재료비와 실제산출량에 허용된 표준직접재료비의 차이

① 직접재료비 총차이=실제가격×실제수량−표준가격×산출량의 표준수량

② 직접재료비 가격 차이=실제가격×실제수량−표준가격×실제수량

③ 직접재료비 능률 차이=표준가격×실제수량−표준가격×산출량의 표준수량

㉠ 가격 차이 발생 원인

- 원재료 시장의 수요와 공급의 원인

- 구매담당자의 능력에 따라 유·불리 가격 차이

- 표준 설정 시 원재료 품질과 상이한 원재료 구입 시 가격 차이

- 표준 설정 시 경기와 현재 경기 변동에 따라 차이

㉡ 능률 차이 발생 원인

- 생산과정에서 효율적인 원재료 사용을 하지 못할 때

- 표준 설정 시 원재료와 다른 원재료를 사용할 때

- 기술혁신에 의한 능률 차이

2 직접노무비 차이

① 직접노무비 총 차이=실제임률×실제작업시간−표준임률×산출량의 작업시간

② 직접노무비 가격 차이=실제임률×실제작업시간−표준임률×실제작업시간

③ 직접노무비 능률 차이=표준임률×실제작업시간−표준임률×산출량의 작업시간

㉠ 가격 차이 발생 원인

- 노동력의 질에 따라 발생(저임률의 비숙련공과 고임률의 숙련공 등)

- 작업량의 증가에 따라 초과근무수당을 지급 시

- 노사협상 등에 의해 임금 상승 시

ⓛ 능률 차이 발생 원인

- 숙련공과 비숙련공의 작업수행 능력

- 생산 투입된 원재료의 품질에 따라 노동시간의 영향

- 책임자의 감독 소홀, 일정 계획의 차질 등

■3 제조간접비 차이

[변동제조간접비 차이]

① 변동제조간접비 총 차이=실제배부율×실제조업도−표준배부율×산출량조업도

② 변동제조간접비 소비 차이=실제배부율×실제조업도−표준배부율×실제조업도

③ 변동제조간접비 능률 차이=표준배부율×실제조업도−표준배부율×산출량조업도

　ⓐ 변동제조간접비 소비 차이 발생 원인

- 변동제조간접비의 배부와 관련되는 직접 노동시간의 통제와 상관없이 각 항목의 통제 수단에 영향을 받으며 변동제조간접비의 능률적인 사용 정도가 원인이다.

- 표준배부율을 잘못 설정하여 발생한다.

　ⓛ 변동제조간접비 능률 차이 발생 원인

- 직접노무비의 능률 차이와 발생 원인이 동일하다.

■4 고정제조간접비 차이

① 고정제조간접비 소비(예산) 차이=실제배부율×실제조업도−예정배부율×기준조업도

② 고정제조간접비 예정배부율=고정제조간접비 예산총액÷기준조업도(배부기준)

③ 고정제조간접비 조업도 차이=예정배부율×기준조업도−예정배부율×산출량조업도

　ⓐ 차이의 발생 원인

- 원가통제 목적상 실제 고정제조간접비의 발생과 고정제조간접비 예산을 비교하여 그 차이를 예산 차이로 관리하며, 이것을 조업도 차이라고도 한다.

■5 원가 차이의 배분

기업회계기준은 실제원가계산만을 허용하므로 외부 공표용 재무제표를 작성하기 위해서는 실제원가로 전환해야 하며, 아래와 같은 방법이 있다.

수정 방법	비배분법	매출원가조정법
		영업외손익법
	비례배분법	총원가기준법
		원가요소기준법

핵심 45 의사결정과 관련된 원가의 개념

미래원가	• 나중에 발생할 것으로 예상되는 원가
관련원가	• 예상되는 미래의 원가로서 대체 안들(alternatives) 사이에 차이가 나는 원가 • 아래의 두 조건을 만족해야 관련원가(relevant cost)가 된다. 　– 미래의 원가 　– 대체안들 사이에 차이가 나는 원가
매몰원가	• 과거에 이미 발생했으므로 어떤 의사결정이 내려진다고 해도 회피될 수 없는 원가를 매몰원가(sunk cost)라고 함 • 역사적 원가(historical cost), 기발생원가, 장부가액 등의 유사개념이 있음
기회원가	• 기회원가는 하나의 대체 안이 선택됨으로 인해 포기되는 잠재적인 효익을 말함 • 기회원가는 일반적으로 회계장부에서는 원가로 기록되지는 않지만, 모든 의사결정에 있어 명확히 고려되어야 함
증분원가, 차액원가, 한계원가	• 생산 방법의 변경, 설비의 증감, 조업도의 증감 등 기존 경영활동의 규모나 수준에 변동이 있을 경우 증가되는 원가를 증분원가, 감소하는 원가를 차액원가라고 함 • 경영활동의 규모 또는 수준이 한 단위 변할 때 발생하는 총원가의 증감액을 한계원가라고 함
차액원가와 차액수익	• 의사결정은 각각 원가와 효익을 가지고 있는 대체 안들을 비교하여 더 나은 것을 선택하는 것 • 두 개의 대체 안이 있을 경우, 두 대체 안 사이의 원가 차이를 차액원가(differential cost), 수익의 차이를 차액수익(differential revenue)이라 함
증분원가와 증분수익	• 어떤 활동에 따라 추가적으로 발생하는 원가를 증분원가(incremental cost), 어떤 활동에 따라 추가적으로 발생하는 수익을 증분수익(incremental revenue)이라고 함 • 증분원가는 차액원가, 증분수익은 차액수익의 일종이라고 할 수 있음
회피가능원가와 회피불가능 원가	• 회피가능원가(avoidable cost)는 한 대체 안을 선택함으로 인해 전부 또는 일부가 제거될 수 있는 원가 • 회피불가능원가(unavoidable cost)는 선택되는 대체안과 관계없이 동일하게 발생하는 원가 • 회피가능원가는 관련원가이고, 회피불가능원가는 비관련원가

임업경영분석

1 개념 · 정의

1) 임업경영분석

① 임업경영분석은 경영 개선을 위한 자료를 얻기 위해 실시한다.

② 임업경영분석을 통해 경영 목표를 달성하기 위한 계획(planning), 조직화(organizing), 지도(leading), 통제(controlling) 등의 결과를 진단할 수 있다.

③ 정확한 진단 및 평가를 통해 목표와 실행 결과를 비교 분석한다.

④ 정확한 진단은 경영관리과정에서 합리적인 계획 수립을 가능하게 한다.

2) 임업경영분석의 방법

① 임업경영을 분석하는 방법은 분석의 목적에 따라 현황분석, 성과분석 등으로 구분할 수 있다.

② 현황분석은 산림경영에서 제일 중요한 자산인 임목자산의 구성과 변화를 분석한다.

③ 성과분석은 경영의 성과인 소득과 순수익의 정도를 대상으로 한다.

④ 육림비분석은 임목자산을 구성하는 가장 큰 원가인 육림비를 대상으로 한다.

⑤ 손익분기점 분석은 사업의 규모를 결정하기 위해 변동원가와 고정원가의 관계를 분석한다.

2 현황분석

1) 임목자산의 구성

① 임업경영의 현재 상태는 자산 중에서 임지를 제외하고 가장 큰 가치를 가지고 있는 임목축적을 통해 평가할 수 있다.

② 임목자산의 구성은 산림의 성장에 따라 무육기, 보육기, 이용기로 구분할 수 있다.

③ 임목자산의 질적지표로는 인공림이 차지하는 비율과 인공림의 임형 구성 상태가 사용될 수 있다.

④ 임목자산의 양적지표로는 인공림의 면적이나 임목자산장비비율 등이 산림의 면적과 함께 사용된다.

㉠ 산림경영의 안정성 분석
- 자산과 자본의 구성이 균형을 이루고 있는지, 유동성은 유지되고 있는지에 대한 분석은 재무상태표를 기초로 산출한다.
- 고정자산 구성 비율(%) = $\dfrac{고정자산}{경영자산} \times 100$
- 유동자산 구성 비율(%) = $\dfrac{유동자산}{경영자산} \times 100$

㉡ 임목자산장비율
- 임목자산장비율은 임목자산이 적절하게 구성되었는지를 판단하는 지표로 사용될 수 있다.
- 임목자산장비율을 통해 임목경영의 안정성이 있는지, 임업 경영활동이 원활하게 이루어질 수 있는지를 판단할 수 있다.
- 임목자산장비율(%) = $\dfrac{임목자산}{경영자산} \times 100$

㉢ 이상적인 임목자산 기별 구성비
- 보육기의 임목이 50% 정도로 구성되고, 무육기와 이용기의 임목이 각각 25%를 차지하고 있으면 산림경영이 지속적으로 안정성을 유지할 것으로 판단할 수 있다.
- 무육기:보육기:이용기=25:50:25

2) 임목자산의 변화

임목자산을 평가하여 회계기간별로 임목자산의 증감액을 비교하면 임목자산의 변화상태를 파악할 수 있다.

① 임목자산 증감률

- 임목자산 증감률은 증감액을 기초의 재고량으로 나누어서 구할 수 있다.

$$임목자산증감률(\%) = \dfrac{임목자산의 연도내 증감액}{임목자산의 연도 초 재고액} \times 100$$

② 임목자산의 내부보유율

- 임목자산의 변화율 또는 임목성장액의 내부 보유율을 계산해 보면 임목자산의 이용상황을 파악할 수 있다.

$$임목성장액의 내부보유율[\%] = \dfrac{연도내성장액 - 연도 내 매각액}{연도 내 성장액} \times 100$$

③ 임목자산의 성장성 판단

- 임목자산의 성장성은 임목성장액, 임목자산의 증감률, 임목성장액의 내부 보유율 등을 이용하여 평가할 수 있다.

임업경영 성과

● 경영의 성과는 경영활동의 결과로 나타난 수익과 비용의 차이(손익계산서), 자산의 변화(재무상태표), 제품(원목)으로 이전된 비용(매출원가명세서, 공사원가명세서) 등 제무재표와 경영자료를 검토하여 알 수 있다. 투입한 자본금의 규모에 비교하여 수익이 적절한지를 분석하는 자본수익률, 전체 수익에 대비해서 순이익이 얼마나 남았는지를 분석하는 순이익률 등이 경영성과분석이다.

1 임업경영의 성과 계산 방법

① 임업경영의 성과는 임업소득 또는 임업 순이익으로 파악된다.

② 임업소득은 경영 주체가 임업경영에서 얻은 성과이다.

③ 임업소득에는 임목 생장액이 포함되어 있으므로 전부 그해에 거두어들일 수 있는 금액이 아니다. 이것이 농업경영과의 차이점이다.

④ 농업경영에서는 생장액 전부를 거의 그해에 거두어들일 수 있다.

⑤ 임업소득은 일반적으로 산림면적의 크기에 비례한다.

⑥ 임업조수익과 임업경영비는 산림면적에 따라 거의 같은 비율로 커지기 때문에 면적과 비례한다.

⑦ 임업순수익은 산림경영을 다른 일반적인 기업경영과 같이 순전히 고용 노동력에 의하여 경영된다고 가정했을 때의 경영성과 지표이므로 산림경영을 다른 기업과 비교할 때 유리하다.

⑧ 임업소득=임업조수익 – 임업경영비

⑨ 임업순수익=임업소득 – 가족 임금 견적액

⑩ 임업조수익=임업 현금수입+임업 생산물 가계소비액+미처분 임산물 증가액+임업 생산 자재 재고 증가액+임목 성장액

⑪ 임업경영비=임업 현금 지출+감가 상각액+미처분 임산물 재고 감소액+임업 생산 자재 재고 감소액+주벌 임목 감소액

2 임업소득과 임업순이익의 분석

① 임업순수익은 산림경영을 다른 일반적인 기업경영과 같이 순전히 고용 노동력에 의하여 경영된다고 가정했을 때의 경영성과의 지표이므로 산림경영을 다른 기업과 비교할 때 유리하다.

② 임가소득=임업소득+농업소득+농업 이외의 소득

③ 임업 의존도[%]=임업소득/임가소득×100

④ 임업소득 가계 충족률[%]=임업소득/가계비×100

⑤ 임업소득률=임업소득/임업조수익

3 임업소득의 내용

① 임업순이익은 산림의 소유면적에 따라 임업소득보다 계층별 차이가 현저하게 나타난다.

② 임업소득에서 공제하는 가족노임추정액의 증가액은 어느 한도를 지나면 계속해서 같은 비율로 증가할 수 없기 때문이다.

③ 토지 귀속분=임업소득 - (자본이자+가족 노임 견적액)

④ 자본 귀속분=임업소득-(지대+가족 노임 견적액)

⑤ 가족 노동 귀속분=임업소득-(지대+자본이자)

⑥ 경영관리 귀속분(기업가 이윤)=임업순이익-(지대+자본 이자)

⑦ 자본 수익률[%]=순수익/자본×100

다음의 자료에 따라 임업소득률을 구하시오.

- 임산물 판매 현금 수입 850만원
- 임산물가계소비액 250만원
- 임업생산 자재재고증가액 150만원
- 임업생산 자재재고감소액 350만원
- 감가상각액 130만원
- 미처분 임산물재고감소액 120만원

※ 정답은 성안당 도서몰 [자료실]에서 제공

육림비 분석

1 육림비의 개념

① 임목생산에 투입된 경비의 원리합계를 육림비라고 한다.

② 육림비에서 육림기간 중 얻은 수입의 원리합계(후가)를 공제한 것이 임목원가(cost value of stumpage)이다.

③ 임목원가는 임목자산을 구성하는 원가 중 하나이다.

④ 육림비를 분석하는 목적은 임목생산 비용을 줄이고, 임분의 시업 개선을 위한 기초자료를 얻는 데 있다.

2 육림비의 구성요소

① 노동비

- 가족노임 견적액 및 고용 노임

② 직접재료비

- 묘목, 비료, 약제 등에 들어간 경비
- 자급 재료의 견적액을 포함한다.

③ 공통 재료비

- 임업용 소기구 구입비, 건물 및 기계 등의 유지수선비, 임대료 등
- 사용일수와 사용 면적에 따라 임분별로 분배하여 계산한다.

④ 감가상각비

- 건물, 기계, 구축물, 대동물(大動物)
- 사용시간에 따라 분배하여 계산한다.

⑤ 지대(地代)

- 경제학에서 말하는 지대와는 성질이 다르다.
- 실제로 지불한 고정자산세 중에서 그 임목이 부담할 분을 계산한다.
- 지대는 자본이자에 해당한다.

3 육림비의 분석

① 육림비는 대부분 평정이율로 계산된 이자이기 때문에 육림비는 이율에 따라 크게 변한다.

② 육림비를 절감하려면 이자를 줄이고, 경비를 절감하며, 투자자금의 회수기간을 단축시켜야 한다.

③ 육림비의 대부분이 노임이기 때문에 노임의 효율을 높이면 육림비에서 경비가 절감된다.

④ 벌기령을 단축시키고 임목생육 기간 중 가능한 한 많은 부수입을 올리면 투자자금의 회수기간이 단축된다.

⑤ 벌기령은 임목생장을 촉진하는 기술을 도입하고 작은 통나무의 판로를 개척하여 단축시킬 수 있다.

⑥ 부수입은 간벌, 표고재배, 임산부산물 채취, 농작물의 간작 등을 통해 올릴 수 있다.

4 임목자산 이용상황

입목 자산의 이용상황을 보려면 임목 자산의 변화율 또는 임목 성장액의 내부보류율(內部保留率)을 계산해 보아야 한다. 각 조사 항목의 내용은 다음과 같다.

① 성장액은 과거 1년간의 임목가치의 증가분을 말한다.

　－ 임업관리회계에서는 1년 동안 임목에 부가된 원가를 가지고 성장액으로 간주한다.

② 매각액은 매각한 임목의 육림비용 누적액이다.

　－ 실제로 처분한 임목의 가격이 아니다.

③ 변화액은 성장액과 매각액의 합계이다.

④ 변화율은 연도 초의 임목평가액에 대한 변화액의 비율이다.

⑤ 성장액의 내부보류율은 연도 내의 성장액에 대한 성장액과 매각액과의 차액의 비율이다.

산/림/기/술/사

산림복지, 휴양, 치유

핵심 01 산림휴양

1 산림휴양의 개념

① 산림휴양이란 산림 안에서 이루어지는 심신의 휴식 및 치유 등을 말한다.

② 휴양은 편안히 쉰다는 뜻의 休와 몸과 마음을 원상태로 회복한다는 뜻의 養이란 글자로 구성되어 있다.

③ "편안히 쉬며 원상태를 회복한다."는 휴양이 산림에서 이루어지는 것이 산림휴양이라고 본다면, 산림휴양은 야외휴양의 형태라고 볼 수 있다.

④ 채집, 걷기 등의 활동과 야영, 식사 등의 휴식이 산림휴양의 주된 내용이 될 것이다.

⑤ 사람들은 자연을 동경하지만, 거기에서 느끼는 감정은 다르다. 강가의 갈대밭처럼 키가 큰 풀이 자라는 곳은 멀리서 보기에는 좋지만, 그 속을 헤매는 사람은 불안감을 느낀다. 키가 작은 풀밭이나 나무가 자라는 숲에서 사람에게 안정감과 편안함을 느낀다. 이런 안정감이 산림휴양의 가장 큰 매력이다.

⑥ 산림휴양은 나무에서 나오는 방향물질인 피톤치드와 음이온으로 인해 사람에게 치유의 효과까지 있다는 연구 결과도 있다.

⑦ 아파트와 아스팔트가 주 생활공간인 도시인들에게 적합한 휴양활동이 산림휴양이다.

2 산림휴양자원의 개념

① 산림휴양자원이란 산림 안에서 심신의 휴식 및 치유 등을 하기 위해 존재하거나 조성된 자원을 말한다.

② 산림휴양자원에는 자연휴양림, 산림욕장, 숲길, 숲속야영장과 산림문화자산이 포함된다.

③ 산림문화란 산림과 인간의 상호작용으로 형성되는 총체적 생활양식이다.

④ "산림문화자산"이란 산림 또는 산림과 관련되어 형성된 것으로서 생태적, 경관적, 정서적으로 보존할 가치가 큰 유형·무형의 자산을 말한다.

⑤ "산림문화·휴양"이라 함은 산림과 인간의 상호작용으로 형성되는 총체적 생활양식과 산림 안에서 이루어지는 심신의 휴식 및 치유 등을 말한다.

3 산림휴양의 필요성

① 휴양에 대한 수요는 소득 증가와 생활수준 향상으로 점차 수요가 늘어나고 있다.

② 사실 산림휴양은 인류가 살아온 환경이 농업혁명 이전에는 숲이었다는 것을 떠올리면 인류는 누구나 숲을 필요로 하고, 거기서 편안함을 느끼는 것은 당연하다.

③ 도로와 교통수단의 발달, 그리고 쉬는 날이 많아짐에 따라 휴양 수요는 많이 늘었다.

④ 휴식을 즐기기 위해 산을 찾는 사람도 많아졌다. 그에 비해 산림휴양 활동이 저조할 수밖에 없는 것은 목재 생산활동 중심의 산림청 정책이 휴양활동 중심으로 바뀌는 데 시간이 많이 필요하기 때문이기도 하고, 휴양활동에 필요한 임도시설이 부족하기 때문이기도 하다.

⑤ 또한 주차장 등 시설도 자연휴양림 위주로 설치되기 때문에 임도에 접근하기는 쉽지 않은 면도 있다.

4 산림휴양자원의 유형

① 조성자원

유형	기능
자연휴양림	국민의 정서 함양, 보건 휴양 및 산림교육 등의 활동
산림욕장	산림 안에서 맑은 공기를 호흡하고 접촉하며 산책 및 체력단련 등의 활동
치유의 숲	향기, 경관 등 자연의 다양한 요소를 활용하여 인체의 면역력을 높이고 건강을 증진시키는 활동
숲길	등산, 트레킹, 레저스포츠, 탐방 또는 휴양, 치유 등의 활동
숲속야영장	산림 안에서 텐트와 자동차 등을 이용하여 야영활동
산림레포츠 시설	산림 안에서 이루어지는 모험형, 체험형 레저스포츠 등의 활동

② 문화자산

- 산림 또는 산림과 관련되어 형성된 것

- 생태 · 경관 · 정서적으로 보존 가치가 큰 유형 · 무형의 자산

- 산림과 인간의 상호작용으로 형성된 총체적 생활 양식

산림휴양의 형태

1 자원중심형 휴양

- 자연 자원을 배경으로 한 환경을 이용하여 이루어지는 휴양 형태를 말한다.
- 모든 산림휴양 활동이 산림자원을 배경으로 하므로 자원중심형 휴양에 속한다.
- 자원 중심의 휴양은 활동의 성격에 따라 원시형, 중간형, 현대형 휴양으로 구분한다.

1) 원시형 휴양

① 원시형 휴양은 많은 산림휴양 기술이 필요하고, 기계 등의 현대적 장비 없이 활동이 이루어진다.

② 원시형 휴양은 자연 자원의 사용에 규제를 받지 않고 자연과 밀착하여 현대적 문명과 떨어져 있는 느낌을 받을 수 있다.

2) 중간형 휴양

① 중간형의 휴양은 중간 수준의 산림휴양 기술이 필요하고, 자연 자원의 이용에 있어서 어느 정도 규제가 따르지만 충분한 자유를 느낄 수 있다.

② 중간형 휴양은 자연의 친화와 사회적 교류와의 적당한 균형을 이루며, 대부분 소규모 집단으로 활동하는 특성을 가진다.

3) 현대형 휴양

① 현대적 또는 도시적 형태의 휴양은 자연과의 교류가 그다지 밀접하지 않다.

② 현대형 휴양은 개발되거나 감시가 잘 이루어지는 곳에서 광범위한 기술을 이용할 수 있다.

③ 현대형 휴양은 다른 이용객의 출현 또는 집중적인 관리로 인하여 안전의식을 느낄 수 있는 특징이 있다.

2 활동중심형 휴양

운동경기나 음악 등의 수행 및 관람 등 비자연적인 또는 개발된 형태의 환경에서 이루어진다.

휴양활동	설명
피톤치드 체험	숲에서 피톤치드를 통해 심신을 안정시키고 치유를 돕는 활동
명상 및 치유 산책	숲의 고요함을 느끼며 명상하거나 걷기를 통해 치유 효과를 얻는 활동
트레킹	자연 속에서 길을 걸으며 산림의 풍경을 즐기는 활동
캠핑	야영하며 자연 속에서 휴식하고 생활을 체험하는 활동
산악자전거(MTB)	산악 지형을 자전거로 탐험하며 모험을 즐기는 활동
환경교육	산림의 생태계를 이해하고 보호의 중요성을 배우는 활동
생태 관찰	숲의 동식물과 생태계를 직접 관찰하며 학습하는 활동
사찰림 탐방	숲속 사찰을 방문하여 역사와 문화를 배우는 활동
문화재 탐방	숲속에 있는 문화유산을 둘러보며 문화적 의미를 이해하는 활동
자연보호구역 탐방	생태계 보호를 위한 구역을 탐방하며 환경 보전의 중요성을 배우는 활동
암벽 등반	자연 암벽을 오르며 체력을 단련하고 모험을 즐기는 활동
고공 트레킹	높은 지대의 트레킹 코스를 통해 짜릿함과 도전감을 느끼는 활동
집라인(zip line)	공중에 매달려 숲을 가로지르며 스릴을 즐기는 활동
도심 공원 산책	도심 속 가까운 숲이나 공원을 산책하며 휴식을 취하는 활동
가벼운 운동	가까운 숲에서 산책하거나 조깅을 통해 가벼운 운동을 하는 활동

핵심 03 자연휴양림의 수림공간 유형

1 산개림 중심의 자연휴양림

① 개념: 식생밀도가 낮고, 독립된 단목이나 소수 그룹의 식재가 초지를 바탕으로 산개된 휴양림이다.

② 공간적 특성

- 전망이 양호하다.

- 개방적 경관을 즐길 수 있다.

- 활동 공간 면적이 확보되어 레크리에이션 활동의 자유도가 최대로 높은 구역이다.

- 그룹에 의한 집단적 이용이 가능하다.

- 이용밀도도 가장 높은 공간이다.

2 소생림 중심의 자연휴양림

① 수관울폐도를 기준으로 할 때 산개림과 밀생림의 중간 형태이다.

② 자연림 또는 2차림의 수림이 주체가 되며, 산개림과 같이 인공적 관리가 필요하다.

③ 솎아베기와 풀베기 등의 인위적 관리가 이루어져야 한다.

④ 산개림보다 임내 접근이 용이하지 않기 때문에 레크리에이션 공간 및 이용밀도가 낮다.

⑤ 계절적인 이용에 따른 공간 분화와 레크리에이션 활동의 만족도를 위하여 저목림의 육성과 교목림의 육성 방식으로 구분 형성이 가능하다.

⑥ 피도는 저목림과 다르지 않지만, 생립본수가 적고 통풍 잘되기 때문에 시원한 공간이 형성된다.

⑦ 여름철에는 임지 내가 어두워 곳곳에 임내 공지의 설정이 요구된다.

3 밀생림 중심의 자연휴양림

① 교목층과 아교목층의 수관이 상호 중첩되어 거의 하늘을 덮을 정도의 폐쇄적인 수림형이다.

② 레크리에이션 활동 공간을 주변 지역과 물리적, 경관적으로 차단하는 완충 기능을 가지며, 동시에 배경적 역할을 한다.

③ 자연도가 매우 높은 수림이며, 인위적인 간섭이 배제되는 상태로 수림의 보육관리가 자연생태계에 의해 지속된다.

핵심 04 산림휴양 수요 및 공급

● <산림휴양 수요의 전망에 대한 보고서, 산림청>

1 산림휴양 수요

산림휴양의 수요는 다목적 이용을 목표로 하는 산림경영에서 숲의 휴양, 치유, 교육 등의 복지 기능에 대한 사회적 요구의 정도를 의미한다. 이는 단순히 여가시간 증가, 삶의 질에 대한 관심 고조, 소득수준 증가 및 가계경제의 활성화, 차량 보급 대수의 증가 등과 같이 생활환경 및 여건 개선으로 인해 산림 기반 휴양활동의 사회적 요구가 증대되는 사회적 산림휴양 수요로 볼 수 있고, 산림휴양에 대한 의지가 방문으로 이어지기 위한 욕구 발생, 인식 변화, 태도 변화, 참여의 과정에 대한 제약 요인들을 모두 고려하는 개별적 경험 욕구로서의 산림휴양 수요로 정의될 수 있다.

■ 산림휴양 수요에 영향을 미치는 관련 변수

변수 분류	관련 변수
인구통계학적 변수	총인구, 도시인구
기술적 변수	자동차 소유율, 인터넷 사용률
경제적 변수	근로시간, 1인당 가처분 소득, 소비자 물가지수, 여가활동비 지출
환경적 변수	도시화율, 산림면적
여가 · 문화적 변수	동반 유형, 이동수단, 숙박관광, 야외여가활동

☞ 자료: 산림청. 2002, 주5일 근무제를 대비한 산림휴양종합대책 수립

① 잠재수요

- 과도한 업무, 스트레스 등과 같은 만족스럽지 못한 일상생활에서의 탈피는 가장 기초적인 욕구로 일상의 전환에 대한 요구이다.
- 이러한 기초적인 욕구는 여가활용, 휴양 참여, 취미활동에 대한 요구로 나타나지만, 여가시간, 비용 한계 등 다양하고 개별적인 제약 요인들에 의해 충족되지 못하게 된다.
- 이렇게 충족되지 못한 요구는 미충족 욕구 또는 잠재적인 산림휴양 수요로서 잠재수요로 구분될 수 있다.

② 유효수요

- 여가시간, 비용 한계, 휴양자원 공급 및 기타 제약 요인들로 인해 충족되지 못한 수요는 제약 요인이 제거되거나 공급이 증가할 때 실질적인 수요로 현실화될 수 있다.
- 산림휴양에 대한 유효수요는 설문조사를 통해 이루어지므로 산림휴양 수요자가 접근성, 비용, 참여 시기 등의 주어진 조건에 비추어 참여하고자 의도한 참여량을 의미하는 것이지 실제로 현시화된 참여량을 의미하지는 않는다.

③ 현시수요

- 산림휴양에서의 실질적인 참여가 이루어지는 수요를 현시수요라고 한다.
- 휴양이 이루어지는 대상지에서 관찰될 수 있으므로 산림휴양객의 행태, 인식 등에 대한 목적지 조사에서 취합되는 자료이다.

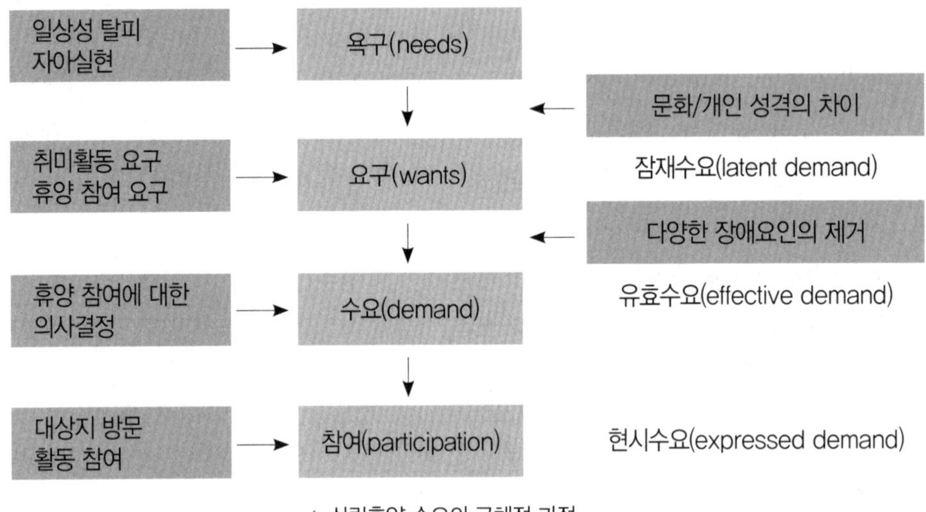

▲ 산림휴양 수요의 구체적 과정

2 산림휴양의 공급

① 휴양을 하기 위한 휴양여행은 쇼핑센터에서 이루어지는 재화의 구매와 다르다.

② 쇼핑센터에서 이루어지는 수요에 대한 공급은 소비자와 생산자가 완전히 분리되어 있다.

③ 휴양여행의 경우에는 휴양자 자신이 생산자가 되어 휴양활동을 생산하기 위해 시간, 장비, 연료, 휴양시설을 조합한다.

④ 이렇게 여행의 생산자로서 휴양 참여자를 개념화하면 가계생산이론(household production theory)을 적용하여 공급량을 예측할 수 있다.

⑤ 산림휴양의 공급은 여행자 자신도 참여자로 공급하지만, 휴양지의 시설투자비, 휴양지의 운영비용, 행정부의 정책에도 영향을 받는다.

⑥ 미국의 경우 휴양 공급(the supply of recreation)은 토지를 기반으로 하는 휴양 기회는 동부지방보다 서부지방에서 5~15배 정도 더 이용 가능하다. 또한 물을 기반으로 하는 휴양 기회는 서부에서 2~8배 정도 더 많다.

⑦ 야외휴양기회 이용 가능성에 대한 제약은 사유지와 물로의 접근, 또는 개인이 접근을 막고 있는 공공휴양지라고 할 수 있다.

⑧ 공공 부문은 공유지에 휴양지, 시설, 서비스에 대한 민간투자를 활발히 촉진하고 있고, 이것이 공유지에 대한 휴양 기회를 늘리는 데 기여하였다.

산림휴양법 목적·기본계획

● 산림문화·휴양에 관한 법률(약칭: 산림휴양법) [시행 2024. 9. 15.]

제1조(목적) 이 법은 산림문화와 산림휴양자원의 보전·이용 및 관리에 관한 사항을 규정하여 국민에게 쾌적하고 안전한 산림문화·휴양서비스를 제공함으로써 국민의 삶의 질 향상에 이바지함을 목적으로 한다.

제2조(정의) 이 법에서 사용하는 용어의 정의는 다음과 같다. 〈개정, 2023. 6. 20.〉

1. "산림문화"란 산림과 인간의 상호작용으로 형성되는 정신적·물질적 산물의 총체로서 산림과 관련한 전통과 유산 및 생활양식 등과 산림을 활용하여 보고, 즐기고, 체험하고, 창작하는 모든 활동을 말한다.

1의2. "산림휴양"이란 산림 안에서 이루어지는 심신의 휴식 및 치유 등을 말한다.

2. "자연휴양림"이라 함은 국민의 정서함양·보건 휴양 및 산림교육 등을 위하여 조성한 산림(휴양시설과 그 토지를 포함한다)을 말한다.

3. "산림욕장"(山林浴場)이란 국민의 건강증진을 위하여 산림 안에서 맑은 공기를 호흡하고 접촉하며 산책 및 체력단련 등을 할 수 있도록 조성한 산림(시설과 그 토지를 포함한다)을 말한다.

4. "산림치유"란 향기, 경관 등 자연의 다양한 요소를 활용하여 인체의 면역력을 높이고 건강을 증진시키는 활동을 말한다.

5. "치유의 숲"이란 산림치유를 할 수 있도록 조성한 산림(시설과 그 토지를 포함한다)을 말한다.

6. "숲길"이란 등산·트레킹·레저스포츠·탐방 또는 휴양·치유 등의 활동을 위하여 제23조에 따라 산림에 조성한 길(이와 연결된 산림 밖의 길을 포함한다)을 말한다.

7. "산림문화자산"이란 산림 또는 산림과 관련되어 형성된 것으로서 생태적·경관적·정서적으로 보존할 가치가 큰 유형·무형의 자산을 말한다.

8. "숲속야영장"이란 산림 안에서 텐트와 자동차 등을 이용하여 야영을 할 수 있도록 적합한 시설을 갖추어 조성한 공간(시설과 토지를 포함한다)을 말한다.

8의2. "산림레포츠"란 산림 안에서 이루어지는 모험형·체험형 레저스포츠를 말한다.

9. "산림레포츠시설"이란 산림레포츠에 지속적으로 이용되는 시설과 그 부대시설을 말한다.

10. "숲경영체험림"이란 임업(「임업 및 산촌 진흥촉진에 관한 법률」 제2조제1호에 따른 영림업 또는 임산물생산업에 한정한다. 이하 같다) 경영을 체험할 수 있도록 조성한 산림(산림문화·휴양을 위한 시설과 토지를 포함한다)을 말한다.

제3조(국가와 지방자치단체의 책무) 국가 및 지방자치단체는 산림문화·휴양의 진흥을 위한 시책을 수립·시행하여야 하며, 산림문화·휴양자원의 보전과 이용이 조화와 균형을 이루도록 하여야 한다.

제2장 산림문화·휴양기본계획 등

제4조(산림문화·휴양기본계획의 수립·시행 등)

① 산림청장은 관계중앙행정기관의 장과 협의하여 전국의 산림을 대상으로 산림문화·휴양기본계획(이하 "기본계획"이라 한다)을 5년마다 수립·시행할 수 있다.〈개정 2018. 2. 21.〉

② 기본계획에는 다음 각호의 사항이 포함되어야 한다.〈개정 2018. 2. 21.〉

1. 산림문화·휴양시책의 기본목표 및 추진방향

2. 산림문화·휴양 여건 및 전망에 관한 사항

3. 산림문화·휴양 수요 및 공급에 관한 사항

4. 산림문화·휴양자원의 보전·이용·관리 및 확충 등에 관한 사항

5. 산림문화·휴양을 위한 시설 및 그 안전관리에 관한 사항

6. 산림문화·휴양정보망의 구축·운영에 관한 사항

7. 그밖에 산림문화·휴양에 관련된 주요 시책에 관한 사항

③ 산림청장 또는 특별시장·광역시장·특별자치시장·도지사·특별자치도지사(이하 "시·도지사"라 한다)는 기본계획에 따라 관할 구역의 특수성을 고려하여 지역산림문화·휴양계획(이하 "지역계획"이라 한다)을 5년마다 수립·시행할 수 있다.〈2020. 2. 18.〉

④ 산림청장 또는 시·도지사는 사회적·지역적·산림환경적 여건변화 등을 고려하여 필요하다고 인정하면 기본계획 또는 지역계획을 변경할 수 있다.〈신설 2020. 2. 18.〉

⑤ 산림청장은 기본계획을 수립하거나 변경하는 경우에는 「산림복지 진흥에 관한 법률」 제5조에 따른 산림복지진흥계획과 연계되도록 하여야 한다.〈신설 2018. 2. 21., 2020. 2. 18.〉

⑥ 산림청장 또는 시·도지사는 기본계획 또는 지역계획을 수립하는 경우 산림문화, 산림휴양, 산림치유 및 산림레포츠 등 부문별로 수립할 수 있다.〈신설 2018. 2. 21., 2020. 2. 18.〉

산림치유지도사의 등급별 자격기준

● 산림문화·휴양에 관한 법률 시행령 [별표 1] <개정 2024. 4. 23.>

등급	자격 기준
1. 1급 산림치유지도사	다음 각 목의 어느 하나에 해당하는 사람으로서 양성기관에서 운영하는 1급 산림치유지도사 양성과정을 이수한 사람 가. 2급 산림치유지도사 자격증을 취득한 후 산림치유와 관련된 업무(치유의 숲, 국공립 교육시설 또는 산림치유 관련 교육 기관·단체에서 운영하는 산림치유 프로그램의 기획·진행·분석·평가 또는 산림치유 교육과 관련된 업무를 말하며, 이하 "산림치유관련업무"라 한다)에 5년 이상 종사한 경력이 있는 사람 나. 「고등교육법」 제35조에 따라 의료, 보건, 간호 또는 산림 관련 석사학위 또는 박사학위를 취득한 사람 다. 「국가기술자격법」에 따른 기술사 중 산림청장이 정하여 고시하는 기술사 자격을 취득한 사람
2. 2급 산림치유지도사	다음 각 목의 어느 하나에 해당하는 사람으로서 양성기관에서 운영하는 2급 산림치유지도사 양성과정을 이수한 사람 가. 「고등교육법」 제35조에 따라 의료, 보건, 간호 또는 산림 관련 학사학위를 취득한 사람 또는 다른 법령에 따라 그에 준하는 학위를 취득한 사람 나. 「고등교육법」 제50조에 따른 의료, 보건, 간호 또는 산림 관련 전문학사학위 또는 다른 법령에 따라 그에 준하는 학위를 취득한 후 해당 전공 분야에서 2년 이상 종사한 경력이 있는 사람 다. 산림치유관련업무에 4년 이상 종사한 경력이 있는 사람 라. 「산림교육의 활성화에 관한 법률」 제10조제1항에 따른 산림교육전문가 자격증을 취득한 후 각 자격증에 해당하는 분야에서 3년 이상 종사한 경력이 있는 사람 마. 「국가기술자격법」에 따른 기사 중 산림청장이 정하여 고시하는 기사 자격을 취득한 사람 바. 「임업 및 산촌 진흥촉진에 관한 법률」 제17조에 따라 임업후계자로 선발된 후 같은 법에 따른 임업에 3년 이상 종사한 경력이 있는 사람 사. 「임업 및 산촌 진흥촉진에 관한 법률 시행령」 제3조제1호에 따른 개인독림가(個人篤林家)

[비고] 위 표에서 의료, 보건, 간호 또는 산림 관련 학과의 범위 등 산림치유지도사의 등급별 자격기준에 관하여 필요한 세부사항은 산림청장이 정하여 고시한다.

핵심 07

숲속야영장에 설치할 수 있는 시설의 종류 및 기준

● 산림문화·휴양에 관한 법률 시행령 [별표 3의2] <개정 2023. 4. 11.>

■ 숲속야영장에 설치할 수 있는 시설의 종류 및 기준(제9조의3제1항 관련)

1 숲속야영장에 설치할 수 있는 시설의 종류

구분	시설의 종류
가. 기본시설	일반야영장(야영데크를 포함한다. 이하 같다) · 자동차야영장 · 숲속의 집 및 트리하우스 등
나. 편익시설	임도 · 야외탁자 · 데크로드 · 전망대 · 모노레일 · 야외쉼터 · 야외공연장 · 대피소 · 주차장 · 방문자안내소 · 임산물판매장 · 매점 및 「식품위생법 시행령」에 따른 휴게음식점영업소 등
다. 위생시설	취사장 · 오물처리장 · 화장실 · 음수대 · 오수정화시설 및 샤워장 등
라. 체험 · 교육 시설	산책로 · 탐방로 · 등산로 · 목공예실 · 생태공예실 · 산림공원 · 숲속교실 · 숲속수련장 · 세미나실 · 산림작업체험장 · 임업체험시설 · 로프체험시설 및 「산림교육의 활성화에 관한 법률」 제12조제1항에 따른 유아숲체험원 등
마. 체육시설	철봉 · 평행봉 · 그네 · 족구장 · 민속씨름장 · 배드민턴장 · 게이트볼장 · 썰매장 · 테니스장 · 어린이놀이터 · 물놀이장 · 운동장 및 다목적잔디구장 등
바. 전기 · 통신 시설	전기시설 · 전화시설 · 인터넷중계기 · 휴대전화중계기 및 방송음향시설 등
사. 안전시설	울타리 · 화재감시카메라 · 화재경보기 · 소화기 · 재해경보기 · 보안등 · 비상조명설비 · 비상조명기구 · 재해예방시설 · 사방댐 및 방송시설 등

[비고] 1. 가목에 따른 기본시설을 설치할 경우 해당 기본시설 안에 다목에 따른 위생시설을 포함하여 설치할 수 없다. 다만, 숲속의 집을 1층으로 조성하는 경우에는 다목에 따른 위생시설을 포함하여 설치할 수 있다.

2. 라목에 따른 체험 · 교육 시설에는 숙박시설을 설치할 수 없다.

2 숲속야영장에 설치하는 시설의 기준

구분		설치 기준
가. 일반기준		1) 산림생태계의 훼손을 최소화하며, 주변 경관과 조화를 이루도록 설치할 것 2) 자연배수가 잘 되고 평균경사도가 25도 이내의 평지 또는 완경사 지역에 설치할 것 3)「산림보호법」제45조의8에 따라 산사태취약지역으로 지정된 지역에 설치하지 아니하고, 산사태, 급경사지 붕괴, 토석류 등의 위험이 없는 안전한 곳에 설치할 것 4) 태풍, 홍수, 폭설 등으로 인한 침수, 범람으로 고립 위험이 없는 곳에 설치할 것 5) 구급차, 소방차 등 긴급 차량의 진입이 원활하도록 야영장 진입로 및 내부 도로는 1차선 이상의 차로를 확보하고, 1차선 차로만 확보한 경우에는 적정한 곳에 차량의 교행이 가능한 공간을 확보할 것 6) 차량 주행도로(「도로법」제10조 각호에 따른 도로를 말한다)와 야영장은 20미터 이상 충분한 이격거리를 확보할 것 7) 전기시설의 경우 침수위험이 없도록 충분한 높이에 누전차단기를 설치하고 접지를 하며, 보행로 상에 전선피복이 노출되지 않도록 할 것
나. 시설별 설치 기준	1) 기본시설	가) 일반야영장의 야영시설은 야영공간(텐트 1개를 설치할 수 있는 공간을 말한다)당 15제곱미터 이상을 확보하고, 텐트 간 이격거리를 6미터 이상 확보할 것 나) 자동차야영장의 야영시설은 야영공간(차량을 주차하는 공간과 그 옆에 야영장비 등을 설치할 수 있는 공간을 말한다)당 50제곱미터 이상을 확보하고, 텐트 간 이격거리를 6미터 이상 확보할 것 다) 야영지는 주변 환경을 고려하여 적당한 울폐도(鬱閉度: 숲이 우거진 정도) 및 차폐도(遮蔽度: 숲으로 둘러싸인 정도) 등을 유지할 것 라) 위생시설을 설치하는 숲속의 집 각각의 건축물이 차지하는 바닥면적의 총합은 400제곱미터를 넘을 수 없다.
	2) 편익 · 위생 시설	가) 이용자의 쾌적성과 편리성을 고려하여 설치하고, 시설 중 일부는 장애인이 이용함에 불편함이 없도록 할 것 나) 식수는 먹는 물 수질기준에 적합하도록 할 것
	3) 안전시설	가) 긴급한 재난 · 사고 시 신속히 그 상황을 알릴 수 있도록 방송시설을 갖출 것 나) 야영공간 2개소당 1기 이상의 소화기를 배치할 것 다) 응급약품 등 비상물품을 갖춘 별도의 비상대피시설을 지정할 것 라) 비상시 야영장에서 대피시설까지 원활하게 이동할 수 있도록 비상조명설비 또는 비상조명기구를 갖출 것

[비고] 나목에서 정하지 않은 시설별 설치 기준은 「관광진흥법」 제4조제3항 및 제20조의2에 따른 야영장업에 관한 기준에 따른다.

핵심 08 자연휴양림시설의 종류 및 설치 기준

● 산림문화·휴양에 관한 법률 시행령 [별표 1의4] <개정 2020. 6. 2.>

1 자연휴양림 시설의 종류

구분	시설의 종류
가. 숙박시설	숲속의 집 · 산림휴양관 · 트리하우스 등
나. 편익시설	임도 · 야영장(야영데크를 포함한다) · 오토캠핑장 · 야외탁자 · 데크로드 · 전망대 · 모노레일 · 야외쉼터 · 야외공연장 · 대피소 · 주차장 · 방문자안내소 · 산림복합경영시설 · 임산물판매장 및 매점과 「식품위생법 시행령」에 따른 휴게음식점영업소 및 일반음식점영업소 등
다. 위생시설	취사장 · 오물처리장 · 화장실 · 음수대 · 오수정화시설 · 샤워장 등
라. 체험 · 교육 시설	책로 · 탐방로 · 등산로 · 자연관찰원 · 전시관 · 천문대 · 목공예실 · 생태공예실 · 산림공원 · 숲속교실 · 숲속수련장 · 산림박물관 · 교육자료관 · 곤충원 · 동물원 · 식물원 · 세미나실 · 산림작업체험장 · 임업체험시설 · 로프체험시설 · 「산림교육의 활성화에 관한 법률」 제12조제1항에 따른 유아숲체험원 및 같은 법 제13조제1항에 따른 산림교육센터 등
마. 체육시설	철봉 · 평행봉 · 그네 · 족구장 · 민속씨름장 · 배드민턴장 · 게이트볼장 · 썰매장 · 테니스장 · 어린이놀이터 · 물놀이장 · 산악승마시설 · 운동장 · 다목적잔디구장 · 암벽등반시설 · 산악자전거시설 · 행글라이딩시설 · 패러글라이딩시설 등
바. 전기 · 통신 시설	전기시설 · 전화시설 · 인터넷 · 휴대전화중계기 · 방송음향시설 등
사. 안전시설	울타리 · 화재감시카메라 · 화재경보기 · 재해경보기 · 보안등 · 재해예방시설 · 사방댐 · 방송시설 등

2 자연휴양림시설의 설치 기준

구분	설치 기준
가. 숙박시설	1) 산사태 등의 위험이 없을 것 2) 일조량이 많은 지역에 배치하되, 바깥의 조망이 가능하도록 할 것
나. 편익시설	1) 「식품위생법 시행령」에 따른 휴게음식점영업소 또는 일반음식점영업소는 각각 1개소 이내로 설치할 것 2) 야영장 및 오토캠핑장은 자연배수가 잘 되는 지역으로서 산사태 등의 위험이 없는 안전한 곳에 설치할 것
다. 위생시설	1) 쾌적성과 편리성을 갖추도록 설치할 것 2) 산림오염이 발생되지 않도록 할 것 3) 식수는 먹는물 수질기준에 적합할 것 4) 외부 화장실에는 장애인용 화장실을 설치할 것
라. 체험·교육 시설	1) 산책로·탐방로·등산로 등 숲길은 폭을 1미터 50센티미터 이하(안전·대피를 위한 장소 등 불가피한 경우에는 1미터 50센티미터를 초과할 수 있다)로 하되, 접근성·안전성·산림에의 영향 등을 고려하여 산림형질 변경이 최소화될 수 있도록 설치할 것 2) 자연관찰원은 자연탐구 및 학습에 적합한 산림을 선정하여 다양한 수종을 관찰할 수 있도록 할 것 3) 숲속수련장은 강의실·숙박시설·광장 등을 갖추어야 하며, 1회에 100명 이상을 동시에 수용할 수 있는 규모로 설치할 것 4) 임업체험시설은 경사가 완만한 지역에 설치하여야 하며, 체험활동에 필요한 기본 장비 등을 갖출 것
마. 안전시설	1) 긴급한 재난·안전사고 시 신속히 그 내용을 알릴 수 있도록 방송시설을 갖출 것 2) 숙박시설에는 소화설비(소화기, 간이스프링쿨러 등), 경보설비(가스시설을 사용하는 시설이 있는 경우 가스누설경보기), 피난설비(「소방시설 설치·유지 및 안전관리에 관한 법률 시행령」 별표 1 제3호가목에 따른 피난기구)를 갖출 것 3) 응급약품 등 비상물품을 갖춘 별도의 비상대피시설을 지정할 것 4) 이용객의 안전을 위해 폐쇄회로 텔레비전(CCTV) 등 안전시설을 갖추고, 시설의 이용방법, 유의사항 및 비상 시 대피경로 등을 이용자들이 잘 볼 수 있는 장소에 게시할 것

[비고] 1. 제1호 및 제2호에 따른 자연휴양림시설의 종류 및 설치 기준에 관한 세부사항은 산림청장이 정한다.

2. 산림청장은 제2호의 설치 기준에 불구하고 해당 산림상태 및 입지 조건 등을 고려하여 그 설치 기준을 조정할 수 있다.

핵심 09

산림레포츠지도사의 종목별 자격기준

● 산림문화·휴양에 관한 법률 시행령 [별표 1의3] <신설 2020. 6. 2.>

■ 산림레포츠지도사의 종목별 자격기준(제5조 관련)

종목	자격 기준
1. 산악승마	「국민체육진흥법」에 따라 같은 법 시행령 별표 1에 따른 승마 또는 근대5종 자격 종목에 대한 체육지도자 자격을 취득한 후 산림레포츠지도사 교육기관에서 산림청장이 정하여 고시하는 교육과정을 2주 이상 이수한 사람
2. 산악자전거	「국민체육진흥법」에 따라 같은 법 시행령 별표 1에 따른 사이클, 자전거, 철인3종경기 또는 트라이애슬론 자격 종목에 대한 체육지도자 자격을 취득한 후 산림레포츠지도사 교육기관에서 산림청장이 정하여 고시하는 교육과정을 2주 이상 이수한 사람
3. 행글라이딩 또는 패러글라이딩	「국민체육진흥법」에 따라 같은 법 시행령 별표 1에 따른 행글라이딩 또는 패러글라이딩 자격 종목에 대한 체육지도자 자격을 취득한 후 산림레포츠지도사 교육기관에서 산림청장이 정하여 고시하는 교육과정을 2주 이상 이수한 사람
4. 산악스키	「국민체육진흥법」에 따라 같은 법 시행령 별표 1에 따른 스키, 알파인스키 · 바이애슬론 · 크로스컨트리 또는 스노우보드 자격 종목에 대한 체육지도자 자격을 취득한 후 산림레포츠지도사 교육기관에서 산림청장이 정하여 고시하는 교육과정을 2주 이상 이수한 사람
5. 산악마라톤	「국민체육진흥법」에 따라 같은 법 시행령 별표 1에 따른 육상, 근대5종, 철인3종경기 또는 트라이애슬론 자격 종목에 대한 체육지도자 자격을 취득한 후 산림레포츠지도사 교육기관에서 산림청장이 정하여 고시하는 교육과정을 2주 이상 이수한 사람
6. 암벽등반	「국민체육진흥법」에 따라 같은 법 시행령 별표 1에 따른 산악 또는 등산 자격 종목에 대한 체육지도자 자격을 취득한 후 산림레포츠지도사 교육기관에서 산림청장이 정하여 고시하는 교육과정을 2주 이상 이수한 사람
7. 오리엔티어링	「국민체육진흥법」에 따라 같은 법 시행령 별표 1에 따른 오리엔티어링 자격 종목에 대한 체육지도자 자격을 취득한 후 산림레포츠지도사 교육기관에서 산림청장이 정하여 고시하는 교육과정을 2주 이상 이수한 사람
8. 로프 체험시설	「국민체육진흥법」에 따라 같은 법 시행령 별표 1에 따른 산악 또는 등산 자격 종목에 대한 체육지도자 자격을 취득한 후 산림레포츠지도사 교육기관에서 산림청장이 정하여 고시하는 교육과정을 2주 이상 이수한 사람

[비고] "산림레포츠지도사 교육기관"이란 산림교육원 및 산림레포츠 · 등산 관련 법인 · 단체로서 산림청장이 지정하여 고시하는 기관을 말한다.

핵심 10 산림치유지도사 양성기관 지정요건

● 산림문화·휴양에 관한 법률 시행령 [별표 1의2] <개정 2022. 11. 29.>

구분	세부기준
1. 시설 및 장비	가. 교육시설은 교육환경 및 보건위생상 적합한 장소에 설치할 것 나. 산림치유지도사 양성과정 운영을 위한 상시 활용이 가능한 1실 이상의 강의실(연면적 49.5㎡ 이상으로 할 것) 및 실습장 등 교육시설과 컴퓨터·빔 프로젝터 등 교육장비를 갖출 것 다. 화장실은 수강생 인원수에 맞는 적절한 규모를 갖출 것 라. 식수로 사용하는 물은 「먹는물관리법」에 따른 기준에 적합할 것 마. 교육환경에 방해되지 않도록 방음시설, 환기시설, 냉방·난방시설, 창문 등 채광시설 및 조명시설을 갖출 것 바. 「소방시설 설치 및 관리에 관한 법률」 제2조제1항제2호에 따른 소방시설등을 같은 법 제12조제1항에 따른 화재안전기준에 적합하게 설치할 것 사. 그밖에 학습자의 편의를 위해 강당, 회의실, 사무실, 자료실, 도서실, 상담실, 컴퓨터실, 방송·통신시설, 보건실 등 필요한 시설을 둘 것
2. 인력	가. 산림치유지도사 양성과정의 교육을 담당하는 전임강사 및 전문강사를 확보할 것. 이 경우 전임강사는 1명 이상이어야 한다. 나. 가목의 전임강사는 「고등교육법」에 따른 대학원 또는 대학원대학에서 의료, 보건, 간호 또는 산림 분야의 석사 이상의 학위를 취득(법령에 따라 이와 같은 수준의 학력이 있다고 인정되는 경우를 포함한다)했을 것 다. 산림치유지도사 양성과정을 전담하여 운영·관리하는 관리자를 1명 이상 확보할 것
3. 교육과정	가. 교육과정은 1급·2급 산림치유지도사 양성과정으로 구분하여 운영할 것 나. 각 교육과정은 다음의 내용을 포함하여 구성하되, 1급·2급 산림치유지도사의 업무 범위를 고려하여 교육과목을 구성할 것 　1) 산림치유 대상의 이해 　2) 산림치유 자원의 이해 　3) 산림치유의 기획·관리 　4) 산림치유의 실행 　5) 발표 및 선택과목 다. 그밖에 교육내용 및 교육시간 등 농림축산식품부령으로 정하는 사항을 준수할 것

핵심 11

산림욕장시설의 종류 및 설치 기준

● 산림문화·휴양에 관한 법률 시행령 [별표 2] <개정 2019. 7. 2.>

1 산림욕장시설의 종류

구분	시설의 종류
가. 편익시설	임도 · 전망대 · 야외탁자 · 데크로드 · 야외쉼터 · 야외공연장 · 대피소 · 주차장 · 방문자안내소 등
나. 위생시설	오물처리장 · 화장실 · 음수대 · 오수정화시설 등
다. 체험 · 교육 시설	산책로 · 탐방로 · 등산로 · 자연관찰원 · 목공예실 · 생태공예실 · 숲속교실 · 곤충원 · 식물원 · 「산림교육의 활성화에 관한 법률」 제12조제1항에 따른 유아숲체험원 등
라. 체육시설	철봉 · 평행봉 · 그네 · 배드민턴장 · 족구장 · 어린이놀이터 · 물놀이장 · 운동장 · 다목적잔디구장 등
마. 전기 · 통신 시설	전기시설 · 전화시설 · 휴대전화중계기 · 방송음향시설 등
바. 안전시설	울타리 · 화재감시카메라 · 화재경보기 · 재해경보기 · 보안등 · 재해예방시설 · 사방댐 등

2 산림욕장시설의 설치 기준

구분	설치 기준
가. 편익시설	1) 경사가 완만한 산림을 대상으로 할 것 2) 산책로 · 의자 · 간이쉼터 등 산림욕에 필요한 시설을 설치할 것
나. 위생시설	1) 쾌적성과 편리성을 갖추도록 시설할 것 2) 산림오염이 발생되지 않도록 할 것 3) 식수는 먹는물 수질기준에 적합할 것 4) 외부 화장실에는 장애인용 화장실을 설치할 것

구분	설치 기준
다. 체험 · 교육시설	1) 산책로 · 탐방로 · 등산로 등 숲길은 폭을 1미터 50센티미터 이하(안전 · 대피를 위한 장소 등 불가피한 경우에는 1미터 50센티미터를 초과할 수 있다)로 하되, 접근성 · 안전성 · 산림에의 영향 등을 고려하여 산림형질 변경이 최소화될 수 있도록 설치할 것 2) 자연관찰원은 자연탐구 및 학습에 적합한 산림을 선정하여 다양한 수종을 관찰할 수 있도록 할 것

[비고] 1. 제1호 및 제2호에 따른 산림욕장시설의 종류 및 설치 기준에 관한 세부사항은 산림청장이 정한다.

2. 산림청장은 제2호의 설치 기준에 불구하고 해당 산림상태 및 입지 조건 등을 고려하여 그 설치 기준을 조정할 수 있다.

치유의 숲시설과 설치 기준

● 산림문화·휴양에 관한 법률 시행령 [별표 3] <개정 2019. 7. 2.>

■ 치유의 숲시설의 종류 및 설치 기준(제9조의2제2항 관련)

1 치유의 숲시설의 종류

구분	시설의 종류
가. 산림치유시설	숲속의 집 · 치유센터 · 치유숲길 · 일광욕장 · 풍욕장 · 명상공간 · 숲체험장 · 경관조망대 · 체력단련장 · 체조장 · 산책로 · 탐방로 · 등산로 · 산림작업장 ·「산림교육의 활성화에 관한 법률」제12조제1항에 따른 유아숲체험원 등
나. 편익시설	임도 · 야외탁자 · 데크로드 · 야외쉼터 · 대피소 · 주차장 · 방문자센터 · 안내판 · 임산물판매장 · 매점 ·「식품위생법 시행령」에 따른 휴게음식점영업소 및 일반음식점영업소 등
다. 위생시설	오물처리장 · 화장실 · 음수대 · 오수정화시설 등
라. 전기 · 통신 시설	전기시설 · 전화시설 · 인터넷 · 휴대전화중계기 · 방송음향시설 등
마. 안전시설	울타리 · 화재감시카메라 · 화재경보기 · 재해경보기 · 보안등 · 재해예방시설 · 사방댐 등

2 치유의 숲시설의 설치 기준

구분	설치 기준
가. 산림치유시설	1) 향기 · 경관 · 빛 · 바람 · 소리 등 산림의 다양한 요소를 활용할 수 있도록 하되, 건축물은 흙 · 나무 등 자연재료를 사용하여 저층 · 저밀도로 시설하고 운동시설은 접근성 · 안전성 등을 고려하여 설치할 것 2) 치유숲길은 폭을 1미터 50센티미터 이내(안전 · 대피를 위한 장소 등 불가피한 경우에는 1미터 50센티미터를 초과할 수 있다)로 하되, 접근성 · 안전성 · 산림에의 영향 등을 고려하여 산림형질 변경이 최소화될 수 있도록 설치할 것

구분	설치 기준
나. 편익시설	1) 경사가 완만한 산림에 주변경관과 조화되도록 설치할 것 2) 방문자센터는 정보 제공 · 홍보 · 상담 등의 시설을 갖출 것 3) 「식품위생법 시행령」에 따른 휴게음식점영업소 및 일반음식점 영업소는 식이요법을 시행하는 데에 적합하게 설치할 것
다. 위생시설	1) 쾌적하고 편리하며 산림오염이 발생되지 않도록 설치할 것 2) 식수는 먹는물 수질 기준에 적합할 것 3) 외부 화장실에는 장애인용 화장실을 설치할 것

[비고] 1. 제1호 및 제2호에 따른 치유의 숲시설의 종류 및 설치 기준에 관한 세부사항은 산림청장이 정한다.

2. 산림청장은 제2호의 설치 기준에 불구하고 해당 산림상태 및 입지 조건 등을 고려하여 그 설치 기준을 조정할 수 있다.

산림레포츠시설과 기준

● 산림문화·휴양에 관한 법률 시행령 [별표 3의3] <개정 2019. 7. 9.>

■ 산림레포츠시설의 종류 및 기준(제9조의4제1항 관련)

1 산림레포츠시설의 종류별 필수 시설

구분	시설의 종류
가. 산악승마시설	산악승마코스, 위험지역 차단시설, 시설·안전 안내표지판, 방향·거리 표지판
나. 산악자전거시설	산악자전거코스, 급경사구간 차단시설, 시설·안전 안내표지판, 방향·거리 표지판
다. 행글라이딩시설 또는 패러글라이딩시설	이륙장, 착륙장, 진입로, 풍향표시기, 시설·안전 안내표지판, 방향·거리 표지판
라. 산악스키시설	산악스키코스, 안전망, 안전매트, 시설·안전 안내표지판, 방향·거리 표지판
마. 산악마라톤시설	산악마라톤코스, 시설·안전 안내표지판, 방향·거리 표지판
바. 기타 시설	안전 안내표지판과 그밖에 산림청장이 정하여 고시하는 시설

[비고] 기타 시설은 오리엔티어링, 암벽등반, 레일바이크, 서바이벌 체험, 외줄이동시설·트리탑 등 로프체험과 그밖에 산림청장이 「산림복지 진흥에 관한 법률」 제8조에 따른 산림복지심의위원회의 심의를 거쳐 고시하는 시설을 말하며, 내연기관을 동력원으로 하는 차량을 이용하는 시설은 제외한다.

2 제1호에 따른 필수 시설에 부수적으로 설치할 수 있는 시설

가. 산림레포츠시설 공통사항: 화장실, 주차장, 식수대, 샤워실, 탈의실, 매표소, 사무실, 대피소, 응급실, 물품보관소, 교육장, 임산물판매장, 매점 및 「식품위생법 시행령」에 따른 휴게음식점영업소 등 산림레포츠 활동에 직·간접적으로 이용되는 시설

나. 산악승마의 경우: 마장, 마사, 산악승마코스 내 간이 휴식시설

다. 산악자전거의 경우: 자전거 거치대, 산악자전거코스 내 간이 휴식시설

 산림레포츠시설의 기준

가. 산림 훼손과 오염을 최소화하며 친자연적으로 시공할 것

나. 「산림보호법」 제45조의8에 따라 산사태취약지역으로 지정되지 않은 지역에 설치할 것

다. 「재난 및 안전관리 기본법」 제3조제1호에 따른 재난에 효과적 대응이 가능하도록 안전시설과 장비를 갖출 것

라. 건설, 전기, 통신, 소방, 환경, 위생 등 관련 법령에서 요구되는 시설기준을 충족할 것

마. 「체육시설의 설치·이용에 관한 법률」, 「말산업 육성법」, 「항공법」 등 관련 법령에서 정하는 시설 및 안전기준에 적합할 것

바. 산림레포츠에 활용되는 각종 시설, 장비, 기구 등은 안전하게 이용될 수 있는 상태를 유지할 것

사. 수용인원에 적합한 규모와 면적으로 시설을 설치할 것

아. 시설 및 기구·설비 등은 이용하기에 편리한 구조로 하여야 하며, 장애인이 이용하기 편리하도록 설치할 것

자. 등산객, 탐방객이 많이 이용하는 노선은 피하고, 산림레포츠시설 이용자와 등산객, 탐방객의 충돌을 피하기 위한 안내 표지판이나 교행 공간 등을 둘 것

차. 계절별·시간별로 구분·운영하는 등의 경우에는 동일 코스를 두 개 이상의 산림레포츠 종목의 시설로 활용할 수 있으며, 이 경우 상호 충돌을 피하기 위한 안내 표지판이나 교행 공간 등을 둘 것

카. 임산물판매장, 매점 및 「식품위생법 시행령」에 따른 휴게음식점영업소는 주차장, 매표소, 사무실 등 부수적으로 설치할 수 있는 시설에 인접하여 설치할 것

핵심 14 숲경영체험림시설과 설치 기준

● 산림문화·휴양에 관한 법률 시행령 [별표 3의4] <신설 2023. 6. 7.>

■ 숲경영체험림에 설치할 수 있는 시설의 종류 및 기준(제9조의8 관련)

1 숲경영체험림에 설치할 수 있는 시설의 종류

구분	시설의 종류
가. 기본시설	「임업 및 산촌 진흥촉진에 관한 법률」 제2조제1호에 따른 임업 중 영림업 또는 임산물생산업을 체험할 수 있는 공간 및 시설
나. 숙박 · 편익시설	숙박시설[숲속의 집 · 트리하우스 · 일반야영장(야영데크를 포함한다. 이하 같다) · 자동차야영장 등] · 임도 · 산책로 · 탐방로 · 등산로 · 야외탁자 · 모노레일 · 야외쉼터 · 대피소 · 주차장 · 방문자안내소 · 임산물판매장 · 매점 및 「식품위생법 시행령」에 따른 휴게음식점영업소 및 일반음식점영업소 등
다. 위생시설	취사장 · 오물처리장 · 화장실 · 음수대 · 오수정화시설 및 샤워장 등
라. 교육시설	자연관찰원 · 전시관 · 목공예실 · 생태공예실 · 숲속교실 · 숲속수련장 · 교육자료관 및 세미나실 등
마. 체육시설	철봉 · 그네 · 족구장 · 민속씨름장 · 배드민턴장 · 게이트볼장 · 테니스장 · 어린이놀이터 및 물놀이장 등
바. 전기 · 통신 시설	전기시설 · 전화시설 · 인터넷중계기 · 휴대전화중계기 및 방송음향시설 등
사. 안전시설	울타리 · 화재감시카메라 · 화재경보기 · 소화기 · 재해경보기 · 보안등 · 비상조명설비 · 비상조명기구 · 재해예방시설 · 사방댐 및 방송시설 등

2 제1호에 따른 시설의 설치 기준

구분	설치 기준
가. 일반 기준	1) 산림생태계의 훼손을 최소화하며, 주변 경관과 조화를 이루도록 설치할 것 2) 자연배수가 잘 되고 평균경사도가 25도 이내의 평지 또는 완경사 지역에 설치할 것 3) 「산림보호법」 제45조의8에 따라 산사태취약지역으로 지정된 지역에는 설치하지 않으며, 산사태, 급경사지 붕괴, 토석류 등의 위험이 없는 안전한 곳에 설치할 것 4) 태풍, 홍수, 폭설 등으로 인한 침수, 범람으로 고립 위험이 없는 곳에 설치할 것 5) 구급차, 소방차 등 긴급 차량의 진입이 원활하도록 진입로 및 내부 도로는 1차선 이상의 차로를 확보하고, 1차선 차로만 확보한 경우에는 적정한 곳에 차량의 교행이 가능한 공간을 확보할 것 6) 전기시설의 경우 침수위험이 없도록 충분한 높이에 누전차단기를 설치하고 접지를 하며, 보행로 상에 전선피복이 노출되지 않도록 할 것 7) 숲경영체험림 시설 설치에 따른 산림의 형질변경 면적(숲경영체험림 조성 전에 설치된 임도·순환로·산책로·숲체험코스 및 등산로의 면적은 산림의 형질변경 면적에서 제외한다)은 다음의 요건을 모두 충족할 것 　가) 숲경영체험림 전체면적의 100분의 10 이하일 것 　나) 형질변경 면적의 합계가 2만제곱미터 미만일 것 8) 숲경영체험림에 설치되는 건축물은 다음 요건을 모두 충족할 것 　가) 숲경영체험림 중 건축물이 차지하는 총 바닥면적은 5천제곱미터 이하일 것 　나) 개별 건축물의 연면적은 900제곱미터 이하로 할 것. 다만, 「식품위생법 시행령」에 따른 휴게음식점영업소 또는 일반음식점영업소의 연면적은 200제곱미터 이하일 것 　다) 건물의 층수는 2층 이하일 것 9) 그밖에 관련 법령에서 정하는 시설 및 안전기준 등에 적합할 것

구분		설치 기준
나. 시설별 설치 기준	1) 기본시설	가) 숲경영체험을 위한 공간 및 시설의 면적은 1만제곱미터 이상이면서 숲경영체험림조성계획 승인 면적의 20% 이상일 것 나) 숲경영체험 시설은 경사가 완만한 지역에 설치해야 하며, 체험활동에 필요한 장비 등을 갖출 것
	2) 숙박 · 편익시설	가) 산사태 등의 위험이 없을 것 나) 숙박시설은 주변 환경을 고려하여 적당한 울폐도(鬱閉度: 숲이 우거진 정도) 및 차폐도(遮蔽度: 숲으로 둘러싸인 정도) 등을 유지할 것 다) 일반야영장의 야영시설은 야영공간(텐트 1개를 설치할 수 있는 공간을 말한다)당 15제곱미터 이상을 확보하고, 텐트 간 이격거리를 6미터 이상 확보할 것 라) 자동차야영장의 야영시설은 야영공간(차량을 주차하는 공간과 그 옆에 야영장비 등을 설치할 수 있는 공간을 말한다)당 50제곱미터 이상을 확보하고, 텐트 간 이격거리를 6미터 이상 확보할 것 마)「식품위생법 시행령」에 따른 휴게음식점영업소 또는 일반음식점영업소는 각각 1개소 이내로 설치할 것 바) 이용자의 쾌적성과 편리성을 고려하여 설치하고, 장애인의 이용에 불편함이 없도록 할 것
	3) 위생시설	가) 쾌적성과 편리성을 갖추도록 설치할 것 나) 산림오염이 발생되지 않도록 할 것 다) 식수는 먹는물 수질기준에 적합할 것 라) 외부 화장실에는 장애인용 화장실을 설치할 것
	4) 체육시설	이용자의 접근성 및 안전성을 고려하여 설치할 것
	5) 안전시설	가) 긴급한 재난 · 사고 시 신속히 그 상황을 알릴 수 있도록 방송시설을 갖출 것 나) 소화기를 배치할 것 다) 응급약품 등 비상물품을 갖춘 별도의 비상대피시설을 지정할 것 라) 비상시 대피시설까지 원활하게 이동할 수 있도록 비상 조명설비 또는 비상 조명기구를 갖출 것

[비고] 제1호 및 제2호에 따른 숲경영체험림에 설치할 수 있는 시설의 종류 및 설치 기준에 관한 세부사항은 산림청장이 정한다.

핵심 15 국가숲길 지정 기준

● 산림문화·휴양에 관한 법률 시행령 [별표 3의5] <개정 2023. 6. 7.>

국가숲길의 지정 기준(제11조의6제1항 관련)

1. 법 제23조의3제1항에 따른 국가숲길은 법 제23조에 따라 조성된 숲길(이하 이 표에서 "숲길"이라 한다)이 가목 또는 나목의 기준을 갖추고 다목·라목의 기준을 모두 갖춘 경우에 지정한다.

   가. 숲길 또는 숲길과 연계된 그 주변 지역의 산림생태적 가치가 높을 것

   나. 지역을 대표하는 숲길로서 역사와 문화적 가치가 높거나 지역의 역사·문화자원과의 연계성이 높을 것

   다. 다음의 어느 하나에 해당하는 규모를 갖춘 숲길로서 국가 차원에서 체계적으로 관리할 필요성이 있을 것

   　　1) 둘 이상의 특별시·광역시·특별자치시·도에 걸쳐 있는 숲길일 것

   　　2) 셋 이상의 시·군·구(자치구를 말한다)에 걸쳐 있는 숲길일 것

   　　3) 숲길의 거리(연계가능 거리를 포함한다)가 50킬로미터 이상인 숲길일 것

   　　4) 숲길 탐방객의 수가 3년 평균 30만명 이상인 숲길일 것

   라. 숲길이 다음의 요건을 모두 갖추었을 것

   　　1) 법 제22조의2에 따른 숲길의 종류에 적합하게 조성되었을 것

   　　2) 숲길의 조성을 위한 운영·관리체계를 갖추고 있거나 갖출 수 있을 것

   　　3) 국가숲길의 지정 이후에 노선의 추가 또는 연결이 가능할 것

   　　4) 이용자의 접근성이 확보되어 있거나 확보될 수 있을 것

2. 제1호가목부터 라목까지의 규정에 따른 지정 기준의 세부사항은 산림청장이 정하여 고시한다.

핵심 16

산림치유지도사의 업무 범위

● 산림문화·휴양에 관한 법률 시행규칙 [별표 3] <개정 2016. 12. 30.>

등급	구분	업무 범위
1급 산림치유 지도사	기획 · 개발	• 산림치유 프로그램의 기획 · 개발 • 산림치유 프로그램의 매뉴얼 작성 • 산림치유 프로그램의 실행 계획 수립 • 산림치유 프로그램의 실행을 위한 산림치유지도사 자체 능력 배양 교육 계획 수립 • 산림치유 프로그램에 대한 평가 • 산림치유 프로그램 관련 관리 • 실행 업무(2급 산림치유지도사의 업무를 포함한다)
2급 산림치유 지도사	관리 · 실행	• 산림치유 프로그램의 활동계획 수립 • 산림치유 프로그램의 참가자 관리 • 산림치유 프로그램의 실행을 위한 시설 및 이용자의 안전관리 • 산림치유 프로그램 활동의 지도

산림교육법

● 산림교육의 활성화에 관한 법률(약칭: 산림교육법) [시행 2021. 12. 16.]

제1장 총칙

제1조(목적) 이 법은 산림교육의 활성화에 필요한 사항을 정하여 국민이 산림에 대한 올바른 지식을 습득하고 가치관을 가지도록 함으로써 산림을 지속 가능하게 보전하고 국가와 사회 발전 및 국민의 삶의 질 향상에 이바지함을 목적으로 한다.

제2조(정의) 이 법에서 사용하는 용어의 정의는 다음과 같다. 〈개정 2018. 2. 21.〉

1. "산림교육"이란 산림의 다양한 기능을 체계적으로 체험 · 탐방 · 학습함으로써 산림의 중요성을 이해하고 산림에 대한 지식을 습득하며 올바른 가치관을 가지도록 하는 교육을 말한다.

2. "산림교육전문가"란 산림교육전문가 양성기관에서 산림교육 전문과정을 이수한 사람으로서 다음 각 목의 어느 하나에 해당하는 사람을 말한다.

   가. 숲해설가: 국민이 산림문화 · 휴양(「산림문화 · 휴양에 관한 법률」 제2조제1호의 산림문화 · 휴양을 말한다)에 관한 활동을 통하여 산림에 대한 지식을 습득하고 올바른 가치관을 가질 수 있도록 해설하거나 지도 · 교육하는 사람

   나. 유아숲지도사: 유아(「유아교육법」 제2조제1호의 유아를 말한다. 이하 같다)가 산림교육을 통하여 정서를 함양하고 전인적(全人的) 성장을 할 수 있도록 지도 · 교육하는 사람

   다. 숲길등산지도사: 국민이 안전하고 쾌적하게 등산 또는 트레킹(길을 걸으면서 지역의 역사 · 문화를 체험하고 경관을 즐기며 건강을 증진하는 활동을 말한다)을 할 수 있도록 해설하거나 지도 · 교육하는 사람

3. "산림교육전문가 양성기관"이란 산림교육전문가를 양성하기 위하여 제7조제1항에 따라 지정된 기관 또는 단체를 말한다.

제3조(책무) 국가 및 지방자치단체는 산림교육의 활성화를 위한 시책을 수립 · 시행하여야 하며, 산림교육이 체계적으로 실시되도록 노력하여야 한다.

제2장 종합계획의 수립 · 시행 등

제4조(산림교육종합계획의 수립 · 시행 등)

① 산림청장은 산림교육을 활성화하기 위하여 다음 각호의 사항이 포함된 산림교육종합계획(이하 "종합계획"이라 한다)을 5년마다 수립 · 시행하여야 한다.

  1. 산림교육의 기본목표와 추진 방향

  2. 산림교육전문가의 체계적 육성 및 지원 방안

  3. 산림교육의 활성화를 위한 기반의 구축 방안

  4. 산림교육자료의 개발 및 보급

  5. 산림교육에 대한 실태조사 및 평가에 관한 사항

  6. 산림교육의 활성화를 위한 재원 조달 방안

  7. 그밖에 산림교육의 활성화를 위하여 필요한 사항

② 산림청장은 종합계획을 수립하거나 변경할 때는 미리 관계 중앙행정기관의 장과 협의하고 특별시장 · 광역시장 · 도지사 또는 특별자치도지사 · 특별자치시장(이하 "시 · 도지사"라 한다)의 의견을 들은 후 제6조제1항에 따른 산림교육심의위원회의 심의를 거쳐 확정한다. 다만, 대통령령으로 정하는 경미한 사항은 심의를 거치지 아니하고 변경할 수 있다.

③ 산림청장은 제2항에 따라 확정된 종합계획을 관계 중앙행정기관의 장 및 시 · 도지사에게 통보하여야 한다.

산림교육전문가의 배치 기준

● 산림교육의 활성화에 관한 법률 시행령 [별표 2] <개정 2021. 6. 8.>

■ 산림교육전문가의 배치 기준(제12조 관련)

산림전문가	배치시설	배치 기준
숲해설가	「산림문화·휴양에 관한 법률」 제2조제2호에 따른 자연휴양림	2명 이상
	「산림문화·휴양에 관한 법률」 제2조제3호에 따른 산림욕장	1명 이상
	「국유림의 경영 및 관리에 관한 법률」 제14조에 따라 지정된 국민의 숲	1명 이상
	「수목원·정원의 조성 및 진흥에 관한 법률」 제2조제1호에 따른 수목원	2명 이상
	「산림보호법」 제2조제2호에 따른 생태숲 (산림생태원을 포함한다)	1명 이상
	「도시숲 등의 조성 및 관리에 관한 법률」 제2조제1호 및 제2호에 따른 도시숲 및 생활숲	1명 이상
	「자연공원법」 제2조제1호에 따른 자연공원 (국립공원은 제외한다)	1명 이상
유아숲지도사	법 제12조에 따라 등록된 유아숲체험원	별표 3 제4호에 따른 유아숲체험원 운영인력의 배치 기준
	그밖에 국가 또는 지방자치단체의 장이 유아숲지도사 활용에 적합하다고 인정하는 지역	1명 이상
숲길등산지도사	「산림문화·휴양에 관한 법률」 제2조제2호에 따른 자연휴양림	1명 이상
	「산림문화·휴양에 관한 법률」 제2조제3호에 따른 산림욕장	1명 이상
	「산림문화·휴양에 관한 법률」 제2조제6호에 따른 숲길	2명 이상
	「자연공원법」 제2조제1호에 따른 자연공원 (국립공원은 제외한다)	1명 이상

핵심 19

산림교육센터의 지정 기준

● 산림교육의 활성화에 관한 법률 시행령 [별표 4]

■ 산림교육센터의 지정 기준(제16조제1항 관련)

요소	지정 기준
1. 일반기준	자연림 또는 인공적으로 조성한 산림(공원을 포함한다)을 10만㎡ 이상 소유 또는 임대할 것
2. 기본시설	가. 강의실은 교육인원 1명당 1㎡ 이상으로 50명 이상 수용할 수 있을 것 나. 실내실습장은 교육인원 1명당 1.2㎡ 이상, 총전용면적 200㎡ 이상일 것. 다만, 2개소 이상의 실내실습장이 있는 경우에는 각각의 면적을 합하여 총전용면적에 해당하는 경우에는 시설을 갖춘 것으로 본다. 다. 도서실은 열람좌석 10석 이상으로 산림 관련 도서를 200권 이상 갖출 것 라. 관리실 및 사무실, 안내시설은 사무 및 시설관리에 적합한 시설을 갖추어 설치할 것. 이 경우 관리실 등은 겸용할 수 있다. 마. 화장실, 급수·소방 시설, 채광·환기 시설, 냉난방시설, 조명시설, 방음장치 및 그밖에 학습에 필요한 교재·교구 등을 갖출 것
3. 지원시설	필요한 경우 세미나실, 자료실, 휴게실, 체육시설, 기숙사, 양호실, 그밖에 여가 선용 및 운영·관리에 필요한 시설을 갖출 것
4. 전문인력	가. 산림교육센터에는 상근 관리자를 2명 이상 확보할 것 나. 산림교육을 담당하는 전문인력이 1명 이상 상근하고, 그 밖의 전문강사 확보계획이 마련되어 있을 것
5. 프로그램	가. 학교 교원에 대한 산림 분야 연수 프로그램을 확보할 것 나. 산림교육을 위한 연중 교육계획이 마련되어 있을 것

유아숲체험원의 등록 기준

● 산림교육의 활성화에 관한 법률 시행령 [별표 3] <개정 2014.9.18.>

■ 유아숲체험원의 등록기준(제13조제1항 관련)

1 유아숲체험원의 입지 조건

가. 유아숲체험원은 숲의 식생(植生)이 다양하여야 하고, 숲의 건전성을 유지하고 있어야 한다.

나. 유아숲체험원은 위험시설(「주택건설기준 등에 관한 규정」 제9조의2제1항 각호의 시설을 말한다)로부터 수평거리 50m 이상 떨어진 곳에 위치하여야 한다.

다. 차량의 접근이 가능한 지역에서부터 1㎞ 이내에 위치하여야 한다.

2 유아숲체험원의 규모 및 시설

가. 유아숲체험원의 규모는 1만㎡ 이상이어야 한다.

나. 유아숲체험원은 다음의 시설을 갖추어야 한다.

① 야외체험학습장: 숲체험, 생태놀이, 관찰학습 등을 할 수 있는 공간으로서 그 규모는 유아숲체험원 전체 규모의 30% 이상이어야 한다.

② 대피시설: 비, 바람 등을 피할 수 있는 시설로서 목재구조 간이시설이나 임시시설이어야 한다.

③ 안전시설: 위험지역에는 목재로 된 안전펜스 등의 안전시설을 설치하여야 한다.

다. 유아숲체험원에 화장실이나 의자, 탁자 등 휴게시설을 설치하는 경우에는 다음의 기준을 충족하여야 한다.

① 입지의 특성에 맞게 이용하기 편리한 구조로 되어 있을 것

② 자연친화적인 간이시설 또는 임시시설일 것

3 **유아숲체험원 운영 프로그램 및 교구 등**

가. 계절에 따라 운영할 수 있는 체험프로그램이 있어야 한다.

나. 프로그램 운영을 위한 다양한 교구가 적정하게 준비되어 있어야 한다.

다. 응급조치를 위한 비상약품 및 간이 의료기구와 소화기 등 비상재해 대비 기구 등을 갖추어야 한다.

4 **유아숲체험원의 운영인력**

가. 유아숲체험원의 효율적 운영을 위해 다음의 구분에 따른 인원의 유아숲지도사를 상시 배치하여야 한다.

　　1) 유아의 상시 참여인원이 25명 이하인 경우: 유아숲지도사 1명

　　2) 유아의 상시 참여인원이 26명 이상 50명 이하인 경우: 유아숲지도사 2명

　　3) 유아의 상시 참여인원이 51명 이상인 경우: 유아숲지도사 3명

나. 유아의 안전을 위한 유아숲지도사 외에 보조교사가 선정·배치되어 있어야 한다.

5 **그 밖의 사항**

국가 또는 지방자치단체의 유아숲체험원 운영 기준 및 방법 등 그밖에 필요한 사항은 산림청장이 따로 정할 수 있다.

숲길의 종류 및 숲길기본계획

● 산림문화·휴양에 관한 법률(약칭: 산림휴양법) [시행 2024. 9. 15.]

제22조의2(숲길의 종류) 숲길의 종류는 다음 각호와 같다.〈개정 2018. 2. 21.〉

1. 등산로: 산을 오르면서 심신을 단련하는 활동(이하 "등산"이라 한다)을 하는 길

2. 트레킹길: 길을 걸으면서 지역의 역사·문화를 체험하고 경관을 즐기며 건강을 증진하는 활동(이하 "트레킹"이라 한다)을 하는 다음 각 목의 길

   가. 둘레길: 시점과 종점이 연결되도록 산의 둘레를 따라 조성한 길

   나. 트레일: 산줄기나 산자락을 따라 길게 조성하여 시점과 종점이 연결되지 않는 길

3. 산림레포츠길: 산림레포츠를 하는 길

4. 탐방로: 산림생태를 체험·학습 또는 관찰하는 활동(이하 "탐방"이라 한다)을 하는 길

5. 휴양·치유숲길: 산림에서 휴양·치유 등 건강증진이나 여가 활동을 하는 길

[본조 신설 2011. 3. 9.]

제22조의3(숲길기본계획의 수립 등)

① 산림청장은 등산·트레킹·산림레포츠·탐방 및 휴양·치유 등의 활동을 증진하기 위하여 제22조의2에 따른 숲길의 종류별로 전국 산림에 대한 숲길의 조성·관리기본계획(이하 "숲길기본계획"이라 한다)을 5년마다 수립·시행할 수 있다.〈개정 2018. 2. 21.〉

② 숲길기본계획에는 다음 각호의 사항이 포함되어야 한다.〈개정 2023. 10. 31.〉

1. 숲길 시책의 기본목표 및 추진방향

2. 숲길에 관한 수요와 여건 및 전망

3. 숲길 조성 추진체계 및 관리기반 구축에 관한 사항

4. 숲길 정보망의 구축·운영에 관한 사항

5. 숲길 조성을 통한 지역의 소비 증대, 지역 산업과의 연계, 지역 일자리 창출 등 지역경제 활성화에 관한 사항

6. 그밖에 숲길과 관련된 주요 시책에 관한 사항

③ 산림청장은 숲길기본계획의 시행성과 및 사회적·지역적·산림환경적 여건변화 등을 고려하여 필요하다고 인정하면 숲길기본계획을 변경할 수 있다.

④ 산림청장은 제1항 및 제3항에 따라 숲길기본계획을 수립하거나 변경하는 경우에는 「산림복지 진흥에 관한 법률」 제5조에 따른 산림복지진흥계획과 연계되도록 하여야 한다. 〈신설 2018. 2. 21.〉

⑤ 지방산림청장과 지방자치단체의 장(이하 "숲길관리청"이라 한다)은 숲길기본계획이 수립된 경우 관할 산림(「자연공원법」에 따른 자연공원은 제외한다. 이하 이 조에서 같다)에 대하여 숲길기본계획에 따라 매년 숲길의 조성·관리 연차별계획(이하 "숲길연차별계획"이라 한다)을 수립하여야 한다. 〈개정 2018. 2. 21., 2020. 2. 18.〉

⑥ 산림청장 및 숲길관리청은 숲길기본계획 및 숲길연차별계획을 수립하거나 이를 변경하기 위한 기초 자료로 사용하기 위하여 숲길의 예정노선 및 그 주변 산림의 현황과 이미 조성한 숲길의 운영·관리 실태를 조사하여야 한다. 〈개정 2018. 2. 21.〉

⑦ 산림청장 및 숲길관리청은 제6항에 따른 조사업무를 「산림조합법」에 따른 산림조합 등 대통령령으로 정하는 법인·단체에 위탁할 수 있다. 〈개정 2018. 2. 21.〉

⑧ 숲길기본계획과 숲길연차별계획의 수립·변경 및 제6항에 따른 조사에 필요한 사항은 농림축산식품부령으로 정한다. 〈개정 2013. 3. 23., 2018. 2. 21.〉

22 등산트래킹지원센터

● 산림문화·휴양에 관한 법률(약칭: 산림휴양법) [시행 2024. 9. 15.]

제27조의2(한국등산 · 트레킹지원센터)

① 산림청장은 건전한 등산 · 트레킹문화의 확산과 국민의 등산 · 트레킹 활동을 지원하기 위하여 한국등산 · 트레킹지원센터(이하 "센터"라 한다)를 설치 · 운영할 수 있다.〈개정 2011. 3. 9.〉

② 센터는 다음 각호의 사업을 수행한다.〈개정 2011. 3. 9., 2013. 3. 23.〉

  1. 등산 · 트레킹교육 및 국제협력 사업

  2. 전문산악인 양성 및 지원 사업

  3. 등산 · 트레킹학교 간의 협력체계 및 정보네트워크 구축 · 운영 사업

  4. 숲길 및 그 안내시설 등 등산 · 트레킹 관련 시설의 조성 · 정비 또는 운영 · 관리 사업

  5. 등산 · 트레킹기술의 개발 및 등산 · 트레킹시설의 표준화 사업

  6. 조난 등산객의 구조 기술개발 및 교육 · 훈련 사업

  7. 건전한 등산 · 트레킹문화의 확산과 발전을 위한 조사 · 연구 및 홍보 사업

  8. 등산 · 트레킹과 관련하여 국가 또는 지방자치단체가 위탁하는 사업

  9. 등산 · 트레킹 관련 정보의 수집 · 공유 및 활용 촉진, 그밖에 건전한 등산 · 트레킹문화의 확산에 필요한 사업으로서 농림축산식품부령으로 정하는 사업

③ 센터는 법인으로 한다.

④ 센터의 설치 및 운영, 센터에 위탁하는 사업의 범위 등에 관하여 필요한 사항은 대통령령으로 정한다.〈개정 2011. 3. 9.〉

⑤ 국가 또는 지방자치단체는 센터의 설치 및 운영에 필요한 경비의 전부 또는 일부를 보조할 수 있다.

[본조 신설 2007. 12. 21.]

[제목 개정 2011. 3. 9.]

제28조(산악구조대의 운영)

① 숲길관리청은 등산인 등 숲길 이용자의 조난 · 실종 및 추락 등의 사고에 대비하고 예방하기 위하여 대통령령으로 정하는 바에 따라 산악구조대를 편성하여 운영할 수 있다.〈개정 2011. 3. 9., 2015. 1. 20.〉

② 숲길관리청은 산악구조대가 제1항에 따른 업무를 수행하는 경우에는 예산의 범위에서 수당 · 구조물품 등을 지원할 수 있다.〈개정 2015. 1. 20.〉

③ 제1항에 따라 편성된 산악구조대원은 업무를 효율적으로 수행하기 위하여 대통령령으로 정하는 바에 따라 교육 · 훈련을 받아야 한다. 이 경우 숲길관리청은 예산의 범위에서 교육 · 훈련에 필요한 경비를 지원할 수 있다.〈신설 2015. 1. 20.〉

Chapter
07

산촌 개발 및 휴양림 조성관리

01 산촌

1 산촌

☞ 「산림기본법」 시행령 제2조 "산촌"

① 행정구역면적에 대한 산림면적의 비율이 70% 이상일 것

② 인구밀도가 전국 읍 · 면의 평균 이하(106명/㎢)일 것

③ 행정구역면적에 대한 경지면적의 비율이 전국 읍 · 면의 평균 이하(19.7%)일 것

2 산촌진흥정책 추진 경과

연도	세부 내용
1965	산림 내 화전정리 및 화전민 이주 사업
1994	제49회 식목일 행사 시, 산림 · 산지 · 산촌종합개발대책 대통령 보고
1995	산촌종합개발사업(강원 춘천 사북 지암) 시작
1996	임업연구원 주관 전국산촌지역 구분조사 실시
1997	임업연구원 주관 전국산촌지역 실태조사 실시
2001	「산림기본법」과 「임업 및 산촌진흥촉진에 관한 법률」에 산촌진흥의 법적 근거 마련
2003	제1차 전국 산촌기초조사 실시(8개 도 119개 시 · 군, 508개 읍 · 면)
2005	산촌진흥지역 지정 · 고시(8개 도 105개 시 · 군 419개 읍 · 면)
2008	제1차 산촌진흥기본계획(2008~2017) 수립 · 시행, 산촌종합개발사업을 산촌생태마을 조성사업으로 명칭 변경
2009	국가균형발전특별법 개정으로 포괄보조금제도 도입
2010	산촌생태마을 조성사업이 농식품부 일반농산어촌개발사업으로 이관, 산림탄소순환마을 조성(경북 봉화)
2011	산림탄소순환마을 조성(강원 화천)
2014	제2차 전국산촌기초조사 실시(8개 도 109개 시 · 군 466개 읍 · 면), 산촌 SW지원사업(주민역량강화, 산촌6차산업화 등) 추진
2016	산촌생태마을 전국협의회 창립
2017	농식품부 일반농산어촌개발사업 내에서 산촌개발사업 재개

산촌의 현황과 여건 전망

1 산촌의 현황

① 정의

산촌은 「산림기본법」에 따라 산림면적 비율이 높고 인구밀도와 경지면적 비율이 낮은 지역으로, 행정구역 면적 중 산림 비율이 70% 이상이며 인구밀도가 낮고 경지면적 비율도 전국 평균 이하인 지역을 말한다.

② 면적과 인구

산촌은 전국 면적의 약 43.6%를 차지하며, 109개 시·군에 속한 466개 읍·면이 포함된다. 인구는 전체의 약 2.8%로 적으며, 노령화가 심각해 노인 비율이 이미 30%를 넘은 초고령 사회에 해당한다.

③ 생활환경

산촌 지역의 상수도 및 하수도 보급률은 전국 평균보다 낮으며, 병원 및 약국 등의 의료시설도 부족한 실정이다.

2 산촌의 여건 전망

① 경제의 글로벌화

농·임산물 시장 개방 확대에 따라 산촌 경제가 어려워지고 있다. 특히 한–중 FTA 체결로 인해 임산물 생산 수익이 감소하여 산촌의 청정 이미지와 경관을 활용한 새로운 발전 방향이 필요하다.

② 환경변화

기후변화로 산림생태계가 변하고, 산림 재해 발생 빈도가 증가할 것으로 예상된다. 이에 산촌을 산림 보전과 관리의 거점으로 삼아야 한다.

③ 인구구조 변화

저출산과 고령화가 지속되고 인구의 도시 집중이 가속화되면서 농·산촌 지역의 소멸 위험
이 커지고 있다. 산촌 인구는 감소할 것으로 보이나, 귀산촌에 관한 관심이 높아지며 이를
활성화할 필요가 있다.

④ 기술 발전과 생활 트렌드 변화

ICT 기술의 발전으로 공간적 제약이 줄어들고, 삶의 질을 중시하는 사람들이 증가하면서
산촌으로의 귀향 수요가 증가하고 있다. 따라서 산촌의 매력을 강화하고 산림복지 서비스와
연계한 발전이 필요하다.

제1차 산촌진흥기본계획

● 제1차 산촌진흥 기본계획(2008~2017), 산림청

제1차 산촌진흥기본계획(2008~2017)의 주요 내용은 다음과 같다.

1 수립 배경 및 법적 근거

① 수립 배경

산촌의 경제 활성화와 주민 생활환경 개선을 목적으로 하여, 법적 근거에 따라 산촌진흥 기본계획이 수립되었다.

② 법적 근거

「산림기본법」 및 「임업 및 산촌진흥법」에 근거해 산촌의 소득원 개발과 주거 환경 개선을 위한 국가와 지방자치단체의 계획 수립 및 시행이 규정되어 있다.

2 주요 목표와 전략

① 산촌의 지속 가능한 발전

산촌을 농·임산물의 생산 기지이자 삶의 터전으로 정의하고, 청정한 자연환경과 친환경 농임산물을 통한 소득 증대를 도모하였다.

② 6차 산업화 추진

산촌의 문화자원과 휴양 자원을 활용하여 임업의 6차 산업화를 통한 새로운 소득원 개발을 목표로 하였다.

③ 정주 여건 개선

도로, 주택, 상하수도 등 산촌 지역의 생활 인프라 개선에 집중하여 산촌 주민의 정주 여건을 향상하고, 귀산촌을 촉진하였다.

3 주요 추진 사업

① 산촌생태마을 조성

159개를 포함하여 총 312개의 산촌생태마을을 조성하여 생활환경과 접근성을 개선하고 소득 기반을 조성함으로써 산촌 인구 유입에 긍정적인 효과를 얻었다.

② 상향식 개발 모델 도입

기존의 하향식 개발 방식에서 벗어나, 지역 주민이 자발적으로 참여하고 주도하는 사업을 지원하였다.

③ 주민 자립 역량 강화

귀산촌인 교육 및 지역 리더 양성 등을 통해 주민 자립 역량을 강화하고, 전국협의회를 통한 산촌 리더들의 협력체계를 구축하였다.

4 반성 및 과제

① 실효성 부족

일부 추진 과제가 제대로 이행되지 않았으며, 정책 실효성이 낮아졌다.

② 사후 관리 미흡

산촌생태마을 중 다수가 방치되거나 운영이 제대로 되지 않았고, 산촌개발사업에 대한 예산 편성 권한 이관으로 인해 사업의 지속성이 약화되었다.

③ 종합 전략의 부재

산촌 정책의 큰 틀에서 종합적이고 차별화된 중장기 발전 전략이 부족하였으며, 개별 사업 위주의 추진으로 한계가 있었다.

5 성과

① 인프라 구축

산촌생태마을 조성사업을 통해 생활환경과 정주 여건을 개선하였으며, 이는 인구 유출 억제와 주민 소득 향상에 기여하였다. 제1차 계획 동안 312개 산촌생태마을이 조성되었고, 거주 가구 수와 유입 인구가 증가하였다.

② 주민 소득 향상

산촌생태마을 가구당 평균소득이 사업 전보다 23.2% 증가하였으며, 주민들이 생활환경 개선 및 소득 기반 조성사업에 만족감을 나타냈다.

③ 사업 방식의 개선

상향식 산촌마을 개발을 위해 사업 신청 방식을 개편하였고, 주민 주도의 자발적 참여를 촉진하기 위한 지원 방안을 마련하였다.

④ 신규 사업 추진

산촌 주민의 자립 역량 강화와 귀산촌 활성화를 위해 다양한 신규 사업을 시작하였다. 또한, 산촌생태마을 전국협의회 창립을 통해 산촌 리더들이 상호 협력할 수 있는 기반을 구축하였다.

6 반성

① 정책 실효성 부족

대부분의 추진 과제가 제대로 이행되지 못하였으며, 여건 변화에 따른 계획의 변경이 없어서 정책 실효성이 저하되었다.

② 사후 관리 미비

산촌생태마을 중 상당수가 제대로 운영되지 않으며, 비정상 운영 사례가 많았다. 산촌개발사업에 대한 예산 편성 권한이 농식품부로 이관되면서 추동력이 약화되었다.

③ 종합 전략 부재

산촌정책의 큰 틀에서 종합적이고 차별화된 중장기 발전 전략이 부족하였다. 이에 따라 산촌 생태마을의 사후 관리와 6차 산업화 등 개별 사업만 추진되었을 뿐, 전체적인 전략 체계가 부족하였다.

④ 사회적 관심 부족

인구 비율이 낮은 산촌에 대한 지자체의 관심이 저조하고, 농촌에 예산이 편중되면서 산촌의 특색 있는 사업 추진이 어려웠다.

⑤ 부정적 인식 확산

일부 산촌생태마을이 방치되거나 부실하게 운영된 사례가 언론을 통해 보도되면서 산촌개발사업에 대한 부정적인 인식이 확산되었다.

제2차 산촌진흥기본계획

● 제2차 산촌진흥 기본계획(2018~2027), 산림청

제2차 산촌진흥기본계획(2018~2027)의 주요 내용은 다음과 같다.

1 수립 배경

① 산촌의 새로운 가치 창출 필요성: 산촌의 청정 환경과 아름다운 자연경관을 바탕으로 다양한 생활 · 경제적 가치를 창출해야 할 필요가 강조되었다.

② 인구 과소화와 고령화 문제 대응: 산촌 인구의 고령화와 과소화 문제가 가속화되는 상황에서 지역 활성화를 위한 정책이 필요했다.

2 비전과 목표

① 비전: "찾고 싶고, 살고 싶은 지속 가능한 산촌"을 목표로 설정하였다.

② 주요 목표

ⓞ 산촌특구 조성: 2027년까지 산촌특구를 60개 조성하여 산촌 거점 권역을 육성할 계획이다.

ⓛ 생태적이고 살기 좋은 산촌 조성: 800개 산촌생태마을을 조성하여 생태적 건강과 거주 편의성을 높인다.

ⓒ 휴양 · 생태관광 활성화: 2027년까지 산촌 방문객을 1,000만 명으로 확대하여 소득원을 창출한다.

3 전략과 주요 추진 계획

① 늘 푸르고 건강한 생태산촌: 산림 생태계를 보존하고 재해 예방을 강화하며, 환경과 경관을 개발하여 산촌을 건강하게 유지한다.

② 창의적인 융복합의 풍요산촌: 임업의 6차 산업화, 농산물 가공·유통 확대 등 다양한 소득 창출 방안을 마련하여 산촌 경제를 활성화한다.

③ 정이 넘치고 찾고 싶은 휴양산촌: 체류형 관광, 산촌문화마을 조성, 다양한 치유 프로그램을 통해 휴양과 관광의 중심지로 산촌을 개발한다.

④ 쾌적하고 활기찬 행복산촌: 생활환경과 복지 수준을 향상시키고, 귀산촌 지원 체계를 마련하여 산촌의 정주 여건을 개선한다.

⑤ 협력과 상생의 공동체산촌: 산촌 리더 양성, 주민 간 협력 네트워크를 구축하여 산촌 공동체의 지속 가능성을 도모한다.

핵심 05

Professional Engineer Forestry

제2차 산촌진흥기본계획 세부 추진계획

◆ 제2차 산촌진흥 기본계획(2018~2027), 산림청

제2차 산촌진흥기본계획의 전략별 세부 추진 계획을 요약하면 다음과 같다.

1 늘 푸르고 건강한 생태산촌

① 경관자원 개발: 산촌 경관의 가치를 높이고 특색 있는 경관을 조성한다.

② 생활환경 관리: 산촌 마을의 생활환경을 개선하여 주민의 삶의 질을 향상시킨다.

③ 산림생태계 보전 및 재해 예방: 산림을 보호하고 산불, 산사태 등 재해를 예방한다.

④ 바이오매스 에너지 이용: 산림 바이오매스를 활용하여 순환형 에너지 체계를 구축한다.

2 창의적인 융복합의 풍요산촌

① 고부가가치 임산물 생산: 청정 임산물의 부가가치를 높이고 경쟁력을 강화한다.

② 산촌 경영 역량 강화: 산림경영 여건을 개선하여 주민의 경영 역량을 높인다.

③ 신규 비즈니스 육성: 산촌의 6차 산업화와 새로운 비즈니스 모델을 발굴하여 다양한 소득 창출 방안을 마련한다.

3 정이 넘치고 찾고 싶은 휴양산촌

① 관광 자원 발굴: 생태 및 체험 관광 자원을 개발하여 산촌 방문객을 유치한다.

② 관광 · 휴양 프로그램 개발: 체류형 관광 프로그램을 마련하고 홍보한다.

③ 장기 체류형 마을 조성: 산림복지 시설과 연계하여 방문객이 장기 체류할 수 있는 마을을 조성한다.

④ 관광 서비스 품질 향상: 관광 및 휴양 서비스의 질을 높여 산촌의 매력을 증대한다.

4 **쾌적하고 활기찬 행복산촌**

① 정주 여건 개선: 상하수도 등 생활 인프라 확충을 통해 산촌의 정주 여건을 개선한다.

② 귀산촌 활성화: 귀산촌을 장려하기 위한 지원 체계를 마련하고, 주민에게 실질적 도움을 제공한다.

③ 복지 서비스 향상: 산촌 주민들의 복지 서비스를 개선하고, 행복한 생활환경을 조성한다.

5 **협력과 상생의 공동체산촌**

① 산촌 리더 양성: 마을의 리더를 육성하여 지역 주민 간의 협력과 네트워크를 강화한다.

② 마을 간 유대 강화: 산촌 마을 주민 간의 유대감을 증진하고, 협력적 관계를 유지한다.

③ 지원 체계 정비: 산촌 정책의 체계적 추진을 위한 국가 및 지자체의 지원 체계를 구축한다.

- 토목시공기술사 자격취득의 길잡이 -

당신의 꿈을 실현시키는
최고의 맞춤 교육!!

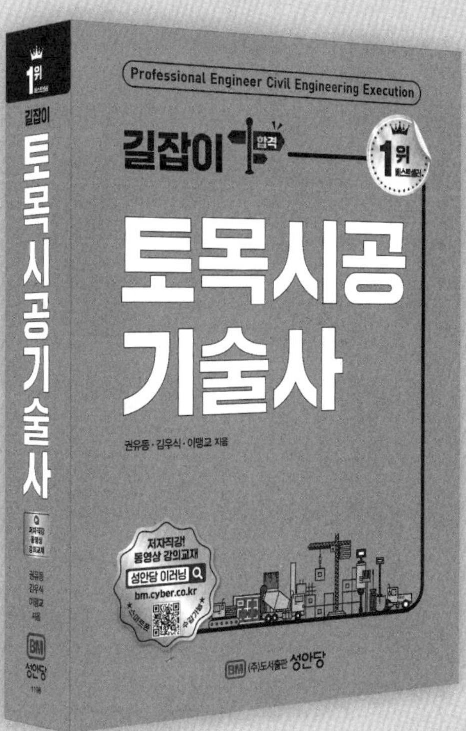

길잡이 토목시공기술사

권유동, 김우식, 이맹교 지음 / 190×260 / 1,366쪽 / 87,000원

| 목차 |

이 책의 특징

건설환경의 변화에 능동적으로 대처하기 위하여 고급 전문기술인력의 양성 및 배출의 필요성을 인식하여 기술사 자격시험을 1년에 3회 실시하게 되었다. 용어설명의 중요성이 대두되고 있는 최근의 출제경향에 부응하여 수험자들이 효과적으로 학습할 수 있도록 체계적으로 본 내용을 구성하였으며, 특히 3권으로 분권하여 수험자들의 편의를 도왔다.

이 책은 기출문제를 중심으로 각 단원의 흐름을 파악할 수 있도록 정리하였고, 복잡하고 어려운 문장이 아닌 간단, 명료한 문장으로 보다 쉽게 이해할 수 있도록 하였다. 또한 이론과 관련된 그림을 수록하여 내용의 이해도를 높였고, 난이도를 배제한 개념 위주의 설명으로 기본기를 확실히 잡아주었다. 특히 시험에 대한 다양한 정보를 수록하여 학습의 방향을 잡아주는 길잡이 역할을 해주었다.

3권의 책으로 분권되어 있어 예습과 복습에 용이하며, 과년도 출제경향 분석표와 과년도 출제문제를 수록하여 문제 유형 파악 및 실전 감각을 습득할 수 있도록 하였다.

쇼핑몰 QR코드 ▶다양한 전문서적을 빠르고 신속하게 만나실 수 있습니다.
경기도 파주시 문발로 112번지 파주 출판 문화도시   TEL.031)950-6300   FAX. 031)955-0510

저자 山林하는 남자 渡摩 김정호

◆경력
• 강원대학교 산림환경시스템학과 석사
• 산림기술사, 환경영향평가사 보유
• 임업진흥원 교육강사
• 전) 관동대학교 산림치유학과 겸임교수
• 현) 건우이엔씨 이사

◆저서
• 산림기사 필기(성안당)
• 산림기사 실기(성안당)
• 산림기술사(성안당)

산림기술사 상권

2017. 5. 11. 초 판 1쇄 발행
2019. 4. 10. 개정증보 1판 1쇄 발행
2021. 2. 15. 개정증보 1판 2쇄 발행
2025. 7. 9. 개정증보 2판 1쇄 발행

저자와의
협의하에
검인생략

지은이 | 김정호
펴낸이 | 이종춘
펴낸곳 | BM ㈜도서출판 성안당
주소 | 04032 서울시 마포구 양화로 127 첨단빌딩 3층(출판기획 R&D 센터)
      | 10881 경기도 파주시 문발로 112 파주 출판 문화도시(제작 및 물류)
전화 | 02) 3142-0036
      | 031) 950-6300
팩스 | 031) 955-0510
등록 | 1973. 2. 1. 제406-2005-000046호
출판사 홈페이지 | www.cyber.co.kr
ISBN | 978-89-315-8682-4 (13520)
정가 | 90,000원

이 책을 만든 사람들
책임 | 최옥현
진행 | 최창동
편집 | 인투
표지 디자인 | 박원석
홍보 | 김계향, 임진성, 김주승, 최정민
국제부 | 이선민, 조혜란
마케팅 | 구본철, 차정욱, 오영일, 나진호, 강호묵
마케팅 지원 | 장상범
제작 | 김유석